Energiemanagement durch Gebäudeautomation

Bernd Aschendorf

Energiemanagement durch Gebäudeautomation

Grundlagen · Technologien · Anwendungen

Professor Dr. Bernd Aschendorf
FB Informations- und Elektrotechnik
FH Dortmund
Dortmund, Deutschland

ISBN 978-3-8348-0573-7   ISBN 978-3-8348-2032-7 (eBook)
DOI 10.1007/978-3-8348-2032-7

Die Deutsche Nationalbibliothek verzeichnet diese Publikation in der Deutschen Nationalbibliografie; detaillierte bibliografische Daten sind im Internet über http://dnb.d-nb.de abrufbar.

Springer Vieweg
© Springer Fachmedien Wiesbaden 2014

Springer Vieweg ist eine Marke von Springer DE.
Springer DE ist Teil der Fachverlagsgruppe Springer Science+Business Media.
www.springer-vieweg.de

*Meinen Eltern gewidmet, die mir das hoch-
interessante Studium der Elektrotechnik ermöglicht
und mich jederzeit unterstützt haben.*

Vorwort

Das vorliegende Buch befasst sich mit Gebäudeautomation und Energiemanagement. Während Gebäudeautomation sich den wesentlichen Zielen Komfortsteigerung, Erhöhung der Sicherheit und Energieeinsparung sowie in gewissen Bereichen auch der Überwachung widmet, dient das Energiemanagement ausdrücklich der Energieeinsparung. Gebäudeautomation wurde vor weit mehr als 15 Jahren mit einigen Gebäudebussystemen angegangen. Zu den ersten Systemen zählten PEHA PHC, EIB (der heutige KX), LON und LCN. Zu dieser Zeit wurde von Herstellern, Verbänden und Elektroinstallateuren postuliert, dass in kürzester Zeit die konventionelle Elektroinstallation nahezu vollständig durch Bussysteme ersetzt würde, um die elektrischen Schaltungen zu vereinfachen und flexibler zu gestalten. Damit würde zwar die Energieverteilung nicht gemindert, sondern lediglich deren Steuerung vereinfacht. Dieses Ziel wurde bis heute nicht einmal in Neubauten annähernd erreicht. Noch heute werden elektrische Schaltungen durch verschiedenste Schalter und insbesondere viele Adern in Leitungen realisiert. Neben den wenigen Neubauten, die jährlich realisiert werden, existieren jedoch viele Altbauten, die vollständig saniert oder mit intelligenter Technik nachgerüstet werden können und sollen.

Diesem immens großen potenziellen Markt hat sich die Industrie mit speziell für Nachrüstung und sauberer Sanierung geeigneten Funkbussystemen und stromversorgungsbasierten (Powerline-)Systemen gestellt. Insbesondere in den letzten fünf Jahren sind einige äußerst interessante Bussysteme gereift, mit denen man den gesamten Bereich der Gebäudeautomation bedienen kann. Problematisch ist in diesem Zusammenhang, warum bei Betrachtung dieser vielfältigen Lösungen das gesetzte Ziel nicht erreicht wird. Neben den reinen Busteilnehmern, die dem Feldbus zugeordnet werden, entstanden in den letzten Jahren auch softwarebasierte Automations- und Leitebenenlösungen, mit denen auch komplexeste Gebäudeautomation realisiert werden kann. Durch Einbindung modernster Telekommunikations- und Netzwerktechnologie kann man auch per Handy oder über das Internet direkt sein Haus beobachten und bedienen oder sich über Probleme und Zustände informieren lassen. Einige Softwarepakete widmen sich zudem der Nutzung verschiedenster Typen von Gebäudeautomationssystemen, um die beste Lösung zum besten Preis generieren zu können. Einbindbar sind damit auch Multimediasysteme, digitale Telefonie, elektronischer Datenverkehr, Informationsmanagement und vieles mehr zu einem Multifunktionssystem. Die Systemkomponenten einer Gebäudeautomation werden im Folgenden detailliert beschrieben und einige am Markt verfügbare Gebäudeautomationssysteme vorgestellt und auf Anwendbarkeit in Häusern und Objektgebäuden hinsichtlich Neubau, Sanierung und Nachrüstung betrachtet. Dass derartige Lösungen seit langem existieren und breitflächig im Einsatz sind, zeigt der Kfz-Bereich, in dem vergleichbar zum Haus ähnliche Ziele bereits umgesetzt worden sind. Aus diesem Grund werden zuerst die Systeme im Kfz vorgestellt.

Wesentlich weiter geht das Energiemanagement mit dem direkten Ziel der Energieeinsparung. So verfügten Gebäudebussysteme zwar seit langem auch über Messsensorik, um Temperatur, Feuchte, Helligkeit etc. zu messen, durch die gesetzten Energiesparziele der EU im Rahmen der Energieeffizienzrichtlinie wurde dies wesentlich intensiviert. Seit einigen Jahren ist geplant, den breitflächig verbauten konventionellen Energiezähler durch einen elektronischen zu ersetzen und damit dem Energieverbraucher die Möglichkeit der transparenten Einsicht in seinen Energieverbrauch zu ermöglichen. Darauf basierend entwickelten einige Hersteller Smart Meter, die vom Energieversorger auch von Ferne ausgelesen werden können. Die ausgelesenen Daten soll der Energieverbraucher direkt beim Energieversorger abrufen können. Gedacht ist aber auch daran, dass die Messdaten direkt vom Energieverbraucher zu Analysen und zur weitergehenden Nutzung eingesehen werden können. Durch dieses Metering kann der Energieverbraucher gezielt seinen Energieverbrauch senken. Die Möglichkeit der Anwendung des Meterings wird durch die Methoden des psychologischen, aktiven und passiven Energiemanagements näher erläutert. So können zum einen Gebäudeautomationssysteme um Energiemanagement erweitert oder spezielle Energieberatungssysteme entwickelt werden. Gebäudeautomation und Smart Metering vereinigen sich somit ideal zu einem smart-metering-basierten Energiemanagementsystem, das ohne Gebäudeautomation nicht auskommt. Anhand von fünf Prototypen wird die Umsetzung dieses Ziels bei Verwendung von ELV FS20 und HomeMatic, KNX/EIB, LCN, einer WAGO-SPS und IP-Symcon in Verbindung mit verschiedenen Gebäudebussystemen vorgestellt.

Neben der Betrachtung der systematischen Anteile von Gebäudeautomation und Energiemanagement werden auch die betreffenden Richtlinien und Gesetze zur Umsetzung der Energiesparziele, des SmartMeterings und der Umsetzung der Energiewende betrachtet, um die Hinweise und Möglichkeiten bezüglich der Einführung von Gebäudeautomation und Energiemanagement aus Sicht des Gesetzgebers zu erfahren.

Dortmund, im Oktober 2013   Bernd Aschendorf

Inhaltsverzeichnis

Einleitung

Dieses Buch entstand nach den abgeschlossenen Messeauftritten Elektrotechnik 2009, Baumesse NRW 2010 und Light&Building 2010 mit einem hochschuleigenen Messestand, über den die Kommunikation zu Produzenten, Großhändlern, Elektroinstallateuren, Architekten, Planern und Bauherren gesucht wurde, um herauszufinden, wie aktuell die Lage am Markt der Gebäudesystemtechnik und -automation einzuschätzen ist und welche Auswirkungen Smart Metering hierauf hat. Die dem Herausgeber ohnehin bekannte Quintessenz, die aber noch durch die Ergebnisse der Messen klar bestätigt wurde, ist, dass es ein sehr großes Missverhältnis von Angebot und Nachfrage gibt. Während die Hersteller immer mehr, immer „bessere" und kompliziertere und insbesondere teurere Produkte und Systeme auf den Markt bringen, findet der Kunde, dies ist der Bauherr und nicht etwa der Elektroinstallateur, nicht den Draht zu demjenigen, der ihm die vielgepriesene „intelligente", „smarte" Gebäudeautomation in sein Haus einbaut. Im Rahmen einer lange zurückliegenden Befragung wurde festgestellt, dass nur wenige Elektroinstallateure bereit sind, „intelligente" Gebäudeautomation zu verbauen, und stattdessen eher den Bauherren dazu drängen, auf konventionelle Elektroinstallation und damit schöne, teure Schalter und Steckdosen zurückzugreifen und auf Automation und damit Komfort, Sicherheit und Energieeinsparung zu verzichten. Wenn überhaupt ist der Elektroinstallateur gegen Mehraufwand bereit, Busleitungen zu verlegen, eine grundlegende Planung der Gebäudeautomation mit Definition von Anschlusspunkten wird dann aus Kostengründen meist nicht mehr durchgeführt. Begründet wird dies noch immer mit den Argumenten zu teuer, zu komplex, Beratung und Planung zu aufwändig, dem Konkurrenzverhältnis zu anderen Elektroinstallateuren und der Angst vor Wartung, Instandhaltung und Erweiterung derjenigen Arbeiten, die der Elektroinstallateur selbst errichtet hat. Der Herausgeber schätzt, dass bis heute noch etwa 95 % der Elektroinstallateure auf „intelligente", „smarte" Gebäudeautomation verzichten, nur 5 % sich an höherwertige Installationen heranwagen, aber von den 5 % absolut etwa 3 % die „normale" Elektroinstallation nur 1:1 in „intelligenter" umsetzen, und nur 2 % in der Lage sind, komplexe Steuerungsfunktionen im Gebäude zu programmieren. Demgegenüber gibt es das Marktsegment der Baumärkte, des Internets, der Technikkaufhäuser und

Katalogverkäufer, wie z. B. ELV oder Conrad, die bewusst (noch) nicht über den drei-stufigen Vertriebsweg Produzent-Großhändler-Elektroinstallateur vertreiben, sondern den Kunden direkt über Katalog- und Internetinformation gewinnen. So entstanden in den letzten Jahren die Produktlinien ELV-FS20 und ELV-HomeMatic, die in Verbin-dung mit „intelligenter" Software, wie z. B. homeputer von Contronics oder IP-Symcon, „intelligente" Gebäudeautomation auf einem Niveau möglich machen, an das selbst der angebliche Marktbeherrscher KNX/EIB nur selten oder nur mit höchstem Aufwand herankommt. Von ELV sind beachtliche Verkaufszahlen bekannt, die angesichts von etwa 80 Millionen deutschen Einwohnern und weit mehr als 400 Millionen europäischen Einwohnern noch längst keine Marktdurchdringung erahnen lassen. Völlig neu ist der Marktzugang zum Kunden über Energieversorger. Hier wagt RWE mit dem Produkt RWE SmartHome die Erschließung von Kundenpotenzialen insbesondere im Bereich der Nachrüstung in vorhandenen Elektroinstallationen.

Der Markt ist da, aber wie gelangt der Kunde (Bauherr) zu seinem Lieferanten (Elek-troinstallateur)? Dies ist die grundlegende Frage, die es zu klären gilt. Während man bei den großen Elektroinstallationsproduzenten mehr und mehr den Eindruck gewinnt, dass diese sich nur noch um das Liegenschaftsgeschäft (Bürogebäude, Banken, Industrie, Krankenhäuser), öffentliche Einrichtungen (Schulen, Behörden) oder auch europäische oder weltweite Projekte kümmern, wo man mit hohen Rabatten und wenig Beratung eine gute Marge erzielen kann, und darüber hinaus hochspreisige Villen bedient, bei denen es weder um zu hohe Preise, noch Rabatt geht, sind am Markt einige Unterneh-men damit beschäftigt, die vor mehr als 15 Jahren postulierte Aussage „in 15 Jahren ist jedes Gebäude auf der Basis von konventioneller Elektroinstallation mit Bustechnik aus-gestattet", tatkräftig umzusetzen. Dieses ist jedoch nur möglich mit guten Argumenten, guter Bauherrenberatung, preiswerten Produkten und guten Konzepten, die dem Bau-herren nicht nur Komfort und Sicherheit versprechen, sondern ihn bei der Einsparung von Energiekosten, wie z. B. Strom und Heizung, durch intelligentes Energiemana-gement hilfreich unterstützen. Um dem Bauherren das Leben wesentlich zu erleichtern, sollte auch eine Visualisierung über Monitor, Internet und Handy kostengünstig mög-lich sein, damit der Bauherr wie beim Autokauf sein persönliches Ego hochleben lassen kann, da man gerne zeigen will, was man hat und warum sollte man das auch nicht tun? Nicht vergessen sollte man bei den Bauherren neben den „Neubauern", die häufig durch ihren Kreditrahmen stark eingeschränkt sind, auch diejenigen, die ihr schon fertiges Gebäude im Rahmen von Sanierung oder Nachrüstung mit „intelligenter" Gebäude-automation überarbeiten oder erweitern wollen sowie die noch größere Anzahl von Mietern, die in Ihren Objekten keine Änderungen an der Elektroinstallation vornehmen können und daher bei Auszug aus der Wohnung wieder rückbaubare Lösungen be-nötigen.

Dies sind die klar festzumachenden Fakten, die den Markt klar umschreiben. Entwe-der ist nun guter Rat teuer, man lässt den Markt brachliegen oder man sucht sich ein neues Marketingargument, um den Bauherren zu gewinnen.

Dieses neue Marketingargument wurde in einer europäischen Gesetzesvorschrift gefunden und ist nun seit Anfang 2010 und auch schon lange davor in aller Munde und heißt „Smart Metering", nachdem „SmartHome" nicht funktioniert hat. Die Energieversorgungsunternehmen und Strategen mischen noch „SmartGrid" und „SmartCities" vor dem Hintergrund der Energiewende hinzu und lassen den Endanwender, den Energiekunden, mit großen Fragezeichen im Regen stehen. Was beinhaltet das Zauberwort „Smart Metering", auf das nahezu alle Gebäudeautomationsproduzenten seit 2010 als Werbeargument für Gebäudeautomation und Energieeinsparung zurückgreifen? Nun, die Frage ist ganz einfach zu beantworten. Der in Millionen von Haushalten verbaute Stromzähler (Ferraris-Zähler) wird sukzessive, zunächst im Neubau und bei großen Umbauprojekten, durch einen elektronischen Haushaltszähler (eHz) ersetzt, mehr ist es eigentlich nicht. Es wird nicht mehr elektrisch, sondern elektronisch gemessen, der Zähler ist etwas kleiner. Als besondere Features bietet der eHz die Möglichkeit, dass der Energieversorger (EVU) von Ferne aus die Daten auslesen kann und damit kein Stromableser mehr den Haushalt aufsuchen muss, bei manchen EVUs wird auch unter der Hand erläutert, dass man von Ferne aus über einen Schaltbefehl für den säumigen Kunden den Strom abstellen kann. Die Zählerfernauslesung kann entweder wie üblich einmal im Jahr, einmal täglich oder in Minutenrastern erfolgen, so dass das EVU dem Stromkunden wie vom Gesetzgeber gewünscht sein Verbrauchsverhalten vor Augen führen kann. Problematisch ist in diesem Zusammenhang zum einen, dass über eine Datenstrecke die Kundendaten ausgelesen werden können (und dies bereits bei Pilotinstallationen erfolgte) und damit sensible und sicherheitsrelevante (wenn keine Energie abgenommen wird, ist niemand zu Hause und Einbrecher haben es leicht) Daten preisgegeben werden und zum anderen das Persönlichkeitsrecht des Stromkunden eingeschränkt wird, da man über das Verbraucherverhalten herausfinden kann, wie man die Kostensituation für den Energiekunden durch Tarifänderung zum Wohle des EVU optimieren kann. Die Fragen Datensicherheit und Persönlichkeitsrecht sind derzeit noch nicht vollständig geklärt und schieben damit das eigentliche Ziel des Smart Meterings, die direkte Information aus dem Zähler beim Kunden zeitlich in den Hintergrund. Metering beschränkt sich aber nicht nur auf Strom, sondern wird auch auf Gas, Wasser etc. übertragen werden.

Smart Metering gilt jedoch nur als Vorstufe für smart-metering-basiertes Energiemanagement, wobei auf der Basis von Metering der Energieeinsatz im Gebäude optimiert und damit gesenkt werden soll. Hier sind die Interessen von EVU (Kappung von Lastspitzen zu gewissen Tageszeiten zur Optimierung des Kraftwerkseinsatzes) und Energiekunde (Kostensenkung bei steigendem Komfort) sehr unterschiedlich. So wurde der Energieversorger vom Gesetzesgeber aufgefordert zeitlich variable Tarife anzubieten, damit der Energiekunde automatisiert Lasten im Gebäude ab- oder zuschalten kann.

Im Rahmen dieses Buches werden auf der Basis von 13 Jahren Betrieb der Studienrichtung „Gebäudesystemtechnik" im Studiengang „Elektrotechnik" mit intensiver Anwendung von Gebäudeautomationstechnik, der Erforschung der Anwendung und der Nutzung von mehr als 25 Gebäudeautomationssystemen im Labor, weit mehr als

100 Studien-, Diplomarbeiten und Bachelor-Thesen, zahlreicher durchgeführter Messe-
beteiligungen die Gebäudeautomation an sich, die Methoden des Energiemanagements
und die Anwendbarkeit von Smart Metering für optimiertes Energiemanagement dargestellt.

Eingegangen wird im Folgenden auf die Grundlagen der Gebäudeautomation, des
Meterings, der verschiedenen Arten von Energiemanagement, die Anwendbarkeit verschiedener Gebäudeautomationssysteme für Gebäudeautomation allgemein, Smart Metering und Energiemanagement, einen Funktions-, Kosten- und Nutzenvergleich der
verschiedenen System und beginnt mit derjenigen Einrichtung, bei der wir alle durch
gerichtetes Marketing schon lange nicht mehr auf Komfort und Energiemanagement
verzichten können, das Kfz.

Die Gebäudeautomation hat bislang noch nicht den Einzug im Heimbereich erreicht,
wie er anfangs erwartet worden ist. Geworben wird für die Gebäudeautomation im
Heimbereich mit den Schlagworten Komfort, Sicherheit und Energiemanagement. Während mit Komfortsteigerung keine Kosteneinsparung, sondern lediglich eine Steigerung
des Lebensgefühls und damit ein Luxusargument befriedigt werden kann, kann mit Si-
cherheitssteigerung zumindest dann eine Kosteneinsparung erzielt werden, wenn ein
Einbruch verhindert wird oder die Versicherungskosten reduziert werden. Demgegenüber ermöglicht Energiemanagement eine tatsächliche Kostenreduktion und damit eine
monetäre Optimierung, soweit eine Amortisation rechenbar ist. Hinzu kommt im Im-
mobiliengeschäft die Betriebsüberwachung, um der Problematik des mangelhaften Lüftens und geringen Heizungseinsatzes und damit der Schimmelbildung Herr zu werden.
Aufgrund der vordergründig hohen Kosten zur Implementation von Gebäudeautomation schrecken viele Bauherren bei Neubauten vor der Einplanung einer Gebäudeautomation zurück und denken zudem nicht an die Möglichkeit der Nachrüstung. Die
Kenntnis über verschiedenste Typen von Gebäudeautomationssystemen mit verschiedensten Medien liegt hier schlicht nicht vor. Komfort und Sicherheit sind daher eher in
hochpreisigen Bauprojekten zu finden. Der wesentlich größere Gebäudeautomationsmarkt des Bestandes wird nur wenig angegangen, da die Sanierung oder Nachrüstung
meist mit erheblichen baulichen Veränderungen verbunden ist und zudem die Kosten
nicht mit Kosteneinsparung, insbesondere bei elektrischer Energie, amortisiert werden
können bzw. eine Vorausberechnung der Amortisierung schwierig ist. Hier bieten Funkbussysteme eine gute Lösung, insbesondere preiswerte Einzelraumtemperaturregelungen
sind hier sehr nützlich und ermöglichen Energiekosteneinsparung schon bei geringem
Kosteneinsatz.

Hilfreich wäre hier ein Impuls aus dem Versorgungsbereich, um die Implementation
von Gebäudeautomation zur Optimierung des Energieverbrauchs im privaten Wohnungsbau anzureizen. Dieser Anreiz wurde durch eine gesetzliche Vorgabe geschaffen
und steht vor der breiten Umsetzung. Gemeint ist die Einführung von Smart Metering
im privaten Haus- und Wohnungsbereich. Die gesetzliche Vorgabe sieht vor, dass der
Energieversorger neue Energiezähler beim Energiekunden verbaut, die per Zählerfernauslesung oder direkte Auslesung eine intervallgesteuerte Energieverbrauchserfassung

durchführt und diese dem Kunden auf geeignete Weise zur Verfügung stellt. Gedacht ist daran, den Kunden per Papier, Internetzugang beim Energieversorger oder direkt durch Zugriff auf den Energiezähler über seinen Energieverbrauch zu informieren. Der Vorteil für den Kunden besteht darin, dass er nicht erst spät durch eine jährliche Zählerablesung mit Nachzahlung und darauf basierender Jahresvorkalkulation über seinen Energieverbrauch und damit seine Kosten informiert wird, sondern intervallgesteuert über seinen Energieverbrauch und damit sein Energieverbrauchsverhalten informiert wird. Dieser vermeintliche Vorteil für den Kunden wird dadurch geschmälert, dass die gesetzliche Vorgabe lediglich tagesgenaue Energiedatenerfassung fordert und zudem die Verbrauchserfassung auf elektrische Energie beschränkt ist. Zum einen wird der Kunde aus einer tagesgenauen Energieverbrauchskurve keine Rückschlüsse auf das Verbrauchsverhalten einzelner Verbraucher erlangen können und zudem nur wenige Nutzinformationen erhalten, zum anderen sind die Energiekosten bis auf Elektroheizungen stärker im Bereich der Heizungskosten für z. B. Gas, Öl oder Fernwärme gebündelt. Daher müssen für eine Kostenanalyse mehrere Rechnungen bewertet werden (vgl. Abb. 1.1).

Smart Metering

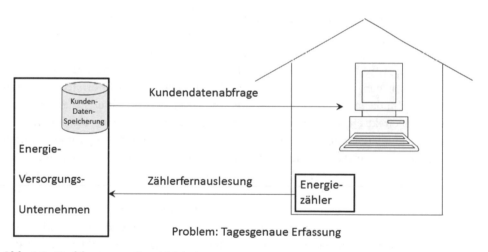

Abb. 1.1 Einführung von Smart Metering

Dieser Situation tragen bereits einige Energieversorger Rechnung, indem sie in Pilotprojekten das Smart Metering der Stromversorgung um Gas, Fernwärme und eventuell Wasser erweitern, das zeitliche Intervall von tagesgenau auf Minuten verkürzen und zudem die Datenspeicherung nicht nur beim Energieversorger durchführen, sondern dem Kunden über eine Schnittstelle die Energiedatenerfassung zur Verfügung stellen (vgl. Abb. 1.2).

Erweitertes Smart Metering

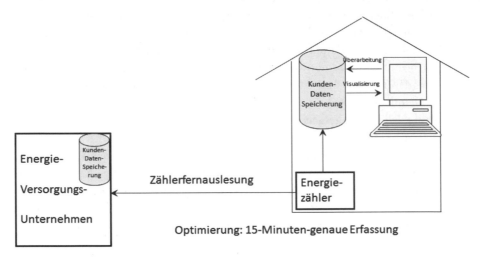

Abb. 1.2 Erweiterung der Anwendung von Smart Metering

Damit werden dem Energiekunden Möglichkeiten zur Verfügung gestellt, um sich über den Energieverbrauch und die damit verbundenen Kosten zu informieren und auch den Einfluss der Änderung des eigenen Nutzerverhaltens (z. B. Veränderung von Einschaltzeiten, Senkung von Temperaturen etc. oder die Änderung von Verbrauchern, z. B. durch Austausch von Glühlampen gegen Energiesparlampen) zu informieren. Hierzu benötigt der Kunde lediglich einen Rechner mit Zugang zur Schnittstelle am Energiezähler oder direkt ein Display, das am Energiezähler angeschlossen ist. Durch Auswertung der Rohdaten und Umwandlung können aus dem Energieverbrauch durch Kopplung mit den Tarifkosten Energiekosten bestimmt und durch Hochrechnung auf ein Jahr die kalkulierten Verbräuche und Energiekosten ermittelt werden. Aktuell wurden durch EVUs initiiert zahlreiche Forschungs- und Entwicklungsprojekte an Hochschulen gestartet, um diese Möglichkeiten durch Entwicklung von MUCs und IKTs, die diese Möglichkeiten des technischen Zugriffs auf die Zählerdaten und des zielgerichteten Energiemanagements zu realisieren. Während die Steigerung der Messabtastrate für den Energiekunden Vorteile hat, kann der Energieversorger kaum etwas mit den immensen Datenmengen anfangen, da diese kaum zentral speicherbar sind und daher vorab verarbeitet werden müssen. Die meisten Entwicklungsprojekte sind auf den KNX/EIB und kaum verbreitete Funkbus- und Powerline-Systeme ausgerichtet, da man davon ausgeht, dass diese Systeme derzeit im Heimbereich am weitesten verbreitet sind und daher gut darauf aufgebaut werden könnte. Bereits im Vorwort wurde auf diesen Trugschluss hingewiesen, zudem liegt das größte Nutzenpotenzial im Bestand, für den der KNX/EIB kaum geeignet erscheint. In den folgenden Kapiteln werden die Gebäudeautomationssysteme auf Anwend- und Durchführbarkeit von Smart Metering und Energiemanage-

ment oder Gebäudeautomation untersucht und zudem anhand von fünf Gebäudeauto-
mationssystemslösungen die Umsetzung ohne MUCs und IKTs erläutert, da diese Funktionalität derzeit bereits ohne kostspielige Zusatzsysteme von vorhandenen Systemkomponenten und Software erfüllt werden können. Es gilt lediglich durch wissen-
schaftliche Methoden das Metering mit aufgesetztem Energiemanagement in Software
umzusetzen.

Was der Energiekunde vom EVU per Internetzugriff oder durch Direktzugriff auf
seinen Energiezähler erhält, sind die im Folgenden beschriebenen Diagramme. Zum
einen erhält der Energiekunde die Jahresgangkennlinie, aus der er je nach Geräte- oder
Heizungsausstattung ersehen kann, wann er viel elektrische Energie verbraucht und
wann nicht (vgl. Abb. 1.3).

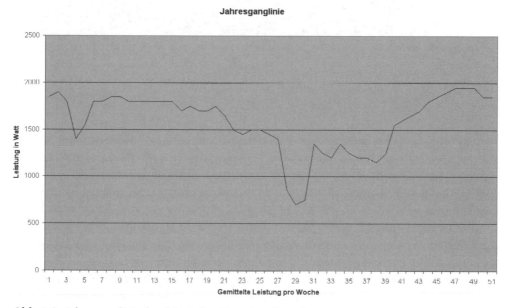

Abb. 1.3 Jahresganglinie des elektrischen Energieverbrauchs

Ohne parallele Energieberatung muss der nicht elektrotechnisch vorbelastete und technisch interessierte Energiekunde selbst realisieren, dass sich sein Energieverbrauch aus
dem Integral der Jahresganglinie über die Zeit ergibt, während der Verlauf kaum oder
leicht verifizierbare Gründe hat. Will der Energiekunde näher sein Verbrauchsverhalten
analysieren, muss er auf die Tagesganglinie bzw. auf eine gemittelte oder eine spezifische
Tagesganglinie zurückgreifen (vgl. Abb. 1.4).

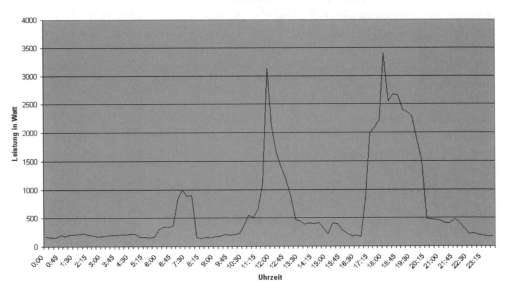

Abb. 1.4 Tagesganglinie des elektrischen Energieverbrauchs

Bei näherer Betrachtung wird dem Energiekunden klar, was er ohnehin schon immer wusste. Zur Frühstückszeit verbraucht er Energie, danach laufen eventuell Waschmaschine, Trockner und Geschirrspüler bis zur Mittagszeit, zu der elektrisch gekocht wird, gegen Abend ist die Familie zu Hause und nutzt weitere elektrische Verbraucher. So oder ähnlich wird es in jedem Haushalt sein. Über das Jahr hinweg wird es anders sein, da das Bewohnerprofil unterschiedlich ist, man nicht immer zu Hause ist, die Jahreszeit helle und dunkle Tage schafft oder man sich über Wochen oder nur einzelne Tage im Urlaub befindet. Ohne Energieberatung ist keine Optimierung des Energieverbrauchs möglich. Es ist zudem völlig unklar, warum der Energiekunde sein Benutzerverhalten ändern sollte, da die vordergründigen Interessen beim EVU liegen und dieser das Nutzerverhalten ausschließlich durch Rabatt- oder Tarifangebote beeinflussen kann. Als Anekdote sei im Zusammenhang die Erkenntnis aus einer Energieberatung für einen an einer Prototypeninstallation beteiligten Energiekunden in Dortmund aufgeführt, die in einer Dortmunder Tageszeitschrift veröffentlicht wurde. Der Energiekunde, ein Neubauer, kam mit seinen Smart-Metering-Kurven nicht klar und ließ sich durch einen EVU-eigenen Energieberater beraten. Aus dem Tagesgang ließ sich erkennen, dass fast über den ganzen Tag eine große Last geschaltet wurde. Bei näherer Besichtigung des Hauses wurde festgestellt, dass sich im Wohnzimmer ein großer Weinkühlschrank befindet. Als ein Ergebnis des Energieberatungsgesprächs wurde festgestellt, dass die große Grundlastschaltung unter anderem auf den Weinkühlschrank zurückzuführen ist. Als dieser Weinkühlschrank vom Wohnzimmer in den kälteren Keller verlagert wurde, konnte dies in den Tagesganglinien des Smart Meterings bestätigt werden, da der gesamte Energieverbrauch reduziert wurde. Dem technisch Kundigen wird schnell klar, dass die Erkenntnis über den Standort eines Weinkühlschranks Auswirkungen auf den Energieverbrauch und damit die Energiekosten hat. Der gesunde Menschenverstand überwiegt hier eher dem Energieberatungsgespräch, es ist nur nicht klärbar, ob der Weinkühlschrank dem Zweck des Kühlens von Wein dient oder als Statusobjekt genutzt wird. Als weitere Quintessenz von Prototypeninstallationen des Smart Meterings stellte sich heraus, dass die meisten Kunden anfänglich über ihrer Verbrauchskunden nachdenken, etwas ändern und anschließend das Smart Metering nicht mehr nutzen. Nachteilig ist zudem, dass ohnehin die Energiekosten ständig steigen und damit jegliche Änderung oder Korrektur durch Kostensteigerung aufgezehrt wird.

Neben der fast ausschließlichen Darstellung von Energieverbräuchen durch Tages- und Jahresgangkennlinien in Watt über der Zeit erfordert es zumindest die Umrechnung der Kosten von Strom und Heizung in Euro und Cent auf der Basis der Tarife sowie der Trendrechnung für ein Jahr, um überprüfen zu können, ob und wie die Nutzerverhaltensänderung Auswirkungen auf die Energiekosten hat, auch wären Kalkulationshilfen mit variablen Tarifen relativ zur Trendrechnung sinnvoll. Eine derartige Auflistung ist der Abb. **1.5** zu entnehmen.

	Aktueller Jahresverbrauch in kWh		
	Jahres Arbeit Strom in kWh	Jahresarbeit Heizung in kWh	Jahresarbeit in kWh
	0,1222	0,6062	0,7285

Abgel. Tage			
0,01	Aktuelle Jahreskosten in Euro		
	Jahreskosten Strom in Euro	Jahreskosten Heizung in Euro	Jahreskosten in Euro
	0,0329	0,0295	0,0624

	Kalkulierter Jahresverbrauch in kWh		
	Kalkulierte JA Strom	Kalkulierte JA Heizung	Kalkulierter Jahresverbrauch
	6868,77	25322,78	32191,55

	Kalkulierte Jahreskosten in Euro		
	Kalkulierte Jahreskosten Strom	Kalkulierte Jahreskosten Heizung	Kalkulierte Jahreskosten
	1373,75	1231,33	2605,08

Abb. 1.5 Darstellung von aktueller und kalkulierter Arbeit und Energiekosten

Durch diese Darstellung wird der Kunde durch reine Visualisierung seiner kalkulierten Energiekosten angeregt diese zu senken und somit psychologisch beeinflusst, da es direkt um seinen Geldbeutel geht. Hilfreich wären hier auch Graphiken, die Trends erläutern können. Der Autor bezeichnet diese Art des Energiemanagements ohne jegliche Gebäudeautomation als „psychologisches Energiemanagement". Es ist jedoch zweifelhaft, ob jeder Kunde in der Lage ist die richtigen Schlussfolgerungen aus den Datenerfassungen inklusive der Verläufe zu ziehen und ob er ohne Energieberater auskommt. Um den breiten Nutzen des Smart Meterings zu ermöglichen, sind vielmehr Maßnahmen notwendig, die bereits den Einstieg in die Gebäudeautomation erfordern und ermöglichen.

Was nützt es dem Kunden, wenn er über seine Heizkosten informiert ist, aber weder über die Temperaturen in den Räumen, den Öffnungszustand der Fenster oder den Bewohnungszustand des Hauses informiert ist? Was nützt es dem Kunden, wenn er über Stromversorgungskosten informiert ist, aber einzelne Verbraucherschaltzustände oder der Bewohnungszustand unbekannt sind? Bessere Rückschlüsse auf das Verbrauchsverhalten und die Einsparpotenziale oder direkte Hinweise zur Optimierung des Verbraucherhaltens erhält der Kunde durch die Bereitstellung von Temperaturen in den Räumen, der Fensterstellung und den Bewohnungszustand. Weitere nützliche Informationen sind Feuchte und CO_2-Wert. Hier bieten die Gebäudeautomationssysteme insbesondere im Funkbereich Lösungen, die über ein Visualisierungs- und Automatisierungssystem mit der Energiedatenerfassung kombiniert werden können, um dem Energiekunden im Rahmen einer zielgerichteten Energieberatung durch Korrelation von Messdaten Hinweise zu geben. Funklösungen sind hier von immensem Vorteil, da sie leicht nachgerüstet oder raumschonend interimsweise angebracht werden können und zudem das Umfeld nicht negativ beeinflussen. Ergebnis dieser Implementation ist das aktive Energiemanagement, über das der Kunde sich informieren kann, durch eine Visualisierungsoberfläche jedoch zusätzlich gezielt auf notwendige Nutzeränderungen hingewiesen wird. Dieser Typus des Energiemanagements wird vom Autor „aktives Energiemanagement" genannt, da der Kunde selbst zu einem aktiven Eingriff in seinem Gebäude, wie z. B. Licht ausschalten, Heizungsventile zudrehen oder Solltemperaturen absenken, aufgefordert wird. Der Energiekunde muss selbst „aktiv" werden (vgl. Abb. 1.6).

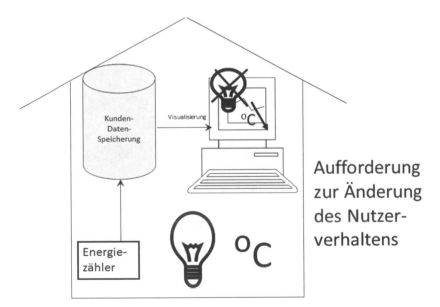

Abb. 1.6 Aktives Energiemanagement zur Optimierung des Energieverbrauchs

Denkbare Hinweise und Darstellungen sind Isttemperaturen der Räume, um auf energetisch optimale Temperaturen hinzuweisen (durch Hinweise, Skalen oder Farben), Auswertungen von Fensterkontakten oder eingeschaltete Stromkreise, wenn das Haus komplett verlassen wurde (vgl. Abb. 1.7).

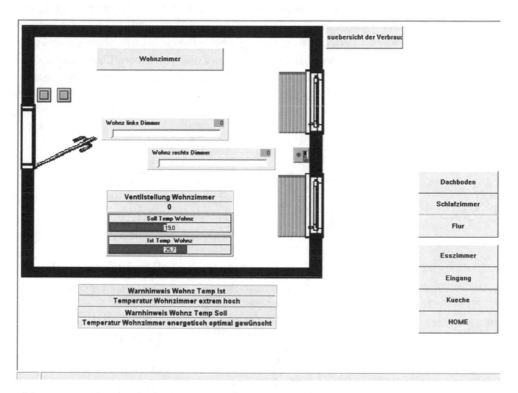

Abb. 1.7 Beispiel für die Aufforderung zur Änderung des Nutzerverhaltens

Ziel und Ergebnis des aktiven Energiemanagements ist bei Kenntnisnahme der Hinweise und entsprechender Reaktion des Kunden eine Reduktion des Energieverbrauchs und damit der Energiekosten. Wichtige Erkenntnis des aktiven Energiemanagements ist „Energiekosten lassen sich senken und damit Kosten sparen", wobei selbst eine monetäre Ausweisung der Einsparpotenziale möglich ist.

Insbesondere im Bestand, d. h. der extrem großen Anzahl von Altbauten, können hier hohe Kosteneinsparpotenziale aufgezeigt werden, ohne direkt mit hohen Kosten die Bausubstanz zu beeinflussen. Der Kunde wird bei entsprechender Aktion Energiekosten einsparen, die er anderweitig einsetzen kann.

Andererseits ist zu erwarten, dass die dauerhafte Bevormundung des Kunden auf die Dauer zu einer Abstumpfung bei der Reaktion auf die Hinweise des Systems führen wird. Die Erkenntnis, dass gezielt Energiekosten eingespart werden können, ist damit verbunden, dass man selbst „aktiv" sein muss, um Stellventile an den Heizkörpern zu verstellen oder Stromkreise abschalten muss. Auf die Dauer wird der Kunde den Wunsch verspüren, durch den Einsatz der gesparten Kosten die „aktive" Aktion in eine „passive" Aktion umzuwandeln, indem er auf die Möglichkeiten der Gebäudeautomation zurückgreift und dadurch weiteren Nutzen generiert. Durch Rückgriff auf Aktoren und eine Erweiterung des Projekts auf dem Automatisierungsgerät können Einzelraumtemperaturregelungen mit Nachtabsenkung oder unter Einfluss des Bewohnungszustandes oder gezielte Stromkreisabschaltungen zur Nachtzeit oder in Abhängigkeit des Bewohnungszustandes als nur wenige Beispiele programmiert werden. Der Kunde behält auf Dauer sowohl das Smart Metering, als auch das Hinweissystem, um die Aktion der Gebäudeautomation verifizieren zu können (vgl. Abb. 1.8).

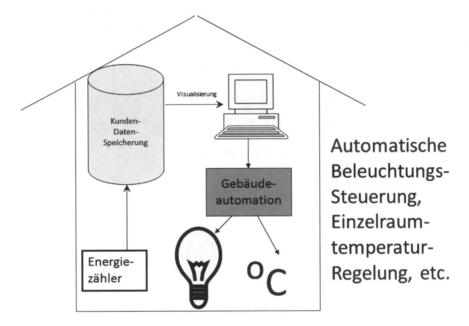

Abb. 1.8   Passives Energiemanagement mit Gebäudeautomation

Sukzessive erhält der Kunde ein Gebäudeautomationssystem, das unter Einbezug eines oder mehrerer Displays im Gebäude gezielt erweitert werden kann. Das Argument „Energieeinsparung" und Energiemanagement kann durch weitere gezielte Maßnahmen um Komfort- und Sicherheitsanwendungen erweitert werden, wobei eine wesentliche Basis durch das passive Energiemanagement bereits gelegt wurde, kaum Aktoren ergänzt werden müssen, sondern ausschließlich Software zu ändern ist. Die Gebäudeautomation verfügt über genügend Gerätetypen und Systeme, um sämtliche Anforderungen des Kunden kostengünstig und auch im Sanierungs- und Erweiterungsbereich zu befriedigen.

Intelligente und erweiterbare Automations- und Visualisierungssysteme sowie das ohnehin bereits vorhandene Visualisierungssystem in Form eines Monitors, bieten darüber hinaus auch die Möglichkeit multimediale und kommunikative Systeme gezielt in die Gebäudeautomation zu integrieren (vgl. Abb. 1.9).

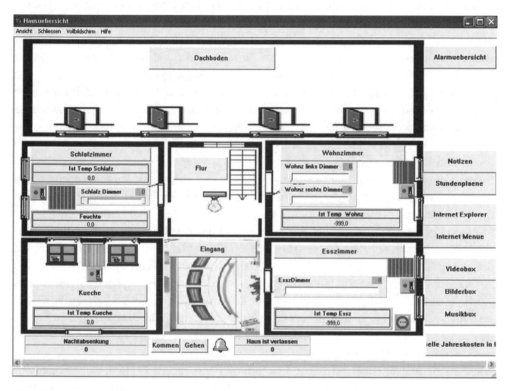

Abb. 1.9 Implementation von multimedialen und kommunikativen Systemen in die smart-metering-basierte Gebäudeautomation

Der Einstieg in die Gebäudeautomation erfolgt nicht über die Marketingargumente Komfort und Sicherheit, sondern das Aufzeigen von Kosteneinsparpotenzialen. Sukzessive wird das Gebäudeautomationssystem um Sicherheits- und Komfortargumente sowie multimediale und kommunikative Elemente zum Multifunktionssystem erweitert, in dem Smart Metering und Gebäudeautomation nur noch das Mittel zum Zweck ist.

Aktuelle Überlegungen führten dazu, dass zunächst Multimediasysteme mit Touchscreen-Systemen mit über Web-UI angeschlossene Mobile Phones, Laptops oder Tablet-PCs als Basis dienen können, um darauf basiert sukzessive Smart Metering, erweitertes Smart Metering mit Energieberatungsmöglichkeit und erst abschließend sukzessive Gebäudeautomation integriert wird.

Andere Wege der Gebäudeautomation verzichten zunächst oder sogar dauerhaft auf ausgiebige Verwendung von Messtechnik, soweit diese nicht direkt für die Gebäudeautomation benötigt wird. Hier sind die Ansätze im Neubaubereich völlig anders als im Nachrüstbereich. Soweit beim Neubau nicht auf funk- oder powerline-basierte Automationslösungen rückgegriffen wird, ist eine vollständige Planung mit der endgültig absehbaren Gebäudeautomationsausbaustufe erforderlich, um Stromversorgungen und Busleitungen bereits an allen relevanten Installationsorten liegen zu haben. Damit wird sukzessiver Ausbau möglich, wenn zunächst nur die wesentlichen Funktionen realisiert werden. Kommt ein Funkbussystem zum Einsatz, sind für den Anschluss elektrischer Verbraucher zu diesen Anschlusspunkten Stromversorgungen vorzurüsten, dies betrifft bei Powerline-Systemen alle nachzurüstenden Sensoren und Aktoren. Auch im Neubaubereich kann so eine umfangreiche Gebäudeautomation nach und nach ergänzt und ausgebaut werden, um neben Komfort und Sicherheit auch Energiemanagement zu realisieren.

Im Fall der Nachrüstung sind drahtbasierte Bussysteme problematisch, da im Allgemeinen die Busleitungen nicht verlegt sind. Es bieten sich daher Funklösungen an, die sukzessive nachgerüstet werden können. Sollen weitere Verbraucher einbezogen werden, die noch nicht an die Stromversorgung angeschlossen sind, so sind zu diesen Anschlusspunkten Stromversorgungskabel nachzurüsten. Funklösungen bieten die Möglichkeit zunächst normale Schaltungen umzurüsten und mit Mehrwert zu versehen, d. h., die Schaltung über konventionelle Schalter wird durch Taster, die auf Sensoren wirken, und auf Aktoren wirken, ersetzt. In diesem Fall werden dezentrale Bussysteme aufgebaut, was Vorteile, aber auch erhebliche Nachteile mit sich bringt. Andererseits können Funkbussysteme auch von vorn herein als zentralenbasierte Systeme aufgebaut werden, indem die Intelligenz nicht in Sensoren und Aktoren, sondern in der Zentrale abgelegt ist und damit einfach geändert werden kann.

Nicht mehr wegzudenken ist Gebäudeautomation aus Liegenschaften. Mit stetiger Zunahme der Automatisierung der Gebäudeinstallation entstanden neben stark dezentral aufgebauten Bussystemen, die mit einer Zentrale verbunden werden, auch zentralisierte Lösungen über einfach vernetzbare Bussysteme. Der Nachteil fehlender Flexibilität der Installation bei zentralisierten Systemen wird mehr und mehr durch Hinzunahme weiterer, spezialisierter Bussysteme ausgeglichen. Zu nennen sind hier die Bussysteme EnOcean, DALI und andere. Das Smart Metering wird in Liegenschaftsinstallationen mehr und mehr nachinstalliert, um detailliert Übersicht über die Energieverbräuche zu erhalten oder gezielt Mieterkostenabrechnungen erstellen zu können.

Vergleich mit dem Kfz

Niemand anders als die Kfz-Industrie, wenn überhaupt noch vergleichbar die Sanitär-branche in Ansätzen, hat es geschafft technisch Komfort-, Sicherheits-, Energiespar-funktionen und Luxus standardmäßig in dem Verkaufsprodukt umzusetzen. Schaut man sich den Kfz-Markt noch vor 15 Jahren an, verfügten die Kfz allenfalls über elektrische Fensterheber, aber keine Informations- und Navigationssysteme und integrierte Audio-systeme. Heute verfügen Autos nahezu als vollständiger Standard über zentrale Schließ-einrichtungen per Funk, elektrische Fensterheber, Schiebedächer oder Cabrios elektri-sche Dächer, das Autoradio ist gegen ein multifunktionales Multimediasystem mit DOLBY-surround-Einbindung und Steuerung über das Lenkrad oder Fernbedienung mit Handyankopplung gewichen, Musik-Dateien werden über USB-Sticks, Daten-Chips oder Bluetooth, wie auch das Handy in das System integriert. Das Navigationssystem ist entweder problemlos und kostensparend wie eine Handy-Freisprecheinrichtung nach-rüstbar oder direkt vorgesehen oder eingebaut. Es ist müßig über die selbstverständ-lichen Zusatzsysteme ABS, ESP, ASR etc. zu diskutieren, nachdem die Systeme über teils unsinnige Renn- und Rallyeerprobung von Familienautos (bestes Beispiel Elchtest) durch die Luxusklasse den Einzug erhielten, sind sie nahezu bis zur Kompaktklasse ver-treten oder vorgeschriebener Sicherheitsstandard geworden. Im Hintergrund steht hoch-komplexe Elektronik mit kaum zählbaren Sensoren und teilweise weit über 100 Elektro-motoren als Aktorelemente, die klaglos und im Hintergrund über ein Bussystem ihren Dienst versehen. Einen Ausfall verkraften wir Nutzer klaglos, rufen den Pannendienst oder fahren in eine Werkstatt, pochen bei neuen Autos auf Garantie und akzeptieren auch Fehler. Seit vielen Jahren haben auch Smart Metering und Energiemanage-mentsysteme im Kfz Einzug gehalten. Einige der in diesem Buch vorgestellten Ma-nagementverfahren werden im Folgenden am Kfz aufgezeigt. Der große Unterschied zwischen dem Haus und dem Kfz besteht darin, dass Häuser mindestens 10-mal teurer sind als Kfz und zudem eine höhere Verwendungszeit von mehr als 30 Jahren gegenüber Kfz von ca. 5 Jahren besitzen. Dies würde bezüglich des Hauses bedeuten, dass die Mehrkosten für Gebäudeautomation zu akzeptieren wären. Angesichts der hohen

Grundinvestitionen für Häuser wird jedoch der Kreditrahmen schnell erreicht und erlaubt keine zusätzlichen Investitionen in Gebäudeautomation. Die tatsächlich höheren Beschaffungskosten für Kfz mit Automationsfunktionen sind nicht minderbar, da vorgerüstete Automationselektronik nicht ausgebaut werden kann, um die Anschaffungskosten zu senken. Zudem werden weitere Automationskomponenten in fest geschnürten Paketen in rabattierter Form angeboten. Der Kfz-Käufer kommt damit um den Mitkauf von Automation im Kfz nicht mehr herum. Andererseits bestehen technische Unterschiede hinsichtlich der Verwendung von Automation im Haus und im Kfz. Während der Markt der Gebäudeautomationssysteme unüberschaubar ist und zudem nahezu grundsätzlich einzelne Solitäre (immer von Grund auf) von Gebäudeautomationsanlagen konzipiert werden ohne auf Standards zurückzugreifen, sind die Busstrukturen im Kfz klar definiert und werden sukzessive planmäßig erweitert, der Unübersichtlichkeit verschiedenster Bussysteme im Gebäude ist ein Standardbussystem, der sogenannte CAN-Bus, gewichen, an den gegebenenfalls weitere Subbussysteme angekoppelt werden.

2.1   Komfortfunktionen

Zu den typischen Komfortfunktionen im Auto zählen elektrische Sitzverstellung mit Memoryfunktion, Gurtangeber und -warner, beheizbare Sitze, Klimaanlage, elektrische Fensterheber mit Sicherheitsfunktion gegen Strangulierung, automatisch umklappbare Kopfstützen im Fond und adaptierte Kopfstützen im Frontbereich, Komfortheizung mit Standheizung, Klimaanlage, Multimedia inklusive Radio-, CD-ROM-, MP3-, USB und Memory-Card-Unterstützung, Navigationssystem und vieles mehr.

Man hat den Eindruck, als wäre im Auto Energie im Überfluss vorhanden, erkauft sich dies jedoch durch größere, kraftstoffschluckende Motoren, große Generatoren, Akkumulatoren und schwere Fahrzeuge.

Vergleichbar mit den Funktionen in einem Haus sind Jalousie- und Rollladenmotoren, die kostenaufwändig mit Rohrmotoren und Steuerungseinrichtung nachgerüstet werden müssen, Liegesessel zu hohen Kosten, Fernseh- und Videosystem, Radio- und Audiosystem werden in Luxusanlagen als Multiroomsystem ausgeführt. Die Heizung und Lüftung gehören zur Normalausstattung, Klimaanlagen gehören zur Luxusausstattung. Der Unterschied zwischen Kfz und Gebäude besteht in der Anzahl der jeweils verbauten Einrichtungen, sind es beim Kfz beispielsweise 4 Fenster, kommen im Einfamilienhaus leicht mehr als 20 zur Anrechnung.

Ein wesentlicher Unterschied zwischen Kfz und Haus besteht dennoch. Während man beim Auto Assistenzsysteme findet, die man nutzen kann, gibt es aus Sicherheitsgründen bisher keine direkte Unterstützung. So werden Fenster nicht zugefahren, um die Heizungsleistung zu reduzieren, aufgefahren, um die Klimaanlage und Lüftung zu entlasten, Heizung, Lüftung und Klimaanlage bei geöffneten Fenstern nicht abgeschaltet. Während die Heizleistung bei Verbrennungsmotoren über die Abwärme problemlos verfügbar und prinzipiell kostenlos ist, ist der Energiebedarf von Klimaanlagen durch zusätzliche Kompressoren, die von Motoren angetrieben werden müssen, erheblich. Metering ist zwar vorhanden, Energiemanagement könnte erfolgen, wird jedoch nicht eingesetzt.

Der Luxus wird gern hingenommen, bei der Kfz-Beschaffung mitbezahlt, auch die zusätzlichen Verbrauchskosten werden über die Kraftstoffkosten und höheren Wartungsentgelte gezahlt, obwohl die Verbräuche relativ kaum sinken, die Kraftstoffpreise ständig steigen. Erst seit Einführung von Elektromobilität wird bei Elektrofahrzeugen über die elektrische Ausstattung nachgedacht, da jeglicher elektrische Verbraucher aus der Batterie gespeist werden muss und damit jeder nicht vorhandene oder eingeschaltete Verbraucher die Reichweite steigert. Prompt wird über die Heizungsanlage nachgedacht und statt einer Elektroheizung eine permanent betriebene Standheizung mit Dieselkraftstoff zum Einsatz gebracht.

2.2   Sicherheitsfunktionen

Sicherheitsfunktionen im Kfz werden im Wesentlichen durch Störmeldefunktionen abgedeckt. Als echte Sicherheitsfunktionen sind zu nennen die automatische Wieder-Verriegelung des Kfz, wenn nicht innerhalb eines Zeitraumes die Kfz-Nutzer zugestiegen sind und der Zündschlüssel eingesteckt wurde, oder die automatische Verriegelung der Türen nach Fahrtantritt als Schutz gegen Überfälle. Im Luxussegment sind GPS-Systeme verbaut, die nach Diebstahl den aktuellen Standort des Kfz melden. Automatische Verriegelung von Dachfenstern oder -hauben oder sonstigen Fenstern bei Regen findet man nahezu nicht.

2.3   Energiemanagementfunktionen

Hinsichtlich des Energiemanagements sind seit Einführung des Kfz Messmethoden im Einsatz, um den Kraftstoffstand im Tank anzuzeigen und gezielt freizugeben oder umzuschalten. War der Kraftstoffstand anfänglich mit dem Peilstab zu messen, was mit der Energiekostenrechnung nahezu vergleichbar ist, verfügt das Standard-Kfz heute über eine Tankanzeige, über die der Energieeinsatz visualisiert wird. Anfänglich wurde ein leerer Tank angesichts eines stotternden Motors erkannt und durch Umschaltung auf Reserve ein Zusatzreservoir für eine Restlaufzeit genutzt. Heute signalisiert der rote Bereich der Tankanzeige oder eine leuchtende Lampe den Anbruch der Reserve und damit das baldige Ende einer Fahrt, wenn nicht nachgetankt wird. Wenn auch diese Messmethoden antiquiert erscheinen, so verdeutlichen sie doch sehr drastisch den Energieverbrauch, da Kraftstofftanks im Allgemeinen nicht für den Einsatz des Kfz über Zehntausende von Kilometern, sondern eher für 1.000 km reichen, und damit das energetische Verhalten spätestens an der Tankstelle beim Griff an die Geldtasche oder Blick auf die Tankrechnung verifiziert werden kann. Reicht das Gehalt generell oder ist das Monatsende noch fern, kann das Fahrverhalten beibehalten werden, anderenfalls wird der Kfz-Einsatz reduziert oder das Gaspedal nicht mehr dauerhaft durchgetreten. Würde das Prinzip Kraftstofftank und Tankstelle durch Prepaid-Systeme wie in vielen europäischen Staaten üblich auch für die elektrische Energie im Gebäude genutzt werden, so könnte man sich jegliche Diskussion über Smart Meter sparen und direkt auf Gebäudeautomation umsteigen, um den Energieeinsatz generell zu senken.

Abb. 2.1 Verbrauchsanzeige im Auto mit Routenverlauf

Die Kfz-Industrie geht jedoch einen anderen Weg. Um den enormen Energiebedarf zu zügeln, verfügen die Kfz mehr und mehr über kraftstoffsparende Motoren (deren Kraftstoffverbrauch aufgrund hoher Leistungen der Motoren, zügellos hoher Geschwindigkeiten und Zusatzsystemen im Kfz wieder bei Verbräuchen vor 15 Jahren angekommen sind). Weitere Verbrauchszügelung wird durch aktives Energiemanagement unterstützt, indem der aktuelle Routenverlauf mit gefahrenen Kilometern und gefahrener Zeit, Durchschnittsgeschwindigkeit und -verbrauch zur Anzeige gebracht werden. Durch diese psychologische Beeinflussung in Verbindung mit dem klassischen Kraftstoffanzeiger mit Reserveanzeige und dem Tachometer kann der Autofahrer angehalten werden, sein Fahrverhalten seinem Geldbeutel anzupassen (vgl. Abb. 2.1).

Die Leistungsfähigkeit moderner Embedded-Systeme erlaubt jedoch auch die Speicherfähigkeit der Daten einzelner Routen, des gesamten Durchschnittsverbrauchs, aufgrund der enormen Rechenleistungen auch die Kalkulation von Restlaufzeiten (vgl. Abb. 2.2).

Abb. 2.2 Reichweitenanzeige im Auto mit Temperatur und aktueller Zeit

Als weiteres Energiesparinstrument dient damit eine aktive Reichweitenermittlung, über die durch ununterbrochene Trendrechnung die aktuelle Reichweite bei aktivem Limit durch aktuellen Tankinhalt die Restlaufzeit bis zum nächsten Tanken ermittelt wird. Logischerweise gaukelt eine ständig steigende, gegenüber einer ständig fallenden Reichweitenanzeige vor, dass man sich energetisch im optimalen Bereich befindet. Bei Kurzstreckenbetrieb wird die Reichweite schnell sinken, da Stadtverkehr und betriebskalte Motoren den Verbrauch extrem steigern. Die Temperaturanzeige dient gleichzeitig als Sicherheitsmerkmal (Eis), unterstützt psychologisch, aber auch, dass bei höheren, moderaten Temperaturen der Verbrauch geringer ist als bei sehr niedrigen oder hohen Temperaturen.

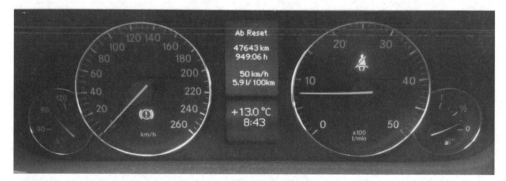

Abb. 2.3 Mittlere Verbrauchsanzeige im Auto mit Basiswerten

Darüber hinaus stellt das Energiemanagementsystem im Kfz auch Vergleichsdaten zur Verfügung, um auf der Basis der Vergangenheit sein aktuelles Fahrverhalten anzupassen (vgl. Abb. 2.3).

Alles in allem stellt ein Mittelklasse-Kfz heute mehr Energiemanagementfunktionen zur Verfügung als zukünftige Smart-Metering-Systeme im Haus. Berücksichtigt man zudem, dass ein im Jahr genutztes Kfz bei mittlerer Laufleistung von 15.000 km im Jahr und einem Durchschnittsverbrauch von 7 Litern (Diesel) bei einem Literpreis von 1,50 Euro Kraftstoffkosten von ca. 1.580 Euro aufwirft und zusätzlich Wartungskosten, Steuern, Versicherung etc. kostet, so wird umso deutlicher die Notwendigkeit von Smart Metering für das Haus als wesentlich notwendiger erachtet, da das Haus bis auf Urlaub etc. nahezu 24 h am Tag bewohnt ist, das Kfz bei 15.000 km im Jahr und einer Durchschnittsgeschwindigkeit von realistischen 50 km/h nur etwa eine Stunde am Tag. Dabei muss berücksichtigt werden, dass die Kraftstoffpreise sich sehr schnell zum Negativen entwickeln und sich bei Diesel im August 2012 bei 1,50 Euro relativ zu den 1,20 Euro im Jahr 2010 befinden und damit eine Steigerungsrate von ca. 10 % je Jahr aufweisen. Entsprechend entwickeln sich zwar noch moderat, aber feststellbar die Tarife für elektrischen Strom, dabei steigen durch die Kosten der politisch verordneten Energiewende die elektrischen Tarife zum einen durch die Kostensteigerung durch die höheren Aufwände bei der Gewinnung fossiler Energien, aber auch die Einführung regenerativer Energien durch Umlage der Kosten für die neu zu erstellenden Anlagen (Windkraft, Photovoltaik, Biogas), Netze (Hochspannungsleitungen, Erdkabel) und Speicher (Pumpspeicherkraftwerke, Elektrolyseanlagen, Power to gas).

Wie reagiert der Autofahrer bei hohem Kraftstoffpreis (Tarif) und leerer werdendem Tank? Er fährt langsamer, tankt weniger oder später und wartet die Tarifspitze ab.

Alles in allem ein gutes Beispiel für psychologisches Energiemanagement.

2.4 Störmeldefunktionen

Störmeldungen sind im Kfz schon seit langem bekannt. Die bekanntesten Anzeigen sind Zündung und fehlender Öldruck als rote Anzeigelampe sowie Kontrollleuchten für Stand-, Abblend- und Blinklicht. Die rote Zündungskontrollleuchte wird zur Kontrolle vor dem Startvorgang eingeschaltet und verlischt bei gestartetem Motor und damit betriebsfähigem Generator zur Ladung des Akkumulators. Darüber hinaus leuchtet die Lampe, wenn der vom Motor betriebene Generator keine Spannung mehr erzeugt und sämtliche Energie aus der Batterie gezogen wird. Die Öldruckkontrolllampe leuchtet, wenn aufgrund niedrigen Ölstandes oder eines Defekts der Öldruck für einen problemlosen Betrieb nicht mehr ausreichend ist und die Fahrt unterbrochen werden sollte. Demgegenüber dienen Stand-, Abblend-, Fern- und Blinklicht-Anzeigen nur der Rückmeldung, dass das jeweilige Licht eingeschaltet ist, meist jedoch ohne konkrete Rückmeldung, ob die Leuchtmittel auch tatsächlich funktionsfähig sind (vgl. Abb. 2.4).

Abb. 2.4 Störmeldung im Auto

Im Automobilsektor geht man heute aber noch wesentlich weiter. Neben einem umfassenden Energiemanagementsystem bietet das moderne Kfz ein komplexes Störmeldesystem. So dienen Anzeigen von Feststellbremse, ABS-Auslösung, ASR-Auslösung, Gurtanzeige, Generator- und Ölzustands-Anzeige ebenso zur Grundausstattung, wie mehr und mehr die Überwachung von Stromkreisen durch Überwachung der Last und Anzeige ausgefallener Leuchtmittel etc.

Etwas derartiges Störmeldesystem findet man in Haushalten kaum, es gilt die visuelle Störmeldung. Ist eine Sicherung abgefallen, sind Teile der Stromkreise im Haushalt nicht versorgt. Erfolgte ein genereller Stromausfall verursacht durch den Energieversorger, so ist meist das ganze Wohngebäude stromlos. Hilfreich wäre im Wohngebäude die Meldung des Ausfalls von Stromkreisen, an denen zwingend notwendig elektrische Energie notwendig ist, wie z. B. bei Kühlschränken und Kühltruhen, aber auch Uhren ohne Standby-Versorgung oder ADSL-Router und PC-Systeme mit Serverfunktion ohne unterbrechungsfreie Stromversorgung. Selbst die ausgefallene Stromversorgung der Klingel wäre hinsichtlich einer Rückmeldung interessant.

Selbst die Überwachung von Wartungsintervallen erfolgt im Kfz automatisch durch Meldung der Restlaufzeit einer Periode zwischen zwei Wartungen, während sämtliche Wartungen im Gebäude über den Kalender nachgehalten werden müssen. Einzig der Schornsteinfeger meldet seine Wartungstermine automatisch an.

Erneut wird erkennbar, dass das moderne Kfz wesentlich besser ausgestattet ist als das Wohngebäude, in dem wir uns nahezu ständig aufhalten.

2.5   Limitvorgaben

Limitvorgaben kennt jeder Mensch. Sie sind vorgegeben durch das Gehalt, das vom
Arbeitgeber auf das Konto des Arbeitnehmers überwiesen wird. Nähert sich der Konto-
stand dem Stand 0 Euro sind keine Einkäufe mehr möglich und man muss auf kostspielige Dispositionskredite zurückgreifen. Andererseits neigt jeder Mensch dazu Reserven
für schlechtere Zeiten oder den Lebensabend zurückzulegen und reduziert damit generell das verfügbare Gehalt im Monat und reduziert damit sein Limit.

Abb. 2.5 Limit-Einstellung im Auto

Die Automobilindustrie geht aber auch zumindest im Mittelklassesegment einen ent-
scheidenden Schritt weiter und bietet zur Fahrerassistenz Limitierungssysteme in Form
von Tempomat und Limiter an (vgl. Abb. 2.5). Insbesondere der Limiter unterstützt
energie- und kostensparendes Fahren erheblich, während der Tempomat prinzipiell eher
eine Komforteinrichtung ist. Der Limiter legt eine Maximalgeschwindigkeit fest, regelt
bei Überschreitung des Limits elektronisch die Kraftstoffzufuhr ab und warnt, wenn bei
Bergabfahrt das Limit durch die Nutzung der potenziellen Energie als Umwandlung in
kinetische Energie bei ausbleibender Bremsung die Geschwindigkeit gesteigert wird.
Limiter reduzieren damit den Energieeinsatz bei normaler Fahrt, während bei Bergabfahrt die potenzielle Energie nicht gespeichert werden kann. Generell fehlen bei Kfz
ohne Hybrid-Technologie im Allgemeinen Energierückgewinnungssysteme, da aus kine-
tischer oder potenzieller Energie derzeit technologisch nur durch Elektrolyse Wasserstoff
oder über Generatoren elektrische Energie durch Speicherung in der Batterie rückge-
wonnen werden kann. Während Wasserstoff aus Sicherheitsgründen im normalen Kfz
nicht gespeichert wird und Batterien durch den Generator nach dem Start ohnehin ständig geladen werden, hat der Limiter nur die halbe Wirkung hinsichtlich der Energieeinsparung, da zwar der Energieeinsatz, nicht aber die Energierückgewinnung optimiert

wird. Dies trifft prinzipiell auch auf dem Tempomaten zu, der ebenso keine Energierückgewinnung ermöglicht, aber im Sinne einer Regelung eine Sollgeschwindigkeit über den Kraftstoffeinsatz stellt. Der Tempomat erfordert nicht die Betätigung des Gaspedals, da dieses über die Regelung elektronisch bedient wird, während der Limiter die aktive Betätigung des Gaspedals erfordert, aber übermäßigen Kraftstoffeinsatz begrenzt.

Limiter findet man in Haushalten nur zeitverzögert zum Ende des Jahres bei Präsentation der Nachzahlungsrechnungen für verbrauchte Energie, nachhaltig sind diese jedoch nicht, da unklar ist, auf welche Verbraucher wie verzichtet oder eingegriffen werden kann.

2.6 Adaptives Nutzerverhalten

All die oben angeführten Fahrerassistenzsysteme stehen dem Autobesitzer meist als Basisausstattung oder als Komfortpakete beim Autokauf zur Verfügung. Er kann, muss aber die Einrichtungen nicht nutzen, um sein Fahrverhalten energie- und kostensparend zu gestalten. Somit ist das Nutzerverhalten freizeit- oder arbeitstagsadaptiv. In der Freizeit bei Sonntagsausfahrten steht das sportliche Nutzungsverhalten ohne Energiemanagement (allenfalls zur Ermittlung der Durchschnittsgeschwindigkeit) im Vordergrund, bei langen Fahrstrecken an Arbeitstagen das energie- und kostensparende Verhalten mit Komfortunterstützung, um auf einen Tankstellenaufenthalt zu verzichten und damit eher zu Hause anzukommen.

Was das Auto derzeit bietet, findet sich heute in kaum einem Haushalt. Viele Methoden sind im Auto bereits verwirklicht, deren Umsetzung im Haushalt zwar denkbar, aber ohne Gebäudeautomation noch in weiter Ferne ist.

Auch im Wohngebäude sind diese Methoden sowohl im Neubau, als auch bei einer Sanierung oder durch Nachrüstung realisierbar, sämtliche Technologien des Kfz sind in abgewandelter und angepasster Form auch für das Wohngebäude machbar. Bei Neubauten ist eine pauschale, direkte Realisierung denkbar, jedoch auch eine sukzessive Nachrüstung, wenn die Einbauorte von Sensorik und Aktorik bereits mit den Stromversorgungs- und Datenleitungen, soweit notwendig, versehen sind oder über Leerrohre oder Kanäle nachgerüstet werden können. Verfügbar sind zudem Systeme, die einfach über die Medien Funkbus oder, bei vorhandenem vollständigem Leitungssatz, auch durch Powerline realisiert werden können. Manche Methoden sind direkt durch dezentrale Gebäudeautomation mit einfacher Automatisierung, andere nur durch softwarebasierte Zentralen mit Displays realisierbar. Vor der tiefgreifenden Installation von Gebäudeautomation stehen jedoch vordergründig die Kosten der Systeme hinsichtlich Anschaffung und Wartung.

Geht man von Anschaffungskosten in Höhe von 20.000 Euro für einen Mittelklassewagen aus, so gehen Experten davon aus, dass darin ca. 35 % Elektronik bzw. elektrische Systeme verbaut sind, die nicht unbedingt für den Betrieb des Kfz notwendig sind. Damit werden für Kfz 7.000 Euro für Automation verwendet. Geht man von einer Nutzungszeit von 10 Jahren mit einem Restwert von 2.000 Euro aus und berücksichtigt die ständigen Wartungskosten, so leistet man sich beim Kfz jährlich etwa 500 Euro für elektronische Systeme für ein Kfz, bei allgemein üblich mehr als zwei Kfz je Haushalt damit fast 1.000 Euro in jedem Jahr.

Demgegenüber liegen die Anschaffungskosten von Wohngebäuden einfacher Kategorie bei 150.000 bis 200.000 Euro. Für die konventionelle Elektroinstallation fallen ca. 3 bis 5 % der Anschaffungskosten an, dies wären zwischen 4.500 und 10.000 Euro, wobei jedoch einfachste Schaltungen ohne komplexe Treppenlicht- und Kreuzschaltungen und geringe Steckdosenanzahl bei nur wenigen einzeln schaltbaren Stromkreisen, die sogenannte 1-Stern-Kategorie, realisiert werden. Durch einen geringen Mehraufwand hinsichtlich Verkabelung in Verbindung mit weiteren elektrischen Komponenten sind etwa 2.000 Euro und bei Verwendung einer Industrie-SPS weitere 2.000 Euro notwendig, um darauf basierend eine weiter ausbaufähige Gebäudeautomation zu realisieren. Geht man inklusive Zusatzsoftware und Programmieraufwand auf der Basis ständig wiederverwendbarer Programmierung, d. h. standardisierter Lösungen, von weiteren 1.000 Euro aus, fallen insgesamt 5.000 Euro für eine komplexe Gebäudeautomation an, dies entspricht in etwa den Grundkosten für eine konventionelle Basisinstallation. Bei einer mittleren Nutzungsdauer von 20 Jahren fällt dieser Mehrwert an Wohnqualität, der auch Energieeinsparung ermöglicht, mit 250 Euro je Jahr im Vergleich zum Kfz kaum ins Gewicht.

Realisierbar ist der Mehrwert an Automation im Wohngebäude aufgrund etwas höherer Systemkosten bei optimaler Systemauswahl jedoch auch für Sanierungs- und Nachrüstungsprojekte. Die Mehrkosten werden etwa vergleichbar mit den Neubau-Add-On-Kosten liegen, da im Zuge der Nachrüstung niemals das gesamte Wohngebäude nachgerüstet werden wird.

Funktionen der Gebäudeautomation

3

In den zurückliegenden Jahren galten die Argumente Komfort, Sicherheit und zu geringen Teilen auch Energiemanagement zu den Marketingargumenten in der Gebäudeautomation. Komfortfunktionen wurden mit Behaglichkeit, Lichtsteuerung und Lichtszenen in Verbindung gebracht, während Sicherheitsfunktionen mit Hausüberwachung,
Anwesenheitssimulation und Einbruchsmeldung gleichgesetzt wurden. Das Feld des
Energiemanagements wurde gleichgesetzt mit automatischer Licht- und Verbraucherabschaltung beim Verlassen des Hauses und Einzelraumtemperaturregelung mit Fens-
terkontakt- und Anwesenheitseinbindung. Als Ergänzung wurden Multimediaeinbin-
dungen wie Multiroomanlagen und Multimediaadaptionen (z. B. Bang&Olufsen, Loewe
Opta bei Busch-Jaeger) angeboten sowie Haushaltgerätesteuerung und -monitoring (z. B.
Miele, Siemens). Damit trafen die Produkt- und Systemportfolios auf das Villengeschäft
in der Preisklasse ab 500.000 Euro, nicht aber den Heimautomationsbereich des normalen Häuslebauers mit 150.000 bis 200.000 Euro an Baukosten zu, der seinen Kreditrahmen klar abstecken muss. Auch passten die Konzepte nur wenig auf die Bereiche Sanierung und Erweiterung, da nur wenige Systeme für die Nachrüstung geeignet waren und
sind, aber dazu in den folgenden Kapiteln mehr.

3.1 Komfortfunktionen

Über Komfortfunktionen in der Gebäudeautomation kann man ganze Bücher schreiben,
wenn man die gängigen Fachzeitschriften analysiert und realisierte Funktionen zusammenfasst. Aus diesem Grunde sei hier nur eine unvollständige Liste aufgeführt, die
beliebig erweitert werden kann:

- Automatisches, zeitgesteuertes Einschalten von Verbrauchern
  - Automatisches Licht zum Aufstehen im Schlafzimmer (Weckfunktion)
  - Automatisches Licht im Badezimmer (Präsenzmeldung ohne Taster)

- Zeit- und helligkeitsgesteuertes Außenlicht
- Zeitgesteuerte Aquarienbeleuchtung
- Automatisches Treppenhauslicht (Ausleuchtung von Wegen beim Betreten des Hauses)
- Automatisches, zeitgesteuertes Ausschalten von Verbrauchern
- Zeitgesteuerte Abschaltung des Lichts zur Nacht
- Zeitgeschaltete Verriegelung der Türschlösser
- Jalousie-, Markisen- und Fensterfunktionen
  - Automatisches Zufahren von Markisen und Fenstern bei Regen
  - Herunterfahren von Jalousien bei Sonneneinstrahlung
  - Herauffahren von Jalousien bei fehlendem Sonnenlicht
- Lichtszenen
  - Lichtszene der Beleuchtung für das Fernsehen
  - Lichtszene der Beleuchtung für das Essen
  - Lichtszene der Beleuchtung für Videovorführungen
- Heizung
  - Sollwertabsenkung bei kurzzeitiger Abwesenheit
  - Sollwertabsenkung bei längerer Abwesenheit (Frostschutz)
  - Sollwertabsenkung bei Frostschutz bei Fensterkontaktauslösung
- Garten
  - Zeit- und helligkeitsgesteuerte Gartenbeleuchtung
  - Niederschlagsabhängige Berieselung des Rasens
- Katzenklappe mit RFID-Chip

Die Liste ist keinesfalls vollständig und kann beliebig fortgeführt werden.

Einige der Funktionen haben bereits Auswirkungen auf den Energieverbrauch, unterstützen also bereits direkt das Energiemanagement.

3.2   Sicherheitsfunktionen

Auch über Sicherheitsfunktionen in der Gebäudeautomation kann man ganze Bücher schreiben, wenn man die gängigen Fachzeitschriften analysiert und realisierte Funktionen zusammenfasst. Häufig basieren die Sicherheitsfunktionen auf der Basis der Auswertung von Sensoren, wobei über binäre Sensoren Fenster- und Türstellungen oder sonstige Positionen erfasst werden, mit analogen Sensoren Rauch- und Brandmeldung, Ströme, Spannungen, Leistungen oder zu hohe oder niedrige Temperaturen erfasst werden. Aus diesem Grunde sei auch hier nur eine unvollständige Liste aufgeführt, es wird aber schnell klar, dass Sensoren und Aktoren sehr intensiv miteinander verschränkt werden müssen und können, um durch Mehrfachnutzung die Kosten der Anschaffung des Gebäudeautomationssystems zu senken:

- Einbruchsmeldung
  - Automatische Meldung von Tasterbedienung bei Abwesenheit
  - Automatische Meldung der Öffnung von Fenstern
  - Automatische Meldung der Öffnung von Türen und Toren
  - Auswertung von Bewegungs- und Präsenzmeldern
  - Webcam-Auswertung auf Bewegung im Haus
- Schaltzustandsüberwachung und -steuerung
  - Abschaltung von Herden, Kochstellen bei Abwesenheit
  - Abschaltung und Überwachung von Steckdosen (Bügeleisen)
- Rauchmeldung
- Brandmeldung
- Kleinkindüberwachung
  - Meldung der Lichteinschaltung im Kinderzimmer
  - Meldung von Bewegung im Kinderzimmer
- Stromkreisüberwachung
  - Überwachung von Kurzschlüssen
  - Überwachung defekter Verbraucher und Leuchtmittel
  - Überwachung von Überlastungen
  - Überwachung der Änderung des Verbraucherverhaltens (höherer Strombedarf)
- Überwachungsmöglichkeit und Meldungen
  - Meldungen per SMS und E-Mail
  - Web-Zugang zur Gebäudesteuerung
  - Handy-Zugang zur Gebäudesteuerung
- Meldung von Wasserlecks und Überschwemmung
- Meldung von fehlerhaften Kühlgeräten
- Meldung von Überhitzungen
- Meldung von drohender Vereisung

Mittelbaren Einfluss auf den Energieverbrauch haben diese Funktionen meist nicht, wenn auch einige Sicherheitsfunktionen erhebliche Kosten einsparen können. Insbesondere Fensterkontakte können in die Heizungs- und Lüftungssteuerung einbezogen werden. Sind Messgeräte zur Analyse elektrischer Größen enthalten, können diese auch im Rahmen des Smart Meterings oder des Energiemanagements zum Einsatz kommen.

3.3 Energiemanagementfunktionen

Neben den reinen Komfort- und Sicherheitsfunktionen der Gebäudeautomation unterstützen die Energiemanagementfunktionen den Hausbetreiber insbesondere im Bereich der Schaffung von Behaglichkeit und der Kosteneinsparung. Viele hier aufgeführten Begriffe und Funktionen werden in den folgenden Kapiteln noch intensiv erläutert und funktional erklärt:

- Smart Metering (elektronischer Haushaltszähler)
- intelligentes Smart-Smart Metering
  - Überwachung des aktuellen Leistungszustands der Verbraucher
  - Überwachung des aktuellen Verbrauchs der Verbraucher
  - Überwachung der aktuellen Kosten der Verbraucher
  - Überwachung des aktuellen Leistungszustands des Hauses
  - Überwachung des aktuellen Verbrauchs des Hauses
  - Überwachung der aktuellen Kosten des Hauses
  - Überwachung des kalkulierten Verbrauchs der Verbraucher
  - Überwachung der kalkulierten Kosten der Verbraucher
  - Überwachung des kalkulierten Verbrauchs des Hauses
  - Überwachung der kalkulierten Kosten des Hauses
- Heizungssteuerung
  - Sollwertabsenkung bei kurzzeitiger Abwesenheit (Standby)
  - Sollwertabsenkung bei längerer Abwesenheit (Frostschutz)
  - Sollwertabsenkung bei Nachtbetrieb
  - Heizungspumpensteuerung
  - Kesselsteuerung
- Lichtsteuerung
  - Lichtzuschaltung bei Dämmerung
  - Lichtabschaltung bei Helligkeit
  - Konstantlichtregelung in Abhängigkeit der Helligkeit
- Lichtszenen
  - Lichtszene der Beleuchtung für das Fernsehen
  - Lichtszene der Beleuchtung für das Essen
  - Lichtszene der Beleuchtung für Videovorführungen
  - Licht- und Verbraucherabschaltung bei Abwesenheit
- Jalousien und Rollläden
  - Jalousieabsenkung zur Vermeidung von Überhitzung
  - Jalousieanhebung zur Nutzung von Sonneneinstrahlung
- psychologisches Energiemanagement
  - Überwachung des aktuellen Leistungszustands des Hauses
  - Überwachung des aktuellen Verbrauchs des Hauses
  - Überwachung der aktuellen Kosten des Hauses
  - graphische Darstellung von Jahres- und Tagesgangkurven
- aktives Energiemanagement
  - Information über nicht abgeschaltete Geräte bei verlassenem Haus
  - Information über zu hohe Sollwert- und Ist-Temperaturen
  - Information über geöffnete Fenster und Türen
- Energieberatung
  - Überwachung des aktuellen Leistungszustands der Verbraucher
  - Überwachung des aktuellen Verbrauchs der Verbraucher

- – Überwachung der aktuellen Kosten der Verbraucher
- – Überwachung des aktuellen Leistungszustands des Hauses
- – Überwachung des aktuellen Verbrauchs des Hauses
- – Überwachung der aktuellen Kosten des Hauses
- – Überwachung des kalkulierten Verbrauchs der Verbraucher
- – Überwachung der kalkulierten Kosten der Verbraucher
- – Überwachung des kalkulierten Verbrauchs des Hauses
- – Überwachung der kalkulierten Kosten des Hauses
- ▪ passives Energiemanagement
  - – integrierte Gebäudeautomation
  - – tarifgesteuertes Schalten von Verbrauchern
  - – limitgesteuertes Schalten von Verbrauchern
  - – automatisch angepasste Sollwert-Temperaturen

3.4   Multimediafunktionen

Multimediafunktionen erfordern entweder verfügbare Monitore, Panels oder sonstige Bediensysteme, von denen aus Multimediafunktionen angesteuert werden können. Zu den Multimediafunktionen zählen:

- ▪ Audioeinbindung
  - – Abspielen von Musiktiteln
  - – Einbindung von Musikarchiven
  - – Einbindung des Windows- oder sonstigen Mediaplayers
  - – Einbindung und Steuerung von Multiroomsystemen (z. B. Crestron, Sonos, Pioneer)
  - – Einbindung von Internet-Radios
  - – Abspielen von Tönen oder Audiofiles zur Verscheuchung von Einbrechern
  - – Abspielen von Tönen oder Audiofiles zur Anwesenheitssimulation
- ▪ Bildpräsentationseinbindung
  - – Abspielen von Bildsequenzen (digitaler Bilderrahmen)
  - – Einbindung von Bildarchiven
  - – Einbindung des Windows- oder sonstigen Bildvorschausystems
  - – Einbindung und Steuerung von Beamern
  - – Einbindung und Steuerung von Bildleinwänden
  - – Einbindung und Steuerung von Monitoren
- ▪ Videopräsentationseinbindung
  - – Abspielen von Videos auf Panels oder Monitoren
  - – Einbindung von Videoarchiven
  - – Einbindung des Windows- oder sonstigen Mediaplayern
  - – Einbindung und Steuerung von Beamern

- – Einbindung und Steuerung von Bildleinwänden
- – Einbindung und Steuerung von Monitoren
- Fernsehereinbindung
  - – Steuerung des Senders/Kanals/Mediums
  - – Steuerung der Einschaltung
  - – Steuerung der Abschaltung
- Audio- und Videorekordereinbindung
  - – Steuerung der Aufnahme
  - – Steuerung der Abspielung
- Interneteinbindung
  - – Aufruf von Internet-Explorern
  - – Aufruf vorbereiteter Internetseiten
- Notizblockfunktion
- Familieninformationsfunktion
- Kalender
- Stundenpläne
- Internetbestellsystem
- elektronisches Kochbuch

3.5 Dokumentmanagementfunktionen

Prinzipiell eignet sich jeder PC direkt für die Organisation eines Dokumentenmanagements, indem man geeignet Ordnerstrukturen aufbaut und durch Standardprogramme darauf zugreift. Nachteilig hierbei ist jedoch, dass dies im Allgemeinen Stand-alone-Lösungen sind, über die nur per Remote-Zugriff verteilte Systeme beteiligt werden können und dies im Allgemeinen auch nur auf Windows-PC-Systeme beschränkt ist. Insbesondere beim Aufbau von Internethomepages haben sich jedoch seit einiger Zeit CMS-Systeme durchgesetzt, mit denen auf einfachste Art und Weise Dokumentmanagementsysteme, was ausgeschrieben Content Management System heißt und Inhaltsverwaltungssystem bedeutet, aufgebaut werden können. Es handelt sich dabei um ein Anwendungsprogramm, über das man Text- und Multimediadokumente erstellen, bearbeiten und verwalten kann. Das System wird vorwiegend im World Wide Web eingesetzt. Ein solches System nennt man deshalb auch WCMS (Web-Content-Management-System). Die Dokumente können entweder als PDF- oder als HTML-Dokument oder auch im Native-Format (Ursprungsformat, z. B. JPEG etc.) aus einer Datenbank abgerufen werden. Über ein Content-Management-System ist es auch möglich benutzerspezifische Berechtigungen zu verwalten, so dass manche Seiten nur autorisierten Personen zugänglich sind, bzw. dass nur der Inhalt einzelner Seiten nur von autorisierten Personen verändert werden kann. Der Vorteil dieses Systems ist, dass man keinerlei Kenntnisse der Programmiersprache HTML (Hypertext Markup Language) haben muss, um

Internetseiten zu erstellen, da Standardvorlagen bereitstehen oder aus Templates abgeleitet werden können. Content-Management-Systeme kann man grob in zwei Sparten einteilen. Es gibt serverseitige und clientseitige Content Management Systeme. Serverseitige Systeme stehen mit einer Datenbank in Verbindung, die auf einem Server die Daten direkt verwaltet. Um eine Verbindung herzustellen ist eine serverseitige Programmiersprache erforderlich. Hierfür wird meistens PHP verwendet. Dadurch ist es möglich, dass man weltweit über das Internet auf die Daten zugreifen kann. Es wird lediglich ein Browser (Mozilla Firefox, Internet-Explorer etc.) benötigt. Clientseitige Content-Management-Systeme werden über einen Rechner gesteuert, auf dem ein entsprechendes Programm installiert ist, das diese Aufgaben übernimmt. Um das System zu nutzen, müssen die Daten noch auf einen Server hochgeladen werden. Aufgrund dieser Systematik können CMS-Systeme problemlos auch in Gebäudeautomationssysteme mit Multimediaanteilen integriert werden.

Ein bekanntes, frei verfügbares CMS-System ist Joomla.

3.5.1 Funktionen eines CMS

Zu den wichtigsten Funktionen eines CMS zählen:

- **Zentrale Datenspeicherung** Durch die zentrale Datenspeicherung ist die Webseite stets für alle Nutzer auf dem gleichen Stand. Weiterhin spielen auch technische Aspekte eine Rolle, wie zum Beispiel die Sicherheit und Konsistenz der Daten.
- **Personalisierte und situationsabhängige Ausgabe von Daten** Mit einem CMS ist es möglich verschiedene Beschränkungen anzulegen, so kann man spezielle Bereiche einrichten, die nur für bestimmte Nutzer sichtbar sind. Zudem ist es möglich eine zeitliche Beschränkung für die Inhalte zu erstellen, so dass sie nur zu einem bestimmten Zeitpunkt (an bestimmten Tagen) sichtbar sind. Das CMS schaltet diese Inhalte dann automatisch zu den gewünschten Zeiten.
- **Benutzerverwaltung** In einem CMS kann man Benutzerkonten einrichten, um den Zugriff und die Bearbeitung des CMS zu steuern. Eine solche Benutzerverwaltung könnte wie folgt aussehen:

  - Nutzer, die Inhalte nur lesen können
  - Autoren, die Inhalte hochladen können
  - Redakteure oder Publisher, die die Inhalte der Autoren auf Richtigkeit prüfen und dann online stellen
  - Administratoren, die die Einstellungen des CMS verändern können
  - usw.

- **Versionskontrolle** Einige CMS besitzen eine Versionskontrolle. Diese Versionskontrolle sorgt dafür, dass der alte Stand wiederhergestellt wird, falls Daten verloren gehen oder überschrieben werden.

- **Vermeidung von Redundanz durch Mehrfachnutzung der Inhalte** Inhalte können beliebig oft an verschiedenen Stellen im CMS eingefügt werden. Allerdings muss man diesen Inhalt dann nur einmal ändern und er wird automatisch an allen verwendeten Stellen mit geändert. Dadurch lässt sich eine Menge Zeit sparen. Bei Newslettern wird dies sehr häufig eingesetzt.
- **Trennung von Inhalt und Layout** Inhalt und Layout sind strikt voneinander getrennt. Dazu ist das CMS in 2 Bereiche unterteilt. Zum einen der Frontend-Bereich, den der Nutzer sieht, zum anderen der Backend-Bereich, in dem man die Seite bearbeiten kann. Dies hat den Riesenvorteil, dass die Inhalte bei einer Veränderung des Layouts nicht verändert werden müssen.
- **Keine Programmierkenntnisse erforderlich** Dadurch können sich die Redakteure vollkommen auf Ihre Aufgaben konzentrieren und müssen sich nicht noch um die technische Seite kümmern, sondern können einfach ihre Inhalte einfügen.

Ein CMS-System arbeitet browserunabhängig.

3.5.2   Anwendung des CMS-Systems Joomla XJ!

Die Variante Joomla XJ! ist ein Web-Application-Server, der auf XAMPP basiert. Joomla, das CMS-System, ist auf diesem Server bereits installiert. XAMPP ist von den Betreibern der Internetseite www.apachefriends.org entwickelt worden und kann auf dieser Seite kostenfrei heruntergeladen werden. XAMPP verbindet die Programme Apache, MySQL, PHP und Perl und ermöglicht eine sehr einfache Installation der Programme. Joomla! ist eines der bekanntesten Open-Source-CMS, die es auf dem Markt gibt. Geschrieben wurde das Joomla! in PHP5 und als Datenbank wird MySQL verwendet. Wie in jedem CMS gibt es auch in diesem 2 voneinander getrennte Bereiche. Den Frontend-Bereich und den Backend-Bereich. Der Frontend-Bereich ist der Bereich, der von den Nutzern des Systems gesehen wird, also im Grunde genommen die Webseite. Im Backend Bereich kann man die Einstellungen des Systems ändern, Komponenten installieren, Templates ändern und hinzufügen, Inhalte anlegen/erstellen, Daten verwalten und noch vieles mehr.

Nach der Installation der Software sind zunächst einige Einstellungen im Backendbereich vorzunehmen. So sind mit dem integrierten User Manager Benutzerkonten anzulegen (vgl. Abb. 3.1).

Im Anschluss daran werden Templates für die eigene Anwendung umgewandelt oder neu erstellt. Ein Template (engl., übersetzt: Schablone) ist eine Vorlage, die mit Inhalt gefüllt werden kann oder muss. Das CMS-System kann um verschiedene Komponenten, Module und Mambots (integrierte Hilfsprogramme) erweitert werden. Alle Erweiterungen von Templates, Komponenten, Mambots, Modulen sind von der Homepage http://www.joomlaos.com herunterladbar.

Abb. 3.1 Anlegen von Benutzern im CMS

Im nächsten Schritt sind nun im Backend-Bereichs Inhalte, Kategorien, Sektionen und Menüs einzufügen.

Um Inhalte einzufügen, ist es zunächst nötig Sections und Categories anzulegen, die zu dem Inhalt passen. Die Sections und Categories sind wichtig für die spätere Einbindung des Inhaltes in ein Menü. Durch die verschiedene Sektionen und Kategorien erhält man auch eine gute Übersicht über die Inhalte, da sie sortiert nach Sektionen angezeigt werden können (vgl. Abb. 3.2).

Abb. 3.2 Angelegte Kategorien im CMS

Wie man dieser Abbildung entnehmen kann, stehen Sektionen Fotos, Musik, Cocktailrezepte, YouTube, Wetterdaten, Homeputer, Stundenpläne, Wetter, Urlaubsbilder, Backrezepte und Kochrezepte bereit, um Übersicht über den Inhalt des CMS zu erhalten. Erstellt wurden die Sektionen mit dem Section Manager. Zu jeder dieser Sektionen wurden entsprechende Kategorien angelegt. Bei den Kategorien muss angegeben werden, in welchen Sektionen sie sich befinden.

Nachdem diese Ordnungskritierien, in denen später auch eingescannte Hausunterlagen abgelegt werden können, erstellt wurden, können nun Inhalte den verschiedenen Sektionen und Kategorien zugewiesen werden.

Dazu wechselt man zum Beispiel über den Menüpunkt All Content Items, mit dem alle erstellten Inhalte angezeigt werden. Wenn in diesem Menü der Punkt „New" anklickt wird, öffnet sich das folgende Menü, in dem dann ein neues Content Item (ein neuer Inhalt) eingefügt werden kann (vgl. Abb. 3.3):

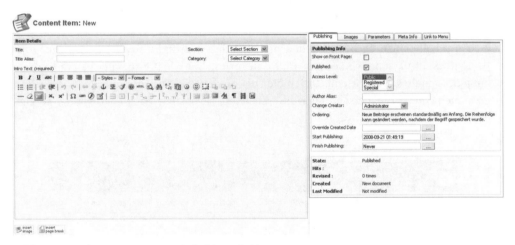

Abb. 3.3 Einfügen von Content (Inhalt) im CMS

Zunächst sollte dem Inhalt ein Name geben werden und die entsprechende Kategorie und Sektion zugewiesen werden. Bei der Erstellung des Inhalts stehen alle Funktionen einer gängigen Textverarbeitung, wie zum Beispiel Schriftgröße, Schriftart, Ausrichtung, Tabellen und viele mehr, zur Verfügung. Neben diesen Funktionen können auch Bilder aus dem Internet, unter Angabe der URL, einbinden und Links eingefügt werden. Die Eingabe eines HTML-Quellcodes ist ebenfalls möglich. Dadurch ist es möglich Internetseiten in den Inhalt einzubinden.

Anschließend kann mit Hilfe des Frontend-Bereichs überprüft werden, dass die Inhalte den Menüs zugeordnet und eingefügt wurden.

Der Frontend-Bereich sieht im Beispiel wie in Abb. 3.4 dargestellt aus.

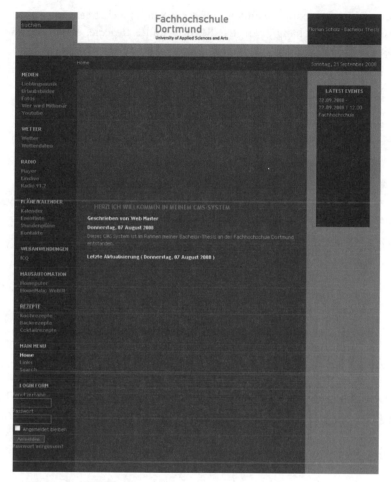

Abb. 3.4 Darstellung des Contents im CMS

Es ist zu erkennen, dass die Menüs Medien, Wetter, Radio, Pläne/Kalender, Web-Anwendungen, Hausautomation, Rezepte und Main Menu erstellt wurden.

Bei Aufruf eines der Menüs im Backend, kann man dort einen neuen Menüpunkt (Menu Item) erstellen. Dabei kann man aus einer großen Auswahl an Darstellungsmöglichkeiten wählen (vgl. Abb. 3.5).

Dabei kann man aus 5 Bereichen wählen. Man kann einen Inhalt entweder über die Einbindung der Kategorie oder der Sektion des Inhalts einfügen. Dabei gibt es verschiedene Möglichkeiten der Darstellung (List, Blog, Link, Submit). Des Weiteren kann man auch einem Menüpunkt eine Komponente, die man vorher im Backend installiert hat, anbinden. Außerdem hat man noch die Möglichkeit dem Menu-Item Links zuzuordnen. Unter dem Bereich Miscellaneous (engl., übersetzt: Sonstiges) kann man Internetseiten in das CMS einbinden. Anders als bei Links werden die Internetseiten dann nicht in einem neuen Fenster geöffnet sondern ins Template eingebettet. Man kann aber auch einzelne Contents, unabhängig von der Sektion und Kategorie, einem Menüpunkt zuordnen. Das geht über den Bereich Submit (engl., übersetzt: etwas vorlegen/einreichen).

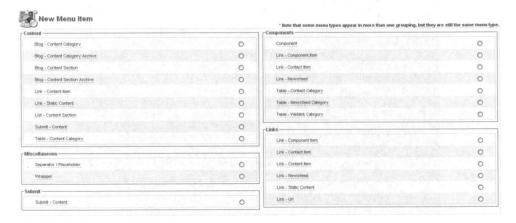

Abb. 3.5 Vorlagen für neue Inhalte

Beispielhaft werden nun angelegte Kategorien erläutert:

Medien → Lieblingsmusik Um Musikdateien in einen Inhalt einzubinden, ist zunächst ein MP3-Player als Mambot zu installieren. Mambots sind kleine Hilfsprogramme, die in das CMS eingebunden werden können. Mit dem installierten MP3-Player kann man sowohl Musikdateien wiedergeben als auch Bilder anzeigen. Dazu muss man bei den Einstellungen des Players die Verzeichnisse angeben, in denen sich die Dateien befinden. Die Dateien, die wiedergegeben werden sollen, sind hochzuladen. Das geht bei den Bilddateien über den bereits im CMS integrierten Media Manager. Dieser Media Manager unterstützt allerdings keine MP3-Dateien. Zusätzlich wurde der „Joomla Flash Uploader" installiert. Somit ist es möglich auch Musikdateien hochzuladen. Wenn man diese nun in den Inhalt einfügen will, greift man mit dem folgenden Befehl, den man einfach in den Inhalt schreibt, auf die Dateien zugreifen: *{mmp3}FILE{/mmp3}*.

Durch die Eingabe von mmp3 wird auf den Player zugegriffen. Durch Angabe des Dateinamens (FILE) ist dem Player bekannt, welche Datei wiedergegeben werden soll. Wo diese Datei liegt, weiß der Player dadurch, dass man im Player vorher schon das Verzeichnis angegeben hat. Unter dem Menüpunkt Lieblingsmusik ist die Sektion Musik als Blog eingefügt. Blog bedeutet, dass die Inhalte alle untereinander aufgeführt werden.

Medien → Urlaubsbilder Mit diesem Menüpunkt ist die Komponente Media Zoom Gallery verbunden. Diese Komponente ist zunächst zu installieren. Mit dieser Komponente ist es möglich verschiedene Alben zu erstellen und die Bilder hochzuladen. Die

Alben können durch Passwörter geschützt werden und auch nur für bestimmte Nutzer freigegeben werden.

Medien → Fotos Man muss Fotos aber nicht mit der Media Zoom Gallery anzeigen lassen. Fotos können auch einfach in Inhalte eingefügt werden. Hierzu wurde zunächst die Sektion Fotos mit dem Menüpunkt Fotos verbunden. Dargestellt wird die Sektion als Liste. Dazu wird zunächst auf der ersten Seite die Sektion angezeigt und wie viele Beiträge in dieser Sektion enthalten sind. Auf der nächsten Seite sind dann alle Beiträge aufgeführt und können angeklickt werden.

Um die Bilder, in den Inhalt einzufügen, müssen sie zunächst auch erst hoch geladen werden, da man zum Einfügen eine URL des Bildes angeben muss (beispielsweise http://localhost:8888/joomla/Fotos/Dateiname). Hier kann man dann natürlich auch Bilder aus dem Internet einfügen.

Medien → Wer wird Millionär Dieser Menüpunkt soll zeigen, dass man seine Lieblingsserien in das CMS einbinden kann. Über die Internetseite www.rtlnow.de kann man sehr viele Serien kostenlos, auch noch viele Wochen nach der Erstausstrahlung, ansehen. Mit Hilfe des Wrappers kann man die URL dieser Internetseite einbinden. Ein Wrapper ist ein Programm, das 2 Programmcodes miteinander verbindet. Zum einen den agierenden/aufrufenden Programmcode und zum anderen dem umschließenden Programmcode. So ist es möglich Internetseiten im Rahmen des CMS darstellen zu lassen.

Medien → YouTube Hier ist ein einzelner Inhalt mit diesem Menüpunkt verlinkt. Dargestellt werden hier ein paar Videos von der Homepage www.youtube.com. Wenn man sich auf dieser Homepage ein Video ansieht, dann wird rechts neben dem Video immer ein embedded Code angegeben, mit dem man dieses Video erreicht und auf seiner eigenen Homepage integrieren kann. Diesen embedded Code fügt man nun einfach in den Content ein und das Video wird dargestellt.

Wetter → Wetter Hier ist die Sektion Wetter als Blog eingefügt. Mit dieser Sektion sind die Module „Sunrise/Sunset Modul", „Joomal Weather Deluxe 4" und „Unwetterwarnung Minimodul" verbunden und werden dargestellt. Diese Module sind alle auf die Stadt Dortmund ausgerichtet bzw. das Unwetterwarnungsmodul auf Nordrhein-Westfalen.

Wetter → Wetterdaten Die Sektion Wetterdaten ist hier wieder als Blog eingefügt. In dem Inhalt dieser Sektion ist eine CSV-Datei integriert. Eine CSV-Datei ist eine mit Excel erstellte Tabelle, die in den Inhalt integriert werden kann. Diese Datei wurde mit der Software „Weather Professional" erstellt. Die Daten lädt sich die Software von der Wetterstation der HomeMatic-Systems in einem Demonstrationssystem. Dabei kann man angeben welche Daten von welchen Messgeräten dargestellt werden. Ebenfalls kann man den Zeitraum der Darstellung wählen.

Radio → Player Um die Funktion des Radiohörens zu realisieren, habe ich die Komponente „Joomla!Radio" installiert und dann dem Menüpunkt zugeordnet. Mit diesem Player ist es möglich sehr viele internationale Radiosender zu hören.

Radio → Radio 91.2 und Radio → Einslive

Die beiden Radiosender 91.2 und Einslive haben auf ihren Internetseiten einen Livestream ihres Radioprogramms. Diese Livestreams wurden hier per Wrapper eingebunden.

Pläne/Kalender → Kalender Für die Bereitstellung eines Kalenders wurde die Komponente „Easy Calender" installiert.

Nach der Installation kann man im Backend Ereignisse in diesen Kalender einfügen.

Dabei kann man die Ereignisse in verschiedene Kategorien einteilen, die man selber erstellen kann. Zu diesem Grund ist die Komponente in zwei Teile aufgeteilt. Zum einen den „Categorie Manager" und zum anderen der „Event Manager". Um ein Event also einer Kategorie zuzuordnen, muss man zunächst eine Kategorie erstellen.

Bei den Einstellungen des Kalenders kann zusätzlich die Form der Kalender im Frontend ausgewählt werden. Die eine Möglichkeit ist die normale Monatsansicht, in der jeder Tag ein eigenes kleines Kästchen hat, in dem gegebenenfalls die anstehenden Termine stehen. Die Details dieses Termins lassen sich per Doppelklick öffnen. Die andere Darstellungsform nennt sich „Upcoming Events", was so viel heißt wie „bevorstehende Termine". Es werden also nur die aktuellsten Termine angezeigt (vgl. Abb. 3.6).

Abb. 3.6 Ankündigung von Events im CMS

Pläne/Kalender → Eventliste Hier ist die Komponente „Eventlist" in das Frontend eingefügt. Bei der Installation der Komponente konnte man auch ein auf dieser Eventliste basierendes Modul installieren, welches die nächsten aktuellen Termine anzeigt. Dieses Modul ist im Frontend im rechten Menü auf allen Seiten zu erkennen. Die Termine werden genau wie beim Kalender im Backend eingefügt. Bei der Eventliste kann man allerdings neben Events und Kategorien noch Locations (Orte) einfügen.

Pläne/Kalender → Stundenpläne Um Stundenpläne ins Frontend einzubinden, wurden 2 Inhalte erstellt, in denen auf verschieden Arten der Stundenplan des Wintersemesters 2008/2009 der Fachhochschule dargestellt wird. Dazu wurde zum einen eine passende PDF-Datei eingebunden. Um den Stundenplan auf eine andere Art zu erstellen, kann mit den Textverarbeitungsmöglichkeiten bei der Inhaltserstellung eine Tabelle eingefügt und der Stundenplan von Hand eingegeben werden. Die Inhalte der Section werden als Liste im Frontend dargestellt.

Pläne/Kalender → Kontakte Bei der Installation des CMS waren schon einige Komponenten vorinstalliert. Unter anderem auch die Komponente Contacts. Mit dieser Komponente ist es möglich verschiedene Kategorien, beispielsweise private oder geschäftliche Kontakte, zu erstellen und die erstellten Kontakte dann diesen Kategorien zuzuordnen. Die Kontakte werden geordnet nach Kategorie im Frontend dargestellt.

Webanwendungen → ICQ Bei ICQ handelt es sich, ähnlich wie Skype, um ein Chatprogramm mit dem man sich mit anderen Nutzern, die ebenfalls online sind, unterhalten kann. Entweder über Nachrichten, die man per Tastatur eingibt, oder man kann über ein Mikrofon kostenlos übers Internet miteinander telefonieren. Durch Anschluss einer Webcam kann man auch eine Videokonferenz abhalten. ICQ kann man entweder als Programm auf der Festplatte installieren oder von der Homepage ww.icq.com online starten. Diese Programmversion, die man von der Homepage starten kann nennt sich „icq2go". Genau diese Version ist hier wieder mit Hilfe des Wrappers eingefügt, damit man kann das Programm aus dem CMS starten.

Rezepte → Kochrezepte Die Sektion Kochrezepte wurde wie Medien → Fotos als Liste eingefügt, sodass man eine zuerst eine Auflistung aller Inhalte erhält die man dann einfügen kann.

Rezepte → Backrezepte und Rezepte → Cocktailrezepte Bei diesen beiden Menüpunkten wurden die Sektionen als Blog integriert. So werden zunächst alle eingefügten Inhalt über die Überschrift und ein Bild dargestellt. Über den Button „weiter" gelangt man dann zu den Details der einzelnen Beiträge/Inhalte.

Das letzte Menü ist das **Main Menu**. Dieses Menu war bereits bei der Installation des CMS vorhanden und kann übernommen werden. Dabei können einige der angehängten Menüpunkte gelöscht werden und unter dem Punkt „Links" einige Verlinkungen zu den Themen TV, Radio, Sonstige und Backrezepte erstellt werden.

3.5.3   Fazit zu CMS-Systemen

CMS-Systeme erlauben nach zentralisiertem Aufbau den dezentralen Zugriff über Browser und bieten damit eine optimale Möglichkeit des Dokumenten- und Anwendungsmanagements.

Systemvergleich der Gebäude- automationssysteme

Bevor eine Entscheidung für ein Gebäudeautomationssystem getroffen wird, ist zunächst anhand der Grundlagen zu entscheiden, welches System sich als geeignet erweist. Gebäudeautomationssysteme unterscheiden sich hinsichtlich der Medien, der Verknüpfung zwischen verschiedenen Medien über Gateways, der Programmierbarkeit in allen Ebenen der Automatisierungspyramide, der Standardisierung bzw. Anwendung von Standards, und schlichtweg der Kosten.

4.1 Strukturierung der Gebäudeautomationssysteme

Die erste Einteilungsmöglichkeit der Gebäudeautomationssysteme ist die Unterscheidung nach zentralen, dezentralen und halbdezentralen Systemen. Gelten die bekannten Gebäudeautomationssysteme, wie z. B. KNX/EIB, LCN, LON, als Systeme mit verteilter Intelligenz, so sind dies vollständig dezentrale Systeme, da der Eindruck erweckt wird, dass keine Zentralen zur Darstellung übergeordneter Funktionen notwendig sind. Auf der anderen Seite zählen aus dem Industrieeinsatz stammende speicherprogrammierbare Steuerungen (SPS, PLC) zu den zentralen Systemen, da diese zunächst sehr starre Einrichtungen waren, die bis auf Ausnahmen (Interbus) zunächst keine dezentralen Komponenten aufwiesen. Diese Systeme sind mehr und mehr zusammengewachsen und werden daher unter dem Begriff halbdezentral oder halbzentral geführt. Es stellte sich heraus, dass insbesondere bei den gängigen dezentralen Systemen auf zentrale Intelligenz nicht verzichtet werden kann und die meisten Funktionen nur über zentrale Systeme, sogenannte Controller, Verknüpfungsbausteine und Logikmodule realisiert werden können, die wiederum nicht einzelne Funktionen oder Objekte, sondern eine große Summe derer bedienen. Den größten Schritt in Richtung halbzentrales, halbdezentrales System haben die SPS-Systeme gemacht, da z. B. bei WAGO und Beckhoff SPS-Systeme baumäßig kleiner ausgeführt werden und als dezentrale Systeme über z. B. das Ethernet miteinander kommunizieren können, andererseits haben diese Systeme mehr und mehr die klassischen Gebäudeautomationssysteme in ihren Klemmenbus aufgenommen (z. B. CAN-Bus, RS232, RS485, KNX/EIB, EnOcean, DALI, SMI) und sind damit zu höchst flexiblen Systemen mutiert. Demgegenüber werden die dezentralen Systeme durch PC-basierte Zentralen oder Controller in Form von SPS-Systemen oder Kleinsteuerungen ergänzt, um flexibel, einfach und übersichtlich komplexe Gebäudeautomation zu realisieren.

4.1.1   Zentrale Systeme

Ein zentrales System, d. h. ein System mit Zentrale, verfügt über eine Anzahl von Sensoren und Aktoren, die über eine oder mehrere Zentralen zu einer sinnvollen Einheit zusammengefügt werden. Wird über einen Sensor eine Funktionsanforderung an einen Aktor ausgelöst, so wird zunächst die Zentrale kontaktiert, aus Zeit- und sonstigen logischen Verknüpfungen wird die Funktionslogik zusammengesetzt und ausgewertet und damit der oder die Funktion an zugehörigen Aktoren ausgelöst. Vorteilhaft ist bei einem derartigen System, dass nahezu beliebige logische Funktionen ausgewertet werden können, da sämtliche Zustände zentral bekannt sind, bevor eine Aktion ausgeführt wird. Auch ohne sensorische Auslösung können Zeitprogramme oder Anwesenheitssimulationen zu einer Funktion auf einem oder mehreren Aktoren führen. Nachteilig ist, dass als Sicherheitsmerkmal immer wieder angeführt wird, dass ein Ausfall der Zentrale, dies kann ein äußerst seltener Systemdefekt, Controllerausfall oder Defekt der Spannungsversorgung sein, zum vollständigen Ausfall des Gesamtsystems führt. Aus programmiertechnischer Sicht wird als immenser Vorteil angeführt, dass die zentralen Systeme sehr schnell geladen oder geändert werden können, bei Verlust der zugrundeliegenden Programmierung diese bei fast allen Systemen von der Zentrale ausgelesen werden kann. Die Nachteile können durch industrieautomationsbasierte Lösungen, die als Spannungsversorgungen oder Controller millionenfach im Einsatz sind, oder schlichtweg durch parallel vorhandene redundante Lösungen aufgefangen werden. Die breite Verwendung zentraler Komponenten in der Industrieautomation hat den immensen Vorteil niedriger Kosten (vgl. Abb. 4.1).

Zu den bekanntesten zentralen Systemen zählen die aus der Industrieautomation bekannten Speicherprogrammierbaren Steuerungen (SPS) bzw. Programmable Logic Controller (PLC), die über einen Controller verfügen, der seine IO (Input und Output), dies können intelligente Klemmen oder dezentrale IO-Module sein, steuert. Zu den bekanntesten Vertretern dieser Systeme zählen Siemens S7-300, Siemens S7-200, Siemens LOGO, EATON, WAGO, Beckhoff, Phoenix-Contact-Interbus und Nanoline, Telemecanique und viele andere, jedoch haben nicht alle Hersteller für eine Implementierung der Gebäudeautomation und insbesondere die flexible Einbindung und Anbindung anderer Gebäudeautomationssysteme Sorge getragen.

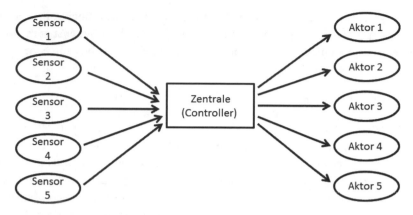

Abb. 4.1 Topologie eines zentralen Systems

Hierzu wird in den Kapiteln über die einzelnen Gebäudeautomationssysteme berichtet. Neben den vom Ursprung her reinen Industrieautomationssystemen gibt es einige zentrale Systeme, bei denen wie bei einer SPS üblich ein Controller oder ein PC als Zentrale fungiert, über die im allgemeinen üblich RS485-basierte 4-drahtige Leitungen Subsysteme angesprochen werden. Zu diesen Implementationen für die Gebäudeautomation zählten ursprünglich PEHA PHC, ELSO IHC, Doepke Dupline (Variante des Carlo Gavazzi-Systems), und andere, dazu Rademacher Homeputer, basierend auf dem Stromnetz, also eine Powerline-Variante. Im Zuge der Verfügbarkeit von Funkbussystemen wurden nahezu alle RS485- und Powerline-basierten Systeme um Funkbussysteme ergänzt. Dies waren bei PEHA PHC das batteriebasierte Funkbussystem Easy Wave von ELDAT sowie Easy Klick auf der Basis von EnOcean, bei Doepke Dupline das 433-MHz-Funkbussystem von INSTA, Rademacher Homeputer das ELV-Funkbussystem FS20. Nach dem Siegeszug der Nachrüstsysteme auf der Basis von Funk wurden Funkbussysteme, die auf rein dezentralen Lösungen basierten durch Implementation einer Zentrale zu höchst-funktionsfähigen Systemen ausgebaut, die jedoch bei 868-MHz-Systemen über den Makel verfügen, dass eine Bandbreitenbegrenzung auf 1 % Nutzung des Frequenzbandes die Zentrale, die als normaler Sensor aufgefasst wird, schnell außer Funktion setzen können, insbesondere bei nicht für Funkbussysteme optimierter Programmierung. Als ideale Lösung bietet sich immer ein drahtbasiertes Gebäudeautomationssystem mit Zentrale an, das auch Funk basierte Sensoren einbindet und nur dort auf funkbasierte Aktoren zurückgreift, wo keine Leitungen verfügbar sind.

Eine weitere Variante von zentralenbasierten Gebäudeautomationssystemen stellt die Einbindung von Quasi-KNX/EIB-Funkbuskomponenten, wie z. B. Hager tebis KNX Funk, Siemens Funk, Synco Living etc., die auf Controllerbausteine im drahtbasierten KNX/EIB-System zurückgreifen. Die KNX/EIB-Funkbus-KNX/EIB-TP-Kopplung ist jedoch eigentlich ein tabellenbasiertes Gateway, über das auf die verteilten Controllerfunktionen des KNX/EIB zurückgegriffen wird. Leider hat nur ein Systemhersteller ein Notfallsystem geschaffen, das bei Systemausfall der Zentrale Grundfunktionen bereitstellt, dieses System ist vom Markt verschwunden, würde jedoch vielen Systemen als Denkanstoß genügen. Es handelt sich um Rademacher Homeline.

4.1.2 Dezentrale Systeme

Die dezentralen Systeme werden am Markt als „intelligente" Systeme angepriesen, da im Gegensatz zu zentralen Systemen jeder Gebäudeautomationsteilnehmer für sich „intelligent" ist, da er über einen oder mehrere Controller verfügt. Um „intelligent" zu sein, muss jeder dezentrale Netzwerkteilnehmer über einen Kommunikationsprozessor (Controller) verfügen, der die Kommunikation mit dem Netzwerk realisiert, einen Funktionsprozessor, der die Funktionalität steuert und einen Anwendungsprozessor, der die Funktionalität der angeschlossenen Sensoren und Aktoren steuert. Es wird schnell klar, dass dadurch der Nachteil teurer Komponenten entsteht, da Controller bei großer Anzahl kostenintensiv sind und auch die Firmware-Programmierung der „intelligenten" Teilnehmer kostspielig ist. Sind darüber hinaus Lizenzkosten für die Nutzung von Netzwerklabels, wie z. B. KNX/EIB, LON oder EnOcean, zu zahlen, so wird die Erklärung dieser teuren Teilnehmer der Gebäudeautomation noch untermauert. Von Vorteil wird bei Verfechtern dezentraler Systeme gesprochen, wenn vorgefertigte Applikationen auf den Netzwerkteilnehmern liegen oder auf diese geladen werden können, die nicht mehr programmiert, sondern nur parametriert (hinsichtlich Funktionalität) und konfiguriert (hinsichtlich Verbindung und Funktionalität zu anderen Netzwerkteilnehmern) werden muss. Dies erfordert Parametriertools, wie z. B. die ETS (Engineering Tool Software, vormals EIB Tool Software) oder ALEX oder LONMaker bei LON oder LCNpro bei LCN, die weitere Kosten aufwerfen (vgl. Abb. 4.2).

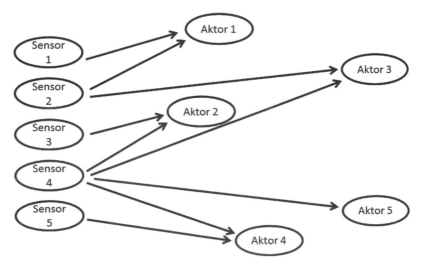

Abb. 4.2 Topologie eines dezentralen Systems

Systematisch erscheint ein dezentrales System im Allgemeinen als Linie (andere Sprechweise Segment), in dem die Teilnehmer über Zugriffsmechanismen kommunizieren (vgl. Abb. 4.3).

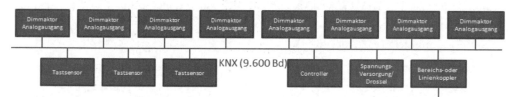

Abb. 4.3 Linienstruktur eines dezentralen Gebäudeautomationssystems

Einer der größten Nachteile dezentraler Systeme ist, dass bei komplexen Funktionsabbildungen durch Parametrierung und Konfiguration, denn von Programmierung kann hier kaum die Rede sein, die „Intelligenz" des Gesamtsystems verteilt ist über das gesamte System. Als Vorteil werten dies die Verfechter der dezentralen Systeme, da der Ausfall einzelner Netzwerk-Teilnehmer nicht zum Ausfall des Gesamtsystems führt, die Verfechter der zentralen Systeme merken an, dass aufgrund der breiten Verteilung von Intelligenz der Ausfall von „zentralen" Komponenten, wie z. B. Verknüpfungs-, Logik- oder Controllerbausteine die „Intelligenz" und Funktionalität des Systems fast vollständig zum Erliegen bringen kann und zudem für den Wartungsmonteur nur schwer detektierbar ist, welche Komponente zum Ausfall merklicher „Intelligenz" geführt hat. Vergleichbar ist dies mit einem Schlaganfall, bei dem nur schwer detektierbar ist, welche Gehirnbestandteile in welchem Umfang an Fehlfunktionen beteiligt sind. Bei zentralen Systemen ist der Controller zu überprüfen, gegebenenfalls auszutauschen, dann die IO auf Erreichbarkeit zu überprüfen, das Programm neu zu laden und schon geht es weiter.

Welche Player tummeln sich nun auf dem Markt der dezentralen „Intelligenz"? Hier sind zunächst gleichberechtigt die Systeme KNX/EIB, LON und LCN zu nennen, die mit verschiedensten Medien, 4-drahtig, 2-drahtig (TP), Powerline und Funk, agieren. Hinzu kommt die große Anzahl von Funk-Bussystemen, die auf 433 Mhz, 868 Mhz und bereits 2,4 GHz oder WLAN basieren und auf die in den folgenden Kapiteln über die einzelnen Systeme eingegangen wird.

Angesprochen werden soll bereits jetzt das wesentliche Problem der dezentralen Systeme, das insbesondere im Zusammenhang mit smart-metering-basiertem Energiemanagement von großem Nachteil ist.

Eine direkte Verknüpfung zwischen Sensoren und Aktoren ist bei allen Systemen verteilter „Intelligenz" leicht zu realisieren. Diese simpelste Implementation von Gebäudeautomation entspricht jedoch nur dem Übergang von konventioneller Elektroinstallation, bei der „direkt über den Draht" gesteuert wird. Von Vorteil ist hier lediglich, dass auf Wechsel- und Kreuzschaltungen verzichtet werden kann und im Nachhinein Änderungen von Zusammenhängen zwischen Sensoren und Aktoren bei vorhandener Parametrier-Datenbank und Dokumentation leicht erstellt werden können.

Werden jedoch „Wenn-Dann-Sonst"-Funktionalitäten benötigt, kommt diese Parametrierweise schnell an ihre Grenzen und erfordert tatsächliche Programmierfähigkeit, die bei vielen Systemen nur durch Verknüpfungs- und Logikbausteine mit Boole'schen Gattern realisiert werden können. Hier wünscht man sich häufig die Funktionalität von „echten Programmiersprachen", wie sie z. B. im Rahmen der Programmierumgebung IEC 61131 bei SPS-Systemen als structured text oder graphische Programmierung CFC zur Verfügung steht (vgl. Abb. 4.4).

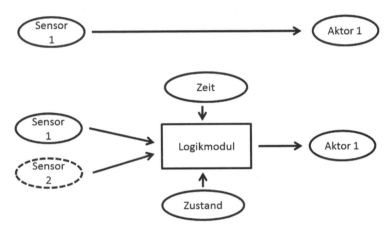

Abb. 4.4 Komplexe Funktionsabbildung bei dezentralen Systemen

In Verbindung mit Datum, Zeiten und Zustandsauswertungen entstehen so eher Strukturen mit dem in Abb. 4.5 dargestellten Aufbau.

Bei näherer Betrachtung wird schnell klar, dass zentrale und dezentrale Systeme ihre Probleme haben. Es wurden bei einer ersten Systembetrachtung auch bei weitem nicht alle Problemkreise angesprochen, da dies an dieser Stelle zu weit führen würde. Klar wird jedoch, dass zentrale Systeme „starr" und „statisch" erscheinen, da sie primär an ein drahtförmiges Medium gebunden sind bzw. bei der Normierung nicht berücksichtigte Systemzwänge zu massiven Problemen führen können (1-%-Duty-Cycle-Begrenzung bei 868 MHz), oder aufgrund ihres „zentralen" Charakters der Ausfall einer Komponente, der Zentrale (Controller), das Gesamtsystem außer Funktion gesetzt werden kann. Dass dieser Fall der Fälle bei Betrachtung, dass derartige Systeme aus der extrem fehleranfälligen Industrieautomation stammen, kaum oder nur selten eintritt, stellt das potenzielle Problem nur in Frage, es ist jedoch definitiv vorhanden. Dass Systeme mit „dezentralem" Charakter hier keine Probleme haben, konnte auch umgehend widerlegt werden, betrachtet man, dass mangelhafte Anschlüsse, Drahtbruch, das Touchieren von Drähten mit der Bohrmaschine oder Ausfall von Netzteilen oder Stromversorgung, schlechte Übertragungseigenschaften bei Funkbus leicht zum Ausfall des Gesamtsystems führen können.

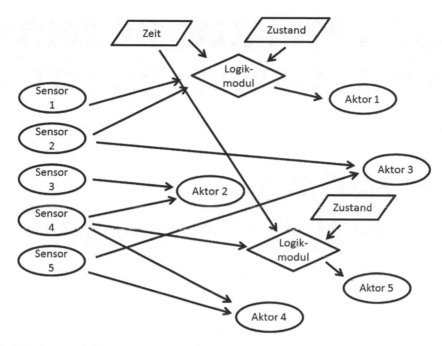

Abb. 4.5 Dezentrale Systeme mit Zeit- und Logikbausteinen

Hier steht der Wartungsmonteur häufig wegen fehlender oder unvollständiger Anlagen-
dokumentation oder fehlender Konfigurations-Datenbank schnell vor einem unlösbaren
Problem, das für Unmut beim Kunden mit hohen Reparaturkosten sorgt. Steigt die
Komplexität der abgebildeten Funktionalität, z. B. durch Einbindung des Zustands
Haus-ist-verlassen oder smart-metering-basiertes Energiemanagement, werden die
Probleme bei Systemausfällen immer größer.

Aus diesem Grunde wurden in einige dezentrale Gebäudeautomationssysteme bereits
weitere dezentrale Gebäudeautomationssystem integriert, um die Problematik der De-
zentralität durch statische Verkabelung und fehlende Flexibilität zu optimieren. Insbesondere beim KNX/EIB wurden dezentrale Bussysteme, wie z. B. EnOcean, DALI und
SMI über Gateways integriert (vgl. Abb. 4.6).

Lösungen dieser Problematik werden für „zentrale" Systeme im Kapitel halbdezen-
trale Systeme angesprochen. Bei dezentralen Systemen hilft nur „Zentralisierung", d. h.
Kumulierung großer Anteile, d. h. insbesondere der Aktoren und Logikmodule etc., im
Stromkreisverteiler, belassen von Sensoren, soweit notwendig an dezentraler Stelle. Viele
Elektroinstallateure gehen von Anfang an zur Vermeidung von Problemen dazu über,
sämtliche Leitungen von den dezentralen Anschlüssen und Sensoren in den oder die
Stromkreisverteiler zu ziehen, was völlig dem dezentralen Charakter der Systeme wider-
spricht, da hierdurch insbesondere der Vorteilung der Reduktion von Brandlasten auf-
gegeben wird, aber die konventionelle Technik am ehesten widerspiegelt.

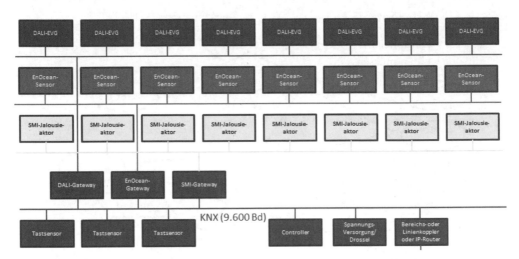

Abb. 4.6 Integration weiterer dezentraler Bussysteme in ein dezentrales Gebäudeautomationssystem

Es wird jedoch schnell klar, dass hierdurch zwar einige Probleme optimiert wurden, das
Gesamtproblem jedoch nicht kleiner wurde (vgl. Abb. 4.7).

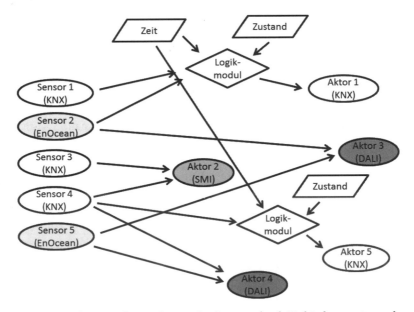

Abb. 4.7 Steigerung der Komplexität dezentraler Systeme durch Einbindung weiterer dezentraler
Systeme

4.1.3   Halbdezentrale Systeme

Wie bereits in Kapitel 4.1.1 und 4.1.2 erwähnt, haben dezentrale Systeme Probleme, die vermieden werden müssen. Die Lösung heißt „halbdezentrale" Systeme (vgl. Abb. 4.8).

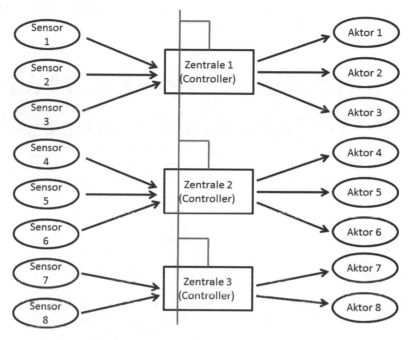

Abb. 4.8   Topologie eines halbdezentralen Systems

Die Ethernet-IP-Technologie garantiert eine stabile und zudem äußerst einfache Technologie, um „zentrale" Systeme mit hoher Performance zu vernetzen. In Verbindung mit der extremen Preissenkung bei Controllern (insbesondere WAGO und Beckhoff) und der Verfügbarkeit über den dreistufigen Vertrieb und Technik-Kaufhäuser bietet es sich daher an, die zentralen Systeme in halbdezentrale Systeme umzuwandeln, indem die Funktionalitäten eines Gebäudes von einem Controller auf mehrere Controller herunter gebrochen werden, die den Etagen oder Teilen der Etagen eines Gebäudes zugeordnet werden. Damit wird das vermeintliche Problem der „zentralen" Systeme auch im Zusammenhang mit smart-metering-basiertem Energiemanagement bereits erheblich reduziert. Weitere Problemminimierung kann betrieben werden, indem durch preiswerte Einbindung von Subsystemen, dies können sein Funkbussysteme für die Sensorik, DALI für die Lichtsteuerung, SMI für die Jalousie- und Rollladensteuerung, eine weitere Verlagerung und Minimierung des Problems möglich gemacht wird.

In diesem Zusammenhang haben insbesondere die Systeme von WAGO und Beckhoff den „dezentralen" Systemen die Nase weit voraus, aber auch Eltako Funkbus, PEHA PHC und Homeputer/HomeMatic(cComatic) stehen diesem in nichts nach.

So entstehen sinnvoll aufgebaut halbdezentrale bzw. halbzentrale Gebäudeautomationssysteme, je nachdem, wo der Schwerpunkt der Gebäudeautomation liegt. Hinsichtlich der alles überragenden Funktionalität der Automation wird man eher über halbzentrale Systeme diskutieren müssen (vgl. Abb. 4.9).

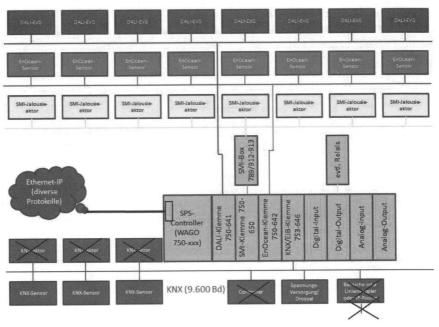

Gebäudeautomations-Netzwerkstruktur für Bürogebäudestockwerke bei optimaler, kostensparender und flexibler Planung unter Einsatz vernetzter SPS-Systeme

Abb. 4.9   Halbzentrales Gebäudeautomationssystem mit integrierten dezentralen Komponenten bei Zusammenschaltung der Teilsysteme über das Ethernet

4.2   Medien der Gebäudeautomationssysteme

In der Gebäudeautomation werden Stromversorgungseinrichtungen für die konventionelle Elektroinstallation, aber auch Powerline-Systeme, drahtbasierte Systeme in Form einer zusätzlichen Datenleitung mit 2 oder 4 notwendigen Drähten oder 1 oder 2 zusätzlichen Adern zur Stromversorgung oder Funkbussysteme zur Datenübertragung und Steuerung eingesetzt. Auch das Ethernet als drahtbasierte Variante mit 8 Adern oder als WLAN setzt sich mehr und mehr in der Gebäudeautomation durch.

4.2.1 Drahtgebundene Systeme

Es gibt viele verschiedene Arten von Gebäudeautomations- bzw. Bussystemen und somit auch viele verschiedene Hersteller. Entscheidend bei der Einordnung bzw. bei der Unterscheidung von Bussystemen und damit der Systementscheidung ist sicherlich das Übertragungsmedium. So gibt es auf der einen Seite Funkbussysteme und auf der anderen Seite stehen die drahtgebundenen Systeme. Die drahtgebundenen Systeme kann man nochmals weiter unterscheiden anhand der Art der Leitung. Es gibt eine Twisted-Pair-Variante, die über ein 4-adriges Kabel realisiert wird, von dem allerdings nur 2 Adern für die Übertragung der Protokolle verwendet werden. Weitere Systeme nutzen alle 4 Adern eines 4-adrigen Kabels, indem 2 Adern für die Stromversorgung und 2 Adern für die Datenübertragung genutzt werden. Je nach verwendeter Träger- oder aufmodulierter Frequenz des übertragenen Signals sind abgeschirmte (shielded) oder nicht abgeschirmte Leitungen, im Allgemeinen analoge Telefonleitungen, notwendig. Weiterhin gibt es eine Powerline-Variante, die auf der herkömmlichen Elektroinstallation beruht und somit über eine normale NYM-Leitung übertragen wird. Diese Powerline-Variante dient vor allem der Sanierung von Altbauten und zur Nachrüstung von neueren Gebäuden. Andere Systeme nutzen neben den üblichen Leitern L, N und PE eine separate Datenleitung, wie z. B. bei LCN, oder 2 zusätzliche Adern bei DALI und SMI, sind jedoch keine Powerline-Variante.

Eine weitere Art drahtbasierter Bussysteme sind die SPS-gesteuerten Systeme. Dies sind Systeme, die auf Speicherprogrammierbaren Steuerungen beruhen. Als Medium dient hier entweder ein Ethernet-Kabel, der interne Klemmenbus, der möglicherweise über Kabel weitergeführt wird, oder es werden spezielle Kabelvarianten, wie z. B. beim Phoenix-Interbus oder PROFIBUS genutzt.

Alle Bussysteme haben gemein, dass sie aus Sensoren und Aktoren bestehen, die miteinander kommunizieren.

Die Anzahl der drahtbasierten Systeme ist derart unübersichtlich, dass sie dem Experten oder Berater vorbehalten ist.

Dem Bauherrn, der unabhängig vom Elektroinstallateur seine Vorüberlegungen oder Vorentscheidungen trifft, helfen möglicherweise folgende Hinweise.

Zum einen ist eine drahtbasierte Lösung immer einer funkbasierten Lösung vorzuziehen, da die Sicherheit der Datenübertragung nicht durch Dämpfung oder Reflexion beeinflusst wird. Damit gilt der Hinweis, dass zu allen Stellen, an denen sich später „intelligente" Teilnehmer eines Gebäudeautomationssystems befinden werden, dies sind Taster und Bediengeräte, Rohrmotoren für Jalousien und Rollläden, Heizungstemperaturregler und -stellventile etc. 4-adrige Anschlussleitungen, das sogenannte grüne KNX/EIB-Daten-Kabel gezogen werden sollte. Hierbei ist es unerheblich, ob später ein KNX/EIB-System, ein LON-System oder ein RS485-basiertes System zum Einsatz kommen wird. Soweit möglich sollte parallel zu den zwingend notwendigen Adern L, N und PE zu jedem Schalt- und Verdrahtungsort eine separate Datenader gezogen werden, was prinzipiell beim Neubau problemlos und ohne großen Kostenmehraufwand möglich ist.

Dort, wo hochintelligente Systeme, wie z. B. Visualisierungselemente, Monitore, PCs, Audio- und Videosysteme etc. vorhanden sein werden oder könnten, ist ein Ethernet-Kabel sternförmig zu einem Verteiler (Patchfeld) zu ziehen, um nicht sämtliche Geräte über WLAN erreichen zu müssen. Auch hier gilt der Vorteil einer drahtbasierten Verkabelung der Vernetzung gegenüber WLAN.

Von jedem/r möglicherweise zu schaltenden Lichtstromkreis, Steckdose, Gerät ist eine Leitung zu etagenweisen oder weiter unterteilten Stromkreisverteilern zu ziehen. Dies betrifft zudem sämtliche Schalter, die an Orten von Sensoren (Tastern etc.) verbaut werden sollten. Sollte zunächst auf jedwedes Gebäudeautomationssystem verzichtet werden, können Schaltungen eher direkt im Stromkreisverteiler ausgeführt und später geändert werden, als in Verteilerdosen, die häufig unter Tapeten, Fliesen oder sonstigen Dekorationselementen angebracht sind. Dies erhöht den Verkabelungsaufwand jedoch wesentlich.

Als weiterer wichtiger Hinweis gilt, dass neben den reinen Schalt- oder Stromversorgungsleitungen L, N und PE (Drahtfarben Schwarz/Braun, Blau, Grün/Gelb) separate Datenadern, z. B. für LCN (möglichst Rot), oder 2 für den DALI-Bus bei Lichtstromkreisen gezogen werden sollten.

Dieser extreme Aufwand rechnet sich in jedem Fall, da der Mehraufwand für ein Kabel oder Drähte in Kabeln mehr wesentlich geringer ist, als die nachträgliche Umbauarbeit mit erheblichem Schmutz durch Stemmarbeiten und Dekorationsaufwand.

Damit ist die Grundlage geschaffen, direkt in einem Zuge ein Gebäudeautomationssystem mit zu integrieren, welches ist zunächst unerheblich, oder sukzessive nach Systemauswahl das Gebäudeautomationssystem aufzubauen, hier wäre es hilfreich etagen- und gewerkeorientiert (Licht, Steckdosen, Geräte, Smart Metering, Energiemanagement etc.) vorzugehen.

Dort, wo anschließend noch immer Anschlusspunkte für Sensorik oder Aktorik fehlen, kann problemlos auf Funkbussysteme zurückgegriffen werden, vorausgesetzt, es ist ein Gateway zu diesem Funkbussystem verfügbar.

Die obigen Ausführungen betreffen den „Neubauer", aber auch der „Sanierer" oder „Erweiterer" kann wesentliche Hinweise bei Umbauten berücksichtigen, den Stromkreisverteiler direkt umverdrahten lassen und fehlende Schaltstellen ebenfalls durch Funkbussysteme realisieren.

4.2.2 Funkbasierte Systeme

Funkbussysteme dienen vor allem der einfachen Nachrüstung in Gebäuden. Das liegt daran, dass die Geräte nicht verkabelt werden müssen, sondern im allgemeinen batteriebetrieben sind oder auf Photovoltaikzellen, elektrodynamische oder piezoelektrische Effekte zurückgreifen. Dadurch bieten Funkbussysteme eine hohe Flexibilität, da man die Geräte einfach montieren und im Fall von gemieteten Wohnungsobjekten wieder sauber demontieren kann. Dies ist zum Beispiel bei Wohnungsumzügen sehr praktisch.

Die Übertragung bei Funkbussystemen geschieht über das ISM-Band. Das ISM-Band beinhaltet 2 verschiedene Frequenzen. Die Frequenzen sind 433 MHz (433,05 bis 434,79 MHz) und 868 MHz.

Bei der Nutzung der Bandbreite des 433-MHz-Bandes gibt es keinerlei Beschränkungen in spektraler und zeitlicher Hinsicht. Das hat den Vorteil, dass eine kontinuierliche Übertragung möglich ist. Allerdings kommt es dadurch zu einem höheren Störpotenzial. Für eine sichere Übertragung muss man entweder mit kurzen Reichweiten auskommen oder es muss eine leistungsfähige Kanalkodierung hergestellt werden oder es werden Repeater integriert, soweit dies der Systemhersteller anbietet.

Beim 868-MHz-Band sind die Vorschriften im Gegensatz zum 433-MHz-Band deutlich schärfer. Das Band ist in verschiedene Bereiche unterteilt, damit es nicht zu gegenseitigen Störungen kommt (vgl. Abb. 4.10).

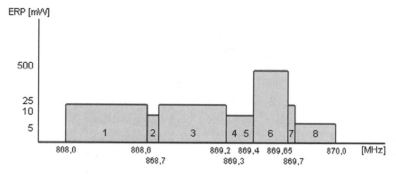

Abb. 4.10 Frequenzband im 868-MHz-Bereich

Jeder Bereich ist dabei für bestimmte Nutzungen freigegeben (vgl. Abb. 4.11).

Abb. 4.11 Restriktionen der Frequenzbänder im 868-MHz-Bereich

Bereich	Funktion	Kanalraster	Duty Cycle
1	Allgemein	Breitband	< 1%
2	Alarm	25 hHz	< 0,1%
3	Allgemein	Breitband	< 0,1%
4	Alarm	25 kHz	< 0,1%
5	Offen		
6	Allgemein	25 kHz / Breitband	< 10%
7	Alarm	25 kHz	< 10% - 100%
8	Allgemein	Breitband	< 10% - 100%

Im Gegensatz zum 433-MHz-Band ist die zeitliche Nutzung des 868-MHz-Bandes damit zeitlich beschränkt. Das bedeutet, dass ein Funkmodul im Bereich 6 nur 6 s pro Minute senden darf. Damit werden Dauersender, z. B. durch Fehlprogrammierung oder Fehlauslösung (Dreck oder Regen auf Schaltdrähten, spielendes Kind) vermieden. Die zeitliche Ausnutzung richtet sich nach dem jeweiligen Subband und kann von 0,1 % bis 100 % schwanken. Außerdem variiert die maximale Sendeleistung je nach Subband und liegt zwischen 10 dBm und 27 dBm und liegt im Bereich von Bruchteilen von Watt.

Dadurch wird eine relativ störungsfreie und hochwertigere Übertragung zwischen Sensoren und Aktoren möglich, die Funktionalität von Zentralen jedoch, die rein prinzipiell eine große Anzahl von Sensoren darstellen, stark eingeschränkt.

Funkbasierte Systeme stellen in jedem Fall eine Bereicherung der Gebäudeautomation dar. Die den Funkbussystemen analog der Handy- und WLAN-Problematik nachgesagten und vielfach von Bauherren nachgefragten Strahlungsprobleme können direkt negiert werden, da Funkbuskomponenten derzeit nur senden, wenn eine Aktion erfolgen muss, und die Sendeleistungen wesentlich kleiner sind als bei Handy oder WLAN.

Zu berücksichtigen ist bei der Auswahl von Funkbussystemen parallel zum verwendeten Band auch die Versendung, Verfügbarkeit und Auswertung von Rückmeldungen. Sendet ein unidirektionales Funkbussystemen keine Rückmeldungen, so erhält der Sender keine Bestätigung über den korrekten Empfang des gesendeten Telegramms vom Empfänger. Zu beheben ist dieses massive Problem nur durch Mehrfachsendung des Telegramms, um sicherzustellen, dass eine Übertragung stattfand. Damit sind die gesendeten Telegramme zwar sehr einfach aufgebaut, belasten jedoch aufgrund der Mehrfachsendung das Übertragungsband stark und über längere Zeit. Liegt ein generelles, nicht temporäres Problem vor, so ist die Übertragung nicht gesichert, aufgrund fehlender Rückmeldung können auch keine Bestätigungen des Schaltzustands über LEDs auf den Sendegeräten erfolgen, man ist auf visuelle Rückmeldungen (Geräte, Leuchtmittel ist ein- oder ausgeschaltet) angewiesen. Bidirektionale Systeme verwenden Rückmeldungen des Aktors und senden in gewissen Grenzen nur so häufig, wie es für die Übertragungssicherheit notwendig ist. Damit ist es erforderlich, dass im übertragenen Telegramm auch die Senderkennung enthalten sein muss, um dem Sender eine Bestätigung rücksenden zu können. Das Dilemma der Unidirektionalität kann auch durch sogenannten Halb-Duplex-Betrieb gelöst werden, indem Sender und/oder Empfänger, sowohl als Sender, als auch als Empfänger fungieren und Empfänger nach korrektem Empfang des Telegramms zum Sender werden und eine Bestätigung zum Sender senden, der dann zum Empfänger mutiert. Dies setzt jedoch größere Energiepotenziale beim Sender voraus, um nach der Betätigung auch Telegramme detektieren zu können.

4.2.3 Powerline-basierte Systeme

Powerline-basierte Systeme setzen auf die direkte Datenübertragung über das Stromkabel und eignen sich daher direkt für sämtliche Anwendungen im Neubau-, Sanierungs- und Erweiterungsbereich, wenn nicht erhebliche Nachteile den Einsatz in Frage stellen. Auf der Powerline, der Stromversorgung, wird entweder auf dem Sinus des Wechselstromsystems im Nulldurchgang eine begrenzte Modifikation der Stromkurvenform vorgenommen (X10, digitalSTROM) oder auf den Sinus des Wechselstromsystems ein Signal mit höherer Frequenz aufmoduliert (KNX/EIB-Powerline, Rademacher Homeputer).

Als Urvater aller Gebäudeautomationssystem zählt X10, das von Busch-Jaeger in den 70ern unter dem Namen Timac X10 eingeführt wurde, aber allenfalls in hochpreisigen Gebäuden zum Einsatz kam. Das extrem einfach zu konfigurierende System (2 Drehschalter) wies bereits für die damalige Zeit interessante Funktionen auf. Die Datenübertragung war durch Schaltung im Nulldurchgang mit 50 Hz sehr gering, aber für damalige Zwecke ausreichend. Von Busch-Jaeger wurde das System mittlerweile eingestellt, wird aber weiterhin im amerikanischen und angelsächsischen Bereich eingesetzt und auch in Deutschland unter dem Namen Marmitek, hergestellt von einem europäischen Unternehmen, unter anderem auch durch Conrad und andere Internethändler, vertrieben. X10 wäre auch heute noch insbesondere für smart-metering-basiertes Energiemanagement sinnvoll, wenn nicht der Vertrieb deutlich eingeschränkt und das System eher für den fachlich orientierten Bastler verwendbar wäre.

Busch-Jaeger hat das System X10 etwa 1998 durch eine Powerline-Variante von KNX/EIB unter dem Namen EIB-Powernet eingeführt. Aufgrund der gegenseitigen Übereinkunft der KNX/EIB-Hersteller als Alliance verpflichteten sich zunächst viele weitere KNX/EIB-Vertreiber, darunter Berker, GIRA, Jung, Merten und Siemens, den Busch-Jaeger-Powernet-Chip einzusetzen, zogen sich jedoch bereits innerhalb von 2 Jahren vom Powerline-Markt zurück, da sie die Lösung der erheblichen Probleme bei der Einführung des Systems scheuten. Berker, GIRA und Jung etablierten statt EIB-Powernet ein 433-MHz-Funkbussystem, das bis zum heutigen Tage zwar der preislichen Lage der Komponenten, nicht aber den funktionellen Möglichkeiten von EIB-Powernet gleichkommt. Busch-Jaeger hat sich den Schwierigkeiten der Einführung von EIB-Powernet gestellt, die insbesondere auf die Störung von Gegen- und Wechselsprechanlagen, Schaltnetzteile von PC-Systemen, EVGs von Lampen, neuerdings Energiespar- und LED-Leuchten und weitere Störer zurückzuführen waren. Es wurden Regeln und Hinweise gegeben und technische Änderungen vorgenommen, die EIB-Powernet zu einem einsetzbaren System, insbesondere für den Sanierungs- und Erweiterungsbereich machten. Wie zu jedem System 1.0 muss es ein System 2.0 geben. Hiermit ist gemeint, dass neue Problemfronten am Horizont aufgezogen sind, die EIB-Powernet durch Energiespar- und LED-Lampen den Garaus machen werden. Von EIB-Powernet ist in jedem Fall für Zukunftslösungen abzuraten, wenn auch Powernet gut zu smart-metering-basiertem Energiemanagement passt.

Ähnliche Erfahrungen wurden mit Rademacher Homeputer gemacht, ebenfalls ein damals zukunftsfähiges System für Neubau, Sanierung und Erweiterung. Der Hersteller hat sich nicht konsequent genug um die Lösung von Problemen und die Markteinführung gekümmert und nach Auffassung des Autors zu früh das zukunftsfähige System, das weit über die Möglichkeiten von KNX/EIB hinausgehen könnte, vom Markt genommen.

Seit mehreren Jahren macht ein weiteres powerline-basiertes System von sich reden. Im Laborumfeld wurde an der ETH Zürich digitalSTROM, das nach Herstellermeinung zukunftsfähigste Gebäudeautomationssystem, entwickelt. Während über Testinstallationen unter Laborbedingungen viel berichtet wurde, ist es nach dem Beginn von Prototypeninstallationen unter realistischen Bedingungen still um digitalSTROM geworden, wenn auch der Systemhersteller AIZO die Systemeinführung im Jahr 2010 ankündigte und dann erst 2012 damit begann. Auf Expertenebene wurde diskutiert, dass allein mit den Störungen einer Bohrmaschine (Universalmaschine mit starkem Funkenfeuer) digitalSTROM zum Kollaps geführt werden kann. Darüber hinaus ähnelt doch die Datenübertragung im Nulldurchgang sowie einer Überlagerung auf dem Sinus, ob mit oder ohne intelligentem Protokollaufbau den Leistungen von X10 mit nur 50 Hz, wenn auch Powernet hier bereits 1.200 Byte für das gesamte zu übertragende Telegramm zu bieten hatte. Mittlerweile hat der Systemanbieter die Probleme vor der Systemeinführung löst und die enormen Vorteile von Powerline für das smart-metering-basierte Energiemanagement aufgezeigt.

4.2.4   LAN-/WLAN-basierte Systeme

Auf Messen wurde der Autor mehrfach darauf angesprochen, wann LAN- und WLAN-basierte Systeme in der Gebäudeautomation Einzug halten werden. Diese Frage ist nicht einfach zu beantworten.

Zum einen sind LAN-basierte Systeme seit mehreren Jahren verfügbar. KNX/EIB verfügt mit KNX/IP über ein neues Medium, mit dem die langsamen Bereiche und Linien des KNX/EIB mit maximal 9.600 Baud mit einem performanteren Backbone ausgestattet werden können, zum anderen können KNX/EIB-Komponenenten auf ethernet-basierte Zentralen, wie z. B. den KNX-Node zurückgreifen oder über KNX/IP programmiert oder an Visualisierungssysteme adaptiert werden.

Was für den KNX/EIB zutrifft, trifft auch auf viele andere Systeme zurück. Hierzu zählen LCN, LON, HomeMatic, SPS-Systeme und andere. Entscheidend ist lediglich, zu welchen Kosten derartige Performance-Gewinne realisiert werden können.

Somit ist die Situation der LAN-basierten Systeme klar umrissen, es gibt sie bereits seit einigen Jahren. Die intelligentesten Implementierungen findet man bei HomeMatic und SPS-Systemen, wie z. B. WAGO und Beckhoff.

Es verbleibt die aktuelle Situation der „echten" LAN- und WLAN-basierten Gebäudeautomationssysteme. Hierzu wurde im Rahmen einer Diplomarbeit an der Fachhochschule Dortmund eine Studie mit realisierbaren Komponenten erstellt. Derartige Komponenten wären sehr reizvoll, da sie auf eine fast in jedem Haushalt verfügbare Hardware zurückgreifen könnten. Auch sind neue Parametrier- und Programmierkonzepte denkbar, die weit über das derzeit mögliche hinausgingen. Es bleiben zunächst mehrere Probleme zu lösen. Zum einen greift man bei WLAN-Lösungen auf bidirektionale Lösungen zurück, die erheblichen Strombedarf haben, da sie grundsätzlich standby sind, zum anderen funken WLAN-System ohne jegliche Pause und belasten damit das persönliche Empfinden der Bewohner. Greift man auf LAN-Lösungen zurück, ist PoE (Power over Ethernet) notwendig, um die nun LAN-basierten Komponenten mit Strom zu versorgen. Es bleibt die Frage, ob derartige Systeme tatsächlich sinnvoll erscheinen und störungsfrei neben dem PC- und Multimediabetrieb im Heim über LAN und WLAN laufen werden.

Echte LAN/WLAN-Lösungen findet man z. B. bei Rutenbeck oder ALLNET, bei denen Module mit Sensor- und Aktoreinbindung, wie sie z. B. von LCN bekannt sind, über das LAN oder WLAN betrieben werden.

4.2.5 Speicherprogrammierbare Steuerungen (SPS)

Speicherprogrammierbare Steuerungen kommen klassischerweise aus der Mess-, Steuer- und Regelungstechnik und Maschinensteuerung. Die Prinzipien hierfür können auch auf die Gebäudeautomation übertragen werden. Hierfür gibt es viele verschiedene Hersteller wie z. B. Siemens, ABB, WAGO, Beckhoff, Phoenix Contact, Schneider Electric, EATON und weitere. Unter anderem haben die Hersteller WAGO und Beckhoff ihre SPS für die Gebäudeautomation optimiert. Dies lässt sich an den vielen Sonderklemmen zur Einbindung von Subsystemen, die für die Gebäudeautomation notwendig sind, erkennen. Als Beispiel dafür gilt z. B. die EnOcean- und KNX/EIB-Klemme, die von WAGO und Beckhoff angeboten wird. Für die korrekte Betriebsweise der einzelnen Klemmen, insbesondere der Sonderklemmen, werden sogenannte Bibliotheken benötigt, die die Funktion beschreiben und der Programmierumgebung bereitstehen. Im Rahmen dieses Buches werden insbesondere die Controller der Firma WAGO angesprochen, eine Übertragung auf Controller von Beckhoff und Phoenix Contact ist leicht möglich. Insbesondere werden hierbei von WAGO die Controller 750-841 und 750-849 vorgestellt. Diese bieten den Vorteil, dass die Bibliotheken von WAGO frei zum Download bereitgestellt werden.

SPS-Systeme kombinieren den Einsatz am drahtbasierten Ethernet mit funk- und drahtbasierten Komponenten oder Bussystemen.

Automatisierungspyramide der Gebäudeautomation

Standardisiert werden die verschiedenen Aufgaben der Gebäudeautomation in übereinander liegende Schichten angeordnet. Im Vergleich zur Industrieautomation, die die Aufgaben einer Maschinensteuerung in drei oder mehr Schichten anordnet, sind es in der Gebäudeautomation klassisch drei Schichten, die mit Feldbus-, Automations- und Leitebene bezeichnet werden. Zwischen und zu den einzelnen Schichten sind Schnittstellen angeordnet, die den Daten- und Funktionaltransport organisiert über einzelne Datenpunkte organisieren. Die Schnittstellendefinition ist von großer Bedeutung, da kaum ein Gebäudeautomationssystem alle Schichten der Automatisierungspyramide allein abdecken kann und insbesondere die Integration von Subbussystemen nicht komplett von einem übergeordneten System beschrieben wird (vgl. Abb. 5.1). Hier ist zwingend noch erheblicher Nachholbedarf vorhanden.

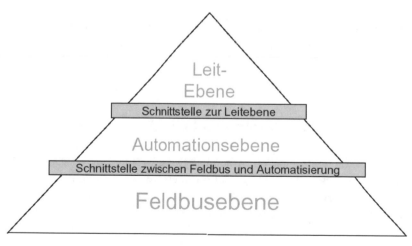

Abb. 5.1 Schichten einer Gebäudeautomation

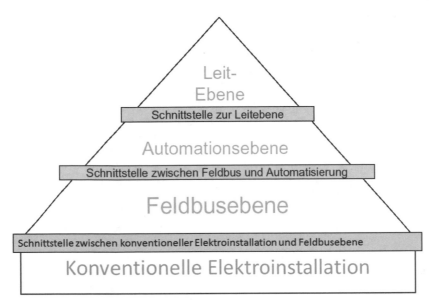

Abb. 5.2 Schichten einer Gebäudeautomation auf der Basis der konventionellen Elektroinstallation

Wie bereits in den vorhergehenden Kapiteln festgestellt wurde, basiert die Gebäudeautomation auf den Einrichtungen einer konventionellen Elektroinstallation, die im Fall eines Neubaus bereits auf die Bedürfnisse einer zentralen, dezentralen oder halb-dezentralen Gebäudeautomation angepasst sind. Im Sanierungs-, Umbau-, Erweiterungs- oder Nachrüstfalle muss die Basis der konventionellen Elektroinstallation als gegeben hingenommen werden, da hier Erweiterungen nur mit großem Aufwand vorgenommen werden können.

Aus diesem Grunde stellt die konventionelle Elektroinstallation zwingend die 4. Ebene der Automatisierungspyramide als Basis dar und darf keinesfalls außer Acht gelassen werden (vgl. Abb. 5.2).

5.1 Konventionelle Elektroinstallation

Die konventionelle Elektroinstallation beinhaltet die Einspeisung energetischer Quellen und Medien ins Gebäude, deren Organisation in einem Hausanschlussraum und Verteilung bis hin zum Verwendungsort in Wohnung oder Gebäude. Dies kann sowohl unidirektional von der Versorgungseinrichtung ins Gebäude, aber auch bidirektional in Form von regenerativen Energien (Photovoltaik, Windkraft) oder Internetanwendungen der Fall sein.

5.1.1 Hausanschluss

Der Hausanschluss ist der zentrale Punkt im Gebäude, in dem die Energie- und Medienquellen und -senken rangiert werden. Zu den Energiequellen zählen der elektrische Anschluss, der Wasseranschluss, der Abwasseranschluss, der Gasanschluss und Fernwärme, zu den Medienquellen die Telefonanschlussleitungen sowie der darauf aufgesetzte Internetanschluss über zumeist ADSL oder VDSL, Kabelanschluss für Radio und Fernsehen.

Der elektrische Anschluss wird nach dem Hausanschlusskasten mit der Hauptsicherung in einen Zählerschrank geführt, in dem die vom Energieversorger abgenommene Energie gemessen und von dort über einen Stromkreisverteiler unterverteilt wird.

Auch das über den Wasseranschluss vom Versorger abgenommene Trinkwasser wird über eine Zähluhr gemessen.

Bislang besteht für die Abwasserströme keine Zähleinrichtung, da diese direkt über den Trinkwasserverbrauch und die nicht verrieselten Abwassermengen per Auffangfläche abgeschätzt werden. Infolge der ständig steigenden Abwasserkosten könnte hier eine private Zähleinrichtung für Transparenz und damit möglicherweise Kosteneinsparung sorgen.

Soweit ein Gasanschluss besteht, wird auch die abgenommene Gasmenge über eine Gaszähluhr gemessen.

Der Telefonanschluss wird als eine oder mehrere Leitungen eingespeist und von dort unterverteilt auf einzelne Räume oder Wohnungen. Häufig wird der Telefonanschluss auf eine Telefonzentrale unterverteilt, um sowohl eine Haussprecheinrichtung, als auch eine dezentrale Kommunikation zu ermöglichen. Fast in jedem Haushalt ist mittlerweile auf die Telefonleitung ein breitbandiges Kommunikationsmedium für das Internet per ADSL oder VDSL aufgeschaltet. Nach der Trennung von Telefon- und Internetsignal über einen Splitter wird auch das Internet auf einen Router aufgeschaltet, der per Ethernet-TP-Leitung oder WLAN das Netzwerk und damit das Internet im Gebäude verteilt.

Nicht im Hausanschlussraum befindet sich der Tank für die fossile Energie in Form von Öl für die Ölheizung. Die Messung hier ist relativ einfach über die Messung der Zuführung vom Tankwagen bzw. den aktuellen Ölstand, der am Tank direkt abgelesen werden kann.

Es wird schnell klar, dass die Erfassung der zentralen Energie- und Entsorgungsströme optimal im Hausanschlussraum erfolgen und gespeichert werden kann. Durch die in direkter Nähe verfügbaren Netzwerkeinrichtungen können die erfassten Daten damit zudem über ein Netzwerk und damit die Weiterverarbeitung an dezentraler Stelle verfügbar gemacht werden. Für den Energieversorger interessant ist der direkt verfügbare Internetanschluss, um über diesen unter Umständen den Energieverbrauch und das Tarifmanagement abzugleichen.

5.1.2 Zählerplatz

Der Zählerplatz ist im Zählerschrank untergebracht. Bis zum Zählerplatz werden die Zuleitungen verplombt und damit nicht direkt zugreifbar geführt, um Manipulationen und Stromklau zu vermeiden. Am Zählerplatz befand sich bislang der sogenannte Ferraris-Zähler, der über elektromechanische Messung den Energieverbrauch misst. Somit sind in den Haushalten millionenfach gleichartige Zähler vorhanden, die manuell abgelesen werden müssen. Um diesen manuellen Aufwand zu reduzieren und zudem als Mehrwert damit verbunden die häufigere Ablesung zu ermöglichen, werden in Neubauten, Gebäuden mit hohem Energiebedarf und sukzessive in den nächsten Jahren elektronische Haushaltszähler, sogenannte eHz installiert.

5.1.3 Stromkreisverteiler und Sicherungseinrichtungen

Zur Unterverteilung der vom Energieversorger zugeführten Energie auf die einzelnen Räume und damit Stromkreise für elektrische Verbraucher, Leuchten etc. werden die Leitungen, die den gemessenen Strom führen, auf einen Stromkreisverteiler geführt. Dieser Stromkreisverteiler besteht im Allgemeinen aus einer größeren Anzahl von Leitungsschutzschaltern, über die die Absicherung des betroffenen Stromkreises erfolgt, aber auch direkt eine Schaltmöglichkeit des Stromkreises besteht. Auf die Notwendigkeit des FI-Schutzschalters, der für die Gebäudeautomation bis auf die mögliche Erfassung des Schaltzustandes nicht von Belang ist, wird hier nicht weiter eingegangen.

Der Stromkreisverteiler ist der erste zentrale Punkt im Gebäude, an dem frühzeitig im Entstehungsprozess des Gebäudes entschieden wird, ob eine Gebäudeautomation direkt integriert wird oder nachrüstbar ist und insbesondere auch, welcher Typ von Gebäudeautomation unmittelbar oder im Zuge der Nachrüstung in Frage kommt.

Meist werden die Stromkreisverteiler zu klein vorgesehen, um die Funktionen der Gebäudeautomation abgesichert realisieren oder auch deren Energieverbrauch messen zu können. So werden Licht und Steckdosen meist auf einen Leitungsschutzschalter und/oder Stromkreis gelegt, der einen spezifischen Raum versorgt, auf mehrere Stromkreise verteilt wird bei Küchen und Haushaltsräumen infolge der hohen Anschlussleistungen und Absicherungsansprüche von Herden, Kühlschränken, Gefriertruhen, Waschmaschinen, Trocknern etc. Aufgrund dessen lässt sich das Smart Metering bei großen Verbrauchern auch nachträglich gut realisieren, um zugleich eine tariforientierte Schaltung der Geräte realisieren zu können, soweit genügend Platz auf den Hutschienen des Stromkreisverteilers vorhanden ist.

Dem Neubauer, der nicht von vornherein eine Gebäudeautomation einbauen lässt, wird geraten möglichst viele Stromkreise zu den einzelnen Räumen legen zu lassen, um später die Schalt- und Messmöglichkeit zentral ermöglichen zu können. Dies betrifft schaltbare Steckdosen, Leuchten etc. sowie den Garten, Garage, Vorgarten etc. Zudem sollte mindestens eine zusätzliche Reihe im Verteilerschrank vorgesehen werden, um in den einzelnen Stromkreisen hinter dem Leitungsschutzschalter Schaltvorrichtungen oder Metering-Einrichtungen verbauen zu können.

Dem renovierenden oder erweiternden Altbauer bleiben nur die Möglichkeiten einer dezentralen, funkbasierten Gebäudeautomation, die über eine Zentrale gesteuert wird. Powernet könnte eine weitere Lösung sein, die aufgrund der Entwicklungen im Leuchtenbereich (Energiesparleuchte, LED-Licht) und der zunehmenden Nutzung von Schaltnetzteilen in Frage zu stellen ist. Setzt der Altbauer nur auf Erweiterungsmöglichkeiten ohne Eingriff in den Baubestand, wie z. B. durch Zwischensteckdosen, aufklebbare Taster oder Stellantriebe, so wird er niemals die wesentlichen Aspekte der Gebäudeautomation angehen können. Erst wenn er zumindest die unter der Tapete, in Decke oder Boden liegenden Schalt- und Verbindungsdosen öffnen lässt und dort die Schaltlogik der konventionellen Elektroinstallation ändern lässt, sind größere Automationspotenziale erschließbar.

5.1.4   Kabel und Leitungen

Kabel und Leitungen dienen der Energie- aber auch Medienführung im Gebäude. Ausgehend von der Schalteinrichtung am Stromkreisverteiler werden Leitungen entweder direkt zum Verbraucher oder zu einem oder mehreren Verbindungspunkten im betreffenden Raum geführt. Die geforderte Schaltungslogik wird bei konventioneller Elektroinstallation direkt durch die einzelnen Leitungen in Verbindung mit Schaltern, Steckdosen, Leuchtmittelanschlüssen erstellt, wobei die in einer Leitung geführten Leiter L, N und PE aufgeteilt werden. Diese Aufteilung ist das eigentliche Problem der nachträglichen Gebäudeautomation.

Auch Medien, die z. B. über Antennen- oder Satellitenleitungen, aber auch Netzwerkkabel werden direkt in die einzelnen Räume geführt und zu ihrem Anschlusspunkt gebracht. Änderungen sind auch hier später nur aufwändig möglich, es sei denn man ergänzt durch WLAN oder DVBT.

5.1.5   Dezentrale Stromkreisverteiler

Sehr selten, aber für eine spätere Nachrüstbarkeit sinnvolle Einrichtung sind dezentrale Stromkreisverteiler in einzelnen Räumen. Zu diesen dezentralen Stromkreisverteilern führen die Stromkreisversorgungen vom zentralen Stromkreisverteiler mit allen späteren Möglichkeiten. So bieten sich z. B. für Garage, Vorgarten, Garten und Gartenhaus oder die einzelnen Etagen separate Stromkreisverteiler an. Einfach zugänglich können die Stromkreisverteiler auch mit Bildern über den Stromkreisverteilertüren oder -deckeln abgedeckt werden

Neubauern, die später Gebäudeautomation nachrüsten wollen, ist anzuraten dezentrale Stromkreisverteiler mit genügend Bauraum für Gebäudeautomation vorzusehen, die hinter Bildern oder Schränken versteckt werden können.

5.1.6   Kabelkanäle

Auch Kabelkanäle, ob auf Putz, unter Putz oder über der Fußleiste aufgesetzt eignen sich hervorragend, um zusätzliche Stromversorgungsleitungen oder Datenleitungen zu verlegen. Aufgrund der aktuellen und schönen Designs der diversen Hersteller erscheinen diese im Wohnbereich auch nicht mehr als hässlich.

5.1.7   Schalter, Steckdosen, Strom- und Lichtanschlüsse

Schalter, Steckdosen, Strom- und Lichtanschlüsse sind die wesentlichen Endeinrichtungen, an denen der Gebäudenutzer Energie abnimmt und schaltet. Wurden ursprünglich ausschließlich Schalter angewandt, um den Stromfluss zu sperren oder zu ermöglichen, so war die geforderte Funktionalität immer direkt mit der Leitungsführung verbunden. Sollte von zwei Schaltstellen geschaltet werden, waren Wechselschaltungen erforderlich, die über zwei Wechselschalter verfügen. Waren weitere Schaltstellen notwendig, so wurde um Kreuzschaltungen mit Kreuzschaltern erweitert. Die Komplexität der Schaltungen resultierte in sehr unübersichtlichen Leitungsanschlüssen, die nachträglich kaum nachvollzogen werden können. Mit der Komplexität steigen auch die Kosten der Elektroinstallation und lassen erahnen, dass Gebäudeautomationssysteme hier von vorn herein installiert Sinn machen könnten.

Hilfreich sind hier auch Stromstoßschaltungen, die über einen oder mehrere Taster ausgelöst werden. Dies ist bereits der Weg zur Gebäudeautomation.

Auf dem Weg von der konventionellen Schaltung zur Gebäudeautomation werden danach nahezu alle Schalter durch Taster ersetzt.

Die Stromanschlüsse im Raum sind über Steckdosen realisiert, die zumeist von einem Stromkreis gespeist und von dort parallelgeschaltet sind. Eine gezielte Zeit- oder Eventsteuerung ist damit nicht möglich, stattdessen müssen die einzeln schaltbaren Stromkreise mit einzelnen Relais verschaltet werden. Ist dies zentral am Stromkreisverteiler nicht möglich, müssen Steckdosenzwischenstecker oder Aktoren in den Zuleitungen verbaut werden.

Kompliziert wird die Anwendung von Dimmern bei Leuchten. Zum einen bedingt die Komplexität der heutigen Leuchteinrichtungen die Auswahl eines spezifischen Dimmers mit allen Problemen des Schaltens, die bereits diskutiert wurden. Die Möglichkeiten von Dimmeinrichtungen kann heute nur durch Gebäudeautomation optimal genutzt werden, unterstützt durch spezielle Sub-Bussysteme, die speziell für Leuchtmittel geschaffen wurden, dies ist z. B. der DALI-Licht-Bus.

5.1.8   Kommunikationseinrichtungen

Zu den ursprünglichen Kommunikationseinrichtungen im Gebäude zählt das analoge Telefon, wobei die Anschlussanzahl auf ein bis zwei reduziert war. Neuerdings werden fast ausschließlich ISDN-Anschlüsse oder bereits Voice over IP eingerichtet, die auch als linienorganisiertes Bussystem aufgebaut werden. Damit besteht eine gewisse Flexibilität der Zuordnung von vergebbaren Telefonnummern zu Anschlussgeräten. Ist heute das Netzwerk oder direkt der Internetzugang die bevorzugte Anschlussmöglichkeit von Gebäudeautomation an das WAN, um von extern auf das Gebäude zuzugreifen, konnten oder können zahlreiche Gebäudebussysteme auch über ISDN oder analoge Telefonie gesteuert werden.

5.1.9 Netzwerkeinrichtungen

In Neubauten sollten möglichst viele LAN-Kabel vorgesehen werden, die im Hausanschlussraum gepatched werden, um auch für die Zukunft gerüstet zu sein. Mehr und mehr verfügen Endgeräte über LAN-Anschlüsse, aber auch die Anzahl der PC-Systeme, auch als Embedded-Systeme, nimmt mehr und mehr zu.

Im Fall der Altbauten ist der Aufbau eines drahtbasierten Netzwerks schwieriger. Leitungsleerrohre sind entweder schon mit Leitungen belegt oder enden an weniger interessanten Orten im Gebäude. Hier bietet sich WLAN als Netzwerklösung an, das in Form eines Routers meist im Hausanschlussraum aufgebaut wird. Sollten aufgrund der Durchlässigkeit von Böden, Decken oder Wänden der Funkstrahlen Orte in höheren Etagen nicht erreicht werden können, ist eine Kaskadierung des Routers möglich, indem z. B. über ein LAN-Kabel ein weiterer Router in höheren Etagen angeschlossen wird. Soweit möglich können dann auch an bestimmten Stellen drahtbasierte Sub-Netze aufgebaut werden, an denen und über die beispielsweise die Gebäudeautomation gesteuert werden kann. Hilfreich sind hier erneut Kabelkanäle.

5.1.10 Multimediaeinrichtungen

Zu den Multimediaeinrichtungen zählen Radio, Fernsehen, allgemein Audio- und Videosysteme. Während Radiogeräte ihren Empfang aus vorhandenen Antennenleitungen oder Wurfantennen ermöglichen, sind für Fernsehgeräte vorhandene Antennenleitungen (mittlerweile abgebaut), Satellitenleitungen oder DVB-T-Anschlüsse nötig. Die Nutzung von Radiogeräten im Zuge der Gebäudeautomation beschränkt sich meist auf das zeitgesteuerte Schalten des Radios, wenn es dies ermöglicht, die Einbindung von Gebäudeautomation in den Radiobetrieb erscheint kaum möglich. Bei Fernsehgeräten gab es im Bereich der Luxusanwendungen von Gebäudeautomation die Steuerung von Gebäudefunktionen direkt über Bildschirm und Fernbedienung.

Diese nüchterne Nutzung von Radio- und Fernsehgeräten, ausschließlich zum Hören und/oder Sehen von Sendern, ist der multimedialen Nutzung von Monitoren oder dem Einbezug von Radio und Fernsehen in die multimediale Nutzung auf PC-Systemen gewichen. Während Radiogeräte heute noch immer dezentral und flexibel eingesetzt werden und aufgrund ihrer Baugröße mittlerweile auch in Unterputzdosen integriert werden, sind Fernsehgeräte Multifunktionsgeräte mit Audio- und Videoeinrichtung geworden, die aufgrund ihrer zahlreichen Systemschnittstellen mit netzbasierten Audio- und Videoservern, Videorecordern, PC-Systemen, Satelliten-Receivern, DVB-T-Tunern, Video-Türsprechstellen etc. verbunden werden können. Damit mutiert der Fernseher zur Leitstelle der Gebäudeautomation, selbst auf Tastatur und Maus kann mittlerweile verzichtet werden, da die Monitore über Touchscreen-Funktionalität verfügen können.

Prinzipiell sind klassische Radio- und Fernsehgeräte nicht mehr notwendig, da ein durchschnittlich leistungsfähiger PC mit Internet-Anschluss Radio- und Fernseh-Tuner mit Recorderfunktionalität, Audio- und Videoarchiv, Informations- und Kommunikationsmedium sein kann, das nebenbei auch die Gebäudeautomation inklusive Smart-Metering-Auswerteinheit und Energiesteuerung übernehmen kann.

Neben dieser Zentralisierung der Möglichkeiten von PC-Systemen, die über das Netzwerk und Intranet wiederum dezentralisiert werden können, kommen Anwendungen wie Multiroom-Service oder „Follow me" hinzu. Einige Unternehmen, wie z. B. ReVox, CRESTRON, bieten Media-Server an, die auf Anforderung den Medienstrom in bestimmte Räume lenken. Andere Forderungen aus dem Luxussegment ist „Follow me", d. h., dass die Audio- und/oder Videoquelle dem Medienempfänger von Raum zu Raum folgt. Hierzu muss der Standort des Medien-Empfängers z. B. durch RFID-Chip bestimmt werden und der Multiroom-Server darauf basierend den Medienstrom steuern.

In diesem Zusammenhang müssen jedoch auch die Möglichkeiten des „Smartphones", das ehemals als mobiles Telefon genutzt wurde, in Betracht gezogen werden. Durch die stetig steigende Miniaturisierung von Speichern etc., kann der in diesem Kapitel beschriebene Multimedia-PC bereits durch das „Smartphone" ersetzt werden, das per Kopfhörer bereits die Medien-Server- und „Follow-me"-Funktionalität beinhaltet. Ein Übriges bringen die Touchpads oder Touchscreens mit sich.

Die Möglichkeiten moderner Informations- und Kommunikationseinrichtungen wachsen mit ständig steigender Performance. Jeder Anwender muss selbst entscheiden, was er anwenden will. Es bleibt jedoch festzuhalten, dass ein „Smartphone" oder eine Nachfolgeeinrichtung unter anderem „smartem" Namen nicht die Grundlagen einer Gebäudeautomation ersetzen kann.

5.2 Feldbusebene

Die Feldbusebene ist im Prinzip zunächst das Gebäudebussystem an sich. Es besteht aus Sensoren und Aktoren, die über den Feldbus miteinander kommunizieren können. Es befinden sich also alle Systemkomponenten, Sensoren und Aktoren in der Feldbusebene. Die von den Sensoren erfassten bzw. gemessenen physikalischen Größen oder Zustände werden in elektrische Signale umgewandelt und den höheren Ebenen über den Feldbus zur Verfügung gestellt, wo sie dann verarbeitet werden können. Zudem können die höher gelegenen Ebenen ebenfalls über den Feldbus Signale schicken, um die Aktoren anzusprechen, damit verschiedene Funktionen ausgeführt werden können. Auf diese Funktionen wird bei der Erklärung der anderen Ebenen noch genauer eingegangen. Neben den Sensoren und Aktoren zählen Systemkomponenten zur Feldbusebene. Zu ihnen zählen Gateways, die die Verbindung zwischen verschiedenen Systemen, aber auch zu Systemen der höheren Schichten ermöglichen, aber auch die Basiseinrichtungen der Gebäudebussysteme.

Somit lassen sich über die Feldbusebene bereits ohne Automatisierungs- oder Leitebene einige Funktionen, die sogenannten lokalen Funktionen, realisieren. Hier werden verkürzt einige Beispiele aufgeführt:

- Beleuchtungssteuerung (Schalten oder Dimmen)
- Temperatursteuerung
- Jalousiesteuerung
- Lüftungssteuerung
- Wetterdaten erfassen über eine Wetterstation

5.3 Automatisierungsebene

Die Automationsebene bzw. die Prozessebene befasst sich mit den Komponenten, die zur Steuerung, Regelung und Zeitsteuerung bzw. zum Aufbau einer Logik benötigt werden. Diese Systemkomponenten kommunizieren dabei über den Prozess-/Zellbus, um eine Unterscheidung zu treffen und zum Feldbus zu übertragen. Die Automationsebene kann sowohl gebäudeweise als auch gebäudeübergreifend arbeiten.

Zu den Funktionen der Automatisierungsebene zählen:

- Zeitsteuerung
  - Jahreskalender
  - Monatskalender
  - Wochenkalender
  - Tagessteuerung
  - Intervallsteuerung
  - Urlaubssteuerung
- Anwesenheitssteuerung
- Zustandssteuerung
  - Auswertung von Helligkeit
  - Auswertung von Dunkelheit
  - Auswertung von Strahlungsstärke
  - Auswertung von Temperatur
  - Auswertung von Feuchtigkeit
  - Auswertung von Regenmenge
  - Auswertung von Regen/Niederschlag
  - Auswertung von Windgeschwindigkeit

- – Auswertung von Windrichtung
- – Auswertung von Luftgüte/CO_2
- ■ Anwesenheitssimulation
- ■ Sollwertverstellung der Heizung
- ■ Heizungstemperaturregelung
- ■ Lüftungssteuerung
- ■ Smart Metering
- ■ Energiemanagement
- ■ Logische Verknüpfungen

Die Funktionen der Automatisierungspyramide werden durch Verknüpfungsbausteine, Logikmodule, Controller etc. realisiert.

5.4   Leitebene

Die oberste Ebene der Automatisierungspyramide ist die Leitebene. Diese Ebene befasst sich mit der Visualisierung, Bedienung und Ausgabe von Störmeldungen des Gebäudes. Diese Ebene kann sowohl gewerkeübergreifend als auch liegenschaftsübergreifend arbeiten. Das bedeutet, dass man zum Beispiel von einer zentralen Stelle aus mehrere Gebäude steuern kann. Dies ist eine Funktion, die im Facility-Management Anwendung findet, bei dem mehrere Liegenschaften von einer Zentrale aus gesteuert werden.

5.4.1   BuB-Systeme

„Beobachten"-und-„Bedienen"-Systeme erklären bereits eine wesentliche Funktionalität der Leitebene in ihrem Namen. Sie dienen der Beobachtung und Bedienung von Gebäuden. Die Beobachtung eines Gebäudes macht Sinn beim Service-Management von Gebäuden, unter anderem bei der Störungsabwicklung. Spiegelt das BuB-System alle Zustände aller Sensoren und Aktoren wider, können im Störungsfalle Fehler im System von Fehlbedienungen unterschieden werden. Als Beispiel sei hier aus dem Liegenschaftsbereich ein eingeschalteter Dimmer mit nahezu abgedimmtem Ausgang genannt. Von der Anwenderseite her ist das Leuchtmittel eingeschaltet, aber es leuchtet nicht, während der Systemoperator den Fehler als Fehlbedienung aufdecken kann, da der Dimmer abgedimmt ist. Nimmt man die Bedienen-Funktionalität hinzu, kann der Systemoperator den eingeschalteten Dimmer auch Hoch-Dimmen, um beim Anwender den gewünschten Effekt des Lichts zu erzielen. Dieses profane Beispiel der Anwendung eines BuB-Systems mag theoretisiert sein, ist jedoch ein Beispiel aus der Realität neben vielen weiteren vermeintlichen Fehlern, die im Kern Fehlbedienungen oder Fehlverhalten sind. Je genauer das Prozessabbild des Gebäudes ist, beispielsweise erweitert durch Strom- und Energiesituation, die bis zum Verbraucher heruntergebrochen ist, umso besser wird das Service-Management am Gebäude unterstützt.

Als Beispiel der Beobachten-Funktionalität im privaten Heim dient die Überwachung des eigenen Gebäudes per Internet, z. B. über Handy, indem gezielt Schaltzustände oder situative Zustände (z. B. Leckagen) abgefragt werden können, dies kann jedoch auch durch Störmeldung auf das Smartphone erfolgen.

Die Bedien-Funktionalitäten im privaten Heim beginnen beim Abschalten des Lichts, das beim Verlassen nicht abgeschaltet wurde, der Abschaltung des Bügeleisens, der Vorbereitung eines Vollbades per Internet, dem Hochfahren der Heizung auf eine gewünschte Temperatur und vieles mehr.

5.4.2 Visualisierung

Eine Visualisierung ist nichts anderes als ein BuB-System, Beobachten und Bedienen sind hier jedoch kaum noch trennbar. Ikonen repräsentieren den Schalt- oder Systemzustand von Verbrauchern (Licht an/aus, Licht hell/dunkel, Jalousie hoch/runter, Lüfter an/aus etc.). Durch Mausklick auf die Ikone können direkt Schaltvorgänge oder systematische Änderungen vorgenommen werden.

Was bei privaten Häusern problemlos erscheint, es sei denn von Ferne wird das Licht im Wohnzimmer abgeschaltet, während der Rest der Familie dort anwesend ist, ist beim Service-Management von Bürogebäuden strikt zu trennen. Während die Beobachten-Funktionalität bis auf sensorische Erfassung der Privatsphäre sinnvoll erscheint, sollte die Bedienfunktionalität für die meisten Bereiche zunächst freigeschaltet werden, um den Gebäudebewohner nicht zu verwirren.

Aktuell findet ein Übergang weg von graphischer Visualisierung hin zu tabellenorientierter statt, da diese leichter und schneller mit Smartphones und Touchpads und auch auf kleinsten Displays bedient werden können. Navigation durch Graphiken wird durch eine durch Tabellenstrukturen ersetzt.

5.4.3 Steuerung

Viele Systemvertreiber sprechen auch von Steuerungssystem, wenn Sie BuB- oder Visualisierungssystem meinen. Steuerung wird dann nicht in Verbindung mit Automatisierung, sondern der direkten Steuerung des Prozesses verstanden. Die Steuerung kann hier über eine realistische Gebäudevisualisierung oder eine tabellenbasierte, raumbezogene Funktionsliste erfolgen.

5.4.4 Störmeldung

Störmeldungen müssen nicht visuell auf Gebäudeansichtsdarstellungen dargestellt werden. Angesichts der großen Vielfalt darstellbarer Räume, Etagen etc. würde eine Störmeldung dann auch untergehen. Stattdessen können Störmeldungen direkt auf Handies, auch per SMS oder auf im Störfalle hochpopbare Windows-Seiten einer Visualisierung ausgegeben werden.

Störmeldungen im Bereich von Liegenschaften sind Fehlerereignisse, die größere Auswirkungen haben können, wie z. B. das Auslösen eines Leitungsschutzschalters, Schützes, Steuerungssystems etc., was den Ausfall der Stromversorgung ganzer Bereiche zur Folge hat.

Öffentliche Betriebe, wie z. B. Schulverwaltungen gehen mehr und mehr zur Personaleinsparung über, indem mehrere Schulen von einem einzigen Hausmeister betreut werden. Typische Störmeldungen sind hier der Ausfall von Leuchtmitteln oder Vorschaltgeräten, die ausgetauscht werden müssen. Der DALI-Lichtbus unterstützt diese Funktionalität, indem in einem DALI-Bus Leuchtmittel und Vorschaltgeräte zyklisch überprüft werden und im Fehlerfall Störmeldungen vom DALI-Gateway bereitgestellt werden, die von der Leitebene ausgewertet werden und als Störmeldung weitergeleitet werden.

Im privaten Bereich kann eine Störmeldung der Ausfall einer Heizungsanlage bzw. die Weiterleitung der Störmeldung einer Heizungsanlage sein, Leckage an Wasserleitungen oder Spülmaschine oder ein Einbruch, der durch Glasbruch, Tür- oder Fensterkontaktauslösung gemeldet wird.

Störmeldungen werden protokolliert und nach der Bearbeitung quittiert.

5.4.5   Einbindung weiterer Funktionen

Die Verfügbarkeit eines Monitors als Bedieneinheit für eine Gebäudeautomation ermöglicht je nach Systembasis die Einbindung verschiedenster weiterer Funktionalitäten.

Im privaten Bereich können dies sein:

- Smart Metering (Darstellung der zentralen Energieverbräuche und -kosten)
- Smart Smart Metering (Darstellung einzelner Energieverbräuche und -kosten)
- Audio-Steuerung
- Video-Steuerung
- Content Management
- Video-Tür-Sprechstelle
- Radio-Tuner
- Fernseh-Tuner

Gateways und Systemschnittstellen 6

Grundsätzlich wird im Zusammenhang mit Gebäudeautomation von Gateways gesprochen, wenn Gebäudeautomationssysteme mit zuweilen unterschiedlichen Medien und Protokollen verbunden werden sollen. Die Notwendigkeit von Gateways zeigt bereits auf, was bei Betrachtung der verschiedenen Gebäudeautomationssysteme intensiv beleuchtet werden wird und bei einer Systementscheidung betrachtet werden sollte. Es gibt leider nicht den einen Standard der Gebäudeautomation, dies ist zum einen auf die lange zurückliegende Einführung von Gebäudeautomation und die sich ständig ändernden technischen Grundlagen, aber auch die nicht konsequent verfolgte Methodik des Benchmarkings und des Verschließens gegenüber Entwicklungen anderer Hersteller zurückzuführen. Viele Hersteller gehen grundsätzlich davon aus, dass sie das beste System entwickeln oder einem Quasi-Standard folgen. Folge davon ist eine konsequente Abschottung der einzelnen Gebäudeautomationssysteme bzw. kostspielige Entwicklung von Gateways, sehr zum Nachteil der Anwender. Als Standards können angegeben werden KNX/EIB, LON, IEC61131-3 und EnOcean. Standardisiert sind des Weiteren die Medien RS485 und Funk 868 MHz, wobei die darauf basierenden Systeme sich wiederum stark unterscheiden.

6.1 Standards

6.1.1 KNX/EIB

KNX/EIB ist eine Entwicklung namhafter Elektroinstallationshersteller unter wesentlicher Federführung von Siemens unter dem damaligen Namen EIB (Europäischer Installations-Bus). Zur Vorbereitung einer Standardisierung wurde eine zentrale Organisation unter dem Namen EIBA mit Sitz in Brüssel gegründet, um Standards und Qualitätsmaßstäbe für den EIB festzulegen. Standardisiert sind die Medien KNX TP, KNX PL, KNX RF, KNX IP, das zugrundeliegende Protokoll inklusive der Adressierung der Teilnehmer und der Funktionsdefinition über Gruppenadressen und Telegramminhalte. Ein KNX/EIB-Gerät wird aus Katalog-Datenbanken der Hersteller, die vorab zeitintensiv geladen werden müssen, in ein standardisiertes Tool mit dem Namen KNX-ETS (Engineering Tool Software) importiert und wird in Projekten als EIB-Netzwerk-Teilnehmer mit verschiedenen Objekten präsentiert, die über Gruppenadressen bei gleichen Datentypen verbunden werden. Dadurch, dass prinzipiell KNX/EIB-Geräte in einer ETS-Datenbank und analog der Installation ausgetauscht werden können, kann von einer Standardisierung innerhalb der KNX/EIB-Welt gesprochen werden, die als Norm EN 50090 und ISO/IEC 14543 veröffentlicht wurde. Nicht standardisiert sind die Funktionalitäten der einzelnen Teilnehmer, da zwar prinzipiell, aber nicht im Detail die Geräte gleiche Datentypen und Objektanordnungen aufweisen. Ein direkter Austausch, also eine direkte Kompatibilität ist also nur bei äußerst wenigen Geräten, wie z. B. den Systemkomponenten Stromversorgung, Drossel und Koppler gegeben.

Die Standardisierung endet auf der Basis einer sehr umfangreichen, starken Feldbusebene, d. h., die KNX/EIB-Geräte, wie z. B. Raumthermostat, Jalousieaktor, verfügen über umfangreiche Applikationen, die nur noch eine flache Automatisierungsschicht erfordern.

6.1.2 LON

LON ist eine Entwicklung namhafter Elektroinstallationshersteller unter wesentlicher Federführung von Echelon unter dem damaligen Namen LON (local operating network). Zur Vorbereitung einer Standardisierung wurde eine zentrale Organisation unter dem Namen LONMARK gegründet, um Standards und Qualitätsmaßstäbe für LON festzulegen. Standardisiert sind verschiedenste Medien in TP, PL, RF, Ethernet-IP, das zugrundeliegende Protokoll inklusive der Adressierung der Teilnehmer und der Funktionsdefinition über Verknüpfungen von Objekten. Die Funktionalitäten von Geräten sind standardisiert und als SNVT festgelegt.

Auch LON endet hinsichtlich der Automatisierungspyramide an der Oberkante des Feldbusses. Automatisierung erfolgt zumeist mit BACNet oder auf der Basis einer OPC-Schnittstelle.

6.1.3 IEC 61131-3

Die Norm IEC 61131-3 ist eine Standardisierung der Automatisierungstechnik. Standardisiert ist die Erstellung von Programmen, die auf standardisierte Programmiersprachen AWL, KOP, FBS, AS, ST und CFC zurückgreifen. Die Programme greifen auf Input- und Output-Variablen, die sowohl analog, als auch digital sein können, zurück. Die Standards der Norm IEC 61131-3 wurden von der Firma 3S in eine vergleichbare Programmstruktur unter dem Namen Codesys umgesetzt, die direkt, in Abwandlung oder Anlehnung von den Unternehmen WAGO, Beckhoff, Phoenix Contact und anderen genutzt wird. Über Import- und Export-Funktionalität können Programm-Codes zwischen den Herstellern ausgetauscht werden. Komplexe Funktionen können als Bibliotheken (Libraries) verfügbar gemacht werden.

Die Standardisierung geht über alle drei Ebenen der Automatisierungspyramide und beinhaltet auch eine Visualisierungsoberfläche des Software-Herstellers 3S, die jedoch nicht von allen Codesys-Anwendern herstellerseitig unterstützt wird, und je nach Leistungsfähigkeit der Controller-Hardware nur für grundlegende Visualisierungen oder Inbetriebnahmetools genutzt werden kann.

Die Standardisierung endet auf der Basis eines Einzelsystems, für die Vernetzung von mehreren Systemen bieten die einzelnen Hersteller verschiedene Vernetzungsmöglichkeiten, z. B. über Netzwerkvariablen, an, für die Vernetzung heterogener Systeme kann auf den MODBUS zurückgegriffen werden.

6.1.4 RS485

RS485 ist ein weit verbreitetes drahtbasiertes Protokoll und wird von zahlreichen Unternehmen für deren Systeme angewendet. Dies hat jedoch nicht zur Folge, dass die auf dem Medium basierenden Protokolle und Produkte austauschbar sind.

Wesentliche Anwender von RS485 sind PEHA beim PEHA PHC, eQ-3 bei HomeMatic, SPS-Hersteller und andere.

6.1.5 Funk 868 MHz

Funk 868 MHz ist wie RS485 eine weit verbreitete Funkfrequenz und wird von zahlreichen Unternehmen angewendet. Dies hat nicht zur Folge, dass die auf dem Medium basierenden Protokolle und Produkte austauschbar sind.

Wesentliche Anwender der Funktechnologie mit 868 MHz sind eQ-3 mit FS20 und HomeMatic, Z-Wave, xComfort, EnOcean und viele andere.

6.1.6 EnOcean

EnOcean ist ein von der EnOcean Alliance gepflegter Standard auf der Basis des Funkbussystems mit 868 MHz. Produkte der Hersteller der Alliance sind austauschbar und miteinander kombinierbar.

Die Standardisierung endet an der Oberkante der Feldbusebene.

6.1.7 Standardschnittstellen zwischen Feldbus- und Automatisierungsebene

Standardschnittstellen zwischen Feldbus- und Automatisierungsebene sind OPC und DDE. Zunehmend etabliert sich BacNet als weiterer Standard zur Automatisierungsebene. OPC, DDE und BacNet werden hauptsächlich in Objektgebäuden zur Anwendung gebracht. Ein bekannter Automationstechniksoftwareanbieter, der Systeme auf der Basis von OPC zusammenführt, ist ICONAG mit dem Produkt BCON.

6.2   Gateways

Gateways sind Schnittstellen zwischen verschiedenen Gebäudeautomationssystemen, die nicht auf Standardschnittstellen zurückgreifen. Aufgrund dessen sind Gateways zwischen Gebäudeautomationssystemen kostspielig und werden häufig von spezialisierten Expertenunternehmen erstellt (vgl. Abb. 6.1).

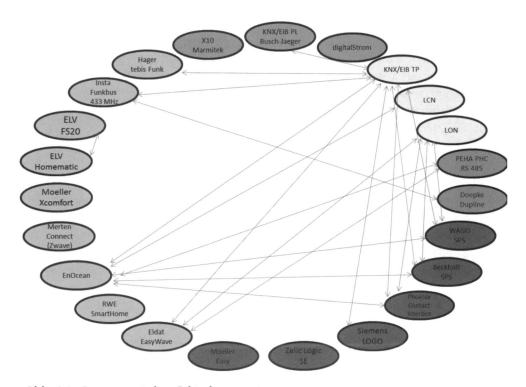

Abb. 6.1   Gateways zwischen Gebäudeautomationssystemen

Beim Blick auf die Darstellung 6.1, die einen Zeitaugenblick darstellt und nicht als vollständig angesehen wird, wird klar, dass es unsinnig erscheint, zwischen jedem Gebäudeautomationssystem eine Gateway-Verbindung aufzubauen, da zu viele Point-to-point-Verbindungen zu realisieren wären.

Es wird deutlich, dass EnOcean als wichtiges Funkbussystem betrachtet wird und somit Verbindungen zu vielen, drahtbasierten Gebäudeautomationssystemen bestehen, um diese hinsichtlich der Medien zu optimieren. Eine große Anzahl von Gebäudeautomationssystemen weist keinerlei Systemschnittstellen auf, hierzu zählen insbesondere viele Funkbussysteme oder auch solitäre Gebäudeautomationssysteme, wie z. B. X10, RWE SmartHome oder digitalSTROM. Aufgrund seiner breiten Verwendung im Objektgebäudebau verfügt auch KNX/EIB in der Variante TP über viele Gatewayverbindungen.

Bei weitem nicht alle Gebäudeautomationssysteme verfügen untereinander über eine Verbindung über Gateways.

6.2.1   Echte Gateways

Ein Gateway ermöglicht die Kommunikation zwischen zwei unterschiedlichen Systemen. Dies geschieht durch Umwandlung der einzelnen Protokolle. Kommen z. B. bei einem Gebäude zwei unterschiedliche Bussysteme zum Einsatz, so sind ihre Protokolle in Art und Datenlänge unterschiedlich. Dadurch ist eine Kommunikation der Systeme untereinander ohne ein passendes Gateway nicht möglich. Ein Gateway konvertiert ein Protokoll in ein geeignetes anderes Format des Zielsystems. Enthält ein Protokoll Daten, welche im anderen System keine Verwendung finden oder nicht verarbeitet werden können, werden diese entfernt, es kann daher zu Daten- oder Informationsverlusten kommen. So können analoge Messdaten nicht in ein Bussystem übertragen werden, das nur mit binären Daten arbeitet. Unter den Gateway Arten muss zwischen zwei verschiedenen Typen unterschieden werden. Es gibt zum einen die PC basierten Gateways, diese sind an einen PC gebunden und möglicherweise softwarebasiert. Somit kann das Gateway nur funktionieren, wenn der PC eingeschaltet ist. Der Zugriff auf das Gateway kann auch nur von diesem PC erfolgen oder der PC gibt die Daten über das Ethernet weiter. Zum anderen gibt es System-Hardware oder IP-basierende Gateways. Diese sind an die Hardware des Bussystems oder ein Ethernet-Netz gebunden. Bei Anbindung über das Ethernet kann von jedem Standort im Gebäude ein Zugriff auf das Gateway erfolgen.

- PC-basierende Gateways
  - Vorteile:
    - auch ohne Ethernet-Verbindung funktionsfähig
    - häufig softwarebasiert
  - Nachteile:
    - höherer Stromverbrauch
    - höhere Stromkosten
- IP-basierende Gateways
  - Vorteile:
    - Zugriff von überall möglich
    - Standort beliebig wählbar
    - geringerer Stromverbrauch

- Nachteile:
  - ein Ethernet-Netz muss immer vorhanden sein
  - (meist) kein gleichzeitiger Zugriff mehrerer Nutzer möglich
- hardware-basierende Gateways
  - Vorteile:
    - geringer Stromverbrauch
    - beide zu verbindenden Systeme müssen erreichbar sein
  - Nachteile:
    - kein gleichzeitiger Zugriff mehrerer Nutzer möglich

6.2.1.1 Einsatzgebiet

Gateways werden fast in jedem Bereich eingesetzt. Sei es in der Kommunikation, in einem TCP/IP-Netzwerk oder in einem Automationsprozess, wo verschiedene Bussysteme zum Einsatz kommen. Wird z. B. von einem PC eine E-Mail an ein Mobiltelefon per SMS geschickt, muss die E-Mail an das Protokoll der SMS angepasst werden. Dies geschieht durch ein SMS-Gateway. In der Gebäudeautomation werden Gateways eingesetzt, wenn z. B. ein altes Gebäude bereits über ein Bussystem verfügt und es aufgrund einer Sanierung mit einem neuen Bussystem erweitert werden soll. Nun ist es die Aufgabe des Gateways, die Protokolle der verschiedenen Bussysteme an das jeweilige anzupassen. In manchen Fällen werden direkt bei einem Neubau zwei verschiedene Bussysteme gekoppelt. Dies hat den enormen Vorteil, dass ein Bussystem in seiner Arbeit entlastet wird und somit weniger störanfällig ist.

6.2.1.2 Beispiele für Gateways

Namhafte Gateways sind z. B.:

Verbindung zwischen:	
Wago SPS	KNX/EIB-Bussystem
Wago SPS	EnOcean
Beckhoff SPS	KNX/EIB-Bussystem
Beckhoff SPS	EnOcean
Beckhoff SPS	LON
EnOcean	LON
KNX-Bussystem	RS232
KNX-Bussystem	USB
KNX-Bussystem	Ethernet

WAGO auf KNX-Bussystem

Die Klemme 753-646 von Wago ermöglicht die Anbindung einer Wago-SPS an ein KNX-Bussystem. Es ist eine Reiheneinbauklemme, welche an die Steuerung im Klemmenbus gesteckt wird und mit dem KNX-Bus verbunden wird (vgl. Abb. 6.2).

Abb. 6.2   Wago-Reihenklemme 753-646

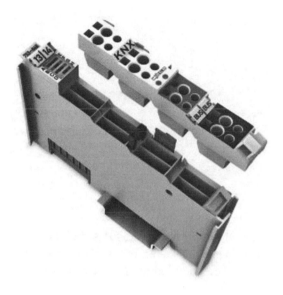

Beckhoff SPS auf KNX-Bussystem

Die Klemme KL6301 von Beckhoff kann Telegramme von KNX/EIB-Geräten empfangen und senden. Es ist ein Reiheneinbaugerät und kann mit bis zu 256 Gruppenadressen kommunizieren. Der Zugriff ist entweder pauschal per Broadcast über 4 bzw. ab einem gewissen Releasestand 8, Filtertabellen möglich. Die Nutzung ist auf das dreistufige Gruppenadressen-Konzept ausgerichtet. Damit können nicht pauschal alle Gruppenadressen des KNX/EIB von einer WAGO-SPS angesprochen werden. Um auf eine größere Anzahl von Gruppenadressen zuzugreifen, sind mehrere Gatewayklemmen zu verwenden. Die Klemme fungiert als Masterbaustein, sozusagen als Vermittler zwischen der SPS und dem KNX/EIB, wobei auf die einzelnen Gruppenadressen im KNX/EIB über den Masterbaustein mit einzelnen Funktionsbausteinen zugegriffen wird (vgl. Abb. 6.3).

Abb. 6.3 Beckhoff-Reihenklemme KL6301

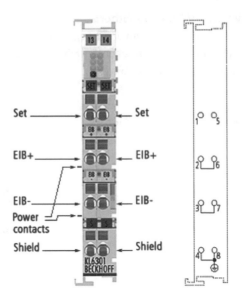

Beckhoff SPS auf LON-Bus

Die LON-Busklemme KL6401 stellt eine Verbindung zum LON-Bussystem her. Sie ist als Reiheneinbauklemme ausgeführt und wird direkt an die Basiseinheit gesteckt. Es können mehre Klemmen an einem Klemmenbus der SPS verwendet werden (vgl. Abb. 6.4).

Abb. 6.4 Beckhoff-Reihenklemme KL6401

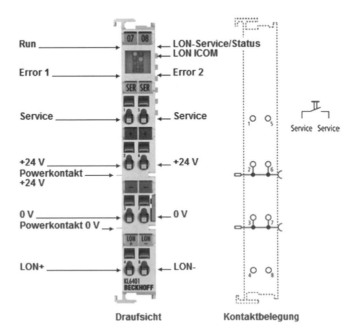

KNX-Bussystem auf Ethernet

Das Gateway IP Baos 772 von Weinzierl ermöglicht eine Kommunikation mit dem KNX/EIB-Bussystem über das Ethernet. Es können maximal 1.000 Datenpunkte parametriert werden. Es stellt in Form einer Tabelle eine bestimmte Gruppenadressenanzahl in einer Liste mit Datenpunkttypen zur Verfügung, auf die von verschiedenen anderen Bussystemen zugegriffen werden kann. Hierzu ist eine Applikation in Form von Software notwendig. Im Phoenix Contact-Interbussystem ist eine Bibliothek von Funktionsbausteinen verfügbar, mit der auf die einzelnen Listeneinträge zugegriffen wird (vgl. Abb. 6.5).

Abb. 6.5 Weinzierl-IP Baos 772

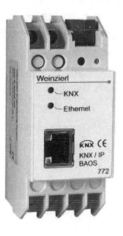

6.2.2 Medienkoppler

Medienkoppler stellen den Austausch zwischen verschiedenen Medien eines spezifischen Gebäudeautomationssystems sicher. Zu nennen sind hierbei beim KNX/EIB die Ankopplung von KNX/EIB TP, KNX/EIB IP und KNX/EIB Powerline, beim LON zwischen verschiedensten Medien zwischen unterschiedlichen TP-Medien, zu Powerline und IP. Eltako hat bei seiner Anwendung von EnOcean, RS485 und Powerline miteinander kombiniert und führt diese drei Systeme unter einer Zentrale zusammen. Auch PEHA verfügt bei PEHA-PHC in seinem Portfolio über zahlreiche Medienkoppler zur Ankopplung von z. B. EnOcean (als EasyClick) und EasyWave (von ELDAT).

6.2.3 Zubringersysteme

Von Zubringersystemen kann gesprochen werden, wenn das führende Gebäudeautomationssystem hinsichtlich seiner Anwendbarkeit, z. B. im Rahmen von Sanierung, Erweiterung etc., erweitert werden soll.

So konnte sich der KNX/EIB im Sanierungs- und Erweiterungsbereich auch bei Erweiterung um Powerline nicht durchsetzen. Als Zubringersysteme zum KNX TP wurden von Siemens, Hager und zuletzt MDT Funkbussysteme geschaffen, die über eine An-

kopplung zum KNX/EIB verfügen. Wenn auch Siemens und Hager deren Funkbussysteme unter KNX/EIB und dem RF-Medium von KNX/EIB labeln, sind es dennoch
lediglich Zubringersysteme, eventuell wird dies bei MDT anders sein. Ohne KNX/EIB-
Labelung betrifft dies auch den Insta-Funkbus (433 MHz), der von Berker, GIRA und
Jung vertrieben wird und das Funkbussystem ELDAT Easywave, das als Zubringersystem an LON und KNX/EIB angekoppelt werden kann. Weitere Zubringersysteme
sind Insta-Funkbus (433 MHz) an Doepke Dupline und EnOcean an WAGO-, Beckhoff-
und Phoenix Contact-SPS.

6.2.3.1 Beispiele für Zubringersysteme

EnOcean-Technologie auf WAGO SPS
Durch die in der Abb. 6.6 dargestellte WAGO-Reiheneinbauklemme 750-642 ist es möglich eine Verbindung zu den Sensoren der Funktechnologie von EnOcean herzustellen,
sie daher unidirektional.

Abb. 6.6   WAGO-Reihenklemme 750-642

EnOcean auf Beckhoff-SPS
Die in Abb. 6.7 abgebildete Reiheneinbauklemme KL6021 in Verbindung mit dem Wire-
less-Empfänger KL6023 stellt eine kabellose Verbindung zu EnOcean-Geräten her. Der
Wireless Empfänger empfängt die Signale sämtlicher EnOcean-Geräte, wandelt diese in
das RS485-Format um und leitet es an die Reiheneinbauklemme weiter. Die Reichweite
beträgt im Gebäude 30 m.

EnOcean auf LON
Die wartungsfreie und batterielose Funktechnologie von EnOcean wird immer mehr in
neuen Bereichen der Gebäudeautomation verwendet. Mit dem universell einsetzbaren
Kopplungsmodul EnOcean-LON-Gateway gesis LON R-56/0 (RC) von Wieland Electric
lassen sich EnOcean-Funksensoren und -Bedieneinheiten einfach in ein LON-Bussystem
integrieren (vgl. Abb. 6.8).

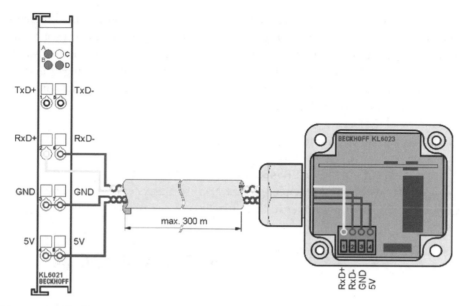

Abb. 6.7 Beckhoff-Reihenklemme KL6021

Abb. 6.8 Wieland-Electric-LON-Gateway
gesis LON R-56/0

6.2.4 Systemschnittstellen

Abschließend sind die Systeme anhand ihrer System-, d. h. Programmier-Schnittstellen, zu charakterisieren.

Klassisch waren fast alle Gebäudeautomationssysteme über RS232 erreichbar, sowohl zur Programmierung, als auch zum direkten Anschluss von Visualisierungssystemen. Im Zuge der De-Standardisierung der RS232-Schnittstelle auf Laptops durch Microsoft wurde mehr und mehr die USB-Schnittstelle als Systemzugang etabliert. Ein wesentlich leistungsfähigerer Systemzugang wurde im Zuge der Verbreitung des Ethernet-IP die Ethernet-Schnittstelle auf der Basis des TP-Kabels entwickelt. Zu diesen Systemen zählten zunächst die SPS-Systeme, wie z. B. von WAGO und Beckhoff und parallel KNX-IP und LON-IP. LCN wurde Ethernet-IP-fähig gemacht, indem über eine serielle oder die

USB-Schnittstelle und die Software LCN-PCHK eine Anbindung an das Ethernet-IP
erstellt wurde. Funkbussysteme verfügen nur bei sehr wenigen Systemen über Systemschnittstellen, da sie direkt und manuell oder über Zentralen programmiert werden.
EATON Xcomfort, Merten Connect, Hager tebis Funk und andere verfügen über eine
spezielle Kommunikations- und Programmierschnittstelle, die über eine Kopplung zwischen Funk und RS232 oder USB oder einen Datenträger verfügen.

6.2.4.1 Beispiele für Systemschnittstellen

KNX Bussystem auf eine RS232/RS485- oder IP-Schnittstelle
Dieses Gateway dient zur Ankopplung des KNX/EIB-Bussystems an ein Fremdsystem
mit einer RS232/RS485- oder einer IP-Schnittstelle (vgl. Abb. 6.9).

Abb. 6.9 Elka-KNX-RS232-Schnittstelle

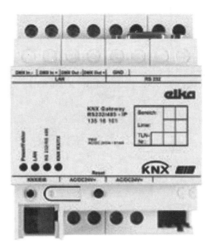

KNX-Bussystem auf USB-Protokoll
Mit der EIB-Weiche von b+b kann mit Hilfe eines PCs eine Applikation über eine USB-
Schnittelle übertragen werden. Zusätzlich erlaubt die Schnittstelle die Analyse von Fehl-
funktionen im KNX/EIB (vgl. Abb. 6.10).

Abb. 6.10 b+b-KNX-USB-Gateway

Gateways auf der Basis von Multifunktionssystemen

In Kapitel 6 wurde dargestellt, dass es zwar eine große Anzahl von Gateways zwischen einzelnen Gebäudeautomationssystemen gibt, es angesichts von mehr als 80 Gebäudeautomationssystemen jedoch wenig sinnvoll erscheint jegliche Verbindung zwischen den Systemen herzustellen. Aus diesem Grunde wird klar, dass sich viele Hersteller auf einige wenige anbindbare Systeme als Zubringer- oder Ergänzungssysteme konzentrieren und zudem über spezialisierte Unternehmen, wie z. B. Weinzierl, Gateways entwickeln lassen. Damit sind nur wenige Lösungen in der Feldbusebene vorhanden.

Verschärft wird die Situation durch die Ankopplung an die Automatisierungs- oder Leitebene.

In der Automatisierungsebene entwickelt nahezu jeder Hersteller von Gebäudeautomation eine eigene Lösung, anderenfalls bieten dies spezialisierte Unternehmen an oder es werden Standard-Schnittstellen, wie z. B. OPC oder DDE für eine Kopplung genutzt. Zu nennen sind hier die Lösungen von WAGO und Beckhoff, aber auch Berger, ASTON oder auch ICONAG.

Ähnlich verhält es sich mit Visualisierungssystemen.

Hier priorisiert im KNX/EIB-Bereich jeder Hersteller seine eigene Lösung ohne andere Systeme als Ergänzung zuzulassen.

Andere Wege gehen die Unternehmen Contronics und IP-Symcon.

7.1 Contronics Homeputer

Contronics ist mit dem Tool Homeputer darauf spezialisiert über neue oder vorhandene Systemschnittstellen auf Gebäudeautomationssysteme aufzusetzen und diese um eine Automatisierung und graphische Visualisierung zu erweitern. Damit bietet Contronics eine große Anzahl von Systemschnittstellen an ohne jedoch die Systeme untereinander zu koppeln. Erst mit der aktuell verfügbaren Schnittstelle FHZ2000 von eQ-3 wird es möglich sein FS20, HMS, FHT80, HomeMatic und das neue Energieerfassungssystem EM1000 zu koppeln.

Damit erweitert Contronics bislang nur über den Feldbus automatisierte Systeme um Automatisierungs- und Visualisierungsmöglichkeiten. Das große Potenzial hinsichtlich der Verknüpfung von Automationssystemen zur Nutzung der Vorteile anderer und Behebung von Nachteilen wird nicht ausgeschöpft (vgl. Abb. 7.1).

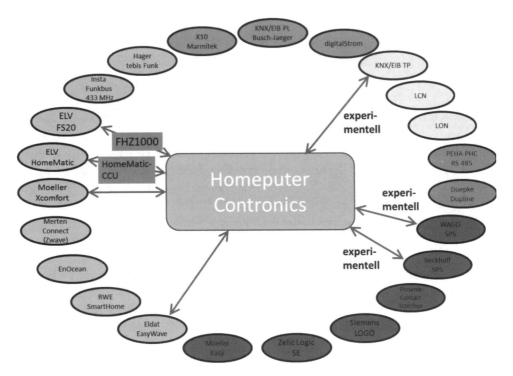

Abb. 7.1 Gateway auf der Basis von Contronics Homeputer

7.2   IP-Symcon

Einen ganz anderen Weg geht das Unternehmen Symcon mit der Software IP-Symcon als unabhängiger Hersteller von Software. Vorhandene Schnittstellen zu gängigen Gebäudeautomationssystemen werden genutzt, um eine Verbindung zu einem PC herzustellen. Besonders einfach ist dies möglich, wenn das Gebäudeautomationssystem über einen Ethernet-IP-Zugang verfügt (vgl. Abb. 7.2).

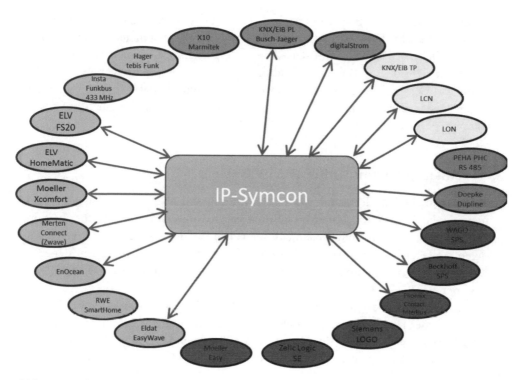

Abb. 7.2 Software-Gateway IP-Symcon mit Automations- und Leitebenenfunktion (unvollständig)

IP-Symcon ist ein eher unscheinbares Programmsystem, das seine Fähigkeiten erst langsam preisgibt. Wenn auch die Einarbeitungszeit kurz ist, so muss man klare Vorstellungen von den Möglichkeiten der Gebäudeautomation haben, um diese mit diesem Tool umzusetzen. Hat man IP-Symcon kennengelernt und besitzt parallel Erfahrungen mit einigen Gebäudeautomationssystemen, so kann man IP-Symcon nur als einzigartig zur Darstellung aller nur denkbaren Funktionen im SmartHome bezeichnen. So erschließt IP-Symcon die gesamte Automationspyramide von der Feldbusebene an, indem es nahezu alle Gebäudebussysteme adaptieren kann. Die Gebäudeautomation mit Zeitprogrammen, Events oder komplexer Skriptprogrammierung wird über die Programmiersprache PHP ermöglicht und ermöglicht damit Regelung und Berechung. Die Leitebene mit sämtlichen Funktionen des Beobachtens und Bedienens wird tabellarisch abgebildet, so dass auch sämtliche Smartphones unterstützt werden, aber auch graphische Darstellungen, wie man sie von Homeputer kennt, sind möglich. Das gesamte Erscheinungsbild des Web-Servers, der nahezu unbegrenzt viele Clients zulässt, ähnelt stark dem GIRA-Home-Server, so dass hier Verwechslungen leicht möglich sind. Selbst der Autor hat, obwohl er zahlreiche Visualisierungssysteme kennt, bei seinem ersten Kontakt mit IP-Symcon Schwierigkeiten gehabt zu erkennen, welches System vor ihm stand.

IP-Symcon kann äußerst preiswert über verschiedene Verkaufskanäle bezogen werden. Es gibt verschiedene Ausstattungsgrößen mit mehr oder weniger Variablen sowie unterschiedlicher Anzahl von Web-UI-Clients. Verglichen mit anderen Systemen kann ohne Nachteile größerer Kostenaufwendung direkt auf die größte Variante von IP-Symcon zurückgegriffen werden. Wer zunächst einen Einblick haben möchte, greift zur preisgünstigsten Variante, mit der bereits eine immens große Anwendung erstellt werden kann.

7.2.1 Installation und Aufruf von IP-Symcon

Nach Bestellung erhält der Kunde ein Lizenzfile, mit dem über die Web-Seite www.ip-symcon.de das Programm IP-Symcon heruntergeladen werden kann. Nach der unkomplizierten Installation, die möglichst nicht unter dem Windows-Programme-Verzeichnis erfolgen sollte, stehen dem Anwender drei Programme zur Verfügung, von denen er während der Programmierphase ständig auf das Programm „IP-Symcon Console" zurückgreifen wird.

Die drei Programme sind „IP-Symcon Console", „IP-Symcon Live" und „IP-Symcon Tray". Nach der Installation kann direkt mit der Programmierarbeit über „IP-Symcon Console" begonnen werden. Sind Eingriffe am Programmiersystem IP-Symcon oder Informationen oder Updates notwendig, so erfolgt dies über „IP-Symcon Tray" (vgl. Abb. 7.3).

Abb. 7.3 Programmbestandteile von IP-Symcon

Mit „IP-Symcon Tray" können zur Programmierung Konsolen auf dem eigenen oder auch anderen Rechner per Remote-Zugriff aufgerufen werden. Updates sind möglich über „Live Update öffnen", dies entspricht bereits dem Programm „IP-Symcon Live". Während viele Programme in der Gebäudeautomation, wie z. B. WinSwitch oder Homeputer erst manuell gestartet werden, liegt IP-Symcon bereits rechts luxuriös beim PC-Start als verfügbarer Dienst vor und kann online geändert werden. Dieser Dienst kann aus Administrationsgründen, z. B. zur Datensicherung gestoppt und wieder gestartet werden. Für Änderungen ist keine Programmunterbrechung erforderlich, sämtliche Änderungen erfolgen online und können direkt im Browser beobachtet werden. Über „Information" können Informationen über IP-Symcon, z. B. die Lizenz oder die Version

eingeholt werden. Wer IP-Symcon tatsächlich stoppen will, nimmt dies mit „Beenden"
vor, dies ist jedoch prinzipiell nie notwendig, da IP-Symcon ein äußerst robustes und
stabiles Programm ist (vgl. Abb. 7.4).

Abb. 7.4 Möglichkeiten zur Bearbeitung
von IP-Symcon

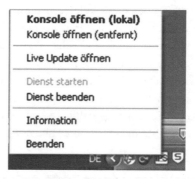

Ein Update kann über „Live Update öffnen" in „IP-Symcon Tray" oder direkt über das
Programm „IP-Symcon Live" gestartet werden (vgl. Abb. 7.5).

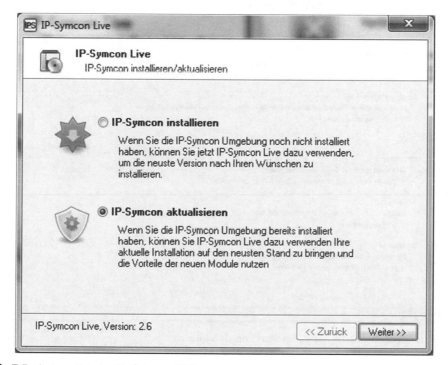

Abb. 7.5 Automatisiertes Update von IP-Symcon

Nach dem Start des Updates wird abgefragt, ob komplett neu installiert oder aktualisiert werden soll. Unmittelbar danach erfolgt eine Verbindung über das Internet mit der IP-Symcon-Web-Seite und das Update startet völlig problemlos.

Nach Installation oder Update kann die „IP-Symcon-Konsole" gestartet werden, dies entweder über die lokale Konsole für den lokalen PC oder remote für eine entfernte Konsole auf einem anderen Rechner. Die Verbindungsmöglichkeiten zu Konsolen werden vorher durch Eingabe der IP-Adresse eingetragen.

Bevor mit der Programmierarbeit begonnen wird, sollten die Dokumentationsmöglichkeiten von IP-Symcon vorbereitet werden. Hierzu kann eine IP-Symcon-Dokumentation (offline) heruntergeladen, die Online-Dokumentation genutzt oder das IP-Symcon-Forum angewählt werden. Aus allen drei Dokumentationen erhält der Anwender von IP-Symcon (gesamt) alle notwendigen Informationen (vgl. Abb. 7.6).

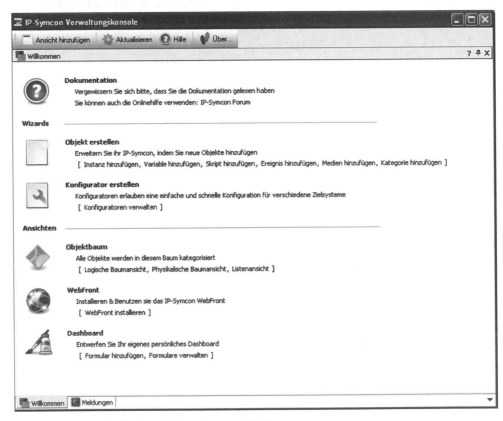

Abb. 7.6 Menüoberfläche nach dem Start von IP-Symcon

Nach Öffnung der Konsole kann die Dokumentation direkt aufgerufen werden, anderenfalls kann die Offline-Dokumentation über einen PDF-Reader geöffnet werden.

7.2.2 Bestandteile von IP-Symcon

IP-Symcon arbeitet objektorientiert, die zur Verfügung stehenden Objekte sind Instanzen, Variablen, Skripten, Ereignisse, Medien und Kategorien (vgl. Abb. 7.7).

Abb. 7.7 Objekttypen in IP-Symcon

Instanzen sind Komponenten der Gebäudebussysteme, d. h. Sensoren, Aktoren etc., aber auch Mail-Systeme und sonstige nützliche Programme, mit denen die Gebäudeautomation aufgebaut wird. Somit verbergen sich hinter Instanzen die Gebäudebussysteme, auf die später im Einzelnen eingegangen wird.

Variablen sind binäre, Integer-, Float- oder String-Variablen, in denen Systemzustände abgelegt oder mit denen Berechnungen oder logische Verknüpfungen ausgeführt werden können. So empfiehlt es sich die rohen Daten von Sensoren, z. B. von einer Wetterstation zunächst in eine Variable umzuspeichern, damit diese auch nach einem Sensortausch noch vorhanden sind.

Skripten sind PHP-Skripte, mit denen komplexe Abläufe, Logiken oder Berechnungen erstellt werden können. Innerhalb der Skripten stehen für jedes einzelne Gebäudebussystem bzw. für jede mögliche Anwendung Befehle zur Verfügung, die in den Skripten verwendet werden können.

Ein Ereignis ist z. B. eine Variablen- oder Zustandsänderung, die wiederum eine Variable ändern oder ein Skript aufrufen kann. Darüber hinaus können Ereignisse auch von Zeituhren, dies können einmalige Termine, zyklische Aufrufe oder Kalender sein.

Medien sind z. B. Audio- oder Bilddateien, die wiedergegeben oder zur Anzeige gebracht werden können. Anwesenheitssimulationen können so z. B. durch wiederkehrende mitgeschnittene Gespräche oder einfach Musik unterstützt werden.

Kategorien sind mit Ordnern zu vergleichen, mit denen Strukturen (Erdgeschoss, Obergeschoss, Esszimmer, Wohnzimmer, Heizungsraum etc.), auch kaskadiert aufgebaut werden können. So können klare Strukturen erstellt werden, in denen die Hardware, der sogenannte Feldbus abgelegt wird sowie spezielle Ansichten für mehr oder weniger geübte Anwender des Systems, also z. B. für Vater, Mutter, 18-jähriges oder 8-jähriges Kind. Neben den Kategorien können Strukturen auch mit sogenannten „Dummy-Modules", d. h. Instanzen von diesem Typ angelegt werden. Hier ist lediglich die Visualisierung der Struktur etwas unauffälliger.

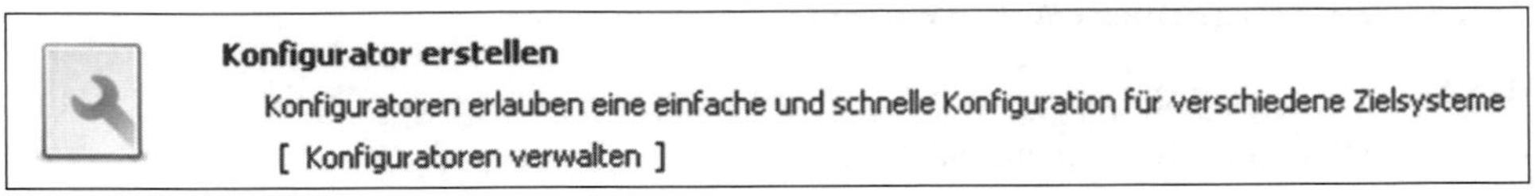

 Konfigurator erstellen

Konfiguratoren erlauben eine einfache und schnelle Konfiguration für verschiedene Zielsysteme

[Konfiguratoren verwalten]

Abb. 7.8 Nutzung von Konfiguratoren zur Ankopplung von Feldbussystemen

Der Umgang mit Sensoren und Aktoren der Gebäudebussysteme kann mehr oder weniger komplex sein. Manche Gebäudeautomationssysteme, wie z. B. der KNX/EIB über die ETS, bauen bereits Organisationsstrukturen auf, wenn dies der Anwender sinnvoll nutzt. Um diesen sinnvollen Aufwand in IP-Symcon zu nutzen, kann z. B. bei KNX/EIB ein OPC-Export erfolgen und die zugehörige Datei in IP-Symcon über einen Konfigurator eingelesen werden. IP-Symcon liest über diesen Konfigurator Strukturen und Benennungen der Sensoren und Aktoren ein und bildet die Struktur innerhalb von IP-Symcon ab. Bei anderen Gebäudeautomationssystemen, wie z. B. xComfort, LCN oder Homematic, werden die einzelnen Busteilnehmer aus einer Datenpunktliste, direkt online aus den Modulen oder vom Server übernommen. Dies erleichtert den Umgang mit IP-Symcon erheblich, wenn bereits umfangreich Bussysteme verbaut wurden.

Die erstellten Strukturen mit den einzelnen Geräten, Objekten etc. werden in einem Objektbaum, der in etwa mit dem Windows-Explorer oder UNIX-Dateiverzeichnis zu vergleichen ist, abgelegt (vgl. Abb. 7.8).

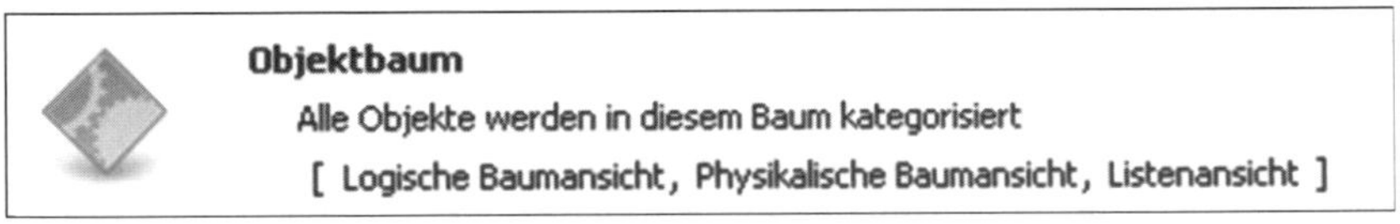

 Objektbaum

Alle Objekte werden in diesem Baum kategorisiert

[Logische Baumansicht, Physikalische Baumansicht, Listenansicht]

Abb. 7.9 Nutzung des Objektbaums in verschiedenen Varianten

Der Objektbaum kann als logische Baumansicht, dies ist die sinnvoll zu nutzende Ansicht, oder als physikalische Baumansicht oder als Listenansicht betrachtet werden.

Mit dem Aufbau eines Objektbaums baut IP-Symcon, und dies ist eines der herausragenden Merkmale von IP-Symcon, die auch für andere Zwecke genutzt werden können, bereits eine tabellenorientierte Visualisierung auf (vgl. Abb. 7.9).

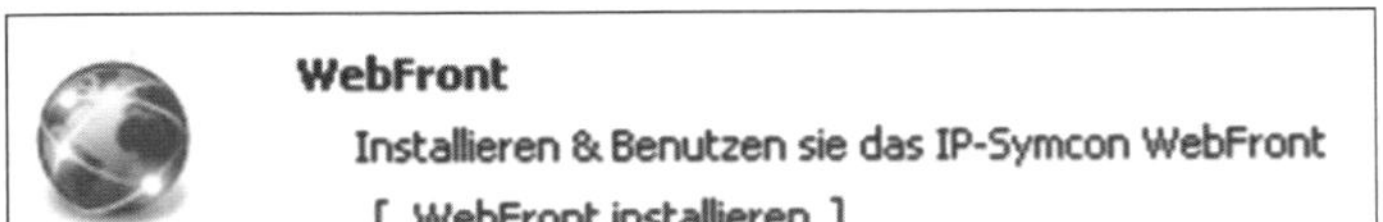

 WebFront

Installieren & Benutzen sie das IP-Symcon WebFront

[WebFront installieren]

Abb. 7.10 Generierung eines Web-UI in IP-Symcon

Nach der Anlage einer ersten kleinen Gebäude- oder Hardwarestruktur bietet es sich daher an durch Betätigung von „WebFront installieren" das Web-UI zu generieren. Dies kann anschließend z. B. lokal einfach über „localhost:82" auf einem geeigneten Browser, z. B. Firefox, Safari oder Google Chrome visualisiert werden. Von Microsofts Internet Explorer sei an dieser Stelle abgeraten.

Nach Aufruf der Konsole sollte die Arbeit sinnvollerweise mit dem Objektbau in logischer Ansicht begonnen werden.

IP-Symcon tritt beim ersten Aufruf mit lediglich 6 Zeilen in Erscheinung (vgl. Abb. 7.11).

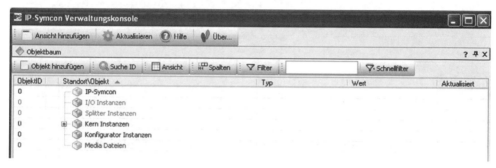

Abb. 7.11 IP-Symcon-Konsole beim ersten Aufruf

Unter der Kategorie „IP-Symcon" wird sukzessive die Struktur des Projekts oder Gebäudes aufgebaut. Der Zugang zur Hardware der einzelnen Gebäudebussysteme über Gateways etc., erfolgt je nach Zugangsmethode, die von IP-Symcon bereitgestellt wird, über „I/O Instanzen" und/oder „Splitter Instanzen". Beide Strukturen werden für normale Anwender von IP-Symcon selbst aufgebaut. Unter „Kern Instanzen" verbergen sich z. B. die Datenlogger-Datenbank für mitgeschriebene Variablen und der Event-Manager, der z. B. über Zeitbausteine, gefüllt wird. Hierum hat sich der Anwender im Allgemeinen nicht zu kümmern.

Die Konfigurator-Instanzen, verfügbar für xComfort, KNX/EIB, HomeMatic, Z-Wave, LCN werden durch Aufruf angelegt.

Medien werden unter „Media Daten" abgelegt und von dort in andere Strukturen per Drag and Drop verlegt. Die IP-Symcon-Struktur „Media-Dateien" ist über das Verzeichnis „media" im IP-Symcon-Verzeichnis direkt per Copy and Paste bestückbar. Dies ist wesentlich komfortabler als der Import innerhalb von IP-Symcon über dessen Werkzeuge (vgl. Abb. 7.12).

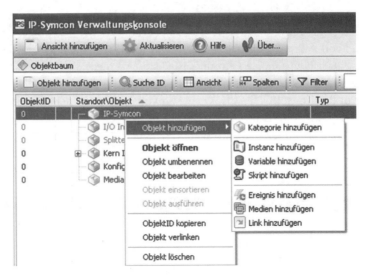

Abb. 7.12 Anlage neuer Objekte in IP-Symcon

7.2.3 Anlage von Geräten mit der Quick-and-Dirty-Methode

Zum Aufbau einer IP-Symcon-Struktur sind Objekte der Teilstruktur „IP-Symcon" zuzuordnen. Hierzu ist die Teilstruktur „IP-Symcon" aufzurufen und per rechtem Mausklick ein Objekt hinzuzufügen. Es bietet sich an, zunächst eine Organisationsstruktur
anzulegen. Dies erfolgt über „Objekt hinzufügen" und dort „Kategorie hinzufügen" (vgl.
Abb. 7.13).

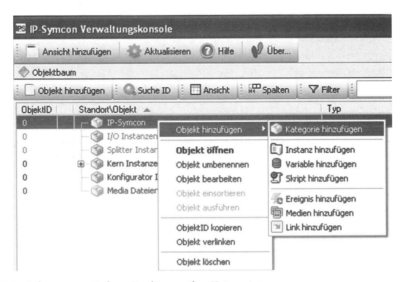

Abb. 7.13 Anlage neuer Ordner-Strukturen über Kategorien

Im vorliegenden Fall wird die Teilstruktur „Erdgeschoss" angelegt (vgl. Abb. 7.14).

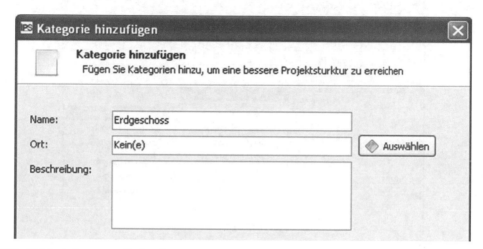

Abb. 7.14   Anlage einer Teilstruktur in IP-Symcon

Anschließend ist diese Teilstruktur unter „IP-Symcon" sichtbar (vgl. Abb. 7.15).

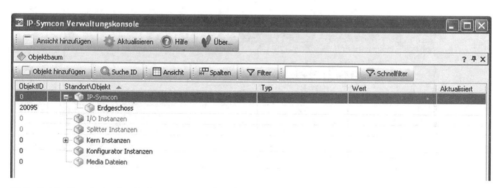

Abb. 7.15   Ergebnis der Anlage einer Teilstruktur

Auf einfachste Art und Weise können anschließend weitere Teilstrukturen und Strukturen erstellt werden. Um einen schnellen Erfolg zu erzielen, wird zunächst die Quick-and-Dirty-Methode" empfohlen, womit zunächst einige Sensoren und Aktoren zum Aufbau des Verständnisses von IP-Symcon angelegt werden.

Nach Wechsel in die neue Teilstruktur wird über einen rechten Mausklick eine neue Instanz angelegt. Im vorliegenden Fall soll ein Aktor aus dem ELV-Gebäudebussystem FS20 angelegt werden. Hierzu wird „Instanz hinzufügen" ausgewählt. Es öffnet sich ein neues Menü (vgl. Abb. 7.16).

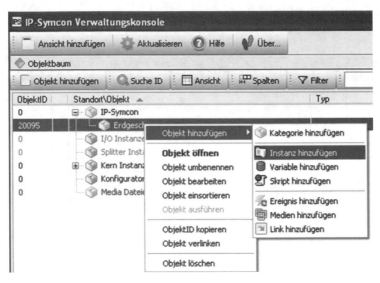

Abb. 7.16 Anlegen einer Instanz

Danach öffnet sich eine Liste verfügbarer Gebäudebussysteme, wobei unter (Sonstige) auch neue Bussysteme angelegt oder andere Funktionen angewählt werden können (vgl. Abb. 7.17).

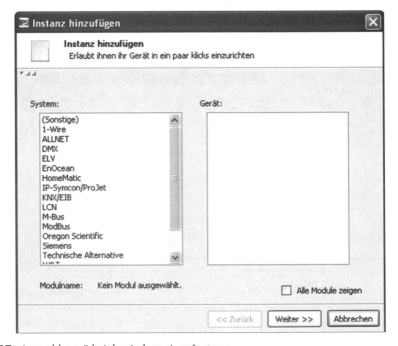

Abb. 7.17 Auswahlmenü bei der Anlage einer Instanz

Aus dieser Liste wird ELV als Stellvertreter für Produkte, die von eQ-3 über die Kanäle ELV und Conrad vertrieben werden, ausgewählt (vgl. Abb. 7.18).

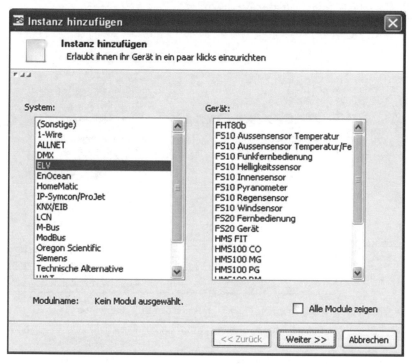

Abb. 7.18 Bussysteme-Elemente nach Auswahl von ELV

Es öffnet sich eine Liste vieler Sensoren und Aktoren, aus denen die zu installierende
Instanz auszuwählen ist. FS20-Fernbedienung steht hier für einen normalen Taster/
Schalter, FS20-Gerät für einen allgemeinen, unspezifizierten Sensor oder Aktor, dessen
Funktionalität nach Auswahl näher parametriert wird (vgl. Abb. 7.19).

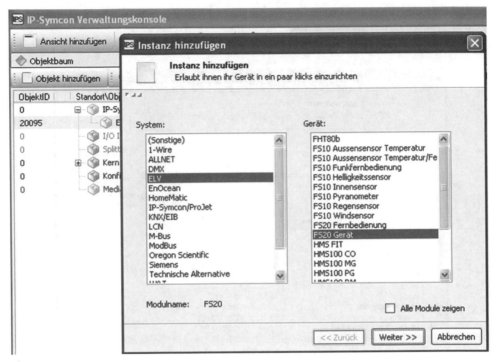

Abb. 7.19 Auswahl eines allgemeinen FS20-Geräts aus den ELV-Elementen

Der Aktor „FS20 Gerät" wird per Mausklick ausgewählt (vgl. Abb. 7.19).

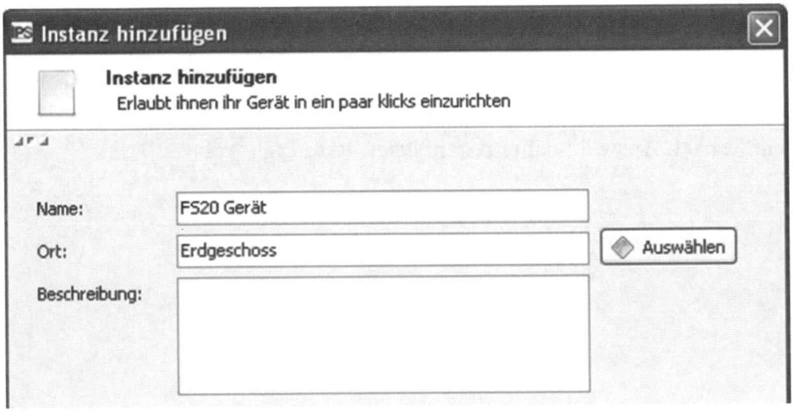

Abb. 7.20 Nähere Parametrierung eines FS20-Geräts

Es folgt ein Fenster mit weiteren Informationen, in denen die Benennung des instanzierten Geräts bereits direkt erfolgen kann. Es empfiehlt sich, die ergänzende Benennung, z. B. „Licht 1 Wohnzimmer" vor die angezeigte Benennung zu setzen, um die Zugehörigkeit zu einem Gerätetyp zu bewahren. Die Benennung der Instanz kann auch anschließend in der Objektstruktur per „Umbenennen" erfolgen (vgl. Abb. 7.21).

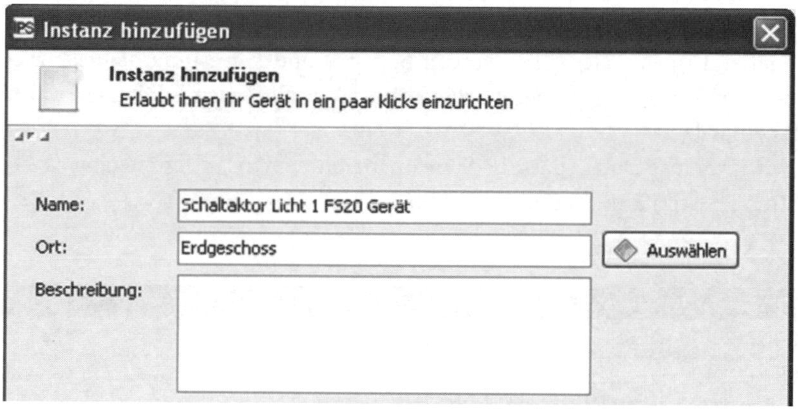

Abb. 7.21 Nähere Beschriftung eines ELV-Elements

In diesem Fall wurde „Schaltaktor Licht 1" ergänzt (vgl. Abb. 7.22).

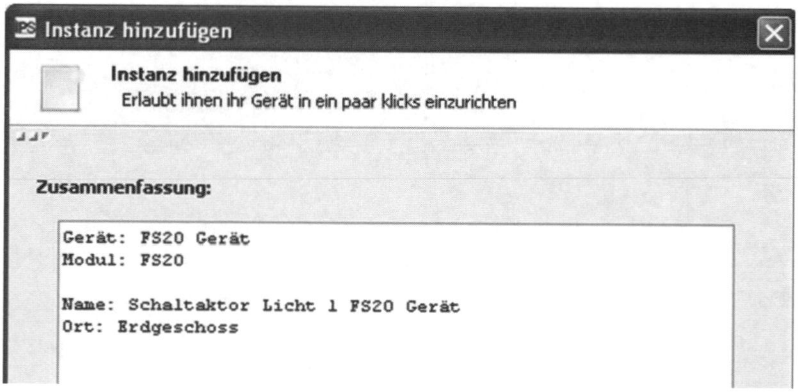

Abb. 7.22 Bestätigung der Informationen nach der Elemente-Anlage

IP-Symcon fasst anschließend die Informationen noch einmal zusammen und legt nach Betätigung mit „OK" die Instanz innerhalb von IP-Symcon an.

Die Adressierung oder der Test der neu angelegten Instanz des Gebäudebussystems FS20 erfolgt über ein systemspezifisches Menü, über das die systemspezifische Adresse, in diesem Fall der 8-stellige Hauscode und die jeweils 2-stellige Geräteadresse, definiert wird. Durch Betätigung von „Adresse verwendet?" kann überprüft werden, ob diese Adresse bereits in IP-Symcon verwendet wurde. Anschließend wird das Gerät, je nach Vorgehensweise des Bussystems an IP-Symcon angelernt. Bei FS20 ist hierzu das Gerät in den Programmiermodus zu versetzen und anschließend in IP-Symcon „Gerät anlernen" zu betätigen.

Anschließend ist das Gerät IP-Symcon bekannt und kann innerhalb der Testumgebung bereits ein- und ausgeschaltet und gedimmt werden, wenn dies die Funktionalität des Geräts zulässt.

Hier wird vorausgesetzt, dass IP-Symcon bereits einen Systemzugang (I/O-Instanz oder Splitter-Instanz) angelegt hat (vgl. Abb. 7.23).

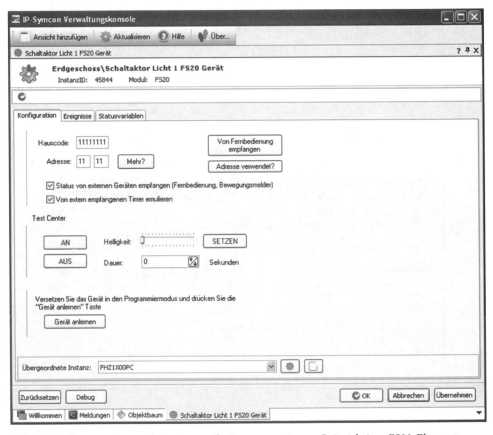

Abb. 7.23 Parametrierung der Kommunikationsparameter am Beispiel eines FS20-Elements

Ist dies noch nicht der Fall, muss die „übergeordnete Instanz", d. h. das Gateway, durch Betätigung der Ikone „Zahnrad" definiert werden.

Es öffnet sich je nach Gebäudebussystem eine Informationsseite (vgl. Abb. 7.24).

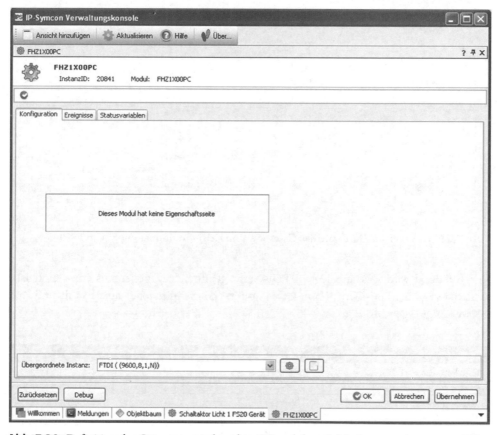

Abb. 7.24 Definition des Gateways zwischen dem PC und dem Gebäudeautomationssystem FS20

Über diese Informationsseite wird wiederum der Systemzugang zur Parametrierung, in diesem Fall eines FTDI-Interfaces zur Umsetzung von USB auf eine serielle COM-Schnittstelle, definiert (vgl. Abb. 7.25).

Bevor das FTDI-Gerät (im Fall von FS20) geöffnet wird, ist das Gateway am USB anzuschließen und, wie vom Hersteller angegeben, der Treiber zu installieren.

Abb. 7.25 Auswahl der Hardware des Gateways zum Gebäudeautomationssystem FS20

Anschließend wird das angelegte FTDI-Gerät geöffnet, gegebenenfalls die Geräteliste aktualisiert, das FTDI-Gerät (eine COM- oder USB-Schnittstelle) ausgewählt und mit OK bestätigt (vgl. Abb. 7.26).

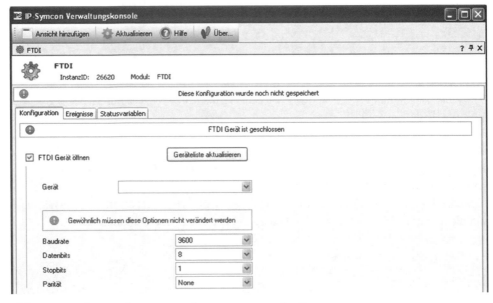

Abb. 7.26 Definition der Kommunikationsparameter des Gateways

Anschließend sind Gateway und Gerät in IP-Symcon angelegt und können benutzt werden (vgl. Abb. 7.27).

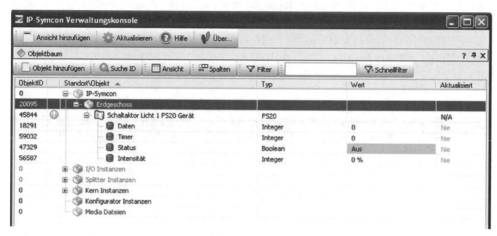

Abb. 7.27 Ergebnis der Anlage eines ELV-FS20-Geräts

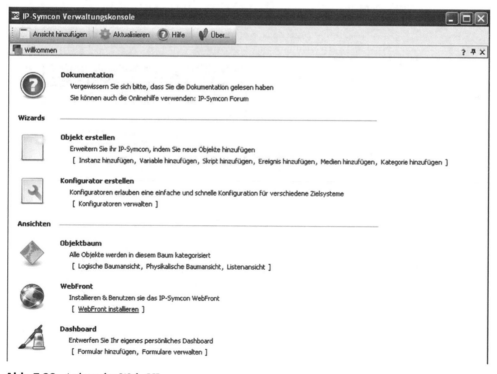

Abb. 7.28 Anlage des Web-UI

Im Fall eines ELV-FS20-Geräts werden standardmäßig die Items Daten, Timer, Status und Intensität des Geräts angelegt, wobei hier nicht unbedingt alle Items relevant sind.

Da IP-Symcon direkt eine Visualisierung aufbaut, empfiehlt es sich im nächsten Schritt das Web-UI, die Web-Oberfläche, anzulegen. Dies erfolgt in der Konsole über „WebFront installieren" (vgl. Abb. 7.28).

Nach Betätigung der Schaltfläche ohne jegliche Parametrierung erfolgt eine kurze Bestätigung über das Fenster mit dem Inhalt „WebFront wurde erfolgreich installiert" (vgl. Abb. 7.29).

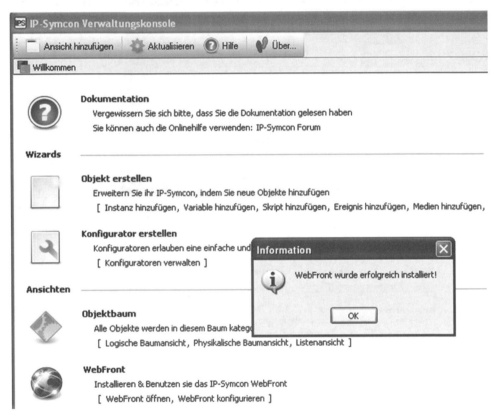

Abb. 7.29 Ergebnis der Anlage eines Web-UI

Die angelegte WebFront, die Web-Oberfläche des Web-UI, besteht standardmäßig aus einigen vorgefertigten Elementen und muss und sollte zunächst nicht geändert werden. Für weitere Anwendungen kann die Web-Seiten-Oberfläche um wesentliche Bestandteile erweitert werden (vgl. Abb. 7.30).

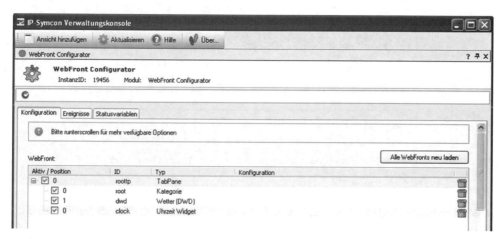

Abb. 7.30 Konfiguration des Web-UI

Anschließend beinhaltet die IP-Symcon-Konsole alle wesentlichen Elemente für die Ebenen der Automatisierungspyramide (vgl. Abb. 7.31).

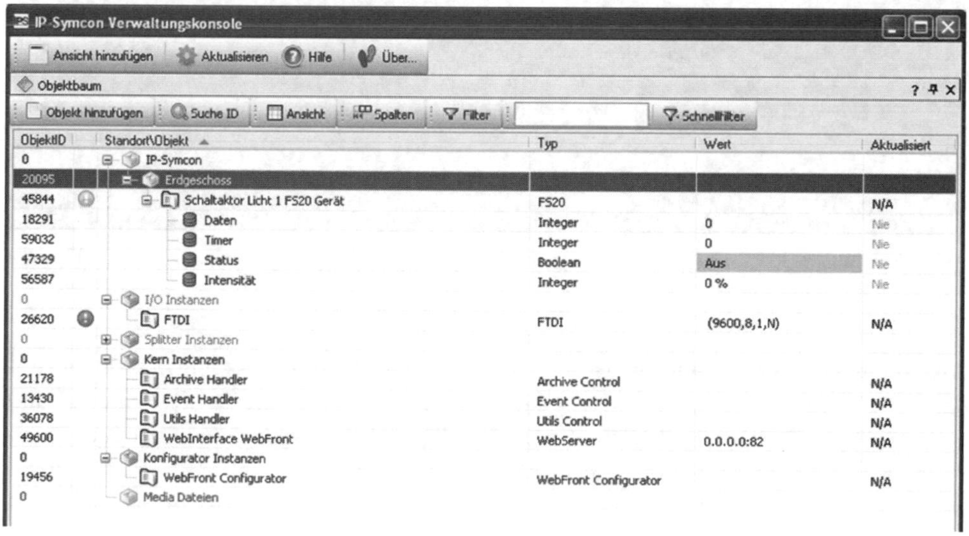

Abb. 7.31 Ergebnis in der Konsole nach vollständiger Anlage eines ELV-Elements

Die 4 Items der Instanz des Gebäudebussystems FS20 tragen standardmäßig die Namen Daten, Timer, Status und Intensität.

Im Browser, z. B. dem Mozilla Firefox, wird die IP-Adresse des Rechners, auf dem IP-Symcon installiert ist, mit Portnummer 82, oder vereinfacht „localhost:82" eingetragen, wenn der eigene Rechner visualisiert werden soll (vgl. Abb. 7.32).

Abb. 7.32 Aufruf der IP-Symcon-Visualisierung über einen Internet-Browser

Anschließend lädt IP-Symcon die Web-Oberfläche. Dies kann je nach Größe der IP-Symcon-Implementation einmalig von wenigen Sekunden bis Minuten dauern (vgl. Abb. 7.33).

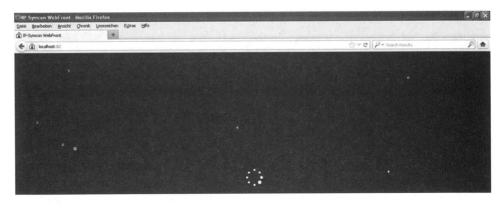

Abb. 7.33 Aufbau der IP-Symcon-Visualisierung im Internet-Browser

Anschließend wird die automatisch erzeugte Struktur sichtbar. Neben IP-Symcon mit dem i-Icon im stilisierten Haus sind sichtbar die Navigationsitems „IP-Symcon" und „Wetter" sowie Datum und Uhrzeit. Dies ist allgemeiner Standard, der mit dem Web-Front-Konfigurator angepasst und erweitert werden kann (vgl. Abb. 7.34).

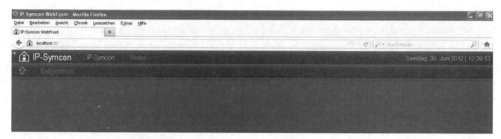

Abb. 7.34 Visualisierung der Struktur Erdgeschoss

Durch Mausklick auf die Kategorie „IP-Symcon" und anschließend „Erdgeschoss" werden die 4 Items des FS20-Geräts sichtbar (vgl. Abb. 7.35).

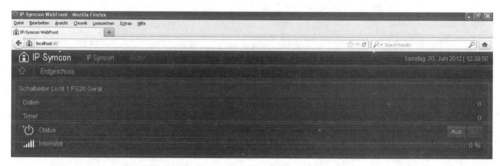

Abb. 7.35 Inhalt der Struktur Erdgeschoss im Internet-Browser

Bereits an dieser Stelle kann das Gerät über „Aus" und „An" und „Intensität" gesteuert werden, wenn die Funktionalität des Geräts dieses ermöglicht (vgl. Abb. 7.36).

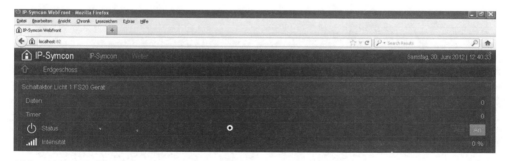

Abb. 7.36 Zugriffsmöglichkeiten auf das FS20-Gerät im Internet-Browser

Bei einem unidirektionalen Bussystem ohne Rückmeldung (z. B. FS20) kann der Status verändert werden, ohne dass sich der Status des realen Geräts ändert (wenn es noch nicht verfügbar ist), die Visualisierung zeigt den eigentlich zu erwartenden Gerätezustand.

Es empfiehlt sich diejenigen Items der Objekte auszublenden, die real nicht bedienbar sind. Hierzu ist in der „IP-Symcon-Konsole" das Item des Objekts anzuklicken und per rechtem Mausklick „Objekt bearbeiten" auszuwählen (vgl. Abb. 7.37).

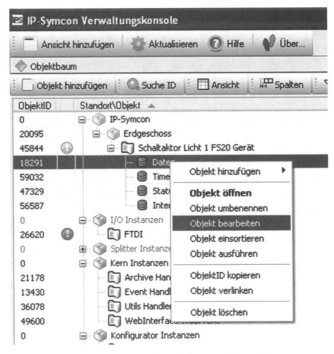

Abb. 7.37 Bearbeitung eines FS20-Geräts in der IP-Symcon-Konsole

IP-Symcon informiert über das ausgewählte Item des Objekts (vgl. Abb. 7.38).

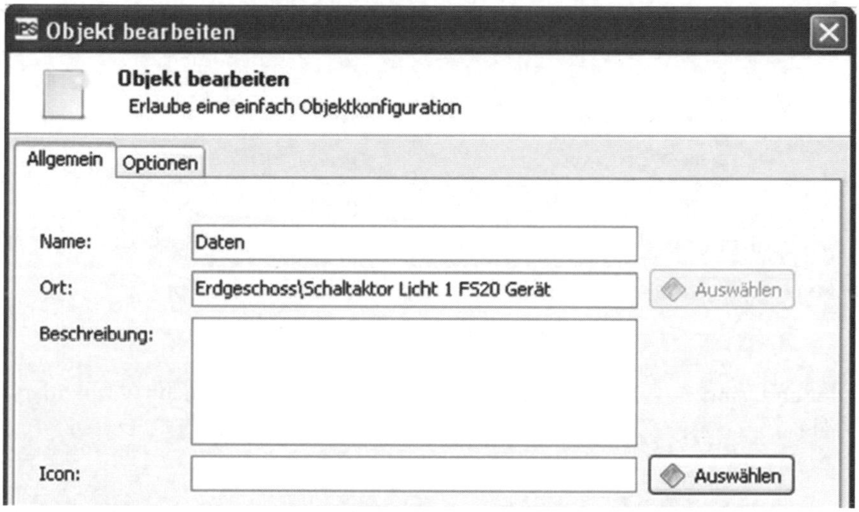

Abb. 7.38 Information über die Eigenschaften eines Items eines Geräts

Anschließend können durch Klick auf den Reiter „Optionen" die Optionen des Geräts, in diesem Fall „Versteckt" geändert werden (vgl. Abb. 7.39).

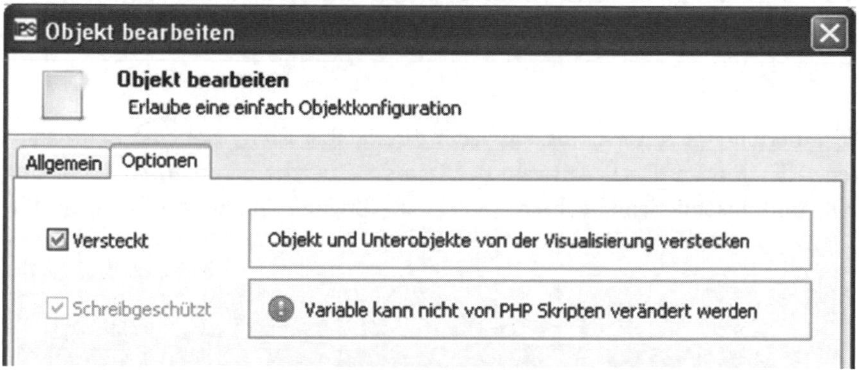

Abb. 7.39 Änderung der Eigenschaften eines Items

Im vorliegenden Beispiel erfolgt dies für „Daten" und anschließend auch „Intensität", die geänderten Items werden zur Kenntlichmachung von „Versteckt" in grauer Farbe dargestellt (vgl. Abb. 7.40).

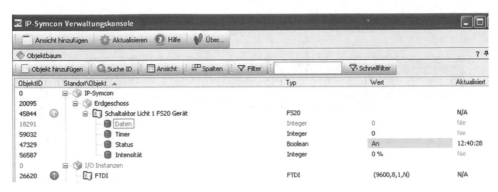

Abb. 7.40 Ergebnis nach Änderung der Eigenschaften von Items

Anschließend sind im Browser die versteckten Items nicht mehr vorhanden (vgl. Abb. 7.41).

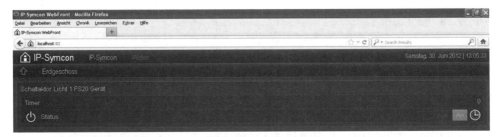

Abb. 7.41 Bedienbarkeit eines ELV-FS20-Geräts

Die Ansteuerung des Aktors kann entweder direkt, über Ereignisse oder Zeitschaltuhren erfolgen. Hierzu wird durch Auswahl des Items Status, der automatisch verändert werden soll, und anschließend rechten Mausklick „Ereignis hinzufügen" ausgewählt (vgl. Abb. 7.42).

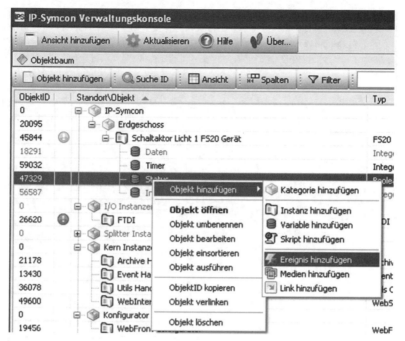

Abb. 7.42 Zuordnung von Ereignissen zu einem FS20-Gerät

Es öffnet sich ein Menü, in dem „Ausgelöstes Ereignis" oder „Zyklisches Ereignis" ausgewählt werden kann. Zyklisch steht hierbei für eine Zeitschaltuhr (vgl. Abb. 7.43).

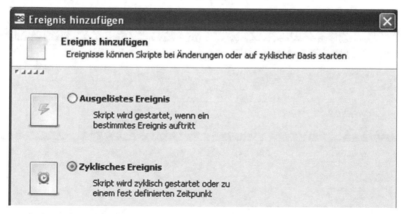

Abb. 7.43 Möglichkeiten der Parametrierung eines Ereignisses

Anschließend kann ein fester Termin oder eine Folge von Terminen ausgewählt werden
(vgl. Abb. 7.44).

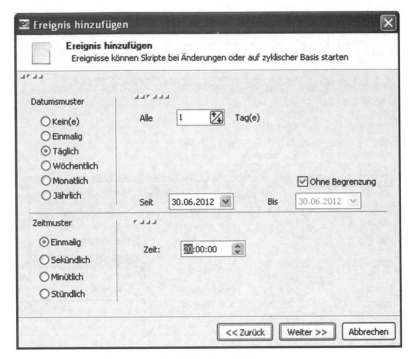

Abb. 7.44 Definition von Zeituhren oder Kalendern als Ereignis

In diesem Fall soll täglich seit dem 30.06.2012 ohne Begrenzung einmalig um 20.00 Uhr ein Ereignis ausgeführt werden. Das nicht näher angegebene Ereignis wird anschließend in der Struktur dem Item Status des Objekts Schaltaktor zugewiesen (vgl. Abb. 7.45).

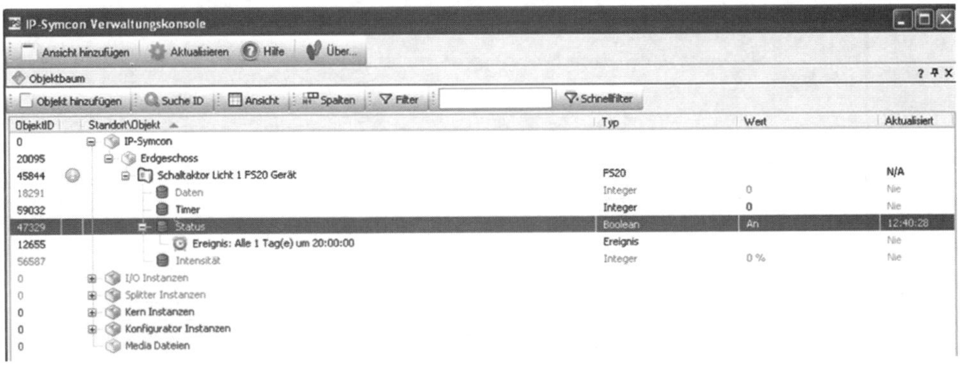

Abb. 7.45 Angelegtes Ereignis in der IP-Symcon-Konsole

Das Zeitschaltuhrereignis wird anschließend hinter dem Status des Schaltaktors „An oder Aus" als Uhr angedeutet (vgl. Abb. 7.46).

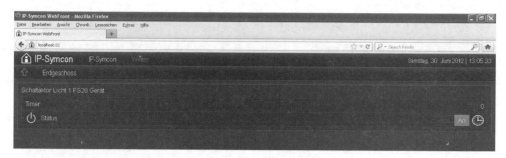

Abb. 7.46 Ereignisdarstellung als Timer im Internet-Browser

Durch Mausklick auf die Zeitschaltuhr kann die Zeitschaltuhr übersteuert, geändert oder abgeschaltet werden. Der Hinweis „Unbenanntes Objekt …" deutet hierbei darauf hin, dass der Zeitschaltuhr kein Name zugewiesen wurde. Es wird empfohlen, diesen Namen bei Mausklick auf Ereignis in der Konsole zu ändern (vgl. Abb. 7.47).

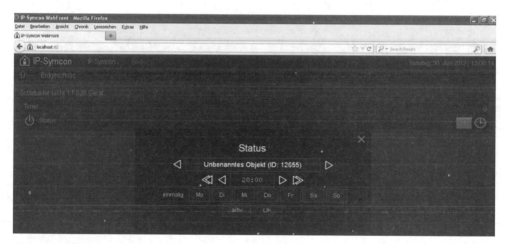

Abb. 7.47 Änderung eines Timers im Internet-Browser

Es sei an dieser Stelle darauf hingewiesen, dass der Aktor an dieser Stelle nur über eine Zeitschaltuhr oder direkt die Web-Oberfläche bedient werden kann. Um dies durch einen Taster auszuführen, ist konkret eine andere Vorgehensweise notwendig, es ging lediglich darum die Assoziativität zwischen Objekt eines Items und einer Zeitschaltuhr zu demonstrieren.

Um einen gezielten Schaltvorgang auszulösen, ist ein Taster oder Schalter zu definieren. Dies erfolgt analog dem schon vorhandenen Aktor, im Folgenden am Beispiel einer FS20-Fernbedienung (vgl. Abb. 7.48).

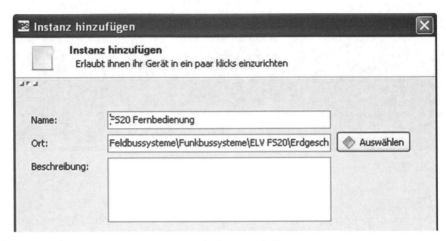

Abb. 7.48 Anlage einer neuen Instanz Fernbedienung als Taster

Erneut ist die Benennung anzupassen (vgl. Abb. 7.49).

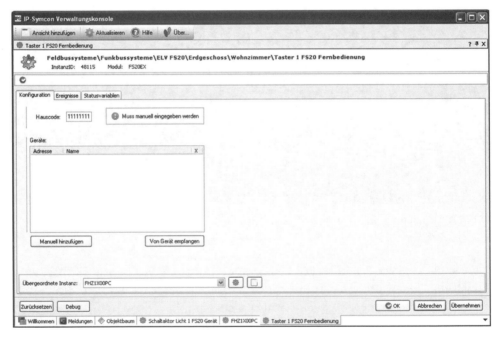

Abb. 7.49 Parametrierung der FS20-Fernbedienung

Anschließend ist entsprechend dem einmalig fest eingestellten „Hauscodes" des FS20-Gateways" eine Adresse zu definieren (vgl. Abb. 7.50).

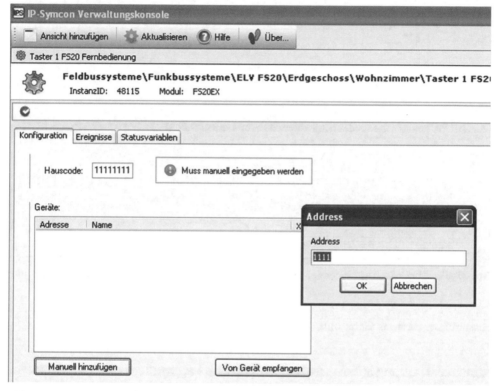

Abb. 7.50 Anlage einer einzelnen Taste der Fernbedienung

Die Adresse kann entweder manuell eingetragen werden (hierzu muss die Adresse bekannt sein" oder per Gerätebetätigung wird die Adresse vom Gerät empfangen. Der Hauscode kann je Gateway nur einmal definiert werden (vgl. Abb. 7.50).

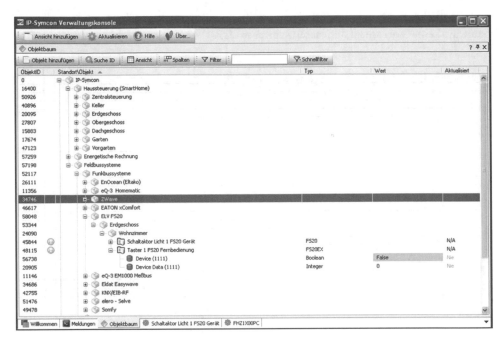

Abb. 7.51 Angelegte Taste einer Fernbedienung in einer vollständigeren IP-Symcon-Automation

Anschließend ist das Gerät in IP-Symcon in der Konsole angelegt (vgl. Abb. 7.51).

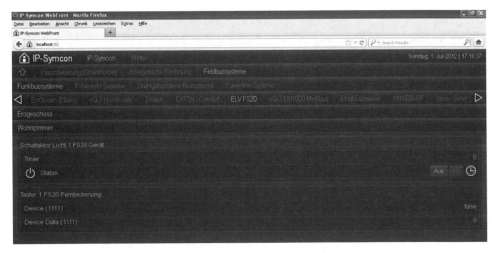

Abb. 7.52 Sensor und Aktor im Internet-Browser

Zunächst besteht noch keine direkte Beziehung zwischen Sensor und Aktor, auch die Benennungen der Eingabekanäle sind noch nicht anwenderorientiert geändert (vgl. Abb. 7.53).

Abb. 7.53 Anlage eines Ereignisses, um den Aktor über den Sensor zu bedienen

Dem Schaltaktor kann nun ein „Ausgelöstes Ereignis" zugewiesen werden (vgl. Abb. 7.54).

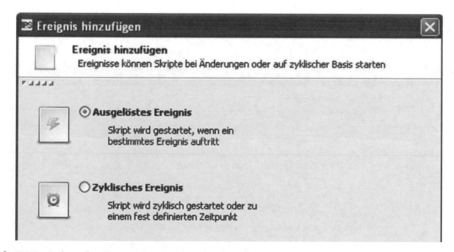

Abb. 7.54 Anlage des Ereignisses zum Tasten des Aktors

Hierzu wird der Auslöser des Ereignisses ausgewählt (vgl. Abb. 7.55).

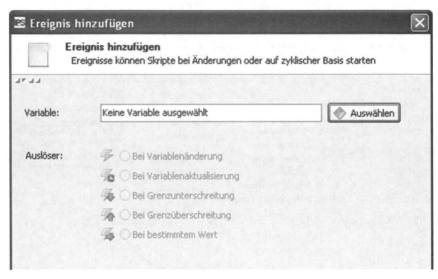

Abb. 7.55   Zuweisung des ereignisauslösenden Items des Tasters

Der zugehörige Taster wird ausgewählt (vgl. Abb. 7.56).

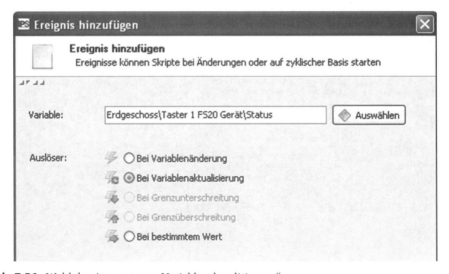

Abb. 7.56   Wahl der Auswertung „Variablenaktualisierung"

Anschließend wird die Art des Events näher definiert, in diesem Fall z. B. „Bei bestimmtem Wert" und dem Wert „True" (vgl. Abb. 7.57).

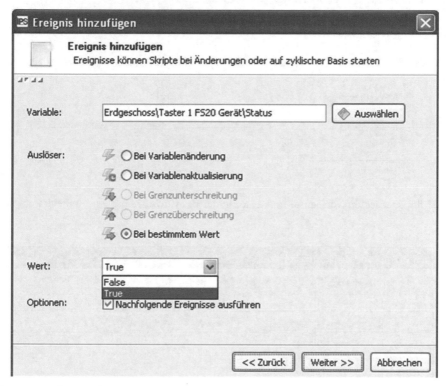

Abb. 7.57 Definition des Ereignisses

Anschließend ist das Ereignis dem Aktor zugeordnet, d. h., der Aktor wird von einem Sensor beeinflusst, nicht ein Sensor beeinflusst einen Aktor, diese Unterscheidung ist bei jedem Bussystem anders (vgl. Abb. 7.58).

Es sei an dieser Stelle erwähnt, dass diese Vorgehensweise ohne Skriptanwendung zwar umständlich funktioniert, aber im Grunde genommen nicht zum Erfolg führt. Aus diesem Grunde wird im Folgenden der sinnvolle Weg über ein Skript beschrieben (vgl. Abb. 7.59).

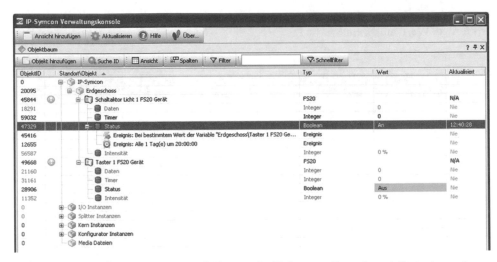

Abb. 7.58 Darstellung von Sensor und Aktor in der IP-Symcon-Konsole nach Ereigniszuweisung

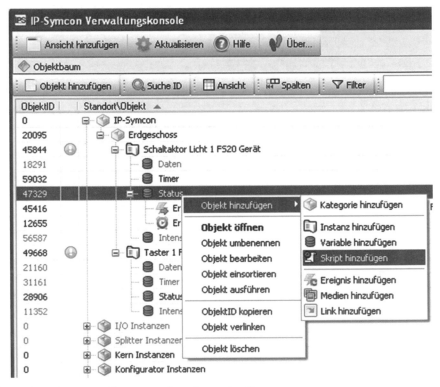

Abb. 7.59 Anlage eines Skripts zum Item Status des Aktors

Durch Auswahl von „Skript hinzufügen" kann z. B. dem zu schaltenden Objekt oder Gerät eine Funktionalität über ein PHP-Skript zugewiesen werden (vgl. Abb. 7.60).

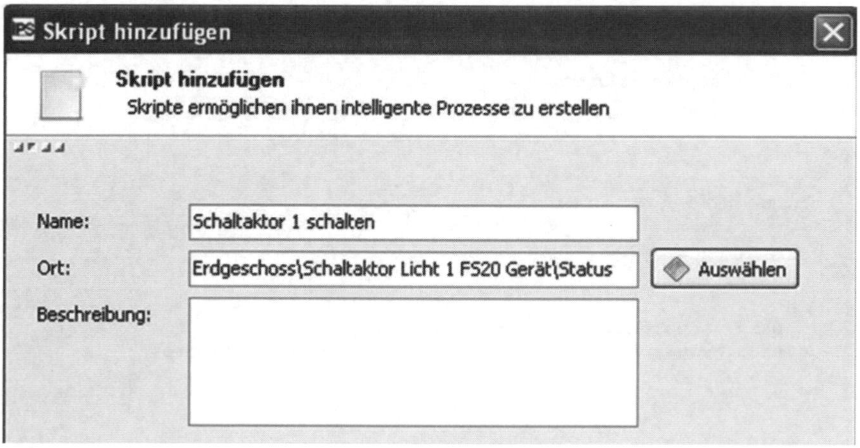

Abb. 7.60 Parametrierung des Skripts durch Beschreibung

Das Skript erhält einen aussagekräftigen Namen und sinnvollerweise auch eine Beschreibung der Funktionalität und wird anschließend erstellt (vgl. Abb. 7.61).

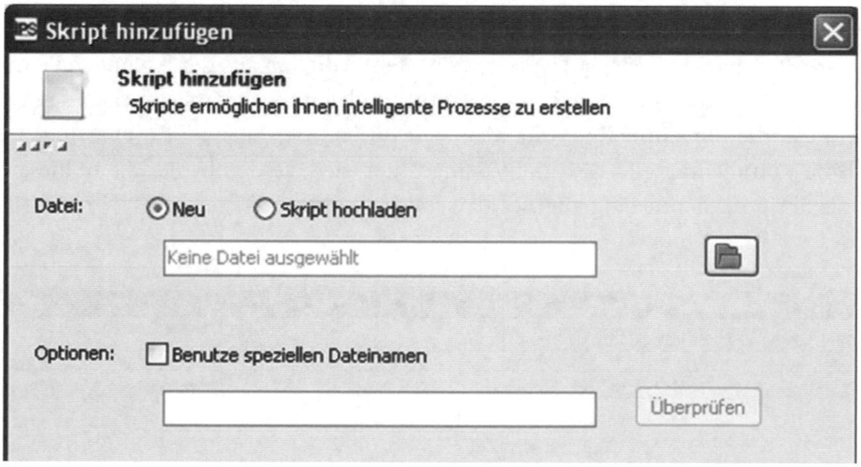

Abb. 7.61 Auswahl zur Verwendung eines vorhandenen oder Anlage eines neuen Skripts

Das Skript kann entweder völlig neu erstellt oder aus dem bereits vorhandenen Fundus übernommen werden.

Abschließend erfolgt eine Zusammenfassung der dem Skript zugehörigen Informationen und der Editor wird gestartet (vgl. Abb. 7.62).

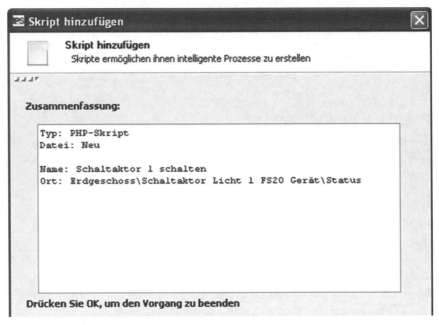

Abb. 7.62 Zusammenfassung zur Anlage des Skripts

Das Editorfenster ist zunächst fast leer. Es besteht lediglich aus der Anfangszeile mit den Zeichen „<?“ und der Endzeile ?>, was darauf hindeuten soll, dass zwischen den eckigen Klammern, die nur einmalig vorhanden sein dürfen, der Skript-Text eingefügt werden soll. Eine Kommentarzeile, die mit „//“ eingeleitet wird, verdeutlicht, dass an dieser Stelle Text als Skriptquellcode eingefügt werden soll (vgl. Abb. 7.63).

Abb. 7.63 Editoraufruf bei neuem Skript

Innerhalb des Skripts werden Variablen und Werte, die aus den IP-Symcon-Objekten stammen, über ID-Nummern referenziert. Hierzu sollten der Editortext und auch der Objektbaum gleichzeitig sichtbar sein, um die Übersicht zu behalten. Der Editortext kann per Klick auf die Kopfzeile des Editorfensters einfach auf den Windows-Desktop gezogen werden. Die ID-Nummern können innerhalb des Skripts ID-Variablen zugewiesen werden. Benannt werden die Variablen mit führendem „$“-Zeichen, zugewiesen wird mit einem „:=“-Zeichen, die Zeile ist mit einem „;“ abzuschließen. Der Wert einer Variablen wird mit der IP-Symcon-Funktion „getvalue“ abgefragt und auf eine Editorvariable abgelegt. If-Abfragen beginnen mit einem „If“ und anschließend in einer runden Klammer eingeschlossen der abzufragenden Logik. Die Anweisung zum „If“-Statement folgt bei nur einer Zeile in runden Klammern („(„ und „)“) und abschließend einem „;“, oder bei mehreren auszuführenden Zeilen in geschweiften Klammern („{“ und „}“). Das Ergebnis eines Skripts wird den IP-Symcon-Objekten über einen Befehl „setvalue“ zu gewiesen, innerhalb des Befehls erst die ID des Objekts, danach der zugehörige Wert, abgeschlossen wie üblich mit einem Semikolon (vgl. Abb. 7.64).

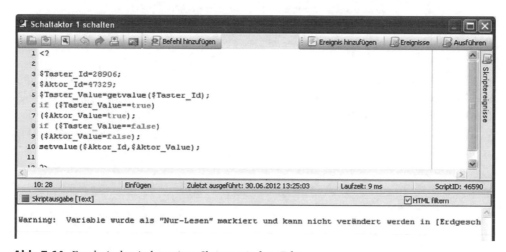

Abb. 7.64 Ergebnis der Anlage eines Skripts mit dem Editor

Das Skript kann anschließend mit „Ausführen“ getestet werden. Verfährt man zur Ansteuerung eines Aktors nach der beschriebenen Vorgehensweise „getvalue“ und „setvalue“, so wird es zu einer Fehlermeldung kommen, da Objekte von Aktoren nicht per Zuweisung geändert werden dürfen, dies wird durch den Hinweis „Variable wurde als „Nur lesen“ markiert“ angedeutet. Berechnungsergebnisse, wie z. B. Dimmwerte, Leistungen etc. können demnach über setvalue zugewiesen werden, Aktoreinstellungen müssen über aktorspezifische IP-Symcon-Befehle zugewiesen werden. Hierzu hält IP-Symcon eine große Anzahl von Befehlen bereit (vgl. Abb. 7.65).

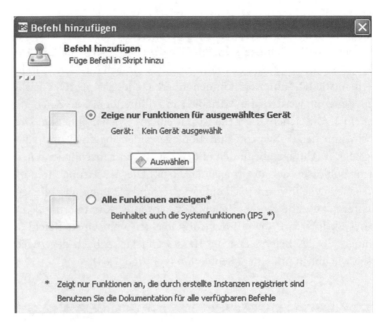

Abb. 7.65 Auswahl von Funktionen zu einem Gerät oder Item

Um einen Befehl auszuwählen, wenn man ihn nicht bereits kennt oder der Dokumentation entnimmt, wählt man „Befehl hinzufügen" und kann nun spezifisch die Funktionen für ein ausgewähltes Gerät, z. B. einen Schaltaktor vom Typ „FS20 Gerät", oder aus allen in IP-Symcon nutzbaren Funktionen inklusive der Systemfunktionen auswählen (vgl. Abb. 7.66).

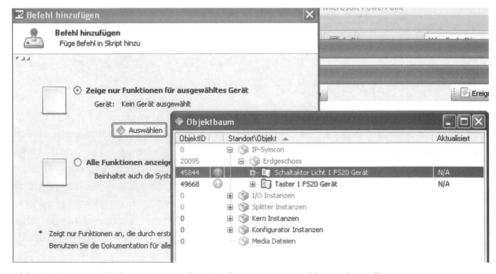

Abb. 7.66 Auswahl des Geräts, zu dem Funktionen ausgewählt werden sollen

Im Fall der gerätespezifischen Funktionsauswahl ist zunächst das zu manipulierende Gerät aus der IP-Symcon-Objektliste auszuwählen, in diesem Fall der Schaltaktor.

Anschließend kann aus einer gerätespezifischen Liste ausgewählt werden. Im Fall von FS20-Gerät sind dies z. B. „FS20_SwitchMode", um das Gerät ein- oder auszuschalten, „FS20_SwitchDuration", um einen Treppenlichtautomaten abzuleiten, „FS20_SetIntensity", um die Helligkeit eines Dimmers zu stellen (vgl. Abb. 7.67).

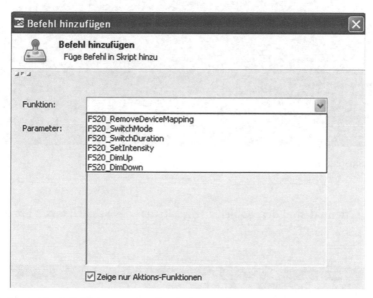

Abb. 7.67   Auswahlmöglichkeiten gerätespezifischer Funktionen

Nach entsprechender Änderung des Skripts entfällt die „Setvalue"-Zeile, dafür kommen im einfachsten Falle zwei Zweierzeilen für das Ein- und Ausschalten hinzu (vgl. Abb. 7.68).

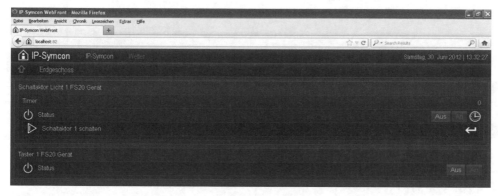

Abb. 7.68   Geändertes Skript mit gerätespezifischen Funktionen

Das erstellte, dem Aktor zugewiesene Skript wird unter dem Status des Objekts „Schaltaktor" im Browser angezeigt und kann dort durch Klick auf die Zeilenschaltung gestartet
werden, was jedoch in diesem Sinne wenig sinnvoll erscheint.

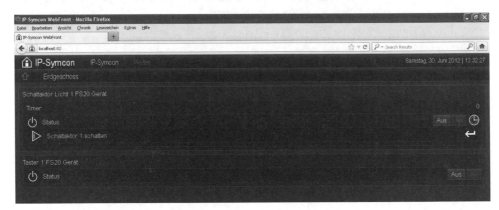

Abb. 7.69 Skriptzuordnung zum Aktor hinter dem Dreieck

Zu diesem Zeitpunkt sind dem Objekt-Item „Status" des Schaltaktors 2 Ereignisse zugeordnet (vgl. Abb. 7.70).

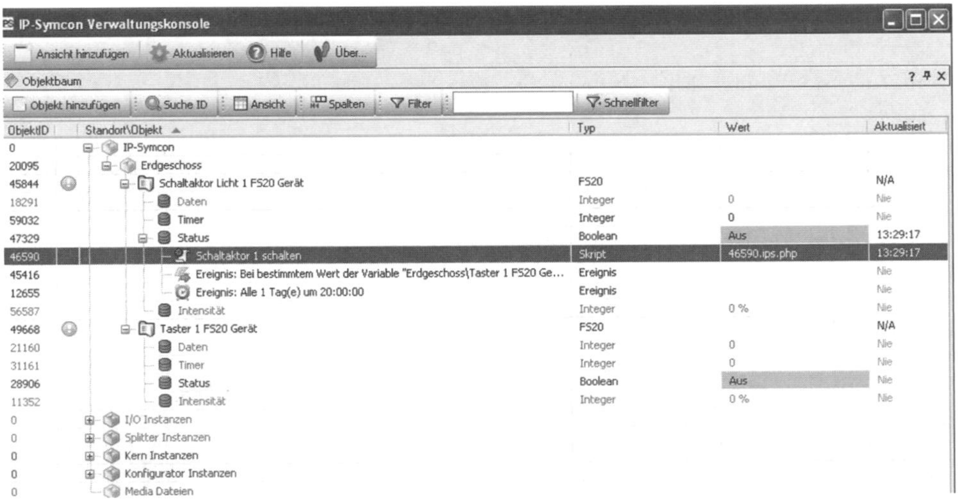

Abb. 7.70 Ereignisdarstellung in der Konsole

Im Objektbaum wird die Programmierung über die beiden Ereignisse „Bei bestimmtem
Wert" und „Zeitschaltuhr", die dem Objekt-Item „Status" des Schaltaktors zugeordnet
sind, sichtbar. Die Ereigniszuordnung muss geändert werden (vgl. Abb. 7.71).

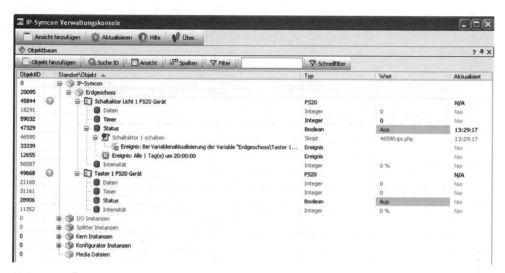

Abb. 7.71   Änderung des Ereignisses durch Zuordnung zum Skript

Vielmehr muss diesem Skript ein Ereignis hinzugefügt werden, damit der Schaltaktor immer dann übersteuert wird, wenn der Taster betätigt wurde (vgl. Abb. 7.72).

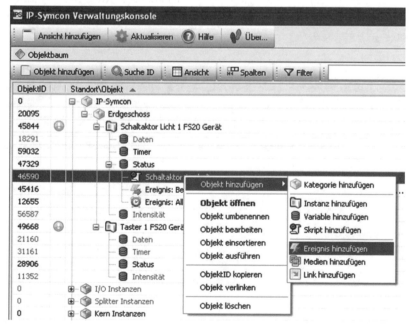

Abb. 7.72   Zuordnung des Ereignisses zum Skript

Dazu wählt man das erstellte Skript an, und wählt über einen rechten Mausklick aus „Objekt hinzufügen" „Ereignis hinzufügen" (vgl. Abb. 7.73).

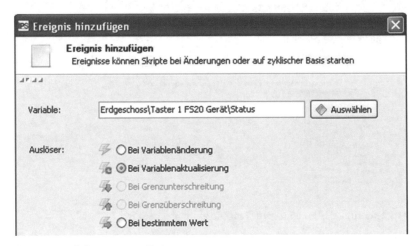

Abb. 7.73 Ereignisdefinition zum Skript

In diesem Fall bietet es sich an „Bei Variablenaktualisierung" anzuwählen, da in der Zwischenzeit bereits ein anderer Taster den Zustand des Ausgangs verändert haben könnte. Wie üblich wird die zugehörige Variable ausgewählt und die Eingabe abgeschlossen (vgl. Abb. 7.74).

Abb. 7.74 Korrekte Zuordnung des Ereignisses zum Skript

Das Ergebnis wird im Objektbaum direkt sichtbar. Das neue Ereignis ist direkt dem Skript zugeordnet, das fehlerhafte Ereignis wurde gelöscht. Das Skript wurde abschließend versteckt, da es direkt über die Änderung der Zustände am Sensor ausgelöst wird (vgl. Abb. 7.75).

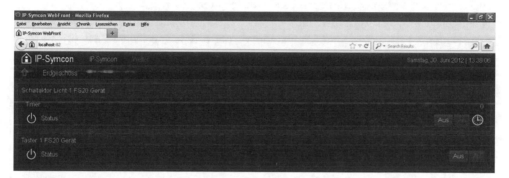

Abb. 7.75 Neue Ansicht im Internet-Browser von Sensor und Aktor

Anschließend ist im Browser nur noch der Zustand des Aktors und des zugeordneten Sensors erkennbar.

Hat man diese Vorgehensweise einmal verinnerlicht, ist der Umgang mit IP-Symcon für eine Gebäudeautomation problemlos möglich. Es sei an dieser Stelle angemerkt, dass man mit der Quick-and-Dirty-Methode auf Dauer nur wenig Freude mit und an IP-Symcon haben wird, da Hardware und Funktionalität direkt miteinander vermengt sind. Ist man bestrebt Benutzeroberflächen für Experten und „normale" Anwender zu programmieren, so bietet sich eine andere Vorgehensweise an, die dringend empfohlen wird.

7.2.4 Strukturierte Methode zum Aufbau einer IP-Symcon-Anwendung

Der ökonomisch denkende IP-Symcon-Anwender und Gebäudeautomations-Nutzer wird bestrebt sein immer die sinnvollsten, besten, aber auch preiswertesten Geräte in seiner Gebäudeautomation zu verwenden. So muss man feststellen, dass FS20-Geräte äußerst preiswert sind, aber aufgrund ihrer unidirektionalen Kommunikation nicht zu 100 % sicher sind. Sie bieten sich also für unkritische Anwendungen an, die man leicht beobachten kann, wie z. B. Stehlampen, akzentuierende Lampen, Ventilatoren etc. Greift man zu HomeMatic- oder Eltako-Funkbus, so sind die Geräte etwas teurer, bieten jedoch bidirektionale Kommunikation und sind damit wesentlich sicherer. Ist man eher geneigt etwas mehr Geld auszugeben und liegt eine Busleitung, so wird man auf den KNX/EIB mit vielen herstellerspezifischen Schalter-, Taster- und Raumthermostat-Designs zurückgreifen. Schnell kommt so ein System zum anderen, vorausgesetzt die Gateway-Kosten sind erträglich, und das Chaos nimmt seinen Lauf.

Funktion und Hardware sind daher stringent voneinander zu trennen.

Dazu baut man sich eine Hardware-Topologie auf, die im Folgenden „Feldbussysteme" genannt wird, da der Feldbus die niedrigste Ebene der Automationspyramide ist, abgesehen von der konventionellen Elektroinstallation.

Angelegt wird also zunächst eine weitere Ebene im Objektbaum unter IP-Symcon mit dem Namen „Feldbussysteme", die parallel zu der bereits angelegten Kategorie „Erdgeschoss" liegt. „Feldbussysteme" ist ein neues Objekt vom Typ Kategorie (vgl. Abb. 7.76).

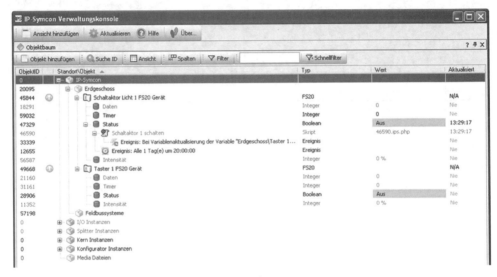

Abb. 7.76 Angelegte Topologie Feldbussysteme als neue Kategorie

Innerhalb dieses neuen Ordners wird das erste Gebäudeautomationssystem, in diesem Fall „ELV FS20" angelegt (vgl. Abb. 7.77).

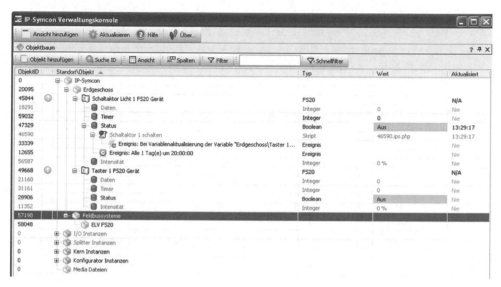

Abb. 7.77   Erweiterung der Topologie Feldbussysteme um ELV FS20

Um die Sortiereigenschaften von IP-Symcon zu nutzen, wird für das Gebäudeautomationssystem der Einbauort der Hardware angelegt. In diesem Fall wird unter „ELV FS20" eine neue Kategorie „Erdgeschoss" und darin die Kategorie „Wohnzimmer" angelegt (vgl. Abb. 7.78).

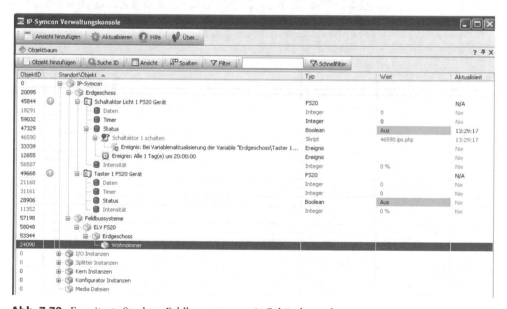

Abb. 7.78   Erweiterte Struktur Feldbussysteme mit Gebäudetopologie

Per Drag and Drop können anschließend die unter der Kategorie „Erdgeschoss" abgelegten beiden Geräte Taster und Schaltaktor in die Kategorie „Wohnzimmer" unter „ELV FS20" gezogen werden. Hierzu sollte zunächst der Objektbaum der beiden Geräte durch Betätigung des -Zeichens reduziert werden (vgl. Abb. 7.79).

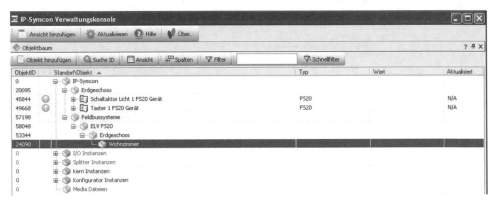

Abb. 7.79   Reduzierte Struktur in IP-Symcon

Auf diese Weise wird die Gesamtstruktur, insbesondere bei größeren Gebäudestrukturen und weiteren Feldbussystemen, übersichtlicher (vgl. Abb. 7.80).

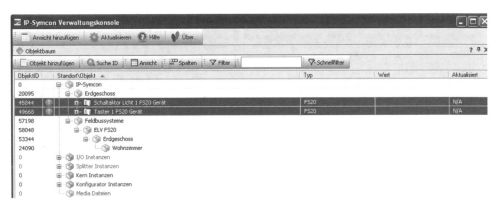

Abb. 7.80   Mit der Maus selektierte Elemente einer Topologie

Die beiden Geräte werden aus dem Anlageort der Quick-and-Dirty-Methode selektiert und mit der Maus in die Kategorie „Feldbussysteme" am Einbauort verschoben oder per Drag and Drop entfernt und wieder eingefügt (vgl. Abb. 7.81).

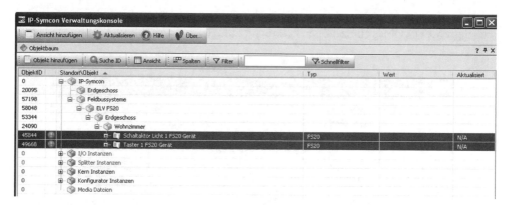

Abb. 7.81 Ergebnis nach Verschiebung der Elemente von einer Topologie zur anderen

Anschließend befinden sich die Geräte an der korrekten Stelle im Objektbaum.

Da die Geräte nun nicht mehr im Erdgeschoss verfügbar sind, müssen diese wieder geeignet der Gebäudetopologie hinzugefügt werden. Hierzu werden „Links" verwendet. Auch unter der realen Lokalität „Erdgeschoss" wird zunächst die Kategorie „Wohnzimmer" angelegt. Anschließend werden per „Links" die darzustellenden Items der Objekte wieder eingetragen (vgl. Abb. 7.82).

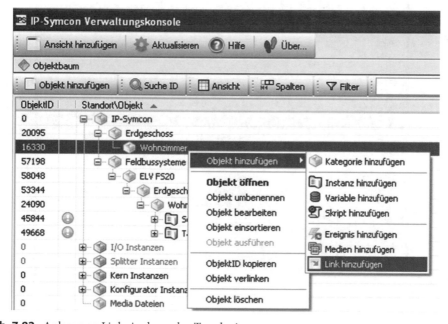

Abb. 7.82 Anlage von Links in der realen Topologie

Hierzu wird an der korrekten Stelle in der Gebäudetopologie per rechtem Mausklick aus dem Menü „Objekt hinzufügen" „Link hinzufügen" ausgewählt (vgl. Abb. 7.83).

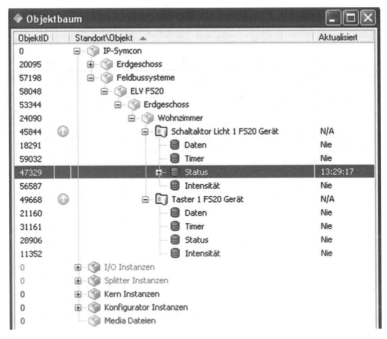

Abb. 7.83 Anlage eines Links

Das zum Link zugeordnete Objekt-Item muss aus dem Objektbaum ausgewählt werden (vgl. Abb. 7.84).

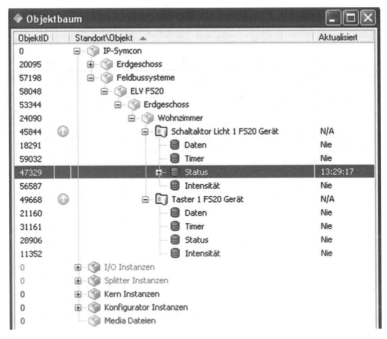

Abb. 7.84 Auswahl des zu verlinkenden Items

In diesem Fall wird der Status des Schaltaktors verlinkt (vgl. Abb. 7.85).

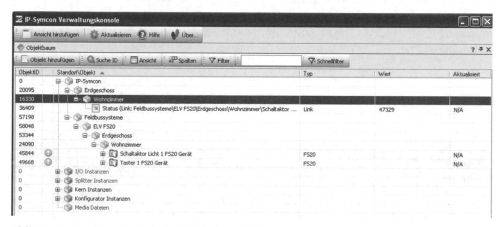

Abb. 7.85   Angelegter Link in der Gebäudetopologie

Anschließend liegt der Link unter Erdgeschoss vor.

Im gleichen Zuge wird auch der Status des Tasters verlinkt. Prinzipiell müssen auslösende Sensoren nicht zur Bedienung verlinkt werden, da der Aktor direkt aus der Web-Oberfläche übersteuert werden kann (vgl. Abb. 7.86).

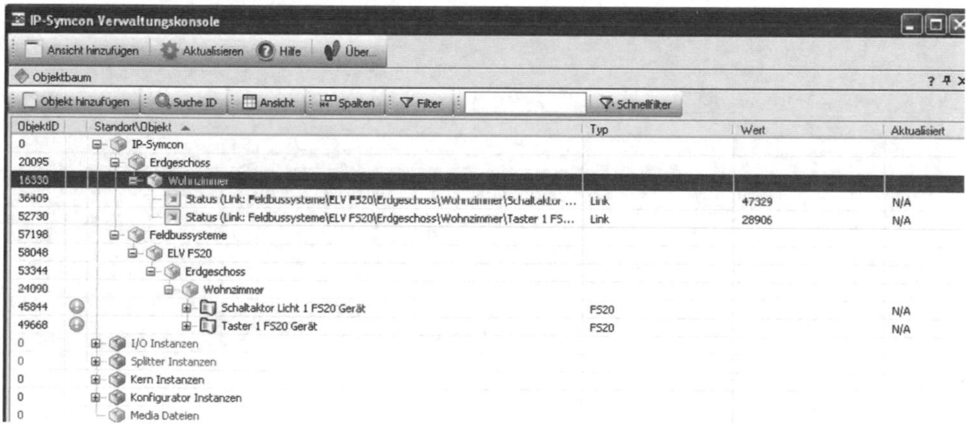

Abb. 7.86   Komplett verlinkte Taster und Schaltaktoren

Abschließend sind im Web-Browser unter der Browser-Kategorie „IP-Symcon" die beiden Ordner Erdgeschoss und Feldbussysteme erkennbar. Unter „Wohnzimmer" im „Erdgeschoss" sind wie gewohnt die beiden Stati der Geräte erkennbar, jedoch ist die Benennung noch unübersichtlich. Der Stator ist nur anhand seiner Zeitschaltuhr erkennbar (vgl. Abb. 7.87).

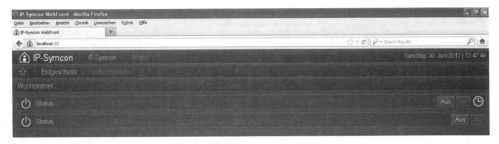

Abb. 7.87 Verlinkte Geräte-Objekte im Internet-Browser

Vorhanden sind nun die beiden Topologien Erdgeschoss und Feldbussysteme (vgl. Abb. 7.88).

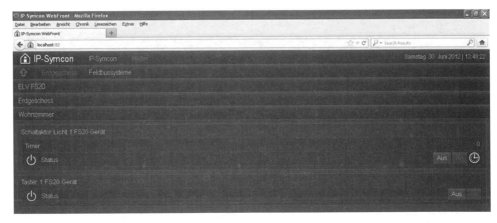

Abb. 7.88 Ansicht der Struktur Wohnzimmer

Unter der Kategorie „Feldbussysteme" ist das Gebäudeautomationssystem „ELV FS20" erkennbar und darunter die Gebäudetopologie, in der die Geräte untergebracht sind. Es wird erkennbar, dass die Items „Status" der Geräte, die wiederum direkt verlinkt wurden, keinerlei Hinweis auf Taster oder Schaltaktor tragen.

Um dies zu korrigieren, sind Informationen zu ergänzen (vgl. Abb. 7.89).

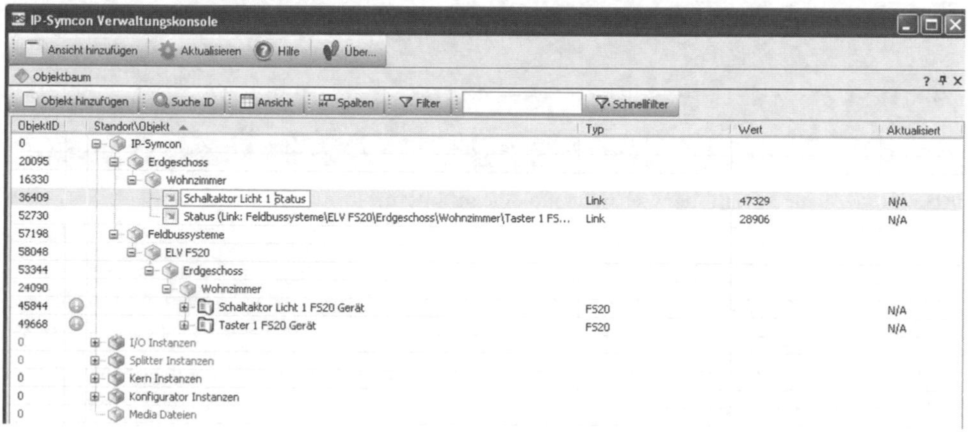

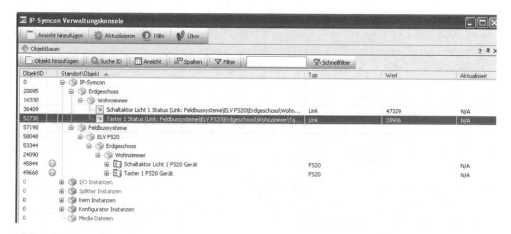

Abb. 7.89 Ergänzung von Informationen zu den Links

Die Benennung entweder des Links oder des Items eines Objekts kann einfach durch Klick auf das Item und Änderung der Benennung angepasst werden (vgl. Abb. 7.90).

Abb. 7.90 Geänderte Benennung der Links in der IP-Symcon-Konsole

Umgehend ist die Benennung der verlinkten Geräte im Browser korrekt. Sämtliche Änderungen sind direkt online ohne Neustart sichtbar (vgl. Abb. 7.91).

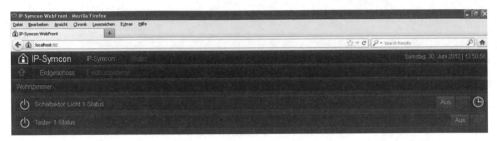

Abb. 7.91 Neue Ansicht der Gebäudetopologie im Internet-Browser

Auf diese Art und Weise können sehr einfache und nicht überladene Ansichten der Geräte erstellt werden.

In der Folge wird nun dargestellt, wie einige andere Gebäudeautomationssysteme in IP-Symcon angelegt werden.

7.2.4.1 Integration von KNX/EIB im Gebäudebeispiel

Begonnen wird mit dem KNX/EIB. Der KNX/EIB ist ein fast ausschließlich auf einer vorhandenen Zweidrahtleitung anzuschließendes Gebäudeautomationssystem. Es bietet sich daher nur dort an, wo zum einen die Infrastruktur (Netzteil, Drossel) und die Verkabelung vorhanden ist. Für die Powerline-Variante sind keine IP-Symcon-Schnittstellen direkt verfügbar, hier muss der Weg über einen kostspieligen Systemkoppler mit eigener Infrastruktur erfolgen. Dies gilt auch für die RF-(Funk-)Varianten von Hager und Siemens, die über Gateways und Konzentratoren angekoppelt werden müssen. Es wird davon ausgegangen, dass die KNX/EIB-Geräte bereits mit der Parametriersoftware ETS parametriert wurden und die relevanten Objekte der Geräte eine Gruppenadresse tragen.

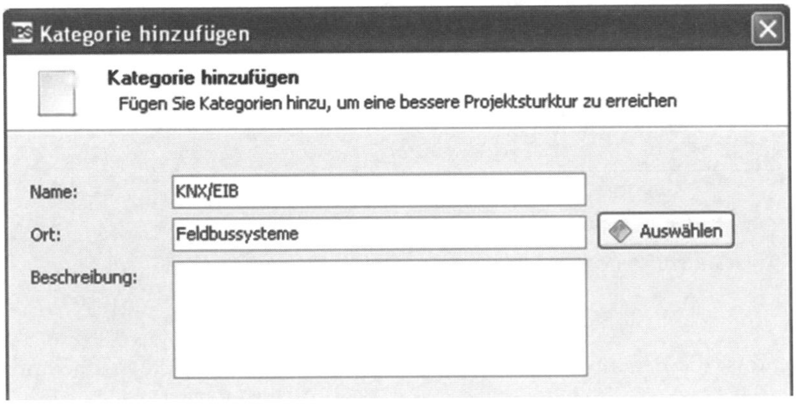

Abb. 7.92 Anlage der Feldbussysteme-Kategorie KNX/EIB

Zunächst wird analog zur Kategorie „ELV FS20" eine Kategorie „KNX/EIB" unter der Kategorie „Feldbussysteme" angelegt.

Nachdem die Gebäudetopologie für das zu ergänzende KNX/EIB-Gerät ergänzt wurde, kann per Instanzierung das KNX/EIB-Gerät integriert werden (vgl. Abb. 7.92).

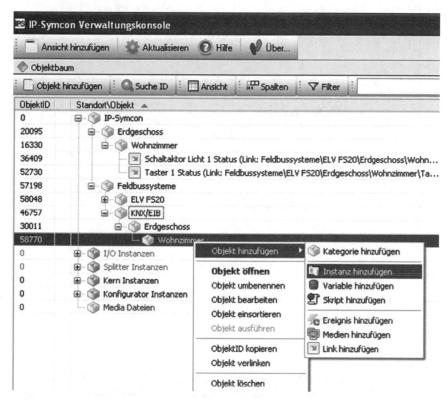

Abb. 7.93 Anlage einer Instanz für KNX/EIB

Hierzu wird wie gewohnt über den rechten Mausklick eine neue Instanz hinzugefügt (vgl. Abb. 7.93).

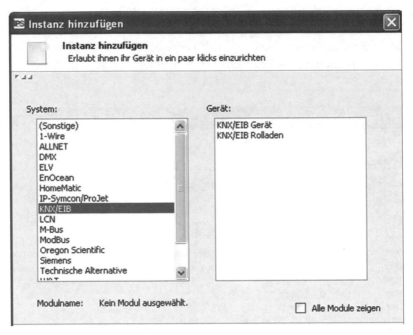

Abb. 7.94   Auswahl eines Geräts vom Typ KNX/EIB

Zur Verfügung stehen die beiden Gerätetypen „KNX/EIB Gerät" und „KNX/EIB Rolladen". Damit können alle nur denkbaren KNX/EIB-Gerätetypen bzw. deren einzelne Objekte, in IP-Symcon abgebildet werden (vgl. Abb. 7.94).

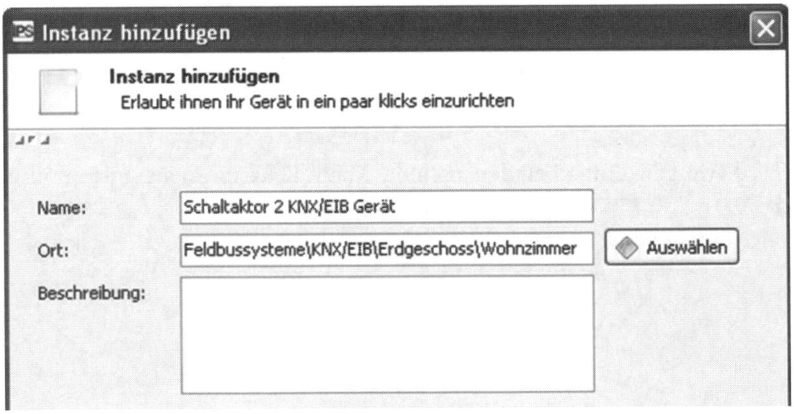

Abb. 7.95   Beschriftung des ausgewählten KNX/EIB-Geräts

Das neue Objekt erhält einen Namen, der sinnvollerweise vor dem Gerätetyp eingetragen wird. Damit bleibt die Information bezüglich des Ursprungs des neuen Gerätes oder Geräteobjekts erhalten (vgl. Abb. 7.95).

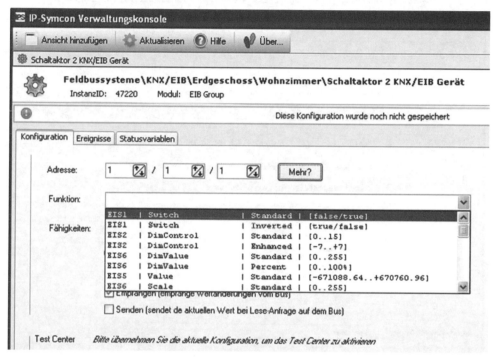

Abb. 7.96 Parametrierung des Objekts des KNX/EIB-Geräts

Anschließend ist analog der KNX/EIB-Geräte-Topologie in der ETS das Objekt in IP-Symcon zu parametrieren. Zunächst ist die Adresse des Geräteobjekts, die sogenannte Gruppenadresse anzulegen. Anschließend muss aus der Liste der EIS-Objekte die korrekte Funktion des Geräts anhand der EIS-Beschreibungsnummer ausgewählt werden. Gruppenadresse in der KNX/EIB-Anlage und in IP-Symcon, in diesem Fall 1/1/1 im dreistufigen Konzept, und EIS-Objekt, in diesem Fall binär, müssen übereinstimmen, sonst ist eine Steuerung des Geräts aus IP-Symcon heraus nicht möglich (vgl. Abb. 7.96).

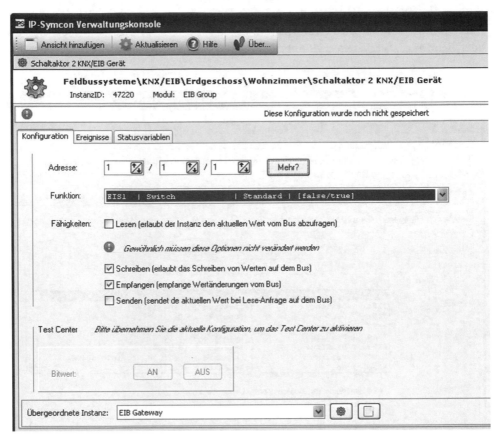

Abb. 7.97 Angelegtes KNX/EIB-Geräteobjekt

KNX/EIB-typisch kann die Kommunikationsfähigkeit des Geräts angepasst werden. Es sei an dieser Stelle darauf hingewiesen, dass innerhalb der Parametrisierung des KNX/EIB-Systems über die ETS entweder die Eigenschaften der Koppler, soweit vorhanden, auf „Weiterleiten" gestellt sein müssen und/oder Dummy-Objekte an der richtigen Stelle eingefügt sein müssen, damit die Filtertabellen dafür sorgen, dass Zugriff auf die KNX/EIB-Objekte der Geräte besteht. Dies wird bei einem weiteren Ausbau mit KNX/EIB die größte Fehlermöglichkeit darstellen, die wiederum mit großem Zeitaufwand Änderungen an der ETS-Programmierung und der Inbetriebnahme der Geräte nach sich zieht (vgl. Abb. 7.97).

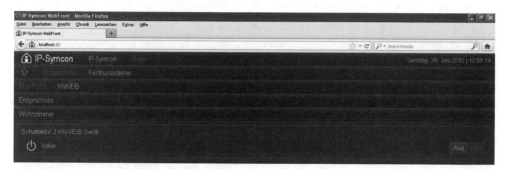

Abb. 7.98 Neues KNX/EIB-Gerät in der Feldbussysteme-Topologie

Nach der Anlage des KNX/EIB-Geräte-Objekts ist dieses direkt im Ordner KNX/EIB
sichtbar und ist, wenn die Kommunikation zum KNX/EIB hergestellt wurde, direkt bedienbar. Ist es nicht erreichbar, versucht IP-Symcon das Objekt zu schalten, erhält jedoch keine Rückantwort und wird in seinem Urzustand verharren, da KNX/EIB ein
System mit bidirektionaler Kommunikation, d. h. mit Rückmeldung, ist.

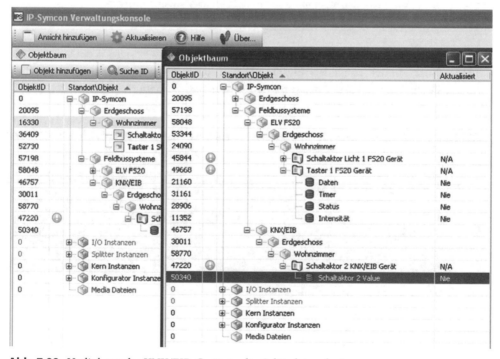

Abb. 7.99 Verlinkung des KNX/EIB-Geräts in die Gebäudetopologie

Das neue Gerät muss anschließend per Link in die Gebäudetopologie übertragen werden. In diesem Fall wird das Gerät ebenfalls im Wohnzimmer untergebracht. Vorher ist die Benennung des zu verlinkenden KNX/EIB-Objekts anzupassen (vgl. Abb. 7.99).

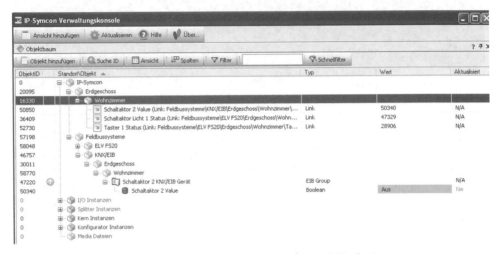

Abb. 7.100 Ansicht der Gebäudetopologie mit FS20- und KNX/EIB-Geräten

Abschließend befinden sich drei Links auf Geräteobjekte im Ordner „Wohnzimmer" im „Erdgeschoss". In der Visualisierungsansicht kann nicht mehr auf den Gebäudeautomationstyp geschlossen werden. Dies ist für den Anwender unerheblich (vgl. Abb. 7.100).

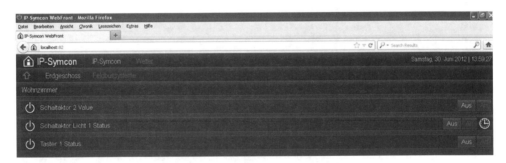

Abb. 7.101 Ansicht des Wohnzimmers im Internet-Browser

Das gleiche Bild ergibt sich im Browser. Es ist kaum noch erkennbar, dass im Wohnzimmer ELV-FS20- und KNX/EIB-Geräte verbaut sind. In IP-Symcon sind Funktionen und gerätespezifische Eigenschaften klar trennbar.

Um die Kommunikation zum KNX/EIB einzurichten, muss die entsprechende übergeordnete Instanz wie bereits beim System FS20 ausgewählt werden. Bei KNX/EIB stehen entweder spezielle RS232-Schnittstellen oder IP-Router zur Verfügung (vgl. Abb. 7.102).

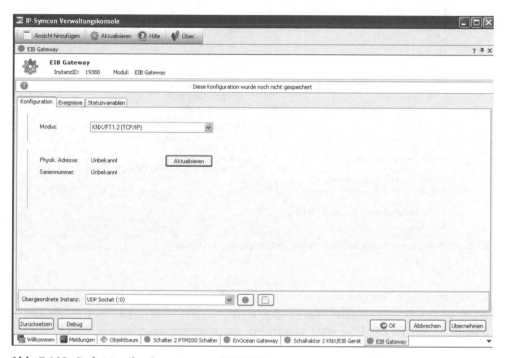

Abb. 7.102 Definition des Gateways zum KNX/EIB

7.2.4.2 Integration von EnOcean im Gebäudebeispiel

Analog erfolgt die Integration von EnOcean, z. B. durch Einbindung von Geräten der Firma Eltako.

Nach Anlage des Gebäudeautomationstyps, in diesem Fall durch die Kategorie „EnOcean (Eltako)" können dort Instanzen des Gebäudeautomationssystems installiert werden (vgl. Abb. 7.103).

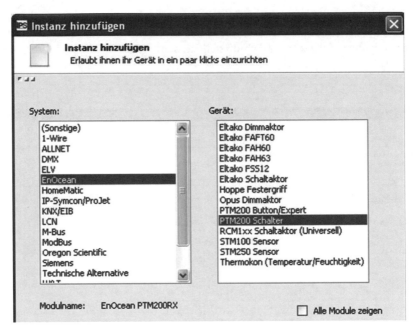

Abb. 7.103 Auswahlmöglichkeiten bei Instanzen für EnOcean

Es stehen einige Geräte der Unternehmen Eltako, Hoppe, Opus, Thermokon und der Alliance EnOcean zur Verfügung. Fehlende Gerätetypen können über universelle Geräte adaptiert werden. Die Liste wird ständig erweitert. Im vorliegenden Fall wird eine Taste eines 2fach-EnOcean-Tasters in das System integriert (vgl. Abb. 7.104).

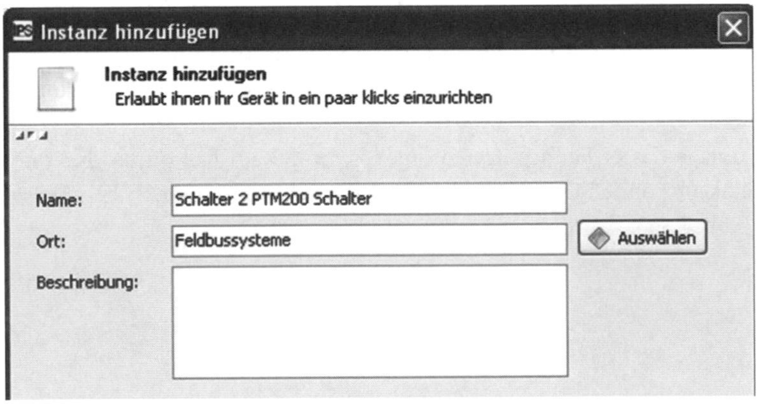

Abb. 7.104 Benennung der Instanz eines EnOcean-Geräts

Wie üblich wird das neue Gerät mit Information zum Ursprung benannt.

Anschließend muss der reale Sensor (in diesem Fall) per Suchen und anschließendem Klick auf das Gerät oder andere Funktion (z. B. Energiemesssensoren über Sicherungs-reset) dem IP-Symcon-Objekt zugeordnet werden (vgl. Abb. 7.105).

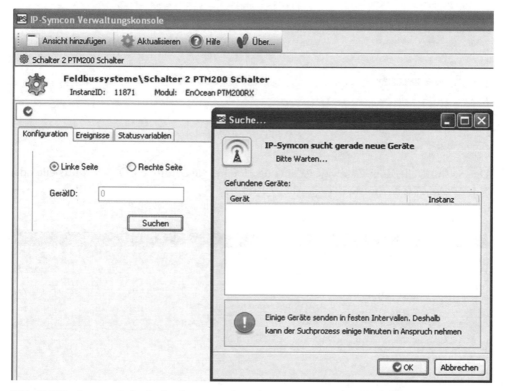

Abb. 7.105 Automatische Suche des zuzuordnenden Tasters zum Objekt in IP-Symcon

Vor dem ersten Suchvorgang muss jedoch zunächst im Allgemeinen einmalig die Kommunikation von IP-Symcon zum EnOcean-Bussystem eingerichtet werden. Hierzu stehen 3 Schnittstellen zur Verfügung, wobei die IP-Schnittstelle sich als optimal herausgestellt hat (vgl. Abb. 7.106).

Abb. 7.106 Auswahlmöglichkeit bei EnOcean-Gateways

Der Schnittstelle, dem Gateway, ist eine per Treiber zugeordnete COM-Schnittstelle oder eine IP-Adresse zuzuordnen (vgl. Abb. 7.107).

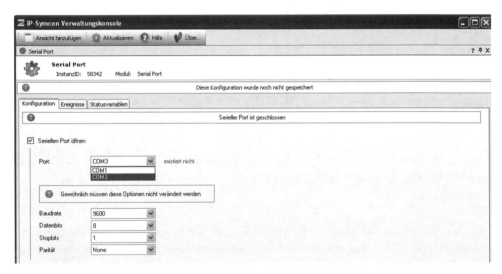

Abb. 7.107 Auswahl der PC-Schnittstelle zum EnOcean-Gateway

Abschließend sind die neuen EnOcean-Instanzen in der Gebäudetopologie zu verlinken (vgl. Abb. 7.108).

Abb. 7.108 Bedienung und Anzeige eines EnOcean-Geräts in IP-Symcon

7.2.4.3 Integration von HomeMatic im Gebäudebeispiel

Analog zu ELV FS20 und KNX/EIB erfolgt die Integration von Homematic in IP-Symcon. HomeMatic bietet den immensen Vorteil gegenüber KNX/EIB und FS20, dass bei Verwendung der Zentrale CCU zwei Kommunikationskanäle über Funk (Radio) und RS485 (Wired) zur Verfügung stehen.

Wie üblich ist zunächst eine Kategorie „eQ-3 HomeMatic" unter „Feldbussysteme" anzulegen und dort die Instanz anzulegen (vgl. Abb. 7.109).

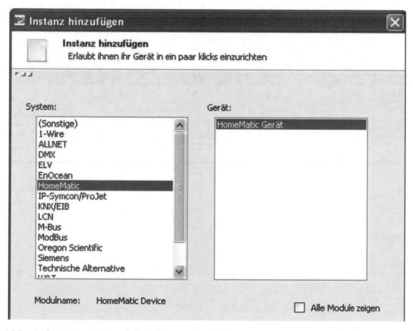

Abb. 7.109 Anlage einer HomeMatic-Instanz in IP-Symcon

Zur Auswahl steht hier nur „HomeMatic Gerät", da nach Auswahl und Kommunikation mit der Zentrale CCU die Funktionalität erst klar definiert ist (vgl. Abb. 7.110).

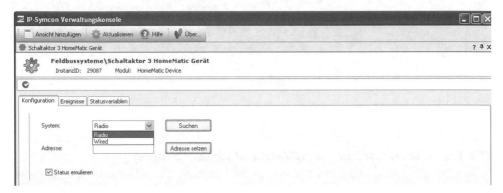

Abb. 7.110 Wahl zwischen radio und wired bei der Anlage einer HomeMatic-Instanz

Bei der Anlage des Geräts ist auszuwählen zwischen „radio" (funkbasiert) und „wired" (drahtbasiert).

Zur Kommunikation mit der Zentrale oder anderen Zugängen ist laut Herstellerangaben die Kommunikation einzurichten. Unter Host ist die IP-Adresse im Allgemeinen der Zentrale CCU einzutragen (vgl. Abb. 7.111).

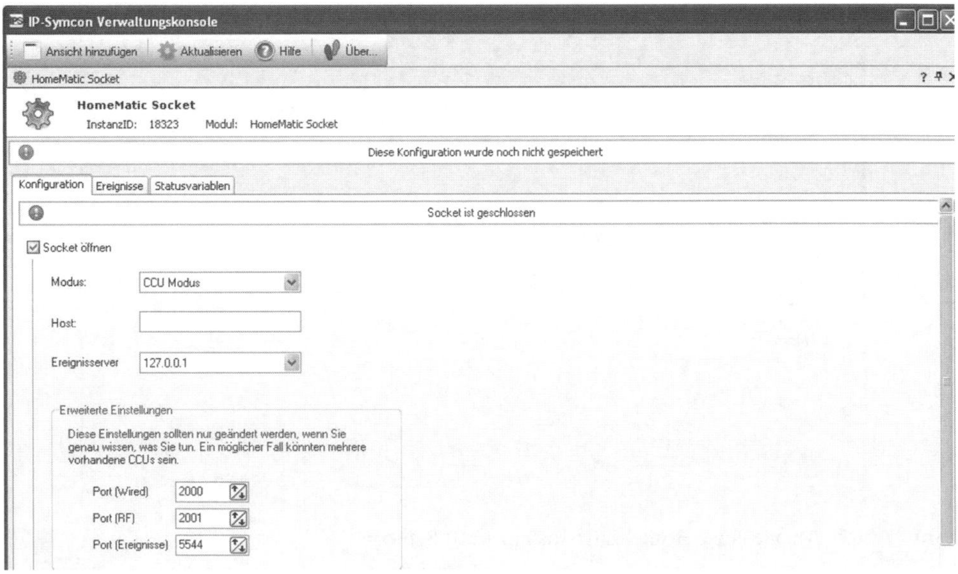

Abb. 7.111 Parametrierung der Kommunikation mit einer HomeMatic-CCU

Nach Suche des Geräts oder Auswahl aus der Zentrale steht das Gerät unter IP-Symcon mit seinen Objekten zur Verfügung (vgl. Abb. 7.112).

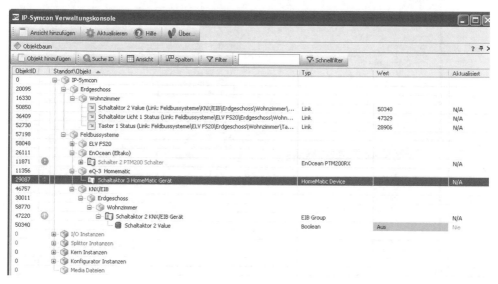

Abb. 7.112   Angelegtes HomeMatic-Gerät in der Feldbussystemetopologie

Abschließend sind die neuen HomeMatic-Instanzen in der Gebäudetopologie zu verlinken.

7.2.4.4   Integration von LCN im Gebäudebeispiel

Analog zu ELV FS20, KNX/EIB und HomeMatic erfolgt die Integration von LCN in IP-Symcon. LCN bietet den immensen Vorteil gegenüber KNX/EIB, dass häufig eine Ader parallel zum N-Leiter zur Verfügung steht, um die Kommunikation zwischen den LCN-Modulen zu ermöglichen. Gegebenenfalls sind hier geringe Anpassungen an der Verdrahtung in den Verteilerdosen notwendig. Die LCN-Module haben den großen Vorteil, dass sie mit verschiedensten Sensoren und Aktoren belegt und erweitert werden können. Der LCN verfügt über eine Bustopologie aus Segmenten, in denen die Module mit Moduladressen verbaut werden.

Wie üblich ist zunächst eine Kategorie „LCN" unter „Feldbussysteme" anzulegen und dort die Instanz anzulegen.

Anschließend kann nach der bekannten Vorgehensweise auch eine LCN-Instanz angelegt werden (vgl. Abb. 7.113).

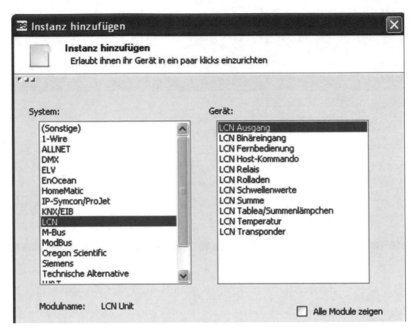

Abb. 7.113 Auswahl des Typs einer LCN-Instanz

Beim LCN wird unterschieden zwischen den direkten Ausgängen des Moduls, dies können bis zu 3 je Modultyp sein, darüber hinaus je nach angeschlossener Peripherie LCN-Binäreingang, LCN-Fernbedienung, LCN-Host-Kommando, LCN-Relais, LCN-Rollladen, LCN-Schwellenwert, LCN-Summe, LCN-Tableau/Summenlämpchen, LCN-Temperatur oder LCN-Transponder. Die LCN-Tastenabfragen (bis zu 8 je Tabelle) mit den Auswertungsmöglichkeiten „kurz", „lang" und „los" können nicht ohne weiteres abgefragt werden, eine Lösung hierzu ist die Umlenkung von Tastenkommandos auf Lämpchen bzw. Lämpchensummen. Dies muss jedoch innerhalb der Software LCNpro erfolgen (vgl. Abb. 7.114).

Im obigen Beispiel wurde der Ausgang 2 eines Moduls angewählt, der nach der Zuordnung der Adresse im Segment direkt geschaltet und hinsichtlich der Helligkeit beeinflusst werden kann. Vor der Nutzung des Ausgangskanals muss zunächst die Kommunikation zum LCN über eine serielle Schnittstelle und die Software LCN-PCHK eingerichtet werden.

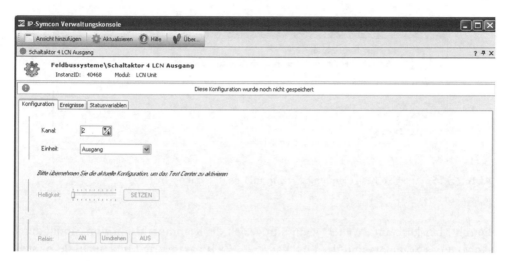

Abb. 7.114 Definierte LCN-Instanz eines LCN-Ausgangs eines Moduls

Anschließend liegt die LCN-Instanz in der IP-Symcon-Konsole vor (vgl. Abb. 7.115).

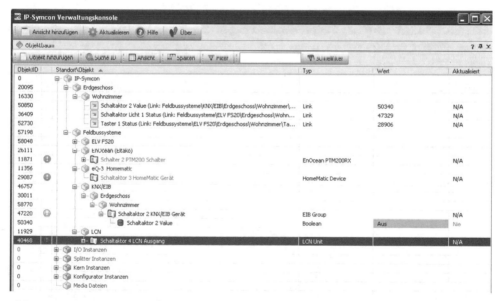

Abb. 7.115 LCN-Instanz in der Feldbussystemetopologie

Noch einfacher können LCN-Module angelegt und parametriert werden, indem die Ikone „Neu" neben „Übergeordnete Instanz" im Moduldefinitionsfenster mit der Maus angeklickt wird. Damit öffnet sich ein Fenster, in dem nicht direkt Ausgänge oder Relais, sondern zunächst ein LCN-Modul angelegt wird (vgl. Abb. 7.116).

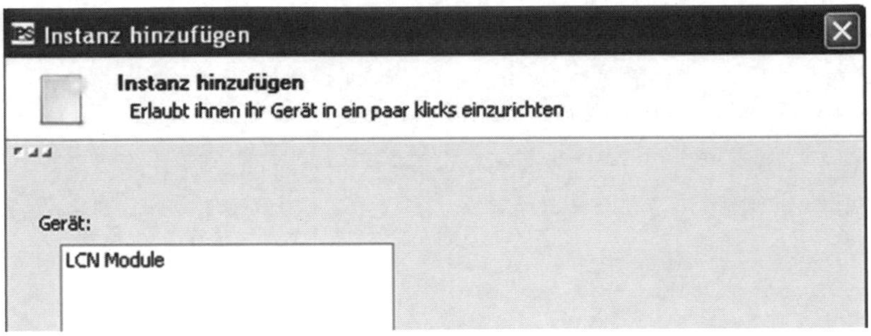

Abb. 7.116 Anlage eines gesamten LCN-Moduls als IP-Symcon-Instanz

Durch Mausklick auf „Weiter" kann nun gezielt die Kommunikation zum Modul durch Angabe des Segments und der Moduladresse (Ziel) parametriert und auch die zu steuernde Peripherie des Moduls entsprechend der Programmierung in der Software LCN-Pro ausgewählt werden. IP-Symcon legt nach Maus-Klick auf „Process" das Modul mit allen Peripherieeinheiten an. Es empfiehlt sich direkt die Peripherieeinheiten komplett zu beschriften, um bei LCN die Übersicht zu wahren (vgl. Abb. 7.117).

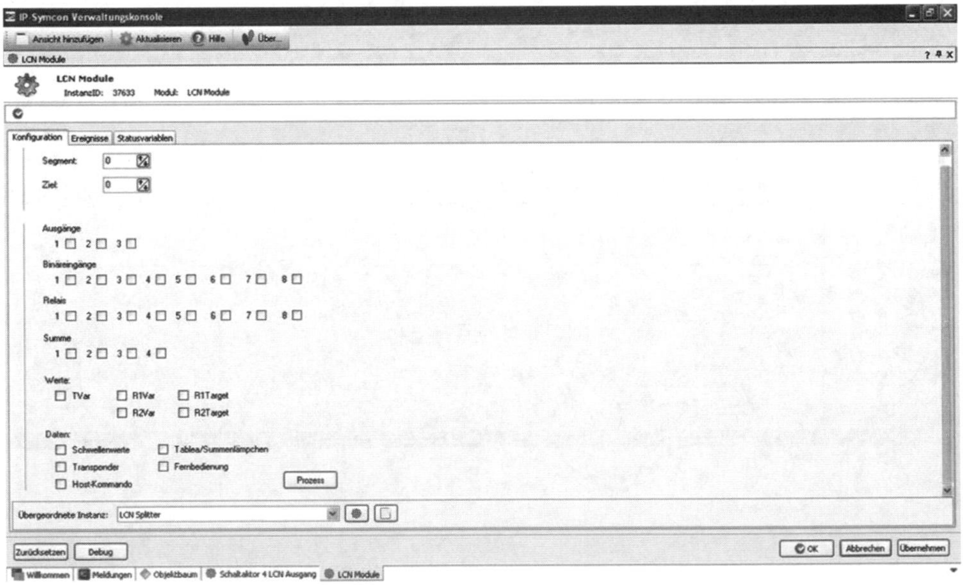

Abb. 7.117 Definition der in IP-Symcon abzubildenden Peripherie eines LCN-Moduls

Abschließend sind die neuen LCN-Instanzen in der Gebäudetopologie zu verlinken.

7.2.4.5   Integration einer WAGO-SPS im Gebäudebeispiel

Auch die Einbindung von SPS-Systemen ist problemlos möglich, wenn diese über Modbus/IP angesprochen werden können. Dies ist z. B. bei der WAGO-SPS vom Typ 750 der Fall. Über die Auswahl von „ModBus" und Auswahl von „Modbus Gerät" wird das Abbild eines Teils einer Klemme angelegt (vgl. Abb. 7.118).

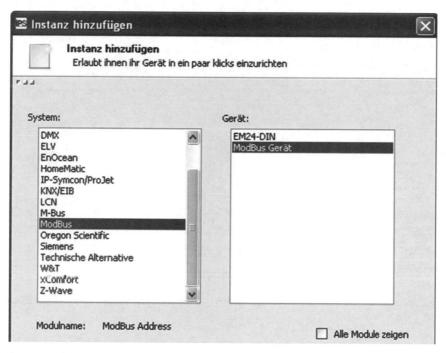

Abb. 7.118   Anlage eines WAGO-IO-Kanals als IP-Symcon-Instanz

IP-Symcon kommuniziert in der WAGO-SPS auf dem IO-Bus mit Schreib- und Leseadresse mit Datentypen, die wiederum auf Merker innerhalb der WAGO-Codesys-Programmierung verweisen (vgl. Abb. 7.119).

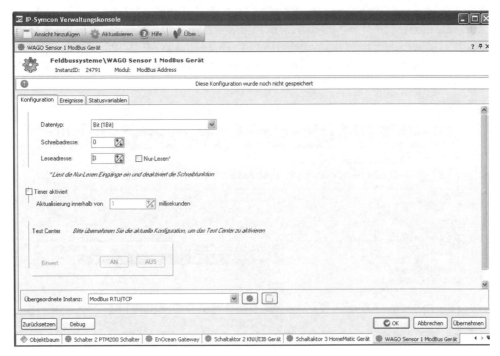

Abb. 7.119 Definition der anzusprechenden WAGO-IO-Adresse

Zur Kommunikation mit der jeweiligen WAGO-SPS ist ein Gateway zu definieren (vgl. Abb. 7.120).

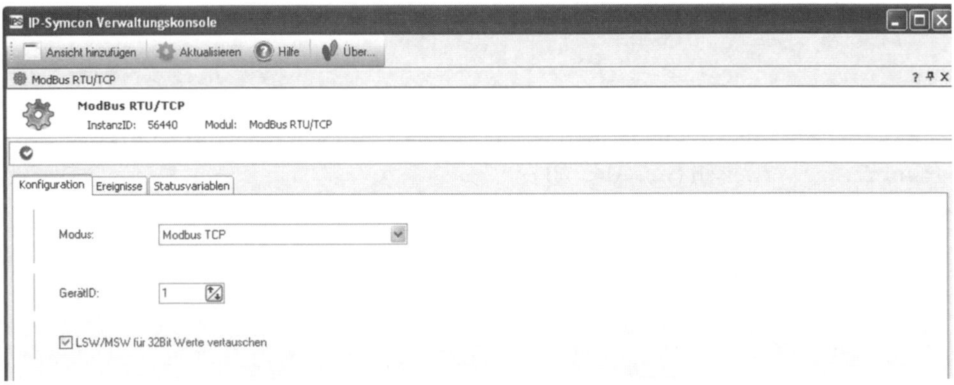

Abb. 7.120 Parametrierung der Kommunikation zur WAGO-SPS

Anschließend liegt das Item einer WAGO-Klemme in der IP-Symcon-Konsole vor (vgl. Abb. 7.121).

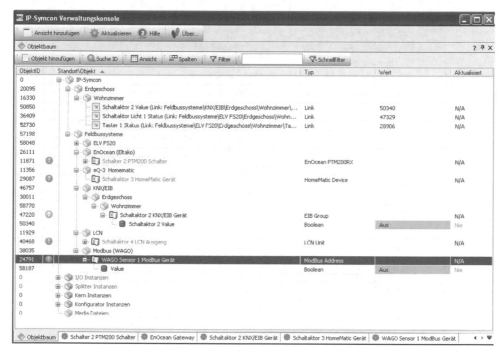

Abb. 7.121   Angelegte WAGO-Instanz in der IP-Symcon-Konsole

Abschließend sind die neuen WAGO-Instanzen in der Gebäudetopologie zu verlinken. Das Gerät wird wie üblich in IP-Symcon visualisiert und kann von dort bedient werden (vgl. Abb. 7.122).

Abb. 7.122   Bedienung und Anzeige eines WAGO-Geräts in IP-Symcon

7.2.4.6   Integration einer Siemens-S7-SPS im Gebäudebeispiel

Entsprechend verhält es sich mit einer Siemens S7-SPS oder einer veralteten Siemens S5-SPS (vgl. Abb. 7.123).

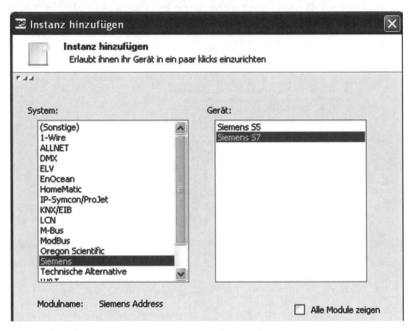

Abb. 7.123 Anlage der Instanz eines Siemens S7-IO-Kanals

Die Kommunikation mit einem Item einer Klemme entspricht in etwa der mit einem Modbus-Teilnehmer analog der WAGO-Beschreibung (vgl. Abb. 7.124).

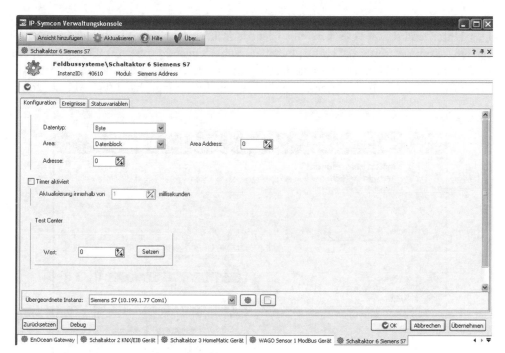

Abb. 7.124   Parametrierung der IP-Symcon-Instanz zur Siemens S7

Auch derartige Items werden wie üblich in IP-Symcon angelegt (vgl. Abb. 7.125).

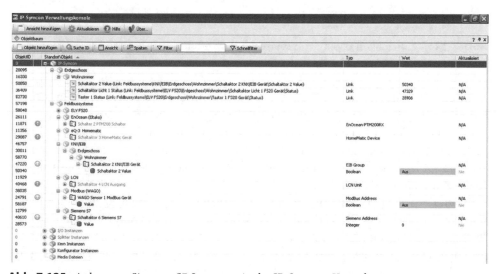

Abb. 7.125   Anlage von Siemens-S7-Instanzen in der IP-Symcon-Konsole

Abschließend sind die neuen Siemens-S7-IO-Instanzen in der Gebäudetopologie zu verlinken.

7.2.4.7   Integration von EATON-xComfort im Gebäudebeispiel

Das Unternehmen EATON vertreibt nach der Übernahme von Moeller das Funkbus-system xComfort weiter. xComfort bietet eine überzeugend große Anzahl von Sensoren und Aktoren an, die auch spezielle Geräte für Smart Metering beinhalten. IP-Symcon bietet für xComfort eine ausgezeichnete Implementationsmöglichkeit (vgl. Abb. 7.126).

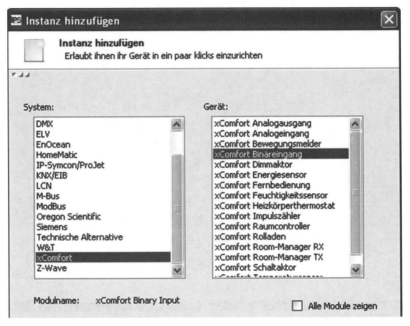

Abb. 7.126   Auswahl von xComfort-Instanzen in IP-Symcon

Während die Zugänge zu SPS-Systemen recht rudimentär erscheinen, ist die Implementation des Funkbussystems xComfort von EATON nahezu luxuriös. Zur Auswahl stehen bei EATON xComfort alle vorhandenen Module von Binäreingängen, Analogeingängen, vollständigen Sensoren über Schaltaktoren, Dimmer bis zum Energiesensor sowie für die zentralen Bedienelemente Roommanager und Raumcontroller, die als eigenständige Instanzen selektiert werden können.

Nach der Auswahl eines Moduls, in diesem Fall eines Binäreingangs, ist der Datenpunkt einzutragen, der die Verbindung zwischen dem USB-Gateway und dem Kanal des Binäreingangs definiert. Hierzu müssen zwingend die im xComfort-USB-Gateway vergebenen Datenpunktlisten bekannt sein. Hierzu ist sinnvollerweise gleichzeitig die xComfort-RF-Software geöffnet zu halten. Die exakte Vorgehensweise zum Aufbau eines xComfort-Netzwerks wird im Kapitel xComfort beschrieben (vgl. Abb. 7.127).

Abb. 7.127 Parametrierung des Zugangs zu einer xComfort-Instanz über den Datenpunkt

Nachdem wie üblich die Kommunikation zu xComfort über ein USB-Gateway definiert wurde, liegt das Item des Kanals eines xComfort-Moduls in IP-Symcon vor (vgl. Abb. 7.128).

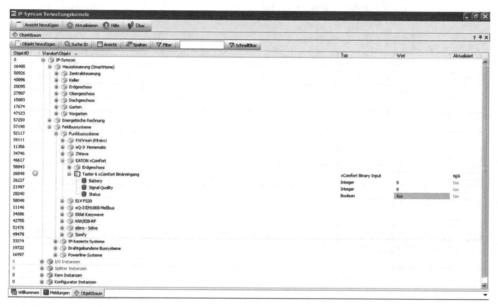

Abb. 7.128 Angelegte xComfort-Instanz in der IP-Symcon-Konsole

Abschließend sind die neuen xComfort-Instanzen in der Gebäudetopologie zu verlinken.

7.2.4.8   Integration von Z-Wave im Gebäudebeispiel

Auch Z-Wave bietet mit seinem Bussystem ein großes Produktportfolio mehrerer Hersteller, die als Alliance zusammenarbeiten, das auch Smart Metering-Geräte und sensorische Elemente beinhaltet.

IP-Symcon unterscheidet bei der Implementation von Z-Wave nicht nach allen verschiedenen Geräten, sondern Gerätetypen (vgl. Abb. 7.129).

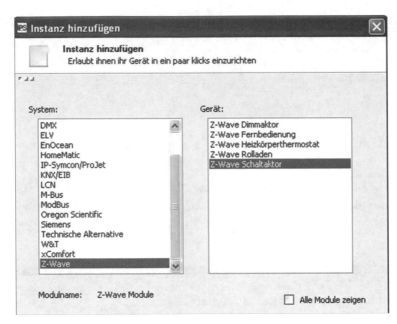

Abb. 7.129 Anlage von Z-Wave-Instanzen in IP-Symcon

Beim Funkbussystem Z-Wave wird demnach lediglich nach Fernbedienungen, Schalt-
und Dimmaktoren, Rollladen-Aktoren und Heizkörperthermostaten unterschieden, die
wiederum in Z-Wave standardisiert sind. Im vorliegenden Beispiel wird ein Z-Wave-
Schaltaktor angelegt. Die Kommunikation mit Z-Wave erfolgt ähnlich xComfort über
Datenpunkt-Nummern, die den angelegten Funktionen in einem entsprechenden Z-
Wave-Modul entsprechen (vgl. Abb. 7.130).

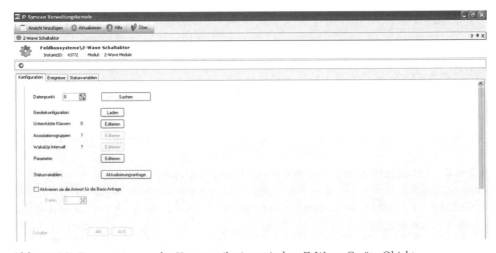

Abb. 7.130 Parametrierung der Kommunikation mit dem Z-Wave-Geräte-Objekt

Nach Auswahl dieses Gerätetyps ist etwa entsprechend xComfort die Datenpunkt-Nummer sowie die Kommunikationsparameter zu definieren. Die exakte Vorgehensweise zum Aufbau eines Z-Wave-Netzwerks wird im Kapitel Z-Wave beschrieben.

Anschließend liegt auch dieses Gerät in IP-Symcon vor. Entsprechend HomeMatic erhält das Gerät erst dann seine genauere Beschreibung und Bedienung, wenn es kommunikativ erreicht werden kann (vgl. Abb. 7.131).

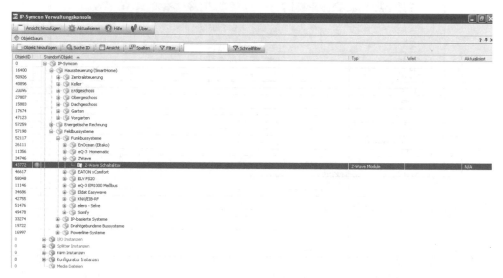

Abb. 7.131 Angelegte Z-Wave-Instanz in der IP-Symcon-Konsole

Abschließend sind die neuen Z-Wave-Instanzen in der Gebäudetopologie zu verlinken.

7.2.4.9 Integration von 1-Wire im Gebäudebeispiel

Sehr einfache, preiswerte und zudem äußerst genaue Temperaturerfassung ist mit dem 1-Wire-Bus möglich. Zur Verfügung stehen auch weitere Sensoren, die jedoch nicht die preislichen Vorteile der Temperatursensoren von ca. 2 Euro haben.

Aus dem Instanzauswahlmenü heraus wird „1-Wire" ausgewählt und anschließend der entsprechende Sensortyp (vgl. Abb. 7.132).

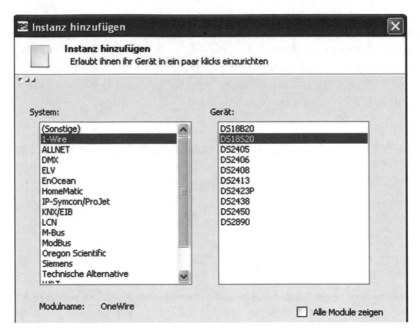

Abb. 7.132 Auswahl einer 1-Wire-Instanz in IP-Symcon

Die weitere Parametrierung erfolgt dadurch, dass entsprechend des Suchens eines Ge-rätes bei HomeMatic ein Gerät im Bus gesucht wird. Hierzu kann der Sensor mit den Fingern berührt werden, um einen Temperatursprung auszuführen. Ein Timer kann aktiviert werden, um im Rahmen fester Zyklen den 1-Wire-Sensor auszulesen. Bevor eine Kommunikation mit dem 1-Wire-Bus erfolgen kann, muss der „TMEX"-Treiber installiert und z. B. ein USB-Gateway angeschlossen werden (vgl. Abb. 7.133).

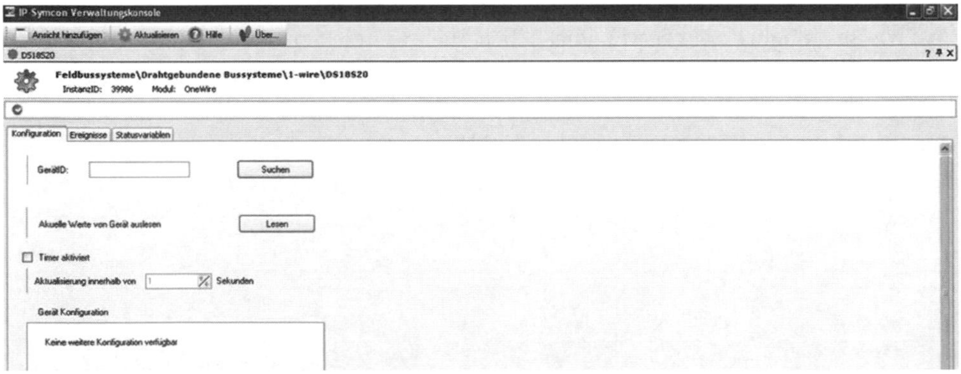

Abb. 7.133 Parametrierung der 1-Wire-Instanz in IP-Symcon

Anschließend steht der Sensor unter IP-Symcon zur Verfügung und bettet sich in die übrigen Feldbussysteme ein (vgl. Abb. 7.134).

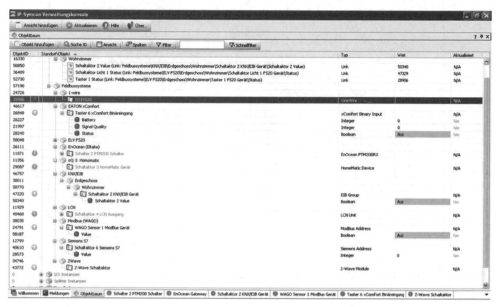

Abb. 7.134 Angelegte 1-Wire-Instanz in der IP-Symcon-Konsole

Abschließend sind die neuen 1-Wire-Instanzen in der Gebäudetopologie zu verlinken.

7.2.4.10 Integration von DMX im Gebäudebeispiel

IP-Symcon unterstützt zudem Lichtsteuerungs- und Bühnensteuerungshardware, wie z. B. das DMX-System, die im Normalfalle nicht in der Gebäudeautomation von Wohn-gebäuden verbaut sein werden.

Hierzu wird aus dem Instanzauswahlmenü DMX ausgewählt und anschließend DMX-Ausgang (vgl. Abb. 7.135).

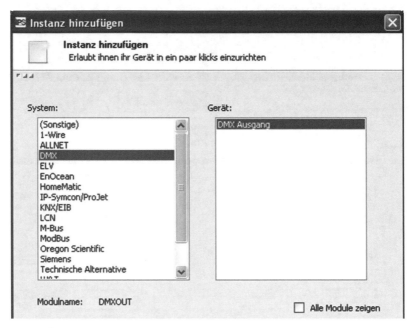

Abb. 7.135   Anlage einer DMX-Instanz in IP-Symcon

Zu definieren sind anschließend die Kommunikationsparameter zum DMX-Gerät. Das DMX-Gerät ist in IP-Symcon verfügbar, wenn die Kommunikation zum DMX über ein Gateway eingerichtet wurde (vgl. Abb. 7.136).

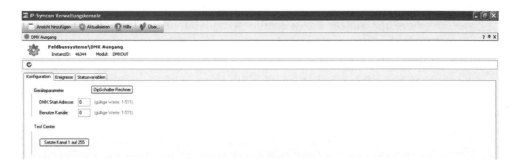

Abb. 7.136   Parametrierung einer DMX-Instanz in IP-Symcon

Anschließend steht das DMX-Gerät unter IP-Symcon zur Verfügung und bettet sich in
die übrigen Feldbussysteme ein (vgl. Abb. 7.137).

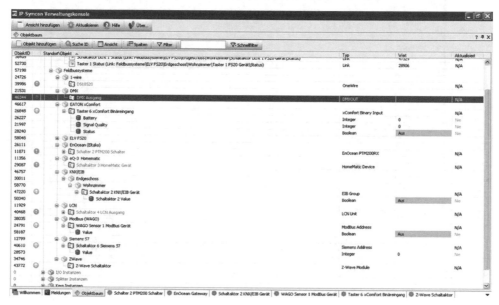

Abb. 7.137   Angelegte DMX-Instanz in der IP-Symcon-Konsole

Abschließend sind die neuen DMX-Instanzen in der Gebäudetopologie zu verlinken.

7.2.4.11 Integration von M-Bus im Gebäudebeispiel

Speziell für das Smart Metering wird auch der M-Bus unterstützt. Aus dem Instanzauswahlmenü ist „M-Bus" auszuwählen und anschließend „M-Bus Gerät" (vgl. Abb. 7.138).

Zu parametrieren sind die Adresse des M-Bus-Geräts und das Intervall, mit dem die
Werte abgerufen werden. Zuvor ist die Kommunikation über ein Gateway einzurichten
(vgl. Abb. 7.139).

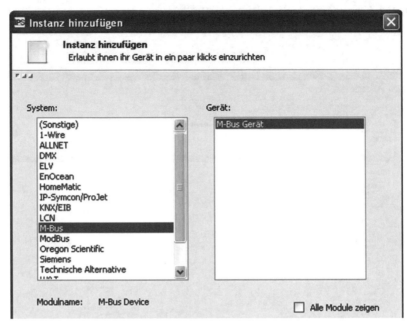

Abb. 7.138   Anlage eines M-Bus-Geräts in IP-Symcon

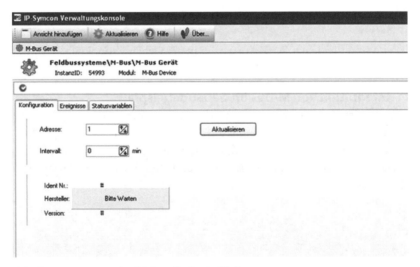

Abb. 7.139   Parametrierung des M-Bus-Geräts in IP-Symcon

Abschließend sind die neuen M-Bus-Geräte-Instanzen in der Gebäudetopologie zu verlinken.

7.2.4.12 Zusammenfassung zur Integration verschiedener Gebäude-automationssysteme in IP-Symcon

Zusammengefasst kann festgestellt werden, dass von IP-Symcon bereits eine sehr große Anzahl von Gebäudeautomationssystemen unterstützt wird. Mittlerweile wird im Rahmen der Version 2.6 auch digitalSTROM in IP-Symcon verfügbar gemacht. Zudem sind weitere Speziallösungen anderer kleiner Bussysteme und Komponenten verfügbar. Nicht erläutert wurden die weiteren Instanzen aus dem Multimedia- und Kommunikationsbereich. Hierzu zählen Audio-, Bild- und Videoplayer, Mailzugangssysteme, Web-Seitenaufrufe und vieles mehr. Sehr einfach sind weitere Systeme anbindbar, wenn entweder ein Systemzugang per serieller Schnittstelle (RS232), USB-Schnittstelle oder Ethernet-IP verfügbar ist. Nur, wenn das System bislang völlig autark oder nur über ein übergeordnetes Gebäudebussystem erreichbar ist, ist ein Zugang zu IP-Symcon zunächst nicht möglich, dies ist z. B. bei INSTA-Funkbus 433 MHz der Fall.

In folgender Darstellung von Kategorien sind wünschenswerte Zugänge zu Gebäudeautomationssystemen aufgeführt, deren Implementierbarkeit in IP-Symcon im Folgenden erläutert und beurteilt wird (vgl. Abb. 7.140).

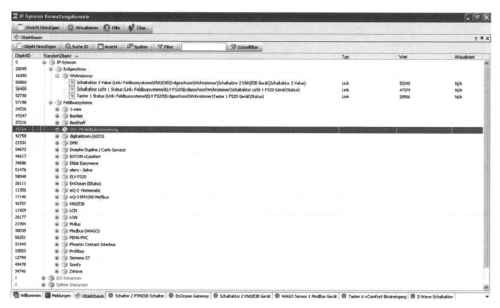

Abb. 7.140 Wünschenswerte Gateways zu IP-Symcon

Es empfiehlt sich die verschiedenen adaptierbaren Feldbussysteme nach „Drahtbasiert", „Funkbus", „Powerline" und „IP" zu unterscheiden. Hierzu werden die einzelnen Kategorien angelegt und die Gebäudeautomationssysteme diesen Kategorien zugewiesen. Zur Sortierung der einzelnen Systemtypen und zur Vergabe einer Rangfolge der Gebäudeautomationssysteme innerhalb eines Sortierindexes kann per rechtem Mausklick und dort Auswahl von „Objekt einsortieren" eine Sortierung vorgenommen werden (vgl. Abb. 7.141).

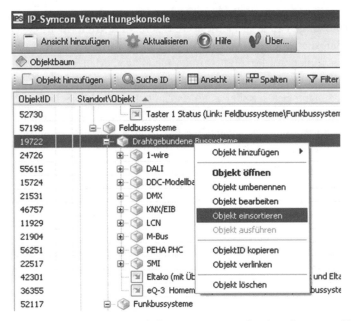

Abb. 7.141 Aufruf des Sortiertools innerhalb einer Kategorie durch rechten Mausklick

Es öffnet sich ein Fenster, in dem über die Eingabe von Positionsnummern eine Sortierung innerhalb dieser Kategorie erfolgen kann (vgl. Abb. 7.142).

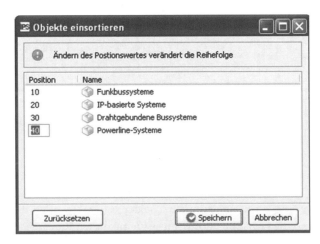

Abb. 7.142 Sortierung durch Vergabe von Sortiernummern

Hierzu wird bei Position eine Positionsnummer durch Mausklick auf die Nummer (standardmäßig 0) ausgewählt und anschließend die Änderung mit der Tastatur vorgenommen. Es empfiehlt sich mit 10er- oder 100er-Stellen zu arbeiten, um später noch Einfügungen vornehmen zu können (vgl. Abb. 7.143).

Abb. 7.143 Ergebnis des Sortiervorgangs bei den Feldbussystemen

Anschließend liegen die Gebäudeautomationstypen entsprechend einer Rangfolge vor.

Per Drag and Drop können die einzelnen Gebäudeautomationsbustypen den angelegten Medientypen zugeordnet werden.

Da bestimmte Gebäudeautomationssysteme mehrere Medien bereits aufweisen oder zukünftig haben werden, werden diese Mehrfachnennungen per Link eingefügt. Soweit Gebäudeautomationssysteme direkt in IP-Symcon integrierbar sind, wird kein weiterer Kommentar angelegt, sondern ein Beispiel eingefügt. Direkt oder später realisierbare Einbindungsmöglichkeiten in IP-Symcon werden mit einem Kommentar versehen.

7.2.4.13 Rangfolge der Güte und Möglichkeit zur Integration von Gebäudeautomationssystemen in IP-Symcon

Die einzelnen Gebäudeautomationssystemtypen wurden mit einer Rangfolge versehen, wobei die direkt realisierbaren die führenden Plätze einnehmen.

Rangfolge bei drahtbasierten Gebäudeautomationssystemen

Die drahtgebundenen Gebäudeautomationssysteme haben den wesentlichen Nachteil, dass sie fast ausschließlich nur für den Neubau oder Kernsanierungen geeignet sind, während Nachrüstungen allenfalls punktuell umzusetzen sind.

Auf Rang 1 liegt hier auf der Basis der Einbindbarkeit in IP-Symcon klar eQ-3 Homematic mit einer großen Anzahl von drahtbasierten RS485-Komponenten, da der Preis der Komponenten bezogen auf den Kanal unschlagbar ist (vgl. Abb. 7.144). Die Geräte können bereits über die HomeMatic-Zentrale automatisiert werden, wobei IP-Symcon hier die Funktionsmöglichkeit fast unbegrenzt erweitert. Zudem können Funkkomponenten als Ergänzung zum Drahtbus eingesetzt werden, um Nachrüstung oder Erweiterung zu ermöglichen.

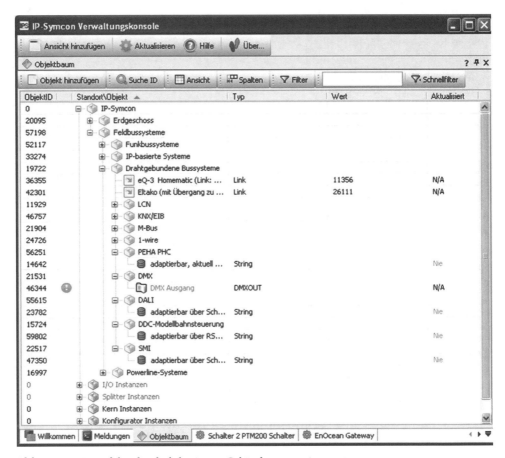

Abb. 7.144   Rangfolge der drahtbasierten Gebäudeautomationssysteme

Auf Rang 2 liegt Eltakos RS485-Lösung, die ebenfalls ein großes Produktportfolio bietet, und ebenso wie eQ-3-Homematic um Funkkomponenten, aber auch Powerline ergänzt werden kann. Eltako bietet direkt ein Automatisierungs- und Leittechnik-PCs an, über den umfangreiche Gebäudeautomationssysteme mit graphischer Visualisierung generiert werden können. Wie bei eQ-3 steigert IP-Symcon die Möglichkeiten wesentlich.

Auf Rang 3 folgt LCN mit in bestimmten Grenzen möglicher Anwendung im Bereich der Nachrüstung und Sanierung neben der sinnvollen Anwendung im Neubau sowie der großen Verfügbarkeit preiswerter Module mit umfangreicher Peripherie, wobei Flächentaster und Displaysensor-Systeme mit ansprechendem Design angeboten werden.

Auf Rang 4 folgt KNX/EIB, da zwar viele Hersteller in Summe ein immens großes Produktportfolio anbieten, dabei neben Twisted Pair auch RF und Powerline anbieten, aber ein derart hohes Preisniveau haben, dass sich Neubauten kaum rechnen, Amortisationen z. B. beim Einsatz von Smart Metering kaum eintreten und eine Anwendung von KNX/EIB im Nachrüstbereich wenig sinnvoll ist. Dies wird im Kapitel über die Eigenschaften der einzelnen Gebäudeautomationssysteme intensiv beleuchtet.

Es schließen sich an auf Rang 5 und 6 der M-Bus und der 1-Wire-Bus, die insbesondere Messaufgaben preiswert und einfach erfüllen können, hierbei bietet der M-Bus eine große Anzahl von Sensorlösungen, während sich beim 1-Wire-Bus lediglich die Temperaturerfassung als kostengünstig erweist.

Auf den weiteren Rängen 7 bis Ultimo folgen weitere Gebäudeautomationssysteme, die eher nicht für das SmartHome geeignet oder noch nicht in IP-Symcon integrierbar sind.

Sollte eine Realisierung der Implementation in IP-Symcon erfolgen, sind PEIIA-PIIC, DALI und SMI gut einsetzbare Gebäudeautomationssysteme unter IP-Symcon. Bei PEHA-PHC wird es vermutlich kurzfristig eine Anbindungsmöglichkeit über Ethernet-IP geben, DALI wird bereits über WAGO-, Beckhoff- und KNX-Systeme ermöglicht, SMI ist derzeit kaum verbreitet und dabei auf Objektbauten begrenzt. DCC wäre eine interessante Möglichkeit für Garteneisenbahner, um auch diese in die Gebäudeautomation zu integrieren.

Rangfolge bei Funkbussystemen

Bei den Funkbussystemen nimmt Eltako auf der Basis von EnOcean den Rang 1 ein, da dieses Gebäudeautomationssystem problemlos in IP-Symcon implementierbar ist, um weitere EnOcean-Geräte erweitert werden kann und zudem über 2 weitere Medien RS485 und Powerline verfügt (vgl. Abb. 7.145). Der Rang 1 wird darüber hinaus damit begründet, dass keine Batterien für die Funkbussensoren notwendig sind, da piezoelektrische, elektrodynamische, photovoltaische oder Peltiereffekte für die Energieerzeugung genutzt werden. Eltako verfügt bereits standardmäßig über ein gutes Automations- und Visualisierungssystem, bei Anwendung von IP-Symcon kommen weitere optimale Merkmale eines guten Automatisierungssystems hinzu.

Rang 2 nimmt HomeMatic von eQ-3 ein, da hier entsprechend Eltako ein sehr großes Produktportfolio vorliegt und zudem die beiden Medien Funkbus und RS485 vorliegen. Nachteilig ist, dass dieses System, wie alle anderen, beim Funkbus auf Batterien zurückgreifen muss. Die Problematik der Batterien wird gemindert, wenn die Stati der Batterien z. B. durch IP-Symcon überwacht werden und im Fehlerfalle als Störmeldung ausgegeben werden.

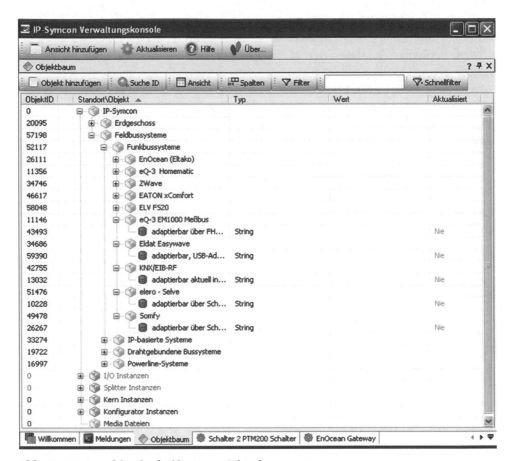

Abb. 7.145   Rangfolge der funkbasierten Gebäudeautomationssysteme

Rang 3 nimmt Z-Wave ein, da hier ein recht breites Produktportfolio mehrerer Hersteller vorliegt. Zudem existiert eine Alliance verschiedenster Hersteller, die das System unterstützen.

Rang 4 nimmt EATON xComfort ein, da zwar ein recht großes Produktportfolio vorliegt, jedoch nur ein Hersteller und Anbieter EATON, der wiederum den Markt schlecht erschließt. Es ist völlig unverständlich, dass ein Anbieter ein exzellentes Gebäudeautomationssystem an den Markt führt und anschließend die intensive Vermarktung unterlässt.

Rang 5 nimmt FS20 mit den anderen Bussystemen HMS und FHT von ELV ein, da das System zwar ein großes Produktportfolio bietet, aber lediglich unidirektional und damit nicht zu 100 % sicher arbeitet. Als preisgünstiges Einsteigersystem und für unkritische Funktionen ist es ausgezeichnet geeignet. Neben dem 1-Wire-Bus bietet HMS wiederum die preiswertesten analogen Klimasensoren für Temperatur, Luftfeuchte, Nässe etc. an. Durch die Einführung der neuen, Ethernet-IP-basierten Systemschnittstelle FHZ 2000 können nach Verfügbarkeit und Offenlegung FS20, HomeMatic (Funk) und das neue Energiemesssystem EM1000 zu einem Gesamtsystem zusammengeführt werden.

Rang 6 nimmt der EM1000-Messbus von eQ-3 ein, da im Monat 10/2012 die Probleme der Kommunikation mit dem Gateway FHZ2000 nicht gelöst waren und damit ein auch nur indirektes Auslesen der Messwerte nach IP-Symcon nicht erfolgen konnte.

Rang 7 nimmt ELDAT Easywave ein, da über eine bereits vorhandene USB-Schnittstelle eine Einbindung in IP-Symcon einfach realisierbar wäre und ein breites Produktportfolio vorliegt, dies insbesondere für AAL-Lösungen.

Die Ränge 8 bis 10 nehmen KNX-RF, elero, SELVE und Somfy ein, da eine Einbindung in IP-Symcon nur mit großem Aufwand realisierbar ist.

Rangfolge bei Powerline-basierten Gebäudeautomationssystemen

Unter den Powerline-Systemen, die insbesondere mit der Störbarkeit durch PC-Schaltnetzteile oder EVGs zu kämpfen haben, ist Rang 1 an digitalSTROM zu vergeben, da zum Stand 10/2012 nur digitalSTROM und Eltako über eine mögliche Implementation in IP-Symcon direkt verfügen (vgl. Abb. 7.146). digitalSTROM verfügt zwar noch nicht über ein sehr umfangreiches, aber ausreichendes Produktportfolio, wobei die direkt implementierten Smart-Metering-Möglichkeiten bis zum einzelnen Aktor überzeugen.

Abb. 7.146 Rangfolge der Powerline-basierten Gebäudeautomationssysteme

Auf Rang 2 folgt Eltako, da eine Powerline-Nutzung indirekt möglich ist und um andere Medien ideal erweitert werden kann.

Auf Rang 3 folgt KNX/EIB-Powerline, da eine direkte Schnittstelle derzeit nicht existiert und nur noch der Anbieter Busch-Jaeger Elektro GmbH Powerline vertreibt, über KNX/EIB in der Medienvariante ist eine Ankopplung über Medienkoppler möglich.

Auf Rang 4 und 5 folgen die prinzipiell nicht mehr käuflich erwerbbaren Systeme Homeputer/Homeline und X10 zu nennen, die prinzipiell einfach in IP-Symcon einbindbar wären.

Rangfolge bei ethernet-IP-basierten Gebäudeautomationssystemen

Unter ethernet-IP-basierten Gebäudeautomationssystemen wird verstanden, dass diese direkt über Ethernet-IP erreicht werden können oder darüber hinaus die einzelnen Komponenten über Ethernet-IP kommunizieren (vgl. Abb. 7.147).

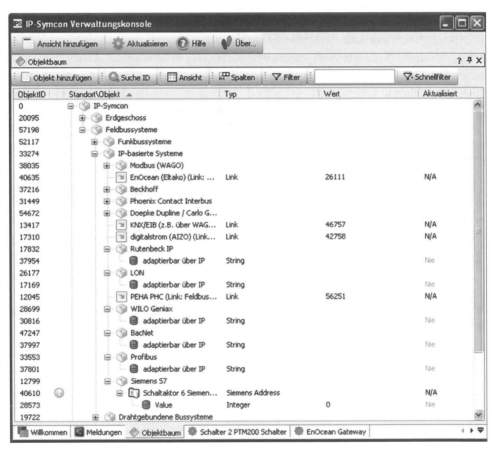

Abb. 7.147　Rangfolge der Ethernet-IP-basierten Gebäudeautomationssysteme

Rang 1 bei den Ethernet-IP-basierten Systemen nimmt WAGO mit seinen verschiedenen SPS-System-Typen ein, da über Merker eine Einbindung in IP-Symcon problemlos möglich ist. Die intelligente Multibus-Fähigkeit der WAGO-SPS macht den Rang 1 noch stabiler.

Rang 2 nimmt Eltako und EnOcean mit seinem Zugang über ein Dolphin-IP-Gateway ein. Die Funktionalität wurde bereits bei den Funkbussystemen dargestellt.

Rang 3 nimmt Beckhoff mit seinen WAGO-ähnlichen SPS-Systemen samt anders geartetem Multibus-Ansatz ein. Beckhoff ist hier direkt vergleichbar mit WAGO.

Rang 4 nimmt der Phoenix Contact Interbus ein, da er vergleichbar mit WAGO und Beckhoff ist, jedoch im SmartHome nur wenig verbreitet ist.

Rang 5 nimmt Doepke Dupline sowie Dupline von Carlo Gavazzi ein, da hiermit ein sehr sicereres und vom Portfolio umfangreiches Gebäudebussystem über Modbus in IP-Symcon integriert werden kann.

Rang 6 nimmt KNX/EIB ein, da KNX-EIB z. B. in Form einer WAGO-SPS 750-849 existieren kann, die direkt im Ethernet-IP eingebunden werden können.

Rang 7 bis Ultimo nehmen digitalstrom, Siemens S7, PEHA PHC etc. ein, da eine Einbindung aufgrund schlechter Nutzungsmöglichkeit im SmartHome unsinnig erscheint oder Gateways zu oder Implementationen in IP-Symcon noch nicht existieren. Sollten diese Implementationen vorliegen, werden z. B. digitalstrom, PEHA-PHC, WILO Geniax und Rutenbeck-IP wesentlich an Bedeutung gewinnen.

Korrigierend sei erwähnt, dass im Rahmen der Version 2.6 von IP-Symcon digitalSTROM bereits in IP-Symcon integriert wurde. Dies wurde bereits unter Powerlinebasierten Systemen berücksichtigt. Prinzipiell ist digitalSTROM damit auf Platz 2 zu setzen.

7.2.5   Konfiguratoren

Nachteilig bei IP-Symcon ist auf der Basis der einzelnen Instanzierung zunächst, dass bestehende oder neu installierte Komponenten eines Gebäudeautomationssystems bislang einzeln in IP-Symcon bekanntgemacht werden mussten, um dann in die eigentliche Anwendung verlinkt zu werden. Da einige Gebäudeautomationssysteme bereits über Softwaresysteme verfügen, mit denen organisierte Strukturen aufgebaut werden, bietet es sich an diese Strukturen direkt in IP-Symcon weiterzuverwenden. Dies trifft insbesondere auf KNX/EIB, aber auch HomeMatic, xComfort, Z-Wave zu. Um diesem zu begegnen, existieren in IP-Symcon sogenannte Konfiguratoren. Dies sind kleine Tools, mit denen die exportierten Organisationsstrukturen aus Gebäudeautomationssystemen über eine Schnittstelle eingelesen werden können.

7.2.5.1   Verwendung des Konfigurators für KNX/EIB

Im bisher beschriebenen Beispiel wurde bislang nur ein einziges KNX/EIB-Gerät angelegt, dies trägt die Gruppenadresse 1/1/1 (vgl. Abb. 7.148).

Als Export-Datei wird das aus der Parametriersoftware KNX/EIB-ETS exportierte OPC-Datenfile, das sämtliche programmierten Funktionen in Form von Gruppenadressen mit Beschreibung beinhaltet, eingelesen.

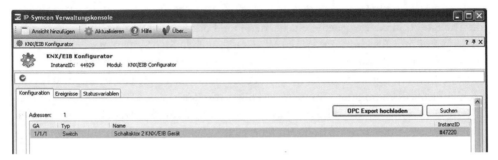

Abb. 7.148 Inhalt des KNX/EIB-Konfigurators vor Einlesen einer Export-Datei

Im vorliegenden Fall wird eine OPC-Datei mit der Endung „esf" unter dem Name „Villa_Markus_(ohne_Verknüpfungen)" eingelesen. Dies erfolgt über direkte Auswahl mit einem Dateimanager (vgl. Abb. 7.149).

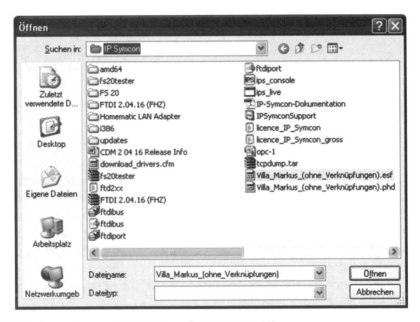

Abb. 7.149 Auswahl einer OPC-Datei aus der KNX/EIB-ETS

Nach Einlesen der OPC-Datei in IP-Symcon werden die einzelnen Gruppenadressen mit Gruppenadresse, EIS-Typ und Beschreibung im Konfigurator angezeigt. Über den Hinweis „Kein(e)" bei InstanzID wird angedeutet, dass diese Gruppenadressen noch nicht in die IP-Symcon-Struktur übernommen wurden. Einzeln über Mausklicks oder durch Betätigung von „Alle Erstellen" können alle Gruppenadressen nach IP-Symcon übernommen werden (vgl. Abb. 7.150).

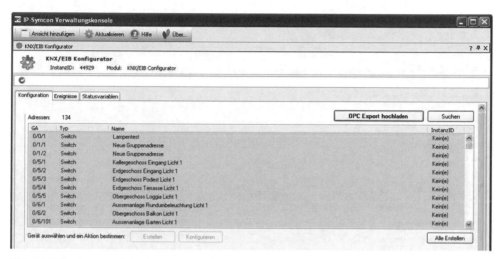

Abb. 7.150 Anzeige der ETS-Gruppenadressen im Konfigurator

Nach Einlesen der OPC-Datentabelle liegt die gesamte, in der KNX/EIB-ETS definierte Organisationsstruktur der Gruppenadressen in IP-Symcon vor (vgl. Abb. 7.151).

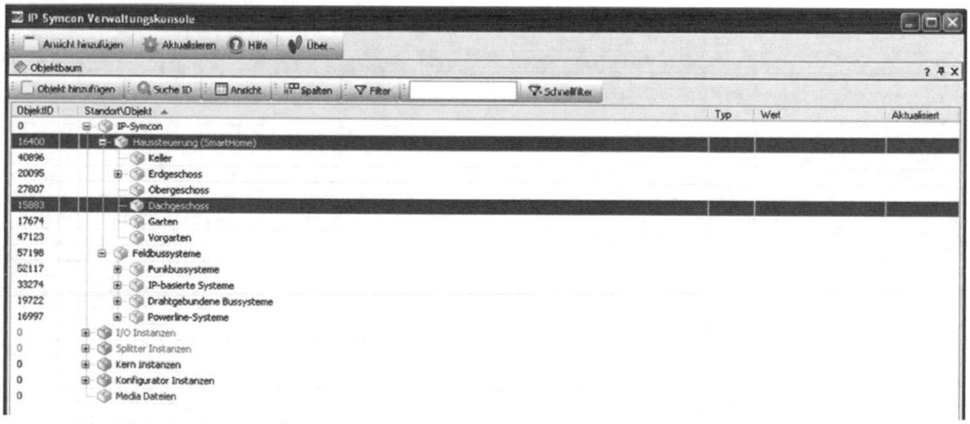

Abb. 7.151 Aus der KNX/EIB-ETS nach IP-Symcon überführte Organisationsstruktur

Durch Aufblättern der Grundstruktur werden auch die Substrukturen erkennbar (vgl. Abb. 7.152).

Um Übersicht zu wahren, insbesondere, wenn bereits in IP-Symcon Strukturen angelegt sind, sollten die Gruppenadressen im Konfigurator einzeln nach IP-Symcon übernommen werden. Hierzu werden im Konfigurator die Gruppenadressen angeklickt und können dann bearbeitet werden (vgl. Abb. 7.153).

Abb. 7.152 Aufgeblätterte Organisationsstruktur mit allen Substrukturen

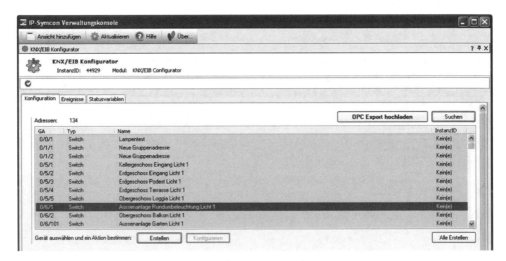

Abb. 7.153 Auswahl einzelner Gruppenadressen im Konfigurator

Die einzelnen in die IP-Symcon-Struktur zu übernehmenden Gruppenadressen werden im Konfigurator angeklickt und können anschließend durch „Erstellen" in der IP-Symcon-Struktur angelegt und gegebenenfalls zusätzlich konfiguriert werden, wenn das Datenobjekt in der ETS nicht vollständig konfiguriert wurde.

Die Gruppenadressen können einzeln oder als gesamte Gruppe im Konfigurator selektiert werden und dann anschließend in die IP-Symcon-Struktur überführt werden
(vgl. Abb. 7.154).

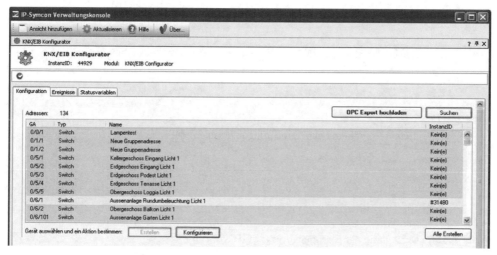

Abb. 7.154 ID-Zuweisung zu einer Gruppenadresse nach „Erstellen"

Nachdem die Gruppenadresse in IP-Symcon angelegt wurde, ist im Konfigurator die
zugeordnete IP-Symcon-ID erkennbar. Im nächsten Schritt kann die weitere Konfiguration erfolgen (vgl. Abb. 7.155).

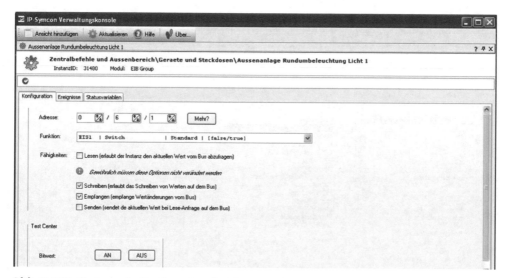

Abb. 7.155 Ergänzende Konfiguration der Gruppenadresse

Nach der Erstellung kann die Gruppenadresse weiter bearbeitet werden. Die Gruppenadresse inklusive Beschreibung wurde vollständig in IP-Symcon übernommen. Je
nach Sorgfalt innerhalb der KNX/EIB-ETS ist die Funktion nach EIS-Beschreibung nicht
korrekt angelegt und muss angepasst werden. Des Weiteren können die Kommunikationsparameter IP-Symcon-seitig geändert werden (vgl. Abb. 7.156).

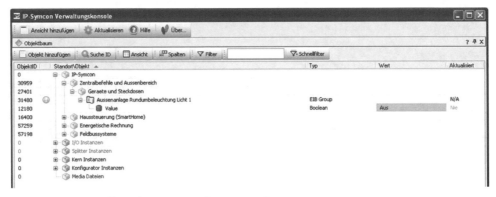

Abb. 7.156   Darstellung der Gruppenadresse in IP-Symcon

Anschließend liegt die vollständig angelegte Gruppenadresse aus KNX/EIB in IP-Symcon vor. Da von KNX/EIB einzelne Gruppenadressen und nicht gesamte Geräte mit allen
Objekten übernommen werden können, erscheinen diese einzeln in IP-Symcon. Eine
zusammenfassende Strukturierung kann über Kategorien oder etwas unauffälligere Zusammenfassung, die „Dummy Module" genannt werden, erfolgen (vgl. Abb. 7.157).

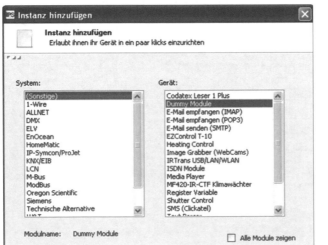

Abb. 7.157   Verwendung von Dummy Modules in IP-Symcon

Dummy Modules sind im Wesentlichen Kategorien, denen die einzelnen IP-Symcon-IDs per Drag and Drop zugewiesen werden können.

Abschließend können in der IP-Symcon-Konsole die bislang verwendeten Konfiguratoren eingesehen werden, nach Anlage des KNX/EIB-Konfigurators sind dies die Konfiguratoren WebFront für das Web-UI und der KNX/EIB-Konfigurator (vgl. Abb. 7.158).

Abb. 7.158 Konfiguratorenansicht in der Konsole

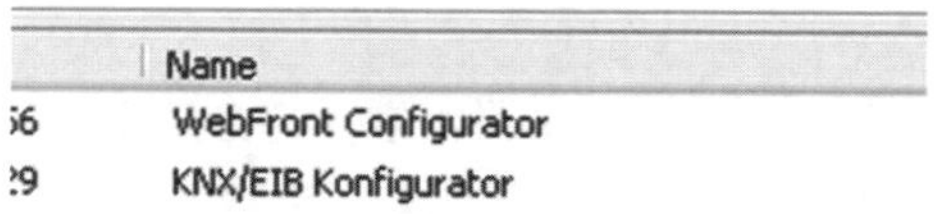

	Name
56	WebFront Configurator
29	KNX/EIB Konfigurator

7.2.5.2 Verwendung des HomeMatic-Konfigurators

Auch bei HomeMatic ist die Verwendung eines Konfigurators sinnvoll, da bei HomeMatic sämtliche Geräte über eine Zentrale, die sogenannte CCU, angelernt und konfiguriert werden. Durch Rückgriff auf die Konfigurationstabellen in der CCU können die einzelnen Geräte komfortabel eingelesen werden. Bei gleichzeitigem Zugriff auf die CCU über einen Internet-Browser können die Geräte zudem im Ursystem eingesehen werden, um weitere Informationen zu erhalten (vgl. Abb. 7.159).

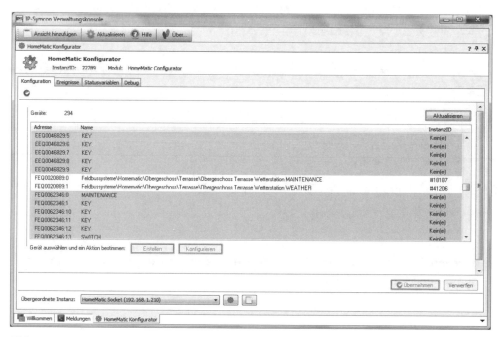

Abb. 7.159 Zugriff auf die HomeMatic-CCU über den Konfigurator

Im Konfigurator können die einzelnen HomeMatic-Geräte anhand ihrer Geräte-ID identifiziert werden, die auf den einzelnen Geräten als Etikett aufgeklebt ist. Jedes einzelne Gerät verfügt über mehrere Objekte, die wiederum über einen laufenden Zähler nach der Geräte-ID und einen Doppelpunkt erkennbar sind. Durch Mausklick auf „Erstellen" wird das Objekt der Geräte-ID in IP-Symcon angelegt (vgl. Abb. 7.160).

Abb. 7.160   Angelegtes HomeMatic-Objekt eines Geräts in IP-Symcon

Die Parameter zum HomeMatic-Gerät werden nach Doppel-Klick auf das Gerät in der IP-Symcon-Struktur oder durch Mausklick auf „Konfigurieren" im Konfigurator angezeigt (vgl. Abb. 7.161).

Abb. 7.161   Parameter des HomeMatic-Geräts

Als weitere Informationen zum Objekt können die dem Objekt zugehörigen Items eingesehen werden (vgl. Abb. 7.162).

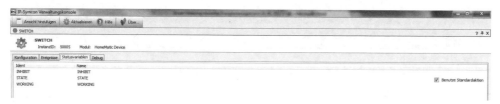

Abb. 7.162 Items eines HomeMatic-Objekts

Wenn auch über den Konfigurator alle HomeMatic-Objekte in einem Zuge eingelesen werden können, wird dringend davon abgeraten, da die HomeMatic Geräte nur an Ihrer Geräte-ID und der jeweiligen Objektkennung in einem Untermenü identifiziert werden können. Es wird empfohlen, jedes Gerät einzeln einzulesen. Strukturen sind bei Home-Matic nicht vorhanden und können auch nicht nach IP-Symcon übernommen werden (vgl. Abb. 7.163).

Abb. 7.163 Übersicht im
Konfigurator

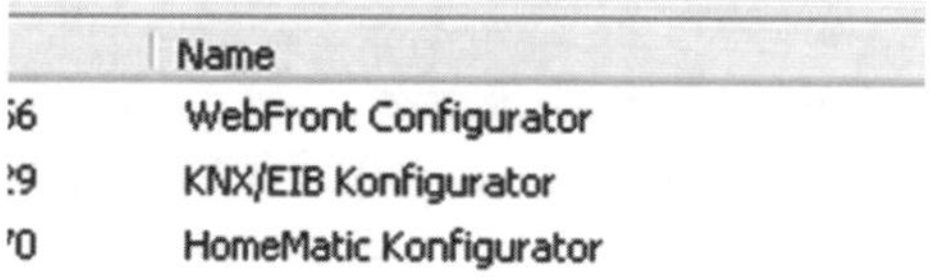

	Name
i6	WebFront Configurator
!9	KNX/EIB Konfigurator
!0	HomeMatic Konfigurator

Nach Abschluss des Konfigurators ist auch der weitere HomeMatic-Konfigurator in der Liste aufgeführt und kann anschließend erneut aufgerufen werden.

7.2.5.3   Verwendung des LCN-Konfigurators

Auch das Gebäudeautomationssystem LCN kann über einen Konfigurator organisiert werden. Während KNX/EIB ausschließlich über eine Datenbank projektiert wird, die anschließend geräteweise in die Komponenten übertragen wird, wobei die Geräte nur aufwändig und unvollständig rekonfiguriert werden können, erfolgt beim LCN die Konfiguration zwar über die Software LCNpro, aber die Geräte können anschließend wieder aus der Anlage ausgelesen werden und in der Software LCNpro weiter bearbeitet werden. Auf diesen Mechanismus greift IP-Symcon bei LCN zurück und kann einen großen Umfang von Informationen aus dem LCN-Bus auslesen.

Der Konfigurator greift über die LCN-Software PCHK auf den Bus zu und liest die einzelnen Module aus und stellt diese im Konfigurator dar (vgl. Abb. 7.164).

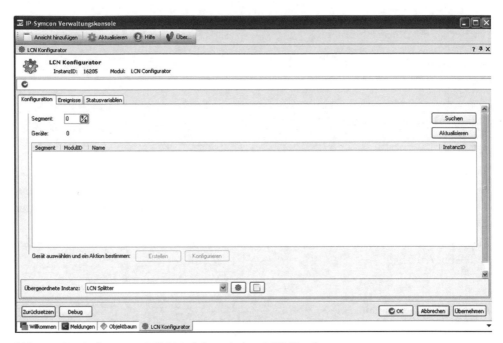

Abb. 7.164 Einlesen von LCN-Modulen mit dem LCN-Konfigurator

Die weitere Vorgehensweise entspricht der komfortablen Bearbeitung von LCN-Modulen, die bereits vorher beschrieben wurde. Bei Verwendung des Konfigurators wird wie bei HomeMatic zwingend geraten geräteweise vorzugehen und keinesfalls alle Geräte in einem Zuge in IP-Symcon einzulesen. Hilfreich ist ein paralleler Abgleich mit der Darstellung des LCN-Projekts in der Software LCN-Pro.

Abschließend können in der IP-Symcon-Konsole die bislang verwendeten Konfiguratoren eingesehen werden, nach Anlage des KNX/EIB-Konfigurators sind dies die Konfiguratoren WebFront für das Web-UI und der KNX/EIB-Konfigurator (vgl. Abb. 7.165).

Abb. 7.165 Konfiguratorenansicht
in der Konsole

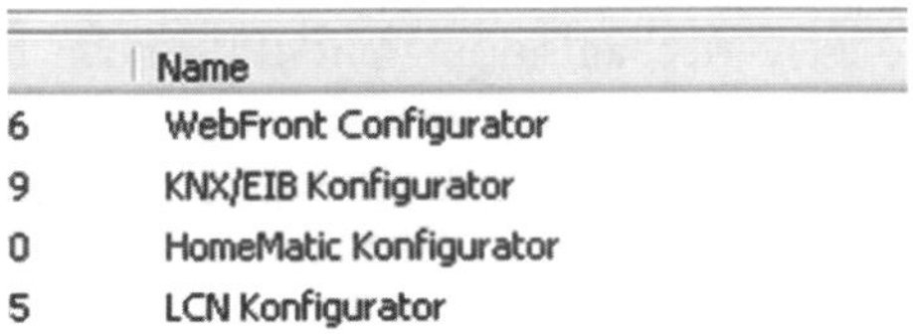

	Name
6	WebFront Configurator
9	KNX/EIB Konfigurator
0	HomeMatic Konfigurator
5	LCN Konfigurator

7.2.5.4 Verwendung des EATON-xComfort-Konfigurators

Auch xComfort des Unternehmens EATON verfügt über eine Konfigurationssoftware, mit der die einzelnen Teilnehmer des Funkbussystems komfortabel organisiert werden können. Die Geräte können über eine Schnittstelle eingelesen werden und auf der Basis einer Oberfläche durch Ziehen von „Gummibändern" und anschließende Parametrierung programmiert werden. Soll das System über eine Zentrale bedient oder durch eine Zentrale ergänzt werde, so müssen die zu konfigurierenden Geräte mit einem USB-Gateway verbunden werden (vgl. Abb. 7.166).

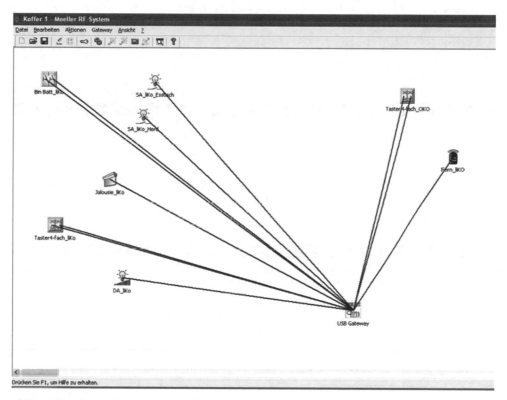

Abb. 7.166 Gummibänder zur Anbindung der Geräte an ein USB-Gateway in xComfort

Die einzelnen Verbindungen werden in einer Datenpunktliste abgelegt, in der jede einzelne Verbindung eines Objekts eines Geräts mit einer Nummer geführt wird. Beim Aufruf des Konfigurators wird zunächst die Datenpunktliste über einen Dateimanager ausgewählt (vgl. Abb. 7.167).

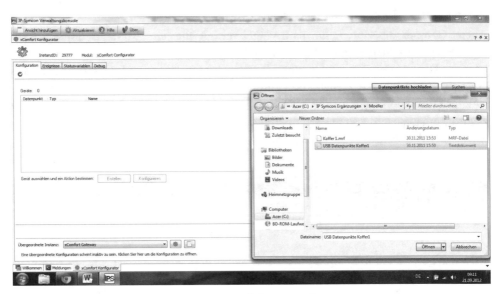

Abb. 7.167 Einlesen einer xComfort-Datenpunktliste in IP-Symcon

Anschließend stehen im Konfigurator alle vorhandenen Datenpunkte zur Verfügung und können eingelesen werden über „Erstellen" (vgl. Abb. 7.168).

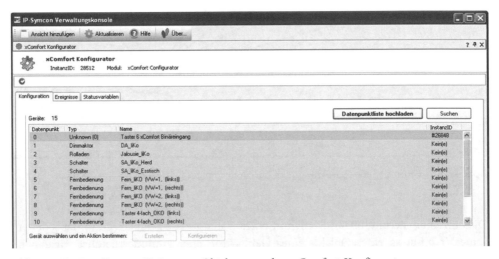

Abb. 7.168 Erstellen von IP-Symcon-Objekten aus dem xComfort-Konfigurator

Über „Konfigurieren" kann die Parametrierung des neuen Objekts eingesehen und geprüft werden (vgl. Abb. 7.169).

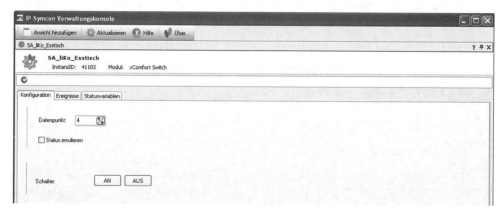

Abb. 7.169 Überprüfung und Überarbeitung eines xComfort-Objekts in IP-Symcon

Anschließend liegt das fertig konfigurierte xComfort-Objekt in IP-Symcon vor und kann anschließend weiter bearbeitet werden (vgl. Abb. 7.170 und Abb. 7.171).

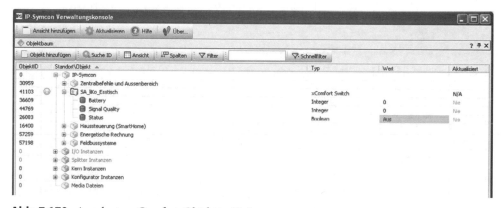

Abb. 7.170 Angelegtes xComfort-Objekt in IP-Symcon

Abb. 7.171 Konfiguratorenansicht in der Konsole

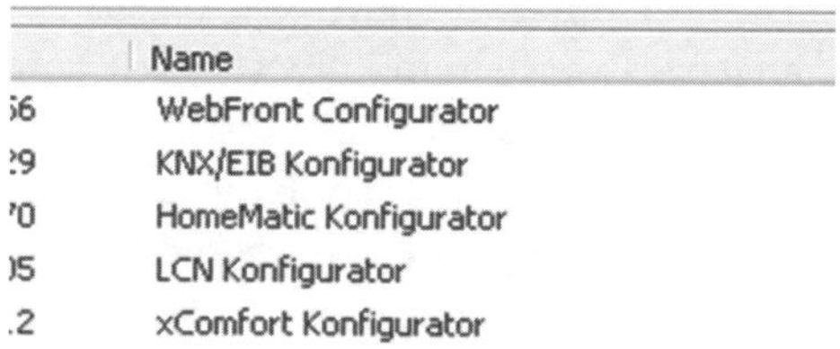

	Name
56	WebFront Configurator
29	KNX/EIB Konfigurator
70	HomeMatic Konfigurator
05	LCN Konfigurator
12	xComfort Konfigurator

7.2.5.5 Verwendung des Z-Wave-Konfigurators

Eine ähnliche Vorgehensweise wie bei xComfort liegt bei Z-Wave vor. Hier wird direkt
auf ein Konfigurationsgerät von Z-Wave, den sogenannten Stick oder andere Geräte zugegriffen und hat damit Zugriff auf die angelernten Z-Wave-Geräte. Im Stick sind alle
definierten Datenpunkte auslesbar (vgl. Abb. 7.172).

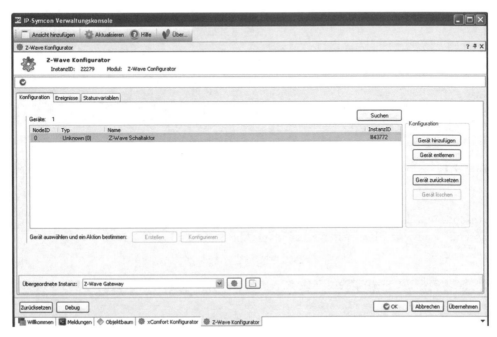

Abb. 7.172 Konfiguratoransicht in IP-Symcon

7.2.5.6 Vor- und Nachteile von Konfiguratoren

Konfiguratoren erleichtern die Anlage von Strukturen in IP-Symcon erheblich, da die
Einzelanlage von Geräten und Objekten in IP-Symcon sehr aufwändig ist. Soweit Gebäudeautomationssysteme Organisationsmerkmale in strukturierter Form bieten, sollte
darauf zugegriffen werden, um Fehler zu vermeiden und den Zeitaufwand beim Aufbau
von Strukturen zu reduzieren. An welcher Stelle im Objektbaum die mit dem Konfigurator übernommenen Strukturen angelegt werden, ist prinzipiell unerheblich, da die
Strukturen per Drag and Drop an die richtige Stelle im Objektbaum verschoben werden
können. Darüber hinaus können die Eigenschaften und Beschreibungen der Objekte
geeignet angepasst werden. In kürzester Zeit können damit Strukturen bei Verwendung
verschiedenster Gebäudeautomationssysteme in IP-Symcon aufgebaut werden. Da jedoch nicht alle Gebäudeautomationssysteme alle Informationen zu Objekten und Geräten preisgeben, wie z. B. beim LCN, ist hier zwingend Nacharbeit erforderlich. Abzuraten
ist davon in einem Zuge ganze Strukturen mit den Konfiguratoren zu übernehmen, da

hierdurch die Übersicht verlorengehen kann, dies betrifft insbesondere HomeMatic. Bei allen Einschränkungen der Verwendung von Konfiguratoren dienen diese dennoch dazu Strukturen schnell aufzubauen. Die Strukturen können übersichtlicher gestaltet werden, indem weitere Topologie-Substrukturen über „Kategorien" oder „Dummy Modules" angelegt werden (vgl. Abb. 7.173).

Abb. 7.173 Übersichtliche Gebäudestruktur in IP-Symcon

7.2.6 Smart-Metering-Möglichkeiten von IP-Symcon

IP-Symcon bietet neben den Smart-Home-Möglichkeiten auch ideale Eigenschaften zum Aufbau eines Smart-Metering-Systems. Hierzu können zunächst direkt den einzelnen Gebäudeobjekten Kategorien zugewiesen werden, in denen gerätespezifisch Metering-Geräte eingebunden werden oder Variablen zu Berechnungen geführt werden (vgl. Abb. 7.174).

Einige Gebäudeautomationssysteme verfügen über spezielle Smart-Metering-Geräte, mit denen die Energiedatenerfassung erfolgen kann, hierzu zählen insbesondere Eltako, KNX/EIB, Z-Wave und xComfort. Diese Geräte können wie üblich an einer beliebigen Stelle in der IP-Symcon-Struktur angelegt und von dort per Drag and Drop verschoben werden. Im vorliegenden Fall wurde ein Smart-Metering-Gerät von Eltako eingebunden, mit dem tarifbasiert die Energiedatenerfassung erfolgt (vgl. Abb. 7.175).

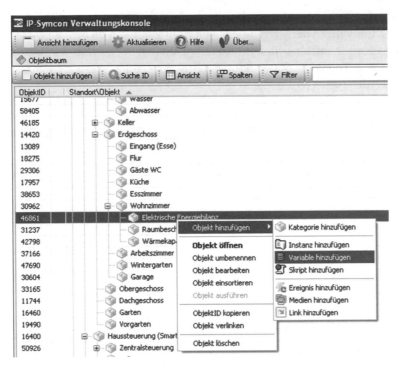

Abb. 7.174 Anlage von Kategorien für das Smart Metering

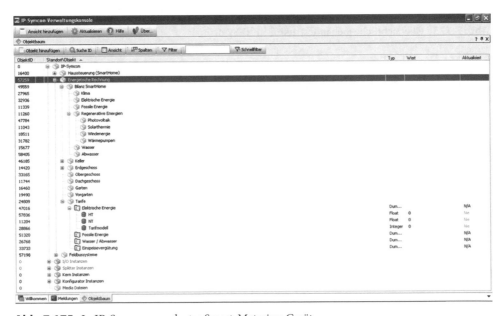

Abb. 7.175 In IP-Symcon angelegtes Smart-Metering-Gerät

Neben den eigentlichen Smart-Metering-Geräten werden Variablen angelegt, in denen die berechneten Metering-Daten abgelegt werden, zu diesen zählen aktuelle Arbeit, aktuelle Kosten, aktuelle Leistung, Leistung sowie kalkulierte Kosten und kalkulierte Arbeit (vgl. Abb. 7.176).

Abb. 7.176 Anlage von Variablen zum Smart Metering

Zur Steuerung der energetischen Rechnung, die in PHP-Skripten erfolgt und damit auf nahezu alle mathematischen Methoden zurückgreifen kann, können weitere Variablen angelegt werden, hierzu zählt z. B. „geschätzt/gerechnet/gemetert" und mittlere Einschaltdauer.

Da IP-Symcon eine übersichtliche Darstellung in Tabellenform bietet, fügen sich die Metering-Daten neben der „Haussteuerung", dem SmartHome, im Rahmen der „Energetischen Rechnung" ideal in die IP-Symcon-Struktur ein (vgl. Abb. 7.177 und Abb. 7.178).

Aufgrund der großen und einfach verwendbaren Anzahl an Variablen in IP-Symcon können sowohl kumulierte, als auch detailbasierte Informationen zum Energieeinsatz ausgegeben werden (vgl. Abb. 7.179).

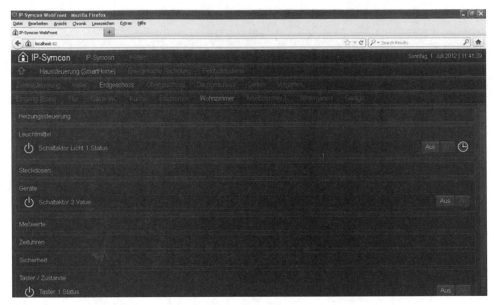

Abb. 7.177 Darstellung der Haussteuerung im Web-UI von IP-Symcon

Abb. 7.178 Darstellung der energetischen Rechnung im Web-UI von IP-Symcon

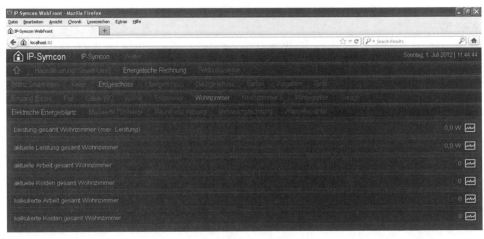

Abb. 7.179 Darstellung des detaillierten Meterings von Räumen im Web-UI von IP-Symcon

Die Detaillierung kann herunter gebrochen werden bis zum jeweiligen Gerät oder
Leuchtmittel, um Rückschlüsse auf Energiefresser zu ermöglichen (vgl. Abb. 7.180).

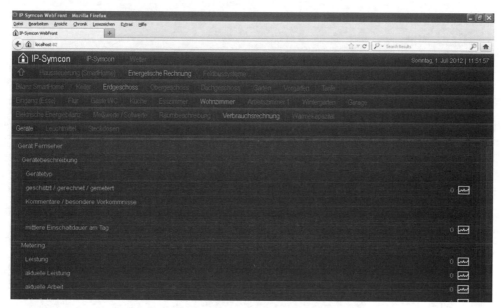

Abb. 7.180   Darstellung des detaillierten Meterings von Geräten im Web-UI von IP-Symcon

Soweit auch das Metering von Außen- und Raumtemperaturen, Luftfeuchten und auch
Vor- und Rücklauftemperaturen der Heizung erfolgt, können auch Wärmebedarfs-
berechnungen und Heizungsmetering erfolgen. Bei bekannten Raumparametern und
physikalischen Daten kann beispielsweise die Wärmekapazität gegenüber dem Außenraum ermittelt werden, um Einschaltpunkte der Heizung zu optimieren (vgl.
Abb. 7.181).

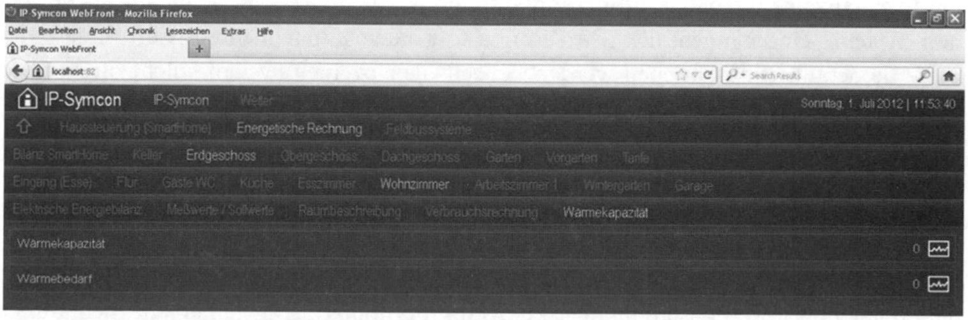

Abb. 7.181   Wärmekapazitätsanzeige eines Raumes

Neben den Steuerungsmöglichkeiten bietet IP-Symcon graphische Fähigkeiten, um Zustände zu überwachen und verfolgen (vgl. Abb. 7.182).

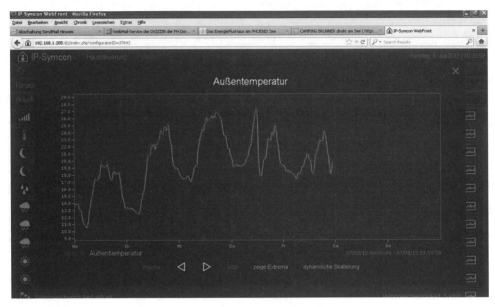

Abb. 7.182 Graphische Darstellung der Außentemperatur in Abhängigkeit der Zeit

7.3   Fazit zur Anwendung von IP-Symcon

Die Darstellung der Möglichkeiten von IP-Symcon wurde in diesem Kapitel vorgezogen, da IP-Symcon ideale Möglichkeiten bietet die Vorteile einzelner Gebäudeautomations-systeme über preiswert verfügbare Schnittstellen oder Gateways zu nutzen und damit das ideale Gebäudeautomationssystem aufzubauen. Im Rahmen der Beschreibung der Ein-bindung einzelner Gebäudeautomationssysteme wurde bereits ein wenig auf die einzel-nen Systeme eingegangen, dies wird in den folgenden Kapiteln intensiviert, indem die Systeme detailliert beschrieben werden. Soweit die einzelnen Systeme nicht direkt über Smart-Metering-Fähigkeiten in sensorischer, aktorischer, Automatisierungs- und Leit-technik Form verfügen, können diese Fähigkeiten über IP-Symcon über andere Systeme erfolgen. So bietet beispielsweise 1-Wire die preiswertesten und exaktesten Tempera-turmesssensoren, die zudem einfach in ein System eingebunden werden können, auf der anderen Seite können kostenintensive Systeme, wie z. B. KNX/EIB, um kostengünstige, nicht direkt sichtbare Geräte ergänzt werden oder Systeme, wie z. B. digitalSTROM, denen auch nach Vervollständigung des Produktportfolios Geräte fehlen, die nicht direkt an einem Stromnetz betrieben werden, um funkbasierte Lösungen, wie z. B. EnOcean, erweitert werden. IP-Symcon stellt sich als die ideale Daten- und Gebäudeautomations-drehscheibe dar. Überragend sind die Automationseigenschaften von IP-Symcon, da eine große Anzahl von Zugriffsmechanismen auf Sensoren und Aktoren bereitsteht, die um Programmierskripte und Berechnungen ergänzt werden können. IP-Symcon bietet damit Möglichkeiten, um Smart-Metering-Daten aufzubereiten, auszuwerten und damit Algorithmen zum Energiemanagement umzusetzen. Zuletzt bietet die Web-UI-basierte Visualisierung, die die Darstellung auf PCs, Laptops, Smartphones und Touchpads er-möglicht, Möglichkeiten zur Visualisierung des Gebäudeprozesses inklusive der Fern-bedienung. Durch die Möglichkeit der Darstellung von Verläufen von Prozessdaten über Graphiken können intensive Analysen erfolgen.

Übersicht über Gebäudeautomationssysteme 8

Der Markt der Gebäudeautomationssysssteme ist in den letzten zehn Jahren für Bauherren und auch Experten unüberschaubar geworden. Waren vor 15 Jahren nur einige wenige Bussysteme im Rahmen der Gebäudeautomation am Markt vertreten, so ist heute eine Anzahl von mehr als 80 Bussystemen am Markt vertreten. Dies verwirrt Elektroinstallateure, die gegenüber dem Bauherrn als Experten empfunden werden, extrem, da ein Elektroinstallationsbetrieb als Familienbetrieb kaum mehr als drei verschiedene Bussysteme vertreiben und verarbeiten kann. Gegenüber dem Kunden sind weit mehr als 100 Bussysteme präsent, da die Anbieter deren Bussysteme zudem unter verschiedensten Namen anbieten, ohne auf die direkte Kompatibilität hinzuweisen. Dieser verwirrende Markt ist dem Bauherrn unerschließbar, da zudem völlig unklar ist, welche Funktionalitäten mit den Systemen abgedeckt werden und in welchem Baustadium (Neubau, Sanierung, Erweiterung, Nachrüstung) das System verwendet werden kann. Um den Bauherren zu gewinnen, greifen Lobbies, Alliances, Herstellergemeinschaften und Verbände im Rahmen der Vermarktung häufig auf das Argument der Standardisierung zurück und heben die Kompatibilität und damit die Austauschbarkeit von Geräten bei gleichem Medium stark hervor. Das aktuelle Argument der Energieeinsparung wird mit Smart Metering in Verbindung gesetzt und bei vielen Systemen als Argument eingeführt, indem spezielle, häufig sehr teure Geräte für Smart Metering angeboten werden. Letztendlich muss sich ein Gebäudeautomationssystem in Verbindung mit Multimedia und Kommunikationstechnik in ein Multifunktionssystem einbetten lassen, das komfortabel über eine Web-Oberfläche auch von fern bedient werden kann. Dabei darf der Preis für derartigen Komfort, den man vom KFZ seit Jahren kennt, nicht ins Unermessliche steigen, sondern für jedermann bezahlbar sein, um jedem Menschen Energieeinsparung zu ermöglichen und damit die Energiewende erreichbar erscheinen lassen. In den folgenden Kapiteln wird eine große Zahl von Gebäudeautomationssystemen grundlegend vorgestellt und auf Anwendbarkeit hinsichtlich Bauzustand und Nutzbarkeit für smart-metering-basiertes Energiemanagement analysiert.

Im Rahmen einer allgemeinen Beschreibung werden die Vermarktungsargumente aufgegriffen, sortiert, erweitert und in Verbindung mit praktischen Erfahrungen beurteilt.

Auf die Programmiertools und -methoden sowie Erweiterungsmöglichkeiten durch Automation, Visualisierung und Gateways wird eingegangen.

Begonnen wird mit der konventionellen Elektroinstallation, da diese noch immer in dem meisten Haushalten verbaut ist und auch weiterhin Basis für intelligente Hausautomation ist. Es folgen Powerline-, draht-, Funk-, SPS- und LAN-basierte Lösungen.

8.1   Konventionelle Elektroinstallation

Die konventionelle Elektroinstallation stellt die Basis für jegliche Gebäudeautomation dar. Sie kann beliebig um Multimediafunktionen ergänzt werden, ohne jedoch Bezug auf die konventionelle Elektroinstallation zu nehmen.

In der Gebäudeinstallation wird heutzutage überwiegend noch konventionell verdrahtet. Eine konventionelle Elektroinstallation ist das Errichten von elektrischen Anlagen für die Niederspannung, d. h. in Europa 230 V. Dazu gehören die Leitungsverlegung, Leuchten, Elektrogeräte, Schalter, Taster, Steckdosen oder Sensoren, wie z. B. Bewegungsmelder. Die einzelnen Verbraucher und Geräte eines Gebäudes sind deshalb völlig eigenständig und lediglich einige wenige Zusatzmodule sind zentral über Sicherungsautomaten steuerbar. Im Rahmen der konventionellen Realisierung einer Steuerung besteht direkte Verbindung zwischen den Steuerkomponenten bzw. Sensoren und den Verbrauchern, die über eine entsprechende Anzahl von Steuer- und Schaltleitungen verbunden sind. Zusätzlich besteht die Energieversorgung, welche deren benötigte elektrische Energie über die Leitungen und die Sensoren, z. B. Schalter, zum Verbraucher führt. Überflüssige Leitungswege lassen sich bei diesen Optionen nicht vermeiden.

Typische Anwendungsbereiche, die ein eigenes Leitungsnetz als Funktionsnetz in Form einer Insellösung beanspruchen, können z. B. eine Beleuchtungs-, Lüfter- oder Rollladensteuerung sein. Zu den hohen Kosten für die Installation zahlreicher Steuerleitungen addieren sich Nachteile wie die Erhöhung der Brandlast, größerer Raumbedarf und längere Bauzeiten für die Anlage und letzten Endes fehlende Übersicht und Flexibilität des Gesamtsystems. Zur Errichtung einer konventionellen Elektroinstallation gelten die VDE-Errichtungs- und Betriebsbestimmungen als Leitfaden. Besonders zu erwähnen sind folgende:

- technische Anschlussbedingungen
- technische Richtlinien für Niederspannungsnetze
- Normen des Deutschen Institut für Normung (DIN)

Damit die Versorgung der Kundenanlagen mit elektrischer Energie gewährleistet ist, müssen die Versorgungssysteme selektiv aufgebaut sein. Das heißt, dass bei einem System beim Auftreten von Überströmen nur der fehlerhafte Anteil möglichst nahe an der Fehlerstelle abgeschaltet wird. Allgemein ausgedrückt bedeutet dies, dass Selektivität zwischen zwei oder mehr in Reihen geschalteten Überstrom-Schutzeinrichtungen vorhanden ist, wenn bei Kurzschluss oder Überlast nur die Überstrom-Schutzeinrichtung ausgelöst wird, die tatsächlich schalten soll. Im Fehlerfall wird so ein möglichst geringer Ausfall erreicht, da nur ein begrenzter Anlagenteil abgeschaltet wird und große Teile weiterhin eingeschaltet bleiben. Ganz allgemein ergibt sich ein selektives Abschaltverhalten von in Reihe liegenden Überstrom-Schutzeinrichtungen, wenn sich ihre Abschaltkennlinien (Zeit/Strom-Kennlinien) nicht schneiden. Zum Schutz bei Überlast und Kurzschluss stehen in Hauptstromversorgungssystemen und Wohnanlagen Schmelzsicherungen und Leitungsschutzschalter zur Verfügung.

Bei der Verteilung der gemessenen Energie auf mehrere Stromkreise ist es notwendig, einen oder mehrere Stromkreisverteiler einzubauen. Diese sind geeignet zur Aufnahme von Betriebsmitteln zum Schutz bei Kurzschluss, Überlast und indirektem Berühren sowie zum Trennen, Steuern, Regeln und Messen. Bei der Installation verschiedener Reihen ist es zwingend nötig, sich an die jeweiligen DIN-Normen zu halten. Der aus der DIN-Norm entstehende Verdrahtungsraum erleichtert die saubere und fachgerechte Verdrahtung und Installation.

Installationsschaltungen begegnen uns im Alltag typischerweise bei der zweckmäßigen Gestaltung von Beleuchtungsanlagen. Daraus ergeben sich folgende Grundschaltungen (vgl. Abb. 8.1):

Abb. 8.1 Ausschaltung

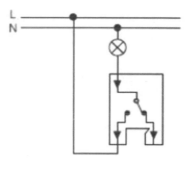

Aus-/Wechselschalter

Die Ausschaltung repräsentiert die einfachste elektrische Schaltung. Der Verbraucher ist mit einem Anschluss direkt am N-Leiter angeschlossen, während die Phasenleitung L durch einen Schalter unterbrochen wird. Der Verkabelungsaufwand ist gering, es muss lediglich die direkte Zuleitung zu einem Verbraucher aufgetrennt und zu einem Schaltelement, dem Schalter, zweiadrig geführt werden. Häufig wird der Verkabelungsaufwand dadurch reduziert, dass der N- und PE-Leiter direkt von der Verteilerdose zum Leuchtmittel geführt wird und lediglich der Phasenleiter L als Hin- und geschalteter Leiter zum Schalter geführt wird. Ist dies der Fall, kann Nachrüstung von Gebäudeautomation durch Direktaustausch nur erfolgen, wenn eine Steckdose in nächster Nähe verbaut ist, um den N-Leiter zur Versorgung der Bussystem-Komponente zu gewährleisten.

Abb. 8.2 Wechselschaltung

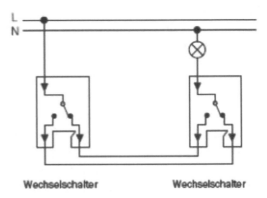

Soll von zwei Stellen aus geschaltet werden, erhöht sich der Verkabelungsaufwand bereits erheblich. Die Wechselschaltung verfügt über zwei Wechselschalter statt einem einfachen Ausschalter. Wie beim Ausschalter wird die direkte L-Verbindung zum Verbraucher aufgetrennt und zu den Anschlusspunkten der beiden Wechselschalter geführt. Die Weiterleitung des geschalteten elektrischen Stroms erfolgt zwischen den beiden Wechselschaltern über insgesamt zwei Schaltdrähte. Dies bedeutet, dass zusätzlich bereits drei Schaltdrähte zwischen den beiden Wechselschaltern verlegt werden müssen. Entsprechend lässt sich eine nachträgliche Automatisierung nur durch Änderungen der Verkabelung in der Verteilerdose realisieren (vgl. Abb. 8.3).

Abb. 8.3 Kreuzschaltung

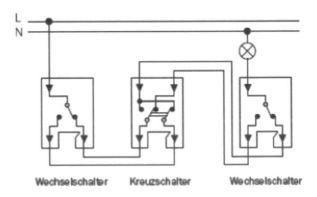

Noch komplexer und unübersichtlicher wird die Elektroinstallation bei einer Kreuzschaltung über einen oder mehrere Kreuzschalter in Verbindung mit zwei Wechselschaltern. Zum einen sind Kreuzschalter kostenintensiv, zum anderen muss zusätzlich eine zweiadrige Steuerleitung zwischen allen Schaltstellen gezogen werden. Damit erhöhen sich der Verkabelungsaufwand und die damit verbundenen Kosten an Leitungen und manuellem Aufwand bereits erheblich. Es wird klar, dass je nach Anzahl der Schaltstellen im Gebäude große Abstände überwunden werden müssen und damit etliche Meter an Schaltdrähten verlegt werden müssen. Die Anschlusspunkte müssen in Verteilerdosen verdrahtet werden. An die Umwandlung der vorhandenen Elektroinstallation in eine Automationslösung ist kaum zu denken. Die Kosten für aufwändige Kreuzschaltungen z. B. in großen Wohnzimmern oder Fluren rechtfertigen meist bereits entweder Stromstoßschaltungen oder einfache Gebäudeautomationslösungen.

Bei Keller, Erdgeschoss, Obergeschoss und Dachgeschoss, einem üblichen Einfamilienhaus, sind so für das Treppenhaus bereits drei zweiadrige Steuerleitungen von insgesamt ca. 12 m Länge in entsprechend der Last ausgewählten NYM-Kabeln zu ziehen.

Versierte Elektroinstallateure raten hier eher zu einer Stromstoßschaltung, bei der 2-adrige dünne Kabel zu Tastern statt der vorgesehenen Schaltstellen verlegt werden und an zentraler Stelle ein Stromstoßrelais die Funktion des Schaltens übernimmt. Dies ist bereits der Einstieg in die Bustechnik, denn das Stromstoßrelais kann auch durch busbasierte Geräte ersetzt werden (vgl. Abb. 8.3).

Abb. 8.4 Dimmerschaltung

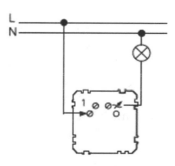

Memory-Superdimmer

Noch komplizierter verhält es sich bei Einsatz von Dimmern, mit denen die Helligkeit der Leuchtmittel gesteuert werden soll. Konventionelle, preiswerte Dimmer ermöglichen meist nicht den Aufbau mit mehreren Schaltstellen, erst kostbarere Dimmer bieten den Anschluss weiterer sogenannter Nebenstellen, die wiederum über Taster und Schaltleitungen verbunden werden müssen. Problematisch bei Dimmern ist deren Anwendbarkeit für verschiedenste Leuchtmittelarten, so ist hier der Markt an Anschnitts-, Abschnitts- und Universaldimmern unübersichtlich.

Auf Jalousie- oder Rollladensteuerungen wird hier nicht näher eingegangen. Entweder die Jalousien oder Rollläden werden mit Rohrmotoren oder bedienintegrierten Rollwicklern ausgestattet und dann über einfache Bedienelemente gesteuert oder es werden proprietäre Lösungen, z. B. von Rademacher, Somfy oder elero, eingesetzt, die später schlecht oder gar nicht mit Gebäudeautomation eingebunden werden können.

Weitere elektrische Betriebsmittel sind alle Gegenstände, die als Ganzes oder in einzelnen Teilen dem Anwenden elektrischer Energie oder dem Übertragen, Verteilen und Verarbeiten von Informationen dienen. In vielen Fällen wird es sich um Geräte und Maschinen handeln, die über eine Steckverbindung oder fest mit der Stromversorgung des Gebäudes verbunden sind. Dabei unterscheidet man ortsfeste und ortsveränderliche elektrische Betriebsmittel. Ortsfeste elektrische Betriebsmittel sind fest angebrachte Betriebsmittel oder Betriebsmittel, deren Masse so groß ist, dass sie nicht leicht bewegt werden können, zu nennen ist hier beispielhaft der Herd mit Kochfeld. Ortsveränderliche elektrische Betriebsmittel sind solche, die während des Betriebes bewegt werden oder die leicht von einem Platz zum anderen gebracht werden können, während sie an dem Versorgungsstromkreis angeschlossen sind, z. B. eine Haushaltsmaschine, Toaster, Handbohrmaschine oder ein Staubsauger. Betriebsmittel großer Leistung werden über separate Stromkreise oder Drehstromanschlüsse versorgt.

Elektrische Anlagen werden durch Zusammenschluss elektrischer Betriebsmittel gebildet. Zu den elektrischen Anlagen gehören die Stromversorgung und die gesamte Gebäudeinstallation.

Zusammengefasst lässt sich feststellen, dass nahezu alle denkbaren Schaltungen mit zumeist großem Schaltungsaufwand realisiert werden können. Um den Aufwand in Richtung zentrale Schaltung zu reduzieren, können Schaltungsbestandteile auch durch weitere Stromstoßschaltungen und Taster einfacher realisiert werden. Grundsätzlich ist festzustellen, dass der Realisierungsaufwand bei größer werdender Komplexität der Anlage (Quantität und Funktionalität) exponentiell steigt, während bei busorientiertem Ansatz der Einstieg weit über dem konventionellen liegt, aber dann nur linear steigt. Den Punkt des Einsatz von Bustechnik gegenüber konventioneller Technik zu finden, ist Aufgabe des Elektroinstallateurs im Rahmen seiner Beratung, da große konventionelle Anlagen wesentlich teurer sein können als große busorientierte, während es bei kleinen Anlagen für Wohnungen aufgrund geringerer Ausdehnung der Anlage eher umgekehrt ist.

Außer Acht gelassen wurden hier Einzelraumtemperaturregelungen, Heizungssteuerung, Multimedia und Kommunikation, da diese meist im Rahmen der Gewerkezuordnung nicht zur konventionellen Elektroinstallation gehören. Im Fall einer Neuinstallation sind also mehrere Handwerksbetriebe einzubeziehen, die untereinander koordiniert werden müssen. Klar ist jedoch, dass für Heizung, Multimedia und Kommunikation weitere Leitungen gezogen werden müssen, deren Verlegung mit den Stromleitungen zu koordinieren ist. Ein integrierter Ansatz über alle Gewerke des Gebäudes hinweg bietet sich an. In diesem Zusammenhang kann auch auf der Basis der Kosten ein Gebäudeautomationssystem aufgrund geringerer manueller Arbeit Sinn machen, da dies zudem einfach erweitert, geändert und angepasst werden kann. In aktuellen Hausinstallationen werden darüber hinaus umfangreiche SAT- und Netzwerkanlagen in fast jedem Wohnraum verbaut.

Klar ist aufgrund des extremen Aufwands und der Arbeit an Stromleitungen, dass diese Aufgaben ausschließlich von Elektroinstallateuren wahrgenommen werden dürfen.

Insbesondere die Abnahme und Anschaltung an das Stromnetz darf nur von ausgebildeten Fachleuten ausgeführt werden.

8.1.1 Analyse

Das hier untersuchte Produktportfolio vergleichbarer Elektroinstallationstechnikproduzenten beschäftigt sich ausschließlich mit der konventionellen Elektroinstallation, die im Volksmund mit „Klick–klack-Technik" bezeichnet wird und auf ein wenig Elektronik im Bereich Jalousien, Dimmen, Bewegungsmeldung oder Heizungssteuerung setzt. Daher ist es nicht verwunderlich, dass die Bereiche Szenen, Steuerung, Automatisierung, Visualisierung und Medien, die der Funktionalität Komfort und Multimedia zugeordnet werden, nicht unterstützt werden.

Bei der Analyse der Preisspanne wurde ein Wechselschalter aus einem Standardprogramm und zum anderen ein Wechselschalter aus einem gehobenen Programm gewählt.

Somit ergibt sich folgende Preisspanne für eine einfache Schaltfunktion:

Preisspanne	Von	Bis
Taster (Schalter) je nach Programm	10 Euro	25 Euro

Hinzu kommen die Kosten für Leitungen und manuelle Tätigkeiten, so dass konventionelle Elektrotechnik bereits bei einer Schaltstelle erhebliche Kosten aufweist. Die Kosten steigen erheblich bei Wechsel- und Kreuzschaltungen.

8.1.2 Neubau

Wie nicht anders zu erwarten, ist die Kategorie Neubau gegenüber der Sanierung und Erweiterung klar im Vorteil. Das lässt sich ganz einfach daran festmachen, dass hier die Funktionen Schalten oder Dimmen bei einem Neubauprojekt ohne Probleme zu realisieren sind. Die Wände und Decken sind im Allgemeinen unverputzt und untapeziert, Staub und Dreck haben auf das Wohlfühlerlebnis noch keinen Einfluss. Im Rahmen des Bereichs Sicherheit sind die Bewegungsmelder leicht zu installieren. Im privaten Bereich wird der Brandschutz durch die im Produktportfolio vieler Anbieter enthaltenen Rauchmelder sichergestellt. Die Rauchmelderadaption an ein übergeordnetes Brandmeldesystem ist dabei das größte Manko und ist nur bedingt über einen potenzialfreien Kontakt möglich. Sonst stellt das Schalterprogramm der meisten Elektroinstallationshersteller eine solide Basis für die Neubauinstallation zur Verfügung.

Insbesondere ist festzuhalten, dass eine 100%ige Kompatibilität der Geräte von Hersteller zu Hersteller besteht, wobei beim Anbieterwechsel komplette Geräte bestehend aus elektrischem Schalter, Rahmen und Wippe ausgetauscht werden müssen, bei Designwechsel eines Herstellers besteht meist vollständige Kompatibilität zwischen den einzelnen Schalterserien.

8.1.3   Sanierung

Bei der Sanierung kommt die konventionelle Technik schnell an die Grenzen der Machbarkeit. So ist es schwieriger, Sicherheit und Komfort zu realisieren und das intelligente smart-metering-basierte Energiemanagement lässt sich so gut wie gar nicht umsetzen. Die Ausschaltung ist immer umzusetzen, schwieriger wird es, eine Wechselschaltung oder gar eine Kreuzschaltung zu installieren, da hier sehr oft die erforderlichen Leitungen fehlen. Dies ist das Hauptproblem bei der Sanierung, wodurch sich die Bereiche wie z. B. Jalousie, Zentral- und Gruppenfunktionen nur sehr schwer realisieren lassen. Die meisten Dimmer sind zum nachträglichen Einbau gut geeignet, da diese fast alle keinen Neutralleiter benötigen und so problemlos gegen Wechselschalter ausgetauscht werden können. Die Dokumentation einer Sanierung ist immer etwas schwierig und sollte ebenso wie der Großteil der Installation durch einen Elektroinstallateur erfolgen. Umfangreiche Sanierungen erfordern in jedem Fall das Öffnen von Verteiler- und Schalterdosen sowie häufig das Verlegen von neuen Leitungen in Schlitzen. Damit sind Tapezier- und Renovierungsmaßnahmen zwingend notwendig, bei paralleler Wohnungsnutzung kommt es zu erheblichen Staubbelastungen und damit Schmutz.

8.1.4   Erweiterung

Eine Erweiterung der Installation ist immer dann möglich, wenn genügend freie Adern in einer Leitung zur Verfügung stehen. Eine Ausschaltung ist dabei das kleinste Problem, eher wird es sehr schwierig, aus einer Wechselschaltung eine Kreuzschaltung zu erweitern, um mehr Schaltstellen hinzuzufügen. Daher sind Sicherheit und Komfort weniger gut zu erweitern, da Verbindungsleitungen zum zentralen Stromkreisverteiler fehlen. Sonst liegen alle Kategorien mit dem Neubau gleich auf oder sind durch die Installationsproblematik etwas schwieriger zu lösen als im Neubau.

8.1.5   Nachrüstung

Die Nachrüstung entspricht bei der konventionellen Elektroinstallation einer Sanierung.

8.1.6   Anwendbarkeit für smart-metering-basiertes
Energiemanagement

Die Anwendung von Smart Metering ist problemlos möglich, da ein vorhandener elektrischer Haushaltszähler grundsätzlich durch einen elektronischen ersetzt werden kann. Der Energiekunde kann durch Änderung seines Nutzerverhaltens seinen Energieverbrauch und damit seine Energiekosten senken. Der direkte Eingriff auf die Elektroinstallation ist nicht möglich bzw. auf einzelne Stromkreise begrenzt. So können einzelne Verbraucher gesteuert werden, soweit sie dieses ermöglichen und über einen einzelnen

Stromkreis verfügen, wenn genügend Platz im Stromkreisverteiler verfügbar ist oder die Verbraucher über Schaltaktoren geschaltet werden, die direkt in die Steckdosen gesteckt werden. Hier ist zu unterscheiden, ob billige fernbediente Steckdosen zu 10 Euro oder sinnvolle Funkbussysteme integriert werden, die auch von einem Multifunktionssystem aus gesteuert werden können. Dezentrales Energie-Metering kann auch durch Geräte erfolgen, die direkt in Steckdosen als Zwischenstecker gesetzt werden. Das gesamte Abschalten eines Wohnzimmers auch in Verbindung mit anderen Räumen macht nur wenig Sinn, da viele Räume über eine große Nutzungszeit verfügen.

8.1.7 Objektgebäude

Großen Anteil an der Elektroinstallation in Objektgebäuden hat die konventionelle Elektroinstallation, um die elektrische Energie bis zur Schaltstelle zu transportieren. Von der Nutzung der konventionellen Elektroinstallation für das eigentliche Schalten von Verbrauchern wird seit Jahren abgegangen, da Flexibilität bezüglich der Änderung und Erweiterung der Funktionen benötigt wird. So wird die konventionelle Elektroinstallation zwar bis zur Verbrauchsstelle angewendet, die eigentlichen zu automatisierenden Schalt- und Steuerungsfunktionen werden über dezentrale Bussysteme oder halbzentrale SPS-Systeme in Stromkreisverteilern in Treppenhäusern, Gängen, Versorgungsräumen etc. verbaut.

8.2 X10

Bei X10 handelt es sich um ein Powerline-basiertes Gebäudeautomationssystem, bei dem die Schaltsignale über die vorhandene Hausinstallation gesendet werden (115/230 V, 60 Hz (USA) oder 230/400 V, 50 Hz (Europa)), ohne dass neue Leitungen verlegt werden müssen. Es können einfache Schaltvorgänge automatisiert und ferngesteuert werden. Die Schalter oder Steuerelemente werden entweder fest als Einbau-, Reiheneinbau- oder Unterputzgeräte installiert oder als Schaltsteckdose oder -dimmer gesteckt und kommunizieren untereinander über Steuersignale über das Stromnetz. Diese werden zur Erhöhung der Schaltsicherheit und um Störungen durch Phasenanschnitt (Dimmer) zu entgehen nur während der Nulldurchgänge der Wechselspannung gesendet. Das Konzept ist ähnlich zu neueren Varianten, die die Hausgerätevernetzung über die Stromleitung ermöglichen, wie z. B. KNX/EIB-Powerline oder Rademacher Homeline. Zusätzlich zu den reinen stromnetzbasierten Elementen gibt es für X10 auch Fernbedienungen und Steuerelemente auf Funkbasis.

Das X10-Protokoll wurde Mitte der 1970er Jahre von Herrn Pico in Schottland/Großbritannien entwickelt und von General Electric gefördert, fand daher aber vor allem in den USA Verbreitung. Vermarktet wurden die Chips durch die X10-Group in Hong Kong. In Deutschland wurde eine Lizenz von der Firma Busch-Jaeger Elektro GmbH in

Lüdenscheid erworben, die die Technik unter dem Namen Busch Timac X10 bis etwa 1990 auch in Deutschland vermarktet hat, sich aber später zunehmend auf den europäischen Installationsbus EIB auch mit einer Powerline-Variante konzentrierte, ohne jedoch ein Gateway oder eine Schnittstelle zwischen X10 und EIB-Powerline anzubieten.

Großtechnische Anwendungen vom Timac X10 sind Ende der 1980er Jahre durch die Firma Enertech aus NRW realisiert worden, indem das X10-Protokoll nur zum Ausschalten überflüssiger Energieverbraucher (bis zu 1.300 Schaltpunkte) genutzt wurde. Hier wurden in Schulen 35 % Energieeinsparung realisiert, ohne auch nur einen neuen Draht zu verlegen. Somit bietet X10 grundsätzlich eine gute und direkte Möglichkeit für das smart-metering-basierte Energiemanagement.

Der Hauptnachteil des X10-Protokolls ist nicht die niedrige Datenübertragungsrate oder der auf 256 Kanäle (Lichtschalter, Rollladensteuerungen, Thermostaten und so weiter) begrenzte Adressraum, sondern die Unidirektionalität, die keine Rückmeldung beinhaltet und somit Störungen nicht ausgleichen kann.

Diese zugrundeliegenden Probleme sind auf das leicht störbare Haushalts-Stromnetz und die Einhaltung der FTZ-Bestimmungen zurückzuführen, die viele Anwendungen von Powerline in Frage stellten bzw. bei vielen anderen Projekten auch für andere Anwendungen, z. B. im Kommunikationsbereich stoppten.

X10 eignet sich für die Bereiche Neubau, Sanierung und Erweiterung und bietet einen enormen Funktionsumfang relativ zum Preis, der aufgrund der sehr langen Systemverfügbarkeit am Markt sehr niedrig ist. Auf eine nähere Erläuterung des Systems wir hier nicht weiter eingegangen, da es sich nicht mehr um ein „gängiges", am breiten Markt verfügbares System handelt.

8.2.1 Typische Geräte

Bei X10 ist zwischen Systemkomponenten, Sensoren und Aktoren zu unterscheiden, wobei einige Aktoren auch bereits Sensoranteile beinhalten.

8.2.1.1 Systemkomponenten

Als wesentliche Systemkomponente ist die Bandsperre zu nennen, die die Störungen durch X10 von der Hausinstallation in das Energieversorgungsnetz und vom Netz in das Gebäude unterbindet. Die Bandsperre ist sinnvollerweise als Hutschienengerät, aber auch als Zwischensteckergerät verfügbar (vgl. Abb. 8.5).

Abb. 8.5 Bandsperre als
Steckdosen-Zwischenstecker

Als weitere Systemkomponente ist die Schnittstelle, die den Zugang von X10 zum PC als
Zentrale hergestellt, zu erwähnen. Obwohl X10 auf dem Rückzug ist, gibt es z. B. für
Z-Wave Erweiterungen, um dieses Funkbussystem mit einem Powerline-System zu verbinden. Damit lassen sich auch heute noch größere Gebäudeautomationslösungen aufbauen.

8.2.1.2 Sensoren
Sensorische Elemente im Bussystem sind Elemente, die Zustände aufnehmen, in ein
Protokoll einbinden und über das Bussystem weitergeleiten.

Abb. 8.6 Timac-X10-Zentrale
als Sensorelement im X10

Zu den sensorischen Elementen zählen Zeituhren und Bedientableaus (vgl. Abb. 8.6).

Der Komfort wird gesteigert durch Fernbedienungen (vgl. Abb. 8.7).

Abb. 8.7 Timac-X10-
Fernbedienung

Abb. 8.8 X10-
Bewegungsmelder

Sicherheitsfunktionen oder automatisierte Schaltungen lassen sich über Bewegungsmelder realisieren.

Weitere sensorische Elemente sind beim X10 im Allgemeinen mit Aktoren verbunden. Vorhandene Schalter können so einfach durch X10-Buselemente ersetzt werden.

8.2.1.3 Aktoren

Aktorische Elemente sind Busteilnehmer, die ein Telegramm empfangen, dekodieren und in eine Funktion umsetzen (vgl. Abb. 8.9 und Abb. 8.10).

Abb. 8.9 Steckdosendimmer Timac X10   **Abb. 8.10** Fernschalter TIMAC X10

Die Firma Marmitek hat das elektrische Design von Busch-Jaeger übernommen und lediglich Änderungen am mechanischen Design vorgenommen. Verfügbar sind Zwischensteckergeräte als Schalt- und Dimmaktor (vgl. Abb. 8.11 und Abb. 8.12).

Darüber hinaus werden Lampenzwischenstecker für die direkte Automatisierung von Leuchtmitteln angeboten (vgl. Abb. 8.13).

Abb. 8.11 Marmitek-X10-Schaltaktor

Abb. 8.12 Marmitek-X10-Schaltaktor mit Funkzugang

Abb. 8.13 X10-Lampen-zwischenstecker

Die am häufigsten anzutreffenden Geräte sind Unterputztaster mit integriertem Schalt- oder Dimmaktor, für die auch passende Rahmen angeboten werden (vgl. Abb. 8.14).

Abb. 8.14 X10-Schaltaktor mit Taster (UP-Modul, Aktor mit Sensor)

8.2.2 Programmierung

Die Programmierung erfolgt bei X10 manuell, indem an zwei Stellrädern für „Buchstabe" (A–P) und „Nummer" (1–16) die Adresse eingestellt wird, über die die zuzuordnenden Sensoren und Aktoren miteinander kommunizieren (vgl. Abb. 8.15).

Abb. 8.15 Adressierung von Funktionen über zwei Stellräder

Dies bedeutet, dass insgesamt $16 \times 16 = 256$ unabhängige Funktionen realisiert werden können. Einige andere Bussysteme verfügen über ähnliche Adressvergaben.

8.2.3 Analyse

X10 ist als Urvater der Gebäudeautomationssysteme aufzufassen, aber aufgrund des Alters und der kaum noch vorhandenen Weiterentwicklung und des eingeschränkten Vertriebs kein Gebäudeautomationssystem mehr, das für weitere Neubauprojekte in Frage kommt. Verbreitung über Elektroinstallationsunternehmen ist nicht mehr vorhanden. Dennoch besteht kein großes Problem X10 über das Internet zu beschaffen.

8.2.4   Neubau

Für Neubauten ist X10 nicht geeignet, da die Zukunftsfähigkeit verschwindend gering ist und im Portfolio viele Komponenten fehlen.

8.2.5   Sanierung

Bei Sanierungsprojekten kann wie beim Neubau nicht auf X10 zurückgegriffen werden, die Gründe sind ähnlich.

8.2.6   Erweiterung

Vorhandene X10-Installationen können aufgrund des Vertriebes von Marmitek noch in geringem Umfang erweitert werden.

8.2.7   Nachrüstung

Für kleinste Nachrüstungen ist X10 zwar geeignet, aufgrund der Weiterentwicklungs-problematik sollte jedoch auf ein anderes System zurückgegriffen werden.

8.2.8   Anwendbarkeit für smart-metering-basiertes Energiemanagement

Die Anwendung von Smart Metering ist problemlos möglich und könnte problemlos durch neue Komponenten erweitert werden, da ein vorhandener elektrischer Haushalts-zähler grundsätzlich durch einen elektronischen ersetzt werden kann und dieser durch intelligente Funktionalität erweitert werden könnte. Der Energiekunde kann durch Än-derung seines Nutzerverhaltens seinen Energieverbrauch und damit seine Energiekosten senken. Der direkte Eingriff auf die Elektroinstallation wäre bedingt möglich, die vor-handenen Systemschnittstellen auf der Basis von Software müssten angepasst werden, um Energiemanagement-basierte Schalthandlungen ausführen zu können. X10 wäre auf-grund von Powerline gut für Smart-Metering-Anwendungen geeignet, scheidet jedoch aufgrund der Weiterentwicklungsproblematik aus.

8.2.9   Objektgebäude

Da X10 sehr früh am Markt war, war eine Verbreitung im Objektgebäude auf nur wenige Objektgebäude beschränkt. Aktuell kommt X10 aufgrund der größeren Verbreitung von KNX/EIB-, LCN-, LON- und SPS-Systemen nicht mehr für Objektgebäude in Frage.

8.3 KNX/EIB-Powernet

Mit dem Powernet-EIB werden durch Busch-Jaeger neue Anwendungsfelder erschlossen, es ist ein echtes Powerline-System. Überall da, wo in bestehenden Anlagen die Installation einer separaten, zusätzlichen Bus-Leitung aus verschiedenen Gründen nicht gewünscht bzw. möglich ist, eröffnet die Nutzung des bestehenden 230/400-V-Stromversorgungssystems als Medium für Powernet-EIB, eine moderne, komfortable und flexible Installation in bestehenden Gebäuden. Dies ist das Marketingargument der Busch-Jaeger Elektro GmbH.

Um eine sichere Datenübertragung auf dem Installationsnetz zu gewährleisten, wurde für Busch-Powernet EIB ein völlig neues Übertragungsverfahren entwickelt, das FSK (frequency shift keying), das Schalten zwischen zwei verschiedenen Frequenzen, basierend auf der Trägerfrequenz 50 Hz. Mit diesem Übertragungsverfahren wird eine hohe Zuverlässigkeit des Systems bei allen typischen Netzverhältnissen gewährleistet. Durch Mustervergleichstechnik und ein intelligentes Korrekturverfahren kann ein empfangenes Signal selbst bei Störungen während der Übertragung „repariert" werden. Ist ein Telegramm einwandfrei verstanden worden, wird dies vom Empfänger an den Sender quittiert. Damit gilt der Sendevorgang als abgeschlossen. Erhält ein Sender keine Antwort, wiederholt er den Sendevorgang. Trotz dieses auf Sicherheit ausgelegten Verfahrens dauert ein Sendevorgang nur ca. 130 ms, damit ist Busch-Powernet EIB ein bidirektionales System. Alle Busch-Powernet-EIB-Geräte kommunizieren über das vorhandene 230/400-V-Installationsnetz miteinander. Die Übertragungsrate liegt bei 1.200 bit/s. Busch-Powernet EIB nutzt für die Übertragung ein Frequenzband lt. EN 50065. Im Band 95 kHz liegen die Frequenzen bei 105,6 kHz und 115,2 kHz. Der maximale Sendepegel beträgt 116 dB (μV). Obwohl sich 1.200 Baud nach einer hohen Übertragungsrate anhört, ist zu berücksichtigen, dass trotz Anpassungen für das KNX/EIB-Powerline-System auf der Basis von KNX/EIB das zu übertragende Protokoll umfangreich ist und damit nur sehr wenige Sendungen pro Sekunde möglich sind. Vollständige Sicherheit ist bei Ansteuerung nicht gegeben, da nur ein einziger Empfänger die Bestätigung des Protokolls an den Sensor übernimmt.

Für die Installation von Powernet EIB ist das Energieversorgungsnetz des Hauses entsprechend durch Drosseln zum Stromversorgungsnetz und Phasenkoppler zur Kopplung des Signals zwischen den Phasen aufzubereiten (vgl. Abb. 8.16).

Die logische Adressierung von Busch-Powernet-EIB ist kompatibel zum KNX/EIB und erlaubt auch ohne Linienverstärker von der Topologie her prinzipiell große Linien. Es können maximal acht Bereiche mit je 16 Linien zu je 256 Geräten (mit Systemkoppler) adressiert werden. Die Anzahl der zur Verfügung stehenden Powernet-EIB-Adressen beträgt somit 32.768. Die Projektierung und Inbetriebnahme einer Busch-Powernet-EIB-Anlage kann wahlweise mittels Controller, ETS oder Software Busch-Power-Project erfolgen. Powernet-Signalbereiche müssen über Bandsperren signaltechnisch vom allgemeinen Netz getrennt werden. Die Schnittstelle zum KNX/EIB und damit allgemeinen KNX/EIB in kombinierten Anlagen bildet der System- oder Medienkoppler.

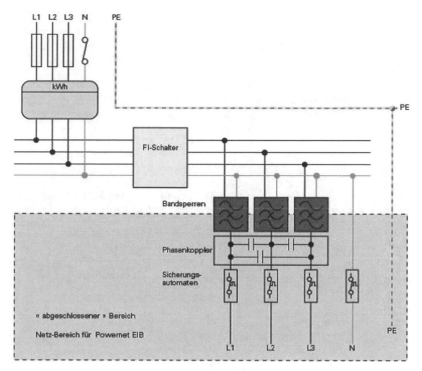

Abb. 8.16 Netzaufbereitung an einem 3-phasigen Hausanschluss [Busch Jaeger]

In ausgedehnten Anlagen wird durch eine logische und physikalische Unterteilung der Busch-Powernet-EIB-Anlage in bis zu acht Bereiche (mit maximal 255 Powernet-Geräten je Bereich) die Buslast reduziert. Die physikalische Trennung zwischen den einzelnen Bereichen erfolgt mit Hilfe von Bandsperren. Eine datentechnische Verbindung von Bereich zu Bereich wird über eine separate Twisted Pair Datenleitung als Backbone zwischen den System- oder Medienkopplern hergestellt, jeder Powernet-Bereich erhält eine eigene System-Id. Die aktive Phasenkopplung auf der Powernet-Seite wird vom System- oder Medienkoppler übernommen. Die physikalische Trennung und die Filtertabelle des Systemkopplers ermöglichen eine selektive Übertragung von Telegrammen in benachbarte Bereiche, die angesichts der geringen Bus-Performance von Powernet auch notwendig ist. Die Buslast im Gesamtsystem wird somit nachhaltig reduziert.

Auf der Basis dieser Topologie sind prinzipiell auch große Anlagen mit KNX/EIB-Powerline realisierbar. Zu berücksichtigen ist jedoch, dass eine bereits sehr langsame Powerline-Anlage über ein ebenfalls sehr langsames Bussystem mit 9.600 Baud als Backbone zusammengefasst wird (vgl. Abb. 8.17).

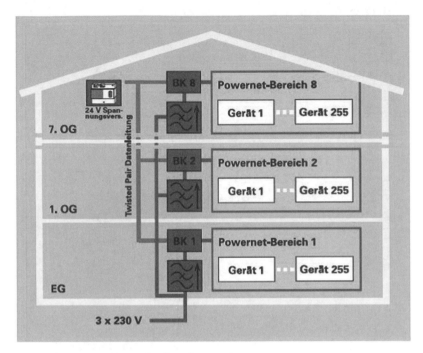

Abb. 8.17 Großanlage mit Powernet [Busch-Jaeger]

Eine Voraussetzung für den störungsfreien Betrieb von Busch-Powernet-EIB ist die einwandfreie Funkentstörung aller in der Anlage eingesetzten elektrischen Verbraucher
oder die Trennung von Datenübertragung und -versorgung über zwei Leitungen. Davon
kann heutzutage aufgrund der gesetzlichen Vorschriften und Normen für diese Geräte
ausgegangen werden, Ausnahmen bestätigen jedoch die Regel, insbesondere werden
Energiesparleuchten und LED-Lampen und insbesondere außereuropäische, kaum ge-
prüfte Geräte für weitere Probleme sorgen. Bei Einsatz einer Vielzahl elektromotorisch-
und frequenzgesteuerter Verbraucher ist dies daher gegebenenfalls zu überprüfen (CE-
Kennzeichnung der Geräte). Im Zweifelsfalle sollte eine Probemessung innerhalb der zur
Übertragung genutzten Installationsbereiche durchgeführt werden.

8.3.1 Typische Geräte

Typische Geräte bei Powernet sind Systemkomponenten, Sensoren und Aktoren. Powernet-EIB verfügt aufgrund des Rückgriffs auf KNX/EIB-TP-Geräte im Portfolio durch
Austausch des Busankopplers, des Bindeglieds zwischen Gerät und der Powerline, auf
ein großes Produktportfolio, das jedoch aufgrund der Reduktion auf einen einzigen
Anbieter Busch-Jaeger weit geringer ist als bei KNX/EIB-TP.

8.3.1.1 Systemkomponenten

Zu den wichtigen Systemkomponenten zählen Bandsperre und Phasenkoppler zur Aufbereitung des Stromnetzes, die Leitstelle zur Programmierung, der Medien- oder Systemkoppler zur Ankopplung an KNX/EIB-TP und das Logikmodul sowie die übliche
Programmierschnittstelle.

Abb. 8.18 KNX/EIB-Powernet-
Bandsperre

Abb. 8.19 KNX/EIB-Powernet-Logikbaustein

Die Bandsperre schottet das Powerline-System vom gesamten Stromversorgungsnetz ab.
Logische Funktionen werden in Logikbausteinen realisiert (vgl. Abb. 8.19).

Abb. 8.20 KNX/EIB-
Powernet-Programmier- und
Bedienzentrale

Die heute nicht mehr verfügbare Programmier- und Bedienzentrale ermöglichte die
Programmierung überschaubarer Anlagen über ein mehrzeiliges Display und im laufenden Betrieb die Änderung von Zeitschaltuhren (vgl. Abb. 8.20).

Abb. 8.21 KNX/EIB-Powernet-
Medienkoppler

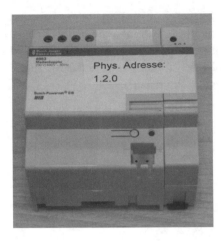

Der Medienkoppler verbindet die drei Phasen des Drehstromsystems und erlaubt die
Ankopplung an ein KNX/EIB-TP-System, um Erweiterungen realisieren zu können.
Einfache Kopplung von Signalen auf dem Drehstromsystem wird über den Phasenkopp-
ler realisiert.

8.3.1.2 Sensoren

Sensorische Elemente basieren auf Unterputz-(UP-), Aufputz-(AP-) und Reihenein-
baugeräten (REG). Für die Unterputzgeräte wurde ein spezieller Powernet-Netzankopp-
ler entwickelt, auf den Sensorelemente verschiedenster Designserien mit verschiedensten
Funktionen aufgerastet werden können (vgl. Abb. 8.22).

Abb. 8.22 KNX/EIB-Powernet-
Netzankoppler

Zu den aufrastbaren Elementen zählen Mehrfachtaster mit Displays und Raumthermostaten (vgl. Abb. 8.23).

Abb. 8.23 KNX/EIB-
Powernet-Multifunktionstaster

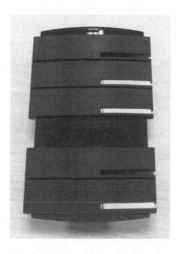

Taster mit einer, zwei oder vier Wippen mit 2-farbigen Rückmelde-LEDs werden in
verschiedenen Designs und Farben angeboten (vgl. Abb. 8.24).

Abb. 8.24 KNX/EIB-Powernet-Einfach- und Mehrfachtaster

Abb. 8.25 KNX/EIB-Powernet-4fach-Binäreingang

Weitere binäre Signale von konventionellen Tastern oder Kontakten können über Binäreingänge verschiedener Bauformen angebunden werden. Über Analogeingänge lässt sich
Messsensorik an Powernet-EIB ankoppeln.

8.3.1.3 Aktoren

Auch bei den Aktoren kann aus dem KNX/EIB-TP-Bereich mit ausgetauschtem Bus-ankoppler auf ein großes Produktportfolio zurückgegriffen werden. Die Produkte ent-sprechen vom Aussehen her den Busch-Jaeger-KNX/EIB-TP-Geräten. Verfügbar sind Schalt-, Dimm-, Rolladen- Jalousieaktoren sowie geeignete Zusammenfassungen dieser Gerätetypen.

8.3.2 Programmierung

Auf die Programmierung von Powernet-EIB wird hier nicht näher eingegangen. Bei Verwendung der Software KNX/EIB-ETS entspricht die Programmierung bei Nutzung des Mediums Powerline und einigen Konfigurationsänderungen der Programmierung von KNX/EIB-TP. Eine einfachere Programmiermöglichkeit von Powernet-EIB ist über das Busch-Jaeger Tool Power Project gegeben, die jedoch aufgrund der geringen Verbreitung von Powernet-EIB hier nicht näher vorgestellt wird, da sie in der Program-mierart einem Solitär entspricht.

8.3.3 Analyse

Das KNX/EIB-Powernet-System, das nur noch von der Firma Busch-Jaeger Elektro aus Lüdenscheid vertrieben wird, ist die KNX/EIB-Lösung auf dem 230-V-Stromnetz. Ob-wohl das System in der Funktion dem EIB-TP sehr nahe kommt, gibt es einige relevante Unterschiede. Als markantester Unterschied der beiden Systeme ist die wenig perfor-mante Datenübertragung von gerade einmal 1.200 Bit/s zu erwähnen, welches das Sys-tem in größeren Gebäuden schnell an seine Kommunikationsgrenzen bringt. Zur Aus-nutzung höherer Performance wird auf Rückmeldung jedes einzelnen an der Kommuni-kation beteiligten Aktors zugunsten eines Gruppensprechers verzichtet, die Anwendung von Filtertabellen optimiert die Sicherheit, wobei dies bei Implementation von Zentralen zu Schwierigkeiten führt. Auch wenn es hier etwas merkwürdig erscheint, wird ein Preis-vergleich gemacht, der auf der Basis eines konventionellen Schalters auf eine Taster-Schnittstelle geführt wird, der dann über den Aktor die Last schaltet. Dazu wurde fol-gende Preisberechnung aufgestellt:

Gerät	Preis je Gerät	Preis je Kanal
UP-Binäreingang 2fach	170 Euro	85 Euro
Taster	10–25 Euro	20 Euro
Schaltaktormodul 2fach	90 Euro	45 Euro
Summe für eine Schaltfunktion		ca. 150 Euro

Die Kosten für eine einzige Schaltfunktion erscheinen mit 150 Euro sehr hoch, zu berücksichtigen ist jedoch, dass bereits die günstigste Sensor-Aktor-Konstellation gewählt wurde. Selbst bei extremer Vergrößerung des Gesamtsystems und Nutzung von Synergien zwischen Sensoren und Aktoren durch Mehrfachverwendung entsteht ein sehr teures Gebäudeautomationssystem.

8.3.4 Neubau

Die Neubauinstallation stellt das Busch-Jaeger-Powernet-System vor keine großen Herausforderungen. Alle Schalt-, Dimm- und Jalousiefunktionen lassen sich mit dem System ohne großen Aufwand realisieren. Durch den Rückgriff auf die Möglichkeit eines Bussystems, reduzieren sich die manuellen Tätigkeiten bei der Elektroinstallation zugunsten der Programmierleistung. Selbst im Bereich des Gewerks Heizung, Klima und Lüftung kann das System die analysierten Heizungsregelarten schaltend und stetig voll abdecken. Im Neubaubereich ist jedoch eine Gebäudeautomationsvernetzung auf der Basis eines separaten Datenkabels vorzuziehen, da die Systemperformance größer und die Vergleichskosten zum KNX/EIB-TP geringer sind.

8.3.5 Sanierung

Neben den rein drahtgebundenen KNX/EIB-Systemen bietet das Busch-Jaeger Powernet die beste Möglichkeit ein KNX/EIB-System auf der Basis der Stromversorgung nachzurüsten. Neben einigen Abstrichen bei der Datenübertragung und Störanfälligkeit, die von Fall zu Fall zu analysieren ist, ist das Powernet-EIB die KNX/EIB-Variante für die Sanierung ohne viele neue Leitungen zu verlegen. Das Busch-Jaeger Produktportfolio beinhaltet auch eine Reihe von Unterputz-Busankopplern mit integriertem Schaltaktor und Einbau-Aktoren, allerdings sind diese in ihrer Schaltleistung begrenzt. Somit kommt das System nur dort nicht weiter, wo wieder zusätzliche Kabel für die Stromversorgung auch als Kommunikationsmedium gezogen werden müssen. Hier wäre ein Funkbussystem flexibler.

8.3.6 Erweiterung

Die Erweiterung stellt auch kein großes Problem dar und ist in den meisten Bewertungen mit der Beurteilung der Neubauinstallation gleichzusetzen. Es müssen hier Abstriche gemacht werden, wo das System durch die bestehende Installation eingeschränkt wird, da häufig Leitungen oder freie Adern fehlen. So sind dies hier z. B. die Küchenunterstützung und das Stromlosschalten, da im Allgemeinen die Leitungen zu Schaltstellen fehlen. Da das Produktportfolio eine direkte Anbindung an Fenster und Türkontakte nicht unterstützt, muss hier auch mit Hilfe von Zusatzbaugruppen durch Rückgriff auf andere Systemtypen oder Systeme das System erweitert werden. Derartige Kontakte über ein Powerline-System anzubinden ist extrem aufwändig, da zusätzliche Leitungen gezogen werden müssen.

8.3.7   Nachrüstung

Aufgrund der Eigenschaft des Rückgriffs auf die Stromversorgung als Medium eignet sich Powerline ausgezeichnet für die Nachrüstung. Nachrüstbarkeit endet dort, wo Stromversorgungskabel nicht verlegt sind oder N- und PE-Leiter nicht verfügbar sind.

8.3.8   Anwendbarkeit für smart-metering-basiertes Energiemanagement

Die Anwendung von Smart Metering ist problemlos möglich und könnte problemlos durch vorhandene und neue Komponenten erweitert werden, da ein vorhandener elektrischer Haushaltszähler grundsätzlich durch einen elektronischen ersetzt werden kann und dieser durch intelligente Funktionalität erweitert werden könnte. Der Energiekunde kann durch Änderung seines Nutzerverhaltens seinen Energieverbrauch und damit seine Energiekosten senken. Der direkte Eingriff auf die Elektroinstallation ist problemlos möglich. Durch die Projekte von Haushaltsgeräteherstellern, wie z. B. Miele, kann durch Powernet auch auf Haushaltgeräte hochpreisiger Geräte zugegriffen werden. Durch Änderung und Erweiterung des zentralen Stromkreisverteilers können diejenigen Schaltkreise per Powerline auf der Basis von Smart Metering gesteuert werden, soweit sie anwendbar sind. Busch-Powernet-EIB wäre eine ausgezeichnete Möglichkeit smart-metering-basiertes Energiemanagement insbesondere im Bestand umzusetzen, sehr von Nachteil sind die extrem hohen Kosten, die eine Amortisation durch Energieeinsparung stark in Frage stellen. Powerline bleibt jedoch weiterhin im Fokus, da mehr und mehr elektronische Haushaltszähler auch über Powerline angesprochen werden können und Busch-Jaeger für eine gute Anbindung der elektronischen Haushaltszähler sorgen könnte.

8.3.9   Objektgebäude

Busch-Jaeger hat zur Vergrößerung der Verbreitung von KNX Powernet dieses System auch in Objektgebäuden zum Einsatz gebracht, um flexibel Änderungen an der Elektroinstallation vornehmen zu können. Dabei wurde etagen- und bereichsweise die Powerline-Variante von KNX/EIB verbaut und durch Medienkoppler zusammengeschaltet KNX/EIB in der Variante TP als Backbone genutzt.

8.4   Rademacher Homeline/Contronics Homeputer

Rademacher Homeline wurde in Kooperation der Unternehmen Rademacher und Contronics entwickelt und unter den Namen Homeline und Homeputer vertrieben. Das System eignet für die Bereiche Neubau, Sanierung und Erweiterung und bietet einen enormen Funktionsumfang relativ zum Preis, der aufgrund des Preisansatzes am Markt sehr niedrig ist. Auf eine nähere Erläuterung des Systems wir hier nicht weiter eingegangen, da es sich nicht mehr um ein „gängiges", am breiten Markt verfügbares System handelt, obwohl das System eine Weiterentwicklung verdient hätte. Interessant für Benchmarkingprojekte von Gebäudeautomationsanbietern sind jedoch noch immer die Produktkonzeption und insbesondere die Programmiervorgehensweise des Systems.

8.4.1   Typische Geräte

Rademacher Homeline besteht nur aus wenigen Komponenten, die aus der Zentrale als Systemkomponente, einer Bandsperre und Schalt- und Jalousieaktoren besteht.

8.4.1.1 Systemkomponenten

Abb. 8.26 Rademacher Homeline-Zentrale

Die Homeline-Zentrale stellt den zentralen Systembaustein dar (vgl. Abb. 8.26). Die Zentrale wird über ein Kabel in eine Steckdose gesteckt und kommuniziert darüber mit den einzelnen Busteilnehmern. Über einen Modemanschluss kann auch eine Fernbedienung über eine serielle Schnittstelle erfolgen, während über eine weitere serielle Schnittstelle das System parametriert oder visualisiert werden kann. Des Weiteren ist wie bereits bei X10 oder KNX/EIB-Powernet eine Bandsperre und gegebenenfalls ein Phasenkoppler bei mehr als einer Phase erforderlich.

8.4.1.2 Sensoren/Aktoren

Sensoren und Aktoren sind bei Rademacher Homeline bzw. Contronics Homeputer kombinierte Geräte, die in der tiefen Unterputzdose verbaut werden. Ein Homeline-Modul verfügt über ein oder zwei Eingänge, an denen Taster angeschlossen werden können und zwei Relais. Damit lassen sich durch Umkonfiguration der Hardware oder direkten Kauf zwei Schaltaktoren oder ein Jalousieaktor realisieren (vgl. Abb. 8.27 und Abb. 8.28).

Abb. 8.27 Rademacher-Homeline-Jalousieaktor mit zwei Tastereingängen

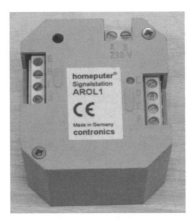

Abb. 8.28 Contronics-Homeputer-Rollladenaktor

8.4.2 Programmierung

Die Programmierung von Homeputer erfolgt über einen PC, der über eine serielle Schnittstelle mit der Zentrale verbunden wird. Während nahezu alle Gebäudeautomationssysteme in der Weise funktionieren, dass in eine Benutzeroberfläche zunächst Geräte aus dem Portfolio des Herstellers übertragen werden und anschließend mit Funktionen belegt werden, geht Rademacher Homeline einen völlig anderen Weg. Der Anwender des Bussystems kann sich zunächst völlig auf seine Anwendung konzentrieren und auf der Basis einer graphischen Oberfläche zunächst seine gesamte Gebäudeautomationsanwendung generieren und simulieren und anschließend den einzelnen Objekten reale Hardware zuweisen. Auf diese Art und Weise besteht die Möglichkeit auf Powerline- oder funkbusbasierte Komponenten zuzugreifen und die Realisierung sukzessive durchzuführen.

In der Benutzeroberfläche von Rademacher Homeline wird unterschieden zwischen Ansichten, Objekten, Typen, Steuereinheit, E/A-Modulen und Einstellungen. Unter Ansichten können eingescannte Gebäudepläne oder -skizzen eingelesen und als Visualisierungshintergründe generiert werden. Auf der Basis dieser Visualisierung erfolgt die Programmierung über sogenannte Objekte. Objekte sind Geräte aus der Gebäudeautomation, d. h. Taster, Schalter, Schaltaktoren, Leuchten etc. Diese Objekte können aus einer bestehenden Bibliothek aufgerufen werden und beinhalten neben dem Schaltverhalten, z. B. Schalter an/aus, Leuchte an/aus, Rollladen oben/unten/Mitte, auch die zugeordneten Bitmaps, die in der Visualisierung angezeigt werden. Bei Nichtgefallen des zugeordneten Bitmaps können diese geändert oder mit einem Zeichenprogramm selbst erstellt werden. Sollten die vorliegenden Typen nicht ausreichen, können z. B. Bügeleisen als neue Objekttypen unter Typen angelegt und mit eigenen Bitmaps angelegt werden. Unter Steuereinheit wird die zu wählende Steuereinheit ausgewählt und parametriert. Während Objekte irreale Elemente der Gebäudeautomation zunächst ohne Hardware-Bezug darstellen, wird unter E/A-Module die reale Hardware angelegt und kann über dieses Menü mit den irrealen Objekten verknüpft werden. Weitere Einstellungen, wie z. B. Pfade etc., werden unter Einstellungen zugewiesen.

Begonnen wird bei der Realisierung einer Gebäudeautomationsanwendung mit den Ansichten (vgl. Abb. 8.29).

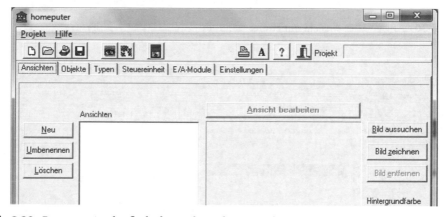

Abb. 8.29 Programmieroberfläche bei Rademacher Homeline

Ansichten werden über den Mausbutton „Neu" neu angelegt und mit einem entsprechenden Namen, wie z. B. Erdgeschoss oder EG versehen. Im nächsten Schritt können aus einem vorbereiteten Fundus an Bitmaps die passenden Bilder zugewiesen werden. Durch Zugriff auf das Windows-Programm Paint oder andere können Ansichten auch direkt aus der Oberfläche erstellt werden (vgl. Abb. 8.30).

Im nächsten Schritt werden unter „Objekte" die einzelnen Gebäudeautomationselemente, wie z. B. Taster und Leuchten über „Neu" angelegt und können über „Bearbeiten" parametrisiert werden (vgl. Abb. 8.31).

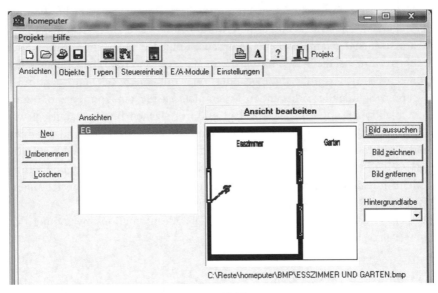

Abb. 8.30 Anlage einer Ansicht mit Hintergrundbild

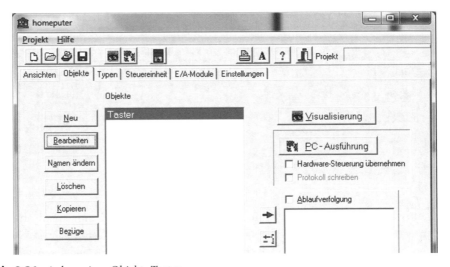

Abb. 8.31 Anlage eines Objekts Taster

Die weitere Parametrierung ermöglicht die Änderung des Verhaltens der Ikone des Ge-
bäudeautomationselements, die nähere Bezeichnung, die Änderung der den Funktionen
zugewiesenen Bitmaps (vgl. Abb. 8.32).

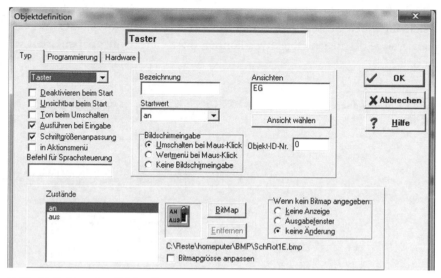

Abb. 8.32 Definition des Objekts Taster

Auf die gleiche Art und Weise wird auch die zugehörige Leuchte generiert und parametriert (vgl. Abb. 8.33).

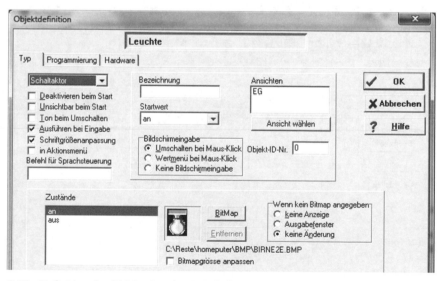

Abb. 8.33 Definition des Objekts Leuchte/Schaltaktor

Die Neuanlage eines Objekttyps erfolgt über „Typen". Hierzu ist zunächst festzulegen, ob es sich um einen Sensor, Aktor oder ein beliebiges Ein-/Ausgabe-Objekt handelt. Nach der Anlage des neuen Objekttyps können diese Objekttypen parametriert werden (vgl. Abb. 8.34).

Abb. 8.34 Anlage weiterer Systemtypen

Hierzu werden den neuen Objekttypen Zustände, wie z. B. an/aus, links/rechts, oben/unten und jedem einzelnen Zustand Bitmaps zugewiesen, die den Objektzustand repräsentieren (vgl. Abb. 8.35).

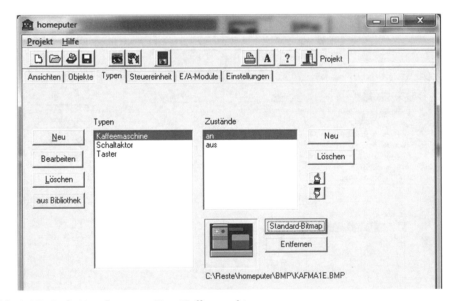

Abb. 8.35 Definition des neuen Typs Kaffeemaschine

Sind alle Objekte zunächst angelegt, können den Ansichten die angelegten Objekte zugewiesen werden, dabei können Objekte auch mehreren Ansichten zugewiesen werden.

Hierzu wird „Ansicht bearbeiten" aufgerufen und darin unter „Objekte" die Objektliste aufgerufen. Darüber hinaus können weitere Objekte in der jeweiligen Ansicht auch direkt über „Neues Objekt" angelegt werden (vgl. Abb. 8.36).

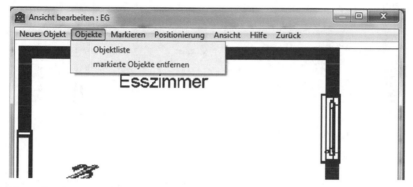

Abb. 8.36   Einbinden von Objekten in einer Ansicht

Aus der Objektliste werden die in der Ansicht zu platzierenden Elemente durch Mausklick ausgewählt (vgl. Abb. 8.37).

Abb. 8.37   Auswahl von Objekten für die Ansicht

Die einzelnen Objekte können nun in der Ansicht an die richtige Stelle verschoben werden (vgl. Abb. 8.38).

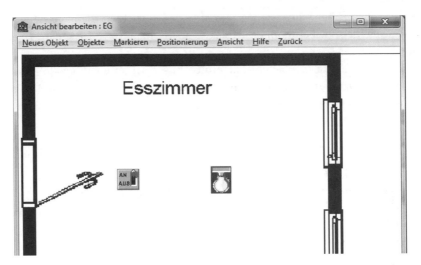

Abb. 8.38 Positionierung der Elemente mit der Maus

Im nächsten Schritt können den in der Visualisierung verbauten Objekten Funktionen zugewiesen werden. Hierzu stehen die beiden Möglichkeiten der Event- oder Zeitsteuerung ähnlich einer SPS zur Verfügung. Bei Zeitsteuerung können Funktionen zu bestimmten Zeit, z. B. alle x Sekunden, täglich etc. ausgeführt werden. Die Eventsteuerung erfolgt z. B. bei Betätigung eines Sensors oder nach Ablauf eines Prozesses. Im vorliegenden Falle soll der Schaltaktor, d. h. die Leuchte, sich so verhalten, wie der zugewiesene Schalter. Zur Unterstützung der Programmierung kann aus einem Menü „Objekte/Var." auf bereits angelegte Objekte rückgegriffen oder über „Anweisung" ein passender Befehl ausgewählt werden. Damit ist die Programmiermöglichkeit sehr komfortabel (vgl. Abb. 8.39).

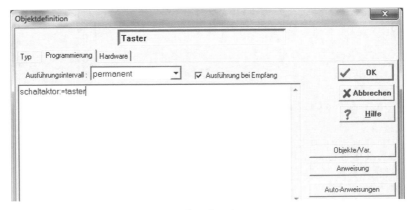

Abb. 8.39 Programmierung der Funktion über den Taster

Nach Anlage der Objekte in der Visualisierung kann die Gebäudeautomation als Simulation gestartet werden, hierbei muss die Zentrale noch nicht real vorhanden sein (vgl. Abb. 8.40).

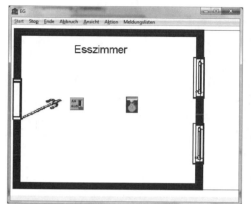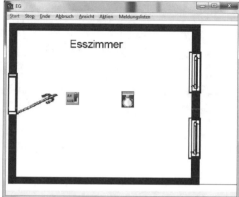

Abb. 8.40   Test der Funktion über Simulation durch Betätigung des Schalters

Zwischen den Ansichten kann gewechselt werden und darin der Schalter betätigt werden. Je nach Stellung des visualisierten Schalters ist die Leuchte an oder aus. Sollte der Aktor über einen Taster bedient werden, kann der Aktor auch direkt in der Visualisierung geschaltet werden, beim Schalter gibt der Zustand dessen direkt den Schaltzustand vor.

Erst wenn die Gebäudeautomation mit Programmierung den Wünschen des Bauherren entspricht, kann mit der Auswahl der Hardware zu den Objekten begonnen werden. Bei Rademacher Homeline war dies lediglich ein Powerline-System, in der Variante Contronics Homeputer konnten zusätzlich ELV-Geräte aus den Serien FS20 und HMS ausgewählt werden.

Die Hardware wird über das Menü „E/A-Module" zugewiesen. Die einzelnen zu konfigurierenden Objekte sind oben links über Mausklick auf die Mauspfeile auszuwählen. Anschließend kann zwischen Powerline und Funk 868 MHz ausgewählt werden. Je nach Auswahl wird bei Funkbus das zuzuordnende Gerät unter Typ ausgewählt und die zugehörige Adresse über Adresse zugewiesen (vgl. Abb. 8.41).

Ähnlich verhält es sich bei Powerline-Geräte. Auch bei diesen stehen mehrere Gerätetypen zur Auswahl bereit, die unter Typ ausgewählt werden. Ebenso wird wie bei Funkbus die gerätespezifische Adresse zugewiesen, in diesem Fall 4. Powerline-Module verfügen im allgemeinen über zwei sensorische Eingänge und zwei aktorische Ausgänge, denen entsprechend vier Objekte zugewiesen werden müssen.

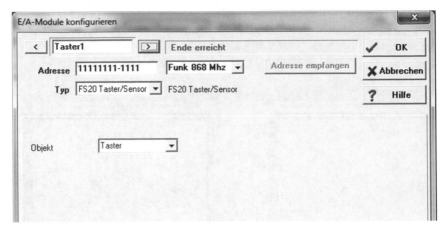

Abb. 8.41 Zuordnung eines FS20-Funksensors zum Objekt Taster

Diese Vorgehensweise ist äußerst komfortabel und wird in dieser Form bei keinem anderen Gebäudeautomationssystem angewendet. Dies betrifft auch den gleichzeitigen Zugriff auf zwei verschiedene Bussysteme. In anderer Form ist dies nur bei IP-Symcon zu finden (vgl. Abb. 8.42 und Abb. 8.43).

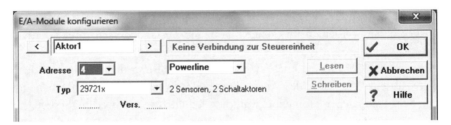

Abb. 8.42 Zuordnung eines Homeline-Moduls zum Objekt Schaltaktor

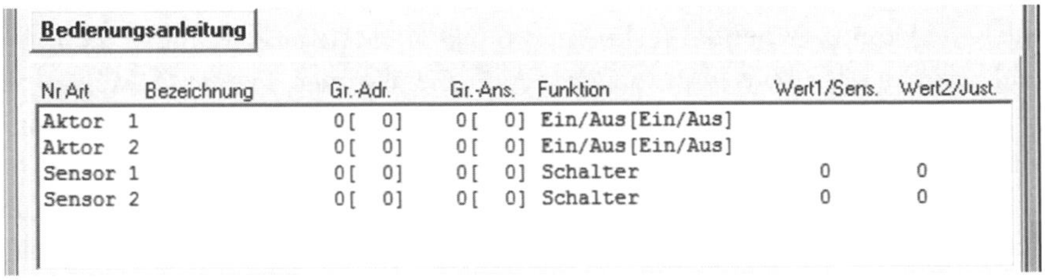

Nr Art		Bezeichnung	Gr.-Adr.	Gr.-Ans.	Funktion	Wert1/Sens.	Wert2/Just.
Aktor	1		0[0]	0[0]	Ein/Aus[Ein/Aus]		
Aktor	2		0[0]	0[0]	Ein/Aus[Ein/Aus]		
Sensor	1		0[0]	0[0]	Schalter	0	0
Sensor	2		0[0]	0[0]	Schalter	0	0

Bedienungsanleitung

Abb. 8.43 Parametrierung der Ein- und Ausgänge des Schaltaktors

Umgekehrt kann die angelegte Hardware auch im Objekte-Menü zugewiesen oder die Zuordnung geändert werden, falls der Einbauort oder der Kanal nicht korrekt parametriert wäre (vgl. Abb. 8.44).

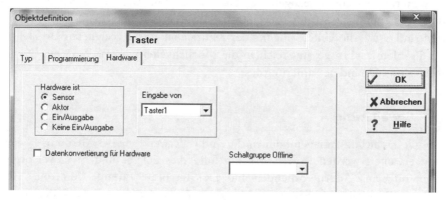

Abb. 8.44 Kontrolle der Hardware zum Objekt-Taster

8.4.3 Analyse

Rademacher Homeline ist ein Gebäudeautomationssystem mit ausgezeichneten Ansätzen, das viel zu früh vom Markt genommen worden ist. Die Programmiervariante über eine graphische Oberfläche mit Simulation wurde bislang bei keinem anderen Bussystem in dieser Form der Trennung von Planung und Programmierung zur Anwendung gebracht. Das Portfolio war bei weitem nicht vollständig, fehlende Geräte wurden aber ähnlich digitalSTROM bereits über Funkbussysteme ergänzt. Durch die konsequente Anwendung der Powerline-Technologie hätte man leicht auf elektronische Haushaltszähler zugreifen können. Leider mussten obige Zeilen im Konjunktiv geschrieben werden, da Rademacher Homeline vollständig eingestellt wurde. Beim Übergang der Homeputer-Software zur ausschließlichen Anwendung bei ELV für die Bussysteme FS20, HMS und FHT und später HomeMatic sowie EM1000 gingen leider einige Vorteile von Homeputer, insbesondere die Trennung von Planung und Ausführung verloren. Von großem Vorteil war zudem, dass sich eine Homeline-Installation direkt über alle Ebenen der Automatisierungspyramide erstreckte.

8.4.4 Neubau

Im Neubaubereich verfügte Rademacher Homeline nur über Geräte für das Schalten von Geräten oder Leuchten, dimmen war nicht möglich. Hinzu kamen Geräte für die Steuerung von Jalousien und Rollläden. Es fehlte zunächst insbesondere das Gewerk HKL. Durch die Erweiterung um FS20 und HMS bei der Variante Contronics Homeputer wurde die Anwendbarkeit erweitert und optimiert. Insgesamt reichte das Portfolio nicht für den Aufbau eines Neubaus aus, hätte aber problemlos erweitert werden können.

8.4.5   Sanierung

Ähnliche Aussagen wie bei Neubau treffen auch für die Sanierung zu. Der Sanierungsaufwand wird ein wenig dadurch reduziert, dass durch die Anwendung von Powerline
keine weiteren Leitungen gezogen werden müssten und weitere Geräte nachgerüstet
werden können, soweit Stromversorgungsleitungen verlegt oder genügend Adern vorhanden sind. Auch die Unterbringung der Zentrale an einem geeigneten Ort stellt kein
großes Problem dar. Insgesamt reichten die Möglichkeiten von Rademacher Homeline
nicht für eine vollständige Sanierung aus.

8.4.6   Erweiterung

Bestehende Homeline-Anlagen können durch die Verwendung des Mediums Powerline
beliebig erweitert werden, soweit das Portfolio dies zulässt und Stromversorgungsleitungen oder freie Adern vorhanden sind. Erst durch die Variante Contronics Homeputer durch Rückgriff auf FS20 und HMS wurden Erweiterungsmöglichkeiten mit breitem Portfolio greifbar.

8.4.7   Nachrüstung

Als Powerline-System in der Variante Homeline kommt das System bedingt, als Variante
Homeputer gut für die Nachrüstung in Frage. Während das FS20- und HMS-System
ständig erweitert wurde, aber den Makel der Unidirektionalität und die allgemeinen
Probleme des Mediums Powerline aufweist, weist Homeline hinsichtlich des Portfolios
große Mängel auf.

8.4.8   Anwendbarkeit für smart-metering-basiertes
　　　　　 Energiemanagement

Die Anwendung von Smart Metering ist problemlos möglich und könnte problemlos
durch neue Komponenten erweitert werden, da ein vorhandener elektrischer Haushaltszähler grundsätzlich durch einen elektronischen ersetzt werden kann und dieser durch
intelligente Funktionalität erweitert werden könnte. Der Energiekunde kann durch Änderung seines Nutzverhaltens seinen Energieverbrauch und damit seine Energiekosten
senken. Durch Anwendung der Homeputer-Software können auch Smart-Smart-
Metering-Anwendungen mit Bezug auf dezentrale Stromkreise realisiert werden, auf
deren Kalkulationsbasis gezielt Schalthandlungen, also z. B. Lastabwurf einzelner Verbraucher, erfolgen. Aufgrund der Verwendung von Powerline-Technologie könnte problemlos ein elektronischer Haushaltszähler an Rademacher Homeline angekoppelt werden. Da der System-Anbieter den Vertrieb und damit die Weiterentwicklung der Software eingestellt hat, kommt Rademacher Homeline nicht mehr für smart-metering-
basiertes Energiemanagement in Frage, obwohl insbesondere die Rechen- und Visualisierungsmöglichkeiten bei Rademacher Homeline überzeugen.

8.4.9   Objektgebäude

Homeline war von vornherein als System für Einfamilienhäuser konzipiert und eignete sich aufgrund eines nicht verfügbaren Backbones nicht für Objektgebäude.

8.5   digitalSTROM

digitalSTROM ist erst seit kurzer Zeit auf dem Markt bzw. wird erst seit kurzem (Stand Mitte 2012) auf dem Gebäudeautomationsmarkt etabliert, nachdem die Markteinführung 2010 rigoros gestoppt wurde. Es eignet sich laut Beschreibung des Herstellers für die Anwendungsbereiche Neubau, Sanierung, Erweiterung und Nachrüstung. Im Rahmen großer Werbekampagnen während der Prototypenphase wurde dem potenziellen Anwender die enorme Funktionalität mit vergleichbar einfachen Geräten suggeriert. Vom Hersteller wurden aktorische Anteile in elektronischen Lüsterklemmen mit Leistungen von 150 W bei Dimmern und 1.400 W bei Schaltaktoren angeboten sowie Zwischenstecker für die Steckdose mit 2.300 W, und sensorische Bestandteile in Verteilerdosen verlagert, die ohne großen Aufwand in vorhandene Stromkreise integriert werden können, da die Bauelemente von der Bauform her sehr klein sind. Um die Smart-Metering-Anwendung von digitalSTROM nutzen zu können, müssen im Stromkreisverteiler sogenannte digitalSTROM-Meter integriert werden, um den jeweiligen Stromkreis sowohl digitalSTROMfähig, als auch hinsichtlich Smart Metering aufzubereiten. Zur Ermöglichung der Interaktion von Funktionen zwischen Stromkreisen werden zusätzlich die digitalSTROM-Meter über einen RS485-Bus zusammengefasst und auf einen digitalSTROM-Server aufgeschaltet. Dieser digitalSTROM-Server ermöglicht erst die eigentlichen übergeordneten Gebäudeautomationsfunktionen, die notwendig sind, um smartmetering-basiertes Energiemanagement zu ermöglichen. Die gesamte Elektroinstallation wird vervollständigt durch digitalSTROM-Filter, um das digitalSTROM-System, das ein Powerline-System ist, vom Versorgungsnetz abzuschotten. digitalSTROM ist ein Powerline-System mit allen bekannten Problemen dieser Medienanwendung. Um digitalSTROM war es seit Mitte 2010 sehr still geworden, vermutlich ist dies darauf zurückzuführen, dass das unter Laborbedingungen entwickelte System durch Störungen im normalen Alltagsbetrieb, z. B. durch Störer wie PC-Systeme, Schaltnetzteile, Energiesparleuchten, Bohr- und Haushaltsmaschinen, nicht verwendbar war und überarbeitet werden musste. Mittlerweile wurden, Stand August 2012, die Probleme behoben und die Markteinführung und Portfolioerweiterung wurde intensiv begonnen.

Soweit die Größe des Stromkreisverteilers es ermöglicht, kann DigitalSTROM im Bereich der Sanierung, Erweiterung und Nachrüstung, wie selbstverständlich auch im Neubaubereich eingesetzt werden. Für einen möglichst optimalen Nutzen bei großer Funktionssicherheit ist jedoch die Aufteilung der Verbraucher auf möglichst viele Einzelstromkreise notwendig, was im Allgemeinen nur bei Neubauten möglich ist.

Prof. Ludger Hovestadt vom Departement Architektur an der ETH Zürich hat digital-STROM mit einem neuartigen Verfahren für die digitale Informationsübertragung über die existierende Stromleitung entwickelt, das erstmals durch einen einzigen integrierten Hochvoltchip realisiert werden kann. Der sogenannte dSID-Chip ist mit einer Größe von nur 6 × 4 mm so klein, dass er als echtes Massenprodukt in jedes elektrische Gerät eingebaut werden kann.

Der Chip bietet eine Fülle von Funktionen und verbraucht im Standby-Modus weniger als 0,3 W. Dies ist ein Zehntel des Verbrauchs des Adapters eines Mobiltelefons, selbst wenn kein Telefon angeschlossen ist. Das Interessante an digitalSTROM ist, dass der Chip die Standby-Funktion aller angeschlossenen Elektrogeräte übernehmen kann und sozusagen einen Stromkreis aufwecken kann.

Das Stromsparpotenzial ist allein schon in der Schweiz, dem Land des Entwicklers von digitalSTROM gewaltig, wenn man die mehr als 300 Millionen elektrischen Geräte berücksichtigt. Schätzungen von Experten gehen davon aus, dass Geräte im Standby-Modus bis zu 10 % am heutigen Stromverbrauch ausmachen. Der neuartige Chip kann zudem den Stromverbrauch einzelner Geräte ermitteln.

Damit der Chip weltweit in neue und bestehende elektrische Geräte eingebaut werden kann, wird ein neuer Standard für elektrische Intelligenz benötigt. Deshalb wurde an der ETH Zürich eine Allianz namens „digital-STROM.org" gegründet. Als großer Partner ist der deutsche Stromversorger Yello Strom GmbH der Allianz beigetreten.

Der digitalSTROM-Chip spart nicht nur Strom, er erhöht auch den Komfort über intelligente Funktionen. So lassen sich alle Lampen einer Anwendungsart (anhand der digitalSTROM-Farbtabelle) mit dem Chip dimmen und individuell ansteuern. Beim Bau eines Hauses wird es in Zukunft nicht mehr notwendig sein zu entscheiden, welche Steckdose mit welchem Schalter zu verbinden ist und die entsprechenden Kabel zu legen. Feriensimulationen (An- und Abstellen von Lampen und Geräten) lassen sich ohne Zusatzinstallationen einrichten.

Geräte, die mit dem Chip ausgerüstet sind, können über den Stromkreislauf miteinander kommunizieren. Defekte Geräte schalten sich automatisch aus. Bei einem Abfall der Netzleistung „sprechen sich die Geräte untereinander" ab, wer wann vom Netz geht. Damit lassen sich Netzzusammenbrüche vermeiden. Sollte es dennoch zu einem Zusammenbruch kommen, wird dieser weniger lang dauern, da nicht alle Geräte gleichzeitig versuchen, sich wieder einzuschalten.

8.5.1 Typische Geräte

Typische Geräte sind Systemkomponenten, Sensoren und Aktoren, wobei Aktoren auch mit Sensoren zusammengeführt sein können.

8.5.1.1 Systemkomponenten

Prinzipiell funktionieren digitalSTROM-Sensoren und Aktoren auch ohne zusätzliche Systemkomponenten. Ein erweiterter Funktionsumfang, der auch Smart Metering ermöglicht, ist nur durch Systemkomponenten möglich.

Der sogenannte digitalSTROM-Meter macht einen einzelnen Stromkreis im Stromkreisverteiler digitalSTROM-fähig. Der dS-Meter öffnet eine Stromkreislinie und ermöglicht die erweiterte Kommunikation zwischen digitalSTROM-Geräten in dieser Linie. Darüber hinaus erfasst der dS-Meter auch den Stromverbrauch oder die Leistung im betreffenden Stromkreis (vgl. Abb. 8.45).

Abb. 8.45 digitalSTROM-Meter

Der digitalSTROM-Meter wird im Stromkreisverteiler eingebaut und dort verschaltet, anschließend wird die Phasenverbindung zum Stromkreis aufgeteilt und über den dS-Meter geleitet, der dS-Meter fungiert in einfachster Variante wie ein Strom-Messgerät in Verbindung mit der Spannung zwischen L und N. Im Stromkreis können prinzipiell einige hundert digitalSTROM-Geräte betrieben werden (vgl. Abb. 8.46).

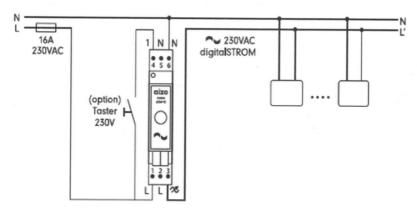

Abb. 8.46 Verschaltung des dS-Meters mit dem Stromkreis [AIZO]

Erweitert wie die digitalSTROM-Installation um einen dS-Server. Dieser ist ein sehr kleiner PC, der zum einen die Kommunikation zum digitalSTROM-System über einen Web-UI ermöglicht, als auch die Kommunikation zwischen den einzelnen dS-Metern realisiert (vgl. Abb. 8.47).

Abb. 8.47 digitalSTROM-Server

Die Kommunikation zwischen dem dS-Server und den zugeordneten dS-Metern erfolgt über einen zweiadrigen RS485-Bus. Über die dS-Meter werden wiederum die einzelnen digitalSTROM-Geräte mit dem dS-Server verbunden. Der gesamte RS485-Bus ist am dS-Server und letzten dS-Meter mit einem Abschlusswiderstand abgeschlossen. Die Widerstände liegen dem dS-Server und dS-Meter bei. Über den digitalSTROM-Server erhält der Hausbesitzer bidirektional Zugriff auf alle digitalSTROM-Klemmen (vgl. Abb. 8.48).

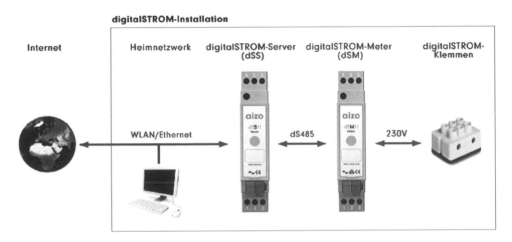

Abb. 8.48 Kommunikationsstruktur von digitalSTROM [AIZO]

Der gesamte digitalSTROM-Systemaufbau ist folgender Graphik zu entnehmen. Er ist im zentralen Stromkreisverteiler oder bei verzweigtem RS485-Bus auch in dezentralen Stromkreisverteilern verbaut (vgl. Abb. 8.49).

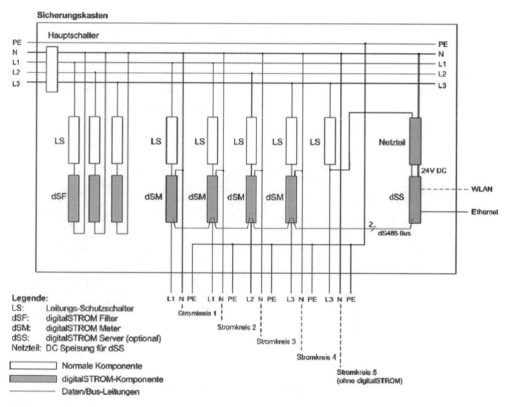

Abb. 8.49   digitalSTROM-Gesamtsystem mit fünf einzelnen Stromkreisen [AIZO]

Abb. 8.50   digitalSTROM-Filter

Vervollständigt werden die Systemkomponenten um den digitalSTROM-Filter, der im wesentlichen einer Bandsperre, wie z. B. bei X10, entspricht (vgl. Abb. 8.50).

Ein handelsübliches 24-V-Netzteil geringer Leistung eines beliebigen Lieferanten versorgt den digitalSTROM-Server mit elektrischer Energie.

8.5.1.2 Sensoren

Sensorische Elemente im digitalSTROM-System sind derzeit auf einige wenige Tasterklemmen mit einem, zwei oder vier Eingängen zum Anschluss von z. B. Tasten reduziert, an denen jedoch auch Kontakte angeschlossen werden können. Die Tasterklemmen sind Abwandlungen der Standard-digitalSTROM-Aktoren ohne Leistungsteil. Der digital-STROM-Chip ist in einem etwas überdimensionierten Lüsterklemmengehäuse verbaut (vgl. Abb. 8.51 und Abb. 8.52).

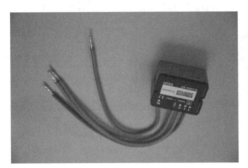

Abb. 8.51 digitalSTROM-Tastereingang mit zwei und vier Tastereingängen

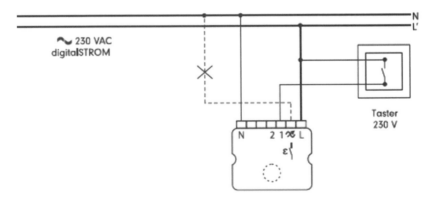

Abb. 8.52 Verschaltung einer digitalSTROM-Tasterklemme mit einem oder zwei Tasteingängen [AIZO]

Die Funktionszuordnung erhalten die digitalSTROM-Klemmen entsprechend ihrer Farbe sowie einer erweiterten Parametrierung über den dS-Server, die sozusagen die Gruppenadresse im KNX/EIB emuliert. Geräte mit gleicher Farbe kommunizieren innerhalb eines Stromkreises direkt miteinander.

Derzeit sind Geräte mit den Farben Weiß, Magenta, Rot, Grün, Gelb, Grau, Blau und Cyan vorhanden, womit die Funktionalitäten Haushaltsgerät, Video, Sicherheit, Zugang, Licht, Schatten, Klima, Audio und Joker abgebildet werden können. Bei einigen Geräten können die spezifizierten Farben weiter kaskadiert werden (vgl. Abb. 8.53).

Abb. 8.53   digitalSTROM-Lüsterklemmengehäuse mit verschiedenen Funktionen [AIZO]

Die einzelnen Funktionen sind Abb. 8.54 zu entnehmen.

Farbe	Gruppe	Beispiele
Gelb	Licht	Leuchten
Grau	Schatten	Sichtschutz, Jalousien, Rollladen
Blau	Klima	Heizung, Klima, Lüftung
Cyan	Audio	Radio, CD-Player
Magenta	Video	Fernseher, Projektor, DVD-Player
Rot	Sicherheit	Schutzfunktionen, Brand- und Einbruchsmelder
Grün	Zugang	Klingel, Türöffner
Weiss	Haushaltsgeräte	Herd, Waschmaschine, Kühlschrank
Schwarz	Joker	freie Verwendung

Abb. 8.54   Übersicht über Farbe, Gruppe und Funktionalität bei digitalSTROM [AIZO]

8.5.1.3 Aktoren (mit integriertem Sensor)

Aktorische Elemente basieren zum einen auf Gehäusen, die Schnurschaltern oder -dim-
mern entsprechen, und auch für diesen Anwendungszweck vorgesehen sind. Die Geräte
werden in die Zuleitung zu einer Leuchte oder einem Gerät verbaut und können direkt
über das Gerät mit verschiedenen Funktionsarten bedient werden. Darüber hinaus besteht die Möglichkeit der Ansteuerung anderer Geräte entsprechend der Farbtabelle oder
der Schaltung aus dem digitalSTROM-System heraus (vgl. Abb. 8.55 und Abb. 8.56).

Abb. 8.55 digitalSTROM-Schnurschalter für generelle Funktionen

Abb. 8.56 digitalSTROM-Schnurschalter für Alarmauslösung (Paniktaster)

Alle weiteren Gerätetypen sind auf der Basis etwas überdimensionierter Lüsterklemmengehäuse aufgebaut, die mit oder ohne Kabelanschlüsse geliefert werden. Aufgrund der
geringen Größe passen diese Geräte gut in Verteiler- oder Schalterdosen normaler Größe
(vgl. Abb. 8.57 und Abb. 8.58).

Abb. 8.57   digitalSTROM-Gerät für die Lichtsteuerung (gelb) als Dimmer mit Kabelanschluss

Abb. 8.58   digitalSTROM-Gerät für die Lichtsteuerung als Dimmer mit Klemmenanschluss

Je nach Verwendung bieten sich die Geräte mit Klemmenanschluss entsprechend einer normalen Lüsterklemme zum direkten Anschluss einer Lampe an, während diejenige mit Kabelanschluss eher für Dosen vorgesehen ist (vgl. Abb. 8.59).

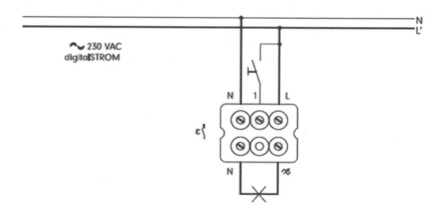

Abb. 8.59   Verschaltung eines digitalSTROM-Aktors mit Lampe und Taster [AIZO]

Das digitalSTROM-Gerät mit Klemmen ersetzt direkt die normale Lüsterklemme beim Anschluss einer Lampe (vgl. Abb. 8.60).

Abb. 8.60 Anschluss einer Lampe an ein digitalSTROM-Gerät [AIZO]

Die Funktionsauswahl zwischen Schalten und Dimmen wird über gezielte Betätigung der Taster direkt am Gerät definiert. Neben Lampen, die normal gedimmt werden können, ist es bei digitalSTROM auch möglich dimmbare Energiespar- und LED-Lampen zu dimmen.

Die standardmäßige Funktion der Tastereingabe besteht aus gewöhnungsbedürftiger Tasterbedienung, von denen der nicht eingewiesene Nutzer eher nur den Befehl des kurzen Drückens benutzen wird, während der wissende Hausbesitzer auch die Befehl langer Tastendruck und mehrfacher Tastendruck sinnvoll einsetzen wird (vgl. Abb. 8.61).

Verhalten der Leuchten bei Tastereingaben

Aktueller Zustand	Taster	Aktion der Lampen
Licht ist aus	1 x kurz drücken	Licht geht an (Szene 1)
Licht ist an (Szene 1 - 4)	1 x kurz drücken	Licht geht aus
Licht ist an (Szene 1 - 4)	lang drücken	Aktuelle Szene wird gedimmt. Abwechselnd hoch und runter dimmen, wechselt nach jedem langen Drücken.
Aus oder Szene 1 - 4	2 x kurz drücken	Szene 2
Aus oder Szene 1 - 4	3 x kurz drücken	Szene 3
Aus oder Szene 1 - 4	4 x kurz drücken	Szene 4

Abb. 8.61 Funktionalitäten der Tastfunktion eines digitalSTROM-Geräts [AIZO]

Neben den gelben Geräten sind wie bereits beschrieben auch Geräte für andere Funktionen erhältlich, die dieselbe Bauform aufweisen (vgl. Abb. 8.62).

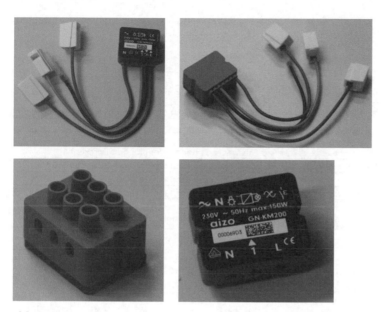

Abb. 8.62   Grüne digitalSTROM-Geräte für die Funktionalität Klingel, Gong, Türöffner

Darüber hinaus sind Geräte für die Funktion von Jalousien und Rollläden in grauer Farbe erhältlich, die Bauformen sind ein wenig anders, da das Leistungsteil durch ein baumäßig etwas größeres Relais ersetzt wird (vgl. Abb. 8.63)

Abb. 8.63   digitalSTROM-Geräte mit Relais (grau und schwarz)

Die Funktionalitäten von Jalousien und Rollläden sind wie beim Licht mit einfacher (kurz drücken) und komplexer Bedienart verbunden (vgl. Abb. 8.64).

Verhalten der Rollladen- oder Jalousienmotoren bei Tastereingaben

Aktueller Zustand	Taster	Aktion der Motoren
Motor läuft nicht	1 x kurz drücken	Rollladen/Jalousie fährt die Position der Szene 1 an
Motor läuft	1 x kurz drücken	Motor stoppt
Motor läuft nicht	1 x lang drücken	Motor fährt so lange, wie gedrückt wird: auf oder ab (auf/ab wechselt nach jedem langen Drücken).
Motor läuft nicht	2 x kurz drücken	Rollladen/Jalousie fährt die Position der Szene 2 an
Motor läuft nicht	3 x kurz drücken	Rollladen/Jalousie fährt die Position der Szene 3 an
Motor läuft nicht	4 x kurz drücken	Rollladen/Jalousie fährt die Position der Szene 4 an

Abb. 8.64 Funktionalität von digitalSTROM-Geräten für Jalousien und Rollläaden [AIZO]

Neben den Geräten in Klemmenform sind als weitere reine Aktorgeräte auch Zwischenstecker für die Steckdose erhältlich (vgl. Abb. 8.65).

Abb. 8.65 Zwischenstecker als Schaltaktor für digitalSTROM

Als Gesamtsystem stellt sich ein digitalSTROM-System an einem digitalSTROM-Meter wie folgt dar (vgl. Abb. 8.66).

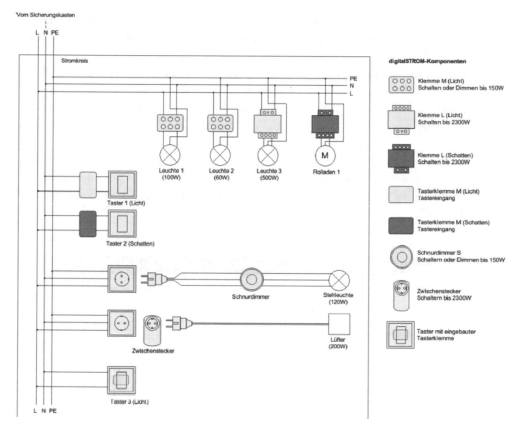

Abb. 8.66   Gesamtsystem von digitalSTROM-Geräten in einem Stromkreis [AIZO]

8.5.2   Programmierung/Software

Die grundsätzliche Programmierung des digitalSTROM-Systems erfolgt bereits durch die Auswahl bestimmter Klemmenfarben. Übergeordnete Funktionen werden über den digitalSTROM-Server programmiert.

8.5.2.1 Programmierung des digitalSTROM-Servers

Software zur Programmierung von digitalSTROM ist prinzipiell nicht notwendig und beschränkt sich bei komplexer Programmierung auf einen Internet-Browser unter Windows oder einem anderen Betriebssystem, das einen Internet-Browser bietet. Einfachste Programmierung ist auch ohne Programmierung und digitalSTROM-Server und -Meter möglich, indem konsequent in einem Stromkreis die digitalSTROM-Farbenlehre verwendet wird. Der Programmieraufwand reduziert sich auf Parametrierung, die durch Tasteneingaben am Gerät ausgeführt wird.

Sollen komplexere Systeme aufgebaut werden, sind digitalSTROM-Meter hinzu-
zunehmen, die die einzelnen Stromkreise voneinander und damit auch funktionsmäßig
trennen. Auch dafür ist keine Programmierung erforderlich.

Erst wenn die übrigen Ebenen der Automatisierungspyramide und Smart Metering
oder Stromkreise funktionsmäßig miteinander verbunden werden, ist ein digital-
STROM-Server erforderlich, der wiederum eine komplexe Programmierung ermöglicht
und auch Zugriff auf das Metering sowohl der digitalSTROM-Meter, als auch der einzelnen Aktoren hat.

Die Programmierung des digtalSTROM-Servers erfolgt über einen Browser. Die
Adresse wird standardmäßig über DHCP zugewiesen. Nach Eingabe der Internetadresse
sind Benutzername und Passwort einzutragen, initial sind dies dssadmin und dssadmin
(vgl. Abb. 8.67).

Abb. 8.67   Anmeldung am digitalSTROM-Server

Anschließend öffnet sich der digitalSTROM-Server. In der Standardansicht sind Reiter
für Apps, Aktivitäten, Räume und Hilfe enthalten (vgl. Abb. 8.68).

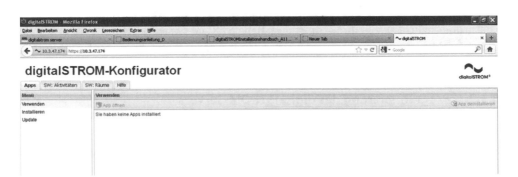

Abb. 8.68   digitalSTROM-Konfigurator in der Standardansicht

Nach dem ersten Aufruf des Konfigurators sind Standardeinstellungen zu tätigen und zwingend zunächst ein Update des dS-Servers und der dS-Meter vorzunehmen (vgl. Abb. 8.69).

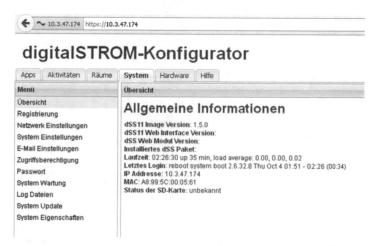

Abb. 8.69   Allgemeine Informationen in der Ansicht „Übersicht"

Die per DHCP zugewiesene Adressierung kann über „Netzwerk-Einstellungen" auf eine statische Adresse geändert werden (vgl. Abb. 8.70).

Abb. 8.70   Änderung der Netzwerkeinstellungen

Zwischen DHCP und statischer Zuweisung kann durch Mausklick gewechselt werden, damit werden die Eingaben ermöglicht (vgl. Abb. 8.71).

Abb. 8.71 Vergabe der Netzwerkadresse

Wie bei einem Ethernet-System üblich sind IP-Adresse, Netzmaske, Gateway und DNS-Server zu definieren, um Zugang zum Internet zu erhalten. Als weitere Einstellungen sind unter „System-Einstellungen" der System-Name, Zeitzone und anderes einstellbar (vgl. Abb. 8.71).

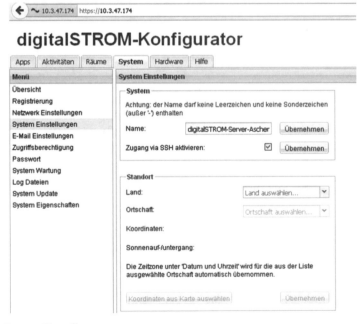

Abb. 8.72 System-Einstellungen

Abb. 8.73 Apartment-Adresse

Sollen mehrere digitalSTROM-Systeme in einer größeren Anlage, z. B. in einem Miets-haus genutzt werden, können mehrere digitalSTROM-Server in einem Netzwerk zu-sammengefasst werden und erhalten jeweils separate Apartment-Adressen. Diese Vor-gehensweise ist vergleichbar mit der System-ID bei KNX/EIB-Powerline (vgl. Abb. 8.73).

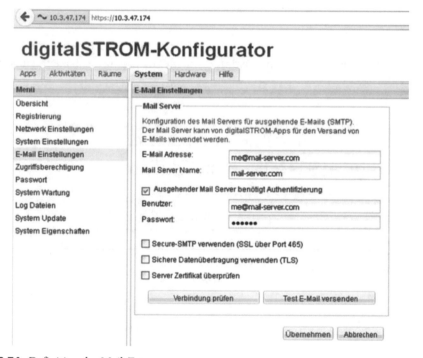

Abb. 8.74 Definition des Mail-Zugangs

Die erweiterten Funktionen über Apps erlauben auch das automatisierte Versenden von E-Mails, hierzu ist der Mail-Server zu definieren (vgl. Abb. 8.74).

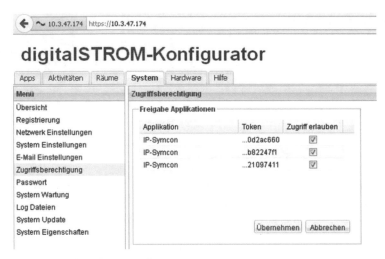

Abb. 8.75 Freigabe in digitalSTROM für externe Systeme

Sollen externe Systeme, wie z. B. IP-Symcon, auf digitalSTROM zugreifen, müssen unter Zugriffsberechtigung die Freigabe-Definitionen, der sogenannte Token, eingetragen werden (vgl. Abb. 8.75).

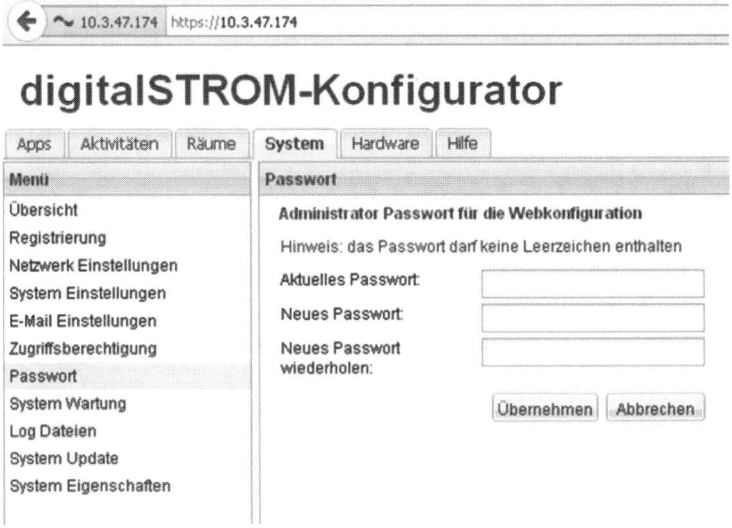

Abb. 8.76 Absicherung des Systems gegen Unbefugte

Das digitalSTROM-System kann gegen Zugriff Unbefugter abgesichert werden, aber auch die Programmierung des Elektroinstallateurs durch ein Passwort gegenüber Unbefugten sperren (vgl. Abb. 8.76).

Abb. 8.77   Sicherung der Konfiguration

Die gesamte Konfiguration und Programmierung kann in einer Datei abgelegt werden, damit wird eine Systemwiederherstelllung direkt im System ermöglicht (vgl. Abb. 8.77).

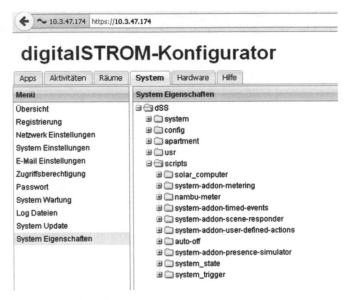

Abb. 8.78 Dateisystem des digitalSTROM-Servers

Da es sich beim digitalSTROM-System um ein Linux-System handelt, werden alle der Konfiguration und dem Betrieb zugrundeliegenden Daten in einem Dateiverzeichnis abgelegt. In diesem Dateisystem befinden sich auch die Programmdaten der installierten Apps.

Nach Konfiguration des digitalSTROM-Servers kann das gesamte System in Betrieb genommen werden. Es empfiehlt sich die Verbindung zu allen digitalSTROM-Busteilnehmern über die digitalSTROM-Meter erst nach dem Update herzustellen, damit die Busteilnehmer korrekt erkannt und konfiguriert werden können. Die Meter fragen umgehend die zugehörigen Stromkreise nach Teilnehmern ab und stellen diese im Konfigurator dar (vgl. Abb. 8.79).

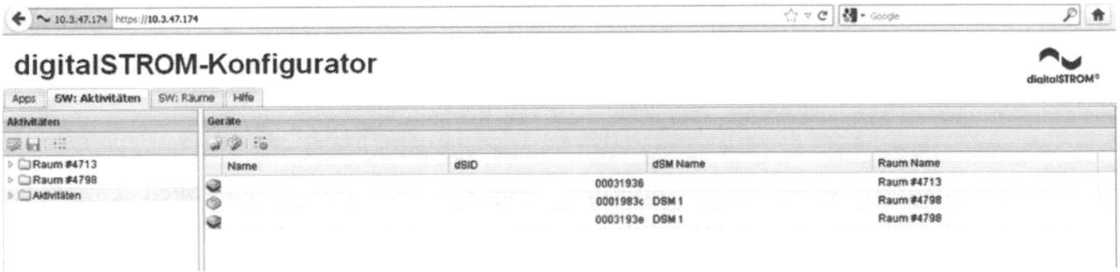

Abb. 8.79 Konfiguratoransicht mit neuen Busteilnehmern

Die einzelnen Stromkreise sind Metern zugeordnet und erhalten eine fest vorgegebene Benennung in Form einer Nummer, diese kann anschließend durch Umbenennung geeignet beschriftet werden (vgl. Abb. 8.80).

Abb. 8.80 Umbenennung der
Topologie de digitalSTROM-Systems

Die weitere Konfiguration mit Änderungen an der Hardware sollte in der erweiterten Ansicht erfolgen. Hierzu kann mit der Maus zwischen Standard- und erweiterter Ansicht gewechselt werden. Erkennbar ist die erweiterte Ansicht an den Reitern System und Hardware. Damit besteht ähnlich der ETS bei KNX/EIB der Zugriff auf eine Gebäudetopologie unter Räume und der Netzwerktopologie unter Hardware. In der Netzwerktopologie befinden sich die digitalSTROM-Meter DSM, zu denen nach Mausklick die gefundenen Teilnehmer in einer Tabelle angezeigt werden können. Die digitalSTROM-Meter können entsprechend dem zugeordneten Stromkreis umbenannt werden. Für jeden Stromkreis wird die Anzahl der digitalSTROM-Teilnehmer im Stromkreis sowie die aktuelle Leistung im Stromkreis angezeigt (vgl. Abb. 8.81).

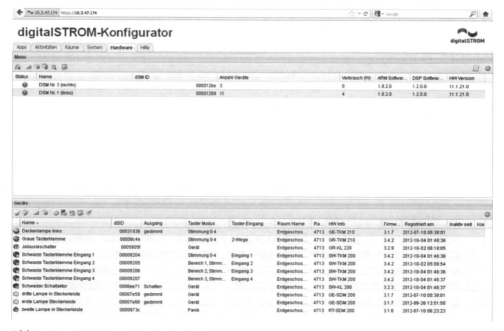

Abb. 8.81 Netzwerk-Topologie-Ansicht

Im Beispiel wurden die Namen bereits geändert. Eine Zuordnung zum Gerät in der Anlage kann anhand der Ikone und der Farbe erfolgen. Des Weiteren kann das Gerät aufgespürt werden, indem das angeschlossene Gerät (Leuchte) zum Blinken aufgefordert oder der Gerätewert geändert wird.

Weitere Konfiguration oder Überprüfung kann erfolgen bezüglich Übertragungsqualität, Gerätestatus, Geräteeigenschaften, Benennung und Kommentar (vgl. Abb. 8.82).

Abb. 8.82 Konfiguration und Bedienung eines Geräts

Über Geräteeinstellungen kann das Gerät auf der Grundlage der Funktionalität bedient werden (vgl. Abb. 8.83).

Abb. 8.83 Bedienung von Schalt-/Dimmaktor und Jalousieschalter über Geräteeinstellungen

Schalt-/Dimmaktoren können ein- und ausgeschaltet, gedimmt und hinsichtlich der Intensität beeinflusst werden, beim Jalousieaktor kann die Jalousie auf- und abgefahren, auf eine gezielte Höhe gefahren und im Tippbetrieb die Lamellenöffnung gestellt werden.

Um das Verhalten der Teilnehmer in der Anlage auf der Basis der Standardeinstellungen entsprechend der zuzuordnenden Eigenschaften zu ändern, können die Geräteeigenschaften modifiziert werden. So erhalten frei konfigurierbare Teilnehmer, wie z. B. Zwischenstecker und Jokergeräte die grundlegende Zuordnung zu einer Farbgruppe, was im Wesentlichen den Gruppenadressen bei KNX/EIB entspricht. Entgegen der Willkür bei KNX/EIB durch zwei- und dreistufiges Gruppenadressenkonzept und die für Gebäude große Anzahl zuordbarer Gruppenadressen, werden bei digitalSTROM gezielt nur wenige Basisgruppen in Form von Farben angeboten, die zum Teil noch weiter aufgeteilt werden können (vgl. Abb. 8.84).

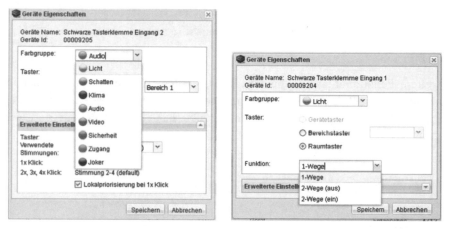

Abb. 8.84 Änderung der Geräteeigenschaften hinsichtlich Farbe und Tasterverhalten

Das Geräteverhalten kann hinsichtlich des Tastverhaltens in Bezug auf die Funktionalität als Gerätetaster, der direkten Einfluss auf den Aktor hat, Bereichstaster mit übergeordneten Funktionalitäten und Raumtaster bezogen auf den zugeordneten Stromkreis angepasst werden. Der Schalt-/Dimmaktor kann als Schalt- oder Dimmaktor parametriert werden oder deaktiviert werden, wenn nur der Taster aktiv sein soll. Hinsichtlich der Funktionalität können neben der Basis-Farbgruppe auch vier weitere Gruppenadressen parametriert werden. Damit können auch Stromkreise mit vielen Teilnehmern bzw. unterschiedlichen Funktionen parametriert werden. Im digitalSTROM-System wird diese Funktionalität mit Stimmung bezeichnet (vgl. Abb. 8.85).

Abb. 8.85 Schalter-, Funktions- und Tasterzuordnungs-Änderung

Die weitere Funktionalität der digitalSTROM-Module ist geräteabhängig. So können Tastmodule mit mehreren Eingängen hinsichtlich des Tastverhaltens (einzeln/kombiniert) und Schaltaktoren hinsichtlich des Schaltverhaltens näher parametriert werden (vgl. Abb. 8.86).

Abb. 8.86 Gerätespezifische Geräteeigenschaften

Die Überprüfung der Übertragungsqualität ist bei weit verzweigten Stromkreisen hinter dem Stromkreisverteiler notwendig, da insbesondere Powerline-Systeme leicht gestört werden können. digitalSTROM bietet in der Konfigurationsoberfläche integriert hierfür ein Tool (vgl. Abb. 8.87).

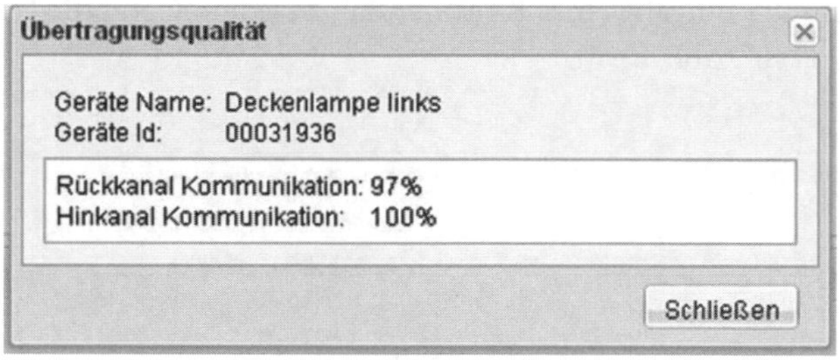

Abb. 8.87 Prüfung der Übertragungsqualität

Je nach Zustand des Stromkreisverteilers können Geräte auch inaktiv sein, z. B. wenn Teile des Stromkreises unterbrochen wurden. Geräte in diesen Stromkreisteilen sind dann unter Umständen wieder verfügbar, werden aber in der Meteransicht in grauer Farbe angezeigt. Der Status dieser Geräte kann durch das Aktualisieren-Tool überprüft und wieder aktiviert werden. Anschließend ist eine Aktualisierung der Konfigurationsoberfläche notwendig (vgl. Abb. 8.88).

Abb. 8.88 Aktualisierung von Teilnehmern

Bereits mehrfach erkennbar war die Umbenennungsmöglichkeit von digitalSTROM-Geräten. Der Name kann beliebig geändert werden und ist dann einfacher in der Anlage verifizierbar (vgl. Abb. 8.89).

Abb. 8.89 Umbenennung
eines Geräts

Zusätzlich kann die Eingabe eines Kommentars zu jedem Gerät die Übersicht über die Anlage verbessern (vgl. Abb. 8.90).

Abb. 8.90   Eingabe von
Kommentaren

Damit ist die Konfiguration des Beispielsystems abgeschlossen. Die untere Darstellung zeigt die beiden durch Benennung konfigurierten digitalSTROM-Meter DSM Nr. 1 und Nr. 2 mit jeweils elf und drei Geräten, wobei zusätzlich der aktuelle Stromverbauch angezeigt wird (vgl. Abb. 8.91).

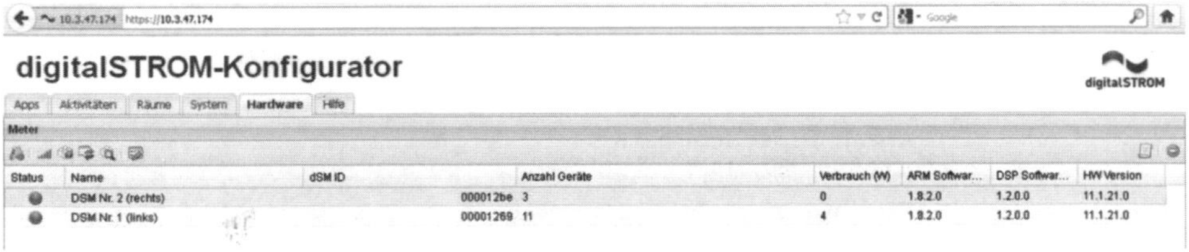

← ～ 10.3.47.174 https://10.3.47.174				☆ ▽ ⦿ ⚙ ▾ Google		🔍 ✦

digitalSTROM-Konfigurator   ～ digitalSTROM

Apps	Aktivitäten	Räume	System	Hardware	Hilfe

Meter

Status	Name	dSM ID	Anzahl Geräte	Verbrauch (W)	ARM Softwar...	DSP Softwar...	HW Version
●	DSM Nr. 2 (rechts)	000012be 3		0	1.8.2.0	1.2.0.0	11.1.21.0
●	DSM Nr. 1 (links)	00001269 11		4	1.8.2.0	1.2.0.0	11.1.21.0

Abb. 8.91   Konfigurierte digitalSTROM-Meter in der Hardware-Ansicht

Dem Meter Nr. 2 sind drei Geräte zugeordnet, dies sind Deckenlampen und ein Zwischenstecker. Auch diese Parametrierung erlaubt eine gute Übersicht über das System und ermöglicht damit eine Online-Dokumentation (vgl. Abb. 8.92).

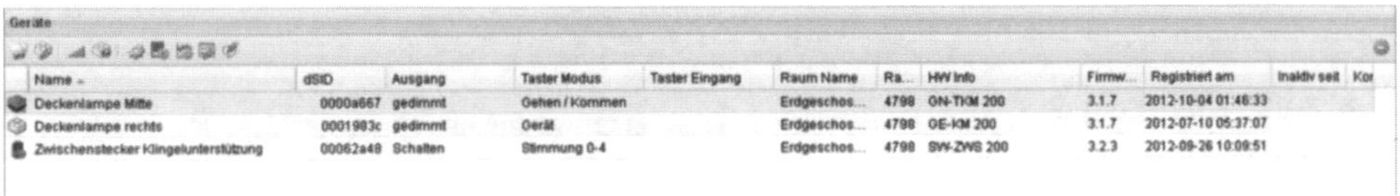

Geräte

Name ▾	dSID	Ausgang	Taster Modus	Taster Eingang	Raum Name	Ra...	HW Info	Firmw...	Registriert am	Inaktiv seit	Kor
Deckenlampe Mitte	0000a667	gedimmt	Gehen / Kommen		Erdgeschos...	4798	ON-TKM 200	3.1.7	2012-10-04 01:46:33		
Deckenlampe rechts	0001983c	gedimmt	Gerät		Erdgeschos...	4798	GE-KM 200	3.1.7	2012-07-10 05:37:07		
Zwischenstecker Klingelunterstützung	00062a49	Schalten	Stimmung 0-4		Erdgeschos...	4798	SW-ZWS 200	3.2.3	2012-09-26 10:09:51		

Abb. 8.92   Geräte in der Linie des Meters Nr. 2 in der Hardwareansicht

Die Ansicht für die Meterlinie Nr. 1 erfolgt in der Räume-Ansicht und unterscheidet sich kaum von der Hardware-Ansicht, hier sind jedoch keine Änderungen möglich. Angezeigt werden elf Geräte, wobei jedoch hardwaremäßig lediglich 8 verbaut wurden. Dies ist darauf zurückzuführen, dass der 4fach-Tasteingang in vier einzelne Taster aufgeteilt wurde, da die einzelnen Tasten zu verschiedenen Einbauorten gehören können. Verwirrung ist hier vorprogrammiert (vgl. Abb. 8.93).

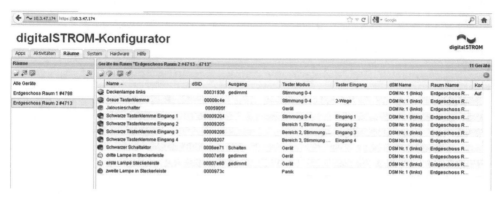

Abb. 8.93 Geräte in der Linie des Meters Nr. 1 in der Räumeansicht

Durch die Gerätekonfiguration mit Farben wurden die Funktionalitäten bereits festgelegt. Durch Aufruf der Aktivitäten-Ansicht werden die Funktionen der einzelnen Stromkreise sichtbar. Bei Auswahl einer Funktion erscheint das zugeordnete Gerät. Dies ist gut vergleichbar mit der Gruppenansicht bei KNX/EIB (vgl. Abb. 8.94).

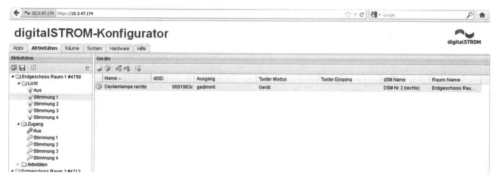

Abb. 8.94 Ansicht der Funktionen in einem Stromkreis

Der Umfang der Funktionen beinhaltet lokale, als auch übergeordnete Funktionen, wie z. B. Standby, Schlafen und Aufwachen (vgl. Abb. 8.95).

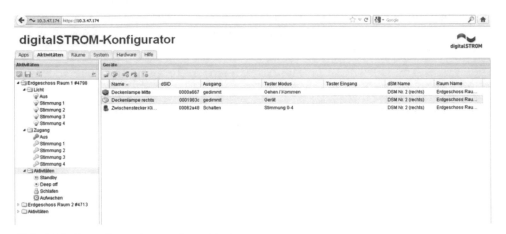

Abb. 8.95 Darstellung übergeordneter Funktion

Bei Änderung der Geräteeigenschaften, in diesem Fall erhält der Zwischenstecker eine Klimafunktion (blau) für einen angeschalteten Ventilator, ändern sich auch die Funktionen in der Aktivitätenansicht (vgl. Abb. 8.96).

Abb. 8.96 Änderung der Funktionalität des Zwischensteckers

Die Darstellung des Geräts Zwischenstecker wechselt auf blau, bei den Aktivitäten wurde Klima hinzugenommen, was wiederum mit fünf Stimmungen, d. h. fünf neuen Gruppenadressen, verbunden ist. Damit ist von der Software her die Raumtemperaturregelung bereits vorgerüstet und kann von extern realisiert werden (vgl. Abb. 8.97).

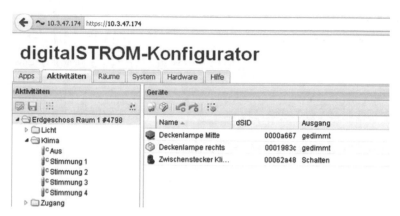

Abb. 8.97 Geänderte Aktivitätenansicht

Durch Änderung der erweiterten Einstellungen auf Stimmung 30–34 werden weitere Funktionen hinzugefügt oder geändert (vgl. Abb. 8.98).

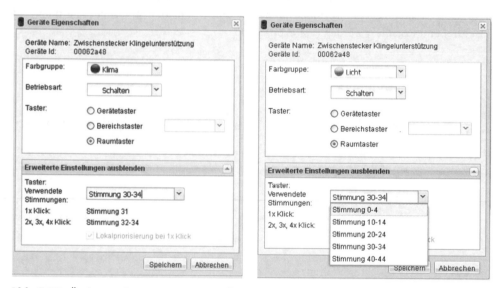

Abb. 8.98 Änderung der erweiterten Einstellungen

Diese Änderungen werden direkt in der Aktivitäten-Ansicht sichtbar. Damit kann die Funktionsübersicht sehr fein und übersichtlich realisiert werden (vgl. Abb. 8.99).

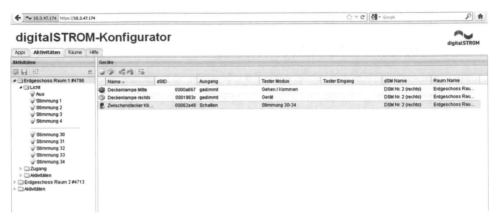

Abb. 8.99 Geänderte Funktionen im Raum 1

8.5.2.2 Erweiterung der Automatisierung um Apps

Die Programmierung des digitalSTROM-Systems kann um sogenannte, vom Smartphone bekannte, Apps erweitert werden. Hierzu kann durch Anwahl von Apps im Kon-
figurationsmenü eine Liste verfügbarer Applikationen aus dem Internet abgerufen und
anschließend installiert werden (vgl. Abb. 8.100).

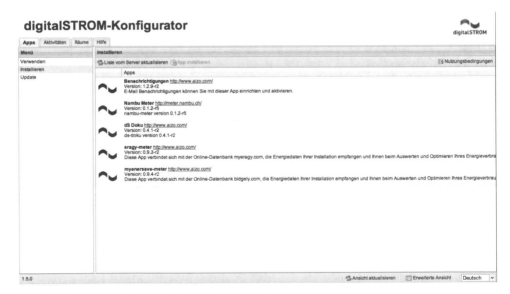

Abb. 8.100 Auswahlmöglichkeit aus verfügbaren Apps

Nach der Installation von Apps werden diese angezeigt und können konfiguriert und anschließend genutzt werden (vgl. Abb. 8.101).

Abb. 8.101   Anzeige installierter Apps

8.5.2.3 Automatisierung und Visualisierung mit IP-Symcon

Weitere Automatisierungs- und Visualisierungsmöglichkeiten bestehen über IP-Symcon. Hierzu ist komfortabel ein IP-Symcon-Konfigurator nutzbar. Nach Aufruf des digitalSTROM-Konfigurators ist zunächst der Zugang zum digitalSTROM-System zu parametrieren. Dies erfolgt recht einfach über die Definition des Zugangs über die Ikone „Blume", es öffnet sich die Parametrierung des digitalSTROM-Splitters. Hier ist lediglich die IP-Adresse des digitalSTROM-Servers einzugeben. Anschließend kommuniziert IP-Symcon mit dem digitalSTROM-Server nach Betätigung von „Request Token" und stellt damit den Zugang zum digitalSTROM-System ein, was bereits unter „Zugriffsberechtigung" im Konfigurator des digitalSTROM-Servers sichtbar war (vgl. Abb. 8.102).

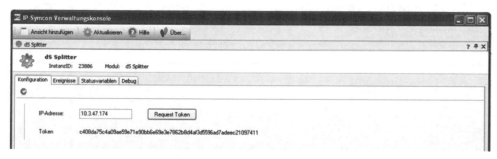

Abb. 8.102   Parametrierung des Zugangs zu digitalSTROM in IP-Symcon

Anschließend können IP-Symcon-üblich die Geräte aus digitalSTROM übernommen und damit erstellt werden, um diese anschließend zu konfigurieren (vgl. Abb. 8.103).

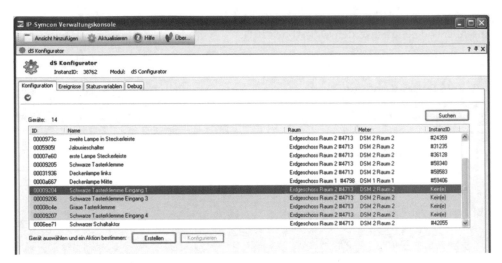

Abb. 8.103 Übernahme von digitalSTROM-Geräten in IP-Symcon

Prinzipiell ist eine Konfiguration der Teilnehmer nicht notwendig, erkennbar sind hier die IDs, die mit der digitalSTROM-Konfiguration abgeglichen werden können und die Testmöglichkeit. Auf diese Art und Weise können digitalSTROM-Geräte durch Eingabe der ID-Nummer aus digitalSTROM auch manuell angelegt werden. Wesentlich komfortabler ist dies jedoch über den Konfigurator unterstützt (vgl. Abb. 8.104).

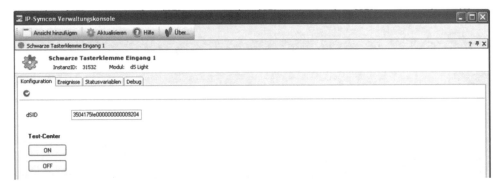

Abb. 8.104 Konfiguration eines digitalSTROM-Geräts in IP-Symcon

Anschließend liegen die neuen digitalSTROM-Geräte in IP-Symcon vor und können in der Topologie an der richtigen Stelle verankert werden. Erkennbar sind die digital-STROM-Geräte am Typ dS-Light oder ähnlich. Schalt-/Dimmaktoren können funktional ein- oder ausgeschaltet oder hinsichtlich der Intensität beeinflusst werden (vgl. Abb. 8.105).

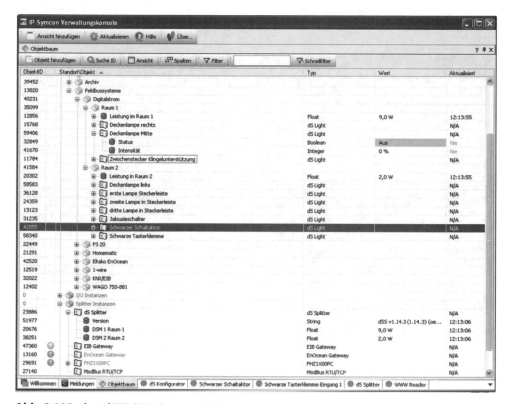

Abb. 8.105 digitalSTROM-Geräte in IP-Symcon

Gleichzeitig mit den neuen Geräten wurden in IP-Symcon unter „dS-Splitter" auch die
digitalSTROM-Meter mit Benennung angelegt. Diese neuen Objekte sind in IP-Symcon
vom Typ Float und ermöglichen den Zugriff auf die Leistungsmessung der digital-
STROM-Meter. Die Variablen können umgespeichert und den Räumen zugewiesen
werden. Damit ist direkt auch Smart Metering mit digitalSTROM in IP-Symcon möglich.

Die Darstellung von digitalSTROM mit dem Smart Metering in IP-Symcon ist IP-
Symcon-typisch (vgl. Abb. 8.106).

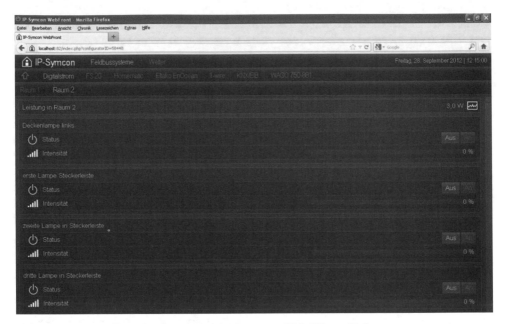

Abb. 8.106 Darstellung der digitalSTROM-Geräte im Web-UI von IP-Symcon

8.5.3 Analyse

DigitalSTROM ist nach einigen Geburtswehen ein modernes und zukunftsorientiertes System, das ausgezeichnet im Neubau und bei Sanierungen, insbesondere jedoch im Bestand eingesetzt werden kann. Da einige sensorische Fähigkeiten fehlen, z. B. Messung von Luftfeuchte, Temperatur, Helligkeit etc., muss auf ein ergänzendes Bussystem auf z. B. Funkbasis zurückgegriffen werden, um den vollständigen, für eine intelligente Gebäudeautomation notwendigen Funktionsumfang auch dort zu erhalten, wo keine Stromleitungen liegen. Durch die Implementierbarkeit in IP-Symcon wird diese Lücke ideal geschlossen und damit auch übergeordnete Automatisierung und Visualisierung ermöglicht. Durch die direkt implementierte Messung von Leistung und Verbrauch in den digitalSTROM-Metern für einzelne Stromkreise, aber auch für einzelne Verbraucher direkt über die digitalSTROM-Aktoren, wird Smart Metering ideal unterstützt. Das noch fehlende Gewerk HKL wird in Kürze geschlossen, darüber hinaus wird im Zuge der weiteren Markteinführung das Portfolio noch erheblich erweitert werden.

Gerät	Preis je Gerät	Preis je Kanal
digitalSTROM-4fach-Tasterklemme	106 Euro	26,50 Euro
digitalSTROM-Lüsterklemme Dimmer	82 Euro	82 Euro
gesamt		108,50 Euro

Bei der Kostenberechnung wurden die Systemkomponenten digitalSTROM-Meter (225 Euro), der für jeden Stromkreis erforderlich ist, digitalSTROM-Server (403 Euro) und digitalSTROM-Filter (58 Euro), die einmalig für das gesamte System bei einer Phase erforderlich sind, nicht berücksichtigt. Es wird klar, dass die immensen Vorteile eines modernen, smart-metering-fähigen Systems wie digitalSTROM mit Funktionskosten von ca. 110 Euro, bei leistungsstärkeren Geräten sogar mehr, erkauft werden müssen. DigitalSTROM ist kein preiswertes System.

8.5.4   Neubau

DigitalSTROM ist für den Neubaubereich ausgezeichnet verwendbar, da die neu einzurichtenden Stromkreisverteiler direkt für die Nutzung von digitalSTROM vorbereitet werden können, indem mehr Reihen im Stromkreisverteiler verfügbar gemacht werden, und zudem eine größere Anzahl von Stromkreisen verlegt wird. Mit digitalSTROM kann eine große Anzahl von Geräten im Haushalt automatisiert werden, wobei vorausgesetzt wird, dass die HKL-Lösungen in Kürze verfügbar sind. Um weitere sensorische Funktionen zu realisieren, muss auf ein ergänzendes System, wie z. B. das Funkbussystem EnOcean von Eltako, zurückgegriffen werden, das z. B. über IP-Symcon angekoppelt wird. Damit steht für Neubauten jedoch ein komplexes System zur Verfügung, das kaum Wünsche offen lässt und auch Smart Metering ermöglicht.

8.5.5   Sanierung

Was bereits im Rahmen des Neubaus ausgeführt wurde, gilt auch für den Sanierungsfall, wobei hier kaum in die vorhandene Elektroinstallation eingegriffen werden muss, wenn nicht weitere Stromkreise hinzugenommen werden sollen. Die Sanierung beschränkt sich bei digitalSTROM dann auf das Öffnen der Verteiler- und Schalterdosen, in denen Umverdrahtungen vorgenommen werden, um digitalSTROM-Geräte zu integrieren. Vorausgesetzt werden Stromversorgungsleitungen und der Zugriff auf die Leiter N und PE. Wie bereits erwähnt müssen weitere sensorische Größen über ein anderes System integriert werden, da es unsinnig ist zu jedem Ort im Gebäude Stromleitungen zu verlegen, nur um digitalSTROM-Geräte darüber zu betreiben. Ist es möglich die am Stromkreisverteiler aufgelegten Stromkreise aufzuteilen, so müssen weitere digitalSTROM-Meter nachgerüstet werden, um den vom Bauherrn gewünschten Funktionsumfang bereitzustellen.

8.5.6   Erweiterung

Ein vorhandenes digitalSTROM-System kann bei Rückgriff auf das vorhandene Produktportfolio, Berücksichtigung der digitalSTROM-Farbtabelle und/oder durch Umprogrammierung direkt auf dem digitalSTROM-Server einfach erweitert werden. Dort wo

keine Stromleitungen liegen oder es sinnlos erscheint sensorische Größen über digital-
STROM zu erfassen, muss auf ein zusätzliches System zurückgegriffen werden.

8.5.7 Nachrüstung

DigitalSTROM ist ideal für die Nachrüstung geeignet, da das vorhandene Stromnetz
überhaupt nicht angetastet werden muss, solange nur Basisfunktionen auf der Basis der
digitalSTROM-Farbtabelle ergänzt werden sollen und die Leiter N und PE verfügbar
sind. Bei umfangreicherer Nachrüstung, die auch das Smart Metering einbinden soll, ist
der Stromkreisverteiler mit den Komponenten digitalSTROM-Server, digitalSTROM-
Meter, digitalSTROM-Filter und einem 24-V-Netzteil nachzurüsten und ein PC anzuschließen. Ideal kann eine Nachrüstung auch komplexe Automatisierung, Multimedia
und Kommunikation integrieren, wenn als Automatisierungskomponente IP-Symcon
hinzugenommen wird, um auch die übrige Sensorik einzubinden.

8.5.8 Anwendbarkeit für smart-metering-basiertes
         Energiemanagement

Die Anwendung von Smart Metering ist problemlos möglich, da ein vorhandener elektrischer Haushaltszähler grundsätzlich durch einen elektronischen ersetzt werden kann
und dieser durch intelligente Funktionalität erweitert werden könnte. Erweitert wird das
zentrale Smart Metering um intelligentes Smart Metering, da der digitalSTROM-Meter
direkt Leistung und Verbrauch einzelner Stromkreise erfasst und darüber hinaus auch
Leistung und Verbrauch an einzelnen Verbrauchern abgefragt werden können. Dazu
stellt digitalSTROM bereits ohne ein Automatisierungssystem wie IP-Symcon bei Nutzung der Konfigurationsoberfläche Funktionen bereit, um über Ethernet-IP Leistungen
und damit Verbräuche bereits per Internet-Browser auszulesen. IP-Symcon bietet eine
ausgezeichnete Möglichkeit, um zum einen auf digitalSTROM sowohl sensorisch, als
auch aktorisch einzuwirken und die Metering-Daten der digitalSTROM-Meter und
sonstigen Aktoren auszulesen, andere Lösungen werden von Mivune bereitgestellt. Weitere sensorische Messgrößen können durch IP-Symcon z. B. durch Ankopplung von
EnOcean an digitalSTROM verfügbar gemacht werden, damit werden zudem diejenigen
Sensor- und Aktorlokalitäten erschlossen, die über keinen Stromanschluss oder notwendige Adern N und PE verfügen. Der Energiekunde kann bereits bei Beachtung dieser
Visualisierung durch Änderung seines Nutzerverhaltens seinen Energieverbrauch und
damit seine Energiekosten senken. Die Zusatzfunktionen von digitalSTROM könnten
damit das smart-metering-basierte Energiemanagement erheblich unterstützen. Lösungen für das Gewerk HKL werden zeitnah vom Hersteller bereitgestellt, damit kann das
smart-metering-basierte Energiemanagement auch auf Heizung und Lüftung erweitert
werden. Aufgrund der guten Unterstützung der Nachrüstung ist digitalSTROM ideal

sowohl für Neubauten, aber auch für den wesentlich größeren Markt des Bestandes im Rahmen der Nachrüstung optimal geeignet.

8.5.9   Objektgebäude

Vom Ansatz her ist digitalSTROM für Einfamilienhäuser mit Einliegerwohnungen gedacht. Aufgrund des digitalSTROM-Server-Ansatzes können jedoch auch auf Etagen oder einzelne Bereiche ausgedehnte Teilbereiche kleinerer Objektgebäude über das Ethernet zusammengefasst werden. Die Anzahl verfügbarer Farben auch mit erweitertem Konzept der Stimmungen reicht jedoch nicht für eine kostengünstige Lösung im Objektgebäude aus.

8.6   Eltako Powerline

Das Unternehmen Eltako aus Fellbach bei Stuttgart hat aus dem Ursprungsprodukt des Unternehmens, dem elektrischen Tast-Kontakt, ein umfangreiches Gebäudeautomationssystem entwickelt, das prinzipiell funkbasiert ist, aber neben Funk auch die Medien RS485 und Powerline einbindet. Das Eltako-Gebäudeautomationssystem ist per Definition ein Funkbussystem. Um sinnvoll auch das intelligente, smarte Smart Metering zu ermöglichen, wurden auch die Medien RS485 und Powerline an den Stellen zur Anwendung gebracht, wo zentrale und dezentrale Stromzähler abgefragt werden müssen und deren Datenerfassung zu einer Zentrale geleitet werden muss. Da im Allgemeinen die Strecke von einer Zentrale, die standardmäßig an einem zentralen Ort im Gebäude, wie z. B. dem Wohnzimmer oder Esszimmer, verbaut ist und zentrale Zähler im Hausanschlussraum angebracht sind, sehr lang ist und zudem durch einige Betondecken führt, bietet sich hier insbesondere Powerline für die Ankopplung an. Dies betrifft auch die Kopplung mehrerer Funkwelten in verschiedenen Etagen oder Gebäudeteilen, die, wenn per einfacher Nachrüstung und vorhandenen 4-adrigen Leitungen möglich, über RS485 oder noch einfacher über Powerline verbunden werden. Das Medium Powerline mit den speziellen Eltako-Geräten tunnelt sozusagen die Funkdaten der einzelnen Etagen über das vorhandene Stromsystem, Lösungen sind hierzu vorhanden für Gebäudefunktionen und Zählerdaten.

Das Powerline-Portfolio von Eltako ist derzeit auf Koppelglieder und Stromzähler reduziert, könnte bei Rückgriff auf das RS485-Portfolio und Umwandlung des Mediums jedoch erheblich erweitert werden. Das intelligente Konzept der funk- und RS485-basierten Geräte erfordert dies jedoch derzeit nicht.

Da sich das Powerline-System von Eltako in das übergeordnete Funkbussystem integriert, wird nicht näher auf die Programmierung und Systemtechnologie eingegangen, da dies insbesondere im Kapitel über das Eltako-Funkbussystem erfolgt.

8.6.1 Typische Geräte

Typische Geräte der Powerline-Variante des Eltako-Funkbussystems sind Funk-Powerline-Verbinder, Powerline-Repeater, Powerline-Phasenkoppler und Stromzähler bzw. Stromzähler-Interfaces. Überblicksweise lässt sich die Topologie von Eltako-Powerline der Abbildung entnehmen, die die Einkopplung von Powerline in das Gesamtsystem erläutert (vgl. Abb. 8.107).

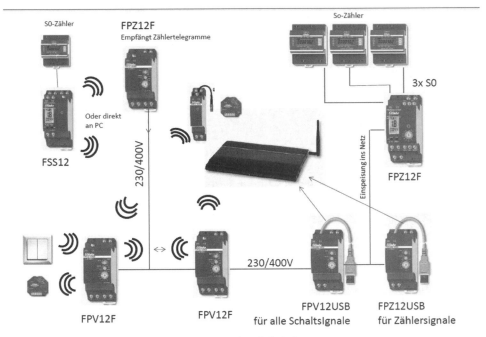

Abb. 8.107 Systemtopologie von Eltako-Powerline [Eltako]

8.6.1.1 Systemkomponenten

Die Powerline-Systemkomponenten sind im Allgemeinen Geräte mit zwei Teilungseinheiten Breite, da sie aus einem Powerline-Busankoppler und dem Hardware-Anschluss bestehen, während der Phasenkoppler rein elektrische Aufgaben übernimmt und daher kleiner gebaut ist (vgl. Abb. 8.108).

Abb. 8.108 Funk-Powerline-Verbinder
Eltako FPV12-12V DC

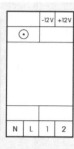

Der Funk-Powerline-Verbinder ist als Gerät mit und ohne USB-Anschluss verfügbar. Als Gerät mit USB-Anschluss ist direkt ein Anschluss an der Eltako-Zentrale möglich, während über die Antenne lediglich Funktelegramme von Verbinder zu Verbinder weitergeleitet werden können. Die Kommunikation der Verbinder wird über Stellräder parametriert (vgl. Abb. 8.109).

Abb. 8.109 Funk-Powerline-Verbinder
Eltako FPV12USB-12V DC mit USB-
Anschluss

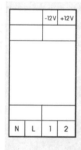

Der Funk-Powerline-Repeater dient zur Verstärkung und Ertüchtigung von Powerline-Telegrammen bei längeren Leitungen und starken Störungen (vgl. Abb. 8.110).

Abb. 8.110 Funk-Powernet-Repeater
Eltako FPR-12V DC

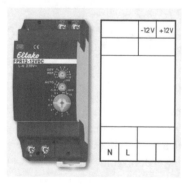

Entsprechend den reinen Powerline-Verbindern übertragen Zählerverbinder die speziell gesicherten Daten von Energiezählern über das Energieversorgungsnetz (vgl.
Abb. 8.111).

Abb. 8.111 Funk-Powerline-
Zähler-Verbinder Eltako
FPZ12F-12V DC

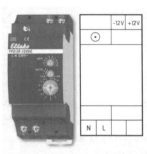

Wie bereits die Powerline-Verbinder können auch Zähler-Verbinder mit USB-Schnittstelle verwendet werden, um die Zähler direkt über die Powerline mit der Eltako-Zentrale zu verbinden (vgl. Abb. 8.112).

Bei Drehstromsystemen werden die Phasen über einen Phasenkoppler verbunden
(vgl. Abb. 8.113).

Abb. 8.112 Funk-Powerline-Zähler-
Verbinder Eltako FPZ12USB-12V DC

Abb. 8.113 Funk-Powerline-Phasenkoppler
Eltako FPP12

8.6.1.2 Sensoren

Das Angebot an Sensoren beschränkt sich auf Stromzähler, die ihre Zählerdaten über die
Powerline weiterleiten. Verfügbar ist ein Powerline-Verbinder, mit dem drei S0-Schnitt-
stellen ausgelesen werden können (vgl. Abb. 8.114).

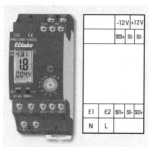

Abb. 8.114   Funk-Powerline-Verbinder mit drei S0-Eingängen Eltako FPZ12S0-12V DC

8.6.1.3 Aktoren

Aktorische Buselemente sind derzeit für das Medium Powerline nicht verfügbar, sondern sind als RS485-basierte Geräte ausgeführt.

8.6.2   Programmierung

Die Programmierung der Powerline-Geräte reduziert sich über die Parametrierung über die mit dem Schraubendreher einstellbaren Stellräder. Sämtliche anderen Funktionen werden über die PC-basierte Zentrale FVS-Safe oder andere Software programmiert.

8.6.3   Analyse

Mit den Powerline Geräten des Eltako-Funkbussystems ermöglicht Eltako die Einbindung elektronischer Zähler, die z. B. über die S0-Schnittstelle ausgelesen werden können, und die Tunnelung der Telegramme zwischen einzelnen Funkbussystemen über das Stromnetz und bereichert damit die Funktionalität des Funkbussystems insbesondere für den Bereich der Erweiterung oder Nachrüstung.

Auf eine Kostenbetrachtung wird hier verzichtet, da keine direkten Sensor-Aktor-Beziehungen mit ausschließlichem Medium Powerline dargestellt werden können.

8.6.4   Neubau

Im Neubaubereich bietet sich das Eltako-Funkbussystem insbesondere durch Rückgriff auf das RS485-Medium an. Da die Wände und Decken noch unverputzt sind können Leitungen problemlos verlegt werden und auch dezentrale Stromkreisverteiler verbaut werden, in denen auch Sub-Systeme aufgebaut werden, die durch Bilder, Spiegel oder Ähnliches unsichtbar, aber zugänglich gemacht werden. Der Rückgriff auf die Powerline-Variante des Eltako-Funkbus wird hier nicht notwendig sein.

8.6.5   Sanierung

Anders verhält es sich bei der Sanierung eines Objekts. Hier bietet insbesondere das Eltako-Funkbussystem mit seiner Variante Funkbus erhebliche Vorteile, wobei jedoch die Einbindung der zentralen Zähler bzw. die Verbindung mehrerer Elektroanlagenteile hier über Powerline sinnvoll ist.

8.6.6   Erweiterung

Soll ein bestehendes Eltako-Funkbussystem durch zentrales oder auch dezentrales Smart Metering erweitert werden, bietet sich ebenso das Powerline-Medium an. Auch wenn weitere Etagen zur Installation hinzugefügt werden, die Decken oder Wände jedoch den niederenergetischen Funk nicht durchlassen, kann die Tunnelungsmöglichkeit von Eltako-Powerline interessant sein.

8.6.7   Nachrüstung

Das Eltako-Funkbussystem eignet sich ausgezeichnet für die Nachrüstung. Durch die Anbindbarkeit zentraler Zähler über die Powerline werden die Möglichkeiten insbesondere für die Einbindung von Smart Metering in die Gebäudeautomation noch verbessert.

8.6.8   Anwendbarkeit für smart-metering-basiertes Energiemanagement

Das Eltako-Funkbussystem ist ausgezeichnet für das intelligente Smart Metering in allen Varianten mit darauf basiertem Energiemanagement geeignet. Durch die Möglichkeit der Einbindung zentraler Zähler über die Powerline werden diese Möglichkeiten noch optimiert. Auf eine exakte Beurteilung der Anwendbarkeit für smart-metering-basiertes Energiemanagement des Eltako-Funkbussystems wird unter Eltako-Funkbus in der Variante Funk eingegangen.

8.6.9   Objektgebäude

Für das Objektgebäude ist die Powerline-Variante nutzbar, wenn etagen- oder bereichsweise funkbus- oder RS485-basierte Subsysteme aufgebaut werden und über die Powerline verbunden werden sollen. Auch die Ankopplung von Stromzählern an die Zentrale über Powerline erscheint von Fall zu Fall sinnvoll.

8.7 KNX/EIB TP

Schon Mitte der 1980er Jahre sind von verschiedenen Firmen Überlegungen angestellt worden, wie man die Bustechnologie speziell im Gebäudebereich für die elektrische Installationstechnik nutzen kann. Es wurde schnell klar, dass es mit herstellerspezifischen Geräten kaum gelingen würde einen Busstandard auf dem breiten Markt zu etablieren. Bekannte Firmen wie GIRA, Merten, Siemens, Berker, Jung etc. gründeten daraufhin 1990 die European Installation Bus Association (EIBA) und später die KNX Association mit der Vision, einen Standard in den Markt einzuführen. Seit nunmehr 20 Jahren ist diese Vision Wirklichkeit geworden und es gibt unüberschaubar viele verschiedene Produkte, die am Markt angeboten werden. Alle können mit und in einer mit KNX/EIB installierten Anlage zusammenarbeiten und weisen prinzipiell keine Probleme in Bezug auf Kompatibilität hinsichtlich der Funktionalität auf. Der KNX/EIB (Europäischer Installations Bus) wird zum Datenaustausch zwischen verschiedenen Objekten zum Zweck des Steuerns, Überwachens, Meldens oder Ausführens grundlegender Funktionen in der elektrischen Gebäudeinstallation verwendet. Das dezentrale Bussystem mit serieller Datenübertragung ist für den Anwender eine komfortable Lösung seiner elektrischen Gebäudeinstallation. Dies schlägt sich allerdings auch im Preis nieder. Der neuere KNX Standard basiert auf den EIB-Standards, beinhaltet aber zusätzliche Konfigurationsmöglichkeiten und integriert weitere Bussysteme. Dies macht das System flexibler und attraktiver. Da KNX/EIB in gewissen Grenzen abwärtskompatibel ist, sind auch alle EIB Geräte mit dem KNX-Standard kompatibel. Vier Datenübertragungsmedien sind zurzeit erhältlich: Funkübertragung (RF), Twisted Pair (TP), Ethernet IP (IP) und Powerline (PL). Geräte, die Powerline, Ethernet-IP oder Twisted Pair basierend sind, lassen sich mit der Software ETS programmieren bzw. parametrieren. In Anbetracht der Installation nutzt Powerline die schon bestehende Elektroinstallation und Twisted Pair eine nachträglich hinzugefügte Steuerleitung mit einem verdrillten Adernpaar, um die Daten zu übertragen. Die Funkvariante hingegen benötigt keine Kabel, allerdings sind die zu nutzenden Frequenzbereiche der Funksignale beschränkt und somit nicht überall einsetzbar.

Der KNX/EIB gehört damit seit mehr als 20 Jahren zu den am Markt etabliertesten Gebäudeautomationssystemen, die sowohl im Einfamilienhaus bis hin zu größten Liegenschaften eingesetzt werden. Mehr als 120 Hersteller, wie z. B. Berker, GIRA, Jung, Merten, Busch-Jaeger, ABB, Siemens garantieren eine große Geräte- und Funktionsvielfalt für alle Bereiche des Hauses. Damit ist sichergestellt, dass auf Jahre hinaus Nachrüstung und Erweiterungsmöglichkeiten garantiert sind. Durch dezentrale, flexible Einbaulösungen können die notwendigen Automationsgeräte im Stromkreisverteiler als REG-Gerät, unter Decken und Platten als Einbaugerät (EB) oder direkt in der Installationsdose als Unterputzgerät (UP) im Gebäude installiert werden. Über Schnittstellen angekoppelte Geräte, die der Automatisierungs- und Leitebene zuzuordnen sind, vervollständigen das System.

Durch die Verfügbarkeit verschiedenster Kommunikationsmedien, wie z. B. 2-Draht-leitung (TP), Powerline (Stromnetz), Funk (RF) und Ethernet-IP (Netzwerk) kann der KNX/EIB sowohl in Neubauten, Altbauten, aber auch im Sanierungs- und Erweiterungs-bereich flexibel eingesetzt werden.

Vertrieben wird der KNX ausschließlich auf der Basis des 3-stufigen Vertriebs über den Elektroinstallateur, der dieses System im Gebäude installiert und programmiert.

Die Bedienung des Hauses ist möglich über PC, Internet, Handy durch Zusatzsyste-me, die am KNX/EIB angedockt werden. Komplexeste Automatisierungen sind realisier-bar. Dazu zählen auch Smart-Metering-Lösungen, die z. B. von Lingg&Janke oder ABB als namhafte Stellvertreter dieses Segments vertrieben werden.

Die EIBA (European Installation Bus Association) bzw. heute Konnex, ist die Gesell-schaft zur Betreuung und Verbreitung des KNX/EIB-Systems mit Sitz in Brüssel, ein Zu-sammenschluss verschiedener Hersteller als Alliance. Zu ihrer Hauptaufgabe gehört z. B. die Vergabe der KNX/EIB-Zertifizierung, Festlegung von Prüfstandards, Organisation von Schulungsstätten, die Vorbereitung von Normen und Koordination der Werbung. Dies bedeutet für einen Hersteller, der ein neues KNX/EIB-Gerät auf den Markt bringen will, dass die Konnex/EIBA das Gerät vorher auf ihre Standards prüft und erst bei Erfül-lung aller Standards das Gerät freigibt. Damit wird dem Endverbraucher und Installateur immer eine gleichbleibende Qualität und Kompatibilität zu anderen Produkten garan-tiert.

Der KNX/EIB besteht in der Standardanwendung aus einer 2-Draht-Busleitung und den daran angeschlossenen busfähigen Installationsgeräten, die an fast jeder beliebigen Stelle im System (Haus, Gebäude) platziert werden können. Daraus lässt sich schließen, dass der KNX/EIB ein dezentral aufgebautes System ist. Da jeder Teilnehmer über einen eigenen Microcontroller und Speicher verfügt, ist auch prinzipiell kein zentrales Steuer-gerät erforderlich. Somit ist das System vor einem Totalausfall sicher, denn der Ausfall eines Teilnehmers bedeutet nur den Ausfall der gerätespezifischen Funktion mit allen möglichen Konsequenzen, es sei denn das Gerät hat einen zentralen Charakter, wie z. B. Logikbausteine oder sonstige Controllergeräte. Zu den wichtigsten Komponenten eines KNX/EIB-Systems zählen Sensoren, Aktoren und Systemkomponenten.

Sensoren nehmen Informationen auf und senden diese als Datentelegramm auf den Bus. Sensoren sind z. B. KNX/EIB-Taster und Binäreingänge zum Anschluss von poten-zialfreien Kontakten. Aktoren empfangen Datentelegramme und setzen diese in Schalt- oder Dimmsignale um. Systemgeräte und -komponenten werden für die grundlegende Funktion des Systems benötigt. Es handelt sich hierbei im wesentlichen um Spannungs-versorgungen zur Erzeugung der Busspannung, Koppler zum Verbinden von Busab-schnitten und Schnittstellen zum Anschluss von Programmiergeräten. Über die 2-adrige Busleitung werden sowohl die Energie für die Elektronik der Busgeräte als auch die In-formationen übertragen. Die Busleitung wird zu jedem Busgerät geführt. Sensoren benö-tigen in der Regel nur die Busleitung, die Aktoren dagegen meistens auch die 230/400-V-Netzversorgung zur Versorgung der Verbraucher. Busleitung und Netzversorgung sind strikt voneinander getrennt (vgl. Abb. 8.115).

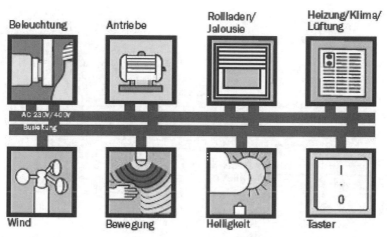

Abb. 8.115 KNX/EIB-Sensoren und -Aktoren am KNX/EIB-Bus [Merten]

Sensoren und Aktoren werden anwendungsspezifisch ausgewählt und bestehen aus Busankoppler und Anwendungsmodul mit dem entsprechenden Anwendungsprogramm, das im Allgemeinen Applikation genannt wird. Die Anwendungsprogramme sind Bestandteil der Hersteller-Produktdatenbank und werden mit der Projektierungs- und Inbetriebnahme-Software ETS über die serielle Schnittstelle oder auch bei neueren Systemen über USB oder TCP/IP eines PCs und den Bus in die Bus-Teilnehmer geladen. Dabei benötigt jeder Teilnehmer eine eigene dreistufige physikalische Adresse, damit er bei der Programmierung von der Software eindeutig erkannt werden kann. Die Datenübertragung und Busspannungsversorgung des KNX/EIB erfolgt über zwei Drähte. Dabei beträgt die Datenübertragungsgeschwindigkeit 9.600 Bit/s und die Standardspannung etwa 28V DC. Innerhalb einer Toleranz der Busspannung ist die Funktion der Teilnehmer noch bis zu einer Spannung von minimal 21 V gegeben. Die maximale Leistung jedes Endgeräts ist auf 200 mW begrenzt. Typische KNX/EIB-Spannungsversorgungen liefern 320- oder 640-mA-Strom, damit lassen sich typisch 64 Geräte in einer Linie betreiben. Bei größeren Ausdehnungen der Linien sind zusätzliche verteilte Spannungsversorgungen erforderlich.

Die kleinste Einheit eines KNX/EIB-Systems ist die Linie. Diese Linie umfasst maximal 64 Busteilnehmer (TLN) mit einer Spannungsversorgung und Drossel (SV). Durch Linienkoppler (LK), die über eine Bereichslinie verbunden werden, können bis zu 15 Linien gekoppelt werden. Bei größeren Anlagen können über Bereichskoppler (BK) wiederum bis zu 15 Bereichslinien über eine Hauptlinie verbunden werden. Diese Haupt- und Bereichslinie benötigt jeweils ebenfalls eine Spannungsversorgung mit Drossel. Zusätzlich kann eine Linie durch maximal drei Linienverstärker auf bis zu 252 Teilnehmer (ohne Verstärker und Koppler) erweitert werden. Bei Ausnutzung aller Linien und Bereiche können $15 \times 15 \times 256 = 57.600$ Busteilnehmer an KNX/EIB als eine KNX/EIB-Welt angeschlossen werden (vgl. Abb. 8.116).

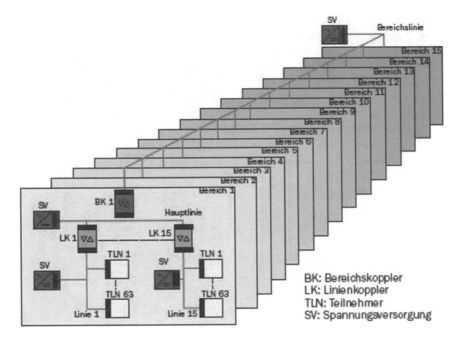

Abb. 8.116 KNX/EIB-Linien in einem Bereich [Merten]

Die Leitungsführung innerhalb einer Linie kann in beliebigen Kombinationen in Linien-, Stern- oder Baumstruktur vorgenommen werden, so dass Abschlusswiderstände nicht notwendig sind. Damit reduziert sich die Performance jedoch auf 9.600 Baud, dabei sind Ringnetze oder Verbindungen zu anderen Linien nicht zulässig. Derartige Fehler sind nur aufwändig detektierbar (vgl. Abb. 8.117).

Als Grenzwerte bei der Verlegung der Busleitung sind folgende Punkte zu beachten:

- die Leitungslänge zwischen Spannungsversorgung und Busteilnehmer darf maximal 350 m betragen
- die Leitungslänge zwischen zwei Busteilnehmern darf höchstens 700 m betragen
- die Gesamtlänge der Leitungen innerhalb einer Linie darf maximal 1.000 m betragen

Die KNX/EIB-Geräte werden im Allgemeinen über das rot-schwarze Adernpaar der Busleitung mit Hilfe von Busanschlussklemmen parallel verbunden. Je Busanschlussklemme sind bis zu vier Busleitungspaare (rot und schwarz) anschließbar. Die Busanschlussklemme kann auch als Abzweigklemme in den Schalterklemmdosen verwendet werden, um eine weitere Verzweigung der Baumstruktur aufzubauen. Bei der Montage ist auf die richtige Polarität zu achten. Die Busleitung für den KNX/EIB soll mindestens der IEC 189-2 oder der äquivalenten nationalen Bestimmung entsprechen, somit können Leitungen verwendet werden, die einen Leiterdurchmesser: von 0,8 bis 1,0 mm und als Leitermaterial ein- und mehrdrahtige Kupferadern beinhalten.

Abb. 8.117 KNX/EIB-Topologien [Merten]

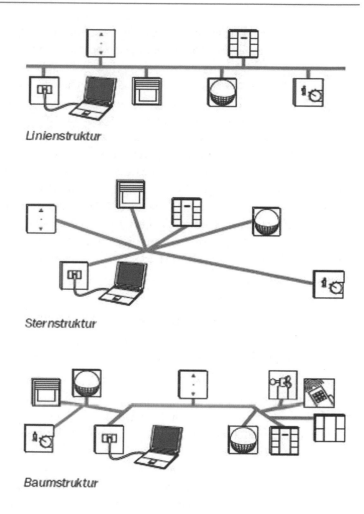

Linienstruktur

Sternstruktur

Baumstruktur

Dabei unterscheidet man nach zwei Typen: Typ 1: zwei verseilte Paare, paarig verseilt und Typ 2: vier verseilte Adern, Sternvierer. Als Beispiel sei hier eine zugelassenen Busleitung: YCYM 2 x 2 x 0,8 genannt, wobei die Adern rot (+EIB), schwarz (–EIB), gelb (frei) und weiß (frei) benutzt werden (vgl. Abb. 8.118).

Abb. 8.118 KNX/EIB-Leitung [Merten]

Bei der KNX/EIB-Adressierung eines Teilnehmers wird zwischen der physikalischen Adresse und der logischen Adresse, der sogenannten Gruppenadresse, unterschieden.

Die physikalische Adresse besteht aus einer dreistufigen Folge von Ziffern, die durch
einen Punkt unterteilt sind. Daraus ergibt sich der sogenannte Name des Busteilnehmers
und wird in der Schreibweise „Bereich.Linie.Teilnehmer" (z. B. 1.1.23) angegeben.
Werksseitig haben alle Geräte die maximal mögliche physikalische Adresse von
15.15.255 und sind für das Gebäude umzukonfigurieren. Über die physikalische Adresse
werden die KNX/EIB-Teilnehmer konfiguriert und mit ihrer Applikation geladen.

Die Gruppenadresse legt die Zuordnung zwischen den Busteilnehmern fest und ist so
mit einem Schaltdraht vergleichbar. Demzufolge muss diese Gruppenadresse mit dem
Objekt eines Sensors und einem Objekt des Aktors gleichermaßen verbunden werden.
Die Gruppenadresse teilt sich in zwei Arten auf. Einmal als zweistufige Adresse mit bis
zu 16 Hauptgruppen mit jeweils maximal 2.048 Untergruppen „Hauptgruppe/Unter-
gruppe" (z. B. 1/127), die häufig in Objektgebäuden Verwendung findet, oder als dreistufige mit bis zu 16 Hauptgruppen, mit jeweils acht Mittelgruppen und darunter mit
256 Untergruppen, die zumeist in Häusern oder Wohnungen verwendet wird. Eine klare
Festlegung der Gruppenadressenstruktur sowie die Verwendung des zwei- oder dreistufigen Konzepts gibt es nicht.

> „Hauptgruppe/Mittelgruppe/Untergruppe" (z. B. 1/4/85)
> oder
> „Hauptgruppe/Untergruppe" (z. B. 1/85)

Große Probleme entstehen beim KNX/EIB bei der Einführung von Zentralen oder sonstigen Visualisierungskomponenten, da infolge der Optimierung der Performance des
Bussystems durch Nutzung von Filtertabellen nur diejenigen Telegramme über die
Koppler weitergeleitet werden, die zwingend notwendig bzw. freigeschaltet sind. Da als
Zentralen fungierende PC im allgemeinen eine Softwareschnittstelle darstellen, die nicht
als reales Gerät in der ETS verbaut ist, müssen alle relevanten Gruppenadressen, die von
der Zentrale verarbeitet werden sollen, als sogenannte Dummy-Adressen, d. h. Geräte
mit nicht realen Objekten, denen die weiterzuleitenden Gruppenadressen zugeordnet
werden, in der ETS angelegt werden. Nach der neuen Erzeugung von Filtertabellen und
laden dieser in den Kopplern sollte die Kommunikation möglich sein. Häufig gehen
KNX/EIB-Projektierer auch bei Objektgebäuden den einfacheren Weg und eliminieren
sämtliche Filtertabellen und öffnen in den Kopplern sämtliche Kommunikationswege
durch Anwahl von „Weiterleiten" und damit extreme Reduktion der Performance mit
deutlichem Risiko des Sicherheitsverlusts. So können Telegrammlawinen entstehen, die
den KNX/EIB-Bus nahezu zum Absturz bringen.

8.7.1 Typische Geräte

Typische Geräte im KNX/EIB in der Variante Twisted Pair (TP) sind Systemkomponen-
ten, wie z. B. Spannungsversorgungen und Drosseln sowie Bereichs- und Linienkoppler,
Linienverstärker, IP-Router, Logikmodule, Verknüpfungsbausteine, Schnittstellen und
Controller. Hinzu kommen Sensoren und Aktoren in allen nur denkbaren Bauformen.

8.7.1.1 Systemkomponenten

Der Markt an KNX/EIB-Komponenten ist sehr unübersichtlich, dennoch sind die Preise der einzelnen Geräte bei fast allen Herstellern bis auf sehr wenige Ausnahmen vergleichbar. Ein und dieselbe Funktionalität eines Geräts ist jedoch von Hersteller zu Hersteller hinsichtlich Anbindung von Ethernet-IP-Kabel, KNX/EIB-Anschluss oder Stromversorgung hardwaremäßig sehr unterschiedlich, dies betrifft auch die zugehörigen Applikationen. So wird beispielsweise der KNX/EIB-Router als optimale Zugangsmöglichkeit zum KNX/EIB-System über Ethernet-IP und zur Verbindung einzelner KNX/EIB-Bereiche oder Linien über das Ethernet von Walther, Siemens, ABB, Busch-Jaeger und vielen anderen Unternehmen angeboten (vgl. Abb. 8.119 und Abb. 8.120).

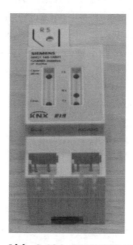

Abb. 8.119 KNX/EIB-IP-Router (Walther)   **Abb. 8.120** KNX/EIB-IP-Router (Siemens)

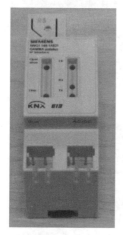

Abb. 8.121 KNX/EIB-IP-Schnittstelle (Siemens)

Abb. 8.122 KNX/EIB-Verknüpfungsbaustein (Siemens)

Während einige Hersteller sich auf den Vertrieb des Routers als Kombigerät beschränken, der sowohl als Koppler, als auch Schnittstelle genutzt werden kann, bietet beispielsweise Siemens Router und Schnittstelle als getrennte Geräte an, dies erweist sich dann als sinnvoll, wenn beide Funktionalitäten benötigt werden, da ein Ethernet-IP-Zugang nur einmalig benutzt werden kann und dann belegt ist (vgl. Abb. 8.120 und Abb. 8.121).

Wichtige Geräte für die Automation sind Verknüpfungsbausteine, die auch unter dem Namen Logikbaustein oder -modul angeboten werden. Diese unscheinbaren Geräte, die als Geräte mit einer oder zwei Teilungseinheiten (TE) Breite auf der Hutschiene ihre Arbeit verrichten, verfügen bei hohem Preis meist nur über einige wenige frei programmierbare Gatter oder Zeitbausteine (vgl. Abb. 8.122).

Andere Lösungen wesentlich preiswerter Automation und Visualisierung bei gleichzeitiger Funktionalität des Aufbaus eines KNX/EIB-Netzwerk über Ethernet-IP sind KNX/EIB-Nodes, die von babTec oder Berger vertrieben werden. Diese Geräte werden mit der Software KNX/EIB-Vision in zwei Varianten und dann auf einen im Gerät integrierten embedded-PC mit Schnittstellen zum Ethernet und zum KNX/EIB geladen. Der Funktionsumfang ist recht groß und deckt große Bereich der Anwendungen der Ebenen der Automatisierungspyramide ab (vgl. Abb. 8.123). Als weitere Geräte, auf denen gezielt Zeitprogramme angelegt und bearbeitet werden können, sind KNX/EIB-Leitstellen zu nennen (vgl. Abb. 8.124).

Abb. 8.123 KNX/EIB-eibNode (babtec)

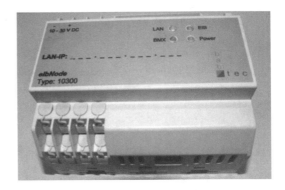

Abb. 8.124 KNX/EIB-Leitstelle (Busch-Jaeger)

8.7.1.2 Sensoren

Die sensorischen Elemente werden als Einbau-, Aufbau-, Unterputz- und Reiheneinbaugeräte angeboten. Als einfachste und preiswerte Art konventionelle Schalter und Taster am KNX/EIB-anzukoppeln bieten sich Tasterschnittstellen an, die aufgrund ihrer Bauform hinter konventionelle Taster in normale Schalterdosen passen (vgl. Abb. 8.125 und Abb. 8.126).

Eine weitere, recht preisgünstige Methode binäre Signale von Schaltelementen oder z. B. Fensterkontakten im KNX/EIB verfügbar zu machen, sind Binäreingänge, die als Reiheneinbaugeräte mit zumeist mehreren Eingängen auf der Hutschiene im Stromkreisverteiler verbaut werden. Häufig verfügen diese Geräte über die Möglichkeit der Vor-Ort-Bedienung (vgl. Abb. 8.127 und Abb. 8.128).

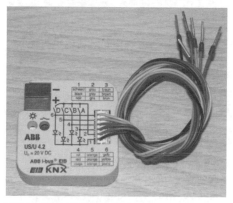

Abb. 8.125 KNX/EIB-4fach-Tasterschnittstelle (ABB)

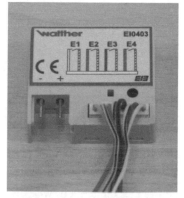

Abb. 8.126 KNX/EIB-4fach-Tasterschnittstelle (Walther)

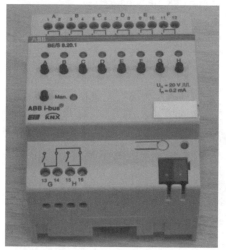

Abb. 8.127 KNX/EIB-8fach-Binäreingang (ABB)

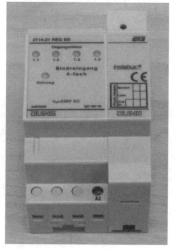

Abb. 8.128 KNX/EIB-4fach-Binäreingang (Jung)

Die Kosten für KNX/EIB-Geräte steigen enorm, sobald Designer die Oberflächen von Tastern und Schaltern gestalten bzw. Designanwendung zu bestehenden Schalterprogrammen erfolgt. Derartige Geräte werden als Anwendungsmodule, dies können 1fach-, 2fach-, 4fach- und n-fach-Taster sein, angeboten, die auf einem Busankoppler über eine Steckverbindung aufgeschnappt werden. Die Funktionalität dieser Taster wird über Applikationen eingerichtet (vgl. Abb. 8.129).

Abb. 8.129 KNX/EIB-4fach-
Taster (Siemens)

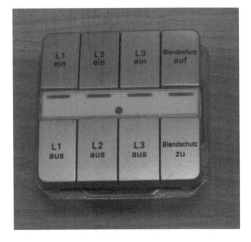

Neben rein binären Signalen werden im KNX/EIB auch analoge Signale verarbeitet, die über Analogeingänge eingelesen werden, die wiederum über Schnittstellen 0–10 V, 0–20 mA oder 4–20 mA verfügen. Damit können nahezu alle in der Industrieautomation angebotenen Sensoren mit dieser Spezifikation angekoppelt werden, aber auch Wetterstationen oder speziell für die Gebäudeautomation entwickelte Sensoren.

Damit kommt zu den Einbau-, Aufbau- und Unterputzgeräten auch die Einbauform eines Geräts hinzu, das in Geräten, Schaltkästen oder auch direkt in einer abgehängten Decke verbaut werden können (vgl. Abb. 8.130).

Abb. 8.130 KNX/EIB-4fach-Analogeingang (Busch-Jaeger)

Zu den binären und analogen Geräten kommen spezielle Geräte als Raumthermostate hinzu, die neben Bediengeräten auch über Temperatursensoren und Anzeigeelemente sowie als Automationsgerät einen Temperaturregler beinhalten und auf Heizungs- oder Lüftungsaktoren wirken (vgl. Abb. 8.131).

Abb. 8.131 KNX/EIB-
Raumbediengerät (Siemens)

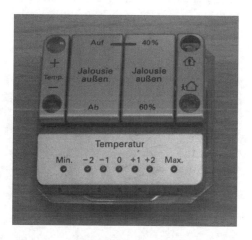

Eine große Anzahl von Sensoren, die auf Analogeingänge geschaltet sind, ist in komplexen Wetterstationen verbaut (vgl. Abb. 8.132).

Abb. 8.132 KNX/EIB-
Wetterstations-Sensoren

Damit bietet KNX/EIB aufgrund der großen Anzahl der an der Konnex-Alliance beteiligten Hersteller ein enorm großes Portfolio an Produkten, das nahezu alle Anforderungen abdecken kann. Vollständige Austauschbarkeit der Geräte besteht weder hinsichtlich der Bauform oder Anschlüsse, noch der Applikationen oder Anwendungsmodule. Anwendungsmodule können nur auf Busankopplern ein- und desselben Herstellers montiert werden.

8.7.1.3 Aktoren

Wie bei den Sensoren zählen binäre Schaltgeräte zu den im KNX/EIB am häufigsten verbauten Geräten. Um der gewohnten Vorgehensweise von Elektroinstallateuren, die im Allgemeinen alle Leitungen von Verbrauchern direkt zum Stromkreisverteiler ziehen, entgegenzukommen, werden Schaltaktoren mit einer Ausgangskanalanzahl von bis zu 20 angeboten, mit denen Übersicht hergestellt und zudem die Kosten gesenkt werden können (vgl. Abb. 8.133).

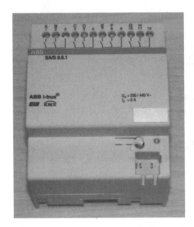 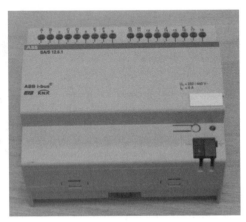

Abb. 8.133 KNX/EIB-8fach- und 12fach-Schaltaktor (ABB)

Die aufgrund der hohen Kanalanzahl relativ preisgünstigen Geräte wurden z. B. von Walther unter dem Namen EIBoxX angeboten. Man erkennt, dass sich die Bauformen wesentlich unterscheiden können. Nachteilig bei diesen Schaltaktoren ist, dass beim Ausfall eines den Stromkreis schaltenden Relais, das je nach Last nur eine bestimmte Anzahl von Schaltspielen aufweist, keine einzelnen Relais, sondern stets der ganze Schaltaktor bei hohen Kosten ausgetauscht werden muss. Sollte kein direkt kompatibles Gerät verfügbar sein, ist auch die Programmierung des Geräts in der KNX/EIB-ETS durch Austausch der Applikation und Übernahme der Parametrierung von Objekt zu Objekt zu ändern, soweit die Applikation direkt vergleichbar ist (vgl. Abb. 8.134).

Obwohl Schaltaktoren neben dem Schalten von Licht oder Geräten auch bei entsprechender Verschaltung und Verfügbarkeit von Wechselschaltern als Jalousieschalter verwendet werden könnten, werden zusätzlich spezielle Jalousieaktoren angeboten, die auch über spezielle Applikationen verfügen (vgl. Abb. 8.135).

Neben den binären Aktoren werden auch Dimmaktoren angeboten, die neben der Funktionalität als Schaltaktor auch als Anschnitts-, Abschnitts- oder Universaldimmer angeboten werden, um auf den gesamten Markt dimmbarer Leuchtmittel reagieren zu können (vgl. Abb. 8.136).

Abb. 8.134 KNX/EIB-
16fach-Schaltaktor (Walther)

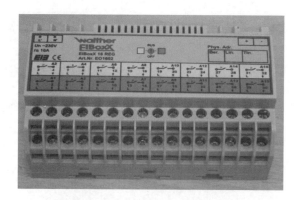

Abb. 8.135 KNX/EIB-4fach-
REG-Jalousieaktor (Siemens)

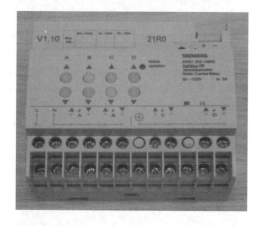

Abb. 8.136 KNX/EIB-3fach-
REG-Schalt-/Dimmaktor
(Siemens)

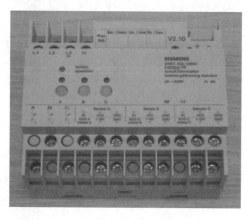

Neben diesen Bauformen als REG-Gerät werden auch spezielle Aufbau- oder Einbauge-
rätebauformen angeboten, um KNX/EIB-Geräte auch spritzwassergschützt nahe am
Funktionsort verbauen zu können. Hierzu zählen beispielsweise Kombiaktoren, die als
Schalt- oder Jalousieaktoren verwendet und parametriert werden können (vgl.
Abb. 8.137).

Abb. 8.137 KNX/EIB-Multiaktor
(Jung)

Als weitere Bauform sind Heizungsstellantriebe zu nennen, die direkt an der Heizung
das vorhandene manuell bediente Thermostat ersetzen. Bei diesen Geräten kann es sich
sowohl um Geräte handeln, die ihre Stromversorgung direkt aus dem KNX/EIB entnehmen oder Stellantriebe, die per Binäreingang aus einem separaten 24-V- oder dem 230-
V-Netz versorgt werden (vgl. Abb. 8.138 und Abb. 8.139).

Abb. 8.138 KNX/EIB-Heizungs-
Stellantrieb (elka)

Abb. 8.139 KNX/EIB-Stellantrieb
(oventrop)

Die beschriebenen Geräte stellen nur einen verschwindend kleinen Ausschnitt aus dem Produktportfolio der Anbieter des KNX/EIB dar. Tatsächlich ist das Angebot unüberschaubar, wobei zwischen gleichartigen Geräten häufig keine direkte Kompatibilität besteht.

8.7.1.4 Raumcontroller

Neben den Geräten mit gleichartigen Einzelfunktionen werden bei KNX/EIB z. B. für Spezialanwendungen in Hotels oder Objektbauten auch speziell konfigurierte Geräte angeboten, mit denen sämtliche Funktionen eines Funktionsbereichs, z. B. eines oder mehrerer Hotelzimmer, mit einem einzigen Gerät abgedeckt werden können. Hierzu zählt z. B. der KNX/EIB-Raumcontroller von ABB (vgl. Abb. 8.140).

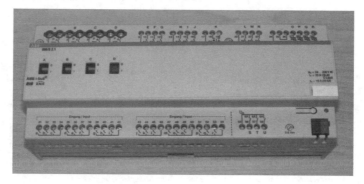

Abb. 8.140 KNX/EIB-Raumcontroller (ABB)

8.7.1.5 Smart-Metering-Lösungen

Neben obigen Anwendungen wurden für den KNX/EIB insbesondere im Zuge der bevorstehenden intensiven Einführung von Smart Metering auch im Einfamilienhaus- und Wohnungsbereich zahlreiche Smart-Metering-Lösungen entwickelt. Von ABB wurden schon seit langem Energiezähler angeboten, die über die S0-Schnittstelle ausgelesen werden können. Diese Zähler wurden mit einer adaptierbaren Schnittstelle ausgestattet, um direkt über den KNX/EIB ausgelesen zu werden (vgl. Abb. 8.141).

Damit machte ABB die Zählerdaten direkt im KNX/EIB verfügbar, um dort direkt ausgewertet zu werden und darauf basierend Schalthandlungen an KNX/EIB-Aktoren auszuführen, wie z. B. gezielter Lastabwurf (vgl. Abb. 8.142).

Abb. 8.141 Drehstromzähler
mit vorgesehener Schnittstelle
zum KNX/EIB (ABB)

Abb. 8.142 Im Stromkreisverteiler verbaute ABB-Energiezähler mit KNX-Ankopplung

Die Funktionalität des gezielten Lastabwurfs wurde anschließend in vereinfachter Form
in Form eines sogenannten Energieaktors vereinigt (vgl. Abb. 8.143).

Abb. 8.143 ABB-Energieaktor

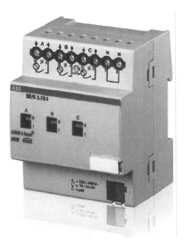

Als wahrer Spezialist für Smart-Metering-Lösungen hat sich neben dem Vertrieb recht preisgünstiger standardmäßiger KNX/EIB-Komponenten Lingg&Janke etabliert. Lingg& Janke hat zudem erkannt, dass neben der Messung elektrischer Energie auch die Messung von Wärmeströmen, Wasser- und Gasverbrauch notwendig ist und dies in ihren Geräten umgesetzt. Hierzu wurde der Markt verfügbarer Messgeräte erkundet und für gängige Geräte jeweils ein spezielles KNX/EIB-Interface entwickelt, um die Daten über den KNX/EIB als standardisiertes Medium zu sammeln. Damit ist auch eine Auswertung und damit Auslösung von Aktionen direkt im KNX/EIB möglich. Um darüber hinaus die Auswertung auch für PCs oder sonstige Geräte über das Ethernet zu ermöglichen, wurde das FacilityWeb-System entwickelt, das über eine Logging-Einheit verfügt, die die Daten aus dem KNX/EIB sammelt oder direkt auf die im KNX/EIB verbauten Sensoren zurückgreifen kann und diese Daten dann über Ethernet-IP abrufbar macht. Damit werden im gleichen Zuge auch einige Nachteile des KNX/EIB bei der Informationsverarbeitung minimiert (vgl. Abb. 8.144).

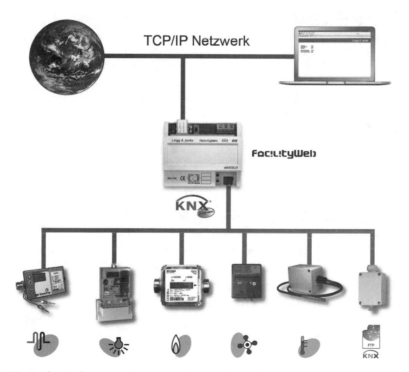

Abb. 8.144 FacilityWeb-Lösung des Unternehmens Lingg&Janke

Über das FacilityWeb-System wird der Zugriff auf alle verfügbaren Sensordaten transparent verfügbar gemacht (vgl. Abb. 8.145).

Abb. 8.145 Produktpalette an Energie- und Medienzählern des Unternehmens Lingg&Janke

Als zentrale Komponente wird im KNX/EIB der FacilityWeb-Netzwerkkoppler installiert, der als Bindeglied zum Ethernet-IP dient (vgl. Abb. 8.146).

Neben dem FaciltiyWeb-Server kann auch ein Datenlogger gute Arbeit leisten, um bei
geringer Anzahl verbauter Sensorsysteme die Daten zu loggen (vgl. Abb. 8.147).

Abb. 8.146 Netzwerkkoppler als zentrale
Komponente des FacilityWeb-Systems

Abb. 8.147 Datenlogger zum Facility-
Web-System

Zu den Smart-Metering-Lösungen der ersten Stunde zählt der elektrische Stromzähler.
Lingg&Janke hat von Kamstrup verfügbare Stromzähler für ein oder drei Phasen um ein
integriertes KNX/EIB-Interface ergänzt und damit mit die ersten elektronischen Haushaltszähler (eHz) am Markt verfügbar gemacht (vgl. Abb. 8.148 und Abb. 8.149).

Neben der standardmäßig am Zählerplatz verbauten Zähler wurden auch Stromzähler
mit KNX/EIB-Schnittstelle für die Hutschiene entwickelt (vgl. Abb. 8.150).

Für Anwendung in Bereichen hoher Leistung wurden auch Wandlerzähler KNX/EIB-
fähig gemacht (vgl. Abb. 8.151).

Abb. 8.148 1-Phasen-Elektrozähler mit KNX-Interface Typ Kamstrup

Abb. 8.149 3-Phasen-Elektrozähler mit KNX-Interface Typ Kamstrup

Abb. 8.150 3-Phasen-Elektrozähler für Hutschienenmontage mit KNX-Interface Typ Kamstrup

Abb. 8.151 3-Phasen-Elektro-Wandlerzähler mit KNX-Interface Typ Kamstrup

Neben diesen Lösungen wurden für die Industrieautomation spezielle Varianten für die Hutschiene entwickelt (vgl. Abb. 8.152 bis Abb. 8.154).

Abb. 8.152 1-phasiger
Direktmess-Sender
5(32A) mit KNX-Interface

Abb. 8.153 3-phasiger Direktmess-Sender 10(65A) mit
KNX-Interface

Abb. 8.154 3-phasiger Dreh-
strom-Wandlerzähler mit KNX-
Interface

Um der mehrfach geänderten Norm für eHz zu entsprechen, wurden auch Lösungen mit
vom eHz entfernt und von außen adaptiertem KNX/EIB-Interface entwickelt (vgl.
Abb. 8.155).

Mit verschiedensten Softwarevarianten und -parametrierungen kann somit auf eine
große Anzahl unterschiedlichster Zähler mit verschiedenen Protokollen reagiert werden.

Neben elektrischen Stromzählern, die auch eHz sein können, bietet Lingg&Janke auch
Gaszähler und KNX/EIB-Interfaces für Gaszähler an (vgl. Abb. 8.156 und Abb. 8.157).

Abb. 8.156 Zweistutzen-Balgen-Gaszähler
mit KNX-Interface Typ Elster

Abb. 8.155 eHz-KNX-Zählerschnittstelle

Abb. 8.157 Zweistutzen-Balgen-Gaszähler
mit KNX-Interface Typ Itron Gx-RF1

Insbesondere für Liegenschaften, Objektgebäude und Mietshäuser werden Lösungen für die Versorgung mit Trinkwasser angeboten (vgl. Abb. 8.158 bis Abb. 8.164).

Abb. 8.158 Aufputz-Wohnungswasserzähler mit KNX-Interface Typ Andrae

Abb. 8.159 Hauswasserzähler mit KNX-Interface Typ Andrae

Abb. 8.160 Elektronischer Wasserzähler mit KNX-Interface Typ Corona E

Abb. 8.161 Wasserzähler Typ Engelmann WaterStar

Abb. 8.162 Ringkolben-Wasserzähler mit KNX-Interface

Abb. 8.163 Einstrahl-Wohnungswasserzähler mit KNX-Interface

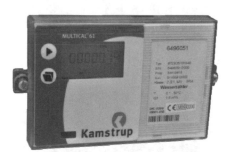

Abb. 8.164 Wasserzähler Typ Kamstrup multical 61

Um auch den Wärmeverbrauch bei Gebäuden mit zentraler Heizung messen zu können, entstanden Lösungen für die Messung des Wärmestroms (vgl. Abb. 8.165 bis Abb. 8.170).

Abb. 8.165 Wärmemengenzähler mit KNX-Interface Typ Kamstrup

Abb. 8.166 Wärmemengenzähler mit KNX-Interface Typ Zelsius

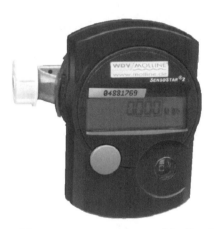

Abb. 8.167 Wärmemengenzähler Typ SensoStar 2

Abb. 8.168 Wärmemengenzähler Typ SHARKY

Abb. 8.169 Wärmemengenzähler Typ Spmtex Supercal 531

Abb. 8.170 Wärmemengenzähler Typ ZENNER multidata

Sämtliche Gesamtlösungen inklusive Messgerät sind auch als reine Zählerschnittstelle verfügbar, um bereits verbaute Messeinrichtungen KNX/EIB-auslesefähig zu gestalten (vgl. Abb. 8.171).

Abb. 8.171 Verschiedene Zählerschnittstellen zum KNX

8.7.2   Automatisierung durch Hardware KNXNode und Software KNXVision

Eine gute Möglichkeit preiswert Automatisierungs- und Visualisierungsmöglichkeiten im KNX/EIB zu realisieren bietet der KNX/EIB-Node oder ein vergleichbares Gerät der Firma ASTON mit ähnlicher Software (vgl. Abb. 8.172).

Abb. 8.172 KNX/EIB-Node (babtec)

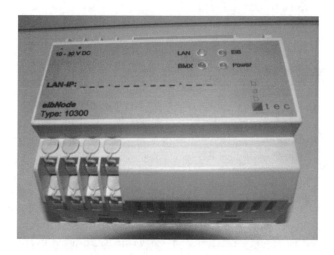

Dem KNX/EIB sind wie jedem anderen Bus hinsichtlich der Geschwindigkeit der Datenübertragung Grenzen gesetzt. Diese bilden dann auch datentechnisch gesehen ein „Nadelöhr". Die KNX/EIB-Komponenten kommunizieren mit einer Geschwindigkeit von

9.600 Baud, womit die erwähnte Grenze je nach Parametrierung der Kommunikation relativ schnell erreicht werden kann. Der KNX-Node ist ein Controller, der als Gateway zwischen KNX/EIB und Ethernet fungiert. Das bedeutet, dass die Übertragungsgeschwindigkeit der Telegramme zwischen dem KNX-Node und einem PC oder zwischen zwei oder mehr KNX-Nodes mit 10 Mbit/s vollzogen wird. Einige Telegramme werden via Ethernet also parallel zum Bus übertragen, wodurch die Telegrammrate auf dem jeweiligen Bussegment niedrig gehalten werden kann. Man bezeichnet dies auch als Fast-Backbone. Die verschiedenen Einsatzmöglichkeiten des KNX/EIB-Nodes kommen seiner Flexibilität zugute. Eingesetzt als Bereichs- oder Linienkoppler kann er überall auf die KNX/EIB Leitung aufgeschaltet werden. Die zusätzlichen Steuerfunktionen können neben der ETS eingebunden werden und greifen bei Bedarf ein.

8.7.2.1 Funktionen des KNX-Node

Abgesehen von den verschiedenen Einsatzmöglichkeiten wie z. B. als Linien- oder Bereichskoppler bietet der KNX-Node noch folgende Funktionen:

- Aufzeichnung der letzten 8.000 Schalttelegramme
- Zustandstabellen
- Verknüpfungen über logische Funktionen
- Automatisierung über Logiken und Zeituhren
- FTP-Server
- HTTP-Server
- KNX-Net/IP
- Visualisierung

8.7.2.2 Ausstattungsmerkmale des KNX-Node

Der KNX/EIB-Node verfügt über folgende Anschlüsse und Anzeigeelemente:

- Busanschlussklemme
- EIB Programmiertaste
- Anschluss zur Spannungsversorgung von 10 bis 30 V
- RJ45-Buchse zum Anbinden an das Ethernet LAN
- optionale serielle Schnittstelle
- diverse Signal-LEDs

8.7.2.3 KNX/EIB-Vision-Software

Die Software zur Programmierung oder Visualisierung der KNX-Node-Projekte gliedert sich in zwei Teile. Zum einen ist KNX-Vision Studio und zum andern KNX-Vision Classic verfügbar. Letzteres ist die Visualisierungssoftware, womit programmierte Projekte, die im KNX-Node gespeichert sind, ferngesteuert oder überwacht werden können. Vorstellbar ist auch die Anwendung als Überwachungs- oder Informationsoberfläche, z. B. auf einem zentral installierten benutzerfreundlichen Touchpanel im Gebäude. Die Software KNX-Vision Studio beinhaltet hingegen die Programmierumgebung, hat aber keine reine Visualisierungsmöglichkeit. Wenn von Gebäudeautomation gesprochen wird, ist ein Weg über ein KNX/EIB-Zusatzsystem, wie dem KNX-Node in Verbindung mit der KNX-Vision Software bei KNX/EIB als eine Lösung unumgänglich. Die geringen Automationsmöglichkeiten, die über die KNX/EIB-Parametrier-Software ETS angeboten werden, lassen viele Wünsche der Anwender sonst offen. Die KNX-Vision-Studio-Software hingegen lässt durch ihr breites Spektrum an Werkzeugen und Verknüpfungsmöglichkeiten die Realisierung eines umfangreicheren Automationsprojekts zu.

8.7.3   Programmierung des KNX/EIB mit der Engineering-Tool-Software ETS

Die Software KNX/EIB-ETS unterstützt die Parametrierung des KNX durch Topologien für Gewerke, Funktionen (Gruppenadressen), Gebäude und Netzwerk. Damit kann der Anwender komfortabel Strukturen aufbauen, die assoziativ in den einzelnen Topologien mitgeführt werden.

Im unteren Beispiel ist das Ergebnis einer Projektierung in der Netzwerkansicht dargestellt. Das Projekt trägt den Namen „Puppenhaus" und ist das Ergebnis eines studentischen Projekts für die Einbindung von Smart Metering im KNX/EIB. Sämtliche Geräte wurden in einer einzigen Linie mit der Nummer 1 im Bereich 1 angelegt. Neben der Spannungsversorgung zur Linie, die selbst keine Teilnehmernummer trägt, sind in der Linie Binärein- und -ausgänge von Walther verbaut, ein Analogeingang zur Erfassung von Sensorgrößen, der Lingg&Janke-Netzwerkkoppler für das FacilityWeb, der 3-Phasen-Stromzähler von Kamstrup mit KNX/EIB-Interface von Lingg&Janke, eine Telekommunikationseinheit von Rutenbeck, eine KNX/EIB-Zählerschnittstelle zu einem Energiezähler ODIN von ABB sowie ein Gateway zum Funkbussystem Easywave von ELDAT.

Für jedes Gerät wurde im Zuge der Parametrierung eine Applikation aus den geladenen Hersteller-Datenbanken der Hersteller eingelesen. Exemplarisch am Beispiel des Walther-Schaltaktors sind in der rechten Spalte die Objekte des Geräts Schaltaktor erkennbar (0–17), von denen insgesamt 16 Zugänge zu Relais darstellen. Zu jedem Objekt wurde eine Funktionalität parametriert (Schalten Ein/Aus), denen wiederum Gruppenadressen im dreistufigen Format mit entsprechender Beschreibung zugewiesen wurden. Auf die genaue Beschreibung der Vorgehensweise der ETS wird hier nicht näher eingegangen, da dies bereits in vielen anderen Fachbüchern erfolgt (vgl. Abb. 8.173).

Bei Anwahl der Option „Objekte anzeigen" werden unter dem jeweiligen Gerät, wie z. B. „Binäreingabegerät", die zugehörigen Objekte angezeigt. Diese Objekte wurden dann mit Gruppenadressen verbunden, wenn hier eine Funktion vorliegt. Ein Objekt sendet und empfängt nur die Telegramme aus den verbundenen Gruppenadressen, die Telegramme der anderen Gruppenadressen werden ignoriert. Da vor jedem Objekt die damit verbundene Gruppenadresse steht, gestaltet sich die Ansicht der belegten Objekte des jeweiligen Gerätes recht übersichtlich.

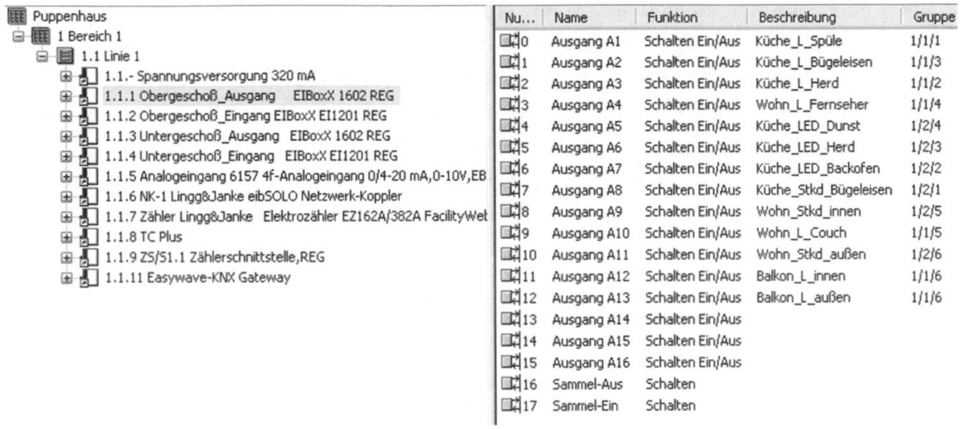

Puppenhaus	Nu...	Name	Funktion	Beschreibung	Gruppe
1 Bereich 1	0	Ausgang A1	Schalten Ein/Aus	Küche_L_Spüle	1/1/1
1.1 Linie 1	1	Ausgang A2	Schalten Ein/Aus	Küche_L_Bügeleisen	1/1/3
1.1.- Spannungsversorgung 320 mA	2	Ausgang A3	Schalten Ein/Aus	Küche_L_Herd	1/1/2
1.1.1 Obergeschoß_Ausgang EIBoxX 1602 REG	3	Ausgang A4	Schalten Ein/Aus	Wohn_L_Fernseher	1/1/4
1.1.2 Obergeschoß_Eingang EIBoxX EI1201 REG	4	Ausgang A5	Schalten Ein/Aus	Küche_LED_Dunst	1/2/4
1.1.3 Untergeschoß_Ausgang EIBoxX 1602 REG	5	Ausgang A6	Schalten Ein/Aus	Küche_LED_Herd	1/2/3
1.1.4 Untergeschoß_Eingang EIBoxX EI1201 REG	6	Ausgang A7	Schalten Ein/Aus	Küche_LED_Backofen	1/2/2
1.1.5 Analogeingang 6157 4f-Analogeingang 0/4-20 mA,0-10V,EB	7	Ausgang A8	Schalten Ein/Aus	Küche_Stkd_Bügeleisen	1/2/1
1.1.6 NK-1 Lingg&Janke eibSOLO Netzwerk-Koppler	8	Ausgang A9	Schalten Ein/Aus	Wohn_Stkd_innen	1/2/5
1.1.7 Zähler Lingg&Janke Elektrozähler EZ162A/382A FacilityWet	9	Ausgang A10	Schalten Ein/Aus	Wohn_L_Couch	1/1/5
1.1.8 TC Plus	10	Ausgang A11	Schalten Ein/Aus	Wohn_Stkd_außen	1/2/6
1.1.9 ZS/S1.1 Zählerschnittstelle,REG	11	Ausgang A12	Schalten Ein/Aus	Balkon_L_innen	1/1/6
1.1.11 Easywave-KNX Gateway	12	Ausgang A13	Schalten Ein/Aus	Balkon_L_außen	1/1/6
	13	Ausgang A14	Schalten Ein/Aus		
	14	Ausgang A15	Schalten Ein/Aus		
	15	Ausgang A16	Schalten Ein/Aus		
	16	Sammel-Aus	Schalten		
	17	Sammel-Ein	Schalten		

Abb. 8.173 Netzwerk-Topologie eines KNX/EIB-Projekts

8.7.3.1 Adressen und Teilnehmer

Um Datenpakete zuordnen zu können, muss klar sein, von welcher Adresse zu welcher Adresse sie versendet worden sind. Um die Adressierungen eindeutig zu gestalten, werden physikalische Adressen sowie Gruppenadressen benutzt. Die physikalische Adresse beschreibt, an welcher Stelle sich ein Gerät im System netzwerkmäßig befindet, um dieses ansprechen und mit einer Applikation laden zu können. Die Gruppenadresse ist eine virtuelle Adresse, in der Funktionen verschiedener KNX/EIB-Teilnehmer zusammengefasst und somit definiert werden, sie stellen einen Funktionskanal dar. Soll ein Sensor einen Schaltaktor schalten lassen, der damit ein Leuchtmittel eingeschaltet, so werden Sensor- und Aktorfunktion mit derselben Gruppenadresse verknüpft. Die zur Verknüpfung dienenden Adressen sind Untergruppenadressen. Es gibt ein 2-stufiges und 3-stufiges Gruppenadressenkonzept.

Beide Konzepte bieten im Ergebnis eine identische Anzahl Untergruppen. In der 2-stufigen Variante gibt es 16 Hauptgruppen mit jeweils 2.048 Untergruppen. Das 3-stufige Konzept beinhaltet 16 Hauptgruppen mit jeweils acht Mittelgruppen. Jede dieser Mittelgruppen beinhaltet wiederum 256 Untergruppen, in Summe ergeben sich damit in jcdcr Hauptgruppe die gleichen Anzahlen darstellbarer Funktionen. Im betrachteten Projekt wurde das 3-stufige Konzept angewendet. Die Standardfunktionen befinden sich in Hauptgruppe 1 (vgl. Abb. 8.174 und Abb. 8.175).

Weitere Funktionen, die mit „Sonderfunktionen" beschrieben sind, befinden sich in der Hauptgruppe 2 (vgl. Abb. 8.176).

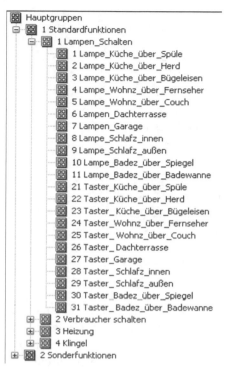

Abb. 8.174 3-stufige Gruppenadressstruktur des Projekts für die Mittelgruppe 1

Abb. 8.175 3 stufige Gruppenadress-struktur des Projekts für die Mittelgruppe 2

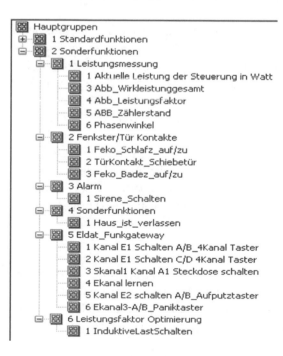

Abb. 8.176 3-stufige Gruppenadress-struktur des Projekts für die Hauptgruppe 2

Damit ergibt sich folgende Funktionsübersicht:

Adressen	Funktionen
1/1/1–1/1/11	Schaltaktoren für die Zimmerbeleuchtungen
1/1/21–1/1/31	Sensoren für die Zimmerbeleuchtungen
1/2/1–1/2/7	Schaltaktor der verschiedenen Verbraucher
1/2/21+1/2/27	Sensoren für zwei schaltbare Steckdosen
1/3/1–1/3/3	Schaltaktoren Heizungen ein/aus und Erfassung des Raumtemperaturwertes über den Analogeingang
1/4/1	Sensor für die Türklingel
1/4/2	Aktor für die Türklingel (Klingeltrafo)
2/1/1	Bezogene Leistung der Steuerung (Lingg&Janke)
2/1/2–2/1/6	Zählerausgaben Smart Meter (ABB) der Leuchtwand
2/2/1–2/2/3	Fenster- und Türkontaktsensoren
2/3/1	Schaltaktor für die Sirene
2/4/1	Sensor für Haus ist verlassen
2/5/1–2/5/6	Sensoren und Aktoren der Funkkomponenten (Eldat)

Soweit man eine einfache „Schaltenfunktion" der Beleuchtungen ohne ein Zusatzsystem und nur mittels KNX/EIB realisieren will, müssten die entsprechenden Objekte der Sensoren und Aktoren mit derselben Gruppenadresse verbunden werden. In diesem Fall mussten dementgegen die Gruppenadressen der Sensor- und Aktorobjekte für die Zimmerbeleuchtung aufgetrennt werden. Die Sensorobjekte sind mit den Gruppenadressen 1/1/21–1/1/31 und die Aktorobjekte mit den Gruppenadressen 1/1/1–1/1/11 verbunden.

Das verwendete Zusatzsystem KNX/EIB-Node gewährleistet durch entsprechende Programmierung der Automation, dass die gesendeten Telegramme der Sensorobjekte trotzdem von den gewünschten Aktorobjekten verarbeitet werden. Im Vorfeld der Planung einer KNX/EIB Installation sollte darauf geachtet werden, dass für den späteren Einsatz eines Zusatzsystems bereits Adressräume freigelassen werden. Wenn im Nachhinein die Gruppenadressen der Sensoren und Aktoren wieder getrennt werden, um eine Automation zu realisieren, sollten dafür schon freigehaltene Gruppenadressen zur Verfügung stehen. Der nachträgliche Programmieraufwand würde damit um einiges dezimiert werden. Vorstellbar wäre der Einsatz eines Dummys, der für die Freihaltung sorgt.

Auf den Umgang mit KNX/EIB-Vision wird im Kapitel über die Beschreibung des Referenzbeispiels KNX/EIB mit KNX/EIB-Vision zum Aufbau eines Smart-Metering-Systems intensiv eingegangen.

8.7.3.2 KNXVision Classic

Die Software KNX-Vision Classic ist ein reines Tool zur Visualisierung der vorher mit KNX-Vision Studio erstellten Projekte. Der Vorteil, dass Unbefugte keine Möglichkeit der Programmänderung haben, ergibt sich ebenso wie die gestiegene Flexibilität und Anwenderfreundlichkeit durch die strikte Trennung der programmierenden von der ausführenden Software. In den Startparametern von KNX-Vision Classic kann z. B. festgelegt werden, mit welcher Seite das Projekt geöffnet werden soll oder ob alle Kommunikationsobjekte des KNX/EIB Systems beim Starten auf „0" gesetzt werden. Daneben gibt es noch weitere Funktionen, die allesamt keine Möglichkeit der Programmänderung bieten.

8.7.4   Analyse

Das KNX/EIB-System ist eines von der Normierung standardisiertes Gebäudeautomationssystem, das eine umfangreiche Gebäudeautomation auf der Basis eines dezentralen Systems ermöglicht. Zur Preisberechnung wurden bei dem KNX/EIB-System nur Merten-Komponenten betrachtet, die für eine direkte Ausschaltung als Funktion benötigt werden. Zusätzlich ist zu erwähnen, dass eine Spannungsversorgung oder weitere Systemkomponenten für größere Anlagen nicht betrachtet werden, die normalerweise auf der Basis eines Preises von ca. 350 Euro für die Spannungsversorgung mit Drossel und den Koppler zu ca. 300 Euro auf maximal 64 KNX/EIB-Teilnehmer umgelegt werden müssten. Somit setzt sich der Preis einer KNX/EIB Ausschaltfunktion wie folgt zusammen:

Gerät	Preis je Gerät	Preis je Kanal
Tasterschnittstelle 2fach	60 Euro	30 Euro
Tasterschnittstelle 4fach	100 Euro	25 Euro
Taster	10–25 Euro	10–25 Euro
Schaltaktor 2fach	210 Euro	105 Euro
Schaltaktor 12fach	480 Euro	40 Euro
Kosten für eine Funktion	**von**	**bis**
	80 Euro	150 Euro

Die Kosten für eine Schaltfunktion entsprechen in etwa den Kosten bei digitalSTROM oder KNX/EIB-Powerline und liegen damit recht hoch.

8.7.5   Neubau

Die Verwendung von KNX/EIB beim Neubau lässt keine Wünsch offen, alle Funktionen sind hier durch geeignete Geräte mit ansprechenden Designs bei entsprechenden Preisen zu realisieren. Insbesondere lässt sich somit ein aktives und passives Energiemanagement auf der Basis von Smart Metering verwirklichen. Bei entsprechender Planung und Installation können alle Grundschaltungen im Bereich Schalten und Dimmen von Lasten problemlos umgesetzt werden. Ebenso sind Jalousie- oder Heizungssteuerungen rea-

lisierbar. Auch Zusatzfunktionen oder Szenen sind ohne zusätzlichen Verdrahtungsaufwand über spezielle Programmierungen möglich. Das KNX/EIB-Produktportfolio
beinhaltet überwiegend Unterputz-(UP-), Aufputz-(AP-) und Reihen-Einbaugeräte
(REG), weitere Geräte sind als Einbau- oder Spezialgeräte verfügbar.

Aufputzgeräte müssen mit Hilfe eins Aufputzkastens umgesetzt werden, feuchtraum-
geeignete Geräte sind nur bei wenigen Herstellern verfügbar. Was die positiven Eigenschaften schmälert, ist, dass das System nur per Definition durch zertifizierte Elektroinstallateure projektiert, installiert und in Betrieb genommen und auch geändert und
erweitert werden sollte. Zusätzlich werden die positiven Eigenschaften durch die hohen
Kosten des Gesamtsystems geschmälert. Dem Bauherrn, der auf KNX/EIB setzt, sollte
dringend angeraten sein vom Elektroinstallateur und Projektierer eine ausführliche Dokumentation des Gesamtsystems neben den vollständigen Datenbanken mit verwendeten Applikationen zu verlangen, da ein derart komplexes System wie KNX/EIB sonst
nicht von anderen Fachleuten gewartet werden kann.

8.7.6   Sanierung

Bei einer Sanierung kann das KNX/EIB-System gegen den Neubau nicht mehr mithalten.
Der Grund liegt darin, dass die vorhandenen Leitungen keine Busleitungen sind und
auch nicht dazu genutzt werden dürfen. Somit ist das System zur Sanierung und damit
Einbindung von Komfort, Energiemanagement, den Schalt- und Dimmfunktionen nur
bedingt einzusetzen. Generell kann resultiert werden, dass das System im Bereich der
sauberen Sanierung durchgehend nicht eingesetzt werden kann und schlechter bewertet
werden muss als beim Neubau. Funktionen, die nicht unbedingt mit der Verkabelung in
Zusammenhang stehen, lassen sich besser lösen. So z. B. ist die Adaptierbarkeit zum
alten System durch Gateways in vielen Fällen möglich. In jedem Fall müssen Busleitungen im Zuge der Sanierung verlegt werden, was einer schmutzigen Sanierung entspricht.

8.7.7   Erweiterung

Bei der Erweiterung kommen die Vorzüge eines umfangreichen Bussystems mit vielen
Herstellern voll zum Tragen. Alle Funktionen, die im Neubau möglich sind, sind auch
überwiegend bei der Erweiterung möglich. Ausnahmen sind die Funktionen, die eine
geänderte oder neue Verkabelung der Elektroversorgung erfordern. Sonst kann jedes
Gerät durch Verbinden mit dem Bus oder eine neue Funktion durch die Programmierung realisiert werden, soweit die Busleitung vorhanden ist, an der weitere Geräte angeschlossen und darüber mit dem Bus verbunden werden. So kann z. B. die Automatisierung durch das Hinzufügen eines „Steuerbausteins", wie z. B. eines Logikbausteins oder
des KNX-Node leicht gelöst werden.

8.7.8   Nachrüstung

KNX/EIB eignet sich nur wenig für die Nachrüstung, da der nachträgliche Einbau von KNX/EIB-Komponenten und die Verlegung von KNX/EIB-Datenleitungen sehr aufwändig ist und Dreck und Staub mit sich bringt, der nachfolgende Tapezier-, Maler- und Dekorationsarbeiten nach sich zieht. Damit kann mit KNX/EIB im Rahmen der Nachrüstung Smart Metering lediglich im Bereich des Stromkreisverteilers eingerichtet werden und erweitertes Smart Metering im Kellerbereich z. B. durch Geräte von Lingg&Janke erfolgen, soweit der Stromkreisverteiler groß genug ist, um die weiteren Elemente aufzunehmen, und Datenleitungen auch auf der Wand verlegt werden können.

8.7.9   Anwendbarkeit für smart-metering-basiertes Energiemanagement

Die Anwendung von Smart Metering innerhalb eines bestehenden KNX/EIB-Systems ist problemlos möglich, da ein vorhandener elektrischer Haushaltszähler grundsätzlich durch einen elektronischen ersetzt werden kann und dieser durch intelligente Funktionalität bei Rückgriff auf KNX/EIB-Interfaces von Lingg&Janke oder durch direkten Austausch gegen einen KNX/EIB-fähigen Zähler erweitert werden könnte. Erweitert wird das zentrale Smart Metering um intelligentes Smart Metering, da durch Einbindung von eHz mit KNX/EIB-Interface und weitere dezentrale Zähler direkt Leistung und Verbrauch einzelner Stromkreise erfasst und darüber hinaus auch Leistung und Verbrauch an einzelnen Verbrauchern abgefragt werden können. IP-Symcon bietet eine ausgezeichnete Möglichkeit, um zum einen auf KNX/EIB sowohl sensorisch, als auch aktorisch einzuwirken und die Metering-Daten der KNX/EIB-fähigen Smart Meter und sonstigen Aktoren auszulesen. Weitere sensorische Messgrößen können bei Verwendung von IPSymcon z. B. durch Ankopplung anderer Bussysteme verfügbar gemacht werden, damit werden zudem diejenigen Sensor- und Aktorlokalitäten erschlossen, die über keinen KNX/EIB verfügen. Der Energiekunde kann bereits bei Beachtung dieser Visualisierung durch Änderung seines Nutzerverhaltens seinen Energieverbrauch und damit seine Energiekosten senken. Aufgrund der schlechten Unterstützung der Nachrüstung ist KNX/EIB nur für Neubauten und Erweiterungen, nicht aber für den wesentlich größeren Markt des Bestandes im Rahmen der Nachrüstung geeignet.

8.7.10 Objektgebäude

KNX/EIB in der Variante als zweiadriges TP-System hat sich aufgrund der sehr hohen Kosten bislang nur in hochpreisigen Villen und Objektgebäuden durchgesetzt. Die Verbreitung im Objektgebäude ist groß. Häufig werden KNX/EIB-Installationen in Objektgebäuden zentralisiert aufgebaut, indem die zu schaltenden Stromversorgungsleitungen zum Stromkreisverteiler gezogen werden und von dort mit Schaltaktoren mit einer

großen Anzahl von Schaltkanälen geschaltet. Weitere Geräte werden in den Objektgebäuden in Zwischendecken oder in Fußbodentanks verbaut. Dort, wo zwingend flexible
und/oder „schöne" Geräte mit Design-Oberflächen benötigt werden, wird der KNX/EIB-
Bus auch flexibel bis zum dezentralen Gerät verlegt und das Gerät als Unterputzgerät
verbaut. In Objektgebäuden erfolgt die Aufteilung des Bussystems mit seinen Linien und
Bereichen entsprechend der Gebäudetopologie in Etagen oder aufgeteilten Etagen in
horizontaler und in Treppenhäusern in vertikaler Ausdehnung. Die vernetzten Etagen
und Treppenhäuser werden zu KNX/EIB-Welten zusammengefasst und häufig per OPC-
Technik mit zentralen Einrichtungen verbunden. Wenn auch vor 25 Jahren angestrebt
wurde, dass der KNX/EIB die konventionelle Elektroinstallation breitflächig intelligent
gestalten wird, so ist dieses Ziel doch nur in einigen hochpreisigen Villen, in denen die
Kosten vor gewünschter Funktionalität nicht die Rolle spielen, oder im Objektgebäude
durchgesetzt. Mehr und mehr entwickelt sich jedoch eine Umverteilung des Einsatzes
von KNX/EIB zugunsten anderer, insbesondere Funkbussystemen in Verbindung mit
SPS-Technik.

8.8 LCN

Der LCN gehört seit mehr als 15 Jahren zu den am Markt etablierten Gebäudeautomationssystemen, die sowohl im Einfamilienhaus bis hin zu größten Liegenschaften eingesetzt werden können. Hersteller ist die Firma Issendorff in der Nähe von Hannover.
Durch die Möglichkeit Design-Bedien-Elemente des KNX/EIB, wie z. B. Taster, Bewegungsmelder der verschiedensten Elektroinstallationsunternehmen, wie z. B. Berker,
GIRA, Jung, Merten, Busch-Jaeger, ABB, Siemens neben eigenen Entwicklungen (GT-
Serie) mit ansprechendem Design im Haus zu verwenden, ist der LCN flexibel einsetzbar. Damit ist auch sichergestellt, dass auf Jahre hinaus Bedienelemente verfügbar sind.
Durch flexible Einbaulösungen im Stromkreisverteiler als REG-Gerät oder unter Decken
und Platten oder direkt in der Installationsdose als Unterputzgerät stehen verschiedenste
Installationsmöglichkeiten zur Verfügung. Bereits mit einem einzelnen Modul können
komplexeste Gebäudefunktionen, wie z. B. gedimmte Lichtsteuerungen, Heizungsregelungen und Logikauswertungen realisiert werden. So können mit einem einzigen Modul
mit Peripherie komplette Büro- und Hotelzimmerautomationslösungen aufgebaut werden. Dies resultiert in einer geringen Anzahl zu verwendender Module.

Durch die Verwendung einer zusätzlichen Ader neben L, N und PE im Kabel kann
der LCN im Allgemeinen sowohl im Neubau, als auch im Altbau und für Sanierungs-
und Erweiterungsmöglichkeiten Verwendung finden. Durch die Einbindbarkeit von
batterielosen EnOcean-Funktastern kann Bedienung auch von Stellen erfolgen, an denen
keine Kabel vorhanden sind.

Die Bedienung des Hauses über PC, Internet, Handy und komplexeste Automatisierungen ist möglich.

Das Herzstück des LCN-Busses stellen die „intelligenten" Busmodule dar. „Intelligent" sind sie deshalb, weil jedes Modul einen bzw. mehrere Mikroprozessoren enthält. So ist jedes Modul in der Lage zu rechnen, zählen, beobachten, kommunizieren, agieren und reagieren. Die Module unterscheiden sich lediglich in der Bauform, der Art und Anzahl der Anschlüsse und Ausgänge. Sie sind als Unterputz- oder Hutschienenmodul erhältlich. Die Module sind je nach Typ und Ausstattung mit einem T-, I- und P-Port ausgestattet. Am T-Port werden über passende Peripherieelemente z. B. KNX/EIB-Taster bekannter Elektroinstallationstechnikhersteller angeschlossen. Ebenfalls ist es möglich, Taster und Bedienfelder der Firma LCN direkt ohne zusätzlichen Adapter anzuschließen. Der I-Port ist ein Impulssensoranschluss, hier können verschiedene Sensoren wie z. B. LCN-Displaymodule (GT-Serie), Tastenumsetzer, Binärsensoren, Temperatursensoren, Bewegungsmelder oder auch Infrarot-Fernbedienungsempfänger angeschlossen werden. Der P-Port dient zum Anschluss weiterer Peripherie wie etwa Relais oder Stromsensoren. Integriert sind neben dem Mikroprozessor außerdem noch ein Netzteil und der Busankoppler.

Die Kommunikation findet in Bussystemen über eine von der Spannungsversorgung abgetrennte Ader der NYM-Leitung in Verbindung mit dem N-Leiter statt. Bei LCN wird jedoch keine separate Datenleitung verlegt, sondern man nutzt eine zusätzliche Ader im vorhandenen Installationsnetz. Voraussetzung dafür ist die Verlegung einer $5 \times 1,5^2$ NYM-Leitung (vgl. Abb. 8.177).

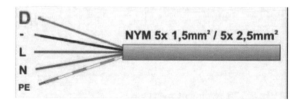

Abb. 8.177 Unterputzleitung zum Anschluss der LCN-Module inklusive Datenleitung [LCN]

Über diese Datenleitung werden die Daten per Telegramm verschickt, so dass die Busteilnehmer untereinander kommunizieren können. In einem Telegramm sind unter anderen folgenden Informationen enthalten:

- die Nutzinformation
- die Adresse von Sender und Empfänger
- Mechanismen zur Erkennung von Übertragungsfehlern
- weitere Zusatzinformationen

Das Netzwerk des LCN-Busses benötigt im Gegensatz zu anderen Systemen wie z. B. PEHA-PHC keine zentrale Steuereinheit. Der LCN-Bus ist ein Multi-Master-Bus. Jedes einzelne Modul kann als Master den Bus steuern. Die Module sind durch ihre „Intelligenz" selbst in der Lage den Datenverkehr zu regeln. Eigenständig werten sie Informationen von Sensoren aus, verschicken sie weiter oder steuern Aktoren an.

Die Topologie des LCN-Busses ist übersichtlich aufgebaut. Die zusammengeschalteten Module müssen in sogenannte Segmente unterteilt werden, wenn sie die Anzahl von 250 Modulen überschreiten. Eine bestimmte Topologie wie z. B. Stern-, Linien- oder Baumform muss innerhalb eines Segments nicht eingehalten werden. Sind also mehr als 250 Module in einem Bussystem vorhanden, muss eine Unterteilung in einzelne Segmente erfolgen, die dann über Segmentkoppler wieder verbunden werden. Es ist jedoch auch möglich, aus Gründen der Übersichtlichkeit mehr Segmente als mindestens erforderlich zu verwenden. Die maximale Anzahl an Segmenten in einem LCN-System beträgt 120 Segmente. Der LCN-Bus ist somit auf eine maximale Anzahl von 30.000 Modulen (250 Module × 120 Segmente) begrenzt, in Verbindung mit der Vielzahl anschließbarer Sensoren und Aktoren sind damit auch größte Anlagen realisierbar. Verbunden werden die einzelnen Segmentkoppler über eine verdrillte Zweidrahtleitung, z. B. über eine CAT-5-Datenleitung. Damit sind größte Anwendungen, bei einem Segment bereits direkt komplexe Wohngebäude realisierbar (vgl. Abb. 8.178).

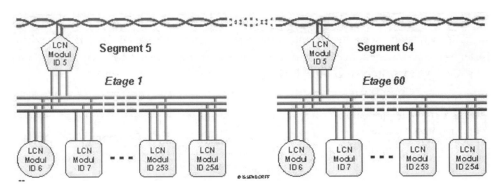

Abb. 8.178 Segmentbus [LCN]

Bei der Topologie des Segmentbusses ist eine feste Verdrahtungsstruktur in Form einer Linie vorgegeben.

Um Spannungsverschleppungen in größeren Anlagen zu vermeiden, dürfen voneinander getrennte Einspeisungen nicht direkt mit dem Datendraht verbunden werden, sondern es ist notwendig einen Trennverstärker (LCN-IS) einzusetzen, über den die Informationen dann weitergeführt werden. Hierbei ist es nicht zulässig, Entfernungen zwischen den einzelnen Verteilungen von 50 m zu überschreiten. Um weitere Entfernungen zwischen Verteilungen oder gar einzelnen Gebäuden zu realisieren, besteht die Möglichkeit Koppler für Kunststoff- oder Glasfaserkabel einzusetzen (LCN-LLG für Glasfaserkabel und LCN-LLK für Kunststoffkabel). Mit Kunststoffkabeln können Distanzen von bis zu 100 m überbrückt werden, mit Glasfaserkabeln sogar bis zu 2.000 m (vgl. Abb. 8.179).

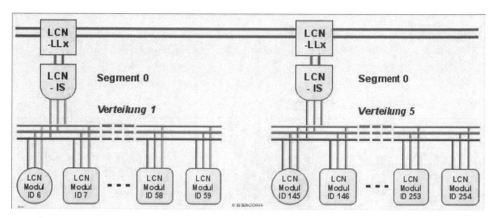

Abb. 8.179 Segmentverbindung über Lichtwellen- oder Kunststoffleiter [LCN]

Im LCN-System werden durchschnittlich 100 Telegramme pro Sekunde übertragen, im LCN-Segmentbus aufgrund der größeren Performance durch die direkte Linienstruktur sogar 1.000 bis 10.000 Telegramme. Das entspricht einer Datenübertragungsrate von 9.600 Bit/s in der Linie und im Segmentbus von 300 kBit/s bis 2,5 MBit/s. Das vom KNX/EIB bekannte Performance-Problem besteht damit nicht.

8.8.1   Typische Geräte

Bei LCN reduziert sich die Geräteverwendung auf einige wenige Systemkomponenten, die sich bei normalen Anlagen auf die Systemschnittstelle reduzieren, da Spannungsversorgungen aufgrund der direkten Verbindung mit dem Stromnetz nicht notwendig sind, und Module, die über im Allgemeinen drei Ports verfügen, um daran Peripherie anzuschließen.

8.8.1.1 Systemkomponenten

Die wichtigste Systemkomponente ist die Systemschnittstelle, über die zum einen das System programmiert und ausgelesen werden kann, zum anderen aber auch Automatisierungs- oder Visualisierungssysteme angekoppelt werden. Dem Trend folgend ist die Schnittstelle als serielle oder USB-Schnittstelle erhältlich (vgl. Abb. 8.180).

Sollten die Anlagen eine Modulanzahl von 250, was normalerweise bei Einfamilienhäusern und Wohnungen niemals der Fall sein wird, da an jedem einzelnen Modul eine große Anzahl von Sensoren und Aktoren zum Einsatz gebracht werden kann, überschritten werden, ist die Anlage um Segmentkoppler zu erweitern, die über ein Twisted-Pair-Kabel in Form einer Linie verbunden werden. Soweit, wie z. B. bei Objektgebäuden größere Strecken überwunden werden müssen, können die drahtbasierten Signale auch auf Lichtfaserleiter umgesetzt werden. Dazu sind dann entsprechend weitere Systemkomponenten erforderlich. Weitere Systemkomponenten sind Netzteile, um z. B. auch 24-V-versorgte Module einsetzen zu können (vgl. Abb. 8.181).

Abb. 8.180 LCN-Systemschnittstelle RS232 und USB   **Abb. 8.181** LCN-Segmentkoppler

Zur Kommunikation mit der Außenwelt verfügt LCN über einen SMS-Umsetzer (vgl. Abb. 8.182).

Abb. 8.182 LCN-SMS-Umsetzer

8.8.1.2 Module

Im Segmentbus werden Module verbaut, die über bis zu drei verschiedene Peripherieanschlüsse T-, I- und P-Anschluss verfügen, an denen Taster, weitere Sensoren und Relais oder anderes angeschlossen werden kann.

Ein Unterputz-Modul ist von seinem Aufbau her so flach, dass es im Allgemeinen in eine Schalterdose hinter einen konventionellen Elektroinstallationsschalter passt. Sollten jedoch neben den direkt verfügbaren zwei Ausgängen weitere Peripherieelemente angeschlossen werden, so sind tiefe Schalterdosen oder separate Nebendosen zwingend erforderlich (vgl. Abb. 8.183).

Abb. 8.183 LCN-UPP-Modul

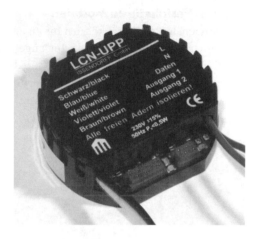

Üblicherweise werden an diesen Modulen Tastermodule aufgesetzt, die konventionelle Taster oder KNX/EIB-Anwendungsmodule im Gebäudeautomationssystem verfügbar machen oder Temperatur-, Helligkeitssensoren oder Bewegungsmelder.

Für die Hutschiene im Stromkreisverteiler sind Geräte in der Bauform REG verfügbar. Diese verfügen im Allgemeinen über einen Peripherieanschluss, um daran auch Relais anzuschließen. Je nach Peripherie und Programmiermöglichkeit sind die REG-Geräte als LCN-SH-, -SHS oder -HU-Modul verfügbar (vgl. Abb. 8.184).

Neben dimmbaren Lampen (Phasenanschnitt) können die Ausgänge auch zum Betrieb von EVGs (0–10 V/DSI/DALI) verwendet werden (vgl. Abb. 8.185).

Abb. 8.184 LCN-SH-Modul

Abb. 8.185 LCN-HU-Modul

8.8.1.3 Peripherie zu Modulen

Als einfachste Peripherie können bis zu acht konventionelle Tasten oder Kontakte am T-Port über einen einfachen Adapter angeschlossen werden. Für die LCN-GT-Serie oder KNX/EIB-Anwendungsmodule verschiedenster Hersteller sind speziell für jeden verwendeten Hersteller eigene Adapter verfügbar, auf die die Anwendungsmodule aufgerastet werden (vgl. Abb. 8.186).

Abb. 8.186   LCN-TEU-Tastermodul für KNX/EIB-Module

Am I-Anschluss wird beispielsweise ein von der Baugröße her kleiner Bewegungsmelder aufgeschaltet, der leicht an der Wand verbaut werden kann (vgl. Abb. 8.187).

Abb. 8.187   LCN-Bewegungsmelder (links aktuelles, rechts altes Modell)

Am I-Anschluss kann auch ein sehr präziser Temperatursensor angeschlossen werden, um eine Einzelraumtemperaturregelung zu realisieren. Das LCN-Modul übernimmt hierbei die einfach parametrierbare Regelungsaufgabe. Verfügbar ist zudem ein Luftgütesensor, um Lüfter bedarfsgerecht anzusteuern (vgl. Abb. 8.188).

Abb. 8.188 LCN-Temperatur- und CO_2-Sensor

Verfügbar sind auch Wetterstationen, um Beschattungssteuerungen zu ermöglichen (vgl. Abb. 8.189).

Abb. 8.189 LCN-Wetterstation

Um Leuchtmittel und Geräte schalten oder Jalousien und Rollläden steuern zu können, sind Relaisbausteine für die Hutschiene mit bis zu acht Relais verfügbar. Die Relaisanschlüsse sind einzeln verfügbar und können beliebig für Lampen- oder Motorenwendeansteuerung angeschlossen werden. Im Gegensatz zu KNX/EIB können einzelne Relais gezielt ausgetauscht werden, um damit die Reparaturkosten zu reduzieren (vgl. Abb. 8.190).

Neben vielen weiteren Peripheriebausteinen können auch spezielle Raumbedienelemente mit Display oder anderen Anzeigemöglichkeiten an Modulen angeschlossen werden (vgl. Abb. 8.191 und Abb. 8.192).

Abb. 8.190 LCN-Relaisbaustein zum Anschluss am P-Port

Abb. 8.191 LCN-Raumbediengerät und -Flächentaster [LCN]

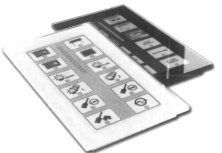

Abb. 8.192 LCN-Flächentaster [LCN]

Ab 11/2012 ist auch die Einbindung von elektronischen Haushaltszählern in LCN möglich (vgl. Abb. 8.193).

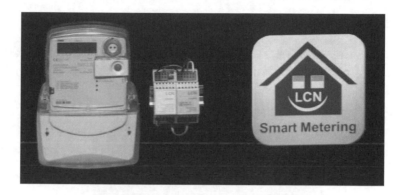

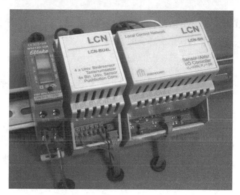

Abb. 8.193
Smart-Metering-
Anbindung an LCN

8.8.2 Programmierung

8.8.2.1 Software LCN-Pro

Die Software LCN-Pro ist ein Windows-basiertes Konfigurationstool, mit dem die LCN-Module des Bussystems LCN konfiguriert werden. Die Software dient auch zur segment-übergreifenden Parametrierung der Module. Sie ist der Nachfolger der MS-DOS basierenden LCN-P Software und unterstützt, anders als die LCN-P, die Offline-Programmierung. Der große Vorteil der Systemsoftware ist die Rücklesbarkeit. Ein Endkunde kann ohne Weiteres den Elektriker wechseln oder bei Datenverlust die Anlage neu auslesen.

Einrichtung von Modulen

Zur ersten Inbetriebnahme bietet es sich an, die verwendeten Module aus den Vorlagen auszuwählen und per Drag and Drop in das angelegte Projekt einzufügen. Anderenfalls können die Module auch völlig neu angelegt werden, um sie anschließend nach Programmierung als neue Vorlagen abzulegen. Für jedes eingefügte Modul öffnet sich automatisch das Fenster „Modul Id zuweisen". In diesem Fenster muss dem Modul eine eindeutige ID zugewiesen werden. Darüber hinaus kann das Modul mit Namen und Kommentar beschrieben werden (vgl. Abb. 8.194).

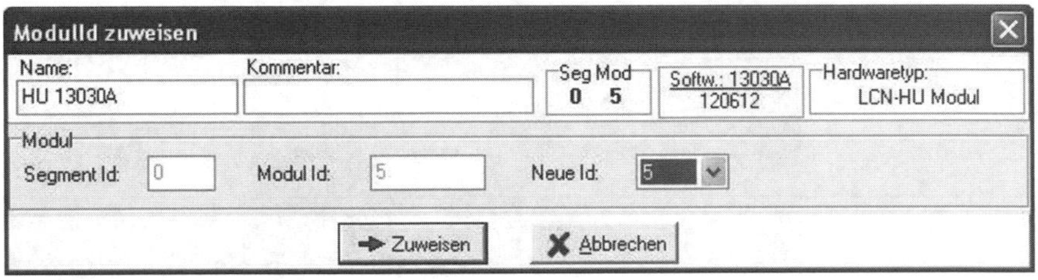

Abb. 8.194 Zuweisung der Modul-ID

Nach Öffnung des Moduls hat man die Möglichkeit, die grundlegenden Einstellungen vorzunehmen (vgl. Abb. 8.195).

Abb. 8.195 Ansicht des eingefügten Moduls

Die beiden wichtigsten Einstellungen unter „Eigenschaften" sind die Zuweisung einer Gruppenzugehörigkeit und die Belegung des Moduls mit einem Passwort, damit nur Berechtigte Änderungen am LCN-System vornehmen können (vgl. Abb. 8.196).

Unter „Ausgänge" lässt sich festlegen, ob die Ausgänge eines Moduls deaktiviert sind, ob sie als Standardausgang zum Schalten und Dimmen oder als Motorschalter verwendet werden sollen (vgl. Abb. 8.197).

Abb. 8.196 Moduleigenschaften

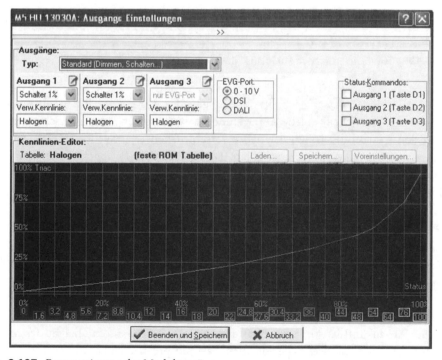

Abb. 8.197 Parametrierung der Modulausgänge

Zur Anpassung der Leuchteigenschaften von Leuchtmitteln in Abhängigkeit von Spannung oder Strom kann deren Kennlinie definiert werden, dies ist z. B. für dimmbare LEDs wichtig, um den Leuchteindruck je nach Aussteuerung der visuellen Empfindung entsprechend zu linearisieren (vgl. Abb. 8.197).

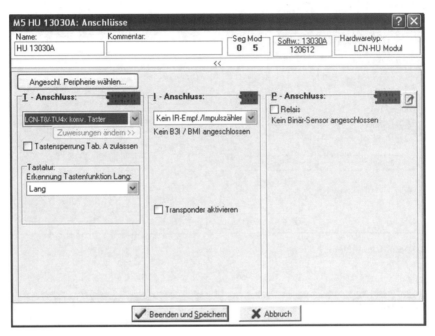

Abb. 8.198 Parametrierung der Modulanschlüsse

Unter „Anschlüsse" lassen sich die Belegungen der T-, I- und P-Anschlusses parametrieren und einstellen, welche Aktorik und Sensorik an den Ports angeschlossen wurde. Für den T-Anschluss lassen sich neben verschiedenen Tastern auch Lichtsensoren sowie Analog-/Digital-Wandler auswählen. Die I-Anschluss-Peripherie wird durch das Modul eigenständig erkannt und für den P-Port lässt sich festlegen, ob ein Relais angeschlossen wurde oder nicht.

Programmierung

Die Programmierung im LCN erfolgt über die Definition von Aktionen, die über reale und virtuelle Tasten ausgelöst werden. Hierzu wird jede einzelne Taste über die Befehle „kurz", „lang" und „los" programmiert. Insgesamt stehen vier Tastentabellen (A, B, C und D) mit je acht Tasten zur Verfügung. Jede Taste kann mit zwei unterschiedlichen Zielen parametriert werden, so dass insgesamt 64 Ziele (Aktoren) angesprochen werden können. Für zukünftige Anwendungen des LCN wird diese Funktionalität der Module erweitert, um mehr als zwei Ziele von einer Taste ansprechen zu können (vgl. Abb. 8.199 und Abb. 8.200).

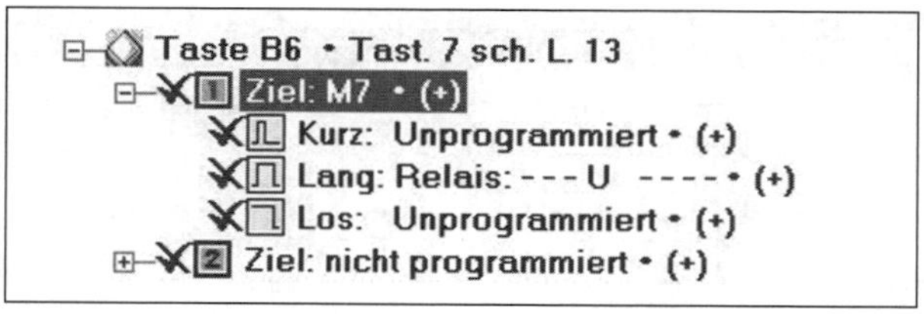

Abb. 8.199 Programmierung der Taste 7 über den Befehl „lang"

Zur genauen Definition der Tastentabelle ist eine Definitionstabelle verfügbar (vgl. Abb. 8.200).

EREIGNISDEFINIERTE TASTENZUWEISUNGEN

Tasten-Tabelle	Ereignis	Tastenbelegung	„Kurz"-Kommando	„Lang"-Kommando	„Los"-Kommando
A	Hardware-Taster (z.B. LCN-TEU, LCN-TE8, etc.)	A1 bis A8	kurzes Tippen	drücken	loslassen
A	Fernbedienung (z.B. LCN-RT)	A1 bis A8	kurzes Tippen	drücken	loslassen
A	Transponder (LCN-UT)	A1 bis A8	gültiger Code erkannt	n/a	n/a
B	Bewegungsmelder (LCN-BMI)	B4/B5/B6/B7	n/a	Bewegung	Ruhe
B	Binäreingänge 1-8 (z.B. LCN-B8H)	B1 bis B8	n/a	logisch 1	logisch 0
B	Schwellwerte 1-5	B1 bis B5	n/a	Schwellwert überschritten	Schwellwert unterschritten
B	Fernbedienung	B1 bis B8	kurzes Tippen	drücken	loslassen
B	Transponder	B1 bis B8	gültiger Code erkannt	n/a	n/a
C	Summenverarbeitung 1-4	C1 bis C4	Summe erfüllt	Summe teilweise erfüllt	Summe nicht erfüllt
C	Statuskommando Ausgänge 1&2	C7 bis C8	Helligkeit 100%	Helligkeit 1-99%	Helligkeit 0%
C	Statuskommando Relais 1-8	C1 bis C8	n/a	Relais EIN	Relais AUS
C	Fernbedienung	C1 bis C8	kurzes Tippen	drücken	loslassen
C	Transponder	C1 bis C8	gültiger Code erkannt	n/a	n/a
D	Stromausfall	D8	kurzer Stromausfall	langer Stromausfall	n/a
D	Transponder	D1 bis D8	gültiger Code erkannt	n/a	n/a

Hinweis: Die Kommando-Auswertung erfolgt jeweils nur bei einer Zustands-Änderung. Der Zustand von andauernden Ereignissen (z.B. Binäreingänge) kann bei Bedarf mit «Statusmeldungen» situativ abgefragt oder dessen Funktion mittels «Statuskommandos» erzwungen werden (siehe auch Seite 97 «LCN-Kommandos»).

Abb. 8.200 Ereignisdefinierte Tastenzuweisung [LCN]

Jeder einzelnen Tastendefinition kann eine Funktion zugeordnet werden, die aus einem Auswahlmenü ausgewählt werden kann. Die verfügbaren Funktionalitäten werden ständig ergänzt (vgl. Abb. 8.201).

Des Weiteren stehen Logikauswertungen, Zeituhren, Regler und Zähler zur Verfügung, um Gebäudeautomationsfunktionen direkt abzulegen. Im Gegensatz zu KNX/EIB sind prinzipiell keine weiteren kostenintensiven Logikmodule erforderlich, da die Funktionalität direkt über das Modul erzeugt werden kann. Dieser Vorteil gegenüber KNX/EIB macht sich stark bei den Kosten von komplexen Gebäudeautomationen bemerkbar.

Zur erweiterten Programmierung steht die Software GVSoder die Anwendung von IP-Symcon zur Verfügung.

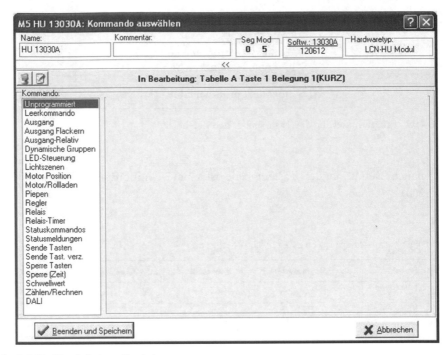

Abb. 8.201   Vordefinierte Funktionen

8.8.2.2 Globales Visualisierungssystem (LCN-GVS)

Das LCN-GVS ist eine Web-basierte Visualisierungssoftware für das Local Control Network. Folgende Funktionen stehen zur Verfügung:

- Steuerung und Visualisierung von Gebäuden mit LCN
- übergreifende Steuerung mehrerer physikalisch getrennter LCN-Busse
- ortsunabhängige Visualisierung per Web-Browser von PCs oder mobilen Endgeräten wie Handys, PDAs, Smartphones aus
- ortsunabhängige Administration und Konfiguration per Web-Browser ausgehend vom PC
- keine Installation auf Client PCs nötig (kein „Adobe Flash", kein Java)
- Mehrbenutzerfähigkeit mit Rechte- und Rollenverwaltung
- Zugangskontrolle für LCN
- Ereignisüberwachung und Störmeldeverarbeitung für LCN
- Zeitschaltuhr für zeitgesteuerte LCN-Steuerung
- Benachrichtigungen per E-Mail und SMS
- Ausführung von Makros (Stapelverarbeitung)
- Makroausführung per SMS
- Makroausführung per LCN-Tastendruck
- Kopplung zu OPC-Netzen

- Kopplung zu MODBUS-Netzen
- die LCN-GVS ist aus zwei separaten Komponenten zusammengesetzt, dem LCN-Server und dem LCN-Webinterface
- der LCN-Server ist die zentrale Komponente für die Server-Aufgaben der LCN-GVS
  - Zugangskontrolle
  - Zeitschaltuhr/Timer
  - Ereignismelder/Störmelder
  - OPC-Server
  - MODBUS-Server
  - E-Mail und SMS-Versand

Der Server installiert sich als Windows-Dienst und tritt bei jedem weiteren Systemstart automatisch in Aktion, jedoch nicht sichtbar nach außen. Das LCN-Web-Interface ist dagegen die nach außen sichtbare Komponente der LCN-GVS. Es dient zur Verwaltung des LCN-Servers und zur Visualisierung und Steuerung von LCN per Web-Browser (vgl. Abb. 8.202).

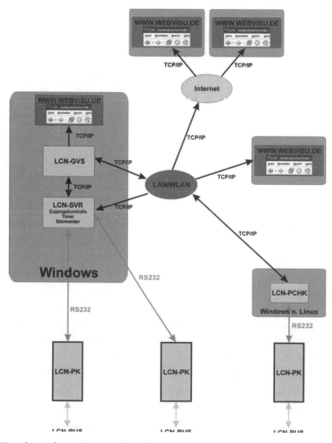

Abb. 8.202 Topologie des LCN-GVS [LCN]

Die Visualisierung ist in der LCN-GVS in zwei Ebenen aufgebaut. Es wird zwischen Projekten und Tableaus unterschieden. In dem in Kapitel 16 beschriebenen Projekt stellt das Musterhaus das Projekt dar und die Tableaus entsprechen z. B. den einzelnen Räumen und der Anwesenheitskontrolle. In den Tableaus lassen sich die einzelnen Steuerungen einrichten. In der nachfolgenden Abbildung kann die Auswahlliste an Steuerungen betrachtet werden, die in ein Tableau eingefügt werden können (vgl. Abb. 8.203).

Prinzipiell stellt sich jedoch das LCN-GVS als weiteres virtuelles Modul mit erweiterten Möglichkeiten dar.

Abb. 8.203 Einige Programmierfunktionen in der LCN-GVS

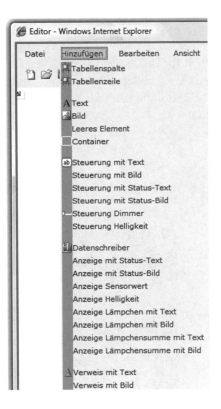

8.8.3   Analyse

LCN ist aufgrund der lediglich notwendigen einen zusätzlichen Ader in einer Leitung, die im Allgemeinen bei einer Sanierung verfügbar gemacht werden kann, sowohl für den Neubaubereich, als auch die Sanierung im Bestand geeignet. Bereits einzelne Module verfügen über eine umfangreiche Peripherie, die durch Peripheriemodule oder die Programmierung eingerichtet werden können. Sollten die Automatisierungsmöglichkeiten in den einzelnen Modulen nicht ausreichen, kann das globale Visualisierungssystem LCN-GVS weitere Funktionen bereitstellen. Damit steht auch eine Visualisierungsmöglichkeit zur Verfügung. Seit 11/2012 verfügt LCN über Möglichkeiten Smart Metering

direkt einzubinden, indem S0-Schnittstellen zu elektronischen Haushaltszählern ausgewertet werden, dies konnte bis zur Fertigstellung des Buches noch nicht Anwendung
finden. Diese fehlende Funktionalität kann durch Integration von LCN in IP-Symcon
korrigiert und gezielt erweitert werden, indem beispielsweise Lösungen von Lingg&Janke
zum Gesamtsystem hinzugefügt werden.

LCN bietet zudem ideale Möglichkeiten, um mit verschiedensten Medien-Systemen
kombiniert zu werden. So kann z. B. eine Audiokreuzschiene von einem LCN-Taster
gesteuert werden oder der ID3-Tag des Musiktitels erscheint auf dem Display eines LCN
GT-Tasters. Diese Funktionalität findet man bei Herstellern von Multimediakomponen-
ten wie z. B. Crestron, Home Cockpit, VIVATEC RTI usw. Auch ist es möglich die Daten einer Zugangskontrolle (LCN-GVS) einer Abrechnungssoftware zur Verfügung zu
stellen. Dazu nutzt die Visualisierungssoftware LCN-GVS einfache Datenschnittstellen,
um Programmierern die Datenübernahme leicht zu gestalten.

Um einen Datenaustausch dieser verschiedenen Systeme miteinander zu ermöglichen
bietet LCN mehrere Möglichkeiten der Kopplung:

- LCN-PCK Protokoll
- I-Port Protokoll
- BACnet
- OPC
- MODBUS

Mit der Software LCN-PCK kann der LCN-Bus über ASCII-Strings gesteuert und visualisiert werden. Diese Art der Kopplung wird bereits seit 15 Jahren genutzt und funktio-
nierte bereits mit der alten DOS Parametriersoftware LCN-P.

Das I-Port-Protokoll nutzt einen beliebigen I-Anschluss eines Moduls. Darüber kann
ebenfalls der LCN-Bus gesteuert und visualisiert werden. Die IOS-Panel (IOS-
Mediensysteme) nutzen dies seit acht Jahren.

Der Datenaustausch von LCN zu den bekannten Systemen BACnet, OPC und MOD-
BUS wurde in der Vergangenheit von verschiedenen Herstellern angeboten. Seit Mit-
te 2012 bietet LCN diese Kopplung ebenfalls an. Die LCN-GVS wird dann nicht zur
Visualisierung genutzt, sondern auch zur Datenkopplung mit anderen Systemen.

Gerät	Preis je Gerät	Preis je Kanal
LCN-UPP-UP-Modul mit erweiterter Pro-grammierung	152 Euro	76 Euro
LCN-T8-Adapter-Kabel für bis zu 8 konventionelle Tasten, mit Pieper	13,50 Euro	4 Euro
Konventioneller Taster	10 Euro	10 Euro
Gesamt		90 Euro

Der Preis für eine Schaltfunktion liegt mit 90 Euro im mittleren Bereich.

8.8.4   Neubau

Der Neubau stellt wie auch bei vielen anderen Systemen kein großes Problem dar. Zur Installation von LCN benötigt man keine besonderen Leitungen. Ein einfaches Standardkabel wie ein NYM 5 × 1,5 mm² reicht für die Installation aus. Das LCN System kann alle Grundschaltungen in der Beleuchtungstechnik direkt abbilden. Das Dimmen ist problemlos mit dimmbaren Lasten möglich, auch DALI-Geräte sind direkt integrierbar. Die Jalousiesteuerung kann ebenso wie die Heizungsregelung über LCN erfolgen. Als Besonderheit bietet LCN-Busmodule an, die auf die Standard-KNX/EIB-Anwendungsmodule wie Taster von Merten, GIRA oder Busch-Jaeger Elektro GmbH ausgerichtet werden können.

8.8.5   Sanierung

Das System LCN benötigt kein separates Leitungsnetz und ist daher sehr gut zur Sanierung geeignet. Die einzige zu erfüllende Voraussetzung ist eine freie Ader in der herkömmlichen Elektroinstallation, die das LCN neben dem N-Leiter zur Kommunikation nutzt. Somit kann das LCN-System zur Sanierung eingesetzt werden und es können z. B. durch geeignete Relais für die Unterputzdose Ausschaltung oder Wechselschaltung umgesetzt werden. Das System kommt dort an seine Grenzen, wo es eine zusätzliche Leitungsverlegung erfordert, da dann erhebliche Arbeiten erfolgen müssen, die Staub und Schmutz und damit Nacharbeit mit sich bringen. Ansonsten kann nahezu jede Funktionalität im Bereich der Sanierung umgesetzt werden.

8.8.6   Erweiterung

Ist einmal das LCN System installiert und es stehen überall eine oder mehrere freie Adern zusätzlich zur Verfügung, kann das System mit allen Funktionen erweitert werden. Aufgrund der Auslesemöglichkeit ist eine Erweiterung der Programmierung problemlos möglich. Sollten Funktionalitäten fehlen, können diese bei Rückgriff auf IP-Symcon und darüber auf andere Bussysteme ergänzt werden.

8.8.7   Nachrüstung

Soweit separate Adern in Leitungen direkt verfügbar sind, kann LCN auch im Rahmen der Nachrüstung genutzt werden, da Spannungsversorgungen und Zentralen nicht notwendig sind. Im Allgemeinen wird dies jedoch nicht der Fall sein, da zusätzliche Adern zumindest durch Umverdrahtung in den Verteiler- und Schalterdosen freigemacht werden müssen. Für die Nachrüstung ist LCN nicht unbedingt geeignet. Größere Umsetzungen von Nachrüstung entsprechen der Sanierung, bei der freie Adern vorausgesetzt werden.

8.8.8   Anwendbarkeit für smart-metering-basiertes Energiemanagement

Die Anwendung von Smart Metering innerhalb eines bestehenden LCN-Systems ist problemlos seit 11/2012 möglich, da ein vorhandener elektronischer Haushaltszähler grundsätzlich durch einen elektronischen Zähler mit S0-Schnittstelle ersetzt werden kann. Ein intelligentes Smart Metering (z. B. Lastabwurf) ist dann möglich. Zusätzlich erweitert werden kann LCN um Smart Metering und auch intelligentes Smart Metering, wenn über IP-Symcon auf andere Bussysteme und damit z. B. Lösungen von Lingg&Janke zurückgegriffen wird. IP-Symcon bietet eine ausgezeichnete Möglichkeit, um zum einen auf den LCN-Bus sowohl sensorisch, als auch aktorisch einzuwirken und die Metering-Daten der z. B. KNX/EIB-fähigen Smart Meter und sonstigen Aktoren auszulesen. Der Energiekunde kann bereits bei Beachtung der Visualisierung über das LCN-GVS durch Änderung seines Nutzerverhaltens seinen Energieverbrauch und damit seine Energiekosten senken. Passives Energiemanagement wird nur durch Hinzunahme von IP-Symcon möglich. Aufgrund der nur befriedigenden Unterstützung der Nachrüstung ist LCN eher nur für Neubauten und Erweiterungen, nicht aber für den wesentlich größeren Markt des Bestandes im Rahmen der Nachrüstung geeignet.

8.8.9   Objektgebäude

Wie KNX/EIB und LON hat sich der LCN insbesondere im Segment der hochpreisigen Villen und im Objektgebäude durchgesetzt. Mit LCN wurden bereits seit dem Jahrhundertwechsel zahlreiche große Bürogebäude, wie z. B. der Maintower in Frankfurt/Main realisiert. Überzeugt hat hierbei das einfache Netzwerkkonzept mit bis zu 250 Modulen in einem Segment und der einfachen Zusammenschaltbarkeit von bis zu 120 Segmenten. Da bereits einzelne Module durch anpassbare Peripherie umfangreiche Funktionen bzw. Ein- und Ausgänge, abdecken können, ist es möglich mit nur wenigen Modulen komplette Büros oder andere Gebäudeeinheiten zu realisieren. Dabei ist eine flexible Gebäudeautomation mit Unterputz-Modulen, zentralisierte über REG-Geräte möglich. Durch die akutellen Erweiterungen des LCN um das Visualisierungssystem LCN-GVS und die Ankoppelbarkeit an MODBUS, OPC etc., wird die Anwendbarkeit von LCN für das Objektgebäude weiter optimiert.

8.9   LON

LON ist die Abkürzung für Local Operating Network und ist eine Netzwerk-Technologie für die Automation, welches von der Echelon Corporation, Palo Alto, USA, entwickelt wurde. LON macht es möglich, Geräte aus unterschiedlichen Systemen und Gewerken in einem System zu integrieren. Seit Anfang der 1990er Jahre hat sich die von der amerika-

nischen Echelon Corporation unter dem Namen LonWorks entwickelte LON-Technologie insbesondere im Objektgebäudebereich weltweit verbreitet. LON ist eine offene
Technologie. Offen heißt, dass jeder das der Technologie zugrunde liegende LonTalk-
Protokoll nutzen, LON-Komponenten entwickeln, herstellen und Dienstleistungen rund
um LON anbieten kann. Für den Nutzer bedeutet dies, dass er weltweit zwischen verschiedenen, um den besten Preis und die beste Qualität konkurrierenden Anbietern
auswählen kann. Wer LON nutzt, ist nicht von einem Hersteller oder Anbieter abhängig.
Die LON-Technologie wurde von Anfang an für den gewerkeübergreifenden Einsatz in
unterschiedlichen Bereichen konzipiert. Voraussetzung dafür ist die Interoperabilität
zwischen den Geräten. Die Interoperabilität sorgt dafür, dass sowohl LON-Geräte aus
unterschiedlichen Systemen als auch LON-Geräte unterschiedlicher Generationen problemlos kommunizieren können. Änderungen und Erweiterungen sind so problemlos
möglich, ohne dass alte Investitionen an Wert verlieren. Zudem ist die LON-Technologie international als Standard genormt (EIA-709/EIA-852 bzw. EN 14908). LON beruht auf dem Prinzip der verteilten Intelligenz. Alle in einem LON-Netzwerk integrierten Sensoren und Aktoren, auch Knoten genannt, verfügen jeweils über einen frei programmierbaren Chip. Dieses sogenannte „Neuron", angelehnt an Nervennetze, bestehet
aus drei CPU-Kernen, von denen zwei für die Busanschaltung und das Protokoll zuständig sind. Der dritte steht für Anwendungsprogramme zur Verfügung. Die Kommunikation in einem LON-Netzwerk erfolgt im Allgemeinen unabhängig von einer Zentrale.
Die Knoten tauschen Informationen direkt untereinander aus und diese können Aktionen an jedem beliebigen Ort und bei jedem beliebigen Teilnehmer innerhalb des LON-
Netzwerkes auslösen. Dafür gibt es ein gemeinsames Kommunikationsprotokoll mit
Namen LonTalk. Die schon bei der Herstellung jedes Neuron-Chips festgelegte einmalige Identifikationsnummer (48 Bit) identifiziert die Teilnehmer eines LON-Netzwerkes
genau und macht sie unverwechselbar. Topologien von LON-Netzen müssen keiner
bestimmten Struktur folgen. Stern-, Ring-, Baum- oder klassische Linienstrukturen können frei gewählt werden. Überaus flexibel zeigt sich die LONWORKS-Technologie auch
bei der Wahl der Netzwerkverkabelung. So stehen heute nahezu alle Übertragungs-
medien zur Verfügung (vgl. Abb. 8.204):

- verdrillte Zweidrahtleitung
- Funk
- Infrarot
- Lichtwellenleiter
- COAX-Kabel
- 230-V-Stromnetz

Ein LON-Netz besteht aus bis zu zwei Domains pro Netzwerk, wobei eine Domain
32.385 Knoten in 255 Linien pro Netzwerk und 127 Knoten pro Linie beinhalten kann.

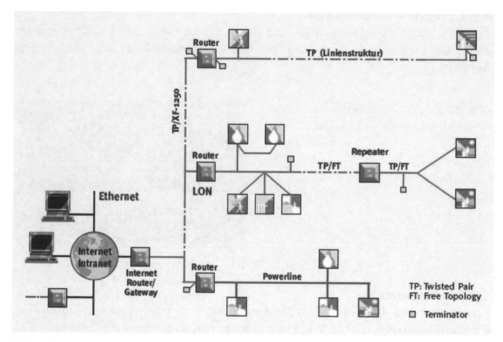

Abb. 8.204 LON-Topologie [SVEA]

LonTalk arbeitet mit einer Übertragungsrate von bis zu 1,25 Mbit/s bei Linienstrukturen mit Abschlusswiderständen. Zeitkritischen Nachrichten wird dabei Vorrang eingeräumt, eine gesicherte Übertragung wird unter anderem durch End-to-end-Kontrolle und Acknowledges (Empfangsbestätigungen) gewährleistet. Treffen diese nicht ein, wird die Nachricht so lange wiederholt, bis alle Empfänger geantwortet haben. Ohne weitere Aufbereitung der LON-Bussignale können Linien von bis zu 2 km betrieben werden. Beim Einsatz von z. B. physikalischen Sternkopplern beträgt die Reichweite der einzelnen Stichleitungen maximal 1,3 km. Darüber hinaus kann die Struktur des Bus-Netzes durch Repeater, Router oder Gateways so erweitert werden, dass eine nahezu uneingeschränkte Länge erreicht werden kann.

8.9.1   Typische Geräte

Typische Geräte des LON sind bereits von KNX/EIB-TP und KNX/EIB-Powerline bekannt, tragen nur beim LON andere Bezeichnungen. Aufgrund der verschiedenen Medien-Topologien sind Spannungsversorgungen, Router etc. notwendig, um die Netzwerke aufzubauen. Bei den Sensoren sind nahezu alle Gerätetypen, wie z. B. vom KNX/EIB bekannt, verfügbar. Die bekanntesten deutschen Anbieter von LON-Technologie sind SVEA, Sysmik und Elka.

8.9.1.1 Systemkomponenten

Zu den Systemkomponenten zählen Schnittstellen, Router und Spannungsversorgungen, die auch kostengünstig in einem Gehäuse zusammengefasst sein können (vgl. Abb. 8.205).

Abb. 8.205 LON-Multiport-Router für die Medientopologie FT (SVEA)

8.9.1.2 Sensoren

Sensoren sind in allen denkbaren Bauformen als Unterputz-, Einbau-, Aufbau- und Reiheneinbaugerät verfügbar. Zur Kostenreduktion werden meist viele Eingänge auf ein Modul gelegt (vgl. Abb. 8.206 und Abb. 8.207).

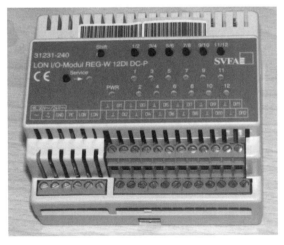

Abb. 8.206 LON-12fach-Eingang REG (SVEA)

Abb. 8.207 LON-4fach-Eingangsmodul (SVEA)

Auch Energiezähler sind seit langem für die Energiedatenerfassung in Objektgebäuden verfügbar. Hier ist insbesondere die Firma Littwin ein bekannter Anbieter von Gesamtlösungen (vgl. Abb. 8.208). Damit wird ein breites Produktportfolio an sensorischen Elementen bei LON bereitgestellt.

Abb. 8.208 LON-
Drehstromzähler (SVEA)

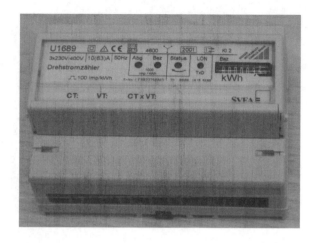

8.9.1.3 Aktoren

Bei den aktorischen Elementen ist es entsprechend. Verfügbar sind sämtliche Gebäude-
bauformen von Schalt-, Dimm- und Jalousieaktoren sowie weitere Geräte, hierzu zählen
z. B. auch Raumthermostate zum Aufbau von Einzelraumtemperaturregelungen. Wie
beim KNX/EIB müssen bei den Schaltaktoren mit Relais komplette Geräte ausgetauscht
werden, aufgrund der Standardisierung sind diese Geräte jedoch bei gleicher Kanalzahl
direkt austauschbar (vgl. Abb. 8.209).

Abb. 8.209 LON-Heizungs-
Stellantrieb (elka)

8.9.1.4 Raumcontroller

Wie bereits bei KNX/EIB sind auch Geräte verfügbar, die die Funktionalitäten ganzer
Räume auf ein Gerät als Raumcontroller vereinen (vgl. Abb. 8.210).

Abb. 8.210 LON-Raumcontroller
(Siemens, Landis&Staefa)

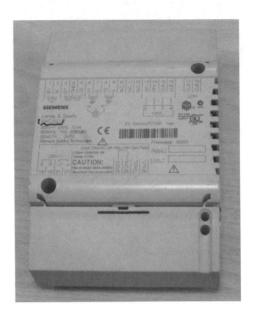

8.9.2   Programmierung

Während bei KNX/EIB nur ein einziges Programmiertool standardisiert angeboten wird,
ist bei LON ein großes Portfolio an Tools z. B. unter den Namen Lonmaker, Alex, Net-
worker und Pathfinder und anderen erhältlich. Die Anwendung der Tools ist unterschiedlich, für jeden verbauten LON-Knoten ist ein Betrag an die Lonworks-Organi-
sation zu entrichten.

Die Programmierung selbst basiert auf standardisierten SNVTs, die Objekte aufweisen, die wiederum über Verbindungen ähnlich den Gruppenadressen bei KNX/EIB verknüpft werden. Zusätzlich sind die einzelnen SNVTs zu parametrieren, auch auf die
Parametrierung kann per Verknüpfung zugegriffen werden (vgl. Abb. 8.211).

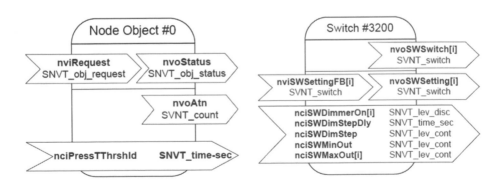

Abb. 8.211 SNVTs eines in LON standardisierten Dimmers

Bei Tools, wie z. B. Alex, müssen aus den Geräteunterlagen zunächst eigene Projekt-
datenbänke generiert werden, auf die anschließend bei der Programmierung zurückgegriffen wird. Hierdurch wird die Übersichtlichkeit und Flexibilität gegenüber KNX/EIB
wesentlich gesteigert, wenn auch die Vorgehensweise zunächst aufwändiger erscheint
(vgl. Abb. 8.212).

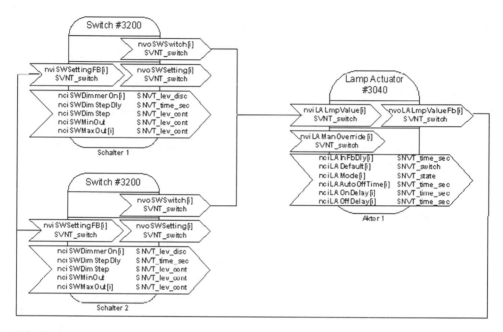

Abb. 8.212 Programmierung einer Wechselschaltung in LON

8.9.3 Analyse

Das neben dem KNX/EIB am meisten verbreitete Gebäudebussystem, das System LON,
zeigt anhand einer Analyse, dass das Produktportfolio der Firma SVEA, einem Hersteller
von LON, keine Wünsche offen lässt. Neben vielen Sensoren und Aktoren bietet das System auch eine Reihe von Gateways, um die Gebäudeautomation z. B. um den DALI-
Lichtbus oder SMI-Jalousiebus zu erweitern. Der hohe Preis und die Installation durch
einen Elektroinstallateur sind die einzigen Fakten, die das System negativ belasten. Aus
diesem Grunde ist die große Verbreitung nahezu auf Objekt- und Industriegebäude
zurückzuführen.

Aufgrund der Verfügbarkeit von übergeordneten Servern können umfangreiche Automatisierungen und Visualisierungen aufgebaut werden, die auch Smart Metering beinhalten können.

Zur Preisberechnung wurden bei dem SVEA-LON System nur die für eine direkte
Ausschaltung benötigten Komponenten betrachtet. Zusätzlich benötigt man eine Span-

nungsversorgung, die bei der Berechnung nicht berücksichtigt wurde. Der Preis setzt sich wie folgt zusammen:

Gerät	Preis je Gerät	Preis je Kanal
LON I/O-Modul UP6DI 2DO	105 Euro	15 Euro
LON I/O-Modul REG-M 8DI 230 V	240 Euro	30 Euro
Taster	10 Euro	25 Euro
LON I/O-Modul REG-M 4S 16 A	310 Euro	75 Euro
LON I/O-Modul REG-M 12S 16 A	530 Euro	45 Euro
Preis für eine Funktion	**von**	**bis**
	45 Euro	120 Euro

Die Kosten liegen im mittleren Bereich und fallen nur bei Verwendung von Modulen mit vielen Ein- und Ausgängen sehr niedrig aus.

8.9.4   Neubau

Im Neubau sind alle Funktionen durch geeignete Geräte zu realisieren. Besonders lässt sich durch viele Gateways und Schnittstellen zu anderen Systemen ein aktives und passives smart-metering-basiertes Energiemanagement realisieren. Alle Grundfunktionen wie Schalten, Dimmen und Jalousiesteuerung sind möglich und steigern den Komfort. Selbst Heizungssteuerungen, Zusatzfunktionen, Gruppenfunktionen und Szenen sind ohne zusätzlichen Verdrahtungsaufwand möglich. Das LON-Produktportfolio von SVEA beinhaltet überwiegend Komponenten, die von der Firma Merten, jetzt Schneider Electric, produziert werden und sich nur durch den Busankoppler von den EIB/KNX Komponenten unterscheiden.

Allerdings bedingen der hohe Preis und die Eigenschaft, dass das System nur von einem Elektroinstallateur installiert werden sollte und ein Systemintegrator zur Programmierung nötig ist, eine negative Bewertung.

8.9.5   Sanierung

Bei einer Sanierung hat das LON-System genauso wie das KNX/EIB-System den großen Nachteil, dass das System ausschließlich drahtgebunden ist, es sei denn man greift auf andere, wenig bekannte Lösungen zurück, hilfreich ist hier der Rückgriff auf eine Powerline-Topologie. Somit ist das System zur Sanierung von Komfort, Energiemanagement, den Schalt- und Dimmfunktionen nur bedingt einzusetzen. Daher ist das System zur sauberen Sanierung von Immobilien nicht geeignet.

8.9.6   Erweiterung

Ein bestehendes LON-System kann um weitere Komponenten erweitert werden, soweit die Busleitungen und Stromversorgungen zu den neuen Einbauorten vorhanden sind. Das Produktportfolio ist groß, sodass problemlos viele Funktionen nachgerüstet werden können. Darüber hinaus können viele Funktionen durch Änderung der Programmierung ergänzt werden. Abstriche müssen nur im Bereich Visualisierung gemacht werden, da hier zusätzlich große und teure Display oder andere kostspielige Lösungen erforderlich sind.

8.9.7   Nachrüstung

Da LON aufgrund der verfügbaren Medien mit KNX/EIB verglichen werden kann, eignet sich auch LON nur wenig für die Nachrüstung, da der Aufwand zur Änderung der Elektroinstallation erheblich ist und mit Staub und Schmutz und damit erheblichen Renovierungen verbunden sind. Aufgrund der extrem hohen Preise der Einzelkomponenten ist daher von der Verwendung von LON bei der Nachrüstung abzuraten.

8.9.8   Anwendbarkeit für smart-metering-basiertes Energiemanagement

Die Anwendung von Smart Metering innerhalb eines bestehenden LON-Systems ist problemlos möglich, da ein vorhandener elektrischer Haushaltszähler grundsätzlich durch einen elektronischen ersetzt werden kann und dieser durch intelligente Funktionalität bei Austausch durch Rückgriff auf LON-fähige Zähler erweitert werden könnte. Erweitert wird das zentrale Smart Metering um intelligentes Smart Metering, da durch Einbindung weiterer Zähler und Sensoren mit LON-Interface direkt Leistung und Verbrauch einzelner Stromkreise erfasst und darüber hinaus auch Leistung und Verbrauch an einzelnen Verbrauchern abgefragt werden können. Der Energiekunde kann bereits bei Beachtung dieser Visualisierung durch Änderung seines Nutzverhaltens seinen Energieverbrauch und damit seine Energiekosten senken. Aufgrund der schlechten Unterstützung der Nachrüstung ist LON nur für Neubauten und Erweiterungen, nicht aber für den wesentlich größeren Markt des Bestandes im Rahmen der Nachrüstung in Verbindung mit Smart Metering geeignet.

8.9.9   Objektgebäude

LON ist ein Gebäudeautomationssystem, das nahezu ausschließlich in Objektgebäuden Verwendung findet. Lediglich in einigen hochpreisigen Villen ist LON als Exot verbaut, Verbreitung im Einfamilienhaus ist nicht vorhanden. Durch die stark im Kommen befindliche BacNet-Technologie kann diese optimal als Backbone genutzt werden, wobei der LON eher als Feldbussystem aufgefasst wird.

8.10 PEHA PHC

Das PEHA PHC House-Control System ist ein auf dem RS485 Standard basierendes Bussystem. Es wird über eine zentrale Steuerung realisiert, d. h., dass die an den Bus angeschlossenen Module keine Intelligenz beinhalten und ihre kompletten Befehle und Anweisungen aus der zentralen Steuerung über den inneren RS485-Bus erhalten. Dieser Bus ist an der unteren Seite der Steuerungseinheit angeordnet. Hierüber werden die Module an die Steuerung angebunden. Damit ist PEHA-PHC mit einem SPS-System vergleichbar. Es stehen unter anderem Ausgangs-, Eingangs-, Dimmer-, Jalousie- und UP-Module zur Verfügung.

Die Firma Paul Hochköpper GmbH & Co. KG aus Lüdenscheid vertreibt seit Mitte 1997 das PEHA-House-Control-System unter dem Namen PHC, des Weiteren erfolgt der Vertrieb kompatibler Produkte über das Unternehmen ABN und kurzzeitig unter dem Namen OBO-Bus über OBO Bettermann. Damit bietet PEHA eine wirtschaftliche Gebäudesystemsteuerung für den privaten Wohnungsbau sowie für kleinere und mittlere Objekte im Gewerbebereich. Das PHC-System lässt sich als eine Variante eines RS485-SPS-Systems betrachten, das auf die Bedürfnisse der Gebäudesystemtechnik abgestimmt ist. PHC unterscheidet sich von der konventionellen Elektroinstallation durch die konsequente Trennung von Steuer- und Laststromkreisen. Die Steuerstromkreise arbeiten mit einer Schutzkleinspannung von 24-V-Gleichspannung (vgl. Abb. 8.213).

Die maximal 64 dezentralen Module je Steuereinheit, wobei insgesamt 32 von einem Typ verbaut werden dürfen, werden über eine Vierdrahtleitung an die Zentrale angeschlossen. Um eine Busverbindung zwischen den Modulen auf der Hutschiene im Stromkreisverteiler herzustellen, ist eine 4- bzw. 6-polige Busleitung mit Modularsteckern zu verwenden, des Weiteren ist ein Verkabelung über 4-adriges Telefonkabel möglich. Die maximale Gesamtlänge des PHC-Busses ist auf 1.000 m begrenzt. Dabei beträgt die Kommunikationsgeschwindigkeit 19.200 bit/s. An diese Module werden dann die Eingangsstromkreise und die zu steuernden Stromkreise (Ausgangsstromkreis) angeschlossen. Die Module sind Reiheneinbaugeräte zum Aufrasten auf Hutschienen, die in einer oder mehreren Verteilungen platziert werden. Zusätzlich stehen Unterputzmodule für die Montage von Taststellen vor Ort zur Verfügung. Die PHC-Module kommunizieren untereinander auf einer Busleitung.

Die Verknüpfung von Eingängen mit Ausgängen wird mit dem PC bzw. Notebook und der kostenlosen PHC-Projektierungssoftware festgelegt und in der Steuereinheit verwaltet. Alle Module werden von der zentralen Steuereinheit ausgewertet bzw. aktiviert. Die Steuereinheit verwaltet auf dem internen Bus bis zu 256 Ein- und Ausgänge, 128 Schaltzeituhren und 256 Merker und bietet damit umfangreiche Automatisierungsfunktionen.

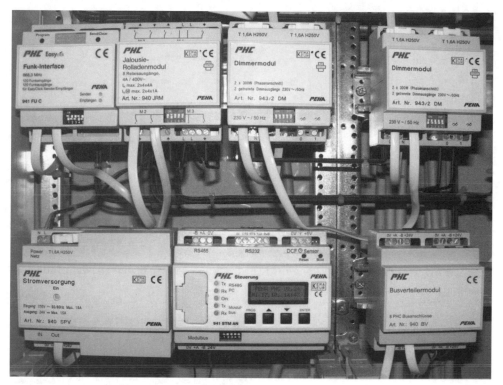

Abb. 8.213 PEHA-PHC-Systemaufbau

Maximal acht Steuereinheiten können bei Verwendung von Steuereinheiten mit Vernetzung über RS485 und 16 bei Verwendung der Ethernet-IP-basierten Steuereinheiten über einen Bus kommunizieren. Für größere Objekte stehen somit maximal 2.048 bzw. 4.096 Ein- und Ausgänge bei Ethernet-IP zur Verfügung.

8.10.1 Typische Geräte

Typische Geräte im PEHA-PHC sind Systemkomponenten, dies sind Stromversorgung, Steuereinheit (Controller) und Busverteilermodul sowie verschiedene Module als Teilnehmer im Bus (vgl. Abb. 8.214 und Abb. 8.215).

8.10.1.1 Systemkomponenten

Abb. 8.214 PEHA-PHC-
Stromversorgung [PEHA]

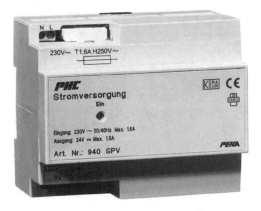

Die Stromversorgung kann kostengünstiger durch ein 24-V-Netzteil aus dem Industrie-
automationsbereich ersetzt werden.

Abb. 8.215 PEHA-PHC-
Steuereinheit (unten mit LAN-
Zugang) [PEHA]

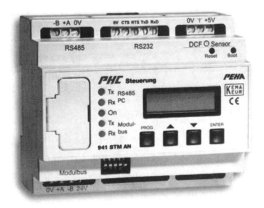

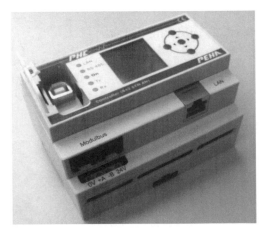

Auf die Steuereinheit kann über den PC über eine serielle und eine USB-Schnittstelle oder dem IP-Controller über Ethernet oder USB zugegriffen werden.

8.10.1.2 Sensoren

Als Sensoren stehen Eingangsmodule für die Hutschiene mit mehreren Eingängen zur Verfügung sowie Analogmodule, mit denen analoge Signale über Schwellwerte umgesetzt im Bussystem verfügbar gemacht werden (vgl. Abb. 8.216).

Abb. 8.216 PEHA-PHC-Eingangsmodul mit 16 Eingängen und Rückmelde-LEDs

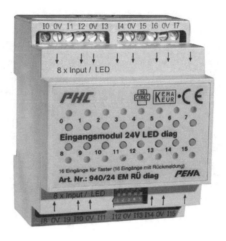

Zusätzlich stehen Unterputzmodule bereit, auf die Taster mit einer, zwei oder vier Tasten sowie Raumthermostate und Infrarotzugänge zu Fernsteuerungen aufgerastet werden können. Die Taster verfügen über Anzeigeelemente als Rückmeldung in Form von LEDs und beleuchtbaren Beschriftungsfeldern. Um das PHC-System kostengünstig zu gestalten, können an die UP-Module zusätzlich bis zu vier weitere konventionelle Kontakte, Schalter oder Taster aufgeschaltet werden (vgl. Abb. 8.217).

Abb. 8.217 PEHA-PHC-4fach-Taster

8.10.1.3 Aktoren

Als aktorische Elemente im Bus stehen schalt- und dimmbare Module sowie Analogmodule zur Verfügung, die je nach Ansteuerung eine entsprechende Spannung anliegen haben.

Das 8fach-Ausgangsmodul verfügt über acht Ausgänge mit unterschiedlicher Belastbarkeit der Ausgänge. Defekte Relais können wie beim KNX/EIB nicht einzeln ersetzt werden (vgl. Abb. 8.218 und Abb. 8.219).

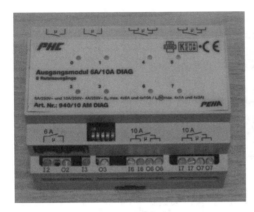

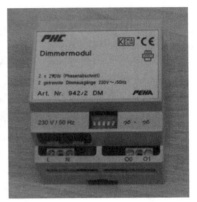

Abb. 8.218 PEHA-PHC-8fach-Ausgangsmodul

Abb. 8.219 PEHA-PHC-2fach-Phasenabschnittsdimmer

Bei den Dimmermodulen sind jeweils zwei Ausgänge verfügbar, die als An- und Abschnittsdimmer verfügbar sind.

Ein DALI-Gateway rundet das aktorische Portfolio um DALI als Subsystem ab.

8.10.2 Programmierung

8.10.2.1 Programmierung mit der PEHA PHC Systemsoftware

PEHA ist eines der wenigen Unternehmen, das ein Programmiersystem verfügbar gemacht hat, mit dem der Einstieg in die Gebäudeautomation sehr einfach möglich ist. Zur Verfügung stehen die Basis- und Funktionsprogrammierung sowie eine weitere graphikbasierte Variante, die separat verfügbar gemacht wurde. Die PHC-Software ist kostenlos von der PEHA-Homepage herunterladbar und benötigt nur geringe Ressourcen. Nach Aufruf fordert das Programm auf ein neues Projekt anzulegen oder ein bestehendes aufzurufen (vgl. Abb. 8.220).

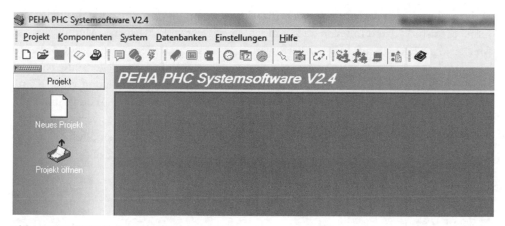

Abb. 8.220   PHC-Software nach dem Aufruf

Über den Button „Neues Projekt" wird der Dialog zur Neuanlage eines Projekts aufgerufen. Der Anwender wird aufgefordert das Projekt mit einer Projektnummer und einem Namen sowie wenn nötig weiteren Parametern zu definieren. Der Elektroinstallateur hat damit die Möglichkeit seinen Kundenstamm zu pflegen. Im nächsten Zug legt die Software ein Datenfile an (vgl. Abb. 8.221).

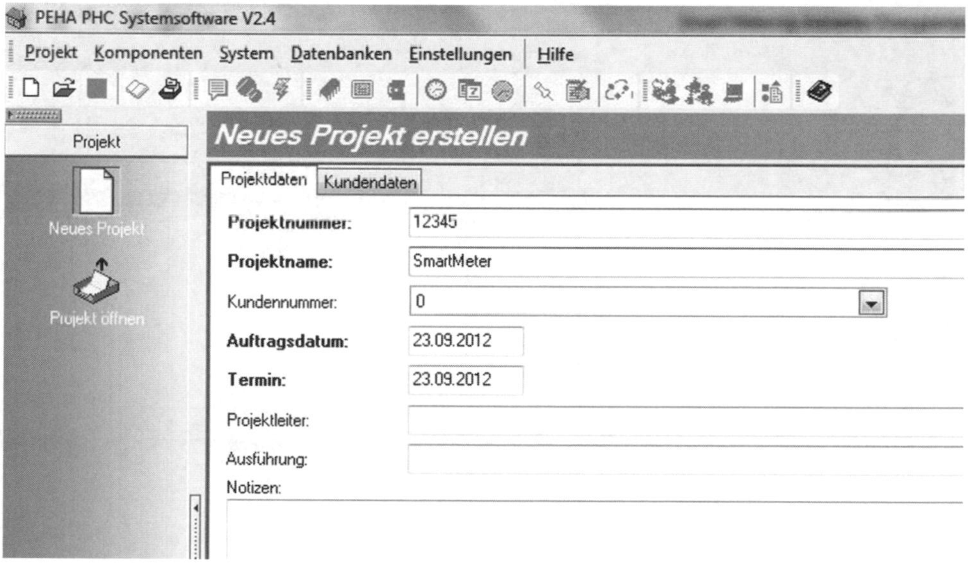

Abb. 8.221   Anlage eines neuen Projekts

Umgehend nach Anlage des neuen Projekts können die Komponenten des PHC-Systems, dies sind Steuereinheiten zum Aufbau eines Netzwerks, Displays, Module, Uhren, Merker, Anzeigetexte und Visualisierungen übersichtlich angelegt werden. Für den Aufbau eines Gebäudeautomationssystems sind zunächst Module anzulegen und parametrieren. Hierzu wird das Module-Menü aufgerufen und durch Betätigung von „+" mit der Maus die Modultypen, dies sind Eingangs-, Ausgangs-, Dimmer-, Analog- und Multifunktionsmodule, angelegt. Je nach Auswahl des Modultyps kann das verwendete Modul aus der Liste ausgewählt werden. Im Beispiel wurde ein Eingangsmodul 230 V ausgewählt. In der aktuell 10/2012 verfügbaren Version 3.x können gleichzeitig die Visualisierungsobjekte angelegt werden (vgl. Abb. 8.222).

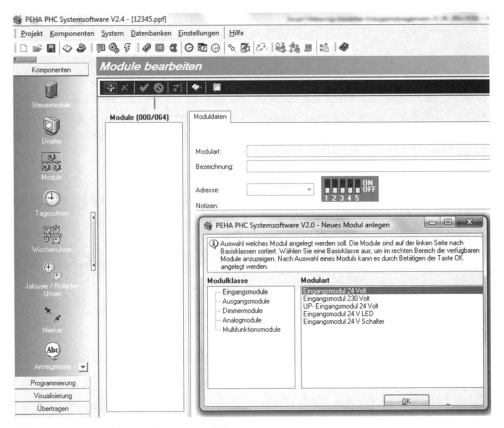

Abb. 8.222 Auswahl eines Eingangsmoduls

Das Eingangsmodul muss anschließend näher parametriert werden, dies kann jedoch auch nach Auswahl aller verwendeten Module erfolgen. So wird im nächsten Schritt zum bereits ausgewählten Eingangsmodul, erkennbar unter Module (1/64), ein Ausgangsmodul, in diesem Fall ein Ausgangsmodul 10 A ausgewählt (vgl. Abb. 8.223).

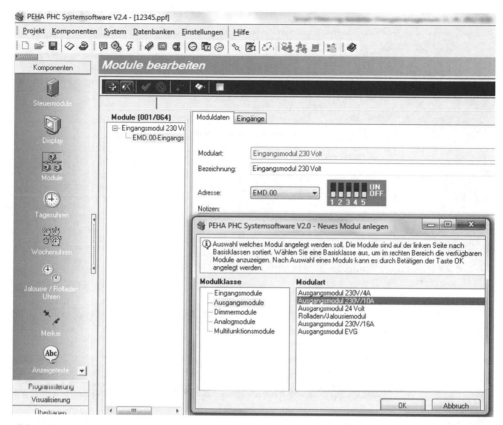

Abb. 8.223 Auswahl eines Ausgangsmoduls

Im nächsten Schritt werden die Module parametrisiert. Hierzu sind die Ein- oder Ausgänge entsprechend zu beschriften, Rückmeldungen und Visualisierungen freizuschalten. Nur die bezeichneten Eingänge können später in der Anwendung für die Programmierung genutzt werden, dies erhöht die Übersicht erheblich (vgl. Abb. 8.224).

Ebenso werden die Ausgangsmodule parametriert und beschriftet (vgl. Abb. 8.225).

Die Modulauswahl wird beendet durch Betätigung des Buttons Haken. Damit wird automatisch die Programmieroberfläche geöffnet und damit die Auswahl zwischen Basis- und Funktionsprogrammierung ermöglicht. Die einfachste Programmiervariante ist die Basisprogrammierung. Hier stehen verschiedenste Appplikationen zu den Funktionsbereichen Beleuchtung, Dimmen, Blinkfunktion, Rollladen/Jalousie, Simulation, Lichtszenen zur Verfügung. Weitergehende Programmierung ist durch Basisfunktionen „Verknüpfung" und „Verbindung" möglich, die bereits der Funktionsprogrammierung entsprechen. Im Beispiel wird unter „Beleuchtung" eine Umschaltung ausgewählt (vgl. Abb. 8.226).

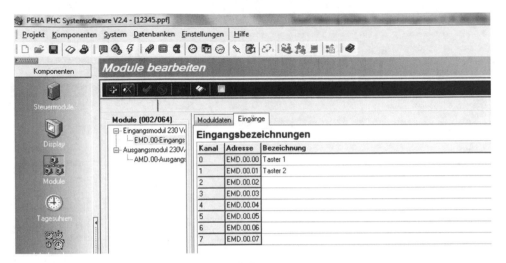

Abb. 8.224 Parametrierung des Eingangsmoduls

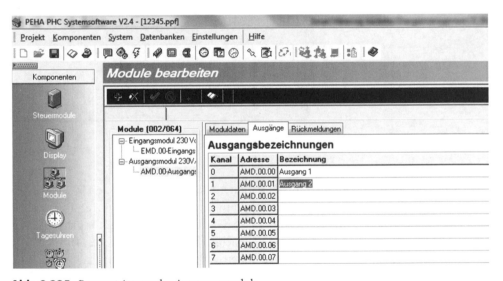

Abb. 8.225 Parametrierung des Ausgangsmoduls

Die gewünschte Funktion wird mit der Maus selektiert und anschließend bei gedrückter Maustaste in das Projektfenster gezogen. Im nächsten Zug ist die zugehörige Funktion näher zu beschreiben (vgl. Abb. 8.227).

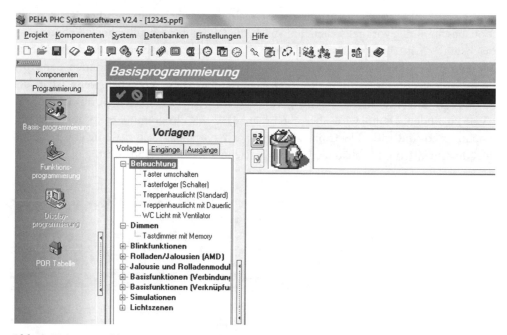

Abb. 8.226   Auswahl einer Programmierfunktion

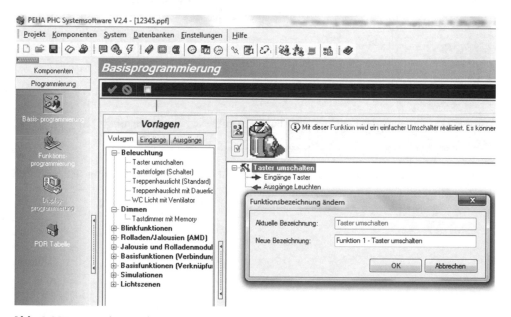

Abb. 8.227   Bezeichnung der gewählten Funktion

Es empfiehlt sich die ursprüngliche Bezeichnung zu belassen und die eigene Funktionsbeschreibung voranzustellen, um später die Funktion nachvollziehen zu können. Im nächsten Schritt sind per Drag and Drop die Ein- und Ausgänge zuzuordnen. Hierzu werden unter „Eingänge" die verfügbaren Eingänge angewählt und können dann per Maus auf die zugehörige Funktion gezogen werden. Diese Vorgehensweise ist in der gesamten Gebäudeautomation einzigartig und lediglich in ähnlicher Form in der SPS-Welt zu finden. Damit wird aber auch klar, dass eine Programmierung nur dann für nachfolgend ändernde Elektroinstallateure nachvollziehbar bleibt, wenn entsprechend viel dokumentiert und gebäudeorientiert bezeichnet wird (vgl. Abb. 8.228).

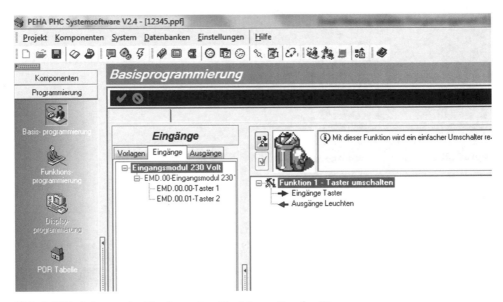

Abb. 8.228 Belegung der Eingänge einer Funktion mit realen Eingangssensoren

Ebenso werden die Ausgänge zugewiesen. Klar ist die saubere Zuordnung der Sensoren zu den Eingängen der Funktion nachvollziehbar (vgl. Abb. 8.229).

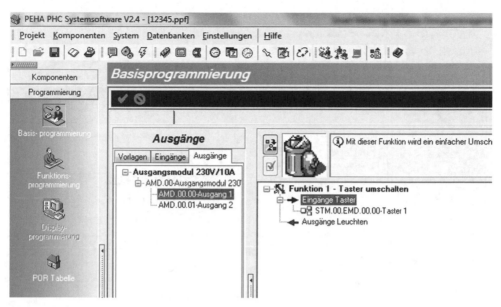

Abb. 8.229 Belegung der Ausgänge einer Funktion mit realen Ausgangsaktorkanälen

Damit ist die Funktion angelegt und kann durch Mausklick auf die Funktion verifiziert werden. Man erhält Information über die Programmiermethode „Wenn – Dann". Erkennbar ist für „Wenn" welcher Eingangssensor wie betätigt wird und „Dann" welcher Aktorkanäle welche Funktion ausführen soll, dies entspricht voll der Funktionalität einer SPS und ist nahezu einer Klartextprogrammierung verständlich.

Auf diese Art und Weise können auch Uhren, Merker und Logiken programmiert werden und mit Ein- und Ausgängen beschaltet werden. Im Allgemeinen wird man dies mit Basisfunktionen durchführen, da PEHA die Funktionsfülle der Basisfunktionen ständig erweitert und damit die Funktionsprogrammierung praktisch nicht mehr notwendig ist (vgl. Abb. 8.230).

Neben der Basisprogrammierung bietet PHC die Funktionsprogrammierung an, mit der direkt „Wenn – Dann"-Beziehungen angelegt werden. Nachteilig ist bei dieser Programmiervariante die schlechte Übersicht über die programmierten Funktionen sowie die klare Trennung von Basis- und Funktionsprogrammierung, d. h. Funktionen der einen Methode werden in der anderen nicht sauber angezeigt. Mittlerweile wurde dies in der Version 3.x hinsichtlich der Übertragung der Basis- zur Funktionsprogrammierung verbessert (vgl. Abb. 8.231).

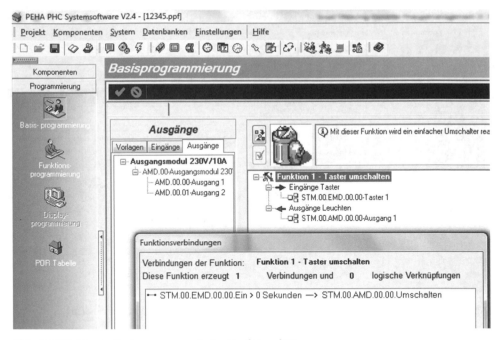

Abb. 8.230 Kontrolle der programmierten Funktionalität

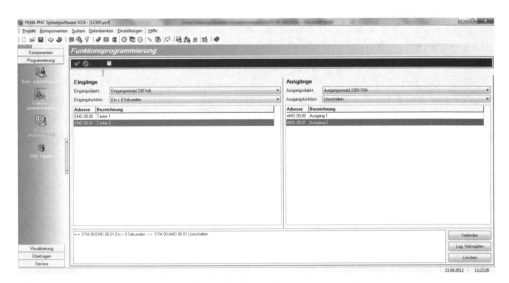

Abb. 8.231 Programmierung mit der Methode Funktionsprogrammierung

8.10.2.2 Programmierung mit der PEHA PHC Comfortsoftware

Um die Programmierarbeit weiter zu erleichtern und damit den Bauherren-beratungsprozess zu optimieren, hat PEHA zur Light&Building 2012 die PHC-Comfort-Programmiersoftware angekündigt und mittlerweile kostenlos verfügbar gemacht. Die Programmiermethode basiert vergleichbar mit den verschiedenen Homeputer-Software-varianten auf einem oder mehreren Grundrisszeichnungen, in die Elektroinstallations-elemente eingetragen und dort direkt vergleichbar mit EATON xComfort über ein Gummiband verknüpft werden können. Nach Start der Software unter Windows muss zunächst ein neues Projekt angelegt oder ein bestehendes geöffnet werden (vgl. Abb. 8.232).

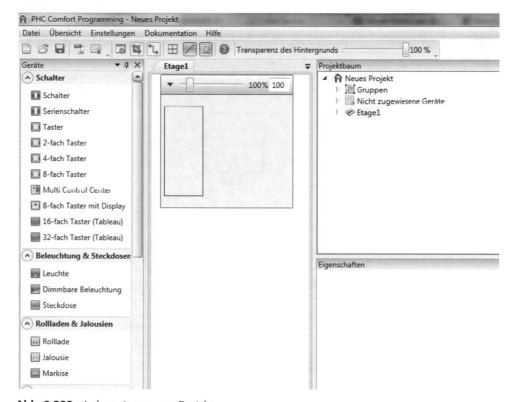

Abb. 8.232   Anlage eines neuen Projekts

Der Programmierprozess startet mit dem Einlesen eines Grundrisses, der als Bitmap-, JPEG-, GIFF- oder SVG-Datei vorliegen kann (vgl. Abb. 8.233).

Abb. 8.233 Import eines Grundrissplans

Es öffnet sich ein Explorer-Fenster, mit dem per Navigation durch den Dateibaum ein Grundriss ausgewählt werden kann (vgl. Abb. 8.234).

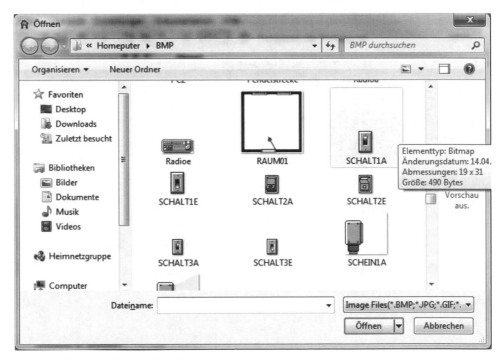

Abb. 8.234 Auswahl eines Grundrisses

Nach Selektion eines Grundrisses kann dieser auf der Zeichenfläche platziert und hinsichtlich der Anzeige angepasst werden (vgl. Abb. 8.235).

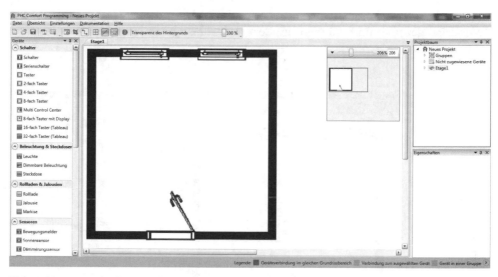

Abb. 8.235 Ansicht des eingelesenen Grundrisses

In dieser Ansicht können Elektroinstallationselemente angeordnet werden, indem diese aus dem linken Fenster entnommen und mit der Maus abgelegt werden (vgl. Abb. 8.236).

Abb. 8.236 Auswahl eines Elektroinstallationselements

Die Elektroinstallationselemente werden mit der Maus per Drag and Drop auf den Grundriss gezogen und können in der Darstellungsgröße angepasst werden (vgl. Abb. 8.237).

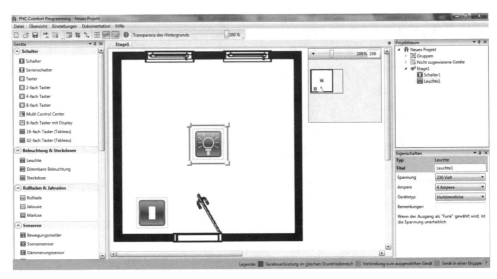

Abb. 8.237 Ansicht mit platzierten Elektroinstallationselementen

Die einzelnen Elemente werden in einer Gebäudetopologie abgelegt und in Form eines Projektbaums präsentiert (vgl. Abb. 8.238).

Abb. 8.238 Projektbaum
der Ansicht

Per Mausklick auf ein Elektroinstallationselement können die Eigenschaften eingesehen und geändert werden, indem Spannung, Leistung des Kanals und Gerätetyp (PHC oder Easyclick) per Menü angepasst werden. Damit ändern sich automatisch die erforderlichen Geräte der neuen Anlage (vgl. Abb. 8.239).

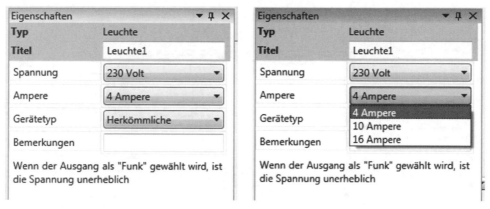

Abb. 8.239 Eigenschaften eines Elements und Änderung

Die Funktion wird angelegt, indem Sensor und Aktor über ein Verbindungtool mitein-ander verbunden werden (vgl. Abb. 8.240).

Abb. 8.240 Verwendung des Verbindungstools

Nach Verbindung des Aktors durch Zuordnung eines Sensors muss die Funktion näher definiert werden und sollte darüber hinaus dokumentiert werden (vgl. Abb. 8.241).

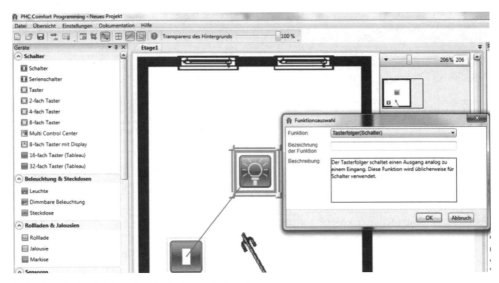

Abb. 8.241   Definition der Funktion zwischen Sensor und Aktor

Die Funktionsparametrierung entspricht hierbei entsprechend dem verwendeten Sensor
und Aktor den Vorgaben in der Basisprogrammierung (vgl. Abb. 8.242).

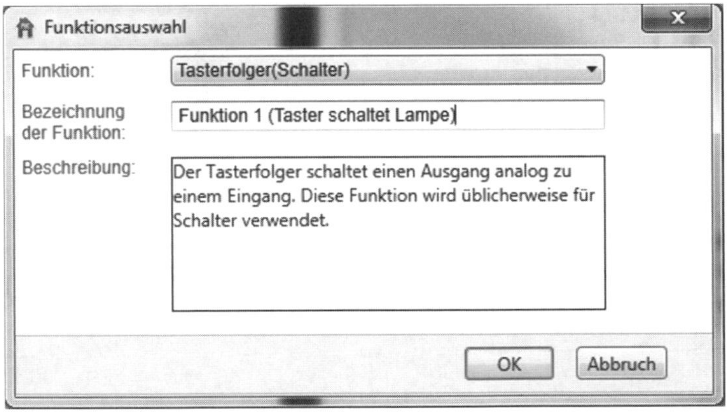

Abb. 8.242   Dokumentation der realisierten Funktion

Anschließend wird die Funktion durch eine Verbindungslinie mit einem runden, gefüll-
ten Kreis als Anfasser angezeigt (vgl. Abb. 8.243).

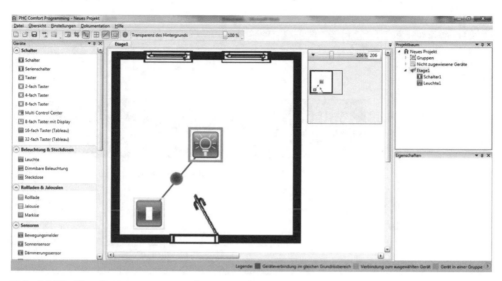

Abb. 8.243 Visualisierung einer angelegten Funktion

Per Mausklick auf den kreisförmigen Anfasser können die Eigenschaften der Funktion angezeigt werden (vgl. Abb. 8.244).

Abb. 8.244 Anzeige der
Eigenschaften einer Funktion

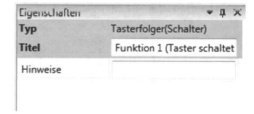

Nach Anlage aller Funktionen kann das Projekt abschließend gespeichert werden und enthält bereits sämtliche Hardware. Die Erweiterung der Programmierung und Inbetriebnahme erfolgt durch Übernahme in die PEHA PHC Konfigurationssoftware durch direkte Dateiübernahme. Zusätzlich kann ein vollständiger Report mit graphischen Darstellungen erstellt werden (vgl. Abb. 8.245).

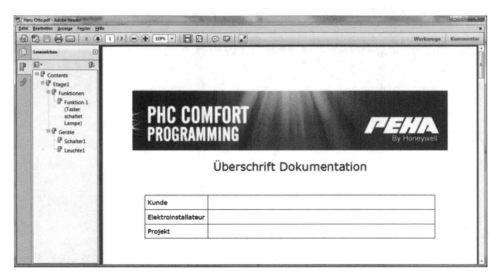

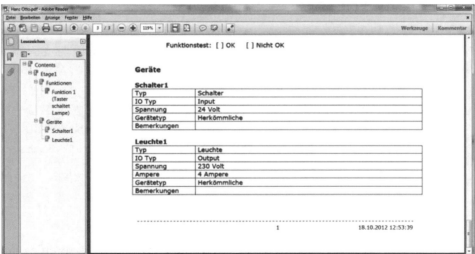

Abb. 8.245 Report der graphischen Programmierung

Die graphische Programmierung ist eine ideale Erweiterung der Programmiermethoden für PEHA PHC und erlaubt auch die Implementation des PEHA Easyclicksystems. Im Vergleich mit der Homeputer-Software fehlt eine Simulationsmöglichkeit, um die Funktion zwischen Sensor und Aktor zu demonstrieren und die Erweiterung um höherwertige Automation, d. h. Merker, Logiken, Zeitfunktionen etc., die auch im Rahmen einer Simulation getestet werden müssten.

8.10.2.3 Andere Möglichkeiten zur Programmierung des PEHA-Systems

Daraus ergeben sich Möglichkeiten für die Gebäudeautomation mit Vor- und Nachteilen. Die Programmierumgebung für das PEHA-PHC-System ist übersichtlich gehalten. Sie beinhaltet vorgefertigte Funktionen. Man kann die Basisprogrammierung ansatzweise mit den Bibliotheken und den darin enthaltenen Funktionsbausteinen aus dem SPS-Bereich vergleichen. Wenn komplexere Funktionen realisiert werden müssen, steht hierfür die Funktionsprogrammierung zur Verfügung. Sie lässt freiere Einstellmöglichkeiten zu. Diese haben jedoch auch Grenzen. Sie treten bei der Automation des Systems auf. Es lassen sich zwar Zeitschaltuhren und Merker definieren, allerdings ist dies für eine richtige Automation von mehreren Gewerken unzureichend.

Dies bringt der Vergleich der einzelnen realisierbaren Projektgrößen zum Vorschein. Kleine Objekte wie Einfamilienhäuser, Mehrfamilienhäuser und Wohnsiedlungen lassen sich mit dem PHC-System halbwegs ordentlich handhaben, haben jedoch keinerlei Möglichkeit des Zugriffs auf externe Zustände, wie sie z. B. bei smart-metering-basiertem Energiemanagement notwendig wären. Dies liegt nichtsdestoweniger an der begrenzten Modulanzahl, die an einer Steuerung angebunden werden können. Im Bereich der mittleren Gebäude stößt das System je nach Datenpunktmenge tatsächlich an seine Grenzen, da es fast unmöglich ist, eine Automation für das gesamte Projekt zu erstellen. Jedoch ist eine Automation bei einer mittleren Gebäudegröße zwangsläufig nötig, da hier z. B. gemeinsame Jalousien fahren oder Störmeldungen systematisch aufgenommen und verarbeitet werden müssen. Dies ist mit PEHA-PHC nur bedingt über einen sogenannten Converter möglich. Im Bereich der großen Liegenschaften wie etwa Flughäfen oder großen Bürogebäuden, wie z. B. der Frankfurter Welle, ist der Einsatz eines solchen Systems gänzlich ungeeignet. Im Rahmen einer Diplomarbeit wurde das PEHA-System an eine SPS adaptiert, um darüber mehrere PHC-Systeme zusammenzufassen, zu automatisieren und zu visualisieren (vgl. Abb. 8.246).

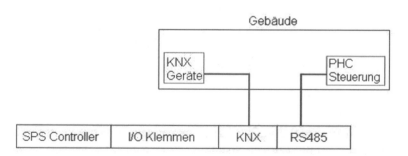

Abb. 8.246 Geplante Gebäudeautomationsstruktur mit PEHA-PHC an einem SPS-Controller

Damit wäre zumindest theoretisch eine weitergehende Automation des PEHA-Systems möglich. Um dies möglich zu machen, wurde eine Protokollanalyse notwendig, um das Befehlssystem der PEHA-Modulkommunikation zu verstehen, da PEHA das Protokoll bislang nicht offengelegt hat. Ohne diese Analyse ist eine systemübergreifende Steuerung nicht zu realisieren.

8.10.2.4 Protokollanalyse

Erkenntnisse aus dem im Internet veröffentlichten OpenHC-Projekt waren bei der Protokollanalyse hilfreich. Die beiden daraus entstanden Programme phc_log.exe und phc_cmd.exe wurden eingesetzt. Phc_log.exe dient der Logfunktion und Interpretation des inneren RS485-Busses, wohingegen phc_cmd.exe zur Erstellung von Schaltbefehlen vom äußeren auf den inneren Bus dient. Zur Analyse des Protokolls wurden zwei RS485-auf RS232-Konverter der Firma Phoenix Contact verwendet. Dabei werden Schaltbefehle über den einen Konverter an den äußeren Bus gesendet und mit dem zweiten Konverter diese Befehle mitgeschrieben. Des Weiteren wird der äußere Bus, der die einzelnen PHC-Controller miteinander verbindet, bei Telegrammaustausch übergreifend von Steuerung zu Steuerung mitgehört und protokolliert. Ein übliches Umschalttelegramm von Steuerung 0 auf Steuerung 1 zum Ausgangsmodul 0 Ausgang 0 sieht folgendermaßen aus:

C0 00 01 12 00 40 50 FF 12 C1 (hexadezimal).

C0 am Anfang und C1 am Ende stehen hierbei für Start und Ende einer Übertragung. Die 00 gefolgt von der 01 geben an, dass dies ein Telegramm von Steuerung 0 auf Steuerung 1 darstellt. Die beiden Bytes FF 12 vor dem C1-Stopbyte stellen eine Standard-CRC16-Prüfsumme dar. Die Bytes 12 00 40 50 sind die Daten der Übertragung. Die Antwort auf den Schaltbefehl lautet:

C0 01 00 00 01 EC F1 C1

Auch hier bilden C0 und C1 den Start- und Endwert der Übertragung. Die beiden vorletzten Bytes EC und F1 sind die CRC16-Prüfsumme und C0 gefolgt von 01 00 stellt die Datenrichtung von Steuerung 1 zu Steuerung 0 dar.

Im nächsten Schritt wurden Telegramme erzeugt, die Aktionen, ohne dass sie von einer Steuerung ausgesendet werden, am inneren Bus ausführen. Ein Befehl zum Umschalten des Ausgangsmoduls 0 am Ausgang 0 sieht folgendermaßen aus (vgl. Abb. 8.247):

Abb. 8.247 Datenrahmen PEHA

C0 und C1 geben Start und Ende wieder, FE gefolgt von 00 geben an, dass die Befehlsfolge von dem äußeren Bus (FE) zur Steuerung 0 (00) gehen. Die beiden vorletzten Bytes sind wieder die CRC16-Prüfsumme (00 DC), die eigentlichen Daten des Schaltbefehls liegen in den Bytes 00 40 01 06. Hierbei gibt die 00 den Start der Adresse des Ausgangsmodules, welche dann mit 40 folgt, an. Die 40 entspricht dem Ausgangsmodul 0, 41 entspricht dem Ausgangsmodul 1, 42 Ausgangsmodul 2 usw. Die folgende 01 stellt den Start der Funktionsübertragung dar, die dann mit 06 folgt.

Die 06 bewirkt, dass Ausgang 0 (0) umgeschaltet wird(6). Würde eine 02 folgen würde Ausgang 0 (0) eingeschaltet (2). 03 entspricht Ausgang 0 (0) ausschalten (3). Um einen anderen Ausgang zu wählen, muss die 0 z. B. in eine 2 geändert werden. Es ist dabei immer die Bitfolge der Adresse zu beachten:

Damit wurden folgende Informationen gesammelt:

```
000xxxxx => EMD Module
001xxxxx => UP Module z. B. Taster (interner Bus)
010xxxxx => AMD/JRM Ausgangs-/Jalousiemodule
011xxxxx => AMA Module
101xxxxx => DIM Module
111xxxxx => System Befehle
xxx00000 => Modulnummer 0
xxx00001 => Modulnummer 1
xxx00010 => Modulnummer 2
xxx00011 => Modulnummer 3
usw.
```

Ebenso wurde die Kanalnummer im Telegramm analysiert:
Die oberen 3 Bits geben den Ausgang die unteren 5 Bits den Schaltbefehl an:
Ausgang:

```
000xxxxx => Ausgang 0
001xxxxx => Ausgang 1
010xxxxx => Ausgang 2
011xxxxx => Ausgang 3
100xxxxx => Ausgang 4
101xxxxx => Ausgang 5
110xxxxx => Ausgang 6
111xxxxx => Ausgang 7
Schaltbefehl:
xxx00010 => Einschalten => getestet
xxx00011 => Ausschalten => getestet
xxx00100 => Einschalten verriegelt => getestet
xxx00101 => Ausschalten verriegelt => getestet
xxx00110 => Umschalten => getestet
xxx00111 => Entriegeln => getestet
usw.
```

Diese Kombinationen gelten für die Ausgangsmodule AMD. Damit ist das Protokoll des PEHA-PHC-Systems ausreichend analysiert, obwohl PEHA hierüber keinerlei Informationen preisgibt und konnte im Folgenden in einer WAGO-SPS geeignet zur Anwendung gebracht werden.

8.10.2.5 Verwendung der Klemme 750-653 am WAGO-Controller 750-849

Da für die Adaptierung des PEHA Busses nicht die Standard Klemme des WAGO-Systems 750 (RS485) verwendet werden kann (falsche Baudrate), wird die Klemme mit dem Zusatz 750/003-000 verwendet. Diese erlaubt das Parametrieren der Klemme, um einen anderen Betriebsmodus zu nutzen. Das WAGO-System wurde entsprechend aufgebaut und mit der Software WAGO-IO-Check parametriert (vgl. Abb. 8.248).

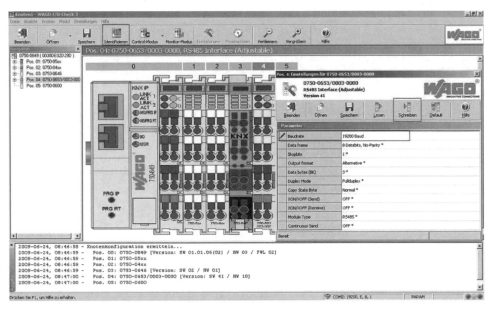

Abb. 8.248 Abbild der WAGO-IO in WAGO I/O Check 3

Für die Parametrierung wird die Software WAGO I/O Check 3 verwendet. Hierbei können über die Programmierschnittstelle der Controller Grundeinstellungen vorgenommen werden. Dazu muss der richtige COM-Port unter „Einstellungen", „Kommunikation" eingestellt werden. Im Anschluss kann über den Button „Identifizieren" der K-Bus mit den gesteckten Klemmen abgefragt werden. Diese werden dann graphisch dargestellt. Mit einem Rechtsklick auf die Klemme 750-653 können über „Einstellungen" die Parameter der Klemme verändert werden. Hierbei wird von 9.600 Baud auf 19.200 Baud gestellt und die Parameter über den Button „schreiben" in die Klemme geschrieben.

Im Anschluss wird die Bibliothek Serial_Interface_01.lib im Bibliotheksverwalter der Codesys-Software hinzugefügt. Diese ist im CoDeSys-Verzeichnis unter Targets\WAGO\ Libraries\Application\ zu finden. Die Bibliothek kann universell für fast jede serielle Datenübertragung bei WAGO Controllern verwendet werden. Sie enthält unter anderem den Baustein SERIAL_INTERFACE (vgl. Abb. 8.249).

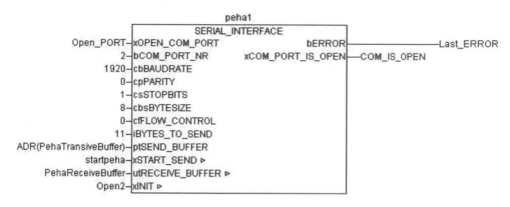

Abb. 8.249 PEHA Serial Interface

Dieser Baustein kann für die Kommunikation über die 750-653-Klemme verwendet werden (vgl. Abb. 8.250).

Die Eingänge werden wie folgt beschaltet:

xOPEN_COM_PORT muss mit TRUE beschaltet werden, öffnet den Port am Controller.

bCOM_PORT_NR gibt die Nummer des COM-Ports an. Hier ist es die 2, da COM1 die Programmierschnittstelle des Controllers darstellt.

cbBAUDRATE ist der Wert für die Baudrate (1920 entspricht 19.200 Baud).

cpPARITY ist die Einstellung für die Parität (0 für no Parity).

cbsBYTESIZE gibt die Menge der Datenbits an.

cfFLOW_CONTROL gibt die Übertragungskontrolle/Betriebsmodus Half/Fullduplex an.

iBYTES_TO_SEND gibt die Menge der zu sendenden Zeichen an.

ptSEND_BUFFER muss die Adresse der zu sendenden Daten enthalten.

xSTART_SEND startet mit TRUE die Übertragung und wird bei Beendigung auf FALSE gesetzt zurückgesetzt.

utRECEIVE_BUFFER stellt den Datenbereich für die empfangenen Daten dar, xINIT Prüfung für die Initialisierung

Auf der Ausgangsseite sind bERROR und xCOM_PORT_IS_OPEN zu Kontrollzwecken zu beschalten.

Anschließend wurde der Controller programmiert, um auf Knopfdruck in der Codesys-Visualisierung oder über einen WAGO-Eingang einen WAGO-Ausgang zu schalten. Dazu wird folgendes Beispiel in der Programmiersprache ST angegeben:

```
IF Taster1 THEN
PehaTransiveBuffer[0]  :=192;  C0
PehaTransiveBuffer[1]  :=254;  FE
PehaTransiveBuffer[2]  :=0;  00
PehaTransiveBuffer[3]  :=6;  06
PehaTransiveBuffer[4]  :=0;  00
PehaTransiveBuffer[5]  :=64;  40
PehaTransiveBuffer[6]  :=1;  01
PehaTransiveBuffer[7]  :=6;  06
PehaTransiveBuffer[8]  :=0;  00
PehaTransiveBuffer[9]  :=220;  DC
PehaTransiveBuffer[10]  :=193;  C1
END_IF
```

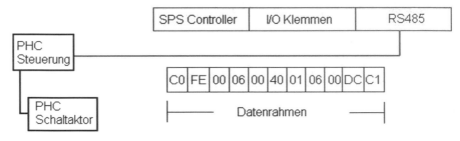

Abb. 8.250 Kommunikation zwischen WAGO-SPS und PEHA-PHC

Somit lassen sich von extern über die SPS Aktionen an Aktoren im inneren RS485-PEHA-PHC-Bus auslösen.

8.10.2.6 Fazit zur Ankopplung PEHA-PHC an WAGO-SPS

Die Vernetzung und Verteilung von SPS-Systemen in der Gebäudeautomation eröffnet viele Möglichkeiten. Die unterschiedlichen Verfahren des Datenaustausches lassen sich individuell an die Bedürfnisse der Situation anpassen. Schnelle wichtige Änderungen von Daten können bei einer WAGO-SPS im Netzwerk mehrerer SPS-Systeme einfach über Netzwerkvariablen mit der Option „Übertragen bei Änderung" realisiert werden. Daten, die nicht direkt auf anderen SPS zur Verfügung stehen müssen, da z. B. die Zeitkonstanten größer sind wie etwa bei einer Heizungssteuerung, können gesammelt über Modbus Datenrahmen übertragen werden. Mit einem verteilten System lässt sich die Ausfallsicherheit des gesamten Systems verbessern, da bei Ausfall einer SPS nur ein Teilbereich ohne Funktion wäre. Des Weiteren lässt sich mit SPS-Systemen sehr gut und übersichtlich eine komplexe Automation erstellen. Diese kann zentral/dezentral oder sogar teilzentral durchgeführt werden.

Mit diesem Hintergrund kann auch eine Möglichkeit der Automation in Verbindung mit PEHA-PHC-Systemen erfolgen. So könnten externe Daten eingebunden, ausgewertet und daraufhin eine Aktion im PHC-System ausgelöst werden. Dies kann z. B. eine Wetterstation mit Windsensor sein, wo bei höheren Windstärken die Jalousien eingefahren werden müssen oder ein Beschattungssystem.

Die Anbindung des PEHA-Systems an eine SPS erschließt noch weitere Möglichkeiten. Bei Verwendung mehrerer RS485-Klemmen lassen sich bei richtigem Datenhandling mehrere „PEHA-Welten" betreiben, die durch die SPS verbunden werden. Daraus ergeben sich weitere Vorteile. Lokale Funktionen des PHC-Systems können weiterhin verwendet werden, da bei unwahrscheinlichem Ausfall der übergeordneten SPS die lokalen Funktionen nicht beeinträchtigt werden. Hierbei stehen z. B. lokale Lichtfunktionen und die lokale Jalousiesteuerung an. Dies trifft selbstverständlich nicht auf den Ausfall der PEHA Steuerung zu. Da das Übertragungsprotokoll des PEHA-Busses ziemlich geradlinig ist, lassen sich die Funktionen relativ einfach analysieren. Daraus ergibt sich eine gute Möglichkeit, das Handling der Funktionen zu steuern.

Im Rahmen des studentischen Projekts konnte eine SPS genutzt werden, um übergeordnete Automatisierung des PHC-Systems zu realisieren. Problematisch ist jedoch, dass aufgrund der fehlenden Standardisierung dieser Vorgehensweise durch PEHA eine gezielte ingenieurwissenschaftliche Lösung vorliegt, die nur nach tiefer Einarbeitung in beide Systeme zur Anwendung gebracht werden kann. Es wurde gezeigt, dass der Weg realisierbar ist, aber an der Anwendung durch den Hersteller scheitert. Auch Anwender werden daher den Weg scheuen dieses spezielle Interface von Fall zu Fall anzuwenden.

8.10.3 Analyse

Das PHC-System ist ähnlich wie das ELSO-IHC-System aufgebaut. Die Kommunikation ist eine Eigenentwicklung der Firma PEHA und basiert auf dem RS485-Standard. Das PEHA-PHC benötigt ebenso wie das System ELSO IHC als Zentrale eine Steuereinheit. Die kostenlose PHC-Software macht es möglich, auch mittelgroße PHC-Projekte zu realisieren: Es können bis zu acht PHC-Steuermodule bei RS485, 16 bei Ethernet-IP-Steuermodulen und zusätzlich vier LCD-Displays miteinander kombiniert werden. Zur Preisanalyse wurden folgende Komponenten ausgewählt:

Gerät	Preis je Gerät	Preis je Kanal
UP-Modul mit 4 Tasten	120 Euro	30 Euro
REG-8fach-Ausgangsmodul AC	170 Euro	21 Euro
REG-8fach-Ausgangsmodul pot.-frei	200 Euro	25 Euro
Preis je Funktion	**von**	**bis**
	51 Euro	55 Euro

Damit präsentiert sich PEHA als sehr preisgünstiges System.

Das Produktportfolio ist recht vollständig, beinhaltet jedoch weder Energiezähler, noch analoge Sensoren. Eine Ankopplung an IP-Symcon ist derzeit nicht möglich, daher wurde im Entwicklungsstadium eine Steuerung über eine WAGO-SPS untersucht, die jedoch nicht serienreif ist. Eine Visualisierungsmöglichkeit ist mit einer separaten Software der Firma PEHA gegeben.

8.10.4 Neubau

Das PEHA-PHC-System ist für den Neubaubereich ein kostengünstiges Gebäudeautomationssystem, das alle Funktionen zum Schalten oder Dimmen der Beleuchtung ermöglicht. Weiterhin unterstützt das PEHA-System die Jalousiesteuerung und eine integrierte Telekommunikationsmöglichkeit durch Nutzung eines Rutenbeck-Systems. Seit 2010 ist es möglich, eine Heizungssteuerung in das PHC-System mit einzubinden. Eine Ankopplung an andere Systeme ist derzeit nur über Systemschnittstellen zu EasyWave von ELDAT und EnOcean als Variante Easyclick möglich, es existiert keine Anbindbarkeit an externe Systeme mit Interaktionsmöglichkeit. Komplexe Hausautomationen mit Visualisierung ohne Analogsignalauswertung und -anzeige kann aufgebaut werden.

8.10.5 Sanierung

Das PEHA-PHC-System ähnelt sehr stark dem ELSO-IHC-System und ermöglicht ebenfalls die Einbindung von Sendern oder Aktoren über zwei Typen von Funk-Gateways. Daher ist das System gut zur Sanierung geeignet, wenn nicht alle Wände geöffnet werden sollen, um die notwendige Datenleitung zu Tastern zu ziehen. Vorhandene Stromkreise im Stromkreisverteiler können über die PEHA-Hutschienengeräte automatisiert werden, sollten jedoch auf mehr Stromkreise erweitert werden. Der Sanierungsprozess ist schmutzig, da erhebliche Arbeiten zur Verlegung von Daten- und Stromversorgungsleitungen notwendig werden, eine saubere Sanierung ist mit PEHA-PHC nicht möglich.

8.10.6 Erweiterung

Bei einer Erweiterung muss bei dem PHC-System nur in wenigen Bereichen mit einer Einschränkung gerechnet werden. So ist das System bei der Heizungssteuerung und dem damit verbundenen Komfort schlechter als die Neubauinstallation. Da das PHC-System durch seine Software bei einer Erweiterung in der Softwareanwendung zunehmend unüberschaubarer wird, ist die Installation durch einen Elektroinstallateur nötig. Zwingend notwendig ist eine gute, ausführliche Dokumentation und Bezeichnung bereits in der Softwareumgebung. Vorausgesetzt wird für eine Erweiterung, dass Datenleitungen und Stromversorgungen an vorzusehenden neuen Einbauorten vorhanden sein, sonst muss auf das Funkbussystem Easyclick zurückgegriffen werden.

8.10.7 Nachrüstung

Für die Nachrüstung ist PEHA-PHC nicht geeignet, da der Eingriff in die vorhandene Elektroinstallation erheblich ist und eine Komplettsanierung notwendig würde. Hier bietet sich PEHA Easycllick an, das eventuell mit PEHA-PHC im zentralen Stromkreisverteiler erweitert wird.

8.10.8 Anwendbarkeit für smart-metering-basiertes Energiemanagement

Die Anwendung von Smart Metering ist problemlos möglich, da ein vorhandener elektrischer Haushaltszähler grundsätzlich durch einen elektronischen ersetzt werden kann. Der Energiekunde kann durch Änderung seines Nutzverhaltens seinen Energieverbrauch und damit seine Energiekosten senken. Damit wird psychologisches Energiemanagement außerhalb des PHC-Systems möglich. Da kein Zugang zu externen Daten und auch nicht auf analoge Sensordaten möglich ist, ist PHC weder für aktives, noch passives Energiemanagement geeignet. PEHA-PHC kommt ohne Erweiterungsmöglichkeit durch z. B. die Adaption in IP-Symcon nicht für smart-metering-basiertes Energiemanagement in Frage.

8.10.9 Objektgebäude

Auch wenn das PHC-System mittlerweile über acht miteinander kombinierte Controller bzw. bei Verwendung von Ethernet sogar 16 Controller ein relativ großes Netzwerk aufbauen kann, ist die verfügbare Software nicht in der Lage das Netzwerk eines Objektgebäudes zu programmieren. Es fehlen Kopier- und Änderungsfunktionen, mit denen gleichartige Bereiche nach einmaliger Programmierung wiederverwendet werden können.

8.11 ELV/eQ-3 HomeMatic RS485

Nach dem großen Erfolg mit dem Hausautomationssystem FS20 hat die Firma ELV vor wenigen Jahren das neue Hausautomationssystem HomeMatic auf den Markt gebracht. Mit diesem neuen System wurden viele Nachteile des Vorgängersystems FS20 behoben und der Funktions- und Anwendungsumfang durch eine LAN-, USB- und RS485-fähige Zentrale erheblich gesteigert, während die Preissteigerungen moderat ausfielen. Vertrieben wird nach wie vor über das Internet, Katalog und z. B. die Firmen Conrad und Contronics. Die immense Anzahl verschiedenster Sensoren und Aktoren zu günstigsten Preisen in Verbindung mit der Software Homeputer, IP-Symcon oder TOBIT David ermöglicht komplexeste Gebäudesteuerungsmöglichkeiten, die auch die Steuerung des Hauses über PC, Internet und Handy erlaubt.

Den immensen Vorteilen im Kosten- und Funktionsbereich steht noch immer nachteilig gegenüber, dass aufgrund des Vertriebs über Katalog, Internet und Kaufhäuser nur wenige Elektroinstallateure bereit sind dieses System zu installieren, da sie nur wenig an diesen Aufträgen verdienen und zudem die Garantie für diese Systeme nicht übernehmen wollen. HomeMatic ist daher derzeit noch eher für den engagierten Hobby-Elektroniker geeignet, der über genügend Know-how verfügt, um selbst die Elektroinstallation zu verändern und die Gebäudeautomation zu programmieren.

HomeMatic in der Variante RS485 zählt zu den preiswertesten, wenn nicht dem preiswertesten Gebäudeautomationssystem, wobei jedoch nicht das vollständige Produktportfolio für eine Gebäudeautomation vollständig in Form von RS485-Geräten angeboten wird, sondern durch Funkbus-Geräte ergänzt werden muss.

8.11.1 Typische Geräte

Zu den typischen Geräten von HomeMatic RS485 zählen die Zentrale CCU, ein Netzteil, ein Abschlusswiderstandmodul sowie Module, die auf der Hutschiene im Stromkreisverteiler oder in der Unterputzdose verbaut werden.

8.11.1.1 Systemkomponenten

Die Zentrale sollte möglichst an zentraler Stelle im Gebäude verbaut werden, dabei aber eine Anschlussmöglichkeit an den RS485-Bus bestehen. Die zentralen RS485-Geräte können dabei entfernt auch im Stromkreisverteiler verbaut werden (vgl. Abb. 8.251).

Im Stromkreisverteiler wird als notwendiges Element ein genügend groß dimensioniertes Netzteil auf der Hutschiene verbaut, das nicht notwendigerweise ein HomeMatic-Gerät sein muss, sondern auch ein 24-V-Industrienetzteil sein kann (vgl. Abb. 8.252).

Abb. 8.251 HomeMatic-Zentrale

Abb. 8.252 HomeMatic-RS485-Hutschienennetzteil [ELV]

Der Abschlusswiderstand kann sowohl möglichst weit entfernt von der Zentrale in der Unterputzdose am RS485-Bus, aber dennoch wartungstechnisch erreichbar, untergebracht werden. Das gleiche Gerät ist auch als Hutschienengerät erhältlich und sollte dann als letztes HomeMatic-Gerät auf der Hutschiene als Busabschluss angebracht werden, wobei die Stichleitungen zum dezentralen RS485-Bus davor abgehen sollten (vgl. Abb. 8.253).

Abb. 8.253 HomeMatic-RS485-Abschlusswiderstand [ELV]

8.11.1.2 Sensoren

Hinsichtlich der sensorischen Elemente sind Binäreingänge in der Bauform als Hutschienen- und Unterputzgerät erhältlich, die jeweils zwölf Eingänge bieten (vgl. Abb. 8.254).

Abb. 8.254 HomeMatic-RS485-Modul, zwölf Binäreingänge

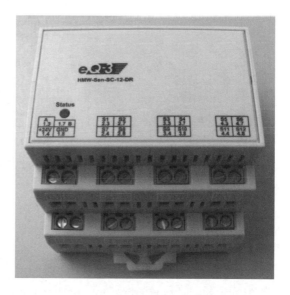

Beim Unterputzmodul ist die Umkonfiguration von Input auf Output möglich, um hier beispielsweise LEDs als Anzeigeelemente anzuschließen (vgl. Abb. 8.255).

Abb. 8.255 HomeMatic-
Wired-RS485-I/O-Modul mit
zwölf Eingängen

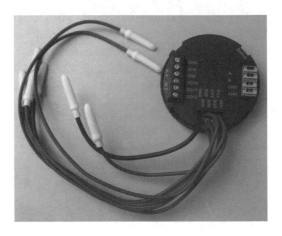

8.11.1.3 Aktoren

Hinsichtlich der aktorischen Elemente sind Module mit zwölf Eingängen und sieben
Ausgängen verfügbar, wobei die sieben Ausgänge als Relais realisiert sind, die insgesamt
eine Last von 16 A ermöglichen (vgl. Abb. 8.256).

Abb. 8.256 HomeMatic-
RS485-Modul 12/7 [ELV]

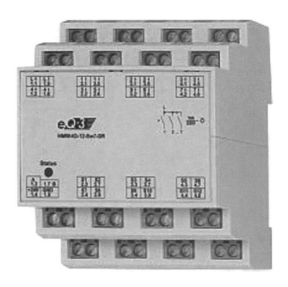

In einer weiteren Variante sind Geräte mit 12 Eingängen und 14 Ausgängen ausgestattet,
wobei von den 12 Eingängen sechs analoge Messgrößen erfassen können und von den
14 Ausgängen acht als Transistorausgänge mit Open Collector ausgeführt sind, um daran Relais verschiedener Leistungen zu betreiben. Damit sind diese preiswerten Module
sehr flexibel einsetzbar.

Darüber hinaus befinden sich im Portfolio von der Baugröße kleinere Module als 1fach-Dimmer oder 2fach-Schaltaktor, wobei auch diese über Binäreingänge verfügen (vgl. Abb. 8.257 und Abb. 8.258).

Vervollständigt werden die Aktoren um die umkonfigurierbaren Unterputzmodule mit zwölf oder vier Ein- oder Ausgängen, die jedoch nur geringe Lasten treiben können (vgl. Abb. 8.259).

Abb. 8.259
HomeMatic-RS485-UP-
4fach-IO-Modul

Abb. 8.257 HomeMatic-RS485-
Modul-Dimmaktor 1fach [ELV]

Abb. 8.258 HomeMatic-
RS485-Schaltaktor 2fach [ELV]

8.11.2 Programmierung

Die Programmierung des RS485-Systems unterscheidet sich nicht vom funkbasierten HomeMatic-System und ist sowohl direkt über die Zentrale, als auch über die Software-pakete Homeputer, IP-Symcon oder TOBIT David möglich. Während die Programmie-rung mit IP-Symcon bereits erläutert wurde, erfolgt diese über die Zentrale und Home-puter im Kapitel der funkbasierten Variante von HomeMatic.

8.11.3 Analyse

Das HomeMatic System ist ein rein über Elektronik-Versandhäuser und nicht den drei-stufigen Vertriebsweg über den Elektroinstallateur vertriebenes Bussystem, welches in der Zentrale eine Funkschnittstelle und einen RS485-Bus bereitstellt. Daneben verfügt die Funkzentrale über einen Ethernet-Netzwerkanschluss, mit dem die Zentrale über einen Router auch auf das Internet zugreifen kann und darüber angesprochen werden kann. Das System ist besonders für Bauherren ausgelegt, die sich eigenständig eine Ge-bäudeautomation aufbauen möchten, um damit insbesondere Kosten zu sparen. Das Produktportfolio der drahtbasierten RS485-Variante von HomeMatic ist recht übersichtlich, aber ausreichend, um insbesondere im Stromkreisverteiler eine Gebäudeautomation aufzubauen. Der Anschluss von Sensorik im Stromkreisverteiler wird nur im Neubau- bzw. bei intensiver Sanierung möglich sein, da Leitungen zu den einzelnen Tastern, Schaltern oder Kontakten verlegt werden müssen. Bei vorhandenen 4-Drahtleitungen, die bis zur Zentrale und zum Stromkreisverteiler zu ziehen sind, kann der RS485-Bus auch in Verteiler- und Schalterdosen oder an anderen Einbauorten genutzt werden, um daran dezentrale I/O-Module anzuschließen, die auch Rückmeldungen auf LEDs beinhalten können. Die Programmierung ist über ein Web-UI in der Zentrale von jedem beliebigen Web-Browser aus möglich, andere Programmiertools erweitern das Anwendungsspektrum erheblich. In Verbindung mit der Funkvariante von HomeMatic kann das Gebäudeautomationssystem HomeMatic mit jedem Gebäudeautomationssystem, damit auch KNX/EIB, LCN oder SPS-Systemen, mithalten und ist diesen teilweise aufgrund der Programmierbarkeit überlegen.

Gerät	Preis je Gerät	Preis je Kanal
RS485 4fach-I/O-Modul	35 Euro	9 Euro
RS485-12I-7O-Sensor-/Aktormodul	110 Euro	6 Euro
RS485-2fach-Schaltaktor	60 Euro	30 Euro
Taster	10–25 Euro	25 Euro
Relais	10 Euro	10 Euro
Preis für eine Funktion	**von**	**bis**
	31 Euro	43 Euro

Mit Kosten für eine Schaltfunktion im Bereich von 30 bis 40 Euro gehört HomeMatic in der Variante RS485 zu den bei weitem preiswertesten Gebäudeautomationssystemen und ermöglicht damit auch Bauherren mit sehr kleinem Budget einen interessanten Einstieg in eine komfortable Gebäudeautomation.

8.11.4 Neubau

In Verbindung mit der funkbasierten Variante von HomeMatic lässt das HomeMatic-System für den neubauenden Bauherren keine Wünsche offen. Aufgrund der intelligenten Softwaresysteme, die auch bereits in der Zentrale verfügbar sind, ist nahezu jede Funktionalität realisierbar. Insbesondere die Kosten im Vergleich mit den Möglichkeiten und der Leistungsfähigkeit ist äußerst interessant.

8.11.5 Sanierung

Das HomeMatic-System bietet sich an sowohl saubere, als auch schmutzige Sanierung zu unterstützen. Bei intensiver Sanierung in Verbindung mit dem Öffnen von Schalter- und Verbindungsdosen und dem Verlegen des RS485-Busses entstehen zwar Schmutz und Staub, damit ist jedoch aufgrund der Leitungen der Aufbau eines sehr sicheren und auch preiswerten Gebäudeautomationssystems möglich. Soll eine saubere Sanierung erfolgen, können die Stromkreisverteiler mit der RS485-Variante umgearbeitet werden und sämtliche anderen Funktionalitäten durch Rückgriff auf funkbasierte Geräte realisiert werden. Die Software auch in Form von Zukaufsoftware lässt wie beim Neubau keinerlei Wünsche offen.

8.11.6 Erweiterung

Ein bestehendes HomeMatic-RS485-System kann beliebig erweitert werden, wenn im Zuge des Neubaus oder der Sanierung RS485-Leitungen und Stromversorgungen an die relevanten Stellen bereits gezogen wurden. Ist dies erfüllt, können neue Geräte verbaut und zusätzlich in die Programmierung aufgenommen werden. Ist dies nicht möglich, kann problemlos auf funkbasierte Geräte zurückgegriffen werden. Insbesondere das flache Tastmodul mit zwölf parametrierbaren Ein- oder Ausgängen ermöglicht flexible Erweiterung.

8.11.7 Nachrüstung

Da lediglich die Bereiche im Stromkreisverteiler einfach nachgerüstet werden können, stellt sich HomeMatic in der Variante RS485 nicht als Nachrüstsystem dar, da eine schmutzige Sanierung mit allen Folgen zwingend erforderlich wäre. Hierbei sollte auf die funkbasierte Variante von HomeMatic zurückgegriffen werden, die im Zuge von kleineren Sanierungen und Renovierungen auch um das RS485-System erweitert werden kann.

8.11.8 Anwendbarkeit für smart-metering-basiertes Energiemanagement

Die Anwendung von Smart Metering ist problemlos möglich, da ein vorhandener elektrischer Haushaltszähler grundsätzlich durch einen elektronischen ersetzt werden kann. Der Energiekunde kann durch Änderung seines Nutzerverhaltens seinen Energieverbrauch und damit seine Energiekosten senken. Damit wird psychologisches Energiemanagement außerhalb des HomeMatic-Systems möglich. Da ausschließlich über die Programmierung der Zentrale kein Zugang zu externen Daten und auch auf weitere analoge Sensordaten, als diejenigen, die im Stromkreisverteiler erfasst werden können, möglich ist, ist HomeMatic direkt weder für aktives, noch passives Energiemanagement geeignet.

Diese Aussage wird noch dadurch unterstützt, dass derzeit keine reinen Smart-Metering-Geräte innerhalb des HomeMatic-Produktportfolios verfügbar sind. HomeMatic kann jedoch bei Rückgriff auf IP-Symcon ideal erweitert werden, um die notwendigen, aber nicht verfügbaren Komponenten, z. B. für die Integration von Smart Metering oder intelligentes, smartes Smart Metering zu ermöglichen. Dies könnten z. B. Geräte von Lingg&Janke oder Eltako sein, mit denen dann preiswert smart-metering-basiertes Energiemanagement aufgebaut werden kann.

8.11.9 Objektgebäude

HomeMatic präsentiert sich als reines Heimautomationssystem. Wenn auch softwarebasiert auf einzelnen HomeMatic-Zentralen basierend größere Netzwerke aufgebaut werden können, so ist HomeMatic aufgrund der geringen Reputation bei Elektroinstallateuren nicht für Objektgebäude geeignet.

8.12 ELSO IHC

Das ELSO-IHC-System ist ein zentrales, programmierbares Gebäudemanagementsystem und eignet sich besonders für die Anwendung in Wohnungen, Ein- oder Mehrfamilienhäusern, Geschäften, Büros, Schulen oder zur Modernisierung von Altbauten.

Das IHC-System ist ein Gebäudemanagementsystem, in dem verschiedene Funktionsabläufe verknüpft, automatisiert und visualisiert werden können. So lassen sich z. B. Alarmmeldungen ausgeben, Systemzustände abfragen sowie Geräte und Verbraucher fernschalten. Die Bedienung kann über ein Telefon oder über das Internet erfolgen. ELSO IHC steuert den gesamten elektrischen Kreislauf in Wohngebäuden. Das System kontrolliert die Beleuchtung, Jalousien und Heizung und überwacht Fenster und Türen. Viele Vorgänge lassen sich automatisieren, z. B. können Rollläden zeit- und witterungsabhängig gesteuert werden. Auf Steuerfunktionen wie Zentral-Aus und Panikschaltung muss nicht verzichtet werden.

Zur Steuerung eines IHC-Systems wird eine Steuereinheit und zur Programmierung die Programmier-Software benötigt. Die Programmierung erfolgt über einen PC. Nach erfolgter Programmierung ist zum Betrieb des Systems kein PC mehr notwendig.

Die Steuereinheit kann 128 Eingangsstromkreise und 128 Ausgangsstromkreise verwalten. In der Steuereinheit sind 128 Wochenschaltuhren, 128 Minutenzeitgeber und 128 Sekundenzeitgeber enthalten. Steuereinheiten können mit einem übergeordneten Bussystem verbunden werden, um die Anzahl der möglichen Ein- und Ausgangsstromkreise zu erhöhen.

Zur Weiterleitung von Meldungen aus dem System (Alarmmeldungen) und zum Fernschalten steht ein Telefonmodem zur Verfügung (vgl. Abb. 8.260).

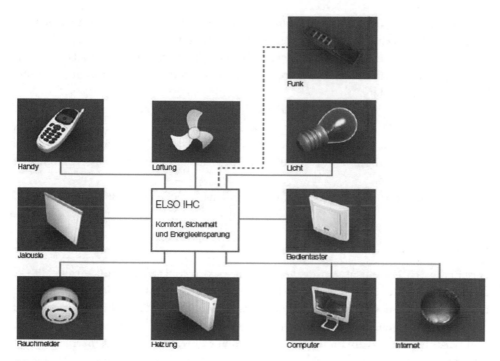

Abb. 8.260 IHC-Systemaufbau

Die IHC-Module bis auf den Infrarotempfänger sind als Reiheneinbaugeräte ausgeführt. Sie sind zur Schnappbefestigung auf Hutschiene geeignet. Folgende Komponenten sind mindestens für das Funktionieren des Systems erforderlich:

- Netzteil
- Steuereinheit
- Eingangsmodul
- Ausgangsmodul

Steuereinheit und Module können zentral in einem Elektroverteiler, aber auch in verschiedenen Unterverteilungen montiert werden. Die Eingangs- und Ausgangsmodule werden sternförmig mit der Steuereinheit nach dem Prinzip eines RS485-Bussystems verbunden. Dafür wird eine verdrillte Zweidrahtleitung je Modul benutzt. Die 24-V-Betriebsspannung kann, ausgehend vom Netzteil, von Modul zu Modul verbunden werden. Bei dezentraler Montage von Modulen müssen die Leitungslängen und der Querschnitt beachtet werden. Um Masseschleifen zu vermeiden, erhalten die Module das Bezugspotenzial „0V-" nur von der Steuereinheit. Die „0V-"-Anschlüsse der Module dürfen untereinander nicht verbunden werden. Die Spannungsversorgung des IHC-Systems hat gemäß den Bestimmungen für das Errichten von Starkstromanlagen mit Nennspannungen bis 1.000 V (VDE 0100 Teil 410) über ein Netzteil mit einem Sicherheitstransformator zu erfolgen. Zur Verringerung des Verkabelungsaufwands können

Module dezentral, nicht im selben Verteiler, mit der Steuereinheit montiert werden. Die Länge der Datenleitung zwischen der Steuereinheit und den Modulen darf maximal 100 m betragen. Als Kabeltypen eignen sich handelsübliche Fernmeldeleitungen (JY(St)Y n*2*0,8). Die Datenleitungen mehrerer Module können in einem Kabel auf getrennten Paaren geführt werden.

Durch die Integration von ELSO ELEKTRONIK FUNK in die ELSO-ICH-Steuereinheit eröffnet ELSO unzählige weitere Möglichkeiten. Durch das enthaltene Funkbussystem kann die Steuereinheit bis zu 64 einzelne Funkbusgeräte verwalten. So können mit einer einfachen Funkfernbedienung z. B. die Beleuchtung und Jalousien auf Tastendruck bedient werden.

Alle Geräte des Funkbussystems arbeiten mit einer Frequenz von 868 MHz.

8.12.1 Analyse

Das ELSO-IHC ist ein ausgewogenes System, das sowohl drahtgebunden über RS485 oder Funk arbeitet. Das Bussystem führt im Gebäudeautomationsmarkt ein Schattendasein, aufgrund dessen können kaum ausreichende Informationsmaterialien verfügbar gemacht werden, um alle Geräte und Funktionen des Systems zu analysieren, diese Situation wird durch die Aufnahme von ELSO in den Schneider Electric-Konzern noch verschlimmert. Damit konnten auch Funktionsumfang und Programmierung, Parametrierung, Inbetriebnahme und Dokumentation nur abschätzend analysiert werden, da zur Projekterstellung, Projektierung, Parametrierung und Programmierung eine Steuereinheit benötigt wird und die Software nicht offline arbeiten kann, dies ist ein erheblicher Nachteil gegenüber anderen Systemen. Zur Analyse der Kosten wurden folgende Geräte ausgewählt, wobei die Zentrale darüber hinaus anteilig berücksichtigt werden muss:

Gerät	Preis je Gerät	Preis je Kanal
4fach-Eingangsmodul 24 UP	62,00 Euro	15,50 Euro
Eingangsmodul 230/1	105,00 Euro	13,00 Euro
Taster	10,00–25,00 Euro	10,00–25,00 Euro
8fach-Ausgangsmodul 400/10	185,00 Euro	22,50 Euro
Kosten für eine Funktion	**von**	**bis**
	40,00 Euro	42,00 Euro

Damit präsentiert sich ELSO-IHC wie PEHA-PHC und HomeMatic als äußerst preiswertes System.

8.12.2 Neubau

Das ELSO-IHC-System ist für den Neubaubereich ein leistungsfähiges und kostengünstiges Gebäudeautomationssystem, das Funk- und Drahttechnik perfekt vereint. So unterstützt das System alle Ausgangsmodule für Schalt-, Dimm- und Jalousiefunktionen als Reiheneinbaugeräte und die Eingangsmodule als Unterputz und Reiheneinbaugeräte. Im Bereich der Heizungssteuerung wird nur die schaltende Heizungsregelung unterstützt.

Besonders überzeugend ist das System im Bereich von Sicherheitsfunktionen. ELSO bietet dabei in seinem Produktportfolio Bewegungsmelder, Fenster bzw. Türkontakte und Funkmodule zur Adaption von Rauchmeldern über Funk an das IHC-System an.

8.12.3 Sanierung

Durch die zwei Arten der Informationsübertragung ist das System auch befriedigend zur Sanierung geeignet. So können alle Geräte in der Unterverteilung über den RS485-Bus verbunden werden und die Sensoren werden über Funk vernetzt. Alle Schaltfunktionen sind über Funk im Rahmen einer sauberen oder RS485 einer schmutzigen Sanierung zu realisieren. Somit steht das ELSO-IHC-System dem Neubau in nichts nach.

8.12.4 Erweiterung

Bei der Erweiterung muss das IHC-System nur in einigen wenigen Punkten der Neubauinstallation nachstehen. So unterscheidet sich das System nur bei den Fenster- und Türkontakten, die nur über Magnetschalter und drahtgebunden realisiert werden können. Der letzte und größte Unterschied liegt im Bereich der Installation. Da das System bei der Erweiterung immer komplexer wird und von Fachkräften zu installieren ist, ist es notwendig die Erweiterung von einem Elektroinstallateur durchführen zu lassen.

8.12.5 Nachrüstung

Elso-IHC basiert auf einem drahtbasierten und einem funkbasierten Anteil. Während die Nachverdrahtung im Nachrüstbereich sehr aufwändig ist, muss auf die funkbasierten Geräte zurückgegriffen werden. Da deren Umfang jedoch nicht für die vollständige Nachrüstung einer Gebäudeautomation geeignet ist, scheidet ELSO-IHC wie PEHA-PHC für die Nachrüstung aus.

8.12.6 Anwendbarkeit für smart-metering-basiertes Energiemanagement

Die Anwendung von Smart Metering ist problemlos möglich, da ein vorhandener elektrischer Haushaltszähler grundsätzlich durch einen elektronischen ersetzt werden kann. Der Energiekunde kann durch Änderung seines Nutzerverhaltens seinen Energiever-

brauch und damit seine Energiekosten senken. Damit wird psychologisches Energiemanagement außerhalb des ELSO-IHC-Systems möglich. Da kein Zugang zu externen
Daten und damit auch auf weitere analoge Sensordaten möglich ist, ist ELSO-IHC weder
für aktives, noch passives Energiemanagement geeignet. ELSO-IHC kommt ohne Erweiterungsmöglichkeit durch z. B. die Adaption in IP-Symcon nicht für smart-metering-basiertes Energiemanagement in Frage.

8.12.7 Objektgebäude

ELSO IHC ist mit PEHA PHC direkt vergleichbar. Aus diesen Gründen kommt die Anwendung in größeren Objektgebäuden nicht in Frage.

8.13 Doepke Dupline

Dem Trend flexible, zentrale und dezentrale Intelligenz, die es dem Elektroinstallateur
einfacher macht, Anforderungen seiner Kunden kostengünstig zu erfüllen, folgte Doepke
schon im Zuge der Einführung von KNX/EIB und LCN bei anderen Anbietern, ging
jedoch systematisch von vornherein einen ganz anderen Weg. Doepke folgt diesem positiven Trend mit der Kooperation mit dem Industrieautomationspartner Carlo Gavazzi,
indem Anpassungen in Richtung Gebäudeautomation vorgenommen und neue Geräte
ergänzend entwickelt wurden. Dieses Bussystem vereint einfache Handhabung mit der
Flexibilität eines Bussystems. Insbesondere die Störunempfindlichkeit und das von Anfang an weitreichende Produktspektrum eignete sich nicht nur für den Innenbereich im
Gebäude, sondern auch hervorragend für den Einsatz in Außenanwendungen wie z. B.
Campingplätze und Yachthäfen. Aber auch bei Innenanwendungen konnte Dupline
seine Stärken aufgrund der neuen Produkte ausspielen: einfach zu konfigurierende Rollladensteuerungen, Temperaturüberwachungen oder auch Gefahrmeldesysteme, ermöglichen die unkomplizierte Lösung von Problemstellungen. Weitere, herausragende Merkmale des Dupline-Systems sind unter anderem die vielfältige Bustopologie und die an-
spruchslose Installation des Busses. So kann sich der Installateur auf die Lösung der
Kundenwünsche konzentrieren, ohne sich um die technische Realisierung des Automatisierungssystems kümmern zu müssen. Bereits weit vor dem Hype um Smart Metering
waren bei Doepke mit Dupline Lösungen für Smart Metering und Abrechnungssysteme
verfügbar und konnten auch mit smart-metering-basiertem Energiemanagement gekoppelt werden.

Das System ist sehr einfach zu konfigurieren. Ein programmierbarer Kanalgenerator,
der vergleichbar ist mit einer Multiplexfernsteuerung aus dem Modellbau, baut ein Bussystem mit fortlaufend wiederkehrenden Befehlen auf dem Bus und damit hoher Sicherheit auf. An den Bus angeschlossen werden die allgemein aus der Gebäudeautomation
bekannten sensorischen Elemente, wie z. B. Tastsignalsensoren, an denen Taster oder

Schalter angeschlossen werden, und Schaltaktoren, mit denen Leuchten oder Geräte geschaltet werden können (vgl. Abb. 8.261).

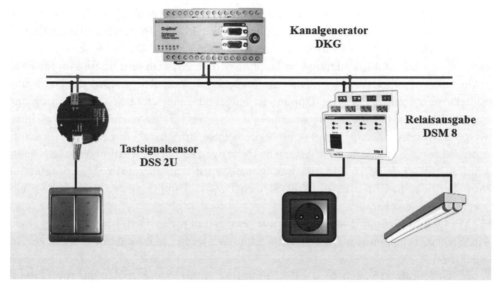

Abb. 8.261 Dupline-Basissystem mit Kanalgenerator, Sensor und Aktor [Doepke]

Dupline ist, wie bereits erwähnt, kein neues Bussystem. Dieses Produkt wurde von der Firma Electromatic A/S in Hadsten/Dänemark entwickelt und von Carlo Gavazzi aus Steinhausen in der Schweiz vertrieben und hat sich bereits seit Jahren in mehr als 100.000 Industrieanwendungen bewährt. Durch die Einhaltung der absoluten Kompatibilität zwischen den Produkten der Carlo Gavazzi Industri A/S und denen der Firma Doepke, können die Elektroinstallateure für ihre Kunden auf ein sehr großes Produktspektrum zurückgreifen.

Dupline ist ein Programm modularer Bausteine zur Signalübertragung, die so zusammengestellt werden können, dass sich preisgünstige Lösungen für ein sehr breites Anwendungsgebiet im industriellen Sektor und in Gebäudeinstallationen realisieren lassen.

Da Dupline eher auf der Basis einer Multiplex-Fernsteuerung arbeitet, werden im Dupline-System auch andere Bezeichnungen für die Zentrale verwendet. Das gesamte System kann auch aufgrund seiner weitergehenden Möglichkeiten eher folgenden Namen tragen:

- Fernwirksystem
- Feldmultiplexer
- Fern-E/A-System

- Fernsteuersystem
- dezentrales Signalerfassungs- und Steuersystem
- Übertragungssystem zur Überwachung und Steuerung

Die Grundfunktion von Dupline kann wie folgt beschrieben werden:

Im Gegensatz zur konventionellen Punkt-zu-Punkt-Verdrahtung aller Signale in einer Installation werden bei Dupline alle Signale über nur zwei in der Installationstechnik übliche Drähte geführt, die Stromversorgung erfolgt separat. Durch diese einfache Art der Anwendung und Installation von Dupline wird das System sehr interessant für Elektroinstallateure, Elektriker und Schaltschrankbauer, die eine Reduzierung der Lohn- und Kabelkosten erreichen wollen. Dupline ist aufgrund seiner einfachen Realisierung und zugrundeliegenden Übertragungstechnologie auch das ideale System für den Anschluss weit verzweigter Überwachungs- und Steuersignale zur Ausgabe an zentraler Position, z. B. Tableaus oder Leittechniksystemen. Derartige zentrale Einrichtungen oder Geräte können z. B. einfache Drucktaster und Signallampen sein, aber auch Steuerprogramme von PCs oder Bedienanzeigen (Touchscreen Panels), Dupline bietet hierzu sehr preiswerte Komponenten.

Mit Dupline kann fast jedes Gebäudesystem- oder Prozesssignal (digital, analog, Zähler, Niveau, Temperatur usw.) aufgeschaltet und an jeden gewünschten Ort weitergeleitet werden.

Im Gegensatz zu Systemen, die eine bestimmte Anzahl von Signalen nur von Punkt A zu Punkt B übertragen, wie z. B. unidirektionale Funkbussysteme, arbeitet bei Dupline die Übertragung vollkommen bidirektional. Ein Signal kann an jeder Stelle entlang dieser beiden Drähte und so oft wie gewünscht empfangen werden, das spezielle Adressierungsverfahren der Funktion in Protokollen ist Garant dafür. Gleichzeitig kann ein Signal an einem beliebigen Punkt der beiden Drähte zur Übertragung aufgeschaltet werden.

Durch das Prinzip der Datenübertragung in Dupline-Systemen sind die Anforderungen an die mechanische Beschaffenheit und Konfiguration des Busses minimal. Die Übertragungsleitung kann in Linie, sternförmig, kreisförmig oder in einer Kombination davon verlegt werden. Folgende Abbildungen sollen die Möglichkeiten veranschaulichen (vgl. Abb. 8.262 und Abb. 8.263):

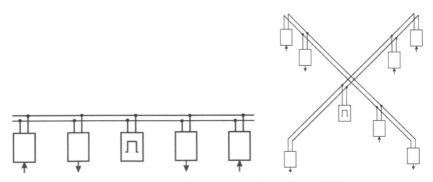

Abb. 8.262 Linienartige und sternförmige Busverlegung [Doepke]

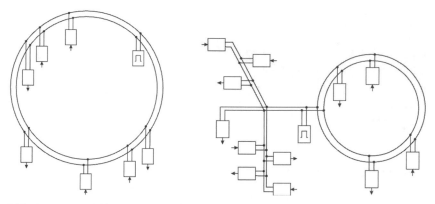

Abb. 8.263 Kreisförmige und kombinierte Busverlegung [Doepke]

Bei Dupline handelt es sich um ein Bussystem basierend auf einem Zeit-Multiplex-Verfahren. Die Grundidee dieses Verfahrens ist es, Signalwerte, die sonst auf parallelen Drähten („Kanäle") übertragen werden, zu einem festen Zeitpunkt aufzunehmen und dann auf nur zwei Drähten nacheinander zu senden. In Dupline ist dieses Verfahren für insgesamt 128 Signalwerte bei einem Kanalgenerator als Zentrale umgesetzt, d. h., dass jeder dieser Werte in jedem Zyklus übertragen wird. Da die Benennung der Kanäle mit reinen Zahlen von 1 bis 128 wenig verständlich ist, wird jedem Kanal ein Adresswert, z. B. „B5" zugeordnet, dies entspricht etwa der Benennung der Funktionen, wie beispielsweise beim X10. Somit können die in Dupline übertragenen Signale sowohl als „Kanäle", „Gruppenadressen", wie auch als „Adresswerte" bezeichnet werden, die Bezeichnung Kanäle entspricht eher dem X10, Gruppenadressen dem KNX/EIB, eine gewisse Ähnlichkeit ist also vorhanden, lediglich das Übertragungsverfahren ist anders. Während beim KNX/EIB nur dann übertragen wird, wenn Bedarf besteht oder zyklische Sendungen erfolgen müssen, hierbei aber Telegrammüberlasten, sogenannte Kollisionen auftreten können, die zu Störungen und Funktionsverlusten führen, kann dies bei Dupline nie geschehen. Erkauft wird diese hohe Sicherheit mit wenigen Befehlen in einer Linie und vordergründig geringer Performance. Jede Funktion wird einfach durch Konfiguration der Eingabe wie auch der Ausgabe mit genau dieser Adresse realisiert. Schaltet nun die Eingabe das Signal ein (d. h., sie aktiviert die Funktion), reagiert die Ausgabe entsprechend (vgl. Abb. 8.264).

Der Kanalimpuls, der unmittelbar auf das Synchronisationssignal folgt, ist dabei immer der Kanaladresse A1 zugeordnet. Für die Zykluszeit bei n Kanälen gilt allgemein folgende Formel:

tzyk = 8 ms + 1 ms × n Kanäle

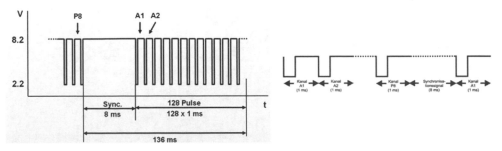

Abb. 8.264 Prinzip des Zeit-Multiplexverfahrens bei Dupline [Doepke]

Wie in obiger Abbildung dargestellt, ist damit jedem erzeugten Kanal eine eindeutige Adresse zugeordnet; die Adressierung dieser Kanäle geschieht in Gruppen (A bis P) zu je acht Kanälen (1–8). Bei der maximalen Konfiguration von 128 Kanälen hat der erste Kanal die Bezeichnung A1, der letzte die Bezeichnung P8, dies ähnelt stark dem X10, wobei X10 über weniger Kanäle verfügt, was auf Powerline und die zugrundeliegende Basisfrequenz von 50 Hz zurückzuführen ist. Bei 128 Kanälen ergeben sich damit eine Zykluszeit von 136 ms und damit eine Telegrammfrequenz von etwas mehr als 7 Hz, angesichts der Performance des KNX/EIB mit 9.600 Baud, ist dies eher sehr langsam. Berücksichtigt man jedoch, dass ein Telegramm im Protokoll bei KNX/EIB sehr viele Informationsbits benötigt, so beträgt die Übertragungsrate beim KNX/EIB auch nur etwa 20 bis 50 Telegramme, wobei das äußerst sichere Dupline-System durch die Reduktion der Anzahl Kanäle beschleunigt werden kann.

Mittels der Konfigurationssoftware „ProLine" lässt sich die Anzahl der Kanäle im Bereich von 16 bis 128, also in Schritten zu acht Kanälen, einstellen.

Im Vergleich zu KNX/EIB entsteht nun neben der vordergründig sehr geringen Performance der Eindruck, dass mit maximal 128 Funktionen nur wenige Teilnehmer im Bus vorhanden sein können. Berücksichtigt man jedoch, dass bezüglich der 128 Funktionen hieran minimal zwei Busteilnehmer, prinzipiell, wie z. B. bei Treppenlichtschaltungen oder komplexen Kreuzschaltungen jedoch auch sechs und mehr Teilnehmer an einer Funktion beteiligt sein können, kommt man in einer Linie, d. h. unter einem Kanalgenerator zu einer Anzahl von im Mittel etwa 300 Teilnehmern, was der KNX/EIB auch mit vollständiger Linienverstärkerverwendung nicht erreichen kann. Durch geschickte Wahl der Kanalanzahl können somit beim Dupline auch Linien mit vielen Teilnehmern, großer Performance und dabei hoher Sicherheit aufgebaut werden (vgl. Abb. 8.265).

Zur Übertragung von Eingabewerten sind auf dem Dupline-Bus drei unterschiedliche Übertragungsformate bekannt:

- Schaltzustände (EIN/AUS)
- Zählerwerte
- analoge Messwerte

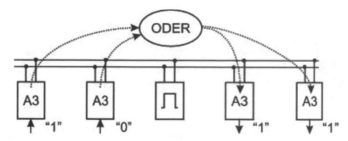

Abb. 8.265 Funktionsprinzip des Doepke-Dupline-Gebäudeautomationssystems [Doepke]

Der Einsatz von Dupline in großen Objektgebäuden, gewerblichen Einrichtungen oder mit hohem funktionalem Aufwand kann dazu führen, dass mehr als die 128 Kanäle, die ein einzelnes System zur Verfügung stellt, benötigt werden. Oftmals wird es möglich sein, mehrere Dupline-Systeme zu nutzen, die unabhängig voneinander arbeiten. Sollen jedoch Daten zwischen den Systemen ausgetauscht werden, ist eine Vernetzung unumgänglich.

Für die Vernetzung vorgesehen sind die Kanalgeneratoren DKG 20 und DKG 21-GSM. Die Vernetzung von Kanalgeneratoren erfordert die Beachtung folgender Regeln:

- linearer, nicht sternförmiger Aufbau des Netzwerks der Kanalgeneratoren
- Verwendung 2-adriger, geschirmter Leitungen mit Schirmanschluss an allen Busteilnehmern
- Leitungsquerschnitt mindestens 0,8 mm
- Schirm niederohmig mit Erdpotenzial verbunden
- maximale Leitungslänge vom ersten bis zum letzten DKG beträgt 1.000 m bei maximal 115.000 Baud
- Terminierung am ersten und letzten Busteilnehmer

Die neue Generation der Kanalgeneratoren vom Typ DKG 20 und DKG 21-GSM wurde mit einer erweiterten Modbus-Schnittstelle ausgestattet und bietet folgende Vorteile:

- bis zu 32 Kanalgeneratoren vernetzbar;
- RS485-Schnittstelle direkt am DKG
- Konfiguration aller Netzwerkteilnehmer über den am Master angeschlossenen PC
- Automatischer Datentransfer durch als Master konfigurierten Kanalgenerator
- einfacher Zugriff auf Daten anderer Kanalgeneratoren durch externe Referenzen
- Visualisierung ist an jedem DKG-Master möglich
- Synchronisation der Uhrzeit aller DKG über den Master im Netzwerk

Dupline-Netzwerke können damit folgende Topologie aufweisen (vgl. Abb. 8.266). Andere Topologien sind wie in Abb. 8.267) gezeigt aufgebaut.

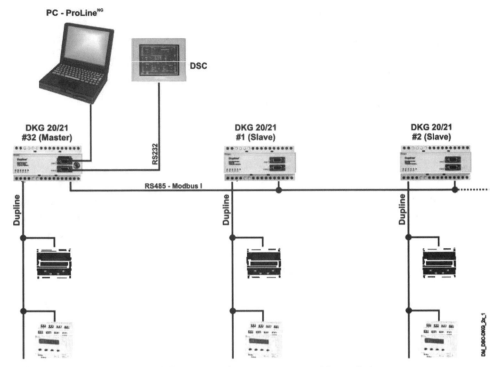

Abb. 8.266 Dupline-Netzwerk bei Verwendung von MODBUS [Doepke]

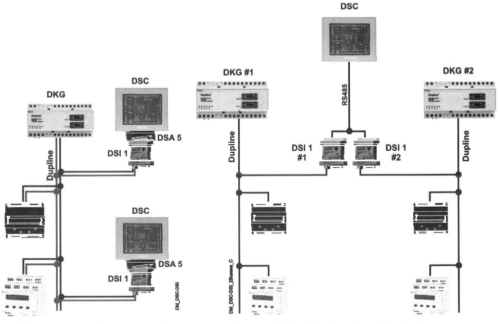

Abb. 8.267 Dupline-Netzwerke bei Verwendung von DSI1-Schnittstellen [Doepke]

Durch diesen strukturierten Netzwerkaufbau können recht große Netzwerke aufgebaut werden, die ähnlichen Aufbau wie KNX/EIB mit KNX/EIB-Nodes aufweisen und
damit zentral administriert werden können und Internet-Konnektivität besitzen (vgl.
Abb. 8.267).

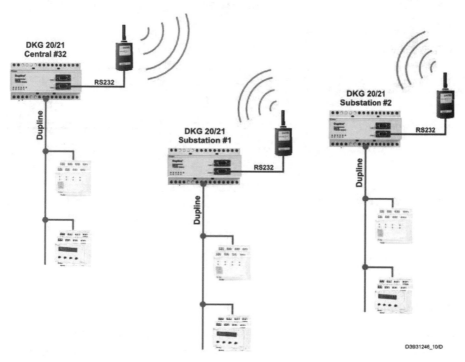

Abb. 8.268 Dupline-Netzwerk mit Fernwirkeinbindung [Doepke]

Verteilte Anwendungen von Dupline können über GSM-Modems realisiert werden (vgl.
Abb. 8.268).

Bei Einbindung eines Kanalgenerators als Server ist Konnektivität zum Internet gewährleistet.

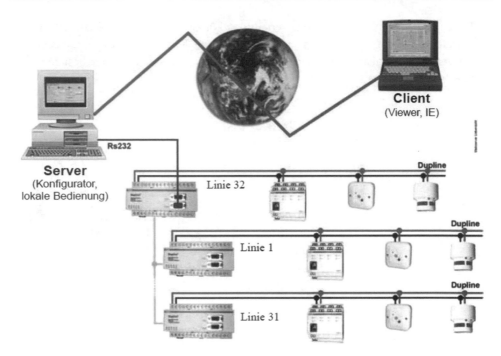

Abb. 8.269   Internet-Konnektivität bei Dupline-Netzwerken [Doepke]

8.13.1 Typische Geräte

Typische Geräte bei Dupline sind Kanalgeneratoren und Netzteile neben den Sensoren und Aktoren. Zur Programmierung der Adressierung werden spezielle Programmier-geräte benötigt, zusätzlich sind auch Testgeräte verfügbar. Die vorgestellten Geräte sind zum größten Teile Geräte, die seit Jahren im Labor im praktisch im Einsatz sind und daher eventuell veraltet sein können und bereits seitens Doepke ersetzt wurden.

8.13.1.1 Systemkomponenten
Hinsichtlich der Kanalgeneratoren sind verschiedenste Typen verfügbar, die unter-schiedlichsten Netzwerkaufbau auch in Verbindung mit Fernwirktechnik beinhalten (vgl. Abb. 8.270).

Die Kanalgeneratoren DKG 1 und DKG 2 sind intelligente, konfigurierbare Zentral-geräte, die das Dupline-Trägersignal für 128 Kanäle erzeugen und somit notwendige Zentralgeräte in jeder Anlage darstellen. Sie unterscheiden sich nur hinsichtlich ihrer Spannungsversorgung: der DKG 1 benötigt eine Spannung von 24 VDC, der DKG 2 kann direkt an das Wechselstromnetz (115/230 VAC) angeschlossen werden.

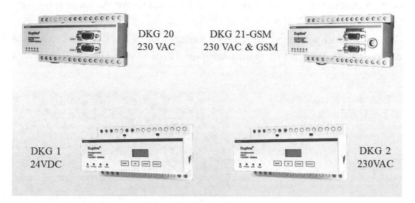

Abb. 8.270 Übersicht verschiedener Kanalgeneratoren

Die Kanalgeneratoren verfügen über eine Vielzahl an Funktionen, von denen einige hier aufgeführt werden:

- Tastfunktion
- Tastschaltfunktion
- Timer mit Ein- und Ausschaltverzögerung
- Taktgeber mit Ein- und Aus-Signalzeit
- Schaltuhr mit vier Ein- und Ausschaltzeiten
- Zentralsteuerung
- analoge Sensoren (Messwertgeber, Licht-, Wind- und Temperatursensor)
- Bewegungsmelder mit Nachlaufzeit
- ISA-, Feuer-, Wasser- und Einbruchalarmsysteme (Schließ- und Öffnerkontakt, Quittierung, Reset, Lampentest und Alarmsirene)
- Rollladensteuerung und Rollladenzentralsteuerung
- bis zu 64 logischen Verknüpfungen vom Typ AND/OR/XOR
- steigende/abfallende Flanke
- Negierung der Operatoren
- bis zu 32 interne Merker von W1 bis Z8 verwendet neben maximal 128 Kanälen

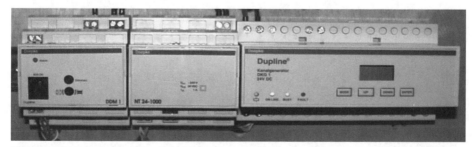

Abb. 8.271 Doepke-Dupline-Stromversorgung und Kanalgenerator auf einer Hutschiene

In einem Stromkreisverteiler kann der Aufbau inklusive Aktorik folgenden Aufbau aufweisen (vgl. Abb. 8.271).

Über das Funkankoppelmodul DCI 3FB kann das 433-MHz-Funkbussystem der Unternehmen Berker, GIRA und Jung angekoppelt werden (vgl. Abb. 8.272).

Abb. 8.272 Ankoppelmodul für das INSTA-Funkbussystem 433 MHz

8.13.1.2 Sensoren

Dupline verfügt über ein großes, preisgünstiges Produktportfolio in allen bekannten Aufbauformen, das auch analoge Sensorik beinhaltet, die in Schwellwerte umgesetzt wird (vgl. Abb. 8.273).

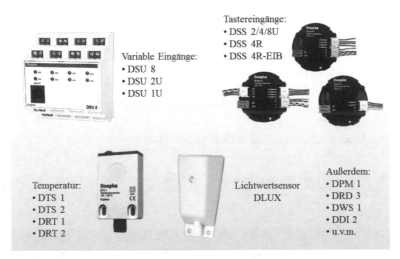

Abb. 8.273 Übersicht über exemplarische Dupline-Sensorik

Zum Portfolio zählen auch Mehrkanal-Fern-
bedienungen, mit denen das System bedient,
überprüft und gewartet werden kann (vgl.
Abb. 8.274).

Abb. 8.274   Doepke-Dupline-Fernsteuerung

Die Tastsignalsensoren DSS 4R und DSS 4R-EIB ermöglichen die Einbindung von Stan-
dard- und KNX/EIB-Tastern mit Rückmeldung. Sie verfügen über vier Eingangskanäle
und zwei Rückmeldekanäle mit der zusätzlichen Möglichkeit, den Buszustand anzuzeigen (BUS-OK-LED). Durch ihre äußerst flache Bauform passen die Tastsignalsensoren hinter einen Installationstaster in eine normale UP-Schalterdose. Herkömmliche
Taster und potenzialfreie Schaltkontakte werden am DSS 4R betrieben; dies geschieht
über zwei beigelegte, 4-adrige und mit Aderendhülsen versehene Systemkabel. Dabei
verhindert eine interne Tastsignalverlängerung Mehrfachschaltungen durch mögliches
Tasterprellen (vgl. Abb. 8.275).

Abb. 8.275   Doepke-Dupline-4fach-Tasterschnittstelle

Über Module mit S0-Schnittstelle werden elektronische Energiezähler in das Dupline-
System integriert (vgl. Abb. 8.276).

Abb. 8.276 Drehstromzähler und S0-Schnittstelle

8.13.1.3 Aktoren

So umfangreich wie das Produktportfolio der Sensoren ist das der Aktoren (vgl. Abb. 8.277).

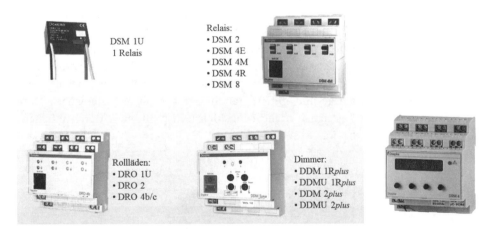

Abb. 8.277 Exemplarisches Angebot an Dupline-Aktoren

Das Relais DSM 1U als einfachste Komponente wurde für den Einsatz in dezentralen Installationen zum Schalten von Verbrauchern mit einer Spannung von bis zu 250 VAC und einer Stromaufnahme von bis zu 13 A entworfen. Durch seine geringe Baugröße eignet es sich für den Einbau in Unterputzdosen oder anderen Hohlräumen. Das DSM 1U benötigt keine externe Spannungsversorgung, da es über die Dupline-Signalleiter versorgt wird (vgl. Abb. 8.278).

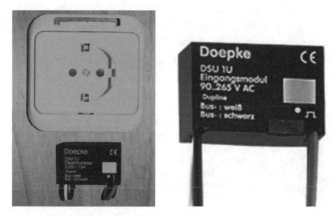

Abb. 8.278 Doepke-Dupline-Relais DSM 1U für die Fernschaltung einer Steckdose

8.13.2 Programmierung

Der Funktionsumfang der Ein- und Ausgaben hängt nur zu einem Teil von deren hard-wareseitigen Ausstattung ab. Maßgebend ist die Realisierung des entsprechenden Objektes im Kanalgenerator bzw. in der Konfigurationssoftware ProLine.

Das einfachste Beispiel für unterschiedliche Funktionen sind die Objekte „Tastfunktion" und „Tastschaltfunktion", die beide auf Eingabesignalen einfacher Taster basieren. Im Fall der Tastfunktion ist der entsprechende Kanal nur solange gesetzt, wie auch der Taster betätigt wird, im Fall der Tastschaltfunktion bleibt das Signal bei einmaligem Betätigen des Tasters dauerhaft gesetzt. Die Funktionalitäten können einer Bibliothek entnommen werden.

Abb. 8.279 Dupline-Handkodierer zur Einstellung der Adresse

Die Adressierung der Dupline-Busteilnehmer erfolgt über das Handcodiergerät und erlaubt damit ohne großen programmiertechnichen Aufwand eine manuelle Einstellung der Funktionsadresse am Objekt (vgl. Abb. 8.279).

Direkte Tests können mittels Testgerät erfolgen (vgl. Abb. 8.280).

Abb. 8.280 Dupline-Testgerät

Die weitere Programmierung erfolgt über die Software Proline, die im Vergleich mit anderen Programmierwerkzeugen auf der Basis der Anwendung einer Matrixstruktur etwas gewöhnungsbedürftig ist, aber nahe an der Funktionsadressstruktur organisiert ist und damit wesentlich übersichtlicher ist als X10 (vgl. Abb. 8.281).

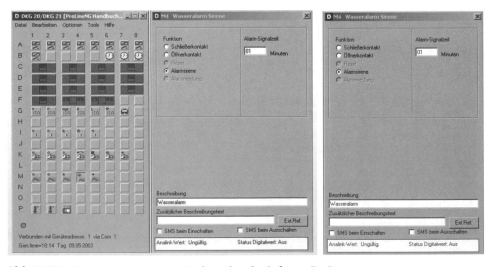

Abb. 8.281 Programmierung von Dupline über die Software ProLine

8.13.3 Analyse

Doepke-Dupline ist ein ausgewogenes System, das sowohl drahtgebunden, als auch über ein Gateway zum INSTA-Funkbus 433 MHz und ein Netzwerk aus Kanalgeneratoren arbeitet. Das Bussystem führt im Gebäudeautomationsmarkt leider ein Schattendasein, obwohl es einen großen Funktionsumfang bei jedoch ungewöhnlicher Programmierung bietet. Standardmäßig werden bei Dupline Smart-Metering-Lösungen angeboten. Zur Analyse der Kosten wurden folgende Geräte ausgewählt:

Gerät	Preis je Gerät	Preis je Kanal
4fach-Eingangsmodul 24 UP	62,00 Euro	15,50 Euro
Eingangsmodul 230/1	105,00 Euro	13,00 Euro
Taster	10,00–25,00 Euro	10,00–25,00 Euro
8fach-Ausgangsmodul 400/10	185,00 Euro	22,50 Euro
Kosten für eine Funktion	von	bis
	40,00 Euro	42,00 Euro

Damit präsentiert sich Doepke Dupline als vollständiges und preiswertes Gebäudeautomationssystem, wenn man die Kanalgeneratoren nicht berücksichtigt. Die aktuellen Kosten für Kanalgeneratoren treiben den Preis für einzelne Funktionen jedoch erheblich in die Höhe.

8.13.4 Neubau

Dupline erfüllt alle Anforderungen der Funktionalität bei Neubauten, da die beiden Datenleitungen bei Neubauten problemlos installiert werden können. Neben Einfamilienhäusern und Wohnungen ist Dupline aber auch in Objektbauten und aufgrund des einfachen Busaufbaus mit großen Leitungslängen auch für Campingplätze und Yachthäfen geeignet. Dupline zählt zu den ersten Systemen, die Smart Metering von vornherein ermöglicht haben. Die Visualisierung des Systems ist möglich, wie auch der Fernzugriff über GSM oder das Internet.

8.13.5 Sanierung

Im Rahmen einer Sanierung müssen Datenleitungen neu gezogen, Umverdrahtungen vorgenommen und Änderungen am Stromkreisverteiler vorgenommen werden. Daher wird es eher eine schmutzige Sanierung mit entsprechend erforderlichen Renovierungsarbeiten sein. Saubere Sanierung mit ausschließlicher Öffnung von Verteiler- und Schalterdosen mit Umverdrahtung ist bei Dupline nicht möglich.

8.13.6 Erweiterung

Soweit die Dupline-Datenleitung verlegt ist und soweit notwendig auch die Stromversorgung an der betreffenden Lokalität vorhanden ist, kann ein Dupline-Netzwerk
beliebig erweitert werden. Da kleine Gebäude auch bis zu 250 Datenpunkte und mehr
aufweisen können, sollte jedoch von vornherein die Erweiterung des Netzwerks durch
Umverdrahtung auf mehr als einen Kanalgenerator ermöglicht werden. Smart Metering
kann problemlos auch für andere Medien als elektrischen Strom nachgerüstet werden.
Durch die Verfügbarkeit eines Gateways zum INSTA-Funkbus 433 MHz können auch
Erweiterungen dort hinsichtlich Sensoren erfolgen, wo keine Dupline-Datenleitungen
liegen. Da Dupline in IP-Symcon integrierbar ist, können auch weitere Funkbussysteme
in die gesamte Gebäudeautomation mit einbezogen werden.

8.13.7 Nachrüstung

Aufgrund der für Dupline erforderlichen Datenleitung ist Dupline kein System für die
Nachrüstung.

8.13.8 Anwendbarkeit für smart-metering-basiertes Energiemanagement

Dupline gehört zu denjenigen Systemen, die von vornherein Smart Metering integriert
haben, um die Energiedatenerfassung von Strom, Gas und dem Medium Wasser zu ermöglichen. Durch die vorhandene Programmierbarkeit über die Software Proline können auch Interaktionen im Rahmen des smart-metering-basierten Energiemanagements
erfolgen (vgl. Abb. 8.282).

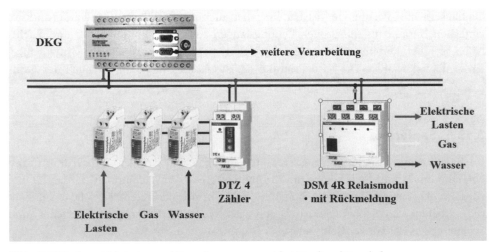

Abb. 8.282 Smart Metering und Energiemanagement bei Dupline [Doepke]

In Verbindung mit einer Visualisierung, die direkt in Dupline realisiert werden kann, sind damit sowohl psychologisches, als auch aktives und passives Energiemanagement möglich.

Doepke bietet für Dupline jedoch auch spezielle Lösungen für Campingplätze und Yachthäfen zur Kostenabrechnung von Aufenthalten an, die direkt auch auf Mietbauten adaptiert werden können (vgl. Abb. 8.283 und Abb. 8.284).

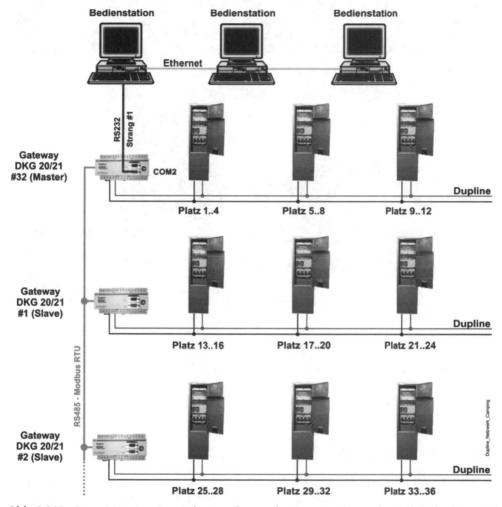

Abb. 8.283 Smart Metering: Energiekostenerfassung für Campingplätze oder Yachthäfen [Doepke]

Yachthafen Hamburg

Campingplatz Holmernhof, Bayern

Abb. 8.284 Beispiel für Smart Metering mit Dupline [Doepke]

Da Dupline in IP-Symon über Modbus integriert werden kann, stehen durch IP-Symcon neben komplexen Lösungen auch einfache Lösungen für Messdatenaufnahme mit Visualisierungsmöglichkeit zur Verfügung.

8.13.9 Objektgebäude

Aufgrund der Herkunft des Dupline-Systems aus der Industrieautomation ist das System auch für Objektgebäudeanwendungen geeignet. Komplexe Bürogebäude mit mehr als 100.000 Datenpunkten oder bereits darunter werden jedoch aufgrund der erforderlichen großen Anzahl von Kanalgeneratoren eher mit anderen Gebäudeautomationssystemen, wie z. B. KNX/EIB, LON, LCN oder idealerweise mit dezentralen SPS-Systemen ausgestattet werden.

8.14 Eltako RS485

Eltako hat das Konzept der **el**ektrischen **Ta**st-**Ko**ntakte in ein RS485-basiertes Gebäude-automationssystem umgesetzt. Hierbei wurden sowohl sensorische, als auch aktorische Elemente für ein nahezu vollständiges Gebäudeautomationssystem entwickelt, das zur Herstellung der Vollständigkeit eines vollständigen Systems um Funkbuskomponenten vervollständigt wird.

Die Ankopplung an das Gesamtsystem, das als Funkbussystem ausgelegt ist, erfolgt über Funkbusankoppler. Der Funkbusankoppler eröffnet im Stromkreisverteiler einen RS485-Bus, an den auf der Hutschiene aufgerastete Schalt- und Dimmaktoren aufge-rastet werden. Der RS485-Bus kann auf dezentrale Stromkreisverteiler durch Busverbin-der erweitert werden (vgl. Abb. 8.285).

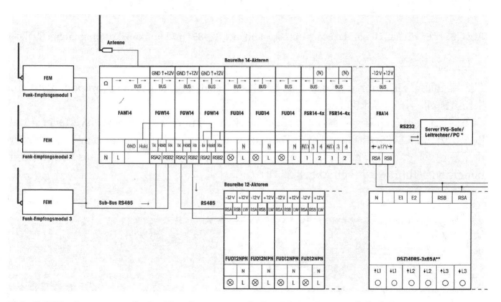

Abb. 8.285 Gesamtansicht der Topologie eines Eltako-RS485-Systems [Eltako]

Durch die Erweiterung um Funkbuskomponenten kommen dezentrale Komponenten hinzu, die binäre und sensorische Größen verteilt aufnehmen (vgl. Abb. 8.286).

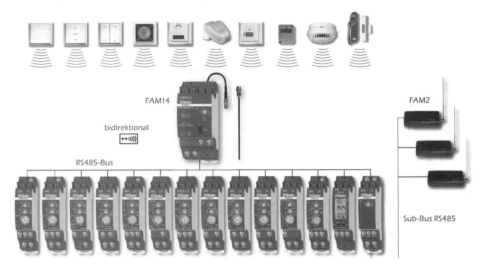

Abb. 8.286 Eltako-Gebäudeautomationssystem aus RS485- und Funkbuskomponenten [Eltako]

Um Zugang zu einer Zentrale zu erhalten, wird an die RS485-Komponenten eine Schnittstelle zum Funkbus adaptiert.

Bei der zentralen Installation werden die Aktoren in einem Stromkreisverteiler installiert und ein RS485-Bus aufgebaut. Dazu ist eine Stromversorgung für den Bus erforderlich, die, wie auch der RS485-Bus, per Drahtverbindung durch den Bus aus RS485-Komponenten geführt wird (vgl. Abb. 8.287).

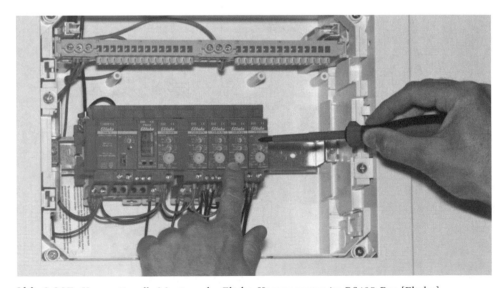

Abb. 8.287 Konventionelle Montage der Eltako-Komponenten im RS485-Bus [Eltako]

Diese Verdrahtung des Busses entspricht HomeMatic oder Doepke Dupline und ist sehr aufwändig und fehleranfällig. Um den Verkabelungsaufwand zu reduzieren, wurde eine neue Baureihe mit Steckbrücken statt Querverdrahtung entwickelt. Damit reduziert sich der Verkabelungsaufwand auch zugunsten der Sicherheit der Montage erheblich (vgl. Abb. 8.288).

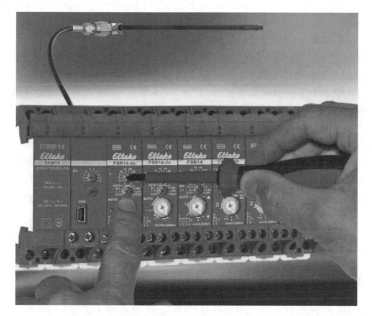

Abb. 8.288   Programmierung der RS485-Komponenten im Stromkreisverteiler [Eltako]

Durch diese Änderung wurde auch der Programmieraufwand der Aktorik über eine USB-Schnittstelle und softwaremäßig unterstützte Programmierung erheblich reduziert.

Die dezentrale Montage der Funkbus-Aktoren in UP-Dosen bei Verwendung von Funkbuskomponenten hat oft ihren eigenen Charme, sollte jedoch wegen der erschwerten Wartung und der höheren Kosten auf die Nachrüstung und die einfache Renovierung beschränkt werden. Es wäre in der Zukunft nicht vertretbar, viele Dosengeräte in einem Gebäude am Ende deren Lebensdauer zu suchen, Verkleidungen zu entfernen und Ersatzgeräte neu einzulernen. Zudem hat jeder UP-Aktor eine eigene teure Funkeinheit, welcher für die Verschlüsselung zusätzlich auch noch teure Speicher benötigt. Die Gesamtkosten sinken erheblich durch Zentralisierung im Stromkreisverteiler durch das drahtbasierte System.

Die Parametrierung der einzelnen Buskomponenten über Drehknöpfe ist zwar einfach, aber nur bei Rückgriff auf Bedienungsanleitungen möglich und setzt einige Erfahrung voraus. Um die Parametrierung zu optimieren und die Datensicherung der eingelernten Funktionen zu ermöglichen, sind bei den auf der Messe Light + Building im

April 2012 vorgestellten neuen Reiheneinbaugeräte mit einer USB-Verbindung und einem Software-Tool ausgestattet. Damit lassen sich auch Funktionen realisieren, welche bei UP-Aktoren aus Platzgründen nicht möglich sind sowie komplexere Funktionen bei Beteiligung vieler sensorischer Komponenten. Die Funkeinheit ist einschließlich der Verschlüsselung nur einmal in dem Funkantennenmodul als EnOcean-Busteilnehmer vorhanden. Dadurch sind die über den RS485-Bus verbundenen Aktoren deutlich preiswerter als Dosengeräte. Stromzähler werden ebenfalls sehr einfach über die Hutschiene per Funkbus integriert, selbst wenn sich diese in einem anderen Stockwerk befinden. Insgesamt lassen sich bis zu 128 Aktoren im RS485-Bus integrieren.

Als Busleitung zur Verbindung mehrerer Verteiler genügt eine handelsübliche geschirmte 4-adrige Telefonleitung.

Über einen RS485-Sub-Bus lassen sich bis zu drei weitere Antennen in dem Gebäude so anordnen, dass überall der Empfang der Sensor-Funktelegramme gewährleistet ist. Es wird empfohlen für das Einfamilienhaus die Montage der Funkaktoren in je einem Verteiler bzw. Unterverteiler je Stockwerk vorzunehmen.

Das bidirektionale Funkantennenmodul FAM14 befindet sich im Verteiler im Erdgeschoss bei den Erdgeschoss-Aktoren. Die Busleitung des Eltako-RS485-Busses wird mit einer normalen geschirmten Telefonleitung zu den Verteilern in den anderen Etagen geführt.

Mit einem preiswerten Gateway werden die von dem Gateway FAM14 aus dem Funkbus-Netzwerk in den RS485-Bus geleiteten Informationen und die Rückmeldungen bidirektionaler Aktoren direkt an den zentralen FVS-Server weitergegeben. Ebenso werden manuelle oder automatisierte Anweisungen aus der FVS in den Bus übertragen.

8.14.1 Typische Geräte

Typische Geräte im Eltako-RS485-Funkbussystem sind Gateways (Verbinder) zum Funkbus- oder Powerline-System, Netzteile als Systemkomponenten und Sensoren und Aktoren.

8.14.1.1 Systemkomponenten

Das Funkantennenmodul stellt als Systemkomponente die Verbindung zum Funkbussystem her und baut einen RS485-Bus auf (vgl. Abb. 8.289 und Abb. 8.290).

Bei Stromkreisverteilern mit Metallgehäuse oder -tür ist die Empfangsantenne außerhalb des Stromkreisverteilers zu montieren (vgl. Abb. 8.291).

Zur Erweiterung des Eltako-RS485-Busses sind Busverbinder erhältlich, um dezentrale Systeme in Stromkreisverteilern RS485-basiert zu vernetzen (vgl. Abb. 8.292).

Abb. 8.289 Funkantennenmodul FAM12-12V DC für den
Eltako-RS485-Bus

Abb. 8.290 Funkantennnenmodul
mit RS232-Schnittstelle FAM12RS232
für den Eltako-RS485-Bus

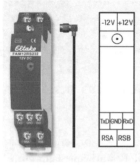

Abb. 8.291 Funkantennen FA250
und FA200 für externe Anbringung
am Stromkreisverteiler

Abb. 8.292 Busverbinder
FBV12-12V für den Eltako-
RS485-Bus

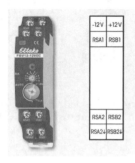

8.14.1.2 Sensoren

Hinsichtlich der Sensoren sind Binäreingänge mit zahlreichen Eingängen und Zeit-schaltuhren verfügbar (vgl. Abb. 8.293).

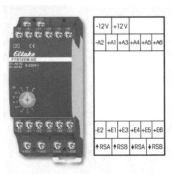

Abb. 8.293 Taster-Eingabemodul FTS12EM-UC für den Eltako-RS485-Bus

Das sensorische Produktportfolio umfasst zudem Schaltuhren (vgl. Abb. 8.294). Zusätz-lich sind Spezialmodule erhältlich, um die direkte Auswertung von Wetterstationen zu ermöglichen (vgl. Abb. 8.295).

Die weitere Sensorik für analoge Messgrößen etc. wird als lokales Gerät nahe am Messort in Form von Funkbus-Komponenten integriert.

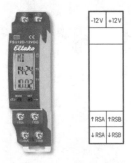
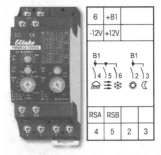

Abb. 8.294 Display-Schaltuhr FSUD12D-12V DC für den Eltako-RS485-Bu

Abb. 8.295 Multifunktions-Sensorrelais mit fünf Kanälen FMSR12-12V DC für den Eltako-RS48-Bus

8.14.1.3 Aktoren

Wesentlich größer ist das Angebot an Aktormodulen für den Eltako-RS485-Bus. Verfügbar sind Schaltaktoren mit unterschiedlicher Kanalanzahl, eine große Anzahl funktionsorientierter Dimmer, Jalousie- und Rollladenaktoren in sehr schmaler Bauform gegenüber KNX/EIB-Geräten. Damit kann der Stromkreisverteiler sehr klein ausgeführt werden (vgl. Abb. 8.296).

Die Konfiguration der Aktoren erfolgt bei der Baureihe bis 10/2012 direkt über Stellräder am Gerät (vgl. Abb. 8.297 bis Abb. 8.301).

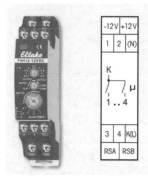

Abb. 8.296 Schaltaktor mit vier Kanälen F4H12-12V DC für den Eltako-RS48-Bus [Eltako]

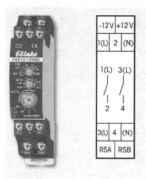

Abb. 8.297 Stromstoß-Schaltaktor mit zwei Kanälen FSR21-12V DC für den Eltako-RS48-Bus [Eltako]

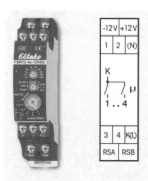

Abb. 8.298 Stromstoß-Schaltaktor mit vier Kanälen FSR12-4x-12V DC für den Eltako-RS48-Bus

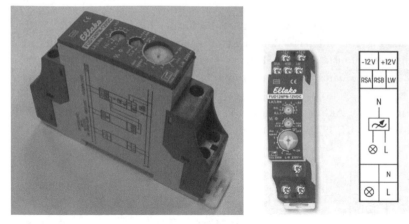

Abb. 8.299 Universal-Dimmer bis 500 W mit 1 Kanal FUD12NPN-12V DC für den Eltako-RS48-Bus

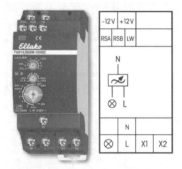

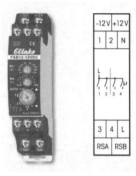

Abb. 8.300 Universal-Dimmer bis 800 W mit 1 Kanal FUD12/800W-12V DC für den Eltako-RS48-Bus [Eltako]

Abb. 8.301 Jalousie-Aktor mit zwei Kanälen FSB12-12V DC für den Eltako-RS48-Bus

8.14.2 Programmierung

Die Programmierung des Eltako-RS485-Systems ist in verschiedenen Varianten möglich. Aufgrund des großen Funktionsumfangs der Aktoren, deren Auswahl über die Stellräder per Schraubendreher erfolgt, kann Programmierung bereits als Point-to-point-Beziehung realisiert werden, indem Sensor-Aktorbeziehungen durch gegenseitiges Anlernen eingerichtet werden.

Vollständige Flexibilität beim Eltako-RS485-System ist möglich, indem die Zentrale FVS-Safe in das Gesamtsystem integriert wird. Damit wird neben der umfangreichen Automation auch eine Visualisierung realisiert. Für diese Visualisierung ist auch eine Softwarekomponente FVS-Energy erhältlich, mit der intelligentes, smartes Smart Metering mit angekoppeltem Energiemanagement realisiert werden kann.

Darüber hinaus kann das Eltako-RS485-System in IP-Symcon integriert werden, um damit den Funktionsumfang hinsichtlich Automatisierung und Visualisierung noch erheblich zu steigern.

Auf die Beschreibung der Software zur Zentrale FVS-Safe wird im Rahmen der Beschreibung des Eltako-Funkbussystems näher eingegangen.

8.14.3 Analyse

Das Eltako-Funkbussystem auf der Basis der verwendeten Medien Powerline, RS485 und Funk stellt ein breites Funktions-Portfolio für die Gebäudeautomation bereit, das auch Smart Metering und umfangreiche Sensorik bereitstellt. Bereits mit dem RS485-System stehen zahlreiche sensorische und aktorische Komponenten bereit, mit denen eine umfangreiche Gebäudeautomation aufgebaut werden kann. Bei Hinzunahme der Funkbussystem-Komponenten können lokal erfasste Messgrößen über die Sensormodule leicht integriert werden. Die im System integrierte Zentrale ermöglicht umfangreiche Automatisierung und Visualisierung. Durch das Softwaretool IP-Symcon kann der Funktionsumfang noch erheblich gesteigert werden.

Gerät	Preis je Gerät	Preis je Kanal
Eltako-RS485-8fach-Tastereingabemodul FTS12EM-UC	55,30 Euro	ca. 7,00 Euro
Konventioneller Taster	10,00 Euro	10,00 Euro
Eltako-RS485-4fach-Stromstoßschalter FSR12-4x-12V DC	51,90 Euro	ca. 13,00 Euro
Kosten für eine Funktion		ca. 30,00 Euro

Damit präsentiert sich das Eltako-RS485-System als äußerst preiswertes System.

8.14.4 Neubau

Aufgrund des umfangreichen Produktportfolios ist das Eltako-RS485-Gebäudeautomationssystem ausgezeichnet für den Neubaubereich geeignet. Bei unverputzten Wänden im Rohbau können die RS485-Datenleitungen problemlos verlegt und auch dezentrale Stromkreisverteiler in den Etagen und auch an anderen Stellen dezentral verbaut werden, um ein RS485-System aufzubauen. Weitere und sensorische Komponenten können bei Rückgriff auf die Medien Funkbus und Powerline ergänzt werden. Damit ist auch die Integration von Stromzählern in das Gesamtsystem möglich. Inklusive Integration der Zentrale FVS-Safe können äußerst komfortable Gebäudeautomationssysteme mit Visualisierung realisiert werden. Im Vergleich mit anderen Gebäudeautomationssysteme stellt Eltako äußerst preiswerte Lösungen bereit, die auch in Häusern installiert werden können, in denen normalerweise aus Kostengründen keine Automation installiert worden wäre.

8.14.5 Sanierung

Aufgrund des zu verlegenden RS485-Datenkabels von Stromkreisverteiler zu Stromkreisverteiler reduzieren sich die Sanierungsaufwände erheblich. Schmutz und Dreck werden auf Flure beschränkt. Sämtliche anderen sensorischen und aktorischen Funktionen können durch Rückgriff auf Funkbuskomponenten realisiert werden. Damit bietet sich Eltako-RS485 in Verbindung mit Eltako-Funk auch für eine kostengünstige Sanierung an, die keine Wünsche des Bauherren offen lässt.

8.14.6 Erweiterung

Soweit das RS485-Kabel zu allen relevanten Stellen verlegt wurde, an denen RS485-basierte Komponenten integriert werden sollen, und auch eine Aufteilung auf separate Stromkreise vorbereitet wurde, kann auch das RS485-System im Gebäude erweitert werden. Ist dies nicht der Fall, kann mit Funkbus-Komponenten erweitert werden. Dies betrifft auch die Erweiterung um intelligentes, smartes Smart Metering.

8.14.7 Nachrüstung

Aufgrund der erforderlichen Datenleitungen ist Eltako-RS485 prinzipiell nicht für die Nachrüstung geeignet. Da sich jedoch die Nachrüstung bei Rückgriff auf Eltako-RS485 Änderungen auf den Stromkreisverteiler beschränkt wird und die einzelnen Stromkreisverteiler zu einem gesamten Gebäudeautomationssystem über Funk oder Powerline zusammengefasst werden, ist Eltako-RS485 kostengünstig auch für die Nachrüstung geeignet, Voraussetzung ist allerdings, dass die Verbraucher bereits auf möglichst viele einzelne Stromkreise aufgeteilt sind. Sollte dies nicht vorliegen, können die Stromkreise direkt am Verbraucher über Funkbus-Komponenten in die Automatisierung einbezogen werden.

8.14.8 Anwendbarkeit für smart-metering-basiertes Energiemanagement

Das Eltako-RS485-Gebäudeautomationssystem ist ausgezeichnet für die Einrichtung von smart-metering-basiertem Energiemangement geeignet. Über die verfügbaren Schnittstellen zu Zählern mit S0-Schnittstelle oder Eltako-Zähler kann das Metering für verschiedenste Medien realisiert werden. Bei Hinzunahme von IP-Symcon können weitere Metering-Lösungen implementiert werden. Eltako bietet ein zentrales Automatisierungs- und Visualisierungssystem unter dem Namen FVS-Safe an, das um ein kostenloses

Energiemetering-System erweitert werden kann. Damit ist sowohl psychologisches, als auch aktives und passives Energiemanagement möglich. Bei Rückgriff auf IP-Symcon können die Möglichkeiten des smart-metering-basierten Energiemanagements noch erheblich erweitert werden.

8.14.9 Objektgebäude

Das Eltako-RS485-System in Verbindung mit dem Funkbus-Verbinder ist gut geeignet, um auch in Objektgebäuden etagen- und treppenhausweise Gebäudeautomatisierung aufzubauen. Die einzelnen Subsysteme können durch ein übergeordnetes SPS-System, wie z. B. von WAGO, Beckhoff und Phoenix Contact zusammengefasst werden.

8.15 INSTA-433-MHz-Funkbussystem (Berker, GIRA, Jung)

Das INSTA-433-MHz-Funkbussystem bietet einfache Möglichkeiten eine moderne, den heutigen Ansprüchen genügende Elektroinstallation zu realisieren. Auch wenn es die Tiefe eines KNX/EIB-Systems niemals ganz erreichen wird, besitzt es doch nicht zu unterschätzende Vorteile gegenüber drahtbasierten Gebäudeautomationssystemen. Mit diesen Marketingargumenten wird das Funkbussystem beworben.

Ein Funksystem besteht mindestens aus einem Funksender und einem Funkempfänger, um Point-to-point-Beziehungen aufzubauen, die in Tabellen der Aktoren abgelegt werden. Da die Sender normalerweise nur eine sehr geringe elektrische Leistung aufnehmen, arbeiten sie batteriegestützt. Aufwändige Leitungsinstallationen sind deshalb überflüssig (vgl. Abb. 8.302).

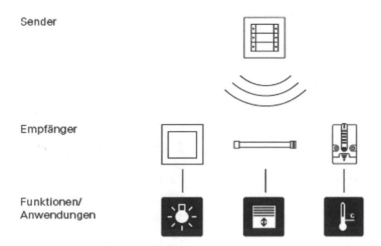

Abb. 8.302 Topologie des INSTA-433-MHz-Funkbussystem [GIRA]

Voraussetzung ist aber, dass der Installateur die grundlegenden Eigenschaften der Funkübertragung kennt und bei seiner Installation berücksichtigt. Die Komponenten arbeiten im ISM-Band bei 433,42 MHz ± 100 kHz mit Sendeleistungen, die unter 10 mW liegen und belasten damit das Wohnumfeld nicht.

Das System beschränkt sich, den Erfordernissen der Anwendung Rechnung tragend, größtenteils auf unidirektionale Kommunikation im Simplexbetrieb. Die meisten Komponenten des Systems sind daher reine Funksender oder reine Funkempfänger und enthalten nur ein Sende- oder ein Empfangsmodul, eine Ausnahme stellt die Zentrale dar. Hierdurch müssen weniger Bauteile innerhalb eines Gerätes mit Strom versorgt werden, die Batterien können entsprechend kleiner gewählt werden. Die Produkte können so prinzipiell preisgünstig gehalten werden. Der besseren Übertragungssicherheit wegen werden Nachrichten mindestens dreimal, im Mittel bis zu fünfmal, gesendet. Übertragungsfehler können so in weit über 99 % aller übertragenen Telegramme erkannt und behoben werden, soweit nicht generelle Fehler bei der Installation gemacht wurden. Im Fall von Funkstörungen können auch bidirektionale Systeme nicht übertragen.

Ausgewählte Geräte, beispielsweise Zentralgeräte oder Repeater, sind sowohl mit einem Sende- als auch mit einem Empfangsmodul ausgerüstet und in der Lage, bidirektional zu kommunizieren. Sie arbeiten im Halbduplexbetrieb und können zwar nicht gleichzeitig, aber in zeitlicher Folge sowohl Telegramme senden als auch empfangen.

8.15.1 Typische Geräte

Typische Geräte beim INSTA-433-MHz-Funkbus sind Repeater, KNX/EIB-Koppler und Zentrale als Systemkomponenten, dazu diverse Sensoren und Aktoren in verschiedenen Bauformen.

8.15.1.1 Systemkomponenten

Repeater und KNX/EIB-Koppler weisen dasselbe Gehäuse auf und werden mit 9-V-Energieblöcken stromversorgt (vgl. Abb. 8.303).

Abb. 8.303 INSTA-Funkbus-Repeater oder -KNX/EIB-Koppler (gleiches Gehäuse)

Die Zentrale wird vom Stromnetz direkt versorgt und verfügt separat über eine Notstromversorgung mit Batterie zur Stützung bei Netzausfall. Sensoren und Aktoren werden über Funk erreicht (vgl. Abb. 8.304).

Abb. 8.304   INSTA-Funkbus-Zentrale

8.15.1.2 Sensoren

Sensoren sind als Unterputzgeräte ausgeführt, die entweder in der Schalterdose untergebracht und über Leitungen mit konventionellen Schaltern oder Tastern verbunden werden. Ältere Varianten hatten große Baugrößen, die tiefe Schalterdosen erforderten, während die aktuelleren Geräte auch direkt in normale Schalterdosen passen (vgl. Abb. 8.305 und Abb. 8.306).

Abb. 8.306   INSTA-Funkbus-433-MHz-UP-4fach-Binäreingang

Abb. 8.305   INSTA-Funkbus-433-MHz-UP-2fach-Binäreingang

Als weitere Geräte sind Funkbusankoppler zu nennen, auf die KNX/EIB-Anwendungsmodule der Unternehmen Berker, GIRA und Jung aus diversen Designlinien aufgerastet werden können (vgl. Abb. 8.307).

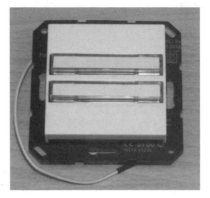

Abb. 8.307 INSTA-Funkbus-433-MHz-UP-Tasteinsatz

Eine Funkfernsteuerung vervollständigt das recht ausführliche Produktportfolio binärer Sensorik, das an sensorischen Elementen jedoch nur einfache Wetterstationen enthält, die über Schwellwerte binär eingebunden werden (vgl. Abb. 8.308).

Abb. 8.308 INSTA-Funkbus-433-MHz-
Fernbedienung

8.15.1.3 Aktoren

Hinsichtlich der Aktoren waren zunächst nur Unterputz- und Einbaumodule verfügbar. Die Unterputzmodule verfügen über zwei Ausgänge, die sowohl als 2-Kanal-Aktor, als auch als 1-Kanal-Jalousieaktor verfügbar sind. Die Schaltaktoren passen in eine Schalter- oder große Verteilerdose. Wie bei anderen Einbaumodulen anderer Systeme üblich sind keine separaten Eingänge verfügbar. Die Stromversorgung erfolgt aus dem 230-V-Stromnetz (vgl. Abb. 8.309 und Abb. 8.310).

Abb. 8.309   INSTA-Funkbus-433-
MHz-2fach-UP-Aktor

Abb. 8.310   INSTA-Funkbus-433-MHz-
REG-Jalousieaktor

Als Einbaugerät sind Schalt- und Dimmaktoren verfügbar, die in Geräten oder unter abgehängten Decken verbaut werden können (vgl. Abb. 8.311 und Abb. 8.312).

Abb. 8.311   INSTA-Funkbus-433-MHz-EB-Dimmaktor

Abb. 8.312   INSTA-Funkbus-433-MHz-
Schaltaktor als Zwischenstecker

Bereits verbaute Jalousie- und Dimmersysteme, die aus Unterputzgerät mit aufgesetztem Anwendungsmodul bestehen, können durch Aufsatz eines Funkbus-Aufsatzes busfähig gemacht, damit können Änderungen an der Elektroinstallation einfach funkfähig gemacht werden.

Abgerundet wird das Produktportfolio durch Reiheneinbaugeräte, die über einen Funkempfänger und daran per Zweidrahtleitung angeschlossene Schaltaktoren oder Dimmer verfügen. Die Antenne ist außerhalb des Stromkreisverteilers zu verbauen (vgl. Abb. 8.313).

Abb. 8.313   INSTA-Funkbus-433-MHz-REG-Aktoren

8.15.2 Analyse

Bis auf eine Visualisierung unterstützt die Produktpalette der Firma GIRA die Mehrheit aller Kategorien zu realisierender Funktionen und kann somit auch in Kleinanwendungen wie Tür- und Fensterkontakten eingesetzt werden. Für den Aufbau größerer Gebäudeautomationsanwendungen ist das 433-MHz-Funkbussystem nicht geeignet, sondern ist eher ein sehr teures Zubringersystem zum KNX/EIB. Problematisch ist die Verwendung von Batterien und Lithium-Zellen, wenn auch der Hersteller angibt, dass deren Standzeiten groß sind. Um Übersicht über den Batteriestatus zu wahren, ist ein Überwachungssystem über eine Automatisierung mit Visualisierungsmöglichkeit notwendig, aber nicht realisierbar, als Ersatz ist das stetige Führen einer Batteriewechselliste notwendig.

Zur Realisierung der analysierten Ausschaltung sind die folgenden Komponenten ausgewählt worden:

Gerät	Preis je Gerät	Preis je Kanal
Funk-Universalsender 2	70,00 Euro	35,00 Euro
Funk-Multifunktionssender 4fach	110,00 Euro	27,50 Euro
Taster	10,00–25,00 Euro	10,00–25,00 Euro
Funk-Aktor Mini	95,00 Euro	95,00 Euro
Funk-Schaltaktor 4fach mit Handbetätigung REG	300,00 Euro	75,00 Euro
Kosten für eine Funktion	**von**	**bis**
	117,50 Euro	135,00 Euro

Das INSTA-Funkbussystem zählt zu den teuersten Gebäudeautomationslösungen bei vergleichbaren niedrigstem Funktionsumfang und bietet damit ein extrem schlechtes Preis-Leistungs-Verhältnis.

8.15.3 Neubau

Das Funkbussystem 433 MHz der Firma INSTA kann für Installationen in einem Neubau eingesetzt werden. Das hier analysierte Produktportfolio der Firma GIRA lässt dort keine Standard-Funktion aus. Vom einfachen Schalten, Dimmen über Jalousiesteuerung bis hin zu Sicherheitsfunktionen kann das System alles bieten, was der Bauherr sich wünscht, auszunehmen hiervon sind jedoch komplexe Automatisierungslösungen und Visualisierung. Sogar eine vollständige Alarmzentrale kann GIRA dem Kunden anbieten. Als negativ ist hier nur zu erwähnen, dass das System nur kompatibel zu dem eigenen 433-MHz-Funkbussystem ist, damit lediglich Produkte der Hersteller Berker, GIRA und Jung kompatibel eingesetzt werden können, und eine Dokumentation dieses Systems komplett von Hand erstellt werden muss, worin beschrieben wird, welche Sensoren und Aktoren vorhanden sind und welche Funktion von welchem Sensor in Kooperation mit welchem Aktor ausgeführt wird, da keinerlei Programmiertool vorhanden ist. Wenn auch prinzipiell alle Funktionen für einen Neubau von diesem System übernommen werden können, so sollte dennoch aus Sicherheitsgründen beim Neubau auf drahtbasierte Systeme zurückgegriffen werden.

8.15.4 Sanierung

Die Sanierung muss aufgrund der großen Auswahl an Geräten, egal in welcher Bauform, der Neubauinstallation nicht weit hinterher hinken. Alle wichtigen Aktoren gibt es als Unterputzgeräte oder Sensoren in kleiner kompakter Bauform. Abzüge sind hier im Bereich Kreuzschaltung und Dimmen, da die konventionelle Technik die Funktionen einschränkt und Eingriffe an der Verschaltung vorgenommen werden müssen bzw. generell auf vorhandene konventionelle Wechsel- oder Kreuzschalter verzichtet wird. Aufgrund des begrenzten Produktportfolios sind nur kleine Gebäudeautomationen realisierbar, von Vorteil ist die saubere Sanierung, soweit nicht Schalter- und Verteilerdosen geöffnet werden müssen.

8.15.5 Erweiterung

Bei einer Erweiterung des INSTA-Funksystems ist hier bei bereits installiertem System fast alles möglich. Nur müssen auch hier Einbußen im Bereich Stromlosschalten und Küchenunterstützung hingenommen werden. Dennoch sollten diese Spezialfunktionen nicht den Eindruck trüben, dass die Erweiterung des INSTA-Funkbussystems der Neubauinstallation in nichts nach steht. Aufgrund des Vertriebs des INSTA-Funkbussystems über den 3-stufigen Vertriebsweg sind diese Arbeiten von einem Elektrofachmann ausführen zu lassen. Zwingend notwendig ist eine Fortführung der manuellen Dokumentation, die bereits im Zuge des Neubaus oder der Sanierung angefertigt wurden, um später Funktionen zu verstehen und Geräte wieder aufzufinden.

8.15.6 Nachrüstung

Das INSTA-Funkbussystem ist prinzipiell ausschließlich ein System für die Nachrüstung. Der Kostenvergleich mit anderen Funkbussystemen zeigt, dass offenbar die Vertreiber des INSTA-Funkbus, die als Hauptsystem KNX/EIB anbieten, die Geräte des Funkbussystems zu vergleichbaren Kosten bei weit geringerer Funktionalität anbieten wollen. Damit ist das System viel zu teuer. Da zudem nur eine Anbindung an KNX/EIB existiert und keine Möglichkeit besteht auf das System von außen zuzugreifen, kommt es nicht an die Möglichkeiten anderer Gebäudeautomationssysteme heran, eine Anbindung an IP-Symcon existiert zudem nicht, dadurch kann auch nicht auf andere Systeme zurückgegriffen werden.

8.15.7 Anwendbarkeit für smart-metering-basiertes Energiemanagement

Die Anwendung von Smart Metering ist problemlos möglich, da ein vorhandener elektrischer Haushaltszähler grundsätzlich durch einen elektronischen ersetzt werden kann. Der Energiekunde kann durch Änderung seines Nutzerverhaltens seinen Energieverbrauch und damit seine Energiekosten senken. Damit wird psychologisches Energiemanagement außerhalb des INSTA-Funkbussystems möglich, es ist kein Display vorhanden, auf dem das Smart Metering neben dem Funkbussystem zur Anzeige gebracht werden kann. Da kein Zugang zu externen Daten und auch auf analoge Sensordaten möglich ist, ist INSTA-Funkbus weder für aktives, noch passives Energiemanagement geeignet. INSTA-Funkbus kommt ohne Erweiterungsmöglichkeit durch z. B. die Adaption in IP-Symcon **nicht** für smart-metering-basiertes Energiemanagement in Frage.

8.15.8 Objektgebäude

Auch als Zubringersystem zum KNX/EIB kommt das INSTA-433-MHz-Funkbussystem nicht für die Gebäudeautomationsanwendung in Objektgebäuden in Frage. Insbesondere das EnOcean-System ist hier wegen des Verzichts auf Batterien und der geringeren Kosten besser als flexibles Zubringersystem zu KNX/EIB oder zu SPS-Systemen geeignet.

8.16 ELV FS20

Das Unternehmen ELV vertreibt seit Jahren Elektronikartikel über Internet, Katalog und unter anderem die Firmen Conrad und Contronics. Die immense Anzahl verschiedenster Sensoren und Aktoren zu günstigsten Preisen ermöglicht bereits im Kleinen den Aufbau von Einzelraumtemperaturregelungen zur Heizungssteuerung, der Bedienung von Lampen und Geräten über Fernbedienungen und Funktaster und vieles mehr. Durch Integration einer Schnittstelle zum Windows-PC und Nutzung der Hausautomationssoftware Homeputer oder IP-Symcon können auch komplexeste Gebäudesteuerungsmöglichkeiten realisiert werden, die auch die Steuerung des Hauses über PC, Internet und Handy ermöglichen.

Den immensen Vorteilen im Kosten- und Funktionsbereich steht nachteilig gegenüber, dass aufgrund des Vertriebs über Katalog, Internet und Kaufhäuser nur wenige Elektroinstallateure bereit sind dieses System zu installieren, da sie nur wenig an diesen Aufträgen verdienen und zudem die Garantie für diese Systeme nicht übernehmen wollen. FS20/Homeputer ist daher eher für den engagierten Hobby-Elektroniker geeignet, der über genügend Know-how verfügt, um selbst die Elektroinstallation zu verändern und die Gebäudeautomation zu programmieren.

Ein weiterer topologischer Nachteil besteht darin, dass zwar auf das sichere 868-MHz-Band zurückgegriffen wird, aber die Kommunikation zwischen Sensoren und Aktoren nur unidirektional ohne Rückmeldung erfolgt. Damit wird Mehrfachsendung erforderlich, um die Empfangssicherheit zu steigern, was das System damit langsam macht. Da das Bussystem FS20 mit zu den ersten Funkbussystemen zählte, verfügt es hinsichtlich der Sensoren über ein sehr durchdachtes Verfahren der Adresszuordnung über Hauscode und Geräteadresse, das jedoch manuell über lediglich vier Tasten am Sensor eingestellt wird. Die Einstellung der Adresse am Sensor ist fehleranfällig und muss mit geeigneten im Produktportfolio enthaltenen FS20-Geräten kontrolliert werden. Demgegenüber ist die Zuordnung von Adressen zu Aktoren sehr einfach, es erfolgt entweder direkt durch Zuordnung von Sensoren zu Aktoren in Tabellen oder über eine PC-basierte Zentrale.

8.16.1 Typische Geräte

Typische Geräte bei FS20 sind Sensoren und Aktoren in sämtlichen Bau- und Einbauformen sowie als Systemkomponente die Systemschnittstelle FHZ 1350 PC, die auch
unter verschiedenen anderen Namen mit reduziertem Funktionsumfang angeboten
wird.

8.16.1.1 Systemkomponenten

Die Systemschnittstelle FHZ 1350 PC verbindet den PC über die USB-Schnittstelle mit
dem Funkbussystem. In der Variante FHZ 2000 ist auch der Zugang über Ethernet-IP
möglich, andere Varianten interagieren mit FS20 über WLAN, sodass auch verteilte
Systeme aufgebaut werden können. Die Schnittstelle ermöglicht die Kommunikation mit
dem Basissystem FS20, aber auch dem Sensorsystem HMS, Einzelraumtemperaturregelungen vom Typ FHT80 und der Wetterstation KS300 (vgl. Abb. 8.314).

Abb. 8.314 ELV-FS20-PC-Schnittstelle

8.16.1.2 Sensoren

Hinsichtlich der sensorischen Elemente sind Unterputz-, Einbau- und Aufbaugeräte verfügbar. Die Tastermodule verfügen über eine große Batterie für lange Betriebsbereitschaft und die Anschlussmöglichkeit von bis zu vier einzelnen Tasten (vgl. Abb. 8.315).

Abb. 8.315 ELV-FS20-4fach-Binäreingang

Zum Portfolio zählen auch komplette Tasterlösungen, die in verschiedensten Designs angeboten werden (vgl. Abb. 8.316).

Das System FHT80 ermöglicht den Aufbau von Einzelraumtemperaturregelungen, die von außen über eine Zentrale bedient werden können (vgl. Abb. 8.317).

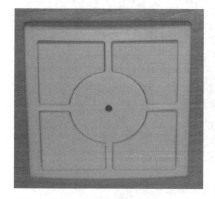

Abb. 8.316   ELV-FS20-4fach-Taster

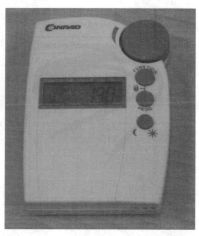

Abb. 8.317   ELV-FS20-Raumthermostat

Weitere Module sind Klingeltaster, die auch weitere Gewerke erschließen (vgl. Abb. 8.318).

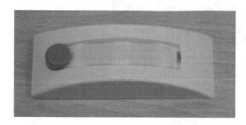

Abb. 8.318   ELV-FS20-Klingeltaster

Um das sensorische Produktportfolio zu erweitern, wurden Sensoren der HMS-Serie in die Gebäudeautomation integriert. Diese äußerst preiswerten und exakten Sensoren sind als Temperatur-, Feuchte-, Luftgüte- und Wassermelder in verschiedensten Varianten verfügbar. Im Gegensatz zum FS20-System verfügen diese Geräte über fest vergebene Adressen (vgl. Abb. 8.319 bis Abb. 8.322).

Vervollständigt wird das gesamte Portfolio durch verschiedenste Ausführungen von Fernbedienungen (vgl. Abb. 8.323).

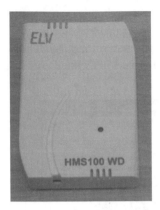

Abb. 8.319 ELV-HMS-100-Wasser-melder mit untenliegenden Stiften

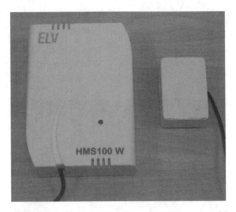

Abb. 8.320 ELV-HMS-100-W-Wassermelder mit abgesetztem Sensor

Abb. 8.321 ELV-HMS-100-T-Außen-Temperatursensor

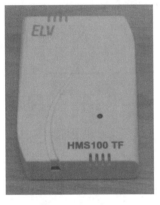

Abb. 8.322 ELV-HMS-100-TF-Innen-Temperatur-/Feuchtesensor

Abb. 8.323 ELV-FS20-Fernbedienung

8.16.1.3 Aktoren

Hinsichtlich der Aktorik sind Geräte in allen notwendigen Bauformen alle Gerätetypen verfügbar. Hierzu zählen Schalt-, Dimm- und Jalousieaktoren (vgl. Abb. 8.324).

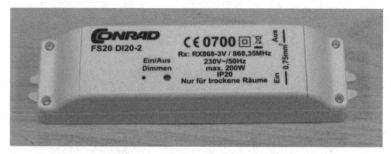

Abb. 8.324 ELV-FS20-EB-Dimmer

Insbesondere für die Nachrüstung sind Zwischenstecker-Aktoren verfügbar (vgl. Abb. 8.325 und Abb. 8.326).

Abb. 8.325 ELV-FS20-Dimmaktor

Abb. 8.326 ELV-FS20-Schaltaktor (rechts altes Design)

Im Gegensatz zu vielen anderen Anbietern werden auch Geräte zur Außenmontage als wasserdichte Geräte angeboten (vgl. Abb. 8.327).

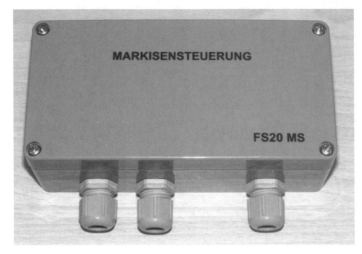

Abb. 8.327   ELV-FS20-Markisensteuerung

Zum Portfolio zählen auch batteriebetriebene Heizungsstellantriebe, die direkt mit den Raumtemperaturreglern kommunizieren (vgl. Abb. 8.328).

Abb. 8.328   ELV-FS20-
Heizungsstellantrieb

Zur Integration von Aktoren im Stromkreisverteiler werden Hutschienengeräte angeboten, die über ein Koppelmodul mit externer Antenne mit dem Funkbussystem verbunden werden. Diese Geräte entsprechen damit vergleichbaren Typen aus dem INSTA-Funkbussystem 433 MHz (vgl. Abb. 8.329).

Abb. 8.329 ELV-FS20-REG-Ankoppler

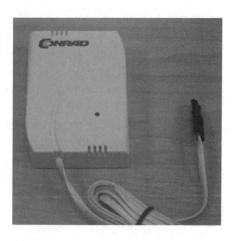

8.16.2 Programmierung

8.16.2.1 Direkte Point-to-point-Zuordnung

Das FS20-System basiert auf einem Adress-System, das sich aus einem 8-stelligen Haus-code und einem 4-stelligen Gerätecode zusammensetzt. Damit können umfangreiche Gebäudeautomationssysteme aufgebaut werden, die sich nicht untereinander stören. Die Adressen werden per Betätigung der Sensoren über z. B. Taster manuell im Gerät einge-stellt (vgl. Abb. 8.330).

Abb. 8.330 Adressierung
der Sensoren in FS20 [ELV]

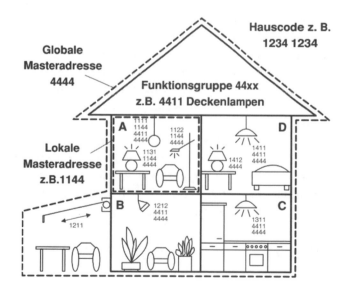

Nach Adressierung der Sensoren können Point-to-point-Beziehungen zwischen Sensoren und Aktoren hergestellt werden, indem der Aktor nach Bedienungsanleitung in den
Programmiermodus versetzt wird und anschließend durch Betätigung eines zuzuordnenden Sensors die Funktion zugewiesen wird. Diese Art der Programmierart reduziert
das ELV-System jedoch auf die Verwendung von FS20.

8.16.2.2 Erweiterte Programmiermöglichkeit mit Homeputer

Für erweiterte Programmierung und auch die Einbindung des Sensorsystems HMS, des
Einzelraumtemperaturregelungssystems FHT80 und der Wetterstation ist die Einbindung der Systemschnittstelle FHZ 1350 notwendig. Die weitere Programmierung ist
dann mit Homeputer und IP-Symcon möglich. Während die Programmierung mit IP-
Symcon bereits erläutert wurde, erfolgt eine Darstellung der Programmiermöglichkeiten
von Homeputer bezüglich Smart Metering und anderer Funktionen in einem nachfolgenden Kapitel bei der Darstellung einer Referenzinstallation.

8.16.3 Analyse

ELV bietet mit dem Funkbussystem FS20 ein Gebäudeautomationssystem an, das kaum
Wünsche an Funktionalität offen lässt. Aufgrund der Anschlussmöglichkeit von Zentralen über PCs und damit die Verwendbarkeit von Homeputer oder IP-Symcon können
umfangreiche Automatisierung und internetweite Visualisierung äußerst kostengünstig
realisiert werden. Nachteilig ist lediglich, dass eine drahtbasierte Variante nur unzureichend in das Gesamtsystem integriert wurde. Über IP-Symcon kann diese Lücke jedoch durch Ankopplung von digitalSTROM oder andere Gebäudeautomationssysteme
geschlossen werden. Ein weiterer Nachteil, der jedoch gravierend ist, ist die nur unidirektionale Kommunikation zwischen Sensor und Aktor, die eine häufige Wiederholung
des Telegramms erforderlich macht und damit den Duty-Cycle von 1 % des 868-MHz-
Funkbussystems bei Zentraleneinbindung je nach Programmierung stark überfordern
kann und zudem keine vollständige Übertragungssicherheit bietet. Die preisgünstigen
Komponenten ermöglichen insbesondere eine umfangreiche Nachrüstung. Problematisch ist die Verwendung von Batterien und Lithium-Zellen, wenn auch der Hersteller
angibt, dass deren Standzeiten groß sind. Um Übersicht über den Batteriestatus zu wahren, ist ein Überwachungssystem über eine Automatisierung mit Visualisierungsmöglichkeit oder das stetige Führen einer Batteriewechselliste notwendig. Nicht jedes FS20-
Gerät bietet eine Rückmeldung des Batteriestatus.

Gerät	Preis je Gerät	Preis je Kanal
FS20-S4A-2-2-/4-Kanal-Aufputz-Wandsender	19,95 Euro	5 Euro
ELV-Funkschaltsteckdose FS20 ST	22,95 Euro	22,95 Euro
Preis für eine Schaltfunktion		ca. 28 Euro

Aufgrund des Preises von nur 28 Euro je Schaltfunktion zählt FS20 zu den preiswertesten Funkbussystemen, deren Preis nur durch drahtbasierte Gebäudeautomationssysteme unterboten werden kann.

8.16.4 Neubau

Für den Neubaubereich ist FS20 nicht geeignet. Zwar sind alle Funktionen kostengünstig
leicht realisierbar, jedoch führt die mangelhafte Betriebssicherheit durch das unidirektionale Funkbussystem eher zur Entscheidung für drahtbasierte Systeme. Aus dem gleichen Grunde kann hier eher auf HomeMatic in der Variante RS485 zurückgegriffen
werden.

8.16.5 Sanierung

Aus den gleichen Gründen wie beim Neubau scheidet FS20 auch für die Sanierung aus.
Zwar sind saubere Sanierungen möglich, Abstriche bringt jedoch die Unidirektionalität
des Systems mit sich.

8.16.6 Erweiterung

Soweit ein Gebäude mit FS20 ausgerüstet worden ist, kann die Erweiterung ohne weite
res beim Rückgriff auf das ausführliche Produktportfolio, bestehend aus den Systemtypen FS20, IIMS, FHT80 und KS300, erfolgen. Dies betrifft auch Automatisierung und
Visualisierung. Bei Rückgriff auf die Systemschnittstelle FHZ 2000 oder IP-Symcon kann
die Erweiterung auch über das HomeMatic-System erfolgen.

8.16.7 Nachrüstung

FS20 ist ein ausgezeichnetes System für die preiswerte Nachrüstung, wenn das Problem
der Unidirektionalität außer Acht gelassen wird. Eine Nachrüstung kann problemlos
auch Automatisierung und Visualisierung bei Rückgriff auf Homeputer oder IP-Symcon
beinhalten. Es empfiehlt sich bei Nachrüstung für einfache, unkritische Anwendungen
auf FS20 und HMS zurückzugreifen, kritische Anwendungen mit hohem Sicherheitsstandard und größter Zuverlässigkeit sollten jedoch mit dem Nachfolgesystem Home-
Matic realisiert werden. Über eine neue Schnittstelle FHZ 2000 lassen sich beide System
in Kombination betreiben.

8.16.8 Anwendbarkeit für smart-metering-basiertes Energiemanagement

Die Anwendung von Smart Metering ist problemlos möglich, da ein vorhandener elektrischer Haushaltszähler grundsätzlich durch einen elektronischen ersetzt werden kann. Der Energiekunde kann durch Änderung seines Nutzerverhaltens seinen Energieverbrauch und damit seine Energiekosten senken. Damit wird psychologisches Energiemanagement außerhalb des FS20-Systems möglich. Durch Zusammenführung der Gebäudeautomatisierung über eine Zentrale und des Smart Meterings auf einem PC als Multifunktionssystem wird dies wesentlich unterstützt. Da kein Zugang zu externen Daten von Stromzählern direkt möglich ist, ist FS20 weder für aktives, noch passives Energiemanagement geeignet, obwohl die Programmiermöglichkeiten in Homeputer und IP-Symcon überzeugen. Die Programmierfähigkeit, insbesondere für Smart-Metering-Anwendung, wird in einem späteren Kapitel näher beschrieben. Soweit Stromzähler und andere Verbrauchserfassung von einem anderen Gebäudeautomationssystem über IP-Symcon realisiert werden, ist smart-metering-basiertes Energiemanagement problemlos machbar.

8.17 eQ-3 HomeMatic 868-MHz-Funk

Nach dem großen Erfolg mit dem Hausautomationssystem FS20 hat das Unternehmen ELV über das eigene Subunternehmen eQ-3 vor wenigen Jahren das neue Hausautomationssystem HomeMatic auf den Markt gebracht. Mit diesem neuen System wurden viele Nachteile des Vorgängersystems FS20 behoben, der Funktions- und Möglichkeitsumfang durch eine LAN-, USB- und RS485-fähige Zentrale erheblich gesteigert, während die Preissteigerungen moderat ausfielen. Vertrieben wird nach wie vor über das Internet, Katalog und die Firmen Conrad und Contronics. Die immense Anzahl verschiedenster Sensoren und Aktoren zu günstigsten Preisen in Verbindung mit der Software Homeputer oder IP-Symcon ermöglicht komplexeste Gebäudesteuerungsmöglichkeiten, die auch die Steuerung des Hauses über PC, Internet und Handy erlaubt.

Den immensen Vorteilen im Kosten- und Funktionsbereich steht noch immer nachteilig gegenüber, dass aufgrund des Vertriebs über Katalog, Internet und Technik-Kaufhäuser nur wenige Elektroinstallateure bereit sind dieses System zu installieren, da sie nur wenig an diesen Aufträgen verdienen und zudem die Garantie für diese Systeme nicht übernehmen wollen. Mittlerweile wurde eine Variante von HomeMatic für den Energieversorger RWE unter dem Namen RWE SmartHome entwickelt, die in einem anderen Kapitel behandelt wird, jedoch nicht kompatibel zu HomeMatic ist.

HomeMatic ist daher derzeit noch eher für den engagierten Hobby-Elektroniker geeignet, der über genügend Know-how verfügt, um selbst die Elektroinstallation zu verändern und die Gebäudeautomation zu programmieren, obwohl die Funktionalität derart überragend ist, dass ein Vertrieb durch Elektroinstallateure angeregt werden sollte.

Durch den Einsatz von Funkkomponenten, die im einfachsten Fall in eine normale Steckdose gesteckt werden oder durch Austausch des Standardschalters der konventionellen Elektroinstallation funkfähig gemacht werden, lässt sich das System problemlos auch in Mietwohnungen oder bereits fertig gestellten Eigentumswohnungen integrieren und bei Bedarf schnell und einfach wieder demontieren. Damit bietet es sich für die Nachrüstung an.

HomeMatic bietet derzeit verschiedene Hand-Fernbedienungen und sogenannte Aktoren für die Steckdose, Unterputz und als Hutschienenausführung für den Schaltschrank. In einer ersten Ausbaustufe wird nur ein Handsender sowie ein Aktor benötigt, um ein funktionierendes System zu erhalten, wobei zu diesem Zweck weder Zentrale, noch Software notwendig sind. Im Gegensatz zu Baumarktlösungen bietet HomeMatic ein störungssichereres sowie bidirektional bestätigtes Funkprotokoll auf Basis von Bid-CoSRF und mit Einsatz einer zusätzlichen Zentrale auch mehr und komplexere Möglichkeiten.

Durch die Technik der Bidirektionalität mit Rückmeldung lässt sich an der Fernbedienung erkennen, ob ein Schaltbefehl ausgeführt wurde (grüne LED) oder ein Fehler vorliegt (rote LED), dies erfordert jedoch Blick-Kontakt mit der Fernbedienung, wobei man von Fernbedienungen eher visuelle Rückmeldung durch den gesteuerten Aktor abwartet.

Zur Sicherung der Datenübertragung setzt HomeMatic auf das System AES, Advanced Encryption Standard. Es handelt sich dabei um ein symmetrisches Kryptosystem. Das bedeutet, dass sowohl zur Verschlüsselung als auch zur Entschlüsselung der gleiche Schlüssel verwendet wird. Im Gegensatz dazu steht das asymmetrische Kryptosystem, wobei zur Verschlüsselung und zur Entschlüsselung unterschiedliche Schlüssel verwendet werden. Somit ist ein asymmetrisches System sicherer als ein symmetrisches, da beim symmetrischen System sowohl die verschlüsselte Information als auch der Schlüssel übertragen werden müssen. Die Sicherheit kann also nur durch eine Übertragung über einen sicheren Kanal hergestellt werden, da die Sicherheit ganz klar mit der Geheimhaltung des Schlüssels verbunden ist.

Die Zentrale hat sowohl eine RS485-Schnittstelle zur Anbindung der drahtgebundenen Komponenten, als auch eine Funkschnittstelle, um die Funkkomponenten anzubinden. Das Gerät hat zudem noch Anschlüsse für USB und das Ethernet. Im Inneren der HomeMatic-Zentrale findet man einen ARM-Prozessor und einen installierten Web-Server, die mit dem Betriebssystem Linux arbeiten. Die Zentrale ist verantwortlich für die Interaktion, Verknüpfungen und Einstellungen von Sensoren und Aktoren.

Sämtliche Komponenten des HomeMatic-Systems besitzen einen sogenannten Anlernmodus, in dem die einzelnen Module miteinander verknüpft oder an der Zentrale angelernt werden. Der kleinste Ausbau besteht dabei aus mindestens einem Sender und einem Aktor. Zu beachten ist jedoch, dass die umfangreichen Möglichkeiten des Systems dabei ungenutzt bleiben. Diese sind erst durch Einsatz der HomeMatic-Zentrale (CCU) nutzbar. Mit dieser können dann über eine grafische Benutzeroberfläche komplexere Programmabläufe erstellt und visualisiert werden.

Ohne die HomeMatic-Zentrale können nur rudimentäre Bedienfunktionen des Systems, wie das einfache Ein- und Ausschalten bzw. Dimmen von Lampen, angewendet werden. Mit der Funkzentrale sind mit ihr weitaus komplexere Konfigurationen und Szenarien möglich. Die Zentrale vermittelt dabei zwischen Sendern und Aktoren und ist auch für deren Verknüpfungen und Einstellungen in Verbindung mit Zeitsteuerung zuständig.

Die Stromversorgung der batterieversorgten Geräte erfolgt durch eine Lithium-Batterie, deren Lebensdauer mit etwa zehn Jahren angegeben wird.

Bei den Funkaktoren unterscheidet man die folgenden zwei Typen.

- Aufputz-Aktoren, die als einfachste Bauform im Gehäuse für die Steckdose existieren. Sie können einen angeschlossenen Verbraucher schalten oder dimmen. Zudem gibt es Aktoren für den Außeneinsatz, die in einem entsprechenden IP-Schutzgehäuse verbaut sind.

- Unterputz-Aktoren eignen sich für den unsichtbaren Einsatz und verschwinden unsichtbar in entsprechenden Dosen hinter Schaltern/Tastern, Kabelkanälen, Zwischendecken oder sonstigen Hohlräumen. Durch den Einsatz von Funktechnik ist nur der Anschluss der "normalen" Stromversorgung nötig. Als neueste Unterputzgeräte sind Kombigeräte verfügbar, die statt eines normalen Schalters verbaut werden und damit als Aktor mit Sensorfunktionalität fungieren und als Aufsatz Schalterprogramme anderer Elektroinstallationstechnikhersteller ermöglichen.

8.17.1 Typische Geräte

Typische Geräte beim HomeMatic-Funkbus sind Zentrale und andere Adapter als Schnittstellen, über die der Bus automatisiert und parametriert werden kann sowie Sensoren und Aktoren in allen nur denkbaren Bauformen für verschiedenste Funktionen.

8.17.1.1 Systemkomponenten

Die HomeMatic-Zentrale CCU dient zur Konfiguration und Programmierung der Busteilnehmer, stellt Automationsfunktionen bereit und ermöglicht über ein Web-UI auch sehr einfache Visualisierungsmöglichkeiten. Die CCU ist zugleich Zugangsknoten für die PC-basierten Softwarepakete Homeputer und IP-Symcon (vgl. Abb. 8.331).

Als preisgünstigere Systemzugänge, die jedoch nicht als autarke Automations- oder Visualisierungsbasis dienen können, zählen der LAN- und LAN-Konfigurationsadapter, die angesichts der äußerst niedrigen Kosten für eine Zentrale CCU vor dem Hintergrund der bereitstehenden Möglichkeiten eher nur für Konfigurationszwecke geeignet erscheinen (vgl. Abb. 8.332 und Abb. 8.333).

Abb. 8.331 HomeMatic-Zentrale

Abb. 8.332 HomeMatic-LAN-Adapter

Abb. 8.333 HomeMatic-USB-
Konfigurationsadapter

8.17.1.2 Sensoren

Zu den Sensoren zählen Binäreingänge, die als sehr flaches Bauteil, vergleichbar mit den
Geräten von Doepke Dupline, problemlos hinter konventionellen Tastern oder Schaltern
verbaut werden können (vgl. Abb. 8.334).

Abb. 8.334 ELV-HomeMatic-Funk-
4fach-Tasterschnittstelle

Hinsichtlich der Integration von Design-Oberflächen verschiedener Elektroinstallationstechnikhersteller besteht zum einen die Möglichkeit, auf Taster der Firma PEHA zurückzugreifen, aber auch die Verwendung kombinierter Sensor/Aktor-Module, die direkt in
einer Schalterdose den vorhandenen Schalter ersetzen, einen weiteren Busteilnehmer
darstellen und zum anderen mit Standardprogrammen gängiger Hersteller bestückt
werden können (vgl. Abb. 8.335 bis Abb. 8.337).

Abb. 8.335 ELV-FS20-1fach-Taster

Abb. 8.336 HomeMatic-Jalousieaktor mit konventioneller GIRA-Wippe

Abb. 8.337 HomeMatic-Schaltaktor mit konventioneller Busch-Jaeger-Wippe

Das Produktportfolio wird vervollständigt durch eine große Anzahl verschiedener Fernsteuerungen, die als Handgerät oder auch Schlüsselanhänger ausgeführt sein können (vgl. Abb. 8.338).

Hinsichtlich sensorischer Elemente mit Analogdatenerfassung werden Temperatur-, Feuchtesensoren und andere als Innen- und Außensensoren angeboten (vgl. Abb. 8.339 und Abb. 8.340).

Abb. 8.338 HomeMatic-Mini-Fernsteuerung

Abb. 8.339 HomeMatic-Temperatur-/Feuchtesensor für den Außenbereich

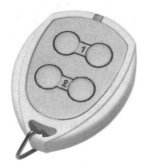

Abb. 8.340 HomeMatic-Temperatur-/Feuchtesensor für den Innenbereich

Abb. 8.341 HomeMatic Wetterstations-Sensoren

Eine komplexe Wetterstation zu äußerst günstigem Preis besteht aus Windgeschwindigkeits- und Windrichtungs-, Außentemperatur-, Helligkeits-, Dämmerungs-, Regen- und Regenmengensensor (vgl. Abb. 8.341).

Damit steht ein sehr breites Sensorportfolio, vergleichbar mit FS20 und HMS, zur Anwendung bereit.

8.17.1.3 Aktoren

Das aktorische Portfolio deckt das gesamte Spektrum von Schalt-, Dimm- und Jalousieaktoren in allen denkbaren Gehäuseformen ab. Zum Portfolio gehören auch formschöne Schalt- und Dimmaktoren in Zwischensteckerform (vgl. Abb. 8.342 bis Abb. 8.345).

Abb. 8.342 HomeMatic-
Unterputz-Schaltaktor

Abb. 8.343 Unterputzaktor als Schalt-, Jalousie- und Dimmaktor für Wippenmontage

Abb. 8.344 HomeMatic-
Aufputz-Schaltaktor

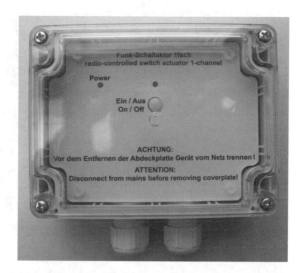

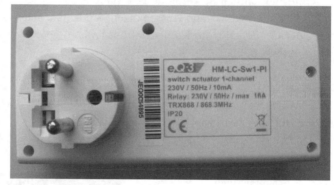

Abb. 8.345 HomeMatic-Dimmaktor

8.17.2 Programmierung

Zur Programmierung stehen bei HomeMatic verschiedenste Methoden zur Verfügung.
Die einfachste Möglichkeit besteht darin, Sensoren direkt mit Aktoren zu verknüpfen.
Bei Hinzunahme der Zentrale CCU können komplexere Programmierungen erfolgen.
Den vollen Funktionsumfang einer Gebäudeautomation erhält HomeMatic in Verbin-
dung mit zentralenbasierten Systemen bei Verwendung der Softwarepakete Homeputer,
TOBIT David oder IP-Symcon.

8.17.2.1 Programmierung durch direkte Verknüpfung

Die erste Möglichkeit zur Programmierung ist die Direktverknüpfung von Sensoren und
Aktoren (vgl. Abb. 8.346).

Abb. 8.346 Programmierung durch
direkte Verknüpfung

Dabei wird die Zentrale oder das LAN- oder USB-Programmiergerät nur dafür benötigt, um die Geräte hinsichtlich des Funktionsverhaltens zu konfigurieren. Die Parametrierung kann z. B. die Einschalt- und Ausschaltzeit beinhalten. Nach der Konfiguration und Zuordnung der Geräte kann das Konfigurationsgerät ausgeschaltet werden, da die Geräte autark arbeiten können.

8.17.2.2 Programmierung auf der Zentrale CCU

Die zweite Möglichkeit der Interaktion zwischen Sensoren und Aktoren sind Programme, die auf der Zentrale CCU realisiert werden. So sind komplexe Funktionen machbar, wie beispielsweise Lichtszenen oder Zeitprogramme (vgl. Abb. 8.347).

Abb. 8.347 Programmierung
unter Einbezug der Zentrale CCU

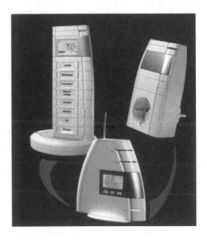

Die Installation, Konfiguration und Verknüpfung der Geräte erfolgt über das integrierte Web-UI der Zentrale. Dieses Web-UI erreicht man entweder bei bestehender USB-

Verbindung über die Adresse http://home.matic oder über die voreingestellte IP-Adresse der Zentrale, z. B. http://10.101.81.51, die in einem vorhergehenden Schritt konfiguriert wurde. Hierzu sind für ein Ethernet-IP-Gerät üblich IP-Adresse, Subnet-Maske, Gateway und DNS-Server-Adressen zu definieren.

Um die Geräte nun zu installieren, konfigurieren und verknüpfen, sind diese zunächst in der Zentrale bekanntzumachen. Dies kann direkt über die Zentrale geschehen. Dazu muss man an der Zentrale entweder die Taste „Pfeil nach links/–„ oder die Taste „Pfeil nach rechts/+" länger gedrückt halten, bis die Zentrale in den Anlernmodus versetzt ist. Anschließend werden die Geräte des RS485-Busses automatisch eingelesen. Bei den Funkbusgeräten muss man jeweils die Programmiertaste drücken, damit diese mit der Zentrale kommunizieren können. Nachteilig bei HomeMatic ist in diesem Zusammenhang, die nur rudimentären Bedienungsanleitungen zu erwähnen, die häufig keine Auskunft über die Programmiertaste oder das Anlernen an der Zentrale enthalten. Rückgriff auf Internet-Foren ist bei diesem System sehr häufig zwingend erforderlich. Die Zentrale bleibt nur 60 s im Anlernmodus. Bei sehr vielen Busteilnehmern, an denen die Programmiertaste gedrückt werden muss, kann der Anlernmodus an der Zentrale auch mehrfach zu aktivieren sein. Wenn die 60 s abgelaufen sind, zeigt die Zentrale auf dem Display an, wie viele Geräte gefunden wurden. Bereits an anderen Zentralen angelernte Geräte werden nicht erneut erkannt. Vergleichbar mit dem Include/Exclude-Prozess bei Z-Wave sind diese nicht anlernbaren Geräte zunächst an der anderen Zentrale auszutragen oder per Reset zurückzusetzen. Bei zwei neuen Geräten würde auf dem Display beispielsweise „2 new devices" stehen. Zum anderen ist dieses Anlernen der Geräte auch über das Web-UI der Zentrale möglich. Auf der Startseite der Web-UI gelangt man über den Button „BidCos Anlernmodus" zu dem folgenden Menue (vgl. Abb. 8.348):

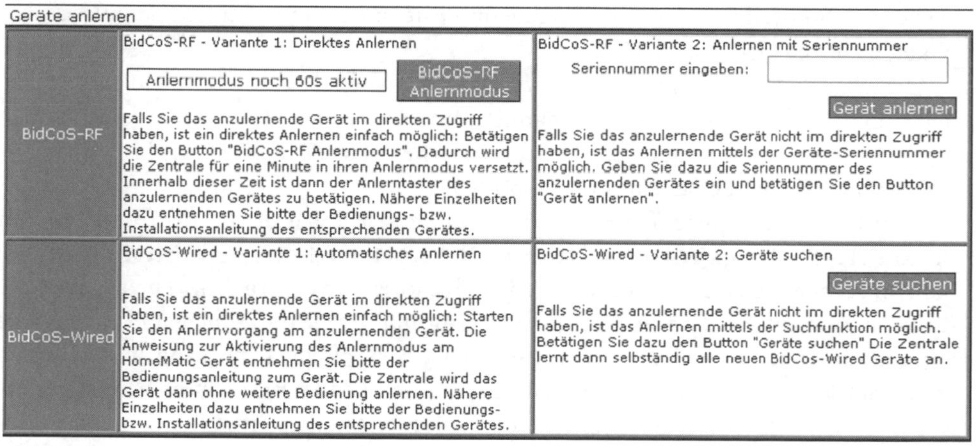

Abb. 8.348 Anlernen von Geräten an der Zentrale

In diesem Menue wird zwischen den beiden Medien unterschieden, BidCos-RF für Funk und BidCos-Wired für den RS485-Bus. Für beide Medien gibt es jeweils zwei Varianten. Variante 1 bei BidCos-RF ist das direkte Anlernen. Das direkte Anlernen entspricht dem schon beschriebenen Prozess, nur dass man jetzt den Anlernmodus der Zentrale nicht direkt an der Zentrale startet, sondern über den grau hinterlegten Button „BidCos-RF Anlernmodus" in der Web-Oberfläche. Im weißen Feld daneben wird angezeigt, wie lange der Anlernmodus noch aktiv ist. Die 2. Variante ist das Anlernen der Funkgeräte mittels Seriennummer. Dazu gibt man die Seriennummer laut Banderole am Gerät ein und drückt den Button „Gerät anlernen". Nicht jedes Gerät unterstützt diesen Anlernprozess. Variante 1 bei BidCos-Wired ist das automatische Anlernen. Dieser Vorgang muss nicht über die Web-UI gestartet werden, da man hierzu die Zentrale nicht in den Anlernmodus versetzen muss. Es ist nur notwendig am betreffenden einzulesenden Gerät den Anlernmodus zu starten. Die Zentrale findet dieses Gerät nun automatisch, da sie über das Netzwerkkabel mit diesem Gerät verbunden ist. Die 2. Variante ist die Möglichkeit nach Geräten zu suchen. Dazu wird dann wieder der Anlernmodus der Zentrale wie oben bereits beschrieben gestartet.

Wenn im Anlernmodus neue Geräte gefunden wurden, befinden sich diese Geräte im Posteingang zur weiteren Parametrierung (vgl. Abb. 8.349).

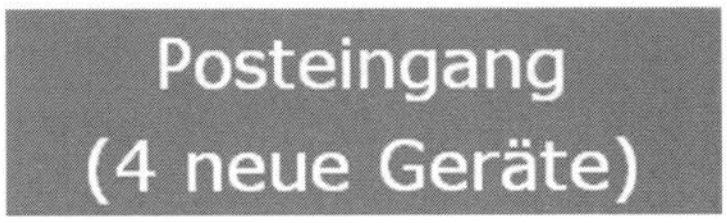

Abb. 8.349 Automatische Meldung neuer Geräte

Am Beispiel des Funkhandsenders (vier Tasten) wird die weitere Vorgehensweise erläutert. Die neuen Geräte befinden sich zwar im Posteingang, können aber noch nicht mit anderen Geräten verknüpft werden. Man muss die Geräte zunächst parametrieren und bestätigen. Sinnvoll ist es auch die Geräte im Posteingang vorab auf ihre Funktionstüchtigkeit zu testen (vgl. Abb. 8.350).

Der Handsender ist zunächst unterteilt in die oberen Tasten (Channel 1 und Channel 2) und in die unteren Tasten (Channel 3 und Channel 4). Durch Mausklick bei den oberen Tasten auf das Pluszeichen, erscheint eine weitere Unterteilung, in der die Kanäle 1 und 2 getrennt erscheinen (vgl. Abb. 8.351).

Nun können die einzelnen Kanäle getestet werden. Dazu drückt man zunächst den Button „Test". Danach erscheint das Feld „OK" gelb hinterlegt. Um den Test abzuschließen, muss man jetzt am Handsender die zugehörige Taste drücken. Funktioniert die Kommunikation, erscheint das Feld „OK" grün und im Feld darunter und es wird die Uhrzeit angezeigt, zu der der Kanal getestet wurde. Abschließend kann in der letzten Spalte ein Häkchen gesetzt werden. Dieses Häkchen kann zwar auch ohne Test gesetzt werden, allerdings ist es schon sinnvoll die Kanäle testen, da es sonst später zu Störungen kommen kann. Wenn das Häkchen bei allen vier Kanälen gesetzt ist, wird die Schaltfläche „Fertig" in der Spalte „Fertig" freigeschaltet. Betätigt man nun diese Schaltfläche, verschwindet das Gerät aus dem Posteingang und kann mit anderen Geräten verknüpft werden.

Typenbe-zeichnung	Bild	Be-zeichnung	Serien-nummer	Interface / Kategorie	Übertragungs-modus	Name	Gewerk	Raum	Funktions-test	Aktion			Fertig
HM-RC-4		Funk-Handsender 4 Tasten	DEQ0010 007	BidCos-RF	Gesichert	HM-RC-4 DEQ0010 007	Taster		Test OK --:--:--	Löschen Einstellen	☑bedienbar ☑sichtbar ☐protokolliert		Fertig
⊞ Ch. 1 Ch. 2		Funk-Hands ender 4 Tasten	DEQ0010 007: 1 DEQ0 010007: 2	Sender	Gesichert	HM-RC-4 DEQ0 010007: 1 HM-RC-4 DEQ0 010007: 2	Taster		Test OK --:--:--	Einstellen			☐
⊞ Ch. 3 Ch. 4		Funk-Hands ender 4 Tasten	DEQ0010 007: 3 DEQ0 010007: 4	Sender	Gesichert	HM-RC-4 DEQ0 010007: 3 HM-RC-4 DEQ0 010007: 4	Taster		Test OK --:--:--	Einstellen			☐

Abb. 8.350   Testmöglichkeit anzulernender Geräte

Ch. 1		Funk-Handsender 4 Tasten	DEQ0010 007: 1	Sender	Gesichert	HM-RC-4 DEQ0 010007: 1	Taster		Test OK 16:23:22	Einstellen	☑bedienbar ☑sichtbar ☐protokolliert	☑
Ch. 2		Funk-Handsender 4 Tasten	DEQ0010 007: 2	Sender	Gesichert	HM-RC-4 DEQ0 010007: 2	Taster		Test OK 16:23:27	Einstellen	☑bedienbar ☑sichtbar ☐protokolliert	☑

Abb. 8.351   Tastfunktionen

Über das Web-UI der Zentrale ist es anschließend möglich die Geräte miteinander zu verknüpfen. Die Verknüpfung wird wie folgt durchgeführt, indem zunächst unter dem Programmpunkt „Verknüpfungen und Programme" in die direkten Geräteverknüpfungen gewechselt wird (vgl. Abb. 8.352).

Verknüpfungen&
Programme
Direkte Geräteverknüpfungen
Programmerstellung&Zentralenverknüpfungen

Abb. 8.352   Geräteverknüpfungen

Nun kann man ganz unten links über den Button „neue Verknüpfung" Geräte miteinander verknüpfen. Als Nächstes wählt man den 1. Verknüpfungspartner. In diesem Fall wurden die ersten beiden Kanäle des Funkhandsenders gewählt. Jetzt werden alle Kanäle der Geräte als 2. Verknüpfungspartner angezeigt, die mit dem 1. Verknüpfungspartner verbunden werden können, dies können je nach Komplexität des Gesamtsystems viele Aktorkanäle sein (vgl. Abb. 8.353).

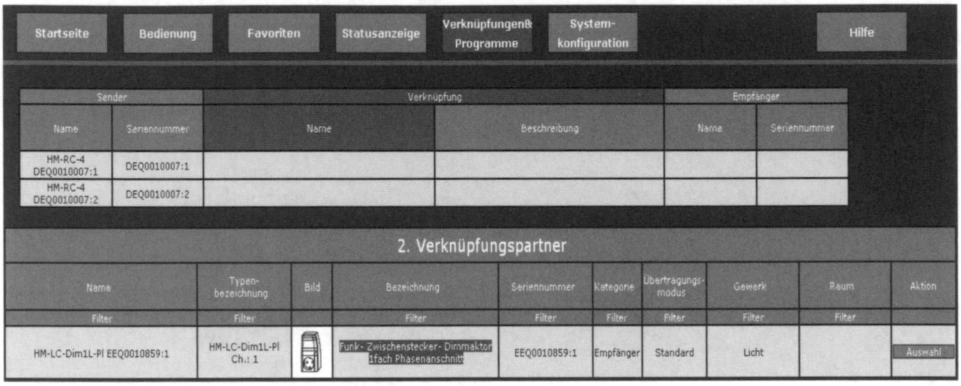

Sender		Verknüpfung		Empfänger	
Name	Seriennummer	Name	Beschreibung	Name	Seriennummer
HM-RC-4 DEQ0010007:1	DEQ0010007:1				
HM-RC-4 DEQ0010007:2	DEQ0010007:2				

2. Verknüpfungspartner									
Name	Typen- bezeichnung	Bild	Bezeichnung	Seriennummer	Kategorie	Übertragungs- modus	Gewerk	Raum	Aktion
Filter	Filter		Filter	Filter	Filter	Filter	Filter	Filter	
HM-LC-Dim1L-Pl EEQ0010859:1	HM-LC-Dim1L-Pl Ch.: 1		Funk- Zwischenstecker- Dimmaktor 1fach Phasenanschnitt	EEQ0010859:1	Empfänger	Standard	Licht		Auswahl

Abb. 8.353 Einrichtung der Verknüpfung

Da im Beispiel nur der „Funk-Zwischenstecker-Dimmaktor 1fach Phasenanschnitt" enthalten ist, kann nur dieser angezeigt werden.

Wählt man nun den Aktor als 2. Verknüpfungspartner aus, erscheint im nächsten Fenster eine Zusammenfassung der Kanäle und man kann hier die Beschreibung in eine sinnvolle Bezeichnung ändern, um eine Dokumentation zu erhalten. Sinnvoll ist hier eine Angabe des Ortes, an der sich der Aktor befindet, beispielsweise „Dimmer Wohnzimmer".

Als Nächstes kann man über die Button unten links entweder die Verknüpfung sofort erstellen ohne sie weiter zu bearbeiten oder man wählt den Button „Verknüpfung erstellen und bearbeiten". Wenn man den Button „Verknüpfung erstellen und bearbeiten" drückt, wird zunächst die Kommunikation zwischen den Geräten getestet. Um die Kommunikation zu gewährleisten, muss am Funkhandsender wieder die Programmiertaste gedrückt werden, da es sonst zu einem Fehler in der Kommunikation kommt. Funktioniert die Kommunikation einwandfrei, gelangt man in ein neues Fenster, in dem man die Kanäle parametrieren kann (vgl. Abb. 8.354).

Abb. 8.354 Parametrierung von Sensoren

Hier kann man nun die beiden Taster des Funkhandsenders parametrieren. Es ist sinnvoll der ersten Taste die Funktion „Dimmer Ein/Heller" und der zweiten Taste die Funktion „Dimmer Aus/Dunkler" zuzuweisen. Zusätzlich kann man noch verschiedene Parameter einstellen:

- Verweildauer im Zustand „Ein"
- Pegel im Zustand „Ein"
- Rampenzeit beim Einschalten
- Pegelbegrenzung beim Hochdimmen

Bestätigen kann man diese Einstellungen abschließend über den Button „OK". Die Einstellungen werden dann an die Komponenten übertragen. Wenn die Übertragung funktioniert hat, wird dies zunächst angezeigt und die Verknüpfung erscheint dann in der Gesamtübersicht der direkten Geräteverknüpfungen.

Durch das Web-UI besteht eine einfache Programmiermöglichkeit von Funktionen direkt über die Zentrale, die in der Zentrale gespeichert werden. Der gesamte Programmierprozess ist aufgrund der vielfältigen Möglichkeiten sehr unübersichtlich. Insbesondere, wenn viele Sensoren und Aktoren im System verbaut wurden, ist die Übersichtlichkeit kaum gegeben.

8.17.2.3 Software Homeputer

Des Weiteren kann für die Programmierung der Geräte und Funktionen Homeputer der Firma Contronics verwendet werden, diese besteht aus drei Programmteilen:

- HomputerStudioCL
- ExecEngineWin (auf dem PC) und ExecEngine (auf der Zentrale)
- VisuWin

HomeputerStudioCL ist dabei für die Programmierung und Konfiguration der Objekte zuständig. ExecEngineWin ist das Kontrollprogramm der Zentrale, über das das mit HomeputerStudioCL erstellte Projekt mit allen Programmierung und die Startdateien übertragen werden. ExecEngine läuft auf der Zentrale und wird über ExecEngineWin gesteuert, es stellt die Verbindung zwischen der Zentrale und dem Windows-PC dar. VisuWin ist, wie schon am Namen erkennbar, die Visualisierungssoftware. Die Programmteile kommunizieren dabei über ein auf http basierendes Netzwerkprotokoll namens XMLRPC. Dies ermöglicht den direkten gegenseitigen Aufruf von Programmfunktionen. Dabei müssen die Programme über LAN mit der Zentrale verbunden sein.

Die gesamte Software ist netzwerkfähig. So kann man beispielsweise auf einem anderen PC nur die Visualisierungssoftware installieren und dann über das Netzwerk auf die Zentrale zugreifen und die Geräte bedienen.

Neben der Installation der Software Homeputer Studio ist es notwendig auf der Zentrale ebenfalls die relevante Software zu installieren, um die Kommunikation zu gewährleisten.

Die Installation auf der Zentrale erfolgt über das Web-UI der Zentrale. Über Systemkonfiguration → Systemsteuerung → Zusatzsoftware kann die entsprechende Datei angeben und installiert werden (vgl. Abb. 8.355).

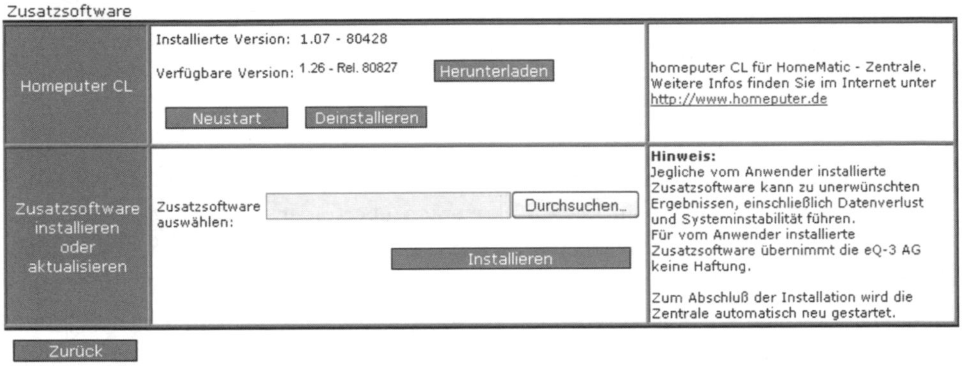
Zusatzsoftware
Homeputer CL
Installierte Version: 1.07 - 80428
Verfügbare Version: 1.26 - Rel. 80827
Herunterladen
Neustart
Deinstallieren
homeputer CL für HomeMatic - Zentrale.
Weitere Infos finden Sie im Internet unter
http://www.homeputer.de
Zusatzsoftware installieren oder aktualisieren
Zusatzsoftware auswählen:
Durchsuchen...
Installieren
Hinweis:
Jegliche vom Anwender installierte Zusatzsoftware kann zu unerwünschten Ergebnissen, einschließlich Datenverlust und Systeminstabilität führen.
Für vom Anwender installierte Zusatzsoftware übernimmt die eQ-3 AG keine Haftung.
Zum Abschluß der Installation wird die Zentrale automatisch neu gestartet.
Zurück

Abb. 8.355 Installation von Zusatzsoftware auf der Zentrale

Nach der ersten Installation der Homeputer-Software auf dem Computer ist es notwendig den Freigabecode einzugeben, da sonst das Programm und die Kommunikation der Programmteile nicht dauerhaft betriebsbereit ist, hierzu ist eine sogenannte PLN beim Anbieter Contronics über das Internet zu beschaffen. Demonstrationsinstallationen mit Ablaufdatum sind jederzeit möglich.

Im ersten Schritt wird ein neues Projekt angelegt. Der Projektname sollte dabei nicht zu lang sein und auch keine Leerzeichen enthalten.

Vor der Programmierung werden zunächst einige Einstellungen vorgenommen. So ist es sinnvoll vor dem Start die Adresse der Zentrale einzugeben. Dazu geht man über den Menüpunkt „Konfigurieren" und dann weiter zur „Hardwareschnittstelle" bzw. „HomeMatic Zentrale CCU" (vgl. Abb. 8.356).

homeputer Studio CL
Projekt
Ausführung
Meldungen
Konfigurieren
Hilfe
Modulauswahl...
Einstellungen...
Anwesenheitssimulation...
Hardware-Schnittstelle...
19.09.2008 16:12:52

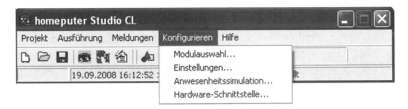

Abb. 8.356 Konfiguration in Homeputer Studio CL

Nach einem Klick auf „Hardware-Schnittstelle" wird ein neues Fenster geöffnet, in dem die IP-Adresse der Zentrale eingegeben werden kann (vgl. Abb. 8.357).

Abb. 8.357 Verbindung mit
der Zentrale

Hier kann entschieden werden, welche IP-Adresse angegeben wird, denn es gibt zwei
Möglichkeiten der Verbindung. Gibt man die bereits ab Werk voreingestellte IP-
Adresse 10.101.81.51 ein, werden die Daten über die USB-Verbindung vom PC auf die
Zentrale übertragen. Über diese Adresse erreicht man die Zentrale immer, wenn eine
USB-Verbindung besteht, selbst wenn man der Zentrale eine andere feste IP-Adresse
zugewiesen hat. Der Port sollte hierbei stets 2110 sein. Bei der Installation der Treiber
der Zentrale wird für diese Kommunikation eine neue Netzwerkverbindung automatisch
mitinstalliert (vgl. Abb. 8.358).

Abb. 8.358 Netzwerkverbindung von Homeputer mit Zentrale

Um die Übertragung der Daten auf die Zentrale zu ermöglichen, muss zudem die eigene
IP-Adresse angegeben werden. Die eigene IP-Adresse kann man über den Karteikarten-
reiter „eigene IP" im Fenster „Hardware-Schnittstelle" einstellen (vgl. Abb. 8.359).

Abb. 8.359 Netzwerkadress-
ierung der Zentrale

Wenn die USB-Verbindung genutzt werden soll, ist das Häkchen bei der Adresse 10.101.81.52 zu setzen. Das ist die Adresse, die bei der LAN-Verbindung der Zentrale
für den PC, an dem die Zentrale angeschlossen ist, mit vergeben wird. Deshalb erscheinen hier zwei eigene IP-Adressen. Die beiden IP-Adressen werden auch beim Befehl
„ipconfig" in der Eingabeforderung von Windows angezeigt. Bei den Ports kann man
wählen zwischen 3101 bis 3105. Hier ist es prinzipiell nicht wichtig, welchen Port man
einstellt, er darf nicht mit anderen Anwendungen kollidieren (vgl. Abb. 8.360).

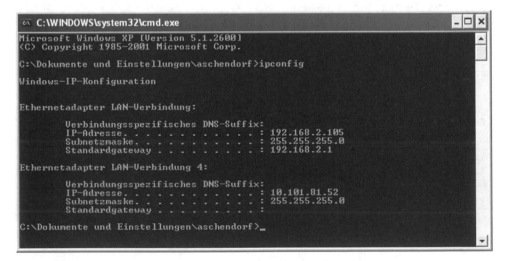

Abb. 8.360 Kontrolle der Netzwerkverbindung mit ipconfig-all

Eine weitere Einstellung, die man vornehmen sollte, ist die Angabe der Verzeichnisse für die Bitmaps zur Nutzung in der Visualisierung und für die Ablage der Projektdateien, die erstellt werden (vgl. Abb. 8.361).

Abb. 8.361 Verzeichniseinstellungen in Homeputer

Diese Einstellungen kann man über „Konfigurieren → Einstellungen → Verzeichnisse" vornehmen. Die Verzeichnisse sind voreingestellt und verweisen auf die für die Bitmaps (BMP) und Projekte (SPG) der bereits angelegten Verzeichnisse im Programme-Ordner.

Die einfachste Möglichkeit zur Anlage einer Automatisierung und Visualisierung ist das Auslesen der Geräte aus der Zentrale mit all ihren Verknüpfungen, die man bereits über das Web-UI der CCU konfiguriert hat.

Um die Module aus der Zentrale auszulesen, wird die Modulauswahl über „Konfigu-rieren → Modulauswahl" angewählt (vgl. Abb. 8.362).

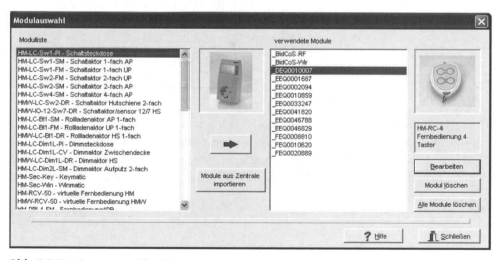

Abb. 8.362 Geräteauswahl in Homeputer

In dem sich neu öffnenden Fenster kann man nun entweder die Module aus der Modulliste wählen oder die Module aus der Zentrale über den Button „Module aus der Zentrale importieren", dies ist die wesentlich komfortablere Version, auslesen. Nach dem Importieren erscheinen alle Module der Zentrale bei den verwendeten Modulen mit ihrer weltweit eindeutigen Adresse. Hierbei sind z. B.:

- BidCos-RF → virtuelle Funkkanäle der Zentrale
- BidCos-Wir → virtuelle Drahtkanäle der Zentrale
- DEQ0010007 → Fernbedienung (vier Tasten)   (Funk)
- EEQ0001687 → Dimmaktor   (Funk)
- EEQ0046788 → RS485-I/O-Modul 12/7   (wired, drahtbasiert)

Bereits an dieser Stelle sollte man die Modulnamen in „sprechende Namen" ändern. Mit sprechenden Namen ist gemeint, dass man beispielsweise EEQ0046788 in „12fach Schaltaktor 1" ändert, damit später eine eindeutige Zuordnung zum verbauten Gerät möglich ist. Ansonsten ist die Programmierung später sehr unübersichtlich. Bei den Modulnamen braucht man nicht auf das Format achten, man kann also auch Leerzeichen verwenden.

Am Beispiel des Moduls EEQ0046788 wird im Folgenden erläutert, wie man bei den Bezeichnungen verfahren sollte. Mit einem Doppelklick auf den Modulnamen oder mit einem Kick auf den Button „Bearbeiten" bei markiertem Modulnamen öffnet sich ein neues Fenster (vgl. Abb. 8.363).

Abb. 8.363 Parametrierung des 12/7-Schaltaktors

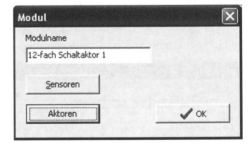

Über die Buttons „Sensoren" und „Aktoren" gelangt man in neue Fenster, in denen die zugehörigen Objektnamen geändert werden können. Auch diese Namen sollte man in „sprechende Namen" ändern, da die Objekte, die jeweils den Geräten zugeordnet sind, dann später besser zu erkennen sind (vgl. Abb. 8.364).

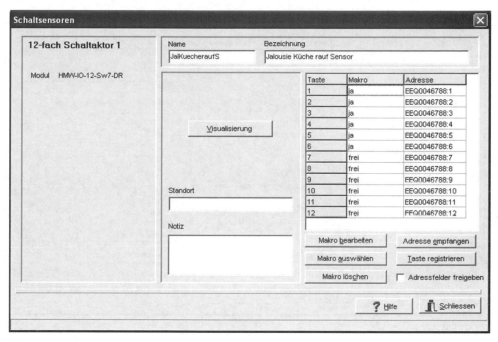

Abb. 8.364 Parametrierung der Ein- und Ausgänge

In diesem neuen Fenster kann man nun die Objektnamen („Namen") und die Bezeichnung der Sensoren sinnvoll anpassen. Dazu wählt man die verschiedenen Kanäle im rechten Abschnitt aus, in dem die Tasten 1 bis 12 mit den zugehörigen Adressen dargestellt sind. Die Namen können dann geändert werden. Bei den Objektnamen ist es wichtig, dass die Namen nicht zu lang sind und dass keine Leerzeichen verwendet werden, da dies beim Compilieren zu Problemen führt bzw. nicht compiliert werden kann. Des Weiteren kann man noch den Standort des Kanals und eine Notiz angeben. Sinnvolle Dokumentation ist hier möglich und für das spätere Verständnis der Anlage wichtig.

Das Menü zur Änderung der Objektnamen der Aktoren hat ein etwas anderes Aussehen. Die einzelnen Kanäle kann man nun rechts wählen und die Adresse ist in der Mitte des Fensters zu sehen. Der zugehörige Objektname und die Bezeichnung sind wieder im oberen Abschnitt zu ändern. Die Objektnamen dürfen hier ebenfalls nicht zu lang sein und keine Leerzeichen enthalten (vgl. Abb. 8.365).

Der nächste Schritt bei der Programmierung und Visualisierung ist die Einbindung und das Erstellen von Hintergrundbildern, dies ähnelt stark dem Urvater von Homeputer bei Rademacher Homeline. Man kann die verschiedensten Hintergrundbilder einfügen. Am Beispiel des Schlafzimmers wird die Vorgehensweise erläutert.

Über Konfigurieren → Einstellungen → Ansichten gelangt man in das Menü, in dem man die Hintergrundbilder auswählen und einfügen und Ansichten erstellen kann (vgl. Abb. 8.366).

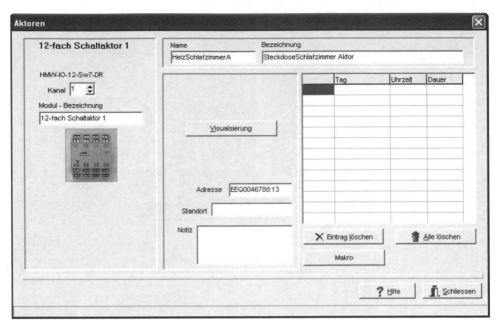

Abb. 8.365 Parametrierung der Aktorkanäle des 12/7-Schaltaktors

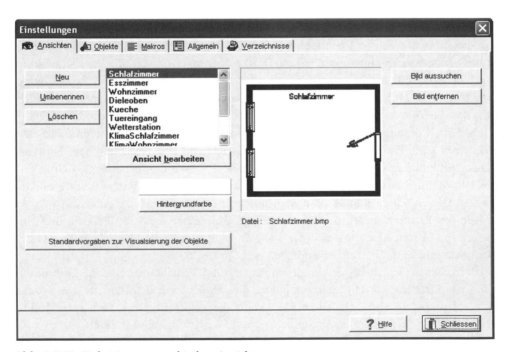

Abb. 8.366 Definition von graphischen Ansichten

Mit einem Klick auf den Button „Neu" öffnet sich ein neues Fenster, in dem man die entsprechende Bezeichnung der Ansicht angeben kann. In diesem Fall „Schlafzimmer".

Der nächste Schritt ist die Auswahl eines Bildes (Button „Bild aussuchen"). Die Grundrisse wurden vorher geeignet erstellt. Weiter geht es mit der Bearbeitung der Ansicht (Button „Ansicht bearbeiten"). Hier öffnet sich dann ein neues Fenster, in dem man die zugehörigen Objekte zu diesem Raum einfügen kann (vgl. Abb. 8.367).

Abb. 8.367 Bearbeitung der Ansicht Schlafzimmer

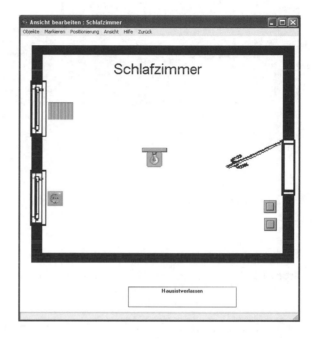

Die Objekte fügt man ein, in dem die sogenannte Objektliste unter dem Menüpunkt Objekte geöffnet wird. Hier findet man alle Objekte, die vorher unter anderem im Rahmen der Geräteauswahl und -definition erstellt wurden. Ein Objekt kann nur einmal in einen Raum eingefügt werden, jedoch kann jedes Objekt in verschiedenen Ansichten verbaut werden.

Wenn man die Objekte das erste Mal einfügt, erscheinen sie nur als Kasten, in dem die Bezeichnung des Objektes steht. Mit einem Doppelklick auf diesen Kasten gelangt man in das Menü „Objekt bearbeiten". Unter dem Punkt „Visualisierung" kann man dann die Bitmaps für die Objekte einstellen (vgl. Abb. 8.368).

Man muss jeweils für die verschiedenen Zustände, an/aus bei den Aktoren und aus, kurz und lang bei den Sensoren, ein entsprechendes Bitmap hinterlegen. Homeputer verfügt bereits über eine hinreichende Datenbank an Bitmaps, die für die gängigen Taster, Schalter usw. ausreichend ist.

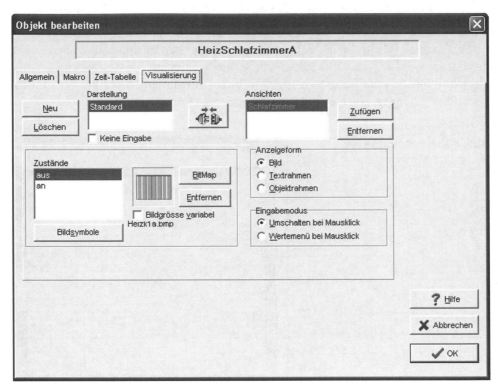

Abb. 8.368 Bearbeitung des Objekts Heizung Schlafzimmer

Nach dem Anlegen der Ansichten ist die Programmierung der Visualisierung bereits fertiggestellt, sofern man keine Makros hinterlegen will und nur die bestehenden Sensor- und Aktorkanäle darstellen will.

Der nächste Schritt ist dann die Compilation der erstellten Anwendung. Compilieren ist die Übersetzung der Programmiersprache in den ausführbaren Maschinencode, so dass die Befehle auf der Zentrale ausgeführt werden können. Beim Compilieren werden drei neue Dateien erzeugt:

- Projektname.cex (Startdatei)
- Projektname.lst
- Projektname.spb

Zur Übertragung ist der Programmteil ExecEngineWin aufzurufen (vgl. Abb. 8.369).

Unter dem Menüpunkt „Einstellungen" muss erneut die IP-Adresse der Zentrale angegeben werden, damit ExecEngineWin mit ExecEngine (Softwarebestandteil auf der Zentrale) kommunizieren kann. Des Weiteren muss man unter dem Punkt „Dateien" die beim Compilieren erstellte Ausführungsdatei angeben und damit eine Startdatei erstellen. Diese Ausführungsdatei muss anschließend zur Zentrale übertragen werden.

Abb. 8.369 Übertragung des
Projekts auf die Zentrale

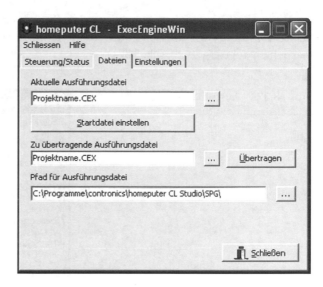

Wenn die Dateien und die Verbindungen korrekt sind, kann man das Kontrollprogramm starten (vgl. Abb. 8.370).

Abb. 8.370 Start des Kon-
trollprogramms

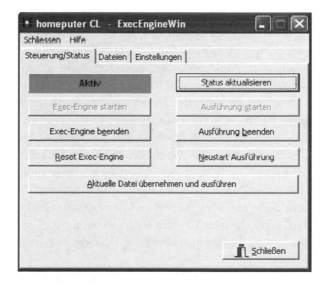

Ist das Programm aktiv, wird anschließend die aktuelle Datei übernommen und das
System gestartet.

Der letzte Schritt ist das Starten des Programmteils VisuWin. Wie bei den anderen
Programmteilen auch, muss erneut die IP-Adresse der Zentrale und die eigene angegeben werden. Zusätzlich dazu muss noch der Ordner für die Bitmaps angegeben werden,
soweit die Visualisierung von einem anderen PC aus aufgerufen wird.

Wenn die Kommunikation zwischen ExecEngineWin und VisuWin funktioniert und die Verbindung zur Zentrale steht, werden die im Konfigurationsprogramm angelegten Ansichten angezeigt (vgl. Abb. 8.371).

Abb. 8.371 Auswahl von Visualisierungsansichten

Wenn man die Ansichten öffnet, kann man über die Schaltflächen der Objekte die Aktoren und Sensoren schalten. Weiterhin werden auch die Schaltzustände der Aktoren und Sensoren angezeigt. Zusätzlich zu den erstellten Ansichten erstellt VisuWin automatisch eine weitere Ansicht, auf der alle erstellten Objekte in graphisch tabellarischer Form zu sehen sind. Auf die Visualisierung kann von jedem PC aus dem Netzwerk zugegriffen werden, auf dem VisuWin installiert wurde.

Die weitere Programmierung in Homeputer erfolgt über Makros. Makros sind Programme, die eine Folge von Befehlen und Aktionen enthalten. Bei Ausführung der Makros werden die Befehle selbstständig ausgeführt. Dabei kann man logische Funktionen hinterlegen, wie z. B. Wenn-Dann-Verknüpfungen, oder auch Operanden wie >= (größer gleich), <= (kleiner gleich), = (gleich), Berechnungen etc.

Bei den Makros ist darauf zu achten, dass nicht die Funktionen überschrieben werden, die schon über die Web-UI der Zentrale direkt auf der Zentrale CCU erstellt wurden, da es sonst zu Überschneidungen kommt. Sinnvollerweise sollte klar getrennt werden, ob die Automatisierung über die Möglichkeiten der Zentrale CCU oder Homeputer erfolgt.

Ein Makro wird über „Objekt bearbeiten" bearbeitet oder neu angelegt (vgl. Abb. 8.372).

Die verfügbaren Objekte und zur Verfügung stehenden Anweisungen können im rechten Menü angeklickt werden, ein vorhandener Editor ist für die Bearbeitung sehr hilfreich. Auf die exakten Möglichkeiten der Makroprogrammierung wird intensiv im Referenzkapitel für Homeputer/FS20 eingegangen. Die Unterschiede zwischen der Variante für FS20 und HomeMatic sind gering.

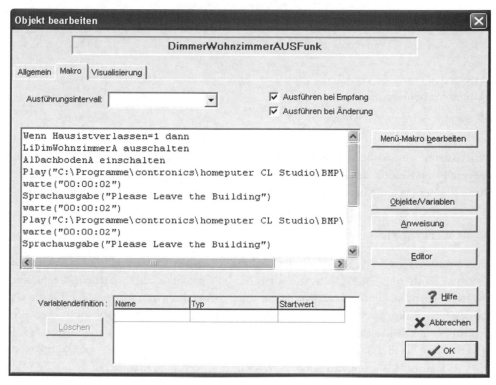

Abb. 8.372 Beispiel für die Erstellung eines Makros

8.17.3 Analyse

Das HomeMatic-System ist ein rein über Elektronik-Versandhäuser und das Internet vertriebenes Bussystem, welches in den Funkzentralen eine Funkschnittstelle und einen RS485-Bus bereitstellt. Daneben verfügt die Funkzentrale über einen Netzwerkanschluss, mit dem die Zentrale über einen Router auf das Internet zugreifen kann. Das System ist besonders für Bauherren ausgelegt, die sich eigenständig eine Gebäudeautomation aufbauen können und möchten, um damit insbesondere Kosten zu sparen. Das Produktportfolio der Funkbus-Variante von HomeMatic ist sehr umfangreich Die Programmierung ist über ein Web-UI in der Zentrale von jedem beliebigen Browser aus möglich, andere Programmiertools erweitern das Anwendungsspektrum erheblich. In Verbindung mit der RS485-Variante von HomeMatic kann das Gebäudeautomationssystem HomeMatic mit jedem Gebäudeautomationssystem, damit auch KNX/EIB-, LCN- oder SPS-Systemen, mithalten und ist diesen teilweise überlegen. Problematisch ist die Verwendung von Batterien und Lithium-Zellen, wenn auch der Hersteller angibt, dass deren Standzeiten groß sind. Um Übersicht über den Batteriestatus zu wahren, ist ein Überwachungssystem über eine Automatisierung mit Visualisierungsmöglichkeit oder das stetige Führen einer Batteriewechselliste notwendig.

Gerät	Preis je Gerät	Preis je Kanal
HomeMatic Funk-Wandtaster mit Display	99,95 Euro	10 Euro
HomeMatic Funk-Schaltaktor 2fach, Unterputzmontage	49,95 Euro	25 Euro
Gesamtpreis für eine Funktion		35 Euro

Mit Kosten von 35 Euro je Schaltfunktion liegt HomeMatic im mittleren bis unteren Bereich der Gebäudeautomationssysteme. Nicht berücksichtigt ist bei der Preisaufstellung die Zentrale, die für Point-to-point-Verbindungen nicht zwingend notwendig ist.

8.17.4 Neubau

Aufgrund der größeren Sicherheit der drahtbasierten Version von HomeMatic sollte die Drahtvariante von HomeMatic für den Neubaubereich benutzt werden, die funkbasierten Sensoren vervollständigen die gesamte Anwendung von HomeMatic für die Gebäudeautomation auch um analoge Sensorik. In Verbindung mit der komplexen Programmiermöglichkeit über die Zentrale, die um serverbasierte Programmierung wie z. B. Homeputer, TOBIT David oder IP-Symcon ergänzt werden kann, können komplexeste Gebäudeautomatisierungen realisiert werden, die beim Bauherrn keine Wünsche offen lassen.

8.17.5 Sanierung

In den meisten Bereichen ist das HomeMatic-System bei der Sanierung einer Neubauinstallation gleichzusetzen. Bei schmutzigen Sanierungen sollte zunächst auf die drahtbasierte Variante von HomeMatic zurückgegriffen werden, bei der sauberen kann jedoch auch ausschließlich mit Funkkomponenten gearbeitet werden, bei denen nur die Verteiler- und Schaltdosen zu öffnen sind.

8.17.6 Erweiterung

Sollte bereits ein HomeMatic-System installiert sein, ist jegliche Erweiterung bei Rückgriff auf das umfangreiche Funkbus-Produktportfolio möglich. Die vorhandene Programmierung kann einfachst erweitert werden. Über Softwaresysteme, wie z. B. IP-Symcon, kann die Erweiterung auch durch andere Gebäudeautomationssysteme erfolgen.

8.17.7 Nachrüstung

Das HomeMatic-Funkbussystem ist das optimale Gebäudeautomationssystem für die Nachrüstung, wenn das Batterieproblem über Überwachungssysteme gelöst wird. Aus der Sicht der Anwendung ist HomeMatic gleichzusetzen mit dem Eltako- oder xComfort-Funkbussystem.

8.17.8 Anwendbarkeit für smart-metering-basiertes Energiemanagement

Die Anwendung von Smart Metering ist problemlos möglich, da ein vorhandener elektrischer Haushaltszähler grundsätzlich durch einen elektronischen ersetzt werden kann. Der Energiekunde kann durch Änderung seines Nutzverhaltens seinen Energieverbrauch und damit seine Energiekosten senken. Damit wird psychologisches Energiemanagement außerhalb des HomeMatic-Systems möglich. Da kein Zugang zu externen Daten und auch auf elektrische Stromzähler und andere Zähler möglich ist, ist HomeMatic weder für aktives, noch passives Energiemanagement direkt geeignet. Durch die Software Homeputer können ohne Rückgriff auf den zentralen Stromzähler auf der Basis der automatisierten Geräte aktives und passives Energiemanagement bei Rückgriff auf die Schaltzustände der Aktoren aufgrund der überragenden Programmiermöglichkeiten eingerichtet werden. HomeMatic kommt ohne Erweiterungsmöglichkeit durch z. B. die Adaption in IP-Symcon nicht für smart-metering-basiertes Energiemanagement in Frage. IP-Symcon lässt jedoch den Zugriff auf weitere Gebäudeautomationssysteme und damit den Zugriff auf Zählersysteme zu. Damit wird HomeMatic in Verbindung mit IP-Symcon zu einem perfekten System für die Realisierung von smart-metering-basiertem Energiemanagement.

8.18 EATON xComfort

Im Rahmen der Produktreihe „xComfort" bietet EATON das funkbasierte EATON-RF-System für die Gebäudeautomation an. Dieses Funksystem dient zur drahtlosen Kommunikation, Steuerung und Regelung der Gebäudeinstallation. Die Installation ist einfach. Zeitraubende Schulungen und Softwarekosten für die Programmierung entfallen, die Bedienungsanleitungen sind durch ausschließliche Verwendung von Piktogrammen sehr verständlich. Mit Sendern wie z. B. Tastsensoren, Binäreingängen und Temperatursensoren, können Funktionen per Funktelegramm an Empfänger gesendet werden. Diese Empfänger (Schalt-, Dimm-, Jalousieaktoren) können daraufhin Verbraucher schalten bzw. dimmen.

Das System kann im Rahmen seiner vielfältigen Möglichkeiten zur Gebäudeautomation in folgenden Bereichen eingesetzt werden: Steuerung bzw. Anzeige von Licht, Jalousie, Heizung und Lüftung. Aufgrund des umfangreichen Produktportfolios sind nahezu alle Funktionen der Gebäudeautomation realisierbar, es bleiben kaum Wünsche des Bauherrn offen.

Die Übertragung der Funktelegramme erfolgt bidirektional auf der Basisfrequenz 868,3 MHz, die per EU-Norm nur für Datentelegramme zugelassen ist. Dies ermöglicht eine Empfangsbestätigung des Funkempfängers im EATON-xComfort-Funkbussystem.

Eine zusätzliche Übertragungssicherheit erfolgt durch das von EATON patentierte Routing-Verfahren, bei dem Funktelegramme über 230-V-versorgte Unterputz-Funkbuskomponenten zum Empfänger auch auf Umwegen um Hindernisse herum weitergeleitet werden können.

Die Inbetriebnahme der Funkbuskomponenten (außer Home Manager und Temperatureingang) mit Standardfunktionen kann durch den einfachen „Basic-Mode" mittels Schraubendreher erfolgen.

Die erweiterten Funktionen können mit einem Windows-basierten PC oder Notebook im „Comfort-Mode" eingestellt und per Funktelegramm in die Geräte geladen werden (außer Home Manager).

Die spezielle EATON-RF-Software für den Comfort-Mode ermöglicht außerdem die Vergabe von Systemkennwörtern, Diagnose von Funktelegrammen, graphische Zuordnung von Geräteverbindungen, Routing von Funktelegrammen, Ermittlung von Verbindungsqualitäten, Vergabe von Gerätebezeichnungen sowie das Auslesen bestehender Systeme. Die Programmiervariante ist in der Gebäudeautomationswelt einzigartig für Funkbussysteme, lediglich PEHA hat ein annähernd vergleichbares Verfahren seit Mitte 2012 im Angebot.

Das EATON-xComfort-Funkbussystem arbeitet auf einer Frequenz von 868,3 MHz. Der Vorteil dieser Frequenz in diesem speziellen ISM-Band ist, dass sie europaweit nur für Gebäudeautomation zugelassen und für andere allgemeine Funkanwendungen gesperrt ist. Die maximale Sendeleistung und auch die maximale Dauer des Funksignals sind festgelegt. So darf ein Sender mit maximal 25 mW senden (xComfort sendet mit nur 1 mW!), und das in einer Stunde auch nur für maximal 36 s (auch Dutycycle <1 % genannt). Ein Blockieren des Frequenzbereiches durch Dauersender ist damit vollständig ausgeschlossen und die Kollision mit Funksignalen anderer Sender sehr unwahrscheinlich. Dagegen besteht bei Funkbussystemen, die mit 433 MHz arbeiten, eine wesentlich höhere Störungsanfälligkeit durch das inzwischen dichte Gedränge der unterschiedlichsten Einrichtungen mit Funkanwendung. Viele davon verwenden auch keine Codierung und nur unidirektionale Verfahren. Fehlschaltungen durch Funkeinrichtungen bei Nachbarn oder durch CB-Funkgeräte sind im Allgemeinen nicht auszuschließen. Deshalb sichert EATON die Funkübertragung durch ein codiertes und bidirektionales Verfahren weiter ab. Das heißt, es wird kontrolliert, ob die übertragenen Telegramme korrekt und komplett angekommen sind. Bidirektionalität heißt, dass Bestätigungen über erhaltene Datenpakete vom Empfänger an den Sender zurückgemeldet werden. Erhält ein Sender vom Empfänger keine Bestätigung, wiederholt er den Befehl bis zu dreimal. Beim Routing im Comfort Mode nutzt EATON die Fähigkeit der Aktoren aus, selbst erneut zu senden, wenn dies für das Weiterleiten von Informationen an Aktoren, die mit einem direkten Funksignal nicht mehr zuverlässig erreicht werden können, notwendig ist. Die routenden Aktoren können dabei durchaus anderen Schaltkreisen und damit Funktionen zugeordnet sein und auch die Routingfunktion für mehrere voneinander unabhängige Schaltkreise ausüben.

Wird das System mit dem Basis-Mode oder dem EATON-RF-System programmiert, so wird ein dezentrales System erzeugt, welches nach Laden der Verbindungsdaten ohne einen Master (Gateway) auskommt. Alle Teilnehmer kennen ihre zugeordneten „Partner", mit denen sie interagieren.

Wird das System mit Hilfe von Softwarepaketen, wie z. B. Homeputer oder IP-Symcon, als zentralenbasierte Lösung programmiert, entsteht ein zentrales System, welches auf einem Master, dem USB-Gateway oder seit neuestem einem Ethernet-Gateway aufbaut.

Damit hat man zum einen die volle Kontrolle der Anlage bei Rückgriff auf Homeputer oder IP-Symcon, allerdings sind die Sensoren jetzt nicht mehr direkt eigenständig intelligent, sie kennen nicht ihre Funktion im System. Sie sind dann alle nur noch mit dem Gateway verbunden, senden nur noch an und hören nur noch auf das Gateway. Belässt man dezentrale Programmierung, fehlt schnell die Übersicht über die realisierten Funktionen. So wird auch die Grundlage für eine ausführliche Dokumentation geschaffen, die sonst nur graphikbasiert in der EATON-Software als Datei vorliegt.

Das System arbeitet mit einem proprietären Funkprotokoll, das nicht offengelegt ist. Gesendet wird mit maximal 9,8 kbit/s, üblich sind dabei 30 Byte Paketlänge, die Teilnehmer sind mit 32 Bit adressiert.

8.18.1 Typische EATON-xComfort-Geräte

Zu den typischen xComfort-Geräten zählen Schnittstellen für die Konfiguration und Kommunikation zur Zentrale als Systemkomponenten sowie eine große Anzahl sensorischer und aktorischer Elemente.

8.18.1.1 Systemkomponenten

Abb. 8.373 RS232-Schnittstelle

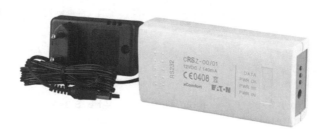

Das Gerät ist eine RS232-Schnittstelle und wird verwendet, um im Comfort-Mode sämtliche xComfort-Komponenten zu programmieren und zuzuordnen (vgl. Abb. 8.373). Die Schnittstelle ist sowohl Sender als auch Empfänger und arbeitet mit einer Übertragungsfrequenz von 868 MHz.

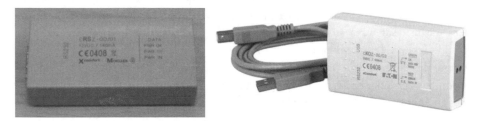

Abb. 8.374 Kommunikationsschnittstelle

Die Kommunikationsschnittstelle dient als Bindeglied zwischen dem PC als Zentrale und dem xComfort-System und fungiert als Gateway (vgl. Abb. 8.374). In der Schnittstelle wird die Datenpunkttabelle abgelegt, die die Zuordnung von Objekten der Geräte zu einer Tabelle organisiert.

Als weitere Kommunikationsschnittstellen werden USB-Sticks und Ethernet-Schnittstellen in verschiedenen Versionen angeboten. Während per USB grundsätzlich die Gateways direkt in der Nähe von PCs angebracht werden müssen, so können über die Ethernet-Kommunikationsschnittstellen auch Orte für die Kommunikation zwischen Schnittstelle und xComfort-Busteilnehmern gewählt werden, die zentraler und damit besser geeignet sind (vgl. Abb. 8.375 und Abb. 8.376).

Abb. 8.375 USB-Kommunikations-   **Abb. 8.376** Ethernet-Kommunikationsschnittstellen
schnittstelle

Verfügbar ist zudem ein zusätzlicher Router, der aus dem Energieversorgungsnetz versorgt wird und zur Weiterleitung von Telegrammen genutzt werden kann (vgl. Abb. 8.377).

Über ein GSM-Modem kann die Anlage auch per GSM-Handynetz angesteuert werden (vgl. Abb. 8.378).

Abb. 8.378 GSM-Modem

Abb. 8.377 xComfort-Router als Unterputzgerät

Das GSM-Modem wird dazu verwendet, um den Home Manager, ein weiteres Bedien-gerät der xComfort-Installation, per Telefon zu konfigurieren bzw. mittels SMS zu be-dienen und Informationen abzufragen. Die Versorgung erfolgt über ein mitgeliefertes Netzteil mit RJ12-Stecker.

8.18.1.2 Sensoren

Abb. 8.379 EATON-xComfort-2fach- und -4fach-Taster

Das Gerät Funktaster wird dazu verwendet die xComfort Funkaktoren (Schaltaktor, Dimmaktor, Jalousieaktor, ...) anzusteuern (vgl. Abb. 8.379). Der Taster (1fach oder 2fach) kann im Basic-Mode mehreren Aktoren zugewiesen werden. Abhängig von den Aktorkonfigurationen wird zwischen langem und kurzem Tastendruck unterschieden. Dieses Gerät wird von einer Lithium-Batterie der Type CR2430 versorgt. Trotz der lan-gen Lebensdauer (ca. zehn Jahre oder etwa 100.000 Schaltspiele bei normaler Betätigung und Raumtemperatur), ist ein Wechsel der Batterie vorgesehen. Eine schwache Batterie

wird je nach Applikation durch ein zweimaliges Blinken des Ausganges am zugewiesenen Aktor (z. B. Licht) signalisiert. Dies ist jedoch nur eine Vorwarnung und bedeutet
nicht, dass der Taster nicht mehr funktioniert. Aufgrund ihrer geringen Baugröße können die Taster auf Wände geklebt werden.

Der 2fach-Binäreingang ermöglicht es herkömmliche Kontakte und konventionelle
Schalter oder Taster in das Funksystem einzubinden. Im Zusammenwirken mit anderen
xComfort-Komponenten kann eine Schaltfunktion ausgelöst werden (vgl. Abb. 8.380).

Abb. 8.380 EATON-xComfort-2-fach-Binäreingang

Ein netzversorgter Binäreingang wird verwendet, um den Zustand eines poten-
zialbehafteten Kontaktes (U = 195 Veff = EIN, U = 110 Veff = AUS) zu erkennen. Der
batterieversorgte Binäreingang wird verwendet, um den Zustand eines potenzialfreien
Kontaktes (R < 220 Ohm = EIN,R > 500 kOhm = AUS) zu erkennen.

Es kann zwischen verschiedenen Kontakten (Taster, Schalter, Wipptaster) unterschieden werden. Je nach Kontaktart muss der richtige Modus in der Parametriersoftware
eingestellt werden.

Der Raumcontroller wird dazu verwendet, um eine Temperaturregelung von Räumen
bzw. Etagen zu realisieren (vgl. Abb. 8.381). Im Zusammenwirken mit anderen xComfort-Komponenten kann eine Schaltfunktion ausgelöst, die Temperatur auf einer zentralen Einrichtung angezeigt bzw. in einem Raum geregelt werden. Mit dem Raumcontroller kann eine gewünschte Temperatur relativ zu einem Basiswert eingestellt werden
(+/– 3 K). Je nach Konfiguration kann die Temperatur ausgewertet bzw. Schwellwerte
mit Hysterese für Schaltfunktionen definiert werden. Sobald diese über- bzw. unterschritten wird, reagiert der auch Raumregler genannte Controller mit einem Befehl auf
die ihm zugewiesenen Aktoren. Diese Aktoren können beispielsweise an ein Stellventil
(Heizkörper, ...), Lüfter oder an eine Pumpe angeschlossen sein und somit die Raumtemperatur beeinflussen.

Der 2fach-Temperatureingang wird dazu verwendet, um über den Temperatursensor
CSEZ-01/01 die Temperatur zu messen und diese in das Funkbussystem einzubinden.
Im Zusammenwirken mit anderen xComfort-Komponenten kann eine Schaltfunktion
ausgelöst und die Temperatur angezeigt und zur Regelung genutzt werden. Der Temperatureingang wird dazu verwendet, um zwei unterschiedliche Temperaturen mit Hilfe

der dazugehörigen Temperatursensoren zu messen. Je nach Konfiguration kann die Temperatur ausgewertet bzw. Schwellwerte mit Hysterese für Schaltfunktionen definiert werden (vgl. Abb. 8.382).

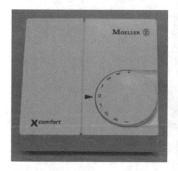  

Abb. 8.381   EATON-xComfort-Raumthermostat (rechts aktuelle Bauform)

Abb. 8.382   EATON-Temperatur-
eingang, batterieversorgt

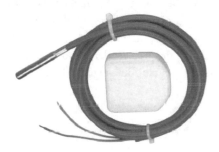

Der PIR-Bewegungsmelder erfasst Bewegungen im Innenbereich des Gebäudes (vgl. Abb. 8.383). Das Gerät wird mit zwei AAA-Batterien oder mittels Netzgerät versorgt und kann dadurch überall und einfach angebracht (geschraubt und geklebt) werden. Der Kanal A (für Beleuchtung) sendet einen Schaltbefehl abhängig von Bewegung, Helligkeit und Ausschaltverzögerung. Der Kanal B (für Alarmfunktionen) sendet einen Schaltbefehl bei Erfassung der Bewegung unabhängig von Helligkeit und Zeitverzögerung (Kanal B für ca. 145 s aktiviert). Die Anzahl der auszuwertenden Erfassungsimpulse kann für beide Kanäle gemeinsam eingestellt werden. Sämtliche Einstellungen werden bei abgenommener Frontabdeckung direkt am Gerät vorgenommen. Eine LED erleichtert die Einstellarbeiten des Sensors.

Das Netzgerät kann als alternative Energieversorgung des Bewegungsmelders verwendet werden (vgl. Abb. 8.384). Die im Bewegungsmelder mitgelieferten Batterien werden dann nicht mehr benötigt, dies erfordert jedoch eine 230-V-Stromversorgung am Einbauort des Bewegungsmelders. Am Bewegungsmelder muss der „Jumper" auf externe Versorgung umgestellt werden. Die Versorgung erfolgt dann über das Energieversorgungsnetz.

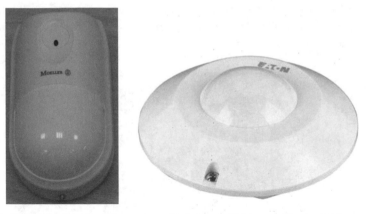

Abb. 8.383 EATON-xComfort-Bewegungs- (links) und -Präsenzmelder (rechts)

Der Aufbau-Fensterkontakt dient zur Überwachung von Fenstern und Türen (vgl. Abb. 8.385). Der Fenster-Aufbaukontakt wird am Fenster- bzw. Türrahmen angebracht, der Magnet am beweglichen Teil des Fensters (Fenster- bzw. Türblatt). Die Auswertung des Signals erfolgt ausschließlich über den Binäreingang 2 × Signalkontakt (265627) im Mode 2 nach entsprechender Parametrierung. Die Befestigung erfolgt durch Klebestreifen und/oder Schraubbefestigung (beides im Lieferumfang enthalten).

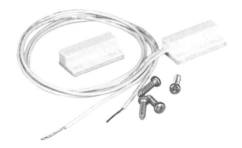

Abb. 8.385 EATON-xComfort-Fenster-Einbaukontakt

Abb. 8.384 EATON-Netzgerät
für Bewegungsmelder

Der Einbau-Fensterkontakt dient zur Überwachung von Fenstern und Türen (vgl. Abb. 8.386). Er wird im Fenster- bzw. Türrahmen eingebaut, der Magnet am beweglichen Teil des Fensters (Fenster- bzw. Türblatt). Die Auswertung des Signales erfolgt ausschließlich über den Binäreingang 2 × Signalkontakt (265627) im Mode 2. Der Einsatz mit dem Binäreingang 2 × 230 VAC ist nicht zulässig. Die Befestigung erfolgt in den bauseitig vorzusehenden Bohrungen.

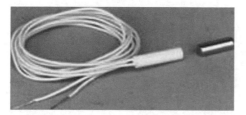

Abb. 8.386 EATON-xComfort- Fenster-
Einbaukontakt

Abb. 8.387 EATON-xComfort-
Wind-/Regensensor

Der Wind-Regensensor wird zum Erfassen beider Größen verwendet (vgl. Abb. 8.387).
Sowohl die Erkennung von Wind als auch von schwachem Regen wird über zwei unabhängige Wechselkontakte nach außen geführt (7-poliges Kabel). Der Regensensor ist
beheizt, um die Sensorfläche abzutrocknen bzw. um etwaige Vereisung zu verhindern.
Den Windsensor gibt es als beheizte oder unbeheizte Ausführung. Die Ansprechschwelle
für Wind kann zwischen 3 und 12 m/s über ein Potenziometer am Gerät eingestellt werden. Die Ansprechschwelle für Regen ist voreingestellt und nicht veränderbar. Die Auswertung beider Signale erfolgt ausschließlich über den Binäreingang 2×230 VAC
(Mode 2). Zur Montage ist ein separater Montagewinkel erforderlich. Die Versorgung
erfolgt über das Energieversorgungsnetz. Der Wind-Regensensor ist witterungs- und
UV-beständig ausgeführt.

Der Dämmerungssensor dient zum Erfassen von Helligkeitswerten (vgl. Abb. 8.388).
Damit werden Funktionen der Beleuchtung und/oder Beschattung gesteuert. Der
Schwellwert kann über ein Potenziometer stufenlos eingestellt werden. Die Hysterese des
Schwellwertes und eine interne Zeitverzögerung verhindern ein zu rasches und häufiges
Schalten des Ausgangs. Die Auswertung des Signales erfolgt ausschließlich über den
Binäreingang 2×230 VAC (Mode 2). Die Versorgung erfolgt über das Energieversor-
gungsnetz. Der Helligkeitssensor ist im Lieferumfang des REG-Auswertegeräts. Dieses
Gerät gibt es mit und ohne Uhr. Bei dem Dämmerungsschalter ermöglicht die Uhren-
funktion ein zeitabhängiges Steuern der Funktionen zusätzlich zur Helligkeit.

Das umfassende sensorische Produktportfolio wird ergänzt durch Wasserdetektoren
zur Leckageerkennung, Luftgütesensoren und Rauchmelder (vgl. Abb. 8.389).

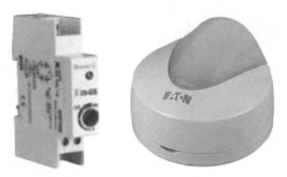

Abb. 8.388   EATON-xComfort-Dämmerungsschalter und -Helligkeitssensor

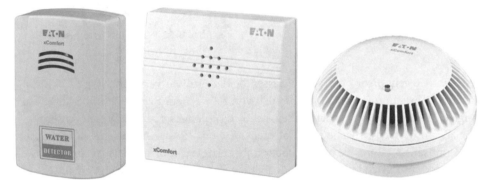

Abb. 8.389   EATON-Wasserdetektor, -Luftgütesensor und -Rauchmelder

Verschiedenste Fernbedienungen runden das Angebot ab (vgl. Abb. 8.390). Die Fernbedienung wird dazu verwendet die xComfort-Funkaktoren (Schaltaktor, Dimmaktor,
Jalousieaktor, ...) anzusteuern. Der Handsender kann auf einen oder mehrere Aktoren
zugewiesen werden (z. B. Einzelsteuerung, Gruppen bzw. Zentralbefehle, ...).

Abb. 8.390   EATON-xComfort-Fernbedienungen

Unabhängig davon können bis zu 24 verschiedene Funktionen in mehreren Ebenen ausgesendet werden. Abhängig von den Aktorkonfigurationen wird zwischen langem und kurzem Tastendruck unterschieden. Verfügbar sind zudem Fernbedienungen mit kleinem Display, das die zugrundeliegende Funktion anzeigt, um bessere Übersicht zu gewährleisten.

Energiezähler in verschiedenen Ausführungsformen runden das Produktportfolio in Richtung Smart Metering ab. Leistungen und Verbräuche können z. B. auf dem Home-Manager angezeigt und dort verarbeitet werden oder von anderen Systemen ausgewertet werden (vgl. Abb. 8.391).

Abb. 8.391   EATON-Energiezähler

8.18.1.3 Aktoren

Vollständig wie das sensorische Produktportfolio ist das aktorische.

Abb. 8.392   EATON-xComfort-1fach- und -2fach-Schaltaktor

Abb. 8.393 EATON-
xComfort-Dimmaktor

Abb. 8.394 EATON-
xComfort-Jalousieaktor

Abb. 8.395 xComfort-Schalt-
aktor als Zwischenstecker

Der 1fach- oder 2fach-Schaltaktor wird zum Schalten elektrischer Lasten verwendet (vgl. Abb. 8.392). Der Schaltaktor kann zum Schalten verschiedenster Lasten (Beleuchtung, Heizung, Lüftung usw.) verwendet werden. Dabei können mehrere Verbraucher gemeinsam geschaltet werden, sofern die maximale Last nicht überschritten wird. Es muss gewährleistet werden, dass der maximale Strom von 6 A (Ohm'sche Last) nicht überschritten wird.

Der 1fach-Dimmaktor wird hauptsächlich zum Dimmen von Beleuchtungen verwendet (vgl. Abb. 8.393). Als Lasten können nur Glühlampen, 230-V-Spots und elektronische Halogentrafos gedimmt werden. Es ist nicht zulässig Energiesparlampen, Neonröhren und gewickelte Halogentrafos zu dimmen. Jedoch können mehrere Verbraucher gemeinsam gedimmt werden, sofern die maximale Last nicht überschritten wird. Sollten spezielle Lasten eingesetzt werden, muss unbedingt Rücksprache mit dem Hersteller gehalten werden. Es muss gewährleistet werden, dass die maximale Dimmleistung von 250 W (Glühlampenlast) nicht überschritten wird.

Der 1fach-Jalousieaktor kann zum Schalten von elektrisch betätigten Jalousien, Rollladen, Fenstern und Markisen verwendet werden (vgl. Abb. 8.394). Sämtliche Antriebe müssen einen integrierten Endlagenschalter bzw. eine integrierte elektrische Endlagenerkennung besitzen. Es muss gewährleistet werden, dass der maximale Strom von 6 A (Ohm'sche Last) nicht überschritten wird.

Schalt- und Dimmaktoren als Zwischenstecker runden das Angebot ab (vgl. Abb. 8.395).

Der 1fach-Analogaktor wird hauptsächlich zur Ansteuerung analoger Geräte (Mischer, Heizung, EVGs, Dimmer, …) verwendet. Es werden zwei Ausgänge bereitgestellt. Dabei ist der erste ein Steuersignal vom 0(1) – 10 VDC. Der zweite Ausgang ist ein 8 A/230-V-AC-Schaltaktor. Damit können entsprechende Leuchtmittel sowohl geschaltet, als auch gedimmt werden (vgl. Abb. 8.396).

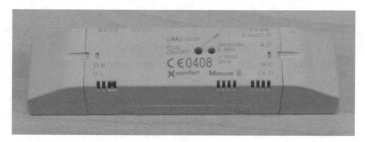

Abb. 8.396   EATON-xComfort-Analogaktor 0–10 V

8.18.1.4 Raumcontroller

EATON integriert bei xComfort in das Produktportfolio direkt einen Room- und einen Home-Controller, um Automatisierung und Visualisierung auf integrierten Elementen zu ermöglichen (vgl. Abb. 8.397).

Abb. 8.397   EATON-xComfort-Room-Manager

Die kleinere Variante des Home-Managers funktioniert ähnlich wie sein Vorbild, beschränkt sich dabei aber auf ein kleineres Betätigungsfeld. Er ist für die Steuerung von Elektrofunktionen in ein bis drei Zimmern gedacht, in denen es beispielsweise völlig ausreicht, wenn nur drei verschiedene Temperaturzonen zur Verfügung stehen. Auch in puncto Beleuchtungs- oder Jalousien-Steuerung bietet er nur die Funktionen an, die auch wirklich benötigt werden. Diese festgelegte Funktionalität kommt vor allem den Vertreibern von xComfort zu Gute. Denn der Room-Manager ist viel einfacher zu installieren als sein frei programmierbarer Verwandter. Der Room-Manager ist ein zentrales Anzeige- und Bediengerät, welches die Funktionen einer modernen Elektroinstallation, wie z. B. Einzelraumheizung und -kühlung, Lüftung, Zeitfunktionen, Beleuchtung, Jalousie usw. steuert. Der Room-Manager kommuniziert mit allen Geräten des EATON-RF-

Systems. Modernste Tastsensortechnologie ermöglicht eine einfache Vor-Ort-Bedienung und Einstellung sämtlicher Parameter (z. B. Zeitprogramm, Temperatur usw.) für den Nutzer, die jedoch sehr gewöhnungsbedürftig ist. Das hintergrundbeleuchtete Graphikdisplay garantiert einfache und prägnante Darstellung der wichtigsten Informationen für den Endkunden. Die Installation erfolgt auf Putz, alternativ kann das Gerät an einer 55mm- oder 68-mm-Schalter-, Abzweig- oder Installationsdose befestigt werden. Zum Systemupdate bei Funktionserweiterungen wird die integrierte IR-Schnittstelle verwendet. Die Versorgung erfolgt über das Stromnetz (vgl. Abb. 8.397).

Abb. 8.398   EATON-xComfort-
Home-Manager [EATON]

Mit dem Home-Manager lassen sich sämtliche Haustechnikfunktionen koordinieren, steuern, regeln und überwachen. Im Komfortbereich lassen sich Lichtszenen, automatische Beschattungen, Fernbedienungen und Abfragen per Telefon sowie Fernwartungen und Diagnosen realisieren. Darüber hinaus lassen sich im Sicherheitsbereich Funktionen wie zentrales Ausschalten, Überwachung der Fenster- und Türkontakte, Anwesenheitssimulationen und Paniktasten realisieren. Für den Bereich der Heizung bietet der Home-Manager Funktionen wie Steuern verschiedener Heizkreise, Einbinden von Alternativenergien, Regelung der Klimaanlage. Der Home-Manager ermöglicht das Erfassen von 100 Datenpunkten. Das bedeutet bei einem typischen Einfamilienhaus eine Umsetzbarkeit von mehr als 30 %. Der Home-Manager ist ein zentrales Anzeige- und Bediengerät, welches die komplette Funktionalität einer modernen Elektroinstallation, nämlich Heizung, Lüftung, Zeitschaltung, Beleuchtung und Jalousie, Logik- und Komfortfunktionen, Fernwirken und Diagnose über Telefon, Benachrichtigung über SMS ermöglicht. Ideal können auf dem Display Smart-Metering-Daten angezeigt werden. Das Gerät kann von allen Geräten empfangen und auch an alle Geräte senden. Zum Systemupdate bei Funktionserweiterungen wird die integrierte IR-Schnittstelle verwendet. Die Versorgung erfolgt über das Energieversorgungsnetz (vgl. Abb. 8.398).

8.18.2 Programmierung der Funkkomponenten

Je nach Komplexität eines geplanten Funkbussystems kann man zwischen zwei Arten der Zuweisung von Sensoren und Aktoren wählen. So gibt es einen Basic Mode und einen Comfort Mode, erweitert werden kann die Programmierung mit den Softwarepaketen Homeputer oder IP-Symcon.

8.18.2.1 Programmierung im Basic Mode

Dies ist eine einfache Lösung der Konfiguration. Hier erfolgt eine schnelle Zuweisung der Funkkomponenten mittels Schraubendreher. Dabei können alle Funkkomponenten bis auf Home-Manager, Room-Manager, Kommunikationsschnittstelle und Temperatureingang zugewiesen werden. Nachdem der Aktor mit Hilfe des Schraubendrehers in den Lern-/Programmiermodus versetzt wurde, wird eine Taste eines zuzuordnenden Sensors betätigt (vgl. Abb. 8.399).

Abb. 8.399 Programmierung bei xComfort im Basic Mode [EATON]

Dabei speichert der Aktor den zugeordneten Sensor in einer Tabelle. Somit können jedem Aktor mehrere Sensoren zugeordnet werden. Die Sensoren senden je nach Art bzw. je nach Einstellung der Binäreingänge, bei Betätigung etc. bestimmte Befehle. Dies kann z. B. bei einer Einstellung „Taster" der Befehl „ein" oder „aus" sein. Erkennt ein Aktor diesen Befehl, sendet er eine Rückmeldung. Erfolgt keine Rückmeldung, so sendet der Sensor noch bis zu dreimal. Ein Problem dieser Rückmeldung entsteht, wenn mehrere Aktoren einem Sensor zugeordnet sind. Wenn es bei einer solchen Situation zu einer Störung kommt, bei der nicht alle Aktoren den Befehl erkennen, würde einer der Aktoren eine Rückmeldung senden und somit den Sendebefehl beenden und nicht wiederholen. Das heißt, es würden nicht alle Aktoren schalten. Soll eine einzelne Zuweisung wieder gelöscht werden, so ist dies ohne Probleme möglich. Hierbei wird der Aktor in den Programmiermodus gesetzt. Die zu löschende Taste muss nun für 5 s dauerhaft gedrückt

werden. Nach der Bestätigung des Aktors durch fünfmaliges Blinken muss der Programmiermodus durch weiteres Drücken der Programmiertaste beendet werden. Neben
der Löschung einer einzelnen Zuweisung ist es auch möglich alle Funktionen gleichzeitig
zu löschen. Hier wird die Programmiertaste des im Lernmodus versetzten Aktors für 5 s
gedrückt. Anschließend muss auch hier der Programmiermodus beendet werden. Die
Bedienungsanleitung zur Begleitung des Programmiervorgangs besteht lediglich aus
Piktogrammen und ist damit sehr einfach verständlich.

In der Praxis können kleine Funksysteme mit bis ca. 50 Komponenten noch im Basic
Mode effizient konfiguriert werden. Dies setzt allerdings voraus, dass der jeweilige Aktor
im Empfangsbereich des Sensors liegt und daher kein Routing erforderlich ist, da dieses
im Basic Mode nicht unterstützt wird. Es können alle Geräte bis auf den Home Manager
und den Temperatureingang programmiert werden.

8.18.2.2 Programmierung im Comfort Mode

Diese Art der Konfigurierung ist aufwändiger als die Programmierung im Basic Mode.
Sie eignet sich also für größere Projekte bzw. allgemein zur Schaffung einer Dokumentie-
rungsfunktion. Der Comfort Mode eröffnet den Zugriff auf die volle Funktionalität des
EATON-Funkbussystems. Dies sind z. B. detaillierte Einstellmöglichkeiten wie Zeitfunktionen, Szenen, Regelungsmöglichkeiten, Anwesenheitsfunktionen usw. Des Weiteren
wird im Comfort Mode die Routingfunktion unterstützt.

Damit in dem Comfort Mode programmiert werden kann, werden eine RS232-Pro-
grammierschnittstelle und die Software des EATON RF-Systems benötigt.

Das EATON-xComfort-System bietet damit im Comfort Mode:

- Grafische Darstellung der Anlagenkonfiguration (in Grenzen)
- Zugriff auf die Funktionsvielfalt der Komponenten
- Einlesen der Funkkomponenten und deren Einstellungen getrennt nach netz- und
  batterieversorgen Geräten
- Integration neuer Geräte
- Austausch/Ersetzen von defekten Geräten
- Ermitteln der Empfangsqualitäten
- Berechnen der Routingwege
- Laden und Speichern von Konfigurationen
- Aufzeichnen des Funkverkehrs
- Dokumentation

Bevor man mit der Programmierung im Comfort Mode beginnen kann, müssen auch
hier alle Geräte vollständig installiert sein. Zu Beginn der Programmierung sollte eine
zentrale Position im Gebäude für den Programmier-PC gewählt werden. Nachdem das
Icon „Einlesen" betätigt wurde, fordert das Programm automatik die Daten aller netzversorgten Funkkomponenten an. Dieses dauert bei einem Aktor ca. 10 s, bei einem
Room-Manager ca. 30 s und ca. 1 min bei einem Home-Manager. Sollten nicht alle Geräte erkannt werden, ist die Entfernung zu groß bzw. die Erreichbarkeit ist nicht gewähr-

leistet. Hier sollte die Programmierschnittstelle mit dem Programmier-PC durch das Gebäude bewegt werden. Beim Einlesen ist keine Routingfunktion verfügbar, da jedes Gerät einzeln eingelesen wird (vgl. Abb. 8.400).

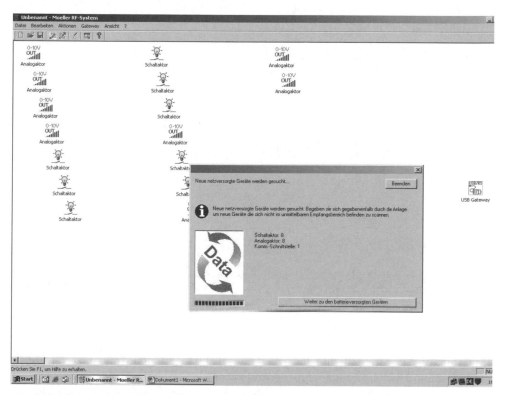

Abb. 8.400   Einlesen der aktorischen Elemente mit der xComfort-Software

Nachdem alle netzversorgten Geräte eingelesen wurden, müssen die batterieversorgten Geräte eingelesen werden. Hierzu müssen sie einzeln betätigt werden. Dies bedeutet, dass jeder Sensor über Tasten, Temperatursprung oder Ähnliches ausgelöst werden muss, um ein Telegramm auf dem xComfort-Bus abzusetzen. Wenn alle Funkkomponenten eingelesen sind, kann der Einlesevorgang beendet werden. Im RF-System werden jetzt auch Verbindungen angezeigt, die im Basic Mode oder aus früheren Konfigurationen stammen (vgl. Abb. 8.401).

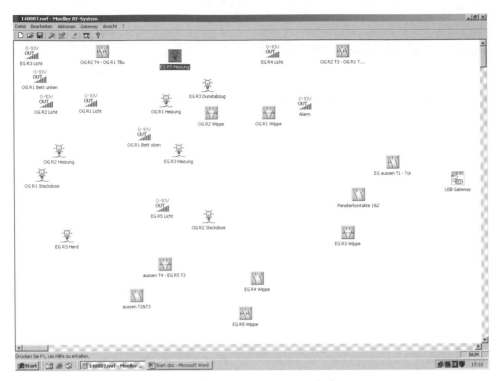

Abb. 8.401 xComfort-Software-Oberfläche mit Sensoren und Aktoren

Da alle Sensoren und Aktoren je nach Typ zunächst den gleichen Namen haben, sollten sie umbenannt werden. Eine Identifizierung ist möglich, indem man sie erneut einzeln betätigt und die Oberfläche der Konfigurationssoftware beobachtet. Dies ist mit Hilfe der rechten Maustastenmenübefehle „ein" oder „aus" für die Aktoren über die Software möglich. Nachdem alle Aktoren umbenannt wurden, sollten die batterieversorgten Geräte umbenannt werden. Wird ein Sensor gedrückt, wird er in der Konfigurationssoftware markiert. Daher ist die Zuordnung einfach. Probleme gibt es bei der Zuordnung, der 2fach-Binäreingänge. Hier können z. B. zwei Taster angeschlossen werden. Durch Betätigung der Taster können jetzt die angeschlossenen Taster herausgefunden werden. Leider kann man nicht erkennen, welcher Taster an welcher Seite des Binäreingangs angeschlossen ist. Die Zuordnung der Taster kann jetzt durch Test im RF-System oder alternativ durch Überprüfung der Hardware erfolgen. Wichtig bei der Namenvergabe ist, dass ein eindeutiger Name vergeben wird, da die entsprechenden batterieversorgten Geräte beim Laden der Konfiguration in die Busteilnehmer nochmals betätigt werden müssen.

Um Verbindungen zwischen Sensor- und Aktorkanälen herzustellen, muss das Icon „Verbindungsmodus" betätigt werden. Jetzt kann mit Hilfe der Maus komfortabel eine Verbindung gezogen werden (vgl. Abb. 8.402).

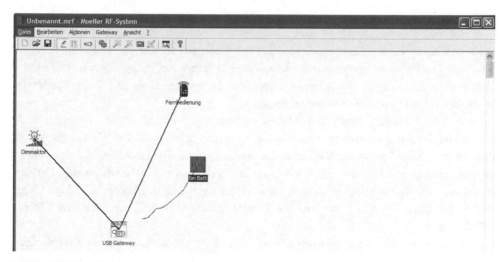

Abb. 8.402 Realisierung von Funktionen durch Ziehen eines Gummibandes mit der Maus

Individuelle Änderungen von Sensoren oder Aktoren können mit Hilfe der rechten Maustaste vorgenommen werden. Aktoren können so auch angesteuert werden, um ihre konkrete Installation und Funktion zu testen (vgl. Abb. 8.403).

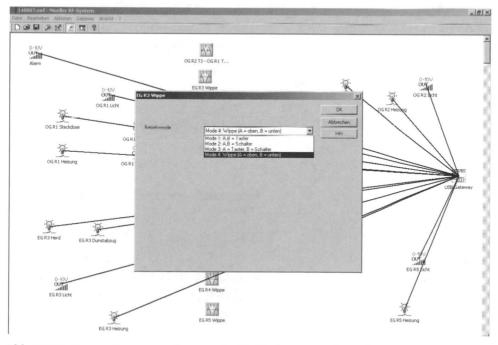

Abb. 8.403 Parametrierung von Geräten oder Verbindungen mit der rechten Maustaste

Damit das Funkbussystem vor Fremdzugriffen geschützt ist, sollte ein Passwort vergeben werden. Dies ist im Menü unter „Bearbeiten -> Kennwort ändern" möglich. Das
Passwort bleibt in den Komponenten auch bei Stromausfall und Batteriewechsel erhalten. Falls ein Passwort vergessen wurde, müssen bei einer Änderung die entsprechenden
Komponenten komplett zurückgesetzt werden. Dieses kann wie im Basic Mode beschrieben oder mit der RF-Software erfolgen.

Alle Verbindungen, Namen, Routings, Anpassungen und Passwörter müssen nach
Abschluss des Programmierprozesses in die Komponenten geladen werden. Dies ist mit
dem Icon „Laden" möglich. Hierbei müssen alle batterieversorgten Funkkomponenten
erneut betätigt werden, dies zählt insbesondere bei großen Gebäuden zu den lästigen
Aufgaben, da sie mit großem Zeitaufwand verbunden sind. Auch hier gilt, dass, wenn
nicht alle Geräte erreicht werden, die Programmierschnittstelle im Gebäude bewegt
werden muss.

Um die xComfort-Bussystemsinstallation um eine Zentrale zu erweitern, müssen alle
Busteilnehmer mit dem USB-Gateway verbunden werden. Für jede einzelne Anbindung
von Sensor- und Aktorkanälen an das USB-Gateway werden im Gateway nummerierte
Einträge mit Benennung abgelegt. Die Tabelle ist über die Programmiersoftware aus-
lesbar und kann anschließend von anderen Softwarepaketen, wie z. B. Homeputer oder
IP-Symcon weiterverwendet werden (vgl. Abb. 8.404).

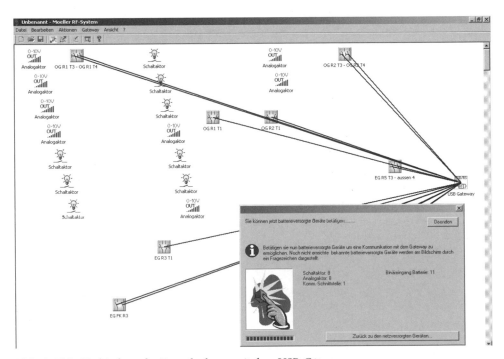

Abb. 8.404 Verbindung der Busteilnehmer mit dem USB-Gateway

8.18.2.3 Programmierung mit Homeputer

In den vorher beschriebenen Programmiervarianten handelte es sich um ein dezentrales System. Bei einer Programmierung mit Homeputer wird ein zentrales System geschaffen. Dazu wird ein USB-Gateway benötigt. Diese empfängt die Signale vom den Sensoren und leitet es an die Aktoren weiter. Ohne das Gateway gibt es hier keine Funktion.

Die Vorgehensweise ist ähnlich wie beim Comfort Mode. Als erstes werden die Geräte mit dem RF-System eingelesen und umbenannt. Der Unterschied ist, dass jetzt noch ein USB-Gateway angezeigt wird. Damit mit Homeputer programmiert werden kann, müssen alle Geräte mit dem USB-Gateway verbunden werden. Dazu wird wie im Comfort Mode das Icon „Verbindungsmodus" gewählt und eine entsprechende Verbindung gezogen (vgl. Abb. 8.405).

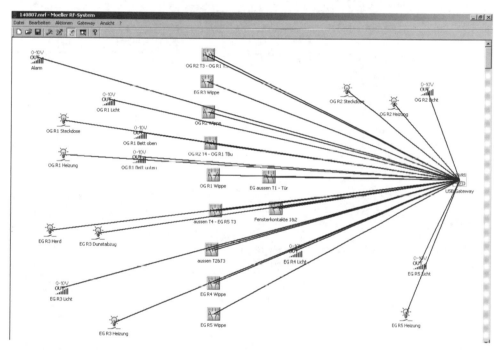

Abb. 8.405 Verbindung zwischen Busteilnehmern und USB-Gateway

Diese Konfiguration muss nun in die Geräte geladen werden. Dies erfolgt wie bei der Programmierung im Comfort Mode. Damit die Geräte in der Software Homeputer nicht einzeln ausgewählt werden müssen, muss eine Datenpunktliste erstellt werden. Dies kann im Menü des Gateways erfolgen.

Datenpunkt ist hierbei eine Bezeichnung für eine Eingabe- oder Ausgabefunktion bestehend aus aus allen zugeordneten Informationen, die seine Bedeutung vollständig beschreibt. Es gibt physikalische und virtuelle Datenpunkte. Ein physikalischer Daten-

punkt ist auf ein direkt angeschlossenes oder vernetztes Feldgerät innerhalb eines homo-
genen Systems bezogen, also Fühler, Ventile, Klappen, Schaltschütze etc. Ein virtueller
Datenpunkt kann das Verhalten einer Funktionseinheit abbilden, z. B. jede Art von Stell-
gerät, Automationseinrichtung oder Bedieneinrichtung.

Der Name Datenpunkliste ist im Fall von xComfort nicht korrekt angewendet. Es
werden nur Kanäle von Geräten und Einstellungen, aber keine Verbindungen und damit
Funktionsbeziehungen gespeichert. Nachdem die Datenpunkliste erstellt wurde, wird
das RF-System nicht mehr benötigt. Der nächste Schritt ist das Einfügen der Datenpunkliste in Homeputer. Dies ist in dem Menü Modulauswahl möglich (vgl. Abb. 8.406).

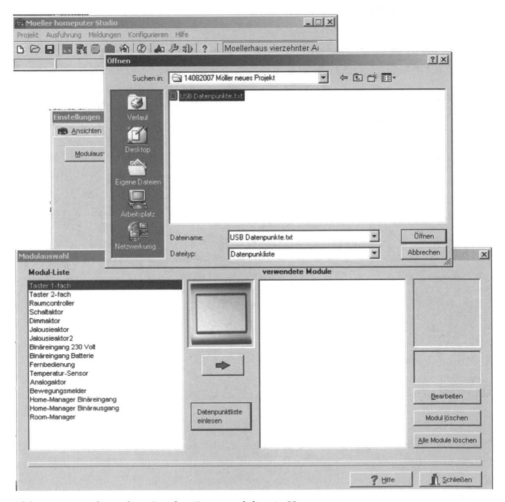

Abb. 8.406 Einlesen der xComfort-Datenpunktliste in Homeputer

Falls keine Datenpunktliste erstellt wurde, ist auch eine manuelle Zuweisung der Datenpunkte möglich. Hierzu müssen die Geräte aus einer Liste (im Bild links) ausgewählt und mit einem eindeutigen Namen versehen werden. Den einzelnen Geräten kann man nun unter dem Punkt „Bearbeiten" einen Datenpunkt zuweisen. Dabei muss ein freier Datenpunkt ausgewählt und gesetzt werden. In diesem Menü können auch objektspezifische Einstellungen vorgenommen werden.

Die weitere Programmierung entspricht der Vorgehensweise, die bereits bei HomeMatic beschrieben wird.

Wurde alles programmiert, so können auch Zustände von Sensoren aus Homeputer heraus geändert werden. Dabei werden dann je nach Programmierung die Zustände der entsprechenden Aktoren mit geändert. In Abb. 8.407 ist ein Beispiel der Visualisierung zu sehen. Hier können die Zustände von allen Aktoren und den Fensterkontakten abgebildet werden. Mit der Hilfe von Schiebereglern können den Dimmern entsprechende Helligkeitswerte zugeordnet werden. Wichtig bei dieser Visualisierung ist, dass eine Programmierung nur mit Homeputer erstellt werden sollte. Erfolgt eine Programmierung mit Homeputer und parallel mit der Konfigurationssoftware im Comfort Mode, können die Zustände nicht korrekt angezeigt werden!

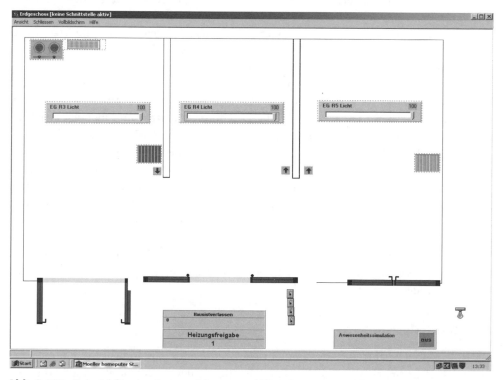

Abb. 8.407 Beispiel für eine Automatisierung und Visualisierung mit Homeputer

8.18.2.4 Fazit zur Programmierung

Im Rahmen von Projekten und Praktika wurden die drei verschiedenen Programmier-möglichkeiten getestet. Das Zuordnen und Programmieren der Aktoren und Sensoren mittels Betätigung der entsprechenden Programmiertasten (Basic-Mode) ist sehr einfach, hat jedoch den Nachteil, dass alle Aktoren zugänglich sein müssen. Häufig liegen die Geräte in Schalterdosen oder hinsichtlich der Höhe nicht erreichbar. Der Basic-Mode ist besonders für Einzelanwendungen geeignet, wenn z. B. einzelne Geräte oder Räume über Funktechnik geschaltet werden sollen. Es sind ohne Rückgriff auf Software im Allgemei-nen auch keine komplexeren Funktionen oder Visualisierungen zu realisieren.

Das Arbeiten mit dem Comfort-Mode des EATON-MRF-Systems ist eine große Er-leichterung und in der Anwendung sehr einfach und durch die graphische Unterstüt-zung sehr übersichtlich. Man spart sehr viel Arbeitszeit, da die Geräte automatisch er-kannt werden und nur noch zugewiesen werden müssen. Auch die Zuweisung von Gerä-ten ist spielend einfach, nur das immer wieder erneute Laden und Lesen, das Zeit bean-sprucht und auch das Drücken der entsprechenden Sensoren ist zeitraubend und unbe-friedigend. Was ebenfalls Zeit beansprucht, ist das Umbenennen der erkannten Sensoren und Aktoren. In großen Gebäuden führt dies zu viel Aufwand, der jedoch notwendig ist. Alle Geräte können mit dem MRF-System angesteuert, eingestellt und getestet werden. Komplexere Funktionalitäten wie eine Heizungssteuerung oder eine Anwesenheits-simulation sind allerdings hier nicht möglich, es sei denn der Home-Controller kommt zum Einsatz. Von Vorteil ist die Dokumentationsmöglichkeit durch eine graphische Unterstützung.

Um die volle Funktionalität des Systems nutzen zu können, komplexe Funktionen zu definieren und eine Visualisierung zu erstellen, muss auf erweiternde Software, wie z. B. Homeputer oder IP-Symcon, und einen PC als Zentrale zurückgegriffen werden. Das Homeputer-Programm kann entweder die Datenpunkte einzeln und manuell erstellen, was sehr aufwändig ist, oder eine Datenpunktliste aus dem MRF System übernehmen. Allerdings werden tatsächlich nur die Geräte übernommen und nicht eventuell schon programmierte Verknüpfungen und damit Funktionen. Es ist auch davon abzuraten im Basis oder Comfort Mode Verknüpfungen zu definieren, wenn man mit Homeputer arbeitet, da dies dann zu einer Doppelprogrammierung führt und das System aus der Bahn wirft und die Funktionalitäten nicht mehr einwandfrei gegeben sind. Das Home-puter-Programm ist einfach und intuitiv zu bedienen. Wenn alle Geräte eingelesen sind, hat man schnell Erfolgserlebnisse mit den ersten Verknüpfungen und Visualisierungen. Für schwierigere Funktionen muss man einigen Einarbeitungsaufwand investieren und Funktionalitäten ausprobieren.

8.18.3 Analyse

Das EATON-xComfort-System ist ein ausgewogenes und vollständiges System mit um-fangreichen Programmiermöglichkeiten. Die allgemeinen Nachteile von Funkbussyste-men durch teilweise nicht erreichbare Sensoren und Aktoren wurde bei xComfort durch das Routing behoben.

Durch die Routingfunktion gibt es bei dem EATON-xComfort-System die Möglichkeit die Reichweite des Systems theoretisch unendlich weit auszubauen. Die einzelnen Aktoren selbst fungieren als Repeater zwischen mehreren Teilnehmern, die eine schlechte Empfangsqualität zueinander haben. Allerdings werden die Routingfunktionen statisch bei der Installation und Initialisierung der Anlage eingestellt. Also muss das Routing bei bautechnischen und örtlichen Änderungen der Anlage neu berechnet werden, dies funktioniert leider nicht automatisch.

Mit dem Routing besteht zwar die Möglichkeit die Anlage sehr groß zu gestalten, allerdings leidet unter sehr vielen Teilnehmern die Übersichtlichkeit in den Programmen, da es keine Möglichkeiten gibt Hierarchien einzufügen oder Gruppen zu bilden.

Es fehlt leider im Produktportfolio ein Gateway, um das xComfort-System an andere Systeme, wie z. B. KNX/EIB anzuschließen. Dieses Problem kann bei Rückgriff auf die Programmiersoftware IP-Symcon ausgeglichen werden.

Wie bei allen batterieversorgten Funkbussystemen ist die Stromversorgung bei den Sensoren problematisch, da Batterien zyklisch ausgetauscht oder durch ein Überwachungssystem hinsichtlich der Kapazität kontrolliert werden müssen. Viele Sensoren erfordern deshalb separate Stromversorgungen über das Energieversorgungsnetz direkt oder separate Netzteile.

Die Marketingpolitik der Firma EATON ist anscheinend so ausgerichtet, dass das im Internet veröffentlichte Informationsmaterial ausschließlich für den Endkunden bestimmt ist und Fachleuten bzw. Installateure keine tiefgründigeren Informationen über Technik geboten werden. Preisinformationen wurden von Internethändlern bezogen.

Gerät	Preis je Gerät	Preis je Kanal
Komplettpaket Schaltaktor mit Schalter CPAD-00/117		158,90 Euro

Das xComfort-System liegt preislich im hohen Bereich.

8.18.4 Neubau

Das EATON xComfort-System bietet im Neubau eine gute Alternative zu einer konventionellen Elektroinstallation. Alle Schalt- und Dimmfunktionen sind durch eine große Anzahl an Schaltaktoren in Unterputzbauform möglich. Die Jalousiefunktionen werden nur in der Betriebsart Auf/Ab und Tippbetrieb unterstützt. Geräte für den Einsatz auf der Hutschiene im Stromkreisverteiler finden sich kaum im Portfolio, ein xComfort-System wird nahezu vollständig dezentral aufgebaut. Zusätzlich zur direkten Programmierung im „Basic Mode" kann das System über drei Programmiervarianten programmiert und mit der Programmiersoftware EATON-RF auch parametriert werden. Erweiterte Programmiermöglichkeiten bestehen mit Homeputer und IP-Symcon.

8.18.5 Sanierung

Im Bereich Sanierung kann EATON xComfort mit genau den Vorteilen auftrumpfen, die alle Funkbussysteme besitzen. Wie bei allen zuvor beschriebenen Funksystemen ist auch EATON xComfort nicht mehr einsetzbar, wenn die vorhandene Elektroinstallation keine freien Adern mehr aufweist, um Aktoren mit Strom zu versorgen. Das EATON-System kann hier noch zusätzlich punkten, da alle Schalt-, Dimm- oder Jalousieaktoren als Unterputzgeräte vorhanden sind. Sonst können alle Funktionen durch geeignete Komponenten umgesetzt werden. Sollten Geräte fehlen, können diese über IP-Symcon als Koppelkomponente integriert werden.

8.18.6 Erweiterung

Eine Erweiterung des EATON-xComfort-Systems stellt keine Probleme dar. Es können alle Funktionen ähnlich wie im Neubau umgesetzt werden. Bei einer Erweiterung bietet sich hier besonders die Programmiervariante des Comfort Mode an, bei der die neuen Sender und Empfänger einfach hinzugelernt werden. Soweit komplexe Sensorik eingesetzt werden soll, müssen Anschlussmöglichkeiten zur Energieversorgung und Platz für die Netzteile verfügbar sein.

8.18.7 Nachrüstung

xComfort ist als Funkbussystem insbesondere ausgezeichnet für die Nachrüstung geeignet. Aufgrund der Einbindbarkeit von Room- und Home-Controllern können auch Displays im Haus integriert werden. Mit den Softwarepaketen Homeputer und IP-Symcon stehen Systeme bereit, mit denen eine zentralenbasierte Gebäudeautomation aufgebaut werden, die sukzessive erweitert werden kann.

8.18.8 Anwendbarkeit für smart-metering-basiertes Energiemanagement

Die Anwendung von Smart Metering ist problemlos möglich, da ein vorhandener elektrischer Haushaltszähler grundsätzlich durch einen elektronischen ersetzt werden kann. Der Energiekunde kann durch Änderung seines Nutzerverhaltens seinen Energieverbrauch und damit seine Energiekosten senken. Damit wird psychologisches Energiemanagement außerhalb des xComfort-Systems möglich. Da die zentralen Energiezähler bedingt und zudem dezentrale Zähler im System integrierbar sind, ist xComfort auch für aktives und passives Energiemanagement geeignet. Durch die Software Homeputer können ohne Rückgriff auf den zentralen Stromzähler auf der Basis der automatisierten Geräte aktives und passives Energiemanagement aufgrund der überragenden Programmiermöglichkeiten eingerichtet werden. xComfort kommt ohne Erweiterungsmög-

lichkeit durch z. B. die Adaption in IP-Symcon nicht für komplettes smart-metering-basiertes Energiemanagement in Frage, es sei denn man begnügt sich mit den Möglichkeiten des Home-Managers. IP-Symcon lässt jedoch den Zugriff auf weitere Gebäudeautomationssysteme und damit den Zugriff auf zentrale und andere Zählersysteme zu. Damit
wird xComfort in Verbindung mit IP-Symcon zu einem perfekten System für die Realisierung von smart-metering-basiertem Energiemanagement.

8.18.9 Objektgebäude

xComfort ist nur bedingt für den Einsatz im Objektgebäude geeignet, da keine Gateways
zu übergeordneten Gebäudeautomationssystemen verfügbar sind. Die Einsatzmöglichkeit beschränkt sich hier auf separate, dezentrale Anwendungen.

8.19 Merten Connect

Die herkömmliche Elektroinstallation innerhalb eines Gebäudes wird drahtgebunden
durchgeführt. Dort, wo die Verdrahtung zu aufwändig oder schlichtweg unmöglich ist,
wird das Medium Funk verwendet. Daher ist der Einsatz von Funkbussystemen vor
allem dann sinnvoll, wenn sich Anforderungen des Kunden ändern und z. B. Funktionen
nachgerüstet werden sollen, das Haus oder die Wohnung modernisiert werden sollen
oder die Flexibilität des Montageortes gefordert ist.

Mit dem Merten Funkbussystem CONNECT können zudem nahezu alle Funktionen
einer konventionellen Elektroinstallation realisiert werden, dazu zählen:

- Licht ein-/ausschalten und dimmen
- Jalousie steuern
- Heizung steuern
- und vieles mehr

Auch sogenannte „Szenen" lassen sich programmieren. Per Tastendruck wird hier nicht
nur eine Funktion ausgeführt, sondern direkt mehrere und unterschiedliche (z. B. Licht
einschalten und gleichzeitig einen Rollladen fahren).

Ein weiterer Vorteil des Funksystems CONNECT ist, dass es sich um ein bidirektionales Funknetzwerk handelt. Bidirektional heißt in diesem Zusammenhang, dass jeder
Sender und Empfänger senden und empfangen kann. Um das Funksignal optimal zu
übermitteln, stehen Sender und Empfänger im Dialog. Das heißt, es wird nicht einseitig
ein Funksignal ausgesendet, sondern stets überprüft, ob der Empfänger das Funksignal
erhalten hat. Der Empfänger antwortet, wenn das Funksignal bei ihm angekommen ist.
Bleibt die Empfangsbestätigung aus (z. B. aufgrund einer reflektierenden oder nicht
durchlässigen Wand), sucht sich das Funkbussystem CONNECT automatisch einen
anderen Weg, um das Funksignal an den Empfänger zu übertragen; z. B. über einen

weiteren Funkempfänger in einem benachbarten Raum, der das Signal dann an den eigentlichen Empfänger weiterleiten kann. Das sind perfekte Voraussetzungen für ein sicheres, störungsfreies Funksystem. So ist es möglich, dass Signale automatisch weitergeleitet (Routing) oder alternative Funkstrecken (z. B. bei kurzzeitigen Störungen) gesucht werden.

Weiterhin hat das Funksystem Connect durch die eindeutige Adressierung und die für den Kurzstreckenfunk reservierte Frequenz von 868 MHz den Vorteil, dass ein störungsfreier Betrieb mehrerer unterschiedlicher Funkbussysteme nebeneinander ermöglicht wird. Als weitere Eigenschaften ist ein umfangreiches Produktspektrum zu erwähnen, welches alle wichtigen Anwendungsbereiche abdeckt, wie z. B.:

- Lichtsteuerung
- Rollladensteuerung
- Zeitschaltfunktionen
- Treppenlichtfunktion
- Szenen
- Heizungssteuerung

Merten Connect ist prinzipiell ein Z-Wave-Funkbussystem, das auf der Standardisierung von Z-Wave aufbaut. Jedoch ist dies nur auf wenigen Geräten aus dem Merten Connect-Produktportfolio vermerkt. Viele Lösungen, wie z. B. Sensoren und Programmierschnittstelle, sind nicht 100 % kompatibel zu Z-Wave. Damit ist es zwingend erforderlich, dass ein Elektroinstallateur die Kompatibilität von Geräten zu prüfen hat, dies ist ihm jedoch keinesfalls zuzumuten. Auch eine Einbindbarkeit in IP-Symcon, das nahezu alle Probleme von Bussystemen lösen kann, ist nicht in der Lage das Wirr-Warr hinsichtlich der Standardisierung Z-Wave-basierter Komponenten im Merten Connect-System vollständig zu lösen, dies scheitert bereits an der Systemschnittstelle zu Merten Connect.

Bei den technischen Daten arbeiten alle Sender batterieversorgt und Empfänger netzversorgt, dabei haben die Funkkomponenten eine Reichweite von ca. 30 m im Haus (abhängig von Montageort, Baubeschaffenheit wie Materialien oder Wandstärken) und im Freifeld eine Reichweite von ca. 100 m.

8.19.1 Typische Geräte

Als Funkbussystem mit erweiterter Programmiermöglichkeit wird bei Merten Connect eine Programmierschnittstelle benötigt, um den Zugang zum PC zu ermöglichen. Darüber hinaus ist eine Zentrale verfügbar, die mit zahlreichen Sensoren und Aktoren verbunden werden kann. Für sensorische und aktorische Anwendungen stehen Geräte mit umfangreichem Produktportfolio zur Verfügung, die auch aus dem konventionellen Elektroinstallationstechnik-Bereich verfügbare Geräte einbindet und durch einen Funkbus-Aufsatz funkbusfähig gemacht werden. Typische Busteilnehmer von Merten Connect sind Systemkomponenten, Sensoren und Aktoren.

8.19.1.1 Systemkomponenten

Die Merten-Connect-Programmierschnittstelle ermöglicht die Programmierung der Merten Connect-Funkbus-Geräte. Obwohl Merten Connect auf der Basis von Z-Wave entwickelt wurde, besteht keine unbedingte Kompatibilität zu allen anderen Z-Wave-Komponenten (vgl. Abb. 8.408).

Auf der Zentrale können umfangreiche Programmierungen mit Verbindung zu Sensoren und Aktoren realisiert werden. Eine Anbindbarkeit an andere Bussysteme, die Generierung von Web-UI-Funktionen und Konnektivität zu PCs als Zentrale besteht nicht (vgl. Abb. 8.409).

Abb. 8.408 Merten-Connect-Programmierschnittstelle

Abb. 8.409 Merten-Connect-Zentrale

8.19.1.2 Sensoren

Das sensorische Produktportfolio ist recht übersichtlich, ermöglicht jedoch nahezu alle normalen Gebäudeautomationsfunktionen. Wie bei nahezu allen Systemen werden von der Bauform her kleine Binäreingänge angeboten, an denen bis zu vier konventionelle Schalter oder Taster angeschlossen werden können (vgl. Abb. 8.410).

Abb. 8.410 Merten-Connect-4fach-Binäreingang

Speziell für Merten Connect wurden Taster-Designs mit Rückmeldung über LEDs entwickelt, die eine oder zwei Tasten aufweisen. Die Binäreingänge sind batterieversorgt mit einer Lithium-Zelle (vgl. Abb. 8.411).

Abb. 8.411 Merten-Connect-
2fach- und -4fach-Taster

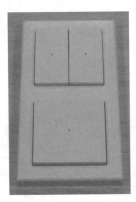

Zusätzlich werden Module angeboten, mit denen Relais-, Dimm- und Jalousieeinsätze aus dem konventionellen Produktangebot funkfähig gemacht werden. Dies entspricht der Lösung beim INSTA-Funkbus 433 MHz (vgl. Abb. 8.412 bis Abb. 8.414). Damit haben diese Sensoren auch aktorische Funktion.

Abb. 8.412 Merten-
Connect-Relaisschalter

Abb. 8.413 Merten-
Connect-Dimm-Taster

Abb. 8.414 Merten-
Connect-Jalousie-Taster

Eine Fernbedienung vervollständigt das Produktportfolio durch eine mobile Bedienung
des Gesamtsystems (vgl. Abb. 8.415).

Abb. 8.415 Merten-Connect-
Fernsteuerung

8.19.1.3 Aktoren

Hinsichtlich der Aktoren werden Schalt-, Dimm- und Jalousieaktoren in verschiedenen
Bauformen angeboten, darunter befinden sich keine Hutschienengeräte zum Einbau im
Stromkreisverteiler. Eine Erweiterung des Systems auf den Stromkreisverteiler ist damit
nicht vorgesehen, da Merten Connect als dezentrales System aufgefasst wird (vgl.
Abb. 8.416).

Weitere Schalt-, Dimm- und Jalousieaktoren werden zum Einbau in einer Schalter-
oder Verteilerdose für den Unterputzeinsatz angeboten (vgl. Abb. 8.417).

Abb. 8.416 Merten-Connect-
Zwischenstecker-Schaltaktor

Abb. 8.417 Merten-Connect-
1fach-Schaltaktor

Angeboten werden zur Abrundung des Produktportfolios beleuchtbare Anzeigefelder
(vgl. Abb. 8.418).

Abb. 8.418 Merten-Connect-Anzeigefeld

8.19.2 Programmierung

Die Konfiguration der Geräte erfolgt je nach Anforderung als Point-to-point-Programmierung oder komplexe Programmierung und ermöglicht daher zwei Arten der Konfiguration.

8.19.2.1 Die EASY CONNECT-Methode:

Für die Verbindung von maximal fünf und damit sehr wenigen Geräten, die sich in direkter Empfangsreichweite zueinander befinden (z. B. in einem Raum), eignet sich die EASY-CONNECT-Methode. Die Konfiguration erfolgt manuell und ist vergleichbar mit dem direkten Anlernen von Sensoren an Aktoren bei z. B. dem HomeMatic-Funkbus oder EATON xComfort. Entsprechend vieler anderer Z-Wave-Geräte wird ein Aktor durch dreimalige Betätigung oder dreimaliges Klopfen auf eine Gerätestelle in den Programmiermodus versetzt und der Sensor durch ebenfalls dreifaches Betätigen angelernt (vgl. Abb. 8.419).

Abb. 8.419 Programmierung EASY CONNECT

8.19.2.2 Der Funkkonfigurator CONNECT

Für raumübergreifende Systeme mit bis zu 100 Geräten und umfangreiche Funktionen (Szenen, Zentralfunktion, Schaltzeiten, individuelle Tastenbelegungen u. a.) muss auf den softwarebasierten Funkkonfigurator CONNECT zurückgegriffen werden. Dieser bietet Konfigurations-, Dokumentations- und Diagnose-Werkzeuge. Die Konfiguration erfolgt mit dem PC. Bei beiden Konfigurationsmethoden muss immer ein Gerät als sogenannter „Systemverwalter" eingebunden sein. Im Systemverwalter werden Informationen hinterlegt, wie z. B. Routingtabellen, die Funktionen aller eingebundenen Geräte sowie die eindeutige Netzwerk-ID und die Geräte-IDs. Daher muss bei jeder Programmierung/Änderung ein Systemverwalter definiert sein. Bei dem Gerät mit Systemverwaltung sollte es sich um ein ortsfestes Gerät handeln, das gut zugänglich ist. Daher wird empfohlen, einen Taster (z. B. Funktaster 1fach/2fach) als Systemverwalter einzusetzen. Es ist also nicht zwangsläufig eine Systemkomponente für den Systemverwalter zu nutzen, dies macht das System im Vergleich zu anderen Funkbussystemen, wo dies klar geregelt ist, unüberschaubar. In die Programmierung kann eine Zentrale eingebunden werden, die jedoch keine Verbindbarkeit an andere Systeme per Gateway ermöglicht.

Äußerst problematisch ist, dass beide Konfigurationsmethoden nicht kompatibel sind und aufeinander aufbauen. So kann nicht im einfachsten Falle einer Nachrüstung mit der Point-to-point-Zuordnung begonnen werden und anschließend bei größer werdender Installation auf die Programmierung per PC übergegangen werden. Vor diesem Übergang sind alle Geräte in den Urzustand zu versetzen und können dann in einem PC über die Systemschnittstelle konfiguriert werden.

8.19.3 Analyse

Das Merten-Funkbussystem Connect ist eine von Merten angedachte Lösung, um Kunden einen Einstieg in die Gebäudeautomation zu bieten. Zu diesem Zweck hat Merten nur die wichtigsten Geräte und Funktionen in das Produktportfolio eingefügt, wodurch der Funktionsbereich Sicherheit vom System nur wenig unterstützt wird. Diese Funktionen lassen sich wenn überhaupt nur mit sehr hohem Aufwand und Zusatzgeräten lösen. Obwohl es sich bei Merten Connect um ein System handelt, das auf dem Z-Wave-System basiert, besteht keine hundertprozentige Kompatibilität zu anderen Z-Wave-Komponenten, dies ist im Einzelfall zu klären. Umgekehrt können Merten Connect-Geräte nicht unbedingt in anderen Z-Wave-Lösungen anderer Anbieter verwendet werden. Unverständlich ist, warum Merten keine direkte bidirektionale Anbindung an KNX/EIB anbietet, die das System erheblich hinsichtlich der Funktionalität erweitern würde.

Gerät	Preis je Gerät	Preis je Kanal
Tasterschnittstelle 4fach	80 Euro	20 Euro
Taster	10–25 Euro	10–25 Euro
UP Schaltaktor 1fach	75 Euro	75 Euro
Kosten für eine Funktion	**von**	**bis**
	110 Euro	110 Euro

Merten Connect zählt bei Betrachtung des nicht vollständigen Produktportfolios und der geringen Erweiterbarkeit vor der Betrachtung der Kosten zu einem teuren System, das ein schlechtes Verhältnis von Kosten zu Funktionalität aufweist. Das System ist in breiten Zügen auch aufgrund der Preissituation mit dem INSTA-Funkbussystem 433 MHz vergleichbar, bleibt jedoch hinsichtlich des Produktportfolios weiter hinter dem INSTA-Funkbussystem 433 MHz zurück.

Wie bei allen batterieversorgten Funkbussystemen ist die Stromversorgung bei den Sensoren problematisch, da Batterien zyklisch ausgetauscht oder durch ein Überwachungssystem hinsichtlich der Kapazität kontrolliert werden müssen. Insbesondere die Überwachung ist bei Merten Connect nur über die Zentrale in gewissen Grenzen möglich.

8.19.4 Neubau

Im Neubau kann das System alle Grundfunktionen der Gebäudeautomation problemlos abdecken. Von Beleuchtung schalten oder Dimmen bis hin zur Jalousiesteuerung ist alles über Funk zu bedienen. Zur Automatisierung des Systems ist allerdings die Merten-Funkzentrale erforderlich, da diese die Verwaltung der Szenen und Zeitsteuerung übernimmt. Zur Steuerung ist dank der in der Funkzentrale integrierten Oberflächen eine Visualisierung und Bedienung ohne viel Aufwand in Grenzen zu realisieren. Komplexe Funktionen sind mit Merten Connect allein nicht realisierbar. Eine Dokumentation der neuen Installation ist auf der Basis des Easy Connect-Modes nur manuell, bei Verwendung der Programmiersoftware bedingt über ein System möglich.

8.19.5 Sanierung

Zur Sanierung spielt das Funkbussystem dann seine Stärke aus, wenn eine saubere Sanierung erfolgen soll, da hier keine zusätzlichen Kabel mehr verlegt werden müssen und die Steuersignale über Funk übertragen werden. Daher ist es nicht verwunderlich, dass das System hier alle Grundfunktionen einfach und problemlos erfüllt. Das Produktportfolio von Merten ist jedoch sehr schmal gehalten ist. Die Arbeiten an der Elektroinstallation müssen und sollten allerdings nur von einer Elektrofachkraft erfolgen, zudem wird das System nur über den dreistufigen Vertriebsweg vertrieben. Soweit alle Adern der Stromversorgung vorhanden sind, können einfache Ein-/Ausschaltungen direkt realisiert werden, während für komplexere Wechsel- oder Kreuzschaltungen Änderungen an Schalt- und Verteilerdosen notwendig werden, die Renovierungsarbeiten nach sich ziehen. Eine Dokumentation der neuen Installation ist auf der Basis des Easy Connect-Modes nur manuell, bei Verwendung der Programmiersoftware bedingt über ein System möglich.

8.19.6 Erweiterung

Sollte ein Merten Connect-System bereits vorhanden sein, kann dieses erweitert werden, soweit das Produktportfolio und die Anzahl verfügbarer Schalter-Designs ausreichend ist. Eine Erweiterung des Systems um andere Z-Wave-Komponenten ist prinzipiell möglich, dies ist jedoch im Einzelfall insbesondere bezüglich der Einbindung in der Zentrale zu prüfen. Der Übergang von im Easy Connect Mode programmierten Geräten in die Programmierung im Connect Mode ist nicht möglich.

8.19.7 Nachrüstung

Merten Connect ist ein System, das klassisch für die Nachrüstung entwickelt wurde. Vorhandene Elektroinstallationen können in gewissen Grenzen automatisiert werden, wobei jedoch im Vergleich mit anderen Systemen keine komplexen und komfortsteigernden, vollständigen Gebäudeautomationslösungen aufgebaut werden können.

8.19.8 Anwendbarkeit für smart-metering-basiertes Energiemanagement

Die Anwendung von Smart Metering ist problemlos möglich, da ein vorhandener elektrischer Haushaltszähler grundsätzlich durch einen elektronischen ersetzt werden kann. Der Energiekunde kann durch Änderung seines Nutzerverhaltens seinen Energieverbrauch und damit seine Energiekosten senken. Damit wird psychologisches Energiemanagement außerhalb des Merten Connect-Systems möglich. Da kein Zugang zu externen Daten und auch auf Zähler und analoge Sensordaten möglich ist, ist Merten Connect weder für aktives, noch passives Energiemanagement geeignet. Merten Connect kommt ohne Erweiterungsmöglichkeit durch z. B. die Adaption in IP-Symcon nicht für smart-metering-basiertes Energiemanagement in Frage, dies ist jedoch nicht generell möglich, da die Merten-Connect-Programmierschnittstelle nicht als Gateway zu anderen Systemen genutzt werden kann und andere Lösungen eingebunden werden müssen, deren Kompatibilität jedoch im Einzelfall zu klären ist.

8.19.9 Objektgebäude

Als klassisches Gebäudebussystem für die Nachrüstung ohne Gateway zu übergeordneten Bussystemen ist Merten Connect nicht für Objektgebäude geeignet. Merten hat es als Anbieter von Komponenten für die Bussysteme KNX/EIB und LON unterlassen, ein Gateway zu diesen Systemen anzubieten, wenn auch Merten Connect eine geeignete Erweiterungsmöglichkeit um flexible Funkbuskomponenten im Objektgebäude darstellen würde. Die Einsatzmöglichkeit beschränkt sich hier damit auf separate, dezentrale Anwendungen.

8.20 Z-Wave

Z-Wave soll vergleichbar mit den Bestrebungen der EIBA und nachfolgend Konnex mit dem KNX/EIB ein internationaler Funkstandard für die Kommunikation in Smart Homes werden. Hierzu wurde eine internationale Alliance mit ca. 200 Mitgliedern gegründet, die die Bestrebungen der Standardisierung einzelner Hersteller zusammenführt. Zu den Herstellern zählen Danfoss, Aeon Labs, Diehl AKO, Everspring, Horstmann Controls, Kamstrup, Merten, Mi Casa Verde, NorthQ, Rademacher, Somfy, Tricklestar und andere. Darunter sind auch einige deutsche Unternehmen zu finden. Die Verbraucher können aus über 600 verschiedenen Produkten auf der Basis von Z-Wave, die gemeinsam in einem Haus interagieren können, wählen, wobei sicherzustellen ist, dass insbesondere bei den Aktoren oder stromnetzversorgten Sensoren Spannung, Frequenz gleich und Steck-Kompatibilität vorhanden sind. Bei Betrachtung der Vielfalt der Anbieter kann das gesamte Produktportfolio für die Gebäudeautomation inklusive Gateways und Zentralen abgedeckt werden. Alle Geräte sind vollständig interoperabel und wurden über die Alliance zertifiziert. Der Vertrieb erfolgt bei einigen Herstellern über den dreistufigen Vertriebsweg, zusätzlich und bei vielen anderen jedoch ausschließlich über das Internet. Da bei weitem nicht alle Geräte für den europäischen und deutschen Markt von den übergeordneten Gremien freigegeben wurden, ist der Überblick über den Z-Wave-Markt noch sehr unübersichtlich. Durch Einrichtung einer Organisation unter dem Name Z-Wave Europe (www.zwaveeurope.com) mit Sitz in Hohenstein-Ernstthal, die diesen Mangel, der insbesondere Bauherren und Elektroinstallateure verunsichert, wird dieses Problem sukzessive behoben. Die Interoperatibilität und Anwendbarkeit wird in Deutschland geprüft, gegebenenfalls Änderungen vorgenommen und eine Datenbank sinnvoll nutzbarer Komponenten aufgebaut.

Z-Wave basiert wie fast alle Funkbussysteme auf dem 868-MHz-Standard und arbeitet vollständig bidirektional und bietet damit eine hohe Performance. Z-Wave nutzt die Frequenz von 868,42 MHz, die dem SRD-(Short-Range-Device-)Frequenzband, das für Smart-Home-Anwendungen in Europa, Afrika und Teile Asiens lizenziert wurde, zugeordnet ist. Z-Wave nutzt ein Kodierungssystem und bietet damit hohe Sicherheit für Anwendungen wie elektronische Türschlösser oder Dachfenster. Jede Kommunikation ist bestätigt durch den Empfänger, so dass der Sender im Fall von Verbindungsproblemen erneut senden oder Warnungen an den Benutzer als Störmeldung senden kann.

Alle netzbetriebenen Geräte fungieren vergleichbar mit EATON xComfort, hier jedoch statisch eingerichtet, als Router für alle anderen Geräte. Falls eine Nachricht nicht direkt zum Empfänger gesendet werden kann, wird das Telegramm um irgendein Hindernis herum durch das Netzwerk automatisch umgeleitet. Dies gewährleistet eine sehr hohe Zuverlässigkeit eines Z-Wave basierten drahtlosen Netzwerks. Typische Ausdehnungen drahtloser Bereiche sind 25 m im Innenbereich und bis zu 100 m außerhalb von Gebäuden.

8.20.1 Typische Geräte

Z-Wave weist über die große Anzahl von Herstellern, die in einer Alliance organisiert sind, ein großes Produktportfolio auf, das über Zentralen und Schnittstellen als Systemkomponenten, aber auch sensorische und aktorische Lösungen für nahezu alle Funktionalitäten und Einbauorte bietet.

8.20.1.1 Systemkomponenten

Die einfachste Systemkomponente, mit der ein Z-Wave-Bussystem aufgebaut werden kann, ist ein preiswerter USB-Stick, der von einigen Herstellern angeboten wird (vgl. Abb. 8.420). Hinsichtlich der Anwendbarkeit ist durch Einsicht in die Produktdaten zu klären, ob das Gerät sowohl als Schnittstelle, als auch als Konfigurationsadapter genutzt werden kann, in dem, vergleichbar mit dem USB-Gateway von EATON bei xComfort, Datenpunktlisten abgelegt werden. Sollten diese Funktionalitäten nicht gegeben sein, müssen sogenannte Inclusion-Controller hinzugenommen werden.

Abb. 8.420 Z-Wave-Schnittstelle als USB-Adapter

Einige Hersteller, wie z. B. Merten und Mi Casa Verde, bieten komplette Zentralen inklusive Software an, über die per Display, über ein Web-UI oder angeschlossene PC-Systeme mehr oder weniger komplexe und vollständige Automatisierungen und Visualisierungen realisiert werden können (vgl. Abb. 8.421). Nicht jede Zentrale kann auch als Schnittstelle zu anderen Systemkomponenten und damit als Gateway zu anderen Systemen dienen.

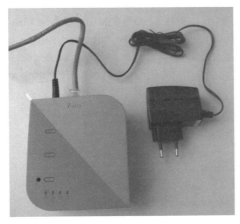

Abb. 8.421 Vera lite von Mi Casa Verde   Z-Wave-Zentrale

8.20.1.2 Sensoren

Das sensorische Produktportfolio umfasst Binäreingänge verschiedenster Bauformen, komplette 1fach- und Mehrfach-Taster, aber auch Bewegungsmelder, Raumtemperaturregler, Fensterkontakte, analoge Sensoren für z. B. Temperatur und Feuchte und ein Angebot an Smart-Metering-Produkten, die sowohl das Auslesen des zentralen Stromzählers für Smart Metering, aber auch dezentrale Komponenten für dezentrales Smart Metering direkt am Stromkreis oder Verbraucher enthalten (vgl. Abb. 8.422).

Abb. 8.422 Z-Wave-Bewegungsmelder

Fensterkontakte werden als Anbaulösung von Everspring angeboten, die an Fenster/Tür und Rahmen angebracht werden (vgl. Abb. 8.423).

Abb. 8.423 Z-Wave-Fensterkontankt

HKL-Lösungen werden als Temperaturregler und Stellantriebe angeboten, interessant ist hier der Einfluss des Herstellers Danfoss (vgl. Abb. 8.424).

Zum Portfolio zählen auch Temperatur- und Feuchtesensoren als Aufbaugeräte (vgl. Abb. 8.425).

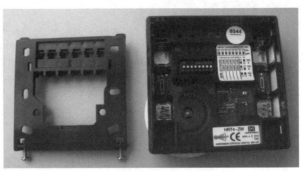

Abb. 8.424 Z-Wave-Einzelraumtemperaturregler

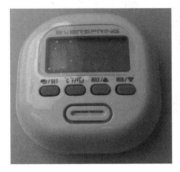

Abb. 8.425 Z-Wave-Temperatur-/Feuchtesensor

Von NorthQ werden Smart-Metering-Sensoren zur Auslesung der Zählscheibe am Ferraris-Zähler angeboten, verfügbar sind auch Stromzähler zur Messung an der Leitung (vgl. Abb. 8.426 und Abb. 8.427).

Abb. 8.426 Z-Wave-Gerät zur Ankopplung an den Ferraris-Zähler

Abb. 8.427 Z-Wave-Stromsensoren zur Leistungsmessung

8.20.1.3 Aktoren

Das aktorische Produktportfolio der Z-Wave-Anbieter ist ebenfalls sehr umfangreich. Verfügbar sind Schaltaktoren, Dimmer, Jalousieaktoren und Stellantrieben in verschiedensten Bauformen, darunter auch als Zwischensteckergerät. Nicht alle angebotenen Z-Wave-Geräte sind für den deutschen Markt hinsichtlich Stromversorgung und Stecksystem verwendbar (vgl. Abb. 8.428 bis Abb. 8.430).

Abb. 8.428   Schaltaktor als Unterputzgerät

Abb. 8.429   Schaltaktor in sehr flacher Bauform als Relais

Abb. 8.430   Schalt-/Dimmaktor in Zwischenstecker-Bauform

Neben Innenanwendungen sind auch Geräte mit Bauformen für den Außeneinsatz verfügbar (vgl. Abb. 8.431).

Abb. 8.431   Schaltaktor in Zwischenstecker-Bauform für den Außenbereich

8.20.2 Programmierung

Die Programmierung des Z-Wave-Systems basiert auf dem Einfügen und Entfernen einzelner Z-Wave-Teilnehmer in und aus einem Z-Wave-Netzwerk.

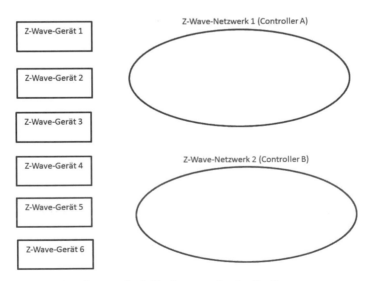

Abb. 8.432   Ausgangssituation vor der Inklusion unverbauter Geräte

Der Einfügeprozess wird mit „Inclusion", der Entfernprozess mit „Exclusion" bezeichnet. Sollen neue Geräte in einen Z-Wave-Controller und damit ein Netzwerk inkludiert werden, ist dies problemlos möglich. Bei eventuell bereits benutzten Geräten ist nicht sichergestellt, ob das Gerät bereits in einem Netzwerk installiert war. Aus diesem Grund ist bei Problemen hinsichtlich der Inklusion zunächst eine pauschale Exklusion vorzunehmen.

Unverbaute Z-Wave-Teilnehmer tragen eine Gerätebezeichnung, jedoch keine weiteren Informationen (vgl. Abb. 8.432).

Der Inklusionsprozess wird auf dem Controller A über eine Treibersoftware gestartet, die dem neuen Z-Wave-Netzwerk hinzuzufügenden Z-Wave-Geräte werden der Reihe nach in den Anlernprozess versetzt, indem bestimmte Tasten dreifach in kurzer Zeit betätigt werden oder anders zur Inklusion angeregt werden (vgl. Abb. 8.433).

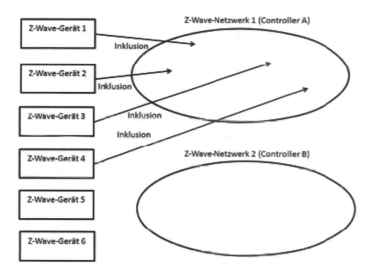

Abb. 8.433 Start des Inklusionprozesses

Nach Abschluss des Inklusionprozesses tragen die im Netzwerk 1 des Controllers A befindlichen Z-Wave-Geräte die Zusatzinformationen einer neuen ID-Nummer sowie des zugeordneten Controllers (vgl. Abb. 8.434).

Vor der Inklusion in ein anders Z-Wave-Netzwerk auf einem anderen Controller müssen die betroffenen Geräte zunächst aus dem ursprünglichen Netzwerk exkludiert werden. Dies kann über einen beliebigen Controller, z. B. A oder B, erfolgen. Es ist also unerheblich, dass die Inklusion nicht vom Controller ausgeführt wird, der dem Netzwerk zugeordnet ist, in das das Z-Wave-Gerät inkludiert war (vgl. Abb. 8.435).

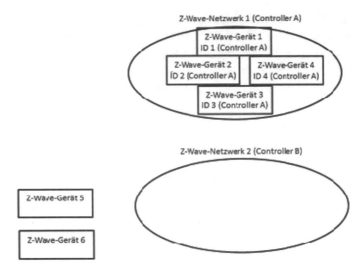

Abb. 8.434 Neue Informationen in den includierten Z-Wave-Geräten

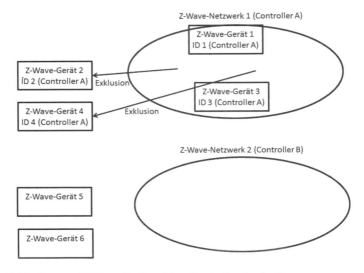

Abb. 8.435 Exklusion von Z-Wave-Geräten über Controller A oder B

Nach der Exklusion kann der neue Inklusionsprozess erfolgen. Während dieses Prozesses wird eine neue ID-Nummer und die Controllerzuordnung neu im Gerät eingetragen (vgl. Abb. 8.436).

Da nie sichergestellt werden kann, ob ein Z-Wave-Gerät bereits inkludiert war, sollten pauschal neu einem Z-Wave-Netzwerk zuzuordnende Geräte zunächst erneut exkludiert werden. Ein Z-Wave-Gerät ist immer einem Netzwerk zugeordnet.

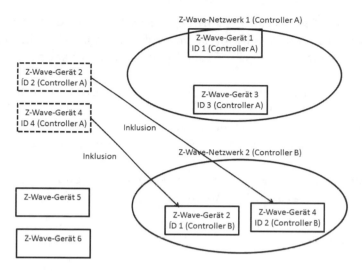

Abb. 8.436 Inklusion bereits vorher inkludierter Geräte in ein neues Z-Wave-Netzwerk

8.20.2.1 Programmierung über die Homepage www.z-wave.me

Komfortabel kann die Konfiguration über ein Programm erfolgen, das über die Homepage www.z-wave.me eingerichtet werden kann (vgl. Abb. 8.437).

Abb. 8.437 Registrierung und Download des Z-Wave-Connectors

Auf dieser Web-Seite ist eine Registrierung vorzunehmen und die Software für einen softwarebasierten Z-Wave-Connector herunterzuladen. Damit steht die Softwareseite des Z-Wave-Gateways nach Installation auf dem PC unter dem Namen Z-Connector zur Verfügung.

Um das Z-Wave-Gateway hardwaremäßig nutzbar zu machen, ist ein passender Treiber herunterzuladen. Im Fall des vorliegenden Z-Wave-USB-Sticks ist der Treiber unter „http://www.prolific.com.tw/US/CustomerLogin.aspx" verfügbar und kann nach Download installiert werden und stellt anschließend eine neue serielle Schnittstelle zur Verfügung.

Nach Einrichtung des Z-Wave-Connectors kann dieser aufgerufen werden und liegt anschließend auf der Taskleiste (vgl. Abb. 8.438).

Abb. 8.438   Fenster des Z-Wave-Connectors nach Aufruf

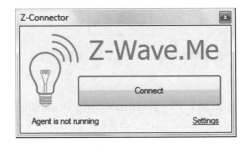

Parallel liegt der Connector auch auf der Taskleiste (vgl. Abb. 8.439).

Abb. 8.439   Z-Wave-Connector in der Taskleiste

Nach dem Start des Connectors ist eine Autorisierung erforderlich, die vorher auf der Web-Seite getätigt wurde. Anschließend ist die Konfiguration über das Tool möglich (vgl. Abb. 8.440).

Abb. 8.440   Konfigurationsoberfläche der Zwave.me-Software

Über den Reiter „Netzwerk" und dort „Z-Wave Management" können Geräte inkludiert und exkludiert werden (vgl. Abb. 8.441).

Abb. 8.441   Start des Inklusions- oder Exklusions-Prozesses

Der Start des Exklusions-Prozesses wird durch den Text „Controller ist im Exclusion_Modus" in roter Schrift unter „Netzwerk-Management" angezeigt. Während dieses laufenden Prozesses können Z-Wave-Geräte exkludiert werden. Der Prozess endet selbstständig und kann erneut gestartet werden (vgl. Abb. 8.442).

Abb. 8.442 Anzeige des Exklusions-Prozesses

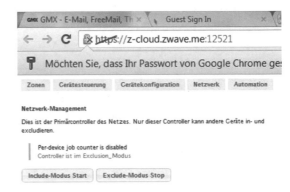

Der erfolgreiche Exklusions-Prozess wird durch Angabe der alten ID-Nummer und dem Exklusions-Zeitpunkt angezeigt (vgl. Abb. 8.443). Auf diese Art werden zunächst alle zu exkludierenden Geräte konfiguriert.

Abb. 8.443 Ergebnis eines erfolgreichen Exklusions-Prozesses

Nach erfolgter Exklusion können in der Gerätekonfigurations-Ansicht die im Netzwerk vorhandenen Geräte angezeigt werden. Erkennbar ist als Gerät 1 der Controller selbst, der nicht konfiguriert werden kann (vgl. Abb. 8.444).

Im nächsten Schritt können Geräte durch Inklusion eingelernt werden. Hierzu wird über „Netzwerk" und dort „Z-Wave Management" der Inklusions-Prozess gestartet. Der Start des Inklusions-Prozesses wird durch „Controller ist im Inclusion_Modus" angezeigt (vgl. Abb. 8.445).

Abb. 8.444 Gerätekonfigurations-Ansicht

Abb. 8.445 Gestarteter
Inklusions-Prozess

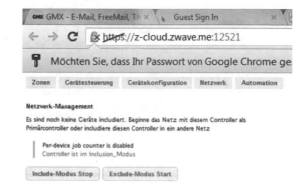

Ein erfolgter Inklusions-Prozess wird durch Vergabe der neuen ID angezeigt (vgl. Abb. 8.446).

Abb. 8.446 Anzeige eines
erfolgreichen Inklusions-
Prozesses

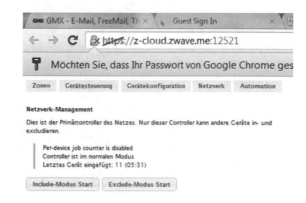

Nach Inklusion aller anzulernenden Z-Wave-Geräte können diese unter Gerätekonfiguration eingesehen werden (vgl. Abb. 8.447).

Abb. 8.447 Ergebnis des
Inklusions-Prozesses in der
Gerätekonfigurations-Ansicht

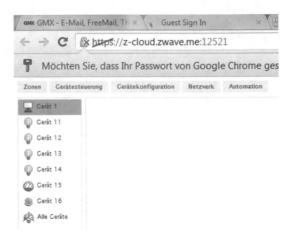

Zu jedem Gerät können vergleichbar mit Beschreibungsdaten bei LON-Geräten die
Parameter und Eigenschaften des betreffenden Geräts eingesehen werden. Soweit verfügbar, wird auch ein Bild des Produkts angezeigt.

Über Gerätesteuerung und dort Gerätestatus kann der Zustand der Geräte überprüft
werden (vgl. Abb. 8.448).

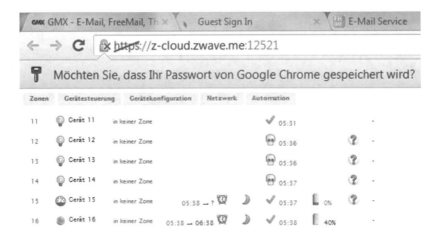

Abb. 8.448 Gerätestatus

Über Gerätesteuerung und dort Aktoren können die Aktoren direkt bedient werden.
Sollte ein Aktor aktuell nicht erreichbar sein, sind die Bedienelemente nicht sichtbar.
Über die im Z-Wave-Gerät abgelegten Geräteeigenschaften wurde das Gerät automa-
tisch den Aktoren zugewiesen (vgl. Abb. 8.449).

Abb. 8.449   Bedienung von Aktoren

Unter Sensoren befinden sich der Fensterkontakt und der Temperatur-/Feuchtesensor (vgl. Abb. 8.450).

Abb. 8.450   Auswertung von
Sensoren

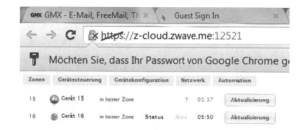

Unter Zonen kann eine Gebäudetopologie mit mehreren Ebenen angelegt werden, in der anschließend die Z-Wave-Geräte abgelegt werden (vgl. Abb. 8.451).

Abb. 8.451   Anlegen der Gebäudetopologie

Als Ergebnis ergibt sich die komplette Gebäudetopologie (vgl. Abb. 8.452). Den einzelnen Räumen können im nächsten Schritt Hintergrundbilder zugewiesen werden (vgl. Abb. 8.453).

Abb. 8.452 Gebäudetopologie mit vier Ebenen und einzelnen Räumen

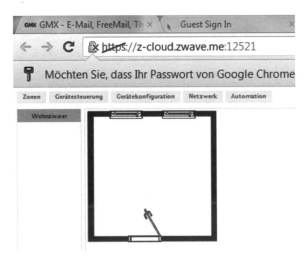

Abb. 8.453 Zugefügtes Hintergrundbild zum Wohnzimmer

Auf der Basis des Hintergrundbildes können die entsprechenden Z-Wave-Geräte dem Wohnzimmer zugeordnet werden (vgl. Abb. 8.454).

Über die Gerätekonfiguration können die Geräte umbenannt und hinsichtlich des Verhaltens geändert werden (vgl. Abb. 8.455).

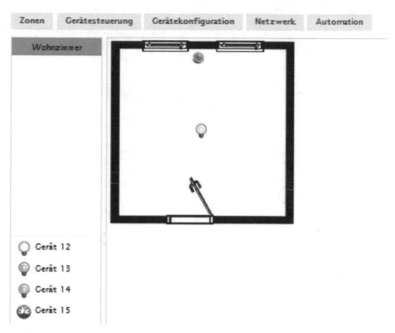

Abb. 8.454 Platzierte Geräte im Wohnzimmer

Abb. 8.455 Änderung der Konfiguration der Z-Wave-Geräte

Die Zuordnung von Funktionen erfolgt unter dem Menüpunkt Automation (vgl. Abb. 8.456). Z-Wave.Me ermöglicht eine komfortable und übersichtliche Programmierung des Z-Wave-Netzwerks.

Abb. 8.456 Zufügen von Funktionen zum Z-Wave-Netzwerk

8.20.2.2 Programmierung mit IP-Symcon

Auch IP-Symcon erlaubt das Inkludieren und Exkludieren von Z-Wave-Geräten. Über den Z-Wave-Konfigurator können die bereits im Controller inkludierten Z-Wave-Geräte komfortabel nach IP-Symcon übernommen werden. IP-Symcon in Verbindung mit Z-Wave arbeitet hier vergleichbar der Datenpunktlistenverwendung bei xComfort (vgl. Abb. 8.457).

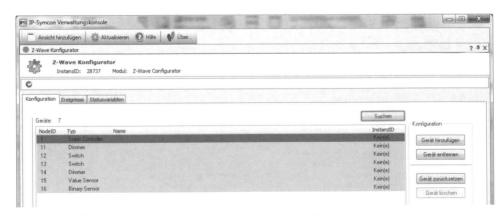

Abb. 8.457 Übernahme der Z-Wave-Geräte aus dem Controller

Nach Erstellung des Geräts kann die weitere Konfiguration, z. B. durch Änderung der Geräteklassen, erfolgen (vgl. Abb. 8.458).

Abb. 8.458 Konfiguration eines Z-Wave-Geräts in IP-Symcon

Anschließend können die Geräte wie gewohnt in IP-Symcon bearbeitet werden (vgl. Abb. 8.459).

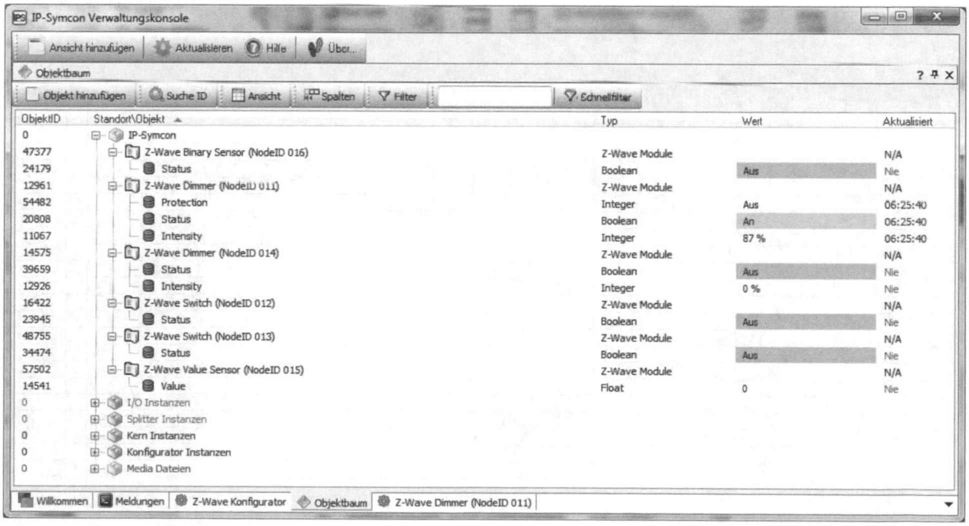

Abb. 8.459 Z-Wave-Geräte mit Objekten in IP-Symcon

Neue Z-Wave-Geräte können auch manuell über die Anlage neuer Instanzen angelegt werden. Der Inklusionsprozess wird automatisch gestartet (vgl. Abb. 8.460).

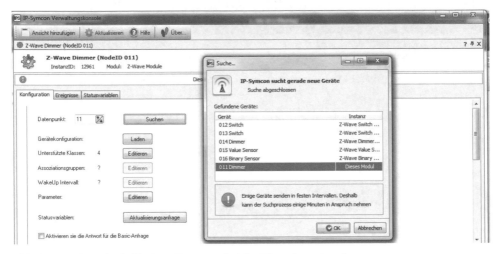

Abb. 8.460 Start des Inklusions-Prozesses bei der Neuanlage einer Instanz

Das Inkludieren und Exkludieren von Z-Wave-Geräten aus dem Controller kann direkt aus dem Konfigurator erfolgen.

8.20.2.3 Programmierung über den Controller Vera lite

Über den Controller Vera lite der Firma Mi Casa Verde lässt sich ein Z-Wave-Netzwerk aufbauen. Nach Verbindung mit dem Netzwerk lässt sich der Controller durch Eingabe von „micasaverde.com/setup/" im Browser aufrufen (vgl. Abb. 8.461).

Abb. 8.461 Web-Seite nach Aufruf von „micasaverde.com/setup"

Es erscheint eine Web-Seite, in der verschiedene Sprachen ausgewählt werden können. Es wird erläutert, wie das Vera-System anzuschließen ist, falls keine korrekte Netzwerkanbindung vorliegt. Als erster Hinweis erscheint, dass ein Update auf eine aktuelle Version der Software durchgeführt werden soll (vgl. Abb. 8.462).

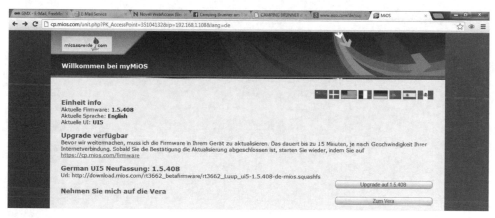

Abb. 8.462 Aufruf des Updates

Nach dem Aufruf des Vera-Systems ist die weitere Konfiguration mit Führung in englischer Sprache möglich, wobei eine teilweise Übersetzung in die deutsche Sprache erfolgt. Aufgeführt sind die Karteireiter Dashboard, Devices, Automation, Apps, Account, Energy und Setup (vgl. Abb. 8.463).

Abb. 8.463 Benutzeroberfläche des Systems Vera lite

Im ersten Schritt werden dem Z-Wave-Netzwerk Z-Wave-Geräte hinzugefügt. Dieses erfolgt über den Reiter Devices und dort die Auswahl aus einer Addiermöglichkeit. Normale Z-Wave-Teilnehmer sind über die erste Auswahlmöglichkeit ladbar, verfügbar ist auch ein Zugang zu X10-Komponenten über ein passendes Gateway (vgl. Abb. 8.464).

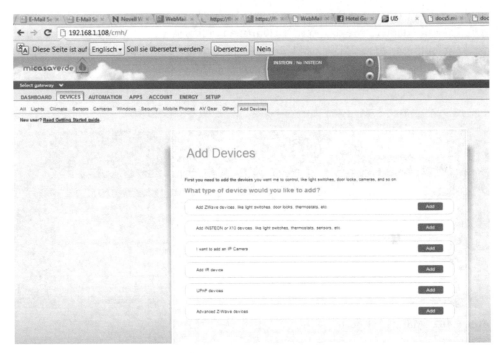

Abb. 8.464 Möglichkeiten zum Anlernen von Z-Wave-Komponenten

Nach Auswahl dieses Suchmodus wird das System Vera lite in den Anlernmodus versetzt. Da nahezu alle Hersteller und Produktgruppen mit unterschiedlichen Anlernmethoden arbeiten, ist zunächst jeweils die betreffende Bedienungsanleitung in Bezug auf den Inklusionprozess zu lesen. Hier ist bis auf wenige Hersteller die nahezu ausschließlich verfügbare Anleitung in englischer Sprache sehr nachteilig.

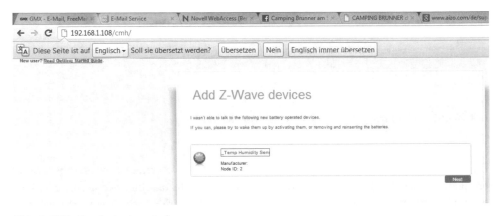

Abb. 8.465 Ergebnis eines Anlernprozesses

Die häufigste Anlernmethode ist die 3fache Betätigung in einem sehr kurzen Zeitraum von 1,5 s. Von Fall zu Fall muss dies zunächst geübt werden, zudem müssen an den Geräten unterschiedliche Tasten, Bedienelemente betätigt werden oder auf eine feste Stelle per Klopfen eine kapazitive Auslösung erfolgen. Im Test fiel auf, dass sich Merten-Geräte zunächst nicht anlernen ließen, gleichartige Düwi-Produkte problemlos. Nach erfolgtem Anlernen werden die Geräte auf der Web-Seite aufgeführt (vgl. Abb. 8.465).

Die eingelernten Geräte müssen anschließend Räumen zugeordnet werden. Dies erfolgt über den Menüpunkt Setup und dort Rooms. Per Befehl „Add rooms" werden neue Räume angelegt. Die Eingaben sind mit „Save" abzuschließen (vgl. Abb. 8.466).

Abb. 8.466 Anlage einzelner Räume in einer Ebene

Anschließend können die einzelnen Sensoren und Aktoren den einzelnen Räumen zugeordnet werden (vgl. Abb. 8.467).

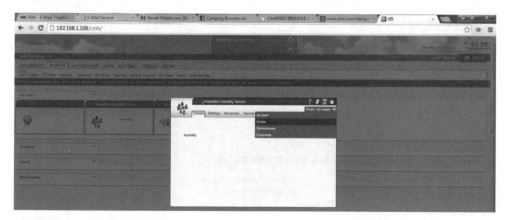

Abb. 8.467 Zuordnung der Geräte zu Räumen

Danach können die Sensoren und Aktoren unter dem Reiter Devices ausgewertet und bedient werden. Hier stehen verschiedene Gewerkekategorien zur Auswahl bereit. Unter dem Reiter „All" befinden sich alle Sensoren in einer einzigen Ansicht, jedoch aufgeteilt auf die einzelnen Räume. Aufgeführt ist unter anderem der Temperatur-/Feuchte-Sensor, der der Küche zugeordnet wurde (vgl. Abb. 8.468).

Abb. 8.468 Sensoren und Aktoren unter dem Reiter Devices – All

Nachdem das Setup für alle Sensoren und Aktoren beendet wurde, ist die Eingabe mit „Save" zu bestätigen, anschließend werden Messergebnisse angezeigt und Bedienmöglichkeiten angeboten (vgl. Abb. 8.469).

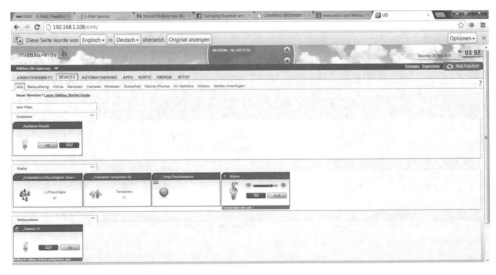

Abb. 8.469 Bedien- und auswertbare Geräte

In dieser einfachen Benutzeroberfläche können die Aktoren bereits direkt gesteuert werden, so lassen sich die Aktoren schalten und Dimmer hinsichtlich der Helligkeit beeinflussen (vgl. Abb. 8.470).

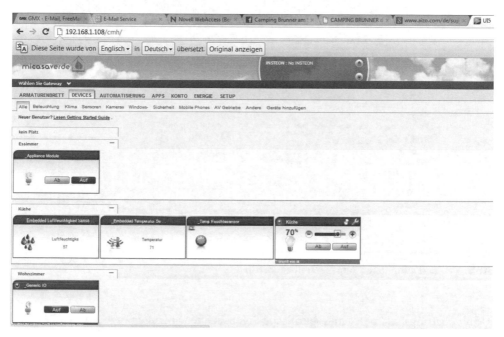

Abb. 8.470 Bedienung eines Aktors in der Benutzeroberfläche

Durch Anwahl des Werkzeugsymbols können die Eigenschaften des Geräts bearbeitet werden.

Abb. 8.471 Bedienung des Moduls über „Control"

Über „Control" ist die Bedienung oder das Auslesen des Geräts möglich (vgl.
Abb. 8.471).

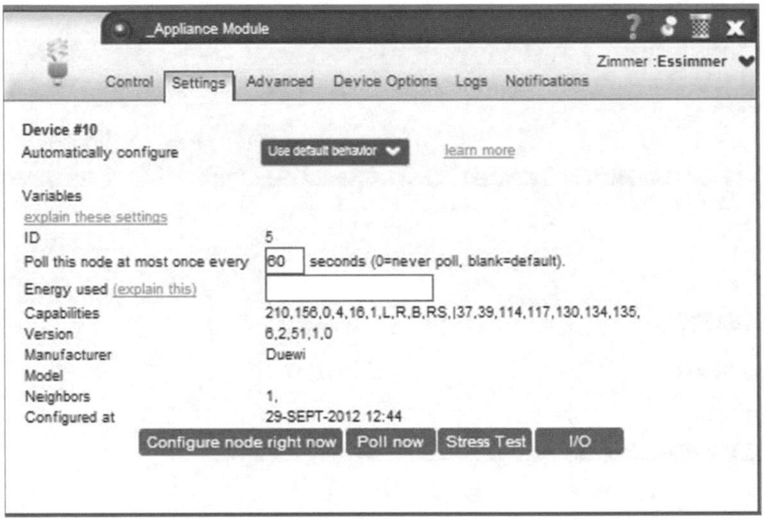

Abb. 8.472 Definitionen zum Gerät über „Settings"

Unter „Settings" werden gerätespezifische Eigenschaften angezeigt (vgl. Abb. 8.472).

Abb. 8.473 Detailinformationen zum Gerät über „Advanced"

Weitere Spezifikationen, wie z. B. Gruppenzugehörigkeit, ist über „Device Options"
möglich (vgl. Abb. 8.473 und Abb. 8.474).

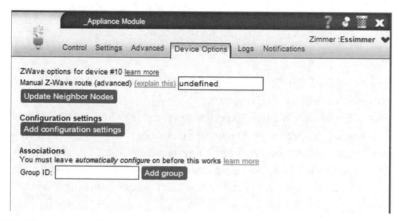

Abb. 8.474   Weitere Einstellungen über „Device Options"

Nach Einstellung sämtlicher Parameter kann die Gebäudeautomation über den Menüpunkt „Automation" oder das Laden zusätzlicher Applikationen unter „Apps" realisiert
werden.

8.20.3 Analyse

Z-Wave bietet ein sehr umfangreiches Produktportfolio für die Gebäudeautomation, das
jedoch aus technischen Gründen nicht vollständig für den europäischen Markt geeignet
ist, darüber hinaus sind fast ausschließlich Bedienungsanleitungen in englischer Sprache
vorhanden. Die Verfügbarkeit der Geräte reduziert sich im wesentlichen auf dezentrale
Komponenten, die in Schalt- oder Verteilerdosen verbaut werden. Zudem ist die Übersicht über die Produkte schwierig zu erlangen, was zu Abstrichen bei der Beurteilung
von Z-Wave führt. Demgegenüber ist Z-Wave ein hinsichtlich der Kommunikation sehr
sicheres System, da es aktives Routing ermöglicht. Zahlreiche Schnittstellen und Zentralen zum System werden angeboten, wobei diese Schnittstellen und Gateways hinsichtlich
der Kompatibilität zu bestimmten Softwarepaketen und Produkten häufig nicht nutzbar
sind. So ist nicht jedes Z-Wave-Produkt auch tatsächlich interoperabel, obwohl die Alliance andeutet, dass nur zertifizierte Geräte unter dem Label Z-Wave vertrieben werden
dürfen. Sowohl zentrale, als auch dezentrale Smart-Metering-Geräte werden angeboten,
weitere sensorische Komponenten vervollständigen das Gesamtsystem.

Gerät	Preis je Gerät	Preis je Kanal
Z-Wave Wandschalter mit geteilter Schaltwippe [TKB_TZ66-D]	42 Euro	21 Euro
FIBARO RELAIS 2 SCHALTER A 1.5KW	59,99 Euro	30 Euro
Preis für eine Funktion		ca. 51 Euro

Mit Kosten von ca. 51 Euro für eine einzige Schaltfunktion zählt Z-Wave zu den Systemen im mittleren bis unteren Preissegment.

Problematisch und eher für den Experten tauglich sind die Programmiermöglichkeiten, insbesondere wenn spezifische Eigenschaften der Geräte geändert werden sollen.

Wie bei allen batterieversorgten Funkbussystemen ist die Stromversorgung bei den Sensoren problematisch, da Batterien zyklisch ausgetauscht oder durch ein Überwachungssystem hinsichtlich der Kapazität kontrolliert werden müssen.

8.20.4 Neubau

Wenn auch drahtbasierte Systeme beim Neubau vorgezogen werden sollten, bietet Z-Wave aufgrund seines flexiblen Routingkonzepts genügend Sicherheit, um auf separate Kommunikationsleitungen zu verzichten. Das Produktportfolio ist ausreichend, um nahezu alle Funktionalitäten der Gebäudeautomation zu ermöglichen, dies schließt auch Automatisierung und Visualisierung ein. Aufgrund des Fehlens von Hutschienen-Geräten für den Stromkreisverteiler müssen alle Produkte unter Putz, auf Putz oder als Einbaugerät verbaut werden. Daher eignet sich Z-Wave im Neubaubereich eher als Ergänzungssystem zu einem drahtbasierten System. Schnittstellen zu übergeordneten Gebäudeautomationssystemen sind nicht vorhanden. Andere Bussysteme können nur über die Software IP-Symcon eingebunden werden.

8.20.5 Sanierung

Die Argumente für eine Anwendbarkeit von Z-Wave bei der Sanierung wurden bereits bei der Beurteilung für den Neubau erläutert. Da keine Busleitungen gezogen werden müssen, sind saubere Sanierungen möglich, da lediglich Verteiler- und Schalterdosen geöffnet und Umverdrahtungen erfolgen müssen.

8.20.6 Erweiterung

Da Z-Wave für den Neubau und auch die Sanierung geeignet ist, ist auch eine Erweiterung der Installation problemlos möglich sowie die Stromversorgung für Aktoren vorhanden ist. Die Einbindbarkeit zentraler Automatisierungs- und Visualisierungssysteme, z. B. auf der Basis von IP-Symcon, ist problemlos möglich, soweit die gewählte Schnittstelle kompatibel ist, sonst muss eine weitere oder andere Schnittstelle in das System eingefügt werden.

8.20.7 Nachrüstung

Die Argumente für Neubau, Sanierung und Erweiterung sind auch gültig für die Beurteilung der Anwendbarkeit für die Nachrüstung. Aufgrund verfügbarer Zwischenstecker-Schaltaktoren und -Dimmer können auch Geräte mit Steckeranschluss, wie z. B. akzentuierende Lampen in das System integriert werden. Von Vorteil ist, dass die Nachrüstung problemlos auch sukzessive möglich ist.

8.20.8 Anwendbarkeit für smart-metering-basiertes Energiemanagement

Die Anwendung von Smart Metering ist problemlos möglich, da ein vorhandener elektrischer Haushaltszähler grundsätzlich durch einen elektronischen ersetzt werden kann. Der Energiekunde kann durch Änderung seines Nutzerverhaltens seinen Energieverbrauch und damit seine Energiekosten senken. Damit wird psychologisches Energiemanagement außerhalb des Z-Wave-Systems möglich. Da ein Zugang zu bestehenden alten Ferraris-Zähler über spezielle Sensoren möglich ist, kann hierfür auch zentrales Smart Metering aufgebaut werden, hinzu kommen dezentrale Zähler im System sowie umfangreiche Sensorik. Damit ist Z-Wave zu großen Teilen auch für aktives und passives Energiemanagement geeignet. IP-Symcon lässt sich als zentrales Automatisierungs- und Visualisierungssystem adaptieren. Damit wird Z-Wave in Verbindung mit IP-Symcon zu einem perfekten System für die Realisierung von smart-metering-basiertem Energiemanagement.

8.20.9 Objektgebäude

Als klassisches Gebäudebussystem für die Nachrüstung ohne Gateway zu übergeordneten Bussystemen ist Z-Wave auch aufgrund der flexiblen Routingfunktion nicht für Objektgebäude geeignet. Die Einsatzmöglichkeit beschränkt sich hier damit auf separate, dezentrale Anwendungen.

8.21 ELDAT Easywave

Gemeinsam mit Partnern hat die Firma ELDAT GmbH aus Königs-Wusterhausen 2001 den „Funkstandard" Easywave entwickelt. Das gesamte System basiert auf der neuesten Funktechnik und wurde speziell für Anwendungen rund um die Gebäudetechnik entwickelt.

Easywave bietet ein Komplettsystem für Anwendungen rund um die Gebäudetechnik, soweit schaltbare Anwendungen reichen. Das 868-MHz-Frequenzband ist mit seiner Unterteilung in Subbänder (z. B. Subband 868,0 MHz bis 868,6 MHz) und unterschiedlichem „Duty-Cycle" ideal für diese anspruchsvollen Aufgaben geeignet. Im ISM-Frequenzband (ISM = Industrial Scientific Medical) wird nur wenige hundert Millisekunden mit einer maximalen Sendeleistung von 25 mW mit einem Duty-Cycle < 1 % (maximale Sendedauer 36 s pro Stunde) gesendet. Easywave strahlt 1.000-mal weniger Elektrosmog ab als ein Handy, sogar weniger als eine dauerhaft unter Strom stehende Leitung. Bei 5-maliger Betätigung eines Senders am Tag soll die Batterie laut Hersteller ca. fünf Jahre halten. Dabei hat der Sender eine Reichweite von ca. 30 m im Haus bei Durchdringung von zwei Mauerwänden und im freien Feld von bis zu 150 m. Die Anzahl der Kanäle ist bei einfachen Sendern identisch mit der Anzahl der Tasten, da jede Taste ein Funksignal (Telegramm) auslöst. Bei komplexeren Sendern ist die Anzahl der Kanäle nicht identisch mit der Anzahl der Tasten. Die Anzahl der Kanäle wird von der Anzahl der unterschiedlichen gesendeten Telegramme bzw. gewünschten Funktionen bestimmt. Die Telegramme enthalten die Tastencodes A, B, C und D. Die gewünschte Funktion wird nicht vom Sender, sondern vom Empfänger bestimmt und ist abhängig von der am Empfänger eingestellten Betriebsart und dem Tastencode des Senders. Ein Vorteil von Easywave ist, dass beim Einlernvorgang generell nur der Code einer Taste je Sendekanal übertragen werden muss. Der Code der zugehörigen Tastenfunktionen wird automatisch zugeordnet (vgl. Abb. 8.475).

Taste	1-Tast-Betriebsart	2-Tast-Betriebsart	2-Tast-Betriebsart	3-Tast-Betriebsart
A	Impuls	Ein	Auf	Auf
B	Impuls	Aus	Ab	Ab
C	Impuls	Ein	Auf	Stopp
D	Impuls	Aus	Ab	Stopp

Impuls: 1. Tasten = An   1. Tasten = Auf
          2. Tasten = Aus   2. Tasten = Stopp
                            3. Tasten = Zu

Abb. 8.475 Definition einer Tasterfunktion

Das Easywave-KNX/EIB-Gateway ermöglicht die bidirektionale Erweiterung einer KNX/EIB-Installation mit Easywave-Funksendern (Handsender und Wandsendern) und Easywave-Funkempfängern (Aktoren). Die Funktelegramme werden in entsprechende KNX/EIB-Telegramme und umgekehrt die KNX/EIB-Telegramme in Easywave-Telegramme umgesetzt. Es können 128 Easywave-Sensoren und 32 Aktoren angeschlossen werden. Entsprechend dem KNX/EIB existiert auch ein LON-Gateway mit vergleichbarer Funktionalität.

Um speziell die Funktionalitäten der Gebäudeautomation nur mit Easywave abzudecken, wurde ein USB-Gateway zur Ankopplung eines PCs entwickelt und eine spezielle Homeputer-Variante entwickelt. Easywave zählt zudem zu den Funkbussystemen, die im PEHA-PHC-System über ein Gateway integriert werden können.

Neben Anwendungen für die Gebäudeautomation etabliert sich ELDAT mehr und mehr als Anbieter von Geräten zur Unterstützung des altengerechten Wohnens und allgemein des ambient assisted livings (AAL).

8.21.1 Typische Geräte

Typische Geräte bei Easywave sind Gateways zu diversen Gebäudeautomationssystemen, klassische Systemkomponenten, wie z. B. Spannungsversorgungen, sind für den Betrieb des Bussystems nicht notwendig, wenn keine Zubringertätigkeit übernommen wird.

8.21.1.1 Systemkomponenten

Systemkomponenten sind Gateways zu KNX/EIB, LON und PEHA-PHC sowie ein USB-Stick, um Easywave um eine PC-basierte Zentrale zu erweitern.

Das KNX/EIB-Gateway ermöglicht die Integration von Easywave als Subsystem in KNX/EIB (vgl. Abb. 8.476).

Das LON-Gateway ermöglicht die Integration von Easywave als Subsystem in LON (vgl. Abb. 8.477).

Abb. 8.476 Easywave KNX/EIB-Gateway   **Abb. 8.477** Easywave-LON-Gateway [ELDAT]

Der Easywave-USB-Stick kann als Programmiergrundlage zum Aufbau von Gateways zu übergeordneten Gebäudeautomationssystemen Verwendung finden (vgl. Abb. 8.478). Auf der Basis des Gateways wurde eine Variante von Homeputer unter dem Namen Easywave CCsoft für Anwendung im Wohngebäude realisiert.

Zur Anbindung von Easywave an das zentrale PEHA-PHC-System dient das PEHA-PHC-Funkbus-Gateway PHC Easywave (vgl. Abb. 8.479).

   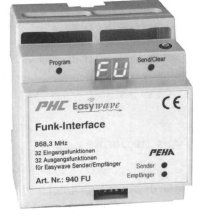

Abb. 8.478 Easywave-USB-Stick-Gateway   **Abb. 8.479** Funkbus-Gateway zu PEHA-PHC

Ein Repeater rundet das Produktportfolio hinsichtlich der Systemkomponenten ab und ermöglicht die Vergrößerung der Reichweite bei größeren Anlagen im Gebäude oder Funkübertragungsproblemen durch Zwischendecken (vgl. Abb. 8.480).

Abb. 8.480 Repeater zur Erweiterung der Funkreichweite

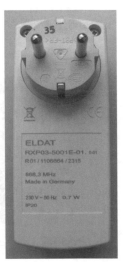

8.21.1.2 Sensoren

Das sensorische Produktportfolio besteht aus sehr flachen Binäreingängen, die aufgrund ihrer Größe problemlos hinter konventionellen Tastern angebracht werden können, Einbau-Binäreingängen, vollständigen Tastern mit ein und zwei Wippen, sonstigen Eingabegeräten, Fensterkontakten und Alarmtastern für die Anwendung im altengerechten Wohnen (AAL) (vgl. Abb. 8.481).

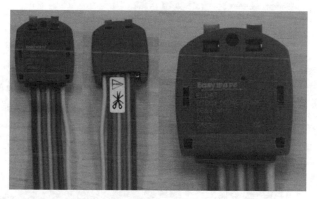

Abb. 8.481 ELDAT-Easywave-4fach-Binäreingang

Neben batterieversorgten Binäreingängen sind auch sensorische Geräte mit Stromversorgung aus dem Energieversorgungsnetz verfügbar (vgl. Abb. 8.482).

Abb. 8.482 Easywave-2fach-
Binäreingang als Einbaugerät

Verfügbar sind zudem vom Design her ansprechende Komplett-Tasterlösungen, die aufgrund ihrer Baugröße auch auf Oberflächen oder Wände geklebt werden können (vgl. Abb. 8.483 und Abb. 8.484).

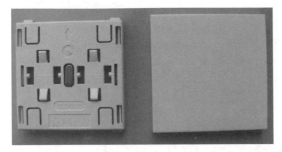

Abb. 8.483 Easywave-1-Wippen-Taster

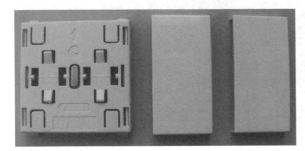

Abb. 8.484 Easywave-2-Wippen-Taster

Die Tasteingabemöglichkeiten werden durch Eingabetableaus und Fernsteuerungen ergänzt (vgl. Abb. 8.485).

Die Bauform des Fensterkontakts lässt die einfache Montage an Fenstern und Türen zu (vgl. Abb. 8.486).

Abb. 8.486 ELDAT-Easywave-Fensterkontakt

Abb. 8.485 ELDAT-Easywave-4-fach-Fernbedienung

Für das altengerechte Wohnen werden unter anderem Armband- und Halsband-
sender angeboten (vgl. Abb. 8.487).

Abb. 8.487 ELDAT-
Easywave-Pflegeruf

8.21.1.3 Aktoren

Das aktorische Portfolio umfasst zahlreiche Schaltaktoren in der Bauform als Einbau-
und Zwischensteckergerät (vgl. Abb. 8.488).

In tiefen Schalter- oder Verteilerdosen können Schaltaktoren als Einbaugeräte montiert werden (vgl. Abb. 8.489).

Abb. 8.488 Easywave 1fach-Taster als Unter-
putz-Binäreingang

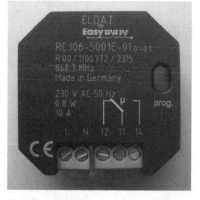

Abb. 8.489 Easywave-1fach-Aktor
als Einbaugerät

Verfügbar sind auch Schaltaktoren als Zwischensteckergeräte (vgl. Abb. 8.490).

Zur Unterstützung der Klingelfunktion kann das Signal der Klingel am Eingang auf
einen Funkgong weitergeleitet werden, der auch als Alarmeinrichtung dienen kann (vgl.
Abb. 8.491).

Abb. 8.490 Easywave-1fach-
Aktor als Zwischenstecker

Abb. 8.491 Easywave-Funkgong

8.21.2 Programmierung

8.21.2.1 Direkte Programmierung über Point-to-point-Verknüpfung

Die einfachste Programmierung erfolgt bei Easywave über Point-to-point-Verknüpfungen. Vergleichbar mit dem INSTA-Funkbussystem 433 MHz werden Aktoren in den
Programmiermodus versetzt und anschließend Sensoren direkt zugewiesen.

8.21.2.2 Programmierung über die Software CCsoft

Die Software Easywave CCsoft ist eine Variante von Homeputer und lässt sich nach
Installation eines mitgelieferten Treibers in Verbindung mit dem USB-Stick als Gateway
einfach installieren und in Betrieb nehmen. Die Bedienung entspricht derjenigen für
xComfort, FS20 und HomeMatic (vgl. Abb. 8.492).

Abb. 8.492 Bedienoberfläche von CCsoft

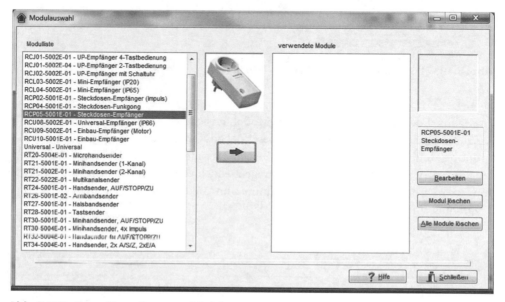

Abb. 8.493 Auswahl von Easywave-Modulen

Komfortabel können die Geräte aus der Modulliste ausgewählt und zur weiteren Programmierung übernommen werden (vgl. Abb. 8.493). Mit der Übernahme von Modulen ist sinnvoller Weise die Benennung entsprechend dem lokalen Einbauort zu ändern (vgl. Abb. 8.494).

Abb. 8.494 Umbenennung
eines Easywave-Moduls

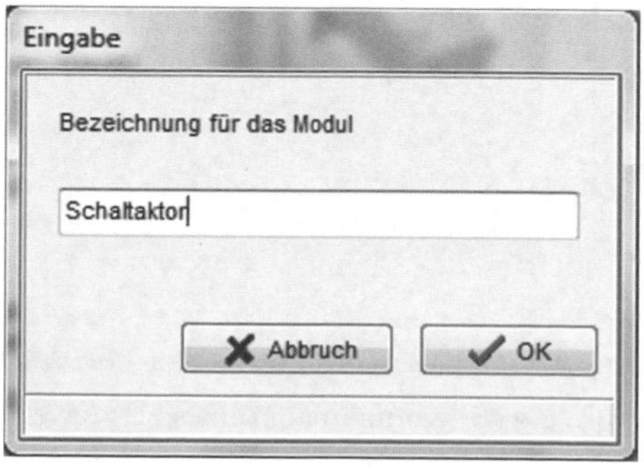

Anschließend liegt das Modul in der Liste der verwendeten Modul und kann per Doppelklick konfiguriert werden (vgl. Abb. 8.495).

Abb. 8.495 Liste der verwendeten Easywave-Module

Im Rahmen der Konfiguration kann das Modul hinsichtlich der Dokumentation über die Eingabe von Standort und Notiz näher beschrieben werden. Die Adressvergabe und -zuordnung zum Gerät ist bei Aktoren der Bedienungsanleitung zu entnehmen, der Anbieter konzentriert sich bei seinen Erläuterungen jedoch eher auf Point-to-point-Verknüpfungen, während die Adressierung der Aktoren im Unklaren bleibt. Sensoren werden per Betätigung simpel angelernt (vgl. Abb. 8.496).

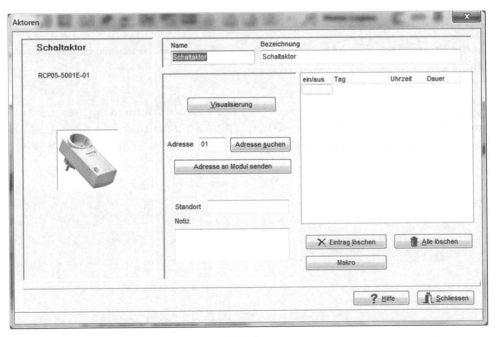

Abb. 8.496 Konfiguration eines Easywave-Moduls

Wie in Homeputer üblich werden die Objekte in einer graphischen Ansicht angelegt, diese ist vorher anzulegen (vgl. Abb. 8.497).

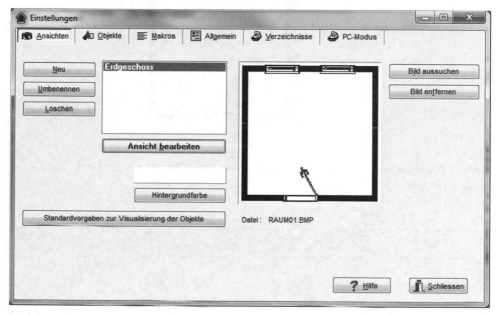

Abb. 8.497   Anlage einer Ansicht

Aus der Objektliste wird das zu visualisierende Modul ausgewählt und in die Ansicht übertragen (vgl. Abb. 8.498).

Abb. 8.498   Übernahme von
Modulen aus der Objektliste

Anschließend steht das Modul in der Ansicht zur Verfügung und kann platziert und hinsichtlich der Visualisierung angepasst werden. Die Programmierung erfolgt per Doppelklick auf die zu programmierende Ikone (vgl. Abb. 8.499).

Abb. 8.499 Ansicht mit
Easywave-Modul

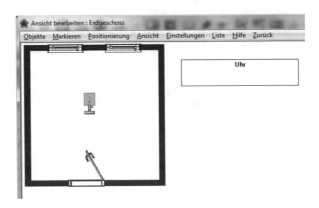

Zur Programmierung stehen die üblichen Homeputer-Programmierbefehle zur Verfügung (vgl. Abb. 8.500).

Abb. 8.500 Befehlsvorrat zur Programmierung in CCsoft

8.21.3 Analyse

Das ELDAT-Easywave-System ist ein noch kleines aber dennoch ausbaufähiges Funk-bussystem. Nach der ausschließlichen Bearbeitung von OEM-Aufträgen, indem ELDAT lediglich für Industriekunden gearbeitet hat, hat ELDAT seit einiger Zeit begonnen das Funkbussystem selbst zu vermarkten und über den Großhandel zu vertreiben. Daher ist das Produktportfolio noch im überschaubaren Rahmen und wird in den nächsten Jahren stückweise ausgebaut werden. Trotz fehlender Dimmer und nur weniger Steuerungs-, Automatisierungs- und Visualisierungsmöglichkeiten überzeugt das System in den rest-lichen Kategorien mit überwiegend positiven Bewertungen. Das System bietet als eines der wenigen angepasste Sender für den Bereich barrierefreies Wohnen und AAL. Neben den Armband- oder Halsbandsendern bietet das System gleichzeitig ein Funkalarmie-rungssystem an, was sehr gut für die häusliche Pflege benutzt werden kann.

Easywave kann in die Gebäudeautomationssysteme KNX/EIB, LON und PEHA PHC als Subsystem integriert werden. Zur Automation von Gebäuden wird eine Programm-miersoftware mit graphischer Oberfläche angeboten, in die komfortabel die Sensoren und Aktoren eingebracht und anschließend programmiert werden können.

Gerät	Preis je Gerät	Preis je Kanal
Einbau-Sender RTS03	21 Euro	5,25 Euro
Konventioneller Taster	10 Euro	10 Euro
Unterputz-Empfänger RCJ01	35 Euro	35 Euro
Kosten je Funktion		ca. 50 Euro

Mit 50 Euro für eine Schaltfunktion liegt das Easywave-System im mittleren bis unteren Preissegment, bietet jedoch keinerlei Dimmer-Anwendungen.

Wie bei allen batterieversorgten Funkbussystemen ist die Stromversorgung bei den Sensoren problematisch, da Batterien zyklisch ausgetauscht oder durch ein Überwa-chungssystem hinsichtlich der Kapazität kontrolliert werden müssen. Die Realisierung ist mangels fehlendem Display im System nicht möglich.

Die Anbindbarkeit an übergeordnete Gebäudeautomationssysteme über Software wie z. B. IP-Symcon ist zwar mit dem verfügbaren USB-Gateway möglich, wurde vom Her-steller jedoch noch nicht realisiert.

8.21.4 Neubau

Obwohl das ELDAT Easywave-System ein kleines System ist, bietet es für eine Neubau-installation gerade im Bereich Schalten und Jalousie seine Vorteile. Für die Ausstattung eines kompletten Neubaus reicht das angebotene Produktportfolio derzeit bei weitem nicht aus. Aufgrund der Anbindbarkeit an andere Gebäudeautomationssysteme und einer eigenen zentralenbasierten Automationsmöglichkeit ist Easywave für den Neubaubereich bis auf Dimmfunktionen prinzipiell geeignet, aufgrund fehlender Routingmöglichkeiten sollte jedoch eher auf ein drahtbasiertes Gebäudeautomationssystem zurückgegriffen werden.

8.21.5 Sanierung

Als besonders gut geeignet stellt sich das System bei einer Sanierung dar. Alle notwendigen Geräte sind im Portfolio als Unterputz-Komponenten oder als Taster als flacher Bauform vorhanden. Damit hat das System sehr kompakte Module, die sich fast überall integrieren lassen. Besonders interessant ist die helligkeitsgeführte Jalousiesteuerung, bei der ein Helligkeitssensor, der etwas größer als eine zwei Euro Münze ist, mit der Funkschaltuhr kommuniziert und die Jalousie helligkeitsbedingt steuert. Damit sind saubere Sanierungen möglich, die jedoch keine komplexe, vollständige Gebäudeautomation ermöglichen.

8.21.6 Erweiterung

Bei der Erweiterung kann das Easywave-System in den nächsten Jahren vermutlich mit immer mehr Funktionen aufwarten. Die Erweiterung einer bestehenden Anlage steht der Neuinstallation oder Sanierung in nichts nach, sie wird allerdings nur dort an die Grenzen kommen, wo das vorhandene Produktportfolio ausgeschöpft ist. Somit wird ELDAT das Produktportfolio gerade unter diesen Erweiterungs- und Sanierungsaspekten beibehalten und weiter ausbauen müssen.

8.21.7 Nachrüstung

Easywave ist ein System für die Nachrüstung. Das Produktportfolio ermöglicht sukzessive Umrüstung und Erweiterung vorhandener Elektroinstallationslösungen. Über eine Homeputer-Variante können zentralenbasierte Automations- und Visualisierungslösungen realisiert werden.

8.21.8 Anwendbarkeit für smart-metering-basiertes Energiemanagement

Die Anwendung von Smart Metering ist problemlos möglich, da ein vorhandener elektrischer Haushaltszähler grundsätzlich durch einen elektronischen ersetzt werden kann. Der Energiekunde kann durch Änderung seines Nutzerverhaltens seinen Energieverbrauch und damit seine Energiekosten senken. Damit wird psychologisches Energiemanagement außerhalb des Easywave-Funkbussystems möglich. Da kein Zugang zu externen Daten und auch auf analoge Sensordaten möglich ist, ist Easywave weder für aktives, noch passives Energiemanagement geeignet. Easywave kommt ohne Erweiterungsmöglichkeit durch z. B. die Adaption in IP-Symcon **nicht** für smart-metering-basiertes Energiemanagement in Frage.

8.21.9 Objektgebäude

ELDAT Easywave ist allein kein Gebäudeautomationssystem, mit dem Objektgebäude automatisiert werden können. Easywave kann als Subsystem zu übergeordneten Gebäudeautomationssystemen dienen, wenn die verfügbaren KNX/EIB- und LON-Gateways zum Einsatz kommen. Easywave agiert dann als System, mit dem flexibel Sensoraktionen aufgenommen und im übergeordneten Gebäudeautomationssystem verarbeitet werden. Soweit ausreichend können übergeordnete Gebäudeautomationssysteme auch Schalthandlungen im Easywave-System auslösen, wenn flexible Nachrüstung erforderlich ist.

8.22 PEHA Easywave

Für die Firma PEHA hat die Firma ELDAT aus Königs-Wusterhausen 2001 den Funkstandard Easywave entwickelt und an das PEHA-PHC-System adaptiert. Das gesamte System basiert auf der neuesten Funktechnik und wurde speziell für Anwendungen rund um die Gebäudetechnik entwickelt.

Das 868-MHz-Frequenzband ist mit seiner Unterteilung in Subbänder (z. B. Subband 868,0 MHz bis 868,6 MHz) und unterschiedlichem „Duty-Cycle" ideal für diese anspruchsvollen Aufgaben geeignet. Im ISM-Frequenzband (ISM = Industrial Scientific Medical) wird nur wenige hundert Millisekunden mit einer maximalen Sendeleistung von 25 mW mit einem Duty-Cycle < 1 % (maximale Sendedauer 36 s pro Stunde) gesendet. Easywave strahlt 1.000-mal weniger Elektrosmog ab als ein Handy, sogar weniger als eine dauernd unter Strom stehende Leitung. Bei 5-maliger Betätigung eines Senders am Tag, soll die Batterie ca. fünf Jahre halten. Dabei hat der Sender eine Reichweite von ca. 30 m im Haus, bei Durchdringung von zwei Mauerwänden und im freien Feld von bis zu 150 m. Die Anzahl der Kanäle ist bei einfachen Sendern identisch mit der Anzahl der Tasten, da jede Taste ein Funksignal (Telegramm) auslöst. Bei komplexeren Sendern ist die Anzahl der Kanäle nicht identisch mit der Anzahl der Tasten. Die Anzahl der Kanäle wird von der Anzahl der unterschiedlichen gesendeten Telegramme bzw. gewünschten Funktionen bestimmt. Die Telegramme enthalten die Tastencodes A, B, C und D. Die gewünschte Funktion wird nicht vom Sender, sondern vom Empfänger bestimmt und ist abhängig von der am Empfänger eingestellten Betriebsart und dem Tastencode des Senders. Ein Vorteil von Easywave ist, dass beim Einlernvorgang generell nur der Code einer Taste je Sendekanal übertragen werden muss. Der Code der zugehörigen Tasten-Funktionen wird automatisch zugeordnet.

Aus dem Easywave-Produktportfolio der Firma ELDAT bietet PEHA nur noch die sensorischen Komponenten an, da PEHA Easywave nur als sensorisches Zubringersystem betrachtet wird, um insbesondere Lokalitäten zu erreichen, zu denen keine RS485-Leitungen führen. Mit dem Gateway können auch aktorische Geräte eingebunden werden, die direkt beim Anbieter ELDAT bezogen werden müssen. PEHA betrachtet das System PEHA Easywave als Auslaufsystem.

8.22.1 Typische Geräte

Typische Geräte bei PEHA Easywave sind das Funk-Interface und Sensoren.

8.22.1.1 Systemkomponenten

Als Systemkomponente ist das Easywave-Funk-Interface als Gateway verfügbar, das 32 sensorische und 32 aktorische Funktionen hinsichtlich der Sensorik und Aktorik einbinden kann (vgl. Abb. 8.501).

Abb. 8.501 PEHA-PHC-Gateway zu Easywave

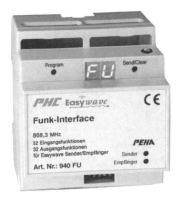

8.22.1.2 Sensoren

Von PEHA werden nur noch wenige Easywave-Geräte angeboten, dazu zählen Binäreingänge. Auf das Angebot der Firma ELDAT kann zurückgegriffen werden, um die Sensorik zu erweitern (vgl. Abb. 8.502).

Abb. 8.502 ELDAT-Easywave-4fach-Binäreingang

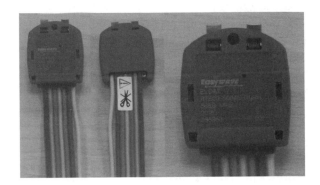

8.22.1.3 Aktoren

Aktoren werden von PEHA für das Easywave-System nicht (mehr) angeboten. Auch hinsichtlich aktorischer Elemente muss auf ELDAT-Produkte zurückgegriffen werden.

8.22.2 Analyse

Das PEHA-Easywave-System ist als Zubringersystem zum PEHA-PHC-System aufzufassen. Dort, wo Schalter und Taster nicht an eine RS485-Leitung angeschlossen werden können, wird auf Funkbuskomponenten zurückgegriffen. Daher ist das Produktportfolio noch im überschaubaren Rahmen. PEHA hat zudem derzeit mehrere Gateway-Systeme zu Funkbussystemen im Angebot und fokussiert sich derzeit nicht mehr auf Easywave. Aufgrund dessen wird das Angebot an Easywave-Geräten im PEHA-Katalog stark dezimiert, Rückgriff auf das Angebot von ELDAT ist daher zwingend notwendig.

Gerät	Preis je Gerät	Preis je Kanal
Einbau-Sender RTS03	21 Euro	5,25 Euro
Taster	10 Euro	10 Euro
Unterputz-Empfänger RCJ01	35 Euro	35 Euro
Kosten je Funktion		ca. 50 Euro

Mit 50 Euro je Funktion liegt PEHA-Easywave im mittleren bis unteren Preissegment. Wie bei allen batterieversorgten Funkbussystemen ist die Stromversorgung bei den Sensoren problematisch, da Batterien zyklisch ausgetauscht oder durch ein Überwachungssystem hinsichtlich der Kapazität kontrolliert werden müssen. Die Realisierung ist mangels fehlender Auswertemöglichkeit der Batterien im System nicht möglich. Damit ist begründet, dass PEHA sich mehr und mehr auf das System PEHA-Easyclick, eine Variante von EnOcean, fokussiert, das auf Batterien verzichtet.

8.22.3 Neubau

PEHA betrachtet das Easywave-System als Zubringersystem zum PEHA-PHC. Damit wird PEHA-PHC als priorisiertes Gebäudeautomationssystem für den Neubau betrachtet. Mit PEHA-PHC lassen sich nahezu alle Funktionen der Gebäudeautomation realisieren, Easywave erschließt lediglich die Orte zur Installation von Elektroinstallationstechnik, zu der keine RS485-Datenleitungen gezogen sind bzw. werden.

8.22.6 Sanierung

Aufgrund der schlechten Verwendbarkeit von PEHA-PHC für die saubere Sanierung, sind umfangreiche Arbeiten inklusive der Verlegung von Datenleitungen notwendig. PEHA-Easywave kann den Sanierungsprozess aufgrund des geringen Produktportfolios in Verbindung mit PEHA-PHC nur wenig erschließen.

8.22.7 Erweiterung

Bei der Erweiterung kann das PEHA-Easywave System die Gebäudeautomation mit PEHA-PHC erheblich unterstützen. Aufgrund des ausgedünnten Produktportfolios an Easywave-Produkten bei PEHA muss jedoch auf das Angebot bei ELDAT zurückgegriffen werden.

8.22.8 Nachrüstung

PEHA Easywave ist dann ein System für die Nachrüstung, wenn als Basis ein PEHA-PHC-System im zentralen Stromkreisverteiler realisiert wird. Das Produktportfolio ermöglicht dann die sukzessive Umrüstung und Erweiterung vorhandener Elektroinstallationslösungen.

8.22.9 Anwendbarkeit für smart-metering-basiertes Energiemanagement

Die Anwendung von Smart Metering ist problemlos möglich, da ein vorhandener elektrischer Haushaltszähler grundsätzlich durch einen elektronischen ersetzt werden kann. Der Energiekunde kann durch Änderung seines Nutzverhaltens seinen Energieverbrauch und damit seine Energiekosten senken. Damit wird psychologisches Energiemanagement außerhalb des PEHA-PHC-Systems mit Einbindung von PEHA Easywave möglich. Da kein Zugang zu externen Daten und auch auf analoge Sensordaten möglich ist, ist PEHA-Easywave weder für aktives, noch passives Energiemanagement geeignet. Easywave, auch in Verbindung mit PEHA PHC kommt ohne Erweiterungsmöglichkeit durch z. B. die Adaption in IP-Symcon **nicht** für smart-metering-basiertes Energiemanagement in Frage.

8.22.10 Objektgebäude

Weder PEHA Easywave noch PEHA PHC sind aufgrund verschiedenster Kriterien für den Einsatz im Objektgebäude geeignet. Easywave ist zwar mit den ELDAT-Gateways an KNX/EIB und LON anschließbar, in Verbindung mit PEHA PHC scheidet eine Anwendung im Objektgebäude aus, da die Programmiermöglichkeiten von PEHA PHC als übergeordnetes System dies nicht ermöglichen.

8.23 EnOcean

Die Grundidee für die innovative Technologie von EnOcean beruht auf der einfachen Beobachtung, dass dort, wo Sensoren Messwerte erfassen, sich auch immer der Energiezustand ändert. Ein Schalter wird gedrückt, die Temperatur ändert sich oder die Beleuchtungsstärke variiert. In diesen Vorgängen steckt genügend Energie, um Funksignale zu erzeugen und über eine Entfernung von bis zu 300 m zu übertragen. Das EnOcean-System nutzt diesen Effekt als Energy Harvesting. EnOcean nutzt bei Tastfunktionen über die Nutzung des piezoelektrischen Effekts oder Induktionsprozesse die elektrische Energie, die bei der Betätigung entsteht, zur Erzeugung eines Funkbusprotokolls. Sollte auf durch Mechanik produzierte Energie nicht zurückgegriffen werden können, wird auf Photovoltaik-Zellen mit angeschlossenem Speicher oder den Peltier-Effekt an Wärmequellen zurückgegriffen.

Um diese ausgezeichnete Technologie, die die Verwendung von Batterien bei sensorischen Elementen in Gebäudeautomationssystemen nahezu erübrigt, zu verbreiten, wurde die EnOcean-Alliance gegründet. Die Kombination von lokaler Energieerzeugung ohne Leitungsverlegung und angepasstem, kompaktem Funkbus-Protokoll wurde zunächst als Zubringersystem im Objektgebäudebereich als sensorisches System entwickelt, enthielt jedoch bereits Ansätze für die Erweiterung auf bidirektionale Anwendungen von EnOcean in Verbindung mit Aktoren (vgl. Abb. 8.503).

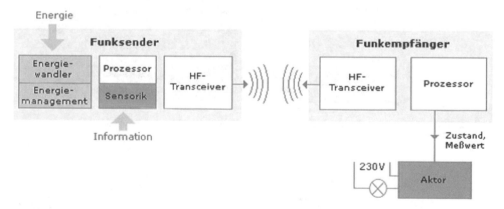

Abb. 8.503 Bidirektionales Sensor-/Aktor-Konzept bei EnOcean [EnOcean]

8.23.1 Typische Geräte

Typische Geräte bei EnOcean sind im Rahmen der unidirektionalen Anwendung als Zubringersystem zu zentralenbasierten Gebäudeautomationssystemen Gateways von zahlreichen Herstellern sowie Sensoren, seit Einführung und Erweiterung der bidirektionalen Datenübertragung auch Aktoren.

8.23.1.1 Systemkomponenten

Systemkomponenten in Form von Gateways werden z. B. von PEHA, WAGO, Beckhoff, Phoenix Contact und anderen Herstellern angeboten.

Die Gebäudeautomationsanbieter haben EnOcean anfänglich nur als unidirektionales Gebäudeautomationssystem und damit Zubringer mit flexibler Anbringung von Tastsensoren etc. betrachtet. So bietet PEHA im Produktportfolio sowohl ein unidirektionales EnOcean-Gateway für Sensoren, aber auch ein bidirektionales Gateway für Sensoren und Aktoren an, wobei die Aktoren auch von PEHA angeboten werden. WAGO bietet als unidirektionale Lösungen für Sensoren die Klemme 750-642 mit Funktionsbibliothek an, um Sensoren anzukoppeln, und mittlerweile auch eine bidirektionale Lösung als RS485-Klemme mit über RS485 angekoppeltem, abgesetztem EnOcean-Adapter der Firma Omnio. Den Weg einer Klemme mit abgesetztem EnOcean-Adapter in einem eigenen Adapter-Bus geht Beckhoff mit deren Lösung, wobei auch hier der Trend einer bidirektionalen Lösung gegangen wurde. Auch Phoenix-Contact setzt auf die Lösung einer RS485-Klemme mit angekoppeltem EnOcean-Adapter (vgl. Abb. 8.504 bis Abb. 8.507).

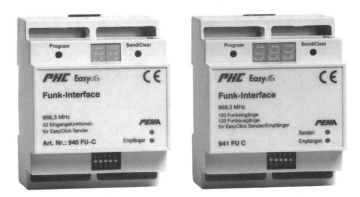

Abb. 8.504 EnOcean-Anbindung an PEHA-PHC unter dem Namen Easyclick [PEHA]

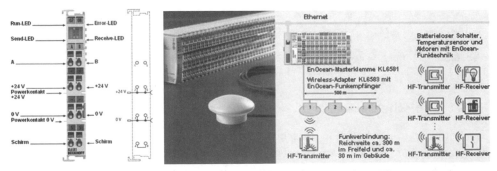

Abb. 8.505 EnOcean-Ankopplung an die Beckhoff-SPS über eine RS485-Klemme mit abgesetztem EnOcean-Adapter (KL6851 und KL6853) [Beckhoff]

Abb. 8.507 Ankopplung eines dezentralen Gateways über RS485 bei Phoenix Contact

Abb. 8.506 Unidirektionale EnOcean-Ankopplung an die WAGO-SPS über die Klemme 750-642

8.23.1.2 Sensoren

EnOcean bietet über die in einer Alliance organisierten Hersteller ein breites Portfolio an Sensoren an, wobei die Taster im Allgemeinen auf dem Taster-Modul PTM200 basieren und mit verschiedenen Tasten und Rahmen mit verschiedenem Design vervollständigt wurden (vgl. Abb. 8.508).

Für die Anwendung im Objektgebäude wurden Raumthermostat-Lösungen mit Temperaturerfassung, Sollwertverstellung und Präsenzkontakt, unter anderem von der Firma Thermokon, entwickelt (vgl. Abb. 8.509).

Das sensorische Angebot wurde um zahlreiche Analogsensoren für Temperatur-, Feuchte-, Helligkeits-, Dämmerungserfassung etc. erweitert. Als wesentliche Hersteller sind hier Thermokon, Theben und Eltako zu nennen.

Abb. 8.508 EnOcean-Taster PTM200 mit zwei Wippen

Abb. 8.509 EnOcean-Raumthermostat

8.23.1.3 Aktoren

Auf die Vorstellung aktorischer Lösungen wird hier nicht näher eingegangen. Bei der Eltako-Funkbus-Lösung, die auch die Medien Powerline und RS485 einschließt, wird näher auf EnOcean-Aktoren eingegangen, ebenso bei der PEHA-Easyclick-Lösung.

8.23.2 Programmierung

Auf die Programmierung von EnOcean-Komponenten wird hier nicht näher eingegangen, da die Einbindung von Geräten von Hersteller zu Hersteller stark unterschiedlich ist. Beispiele der Programmierung werden in den WAGO- und Beckhoff-Kapiteln erläutert. Sollten Funktionalitäten ausschließlich durch sensorische und aktorische Komponenten ohne Zentrale realisiert werden, ist dies auch stark herstellerabhängig. Nach Konfiguration des Aktors werden diesem wie üblich Sensoren zugewiesen.

8.23.3 Analyse

EnOcean war zunächst als Zubringersystem zu übergeordneten Gebäudeautomationssystemen konzipiert worden und verfügte zunächst nicht über aktorische Komponenten. Bei den Sensoren ist von Vorteil, dass Batterien zugunsten der Nutzung elektrischer Energie, die bei Betätigung oder im Betrieb erzeugt werden kann, eliminiert werden können. Durch die Neuentwicklung neuer aktorischer Komponenten wird das EnOcean-System hinsichtlich der Funktionalität wesentlich erweitert.

Gerät	Preis je Gerät	Preis je Kanal
Eltako F8S12-12V DC, Funk-8-fach-Sendemodul	51,30 Euro	6,50 Euro
Taster	10 Euro	10 Euro
Eltako 2fach-Aktor, FSR61LN-230V	70,50 Euro	35 Euro
Kosten je Funktion		ca. 51 Euro

Mit 51 Euro für eine Schaltfunktion liegt EnOcean bei Verwendung von Eltako-Komponenten mit mehreren Kanälen im mittleren bis unteren Preissegment für Gebäudeautomation. Kommen Geräte mit nur einer Taste oder einem Kanal zum Einsatz, so liegen die Kosten für eine Funktion wesentlich höher.

8.23.4 Neubau

Betrachtet man EnOcean lediglich als Zubringersystem zu einem überlagerten Gebäudeautomationssystem, so gilt das Basis-System als Maßstab für die Bewertung im Neubaubereich. Da PEHA, WAGO, Beckhoff, Phoenix Contact und andere Hersteller zentralen-

basierte Gebäudeautomationssysteme als SPS anbieten, sind diese für den Neubaubereich gut geeignet. Hier leistet EnOcean gute Arbeit, weil auch Sensoren eingebaut
werden können, zu denen Leitungen nicht verlegt wurden, aber zusätzlich hinzugenommen werden sollen, wie z. B. Fensterkontakte oder zusätzliche analoge Sensoren,
oder generell auf Leitungsverlegung verzichtet werden soll, um Kosten einzusparen.
EnOcean ohne zentrale Automation ist daher eher weniger als System für den Neubau
geeignet, sondern erfordert in geeigneter Weise eine Zentrale.

8.23.5 Sanierung

EnOcean als Zubringersystem ist nur dann für die Sanierung von Vorteil, wenn der Sanierungsumfang reduziert werden soll, um statt einer schmutzigen eine möglichst saubere Sanierung durchzuführen. Durch die neuen Möglichkeiten der Erweiterung auf bidirektionale Komponenten als Aktoren werden die Möglichkeiten der Sanierung erheblich gesteigert, da die Automatisierung und Visualisierung über PC-basierte Zentralen
realisiert werden kann.

8.23.6 Erweiterung

Vorhandene Gebäudeautomationssysteme können durch Hinzunahme von EnOcean-
Modulen in großem Umfang erweitert werden. Über die Integration von Gateways in die
vorhandene leitungsbasierte Gebäudeautomation können nahezu beliebige sensorische,
bei einigen Systemen auch aktorische Geräte zur Installation hinzugefügt werden.

8.23.7 Nachrüstung

EnOcean ist im Rahmen der Nachrüstung bei Zubringersystemen der Erweiterung
gleichzustellen. Andererseits ermöglichen die neuen Aktoren in Verbindung mit dem
umfangreichen sensorischen Angebot ideal die Nachrüstung in allen Gebäudeautoma-
tionsbereichen. EnOcean bietet sich optimal als System für die Nachrüstung an.

8.23.8 Anwendbarkeit für smart-metering-basiertes
Energiemanagement

Die Anwendung von Smart Metering ist problemlos möglich, da ein vorhandener elektrischer Haushaltszähler grundsätzlich durch einen elektronischen ersetzt werden kann.
Der Energiekunde kann durch Änderung seines Nutzerverhaltens seinen Energieverbrauch und damit seine Energiekosten senken. Damit wird psychologisches Energiemanagement außerhalb eines EnOcean-Systems möglich. Da ein Zugang zu zentralen
Zählern über die S0-Schnittstelle und dezentrale Zähler z. B. über Eltako-EnOcean-Kom-
ponenten im System möglich ist, ist EnOcean ausgezeichnet auch für aktives und passi-

ves Energiemanagement geeignet. Durch die Software IP-Symcon können auf der Basis der automatisierten Elektroinstallation aktives und passives Energiemanagement aufgrund der überragenden Programmiermöglichkeiten von IP-Symcon eingerichtet werden. EnOcean ist ausgezeichnet für smart-metering-basiertes Energiemanagement geeignet, wenn eine Zentrale integriert wird. Die getroffenen Aussagen treffen für Wohngebäude zu, betreffen aber auch den Objektgebäudebereich.

8.23.9 Objektgebäude

Als Zubringersystem zu überlagerten Gebäudeautomationssystemen ist EnOcean ausgezeichnet geeignet. Neben Gateways zu bekannten SPS-Systemen von WAGO, Beckhoff und Phoenix Contact werden auch Gateways zu vielen dezentralen Gebäudebussystemen, wie z. B. dem KNX/EIB und LCN, angeboten. Damit können stetig vorhandene Gebäudebestandteile optimal mit einem drahtbasierten Gebäudeautomationssystem ausgestattet werden, während flexibel ausgebaute Miet- oder sonstige Nutzungsbereiche mit flexibel änderbaren Wänden mit dem Funkbussystem EnOcean automatisiert werden. Der Prozess der Umprogrammierung reduziert sich bei kaum geändertem Ausbau um die neue Vergabe von EnOcean-ID-Nummern. Der aktuell geforderten flexiblen Information über die Nutzung von Energie kann durch Integration von EnOcean-Messeinrichtungen begegnet werden. Der Nachteil normaler Funkbussysteme mit Batterien wird bei EnOcean durch die Methode des Energy-Harvesting aufgehoben, Servicearbeiten werden dadurch erheblich reduziert.

8.24 Eltako Funkbussystem

Eltako hat die Anwendbarkeit von EnOcean durch ein sehr breites Produktportfolio an Sensoren und Aktoren für zahlreiche Einbauformen, auch als Hutschienengerät, und die Hinzunahme der Medien RS485 und Powerline erheblich erweitert. Damit wird selbst bei Rückgriff auf Eltako als alleinigen Hersteller der Aufbau eines komplexen Gebäudeautomationssystems mit flexibler Nutzung der verschiedenen Medien ermöglicht.

Die Sendeleistung und die Sendehäufigkeit des Gebäudefunks im 868-MHz-Band sind über eine Duty-Cycle-Regel beschränkt, damit es in diesem Band möglichst wenig Funkverkehr gibt. Dazu senden Sensoren und Aktoren auch zur Rückmeldung nur Funktelegramme, wenn dies erforderlich ist. Die batterie- und leitungslosen Sensoren ermöglichen dies ohnehin nur bei Bedarf, da Piezo- oder Induktionssysteme dies nur bei Betätigung ermöglichen und Photovoltaik-gespeiste Geräte Energie sparen müssen. Die Erweiterung des Produktportfolios um Sensoren und Aktoren, die über RS485 an den Bus angeschlossen werden, optimiert diese Problematik durch sinnvolle Anwendung der Medien-Funkbus, RS485 und Powerline.

Die Sendeleistung des Eltako-Gebäudefunkbussystems beträgt nur ca. 0,01 W, die eines Smartphones dagegen ca. 0,25 bis zu 1 W. Dadurch kann den vielen Sorgen von Bauherren bezüglich Funk im Wohngebäude entgegnet werden. Viele Bauherren wissen nicht, dass Belastungen durch Smartphones und WLAN wesentlich größer sind. Tatsächlich kann man mit 868-MHz-Sensoren und -Aktoren einen zuverlässigen, preiswerten, sicheren und komfortablen Gebäudefunkbus installieren.

Die genaue Planung der Funkstrecke ist Grundvoraussetzung für ein einwandfrei funktionierendes System, da bei EnOcean auf Routingmechanismen verzichtet wird und Funkprobleme durch Repeater gelöst werden müssen. Repeater empfangen und leiten Telegramme verstärkt weiter und sind wesentlich preiswerter, als zusätzliche Antennen mit nachgeschalteter Elektronik zur Einspeisung in den Bus.

Dank der batterielosen EnOcean-Taster-Technologie ist das System sehr wartungsarm. Erhebliche Kosten und Wartungsaufwand können eingespart werden. Absolute Sicherheit und Schutz besteht dank der verschlüsselten Signalübertragung des Gebäudefunks. Die Kosten der Funkbus-Installation sind bei sinnvoller Anwendung der Geräte vergleichbar mit einer konventionellen Standard-Elektro-Installation, wobei erhöhter Komfort verfügbar wird. Diese Kostenäquivalenz ist darauf zurückzuführen, dass wesentlich weniger Leitungen verlegt werden müssen.

Die Reichweite muss bei der Planung und Ausführung grundsätzlich beachtet werden, da Funkbussysteme durch Reflexionen und Dämpfung beim Durchgang durch Wände und Decken erheblich in der Performance reduziert werden. Es bietet sich daher an das Funkbussystem etagenweise aufzubauen und über Leitungen bei Nutzung des Mediums RS485 zu verbinden.

Die Faktoren Reichweite, Medienverfügbarkeit, Produktportfolio, Wartung, Verschlüsselung und Preis bestimmen maßgeblich die Art der Installation des Gebäudefunks.

Eltako erweitert die Einsatzfähigkeit von EnOcean zum einen durch Hinzunahme von Geräten auf der Basis anderer Medien, aber auch die Verfügbarkeit einer eigenen Gebäudefunk-Visualisierungs- und Steuerungs-Software GFVS-3.0 mit dem Rechner FVS-Safe sowie der Ankoppelmöglichkeit an IP-Symcon.

Mit einem preiswerten Gateway werden die von und zu den Funkbus-Gateways in den RS485-Bus geleiteten Informationen und die Antworten bidirektionaler Aktoren direkt an den FVS-Server weitergegeben.

Sollen Stromzähler in weiteren Etagen, z. B. im Keller in das Gesamtsystem eingebunden werden, so ist dies über eine Powernet-Verbindung möglich. Im Neubau empfiehlt sich ein Leerrohr für eine RS485-Busleitung zu den Stromzählern.

8.24.1 Typische Geräte

Typische Geräte des komplexen Eltako-Funkbussystems sind diverse Gateways, Repeater, Zentralen und Netzteile zur Versorgung bestimmter Geräte und des funkfähig realisierten RS485-Systems sowie ein umfangreiches Angebot an Sensoren und Aktoren.

8.24.1.1 Systemkomponenten

Systemkomponenten sind Gateways zu RS485, Powerline und EnOcean mit verschiedensten Bauformen. So kann auf das Funkbussystem zentral per USB direkt über den PC, aber auch dezentral über Ethernet-IP zugegriffen werden (vgl. Abb. 8.510 bis Abb. 8.512).

Abb. 8.510 EnOcean-Gateway mit USB-Anschluss

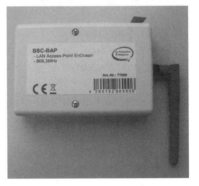

Abb. 8.511 EnOcean-LAN-Access-Point BSC-BAP zur Anbindung an das Ethernet

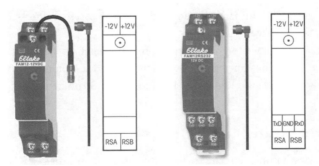

Abb. 8.512 Funkantennenmodul FAM12-12V als Gateway zum RS485-Bus (rechts mit RS232-Schnittstelle)

Bei metallenen Stromkreisverteilern ist die Funkantenne per Kabelanschluss außerhalb des Verteilers anzubringen (vgl. Abb. 8.513).

Abb. 8.513 Funkantenne mit Magnetfuß

Für die verschiedenen Einbaumöglichkeiten werden Repeater als Außengerät und zur Aufbau- und Unterputzmethode im Gebäude angeboten (vgl. Abb. 8.514).

Abb. 8.514 Repeater für Außenmontage

Für bestimmte Komponenten sind Netzteile erforderlich, die als 12-V- und 24-V-Ausführung angeboten werden und sehr kompakt sind (vgl. Abb. 8.515).

Abb. 8.515 Kompaktes 12-V-Netzteil als Unterputz- und Hutschienengerät

Die Zentrale FVS-Save rundet das Gesamtsystem mit der Software FVS ideal ab (vgl. Abb. 8.516).

Abb. 8.516 Gebäudeautomations-PC FVS-Safe mit Software FVS

8.24.1.2 Sensoren

Das sensorische Produktportfolio umfasst zahlreiche binäre und analoge Eingänge in allen erforderlichen Bauformen.

In der Bauform als Hutschienengeräte können die Funkbusgeräte in dezentrale Stromkreisverteilergehäuse eingebaut werden und bieten direkte Ankopplungen an den Funkbus (vgl. Abb. 8.517 und Abb. 8.518).

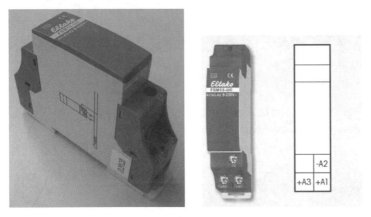

Abb. 8.517 Funk-2fach-Sendemodul FSM12-UC mit innenliegender Antenne

Als Unterputzgeräte können bei kompakter Bauform die Bauräume in Schalterdosen hinter Tastern und Schaltern genutzt werden. Soweit vorhanden wird auf die vorhandene Stromversorgung zurückgegriffen (vgl. Abb. 8.519).

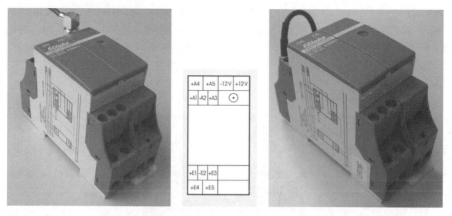

Abb. 8.518 Funk-8fach-Sendemodul F8S12-12V DC mit außenliegender Antenne

Abb. 8.519   2fach-Eingangsmodul FSM61-UC für 230 V und FWS61-24VDC für 24 V als Unterputzgerät

Komplette Tasterlösungen werden in unterschiedlichsten Designs angeboten. Hierzu zählen Kunststoff- und Metallgehäuse-Bauformen. Grundsätzlich bauen die Tastmodule auf dem EnOcean-Basis-Tastmodul PTM200 auf (vgl. Abb. 8.520).

Abb. 8.520   EnOcean-Basis-Tastermodul

Durch Aufrasten diverser Taster- oder Schalter in Verbindung mit unterschiedlichsten Rahmen und für verschiedenste Design-Serien in verschiedensten Färbungen ergeben sich die vollständigen Tast- oder Schalterkonstruktionen, die sich gut in verschiedenste Design-Serien von Schaltern und Steckdosenherstellern einpassen (vgl.
Abb. 8.521 und Abb. 8.522).

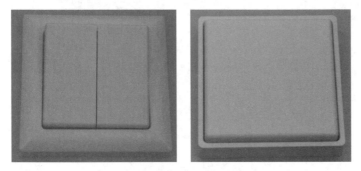

Abb. 8.521   2- und 1-Wippen-Unterputz-Sensor

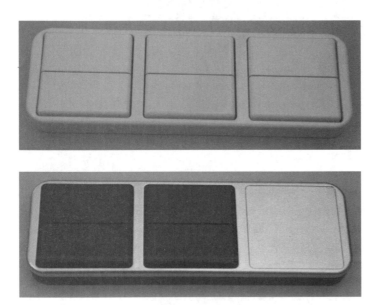

Abb. 8.522   Mehrfach-Taster als Fernbedienung

Abgerundet wird das Portfolio durch spezielle Geräte für den Bereich der Alten- und
Krankenpflege und Krankenhäuser sowie des altengerechten Wohnens und AAL (vgl.
Abb. 8.523 und Abb. 8.524).

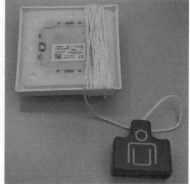

Abb. 8.523 Zugschalter für AAL-Anwendungen

Abb. 8.524 Notruf-Umhängetaster

Neben den rein binären Sensoren, mit denen Schalter, Taster und Kontakte in das Gebäudeautomationssystem einbezogen werden können, zählen vielfältige Analogsensoren in allen denkbaren Bauformen zur Verfügung. Das analoge Sensorportfolio umfasst Temperatur- und Feuchte-, Helligkeits-, Dämmerungs-, Regen- und sonstige Sensoren und ist daher vollständig. Durch die direkte Einbindung der Messgrößen ohne kostspielige Analogumsetzer, wie z. B. bei xComfort entstehen preiswerte Sensoren für analoge Anwendungen (vgl. Abb. 8.525 bis Abb. 8.528).

Abb. 8.525 Temperatur-/Feuchtesensor FIFT63AP als Innen- und FAFT60 für Innen- und Außenmontage mit Photovoltaikzellen

Abb. 8.526   Helligkeitssensor und Bewegungsmelder für Innen- (FABH63AP-rw) und Außenmontage (FABH63-rw) mit Photovoltaikzellen

Abb. 8.527   EnOcean-Helligkeits- und Dämmerungssensor (FIH63AP-rw, FAH60, FADS60) für
Innen- und Außenmontage

Abb. 8.528   Multisensor-Wetterstation mit Auswerteeinheit

Raumtemperaturregler runden das Produktportfolio ab (vgl. Abb. 8.529).

Abb. 8.529 Raumtemperatursensor mit Sollwertvorgabe

Fensterkontakte werden als Reedkontaktlösungen zur Anbringung am Rahmen, aber auch direkt durch Ersatz des gesamten Fenstergriffs angeboten. Damit kann batterielos durch die Bewegung auch die Fensteröffnung als geöffnet, geschlossen oder gekippt erkannt werden (vgl. Abb. 8.530).

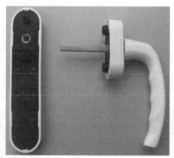

Abb. 8.530 Fensteröffnungskontakt mit Stellungserfassung oder als Fenster-Reedkontakt

Das Gewerk Sicherheit wird unter anderem durch Rauchmelder abgedeckt (vgl. Abb. 8.531).

Abb. 8.531 Rauchmelder

Speziell für Hotelanwendungen steht ein Kartenschalter zur Verfügung, mit dem für Gäste und Servicekräfte gezielte Anwendungen im Hotelzimmer freigeschaltet werden. Der Kartenschalter kann aber auch zur Anwesenheitsüberwachung genutzt werden (vgl. Abb. 8.532).

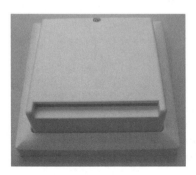 

Abb. 8.532 Kartenschalter

Abgerundet wird das sensorische Portfolio im Komfortbereich durch Infrarot-Fernbedienungen, die die Steuerung von Multimediageräten und Gebäudeautomation verbinden (vgl. Abb. 8.533).

Abb. 8.533 Multifunktions-Infrarot-Fernbedienung und Infrarot-USB-Koppler

Für die Realisierung von Smart Metering sind Zählerlösungen verfügbar, die vorhandene Zähler über die S0-Schnittstelle auslesen, oder direkte Zählerlösungen, die auch mit Aktorfunktion kombiniert sein können (vgl. Abb. 8.534 und Abb. 8.535).

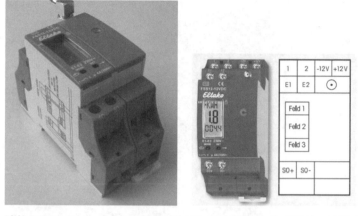

Abb. 8.534   Funkstromzähler-Modul für S0-Schnittstelle FSS12-12V DC

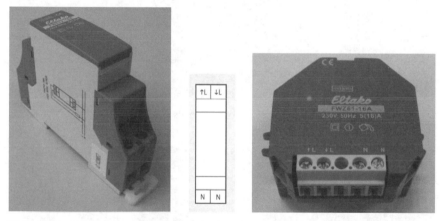

Abb. 8.535   Funkwechselstromzähler als Hutschienen-(FWZ12-16 A) oder Unterputzgerät
(FWZ61-16A)

8.24.1.3 Aktoren

Das aktorische Produktportfolio umfasst Schalt-, Dimm- und Jalousieaktoren in allen
denkbaren Bauformen. Insbesondere für Dimmeranwendungen stehen viele verschiedene Gerätetypen zur Verfügung (vgl. Abb. 8.536 bis Abb. 8.539).

Abb. 8.536   1- und 2fach-Schaltaktoren als Unterputzgerät

Abb. 8.537   Dimmaktoren mit verschiedenen Eigenschaften als Unterputzgerät

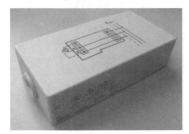

Abb. 8.538   Schaltaktoren zum Einbau in die Gerätezuleitung

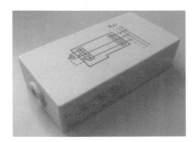

Abb. 8.539   Dimmaktoren zum Einbau in die Gerätezuleitung

Neben Geräten mit rein aktorischer Funktion stehen auch Geräte zur Anwendung bereit, die zusätzlich Strom oder Leistung auswerten und damit Smart Metering implementieren, aber auch die geschaltete Funktion überwachbar gestalten (vgl. Abb. 8.540).

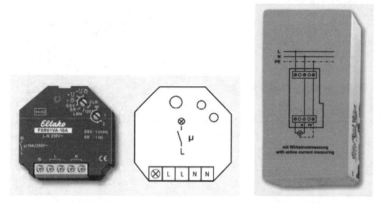

Abb. 8.540   Unterputz-Aktor FSR61VA-10A und Zuleitungs-Aktor FSR70W-16A mit Stromerfassung

Das aktorische Portfolio umfasst auch die Implementation des Gongs, um die Gongfunktion mit visuellen Effekten oder Weiterschaltung zu anderen Aktoren zu verbinden (vgl. Abb. 8.541).

Abb. 8.541   Funkgongmodul
FGM zum Einbau im Gerät

Vervollständigt wird das Smart-Metering-Portfolio auf aktorischer Seite durch Anzeigegeräte, mit denen der Energieverbrauch durch LED-basierte Anzeigegeräte oder Displays zur Anzeige gebracht wird (vgl. Abb. 8.542).

Abb. 8.542 Funk-Energieverbrauchsanzeige FUA55LED und FEA55D mit Display

8.24.2 Programmierung

8.24.2.1 Programmierung durch Point-to-point-Verknüpfung

Als Basis für die Programmierung bietet Eltako wie bei fast allen anderen Funkbussystemen auch die Point-to-point-Verknüpfung an. Prinzipiell wird ein Aktor in den Programmiermodus versetzt und nach Auslösung eines Telegramms an einem Sensor dessen EnOcean-ID in einer Tabelle des Aktors eingetragen. Der ausgelöste Sensorkanal muss lediglich zur gewünschten Funktion passen. Im einfachsten Falle wird eine Taste betätigt und deren EnOcean-ID in der Aktortabelle eingetragen. Aufgrund vielfältiger Funktionalität der Aktoren hat EnOcean jedoch die Definition einer Funktion erheblich erweitert. So können gezielt Schaltfunktionen, wie z. B. Einschalten, Ausschalten, Umschalten, Stromstoßschalter und Treppenhauslichtfunktion oder spezielle Funktionen von Dimmern und Jalousieaktoren definiert werden. Es wird ausdrücklich empfohlen die den Geräten beiliegende Bedienungsanleitung mehrmals ausführlich zu lesen und jederzeit für Änderungen an der Automationsfunktion parat zu haben. Die Konfiguration der gewünschten Funktion erfolgt über im allgemeinen 2, bei Dimmaktoren bis zu drei Stellräder, die über Schraubendreher mit schmalem Schlitz eingestellt werden (vgl. Abb. 8.543).

Abb. 8.543 Konfiguration von Funktionalitäten über Stellräder am Schaltaktor (links) und Dimmaktor (rechts)

Zur Konfiguration sind die Stellräder in einer bestimmten Reihenfolge an jeweils vorgegebenen Raststellungen zu verdrehen. Wenn auch die Programmiermethode vordergründig sehr einfach erscheint, ist zu beachten, dass auf Baustellen zwangläufig die Beleuchtung sehr schlecht ist oder Einbauorte auch in abgehängten Decken oder in Lampengehäusen gewählt werden. In diesen Fällen erweist sich die Programmierung am Einbauort als nicht praktikabel, da es schier unmöglich erscheint auf einer Treppe stehend eine Lampe zu halten, den Schraubendreher zu drehen und im gleichen Zuge den Aktor in der Hand zu halten. Eltako ist an dieser Stelle kritisch angeraten diese Programmiermethode dringend zu überdenken. Ein Ausweg besteht darin, dass der Aktor mit Funktion nicht am Einbauort, sondern mit Strom- und Lampenanschluss versehen gut beleuchtet auf einem Arbeitstisch programmiert und erst im Anschluss nach gründlichem Test der Funktion verbaut wird. Es erfordert einige Eltako-systemspezifische Erfahrung, um diese Aktoren korrekt zu programmieren. Aus diesem Grunde hat Eltako begonnen zumindest die hutschienenbasierten RS485-Geräte mit einem Programmieranschluss zu versehen und die Programmierung auf einen PC zu übertragen. Leider wurde dieser Weg bei den dezentralen Geräten, die an wesentlich unzugänglicheren Orten installiert werden müssen, noch nicht beschritten.

Im Gespräch mit Eltako-Mitarbeitern stellte sich heraus, dass angeblich diese Programmiermethode von den Elektroinstallateuren gut und gern angenommen wird und zudem die Methode der Point-to-point-Verknüpfung die häufigste Anwendungsmethode von Eltako-Geräten darstellt.

8.24.2.2 Programmierung über die Zentrale und Software FVS

Eltako bietet mit der Software Eltako FVS und dem PC-System Eltako Fail Save eine komfortable Programmierung und damit Bedienmöglichkeit insbesondere auf Touchscreens an, die über ein Web-UI auch dezentrale PCs, Touchpads und Smartphones bedienen kann. Die Installation ist einfach von der Web-Seite bei Eltako möglich, dort sind auch die Treiber für die Schnittstellen zum Eltako-Funkbussystem verfügbar. Nach der Installation meldet sich nach Aufruf die Software FVS mit einem sehr übersichtlichen Bild. Nach Anwahl des grünen Feldes „Übersicht" kann die Programmierung beginnen (vgl. Abb. 8.544).

Abb. 8.544 Bedienfenster von Eltako FVS

Nach dem Aufruf ist zunächst der Systemzugang zum Eltako-Funkbussystem festzu-legen. Hierzu sind gegebenenfalls die zugehörigen Treiber zu laden. Die Definition der Schnittstellen erfolgt unter dem Menüpunkt „Konfiguration" und dort „PC-Schnitt-stellen" (vgl. Abb. 8.545).

Abb. 8.545 Definition des Zugangs zum Eltako-Funkbussystem

Die Software sucht automatisch im System verfügbare Schnittstellen. Mit einem Haken wird die korrekte Schnittstelle ausgewählt (vgl. Abb. 8.546).

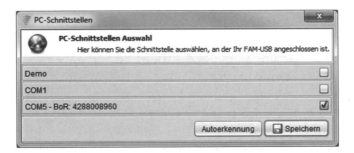

Abb. 8.546 Auswahl der Systemschnittstelle

Im nächsten Schritt sind die Sensoren aus dem System abzufragen und in der Software FVS abzulegen. Hierzu befindet sich unter dem Menüpunkt „Einlernen" der Punkt Ein-lerndialog (vgl. Abb. 8.547).

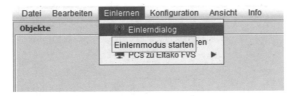

Abb. 8.547 Einlesen von Sensoren

Völlig eigenständig beginnt die Software FVS Sensoren zu suchen. Diese werden per Betätigung der jeweiligen Bedienelemente gefunden. Dies ist direkt mit der Methode bei xComfort vergleichbar (vgl. Abb. 8.548).

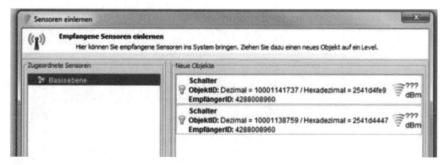

Abb. 8.548 Suchen und Einlernen von Tastsensoren

Stromzähler werden angelernt, indem der betreffende Stromkreis kurzzeitig aus- und wieder eingeschaltet wird (vgl. Abb. 8.549).

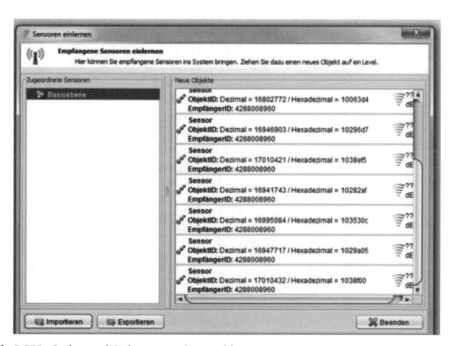

Abb. 8.549 Suchen und Einlernen von Stromzählern

Die eingelesenen Sensoren müssen anschließend in Ebenen zur Visualisierung überführt werden. Im vorliegenden Fall ist nur die Ebene „Basisebene" angelegt, in die per
Drag and Drop die Elemente einzeln übertragen werden (vgl. Abb. 8.550).

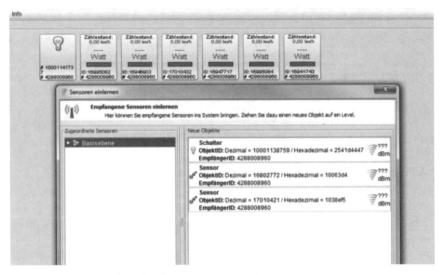

Abb. 8.550 Verlagerung der gefundenen Sensoren in Ebenen

Sollen weitere Ebenen angelegt werden, so erfolgt dies unter dem Menüpunkt „Bearbeiten" und dort „Ebenen". Dort werden die neuen Ebenen erzeugt oder bearbeitet (vgl.
Abb. 8.551).

Abb. 8.551 Erzeugung neuer Ebenen

Die vorhandenen Ebenen werden unter Ebenennamen angezeigt, neue unter „Neue Ebene" hinzugefügt (vgl. Abb. 8.552).

Abb. 8.552   Erzeugung neuer Ebenen

Nach Anlage der Ebenen sind diese unter „Ebenen" auf der Oberfläche zu erkennen (vgl. Abb. 8.553).

Abb. 8.553   Angelegte Ebenen

Den Ebenen können einzelne Hintergrundbilder zugewiesen werden, dies erfolgt über einen rechten Mausklick auf die zu ändernde Ebene im rechten Auswahlmenü. Komfortabel kann das zuzuordnende Hintergrundbild, im Allgemeinen ein Grundriss, ausgewählt und zugeordnet werden (vgl. Abb. 8.554).

Die Ikonen der einzelnen Sensoren können anschließend beliebig den Ebenen zugewiesen werden. Im nächsten Schritt müssen die Sensoren näher parametriert werden. Hierzu werden die Objekte direkt angeklickt und können über einen rechten Mausklick bearbeitet werden. An dieser Stelle sind umfangreiche Möglichkeiten der Dokumentation der Teilnehmer über Raum, Etage, Info und Detail, aber auch Zuordnungen zu Gruppen möglich (vgl. Abb. 8.555).

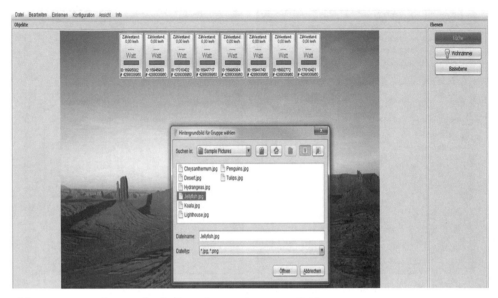

Abb. 8.554 Zuordnung oder Änderung eines Hintergrundbildes

Abb. 8.555 Parametrierung von Tastern

Des Weiteren können Aussehen und Schaltverhalten des Tasters oder Schalters verändert werden. Dies erfolgt ebenfalls über rechten Mausklick auf das Objekt und das Auswahlmenü (vgl.Abb. 8.556).

Abb. 8.556 Änderung von Ikone und Verhalten eines Sensors

Um den Sensoren Aktoren zuweisen zu können, müssen diese zunächst angelegt werden. Da das Eltako-Funkbussystem auf der Basis von EnOcean bidirektional agiert, sind auch derartige Geräte im Produktportfolio bei Eltako vorhanden. Aktoren werden unter dem Menüpunkt „Bearbeiten" und dort „Aktoren erstellen/bearbeiten" angelegt (vgl. Abb. 8.557).

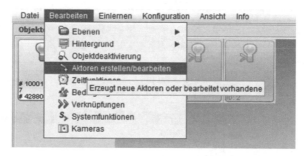

Abb. 8.557 Anlegen eines Aktors

Der Aktor ist einem Funkbus-Gateway zuzuweisen und kann aus einer Liste von Typen unter „Aktor-Typ" ausgewählt werden. Zusätzlich ist der Name des Aktors zu vergeben (vgl. Abb. 8.558).

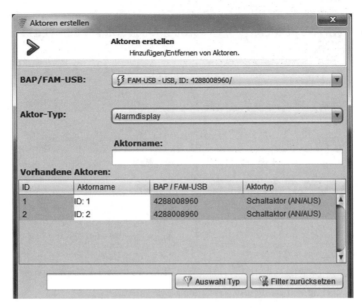

Abb. 8.558 Parametrierung eines Aktors

Das Verhalten des jeweiligen Aktors muss näher spezifiziert werden (vgl. Abb. 8.559).

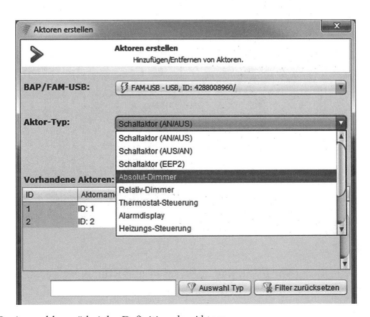

Abb. 8.559 Auswahlmenü bei der Definition des Aktors

Durch Auswahl eines Sensors können anschließend die Aktoren per rechtem Mausklick auf einen Sensor in der Benutzeroberfläche zugewiesen werden (vgl. Abb. 8.560).

Abb. 8.560 Bearbeitungsmenü der Sensoren zur Zuweisung von Funktionen

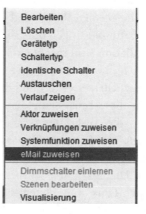

Neben diesen umfangreichen Basisfunktionen können auch komplexe Gebäudeautoma-
tions- und Systemfunktionen in die Visualisierung integriert werden. Dies schließt auch
Smart Metering ein. Zähler werden direkt in die Oberfläche integriert und können ausgelesen oder angezeigt werden (vgl. Abb. 8.561).

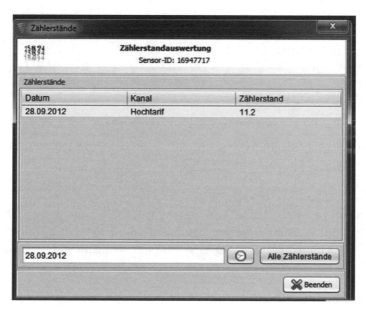

Abb. 8.561 Anzeige von Zählerdaten

8.24.3 Analyse

Eltako bietet mit dem Eltako-Funkbussystem ein vollständiges abgerundetes Gebäudeautomationssystem an, das auf der Basis der EnOcean-Technologie über Funkbus-Gateways auch die Medien RS485 und Powerline einschließt. Damit können komplexe Gebäudeautomationslösungen dort aufgebaut und integriert werden, wo es hinsichtlich der
Elektroinstallation Sinn macht. So können im zentralen und auch in dezentralen Stromkreisverteilern durch Verwendung von Hutschienengeräten vorhandene Elektroinstallationen überarbeitet, erweitert und damit automatisiert werden. Über RS485 oder Powerline können diese Teilsysteme der Gebäudeautomation zusammengeführt werden. Damit ist auch die Auslesung zentraler und dezentraler Stromzähler möglich. Dort, wo
Leitungen nicht in Form von RS485 und der Stromversorgung verfügbar sind, kann auf
das umfangreiche Portfolio an funkbasierten Geräten in jeder Aufbauform zurückgegriffen werden. Damit können Sensoren die Messgrößen dort erfassen, wo diese zu messen
sind und per Funk weiterleiten. Dies betrifft auch Zählerlösungen, die direkt messen
oder auf vorhandene Zähler per S0 zugreifen. Die einzelnen Subsysteme der Elektroinstallation werden über Funk zusammengeführt und werden dadurch über eine Zentrale automatisierbar und darüber visualisierbar. Damit sind alle relevanten Gebäudeautomationslösungen realisierbar.

Gerät	Preis je Gerät	Preis je Kanal
Eltako F8S12-12V DC, Funk-8-fach-Sendemodul	51,30 Euro	6,50 Euro
Taster	10 Euro	10 Euro
Eltako 2-fach-Aktor, FSR61LN-230V	70,50 Euro	35 Euro
Kosten je Funktion		ca. 51 Euro

Mit 51 Euro für eine Schaltfunktion liegt das Eltako Funkbussystem im mittleren bis
unteren Preissegment für Gebäudeautomation.

Kommen Geräte mit nur einer Taste oder einem Kanal zum Einsatz, so liegen die
Kosten für eine Funktion wesentlich höher.

Von großem Vorteil ist, dass bei Verwendung von Funksensoren, die nach der Installation nahezu keine Wartung erfordern, Leitungen eingespart werden können und damit
die Kosten einer automatisierten Elektroinstallation wesentlich reduziert werden.

8.24.4 Neubau

Hinsichtlich des Neubausegments lässt Eltako keine Wünsche des Bauherrn offen.
Durch geschickte Auswahl der Medien, Dezentralisierung der Anlage und möglichst
Aufbau eines RS485-Systems mit Funkverbindung ist die Realisierung sehr preiswerter

Anlagen möglich. Der Problematik des fehlenden Routings nichtzustellbarer Funkproto-
kolle wird mit Repeatern und anwendungsgerechtem Aufbau des Funkbussystems begegnet.

8.24.5 Sanierung

Die Sanierung wird beim Eltako Funkbussystem als saubere ermöglicht, wenn keine
neuen Datenleitungen gezogen werden und auch Stromkreisverteiler nicht oder nur
wenig überarbeitet und ergänzt werden müssen, dies ermöglicht kostengünstige Sanierungen. Aber auch schmutzige Sanierungen sind möglich, wenn Teile der Anlage mit
RS485-Komponenten umgerüstet werden, dezentrale Installationsbereiche aber bei Öffnung der Verteiler- und Schalterdosen umverdrahtet und mit EnOcean-Funkkomponenten ausgestattet werden. Das sanierte Gebäude kann mit einer umfangreichen Gebäudeautomation umgebaut werden, die keine Wünsche des Bauherren offenlässt und
auch smart-metering-basiertes Energiemanagement ermöglicht.

8.24.6 Erweiterung

Bereits mit dem Eltako Funkbussystem ausgestattete Elektroinstallationen können beliebig erweitert werden. Dort, wo nicht mehr kostengünstig auf RS485 zurückgegriffen
werden kann, kommt EnOcean als Funkbussystem allein zur Anwendung.

8.24.7 Nachrüstung

Neben Neubau und Sanierung ermöglicht das Eltako Funkbussystem auch die sukzessive
Nachrüstung. Hier kann der vorhandene Stromkreisverteiler soweit möglich mit RS485-
Komponenten umgebaut werden, für die restliche Elektroinstallation wird auf die
EnOcean-Funkbus-Komponenten zurückgegriffen.

8.24.8 Anwendbarkeit für smart-metering-basiertes Energiemanagement

Die Anwendung von Smart Metering ist problemlos möglich, da ein vorhandener elektrischer Haushaltszähler grundsätzlich durch einen elektronischen ersetzt werden kann.
Der Energiekunde kann durch Änderung seines Nutzerverhaltens seinen Energieverbrauch und damit seine Energiekosten senken. Damit wird psychologisches Energiemanagement innerhalb eines Gebäudeautomationssystems per S0-Schnittstelle und außerhalb des Eltako-Funkbussystems möglich. Da ein Zugang zu zentralen und dezentralen Zählern im System möglich ist, ist das Eltako Funkbussystem aber auch für aktives
und passives Energiemanagement geeignet. Durch die Softwarepakete Eltako FVS und
IP-Symcon können mit Rückgriff auf den zentralen und auch dezentralen Stromzähler
auf der Basis der automatisierten Geräte aktives und passives Energiemanagement auf-

grund der überragenden Programmiermöglichkeiten eingerichtet werden. IP-Symcon lässt jedoch den Zugriff auf weitere Gebäudeautomationssysteme und damit den Zugriff auf andere Zählersysteme, z. B. von Lingg&Janke zu. Damit wird das Eltako Funkbussystem in Verbindung mit einer PC-basierten Zentrale zu einem perfekten System für die Realisierung von smart-metering-basiertem Energiemanagement.

8.24.9 Objektgebäude

Als Zubringersystem zu überlagerten Gebäudeautomationssystemen ist EnOcean und damit auch das Eltako-Funkbussystem ausgezeichnet geeignet. Neben Gateways zu bekannten SPS-Systemen von WAGO, Beckhoff und Phoenix Contact werden auch Gateways zu vielen dezentralen Gebäudebussystemen, wie z. B. dem KNX/EIB und LCN angeboten. Damit können stetig vorhandene Gebäudebestandteile optimal mit einem drahtbasierten Gebäudeautomationssystem ausgestattet werden, während flexibel ausgebaute Miet- oder sonstige Nutzungsbereiche mit flexibel änderbaren Wänden mit dem Eltako Funkbussystem automatisiert werden. Der Prozess der Umprogrammierung reduziert sich bei kaum geändertem Ausbau um die neue Vergabe von EnOcean-ID-Nummern. Der aktuell geforderten flexiblen Information über die Nutzung von Energie kann durch Integration von EnOcean-Messeinrichtungen begegnet werden. Der Nachteil normaler Funkbussysteme mit Batterien wird bei EnOcean durch die Methode des Energy-Harvesting aufgehoben, Servicearbeiten werden dadurch erheblich reduziert.

Ohne Rückgriff auf Gateways zu übergeordneten Gebäudeautomationssystemen können in bestimmten Grenzen auch ganze Objektgebäude mit dem Eltako-Funkbus ausgestattet werden. Das umfangreiche Produktportfolio auf der Basis der Medien Funk, RS485 und Powerline eignet sich ausgezeichnet, um auch Smart-Metering- und AAL-Funktionen umzusetzen. Soweit das aus Eltako-Funkbus-Komponenten aufgebaute System systemspezifische Grenzen erreicht, kann das gesamte System in mehrere Teilbereiche zerlegt werden und über Ethernet-IP-basierte Gateways wieder zusammengefügt werden.

8.25 PEHA Easyclick

PEHA bietet mit dem Easyclick-System das EnOcean-System in drei Varianten der Anwendung an. Wie bereits bei der allgemeinen EnOcean-Betrachtung üblich können einfache Sensor-/Aktorbeziehungen hergestellt und auch Ankopplungen von Sensoren an übergeordnete Bussysteme erfolgen. Hierzu bietet PEHA in seinem Produktportfolio eine große Anzahl binärer Sensoren und Aktoren an, die das Schalten, Dimmen und Jalousiefahren ermöglichen, analoge Anwendung mit direkter Aufnahme und des Messwerts fehlen völlig. Das Portfolio besteht aus Geräten für alle Einbauarten. Über unidirektionale Gateways zu PEHA-PHC oder KNX/EIB können die PEHA-Easyclick-Sensoren als Zubringersysteme zum Einsatz kommen (vgl. Abb. 8.562).

Abb. 8.562   PEHA-Easyclick-Sensor und -Aktor

In der Variante als Hutschienensystem werden Aktoren in einem Stromkreisverteiler untergebracht und über die von PEHA-PHC bekannten Verbindungsleitungen miteinander verbunden. Zur Spannungsversorgung und Ankopplung von EnOcean-Sensoren dient ein Spannungsversorgungsmodul, das als Kompaktgerät mit gleichzeitig vier Schaltaktorkanälen oder als reine Spannungsversorgung verfügbar ist. Die Ankopplung an EnOcean erfolgt über ein aus dem Stromkreisverteiler über eine 4-adrige Leitung abgesetztes Antennenmodul, in dem der EnOcean-Dolphin-Empfangschip verbaut ist. Durch diese Variante können vergleichbar mit dem Eltako-Funkbus in der Variante RS485 preisgünstige Aktoren mit kostspieligen EnOcean-Sensoren verbunden werden, indem die Anzahl der Funkempfänger erheblich reduziert wird. Das Easyclick Modular System ist vergleichbar mit einem PEHA-PHC-System für die Funkanwendung, bietet jedoch nicht die vollständige Funktionalität von PEHA-PHC, da vergleichbar mit KNX/EIB die Funktionalität durch die EnOcean-Module selbst vorgegeben und parametriert wird (vgl. Abb. 8.563).

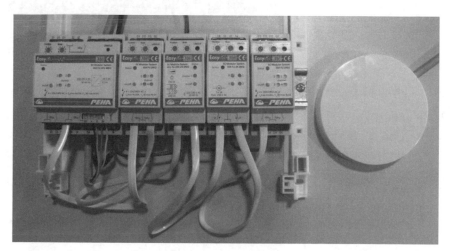

Abb. 8.563   PEHA-Easyclick-Hutschienensystem mit Antenne

Die volle Funktionalität erhält ein PEHA-Easyclick-System erst in Verbindung mit dem PEHA-PHC über ein bidirektionales Gateway. In diesem Fall erhalten die Aktoren im modularen Hutschienensystem durch PEHA-PHC vorgegebene Kanäle und können damit von PEHA-PHC adressiert werden. Die sensorischen Elemente können direkt im Gateway angelernt werden.

Ein Visualisierung, die wahlweise bereits nur für das Easyclick-System über ein USB-Gateway und einen USB-Visualisierungsstick auf der Basis eines PCs oder in Verbindung mit PEHA-PHC aufgebaut werden kann, vervollständigt das System.

Der Feldbus wird von PEHA-Easyclick hinsichtlich binärer Signale abgedeckt, im Portfolio fehlen analoge Sensoren, die zum Teil über Schwellwerte, z. B. in Form einer einfachen Wetterstation, eingebunden werden können. Die volle Automationsfunktionalität erhält PEHA-Easyclick erst in Verbindung mit PEHA-PHC. Gut nutzbar ist die graphische Visualisierung (vgl. Abb. 8.564).

Abb. 8.564 PEHA-Easyclick-Visualisierung

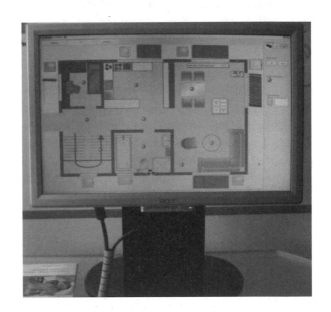

8.25.1 Typische Geräte

Zu den typischen Geräten bei PEHA Easyclick zählen binäre Sensoren und Aktoren als Basis sowie in der Erweiterung als Systemkomponenten Antennenmodule, Gateways und Spannungsversorgung zum Aufbau eines hutschienenbasierten Systems.

8.25.1.1 Systemkomponenten

Zum Aufbau eines hutschienenbasierten Systems mit im Stromkreisverteiler verbauten Aktoren ist ein Funkantennenmodul erforderlich, das an einem Spannungsversorgungsmodul aufgeschaltet wird und über die Spannungsversorgung versorgt wird (vgl. Abb. 8.565).

Abb. 8.565 PEHA-Easyclick-
EnOcean-Antennenmodul und
Spannungsversorgung

Zur Erweiterung der Reichweite dient ein EnOcean-Repeater, der je nach Betriebsart (einstellbar über Level) die Reichweite um eine oder mehrere Stufen erweitern kann, damit können auch ausgedehnte Anlagen aufgebaut werden (vgl. Abb. 8.566).

Erweiterte Funktionalität erhält das PEHA-Easyclick-System über Gateways zu PE-HA-PHC, die entweder als rein unidirektionales Zubringersystem zu PEHA-PHC ausschließlich für Sensoren oder auch als bidirektionales Gateway angeboten werden. Durch insgesamt jeweils 120 anlernbare Sensoren und Aktoren kann problemlos ein Wohngebäude abgedeckt werden (vgl. Abb. 8.567).

Abb. 8.566 PEHA-Easyclick-Repeater

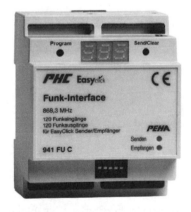

Abb. 8.567 PEHA-Easyclick-Interface
zu PEHA PHC

Die Visualisierung des reinen Easyclick-Systems erfolgt über ein USB-Gateway und einen USB-Stick, mit dem die Visualisierung freigeschaltet wird. Die graphischen Möglichkeiten der Visualisierung erlauben die Steuerbarkeit des EnOcean-Systems über einen zentralen PC. Bei Ankopplung an PEHA-PHC wird die Automatisierungsmöglichkeit optimiert und eine Visualisierung in Verbindung mit PEHA-PHC ermöglicht (vgl. Abb. 8.568).

Abb. 8.568 PEHA-Easyclick-USB-Gateway und -USB-Stick zum Aufbau einer Visualisierung

Abgerundet werden die Systemkomponenten durch ein EnOcean-KNX-Gateway, mit dem die PEHA-Easyclick-Sensoren unidirektional als Zubringersystem verwendet werden können. Die Anzahl einlernbarer Sensoren ist mit 32 Kanälen, dies entspricht nicht der Anzahl anlernbarer Wippen, bei Kosten von ca. 400 Euro sehr gering. Effektiver ist PEHA Easyclick als preiswertes System in Verbindung mit PEHA-PHC zu betrachten (vgl. Abb. 8.569).

Abb. 8.569 EnOcean-KNX-
Gateway für 32 Kanäle

8.25.1.2 Sensoren

Hinsichtlich des sensorischen Produktportfolios bietet PEHA für Easyclick die bekannte EnOcean-Bandbreite binärer Sensoren an. Neben den für EnOcean bekannten Sensoren mit elektrodynamischer, piezo- oder photovoltaik-basierter Energieversorgung bietet PEHA auch einige batterie- oder fremdversorgte Geräte an. Sensoren sind in allen notwendigen Bauformen verfügbar. Als Elektroinstallationstechnikhersteller bietet PEHA insbesondere die Taster in vielen Designvarianten an (vgl. Abb. 8.570).

Zu den batterieversorgten Geräten gehört ein Bewegungsmelder mit sehr kleinen Abmessungen (vgl. Abb. 8.571).

Der Tür-/Fensterkontakt ist mit einem Photovoltaikmodul ausgestattet und damit wartungsarm. Es entspricht vom Aussehen her dem entsprechenden Eltako-Gerät (vgl. Abb. 8.572).

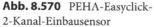

Abb. 8.570 PEHA-Easyclick-
2-Kanal-Einbausensor

Abb. 8.571 PEHA-Easyclick-
Bewegungsmelder

Abb. 8.572 PEHA-
Easyclick-Fensterkontakt

Zum Aufbau von Einzelraumtemperaturregelungen werden Raumthermostate angeboten, die mit Stellantrieben oder Heizungsaktoren verbunden werden können. Realisierbar sind damit Zweipunkt-Regelungen (vgl. Abb. 8.573).

Abb. 8.573 PEHA-Easyclick-
Raumthermostat

8.25.1.3 Aktoren

Die Kosten der aktorischen Geräte werden erheblich durch ein hutschienenbasiertes
System reduziert. Hier dient ein Spannungsversorgungsmodul zum Anschluss des An-
tennenmoduls und dem Anschluss der anderen Module. Das Spannungsversorgungsmodul wird mit oder ohne Schaltkanäle angeboten (vgl. Abb. 8.574).

Der modulare Hutschienenbus kann um Schaltaktoren mit zwei oder vier Kanälen
erweitert werden. Die Parametrierung und das Anlernen von Sensoren erfolgt über
Drehschalter, Taster und LEDs. Die Konfiguration einer Funktion ist vergleichbar mit
den Geräten des Eltako-Funkbus, ist jedoch wesentlich einfacher gehalten (vgl.
Abb. 8.575).

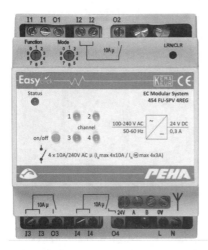

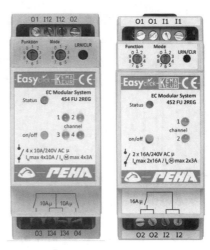

Abb. 8.574 PEHA-Easyclick-4-Kanal-
Schaltaktor mit Spannungsversorgung
und Antennenmodul-Anschluss

Abb. 8.575 PEHA-Easyclick-4- und
-2-Kanalschaltaktor

Dimmbare Leuchtmittel werden über Universaldimmer in das System eingebunden, sind
jedoch nur als Einkanalgeräte mit zwei Teilungseinheiten Breite verfügbar (vgl.
Abb. 8.576).

Zum Aufbau einer Beschattungsanlage sind Jalousieaktoren mit jeweils zwei Kanälen
verfügbar. Damit entspricht das modulare Aktor-Portfolio im Wesentlichen den vergleichbaren PEHA-PHC-Hutschienenmodulen bei kleinerer Baugröße. Verfügbar ist
kein DALI-Gateway (vgl. Abb. 8.577).

Abb. 8.576 PEHA-Easyclick-1-Kanal-
Universaldimmaktor

Abb. 8.577 PEHA-Easyclick-2-Kanal-
Jalousieaktor

Ergänzt wird das aktorische Produktportfolio durch Unterputzgeräte für die üblichen Funktionen Schalten, Dimmen und Jalousiefahren. Verfügbar ist aus den Anfangszeiten der EnOcean-Implementation ein Gerät mit vereinfachten Schaltfunktionen, das ideal von einer zentralen Gebäudeautomation angesteuert werden kann (vgl. Abb. 8.578).

Abb. 8.578   PEHA-Easyclick-UP-Schalt-, -Multifunktions- und -Heizungsaktor

Easyclick-Geräte sind auch als Zwischenstecker in der Funktion als Schaltaktor oder Dimmaktor verfügbar (vgl. Abb. 8.579).

Ein Heizungsstellantrieb sowie ein Thermostat-Empfänger, runden das aktorische Produktportfolio ab (vgl. Abb. 8.580).

Abb. 8.579   PEHA-Easyclick-Schalt- oder -Dimmaktor als Zwischenstecker

Abb. 8.580   PEHA-Easyclick-Heizungsstellantrieb

8.25.2 Programmierung

Die Programmierung des Systems erfolgt durch Parametrierung über Drehschalter und direkte Zuordnung bei Verwendung der für Funkbussysteme üblichen Taster und LEDs, um eine Verbindung zu programmieren. Als einfaches dezentrales Bussystem werden die Sensoren direkt in den zuzuordnenden Aktoren eingelernt. In Verbindung mit PEHA-

PHC oder einer Visualisierung über ein Gateway erhalten die Funkaktoren Kanäle zugeordnet, um mit diesen bidirektional zu kommunizieren.

8.25.3 Analyse

PEHA bietet mit dem Easyclick-System ein interessantes Gebäudeautomationssystem an,
das ideal als Sanierungs-, Erweiterungs- und Nachrüstsystem genutzt werden kann. Die
EnOcean-Sensoren und Aktoren sind wie üblich weniger preisgünstig, PEHA bietet mit
dem modularen Hutschienensystem durch die Reduktion auf nur einen EnOcean-
Adapter EnOcean-Aktoren zu einem sehr günstigen Preis an, da die EnOcean-Funkbus-
Ankopplungskosten auf nur ein Antennenmodul je Hutschienenverteilung entfallen.
Durch die Erweiterbarkeit um ein Visualisierungssystem oder die Anbindung an PEHA-
PHC entsteht eine nahezu vollständige Gebäudeautomation, die jedoch keine analogen
und Smart-Metering-Komponenten integriert. Eine Erweiterbarkeit durch ein überge-
ordnetes Gebäudeautomationssystem wie z. B. IP-Symcon wurde bislang nicht geprüft,
damit kann der Schluss dieser Lücke nicht bestätigt werden, wenn auch üblicherweise
EnOcean-Aktoren an IP-Symcon angelernt werden können.

Gerät	Preis je Gerät	Preis je Kanal
Easyclick-Wandsender 4-Kanal	52,21 Euro	26 Euro
Easyclick-Modul-Schalten 4-Kanal	52,90 Euro	13 Euro
Kosten je Funktion		ca. 40 Euro

Die Kosten für eine Schaltfunktion sind bei Verwendung von Modulen mit mehreren
Kanälen sehr niedrig. Zu berücksichtigen ist jedoch, dass eine Spannungsversorgung mit
Antennenmodul anteilig zu jedem Aktorkanal berücksichtigt werden muss.

8.25.4 Neubau

Als reines Funkbussystem bietet sich PEHA-Easyclick nicht für den Neubau an. Aufgrund der Verfügbarkeit von PEHA-PHC als drahtbasiertes und PEHA-Easyclick als
Funkbussystem kann der neubauende Bauherr jedoch gut und günstig mit PEHA-PHC
starten und ein Hausautomationssystem mit Visualisierung aufbauen.

8.25.5 Sanierung

Für Sanierungen bietet sich Easyclick gut an. Im Rahmen einer sauberen Sanierung müssen Schalter- und Verteilerdosen geöffnet und Umverdrahtungen vorgenommen werden, um die dezentralen Sensoren und Aktoren anzuschließen. Im Zuge einer schmutzigen Sanierung können die Aufwände gering gehalten werden, indem über das modulare
Hutschienensystem dezentrale Teilsysteme aufgebaut werden und im zentralen Strom-

kreisverteiler über einen PEHA-PHC-Gateway zusammengeführt werden. Ein PEHA-PHC-System übernimmt dann, soweit möglich, die Steuerung der über den vorhandenen zentralen Stromkreisverteiler steuerbaren Geräte. Das Produktportfolio ist für eine Sanierung gut geeignet, die auch Hausautomation mit Visualisierung ermöglicht. Um Smart Metering oder übergeordnete Multifunktionalität zu ermöglichen, sollte PEHA das Gesamtsystem öffnen, damit andere Gebäudeautomationssysteme darauf zugreifen können.

8.25.6 Erweiterung

Eine vorhandene Easyclick-Anlage kann auf einfachstem Wege durch weitere Sensoren und Aktoren erweitert werden. Die Programmierung der Aktoren ist durch Einlernen weiterer Sensoren möglich. Dies betrifft auch die Erweiterung um das modulare Hutschienensystem, soweit weitere Anlagenteile hinzukommen, in denen dezentrale Stromkreisverteiler aufgebaut werden können sowie die Erweiterung um eine Visualisierung oder PEHA-PHC als Gesamtsystem zur Abdeckung aller notwendigen Funktionen der Automatisierungspyramide. Analoge Sensoren können nicht, Multifunktionalitäten nur separat über den PC, auf der die Visualisierungssoftware installiert ist, verfügbar gemacht werden.

8.25.7 Nachrüstung

PEHA-Easyclick ist das ideale System für die Nachrüstung, die auch sukzessive erfolgen kann. Soweit möglich können Umverkabelungen in den Schalter- und Verteilerdosen erfolgen oder Schalt- oder Dimmaktoren als Zwischenstecker verbaut werden, Sensoren in Verbindung mit dem PEHA-Installationsmaterial werden direkt auf Wände, Platten oder auf Möbel geklebt. Das System kann sukzessive zu einer komplexen Hausautomation ohne Multifunktionalität und analoge Sensorik erweitert werden.

8.25.8 Anwendbarkeit für smart-metering-basiertes Energiemanagement

Die Anwendung von Smart Metering ist problemlos möglich, da ein vorhandener elektrischer Haushaltszähler grundsätzlich durch einen elektronischen ersetzt werden kann. Der Energiekunde kann durch Änderung seines Nutzverhaltens seinen Energieverbrauch und damit seine Energiekosten senken. Damit wird psychologisches Energiemanagement außerhalb des PEHA-Easyclick-Systems möglich. Da kein Zugang zu externen Daten und auch auf analoge Sensordaten möglich ist, ist Easyclick jedoch weder für aktives, noch passives Energiemanagement geeignet. PEHA-PHC kommt ohne Erweiterungsmöglichkeit durch z. B. die Adaption in IP-Symcon nicht für smart-metering-basiertes Energiemanagement in Frage.

8.25.9 Objektgebäude

Als Zubringersystem zu überlagerten Gebäudeautomationssystemen ist EnOcean und damit auch das Eltako-Funkbussystem ausgezeichnet geeignet. Neben Gateways zu bekannten SPS-Systemen von WAGO, Beckhoff und Phoenix Contact werden auch Gateways zu vielen dezentralen Gebäudebussystemen, wie z. B. dem KNX/EIB und LCN angeboten. Damit können stetig vorhandene Gebäudebestandteile optimal mit einem drahtbasierten Gebäudeautomationssystem ausgestattet werden, während flexibel ausgebaute Miet- oder sonstige Nutzungsbereiche mit flexibel änderbaren Wänden mit dem Funkbussystem EnOcean über PEHA-Easyclick automatisiert werden. Der Prozess der Umprogrammierung reduziert sich bei kaum geändertem Ausbau um die neue Vergabe von EnOcean-ID-Nummern. Der aktuell geforderten flexiblen Information über die Nutzung von Energie kann durch Integration von EnOcean-Messeinrichtungen begegnet werden. Der Nachteil normaler Funkbussysteme mit Batterien wird bei EnOcean durch die Methode des Energy-Harvesting aufgehoben, Servicearbeiten werden dadurch erheblich reduziert.

Die Verwendungsmöglichkeit des hutschienenbasierten Easyclick-Systems ist von Fall zu Fall zu entscheiden, da hutschienenbasierte Automatisierung eher den übergeordneten Gebäudeautomationssysteme vorbehalten ist.

8.26 RWE SmartHome

RWE SmartHome wurde 2009 als neuer Standard für Gebäudeautomation angekündigt. Durch diesen Schritt wurde neben dem Vertrieb über den dreistufigen Handel und damit letztendlich über den Elektroinstallateur und dem Vertrieb über Katalog, Internet und Kaufhaus ein neuer Kanal eröffnet, der beide anderen Vertriebswege bündeln könnte. Des Weiteren wurde es durch Integration der Partner eQ-3, der bereits erfolgreich HomeMatic und FS20 über ELV und andere vermarktet, und Microsoft, der über erhebliche Kompetenz bei Programmiertools verfügt, eine breite Kompetenz gebündelt, da RWE selbst erhebliches Potenzial aus dem Energieversorgungs- und damit Smart-Metering-Sektor beisteuern kann. Die Realisierung des RWE-SmartHome-Projekts dauerte jedoch nach einer Werbeschlacht in Print- und Internetmedien auf der Basis der Ankündigung des neuen Standards noch etwa 1,5 Jahre. Anfang 2011 wurde die Markteinführung mit einer für Gebäudeautomation nie erlebten weiteren Werbeschlacht vollzogen. In allen bekannten Medien, hierzu zählten Internet, Fernsehen und Papier, wurde das SmartHome-System mit überragenden Eigenschaften vorgestellt. Insbesondere wurde Augenmerk darauf gelegt die Funktionalität von Gebäudeautomation in Verbindung mit dem System-Charakter herauszustellen, nachdem dies bis auf eQ-3 nahezu alle Hersteller bislang vermieden und nur einzelne Komponenten anboten und vertrieben (vgl. Abb. 8.581).

Abb. 8.581 Werbekampagne für RWE SmartHome im Internet [RWE]

Das System wurde zunächst auf der Basis der Komponenten Zentrale mit Einfach-Wippen-Taster, kombiniertem Raumthermostat mit Stellantrieb und Schaltaktor in Zwischenstecker-Bauform als Starter-Paket auf den Markt gebracht. Zusätzlich war eine Fernbedienung verfügbar. Damit war ein äußerst schmales Produktportfolio verfügbar, mit dem insbesondere die Nachrüstung in Mietwohnungen und allgemein die Nachrüstung auch von Nichtelektrikern ermöglicht werden sollte. Die Marketing-Kampagne, die im Wesentlichen auf der Fernsehgestalt Stromberg beruhte, suggerierte jedoch, dass mit RWE SmartHome auch komplexe Gebäudeautomationen realisiert werden können, die in die vorhandene Elektroinstallation auch unter Putz zugreift, dies war mit den verfügbaren Komponenten jedoch nicht realisierbar. Interessant im Rahmen der Marketingkampagne war jedoch, dass deutlicher Augenmerk auf den Service gelegt wurde. So wurde von vornherein ein Service angeboten, um die beschafften Geräte in Betrieb zu nehmen und zu programmieren (vgl. Abb. 8.582).

Sie befinden sich hier: ▸ Smarthome   ▸ Informieren   ▸ Was ist RWE SmartHome?   Stromberg's SmartHome

Kommse rein, könnse was lernen!

Auf dem RWE SmartHome eigenen Youtube-Channel zeigt Ihnen Stromberg sein RWE SmartHome.

Unter www.youtube.com/rwesmarthome bietet der Channel unterhaltsame Clips sowie aktuelle Informationen und attraktive Inhalte rund um die RWE SmartHome Gerätefamilie.

Jetzt zurücklehnen und anschauen

Abb. 8.582 Marketingkampagne zur gewerkeübergreifenden Gebäudeautomation [RWE]

Im Zuge der Markteinführung kamen einige weitere Produkte hinzu, die erwartete Einbindung von Smart Metering bleibt jedoch bis heute, Stand 10/2012, aus.

Der Energieversorger vertreibt das System mit den Argumenten „komfortable Lösung für Ihr Zuhause", „Haussteuerung nach Maß ist weder Zukunftsmusik noch unbezahlbarer Luxus" und „zeitgemäße Haussteuerung von elektrischen Geräten und der Heizung". Die Vorteile des Systems wurden festgemacht an

- Energie sparen
- mehr Komfort
- mehr Sicherheit,

damit den üblichen Argumenten für Gebäudeautomation.

Geworben wurde mit dem Argument, dass die Produktfamilie intelligenter Geräte ohne technisches Vorwissen mit minimalem Zeitaufwand installiert wird und das hausinterne Funknetzwerk beliebige Haushaltsgeräte mit einer zentralen Steuereinheit verbindet und damit auch eine intelligente Heizungssteuerung ermöglicht. Damit sind Point-to-point-Verbindungen zwischen Sensoren und Aktoren nicht realisierbar.

Mittlerweile wurde der Vertrieb auf Kaufhäuser über die Firma „Berlet" und den Food/Nonfood-Sektor über Metro erweitert. Der Fernzugriff wurde mit dem Argument „Perfekte Hausautomatisierung – auch von unterwegs" beworben, indem das System von zu Hause, aber auch über Internet oder Smartphone von unterwegs bedient werden könnte. Der Programmiermöglichkeit sollte über Profile mit einfachen Befehlen realisiert sein.

8.26.1 Typische Geräte

Zu den Systemkomponenten zählt bei RWE SmartHome als wichtigstes und notwendiges Gerät die Zentrale, über die alle Sensoren und Aktoren kommunizieren sowie die Sensoren und Aktoren.

8.26.1.1 Systemkomponenten

Zentrale Systemkomponente des Systems ist die RWE-SmartHome-Zentrale. Diese muss ständig mit dem Internet verbunden sein, um vollständige Funktionalität zu erhalten. Zur Anzeige einiger weniger Informationen dient ein kleines Display (vgl. Abb. 8.583). Die Visualisierung des eigenen Systems wird über die RWE-Homepage realisiert.

Für den Betrieb des SmartHome-Systems werden folgende Komponenten benötigt:

- internetfähiger PC/MAC: oder Mac
- ca. 10 MB freier Speicherplatz auf dem PC
- Internet Router mit freiem LAN Port (vgl. Abb. 8.584)
- Breitband-Internetanschluss (ab 1.024 kByte/s)
- Software „Silverlight ab Version 4
- für den mobilen Zugang über ein Smartphone: Webbrowser

Abb. 8.583 RWE-SmartHome-Zentrale [RWE]

Abb. 8.584 RWE-SmartHome-
Router [RWE]

Zur Überwindung von möglichen Übertragungsproblemen ist mittlerweile ein Router verfügbar, der das Signal der RWE SmartHome-Geräte auffrischt, um in größeren Gebäuden das Funkbussystem hinsichtlich der Reichweite auch über mehrere Etagen mit Betondecken zu erweitern. Als Besonderheit weist der Router die Eigenschaft auf, dass er als Zwischenstecker in eine vorhandene Steckdose gesteckt wird, diese aber weiterhin nutzbar ist. Prinzipiell agiert das Gerät nicht als Router mit Routing-Funktionalität, sondern eher als Repeater. Obwohl genügend Platz im Gerät verfügbar ist, wurde kein Schalt- oder Dimmaktor als weitere Funktionalität möglich gemacht.

8.26.1.2 Sensoren

Das sensorische Produktportfolio basiert auf einem 1fach-Flächentaster sowie Fernbedienung, Raumthermostat, Rauchmelder, Tür-/Fensterkontakt, Bewegungsmelder für innen und außen sowie kombinierte Sensor-/Aktor-Systeme als Unterputz-Schalter-, -Dimmer und Jalousieschalter, die eine vorhandene Schaltstelle busfähig macht (vgl. Abb. 8.585). Mit diesem Umfang sind daher auch zum Stand 10/2012 noch keine Geräte verfügbar, mit denen komplette Elektroinstallationen umgearbeitet werden können. Das Portfolio ist nach wie vor nur für die Nachrüstung geeignet.

Abb. 8.585 RWE-SmartHome-Wandtaster [RWE] (rechts Vergleich HomeMatic-Gerät [ELV])

Bei näherer Betrachtung der einzelnen Geräte wird erkennbar, dass viele Geräte auf den Partner eQ-3 zurückzuführen sind, wobei lediglich Änderungen am Design erfolgten und die Technologie auf RWE SmartHome angepasst wurde.

Der 1fach-Taster wird mit umfangreichen Funktionsmöglichkeiten beworben, ist jedoch aufgrund seiner nur einfach vorhandenen Wippe kaum für komplexe Gebäudeautomationen geeignet, da er zudem nicht mit Wechselrahmen für eine Mehrfachanordnung angeboten wird und nicht kompatibel zu anderen Schalterserien ist. Störend im Gesamteindruck ist auch das RWE-SmartHome-Logo.

Abb. 8.586 RWE-SmartHome-Unterputz-
Lichtschalter [RWE]

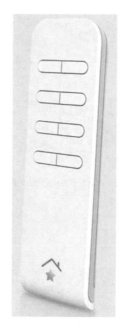

Abb. 8.587 RWE-SmartHome-
Fernbedienung [RWE]

Um dieses Problem zu beheben wurden nicht, wie bei Mitbewerbern und dem Partner eQ-3 üblich, Unterputz-Tasteinsätze, sondern komplette Tastsysteme entwickelt, die den vorhandenen kompletten Schalter oder Taster ersetzen und den Schaltaufsatz durch Aufrasten wieder adaptieren (vgl. Abb. 8.586). Dieses Gerät ist als Schalt-, Dimm- und Jalousieeinsatz verfügbar, realisiert jedoch nur eine Wippe, die oben und unten betätigt werden kann.

Direkt verfügbar war im ersten Rollout eine flache Fernbedienung mit vier Zeilen zu je zwei Tasten (vgl. Abb. 8.587).

Zur Einbindung des Gewerks HKL wird ein kombiniertes Raumthermostat-/Stellantriebs-Gerät angeboten, das die Temperatur direkt an der Heizung misst und an die Zentrale übermittelt. Hierdurch werden nicht die Raumtemperaturen für die Regelung zur Anwendung gebracht, sondern die wesentlich höheren Temperaturen direkt am Heizkörper im Heizbetrieb. Die Anzeige in der Visualisierung zeigt im Allgemeinen zu hohe Temperaturwerte. Um dieses Problem zu korrigieren, wurde nachfolgend ein separates Raumthermostat in Verbindung mit der Ansteuerung einer Fußbodenheizung angeboten (vgl. Abb. 8.588).

Um das Gewerk Sicherheit zu integrieren, wurde ein Bewegungsmelder für Innen- und Außenanwendung in das Produktportfolio integriert (vgl. Abb. 8.589 und Abb. 8.590).

Zum Gewerk Sicherheit, aber auch der Einzelraumtemperaturregelung, zuzuordnen ist der Tür-/Fensterkontakt (vgl. Abb. 8.591).

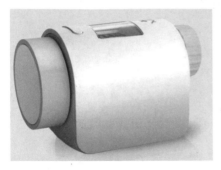

Abb. 8.588   RWE-SmartHome-Thermostat [RWE]

Abb. 8.589   RWE-SmartHome-Bewegungsmelder (innen) [RWE] (rechts HomeMatic-Vergleichsgerät [ELV])

Abb. 8.590   RWE-SmartHome-Bewegungsmelder (außen) [RWE]

Abb. 8.591   RWE-SmartHome-Fensterkontakt [RWE] (rechts HomeMatic-Vergleichsgerät [ELV])

Abgeschlossen wird das gegenwärtige Produktportfolio durch einen Rauchmelder, der zudem dem Gewerk Sicherheit zuzuordnen ist (vgl. Abb. 8.592).

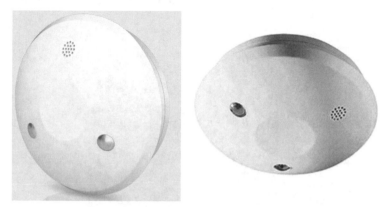

Abb. 8.592 RWE-SmartHome-Rauchmelder [RWE] (rechts HomeMatic-Vergleichsgerät [ELV])

Wie bereits erwähnt, wird auch ein Raumthermostat angeboten, der in Verbindung mit der Fußbodenheizungssteuerung zu betrachten ist (vgl. Abb. 8.593).

Abb. 8.593 RWE-SmartHome-
Raumthermostat [RWE]

In Summe stellt sich das System SmartHome auf sensorischer Seite selbst nach 18 Monaten Markteinführung als sehr übersichtlich und unvollständig dar. Es fehlen völlig sensorische Geräte zur Messung einzelner analoger Größen sowie Hutschienen- und Unterputzgeräte zur Ankopplung an binäre Kontakte. Aufgrund der Inkompatibilität zu HomeMatic des Partners eQ-3 kann das Portfolio auch nicht durch eQ-3 ausgeglichen werden.

8.26.1.3 Aktoren

Ähnlich übersichtlich wie das sensorische Portfolio des Systems ist das aktorische. Der Zwischenstecker ist mittlerweile in Schalt- und Dimmfunktion verfügbar, stellt aber die einzig verfügbaren, rein aktorischen Geräte im Gewerk Licht und Geräte dar (vgl. Abb. 8.594 und Abb. 8.595).

Abb. 8.594 RWE-SmartHome-Zwischenstecker-Schaltaktor [RWE] (rechts HomeMatic-Vergleichsgerät [ELV])

Abb. 8.595 RWE-SmartHome-Zwischenstecker-Dimmaktor [RWE] (rechts HomeMatic-Vergleichsgerät [ELV])

Erweitert wurden das Gewerk Licht im Bereich Schalten und Dimmen sowie Jalousie-steuerung, durch die Unterputzschalteinsätze, die bereits unter Sensoren vorgestellt wurden. Verfügbar ist zudem eine andere Gehäuseform des Schaltaktors für den Außen-einsatz.

   Auch bereits unter Sensoren wurde der kombinierte Raumthermostat/Stellantrieb vorgestellt, der als Stellantrieb am Heizkörper Verwendung findet.

Abgerundet wird das aktorische Portfolio derzeit durch eine Fußboden-Heizungs-steuerung, da moderne Häuser häufig mit einer Fußbodenheizung ausgestattet ist (vgl. Abb. 8.596).

Abb. 8.596 RWE-SmartHome-Fußboden-Heizungssteuerung [RWE]

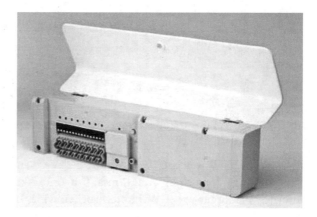

Damit ist abschließend auch das aktorische Produktportfolio als unzureichend und un-vollständig zu charakterisieren. Es erübrigt sich zu erwähnen, dass auch die Aktoren nicht kompatibel zu HomeMatic sind.

8.26.2 Programmierung

Die Programmierung und Bedienung des Systems erfolgt über eine Software, die RWE-intern mit „Blumengarten" beschrieben wird. Vor der Nutzung der Software und damit des beschafften RWE-SmartHome-Systems ist eine Registrierung beim Energieversorger RWE notwendig, die für 24 Monate auch die mobile Nutzung des Systems ermöglicht und anschließend mit 14,95 Euro je Jahr zu vergüten ist. Das SmartHome-System ist damit nur über ein zentrales System des Vertreibers konfigurierbar und auch nutzbar. Nach Registrierung kann die entsprechende Web-Seite bei RWE geöffnet und anschlie-ßend das System parametriert werden. Das Erscheinungsbild der Software ist Microsoft-typisch mit keiner bislang bekannten Programmiervariante eines anderen Gebäudeau-tomationssystems vergleichbar (vgl. Abb. 8.597).

Nach der Anlage und Parametrierung der Sensoren und Aktoren können diese auf angelegte Räume verteilt werden. Die Systemzustände der Systemteilnehmer werden über Farben und verschieden hoch angelegte Ikonen realisiert. Nachfolgend können den Systemteilnehmern vorgegebene Funktionen zugewiesen werden.

Da das Portfolio des Herstellers nicht ausreichend ist, wird an dieser Stelle nicht auf die weiteren Möglichkeiten der Software eingegangen. Nicht integriert ist ein Zugriff auf elektronische Zähler des Energieversorgers und deren Darstellung in der Oberfläche sowie damit die Interaktion von Zähler und Aktorik.

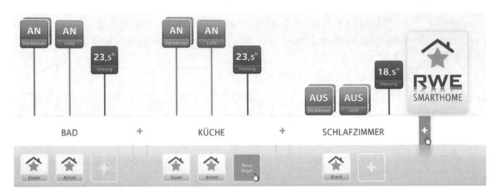

Abb. 8.597 RWE-SmartHome-Programmieroberfläche [RWE]

Im Laborbetrieb stellte sich heraus, dass bei Verwendung zentraler Funktionen extreme Verzögerungen zwischen Funktionsaufruf und Aktion am Aktor auftraten, wenn die Internet-Versorgung zu RWE unterbrochen wird. Damit ist auch automatischer Hochlauf des Systems nach Stromausfall und noch nicht verfügbarem DSL-Router nicht möglich, die Zentrale verharrt ohne Funktion mit einer Fehlermeldung im Display.

Demgegenüber beschreibt der Anbieter von SmartHome die Programmierung mit den Eigenschaften:

- automatisches Erkennen aller angeschlossenen RWE SmartHome-Geräte
- alle Räume in Ihrem Zuhause können eingebunden und mit den Geräten vernetzt werden
- einfache Einstellung von Profilen und Regeln (z. B. Zeitsteuerung) über die gelernte Mouse-Funktion Drag und Drop
- Verwaltung und Übersicht aller Profile
- Steuerung von Zuhause und unterwegs.

8.26.3 Analyse

RWE hat 2009 den neuen Standard der Gebäudeautomation angekündigt und nach ca. 18 Monaten in den Markt eingeführt. Nach erfolgter Markteinführung sind aktuell im Oktober 2012 insgesamt 18 Geräte verfügbar, die keinerlei Kompatibilität zu anderen Geräten des Partnerunternehmens eQ-3 zur Vervollständigung aufweisen, es fehlen völlig Geräte für den Stromkreisverteiler, Binäreingänge und analoge Sensoren. Das aktuelle Produktportfolio ist völlig unzureichend und kann keinesfalls mit anderen standardisierten Gebäudeautomationssystemen mithalten. Das Programmiertool ist zwar modern und graphisch unterstützt, aber eher als Spielerei mit wenigen Gebäudeautomationsmöglichkeiten zu charakterisieren. Das System wird den in der Werbung dargestellten Funktionsmöglichkeiten in keiner Weise gerecht. Obwohl das System am Internet betrieben wird, d. h. über Ethernet-IP betrieben wird, besteht keine Zugriffsmöglichkeit für externe Software, wie z. B. IP-Symcon, um das unvollständige Portfolio auch in Richtung Smart Metering zu ergänzen.

Gerät	Preis je Gerät	Preis je Kanal
Komfortpaket Licht	298 Euro	von 60–120 Euro
3 Tastmodule, 1 Zwischenstecker		
1 Bewegungsmelder		
Kosten je Funktion	**von** 60 Euro	**bis** 120 Euro

Mit einer Preisspanne von 60 bis 120 Euro für eine Schaltfunktion ist das System RWE SmartHome eher im mittleren bis hohen Preissegment anzusiedeln und damit bei Vergleich von Preis und Leistung viel zu teuer. Nicht berücksichtigt wurde die anteilig zu berücksichtigende Zentrale.

8.26.4 Neubau

Aufgrund des völlig unzureichenden Produktportfolios ist das System nicht für den Einsatz im Neubau einsetzbar. Es fehlt insbesondere eine drahtbasierte Variante des Systems sowie die Schaffung hard- oder softwarebasierter Gateways zur Ankopplung anderer Systeme. Zur Vermeidung von Übertragungsproblemen sind Repeater notwendig, die als Router bezeichnet werden. Bei Ausfall der Internetanbindung ist das System nach Test im Laborbetrieb nicht mehr vollständig und performant nutzbar. Aufgrund der zu zahlenden Lizenzgebühr für die Softwarenutzung sind jährlich 14,95 Euro zu entrichten.

8.26.5 Sanierung

Eine vollständige Sanierung ist mit RWE SmartHome nicht realisierbar. Es gelten die dargestellten Argumente unter Neubau. Teilsanierungen entsprechen eher einer teilweisen Nachrüstung und stellen saubere Sanierungen dar, die nicht den vollen Funktionsumfang einer Gebäudeautomation leisten können.

8.26.6 Erweiterung

Da die Bereiche Neubau und Sanierung nicht mit RWE SmartHome abgedeckt werden können, erübrigt sich die Diskussion der Erweiterbarkeit einer Anlage. Mit RWE SmartHome sind lediglich punktuelle Nachrüstungen möglich.

8.26.7 Nachrüstung

RWE SmartHome ist ein Gebäudeautomationssystem für punktuelle, sukzessive Nachrüstung, die jedoch nicht den vollständigen Umfang einer komplexen Gebäudeautomation leisten kann.

8.26.8 Anwendbarkeit für smart-metering-basiertes Energiemanagement

Die Anwendung von Smart Metering ist problemlos möglich, da ein vorhandener elektrischer Haushaltszähler grundsätzlich durch einen elektronischen ersetzt werden kann. Der Energiekunde kann durch Änderung seines Nutzerverhaltens seinen Energieverbrauch und damit seine Energiekosten senken. Damit wird psychologisches Energiemanagement außerhalb des RWE SmartHome-Systems möglich. Da kein Zugang zu externen Daten und auch auf analoge Sensordaten möglich ist, ist RWE SmartHome weder für aktives, noch passives Energiemanagement geeignet. RWE SmartHome kommt ohne Erweiterungsmöglichkeit durch z. B. die Adaption in IP-Symcon nicht für smart-metering-basiertes Energiemanagement in Frage, diese Möglichkeit besteht jedoch bislang nicht.

8.26.9 Objektgebäude

Für den Einsatz im Objektgebäude ist RWE SmartHome nicht geeignet.

8.27 Hager tebis KNX Funk

Hager tebis KNX Funk zählt zu den 3 derzeit am Markt verfügbaren KNX-Funklösungen der Lieferanten Siemens, Hager und MDT. Das Hager-Funkbussystem kann zum einen als reine Funkbuslösung realisiert werden, das über ein Programmiergerät parametriert wird, zum anderen als Subsystem zu KNX/EIB betrachtet und insgesamt über die Software KNX/EIB-ETS programmiert werden. Hager wirbt für das Funkbussystem mit dem Merkmal, dass keine aufwändige Verlegung von Steuerleitungen notwendig ist. Alle Funkprodukte können über das Programmiergerät TX100B und den Medienkoppler in Hager KNX TP-Anlagen eingebunden werden. Werden nur Funk KNX Eingänge in eine TP-Anlage eingebunden, kann der Eingangskonzentrator allein benutzt werden.

Die Reichweite ist insbesondere in Gebäuden umgebungsabhängig. Die Messung der Funktauglichkeit der Umgebung ist mit dem Programmiergerät TX100B möglich. Richtwerte sind im Freien bis zu 100 m und in Gebäuden bis zu 30 m. Die Anzahl der Geräte im System beträgt für Funk KNX-Geräte maximal 250, in Verbindung mit KNX TP zu tebis KNX TX über den Medienkoppler TR130 maximal 63 Geräte. Die maximale Anzahl der Kanäle, d. h. KNX-Funkgruppenadressen, beträgt: 1.024 (unterteilt in maximal 512 Eingänge und 512 Ausgänge). Bei der Einbindung der tebis Funk KNX Produkte in tebis KNX mit ETS-Programmierung ist die Inbetriebnahme mit dem Programmiergerät TX100B und dem Medienkoppler TR130A/B notwendig. Als Basisfrequenz nutzt Hager tebis KNX Funk das 868-MHz-Band.

8.27.1 Typische Geräte

Typische Geräte sind die Systemkomponenten Programmiergerät, Medienkoppler, Eingangskonzentrator und Repeater sowie Sensoren und Aktoren.

8.27.1.1 Systemkomponenten

Die Systemkomponente TX100B dient zur Konfiguration und Programmierung der Teilnehmer im Funkbussystem (vgl. Abb. 8.598).

Medienkoppler und Eingangskonzentrator dienen der Kopplung von KNX-Funkbus- und KNX-TP-Gerät (vgl. Abb. 8.599 und Abb. 8.600).

Vervollständigt werden die Systemkomponenten durch einen Repeater, mit dem die gestörte Funkübertragung bei großen Ausdehnungen korrigiert werden kann (vgl. Abb. 8.601).

Abb. 8.598 Hager-tebis-Funkbus-Programmiergerät TX100 B [Hager]

Abb. 8.599 EIB-TP-Funkbus-Medienkoppler TR131A [Hager]

Abb. 8.600 EIB-TP-Funkbus-Eingangskonzentrator TR351A [Hager]

Abb. 8.601 EIB-TP-Funkverstärker TR140A [Hager]

8.27.1.2 Sensoren

Zu den sensorischen Elementen zählen Tasteingänge und komplette Funktaster. Das Produktportfolio wird durch Fernbedienungen und eine Schnittstelle zum elektronischen Haushaltszähler eHz erweitert.

Abb. 8.602 2fach- und 4fach-Binäreingang [Hager]

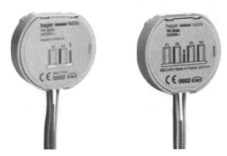

Tasterschnittstellen zu konventionellen Tastern oder anderen Kontakten werden als 2- oder 4fach-Binäreingänge angeboten (vgl. Abb. 8.602). Die Schnittstellen sind äußerst flach und passen hinter konventionelle Tasteinsätze.

Komplette Funktaster werden in zwei Bauformen mit verschiedenen Designs als Taster jeweils eins, zwei oder drei Wippen angeboten und beinhalten die Busankopplung zum Funkbus (vgl. Abb. 8.603 und Abb. 8.604).

Abb. 8.603 1fach-, 2fach-, 3fach-Taste [Hager]

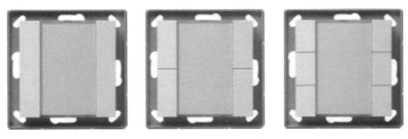

Abb. 8.604 1fach-, 2fach-, 3fach-Taste [Hager]

Abb. 8.605 Fernbedienungen mit unterschiedlicher Tastenanzahl [Hager]

Abb. 8.606 Funkaufsatz zum eHz [Hager]

Fernbedienungen werden als Geräte mit unterschiedlicher Tastenanzahl angeboten (vgl. Abb. 8.605). Abgerundet wird das sensorische Produktportfolio durch einen Funkaufsatz zum elektronischen Haushaltszähler eHz aus dem Hause Hager, die vergleichbar mit den Lingg&Janke-Geräten die Status-LED am Zähler auslesen (vgl. Abb. 8.606).

8.27.1.3 Aktoren

Das aktorische Produktportfolio besteht aus Unterputz- und Aufputzgeräten für Schalt-, Dimm- und Jalousieaktorfunktion sowie Schalt- und Dimmaktoren in Zwischensteckbauform (vgl. Abb. 8.607). Die Unterputz-Aktoren werden mit und ohne zusätzlichen Tastereingang angeboten.

Abb. 8.607 Schalt-, Dimm und Jalousieaktoren (UP) [Hager]

Die Zwischensteckergeräte verfügen über eine Vor-Ort-Bedienung über einen Bedienknopf (vgl. Abb. 8.608). Ein Aufputz-Schaltaktor rundet das aktorische Produktportfolio ab (vgl. Abb. 8.609).

Abb. 8.608 Zwischenstecker-Schalt- und -Dimmaktor [Hager]

Abb. 8.609 AP-Schaltaktor [Hager]

8.27.2 Programmierung

Die Programmierung des Hager KNX-Funkbussystem erfolgt nach Einlesen der einzelnen Teilnehmer entweder direkt über das Programmiergerät oder nach Übertragung in die KNX/EIB-ETS wie gewohnt über die ETS. Medienkoppler und Eingangskonzentrator verbinden die KNX/EIB-Funkteilnehmer mit den KNX/EIB-TP-Teilnehmern.

Hager bietet damit über das Programmiergerät eine Dokumentationsfähigkeit für das Funkbussystem an. Funktionen werden nicht über die Betätigung von Programmiertasten, sondern am Programmiergerät selbst erstellt.

8.27.3 Analyse

Hager bietet mit dem System Hager tebis KNX Funk eine Erweiterung des drahtbasierten KNX/EIB-Systems um Funkkomponenten an, um auch Geräte der Elektroinstallation dort erreichen zu können, wo keine KNX/EIB-Datenleitungen liegen und nicht auf die Powerline-Variante von KNX/EIB zurückgegriffen wird. Das Produktportfolio ist übersichtlich und besteht aus flachen Unterputz-Binäreingängen, um konventionelle Taster und Kontakte in das KNX/EIB-TP-System einzubeziehen sowie zwei verschiedene vollständige Taster-Designs mit unterschiedlicher Wippenanzahl. Zusätzlich werden Fernbedienungen mit unterschiedlicher Tastenanzahl angeboten. Speziell für zentrale Smart Metering-Anwendungen wurde ein Funkadapter zum elektronischen Haushaltszähler eHz entwickelt. Auch das aktorische Produktportfolio ist sehr übersichtlich und besteht aus Unterputz-Aktoren mit und ohne Tastereingang, einem Aufputz-Schaltaktor und Zwischenstecker-Geräten für Schalten und Dimmen. Im Produktportfolio fehlen insbesondere sensorische Geräte zur Erfassung analoger Messgrößen, wie z. B. Temperatur, Feuchte, Helligkeit, Dämmerung sowie dezentrale Energiezähler zur Messung der Energieverbräuche einzelner Geräte.

Gerät	Preis je Gerät	Preis je Kanal
Funk-KNX-UP-Eingang 4fach-Batterie	95,80 Euro	24 Euro
Konventioneller Taster	10 Euro	10 Euro
Funk-KNX-UP-Ausgang 1fach,16A	85 Euro	85 Euro
Kosten je Funktion		119 Euro

Mit Kosten für eine Schaltfunktion in Höhe von ca. 120 Euro liegt das Funkbussystem der Firma Hager deutlich im oberen Preissegment, was typisch für KNX-Installationen ist, wobei die Funktionalität der Funkteilnehmer sehr begrenzt ist und lediglich durch Geräte im übergeordneten KNX/EIB-TP-System realisiert werden können.

Hager tebis KNX Funk kann nur in Grenzen für eine vollständige Gebäudeautomationsinstallation genutzt werden, prinzipiell ist das System lediglich eine Erweiterung zum KNX/EIB-System als Subsystem, wenn KNX/Leitungen nicht vorhanden sind oder nachgerüstet werden können.

8.27.4 Neubau

Für den Neubau reicht das Produktportfolio der Funkbus-Komponenten bei weitem nicht aus. Angesichts der Verfügbarkeit von KNX/EIB in der Variante TP eignet sich eher dieses drahtbasierte Bussystem für den Neubau. Das Funkbussystem ist lediglich für Ergänzungen oder Erweiterungen geeignet, die sich auf Schalt- und Dimmfunktionen beschränken.

8.27.5 Sanierung

Eine schmutzige Sanierung wird eher mit KNX/EIB in der drahtbasierten Variante erfolgen, wobei für bestimmte Einbauorte Funkkomponenten einbezogen werden können. Für eine saubere Sanierung reichen die im Funkbus-Produktportfolio enthaltenen Komponenten nicht aus.

8.27.6 Erweiterung

Soweit ein Gebäude bereits mit KNX/EIB in der drahtbasierten Variante ausgestattet ist, können mit den Funkbuskomponenten Einbauorte erschlossen werden, zu denen keine KNX/EIB-Datenleitungen verlegt sind. Die Erweiterung muss auf die Erfassung zusätzlicher analoger Daten und dezentraler Zähler verzichten, da derartige Geräte nicht im Angebot des Herstellers Hager enthalten sind.

8.27.7 Nachrüstung

Im Rahmen einfacher Nachrüstungen ist das System Hager tebis KNX Funk für die Nachrüstung geeignet, soweit keine analogen Messgrößen erfasst werden sollen. Schalt-, Dimm- und Jalousiefunktionen können realisiert werden, es fehlen Produkte für das Gewerk HKL. Eine Automatisierung und Visualisierung ist nur möglich durch Ankopplung an die drahtbasiere Variante des KNX/EIB und öffnet damit Weg für eine schmutzige Nachrüstung, die eher einer Sanierung entspricht. Durch die Notwendigkeit eines teuren Programmiergeräts wird die Installation eher ausschließlich vom Elektroinstallateur vorgenommen werden, da nur dieser die Ausgaben für das im späteren Betrieb nutzlose Gerät tätigen wird.

8.27.8 Anwendbarkeit für smart-metering-basiertes Energiemanagement

Die Anwendung von Smart Metering ist problemlos möglich, da ein vorhandener elektrischer Haushaltszähler grundsätzlich durch einen elektronischen ersetzt werden kann. Hager bietet hierzu einen Adapter zur Ankopplung des eHz an das Funkbussystem an, wobei die Auswertung und Darstellung der Messdaten im übergeordneten, draht-basierten KNX/EIB-System erfolgen muss. Der Energiekunde kann durch Änderung seines Nutzerverhaltens seinen Energieverbrauch und damit seine Energiekosten senken. Damit wird psychologisches Energiemanagement auf Displays im KNX/EIB-TP möglich. Da keine analogen Sensordaten und dezentrale Energiezähler vorhanden sind, ist das Hager Funkbussystem nur bedingt in Verbindung mit KNX/EIB-TP für aktives und passives Energiemanagement geeignet. Das Hager Funkbussystem kommt ohne Erweiterung um KNX/EIB-TP und durch Software, wie z. B. IP-Symcon, nicht vollständig für umfangreiches smart-metering-basiertes Energiemanagement in Frage.

8.28 Siemens S7-300

Die Siemens S7-300 ist eine speicherprogrammierbare Steuerung, die als Hauptverwendung in der Industrieautomation zum Einsatz kommt. Eine SPS (speicherprogrammierbare Steuerung) ist ein Kleincomputer, der zur Automation von Maschinen und Anlagen benutzt wird. Es ist eine elektronische Steuerung mit einer festen internen Verdrahtung, die unabhängig von der Steuerungsaufgabe ist, wobei unterschiedliche I/O-Komponenten angekoppelt werden. Angepasst an die zu steuernde Maschine oder an eine Anlage wird eine SPS durch ein Programm, das den gewünschten Ablauf festlegt, bei Nutzung standardisierter Softwareanwendung und durch die direkte Verdrahtung von I/O-Geräten mit der SPS.

Die Vorläufer der heutigen Steuerungen waren verbindungsorientierte Steuerungen, die aus den herkömmlichen Schützsteuerungen entstanden sind. Das erste Konzept einer SPS wurde 1968 von einer Ingenieur-Gruppe der Hydromatik-Abteilung bei General Motors konzipiert. Seit Anfang der 1970er Jahre sind funktionstüchtige Speicher Programmierte Steuerungen einsetzbar. Anfang der 1980er wurden multiprogrammfähige SPS-Systeme auf den Markt gebracht. Die Siemens-S5-Produktpalette wird seit 1979 angeboten, wurde seitdem ständig verbessert und erweitert. Als nächste Generation galten die neuen S7-Produkte von Siemens. Sie sind erheblich leistungsfähiger bei gleichzeitiger Bauformverkleinerung. Durch Siemens ist eine ständige Weiterentwicklung sichergestellt.

Der Begriff SIMATIC steht für eine komplexe Automatisierung moderner SPS-Techniken mit unterschiedlichen Komponenten, die auf die individuellen Bedürfnisse angepasst werden.

Die klassische speicherprogrammierbare Steuerung SPS ist noch heute durch die Weiterentwicklung der Technik und Leistungsfähigkeit ein dominierender Standard für Automatisierungslösungen auf dem Weltmarkt. Sie wird für kleine, mittlere und auch für große Aufgaben, und ebenfalls für lokale Aufgaben im Verbund von großen Systemlösungen eingesetzt.

Das verbindende Element bildet die Applikations-Software der jeweiligen SPS, die für Projektierung und Automatisierung notwendig ist. Die SPS-Programmierung nach Standard IEC 61131 stellt ein universelles und objektübergreifendes Werkzeug mit integrierten Engineering-Tools mit diversen Visualisierungs-Software-Systemen, wie z. B. WinCC, dar, mit denen nahezu alle Aufgaben parametriert und programmiert werden können und die Durchführbarkeit eines Projektes gesichert wird.

Der Aufbau einer SPS, ob kompakt oder modular, ist trotz unterschiedlicher Hersteller und Typen in Struktur, Bauform und Arbeitsweise prinzipiell ähnlich (vgl. Abb. 8.610).

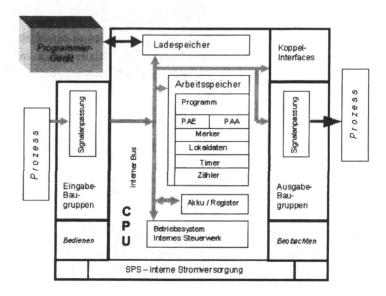

Abb. 8.610   Struktur eines SPS [Siemens]

8.28.1 Typische Geräte

Kernstück jeder SPS ist die zentrale Verarbeitungseinheit, die CPU. Sie wird mit Komponenten ergänzt, die in der Anzahl der Ein-/Ausgänge, der Ein-/Ausgangsbaugruppen als Schnittstelle zum Prozess als Kompaktgerät oder als separate Einheit als modularer Aufbau verwendet wird.

Die CPU übernimmt die Informationsverarbeitung bzw. die Abarbeitung des Steuerprogramms. Aus diesem Grund benötigt sie ein internes Steuerwerk, Arbeitsregister und Speicher. Das Steuerwerk und das dafür zuständige Programm sowie das Betriebssystem der SPS mit seinem separaten Speicher sind für den Anwender nicht zugänglich. Beide sorgen für den störungsfreien Betrieb der SPS, beginnend mit der Zuschaltung der Betriebsspannung über Einstellung eines Ausgangszustandes, Dekodierung der Anweisung des Anwenderprogramms und deren Abarbeitung bis zur Kommunikation mit internen Funktionsgruppen und externen Parametern.

Der typische Aufbau einer Siemens-S7-300-SPS ist in folgendem Bild als Kompaktgerät dargestellt. Neben der CPU sind zwei Peripheriemodule verbaut (vgl. Abb. 8.611).

Abb. 8.611 SPS-System Siemens S7-300 mit I/O-Peripherie

Zur Anbindung an PCs zur Programmierung dient ein spezieller Kommunikationsadapter, der in diesem Fall eine serielle Anbindung ermöglicht (vgl. Abb. 8.612).

Zu Anbindung von Gebäudeautomationssystemen, wie z. B. dem KNX/EIB, steht ein spezielles Gateway unter dem Namen DP/EIB-Link zur Verfügung (vgl. Abb. 8.613).

Abb. 8.612 Siemens-S7-300-Kommunikationsadapter

Abb. 8.613 Siemens-DP/EIB-Link

Der DP/EIB-Link wird zur Anbindung des KNX/EIB an den PROFIBUS DP verwendet, der wiederum mit der Siemens SPS kommuniziert. Damit kann dann auf beliebige Geräte der KNX/EIB-Welt zugegriffen werden. Der DP/EIB-Link ist gleichzeitig PROFIBUS DP Slave und KNX/EIB-Gerät (vgl. Abb. 8.614).

Abb. 8.614 Systemaufbau aus
Siemens-S7-300 und DP/EIB-
Link [Siemens]

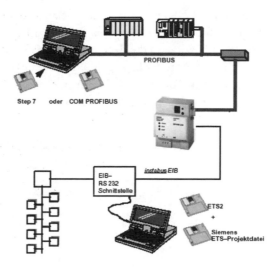

Der DP/EIB-Link dient zur netzwerkübergreifenden Kommunikation mit KNX/EIB-
Teilnehmern. Als DP Master kann z. B. die SIMATIC NET CP 5412, S7-CPU mit DP-
Schnittstelle und SIMATIC NET CP 443-5 eingesetzt werden. Auf der Frontplatte befin-
den sich zwei Anzeige-LEDs, ein 2-stufiger BCD-Codierschalter und die KNX/EIB-
Anlerntaste. Der Anschluss an KNX/EIB erfolgt über eine KNX/EIB-Busklemme. Für
den PROFIBUS-Anschluss befindet sich die Sub-D Buchse auf der rechten Geräteseite.
Insgesamt sind 100 Profibusadressen im Bereich von 0–99 über die BCD-Codierschalter
einstellbar.

8.28.2 Programmierung

Das Softwarepaket STEP 7 ist die Basisprogrammier- und -projektiersoftware für SIMA-
TIC-S7-Systeme. Das STEP-7-Basispaket setzt sich aus verschiedenen Applikationen
zusammen. Diese werden für folgende Anwendungen eingesetzt:

- Konfiguration und Parametrierung der Hardware
- Konfigurieren von Netzwerken und Verbindungen
- Erstellung und Test der Anwenderprogramme

Durch eine Reihe von Optionspaketen können Programmiersprachen wie SCL,
S7GRAPH oder HiGraph zum Basispaket hinzugefügt werden. Alle Daten und Einstellungen für die Automatisierungsanlage werden innerhalb eines Projektes strukturiert
und als Objekte dargestellt. Das Softwarepaket ist mit einer umfangreichen Online- und
kontextabhängigen Hilfe ausgestattet, die über das Markieren der Behälter und Objekte
erreichbar ist.

Im beschriebenen Projekt wurde ein CPU vom Typ 313C 2-DP mit einer MPI- und PROFIBUS-Schnittstelle verwendet. Der PROFIBUS wird für die Vernetzung an den DP/EIB Link zur gewerkeübergreifenden Kommunikation genutzt.

Nach dem Start der SIMATIC STEP-7-Software wird ein neues Projekt über den Menübefehl „Neu" angelegt. Nach Eingabe eines Namens wird durch Bestätigung auf „OK" ein neues Projekt angelegt (vgl. Abb. 8.615).

Abb. 8.615 Erstellung eines neuen Projekts

Danach muss die entsprechende STATION über den Menübefehl „Einfügen/Station/ SIMATIC 300 Station" eingefügt werden (vgl. Abb. 8.616).

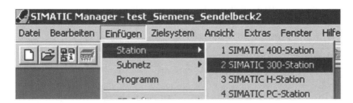

Abb. 8.616 Auswahl der SIMATIC-Station als CPU

Im nächsten Schritt ist die PROFIBUS-Schnittstelle als Schnittstelle einzustellen (vgl. Abb. 8.617).

Abb. 8.617 Definition der
Schnittstelle zum PROFIBUS

Für die Kommunikation von PC und CPU wird die CP5611 eingesetzt, die als PCI-Karte
in den Projektierrechner eingebaut werden muss. Diese CP-Karte kann für MPI oder
PROFIBUS-Kommunikation eingesetzt werden. Im Menüpunkt „Extras/PG/PC-Schnitt-
stelle einstellen" wird nun die entsprechende Karte ausgesucht und damit das Bus-
Protokoll festgelegt. Da hier der PROFIBUS zur Kommunikation dient, muss CP5611
(PROFIBUS) markiert werden. Unter Eigenschaften kann das Netzwerk konfiguriert
werden. Über das Register „Parameter" wird unter „Neu …" ein neues PROFIBUS-
Netzwerk erstellt. Im dortigen Register „Netzeinstellungen" werden die Standardeinstellungen für die Übertragungsgeschwindigkeit „1,5 Mbit/s und Profil „DP" selektiert und
anschließend alle offenen Fenster mit „OK" bestätigen (vgl. Abb. 8.618 und Abb. 8.619).

Nun muss der Profibusanschluss des CP5611 mit den beiden Profibusanschlüssen der
S7-CPUs verbunden werden. Dies erfolgt über das Profibuskabel, das drei 9-polige-SUB-
D-Stecker haben muss und einschaltbare Abschlusswiderstände beinhalten sollte. Diese
werden an den beiden äußeren Enden eingeschaltet. Der Abschlusswiderstand des mittleren Steckers wird ausgeschaltet. Abschlusswiderstände sind bei langen Leitungsverbindungen und hohen Datenübertragungsraten unbedingt erforderlich, da sie Reflexionen
am Leitungsende und somit Störungen auf der Busleitung reduzieren.

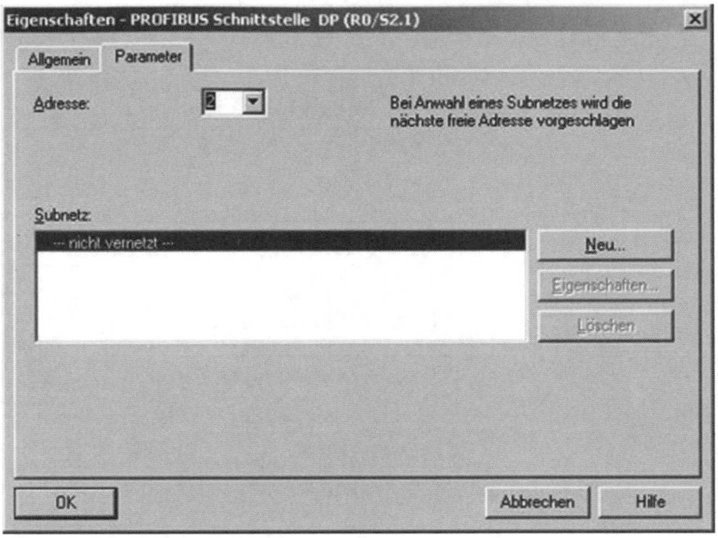

Abb. 8.618 Eigenschaften PROFIBUS-Netzwerk

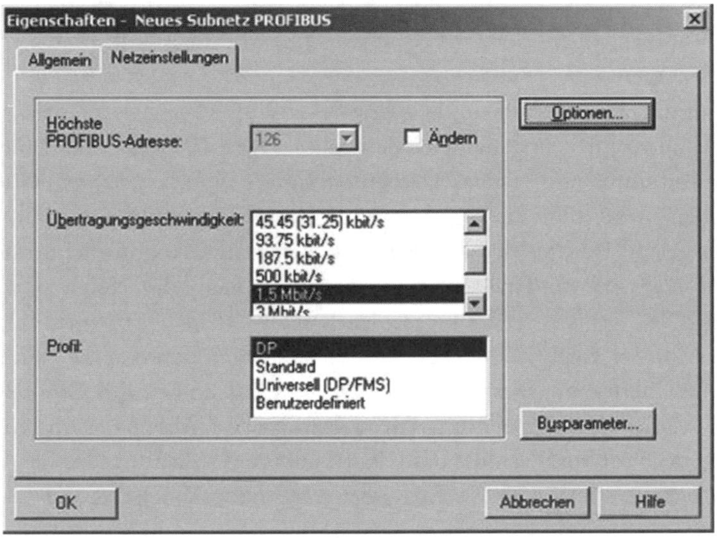

Abb. 8.619 Netzeinstellungen

Ist die Station eingefügt, wird nun die Hardware mit I/O-Peripherie bestückt. Dazu öffnet man den SIMATIC-300-Ordner, in dem das Symbol für die Hardware vorhanden ist. Durch Doppelklick auf das Hardware-Symbol gelangt man in die Hardware-Konfiguration (vgl. Abb. 8.620).

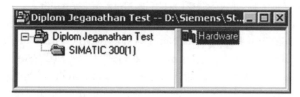

Abb. 8.620 Hardware-Konfiguration

Bei der Hardware-Konfiguration werden die entsprechenden Baugruppen in die Steck-
plätze der Profilschiene per Drag and Drop eingefügt (vgl. Abb. 8.621).

Abb. 8.621 Hardware-
Katalog in HW-Konfig

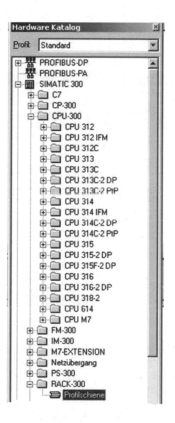

Die Baugruppen sowie die Profilschiene, findet man im Hardware-Katalog (Menü „Ansicht – Katalog" in der Hardwarekonfiguration). Zur Bestückung der CPU muss zuerst
die Profilschiene aus dem Katalog per Drag and Drop eingefügt werden. Auf dem Steckplatz 1 wird das Netzteil eingesetzt, das unter dem Ordner SIMATIC 300/PS 300 vorzu-
finden ist. Anschließend wird die entsprechende CPU aus dem Katalog selektiert und
bestückt (es müssen alle S7-Hardwarekomponenten, die real eingesetzt werden, bestückt
werden). Ist noch kein PROFIBUS-Netzwerk erstellt worden, öffnet sich ein neues Kon-

textmenü, in der dieses als neues PROFIBUS-Netzwerk erstellt werden kann und die
dazugehörige Adresse der CPU (DP) parametriert wird (hier standardmäßig auf Adresse
„2"). Unter dem Menüpunkt „Extras/Neue GSD installieren …" wird ergänzend der
DP/EIB Link installiert. Dazu benötigt man die GSD-Datei SIEM8099.GSD, die auf der
Siemens Homepage herunterladbar ist oder beim Schnittstellen Center Fürth abgerufen
werden kann. Nach der Installation ist der DP/EIB-Link im Hardware Katalog aufrufbar.
Er wird nun auch per Drag and Drop in die Projektierungsmaske der Hardware-
Konfiguration auf die PROFIBUS-Schiene aufgelegt (PROFIBUS-DP/weitere FELDGE-
RÄTE/Gateway/DP/EIB LINK) (vgl. Abb. 8.622).

Mit Doppelklick auf das DP/EIB-Link-Symbol öffnet sich eine neue Maske. Dort
muss unter „**Teilnehmer/Mastersysteme**" „PROFIBUS" angeklickt und die Adresse
(hier Adresse „**12**") des DP/EIB Links eingegeben werden. Die Profibus-Adresse des
Links kann an der Hardware von „00 – 99" vergeben werden (vgl. Abb. 8.623).

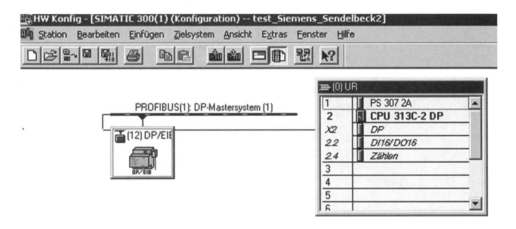

Abb. 8.622 Einbindung des DP/EIB-Links

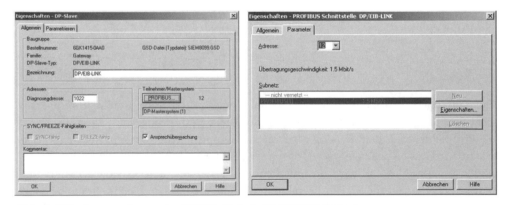

Abb. 8.623 Parametrierung des DP/EIB-Link als PROFIBUS-Teilnehmer

In der folgenden Abbildung ist der Ablauf der einzelnen Programmteile dargestellt. Nach diesem Muster werden in der STEP 7 die Bausteine angelegt (vgl. Abb. 8.624).

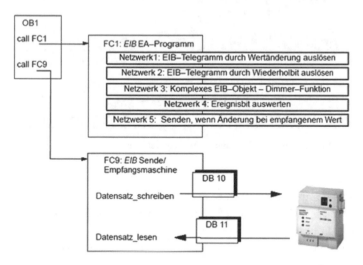

Abb. 8.624 Programmablauf für S7-DP Master [Siemens]

Als Erstes wird ein Organisationsbaustein (OB1) angelegt. Er wird im Kontextmenü („M-Click-R" im leeren Feld) unter „Neue Objekte einfügen/Organisationsbaustein" erstellt. Dort können auch die anderen Bausteine aufgerufen werden (vgl. Abb. 8.625 und Abb. 8.626).

Abb. 8.625 Einfügung neuer Bausteine per Doppelklick

Bei der Bearbeitung der verschiedenen Objekt-Typen im SIMATIC Manager wird automatisch die dazugehörige Applikation aufgerufen. Diese typenbezogene Verknüpfung der Objekte mit der dazugehörigen Applikation ermöglicht ein sehr einfaches und durchgängiges Vorgehen bei der Bearbeitung von STEP-7-Projekten. Alle mit dem Objekttyp verknüpften Applikationen lassen sich entweder durch Doppelklick oder über das Kontextmenü mit „Objekt öffnen" starten.

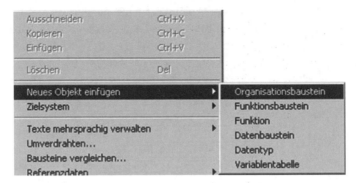

Abb. 8.626 Auswahlmenü für das Einfügen neuer Bausteine

Im Objekt OB1 kann in einer der Programmiersprachen gearbeitet werden, die gängigsten sind „FUP" und „KOP". In diesem Beispiel wurde der OB1 in der Sprache Anweisungsliste „AWL" programmiert.

Im Folgenden werden lediglich drei kleine Beispiele für die Programmierung angegeben und nicht näher darauf eingegangen.

Beispiel 1:
Programmierung AWL OB1:
Netzwerk 1:

```
CALL    FB     1 , DB1
Netzwerk 2:
UN      M      22.0
CC      FC     1
CALL    FC     9
Netzwerk 3:
AUF     DB     10
L       MW     20
```

Beispiel 2:
Netzwerk 1: Sendeaufruf

```
CALL  "WR_REC"            //SFC 58. Datensatz_schreiben. WR=write
REQ     :=TRUE
IOID    :=B#16#54         //fester Wert
LADDR   :=W#16#2          //Adresse Eingangsbyte von DP/EIB Link
RECNUM  :=B#16#2          //Profil: Datensatznummer (DSNR) hier 2
RECORD  :=P#DB10.DBX0.0 BYTE 211 //Sendedaten 211 Byte
RET_VAL :=MW20            //Rückgabeparameter
BUSY    :=M22.0           //Rückgabeparameter
                         // WR_REC-Endprüfung
```

Beispiel 3:

```
U      M 22.0              //(negative Flanke von WR_REC-BUSY)
FN     M 22.1
SPBN   recv
L      DW#16#0             //Falls DS-Schreiben beendet:
T      DB10.DBD    180     //Wiederholbits löschen
T      DB10.DBD    184
T      DB10.DBD    188
T      DB10.DBD    192
T      DB10.DBD    196
T      DB10.DBD    200
T      DB10.DBD    204
T      DB10.DBD    208
```

Zusätzlich sind die Variablen entsprechend anzulegen (vgl. Abb. 8.627).

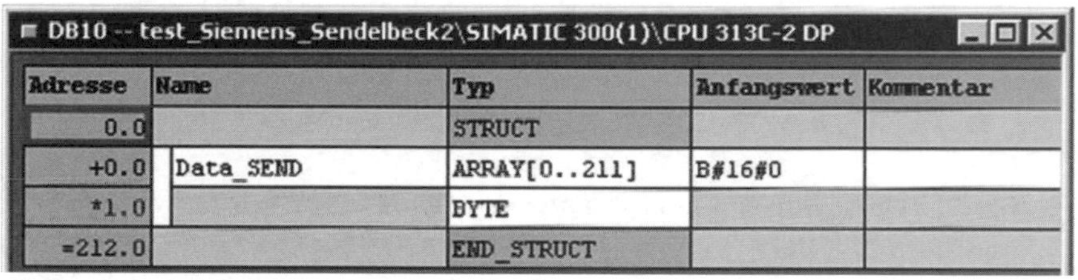

Adresse	Name	Typ	Anfangswert	Kommentar
0.0		STRUCT		
+0.0	Data_SEND	ARRAY[0..211]	B#16#0	
*1.0		BYTE		
=212.0		END_STRUCT		

DB10 -- test_Siemens_Sendelbeck2\SIMATIC 300(1)\CPU 313C-2 DP

Abb. 8.627 Array von 0 ... 211 für DB10 und DB1

Die einzeln erstellten Programme führen folgende Funktionen aus:

Im Netzwerk 1 wird der Programmabschnitt für das Senden eines PROFIBUS-Telegramms auf den KNX/EIB dargestellt. Eine Werteänderung des Eingangs E0.0 (M11.0 in FB1) an der CPU 313 C 2-DP bewirkt eine Werteänderung des Kommunikationsobjektes 0, das in der ETS projektiert wird. In diesem Fall wird im Profil 240 das KNX/EIB-Kommunikationsobjekt „0", das in Bit „0" im Byte „0" abgebildet wird, benötigt (vgl. Abb. 8.628).

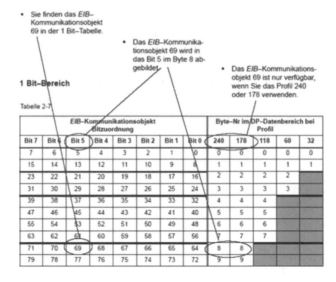

Abb. 8.628 Tabelle der Kommunikationsobjekte zwischen PROFIBUS/DP und KNX/EIB [Siemens]

FC 1:

Netzwerk 1: Telegramm senden (S7-CPU → EIB)

```
U    M    11.0
=    DB10.DBX   0.0      // Objekt 1
```

Im Netzwerk 2 des FC 1 erzwingt der Programmabschnitt das Senden eines Telegramms auf den KNX/EIB. Bei einer positiven Flanke am Eingang E0.1 wird eine „1" für das KNX/EIB-Kommunikationsobjekt 1 gesendet. Bei einer positiven Flanke am Eingang E0.2 wird eine „0" für das Objekt 1 gesendet. Die Wiederholbits in FC 9 werden auch dem Datentransfer wieder zurückgesetzt.

Netzwerk 2: Schalten über zwei Eingänge. Telegramm erzwingen

```
U    E    0.1
FP   M    10.1


S    DB10.DBX   0.1      //Objekt 1 = 1
S    DB10.DBX   180.1    //Wiederholbit Objekt 0 = 1


U    E    0.2
FP   M    10.2
R    DB10.DBX   0.1      //Objekt 1 = 0
S    DB10.DBX   180.1    //Wiederholbit Objekt 0 = 1
```

Der Programmabschnitt im **Netzwerk 3** löst die Dimmer-Funktion aus. Für die Kommunikation dient hier das „EIB-Kommunikationsobjekt 136". Dieses Objekt muss in der ETS mit der richtigen Gruppe (4-Bit-Bereich DIMMEN) verbunden werden. Der Eingang E0.3 ist für „heller", E0.4 für „dunkler" und E0.5 ist für „stopp".

Netzwerk 3: Dimmer-Funtkion

```
U    E    0.3
S    DB10.DBX   18.0        //EIB-Objekt 136 = Byte 18 in DP
                                    Datenbereich
R    DB10.DBX   18.1
R    DB10.DBX   18.2
S    DB10.DBX   18.3        //heller

U    E    0.4
S    DB10.DBX   18.0
R    DB10.DBX   18.1
R    DB10.DBX   18.2
R    DB10.DBX   18.3        //dunkler

UN   E    0.3
UN   E    0.4
UN   E    0.5
R    DB10.DBX   18.0        //Stopp
R    DB10.DBX   18.1
R    DB10.DBX   18.2
R    DB10.DBX   18.3
```

Sind alle OBs, FCs, FBs und DBs programmiert, so kann die Applikation in die CPU geladen werden. Um sicher zu gehen, dass das Programm auch einwandfrei läuft, sollte die CPU und die Memory-Card vorher gelöscht werden. Danach kann die Applikation in die CPU geladen werden (alternativ: CTRL +L o. „Zielsystem/Laden") (vgl. Abb. 8.629).

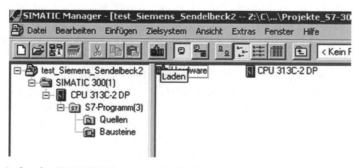

Abb. 8.629 Laden der SIMATIC-Station in das Zielsystem

602 8 Übersicht über Gebäudeautomationssysteme

Um nun noch den DP/EIB-Link KNX/EIB-seitig zu programmieren und zu laden müssen folgende KNX/EIB-seitigen Schritte erledigt werden:

- Download des ETS Projektes - DPEIB_A1.PR1 von der Siemens Homepage,
- Importieren der Datei in der Projektverwaltung der ETS,
- Erstellen des Programms für die EIB-Seite mit Einbindung des Kommunikationsobjekte,
- Physikalische Adresse des EIB's in den DP/EIB Link übertragen

Damit sind Programmierschritte auf beiden Seiten erforderlich. Die Automatisierung erfolgt in der Siemens S7, die auch den Feldbus KNX/EIB adressiert. Im KNX/EIB sind lediglich die Objekte des DP/EIB-Links mit Gruppenadressen zu belegen.

8.28.3 Analyse

Die Siemens-S7-300-Baureihe ist hervorragend für halbdezentralen und zentralen Einsatz geeignet. Durch die zahlreichen Erweiterungsmöglichkeiten und Gateways sind ihr kaum Grenzen in punkto Anbindung an erweiterte Netze gesetzt. Die Verwendung des PROFIBUS als Kommunikationsmedium bietet eine zukunftssichere Anwendung für erweiterte Anwendungen für lange Zeit. Durch die Eigenschaften des PROFIBUS werden ein hoher Datentransfer und eine sichere Bandbreite zur Verfügung gestellt.

Die S7-300-Baureihen überzeugen durch den modularen Aufbau der CPU und der kompakten Unterbringungsmöglichkeiten und sind robust und leistungsstark. Dennoch benötigen sie keine Lüfter oder ähnliches und können dadurch in fast jeder Umgebung untergebracht werden. Für eine kostensparende und übersichtliche Programmierung nach IEC 61131-3 sorgen die recht einfach zu bedienenden Engineeringtools.

Doch was einerseits ein Vorteil für die Industrie und deren Automationsgeräte ist, ist andererseits ein Nachteil in der Gebäudesystemtechnik für den Anwender bzw. Programmierer. Die Komplexität und Vielfalt, die die S7-300 mit sich bringt, erschweren den Umgang mit dieser SPS zum Einsatz im Gebäude.

Durch die hohe Anzahl der verschiedenen Hardware-Komponenten ist ferner Fachwissen für die Projektierung der Hardware und Software notwendig. Es muss für jedes Projekt die richtige Hardware und Peripherie selektiert und eingebunden werden. Des Weiteren müssen jegliche Einstellungen korrekt ausgeführt werden, damit ein Betrieb möglich ist. Hardware- und softwareorientiertes Spezialwissen ist zwingend erforderlich.

Zahlreiche Bausteine stellt die SIMATIC-Software zu Verfügung, sie erfordern jedoch intensive Einarbeitung und Expertenwissen im Automationsbereich. Viele Operationsbausteine und Datenbausteine haben ihre eigenen Funktionen, die der Laie oder Nicht-SPS-Spezialist nicht auf Anhieb begreifen kann. Manche Bausteine, wie der OB1, sind für eine Projektierung immer erforderlich. Um das genaue Zusammenspiel und die einzelnen Funktionen dieser Bausteine zu verstehen, bedarf es einer intensiven Schulung und Erfahrung, die einen weiteren Kosten- und Zeitaufwand mit sich bringt. Damit ist ein Einsatz in der Gebäudeautomation schwierig und somit auf HKL-Anwendungen beschränkt.

Da die SIMATIC Software kein fertiges Stromstoßrelais besitzt, muss es selbst erstellt werden. Ein Stromstoßrelais zu entwickeln (softwaremäßig mit Logik-Bausteinen) stellt für den ungeübten Anwender einen komplizierten Sachverhalt dar, der mit kostspieligem Zeitaufwand beglichen werden muss. Zudem muss eine Flatterunterdrückung für die Taster eingebaut werden, weil sonst der prellende Kontakt ungewünschte Schalthandlungen hervorrufen kann. Diese und andere Standardfunktionen für die Gebäudeautomation werden von anderen SPS-Anbietern standardmäßig angeboten.

Ein weiterer Nachteil ist die Realisierung und Anbindung einer Wetterstation und anderer Sensorik, die wesentliche Teile der Gebäudeautomation ausmacht. Es gibt keine direkten PROFIBUS-Sensoren für eine Wetterstation. So müssen die Daten entweder über Analogeingänge implementiert oder umständlich über ein entsprechendes Gateway umgewandelt werden. Ferner sind die Sensoren für die PROFIBUS Anbindung Industriesensoren, die dementsprechend industrieorientiert konstruiert sind. Daraus resultiert, dass sehr teures und durchmesserstarkes PROFIBUS-Kabel verlegt werden muss und der Einsatz bezugnehmend auf den Kosten/Nutzen-Faktor dieses nicht verbessert.

Eine Kommunikation zum KNX/EIB konnte über den DP/EIB-Link eingerichtet werden, dies jedoch mit erheblichem Aufwand, der nicht vergleichbar mit den Möglichkeiten der SPS-KNX/EIB-Gateway bei WAGO und Beckhoff ist. Dieses Gateway wird aufgrund seiner komplexen Anwendung hinsichtlich der Programmierung eher nur im Bereich der Störmeldungsaufschaltung auf den KNX/EIB zum Einsatz kommen und nicht für häufig wiederkehrende gleiche Funktion des Schaltens oder Dimmen.

Durch die starke Industrieautomationsausrichtung ist Siemens SIMATIC S7-300 daher nur wenig für die Gebäudeautomation, dort eher im Bereich von HKL für die Klimaanlagen geeignet.

Gerät	Preis je Gerät	Preis je Kanal
Siemens DI 32 SM321/DI32xDC24V	282,00 Euro	8,80 Euro
Taster	10,00 Euro	10,00 Euro
Siemens DO 32 SM322/DO32xDC24V/0.5A	391,50 Euro	12,25 Euro
Standard-Relais	10,00 Euro	10,00 Euro
Kosten je Funktion		ca. 41,00 Euro

Für SPS-Systeme üblich liegen die Kosten für eine Schaltfunktion mit 41 Euro sehr niedrig, dies betrifft auch die Kosten für die CPU.

8.28.4 Neubau

Prinzipiell lässt sich die SPS Siemens S7-300 für den Aufbau einer Gebäudeautomation im Neubau verwenden. Die Bauform des Systems ist insbesondere aufgrund ihrer Größe jedoch eher für die Industrieautomation vorgesehen und würde daher erheblich Bauraum im Stromkreisverteiler einnehmen. Das Produktportfolio der Peripheriekomponenten ist auf die Industrieautomation ausgerichtet. Die Einbindbarkeit anderer Gebäudeautomationssysteme, wie z. B. KNX/EIB ist zwar möglich, aber aufgrund der Programmierung sehr umständlich, aufwändig und komplex und zudem nur über das PROFIBUS-System möglich. Die Verwendung des PROFIBUS erweitert zwar die Verwendbarkeit der S7-300, ermöglicht jedoch auch Lösungen anderer Hersteller, die auch für bessere Installierbarkeit sorgen. Automatisierung ist problemlos bei Rückgriff auf die IEC 61131-3 möglich, auch Visualisierungen sind z. B. über das System WinCC machbar. Aus diesen Gründen ist Siemens S7-300 in Summe nicht für die Installation im Neubau eines Hauses geeignet.

8.28.5 Sanierung

Die gleichen Argumente wie beim Neubau negieren die Verwendung im Fall der Sanierung. Eine schmutzige Sanierung wird erforderlich, um Leitungen zu den Schaltstellen, den Tastern und Schaltern, zu ziehen und Leitungen von den Relais zu den Aktoren zu ziehen. Bei Rückgriff auf den PROFIBUS können einzelne Stromkreisverteiler nahe an den Schaltstellen aufgebaut werden, die das Installationsproblem etwas reduzieren. Eine saubere Sanierung ist auch bei Rückgriff auf KNX/EIB nicht möglich, da dies ebenso die Verlegung von Leitungen erfordert. Damit ist Siemens S7-300 nicht für die Sanierung geeignet.

8.28.6 Erweiterung

Aufgrund der Nachteile bezüglich des Neubaus und der Sanierung wird eine Erweiterung nicht nötig sein. Bei vorhandenen Leitungen zu neu anzuschließenden Elementen der Elektroinstallation können diese an freien Anschlüssen der SPS-Peripherie oder neuen Komponenten aufgeschaltet werden. Auch die Programmierung ist problemlos erweiterbar.

8.28.7 Nachrüstung

Für die Nachrüstung ist Siemens S7-300 nicht geeignet, da zu allen Komponenten der Elektroinstallation Leitungen gezogen werden müssen. Da auch das integrierbare Bussystem KNX/EIB nur über Leitungen adaptierbar ist, kommt Siemens S7-300 weder für eine vollständige Nachrüstung im Rahmen einer Sanierung, noch für eine sukzessive Nachrüstung in Frage.

8.28.8 Anwendbarkeit für smart-metering-basiertes Energiemanagement

Die Anwendung von Smart Metering ist problemlos möglich und könnte problemlos durch neue Komponenten erweitert werden, da ein vorhandener elektrischer Haushaltszähler grundsätzlich durch einen elektronischen ersetzt werden kann und dieser durch intelligente Funktionalität erweitert werden könnte. Der Energiekunde kann durch Änderung seines Nutzerverhaltens seinen Energieverbrauch und damit seine Energiekosten senken, wenn er die über den eHz erfassten Daten auf einem Display ablesen kann. Aktives und passives Energiemanagement sind nur mit sehr großem Aufwand möglich, indem über den KNX/EIB die zentralen und dezentralen Zähler in das Gesamtsystem integriert werden. Abhilfe könnte hier sein durch Hinzunahme von IP-Symcon das Gesamtsystem durch andere Systeme zu erweitern und die Siemens S7-300 als Subsystem zu verwenden.

8.28.9 Objektgebäude

Die Verwendung im Objektgebäude beschränkt sich eher auf die zentralen Anlagen eines Gebäudes wie beispielsweise das Gewerk Heizungs-, Klima- und Lüftungstechnik oder Fahrstuhlsteuerungen. Aufgrund nicht verfügbarer Softwarebibliotheken und nicht vorhandener Schnittstellen zu Gebäude-Subbussystemen, wie z. B. DALI oder Enocean, ist die Siemens S7-300 aufgrund fehlender Flexibilität nur sehr bedingt für die komplexe Gebäudeautomation geeignet.

8.29 Siemens S7-200

Die Siemens-Familie S7-200 umfasst verschiedene Kleinsteuerungen (Micro-SPS), mit denen eine breite Palette von Geräten für Automatisierungslösungen zur Verfügung gestellt wird. Die S7-200 beobachtet Eingänge und ändert Ausgänge wie vom Anwenderprogramm gesteuert. Das Anwenderprogramm kann Boole'sche Verknüpfungen, Zähl- und Zeitfunktionen, komplexe arithmetische Operationen und Kommunikation mit anderen intelligenten Geräten umfassen und ist damit prinzipiell für den Einsatz in der Gebäudeautomation als zentrales System geeignet (vgl. Abb. 8.630).

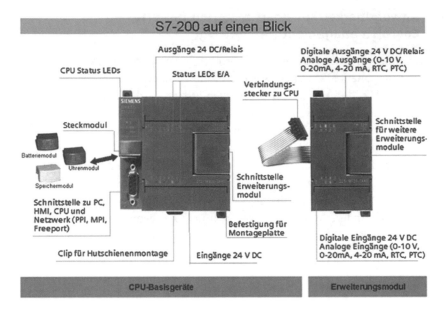

Abb. 8.630 Micro-SPS-S7-200-Produktbeschreibung [Siemens]

8.29.1 Typische Geräte

Ein Siemens-S7-200-System besteht aus einer Systemkomponente in Form des Controllers, der bereits I/O zur Verfügung stellt, und diversen Erweiterungsmodulen (vgl. Abb. 8.631).

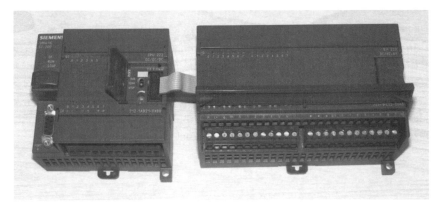

Abb. 8.631 Siemens-S7-200 mit Erweiterung

Die S7-200-CPU umfasst einen Mikroprozessor, eine integrierte Spannungsversorgung, Eingangskreise und Ausgangskreise in einem kompakten Gehäuse und bildet damit eine leistungsstarke Micro-SPS. Nachdem das vorbereitete Programm geladen wurde, enthält die S7-200 die erforderliche Logik, damit die Eingangs- und Ausgangsgeräte in der entsprechende Anwendung erfasst und gesteuert werden können.

Die Basiseinheit verfügt über acht digitale Ein- und sechs digitale Ausgänge.

8.29.2 Programmierung

Zum Starten der STEP 7-Micro/WIN-Software wird auf das Symbol STEP 7-Micro/WIN mit Doppelklick die Software aufgerufen. Es öffnet sich ein leeres Projektfenster in STEP 7-Micro/WIN, um ein Steuerungsprogramm zu entwerfen (vgl. Abb. 8.632).

Abb. 8.632 S7-200-Software – Micro /Win 32 V3.2 + SP4 [Siemens]

Die Funktionsleisten bieten Schaltflächen für häufig verwendete Menübefehle, sie können einzeln angezeigt oder ausgeblendet werden. Dic Navigationsleiste stellt Symbole für den Zugriff auf verschiedene Programmierfunktionen von STEP 7-Micro/WIN zur Verfügung. Der Operationsbaum zeigt alle Objekte des Projekts an sowie die Operationen, mit denen die Steuerungsprogramme erstellt werden können. Die Operationen können mit der Maus aus dem Baum in das Programm gezogen werden oder per Koppelklick auf die aktuelle Cursorposition des Netzwerkes eingefügt werden. Der Programm-Editor enthält die Programmlogik und eine lokale Variablentabelle, in der den temporären lokalen Variablen symbolische Namen zugewiesen werden können.

STEP 7-Micro/WIN verfügt über drei programmiersprachen-basierte Editoren, mit denen ein Programm erstellt werden kann: Kontaktplan (KOP), Anweisungsliste (AWL) und Funktionsplan (FUP). Programme, die mit diesen Programm-Editoren geschrieben wurden, können mit einigen Einschränkungen mit anderen Programm-Editoren angezeigt und bearbeitet werden.

Für die Projektierung eines Beispielprojekts aus der Gebäudeautomation wurde der Funktionsplan (FUP) gewählt. Der FUP-Editor zeigt das Programm als grafische Darstellung wie Verknüpfungsglieder in Funktionsschaltplänen an. Es gibt keine Kontakte und Spulen wie im KOP-Editor, sondern äquivalente Operationen, die als Boxen dargestellt werden. Das untere Bild zeigt ein Beispiel für ein FUP-Programm. In einem Funktionsplan gibt es keine linke und rechte Stromschiene, deshalb drückt der Begriff „Signalfluss" den Fluss der Steuerung durch die FUP Funktionsbausteine aus. Die Herkunft eines Eingangs für Signalfluss sowie das Ziel eines Ausgangs für Signalfluss können direkt einem Operanden zugewiesen werden. Die Programmlogik entsteht aus den Verbindungen zwischen diesen Boxen. Das heißt, der Ausgang einer Operation (z. B. einer UND-Box) gibt eine weitere Operation frei (z. B. eine Zeit), um die erforderliche Logik zu erstellen. Durch dieses Konzept kann eine große Bandbreite von Steuerungsaufgaben gelöst werden (vgl. Abb. 8.633).

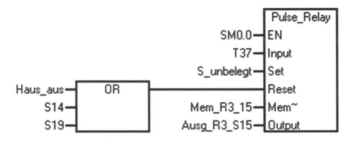

Abb. 8.633 Beispiel für Programmierung in FUP

Nachdem die Projektierung erstellt und fehlerfrei compiliert worden ist, wird als Nächstes die Kommunikationsschnittstelle für die S7-200 eingestellt, um Zugang zum System zu erhalten. Die S7-200 unterstützt viele verschiedene Arten von Kommunikationsnetzen. Das jeweilig eingestellte Netz wird als Schnittstelle bezeichnet. Es können folgende Arten von Schnittstellen ausgewählt werden:

- PPI-Multi-Master Kabel
- CP-Kommunikationskarte
- Ethernet-Kommunikationskarte

Für die Einstellung in STEP 7-Micro/Win betätigt man den Kommunikations-Button im Dialogfeld und wählt unter „PG/PC-Schnittstelle einstellen" die entsprechende Schnittstelle aus. Mit Doppelklick auf das blaue Symbol wird die Schnittstelle initialisiert (vgl. Abb. 8.634).

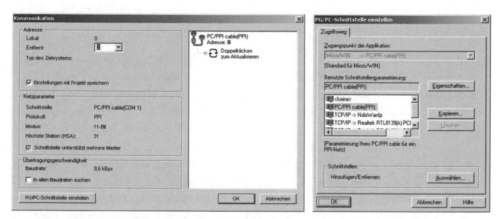

Abb. 8.634 Selektion und Parametrierung der Kommunikationsschnittstelle

Der letzte Schritt der Projektierung besteht aus dem Laden der CPU mit dem Programm. Hierzu wird das Symbol für „Laden in CPU" betätigt. Es öffnet sich ein Dialogfenster in dem der Button „Laden in CPU" getätigt werden muss. Danach beginnt das Applikationsprogramm den Maschinencode für Programm-, Daten- und Systembaustein in die CPU zu laden. Im Infofenster erscheint die Meldung des erfolgreichen Übertragens des Programms (vgl. Abb. 8.635).

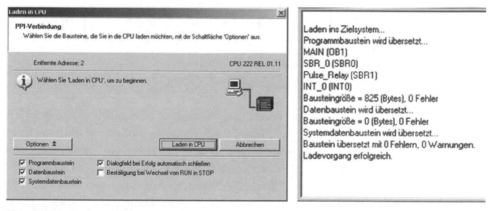

Abb. 8.635 Dialog-Infofenster-Laden in CPU

Um eine garantierte Funktion des Programms zu gewährleisten, empfiehlt es sich vor dem Übertragen der Projektierung unter dem Menüpunkt „Zielsystem/Urlöschen" den Speicher der S7-200 zu löschen.

In STEP 7-Micro/Win kann der aktuelle Status des Anwenderprogramms während der Ausführung beobachtet werden. Zum Anzeigen des Status wird der Menüpunkt

„Testen/Programmstatus" gewählt oder das entsprechende Symbol selektiert. Es gibt zwei Möglichkeiten den Status von KOP- und FUP-Programmen anzuzeigen:

- Status am Zyklusende: STEP 7-Micro/WIN erfasst die Werte für die Statusanzeige in mehreren Zyklen und aktualisiert dann die Statusanzeige auf dem Bildschirm. Der Status zeigt nicht den tatsächlichen Zustand der einzelnen Elemente zur Zeit der Ausführung an. Der Zyklusende-Status zeigt nicht den Status des lokalen Datenspeichers und den der Akkumulatoren an. Für den Status am Zyklusende werden die Statuswerte in allen Betriebszuständen der CPU aktualisiert.

- Status während der Ausführung: STEP 7-Micro/WIN zeigt die Werte der Netzwerke während der Ausführung der Elemente in der S7-200 an. Zum Anzeigen des Ausführungsstatus wird unter dem Menübefehl „Testen /Ausführungsstatus" selektiert. Für den Ausführungsstatus werden die Statuswerte nur aktualisiert, wenn sich die CPU im Betriebszustand RUN befindet.

Befindet sich das Programm im Programmstatus, erscheinen alle Statuszustände der Ein-/Ausgänge sowie alle Variablen und Merker in pinkfarbener Schrift (vgl. Abb. 8.636).

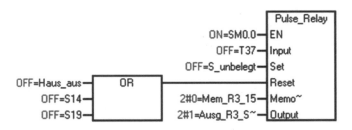

Abb. 8.636 Programmstatus Beobachten

Es können fast alle Ein-/Ausgänge zusätzlich geforced, d. h. manuell mit Zuständen belegt werden. Insgesamt können 16 Merker, Ein-/Ausgänge oder Variablenspeicher gleichzeitig geforced werden. Mit dieser Funktion lässt sich unter Einsatz des Rechners eine sehr einfache Leitstelle zum Beobachten und Steuern eines Gebäudes realisieren. Doch dazu muss die entsprechende CPU am Netzwerk mit einem PC verbunden sein.

Mit der Statustabelle oder direkt im Programmbaustein können die Ein-/Ausgänge geforced werden. Dazu werden die entsprechenden Symbole mit der rechten Maustaste angecheckt und im Pull-down-Menü die Schaltfläche „FORCEN" angeklickt. Der Ein-/Ausgang wird daraufhin mit dem gewünschten Wert gesetzt. Um einen neuen Wert zu setzen, wird wie o.g. vorgegangen, aber stattdessen „ENTFORCEN" geklickt. An der S7-200 sowie in der Applikations-Software können die Schalthandlungen getätigt werden (vgl. Abb. 8.637).

Abb. 8.637 FORCEN von
Ein-/Ausgängen

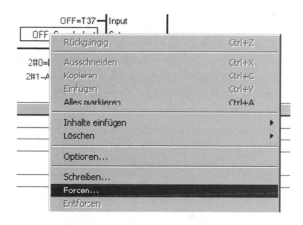

8.29.3 Analyse

Die SPS S7-200 aus dem Portfolio der SIMATIC-S7-Systeme ist eine Kleinsteuerung, die um erhebliche Peripherie zu einem umfassenden System erweitert werden kann. Es steht ein gutes Programmierwerkzeug zur Verfügung, mit dem das System komfortabel programmiert und getestet werden kann. Die Programmierung erfolgt nach der Norm IEC 61131-3 in den Programmiersprachen AWL, KOP und FUP. Nachteilig ist, dass eine Echtzeituhr nur bei bestimmten Basiseinheitstypen verfügbar ist sowie eine Anbindungsmöglichkeit an andere Gebäudeautomationssysteme, wie z. B. den KX/EIB, fehlt.

Als Kleinsteuerung ist die Siemens-S7-200-Kleinsteuerung gut für die Übernahme von dezentralen Funktionen im Gebäude geeignet. Es fehlen insbesondere Gateways zu gängigen Gebäudeautomationssubsystemen, wie z. B. DALI oder EnOcean sowie klassischen drahtbasierten Gebäudeautomationssystemen, um die preiswerte Kleinsteuerung auch über das Ethernet vernetzt im Gebäude einzusetzen.

Gerät	Preis je Gerät	Preis je Kanal
4 DE 24 V/DC, 24 V/DC 0,75 A	112,54 Euro	28,10 Euro
Taster	10,00 Euro	10,00 Euro
4 DE 24 V/DC, Relais 2 A	118,32 Euro	29,60 Euro
Kosten je Funktion		ca. 68,00 Euro

Die Kosten für eine Schaltfunktion liegen mit 68 Euro im mittleren Bereich. Durch Rückgriff auf andere Baugruppen lassen sich die Kosten auf ca. 40 Euro senken und liegen damit im unteren Preissegment.

Prinzipiell sind derartige Kleinsteuerungen gut für Gebäudeautomationsaufgaben geeignet, wenn auch softwaremäßig Gebäudeautomationsfunktionen nur rudimentär zur Verfügung stehen.

8.29.4 Neubau

Prinzipiell lässt sich die SPS Siemens S7-200 für den Aufbau einer Gebäudeautomation im Neubau verwenden. Die Bauform des Systems ist neben der Verwendung für die Industrieautomation auch für die Gebäudeautomation geeignet und passt sich aufgrund der Baugröße gut in den Stromkreisverteiler ein. Das Produktportfolio ist auf die Industrieautomation ausgerichtet, ermöglicht aber auch die Erfassung binärer und analoger Signale in der Gebäudeautomation und über die digitalen und analogen Ausgangskanäle auch Schalten und Jalousie fahren, prinzipiell auch das Dimmen über Dimmer mit 0- bis 10-V-Schnittstelle. Die Einbindbarkeit anderer Gebäudeautomationssysteme, wie z. B. KNX/EIB ist nicht möglich. Die Vernetzbarkeit von S7-200 durch Zusammenschaltung von Subsystemen ist möglich und durch Analyse des aktuellen Entwicklungsstandes zu prüfen. Eine Automatisierung ist problemlos bei Rückgriff auf die IEC 61131-3 möglich, auch sehr einfache Visualisierungen sind bei Einbeziehung eines PCs machbar. Aus diesen Gründen ist Siemens S7-200 bei Abwägung der Nachteile in Summe eher nicht für die Installation im Neubau eines Hauses geeignet.

8.29.5 Sanierung

Die gleichen Argumente wie beim Neubau negieren die Verwendung im Fall der Sanierung. Eine schmutzige Sanierung wird erforderlich, um Leitungen zu den Schaltstellen, den Tastern und Schaltern, zu ziehen und Leitungen zwischen Relaisausgängen und den Aktoren zu verlegen. Eine saubere Sanierung ist nicht möglich. Damit ist Siemens S7-200 nicht für die Sanierung geeignet.

8.29.6 Erweiterung

Aufgrund der Nachteile bezüglich des Neubaus und der Sanierung wird eine Erweiterung nicht erforderlich sein. Bei vorhandenen Leitungen zu neu anzuschließenden Elementen der Elektroinstallation können diese an freien Anschlüssen der SPS-Peripherie oder neuen Komponenten aufgeschaltet werden. Auch die Programmierung ist problemlos erweiterbar. Durch nur bei einigen Systemen realisierbare Vernetzbarkeit sind übergreifende Funktionen, wie z. B. Haus-ist-verlassen oder Panikschaltung nicht unbedingt möglich.

8.29.7 Nachrüstung

Für die Nachrüstung ist Kleinsteuerung Siemens S7-200 nicht geeignet, da zu allen Komponenten der Elektroinstallation Leitungen gezogen werden müssen.

8.29.8 Anwendbarkeit für smart-metering-basiertes Energiemanagement

Die Anwendung von Smart Metering ist problemlos möglich und könnte problemlos durch neue Komponenten erweitert werden, da ein vorhandener elektrischer Haushaltszähler grundsätzlich durch einen elektronischen ersetzt werden kann und dieser durch intelligente Funktionalität erweitert werden könnte. Der Energiekunde kann durch Änderung seines Nutzerverhaltens seinen Energieverbrauch und damit seine Energiekosten senken, wenn er die über den eHz erfassten Daten auf einem Display ablesen kann. Es handelt sich jedoch um ein System, das nicht mit der S7-200 verbunden ist. Aktives und passives Energiemanagement sind damit nicht realisierbar, da die Programmierfähigkeit der S7-200 nicht die Integration von eHz, Berechnung und Darstellung auf Visualisierungssystemen ermöglicht.

8.29.9 Objektgebäude

Die Siemens S7-200 ist aufgrund des Ursprungs aus der Industrieautomation nur bedingt für die Gebäudeautomation geeignet und scheidet daher für Objektgebäude aus, da aufgrund der beschränkten Ausbaufähigkeit der einzelnen Systeme viele verteilte Systeme aufgebaut und über ein Netzwerk verbunden werden müssten. Für kleinere bis kleinste Anwendungen im Gewerk HKL ist die Siemens S7-200 bedingt geeignet.

8.30 Siemens LOGO

Die Kleinsteuerung Siemens LOGO ist ein universelles Logikmodul der Firma Siemens und wird neben der Industrieautomation auch in der Haus- und Installationstechnik eingesetzt. In einer konventionellen und Platz sparenden Bauform konstruiert eignet sie sich somit ideal für den Einbau in Schaltschränken. Sie wird auf eine Hutschiene eingeschnappt und kann direkt über das Display, den PC oder ein Speichermodul programmiert werden. Durch den Einsatz einer Kleinsteuerung als Logikmodul werden Montagezeit, Platz und Geld eingespart. Ein weiterer Vorteil ist die Flexibilität bei Sonderwünschen und nachträglichen Erweiterungen. Fast alle Funktionen lassen sich mit der LOGO realisieren. Die LOGO kann aufgrund von 26 Sonderfunktionen und acht Grundfunktionen anstelle von Schaltgeräten, wie Zeitschaltuhren, Relais, Zähler oder Hilfsschützen eingesetzt werden. Anwendungen in der Industrieautomation sind:

- Maschinensteuerung
  - Motoren, Pumpen, Ventilatorensteuerung
  - Druckluftkompressoren
  - Absaug- und Filteranlagen
  - Kläranlagen

- Transporteinrichtungen
  - Förderbänder
  - Hebebühnen
  - Siloanlagen
  - Futterautomaten
- Sonderaufgaben
  - Steuerung von Anzeige-/Verkehrstafeln
  - Solaranlagen
  - Einsatz in extremer Umgebung

In der Hausinstallationstechnik wird sie überwiegend für die folgenden Aufgabengebiete eingesetzt:

- Lichtsteuerung
  - Außen- und Innenbeleuchtung von Parkhäusern, Wohnungen, Hotels
- Überwachungsanlagen
  - Alarmanlagensteuerung
  - Zugangskontrolle
  - Grenzwertkontrolle
- Haus- und Gebäudetechnik
  - Tür- und Torsteuerung, Treppenhausbeleuchtung
  - Rollladen- und Markisensteuerung
  - Bewässerungsanlagen, Außenlicht
  - Heizung
  - Klimaanlagen
  - Lüftungsanlagen

Alle Eingangselemente, wie Taster, Schalter, Sensoren, Lichtschranken und Dämmerungsschalter etc., werden jeweils an einen Eingang der LOGO angeschlossen. Es wird hierbei zwischen digitalen und analogen Anschlüssen unterschieden. Die Ausgänge können je nach Anwendung potenzialfreie Relaiskontakte oder transistorgeschaltete Ausgänge sein. Die Ausgangsleistung beträgt 1.000 W und kann daher direkt mit den Aktoren verschaltet werden (vgl. Abb. 8.638).

Neuere LOGO-Systeme bieten die Vernetzbarkeit über das Ethernet, diese Funktionalität ist jedoch auf einige Bautypen begrenzt.

Abb. 8.638 Verschaltung der
Siemens-LOGO [Siemens]

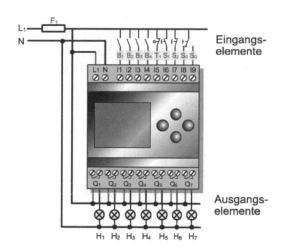

8.30.1 Typische Geräte

Ein LOGO-System ist sowohl als Variante direkt am 230-V-Stromversorgungsnetz oder
in Verbindung mit einer 24-V-Spannungsversorgung verfügbar. Neben der Basiseinheit
sind Ein- und Ausgangsmodule für digitale und analoge Signale sowie ein KNX/EIB-
Gateway verfügbar (vgl. Abb. 8.639).

Die LOGO-Basic 230 RC ist ein universelles Logikmodul der Firma Siemens. Die Basic ist die Schnittstelle für die Erweiterungsmodule (DM und AM), Programmmodule
und PC-Kabel. Sie besitzt ein Display und Steuerungscursor für die Benutzung des Menüs und zur Programmierung des Anwenderprogramms. Sie hat acht digitale Eingänge
und vier potenzialfreie Ausgänge. Vorteilhaft für die Gebäudeautomation ist die nicht
notwendige Spannungsversorgung.

Das LOGO-System kann um ein KNX/EIB-Modul zur Anbindung an ein KNX/EIB-
System erweitert werden (vgl. Abb. 8.640).

Abb. 8.639 Siemens LOGO 230 V
mit KNX/EIB-Adapter

Abb. 8.640 LOGO-CM-EIB/KNX-
Modul

Das Kommunikationsmodul (CM) ist als Slavemodul für die Kommunikation von LOGO an KNX/EIB realisiert. Es ermöglicht die Kommunikation durch Austausch von KNX/EIB-Telegrammen vom LOGO-Master zu externen KNX/EIB Komponenten über den KNX/EIB-Bus. Zur Verfügung stehen 24 virtuelle digitale Eingänge und 16 virtuelle digitale Ausgänge und acht analoge Ein- und zwei analoge Ausgänge. Insgesamt können 64 Gruppenadressen des KNX/EIB bearbeitet werden. Virtuelle Ein- und Ausgänge sind dabei Platzhalter für interne Verschaltungen, die nicht nach außen geführt sind.

Die maximale Aufbaustruktur eines LOGO-Systems bei Controllern mit direkt integrierten Analogeingängen und ohne Analogeingänge unterscheidet sich insofern, dass an die LOGO mit Analogeingängen ein Analogmodul weniger angebracht werden kann als bei der mit Analogeingang. Für eine schnelle und optimale Kommunikation zwischen Modulen und LOGO ist zu empfehlen, zuerst die Digitalmodule und dann die Analogmodule an die LOGO-Basic zu montieren, wie es in Abb. 8.641 und Abb. 8.642 dargestellt ist.

Aufbau: vier Digitalmodule und drei Analogmodule

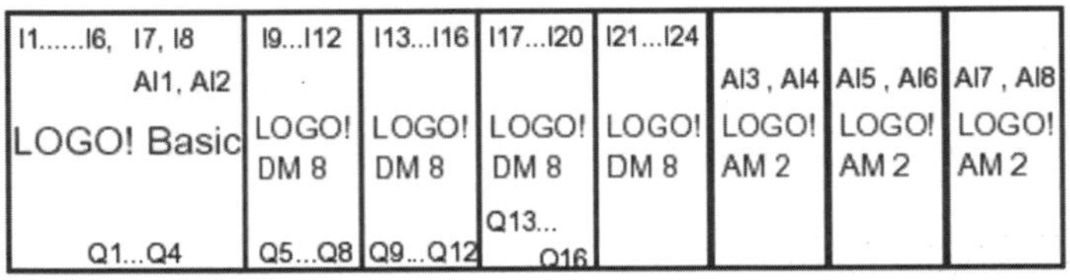

I1......I6, I7, I8 AI1, AI2 LOGO! Basic Q1...Q4	I9...I12 LOGO! DM 8 Q5...Q8	I13...I16 LOGO! DM 8 Q9...Q12	I17...I20 LOGO! DM 8 Q13... Q16	I21...I24 LOGO! DM 8	AI3 , AI4 LOGO! AM 2	AI5 , AI6 LOGO! AM 2	AI7 , AI8 LOGO! AM 2

Abb. 8.641 Maximalaufbau einer LOGO mit Analogeingängen AI1 und AI2 am Controller

Aufbau: vier Digitalmodule und vier Analogmodule

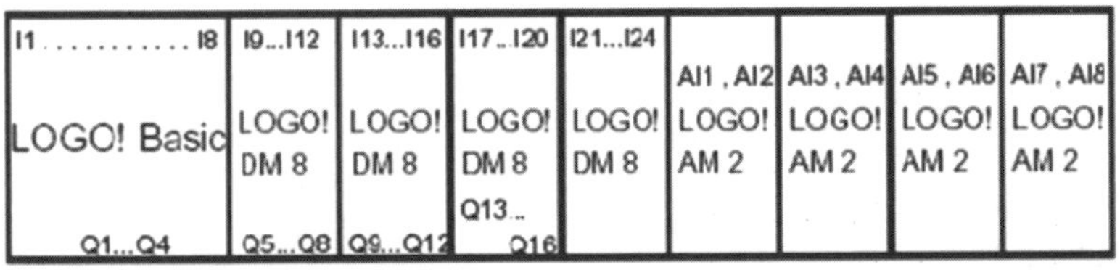

I1..........I8 LOGO! Basic Q1...Q4	I9...I12 LOGO! DM 8 Q5...Q8	I13...I16 LOGO! DM 8 Q9...Q12	I17..I20 LOGO! DM 8 Q13.. Q16	I21...I24 LOGO! DM 8	AI1 , AI2 LOGO! AM 2	AI3 , AI4 LOGO! AM 2	AI5 , AI6 LOGO! AM 2	AI7 , AI8 LOGO! AM 2

Abb. 8.642 Maximalaufbau einer LOGO ohne Analogeingänge am Controller

Das Erweiterungsmodul DM8 24 R der LOGO hat vier weitere digitale Eingänge und vier potenzialfreie Digitalausgänge. Die Kennzeichen DM stehen für „Digitalmodul", acht für vier Ein-/Ausgänge und 24 R bedeutet, dass sie mit 24-V-DC-Versorgungsspannung beschaltet werden muss (vgl. Abb. 8.643).

Abb. 8.643 LOGO-Erweiterungsmodul
DM8 24 R

8.30.2 Programmierung

Die Programmierung der LOGO kann über die Tasten und das Display erfolgen oder bei komplexeren Programmen über einen PC mit spezieller Applikations-Software erfolgen. Wesentlich komfortabler und für komplexere Anwendungen bietet sich die Nutzung der Software an (vgl. Abb. 8.644).

Abb. 8.644 LOGO!Soft Comfort V4.0
[Siemens]

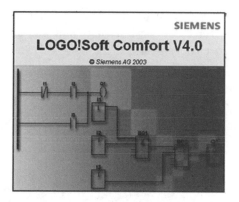

Durch die rasante Entwicklung der Technik können die Kleinsteuerungen immer komplexere Funktionen durchführen. Dementsprechend sind mehr und mehr Programmiermöglichkeiten vorhanden. Als Vorteile der Schaltungsentwicklung am Rechner sind eine bessere Übersicht der Schaltpläne, einfachere und effizientere Schaltungseingaben, Simulationsmöglichkeiten, eine schnellere Erstellung von Dokumentationen, ortsunabhängige Entwicklung der Schaltung mit flexibler Übertragung über ein Datenkabel oder ein Speichermodul, schnelle Serienprogrammierung von mehreren Geräten mit gleichen Programmen und minimale Ausfallzeiten bei Programmänderungen zu nennen.

Durch die Möglichkeit der Programmierung am PC kann die Entwicklung der Schaltung auch offline aus dem Betrieb oder Büro erfolgen. Die Offline-Simulation ermöglicht es zusätzlich die komplette Schaltung auf ihre Funktionalität, Stimmigkeit, Logik und Fehlverknüpfungen zu testen ohne jeglichen Anschluss- und Verdrahtungsaufwand an der Hardware. Alle Programmvarianten basieren auf dem Stromlaufplan. Dieser wird bei der Programmierung des Logikmoduls in einen Funktionsplan (FUP) oder einen Kontaktplan (KOP) am PC umgesetzt. Bei der Funktionsbausteinsprache FUP werden die Funktionsblöcke auf dem Arbeitsblatt der Software LOGO!Soft gezeichnet. Der Vorteil dabei ist, dass keine speziellen Programmierkenntnisse gefordert sind. Anschließend wird das komplette Schaltbild automatisch in einen Maschinencode umgeformt und kann in die LOGO geladen werden.

Die Software LOGO!Soft-Comfort ermöglicht durch die Nutzung der Kontakt- und Funktionsplanerstellung ein einfaches und schnelles Arbeiten. Die Stromlaufpläne können ohne nähere Kenntnis der Software direkt in ein Funktionsplan oder Kontaktplan umgewandelt werden. Die Logo!Soft Comfort Software stellt folgende Funktionen zur Verfügung:

- Schaltprogrammerstellung
- Test und Simulation
- Dokumentation mit Kommentaren
- zusätzliche Vergabe von Namen für Ein- und Ausgänge möglich
- beliebige Platzierung und Formatierung von freiem Text
- Übersichtliche Schaltprogrammdarstellung über mehrere Seiten
- professioneller Ausdruck mit allen notwendigen Projektinformationen
- separater Ausdruck der Parameter und Anschlussnamen
- Analogsignale können mit reellen Werten (z. B. Temperatur –20 °C bis +80 °C) simuliert werden
- Simulation der Uhrzeit
- Anzeige der Zustände von allen Funktionen, Parametern und Aktualwerten
- Online-Test mit Anzeige von Zuständen und Aktualwerten von LOGO! Im RUN-Mode.

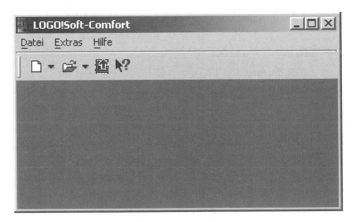

Abb. 8.645 Bedienoberfläche LOGO!Soft

Wird die Logo!Soft gestartet, so erscheint zunächst eine leere Bedienoberfläche (vgl. Abb. 8.645).

Zunächst wird ein neues Arbeitsblatt erstellt. Dazu wird im Menu „Datei/Neu/Funktionsplan" aufgerufen. Es erscheint eine Bedieneroberfläche mit einem leeren Schaltprogramm. Auf dieser Programmieroberfläche werden die Symbole und Verknüpfungen des zu erstellenden Schaltprogramms angeordnet (vgl. Abb. 8.646).

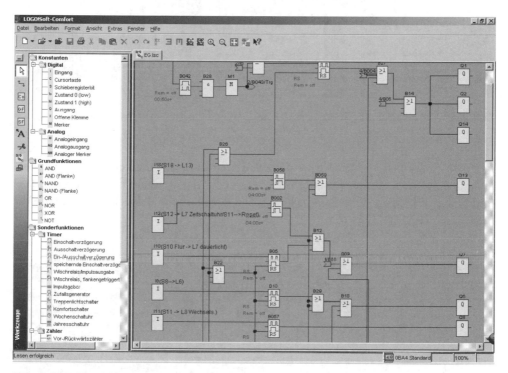

Abb. 8.646 Entwicklung eines Schaltprogramms

Zur Verfügung steht eine große Anzahl von Funktionsbausteinen (vgl. Abb. 8.647).

Um die einzelnen Symbole (UND, ODER-Gatter etc.) auf das Schaltprogramm aufzulegen, werden die Funktionsblöcke aus der Werkzeugleiste für die zu realisierende Schaltung ausgesucht. Die Reihenfolge der zu platzierenden Blöcke (Eingänge, Ausgänge, Sonderfunktionen, Grundfunktionen) ist beliebig. Durch Doppelklick auf ein Objekt ist es je nach Objekt und Eigenschaft möglich dieses zu konfigurieren. Bei den Sonderfunktionen, Grundfunktionen und Konstanten/Verbindungsklemmen gibt es Register für Kommentare und Parametereinstellungen. Bei Sonderfunktionen erscheint auf der Schaltoberfläche eine grüne Schrift neben den Blöcken.

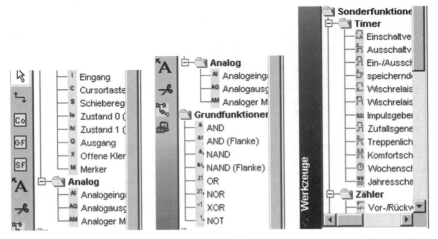

Abb. 8.647 Auszug der Funktionsbausteine in LOGO!Soft in der Symbolleiste „Werkzeug"

Um die Schaltung fertigzustellen werden die einzelnen Blöcke untereinander verbunden. Hierzu wählt man aus der Symbolleiste „Werkzeug" das Symbol für „Block verbinden" und bewegt die Maus über die Anschlusslinien der Blöcke und drückt anschließend die linke Maus (vgl. Abb. 8.648).

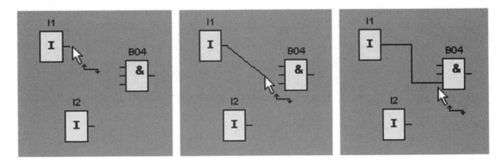

Abb. 8.648 Verbinden einzelner Blöcke miteinander

Mit der gedrückten Maustaste bewegt man sich bis zu einem Anschluss eines anderen Blockes und lässt die Maustaste los. Die Linien werden automatisch verbunden. Diese Vorgehensweise der Verknüpfung von Ein- und Ausgängen ist sehr komfortabel und mit xComfort vergleichbar.

Ein fertig erstelltes Funktionsblockdiagramm kann jederzeit in einen Kontaktplan über den „Konvertieren-Button" konvertiert werden. Eine umgekehrte Vorgehensweise ist nicht zu empfehlen, da die Verbindungslinien der Funktionsblöcke sich überlappen und die Ansicht unübersichtlich wird.

Sind alle Schaltsymbole miteinander verknüpft, kann die Schaltung auf Ihre Richtigkeit überprüft werden. Dazu wird der Simulations-Button betätigt. Die Bezeichnung der
Eingänge ist mit „I" wie Input versehen. Die Eingänge werden auf den logischen Zustand
„1" oder „0" abgefragt. Zur Bezeichnung der Ausgänge wird „Q" verwendet, um eine
Verwechslung der „Null" mit „O" für Output zu vermeiden. Wird nun ein Eingang von
„0" auf „1" gesetzt, wechseln die Verbindungsleitungen vom Blau (LOW-Signal) zu Rot
(HIGH-Signal) und die jeweiligen Ausgänge Q werden gesetzt. Fehler in der Parametrie-
rung können nach Abschluss der Simulation durch Entfernen von Blöcken und neue
Verknüpfungen behoben werden (vgl. Abb. 8.649).

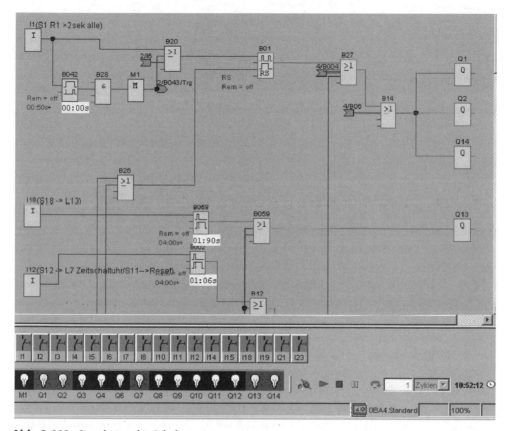

Abb. 8.649 Simulation der Schaltung

Die Voraussetzung zur Übertragung der Daten vom PC zur LOGO ist die richtige Einstellung der seriellen Schnittstelle. Dazu muss im Menü unter „Extras/Optionen/Schnitt-
stelle" die richtige Schnittstelle ausgewählt werden. Bei der automatischen Suche muss
das serielle Kabel an der Logo und an den PC gesteckt sein. Die LOGO sollte sich nicht
im RUN Modus befinden.

Wenn alle Ein- und Ausgänge verbunden sind, kann das erstellte Programm in die LOGO übertragen werden. Der Name des Schaltprogramms, welcher in der LOGO wieder zu finden ist, kann unter „Menü/Eigenschaften" eingetragen werden.

Die LOGO muss über die Einstellung PC/Card → PC <-> LOGO für die Übertragung vorbereitet sein. Durch Betätigen des Lade-Buttons wird der Schaltplan in einen Maschinencode umgewandelt und in den LOGO-Speicher übertragen. Die LOGO muss wieder in den RUN-Modus gebracht werden, um das aufgespielte Programm zu testen. Dazu kann man an der LOGO direkt in den RUN-Modus gehen, oder auf Online-Test drücken. Es erscheint eine Frage, ob die LOGO in den RUN-Modus wechseln soll. Durch Bestätigen des Dialogs ist die LOGO einsatzbereit, soweit sie hardwaremäßig verdrahtet worden ist.

Der Online-Test ist ab der LOGO-Gerätelinie 0BA4 und mit dem Softwareversion Update V4.0.51 möglich. Im Gegensatz zur Simulation können die Eingänge nicht am PC gesetzt werden. Sie sind nur das Projektabbild des Schaltplans in der LOGO-Hardware. Es kann beobachtet werden, wie das Schaltprogramm abgearbeitet wird und auf verschiedene Zustände der Ein- und Ausgänge reagiert wird. Der Zustand der Eingänge im Online-Test entspricht dem tatsächlichen Zustand der Eingänge an der LOGO.

Der Online-Test wird durch das Betätigen des Online-Test-Button aus der Symbolleiste „Werkzeug" aufgerufen. Wenn die LOGO sich im STOP Modus befindet, wird durch Betätigen des Start-Buttons die LOGO betriebsbereit geschaltet. Der Beobachten-Modus, der auch aus dem SIMATIC-Manager bekannt ist, muss danach zusätzlich gestartet werden. Die Zustandsänderungen können direkt am Monitor verfolgt werden.

Diese Funktion ist sehr sinnvoll für Wartungsarbeiten oder Fehlerbehebungen an einem Projekt. So kann in der Zeit, in der eine Person die Schaltungen im Haus ausführt, der Projektant den Status der Schaltvorgänge beobachten und gegebenenfalls die Fehler direkt beheben.

Das LOGO-Kommunikationsmodul ist als Slave-Modul konzipiert, es kommuniziert mit allen KNX/EIB-Teilnehmern. Über den offenen KNX/EIB-Bus können weitere Gewerke eingebunden werden, z. B. die Verknüpfung eines KNX/EIB-Tasters, -Sensors oder für eine visualisierte gemeinsame Bedienung über ein Touchpanel. Dabei übernimmt das Logikmodul die Automatisierungsfunktionen. Für die Parametrierung der Kommunikationsmodule innerhalb des KNX/EIB wird die ETS Software benötigt. Die virtuellen Ein-/Ausgänge können in der LOGO-Applikation weiterverarbeitet werden. Es stehen alle Ein-/Ausgänge der LOGO zur Verfügung. Es handelt sich um 24 Digitaleingänge, 20 Digitalausgänge, acht Analogeingänge und zwei Analogausgänge. Die virtuell benutzten Ein-/Ausgänge können nicht hardwaremäßig genutzt werden.

Das KNX/EIB-Gateway in der Siemens LOGO wird als KNX/EIB-Gerät aus der Siemens-Produktdatenbank innerhalb der ETS geladen (vgl. Abb. 8.650).

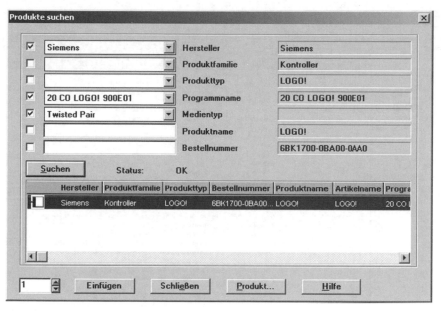

Abb. 8.650 Siemens-LOGO-KNX/EIB-Gateway in der ETS

In der Gebäude- oder Netzwerkansicht erscheint die Siemens-LOGO als KNX/EIB-Teilnehmer mit ihren diversen Ein- und Ausgängen als binäre und analoge Objekte.

Damit Ein- und Ausgänge der LOGO mit den Objekten der Geräte im KNX/EIB verknüpft werden können, müssen die Gruppenadressen den Objekten in der ETS zugewiesen werden (vgl. Abb. 8.651 und Abb. 8.652).

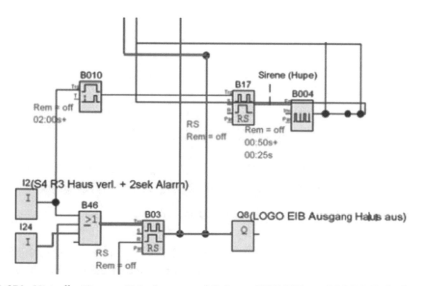

Abb. 8.651 Virtueller Eingang I24 – Interoperabilität von KNX/EIB- und LOGO-Teilnehmern

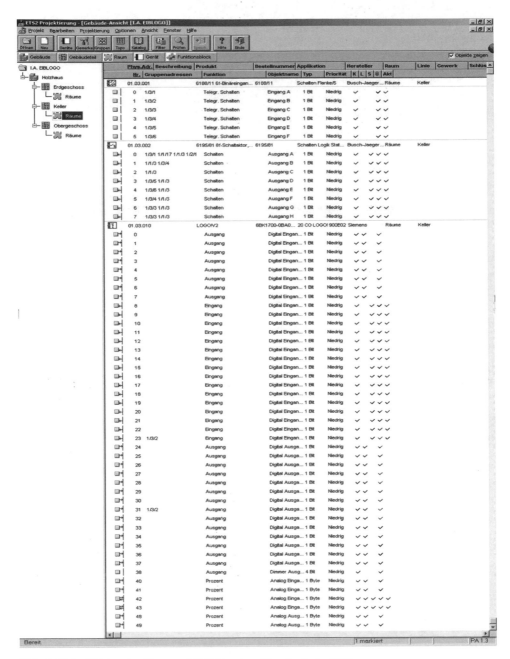

Abb. 8.652 Objekte der Siemens LOGO in einer Topologie der ETS

Nach Verknüpfung der Objekte der Siemens-LOGO mit Gruppenadresse innerhalb des KNX/EIB-ETS-Projekts und Laden sämtlicher Teilnehmer ist die gewünschte Funktion realisiert.

8.30.3 Analyse

Das Siemens-LOGO-System ist eine Kleinsteuerung für dezentrale Intelligenz, die auch als Logikmodul bezeichnet wird. Das System bietet unter anderem geringen Verkabelungsaufwand bei Installation der Steuerung nah an der Schaltlokalität. Die Verdrahtung und Leitungsführung wird übersichtlicher und das „Installationswirrwarr" verschwindet. Dezentrale Knoten sind nicht nur weniger störanfällig, sondern auch kostengünstiger bei (nachträglichen) Erweiterungsarbeiten. Ein weiterer Vorteil dieser Lösung liegt im geringeren Platzaufwand der Komponenten. Eine Nische im Abstellraum, der Hohlraum unter dem Treppenaufgang oder jede andere Stelle einer Etage bieten Platz für eine versteckte Montage. Darüber hinaus besteht auch die Möglichkeit, die Komponenten in Decken- und Bodennischen einzubauen. Dies führt prinzipiell zu einer geringeren Bauhöhe der Geschosse.

Ist die LOGO mit ihrer Software erst einmal in Betrieb, ergeben sich langfristige Ersparnisse, da weitere bzw. nachträgliche Installationskosten durch die rasch und einfach erlernbare Programmierung entfallen. Die Programmierung der Siemens-LOGO ist einfach erlern- und durchführbar.

Eine unverzichtbare Funktion ist der Nutzen des Stromstoßrelais für die Parametrierung in der Gebäudesystemtechnik. Unter Verwendung dieser Funktion und der Treppenlichtfunktionen ist der Umgang mit dem Logikmodul und der Applikations-Software sehr komfortabel.

Dem Wunsch nach einem leistungsfähigen, komfortablen und preisgünstigen System lässt sich hervorragend mit der Kombination aus KNX/EIB-Geräten und der LOGO nachkommen. So können die Vorteile des KNX/EIB genutzt und Erweiterungslösungen in Verbindung mit Automation mit der LOGO abgedeckt werden. So lassen sich z. B. Rollladen-, Garagen- oder Zeitsteuerungen jeglicher Funktion nachträglich realisieren.

Mit der Entwicklung und Verbesserung des Kommunikationsmoduls CM EIB-/KNX ist das Einsatzgebiet der LOGO in der Gebäudesystemtechnik um einen essenziellen Grad gestiegen. Die LOGO lässt sich somit im Verbund mit KNX/EIB relativ einfach einsetzen und kann mit anderen LOGOs und KNX/EIB-Teilnehmern kommunizieren. Durch den Einsatz preiswerter Industriesensoren und durch Nutzung eines Sensors für mehrere Szenen können Kosten gespart werden.

Zwar bietet die LOGO eine Bandbreite an Variationsmöglichkeiten, doch trotzdem ist sie kein vollständiges Bussystem für die Gebäudeautomation. Auch das Dimmen der Leuchtmittel gehört nicht zu ihren Standardfunktionen. Hierzu ist der zusätzliche Einbau des Kommunikationsmoduls CM *EIB-*/KNX nötig. Alle Ein-/Ausgänge müssen mit der LOGO-Hardware verknüpft werden. Dies bedarf einer genauen Planung im Vorhinein, deshalb kann nur geringfügig Leitungsmaterial gegenüber herkömmlicher Elektroinstallation gespart werden.

Auch bei der Erweiterbarkeit der LOGO sind ihr technische Grenzen gesetzt. Die CPU der LOGO ist zu klein, als dass sich mehr als 24 Eingänge und 20 Ausgänge verarbeiten ließen. Kommt ein KNX/EIB-CM-Modul hinzu, sinkt die Anzahl nutzbarer Ein- und Ausgänge, je nach den virtuell genutzten Ein- und Ausgängen. Daher kann sie nicht unbeschränkt ausgebaut werden. Benötigt man mehr als 24 Eingänge, so muss eine neue Gerätelinie aufgebaut werden.

Neben den beschränkten Ein- und Ausgängen sinkt mit steigender Projektgröße leider die Übersichtlichkeit bei der Projektierung weiter ab. Es können keine Unterprogramme oder kleinere Netzwerke aufgebaut werden. Somit ergibt sich ein weiterer Nachteil für die LOGO. Sie ist infolgedessen nur begrenzt für große bis hin zu komplexen Projekten geeignet. Der Nachteil der mangelnden Vernetzbarkeit wurde mittlerweile durch eine neue LOGO-Serie durch Ermöglichung von bis zu acht LOGO-Systemen über das Ethernet realisiert.

Gerät	Preis je Gerät	Preis je Kanal
LOGO Basis 230 RC (8 Ein-, 4 Ausgänge)	134,95 Euro	11,25 Euro
Taster	10,00 Euro	10,00 Euro
Standard-Relais	10,00 Euro	10,00 Euro
Kosten je Funktion		ca. 31,00 Euro

Das Preisniveau für eine einfache Schaltung liegt mit ca. 30 Euro sehr niedrig. Das LOGO-System ist eine ideale Erweiterung des KNX/EIB-Systems um preiswerte Ein- und Ausgabekanäle und Automationsfunktionen.

8.30.4 Neubau

Prinzipiell lässt sich die Siemens LOGO für den Aufbau einer Gebäudeautomation im Neubau verwenden. Die Bauform des Systems ist zwar für Kleinsteuerungen in der Industrieautomation vorgesehen, passt aber auch ideal in den Stromkreisverteiler. Im Neubau sollten mehrere Subsysteme in einzelnen Stromkreisverteilern aufgebaut werden, die entweder über KNX/EIB oder ein Ethernet verbunden werden, hierzu müssen die richtigen Komponenten verwendet werden. Über KNX/EIB können prinzipiell beliebig viele Subsysteme durch den KNX/EIB vernetzt werden, beim Ethernet können aktuell acht Systeme gekoppelt werden. Das Produktportfolio ist auf die Industrieautomation ausgerichtet, jedoch können nahezu alle Funktionen der Gebäudeautomation realisiert werden. Die Einbindung anderer Gebäudeautomationssysteme ist auf den KNX/EIB begrenzt, aber aufgrund der guten Programmierungsmöglichkeit sehr einfach. Automatisierung ist problemlos bei Rückgriff auf die IEC 61131-3 durch zwei Programmiersprachen möglich, auch einfache Visualisierungen sind machbar. Ohne Rückgriff auf KNX/EIB können einfache, aber sehr kostengünstige Gebäudeautomationen aufgebaut werden, als Automatisierungsmöglichkeit im KNX/EIB ist die Siemens LOGO eine ideale Erweiterung. Wird KNX/EIB als übergeordnetes Gebäudeautomationssystem zur Anwendung gebracht und die komplexe Automation mit der Kleinsteuerung Siemens LOGO ausgeführt, können im Neubau komplexe Gebäudeautomationen realisiert werden.

8.30.5 Sanierung

Die gleichen Argumente wie beim Neubau sprechen für die Verwendung im Fall der Sanierung. Eine schmutzige Sanierung wird erforderlich, um Leitungen zu den Schaltstellen, den Tastern und Schaltern, zu ziehen und Leitungen zwischen den Relais und den Aktoren verlegt werden. Bei Rückgriff auf den KNX/EIB oder Verwendung vernetzbarer LOGOs über das Ethernet können einzelne Stromkreisverteiler nahe an den Schaltstellen aufgebaut werden, die das Installationsproblem etwas reduzieren. Eine saubere Sanierung ist auch bei Rückgriff auf KNX/EIB nicht möglich, da dies ebenso die Verlegung von Leitungen erfordert. Damit ist Siemens-LOGO nicht für die Sanierung geeignet.

8.30.6 Erweiterung

Bei vorhandenen Leitungen zu neu anzuschließenden Elementen der Elektroinstallation können diese an freien Anschlüssen der SPS-Peripherie oder neuen Komponenten aufgeschaltet werden. Auch die Programmierung ist problemlos erweiterbar. Damit ist Erweiterungsmöglichkeit gegeben. Die Visualisierungsmöglichkeit reicht für eine komfortable Bedienung keinesfalls aus. Als Subsystem im KNX/EIB spielt die Siemens-LOGO alle Vorteile der einfachen Automatisierung aus.

8.30.7 Nachrüstung

Für die Nachrüstung ist die Kleinsteuerung Siemens LOGO nicht geeignet, da zu allen Komponenten der Elektroinstallation Leitungen gezogen werden müssen. Lediglich kleine Subsysteme können aufgebaut werden, die eine Teilautomatisierung übernehmen. Da auch das integrierbare Bussystem KNX/EIB nur über Leitungen adaptierbar ist, kann Siemens LOGO weder für eine vollständige Nachrüstung im Rahmen einer Sanierung, noch für eine sukzessive Nachrüstung in Frage.

8.30.8 Anwendbarkeit für smart-metering-basiertes Energiemanagement

Die Anwendung von Smart Metering ist problemlos möglich und könnte problemlos durch neue Komponenten erweitert werden, da ein vorhandener elektrischer Haushaltszähler grundsätzlich durch einen elektronischen ersetzt werden kann und dieser durch intelligente Funktionalität erweitert werden könnte. Der Energiekunde kann durch Änderung seines Nutzerverhaltens seinen Energieverbrauch und damit seine Energiekosten senken, wenn er die über den eHz erfassten Daten auf einem Display ablesen kann. Dies erfolgt jedoch außerhalb des Siemens LOGO-Systems. Aktives und passives Energiemanagement sind nur mit sehr großem Aufwand möglich, indem über den KNX/EIB die

Zähler in das Gesamtsystem integriert werden. Abhilfe könnte hier sein durch Hinzunahme von IP-Symcon das Gesamtsystem durch andere Systeme zu erweitern und die
Siemens LOGO als Subsystem zu verwenden. In dieser Konstellation übernimmt die
Siemens LOGO jedoch nur geringe Automationsfunktionen und dient eher als preisgünstiges Feldbussystem. Kommen übergeordnete Automatisierungs- und Visualisierungssysteme mit Automationsmöglichkeiten beim KNX/EIB hinzu, reduzieren sich die
Vorteile der Kleinsteuerung Siemens-LOGO erheblich.

8.30.9 Objektgebäude

Aufgrund der sehr geringen Verfügbarkeit von Sensoren und Aktoren in einer einzelnen
Kleinsteuerung und der geringen Ausbaufähigkeit bei Hinzunahme des Ethernet-
Netzwerks zur Vernetzung der Kleinsteuerung kommt die Kleinsteuerung Siemens-
LOGO nicht als Gebäudeautomationssystem in Frage. Insbesondere in Verbindung mit
immer wiederkehrenden Automationsfunktionen und dem KNX/EIB als übergeordnetem Gebäudeautomationssystem kommt der Siemens-LOGO Bedeutung zu, da Automation zu günstigem Preis bereitgestellt wird und zudem über die Ein- und Ausgänge
Störmeldungen und analoge Größen geniert und an die Gebäudeleittechnik weitergeleitet werden können.

8.31 WAGO 750

Die Firma WAGO ist seit Jahren im Gebäude mit Elektroinstallationsmaterialien, wie
z. B. der WAGO-Klemme oder der KNX/EIB-Busverbindungs-Klemme, vertreten. Als
klassischer Anbieter von Industrie- und Energieautomation stehen seit Jahren stabile
und preiswerte SPS-Lösungen auch für Häuser zur Verfügung. Durch die Erweiterung
des Systems um Schnittstellen zu anderen leitungs-, funk- und netzwerk-(Ethernet-)ba-
sierten Gebäudeautomationssystemen können diese kostengünstig eingebunden werden,
um auch Design-Bedien-Elemente, wie z. B. Taster, Bewegungsmelder und viele andere
Komponenten der verschiedensten Elektroinstallationsunternehmen, wie z. B. Berker,
GIRA, Jung, Merten, Busch-Jaeger, ABB, Siemens aus dem KNX/EIB-Bereich sowie
LON und EnOcean, im Haus zu verwenden. Damit ist sichergestellt, dass auf Jahre hinaus die Steuerung sicher ist und Komponenten flexibel ausgetauscht oder ergänzt werden können. Durch die flexible Verteilung von Steuerungskomponenten in den Stromkreisverteilern, die über Mehrdrahtleitungen oder Ethernetleitungen verbunden werden,
ist eine raumnahe Installation mit Vorteilen der zentralen Steuerung und Bedienung
auch über PC, Internet und Handy möglich.

Durch die Verwendung von industrieerprobten und tausendfach dort verwendeten
Soft- und Hardwarekomponenten ist eine sehr kostengünstige und in alle Richtungen
offene Gebäudeautomationslösung möglich (vgl. Abb. 8.653).

Abb. 8.653 Beispiel für ein WAGO-SPS-System für die Gebäudeautomation mit umfangreichem Klemmenbus

8.31.1 Typische Geräte

Typische Geräte beim Einsatz des WAGO-Automationssystems sind Controller oder Busankoppler, Busklemmen und Visualisierungseinrichtungen.

8.31.1.1 Systemkomponenten

WAGO bietet mit der Serie 750 ein umfangreiches Angebot an Controllern für verschiedenste Einsatzzwecke und hinsichtlich der übergeordneten Vernetzung an. So sind auch MODBUS- und KNX/EIB-Controller verfügbar, die geeignete Netzwerke realisieren lassen (vgl. Abb. 8.654).

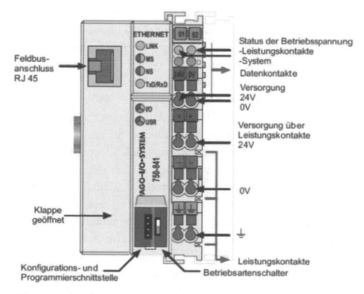

Abb. 8.654 Feldbus-Controller 750-841

Der programmierbare Feldbus-Controller 750-841 kombiniert die Funktionalität eines Kopplers zur Anschaltung an den Feldbus Ethernet mit der einer speicherprogrammierbaren Steuerung (SPS). Der Controller basiert auf einer 32-Bit CPU und ist multitaskingfähig, d. h. mehrere Programme können quasi gleichzeitig ausgeführt werden. Zwischenzeitlich wurde die Leistungsfähigkeit des Controllers durch die Variante 881 optimiert, mit der Variante 849 können KNX/IP-basierte Strukturen im übergeordneten Ethernet-Netzwerk aufgebaut werden.

In dem Controller werden sämtliche Eingangssignale der Sensoren zusammengeführt. Nach Anschluss des Ethernet TCP/IP Feldbus-Controllers ermittelt der Controller bei Verwendung der Software WAGO IO-Check alle in dem Knoten gesteckten I/O-Klemmen und erstellt daraus ein lokales Prozessabbild. Hierbei kann es sich um eine gemischte Anordnung von analogen und digitalen Klemmen handeln. Das lokale Prozessabbild wird in einen Eingangs- und Ausgangsdatenbereich unterteilt.

Entsprechend der IEC-61131-3-Programmierung erfolgt die Bearbeitung der Prozessdaten vor Ort im Controller. Die daraus erzeugten Verknüpfungsergebnisse können direkt an die Aktoren ausgegeben oder über den Bus an die übergeordnete Steuerung im Klemmenbus übertragen werden. Wahlweise kann der Ethernet-Controller mit 10 oder 100 MBit/s über Ethernet „100BaseTX" oder „10BaseT" mit übergeordneten Systemen kommunizieren. Für die IEC-61131-3-Programmierung stellt der Feldbus-Controller 750-841 512-KB-Programmspeicher, 256-KB-Datenspeicher und 24-KB-Retainspeicher zur Verfügung. Der Anwender hat Zugriff auf alle Feldbus- und E/A-Daten.

8.31.1.2 WAGO-Busklemmensystem

Die WAGO-Busklemme ist ein offenes und feldbusneutrales I/O-System, bestehend aus elektronischen Reihenklemmen. Eine Busklemmenstation besteht aus einem Buskoppler und bis zu 64 elektronischen Reihenklemmen. Mit dem System der Klemmenbusverlängerung ist ein maximaler Ausbau von bis zu 250 räumlich verteilten Busklemmen möglich. An den Buskoppler werden die elektronischen Reihenklemmen angesteckt. Die Kontaktierung erfolgt beim Einrasten, ohne einen weiteren Handgriff. Dabei bleibt jede elektronische Reihenklemme einzeln austauschbar und lässt sich auf eine Normprofilschiene aufsetzen. Neben dem waagerechten Einbau sind alle anderen Einbauarten erlaubt. Die Busklemmen passen sich mit ihrer Außenkontur technisch perfekt den Abmessungen von Stromverteilerkästen an. Eine übersichtliche Anschlussfront mit Leuchtdioden für die Statusanzeige, einsteckbare Kontaktbeschriftung und herausziehbare Beschriftungsfelder sorgen für Klarheit vor Ort und erleichtern damit die Dokumentation der Anlage. Die Dreileitertechnik, ergänzt durch einen Schutzleiteranschluss, ermöglicht die direkte Sensor-/Aktorverdrahtung. Mit weit über 100 verschiedenen Busklemmen ist das WAGO-I/O-System sehr umfangreich. Die Komponenten erlauben dem Anwender frei mischbare Signalzusammenstellungen in jeder Station zu betreiben. Damit kann ein einziger dezentraler Ein-/Ausgangsknoten alle benötigten Signale abbilden. Für alle in der Automatisierungswelt vorkommenden digitalen und analogen Signalformen stehen entsprechende Busklemmen bereit, so für Ströme und Spannungen mit standardisierten

Signalpegeln sowie für PT100- und Thermoelementsignale. Über Busklemmen mit serieller Schnittstelle, gemäß RS232, RS485 oder 20 mA TTY, lassen sich weitere intelligente Geräte anschließen. Des Weiteren stehen Busklemmen für den KNX/EIB, LON, EnOcean, DALI, den MP-Bus und andere zur Verfügung. Es ist somit möglich die am stärksten verbreiteten Kommunikationsstandards in der Gebäudeautomatisierung als Subsystem zu integrieren.

Die feine Auswahlmöglichkeit der Busklemmen ermöglicht außerdem die bitgenaue Zusammenstellung der benötigten I/O-Kanäle. Die digitalen Busklemmen sind als 2-, 4-, 8- und 16-Kanal-Klemmen ausgeführt. Die analogen Standardsignale ± 10 V, 0 ... 10 V, 0 ... 20 mA und 4 ... 20 mA sind durchgängig als 1-, 2-, 4-, und 8-Kanal-Variante in einem Standardgehäuse erhältlich. Bei der 16-Kanal-Variante sind in einem Standardbusklemmengehäuse, auf einer Breite von nur 12 mm, analoge Ein- und Ausgangssignale ultrakompakt komprimiert. Das System ist damit hochmodular und kann, bis auf einen Kanal genau, kostengünstig projektiert werden.

Die Busklemmensysteme von WAGO und Beckhoff sind trotz der gleichen Bauform aufgrund technischer Unterschiede der Klemmen nicht vollständig untereinander kompatibel. Austauschbarkeit ist bei digitalen Signalen, begrenzt auch bei analogen Signalen gegeben, bei Sonderklemmen ist die Programmierung gegebenenfalls eigenständig auf der Basis der Betriebsanleitung zu erstellen.

8.31.1.3 Sonderklemmen

WAGO bietet einen großen Satz an Sonderklemmen an, um Bussysteme der Gebäudeautomation in das Gesamtsystem per Gateway zu integrieren. Die KNX/EIB-Klemme passt sich perfekt in ein KNX/EIB-System ein, indem die Automatisierungsfunktion, die durch den WAGO-Controller realisiert wird, als reales KNX/EIB-Gerät in der ETS verbaut wird. In Verbindung mit der Controller-Variante 849 wird dies noch wesentlich optimiert (vgl. Abb. 8.655).

Die wichtige EnOcean-Adaption an die WAGO-SPS kann über eine unidirektionale Klemme direkt im Klemmenbus realisiert werden. Hierzu steht eine spezielle Bibliothek zur Verfügung, um unidirektional Geräte zur Eingabe in das WAGO-System zu nutzen. Über eine RS485-Klemme kann aber auch ein dezentrales, bidirektionales EnOcean-Gateway angekoppelt werden, über das sowohl sensorische, als auch aktorische Geräte des EnOcean-Funkbussystems angesprochen werden können. Auch hierzu ist eine gut dokumentierte Bibliothek verfügbar. Ebenfalls ist eine DALI-Schnittstelle verfügbar, um auch Dimmfunktionen und komplexe Leuchtmittelsteuerungen im WAGO-System einfach zu realisieren.

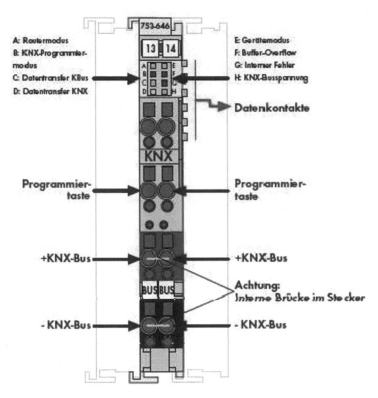

Abb. 8.655 KNX/EIB-Busklemmen WAGO 753-646

8.31.2 Programmierung

Die Erstellung des Applikationsprogramms erfolgt mit der Software WAGO-I/O-*PRO* CAA gemäß IEC 61131-3, wobei die Basis der WAGO-I/O-*PRO* CAA das Standard-Programmiersystem CoDeSys der Firma 3S ist, das mit den Target-Dateien für alle WAGO Controller spezifisch erweitert wurde (vgl. Abb. 8.656).

Es werden die Programmiersprachen AWL, KOP, FUP, CFC, ST und AS unterstützt. Es kann somit für jeden Einsatzfall die optimale Programmiersprache gewählt werden. Die steigenden Anforderungen in der Entwicklung von Steuerungsprogrammen, wie z. B. Wiederverwendbarkeit und Modularisierung, werden von der Software mit umfangreichen Programmierfunktionen wie z. B.

- Leistungsstarke Übersetzung zwischen den Programmiersprachen
- Automatische Deklaration der Variablen
- Bibliotheksverwaltung
- Steuerungskonfiguration

unterstützt.

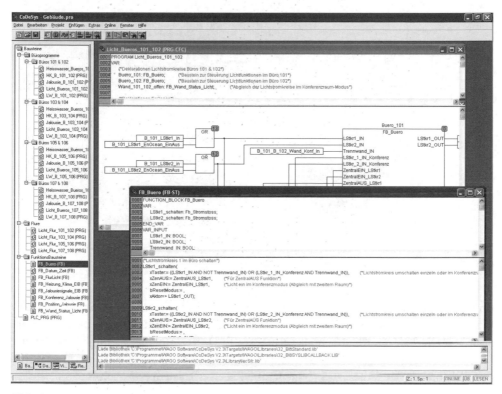

Abb. 8.656 WAGO-I/O-PRO CAA

Auf die Realisierung eines WAGO-Projekts mit der Codesys wird im Referenzkapitel zur WAGO-SPS für smart-metering-basiertes Energiemanagement näher eingegangen.

8.31.2.1 Implementierung der EnOcean-Klemme von WAGO

WAGO bietet zwei Lösungen zur Implementation von EnOcean an. Über die Klemme 750-642 können undirektional Meldung von Sensoren verarbeitet werden. Über eine RS485-Klemme mit abgesetztem En_Ocean-Funkbus-Empfänger des Unternehmens Omnio können auch bidirektional Sensoren und Aktoren angesprochen werden (vgl. Abb. 8.657).

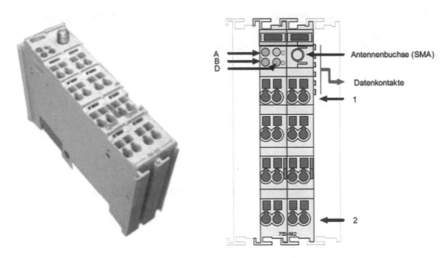

Abb. 8.657 Funk-Gateway Enocean (750-642)

Zur Kommunikation mit EnOcean-Geräten über die EnOcean-Funkklemme 750-642 werden durch die Bibliothek „Enocean04_d.lib" spezielle Funktionsbausteine zur Verfügung gestellt. Jede am Klemmenbus verfügbare EnOcean-Funkbus-Klemme benötigt zur Kommunikation mit der IEC-61131-Applikation einen Baustein, der die gesamte Kommunikation verwaltet, dies ist der sogenannte Receive-Baustein (vgl. Abb. 8.658).

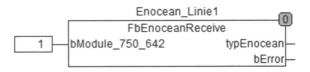

Abb. 8.658 WAGO-FbEnocean-Receive-Baustein

Am Eingang „bModule_750_642" des Bausteins „FbEnoceanReceive" wird der Klemmenindex der gesteckten EnOcean-Funkklemme als Konstante eingetragen (erste gesteckte EnOcean-Klemme => 1, zweite EnOcean-Klemme => 2 usw.). Pro gesteckter EnOcean-Funkklemme darf dieser Baustein nur einmalig indiziert benutzt werden.

Der Baustein „FbEnoceanReceive" empfängt alle gesendeten Signale und leitet diese über den Ausgang „typEnocean" an die EnOcean-Funktionsbausteine weiter.

Für viele verfügbare EnOcean-Sensoren stehen Funktionsbausteine zur Verfügung. Diese Bausteine werden über den Eingang „typEnocean" mit dem Ausgang „typEnOcean" des zugehörigen „FbEnoceanReceive"-Bausteins verbunden, um die Signale zu empfangen. Am Eingang „dwID" wird die Enocean-ID des zugehörigen EnOcean-Sensors eingetragen. Der Funktionsbaustein FbButton_4_Channel beschreibt das Basis-Gerät des EnOcean-Systems, den 4fach-Taster PTM200 (vgl. Abb. 8.659).

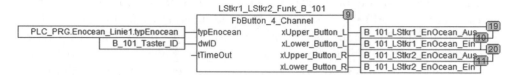

Abb. 8.659 WAGO-EnOcean-Baustein 4-Kanal

Sollte die EnOcean-ID des Sensors nicht bekannt sein, stellt die „Enocean04_d.lib" einen Baustein zur Verfügung, mit der die ID ermittelt werden kann. An den Ausgängen des Bausteins werden die Signale des Sensors in Abhängigkeit der gedrückten Taste auf TRUE gesetzt. In der Dokumentation der EnOcean-Bibliothek sind alle verfügbaren Bausteine detailliert beschrieben. Diese sollte daher bei der Programmierung genutzt werden, um Fehler bei der Deklaration der Variablen zu vermeiden.

8.31.2.2 Implementierung der KNX/EIB-Klemme von WAGO

Um über die KNX/EIB/TP1-Klemme 753-646 mit dem KNX/EIB kommunizieren zu können, werden spezielle Funktionsbausteine benötigt, welche die Schnittstelle zwischen den KNX/EIB-Objekten und den IEC-Variablen darstellen. Dies betrifft auch den speziellen KNX/EIB-Controller 750-849. Jede am Klemmenbus verfügbare KNX/EIB-Klemme benötigt zur Kommunikation zwischen der Klemmen und der IEC 61131 3 Applikation einen FbKNX_Master_646-Baustein (vgl. Abb. 8.660).

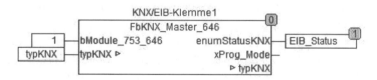

Abb. 8.660 WAGO-FbKNX_Master_646-Baustein

Der KNX-Master-Baustein erfasst alle anstehenden Kommandos der weiteren KNX/EIB-Bausteine im Programm und sorgt für deren Ausführung. Alle Kommandos werden über die Ein-/Ausgangsvariable „typKNX" als Datentabelle zur Verfügung gestellt. Am Eingang „bModule_753_646" muss der entsprechende Klemmenindex der gesteckten Klemmen als Konstante eingetragen werden (erste KNX/EIB-Klemme => 1, zweite KNX/EIB-Klemme => 2 usw.). Am Ausgang „enumStatusKNX" wird der aktuelle Betriebszustand der KNX/EIBKlemme angezeigt, über diese sehr wichtige Statusmeldung kann die Kommunikation mit dem KNX/EIB kontrolliert werden, die sowohl hardware-, programmiertechnisch, als auch kommunikationstechnisch gestört sein könnte. Der Status gibt exakte Auskunft über das bestehende Problem.

Dieser Baustein darf nur einmalig indiziert pro gesteckter KNX/EIB-Klemme benutzt werden. Für den Zugriff auf die KNX/EIB-Gruppenadressen steht für jeden im KNX/EIB verfügbaren Data-Point-Typ (Datenpunkt DPT) ein entsprechender Funktionsbaustein zur Verfügung. Die DPT-Funktionsbausteine stellen die Kommunikationsobjekte zum KNX/EIB dar. Sie können sowohl zum Senden, als auch zum Empfangen von Objektwerten verwendet werden.

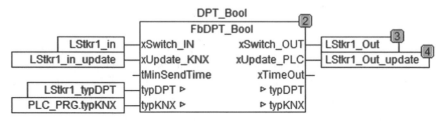

Abb. 8.661   WAGO-KNX-DPT_Bool-Baustein

Über „xSwitch_IN" des FbDPT_BOOL kann ein Wert auf den KNX/EIB-Bus gesendet werden (vgl. Abb. 8.661). Für den Fall, dass derselbe Wert noch einmal gesendet werden soll, kann man über „xUpdate_KNX" ein Telegrammupdate initiieren. Um eine zu hohe Busbelastung bei sich häufig ändernden Signalen zu verhindern, kann über „tMinSend-Time" der minimale Zeitabstand für das Senden dieses Bausteins bestimmt werden. Der Eingang „typDPT" des Bausteins muss zwingend beschaltet werden. Dieser Eingang erlaubt die Deklaration der Objektvariablen als RETAIN, wodurch der Baustein auf den letzten Wert vor einem Spannungsausfall bzw. Reset gesetzt wird. Um mit dem KNX/EIB-System kommunizieren zu können, muss der Ein-/Ausgang „typKNX" mit dem Ein-/Ausgang „typKNX" des zugehörigen KNX-Master-Bausteins verbunden sein. Sollten mehrere KNX/EIB-Klemmen im Klemmenbus, eventuell sogar in Verbindung mit einem KNX/EIB-Controller 750-849 Verwendung finden, sind die Ein- und Ausgänge mit typKNX1, typKNX2 etc., je nach Klemmenindex zu bezeichnen und entsprechend bei den KNX/EIB-Bausteinen zu berücksichtigen. Über die Ausgänge „xSwitch_OUT" und „xUpdate_PLC" werden der Objektwert und die Meldung einer Telegramm-änderung empfangen. Bei aktiver Timeout-Überwachung eines KNX-Objekts wird die Überschreitung der Überwachungszeit am Ausgang „xTimeOut" angezeigt. Alle weiteren DPT-Bausteine sind ähnlich aufgebaut und detailliert in der beiliegenden Dokumentation beschrieben. Der Master-Baustein und alle DPT-Bausteine sind in der WAGO KNX_Standard_d Bibliothek zu finden. Bei der Deklaration der Variablen an den Datenpunkt-Bausteinen muss konzeptionell Übersicht erzeugt werden, um die Schnittstelle zwischen dem KNX/EIB-System und der übergeordneten WAGO-Steuerung klar zu beschreiben.

Des Weiteren stellt WAGO eine Bibliothek zur Verfügung, die direkt Applikations-Bausteine der meist genutzten KNX/EIB-Geräte beinhaltet, um diese preiswert als WA-GO-IO-Geräte zu emulieren. Es handelt sich bei diesen Bausteinen um virtuelle KNX/EIB-Geräte, die mit Ein-/Ausgängen der WAGO-SPS simuliert werden. Diese Bausteine sollen das Nachstellen von KNX/EIB-Geräten in der IEC-61131 vereinfachen und sind in der Bibliothek KNX_Applikations_01.lib zu finden (vgl. Abb. 8.662).

Abb. 8.662 WAGO-Funktions-baustein KNX/EIB-Jalousieaktor

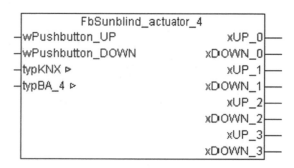

Zu jedem dieser Bausteine verfügt die Bibliothek auch über ein Visualisierungselement, mit dem die Parameter des Bausteins komfortabel eingestellt werden können. Diese Applikationen sind aber nur einsetzbar, wenn eine direkte Sensor-Aktor-Verbindung erstellt wird, z. B. ein KNX/EIB-Jalousieaktor wird direkt über einen KNX/EIB-Taster gesteuert, nur dass hier der KNX/EIB-Jalousieaktor ein virtuelles Gerät in der IEC 61131 darstellt, das sich wie ein Standard-KNX/EIB-Jalousieaktor verhält und die Ausgänge der WAGO-SPS ansteuert. Für den Fall, dass zwischen dieser Sensor-Aktor-Verbindung eine Automatisierungsschicht eingefügt werden muss, ist dies mit den KNX/EIB-Applikationen nicht unbedingt möglich, da der Schaltbefehl erst am Ausgang und nicht zwischen Sensorik und Aktorik abgefangen und durch weitere Bedingungen erweitert werden kann. Hier müssen die Werte somit über die DPT-Bausteine gelesen und gesendet werden und mit herkömmlichen Bausteinen weiter verarbeitet werden. Die KNX_Applikations_01.lib stellt hier zwei weitere Bausteine mit den Namen „FbDimmerDouble-Switch_KNX" und „FbSunblind_KNX" zur Verfügung. Der vermeintliche Nachteil wird von WAGO durch eine spezielle Gebäudeautomationsbibliothek von Bausteinen abgefangen, mit denen auch komplexeste Steuerungsfunktionen realisiert werden können. Die speziellen KNX/EIB-Bausteine der Applikationsbibliothek sind insbesondere für KNX/EIB-Anwender gedacht, die zur wesentlich preiswerteren und einfacher zu programmierenden WAGO-SPS wechseln, aber wie üblich analog zu Gruppenadressen Eingänge und Ausgänge verbinden.

Nachdem die gewünschten Funktionalitäten programmiert und aufgerufen sind, muss nun die KNX/EIB-Klemme konfiguriert werden. Dies geschieht nach dem in Abb. 8.663 dargestellten Ablauf, der detailliert erläutert wird.

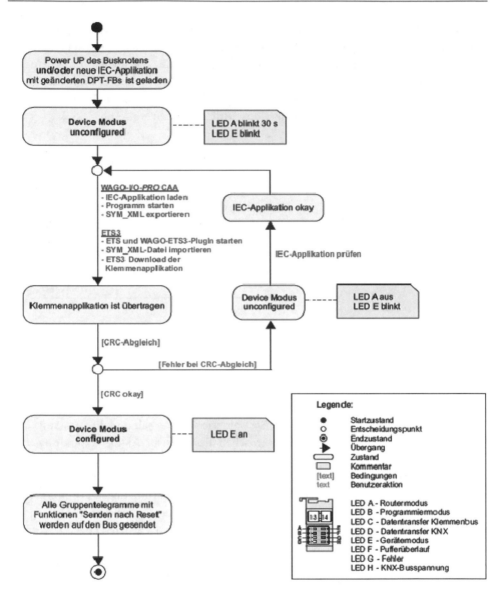

Abb. 8.663 Abfolge zur Inbetriebnahme der WAGO-KNX/EIB-Klemme [WAGO]

Dazu muss im ersten Schritt die Symboldatei mit den KNX-DPT-Variablen für das WAGO-ETS3-PlugIn erstellt werden. Hierzu ist die Konfiguration der CoDeSys im Menü „Projekt=>Optionen..." erforderlich (vgl. Abb. 8.664).

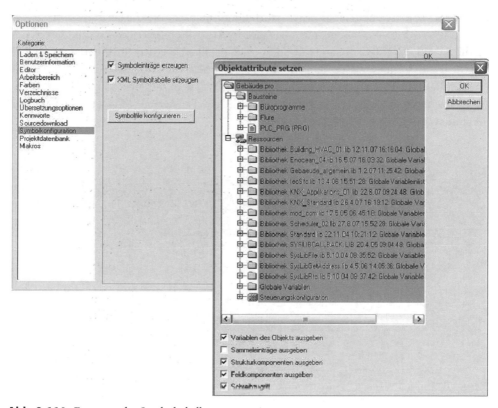

Abb. 8.664 Erzeugen der Symboltabelle

In der Kategorie „Symbolkonfiguration" muss die Option „XML Symboltabelle erzeugen" ausgewählt werden. Mit einem Klick auf die Schaltfläche „Symbolfile konfigurieren ..." öffnet sich das Fenster „Objektattribute setzen". In diesem Fenster können alle Projektbausteine oder gezielt Variableneinträge ausgewählt werden, des Weiteren muss der Haken „Variablen des Objekts ausgeben" gesetzt werden. Sollte dieser grau hinterlegt sein, dann sollte der Haken deaktiviert und neu aktiviert werden. Das Projekt muss nun übersetzt und gespeichert werden. Dabei wird eine Datei mit Endung „.SYM_XML" erzeugt. Das fertige Programm kann jetzt in die WAGO-SPS geladen und gestartet werden, damit ist jedoch noch keine Kommunikation zum KNX/EIB möglich. Die programmierten KNX/EIB-Kommunikationsobjekte müssen zunächst mit Hilfe der Software KNX/EIB-ETS in dem vorbereiteten KNX/EIB-Proekt mit den KNX/EIB-Gruppenadressen der WAGO-SPS verknüpft werden. Hierzu ist die KNX/EIB-ETS in der Version 3.0d oder höher und das WAGO-ETS3-PlugIn notwendig. Nachdem die ETS3 gestartet ist, wird das WAGO-ETS3-PlugIn standardmäßig wie eine Herstellerdatenbank in die ETS3 importiert. Die KNX/EIB-Klemme steht jetzt als Gerät in der ETS3 zur Verfügung und kann in das ETS-Projekt eingefügt werden. Während die KNX/EIB-Klemme dem ETS-Projekt hinzugefügt wird, startet automatisch die Installationsroutine des WAGO-ETS3-PlugIns, hierzu muss von der WAGO-Web-Seite die Produktdatenbank für die WAGO-KNX/EIB-Geräte geladen und installiert werden. Im Zuge der Installation sind auch einige Anwendungen der Firma Microsoft zu laden. Sobald das Gerät hinzugefügt wurde, kann es wie jedes andere KNX/EIB-Gerät über „Parameter bearbeiten ..." parametriert werden. Es öffnet sich nun das Fenster „SYM-XML Datei für das Gerät auswählen" (vgl. Abb. 8.665).

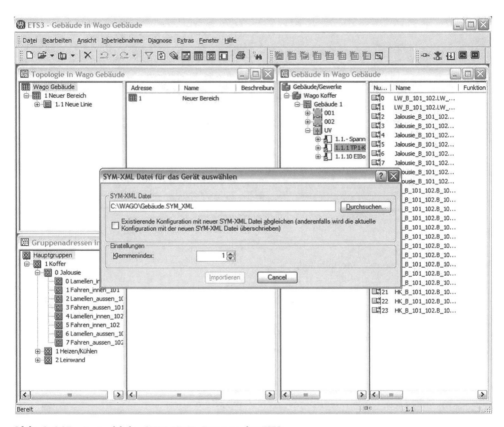

Abb. 8.665 Auswahl der SYM-XML-Datei in der ETS

In diesem Fenster wird die zuvor erstellte SYM-XML-Datei des Projektes angegeben und über die Schaltfläche „Importieren" an das WAGO-ETS3-PlugIn übergeben (vgl. Abb. 8.666).

Abb. 8.666 WAGO-ETS3-PlugIn mit eingelesener XML-Datei

In diesem Fenster erscheinen jetzt alle Datenpunkte aus der WAGO-SPS als DPT-Variablen aus dem IEC-61131-Projekt und können mit den KNX/EIB-Gruppenadressen innerhalb der ETS wie beim KNX/EIB gewohnt verknüpft werden. Außerdem können hier noch die Eigenschaften der Objekte geändert werden. Sind alle Objekte mit den Gruppenadressen verknüpft, wird die Konfiguration über „Datei- Speichern" gesichert und das PlugIn beendet. Die KNX/EIB-Klemme wird nun mit den anderen KNX/EIB-Geräten aus der ETS3 heraus programmiert und damit in Betrieb genommen. Nachdem die KNX/EIB-Klemme erfolgreich programmiert wurde, erlischt die rote LED an der KNX/EIB-Klemme. Sollte dies nicht der Fall sein, so stimmt eventuell das Projekt in der Anlage mit der SYM-XML-Datei der KNX/EIB-Klemme nicht überein. Nach der Inbetriebnahme werden die programmierten Funktionalitäten ausgiebig getestet.

Die vorhandenen WAGO-Dokumentationen sind bis auf wenige Ausnahmen übersichtlich und verständlich geschrieben und daher sehr hilfreich. Dies ist aber auf Grund der großen Anzahl Bausteine und der komplexen Anwendung der WAGO-KNX/EIB-Klemmen- und Controller auch zwingend notwendig.

8.31.2.3 Datenaustausch zwischen verteilten SPS-Systemen

Datenaustausch mit Modbus und KNXnet/IP im Vergleich

Moderne SPS-Systeme bieten den immensen Vorteil, dass sie sehr kompakt aufgebaut sind und über Ethernet einfach vernetzt werden können. Hierbei wird in jeder Etage oder jedem Teilbereich ein Controller verbaut, der über seine Ethernet-Schnittstelle eine Kommunikation mit der Zentrale zur Visualisierung oder zwischen weiteren Controllern aufbauen kann. An den Klemmenbus werden verschiedene Klemmen, wie z. B. Standard I/O-Klemmen oder KNX/EIB- oder EnOcean-Klemmen, angebunden. Das Datenaufkommen über die Klemmen und den Controller erfolgt zumeist lokal, jedoch müssen auch Daten zu und von einer anderen Stelle übertragen werden. Damit sind Interaktionen und Abstimmungen der einzelnen Etagen mit Zentralfunktionen notwendig. Für diesen Datenaustausch können verschiedene Protokolle verwendet werden, die von WAGO bereitgestellt werden, aber hinsichtlich der Anwendung Vor- und Nachteile aufweisen. Hierbei sind insbesondere die Protokolle Modbus und KNXnet/IP zu nennen, da sie ein unterschiedliches Konzept der Datenübertragung verfolgen. Die Übertragung per Modbus ist eine Container-basierte Übertragung. Das bedeutet, dass viele Daten in einem Container gesammelt werden und dann zeitgesteuert übertragen werden. Dabei ist der Container meistens statisch definiert und somit werden auch Daten übertragen, die unter Umständen keine Änderung erfahren haben. Somit muss im Ethernet von einer datenredundanten Übertragung gesprochen werden. Damit würde eine unnötige Datenlast im Ethernet hervorgerufen. Die Übertragung per KNXnet/IP verfolgt dabei ein anderes Ziel. Hier wird jedes Datenpaket einzeln verschickt und nutzt dabei möglicherweise die Nutzdaten seines Datenrahmens nicht voll aus.

Zu diesem Thema wird folgendes Beispiel aufgeführt (erfundene Datengrößen):

Die möglichen Nutzdaten eines Datenrahmens betragen 1 kB. Der Modbus-Container hat eine Datengröße von 50 kB. Somit werden hierbei zeitgesteuert bei jedem Austausch 50 Datenrahmen gesendet.

Als weiteres Beispiel kann ein KNXnet/IP-Daterahmen lediglich 8 Bit enthalten, wird aber als 1 kB-Datenrahmen versendet. Es werden viele nutzlose NULL-Daten übertragen. Somit verringert sich die Nettodatenrate, da das Ethernet mit kleinen Datenrahmen geflutet wird. Daraus resultiert, dass ein großer Modbus-Container für die Nettoübertragungsrate besser geeignet ist, als viele kleine KNXnet/IP-Pakete, was jedoch zeitkritischer sein kann. Beachtet werden muss zudem, dass die Datenübertragung über KNXnet/IP nur für Systeme Sinn macht, die überwiegend auf KNX/EIB basieren.

Datenaustausch über Netzwerkvariablen

Der Datenaustausch von zwei Controllern über Ethernet UDP ist relativ einfach über Netzwerkvariablen zu realisieren. Hierbei muss während der Auswahl des Zielsystems die Unterstützung aktiviert werden. Die einfache Methode der Netzwerkvariablen ist auf den Datenaustausch zwischen WAGO-Systemen begrenzt (vgl. Abb. 8.667).

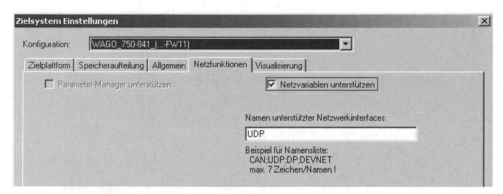

Abb. 8.667 Aktivierung von Netzwerkvariablen

Nun können unter den globalen Variablen zusätzliche Variablenlisten angelegt werden, in denen die auszutauschenden Variablen mit ihren Datentypen angelegt werden (vgl. Abb. 8.668).

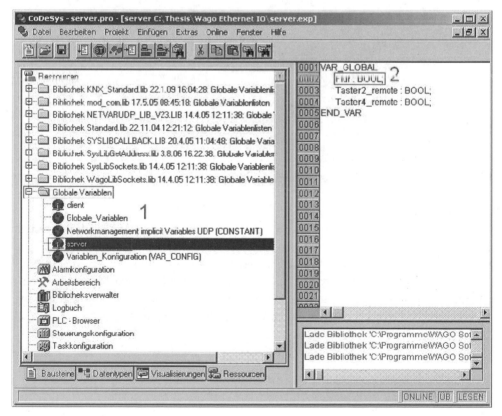

Abb. 8.668 Netzwerkvariablenliste

Unter den Eigenschaften der nun angelegten globalen Liste kann der Netzwerkaustausch konfiguriert werden (vgl. Abb. 8.669).

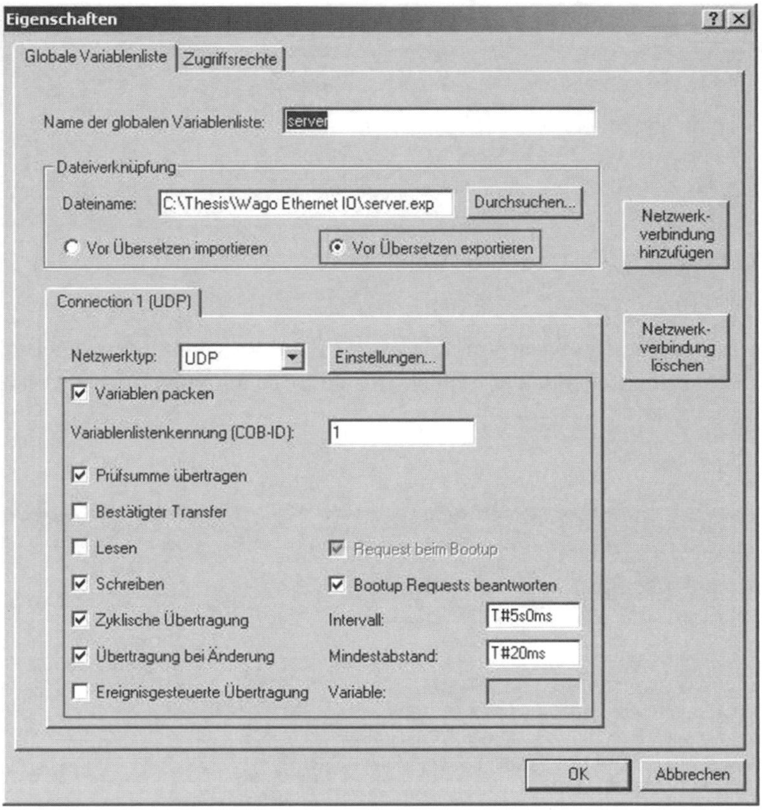

Abb. 8.669 Eigenschaften der Netzwerkvariablenliste „Master"

Hierbei ist darauf zu achten, dass man an einem „Master" Controller diese Listen erstellt und vor dem Übersetzen des gesamten Projektes exportiert. Die weiteren Einstellungen geben an, wie die Variablen ausgetauscht werden sollen. Es ist zu empfehlen eine Prüfsumme und die Bootup Requests zu beantworten. Damit wird eine Sicherung der Übertragung sichergestellt und beim Start des Controllers die erste Verbindung aufgebaut. Dies ist unter Umständen wichtig, um Grundeinstellungen zu übertragen.

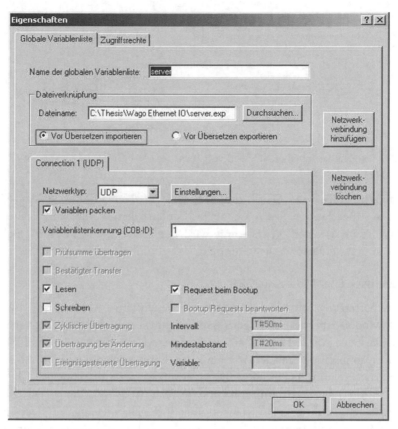

Abb. 8.670   Eigenschaften der Netzwerkvariablen „Slave"

Auf dem „Slave Controller" ist auch hier in dem Zielsystem die Netzwerkvariable zu aktivieren (vgl. Abb. 8.670). Nun wird auch auf den Slave Controller eine neue globale Liste
angelegt. In den Eigenschaften dieser neuen Liste wird angegeben, dass die Liste vor dem
Übersetzen importiert werden soll. Mit „Durchsuchen" lässt sich der Speicherort der
Datei angeben. Dies gewährleistet, dass die Namen und Datentypen der Variablen konsi-
stent sind. Dies ist besonders wichtig, da der Datenaustausch sonst nicht stattfinden
kann bzw. es zu Fehlinterpretationen und Programmabstürzen kommen kann. Des Weiteren muss die Variablenlistenkennung (COB-ID) für dieselbe Liste auf „Master" & „Slave" Controllern gleich sein, in diesem Fall = 1. Damit wird gewährleistet, dass bei der
Übertragung oder Aktualisierung der Listen die COB-ID geprüft wird und nur bei
Gleichheit die Daten angenommen und ausgewertet werden können. Die Übertragung
derselben Liste auf mehrere „Slave"-Controller funktioniert ebenso bei Einhaltung der
COD-ID (vgl. Abb. 8.671).

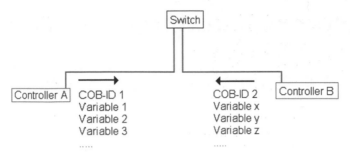

Abb. 8.671 Datenaustausch über Netzwerkvariablen

Möchte man hingegen vom „Slave" zum „Master" Variablen austauschen, so sollte man hierfür nach Möglichkeit eine neue Globale Liste erstellen, die den umgekehrten Weg vom „Slave" zum „Master" geht. Somit wird der „Slave" zum „Master". Bei Nicht-Beachtung kann es zu Datenverlust kommen.

Datenaustausch über Modbus(UDP)

Die Datenübertragung mit Modbus gestaltet sich schwieriger. Hierfür muss zuvor die Bibliothek ModbusEthernet_04.lib geladen werden. Diese Bibliothek stellt verschiedene Funktionsbausteine zur Verfügung, womit auf verschiedenen Medien und Methoden Modbus-Kommunikation realisiert werden kann. Für die Erstellung des Beispielprojekts ist die Ethernet Kommunikation als UDP relevant, da diese die schnellste Übertragung darstellt. Um die Ethernet-Kommunikation zu realisieren, wird ein neuer Programmbaustein in einem Funktionsplan (folgend kurz FUP genannt) angelegt. Der komplette Modbus-FUP wird mit einer zusätzlichen Task alle 30 ms aufgerufen, um einen zeitnahen Datenaustausch zu gewährleisten (vgl. Abb. 8.672).

In diesem Modbus-FUP werden mit Rechtsklick zwei zusätzliche sogenannte „Netzwerke" hinzugefügt, gekennzeichnet mit 0001 anfangen. Im ersten Netzwerk wird die globale Variable start auf TRUE (=1) gesetzt. Damit wird im darauffolgenden Netzwerk der Baustein ETHERNET_MODBUSMASTER_UDP gestartet. Dieser Baustein organisiert die gesamte Modbus-(UDP-)Kommunikation über die Ethernet Schnittstelle. Die Ein- und Ausgänge haben folgende Bedeutungen: strIP_ADDRESS enthält die IP-Adresse des „Slave", auf den zugegriffen werden soll. wPORT stellt den Port für die Datenübertragung dar (hierbei sollte der Port 502 verwendet werden, da dieser der Standard-Port für Modbus-Übertragung auf WAGO-Controllern ist und somit auch freigegeben ist). bUNIT_ID füllt Bytes im Modbus Headerkopf ein (kann zu Prüfzwecken verwendet werden). bFUNCTION_CODE enthält den dezimalen Wert der Modbus-Funktion (FC16 (0x10) write multiple registers). wREAD_ADDRESS, wREAD_QUANTITY, ptREAD_DATA sind Eingänge für die Lesefunktion des „Master" auf einem „Slave". wWRITE_ADDRESS gibt dezimal die Speicheradresse im „Slave" an, auf der geschrieben werden soll. wWRITE_QUANTITY gibt dezimal die Anzahl der zu schreibenden Bytes an. ptSEND_DATA enthält die Adresse der zu sendenden Daten (ADR(VARIABLE)).

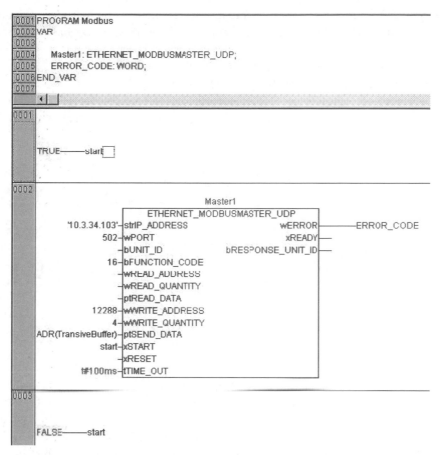

Abb. 8.672 Modbus-UDP-Block

xstart ist der Start Eingang des Bausteins, xreset wird für den reset des Bausteins benötigt, tTIME_OUT gibt die Zeit es Timeout für fehlgeschlagene Übertragungen an.

Der Modbus ist darauf ausgelegt direkt in dem Speicherbereich eines Controllers Lese- und Schreiboperationen auszuführen. Hierbei bietet sich der Merkerbereich des Controllers an. Somit finden die Lese- und Schreibbefehle in dem Speicheradressenbereich von 3000h (12288) bis 5FFFh (24575) statt.

Auf der Ausgangsseite sollte mindestens der wERROR-Ausgang zur Fehleranalyse belegt werden. Im letzten Netzwerk wird die Globale Variable „start" zurück auf FALSE (=0) gesetzt, um die Übertragung zu stoppen. Durch den zyklischen FUP Aufruf ist auch der Reset des Bausteins gegeben, da dieser bei jedem Aufruf neu initialisiert wird. Bei jedem Modbus FUP Aufruf werden die Daten aus dem Array TransiveBuffer an den Controller mit der IP-Adresse 10.3.34.103 in den Merkerbereich geschrieben. Der Eingang wWRITE_QUANTITY ist mit einer 4 angegeben und bewirkt, dass das Array

TransiveBuffer, welches als Globales Array mit den Elementen von 0–3 angelegt wurde, mit dem Schreibbefehl des Modbus-Bausteins auf die Adresse 3000h bis 3004h statt-findet.

Die Variablen Definition auf dem Slave Controller sieht wie folgt aus:

ReceiveBuffer AT %MW0 : ARRAY [0..3] OF WORD;

Dabei stellt ReceiveBuffer den Variablennamen dar, AT %MW0 legt die Variable be-ginnend bei Merkerwort 0 als Array mit den Elementen 0–3 als Datentyp WORD an (vgl. Abb. 8.673).

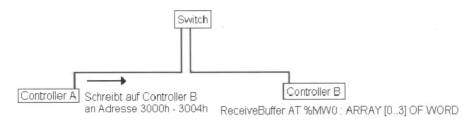

Abb. 8.673 Datenaustausch über Modbus

8.31.3 Analyse

Eine für die Gebäudeautomation entwickelte Automatisierungsmöglichkeit bietet die Firma WAGO vergleichbar und verwechselbar mit dem Beckhoff-System auf der Basis der Industrie-Automation an. Das WAGO-750-Automationssystem ist ein leistungs-fähiges SPS-System, bei dem Taster oder Schalter über I/O Module an die Steuerung angeschlossen werden, durch Analogklemmen können auch analoge Sensoren und Ak-toren integriert werden. Dimmfunktionen müssen über PWM-Ausgangsklemmen oder durch Hinzunahme des DALI-Bus als Subsystem realisiert werden. Zusätzlich ist es mög-lich weitere Bussysteme als Subsystem einzubinden, dazu zählen LON, KNX/EIB, EnO-cean, CAN-Bus und viele weitere. Das sehr leistungsfähige SPS System macht eigentlich nur dann Sinn, wenn die SPS als zentrale Steuereinheit arbeitet und ein Gebäudebussys-tem als Subsystem mit einbindet. Insbesondere bietet sich hier EnOcean als bidirektiona-les Bussystem, z. B. durch Einbindung von Eltako-Komponenten, an. Da WAGO selbst keine Installationstechnik als Schaltermaterial für den Gebäudesektor außer der Klem-mentechnik anbietet, ist dies eine sehr gute Möglichkeit, den Verdrahtungsaufwand zu minimieren und Installationskomponenten von anderen Herstellern zu benutzen. Die Preise für ein Controller-Modul liegen gegenüber KNX/EIB- oder LON-Controllern oder -Logikmodulen betrachtet mit ca. 400 Euro in einem guten Rahmen.

Durch die Vernetzung mehrerer WAGO-Controller über Ethernet entstehen halb-zentrale Strukturen, die wesentliche Vorteile gegenüber dezentraler Strukturen bieten, da die Intelligenz am zentralen Ort sicher verfügbar ist.

Gerät	Preis je Gerät	Preis je Kanal
Klemme 753-431, 8DI 24 V DC 0,2 ms	39,00 Euro	5,00 Euro
Standard-Taster	10,00 Euro	10,00 Euro
Klemme 753-530, 8DO 24 V DC 0,5 A	44,00 Euro	5,50 Euro
Standard-Relais	10,00 Euro	10,00 Euro
Preis je Funktion		ca. 30,00 Euro

Mit Kosten von ca. 30 Euro je Funktion liegt WAGO mit dem System 750 auf dem niedrigsten Preisniveau, vergleichbar mit RS485-Systemen. Zu berücksichtigen ist jedoch, dass anteilig der Controller, eine Abschlussklemme und eine Spannungsversorgung zur Anrechnung kommen. Durch die immensen Automatisierungsmöglichkeiten der WAGO-SPS sind diese Kosten jedoch unerheblich.

8.31.4 Neubau

Ein zentrales SPS-System kann seine ganze funktionale Bandbreite nur im Bereich eines Neubaus entfalten. Eine solche SPS-Lösung setzt prinzipiell einen hohen Verdrahtungsaufwand voraus. Auch wenn ein Bussystem als Subsystem an die SPS angeschlossen wird, sind alle Lampen oder schaltbaren Stromkreise an einen eigenen Kanal eines Ausgangsmodul in Verbindung mit einem leistungsfähigen Relais anzuschließen. Sollte ein I/O-Modul defekt sein, so kann dieses oder das angeschlossene Relais ohne großen Aufwand einfach getauscht werden. Dimmfunktionen müssen über separate Lösungen, wie z. B. PWM-Bausteine oder den Rückgriff auf den DALI-Bus realisiert werden. Beliebige Sensorik kann angeschlossen werden. Durch die Verfügbarkeit von Sonderklemmen als klemmenbasiertes Gateway können auch Subsysteme, wie z. B. KNX/EIB, LON, EnOcean, DALI etc. integriert werden. In Verbindung mit der Automatisierung über den Controller und ein Visualisierungssystem können alle Funktionen einer Gebäudeautomation realisiert werden.

8.31.5 Sanierung

Für eine saubere Sanierung ist das WAGO-System prinzipiell nicht geeignet. Alle Funktionen erfordern einen hohen Verdrahtungsaufwand, da bei einer konventionellen Verdrahtung jeder Schalter und jeder Verbraucher mit einer I/O-Klemme an der CPU verbunden werden muss. Das System ermöglicht große Steuerungs- und Automatisierungsmöglichkeiten, mit denen der Stromkreisverteiler im Rahmen einer Sanierung überarbeitet wird, sämtliche weiteren Arbeiten bedeuten eine schmutzige Sanierung, wenn auch durch Rückgriff z. B. auf bidirektionale EnOcean-Funkkomponenten der Sanierungsaufwand reduziert werden kann.

8.31.6 Erweiterung

Sollte ein SPS-System bereits installiert sein, können Erweiterungen einfach durch Einbau weiterer Klemmen und Relais oder Taster vorgenommen werden, soweit die Leitungsverbindungen zu den neuen Teilnehmern im Bus bestehen. Sollte dies nicht realisiert sein, kann die Erweiterung sehr einfach durch bidirektionale EnOcean-Geräte erfolgen. Durch Umprogrammierung ist die Erweiterung und Änderung leicht machbar. Bei einer größeren Erweiterung, z. B. bei Hinzunahme anderer Etagen, der Außenanlagen, ist es hier hilfreich, die Erweiterung mit einer neuen SPS aufzubauen und die weiteren CPUs über eine Ethernet-Verbindung zu koppeln. Noch interessanter wird diese Lösung bei mehreren Gebäuden oder großen Gebäudekomplexen, wo mehrere Systeme über ein Ethernet-Netzwerk als Backbone verbunden werden.

8.31.7 Nachrüstung

Aufgrund der zwingend erforderlichen Leitungsverlegungen zu Schaltern, Tastern, Kontakten und Verbrauchern ist das WAGO-SPS-System nicht für die Nachrüstung geeignet. Eine Lösung könnte darin bestehen den zentralen Stromkreisverteiler mit einer WAGO-SPS zu überarbeiten und die dezentralen Komponenten über das dezentrale, bidirektionale Funkbussystem EnOcean zu realisieren. Der Aufwand ist jedoch erheblich.

8.31.8 Anwendbarkeit für smart-metering-basiertes Energiemanagement

Die Anwendung von Smart Metering ist problemlos möglich, da ein vorhandener elektrischer Haushaltszähler grundsätzlich durch einen elektronischen ersetzt werden kann. Der Energiekunde kann durch Änderung seines Nutzerverhaltens seinen Energieverbrauch und damit seine Energiekosten senken, die Anzeige der Daten kann auf dem implementierten Visualisierungssystem der WAGO-SPS über das Web-UI erfolgen. Damit wird psychologisches Energiemanagement über ein gemeinsames Display möglich. Da ein Zugang zu zentralen Zählern über S0 und dezentralen Zählern in Klemmenform im System möglich ist, ist das WAGO-System ausgezeichnet für aktives und passives Energiemanagement geeignet, da über die Software Codesys umfangreiche Programmierungen erfolgen können. Das WAGO-System kommt ohne Erweiterungsmöglichkeit durch z. B. die Adaption in IP-Symcon nicht für komplettes smart-metering-basiertes Energiemanagement in Frage, da über die Visualisierungsmöglichkeit in der Codesys graphische Darstellungen nur in begrenztem Maße möglich sind und eher auf Skalenanzeigeelement reduziert sind. Eine dauerhafte Datenspeicherung auf der WAGO-SPS scheidet aufgrund des sehr kleinen Speichers aus. IP-Symcon lässt jedoch den Zugriff auf weitere Gebäudeautomationssysteme und damit den Zugriff auf Zählersysteme und dezentrale Sensoren zu. Damit wird die WAGO-SPS in Verbindung mit IP-Symcon zu einem perfekten System für die Realisierung von smart-metering-basiertem Energiemanagement.

8.31.9 Objektgebäude

Aufgrund der flexiblen Einbindbarkeit von Subbussystemen, der überragenden Automatisierungsmöglichkeiten und der Visualisierungsmöglichkeit, die für Inbetriebnahmen optimal genutzt werden kann, ist die WAGO-SPS-Serie 750 optimal für das Objektgebäude geeignet. Durch den halbzentralen Charakter des Systems können einzelne Gebäudeteile durch eine zentralisierte Installation optimal automatisiert und durch das übergeordnete Ethernet zusammengefasst werden. Durch die verschiedenen Protokolle, die dem übergeordneten Ethernet überlagert werden können, ist eine Ausrichtung auf MODBUS, LON-Works, KNX/EIB, BacNet und andere möglich. Durch bereits direkt verfügbare Smart-Metering-Lösungen sowie die Adaptierbarkeit anderer Messeinrichtungen, können Zähler für verschiedene Medien in das System implementiert werden, um mieter- oder nutzerbasiert automatisiert Abrechnungen zu erstellen. Durch die Implementierbarkeit von Funkbussystem, wie z. B. EnOcean, ist es möglich die starre leitungsbasierte Vernetzung aufzubrechen und durch flexibel an die Bausituation angepasste Einbauorte zu ergänzen.

8.32 Beckhoff

Mit dem Beckhoff-Automatisierungssystem können in vielen Bereichen der Gebäudeautomation Funktionen realisiert werden. Die PC- und Ethernet-basierte Steuerungstechnik ist aufgrund der offenen Schnittstellen, die auf IT- und Windows-Standards basieren, von Haus aus als zentralisiertes System bestens für die Gebäudeautomatisierung geeignet. Die vielfältigen Funktionen eines Gebäudes beruhen auf tausenden von Datenpunkten, die erfasst, verarbeitet, weitergeleitet, zentral ausgewertet und visualisiert werden müssen und können. Für alle Gebäudetypen und Nutzungskonzepte, wie Verwaltungsgebäude/Büros, Hotels, Krankenhäuser, Schulen, Kaufhäuser usw., lassen sich mit Hilfe des modularen Beckhoff-Automatisierungsbaukastens entsprechende Lösungen problemlos entwickeln und Projekte durchführen. In der Planungsphase eines Gebäudes steht die Kombination gewerkeübergreifender Funktionalitäten auf dezentralen Automationsstationen im Vordergrund. Da das Controller-/PC-Portfolio von Beckhoff hardwareseitig nicht auf bestimmte Eigenschaften festgelegt ist, lassen sich mit einer überschaubaren Auswahl an Komponenten alle Funktionen einer integralen Gebäudeautomation realisieren. Unterstützt wird die Integration durch das modulare I/O-System und die entsprechenden Softwarebibliotheken für die Gebäudeautomatisierung. Das Beckhoff-Busklemmensystem für die Anbindung der Datenpunkte unterstützt nicht nur

alle gängigen Sensoren und Aktoren, sondern bindet mit den entsprechenden Buskopp-
lertypen alle für die Gebäudeautomation wichtigen Bussysteme ein, dazu zählen unter
anderem KNX/EIB, LON und EnOcean, andere Ankopplungen sind erstellbar. Mit rund
400 verschiedenen Busklemmen bietet Beckhoff für alle Datenpunkte die richtige Technik für jede Signalform an. Über Kommunikations-Busklemmen ist die Einbindung
unterlagerter Subsysteme auch zum MP-Bus und M-Bus und über die seriellen Verbindungen RS232/RS485 möglich. Durch Verwendung der Energie-Messklemmen lassen
sich integrierte Energiemanagement-Funktionen realisieren.

Das Beckhoff-System stellt sich als Busklemmensystem mit dezentralem Controller
oder dezentralem Buskoppler mit zentralem PC dar, das über Ethernet-IP oder andere
Protokolle vernetzt werden kann (vgl. Abb. 8.674).

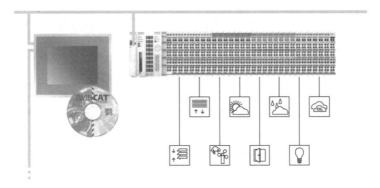

Abb. 8.674 Beckhoff-SPS-System [Beckhoff]

Die KNX/EIB-Busklemme erlaubt mit vier bzw. seit der Firmware-Version B1 mit acht
Filtern die Festlegung der für das Applikationsprogramm der Beckhoff-Steuerung relevanten Telegramme mit bis zu 256 Gruppenadressen des KNX/EIB. Bei mehr als
256 Gruppenadressen kann die Anbindung weiterer Busklemmen den Zugang zu
KNX/EIB erweitern. Die Programmierung der Beckhoff-Steuerung erfolgt nach
IEC 61131. Durch Einsatz der SPS-Bibliotheken lässt sich ein ganzheitliches Gebäude-
konzept erarbeiten. Durch Kombination der Applikationen in den Themenschwer-
punkten

- Bedienen und Beobachten
- Beleuchtung
- Heizung, Lüftung, Klima
- Einzelraumregelung
- Fassade
- Fernwartung
- Energiedatenerfassung

sind alle Funktionen der Gebäudeautomation realisierbar. Nur eine komplette Lösung bietet die maximalen Vorteile in der Durchgängigkeit der Automatisierung, der Minimierung der Entstehungskosten, der Optimierung der Wartbarkeit und der Energieeffizienz (vgl. Abb. 8.675 und Abb. 8.676).

Abb. 8.675 Beispiel einer Beckhoff-SPS für Gebäudeautomation mit umfangreichem Klemmenbus aus einer Laborinstallation

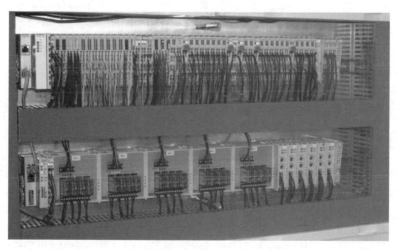

Abb. 8.676 Beispiel einer Beckhoff-SPS für Gebäudeautomation in einer realen Anlage [Beckhoff]

8.32.1 Typische Geräte

Typische Geräte beim Einsatz des Beckhoff-Automationssystems sind Controller oder Busankoppler, Busklemmen, Visualisierungseinrichtungen und PCs.

8.32.1.1 Beckhoff Embedded-PC CX9000 mit K-Bus

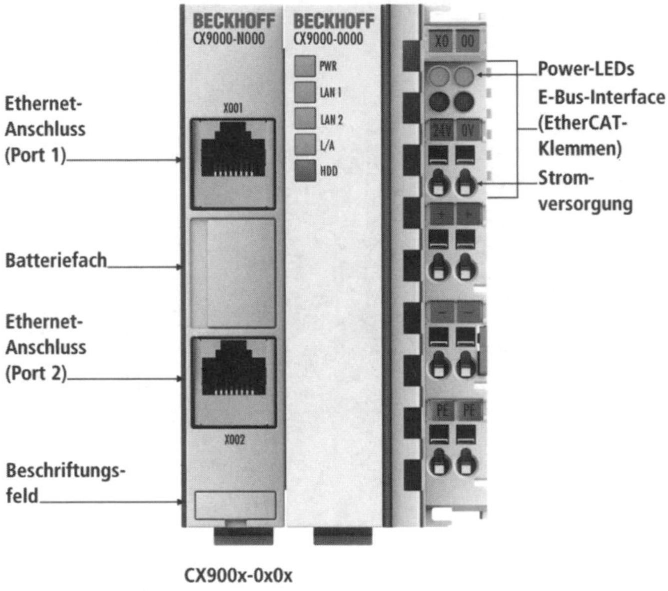

Ethernet-
Anschluss
(Port 1)

Power-LEDs
E-Bus-Interface
(EtherCAT-
Klemmen)
Strom-
versorgung

Batteriefach

Ethernet-
Anschluss
(Port 2)

Beschriftungs-
feld

CX900x-0x0x

Abb. 8.677 CX9000-CPU-Grundmodul [Beckhoff]

Der Controller CX9000 ist eine kompakte, hutschienen-montierbare Ethernet-Steuerung mit direktem Anschluss an die Beckhoff-I/O-Systeme mit Schutzart IP 20 (vgl. Abb. 8.677). Der CX9000 umfasst die CPU, den internen Flash-Speicher in zwei Ausbaustufen sowie den Arbeitsspeicher (RAM) in zwei wählbaren Größen und NOVRAM als nicht-flüchtigen Speicher. Zwei Ethernet-RJ-45-Schnittstellen gehören ebenfalls zur Basisausstattung. Diese Schnittstellen sind auf einen internen Switch geführt und bieten eine einfache Möglichkeit zum Aufbau einer Linientopologie ohne den zusätzlichen Einsatz von Ethernet-Switchen. Der CX9000 ist mit einem stromsparenden Intel® IXP420 mit XScale® Technologie und 266 MHz ausgestattet. Damit steht ausreichend Rechenleistung bereit, um auch komplexe Automatisierungsaufgaben zu übernehmen.

Für den Einsatz der CX9000-Familie sind keine externen Speichermedien erforderlich, das Gerät bootet das Betriebssystem aus dem internen Flash. Durch die niedrige Leistungsaufnahme wird im spezifizierten Betriebsbereich kein Lüfter benötigt. Die Embedded-PCs CX9000 kommen also ohne rotierende Bauteile aus. Der mechanische Aufbau des Gerätes ist, wie bei der CX-Serie üblich, modular gestaltet und verfügt in der Grundausstattung über eine sehr kompakte Bauform von lediglich 47 × 100 × 91 mm. Als optionales Modul steht ein Speichermedium im Compact-Flash-Format I und II zur Verfügung. Das Betriebssystem ist Microsoft Windows CE. Durch die Automatisierungssoftware TwinCAT wird das CX9000-System zu einer leistungsfähigen SPS für die

Industrie- oder Gebäudeautomation und auch zur Motion-Control-Steuerung, die mit oder ohne Visualisierung eingesetzt werden kann. Weitere Systemschnittstellen können ab Werk an das CPU-Modul angeschlossen werden. Die Option CX9000-N010 bietet über die DVI- und USB-Schnittstellen den Anschluss an Beckhoff-Control-Panel oder marktübliche Monitore mit DVI- oder VGA-Eingang. An die USB-Schnittstellen vom Typ USB 2.0 können Geräte wie Drucker, Scanner, Maus, Tastatur, Massenspeicher, CD-RW usw. angeschlossen werden. Insgesamt zwei serielle RS232-Schnittstellen mit maximal 115-kBaud-Übertragungsgeschwindigkeit bietet das Modul CX9000-N030. Diese zwei Schnittstellen können auch als RS422/RS485 ausgeführt werden. Damit können preisgünstige, komplette Gebäudeautomationen aufgebaut werden.

8.32.1.2 Beckhoff-Busklemmensystem

Die Beckhoff-Busklemme ist ein offenes und feldbusneutrales I/O-System, bestehend aus elektronischen Reihenklemmen. Eine Busklemmenstation besteht aus einem Buskoppler und bis zu 64 elektronischen Reihenklemmen. Mit dem System der Klemmenbusverlängerung ist ein maximaler Ausbau von bis zu 255 räumlich verteilten Busklemmen bei Beckhoff möglich.

An den Buskoppler werden die elektronischen Reihenklemmen angesteckt. Die Kontaktierung erfolgt beim Einrasten ohne einen weiteren Handgriff. Dabei bleibt jede elektronische Reihenklemme einzeln austauschbar und lässt sich auf eine Normprofilschiene aufsetzen. Neben dem waagerechten Einbau sind alle anderen Einbauarten erlaubt. Die Busklemmen passen sich mit ihrer Außenkontur technisch perfekt den Abmessungen von Klemmenkästen an. Eine übersichtliche Anschlussfront mit Leuchtdioden für die Statusanzeige, einsteckbare Kontaktbeschriftung und herausziehbare Beschriftungsfelder sorgen für Klarheit vor Ort. Die Dreileitertechnik, ergänzt durch einen Schutzleiteranschluss, ermöglicht die direkte Sensor-/Aktorverdrahtung. Hierzu sind Einspeiseklemmen für verschiedene Spannungspotenziale verfügbar.

Mit rund 400 verschiedenen Busklemmen bei Beckhoff ist das I/O-System sehr umfangreich. Die Komponenten erlauben dem Anwender frei mischbare Signalzusammenstellungen je Station zu betreiben. Damit kann ein einziger dezentraler Ein-/Ausgangsknoten alle benötigten Signale abbilden. Für alle in der Automatisierungswelt vorkommenden digitalen und analogen Signalformen stehen entsprechende Busklemmen bereit: für Ströme und Spannungen mit standardisierten Signalpegeln sowie für PT100- und Thermoelementsignale. Über Busklemmen mit serieller Schnittstelle, gemäß RS232, RS485 oder 20 mA TTY, lassen sich weitere intelligente Geräte anschließen. Neben binären und analogen Standardklemmen sind auch Spezial- und Sonderklemmen lieferbar.

Des Weiteren stehen Busklemmen für den KNX/EIB, LON, DALI, M-Bus, DMX und den MP-Bus zur Verfügung. Es ist somit möglich die am stärksten verbreiteten Kommunikationsstandards in der Gebäudeautomatisierung als Subsystem zu integrieren. Die feine Aufteilbarkeit der Busklemmen ermöglicht außerdem die bitgenaue Zusammenstellung der benötigten I/O-Kanäle. Die digitalen Busklemmen sind als 2-, 4-, 8- und 16-Kanal-Klemmen ausgeführt. Die analogen Standardsignale ±10 V, 0 ... 10 V, 0 ... 20 mA

und 4 ... 20 mA sind durchgängig als 1-, 2-, 4- und 8-Kanal-Variante in einem Standardgehäuse erhältlich. Bei der 8-Kanal-Variante sind in einem Standardbusklemmengehäuse, auf einer Breite von nur 12 mm, analoge Ein- und Ausgangssignale ultrakompakt
komprimiert. Das System ist damit hochmodular und kann, bis auf einen Kanal genau,
kostengünstig projektiert werden.

8.32.1.3 KNX/EIB-Busklemme

Mit der KNX/EIB-Busklemme können Teile eines KNX/EIB-Systems als Subsystem in
ein Beckhoff-System integriert werden. Die Klemme ist nicht von der EIBA oder Konnex
zertifiziert, da sie nicht den Bauvorschriften für KNX/EIB entspricht (vgl. Abb. 8.678).

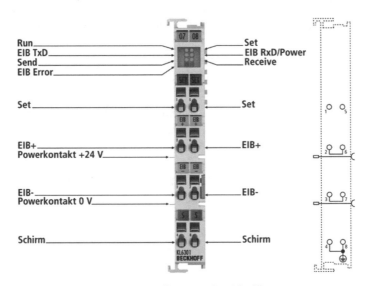

Abb. 8.678 KNX/EIB-Busklemme Beckhoff KL6301 [Beckhoff]

8.32.2 Programmierung

8.32.2.1 Beckhoff Software TwinCAT

Die Programmierung des CX9000/CX9010-Controllers als Automatisierungsgerät erfolgt, wie bei allen Beckhoff-Steuerungen, mit der Software TwinCAT; auf dem Gerät
selbst befindet sich die Laufzeitumgebung für SPS und Motion Control. Als Programmierschnittstelle dient eine der beiden Ethernet-Schnittstellen. Microsoft Windows CE
ermöglicht die Erstellung vollgrafischer Benutzerprogramme, die dank des im CX9000
integrierten Graphikchips auch höheren Ansprüchen genügen, jedoch keine implementierte Visualisierungsmöglichkeit zur Erleichterung der Installation oder Prozess-
beobachtung. Damit entsteht eine kompakte Ethernet-Steuerung, die in der Kombina-

tion mit EtherCAT-Klemmen kurze I/O-Zykluszeiten ermöglicht und mit Windows CE
und TwinCAT eine leistungsfähige Softwareausstattung aufweist.

8.32.2.2 TwinCAT System Manager

Der TwinCAT System Manager ist die Konfigurationszentrale des Systems, die Anzahl
und Tasken der SPS-Laufzeit, die Konfiguration von BACnet oder der Achsregelung bei
Industrieautomationen und die angeschlossenen E/A-Kanäle werden miteinander in
Beziehung gebracht (vgl. Abb. 8.679).

Der System-Manager

- verbindet E/A-Geräte und Tasks variablenorientiert
- verbindet Tasks zu Tasks variablenorientiert
- unterstützt synchrone oder asynchrone Beziehungen
- ermöglicht den Austausch konsistenter Datenbereiche und Prozessabbilder

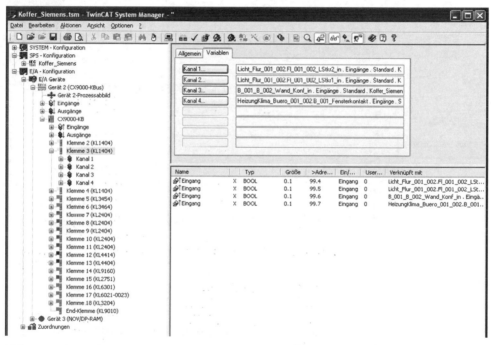

Abb. 8.679 TwinCAT System Manager

Mit dem System Manager wird das gesamte Klemmbussystem bei Beckhoff zur späteren
Belegung mit Ein- und Ausgängen aufgebaut, hierbei automatisiert unterstützt, paramet-
riert und hinsichtlich der angeschlossenen Sensorik und Aktorik getestet. Nach erfolgter
Programmierung im PLC-Control werden die programmierten Ein- und Ausgänge der
Hardware zugewiesen

8.32.2.3 TwinCAT PLC

Das SPS-System TwinCAT PLC wird herstellerunabhängig nach IEC 61131-3 programmiert. Online-Verbindungen mit SPS-Laufzeitsystemen sind weltweit über TCP/IP oder über Feldbus auf dem IPC realisierbar. TwinCAT PLC bietet alle definierten Sprachen der IEC-61131-3-Norm sowie eine leistungsfähige Entwicklungsumgebung für Programme, deren Codegröße und Datenbereiche weit über die Möglichkeiten herkömmlicher SPS-Systeme hinausgehen (vgl. Abb. 8.680).

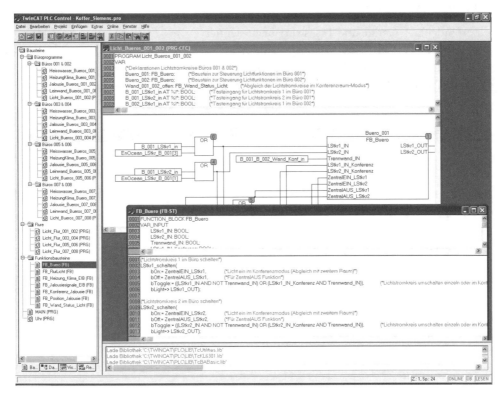

Abb. 8.680   TwinCAT PLC

8.32.2.4 Umsetzung von Gebäudeautomationsfunktionen mit dem Beckhoff CX9001-1001

Im ersten Schritt muss das „Beckhoff-TwinCAT-System" installiert werden. Nach erfolgreicher Installation müssen alle benötigten Zusatzbibliotheken nach „C:\TwinCAT\Plc\ Lib" kopiert werden.

Um die Beckhoff-SPS programmieren zu können, muss der SPS eine IP-Adresse zugewiesen werden. Dies sollte möglichst eine statische IP-Adresse sein, damit die Anlagen nach einem Reset immer über die gleiche IP-Adresse angesprochen werden können. Zuerst wird die SPS an einen DHCP-Server angeschlossen, um eine IP-Adresse zu erhalten. Mit dem „TwinCAT System Manager" kann nun über „Zielsystem wählen ..." im Fenster „Wähle Zielsystem" über die Schaltfläche „Suchen (Ethernet)" im Fenster „Add Route Dialog" nach allen im Ethernet verfügbaren Anlagen gesucht werden (vgl. Abb. 8.681).

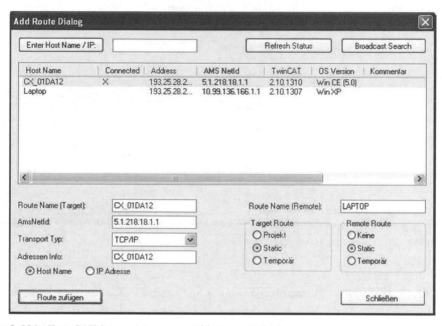

Abb. 8.681 TwinCAT System Manager: „Add Route Dialog"

Nach Betätigung der Schaltfläche „Broadcast Search" sucht die Software nach Anlagen, die dann über „Route zufügen" mit der Software verbunden werden.

Im Fenster „Wähle Zielsystem" von PLC-Control kann nun das entsprechende Zielsystem für das Projekt ausgewählt werden.

Im TwinCAT System Manager wird über die Karteikarte „CX Settings" der SYSTEM-Konfiguration eine statische IP-Adresse vergeben und über die Schaltfläche „Übernehmen" in die Anlage geschrieben (vgl. Abb. 8.682). Die SPS ist nun immer unter dieser IP-Adresse im Ethernet-Netzwerk verfügbar.

Nachdem die Beckhoff-SPS eine IP-Adresse erhalten hat, kann nun das Programm für die SPS erstellt werden.

Um das SPS-Programm zu schreiben, wird die Software „TwinCat PLC Control" gestartet. Das TwinCAT PLC Control basiert auf der Implementation Codesys 2 und ist damit in wesentlichen Teilen identisch zu den Programmiersystemen anderer Hersteller, wie z. B. WAGO. Die Konfiguration des TwinCAT Systems wird im „TwinCat System Manager" durchgeführt.

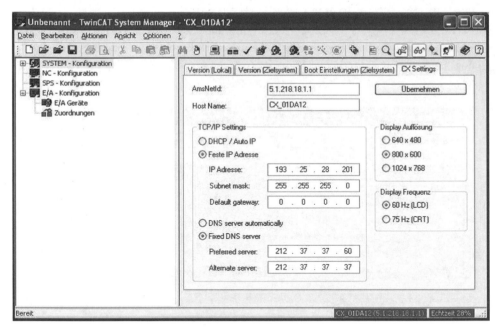

Abb. 8.682 Einstellung der IP-Adresse des CX

Im PLC Control unter „Steuerungskonfiguration" auf der Karteikarte „Ressourcen"
muss lediglich die Art der Zielplattform eingestellt werden. Alle zusätzlichen Bibliotheken werden wie bei allen Codesys-basierten Systemen mit dem „Bibliotheksverwalter"
hinzugefügt.

Die I/O-Konfiguration findet bei TwinCAT im System Manager statt. Hier werden
die Klemmen zusammengestellt und mit den Variablen der SPS verbunden. Bei Beckhoff
kann man sowohl die klassische direkte Adressierung oder die einfachere flexible Vergabe der Adressen nach dem VAR_CONFIG-Standard der IEC61131-3 verwenden. Bei
VAR_CONFIG werden die Variablen der Ein-/Ausgänge mit einer Platzhalteradresse
„%I*" für die Eingänge oder „%Q*" für die Ausgänge versehen. Die Vergabe der realen
Adresse wird im System Manager optimal für das Mapping zugeordnet (vgl. Abb. 8.683).

Um eine Kommunikation mit der Anlage aufzubauen, geschieht dies bei der Beckhoff-SPS nicht über „Online => Kommunikationsparameter ...", sondern über „Online
=> Auswahl des Zielsystem ...". Im Fenster „Zielsystem Auswahl" muss nur die zu programmierende SPS ausgewählt werden. Hier stehen alle Anlagen zur Verfügung, die im
AMS-Router eingetragen sind.

Das fertige Programm muss nun über „Projekt => Alles Übersetzen" übersetzt und
gespeichert werden. Über den „TwinCAT System Manager" kann nun die Klemmen-
Konfiguration der Beckhoff-SPS ausgelesen werden. Dazu muss die SPS über „Aktionen
=> Starten/Restarten" von TwinCAT in Konfig-Modus" in den Konfigurationsmodus
gesetzt werden.

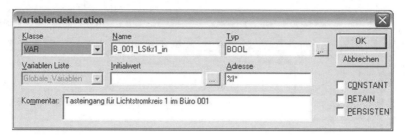

Abb. 8.683 Deklaration einer Eingangsvariablen bei der Beckhoff-SPS

Über einen Rechtsklick auf „E/A-Geräte" unter „E/A-Konfiguration" kann im Kontext-menü „Geräte Suchen ..." die Anlage nach den gesteckten Klemmen untersucht werden. Im Gegensatz zu „WAGO-I/O-Pro-CAA-Software (CoDeSys)" geschieht dies im „TwinCAT System Manager" automatisch, es ist kein Zusatzprogramm notwendig (vgl. Abb. 8.684).

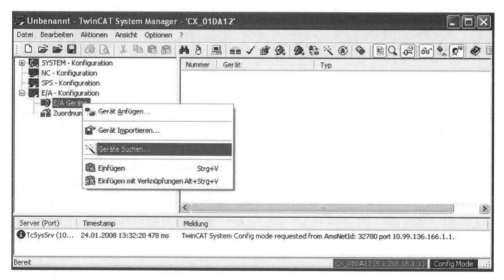

Abb. 8.684 Auslesen der Klemmenkonfiguration in TwinCAT

Nachdem die Software die gesteckten Klemmen automatisch ausgelesen hat, müssen einige Klemmen eventuell noch in einen kompatiblen Typ geändert werden. Dies geschieht über das Kontextmenü der jeweiligen Klemme (vgl. Abb. 8.685).

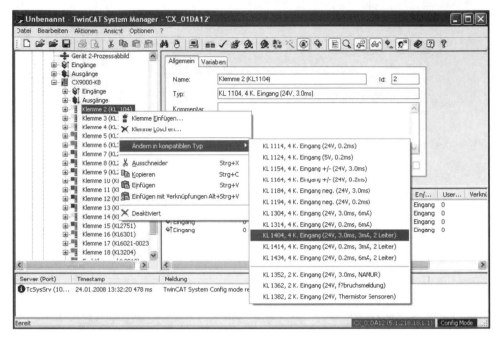

Abb. 8.685 Einstellen der Klemmen in TwinCAT

Unter „Ändern in kompatiblen Typ" kann aus einer Liste eine passende Klemme mit demselben Profil ausgewählt werden. Somit ist gewährleistet, dass keine falschen Klemmen eingefügt werden können und dass diese auch an der richtigen Stelle in der Anlagenkonfiguration stehen. Die Konfiguration der Klemmen kann aber auch vollständig manuell erfolgen. Die Konfiguration sollte jetzt gespeichert werden.

Als Nächstes werden die Ein-/Ausgangsvariablen mit den Klemmen verknüpft. Hierzu muss im „TwinCat System Manager" unter „SPS-Konfiguration" und „SPS Projekt Anfügen ..." das mit „TwinCat PLC Control" geschriebene Projekt eingefügt werden.

Nun können an den Klemmen die Variablen des SPS-Projektes den Kanälen zugewiesen werden (vgl. Abb. 8.686).

Die Anlage wird danach über den Menüpunkt „Aktionen => Starten/Restarten von TwinCAT in Konfig-Modus" in den Konfigurationsmodus versetzt. Über den Menüpunkt „Aktionen" => „Zuordnungen erzeugen" müssen jetzt die Zuordnungen erstellt werden und durch „Aktionen" => „Überprüfen der Konfiguration" sollte die Konfiguration auf mögliche Fehler überprüft werden. Hier kann als Problem auftreten, dass nicht genutzte Geräte als Fehler interpretiert werden. Diese sollten daher über einen Rechtsklick auf das betreffende Gerät deaktiviert werden.

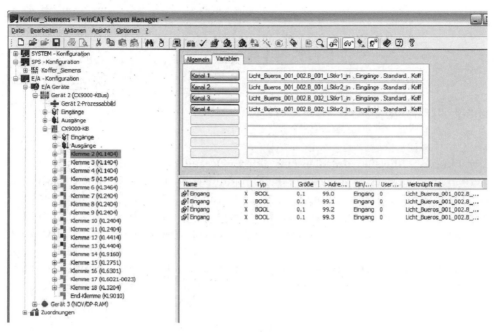

Abb. 8.686 Variablenzuweisung im „TwinCAT System Manager"

Danach kann über „Aktionen" => „Aktiviert Konfiguration ..." die Konfiguration aktiviert und die Anlage neu gestartet werden.

Da die Variablen den Ein-/Ausgängen jetzt zugeordnet sind, kann mit „TwinCAT PLC Control" über den Menüpunkt „Online => Einloggen" das fertige Projekt in die Anlage geladen werden. Vor dem Starten der Anlage sollte das Bootprojekt auf den Controller geladen werden, damit die SPS nach einem Reset automatisch mit dem Programm startet.

8.32.2.5 Implementierung der EnOcean-Klemme von Beckhoff

Zur unidirektionalen Kommunikation mit EnOcean-Geräten über die EnOcean-Funkklemme KL6021-0023 mit Wireless-Adapter KL6023 werden in der Bibliothek „TcEnOcean.lib" spezielle Funktionsbausteine zur Verfügung gestellt. Aktuell ist eine neue Klemme vom Typ KL6581 verfügbar, die bidirektional arbeitet und über eine entsprechende Bibliothek verfügt. Die Vorgehensweise ist vergleichbar mit derjenigen bei WAGO, lediglich die Datenübertragung wird anders organisiert.

Jede am Klemmenbus verfügbare EnOcean-Funkklemme benötigt zur Kommunikation mit der IEC-61131-Applikation einen Baustein, der die gesamte Kommunikation verwaltet.

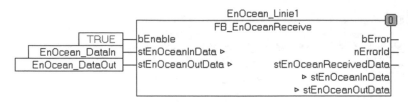

Abb. 8.687 Beckhoff-FB_EnOceanReceive-Baustein

Der Eingang „bEnable" des Bausteins „FB_EnOceanReceive" muss auf TRUE gesetzt werden, um den Baustein und somit die Kommunikation mit der Klemme zu aktivieren (vgl. Abb. 8.687). An den Eingängen „stEnOceanInData" und „stEnOceanOutData" werden die Ein- und Ausgangsvariablen angelegt, über die das IEC-Programm mit der EnOcean-Funkklemme kommuniziert. Diese Variablen werden später im „TwinCAT System Manager" mit der Klemme verknüpft. Der Baustein „FB_EnOceanReceive" empfängt alle gesendeten Signale und leitet diese über den Ausgang „stEnOceanReceivedData" an die EnOcean-Funktionsbausteine weiter. Pro gesteckter EnOcean-Funkklemme darf dieser Baustein nur einmal verwendet werden (vgl. Abb. 8.688).

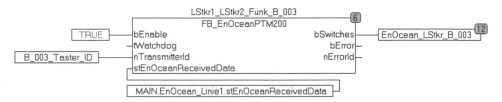

Abb. 8.688 Beckhoff-FB_EnOceanPTM200

Zur Auswertung der EnOcean-Sensoren stehen Funktionsbausteine zur Verfügung, die die zugeordnete Hardware emulieren. Der Funktionsbaustein muss über den Eingang „bEnable" aktiviert und über den Eingang „stEnOceanReceivedData" mit dem Ausgang „stEnOceanReceivedData" des zugehörigen „FbEnOceanReceive"-Bausteins verbunden werden, um die Signale zu empfangen. Am Eingang „nTransmitterId" wird die Transmitter ID des EnOcean Sensors eingetragen.

Am Ausgang des Bausteins werden die Signale des Sensors als Array vom Typ BOOL ausgegeben und können so problemlos im Projekt weiter verarbeitet werden. Die verfügbaren Bausteine sind detailliert in der Dokumentation der EnOcean-Funkklemme beschrieben. Um die EnOcean-Funkbus-Klemme in Betrieb nehmen zu können, müssen im „TwinCAT System Manager" noch die Ein- und Ausgangsvariable des „FB_EnOceanReceive"-Bausteins mit der Klemme verknüpft werden. Dazu muss das Projekt neu eingelesen werden, damit die Variablen für die EnOcean-Klemme zur Verfügung stehen.

Um die Eingangsvariable mit der „KL6021-0023" zu verknüpfen, wird unter „SPS Konfiguration" die Liste der Variablen geöffnet. Sobald die Liste sichtbar ist, wird die Eingangsvariable für die „KL6021-0023" markiert. Über den Menüpunkt „Verknüpfung Ändern ..." des Kontextmenü oder über die Schaltfläche „Verknüpft m." auf der Karteikarte „Variable" öffnet sich das Fenster „Variablenverknüpfung ...".

Um die Variable verknüpfen zu können, muss ein Haken vor „Alle Typen" unter „Zeige Variablen Typen" und ein Haken vor „Kontinuierlich" unter „Offsets" gesetzt werden (vgl. Abb. 8.689).

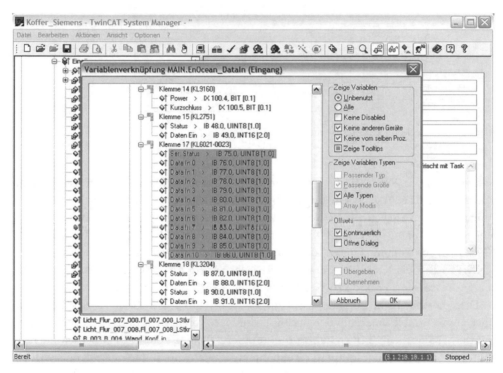

Abb. 8.689 Verknüpfung der Variablen der KL6021-0023

Nun müssen noch alle Eingänge der KL6021-0023 („Ser. Status „ bis „Data In 10") markiert werden. Über die Schaltfläche „OK" wird die Variablenverknüpfung hinzugefügt. Für die Ausgangsvariable muss dieses Vorgehen, soweit notwendig, auf dieselbe Art und Weise noch einmal wiederholt werden.

Die Anlage muss nun wieder in den Konfigurationsmodus versetzt und die neue Konfiguration aktiviert werden. Danach kann die Anlage wieder in den Run-Modus gesetzt und mit „TwinCAT PLC Control" das Projekt wie üblich in die Anlage geladen und gestartet werden.

8.32.2.6 Implementierung der KNX/EIB-Klemme von Beckhoff

Zur Kommunikation mit dem KNX/EIB-Bussystem über die KNX/EIB-Klemme KL6301 von Beckhoff sind die von Beckhoff in der Bibliothek TcKL6301.lib zur Verfügung gestellten Funktionsbausteine notwendig. Für jede vorhandene KNX/EIB-Klemme muss ein Funktionsbaustein „KL6301" aufgerufen werden. Dieser Baustein konfiguriert, startet, überwacht und übernimmt die Kommunikation mit der KNX/EIB-Klemme. Auch diese Vorgehensweise ist mit der WAGO-Implementation vergleichbar (vgl. Abb. 8.690).

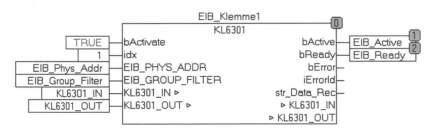

Abb. 8.690 Beckhoff-Funktionsbaustein „KL6301"

Sollten mehrere KNX/EIB-Klemmen an einer Anlage verfügbar sein, muss für jede Klemme ein KL6301-Baustein aufgerufen werden und mit einer Klemmen-Nummer am Eingang „idx" versehen werden (erste Klemme => 1, zweite Klemme => 2 usw.). Es sind jedoch maximal 64 KNX/EIB-Klemmen in einem Projekt möglich. Um mit dem KNX/EIB-Bus kommunizieren zu können, benötigt die KNX/EIB-Klemme, da sie am KNX/EIB-Bus ein KNX/EIB-Gerät ist, wie jedes andere KNX/EIB-Gerät eine physikalische Adresse, die im KNX/EIB-Netzwerk einmalig vorhanden sein darf.

Diese physikalische Adresse wird am Eingang „EIB_PHYS_ADDR" des Bausteins über eine Variable innerhalb der Beckhoff-Software vorgegeben und damit nicht direkt mit der ETS des KNX/EIB-Systems programmiert. Damit ist die KNX/EIB-Klemme kein echter, in der ETS programmierter Teilnehmer, sondern ein Teilnehmer, der als virtuelles, aber dennoch real agierendes Gerät den KNX/EIB-Bus abhört und in diesen Telegramme sendet. Entsprechend müssen in der ETS die virtuellen Teilnehmer mit ihren Objekten als Dummy-Geräte angelegt werden oder entsprechend die Koppler eingerichtet werden, damit diese Telegramme an der Stelle verfügbar sind, an der die Beckhoff-KNX/EIB-Klemme verbaut ist. Die Beckhoff-KNX/EIB-Klemme ist somit mit allen KNX/EIB-Geräten nutzbar, unabhängig davon, mit welcher ETS-Version sie programmiert wurden.

Bevor die KNX/EIB-Klemme jedoch mit dem Datenaustausch am KNX/EIB-Bus beginnen kann, müssen EIB-Gruppenfilter parametriert werden. Die KNX/EIB-Klemme empfängt später nur die Telegramme der KNX/EIB-Gruppenadressen, die in diesen Filtern eingetragen sind. Alle weiteren Telegramme werden von der KNX/EIB-Klemme ignoriert.

Es stehen maximal vier bzw. acht Filter zur Verfügung, mit einer Länge der Filtereinträge von 0 bis 63. Es können pro Filter somit 64 Gruppenadressen freigeschaltet
werden, womit bei vier Filtern eine Anzahl von 256 Gruppenadressen freigeschaltet
werden können.

Hierbei ist zu beachten, dass jeder Filter immer nur als Block, z. B.: 1/1/0 ... 63 oder
4/2/0 ... 63, freigeschaltet werden kann und nicht 64 einzelne Gruppenadressen aus unterschiedlichen Haupt- oder Mittelgruppen. Daher kann eine KNX/EIB-Klemme nur
bedingt in ein bereits bestehendes KNX/EIB-System integriert werden, da Änderungen
dort nur schwierig nachträglich möglich sind. Umgekehrt geben die Beckhoff-
Möglichkeiten vor, in welcher Art das Gruppenadressensystem des KNX/EIB aufzubau-
en ist, das in jedem Fall als dreistufiges Konzept angelegt sein muss. Dies widerspricht
jedoch der allgemein üblichen Vorgehensweise der Verwendung eines zweistufigen Konzepts in Objektgebäuden. KNX/EIB-Gruppenadressen müssen daher jeweils vom zweistufigen in das dreistufige Gruppenadressenkonzept zur Verwendung in der Beckhoff-
Programmierung umgerechnet werden.

Einfacher gestaltet sich die Implementation von KNX/EIB, wenn nur sensorische
Größen empfangen werden sollen. In diesem Fall kann die KNX/EIB-Klemme so konfi-
guriert werden, dass sie alle Gruppenadressen des KNX/EIB lesen, aber dann keine
Gruppenadressen im KNX/EIB schreiben kann. Die Vergabe der Gruppenadressen im
ETS-Projekt sollte auf Grund dieser Beschränkung von Anfang an gut geplant werden.

Um die Filter zu aktivieren, legt man am Eingang „EIB_GROUP_FILTER“ eine Variable an und parametriert diese im Fenster „Variablendeklaration“ (vgl. Abb. 8.691).

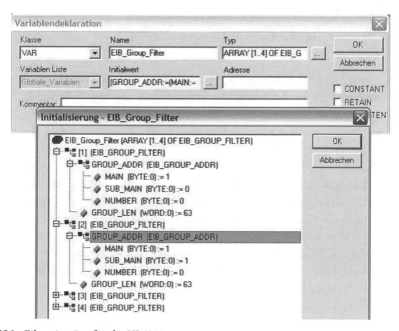

Abb. 8.691 Filtereinträge für die KL6301

Nachdem im Feld „Typ" „ARRAY [1..4] OF EIB_GROUP_FILTER" eingetragen wurde, kann über die Schaltfläche „..." neben dem Feld „Initialwert" das Fenster „Initialisierung => EIB_Group_Filter" geöffnet werden. In diesem Fenster lassen sich die Filter komfortabel eintragen. Bei acht Filtern ist das Array entsprechend zu erweitern.

An den Eingängen „KL6301_IN" und „KL6301_OUT" werden die Ein- und Ausgangsvariablen angelegt, über die das IEC-Programm mit der KNX/EIB-Klemme kommuniziert. Diese Variablen werden später im „TwinCAT System Manager" mit der jeweiligen Klemme, vergleichbar mit der Vorgehensweise bei der EnOcean-Klemme, verknüpft. Um den Baustein zu aktivieren, muss der Eingang „bActivate" noch auf TRUE gesetzt werden. Über die Ausgänge des Bausteins können Status- und Fehlermeldungen der KNX/EIB-Klemme ausgegeben werden. Sie müssen aber nicht zwingend belegt werden. Um die empfangenen Daten zu verarbeiten oder Werte auf den KNX/EIB-Bus zu senden, stehen Sende- und Empfangsbausteine für alle Datentypen in der „TcKL6301.lib" zur Verfügung (vgl. Abb. 8.692).

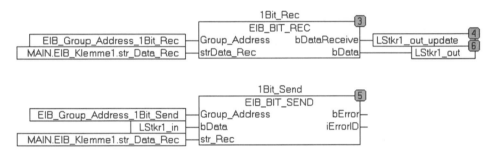

Abb. 8.692 Beckhoff-1-Bit-Empfangs- und Sendebaustein

Alle Sende- und Empfangsbausteine der KNX/EIB-Bibliothek sind identisch aufgebaut. An allen Bausteinen wird am Eingang „Group_Address" die zu empfangende bzw. zu beschreibende KNX/EIB-Gruppenadresse in einer Variablen angegeben. Die Zuweisung geschieht im Fenster „Variablendeklaration".

Der Eingang „strData_Rec" bzw. „str_Rec" wird mit dem Ausgang „str_Data_Rec" des zugehörigen „KL6301"-Bausteins verbunden. Am Eingang „bData" wird der auf den KNX/EIB-Bus zu schreibende Wert angegeben und am Ausgang „bData" wird der empfangende Wert angezeigt. Der Ausgang „bDataReceive" zeigt den Empfang eines neuen Telegramms an. Am Ausgang „bError" wird ein Sendefehler angezeigt. Der dazugehörige Fehlercode wird am Ausgang „iErrorID" ausgegeben.

Die Bibliothek „TcKL6301.lib" stellt außerdem noch einen Baustein „EIB_READ_SEND" zur Verfügung, der es ermöglicht, eine KNX/EIB-Gruppenadresse aufzufordern, ihren aktuellen Wert zu übermitteln. Dies wird z. B. dringend benötigt, um die Betriebsart eines KNX/EIB-Raumtemperaturreglers abzufragen, da dieser eine Statusänderung vom Komfort- in den Standbybetrieb, herbeigeführt durch die Nachtabsenkung, nicht unbedingt auf den KNX/EIB-Bus sendet.

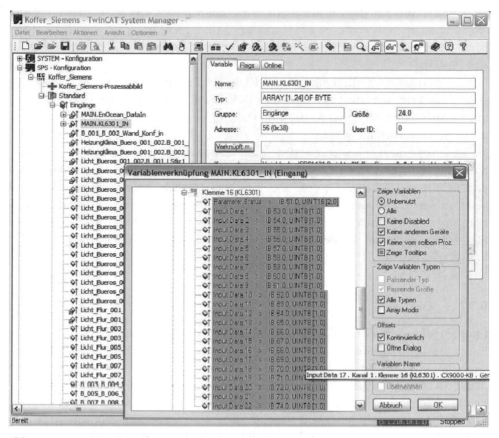

Abb. 8.693 Verknüpfung der Variablen der KL6301

Alle Bausteine können somit wie Ein- und Ausgänge behandelt werden und problemlos im Programm mit allen Funktionsbaustein kombiniert werden. Eine ausführliche Beschreibung aller Bausteine, die in der Bibliothek „TcKL6301.lib" enthalten sind sowie Beispiele sind in der Dokumentation der KNX/EIB-Klemme auf der Beckhoff-Homepage zu finden. Diese Beschreibung ist für die Nutzung der Bibliothek auch zwingend erforderlich.

Um die KNX/EIB-Klemme in Betrieb nehmen zu können, müssen im „TwinCAT System Manager" noch die Ein- und Ausgangsvariable des „KL6301"-Bausteins mit der Klemme verknüpft werden. Dazu muss das Projekt neu eingelesen werden, damit die Variablen für die KNX/EIB-Klemme zur Verfügung stehen.

Um die Eingangsvariable mit der „KL6301" zu verknüpfen, muss unter „SPS Konfiguration" die Liste der Variablen geöffnet werden. Sobald die Liste sichtbar ist, wird die Eingangsvariable für die „KL6301" markiert. Über den Menüpunkt „Verknüpfung Ändern ..." des Kontextmenü oder über die Schaltfläche „Verknüpft m." auf der Karteikarte

„Variable" öffnet sich das Fenster „Variablenverknüpfung ...". Um die Variable verknüpfen zu können, muss erst noch ein Haken vor „Alle Typen" unter „Zeige Variablen Typen" und ein Haken vor „Kontinuierlich" unter „Offsets" gesetzt werden (vgl.
Abb. 8.693).

Nun müssen noch alle Eingänge der KL6301 („Parameter Status „ bis „Input Data 22") markiert werden. Über die Schaltfläche „OK" wird die Variablenverknüpfung
hinzugefügt. Für die Ausgangsvariable muss dieses Vorgehen auf dieselbe Art und Weise
noch einmal wiederholt werden.

Die Anlage muss nun wieder in den Konfigurationsmodus versetzt und die neue Konfiguration aktiviert werden. Danach kann die Anlage wieder in den Run-Modus gesetzt
und mit „TwinCAT PLC Control" das Projekt wie üblich in die Anlage geladen und
gestartet werden. Mit der Beckhoff-KNX/EIB-Klemme lassen sich viele Gebäudeautomationsfunktionen vollständig und problemlos umsetzen. Die Beckhoff-KNX/EIB-Lösung
fügt sich jedoch nicht so ideal in eine bestehende KNX/EIB-Lösung ein, wie dies bei
WAGO der Fall ist.

8.32.3 Analyse

Eine für die Gebäudeautomation entwickelte Automatisierungsmöglichkeit bietet die
Firma Beckhoff auf der Basis der Industrie-Automation an. Das Beckhoff-Building-
Automationssystem ist ein leistungsfähiges SPS-System, bei dem Taster oder Schalter
über I/O-Module an die Steuerung angeschlossen werden, durch Analogklemmen können auch analoge Sensoren und Aktoren integriert werden. Zusätzlich ist es möglich,
diverse Bussysteme als Subsystem einzubinden. So bietet Beckhoff z. B. eine KNX/EIB-
oder LON-Klemme oder eine Busklemme für ein DALI-System an. Das sehr leistungsfähige SPS-System ist eigentlich nur dann sinnvoll, wenn die SPS als zentrale Steuereinheit
arbeitet und ein Gebäudebussystem als Subsystem mit einbindet. Da Beckhoff selbst
keine Installationstechnik anbietet, ist dies eine sehr gute Möglichkeit den Verdrahtungsaufwand zu minimieren und Installationskomponenten von anderen Herstellern zu
benutzen. Die Preise für ein CPU-Modul liegen gegenüber EIB/KNX oder LON betrachtet mit 300 bis 600 Euro bei der kleinen CPU und 500 bis 850 Euro bei der etwas größeren CPU in einem guten Rahmen.

Gerät	Preis je Gerät	Preis je Kanal
2-Kanal-Digital-Eingangsklemme 120 V AC bis 230 V AC	27,20 Euro	13,60 Euro
Konventioneller Taster	10,00 Euro	10,00 Euro
1-Kanal-Relais-Ausgangsklemme 230 V AC, 16 A	49,00 Euro	49,00 Euro
Preis je Funktion	**von**	**bis**
	73,00 Euro	73,00 Euro

Im obigen Preisberechnungsbeispiel wurde auf eine Eingangsklemme mit lediglich zwei Kanälen und eine Klemme mit integriertem Relais zurückgegriffen. Damit ergibt sich ein recht hoher Preis von 73 Euro für eine Schaltfunktion. Erhöht man die Anzahl der Eingangskanäle an einer Klemme und verwendet zudem binäre Ausgangsklemmen mit bis zu 16 Kanälen, an denen Standard-Relais angeschlossen werden, reduzieren sich die Kosten für eine Schaltfunktion erheblich auf ca. 30 bis 40 Euro. Damit gehört das Beckhoff-System zu den äußerst preiswerten Systemen mit erheblichen Möglichkeiten. Durch die Verwendung von abgesetzten Standard-Relais wird zudem die Wartbarkeit verbessert und kostengünstiger gestaltet, als z. B. bei KNX/EIB. Zu berücksichtigen ist jedoch, dass der Controller sowie die Busendklemme kostenmäßig anteilig den Kanälen zugeordnet werden muss. Da der Controller jedoch wesentliche Automatisierungsfunktionalität und Vernetzungsfunktionen übernimmt und im Allgemeinen der Klemmenbus mit vielen Ein- und Ausgangskanälen versehen ist, fallen die Kosten für den Controller kaum ins Gewicht.

8.32.4 Neubau

Ein zentrales SPS-System kann seine ganze Bandbreite nur im Bereich eines Neubaus entfalten. Eine solche SPS-Lösung setzt einen hohen Verdrahtungsaufwand voraus. Auch wenn ein Bussystem als Subsystem an die SPS angeschlossen wird, sind alle Lampen oder schaltbaren Stromkreise auf ein eigenes Ausgangsmodul zu legen. Sollte ein I/O-Modul defekt sein, so kann es ohne großen Aufwand einfach getauscht werden. Dimmermodule sind im Angebot verfügbar, können aber auch durch andere Lösungen, wie z. B. PWM-Klemmen oder eine DALI-Klemme ersetzt werden. Beliebige Sensorik kann angeschlossen werden. Durch die Verfügbarkeit von Sonderklemmen als klemmenbasiertes Gateway können auch Subsysteme, wie z. B. KNX/EIB, LON, EnOcean, DALI etc. integriert werden. In Verbindung mit der Automatisierung über den Controller und ein darauf aufbauendes Visualisierungssystem können alle Funktionen einer Gebäudeautomation realisiert werden.

8.32.5 Sanierung

Zur sauberen Sanierung ist das Beckhoff-System prinzipiell nicht geeignet. Alle Funktionen erfordern einen hohen Verdrahtungsaufwand, da bei einer konventionellen Verdrahtung jeder Schalter und jede Lampe mit einer I/O-Klemme an der CPU verbunden werden muss. Das System ermöglicht große Steuerungs- und Automatisierungsmöglichkeiten, mit denen der Stromkreisverteiler im Rahmen einer Sanierung überarbeitet wird, sämtliche weiteren Arbeiten bedeuten eine schmutzige Sanierung, wenn auch durch Rückgriff z. B. auf EnOcean-Funkkomponenten einbezogen werden können.

8.32.6 Erweiterung

Sollte ein SPS-System bereits installiert sein, können Erweiterungen einfach durch Einbau weiterer Klemmen und Relais oder Taster vorgenommen werden, soweit die Leitungsverbindungen zu den neuen Teilnehmern im Bus bestehen. Sollte dies nicht realisiert sein, kann die Erweiterung durch EnOcean-Geräte erfolgen. Durch Umprogrammierung ist die Erweiterung und Änderung leicht machbar. Bei einer größeren Erweiterung, z. B. bei Hinzunahme anderer Etagen, der Außenanlagen, ist es hier hilfreich, die Erweiterung mit einer neuen SPS aufzubauen und die beiden CPUs über eine Ethernet-Verbindung zu koppeln. Noch interessanter wird diese Lösung bei mehreren Gebäuden oder großen Gebäudekomplexen, wo mehrere Systeme über ein Ethernet-Netzwerk als Backbone verbunden werden.

8.32.7 Nachrüstung

Aufgrund der zwingend erforderlichen Leitungsverlegungen zu Schaltern, Tastern, Kontakten und Verbrauchern ist das Beckhoff-SPS-System nicht für die Nachrüstung geeignet. Bei Rückgriff auf das bidirektionale EnOcean-System kann der Beckhoff-Controller als Automatisierungsgerät in Verbindung mit EnOcean als Feldbussystem genutzt werden.

8.32.8 Anwendbarkeit für smart-metering-basiertes Energiemanagement

Die Anwendung von Smart Metering ist problemlos möglich, da ein vorhandener elektrischer Haushaltszähler grundsätzlich durch einen elektronischen ersetzt werden kann. Der Energiekunde kann durch Änderung seines Nutzerverhaltens seinen Energieverbrauch und damit seine Energiekosten senken, die Anzeige der Daten kann auf dem dezentralen Visualisierungssystem der Beckhoff-SPS erfolgen. Damit wird psychologisches Energiemanagement außerhalb des Beckhoff-Systems möglich. Da ein Zugang zu dezentralen Zählern in Klemmenform im System möglich ist, ist das Beckhoff-System auch für aktives und passives Energiemanagement geeignet, da über die Software Twin-CAT umfangreiche Programmierungen erfolgen können. Das Beckhoff-System kommt ohne Erweiterungsmöglichkeit durch z. B. die Adaption in IP-Symcon nicht für komplettes smart-metering-basiertes Energiemanagement in Frage. IP-Symcon lässt jedoch den Zugriff auf weitere Gebäudeautomationssysteme und damit den Zugriff auf Zählersysteme zu. Damit wird die Beckhoff-SPS in Verbindung mit IP-Symcon zu einem perfekten System für die Realisierung von smart-metering-basiertem Energiemanagement.

8.32.9 Objektgebäude

Aufgrund der flexiblen Einbindbarkeit von Subbussystemen und der überragenden Automatisierungsmöglichkeiten sowie der durch weitere Software darstellbare Visualisierungsmöglichkeit, ist die Beckhoff-SPS-Lösung optimal für das Objektgebäude geeignet. Durch den halbzentralen Charakter des Systems können einzelne Gebäudeteile durch eine zentralisierte Installation optimal automatisiert und durch das übergeordnete Ethernet zusammengefasst werden. Darüber hinaus besteht die Möglichkeit, den Klemmenbus über Busankoppler Ethernet-netzwerkfähig zu machen und auf einen oder mehrere zentrale PC-Systeme aufzuschalten, damit entsteht ein zentralerer Charakter des Systems und ist von Fall zu Fall in der Anwendung zu prüfen. Die Vernetzung der halbdezentralen Systeme kann über verschiedene Ethernet-Protokolle erfolgen. Durch bereits direkt verfügbare Smart-Metering-Lösungen sowie die Adaptierbarkeit anderer Messeinrichtungen, können Zähler für verschiedene Medien in das System implementiert werden, um mieter- oder nutzerbasiert automatisiert Abrechnungen zu erstellen. Durch die Implementierbarkeit von Funkbussystem, wie z. B. EnOcean, ist es möglich die starre leitungsbasierte Vernetzung aufzubrechen und durch flexibel an die Bausituation angepasste Einbauorte zu ergänzen.

8.33 Phoenix Contact Interbus

Wie alle anderen Industrie-Automationstechnik-Anbieter bietet auch Phoenix-Contact mehrere Serien von SPS-Systemen an, die auch für die Gebäudeautomation genutzt werden können. Als interessante Serie ist das für die Gebäudeautomation gut einsetzbare ILC-System zu betrachten. Von der Baugröße her ist es etwas größer als die entsprechende WAGO- und Beckhoff-Lösung (vgl. Abb. 8.694).

Abb. 8.694 Phoenix-Contact-ILC-System [Phoenix Contact]

Im Rahmen eines Projekts wurde die Interaktion des Phoenix Contact-Interbus mit dem KNX/EIB über ein Gateway der Firma Weinzierl (BAOS 770) untersucht (vgl. Abb. 8.695).

Abb. 8.695 Phoenix-Contact-Demonstrationssystem der Serie ILC mit KNX/EIB-Koppler

8.33.1 Typische Geräte

Das ILC-System besteht aus einem kleinen Controller als Systemkomponente und diversen Eingangs- und Ausgangsklemmen für binäre und digitale Signale und Sonderklemmen.

8.33.1.1 Phoenix Contact ILC 150 ETH

Die Speicherprogrammierbare Steuerung ILC 150 ETH von Phoenix Contact verfügt über eine RS232-Schnittstelle und einen Ethernet-Anschluss. Sie wird aus einer 24-V-Spannungsquelle versorgt und verfügt bereits in der Grundausstattung über vier Ausgänge und acht Eingänge (vgl. Abb. 8.696).

Abb. 8.696 Controller
ILC 150 ETH von Phoenix
Contact [Phoenix Contact]

8.33.1.2 Sensoren

Im Produktportfolio befinden sich verschiedenste sensorische Eingangsklemmen für digitale und analoge Daten. Die digitale Eingangsklemme IB IL 24 DI 16 verfügt über 16 digitale Eingänge und arbeitet mit einer Eingangsspannung der Sensoren von 24 V (vgl. Abb. 8.697).

Abb. 8.697 IB IL 24 DI 16 von Phoenix Contact [Phoenix Contact]

Über eine Buserweiterung können auch dezentrale Busteilnehmer in den Interbus einbezogen werden (vgl. Abb. 8.698).

Abb. 8.698 Dezentrales Busmodul IBS SAB 24 DI 8/16

Speziell für den Gebäudeautomationsmarkt wurden vor einigen Jahren Unterputz-Busankoppler entwickelt, auf die KNX/EIB-Anwendungsmodule einiger Hersteller aufgerastet werden konnten. Mittlerweile ist diese für die Gebäudeautomation wichtige Systemerweiterung nicht mehr verfügbar (vgl. Abb. 8.699).

Abb. 8.699   Unterputz-Interbus-Modul IBS FP 24 IO-OPC für KNX/EIB-Anwendungsmodule

8.33.1.3 Aktoren

Wie bereits bei den Sensoren ist auch das Produktportfolio der aktorischen Klemmen sehr umfangreich und bietet die Möglichkeit digitale und analoge Anwendungen zu realisieren. Die digitale Ausgangsquelle IB IL 24 DO 16 verfügt über 16 digitale Ausgänge und eine Ausgangsspannung von 24 V (vgl. Abb. 8.700).

Abb. 8.700   IB IL 24 DO 16 von
Phoenix Contact [Phoenix Contact]

8.33.2 Software

8.33.2.1 Software Phoenix PC Worx

PC Worx ist ein IEC-61131-basierendes Softwaretool des Unternehmens Phoenix Contact. Mit diesem Tool werden die Geräte parametriert, programmiert und sämtliche Applikationen erstellt. Die Programmierung kann in den nach IEC 61131-3 standardisierten Programmiersprachen erfolgen. Im Rahmen eines Phoenix Contact-Projekts wurde die Programmiersprache „Funktionsbausteindiagramm" verwendet. Hier sind die erstellten Funktionen nachvollziehbar und strukturiert aufgebaut. Wird PC Worx gestartet, muss ein neues Projekt erstellt werden. Dazu wird unter „Datei" und „neues Projekt" ein neues Projekt erstellt. Im ersten Schritt wird die verwendete Steuereinheit ausgewählt (vgl. Abb. 8.701).

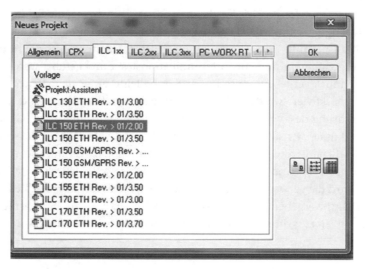

Abb. 8.701 Auswahl des verwendeten Controllers

Nach der Auswahl des Controllers wird das Projekt neu erzeugt. Dazu wird der Reiter „Code" in der Steuerungsleiste angeklickt werden und anschließend „Projekt neu erzeugen" ausgewählt. Damit ist das Projekt erzeugt und es kann mit der Programmierung begonnen werden.

Im Projekt wurde automatisch ein Projektbaum mit dem Programm „Main" erstellt. Wie weitere Programme eingefügt werden können, wird im weiteren Verlauf näher erläutert. In PC Worx gibt es drei verschiedene Arbeitsbereiche. Diese sind in die „IEC Programmierung", den „Buskonfigurator" und in die „Prozessdatenzuordnung" aufgeteilt. In der „IEC Programmierung" werden neue Programminstanzen hinzugefügt, Variablen erstellt und Programme geschrieben. Bei der „Buskonfiguration" wird, wie der Name schon sagt, der Bus konfiguriert. Im Fenster „Prozessdatenzuordnung" werden die Variablen mit den Anschlüssen der Klemmen verbunden. Als Erstes muss die Steuereinheit parametriert werden. Hierzu wird der Button „Buskonfiguration" in der oberen Symbolleiste betätigt (vgl. Abb. 8.702).

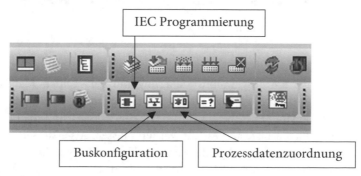

Abb. 8.702 Arbeitsbereiche in PC Worx

Als Nächstes muss der Bereich für die verwendete IP-Adresse, die Subnetzmaske und das Gateway angegeben werden. Dazu wird im Fenster „Busaufbau" die verwendete Steuereinheit ausgewählt. Danach können im Fenster „Gerätedetails" die restlichen Einstellungen vorgenommen und ein Kommunikationstest durchgeführt werden. Wird die IP-Adresse manuell vergeben, muss in der Symbolleiste unter dem Reiter „Extras" der BootP Server deaktiviert werden. Nach der Vergabe der IP-Adresse und der erfolgreichen Durchführung des Verbindungstests werden die angeschlossenen Geräte eingelesen. Dazu wird unter „Ansicht" in der Symbolleiste der Reiter „Angeschlossener" Bus betätigt. Anschließend wird der Config+ Manager von Phoenix Contact geöffnet. Anfänglich ist die angeschlossene Steuerung auf „Offline" gestellt. Durch Betätigung dieser Schaltfläche wird die verwendete Steuerung angezeigt, diese ist auszuwählen. Waren alle Parameter richtig vergeben und es besteht eine Verbindung zur Steuerung, wird dies durch RUN in einer grünen Leiste im unteren Bereich des Fensters angezeigt (vgl. Abb. 8.703).

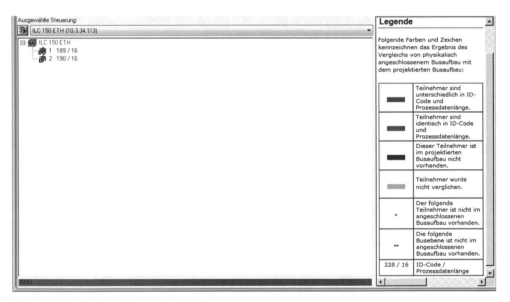

Abb. 8.703   Config+ Manager in PC Worx

Als Nächstes muss die ausgewählte Steuerung mit der rechten Maustaste angeklickt werden. Daraufhin wird der Reiter „in Projekt übernehmen" und anschließend der Reiter „mit Gerätebeschreibung" betätigt. In der Zeile „Name" sind die Geräte aufgeführt, welche aus der unteren Liste ausgesucht werden müssen. Als erste Klemme muss im Fall des betrachteten Projekts die digitale Ausgangsklemme ausgewählt werden. Dazu wird das zutreffende Gerät aus der Liste markiert und mit OK bestätigt. Im Anschluss muss die digitale Eingangsklemme passend zum Projekt markiert werden. Wurde dies auch mit OK bestätigt, schließt sich das Geräte-Fenster und die Geräte wurden erfolgreich hinzugefügt (vgl. Abb. 8.704).

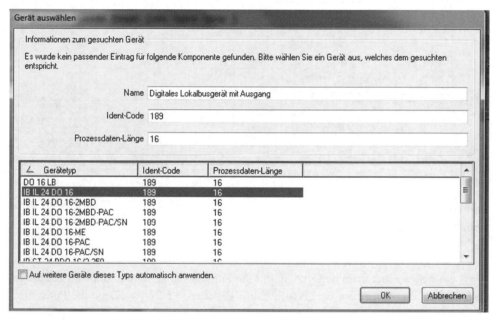

Abb. 8.704 Auswahl von Geräten in PC Worx

Im nächsten Schritt kann mit der Erstellung der Applikation begonnen werden. Dazu wird das Fenster der IEC-Programmierung geöffnet. Nun sind im rechten „*Editor*"-Fenster die Logik-Bausteine, also die Bibliothek, zu sehen. Im linken Teil der Programmierumgebung sind die Programminstanzen im Fenster „Projektbaum" aufgeführt. Oben ist die Steuerungsleiste mit sämtlichen benötigten Funktionen angeordnet und im unteren Teil sind ein Meldungsfenster und die Querverweise aufgeführt. Die Vorgehensweise zur Programmierung entspricht der allgemeinen Vorgehensweise nach der Norm IEC 61131-3 (vgl. Abb. 8.705).

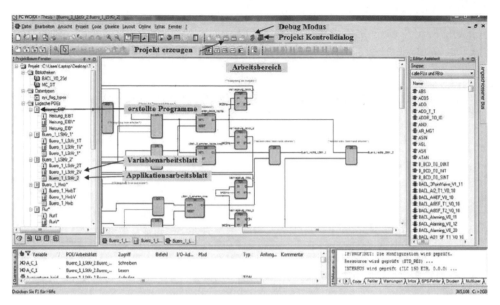

Abb. 8.705 Programmierung in PC Worx

Wird ein neues Programm benötigt, damit die Funktionen in Räume oder Etagen aufgeteilt werden können, muss im „Projektbaum"-Fenster der Reiter „Logische POEs" mit
der rechten Maustaste angeklickt werden. Daraufhin wird der Reiter „Einfügen" markiert und anschließend „Programm" gewählt.

Es öffnet sich ein Fenster, in dem der Typ, die Programmiersprache und der Name
festgelegt werden. Durch Bestätigung mit OK wird ein neues Programm erstellt, welches
jedoch noch nicht in der Applikation berücksichtigt wird. Das Programm muss erst einer
Task in der Taskkonfiguration hinzugefügt werden. Dies geschieht im „Projektbaum"
Fenster im unteren Teil. Dort ist unter Hardwarestruktur und Task, der Reiter
STD_TSK:DEFAULT mit der rechten Maustaste anzuklicken. Hier ist „Einfügen" und
anschließend „Programminstanz" zu wählen. Es öffnet sich nun ein neues Fenster, in
dem der Name für die Programminstanz eingegeben wird (vgl. Abb. 8.706).

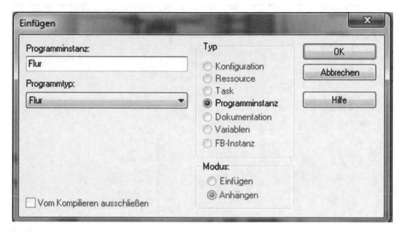

Abb. 8.706 Erstellung einer Programminstanz in PC Worx

In diesem Fenster werden der Name der Programminstanz und der Programmtyp vergeben. Unter „Programmtyp" ist das erstellte Programm zu wählen und unter „Programminstanz" kann ein frei gewählter Name vergeben werden. Nach Bestätigung mit OK
schließt sich das geöffnete Fenster und in der Task ist nun das hinzugefügte Programm
aufgeführt. Erst jetzt wird das Programm in der gesamten Applikation berücksichtigt.

Jetzt kann mit der eigentlichen Programmierung begonnen werden. Dazu muss im
„Projektbaum"-Fenster ein Programm ausgewählt werden und das zugehörige Applikationsarbeitsblatt kann durch einen Doppelklick geöffnet werden. Es öffnet sich ein leeres
Arbeitsblatt, in dem sämtliche Bausteine und Variablen eingefügt und miteinander verbunden werden können. Zuerst werden die Variablen hinzugefügt. Dies geschieht entweder durch einen rechten Mausklick im Programmierfenster und durch Betätigen des
Reiters „Variable" durch Drücken der Taste F5 der Computertastatur oder durch Klicken des Variablen Buttons in der Steuerungsleiste.

Der Name einer Variablen darf kein Leerzeichen enthalten. Leerzeichen können
durch einen Unterstrich gekennzeichnet ersetzt werden. Die Variable kann entweder im
lokalen oder im globalen Gültigkeitsbereich erstellt werden. Im lokalen bedeutet es, dass
die Variable nur im erstellten Programm benutzt wird und mit keinem Gerät verbunden
werden kann. Dagegen kann eine globale Variable in mehreren Programminstanzen
aufgerufen und mit einem Gerät verknüpft werden (vgl. Abb. 8.707).

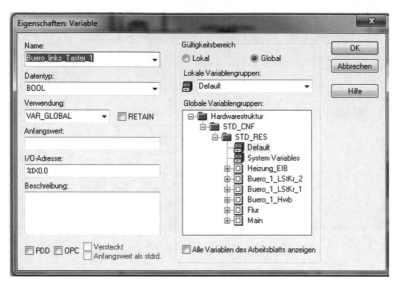

Abb. 8.707 Erstellung einer Variablen

Eine Variable hat an beiden Seiten eine Anschlussmöglichkeit. Dadurch kann entschieden werden, ob die Variable eine Eingangsvariable oder eine Ausgangsvariable ist (vgl. Abb. 8.708).

Abb. 8.708 Erstellte Variable

Als Nächstes müssen die erzeugten Variablen den verwendeten Klemmen zugewiesen werden. Dazu wird der Arbeitsbereich „Prozessdatenzuordnung" geöffnet. Hier ist im rechten Fenster unter „Interbus" die gewünschte Klemme auszuwählen. Digitale Ausgänge werden mit einem roten Hintergrund gekennzeichnet und digitale Eingänge mit einem blauen Hintergrund. Jetzt muss im „Symbole/Variablen" Fenster „Default" ausgewählt werden. Dadurch werden im linken unteren Fenster die erstellten Variablen angezeigt. Nun können per Drag-and-Drop-Verfahren die Variablen an den gewünschten Anschluss der Klemme gezogen werden. Somit wird eine Variable einem Anschluss an einer Klemme zugewiesen (vgl. Abb. 8.709).

Abb. 8.709 Verbindung von Variablen mit Klemmen

Jetzt können die Logikbausteine aus der Bibliothek hinzugefügt werden. Dazu muss in den Arbeitsbereich IEC Programmierung zurückgekehrt werden. Jetzt muss im Applikationsarbeitsblatt der Mauszeiger auf die Stelle gesetzt werden, an der der gewünschte Logikbaustein eingefügt werden soll. Die Stelle wird durch ein Kreuz gekennzeichnet. Anschließend wird aus der Bibliothek ein Baustein markiert und mit einem Doppelklick hinzugefügt. Der Name eines Logikbausteins als Instanzierung kann beliebig gewählt werden. Es ist nur die Schreibweise zu beachten, wie es auch schon bei den Variablen Namen der Fall ist. Wurden mehrere Logikbausteine hinzugefügt, können die Anschlüsse verbunden werden. Dazu wird der Mauszeiger auf den gewünschten Anschluss bewegt, mit der linken Maustaste gedrückt und anschließend solange festgehalten, bis der Mauszeiger sich auf einem anderen Anschluss befindet. Daraufhin kann der Mauszeiger losgelassen werden und PC Worx stellt automatisch eine Verbindung zwischen diesen beiden Anschlüssen her.

Alle erstellten Variablen und eingefügten Bausteine können im „Variablenarbeitsblatt" angezeigt werden. Hier werden in einer Tabelle alle verwendeten Variablen und Logikbausteine, mit ihrem Typ und ihrer Verwendung angezeigt (vgl. Abb. 8.710).

Ist die gesamte Programmierung abgeschlossen, kann die Applikation an die SPS übertragen werden, doch zuvor muss das erstellte Programm neu kompiliert werden. Hierzu wird der „Make" oder der „Projekt neu erzeugen" Button in der Steuerungsleiste angeklickt. Ist das Projekt fehlerfrei, kann es übertragen werden. Sind Fehler aufgetreten, müssen diese vor der Übertragung korrigiert werden. Es kann auch hilfreich sein, zwischendurch ein erstelltes Programm zu kompilieren, denn so werden Fehler vorher entdeckt und können eher beseitigt werden. Werden Warnungen angezeigt, können diese ignoriert werden.

Name	Typ	Verwendung	Beschreibung	Adre ▲
⊟ Default				
IP_Baos_770	BACL_KNX_Svr...	VAR		
Datenpunkt_33	BACL_KNX_1Bit...	VAR		
Datenpunkt_34	BACL_KNX_1Bit...	VAR		
Datenpunkt_35	BACL_KNX_1Bit...	VAR		
Datenpunkt_36	BACL_KNX_1Bit...	VAR		
udtData	BACL_UDT_EIB...	VAR		
EIB_Heizung_links	BOOL	VAR		
EIB_Kuehlung_links	BOOL	VAR		
EIB_Heizung_rechts	BOOL	VAR		
EIB_Kuehlung_rechts	BOOL	VAR		
SR_1	SR	VAR		
SR_2	SR	VAR		
Buero_links_Heizung	BOOL	VAR_EXTE...		
Beuro_links_Kuehlung	BOOL	VAR_EXTE...		≡

Abb. 8.710 Variablenarbeitsblatt

Um ein Programm zu übertragen, muss der „Kontroll Dialog" geöffnet werden. Dazu
wird der „Kontroll Dialog"-Button aus der Steuerungsleiste angeklickt und es öffnet sich
das in der Abbildung dargestellte Fenster. Anschließend wird der Button „Senden" gedrückt und nach erfolgreichem Senden muss durch Betätigung des Buttons „Kalt" ein
Kaltstart der SPS durchgeführt werden. Jetzt ist die Applikation erfolgreich übertragen
und die SPS kann getestet werden (vgl. Abb. 8.711).

Abb. 8.711 Kontroll-Dialog

Nachdem ein Kaltstart durchgeführt wurde und keine nachträglichen Änderungen im
Programm vorgenommen wurden, kann der Debug-Modus eingeschaltet werden. In diesem Modus können Signale nachvollziehbar verfolgt oder eine Fehlersuche durchgeführt
werden. Ist der Debug-Modus aktiviert, werden geschaltete Signale rot markiert und
nicht geschaltete blau markiert. Um den Debug-Modus zu starten, muss der „Debug"-
Button in der Steuerungsleiste ausgewählt werden. Ausgeschaltet wird dieser Modus
durch erneutes drücken des Buttons.

8.33.2.2 Anbindung von KNX/EIB

Die Anbindung des Interbussystems an ein KNX/EIB-System erfolgt bei Interbus über den Baustein BAOS 770 des Unternehmens Weinzierl, einem Spezialanbieter für KNX/EIB-Produkte und -Gateways. Der Baustein BAOS 770 stellt eine Eibnet/IP-Schnittstelle zum Ethernet und ein tabellenartiges Interface zum KNX/EIB zur Verfügung.

Die Parametrierung des IP BAOS 770 erfolgt mit der Software ETS des KNX/EIB-Systems. Dazu wird das Gateway aus dem Produktkatalog des Unternehmens Weinzierl hinzugefügt. Nun kann durch einen Doppelklick auf den Baustein das „Einstellungen"-Fenster geöffnet werden. Durch Betätigen des Buttons „Parameter" wird ein neues Fenster geöffnet, in dem sämtliche Parameter eingegeben werden können. Es kann ein beliebiger Name für das Gateway gewählt werden. Die Vergabe der IP Adresse erfolgt entweder automatisch über DHCP oder durch eine manuelle Eingabe. Für die manuelle Vergabe muss der Reiter „IP Adresszuweisung" auf manuell gestellt werden. Nach dieser Eingabe entstehen im linken Bereich zwei neue Reiter. Im ersten Reiter unter „IP-Konfiguration 1" wird die IP-Adresse eingegeben und im zweiten Reiter unter „IP-Konfiguration 2" wird das IP Subnetz und die IP-Gateway-Adresse definiert.

Im ersten Schritt ist die neue Schnittstelle mit Hilfe der KNX/EIB-ETS auszuwählen und parametrieren. Komfortabel wird in der ETS die neue Schnittstelle angezeigt (vgl. Abb. 8.712).

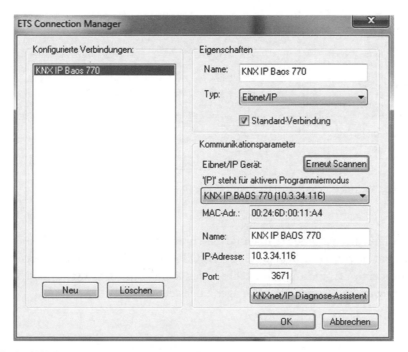

Abb. 8.712 ETS Connection Manager IP BAOS 770

Nach Vergabe der IP-Adresse kann die gewünschte Anzahl der maximal 250 zur Verfügung stehenden Datenpunkte aktiviert werden. Dazu wir der zu aktivierende Daten-
punkt ausgewählt und im Reiter „Typ von Datenpunkt" der erforderliche Typ gewählt.
Zur Auswahl stehen verschiedene Typen, wie z. B. 1 Bit, 4 Bit, 1 Byte und viele andere.
Eine der folgenden Abbildungen zeigt die Auswahl der Datentypen an. Zusätzlich zum
Datentyp kann eine aussagekräftige Beschreibung mit maximal 30 Zeichen angegeben
werden. Diese Dokumentationsmöglichkeit sollte zwingend genutzt werden. Bevor ein
Datentyp benannt wird, muss im Fenster „Allgemein" der Reiter „Download der Daten-
punkt-Beschreibungen" auf aktiviert gestellt werden. Wird die Beschreibung vorher
eingegeben, geht diese verloren und muss neu eingegeben werden (vgl. Abb. 8.713 und
Abb. 8.714).

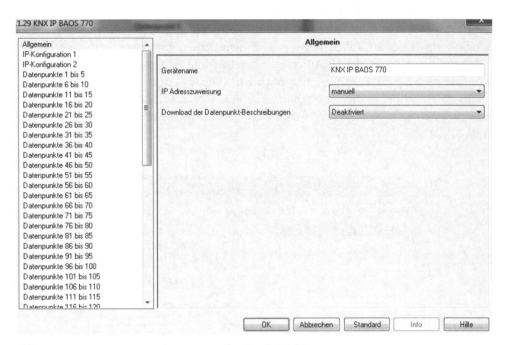

Abb. 8.713 Parametrierung der Datenpunkte des IP BAOS 770

Nach erfolgreicher Parametrierung und Beschreibung der Datenpunkte muss eine Verbindung mit dem Weinzierl-Baustein IP BAOS 770 und dem KNX Bus hergestellt werden. Damit eine Verbindung hergestellt werden kann, muss das Gateway und die Art der
Verbindung im ETS Connection Manager eingestellt sein.

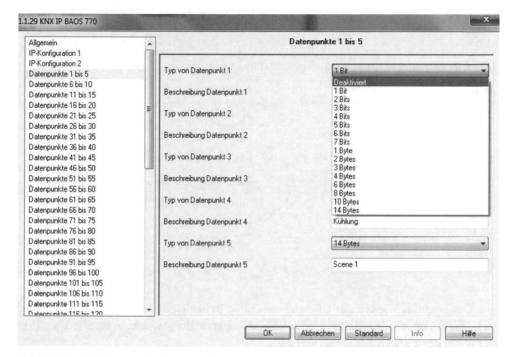

Abb. 8.714 Aktivierung der Datenpunkte

Beispielhaft wird folgende Datenpunktbeschreibung in der Tabelle angegeben: In der ersten Datentabelle sind die Datenpunkte des Interbus-Systems dargestellt.

Tab. 8-1 Belegung der Datenpunkte am Interbus-System über IP BAOS 770

Datenpunkt	Typ	Beschreibung
1	1 Bit	Büro links LStKr 1
2	1 Bit	Büro rechts LStKr 1
3	1 Bit	Büro links Jalousie hoch
4	1 Bit	Büro rechts Jalousie hoch
5	1 Bit	Büro links Jalousie runter
6	1 Bit	Büro rechts Jalousie runter
7	1 Bit	Büro links LStKr 2
…	…	…

Abgesetzt hiervon werden die Datenpunkte des KNX/EIB-Systems angelegt.

Tab. 8-2 Belegung der Datenpunkte am KNX/EIB-Bussystem

Datenpunkt	Typ	Beschreibung
21	1 Bit	Büro links LStKr 1
22	1 Bit	Büro rechts LStKr 1
23	1 Bit	Büro links Jalousie hoch
24	1 Bit	Büro rechts Jalousie hoch
25	1 Bit	Büro links Jalousie runter
26	1 Bit	Büro rechts Jalousie runter
27	1 Bit	Büro links LStKr 2
…	…	…

Die Datenpunkte wurden aus Übersichtsgründen in beiden System gleich benannt, es ist zu berücksichtigen, dass die Datenpunkte z. B. separate Etagen, d. h. in einer Etage ist Interbus, in der anderen KNX/EIB verbaut.

8.33.2.3 Kopplung zwischen Phoenix Contact Interbus und KNX/EIB

Damit in PC Worx eine Verbindung mit dem Gateway IP BAOS 770 aufgebaut werden kann, muss ein Serverbaustein hinzugefügt werden. Dieser stellt die Verbindung über die zugewiesene IP Adresse her. Die vierstufige IP-Adresse wird im Format USINTEGER als Variable erstellt und mit dem jeweiligen Anschluss am Baustein verbunden. Am Anschluss „udtData" wird eine Variable für den Zugriff auf den Datenstrom des KNX/EIB-Bussystems erstellt (vgl. Abb. 8.715).

Abb. 8.715 Serverbaustein in PC Worx

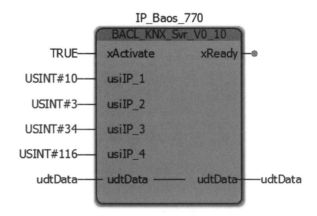

Damit nun ein Datenpunkt aus dem BAOS 770 einer Variable innerhalb von PC Worx zugewiesen werden kann, muss ein 1-Bit Baustein hinzugefügt werden. Unter der Bezeichnung „iObjectNum" wird die Nummer des Datenpunktes bestimmt, die zuvor innerhalb der Software ETS erstellt wurden und unter „xBit1" die Variable dem Datenpunkt zugewiesen. Am Anschluss „udtSvrData" wird die Variable, welche am Serverbaustein für den KNX/EIB Bus erstellt wurden, verbunden (vgl. Abb. 8.716).

Abb. 8.716 Datenpunktbaustein in PC Worx

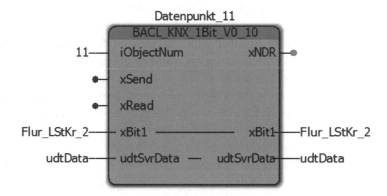

Auf diese Weise werden KNX/EIB-Objekte im Weinzierl-Gateway bekanntgemacht und in einer listenartigen Struktur abgelegt. Auf diese Liste wird als nummerierte Datenpunkte in der PC-Worx-Programmierung mit einzelnen nummerierten Datenpunktbausteinen zugegriffen.

Das Verfahren ist vergleichbar mit der Gatewaylösung bei den SPS-Systemen WAGO 750 und Beckhoff, bei denen nicht über Datenpunktnummern, sondern direkt über Gruppenadressen kommuniziert wird. Durch Umarbeitung des Gateways für andere Bussysteme kann entsprechend eine Datenpunktliste für das jeweilige Bussystem angelegt werden. Eine Implementation von Z-Wave oder xComfort wäre bei Interbus problemlos möglich.

8.33.3 Analyse

Der Gesamteindruck des Gateways IP BAOS 770 von Weinzierl in Verbindung mit einer Interbus-SPS ist sehr positiv. Das Gerät ist hochwertig verarbeitet und sehr kompakt in der Bauweise. Die Programmierung in der Software ETS 3 ist einfach und unkompliziert. Die IP Adresse und die Datenpunkte lassen sich schnell und einfach parametrieren. Die Parametrierung in PC Worx ist mit der richtigen Bibliothek ebenso schnell und unkompliziert möglich. Da das Gateway sämtliche Datentypen im Ethernet lesen kann, kann es mit jedem Gerät, welches an das Ethernet angeschlossen ist, kommunizieren. Es ist somit möglich über ein einziges Gateway mehrere Systeme neben dem Interbus mit unterschiedlichen Protokollarten mit dem KNX/EIB Bus zu koppeln. Somit entfallen teure

Anschaffungen für unterschiedliche Gateways. Zudem kann das Gateway IP Baos 770 nicht nur als ein Gateway zwischen verschiedenen Bussystemen genutzt werden, sondern auch als Programmierschnittstelle für die ETS Software verwendet werden. Somit wird im Rahmen der Programmierung kein weiteres Gerät benötigt, sondern alles in einem Gerät vereint. Schnittstelle und Gateway können jedoch nicht gleichzeitig benutzt werden.

Das Phoenix-Contact-Interbus-System wird auf einer Hutschiene montiert und fällt sehr kompakt aus. Das System ist eher in der Industrieautomation weit verbreitet als in der Gebäudeautomation. Die Steuerung arbeitet zuverlässig, schnell und durch die Vielzahl der verschiedenen Steuereinheiten kann ein System an die Größe des Objektes und an die eigenen Wünsche angepasst werden. Dadurch lassen sich Kosten einsparen. Mit der Programmierumgebung PC Worx kann die Steuerung sehr schnell und einfach in Betrieb genommen werden. Alle Funktionen für die Parametrierung der Klemmen sind in einem einzigen Softwaretool untergebracht und nicht auf mehrere Programme aufgeteilt. Da die Programmierung der IEC Norm entspricht, ist die Einarbeitung in sämtliche Programmiersprachen einfach und unkompliziert.

Beide Systeme, Interbus und KNX/EIB, arbeiten sehr schnell und zuverlässig. Jedes der beiden Systeme hat seine Vor- und Nachteile. Zum einen sind die Arten der Programmierung vollständig unterschiedlich, zum andern liegen die Kosten für die Anschaffung der einzelnen Komponenten weit auseinander. Das eine System ist in der Gebäudeautomation weit verbreitet und standardisiert, während das andere hinsichtlich der Programmiersprache normiert ist. Durch das Gateway IP BAOS 770 werden beide Systeme miteinander kombiniert. Dadurch können Kosten für die Anschaffung gesenkt und die Vorteile beider Systeme kombiniert werden.

8.33.4 Neubau

Prinzipiell lässt sich der Phoenix-Contact-Interbus für den Aufbau einer Gebäudeautomation im Neubau verwenden. Die Bauform des Systems ist jedoch eher für die Industrieautomation vorgesehen und würde daher erheblich Bauraum im Stromkreisverteiler einnehmen. Das Produktportfolio ist auf die Industrieautomation ausgerichtet. Die Einbindbarkeit anderer Gebäudeautomationssysteme, wie z. B. EnOcean, ist sehr einfach und auch für den KNX/EIB über ein Ethernet-basiertes Gateway sehr einfach möglich, die Programmierung des Interbus integriert die Gebäudebussysteme perfekt. Die Verwendung des PROFIBUS erweitert zwar die Verwendbarkeit des Interbus erheblich, es reichen für die Gebäudeautomation jedoch bereits die standardmäßigen Vernetzungsmöglichkeiten über das Ethernet vollständig aus. Automatisierung ist problemlos bei Rückgriff auf die IEC 61131-3 möglich, auch Visualisierungen sind über externe Softwarepakete machbar. Aus diesen Gründen ist der Phoenix-Contact-Interbus für die Installation im Neubau eines Hauses geeignet, es muss jedoch genügend Bauraum im Stromkreisverteiler vorhanden sein.

8.33.5 Sanierung

Die gleichen Argumente wie beim Neubau charakterisieren die Verwendung im Fall der Sanierung. Eine schmutzige Sanierung wird erforderlich, um Leitungen zu den Schaltstellen, den Tastern und Schaltern, zu ziehen und Relais mit Leitungen zu den Aktoren zu verbinden. Bei Rückgriff auf EnOcean, KNX/EIB und den Aufbau von einzelnen Subsystemen in dezentralen Stromkreisverteilern ist das Installationsproblem reduzierbar. Eine saubere Sanierung ist auch bei Rückgriff auf KNX/EIB nicht möglich, da dies ebenso die Verlegung von Leitungen erfordert. Damit ist Phoenix Contact Interbus nur bedingt und mit großem Aufwand für die Sanierung geeignet.

8.33.6 Erweiterung

Bei vorhandenen Leitungen zu neu anzuschließenden Elementen der Elektroinstallation können diese an freien Anschlüssen der SPS-Peripherie oder neuen Komponenten aufgeschaltet werden, dies wird durch die Einkoppelbarkeit der Bussysteme KNX/EIB und EnOcean optimiert. Auch die Programmierung ist problemlos erweiterbar.

8.33.7 Nachrüstung

Für die Nachrüstung ist Phoenix-Contact-Interbus nicht geeignet, da zu allen Komponenten der Elektroinstallation Leitungen gezogen werden müssen, es sei denn EnOcean-Komponenten werden integriert. Da auch das integrierbare Bussystem KNX/EIB nur über Leitungen adaptierbar ist, kommt Phoenix-Contact-Interbus weder für eine vollständige Nachrüstung im Rahmen einer Sanierung, noch für eine sukzessive Nachrüstung in Frage.

8.33.8 Anwendbarkeit für smart-metering-basiertes Energiemanagement

Die Anwendung von Smart Metering ist problemlos möglich und könnte problemlos durch neue Komponenten erweitert werden, da ein vorhandener elektrischer Haushaltszähler grundsätzlich durch einen elektronischen ersetzt werden kann und dieser durch intelligente Funktionalität erweitert werden könnte. Der Energiekunde kann durch Änderung seines Nutzerverhaltens seinen Energieverbrauch und damit seine Energiekosten senken, wenn er die über den eHz erfassten Daten auf einem Display ablesen kann. Dezentrale Zähler können über Schnittstellen und andere Bussysteme im Interbus integriert werden. Aktives und passives Energiemanagement sind ohne großen Aufwand möglich, indem z. B. über den KNX/EIB die Zähler in das Gesamtsystem integriert werden und im Interbus die immensen Rechenmöglichkeiten genutzt werden. Durch die Hinzunahme von IP-Symcon als Gesamtsystem bleiben keine Wünsche hinsichtlich des smart-metering-basierten Energiemanagements offen.

8.33.9 Objektgebäude

Aufgrund der flexiblen Einbindbarkeit von Subbussystemen und der überragenden Automatisierungsmöglichkeiten sowie der durch weitere Software darstellbare Visualisierungsmöglichkeit, ist die Interbus-Lösung auch für das Objektgebäude geeignet. Durch den halbzentralen Charakter des Systems können einzelne Gebäudeteile durch eine zentralisierte Installation optimal automatisiert und durch das übergeordnete Ethernet zusammengefasst werden. Die Vernetzung der halbdezentralen Systeme kann über verschiedene Ethernet-Protokolle erfolgen. Durch Integration KNX/EIB-basierter Smart-Metering-Lösungen sowie die Adaptierbarkeit anderer Messeinrichtungen, können Zähler für verschiedene Medien in das System implementiert werden, um mieter- oder nutzerbasiert automatisiert Abrechnungen zu erstellen. Durch die Implementierbarkeit von Funkbussystemen, wie z. B. EnOcean, ist es möglich die starre leitungsbasierte Vernetzung aufzubrechen und durch flexibel an die Bausituation angepasste Einbauorte zu ergänzen.

8.34 Phoenix Contact Nanoline

Nanoline ist eine Kompaktsteuereinheit der Firma Phoenix Contact, vergleichbar mit anderen Kleinsteuerungen. Dieses System wurde in den USA entwickelt und wird auch dort produziert. Da die Steuereinheit nur mit drei digitalen und analogen I/O-Erweiterungsmodulen erweitert werden kann, ist diese Steuereinheit nur für kleine Anwendungen der Automation geeignet. Zusätzlich zu den I/O-Erweiterungsmodulen kann entweder ein GPS-Modul, zur Steuerung über das Handy oder ein Ethernet-Modul, zur Programmierung über LAN angeschlossen werden. Als zusätzliche Erweiterungen stehen ein LCD Display, eine Echtzeituhr, eine RS232-Schnittstelle, eine RS485-Schnittstelle, USB-Schnittstelle und ein Memory-Baustein zur Verfügung. Die Programmierung des Systems erfolgt über das Programm „Nano Navigator" und ist damit nicht direkt mit einer Programmierung nach IEC 61131 vergleichbar.

Wird ein Kommunikationsmodul oder ein GPS Modul an die nanoLC-Einheit angeschlossen, muss das Modul an der linken Seite der Steuerung angeschlossen werden. Da die Basiseinheit nur mit einem Kommunikationsmodul erweitert werden kann, ist ein Anschluss von beiden Modulen an einer nanoLC-Basiseinheit nicht möglich. Es stehen fünf verschiedene Basiseinheiten zur Verfügung. Sie unterscheiden sich hinsichtlich ihrer Eingänge (sechs oder acht), Ausgänge (Transistor oder Relais) sowie ihrer Versorgungsspannung. Sämtliche Basiseinheiten verfügen über eine Echtzeituhr, einen Zähler und einen Timer (vgl. Abb. 8.717).

Die I/O-Erweiterungsmodule werden auf der rechten Seite der nanoLC-Basiseinheit montiert. Hier kann die Kombination der Module frei gewählt werden, ist aber wie oben schon erwähnt auf maximal drei Geräte pro Basiseinheit begrenzt.

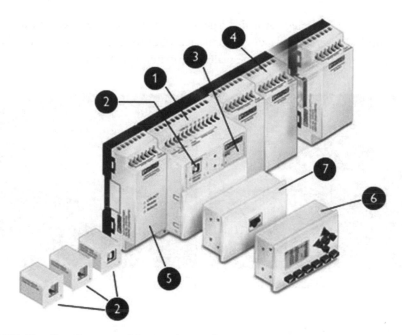

Abb. 8.717 Nanoline-Steuerung [Phoenix Contact]
  1: Basiseinheit
  2: Steckplatz 1 und mögliche Optionsmodule
  3: Steckplatz 2
  4: E/A Erweiterungsmodule
  5: Kommunikations-Erweiterungsmodule
  6: Bedienfeld
  7: Erweiterung des Bedienfelds

Erweitert man das System um ein optionales serielles USB-Kommunikationsmodul, kann die Konfiguration, Programmierung und die Simulation ganz einfach über ein USB Kabel erfolgen. Abgerundet wird das gesamte System durch die Erweiterung eines Displays. Das Display verfügt über 14 Tasten und ein hintergrundbeleuchtetes Display mit vier Zeilen und jeweils 20 Zeichen. Mit Hilfe des Displays können die Nachrichten, welche im Programm erstellt werden, und der Status der I/O-Punkte angezeigt werden. Zusätzlich kann das Display in einer Schaltschranktür oder im Stromkreisverteiler verbaut werden und über ein Kabel mit der nanoLC-Basiseinheit kommunizieren. Dies hat den enormen Vorteil, dass nützliche Information direkt an der Schaltschranktür ersichtlich sind.

Im Rahmen eines studentischen Projekts wurde die Anwendung von Nanoline am Beispiel des Prozesses an einem Demonstrationshaus untersucht. Das Haus verfügt über verschiedenste Sensoren und Aktoren, zudem sind Signalleuchten zur Simulation von Herd, Waschmaschine und Heizung vorhanden. Damit auch das Hoch- und Runterfahren der Jalousie simuliert werden kann, sind zwei Jalousiemotoren vorhanden sowie in jedem Raum ein Temperaturfühler. Die gesamte Verdrahtung wurde in der Wand und im Boden des Hauses verlegt. Auf der Rückseite des Hauses befindet sich die gesamte Steuerung und Netzversorgung des Hauses. Darüber werden sämtliche Aktoren angesteuert und alle sensorisch erfassten Signale verarbeitet (vgl. Abb. 8.718).

Abb. 8.718   Aufbau des Demonstrationshauses mit Nanoline

8.34.1   Typische Geräte

Typische Geräte bei Nanoline sind Basiseinheiten, die bereits über I/O-Kanäle verfügen, Kommunikationselemente, die auf der Basiseinheit aufgerastet werden, und Erweiterungsmodule.

8.34.1.1   Systemkomponenten

Die Basiseinheit NLC-050-100A-08I-04QRA-05A ist eine direkt vom Stromnetz versorgte Nanoline-Systemkomponente. Die Basiseinheit verfügt direkt über acht digitale Eingangs- und vier digitale Relais-Ausgangskanäle. I/O-Kanäle können hinzugefügt werden, indem maximal drei I/O-Erweiterungsmodule ergänzt werden. Optionale Kommunikationsmodule ermöglichen Netzwerk- oder serielle Connectivity. Ein optionales Bediengerät dient als direkte Benutzeroberfläche (vgl. Abb. 8.719).

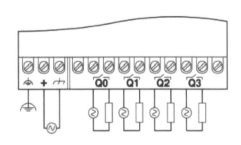

Abb. 8.719   Nanoline-Basiseinheit [Phoenix Contact]

Die komplexe Gerätebeschreibung wird nach folgendem Schema aufgelöst (vgl. Abb. 8.720):

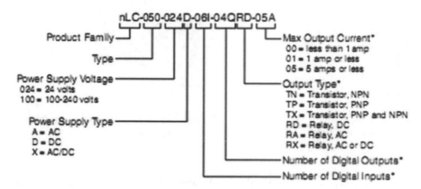

Abb. 8.720 Typencodes der Nanoline-Basiseinheit [Phoenix Contact]

Der maximale Ausgangsstrom je Kanal beträgt 5 A. Das Ethernet-Erweiterungsmodul NLC-COM-ENET-MB1 ermöglicht den Anschluss des Nanoline-Controllers an das Ethernet bei Verwendung des MODBUS-Protokolls (vgl. Abb. 8.721).

Der serielle Anschluss NLC-MOD-USB ermöglicht die Datenübertragung oder Softwarekonfiguration (vgl. Abb. 8.722).

Abb. 8.722 Serieller Anschluss NLC-MOD-USB [Phoenix Contact]

Abb. 8.721 Ethernet-Erweiterungsmodul NLC-COM-ENET-MB1 [Phoenix Contact]

Der RS232-Anschluss ermöglicht die Datenübertragung oder Softwarekonfiguration über RS232 (vgl. Abb. 8.723).

Die Echtzeituhr NLC-MOD-RTC ermöglicht die Generierung einer Echtzeituhr (vgl. Abb. 8.724).

Abb. 8.723 Serieller Anschluss NLC-
MOD-RS232 [Phoenix Contact]

Abb. 8.724 Echtzeituhr NLC-MOD-RTC
[Phoenix Contact]

Die Bedieneinheit NLC-OP1-LCD-032-4X20 wird als Benutzerschnittstelle direkt auf
dem Basisgerät montiert und bietet als Bedienoberfläche für Nanoline-Controller eine
8-zeilige, hintergrundbeleuchtete 21-stellige Anzeige mit Betriebs- und Einrichtungsin-
formationen für den Benutzer (vgl. Abb. 8.725).

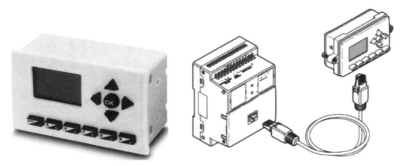

Abb. 8.725 Bedieneinheit NLC-OP1-LCD-032-4X20 [Phoenix Contact]

Zur lokalen Bedienung sind Navigationstasten und sechs Dateneingabetasten vorhanden
(vgl. Abb. 8.726).

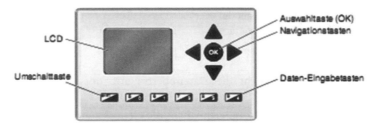

Abb. 8.726 Oberfläche der Bedieneinheit [Phoenix Contact]

8.34.1.2 Eingangsmodule

Das Analog-I/O-Erweiterungsmodul NLC-IO-4AI erweitert die Nanoline-Basiseinheit um vier analoge Eingangskanäle zum Anschluss von Sensoren (vgl. Abb. 8.727).

Abb. 8.727 Nanoline-Analog-
Input-Erweiterungsmodul
[Phoenix Contact]

8.34.1.3 Kombinierte Eingangs-/Ausgangsmodule

Das Digital-I/O-Erweiterungsmodul NLC-IO-03I-04QRD-05A erweitert die mit 24-V-DC-versorgte Basiseinheit um drei digitale Eingangs- und vier 5-A-Relaisausgangskanälen (vgl. Abb. 8.728).

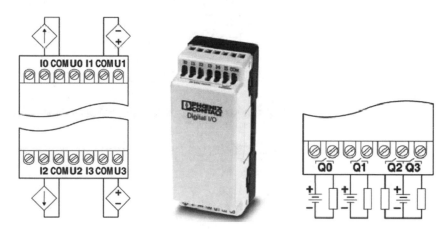

Abb. 8.728 Digital-I/O-Erweiterungsmodul NLC-IO-03I-04QRD-05A [Phoenix Contact]

8.34.2 Software

Die Software NanoNavigator ist ein kostenloses Tool, das mit jeder Basiseinheit mitgeliefert wird und auch zum Download im Downloadbereich von Phoenix Contact zur Verfügung steht. Es können in einem Programm bis zu 16 unterschiedliche Ablaufdiagramme erstellt werden. Zudem stehen zwei Programmiersprachen zur Verfügung. Dazu

gehören die Programmierung mit Kontaktplan und die Programmierung als Ablaufdiagramm. Programmiert wird nicht mit fertigen Bausteinen, sondern mit einzelnen Befehlen wird eine Funktion selbst zusammengestellt. Zu den Funktionen gehören unter anderem der Vergleich von Registern oder analogen Werten über einen UND- oder ODER-
Operator. Als Nächstes gibt es die Funktion Steuerung, mit welcher man Flags, Ausgänge
und Zeitgeber schalten kann. Darüber hinaus steht auch eine Entscheidungsfunktion zur
Verfügung, welche durch eine Ja/Nein-Bedingung den weiteren Verlauf der Funktion
steuert. Zusätzlich stehen auch eine Nachricht-Funktion, eine Umwandlungsfunktion,
eine Warten-Funktion und eine Notiz-Funktion. Die Funktion „Nachricht" kann auf
dem Display selbsterstellte Nachrichten anzeigen, die Umwandlungsfunktion wandelt
verschiedene Signale in Register um. Mit der Funktion „Warten" kann an einer beliebigen Stelle des Programms ein Wartezyklus eingebunden werden, mit der Funktion „Notiz" können wichtige Notizen im Programm erstellt werden.

Programmiert wird, indem die benötigten Bausteine in einer tabellenähnlichen Oberfläche platziert werden. Nachdem alle benötigten Bausteine auf der Programmieroberfläche platziert sind, werden sie durch Verbindungslinien logisch miteinander verknüpft.
Die Linien werden dabei per Drag and Drop von den Ausgängen der Funktionsblöcke zu
den farblich markierten Eingängen gezogen. Abschließend werden die Parameter festgelegt und die Funktion kann übertragen werden.

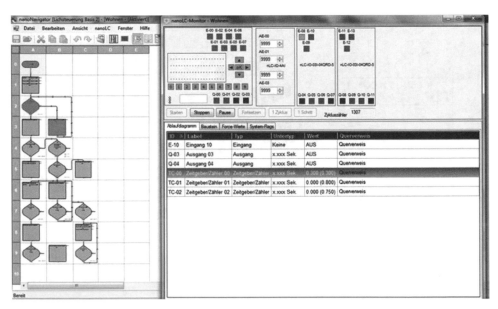

Abb. 8.729 Simulation

Ein sehr nützliches Tool ist die Simulation eines Programms. Hier kann die Ausführung
der Software ohne Hardware-Einsatz geprüft und parametriert werden. Es können die
Zustände der jeweiligen Ein- und Ausgänge, Zähler, Timer oder Flag-Register verfolgt

und geändert werden. Mit dieser Funktion ist es dem Benutzer möglich ein bereits erstelltes Programm ohne Hardware zu testen und zu überarbeiten. Dies hat den enormen Vorteil, dass offline programmiert und getestet werden kann (vgl. Abb. 8.729).

8.34.2.1 Ablaufsprache

Die Ablaufsprache der Software Nanonavigator ist nicht normiert und somit eine Eigenentwicklung von Phoenix Contact. Sie ist jedoch im Aufbau und in der Programmierung sehr ähnlich. Das Programm läuft innerhalb einiger Millisekunden jeden Baustein nacheinander ab, vergleicht die Bedingungen und die Entscheidungen, schaltet entsprechende Ausgänge und startet wieder von vorn. Es stehen sechs verschiedene Funktionsblöcke zur Verfügung.

1. Entscheidung Der Funktionsblock „Entscheidung" bietet die Möglichkeit, Eingänge, Ausgänge, Flags, Bedientasten oder Zähler abzufragen und logisch miteinander zu verknüpfen. Mit einem Block können maximal zwei Parameter abgefragt werden (vgl. Abb. 8.730 und Abb. 8.731).

Abb. 8.730 Funktionsblock „Entscheidung"

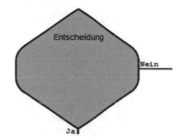

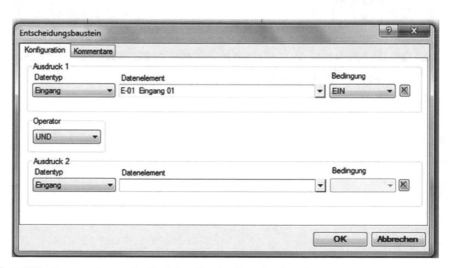

Abb. 8.731 Parametrierung des Funktionsblocks „Entscheidung"

2. Steuerung Mit Hilfe des Steuerungsblocks lassen sich Ausgänge, Flags und Register-
inhalte verändern. Ein einzelner Block kann bis zu vier Parameter einschalten und wieder ausschalten (vgl. Abb. 8.732 und Abb. 8.733).

Abb. 8.732 Funktionsblock
„Steuerung"

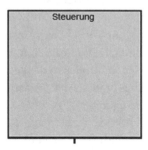

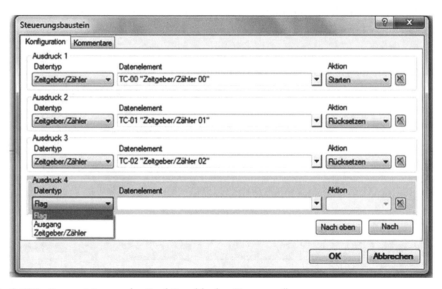

Abb. 8.733 Parametrierung des Funktionsblocks „Steuerung"

3. Vergleich   Dieser Baustein vergleicht festgelegte Uhrzeiten, Registereinträge oder z. B. Analogwerte mit aktuellen Werten. Somit ist die Realisierung von Tages-, Wochen- und Grenzwertaufgaben möglich. Als Vergleichsoperatoren sind die Standard-Operatoren vorhanden (vgl. Abb. 8.734 und Abb. 8.735).

Abb. 8.734 Funktionsblock „Vergleich"

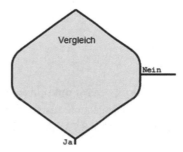

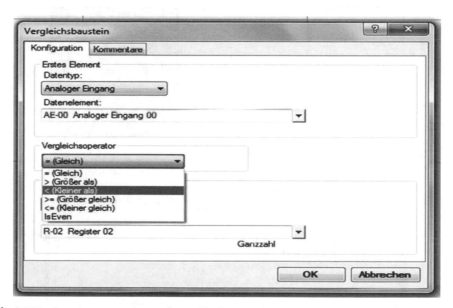

Abb. 8.735 Parametrierung des Funktionsblocks „Vergleich"

4. Nachricht   Falls eine Displayeinheit an die Basis angeschlossen wird, kann mit dem Funktionsblock „Nachricht" an jeder Stelle des Programms eine Nachricht auf dem Display angezeigt werden. Es lassen sich insgesamt bis zu 32 Nachrichten auf dem Display anzeigen. Der Text kann einfache Nachrichten, die Uhrzeit oder auch Eingangs- und Ausgangswerte anzeigen (vgl. Abb. 8.736).

Abb. 8.736 Funktionsblock
„Nachricht"

5. Umwandlung Der Funktionsbaustein „Umwandlung" kann Inhalte zwischen den Registern und Zeitgebern austauschen, kopieren und mit bereits gespeicherten Werten vergleichen (vgl. Abb. 8.737 und Abb. 8.738).

Abb. 8.737 Funktionsblock
„Umwandlung"

Abb. 8.738 Parametrierung des Funktionsblocks „Umwandlung"

6. Warten Mit diesem Baustein kann ein Programm an bestimmten Stellen verzögert werden, um einen Text anzuzeigen oder einen Ausgang für bestimmte Zeit zu schalten. Eingestellt kann die Zeit in Sekunden oder ein Programmzyklus (vgl. Abb. 8.739 und Abb. 8.740).

Abb. 8.739 Funktionsblock „Warten"

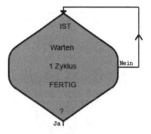

Abb. 8.740 Parametrierung des Funktionsblocks „Warten"

Beispielhaft kann ein Programm bei Anwendung der Ablaufsprache folgendes Aussehen haben (vgl. Abb. 8.741):

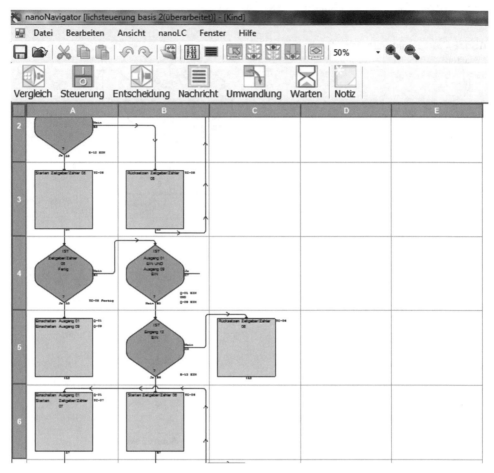

Abb. 8.741 Beispiel für die Anwendung der Ablaufsprache

8.34.2.2 Kontaktplan

Die Programmiersprache Kontaktplan ist genauso wie die Ablaufsprache nicht normiert, sondern eine Eigenentwicklung von Phoenix Contact, entspricht jedoch im Wesentlichen der Norm IEC 61131-3. Diese Sprache arbeitet mit Kontakten. Es werden keine Funktionsblöcke platziert, sondern ein Standard-Strang platziert. Ein Standard-Strang besteht aus einem Kontakt und einem Relais. Dieser Strang kann um parallele oder in Reihe geschaltete Kontakte oder Vergleichsoperatoren erweitern werden. Es kann kein Strang selbst erstellt werden, sondern nur ein Standard-Strang. Das Programm läuft die Stränge von oben nach unten nacheinander ab (vgl. Abb. 8.742).

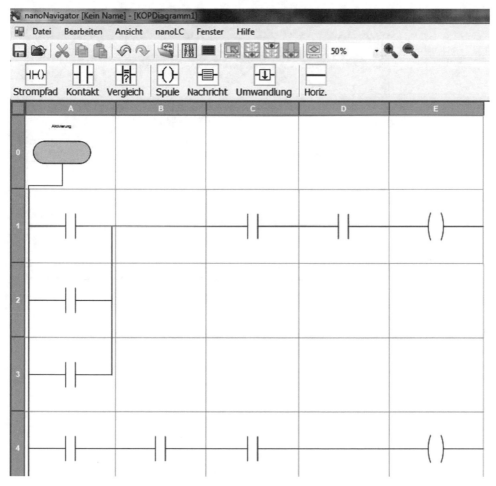

Abb. 8.742 Beispiel für die Anwendung des Kontaktplans

8.34.2.3 Anlage eines Projekts

Die Oberfläche zur Anlage eines Projekts ist wie eine Tabelle aufgeteilt, in der die Spalten in Buchstaben und die Zeilen in Nummern unterteilt sind. Die einzelnen Zellen lassen sich somit eindeutig festlegen. In jedem neuen Ablaufdiagramm befindet sich in der Zelle A0 der Aktivierungsbaustein. Dieser Baustein startet das Programm und muss sich immer am Anfang jedes Programms befinden. Einzelne Bausteine lassen sich durch Anklicken in der Bausteinsymbolleiste in die einzelnen Zellen einfügen. Es kann jeweils nur ein Baustein pro Zelle eingefügt werden. Wurden einige Bausteine hinzugefügt, werden diese per Drag and Drop mit einander verbunden (vgl. Abb. 8.743 und Abb. 8.744).

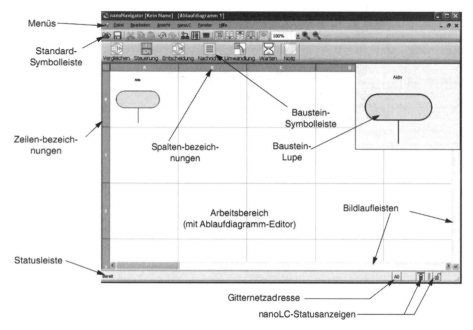

Abb. 8.743 Anlegen eines Projekts

Abb. 8.744   Beispiel für ein Projekt

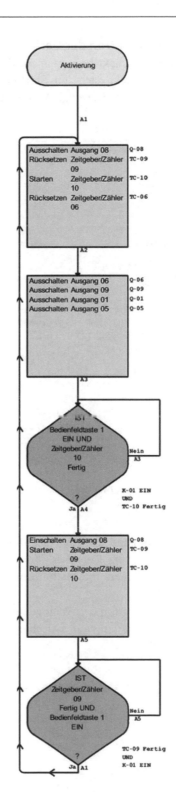

8.34.2.4 Konfiguration der Geräte

Bevor mit einem Projekt begonnen werden kann, müssen die Geräte konfiguriert werden. Dies erfolgt direkt nach dem Start der Software. Hier werden die benutzten Geräte ausgewählt und konfiguriert (vgl. Abb. 8.745).

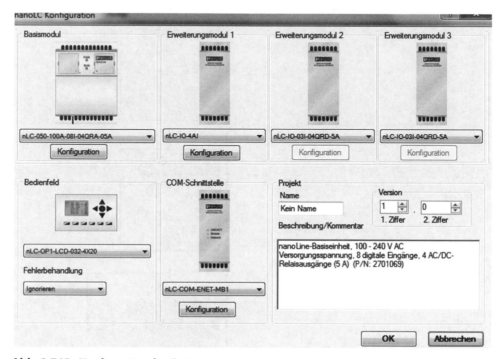

Abb. 8.745 Konfiguration der Geräte

So wird z. B. die Baudrate des USB-Moduls und die Anzahl der Stoppbits eingestellt. Falls sich in Steckplatz 2 ein Real-Time-Clock-Modul befindet, kann die Uhrzeit zwischen der europäischen, internationalen und der amerikanischen Form gewählt werden (vgl. Abb. 8.746).

Bei der Konfiguration der Analogeingänge wird die Skalierung der Ober- und Untergrenze festgelegt. Zudem kann zwischen vier verschiedenen Parametern gewählt werden (vgl. Abb. 8.747):

- 0–20 mA
- 4–20 mA
- 0–10 V
- +/–10 V

Abb. 8.746 Konfiguration des Basismoduls

Abb. 8.747 Konfiguration Analogeingänge

8.34.2.5 Beschreibung der Datenelemente

Die Bezeichnung der Datenelemente gibt Aufschluss über ihren Verwendungszweck. Verfügbare Datentypen sind:

- **Eingang:** besitzt die Zustände EIN und AUS
- **analoger Eingang:** ist eine Gangzahl für eine veränderbare Ausgangsspannung
- **Ausgang:** besitzt die Zustände EIN und AUS
- **analoger Ausgang:** liefert eine veränderliche Spannung oder einen Wert
- **Zeitgeber/Zähler:** 64 verfügbare Zeitgeber
- **High Speed Zähler:** maximal 2 können Projektweise aktiviert werden
- **Register:** 64 verfügbare Register, konfigurierbar als Ganzzahl, Datum, Uhrzeit und Dauer
- **Flag:** 128 binäre Flags verfügbar
- **Bedienfeldtaste:** an der Displayeinheit sind 16 Bedienfeldtasten vorhanden, die in der Programmierung mit eingebunden werden können

8.34.2.6 Verbinden von Ablaufdiagrammen

Durch Bewegen des Mauszeigers auf den unteren Rand (bei Entscheidungs- und Vergleichsbausteinen auf den rechten Rand) des Bausteins erscheint ein orangener Verbindungspunkt. Dieser wird nun mit der linken Maustaste ausgewählt, danach erscheinen auf der ganzen Tabelle mögliche Verbindungspunkte. Nur zu diesen Punkten kann eine Verbindung erzeugt werden. Wird der Mauszeiger jetzt auf den oberen Rand des nächsten Bausteins geführt, erscheint ein grüner Verbindungspunkt. Hier kann die Verbindungslinie vervollständigt werden.

8.34.3 Analyse

Die Kleinsteuerung Nanoline von Phoenix Contact ist aufgrund seiner kleinen Bauweise sehr kompakt und nimmt somit wenig Platz in der Schaltzentrale oder im Schaltschrank ein. Die Programmiersoftware ist übersichtlich und die Einarbeitung erfolgt recht schnell. Leider ist die Programmiersprache nicht normiert und somit sind die ersten Schritte etwas schwierig. Jede neue Verbindung muss durch Test getestet werden und benötigte logische Bausteine müssen selbst verknüpft werden. Zudem können nicht direkt mehrere Basiseinheiten über ein Ethernet Netzwerk miteinander kommunizieren. Es können somit keine Daten zwischen zwei Systemen ausgetauscht werden. Zudem besteht keine Ankoppelbarkeit an andere Feldbussysteme über Gateways, sondern lediglich zu einem übergeordneten MODBUS-System. Durch die Einschränkung, dass nur drei Erweiterungsmodule angeschlossen werden können und somit nur eine sehr begrenzte Anzahl an Eingängen und Ausgängen zur Verfügung steht, ist das System für große Projekte wie z. B. ein Einfamilienhaus eher ungünstig. Jedoch ist das System aufgrund des geringen Anschaffungspreises für kleine Projekte, wie z. B. die Automatisierung eines Ladenlokals oder eines kleinen Gewächshauses, sehr gut geeignet.

Das System wird als gut bewertet. Als positiv sind geringer Anschaffungspreis und die Programmiersoftware Nanonavigator zu bewerten. Diese ist recht kompakt, übersicht-lich und verfügt über alle nötigen Funktionen, die zum Parametrieren der Geräte und zum Programmieren der Applikationen notwendig sind. Negativ zu bewerten ist die komplizierte Vernetzbarkeit der einzelnen Controller über MODBUS und die begrenzte Anzahl der Erweiterungsmodule.

8.34.4 Neubau

Prinzipiell lässt sich die SPS Phoenix Contact Nanoline für den Aufbau einer Gebäude-automation im Neubau verwenden. Die Bauform des Systems ist neben der Verwendung für die Industrieautomation auch für die Gebäudeautomation geeignet und passt sich gut in den Stromkreisverteiler ein. Das Produktportfolio ist auf die Industrieautomation ausgerichtet, ermöglicht aber auch die Erfassung binärer und analoger Signale in der Gebäudeautomation und über die digitalen und analogen Ausgangskanäle auch Schalten und Jalousiefahren, prinzipiell auch das Dimmen. Die Einbindbarkeit anderer Gebäude-automationssysteme, wie z. B. KNX/EIB oder EnOcean ist nicht möglich. Auch die Ver-netzbarkeit von Nanoline durch Zusammenschaltung von Subsystemen ist nur über ein übergeordnetes MODBUS-System möglich und damit zu aufwändig. Eine Automatisie-rung ist problemlos bei Rückgriff auf eine mit der IEC 61131-3 vergleichbare Software-variante möglich, die Programmiermethode weicht jedoch erheblich von den bisher bekannten Methoden ab, ist aber äußerst einfach. Auch sehr einfache Visualisierungen sind machbar. Aus diesen Gründen ist Nanoline zwar aufgrund der einfachen Konfigu-ration- und Programmiermöglichkeit gut, der mangelhaften Vernetzbarkeit und der nur wenigen verfügbaren Sensor- und Aktorkanäle jeder Basiseinheit jedoch nicht für die Installation im Neubau eines Hauses geeignet. Es fehlen Gateways zu typischen Gebäu-deautomationssystemen.

8.34.5 Sanierung

Die gleichen Argumente wie beim Neubau negieren die Verwendung im Fall der Sanie-rung. Eine schmutzige Sanierung wird erforderlich, um Leitungen zu den Schaltstellen, den Tastern und Schaltern, zu ziehen und Relais über Leitungen mit den Aktoren zu verbinden. Eine saubere Sanierung ist nicht möglich. Damit ist Nanoline nicht für die Sanierung geeignet.

8.34.6 Erweiterung

Aufgrund der Nachteile bezüglich des Neubaus und der Sanierung wird eine Erwei-terung nicht nötig sein. Bei vorhandenen Leitungen zu neu anzuschließenden Elementen der Elektroinstallation können diese an freien Anschlüssen der SPS-Peripherie oder neuen Komponenten aufgeschaltet werden. Auch die Programmierung ist problemlos

erweiterbar. Die Ausbaufähigkeit der einzelnen Systeme ist auf wenige Module beschränkt. Durch die fehlende Vernetzbarkeit sind übergreifende Funktionen, wie z. B.
Haus-ist-verlassen oder Panikschaltung nicht direkt möglich.

8.34.7 Nachrüstung

Für die Nachrüstung ist Nanoline nicht bzw. nur für nicht in eine Gebäudeautomation
integrierbare Detaillösungen geeignet, da zu allen Komponenten der Elektroinstallation
Leitungen gezogen werden müssen. Die Implementierbarkeit von Funkbussystemen
besteht nicht.

8.34.8 Anwendbarkeit für smart-metering-basiertes Energiemanagement

Die Anwendung von Smart Metering ist problemlos möglich und könnte problemlos
durch neue Komponenten erweitert werden, da ein vorhandener elektrischer Haushaltszähler grundsätzlich durch einen elektronischen ersetzt werden kann und dieser durch
intelligente Funktionalität erweitert werden könnte. Der Energiekunde kann durch Änderung seines Nutzerverhaltens seinen Energieverbrauch und damit seine Energiekosten
senken, wenn er die über den eHz erfassten Daten auf einem Display ablesen kann. Es
handelt sich jedoch um ein System, das nicht mit der Kleinsteuerung Phoenix Contact
Nanoline verbunden ist. Aktives und passives Energiemanagement sind nicht realisierbar, da die Programmierfähigkeit der Phoenix Contact Nanoline nicht die Integration
von eHz, Berechnung und Darstellung auf Visualisierungssystemen ermöglicht.

8.34.9 Objektgebäude

Aufgrund der begrenzten Ausbaufähigkeit einzelner Basiseinheiten mit Peripherie ist das
Nanoline-System nicht für Objektgebäude geeignet.

8.35 EATON Easy

Auch EATON bietet mit den Serien 500, 700 und 800 Kleinsteuerungen an, die mit der
Siemens-LOGO auch hinsichtlich der Bauform verglichen werden können. Anders als
bei der Kleinsteuerung Siemens LOGO sind die einzelnen EATON-Kleinsteuerungen
direkt über ein Ethernet vernetzbar. Zusätzlich wird eine dezentrale Kleinsteuerung
angeboten, wobei der Controller im Stromkreisverteiler verbaut wird und die dezentralen Sensoren und Aktoren über Drahtverbindugnen angeschlossen werden (vgl.
Abb. 8.748).

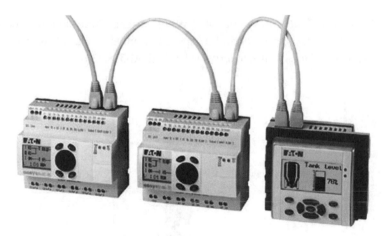

Abb. 8.748 EATON-Easy-System [EATON]

8.35.1 Typische Geräte

Typische Geräte des EATON-Easy-Systems sind die Kleinsteuerungen der verschiedenen Serien mit unterschiedlicher Ausstattung an Ein- und Ausgängen sowie weitere anbaubare Module und Peripherie.

8.35.1.1 Systemkomponenten

Zentrale Komponente des EATON-Easy-Systems ist die Kleinsteuerung, die in verschiedensten Varianten mit unterschiedlichster Anzahl an digitalen und analogen Ein- und Ausgängen angeboten wird. Als Stromversorgung kann die aus der Industrieautomation bekannte 24-V-Versorgung, bei anderen Varianten aber auch das Stromnetz selbst genutzt werden (vgl. Abb. 8.749).

Abb. 8.749 EATON-Easy-Kleinsteuerung [EATON]

Das Basisgerät der 500er-Serie verfügt über acht Eingänge, davon zwei analogen, und vier Relaisausgängen mit 8 A Maximalstrom bei Stromversorgung mit 230 V, während das Basisgerät der 700er-Serie über zwölf Eingänge verfügt, davon zwei analoge, und Relaisausgängen.

Das EATON-Easy-System Easy 802-DC-SWD stellt den Controller zum dezentralen EATON-Easy-System dar. Bis zu 99 drahtbasierte Busteilnehmer mit insgesamt mehr als 160 Ein-/Ausgängen können angesteuert werden (vgl. Abb. 8.750).

Abb. 8.750 EATON-Easy-802-DC-SWD-System [EATON]

Abb. 8.751 EATON-Easy-806-DC-SWD [EATON]

Durch die Komponente Easy 806-DC-SWD kann das dezentrale EATON-Easy-System mit den anderen EATON-Easy-Kompaktsteuerungen zu einem Gesamtsystem zusammengefügt werden (vgl. Abb. 8.751).

Für das EATON-Easy-System ist ein Ethernet-Gateway unter dem Name EASY209-SE verfügbar, mit dem das EATON-Easy-Netzwerk auch in übergeordnete Automationssysteme integriert werden kann. Durch die Verfügbarkeit der OPC-Funktionalität kann das EATON-Easy-System in OPC-basierte Server-Client-Systeme integriert werden (vgl. Abb. 8.752).

Verfügbar sind zudem Kommunikationsadapter zu den ASI- und PROFI-Bus sowie den CAN-Bus und das DeviceNet (vgl. Abb. 8.753).

Abb. 8.753 Kommunikationsadapter zu diversen Feldbussystemen [EATON]

Abb. 8.752 Ethernet-Gateway Easy 209-SE [EATON]

8.35.1.2 Sensoren und Aktoren

Beim dezentralen EATON-Easy-System werden vergleichbar mit dem ASI-Bus-Sensoren und -Aktoren über vorkonfigurierte Drahtverbindungen mit dem zentralen Controller verbunden (vgl. Abb. 8.754).

Abb. 8.754 Dezentrales EATON-Easy-System mit Sensoren und Aktoren [EATON]

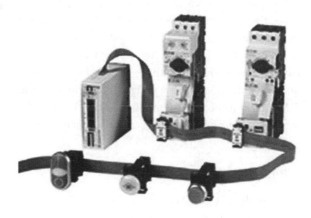

Zur Erweiterung des Kompaktsystems stehen verschiedenste Erweiterungsmodule mit unterschiedlichen Anzahlen an Sensoren und Aktoren zur Verfügung (vgl. Abb. 8.755).

Abb. 8.755 Erweiterungsmodule für das EATON-Easy-Kompaktsystem [EATON]

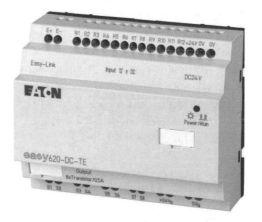

8.35.1.3 Programmierung

Für die Programmierung des EATON-Easy-Systems sind verschiedene Möglichkeiten vorhanden. Als Kleinsteuerung mit Display können einfache Programmierungen direkt über Tasten und das Display erfolgen. Umfangreichere Programmierungen erfolgen mit den Softwarepaketen Easy-Soft-Basic und Easy-Soft-pro. Die Funktionalität der Softwarepakete entspricht derjenigen anderer Kleinsteuerungsanbieter. Daher wird nicht näher auf die Software eingegangen.

8.35.2 Analyse

EATON bietet mit dem System EATON Easy ein umfangreiches Kleinsteuerungssystem an, das speziell auf die Industrieautomatisierung ausgerichtet ist. Die Vernetzbarkeit ist gegeben und kann durch ein dezentrales System auch um dezentrale Sensoren und Aktoren ergänzt werden. Hinsichtlich ankoppelbarer Feldbussysteme sind Gateways zum ASI-, PROFI- und CAN-Bus sowie zu System DeviceNet verfügbar. Zur Implementation in die Automatisierungs- und Leitebene ist ein Ethernet-Gateway mit OPC-Funktionalität verfügbar. Damit stehen keine Gateways zur Ankopplung von Gebäudeautomationssystemen zur Verfügung. Prinzipiell ist EATON Easy für die Gebäudeautomation aufgrund der Vernetzungsmöglichkeit nutzbar und wäre eine gute Bereicherung für das EATON-xComfort-System, aufgrund der fehlenden Gateways zu Gebäudeautomationssystemen bleibt die Anwendbarkeit für Gebäudeautomation stark beschränkt.

8.35.3 Neubau

Prinzipiell lässt sich das EATON-Easy-System für den Aufbau einer Gebäudeautomation im Neubau verwenden. Die Bauform des Systems ist neben der Verwendung für die Industrieautomation auch für die Gebäudeautomation geeignet und passt sich gut in den Stromkreisverteiler ein. Das Produktportfolio ist auf die Industrieautomation ausgerichtet, ermöglicht aber auch die Erfassung binärer und analoger Signale in der Gebäudeautomation und über die digitalen und analogen Ausgangskanäle auch Schalten und Jalousiefahren, prinzipiell auch das Dimmen. Die Einbindbarkeit anderer Gebäudeautomationssysteme, wie z. B. KNX/EIB oder EATON xComfort ist nicht möglich. Die Vernetzbarkeit von EATON Easy durch Zusammenschaltung von Subsystemen ist möglich. Eine Automatisierung ist problemlos bei Rückgriff auf die Methoden der IEC 61131-3 möglich, auch einfache Visualisierungen sind machbar und über OPC erweiterbar. Aus diesen Gründen ist EATON Easy in Summe prinzipiell für die Installation im Neubau eines Hauses geeignet, durch das Fehlen von Gateways zu Gebäudebussystemen wird die Eignung stark abgeschwächt.

8.35.4 Sanierung

Die gleichen Argumente wie beim Neubau negieren die Verwendung im Fall der Sanierung. Eine schmutzige Sanierung wird erforderlich, um Leitungen zu den Schaltstellen, den Tastern und Schaltern, zu ziehen und Relais mit Leitungen zu den Aktoren zu installieren. Eine saubere Sanierung ist nicht möglich, auch wenn dezentrale Subsysteme aufgebaut werden können. Damit ist EATON easy nicht für die Sanierung geeignet. Insbesondere führt das Fehlen der Integrierbarkeit von Funkbussystemen zur Abwertung.

8.35.5 Erweiterung

Aufgrund der Nachteile bezüglich des Neubaus und der Sanierung wird eine Erweiterung nicht nötig sein. Bei vorhandenen Leitungen zu neu anzuschließenden Elementen der Elektroinstallation können diese an freien Anschlüssen der SPS-Peripherie oder neuen Komponenten aufgeschaltet werden. Auch die Programmierung ist problemlos erweiterbar.

8.35.6 Nachrüstung

Für die Nachrüstung ist EATON Easy nicht geeignet, da zu allen Komponenten der Elektroinstallation Leitungen gezogen werden müssen.

8.35.7 Anwendbarkeit für smart-metering-basiertes Energiemanagement

Die Anwendung von Smart Metering ist problemlos möglich und könnte problemlos durch neue Komponenten erweitert werden, da ein vorhandener elektrischer Haushaltszähler grundsätzlich durch einen elektronischen ersetzt werden kann und dieser durch intelligente Funktionalität erweitert werden könnte. Der Energiekunde kann durch Änderung seines Nutzerverhaltens seinen Energieverbrauch und damit seine Energiekosten senken, wenn er die über den eHz erfassten Daten auf einem Display ablesen kann. Es handelt sich jedoch um ein System, das nicht mit dem EATON-Easy-System verbunden ist. Aktives und passives Energiemanagement sind nicht realisierbar, da die Programmierfähigkeit von EATON Easy nicht die Integration von eHz, Berechnung und Darstellung auf Visualisierungssystemen ermöglicht.

8.35.8 Objektgebäude

Aufgrund der begrenzten Ausbaufähigkeit einzelner Basiseinheiten mit Peripherie ist die Kleinsteuerung EATON Easy nicht für Objektgebäude geeignet.

8.36 Schneider Electric Zelio

Aufgrund der immensen Geschäftstätigkeit der Schneider Electric verfügt das Unternehmen über eine große Anzahl verschiedenster Systeme der Gebäudeautomation, hierzu zählen KNX/EIB, LON, Merten Connect, ELSO IHC, damit würde eine Erweiterung der verschiedenen Gebäudeautomautomationssysteme über ein SPS- oder Kleinsteuerungssystem Sinn machen, um die Automatisierungsmöglichkeit der einzelnen Systeme durch zentrale Komponenten zu optimieren. Da im Konzern der Schneider Electric auch das SPS-System des Unternehmens Telemechanique enthalten ist, ist hierfür prinzipiell eine gute Grundlage gelegt. Das System ZELIO Logic ist eine Kleinsteuerung, die auch von der Bauform her mit Siemens LOGO und EATON easy verglichen werden kann. Die Kleinsteuerung ZELIO Logic besteht im Vergleich mit EATON Easy aus einem Portfolio verschiedenster Kleinsteuerungen unterschiedlicher Peripherie, die über ein Netzwerk verbunden werden können.

8.36.1 Typische Geräte

Typische Geräte bei ZELIO Logic sind die Kleinsteuerungen, Peripherieeinheiten und Displays.

8.36.1.1 Systemkomponenten

Die im Rahmen eines kleinen Projekts eingesetzte Kleinsteuerung SR2 B121BD verfügt über vier binäre und vier analoge Eingänge und vier Relais mit maximal 8 A Belastung. Die Kleinsteuerung wird aus einem separaten 24-V-Industrienetzteil versorgt (vgl. Abb. 8.756).

Abb. 8.756 ZELIO-Logic-
Kleinsteuerung SR2 B121BD

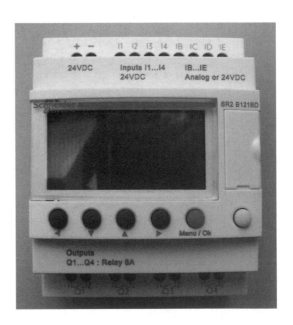

Über einen im Lieferumfang des ZELIO-Logic-Starterkits enthaltenen USB-Ethernet-Adapter kann die Kleinsteuerung auch über das Ethernet programmiert werden (vgl. Abb. 8.757).

Abb. 8.757   USB-Ethernet-Adapter

Im Lieferumfang des Starterkits befindet sich zudem ein 24-V-Netzteil (vgl. Abb. 8.758).

Abb. 8.758   24-V-Netzteil zur
Versorgung der Kleinsteuerung

Anzeigen und Bedienungen können über das Mehrzeilen-Display Telemecanique Magelis erfolgen (vgl. Abb. 8.759).

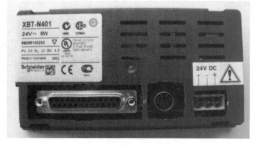

Abb. 8.759   Display Telemecanique Magelis

8.36.1.2 Sensoren und Aktoren

Zur Erweiterung der kompakten Kleinsteuerungen werden Erweiterungsmodule mit verschiedenen Ausstattungen an Sensoren und Aktoren angeboten (vgl. Abb. 8.760).

Abb. 8.760 Erweiterungsmodul für die Kleinsteuerung
ZELIO Logic

8.36.2 Programmierung

Zur Programmierung der Kleinsteuerung Zelio-Logic dient die Software Zelio Soft 2, die dem System beiliegt. Die Software ist der Programmiersprache CFC in der Norm IEC 61131-3 ähnlich (vgl. Abb. 8.761).

Abb. 8.761 Software Zelio Soft 2

Der Programmierprozess startet mit der Neuanlage des zu erstellenden Programms. Zu Erweiterungszwecken kann das Programm auch aus der Anlage geladen werden. Damit ist auch ohne schriftliche Dokumentation eine Arbeit am Projekt möglich (vgl. Abb. 8.762).

Abb. 8.762 Aufruf der Software Zelio Soft 2

Die Hardware kann über ein Menü komfortabel ausgewählt werden, Bilder unterstützen
den Auswahlprozess (vgl. Abb. 8.763).

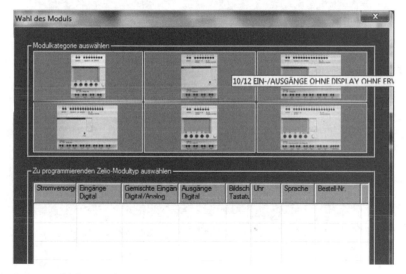

Abb. 8.763 Auswahl der Hardware

Nach Auswahl eines Systems werden die vorhandenen Ein- und Ausgänge und die mögliche Programmierart angezeigt (vgl. Abb. 8.764).

Soweit möglich können Erweiterungsmodule ausgewählt und hinzugeladen werden,
um die Gesamtanzahl an Ein- und Ausgängen zu erweitern (vgl. Abb. 8.765).

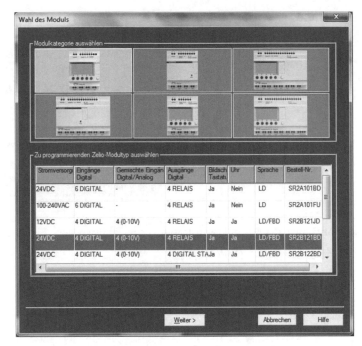

Abb. 8.764   Beschreibung der Hardware

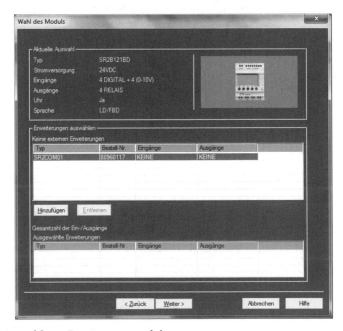

Abb. 8.765   Auswahl von Erweiterungsmodulen

Im nächsten Schritt wird die Programmiermethode ausgewählt. Bei dem ausgewählten Controller besteht die Auswahlmöglichkeit zwischen dem Ladderdiagramm (Kontaktplan) und der Funktionsbausteinsprache FBD. Für Gebäudeautomationsaufgaben eignet sich ideal die Funktionsbausteinsprache (vgl. Abb. 8.766).

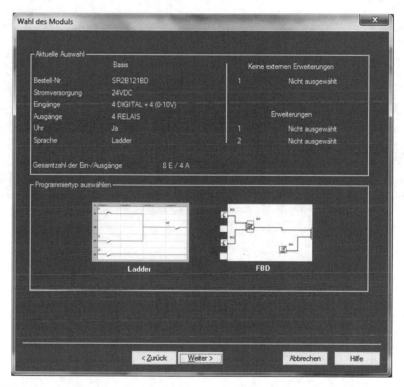

Abb. 8.766 Auswahl der Programmierumgebung

Die Programmieroberfläche bildet auf der linken Seite die Eingänge und auf der rechten die Ausgänge ab. Die einzelnen Funktionsbausteine werden zwischen den Ein- und Ausgängen platziert (vgl. Abb. 8.767).

Die verfügbaren Funktionsbausteine bestehen aus realen Eingängen, die direkt oder per Flanke erfasst werden sowie Zeitfunktionen, festen Werten und analogen Umrechnung, oder Ausgaben auf Ausgänge oder das Display. Zur eigentlichen Programmierung stehen verschiedenste logische und sonstige Funktionen zur Verfügung. Über eine Hilfefunktion können die Bausteine analysiert werden (vgl. Abb. 8.768).

Abb. 8.767   Programmieroberfläche

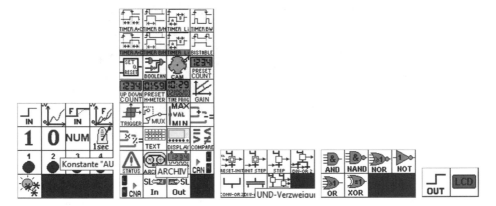

Abb. 8.768   Verfügbare Funktionsbausteine

Die Funktionsbausteine werden komfortabel ausgewählt und auf der Programmieroberfläche abgelegt. Ein- und Ausgänge werden über Verbindungslinien verbunden.
Durch die Anordnung der Eingänge links und Ausgänge rechts entsteht direkt eine Darstellung des Informationsflusses (vgl. Abb. 8.769).

Im Anschluss an den Programmierprozess wird das erstellte Programm compiliert
und kann anschließend auf den Controller übertragen werden. Das Ergebnis der Compi-
lierung wird in Verbindung mit den verfügbaren und genutzten Ressourcen des Controllers und der geschätzten Prozessdauer der Applikation angezeigt (vgl. Abb. 8.770).

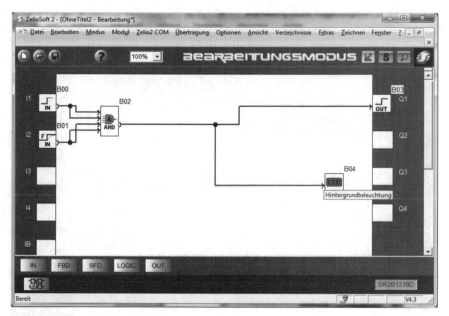

Abb. 8.769 Programmierprozess

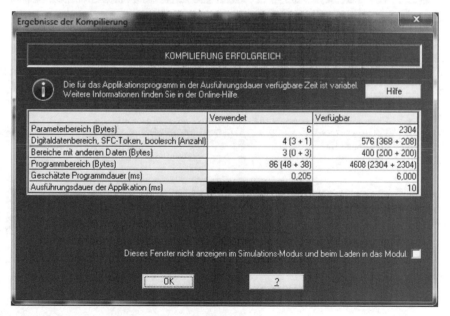

Abb. 8.770 Ergebnis des Compilationsprozesses

Abschließend kann das erstellte Programm auf den Controller geladen und der Controller gestartet werden (vgl. Abb. 8.771).

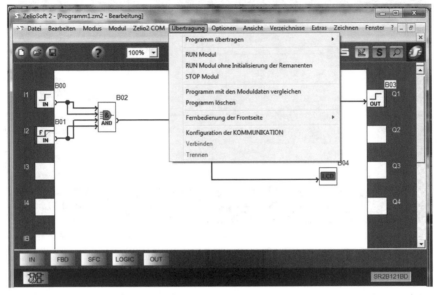

Abb. 8.771 Übertragung des Programms auf den Controller

Ähnlich komfortabel wird die Visualisierung auf dem Display per Software realisiert (vgl. Abb. 8.772).

Abb. 8.772 Visualisierungssoftware Vijeo Designer Lite

8.36.3 Analyse

Schneider Electric bietet mit der Kleinsteuerung ZELIO Logic ein umfangreiches Klein-steuerungssystem an, das speziell auf die Industrieautomatisierung ausgerichtet ist. Die Vernetzbarkeit ist gegeben. Hinsichtlich ankoppelbarer Feldbussysteme sind keine Gate-ways zu Industrieautomationssystemen verfügbar, damit ist der Funktionsumfang auf die vorhandenen binären und analogen Ein- und Ausgänge reduziert. Somit stehen auch keine Gateways zur Ankopplung von Gebäudeautomationssystemen zur Verfügung. Prinzipiell ist ZELIO Logic für die Gebäudeautomation aufgrund der Vernetzungsmög-lichkeit nutzbar und wäre eine gute Bereicherung für die diversen Gebäudeautomations-systeme der Firma Schneider Electric, aufgrund der fehlenden Gateways zu Gebäudeauto-mationssystemen bleibt die Anwendbarkeit für Gebäudeautomation stark beschränkt.

8.36.4 Neubau

Prinzipiell lässt sich das ZELIO-Logic-System für den Aufbau einer Gebäudeautomation im Neubau verwenden. Die Bauform des Systems ist neben der Verwendung für die Industrieautomation auch für die Gebäudeautomation geeignet und passt sich gut in den Stromkreisverteiler ein. Das Produktportfolio ist auf die Industrieautomation ausgerich-tet, ermöglicht aber auch die Erfassung binärer und analoger Signale in der Gebäude-automation und über die digitalen und analogen Ausgangskanäle auch das Schalten von Verbrauchern und Jalousie fahren, prinzipiell auch das Dimmen über Analogausgänge. Die Einbindbarkeit anderer Gebäudeautomationssysteme, wie z. B. KNX/EIB oder Mer-ten Connect ist nicht möglich. Die Vernetzbarkeit von ZELIO Logic durch Zusammen-schaltung von Subsystemen ist möglich. Eine Automatisierung ist problemlos bei Rück-griff auf die Methoden der IEC 61131-3 möglich, auch Visualisierungen sind machbar. Aus diesen Gründen ist ZELIO Logic in Summe eher nicht für die Installation im Neu-bau eines Hauses geeignet.

8.36.5 Sanierung

Die gleichen Argumente wie beim Neubau negieren die Verwendung im Fall der Sanie-rung. Eine schmutzige Sanierung wird erforderlich, um Leitungen zu den Schaltstellen, den Tastern und Schaltern, zu ziehen und Relais mit Leitungen zu den Aktoren zu ver-legen. Eine saubere Sanierung ist nicht möglich, auch wenn dezentrale Subsysteme auf-gebaut werden können. Damit ist ZELIO Logic nicht für die Sanierung geeignet.

8.36.6 Erweiterung

Aufgrund der Nachteile bezüglich des Neubaus und der Sanierung wird eine Erwei-terung nicht nötig sein. Bei vorhandenen Leitungen zu neu anzuschließenden Elementen der Elektroinstallation können diese an freien Anschlüssen der SPS-Peripherie oder neuen Komponenten aufgeschaltet werden. Auch die Programmierung ist problemlos erweiterbar.

8.36.7 Nachrüstung

Für die Nachrüstung ist die Kleinsteuerung ZELIO Logic nicht geeignet, da zu allen Komponenten der Elektroinstallation Leitungen gezogen werden müssen. Wenn auch die Automation einfach programmiert werden kann, fehlen insbesondere Gateways zu Funkbussystemen.

8.36.8 Anwendbarkeit für smart-metering-basiertes Energiemanagement

Die Anwendung von Smart Metering ist problemlos möglich und könnte problemlos durch neue Komponenten erweitert werden, da ein vorhandener elektrischer Haushaltszähler grundsätzlich durch einen elektronischen ersetzt werden kann und dieser durch intelligente Funktionalität erweitert werden könnte. Der Energiekunde kann durch Änderung seines Nutzerverhaltens seinen Energieverbrauch und damit seine Energiekosten senken, wenn er die über den eHz erfassten Daten auf einem Display ablesen kann. Es handelt sich jedoch um ein System, das nicht mit dem ZELIO-Logic-System verbunden ist. Aktives und passives Energiemanagement sind nicht realisierbar, da die Programmierfähigkeit von ZELIO Logic nicht die Integration von eHz, Berechnung und Darstellung auf Visualisierungssystemen ermöglicht.

8.36.9 Objektgebäude

Aufgrund der begrenzten Ausbaufähigkeit einzelner Basiseinheiten mit Peripherie ist die Kleinsteuerung ZELIO Logic nicht für Objektgebäude geeignet.

8.37 EM 1000

ELV bietet im Rahmen der Bussysteme FS20/HMS und HomeMatic umfangreiche Sensorik zur Erfassung von Temperatur, Feuchte, Luftgüte etc. an. Im Produktportfolio befinden sich zum Stand 10/2012 keine Sensoren zur Erfassung des Zählerstandes am Strom- oder Gaszähler oder zur direkten Erfassung des Stromverbrauchs im Stromkreis. Um diese Lücke zu schließen, bietet ELV in zwei Serien EM1000 und EM2000 seit dem Jahr 2010 Smart-Metering-Geräte an. Verfügbar sind sowohl elektrische Energie- als auch Gaszähler sowie Messgeräte in Zwischensteckerbauform. Die gemessenen Daten wurden zunächst auf eigenständige Zentralen übertragen, um die Auswertung auf PCs oder über einfache Anzeigen (Energieampel) zu ermöglichen. Seit 2012 ist ein neues Gateway unter dem Namen FHZ2000 verfügbar, mit dem die Bussysteme FS20/HMS und HomeMatic zusammengeführt und um das EM1000-Messsystem erweitert werden können, die Auswertung erfolgt per PC über das Ethernet. Die Software Homeputer der Firma Contronics wurde geeignet erweitert, um die Kombination der verschiedenen Bussysteme zu ermöglichen.

8.37.1 Typische Geräte

Typische Geräte des EM1000-Systems sind das Gateway FHZ2000 und die Sensoren des EM1000-Systems sowie Sensoren und Aktoren der Systeme FS20 und HomeMatic.

8.37.1.1 Systemkomponenten

Das Gateway FHZ2000 fungiert als Gateway zwischen den Bussystemen FS20/HMS, HomeMatic und EM1000. Die weiteren Schichten der Automatisierungspyramide werden durch die Software Homeputer abgedeckt, die PC-basiert über das Ethernet angekoppelt wird. Zur Stromversorgung ist ein Steckernetzteil notwendig (vgl. Abb. 8.773).

Abb. 8.773 Gateway
FHZ2000

Das Konzept des Systems FHZ2000 in Verbindung mit der Software Homeputer sieht vor, dass mehrere Zentralen im Gebäude installiert werden können, um Verbindungsprobleme durch Beton-Zwischendecken oder -wände zu mindern. Die Gateways können in den einzelnen Etagen installiert werden und werden über das Ethernet-Netzwerk auf der als PC ausgeführten Zentrale zusammengeführt.

8.37.1.2 Sensoren

Verfügbar sind im EM1000-Produktportfolio lediglich Sensoren zur Ermöglichung von Smart Metering. Weitere sensorische und aktorische Geräte sind über die Bussysteme FS20 und HomeMatic verfügbar. Das EM1000-System verfügt über Wechselstrom- und Gaszähler sowie Strommessgeräte in Zwischensteckerbauform.

Der Wechselstromzähler besteht aus einem Sensor mit abgesetzter Auswerteeinheit. Der Sensor wird auf den Ferraris-Zähler aufgeklebt und erfasst ähnlich einer Licht-

schranke die Drehungen der Wirbelstromscheibe des Ferraris-Zählers anhand der Detektion eines schwarzen Indexstrichs auf der Scheibe durch Unterscheidung von hell und
dunkel. Eine Leuchtdiode zeigt den detektierten Umlauf an. Die Auswerteeinheit wird
über eine ca. einen Meter lange Verbindungsleitung mit dem Sensor am Ferraris-Zähler
verbunden. Zur Adaption des Sensors an den Ferraris-Zähler kann über zwei Tasten die
Hell/Dunkel-Detektion optimiert werden. Ein erforderliches Steckernetzteil, das nicht
im Lieferumfang enthalten ist, versorgt die Auswerteeinheit und den Sensor mit Energie.
Die Auswerteeinheit zählt permanent die Umdrehungen der Ferraris-Scheibe und
schreibt in Verbindung mit der Zeit damit den elektrischen Energieverbrauch mit. Über
ein amplitudenmoduliertes Funksignal werden die Messdaten an das Gateway etwa alle
8 min übertragen. Aus dem Zeitstempel und der Differenz zweier Verbrauchswerte wird
auf die mittlere Leistung innerhalb eines Zeitraums, im Allgemeinen 8 min, geschlossen
(vgl. Abb. 8.774).

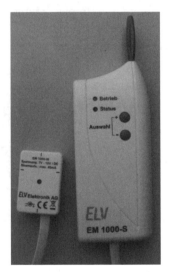

Abb. 8.774 Elektrischer Energiezähler mit Sensor für den Ferraris-Zähler

Über einen separaten Ausgang können auch andere Bussysteme mit S0-Schnittstelle auf
den Stromzähler zugreifen ohne die Funkübertragung zu nutzen. Das gesamte System ist
ausbaufähig und könnte durch ELV/eQ-3 auch auf elektronische Haushaltszähler oder
andere elektronische Zähler adaptiert werden.

Neben dem elektrischen Energiezähler ist ein Gaszähler mit vergleichbarem Aufbau
verfügbar. Der Sensor wird auf die Zahlenskala des Zählwerks aufgeklebt und ermittelt
anhand der Änderung einer Zahl an einer beliebigen Nachkommastelle den Gasverbrauch. Die Anbringung ist einfach. Der Sensor ist über eine 50 cm lange Leitung mit der
Auswerteeinheit verbunden. Ein erforderliches Steckernetzteil, das nicht im Lieferumfang enthalten ist, versorgt die Auswerteeinheit und den Sensor mit Energie. Die Aus-

werteeinheit zählt permanent die Ziffernänderung und schreibt in Verbindung mit der Zeit damit den Gasverbrauch mit. Über ein amplitudenmoduliertes Funksignal werden die Messdaten an das Gateway etwa alle 8 min übertragen (vgl. Abb. 8.775).

Abb. 8.775 Gaszähler mit
Sensor und Auswerteeinheit

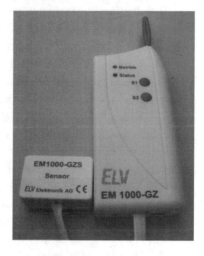

Über einen separaten Ausgang können auch andere Bussysteme mit S0-Schnittstelle auf den Gaszähler zugreifen ohne die Funkübertragung zu nutzen. Das gesamte System ist ausbaufähig und könnte durch ELV/eQ-3 auch auf andere Gaszähler mit einbaubarem Reedkontakt adaptiert werden. Die Bauform des Sensors mit detektierbarem Ziffernwechsel ermöglicht auch den Anbau an Wasseruhren, wobei jedoch die Auswertung geändert werden muss.

Das Smart-Metering-Produktportfolio wird abgerundet durch einen elektrischen Energiezähler in Zwischensteckerbauform. Über ein amplitudenmoduliertes Funksignal werden die Messdaten an das Gateway etwa alle 8 min übertragen (vgl. Abb. 8.776).

Abb. 8.776 Elektrischer Energiezähler als Zwischenstecker

ELV/eQ-3 deckt damit zu vertretbar günstigen Kosten die notwendigen Zähler für elektrische Energie, Gas und Wasser für zentrale und als Zwischenstecker auch zur dezentralen Erfassung elektrischer Energie ab. Das System zeigte jedoch in einem etwa 4-monatigen Test erhebliche Probleme. Wie in einem normalen Gebäude üblich befinden sich die Energiezähler im Hausanschlussraum und damit in einiger Entfernung vom Gateway entfernt. Damit verbunden ist auch die Überwindung einiger Wände und Decken, die zum Teil aus Beton bestehen können. Im Test war es nicht möglich, die Signale der Auswerteinheiten von elektrischem Energie- und Gaszähler direkt aus dem Hausanschlussraum im Erdgeschoss zu empfangen. Es wird vermutet, dass die Steinwand im Hausanschlussraum mit darauf verlegten Stromkabeln für zum einen Störungen, als auch Abschirmung vergleichbar einem Faraday'schen Käfigs sorgt. Das Übertragungsproblem war nur lösbar durch Verlagerung der Auswerteinheit in den Flur außerhalb des Hausanschlussraums. Damit war der Messdatenempfang des elektrischen Zählers möglich, die Anschlussleitung ist mit einem Meter Länge jedoch sehr kurz bemessen. Eine Verlagerung der Auswerteinheit des Gaszählers in den Flur war aufgrund der mit 50 cm Länge extrem zu kurzen Anschlussleistung zum Sensor nicht möglich. Das Problem wurde ELV/eQ-3 gemeldet und bis zum Stand 10/2012 nach fast sechs Monaten nicht behoben. Lösbar ist das Problem lediglich durch Installation eines weiteren Gateways im Hausanschlussraum mit entsprechend weiteren Kosten, die die Preisvorteile von elektrischen Energie- und Gaszähler ausgleichen.

Nachteilig bei dem System EM1000 ist zudem, dass lediglich vier Zwischenstecker-Messgeräte eingesetzt werden können, demgegenüber ist die Verwendbarkeit von vier elektrischen Energiezählern und vier Gaszählern überdimensioniert.

Die Messdatensendung im Intervall von 8 min erfolgt sehr selten und umfasst lediglich die abgenommene Arbeit, nicht die mittlere Leistung. Damit kann nur anhand des Messintervalls rückgerechnet werden auf die mittlere Leistung im Intervall von 8 min.

8.37.2 Programmierung

Die Programmierung der Smart-Metering-Funktionalitäten erfolgt über die Software Homeputer und ermöglicht damit umfangreiche Berechnungen und Kalkulationen und darauf basierend Schalthandlungen oder Funktionsauslösungen in den Funkbussystemen FS20 und HomeMatic. Geschmälert wird die Funktionalität erheblich durch die Messintervalle von 8 min, die zwar integral Aussagen über den zentralen Energieverbrauch ermöglicht, die Funktionalität des Zwischenstecker-Energiezählers jedoch stark einschränkt. Energieverbrauchsanalysen von kurzen Prozessen, wie z. B. Toastern, Mikrowellenherden, Spülmaschinen und Trocknern, bei denen der Energieeinsatz sich schnell ändert, sind damit nicht möglich.

8.37.3 Analyse

Das EM1000-System zeigt gute Ansätze zur Ermittlung des zentralen und dezentralen Energieverbrauchs. Die bestehenden und zum Stand 10/2012 bestehenden Probleme der Datenübertragung mindern den Einsatz des EM1000-Systems erheblich. Zudem zeigten sich im Testraum erhebliche Probleme mit dem Gateway FHZ2000, die ebenso bis zum Stand 10/2012 nicht behoben wurden.

8.37.4 Neubau

Das EM1000-System ist lediglich ein Messsystem, sämtliche für die Gebäudeautomation notwendigen weiteren Sensoren und Aktoren werden durch die Funkbussysteme FS20/HMS und HomeMatic abgedeckt. Aufgrund der bestehenden Probleme des Systems EM1000 kommt das System nicht für einen Einbau im Neubau in Frage, zudem wird in Neubauten zunehmend der elektronische Haushaltszähler verbaut. Gasuhren können geeigneter über Reedkontakte ausgelesen werden. Soweit vom Hausherrn gewünscht können dezentrale Energieerfassungen einfacher über andere Messeinrichtungen erfolgend.

8.37.5 Sanierung

Im Rahmen einer Sanierung fallen die meisten Änderungen in den Wohnräumen an. Diese Änderungen werden, soweit auf ELV/eQ-3 zurückgegriffen wird, durch Einsatz von FS20/HMS oder HomeMatic erfolgen. Die bestehenden Probleme des EM1000-Systems negieren derzeit die Messdatenerfassung im Hausanschlussraum. Dezentrale Erfassung elektrischer Energie kann über Zwischensteckergeräte erfolgen, die langen Messintervalle von 8 min mindern die Analysequalität erheblich. Durch die Zwischenstecker-Messeinrichtungen ist auch verteilt die Erfassung der einzelnen Energieverbräuche von Verbrauchern möglich. Die Reduktion der Anschlussmöglichkeit auf maximal vier Zwischensteckergeräte je Gateway mindert den Nutzen erheblich.

8.37.6 Erweiterung

Auch konventionelle Elektroinstallationsanlagen können mit EM1000-Komponenten für Smart Metering aufbereitet werden. Die bereits genannten Probleme schmälern die Verwendbarkeit im Rahmen einer Erweiterung erheblich.

8.37.7 Nachrüstung

In Verbindung mit den Bussystemen FS20/HMS und HomeMatic wäre das System EM1000 ein perfektes System für die Nachrüstung, um Smart Metering in die Gebäude-

automation zu integrieren. Während FS20/HMS und HomeMatic aktuell gut für die
Nachrüstung eingesetzt werden können, schmälern die Probleme des EM1000-Systems
die Anwendung im Rahmen der Nachrüstung erheblich.

8.37.8 Anwendbarkeit für smart-metering-basiertes Energiemanagement

Prinzipiell ergänzt das System EM1000 die Bussysteme FS20/HMS und HomeMatic
perfekt zu einem smart-metering-basierten Energiemanagementsystem. Aufgrund der
bestehenden Probleme ist eine sinnvolle Anwendung des EM1000-System derzeit nicht
möglich. Eine tiefgreifende Analyse ist daher nicht notwendig. Wenn Sensorik-Systeme
für Energieerfassung im Hausanschlussraum nicht betrieben werden können, ergibt sich
keine sichere Anwendung, darüber hinaus ist die Erfassung des energetischen Verbrauchs im 8-minütigen Intervall wenig sinnvoll, um auch dezentrale Verbraucher zu
untersuchen. Erfasst werden zudem nicht die aktuelle Leistung und Kosten, was den Einsatz zudem erheblich einschränkt und nachträgliche Auswertungen notwendig macht.
Wenn dezentrale Stromzähler als Zwischenstecker preisgünstig angeboten werden, ist
zudem die Begrenzung auf maximal Erfassungsgeräte hinderlich. Eine intensive Analyse
des Systems EM1000 hinsichtlich smart-metering-basierten Energiemanagements ist erst
möglich, wenn der Produzent ELV/eQ-3 die bestehenden Probleme abgestellt hat, in der
aktuellen Form sind die Geräte nicht brauchbar.

8.37.9 Objektgebäude

Aufgrund der Ausrichtung des EM1000-Systems auf kleine Anlagen ist das System nicht
für Objektgebäude geeignet.

8.38 DALI

Das DALI-System ist ein reiner Lichtbus, mit dem wesentliche Probleme der Ansteuer-
barkeit von Leuchtmitteln behoben wurden. Im Zuge der Entwicklung der Gebäudeautomationssysteme entwickelte jeder Elektroinstallationstechnikhersteller für sich eigene
Lösungen für Schalt- und Dimmeinrichtungen der spezifischen Leuchtmittel. So entstanden zunächst Ansschnittsdimmer, mit denen Glühlampen hinsichtlich der Helligkeit
beeinflusst werden konnten, die jedoch für erheblichen Blindleistungsbedarf sorgten.
Speziell für Leuchtstofflampen wurden Abschnittsdimmer entwickelt, um auch diese
dimmbar zu gestalten. Durch das Aufkommen von elektronischen Vorschaltgeräten
(EVG) und die Verwirrung bei den Anwendern, ob auf An- oder Abschnittsdimmer
zurückgegriffen werden sollte, wurden spezielle Universaldimmer entwickelt, mit denen
die Entscheidung vereinfacht wurde, damit wurde die Vielfalt der Komponenten zur

Dimmung von Leuchtmitteln jedoch immer größer, zudem existierten am Markt Dimmerlösungen für LON, KNX/EIB, LCN und nahezu alle anderen Hersteller von Gebäudeautomation. Verschärft wurde die Situation vor kurzer Zeit durch die politische Entscheidung des Verbots von Glühlampen zu Gunsten von Energiesparlampen, was für weitere Verwirrung sorgte, da diese neuen Lampen, die eigentlich Leuchtstofflampen mit elektronischem Vorschaltgerät sind, standardmäßig zu niedrigen Kosten nicht dimmbar sind und nur zu erheblich höheren Kosten dimmbar sind. Dem Problem der Entsorgung wird begegnet durch die neue Generation von LED-Lampen, da LEDs mittlerweile zu äußerst sparsamen, dabei lichtstarken Leuchtmitteln weiterentwickelt wurden. Auch LED-Lampen werden entweder mit speziellem Dimmer oder als dimmbar, teure Leuchtmittel vertrieben. Um diesen Trends zu begegnen müssen die Elektroinstallationstechnikhersteller ständig neue Dimmer auf den Markt bringen oder die verfügbaren Universaldimmer ständig weiterentwickeln. Beispielsweise verfügt Eltako über ein nahezu unüberschaubares Portfolio unterschiedlicher Dimmer.

Durch die große Vielfalt an Leuchtmitteln und Vorschaltgeräten ist jeder Gebäudeautomationshersteller gezwungen für sein spezifisches Bussystem angepasste Dimmerlösungen zu entwickeln und anzubieten. Dies ist mit erheblichen Entwicklungskosten verbunden, die letztendlich zu hohen Kosten führen, aber auch eine schlechte Übersicht über die Möglichkeiten der Geräte erzeugt.

Auf der anderen Seite werden Gebäudeautomationssysteme durch die ständige Vielfalt an neuen Komponenten mehr und mehr überfrachtet, da immer wieder neue Komponenten zur Erweiterung integriert werden müssen. So verfügt der KNX/EIB über eine maximale Ausbaufähigkeit von 64 Geräten in nur einer Linien und maximal 252 Geräte in jeder Linie bei einem Netzwerk aus mehreren Linien und Bereichen. Damit ist die Ausbaufähigkeit bei bestehender Elektroinstallation aufgrund der eingeschränkten Gruppenadressenanzahl beschränkt. Lösbar ist das Problem durch Verlagerung der Aktoren der Leuchtmittel in ein eigenständiges Subsystem, z. B. des DALI-Lichtbusses.

Neben diesen Gründen sorgen die modernen Leuchtmittel, wie z. B. Energiesparleuchten und LEDs, in Verbindung mit ihren elektronischen Vorschaltgeräten für eine stetig fortschreitende Verseuchung der Stromnetze durch Blindleistungsbedarf und Oberwellen.

Diesem Problem wird mit der Entwicklung des DALI-Lichtbus-Systems begegnet. DALI steht für Digital Addressable Lighting Interface und steht für standardisierte, adressierte elektronische Vorschaltgeräte in einem System. Die Hersteller von DALI-Geräten lösen das Problem der Ansteuerung der diversen Leuchtmittel und ermöglichen die Integrierbarkeit dieser DALI-Geräte durch die Ankopplung eines DALI-Busankopplers (vgl. Abb. 8.777).

Der DALI-Lichtbus besteht aus einem DALI-Controller, der bis zu 64 DALI-Teilnehmer in einem drahtbasierten-Bus mit zwei separaten Leitungen neben der Stromversorgung verwaltet. Die 64 Teilnehmer können über den Controller einzeln oder, in bis zu 16 auch übergreifenden Gruppen organisierten Gruppen zusammengefasst, auch als Gruppen angesprochen werden.

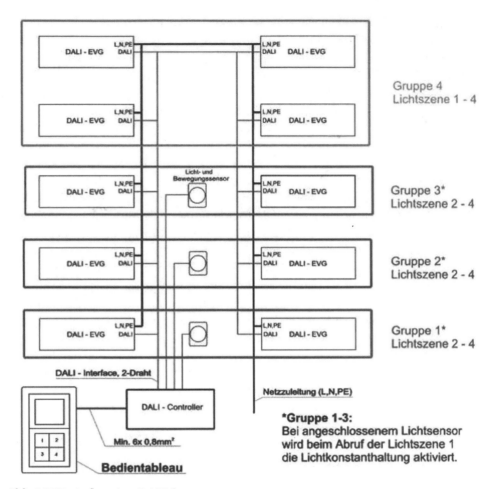

Abb. 8.777 Aufbau eines DALI-Systems

Zu Kontrollzwecken kann auch das gesamte DALI-Segment per Broadcast komplett bedient werden. Zur Verfügung stehen die von Dimmern bekannten Grundbefehle Schalten, Dimmen und Intensitätssteuerung, aber auch umfangreiche Kontrollmöglichkeiten, um den gesamten DALI-Bus hinsichtlich Störungen, wie z. B. Vorschaltgerät- oder Leuchtmittelausfall, zu überwachen. Die von den Gebäudeautomationssystemen bekannten Szenen können separat im DALI-System durch Programmierung des Controllers angelegt werden, um bestimmte Leuchtmittel mit unterschiedlichen Helligkeitswerten einzuschalten. Zusätzlich kann zur Anzeige auf externen Visualisierungssystemen der Helligkeitswert jedes Leuchtmittels abgefragt werden.

Werden weitere Bedienelemente und Bewegungs- und Helligkeitssensoren in das DALI-Lichtbussystem integriert, kann das eigentlich als Subsystem konzipierte DALI-System auch als reines Lichtsteuerungssystem in Gebäuden zur Anwendung kommen,

möglich wird dadurch auch eine Konstantlichtregelung oder das generell helligkeitsab-
hängige Schalten und Dimmen. Damit bietet der DALI-Lichtbus eine ideale Voraussetzung zur Entfrachtung der einzelnen Gebäudeautomationssysteme durch Integration von
DALI als Subsystem und damit eine Lösung vieler Probleme im Gewerk Beleuchtung.

Die Entwicklung von Ansteuerungskomponenten für Leuchtmittel reduziert sich im
Idealfall bei jedem Gebäudeautomationshersteller auf die Entwicklung eines Gateways
zum DALI. Diesem Trend, der insbesondere dem Objektgebäude als Vorreiterrolle dient,
sind viele Hersteller für die Gebäudeautomationssysteme, wie z. B. KNX/EIB, LON,
LCN, PEHA-PHC, aber auch die SPS-Anbieter, wie z. B. WAGO und Beckhoff gefolgt.

8.38.1 Typische Geräte

Der DALI-Lichtbus besteht aus einem Controller, den DALI-Vorschaltgeräten und weiteren Sensoren, wie z. B. Lichtfühler. Bei vielen Anwendungen des DALI als Subsystem
wird auf die Integration von Sensoren verzichtet, da die Messdatenerfassung eher durch
das überlagerte Gebäudeautomationssystem zur Mehrfachverwendung übernommen
wird.

8.38.1.1 Systemkomponenten

Zu den Systemkomponenten zählen DALI-Controller, die in Verbindung mit übergeordneten Gebäudeautomationssystemen auch als DALI-Gateway bezeichnet werden (vgl.
Abb. 8.778).

Abb. 8.778 DALI-Gateway zum KNX/EIB [Bild rechts ABB]

Zur Konstantlichtregelung können an bestimmten DALI-Controllern direkt Helligkeits-
fühler angeschlossen werden (vgl. Abb. 8.779).

DALI-Gateways werden auch als Busklemmen für die SPS-Systemen von WAGO und
Beckhoff angeboten (vgl. Abb. 8.780).

Abb. 8.779 Helligkeitssensoren für
ABB-DALI-Gateway

Abb. 8.780 DALI-Busklemme 750-641
im WAGO-SPS-System [WAGO]

8.38.1.2 Aktoren

Aktoren im DALI-Lichtbussystem werden als Vorschaltgeräte zu konventionellen
Leuchtstoff-, Halogen- oder LED-Lampen oder als reine Schaltaktoren angeboten (vgl.
Abb. 8.781 und Abb. 8.782).

Abb. 8.781 Tridonic-DALI-
Schaltaktor [Tridonic]

Abb. 8.782 Tridonic-DALI-
EVG [Tridonic]

8.38.2 Programmierung

Die Programmierung bzw. die Ansteuerung des DALI-Lichtbussystems erfolgt über Bussystem-spezifische Softwaresysteme, mit denen im Wesentlichen lediglich die einzelnen Leuchten mit Adressen in einer bestimmten Organisationsstruktur versehen werden. Zusätzlich können die einzelnen Leuchten in Gruppen zusammengefasst werden sowie in Verbindung mit Helligkeiten Szenen angelegt werden. Die einzelnen Leuchten, Gruppen von Leuchten und Szenen können durch das überlagerte Bussystem anschließend einfach angesprochen werden.

8.38.2.1 Programmierung im KNX/EIB mit der ETS

ABB bietet für die jeweiligen DALI-Controller zum KNX/EIB-System Softwaretools an, mit denen das DALI-System organisiert werden kann. Nach der Inbetriebnahme der Software auf einem Windows-PC wird das Gerät über die physikalische Adresse, die zuvor in der KNX/EIB-ETS definiert wurde, angesprochen (vgl. Abb. 8.783).

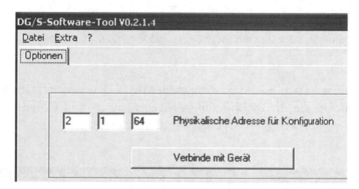

Abb. 8.783 Adressierung des DALI-Gateways für den KNX/EIB bei ABB

Nach Verbindung mit dem DALI-Gateway über eine KNX/EIB-Schnittstelle kann der DALI-Lichtbus über das DALI-Gateway ausgelesen werden. Soweit die einzelnen DALI-Leuchtmittel noch nicht organisiert wurden, werden diese hintereinander auf den 64 möglichen Adressfeldern abgelegt. Per Mausklick können die einzelnen Adressfelder ausgelöst werden, um diese anschließend per Drag and Drop entsprechend der vordefinierten Organisationsstruktur zu verschieben. Je nach Anzahl der im DALI-Lichtbus enthaltenen Leuchtmittel sind entsprechend viele Verschiebeaktionen notwendig. Problematisch wird die Vorgehensweise, wenn die Leuchten über mehrere Räume oder auch Etagen verteilt sind (vgl. Abb. 8.784).

Durch weitere Mausoperationen per Drag and Drop können die einzelnen Leuchtmittel den bis zu 16 Gruppen zugewiesen werden. Diese sind in der Abbildung im unteren Bereich mit G gekennzeichnet.

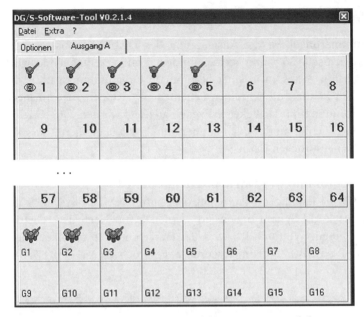

Abb. 8.784 Zuordnung der Leuchtmittel zu Adressfeldern im DALI-Lichtbus

In der ETS müssen anschließend die Objekte des DALI-Gateways mit Gruppenadressen belegt werden, um die im DALI definierten Leuchtmittel- und Gruppenadressen per Taster oder Automatisierung anzusprechen (vgl. Abb. 8.785).

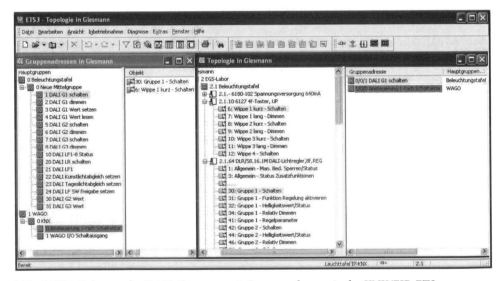

Abb. 8.785 Belegung des DALI-Gateways mit Gruppenadressen in der KNX/EIB-ETS

8.38.2.2 Programmierung mit der Codesys im WAGO-SPS-System

Die Ansteuerung von DALI-Busteilnehmern erfolgt in der Programmiersoftware Codesys zum WAGO-SPS-System 750 über vorgefertigte, mehrfach durch Indizierung verwendbare Funktionsbausteine. Über einen DALI-Masterbaustein wird die DALI-Busklemme im Klemmenbus angesprochen. Dies ist vergleichbar mit der Implementation des EnOcean- oder KNX/EIB-Systems im WAGO-System. Durch weitere Funktionsbausteine können gezielt Funktionen im DALI-Lichtbus, z. B. Schalten und Dimmen einzelner Leuchtmittel, in Gruppen oder Szenen ausgelöst werden. Die Programmierung kann in den diversen Programmiersprachen der IEC 61131-3 erfolgen (vgl. Abb. 8.786).

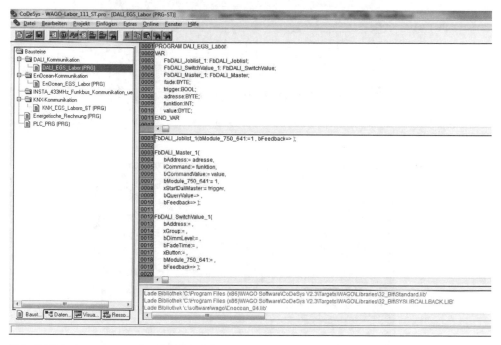

Abb. 8.786 Ansteuerung des DALI-Lichtbusses in einem WAGO-SPS-System

Komfortabel können die Parametrierungen der Leuchtmittel über Inbetriebnahme-Visualisierungsseiten bei laufender SPS erfolgen (vgl. Abb. 8.787).

Nach Auswahl einer DALI-Linie anhand des Klemmenindex der DALI-Klemme startet das System die Suche nach Leuchtmitteln mit DALI-Vorschaltgeräten im DALI-Bus (vgl. Abb. 8.788).

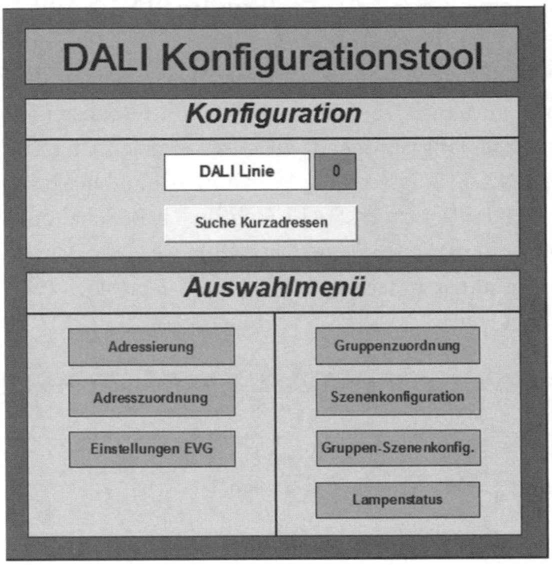

Abb. 8.787 Auswahl einer DALI-Linie und Suche von Leuchtmitteln im DALI-Lichtbus

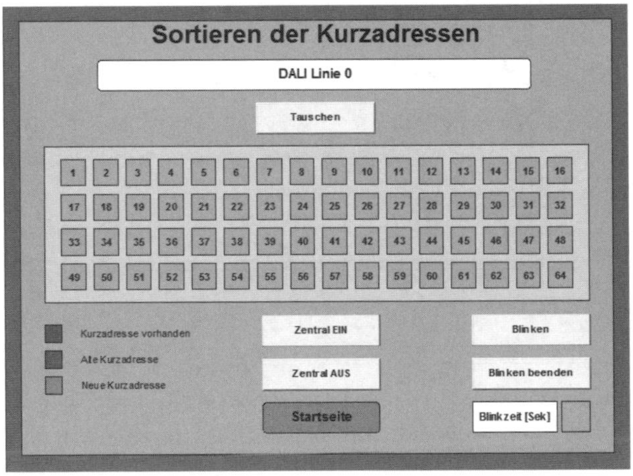

Abb. 8.788 Sortierung der Leuchtmittel

Automatisch wechselt die Ansicht auf die Sortierung der einzelnen Leuchtmittel. Durch Anklicken von Quelle und Ziel können die einzelnen Leuchtmittel zunächst eingeschaltet werden, um sie anschließend auf den zuzuweisenden Platz laut Organisationsplan zu verschieben. Diese Vorgehensweise ist vergleichbar mit der bereits vorgestellten ABB-Lösung, erfolgt jedoch Online am System.

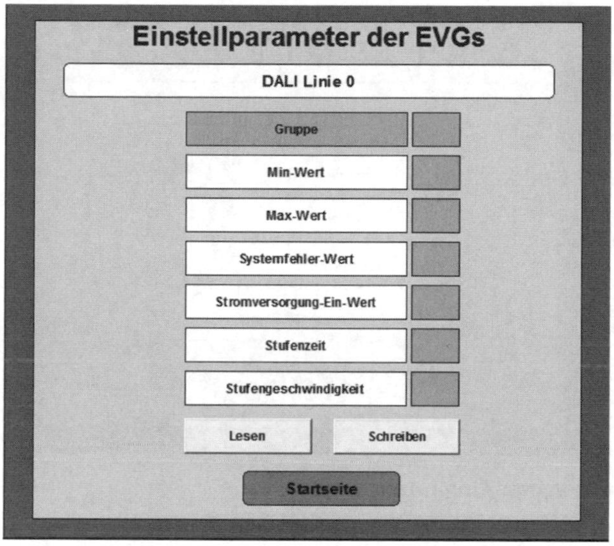

Abb. 8.789 Parametrierung einzelner Leuchtmittel

Jedes einzelne Vorschaltgerät der Leuchtmittel kann einzeln parametriert werden (vgl. Abb. 8.789). Im nächsten Schritt können die Leuchtmittel per Drag- and-Drop-Befehlen einzelnen Gruppen zugewiesen und in Szenen organisiert werden (vgl. Abb. 8.790 und Abb. 8.791).

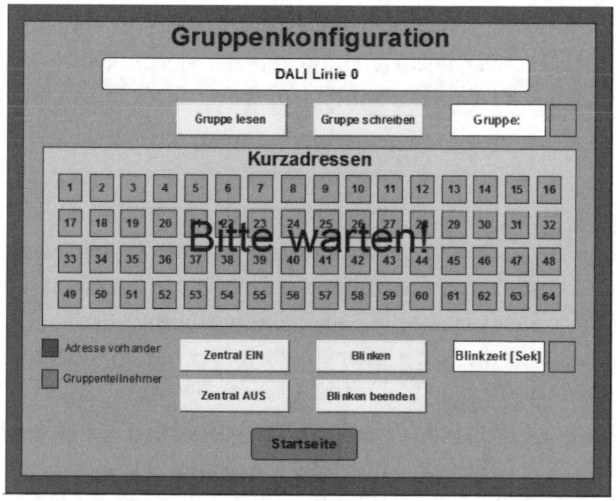

Abb. 8.790 Zuordnung von Leuchtmitteln zu Gruppen

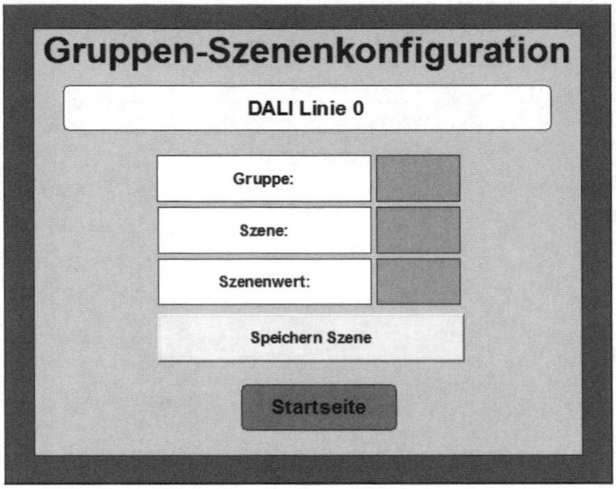

Gruppen-Szenenkonfiguration

DALI Linie 0

Gruppe:

Szene:

Szenenwert:

Speichern Szene

Startseite

Abb. 8.791　Zuordnung von Gruppen zu Szenen

8.38.3　Analyse

Der DALI-Lichtbus kann in Gebäuden als nicht in die Gebäudeautomation integrierte Lösung für die Steuerung von Leuchtmitteln oder als in die überlagerte Gebäudeautomation integriertes, dezentrales Subsystem verwendet werden. Er löst große Probleme, die im Zuge der Weiter- und Neuentwicklung von Leuchtmitteln und deren Vorschaltgeräten entstehen. Zahlreiche Gebäudeautomationshersteller bieten spezielle DALI-Controller oder Gateways, auch als integrierte Lösungen, an. Durch die Auffassung des DALI-Lichtbusses als eigenständiges Subsystem sind vollständig ausreichende Steuerungsmöglichkeiten der Vorschaltgeräte hinsichtlich der Einzelfunktionen, als Gruppe oder auch in Szenen möglich. Der DALI-Lichtbus ersetzt jedoch keine Gebäudeautomation, sondern ist lediglich ein intelligentes Subsystem darin, das leicht integriert werden kann.

8.38.4　Neubau

Der DALI-Lichtbus ist ideal für den Neubau geeignet, da die notwendige 2-Drahtleitung im Zuge der Elektroinstallation direkt bei der Leitungsverlegung berücksichtigt werden muss. Entweder es werden separate, möglichst andersfarbige Farben als Schwarz, Braun, Blau oder Grün/Gelb, für die Leiter oder direkt in der Energieversorgungsleitung integrierte Adern mitverlegt. Der DALI-Lichtbus kann sowohl direkt als Subsystem in eine komfortable Gebäudeautomation integriert werden oder als eigenständiges Lichtsteuerungssystem im Neubau installiert werden und später in eine Gebäudeautomation integriert werden, dann sollte der DALI-Controller jedoch über Gateway-Funktionalität verfügen, sonst muss er später ausgetauscht werden.

8.38.5 Sanierung

Im Rahmen einer schmutzigen Sanierung können die zusätzlich erforderlichen DALI-Leitungen neu verlegt werden. Zusätzlich müssen alle Vorschaltgeräte gegen DALI-Vorschaltgeräte ausgetauscht werden und Leuchtmittel ohne Vorschaltgeräte durch neue Vorschaltgeräte ergänzt werden, dies kann entweder zentral in einem Stromkreisverteiler oder dezentral erfolgen. Für die Vorschaltgeräte muss ausreichend Platz vorhanden sein, hierzu reichen meist Schalter- oder Verteilerdosen nicht aus und müssen ausgetauscht werden. Soweit möglich dienen abgehängte Decken als Einbauort für die neuen Vorschaltgeräte nahe am Leuchtmittel. Der DALI-Controller wird im zentralen Stromkreisverteiler installiert und muss Zugang zum Gebäudeautomationssystem haben. Eine saubere Sanierung wird im Allgemeinen nicht möglich sein, da normalerweise keine zwei separaten Leitungen zur Verfügung stehen.

8.38.6 Erweiterung

Ein bestehendes DALI-System kann dann erweitert werden, wenn die zusätzlichen DALI-Leitungen verlegt sind und die maximal mögliche Anzahl von 64 DALI-Teilnehmern nicht erschöpft ist. Sollte dies der Fall sein, müssen die Linien umkonfiguriert und neue DALI-Linien und damit u. U. auch andere oder weitere DALI-Controller verbaut werden. Die softwaremäßige Unterstützung der Erweiterung ist exzellent, da neue DALI-Geräte sich zur Konfiguration auf Anfrage selbständig in das DALI-System integrieren, dies betrifft auch entfernte Geräte, die einfach aus der Konfiguration eliminiert und ersetzt werden können.

8.38.7 Nachrüstung

Für die Nachrüstung ist der DALI-Lichtbus nicht geeignet, da Leitungen neu gezogen und Controller verbaut werden müssen.

8.38.8 Anwendbarkeit für smart-metering-basiertes Energiemanagement

Da das DALI-Lichtbussystem kein aktives, sondern eher ein passives Subsystem in einer Gebäudeautomation darstellt, kann dieses keine Funktionen des psychologischen, aktiven oder passiven Energiemanagements erfüllen. In Verbindung mit einem Gebäudeautomationssystem, das die Energiemanagementaufgaben übernimmt, können jedoch die DALI-Teilnehmer ideal hinsichtlich der Helligkeitssteuerung unterstützt werden, um gezielt Energie zu sparen.

8.38.9 Objektgebäude

Aufgrund der Preisstruktur des DALI-Systems ist dieses eher als Subsystem zu übergeordneten Gebäudeautomationssystemen in Objektgebäuden geeignet. Durch die Verwendung als Subsystem werden viele Probleme dezentraler und zentraler Gebäudeautomationssystem gezielt optimiert.

8.39 SMI

Entsprechend den vorhandenen Problemen im Gewerk Beleuchtung können auch Problemstellungen im Gewerk Jalousie- und Rollladenstellung insbesondere im Objektgebäude festgestellt werden. Während es im Wohngebäude nicht unbedingt auf die exakte Position von Behanghöhe und Lamellenstellung ankommt, können ästhetische Gründe bei Objektgebäuden dazu führen, dass diese Positionen exakt angefahren werden
sollen. Zudem tritt bei Objektgebäuden das Problem auf, dass durch fehlerhafte Ver-
drahtungen nicht die richtigen Jalousiemotoren mit den richtigen Objekten in einer
Gebäudeautomation korrespondieren. Diese Probleme können im Verbund ganzer
Gruppen von Jalousien in einer Etage eventuell nicht auffallen, beim Übergang zu einer
Beschattungssteuerung bei direkter Adressierung jeder einzelnen Jalousie oder einzelner
Segmente jedoch sichtbar werden.
   Eine Lösung dieses Problems stellt das SMI-Bussystem dar. Hier erhält jeder Rohr-
motor bzw. jede einzelne Jalousie oder Rollladen, einen einzelnen SMI-Busankoppler,
über die die einzelnen Komponenten des Jalousienetzwerks adressiert werden können.
Hierzu verfügt jeder SMI-Teilnehmer über eine eigenständige, unveränderbare Adresse.
Vervollständigt wird das SMI-Bussystem durch einen Controller mit Gatewayfunktion,
über den das SMI-System konfiguriert und gesteuert wird. Im Rahmen der Konfiguration kann die Zuordnung zwischen dem Einbauort der betreffenden Jalousie zum Datenpunkt bzw. Objekt, in der Gebäudeautomation zugewiesen werden. Durch einfache Änderung der Zuordnung kann ähnlich wie beim DALI-Bus die Zuordnung softwaremäßig
ohne Umverdrahtung geändert werden. Damit ändert sich im übergeordneten Gebäudeautomationssystem nichts. Darüber hinaus können Tests der Jalousie erfolgen, Fahr-
zeiten nach oben und unten ermittelt und damit die Steuerung jeder einzelnen Jalousie
ermöglicht und jederzeit änder- und anpassbar gemacht werden. Durch die transparente
Bedienbarkeit mit klaren Befehlen, wie z. B. auf, ab, Behanghöhe x % und Lamellenver-
stellung x % kann die Ansteuerung des SMI-Jalousiebusses für jede Jalousie einzeln oder
im Verbund über die überlagerte Gebäudeautomation erfolgen.
   Der SMI-Bus ermöglicht Distanzen bis 350 m zwischen Steuerung und Antrieb und
ist daher optimal für große Objektgebäude geeignet. Wie beim DALI ist neben der
Stromversorgung mit L, N und PE eine Datenleitung mit zwei Adern erforderlich, die
sinnvoller Weise gemeinsam geführt werden. Die Datenübertragung ist mit 2.400 Baud
für die Jalousieanwendung schnell genug. Innerhalb eines SMI-Segments lassen sich

16 Jalousieantriebe zusammenfassen. Die Datenübertragung erfolgt bidirektional, damit melden die einzelnen Jalousien ihre Zustände zurück und können über eine Visualisierung angezeigt werden.

Damit steht durch das SMI-System ein mit dem DALI-Lichtbus vergleichbares Bussystem für das Gewerk Beschattung/Sonnenschutz zur Verfügung. In Verbindung mit einem übergeordneten Beschattungssystem können zeitabhängig in Verbindung mit einem Kalender auf der Basis der Verschattung durch benachbarte Gebäude je nach Jahreszeit die Jalousien optimal gefahren werden, um im Sommer eine Überhitzung von Büros zu vermeiden und damit die Kühlanlagen zu entlasten und im Winter den Sonneneinfall zur Heizung des Raumes zu nutzen und damit die Heizungsanlage zu entlasten. Bei gleichzeitig zeitabhängigem Stellen der Lamellen von Jalousien kann durch Reflexion an den Lamellen der Lichteinfall in den Raum gesteuert werden, um damit die Beleuchtung zu unterstützen.

Diese eigentlich für das Objektgebäude vorgesehenen Funktionen können auch in Wohngebäuden zur Anwendung kommen, dies scheitert jedoch momentan an den zusätzlichen Kosten für den SMI-Bus mit speziellen Jalousieantrieben und dem Beschattungssteuerungssystem, könnte jedoch für erhebliche Entlastung des Energieverbrauchs sorgen.

Bekannte Anbieter von SMI-Geräten sind Selve als Jalousieantriebsanbieter und ABB und WAGO als SMI-Controlleranbieter, wobei damit KNX/EIB und SPS-Systeme als übergeordnetes Bussystem bedient werden.

Ein SMI-System hat den in Abb. 8.792 dargestellten Aufbau.

Abb. 8.792 Topologie eines SMI-Systems

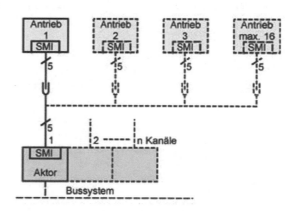

8.39.1 Typische Geräte

Typische Geräte des SMI-Bussystems sind die Gateways zwischen übergeordnetem Gebäudeautomationssystem und dem SMI-System sowie die einzelnen Jalousieantriebe mit SMI-Busankoppler.

Abb. 8.793 ABB-SMI-
Gateway zum KNX/EIB [ABB]

ABB bietet ein kompaktes Gateway des SMI-Busses zum KNX/EIB an (vgl. Abb. 8.793). Über Gruppenadressen können die einzelnen Jalousieantriebe oder auch als Gruppe angesprochen werden. Im Klemmenbus des WAGO-SPS-Systems wird das SMI-Gateway über eine RS232-Klemme angebunden. WAGO bietet Bibliothek-Bausteine an, um die einzelnen Jalousien oder Gruppen von Jalousien anzusteuern (vgl. Abb. 8.794).

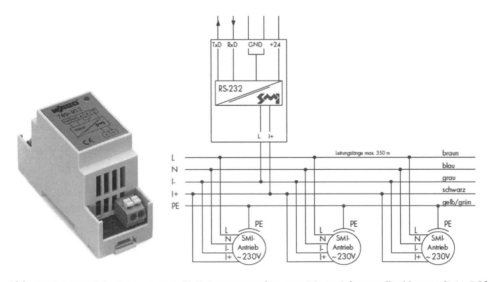

Abb. 8.794 WAGO-Gateway zum SMI-Bussystem über eine RS232-Schnittstellenklemme [WAGO]

8.39.2 Analyse

Das SMI-System ist ein rein passives Subbussystem, mit dem Jalousien und sonstige Beschattungssystemsantriebe gezielt gesteuert werden können. Die vollständige Funktionalität erreicht das SMI-System nur mit einem überlagerten Gebäudeautomationssystem, optimal in Verbindung mit einer Beschattungssteuerung. Vorhandene Jalousieantriebe können nicht ohne weiteres überarbeitet werden. Die Kosten für das SMI-System liegen hoch.

8.39.3 Neubau

Das SMI-System kann sinnvoll nur im Neubau-Bereich zum Einsatz kommen und ist hier eher nur im Objektgebäude anzutreffen. Bereits bei der Planung der Komponenten des Beschattungssystems, d. h. der Jalousie- und Rollladenantriebe, ist zu entscheiden, ob SMI zur Anwendung kommen soll. Die Verkabelung der SMI-Antriebe ist zu einem zentralen Ort zu führen, an dem sich der SMI-Controller befindet.

8.39.4 Sanierung

Für die Sanierung ist das SMI-System nicht geeignet, da sämtliche Jalousieantriebe gegen SMI-Antriebe getauscht werden müssen. Diesen Aufwand wird kein Bauherr auf sich nehmen, da eine wenig reduzierte Funktionalität auch anderweitig erzielt werden kann.

8.39.5 Erweiterung

Die Erweiterung von bestehenden Gebäuden um weitere SMI-Antriebe ist nur möglich, wenn zu den neuen Fenstern mit Jalousien auch die SMI-Datenleitungen verlegt wurden. Der Austausch vorhandener Jalousien gegen SMI-Antriebe ist sehr aufwändig und wird eher nicht erfolgen.

8.39.6 Nachrüstung

Für die Nachrüstung ist das SMI-System nicht geeignet.

8.39.7 Anwendbarkeit für smart-metering-basiertes Energiemanagement

Da das SMI-Jalousiebussystem kein aktives, sondern eher ein passives Subsystem in einer Gebäudeautomation darstellt, kann dieses keine Funktionen des psychologischen, aktiven oder passiven Energiemanagements erfüllen. In Verbindung mit einem Gebäudeautomationssystem, das die Funktion des Energiemanagements übernimmt, können

jedoch die SMI-Bus-Teilnehmer über die Jalousiesteuerung über Behanghöhe und Lamellenstellung ideal die Helligkeitssteuerung unterstützen, um Energie zu sparen. Bei
korrekter Steuerung der Jalousien können Kosten für Kühlung im Sommer und Heizung
im Winter eingespart werden.

8.39.8 Objektgebäude

Aufgrund der Preisstruktur und des Aufwandes des SMI-Systems ist dieses eher als Sub-
system zu übergeordneten Gebäudeautomationssystemen in Objektgebäuden geeignet.
Durch die Verwendung als Subsystem werden viele Probleme dezentraler und zentraler
Gebäudeautomationssystem gezielt optimiert.

8.40 IP-Symcon-Hardware

IP-Symcon hat für spezielle Anwendungen der Gebäudeautomation Geräte entwickelt.
Herzstück des Funkbussystems ist ein Funkbus-Gateway, das ein bidirektionales 868-
MHz-Funkbussystem mit dem Ethernet verbindet und darüber von der Software IP-
Symcon über einen zentralen PC angesprochen werden kann. Hinsichtlich der Sensorik
und Aktorik sind S0-Zähler zur Auswertung von Zähleinrichtungen an elektrischen und
sonstigen Messeinrichtungen, Neigungs- und Anwesenheitssensoren, an aktorischen
Elementen Ansteuerungen für LED-Leuchtmittel mit RGB- und weißen Farben verfüg-
bar. Der Vertrieb der IP-Symcon-Hardware erfolgt über die Firma ProJet.

8.40.1 Typische Geräte

Typische Geräte sind das Funkbus-Ethernet-Gateway und Sensoren und Aktoren. Zur
Stromversorgung der Funkbusteilnehmer werden Steckernetzteile benötigt.

8.40.1.1 Systemkomponenten

Zentrale Komponente des IP-Symcon-Funkbussystems ist das Funkbus-Ethernet-
Gateway LAN-T 868. Es verbindet das 868-MHz-Funkbussystem mit dem Ethernet. Das
Gerät verfügt über eine am Gerät angebrachte Antenne, die guten Sende- und Emp-
fangsqualität garantiert (vgl. Abb. 8.795).

Abb. 8.795 Funk-Gateway zum
IP-Symcon-Funkbussystem

8.40.1.2 Sensoren

Das Energiekontrollmodul EKM 868 ist ein 4-Kanal-Zählermodul mit je 32 Bit, das Zählimpulse von vier Eingängen sowie deren Dauer erfasst. Es dient der Visualisierung und Hochrechnung von Verbrauchskosten im Zusammenspiel mit IP-Symcon. Der Zählerstand bleibt solange erhalten, wie eine Spannungsversorgung (9 V = Steckernetzteil) besteht. Eine Löschung (Reset) des Zählerstandes durch eine Spannungsunterbrechung wird durch IP-Symcon erkannt; eine Batterie-Pufferung ist somit nicht erforderlich. Den eingeschalteten PC benötigt man nur, um einzelne Werte mit einem Zeitstempel zu versehen und Grafiken zu generieren. Eine Besonderheit des EKM 868 ist es, dass zusätzlich die aktuelle Leistung erfasst wird (vgl. Abb. 8.796).

Abb. 8.796 Energiekontrollmodul
für Zähler mit S0-Schnittstelle

Die vier S0-Zähleinrichtungen werden am unteren Rand des Geräts über 2fach-Stecker angeschlossen. Über eine niederohmige Verbindung der beiden Anschlüsse eines Messkanals wird ein Zählimpuls ausgelöst.

8.40.1.3 Aktoren

Der LED-Stripe-Controller dient der Ansteuerung von LED-Stripes, um unterschiedliche Licht-Szenarien und Stimmungen in Wohnräumen zu ermöglichen. Wahlweise können die LED-Stripes mit 12 oder 24 V mit Energie versorgt werden. Angesteuert werden LED-Stripes mit den Farben RGB und weiß (vgl. Abb. 8.797).

Abb. 8.797 RGB-LED-Stripe-Ansteuerung

8.40.2 Programmierung

Die Programmierung der IP-Symcon-Hardware erfolgt innerhalb der IP-Symcon-Umgebung. Die zu installierende Hardware wird als Instanz an einer entsprechenden Stelle im Projektbaum von IP-Symcon eingefügt. Hierzu steht eine ausführliche Dokumentation zur Verfügung. Für den Energiemesszähler wird die Geräte-ID eingestellt und der jeweilige Messkanal ausgewählt. Abgeschlossen wird die Konfiguration mit der Parametrierung der Zählereigenschaften. Soweit nicht bereits vorgenommen muss das Gateway zum IP-Symcon-Funkbussystem parametriert werden. Entsprechend wird auch der Aktor für das LED-Stripe-System installiert (vgl. Abb. 8.798).

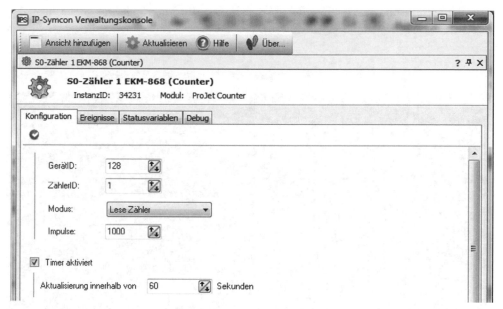

Abb. 8.798 Anlage einer Instanz für den Energiemesszähler

Nach Anlage aller notwendigen Zählerkanäle und LED-Stripe-Aktoren liegen die neuen Geräte im Projektbaum vor und können weiter bearbeitet werde. Die Zähler werden als „Counter" und „Current" dargestellt, Counter stellt hierbei die Anzahl der Zählimpulse und Current die Messzeit zwischen zwei Messimpulsen dar (vgl. Abb. 8.799).

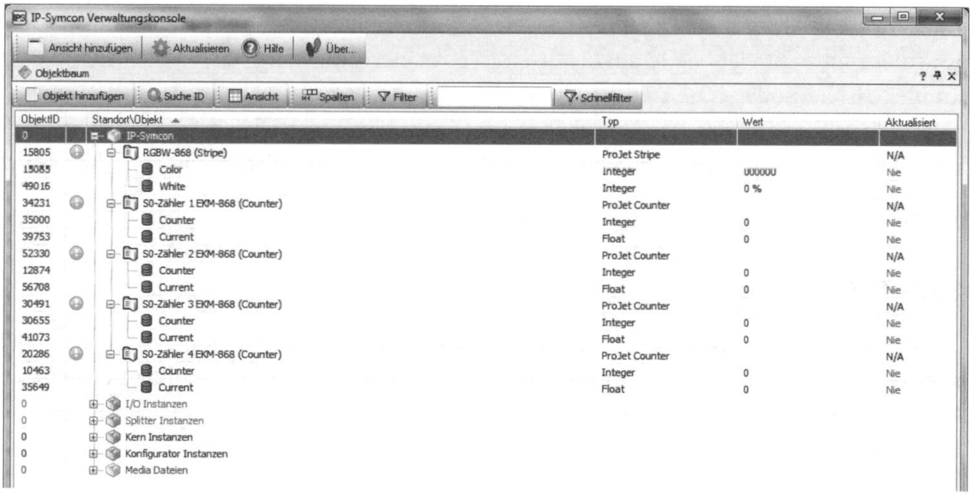

Abb. 8.799 Darstellung der IP-Symcon-Hardware im IP-Symcon-Projektbaum

Die Bedienung und Darstellung der IP-Symcon-Hardware erfolgt wie üblich über das
Web-UI von IP-Symcon (vgl. Abb. 8.800).

Abb. 8.800   Anzeige der IP-Symcon-Hardware im Web-UI

8.40.3 Analyse

Die IP-Symcon-Hardware ist kein vollständiges Bussystem, sondern erweitert andere
Bussysteme um weitere Funktionalitäten. Das LED-Stripe-Modul ist ein kostengünstiges
Gerät zur Ansteuerung von akzentuierenden LED-Stripe-Leuchten im Wohnraum. Mit
dem Messzähler können an beliebigen Messorten Zählvorgänge vorgenommen werden,
um diese an zentraler Stelle auszuwerten. Neben der Erfassung von Zähleinrichtungen
an elektrischen oder Gas- und Wasserzählern können auch Tür- und Fensteröffnungen
oder sogar Runden der Autorennbahn mit Zeitnahme im Keller erfasst werden. Aufgrund der Verwendbarkeit potenzialfreier Kontakte mit Impulseingang ist nahezu alles
möglich.

8.40.4 Neubau

Da die IP-Symcon-Hardware kein vollständiges Gebäudeautomationssystem darstellt,
sondern andere nur ergänzt, erübrigt sich eine Beurteilung der Anwendbarkeit für den
Neubau. Über das Messmodul können Wasser- und Gaszähler sehr einfach in eine Gebäudeautomation einbezogen werden.

8.40.5 Sanierung

Die Argumente hinsichtlich des Neubaus treffen auch auf die Sanierung zu. Durch die Verwendung des Mediums Funk können im Rahmen der Sanierung Ergänzungen der Gebäudeautomation realisiert werden.

8.40.6 Erweiterung

Aufgrund des verwendeten Mediums Funk können Erweiterungen an vielen Installationen vorgenommen werden.

8.40.7 Nachrüstung

Die IP-Symcon-Hardware ist für die Nachrüstung aufgrund des Mediums Funk gut geeignet, ergänzt jedoch nur andere Gebäudeautomationssysteme, wie z. B. HomeMatic- oder Eltako-Funkbus, um weitere Anwendungen.

8.40.8 Anwendbarkeit für smart-metering-basiertes Energiemanagement

Mit dem Messzählermodul können dezentral beliebige Zählaktionen ausgeführt werden. Damit können vorhandene elektrische Zähler, Gas- und Wasseruhren sowie weitere Medien oder Prozesse einfach gemessen werden, soweit ein S0-Ausgang oder ein in gewissen Grenzen potenzialfreier Kontakt zur Verfügung steht. In Verbindung mit der Software IP-Symcon können komplexe Energieeinsparsysteme und smart-metering-basierte Gebäudeautomatisierungssysteme aufgebaut werden.

8.40.9 Objektgebäude

Die vorgestellte IP-Symcon-Hardware ist eher für Einfamilienhäuser geeignet. Für Speziallösungen, wie z. B. die Ansteuerung von Lichterketten oder die dezentrale Erfassung von Energieströmen in einzelnen Unterverteilungen ist das Energie-Mess-Subsystem gut geeignet, wenn keine großen Entfernungen und viele Betondecken und -wände überwunden werden müssen.

8.41 1-Wire

Das 1-Wire-System wird auch unter den Namen One-Wire oder Eindraht-Bus geführt und ist ein serielles Bussystem, das mit drei Adern auskommt, wobei zwei Adern die Stromversorgung darstellen und zusätzlich eine Datenader in Verbindung mit der Masseverbindung zur Datenübertragung verwendet wird. Verfügbar sind integrierte Bausteine zur Temperaturmessung, Akkuüberwachung, Echtzeituhr, kleine Speicher und weitere. Verwendet wurde die 1-Wire-Technik insbesondere zur Kommunikation zwischen den Komponenten in einem Gerät oder kleineren Systemen. Anwendungen können sein Spannungs- und Akkuzustandsüberwachung in einem elektrischen Gerät, Verfügbarkeit von Komponenten in einem Server-Rack eines Rechenzentrums, zur Schließkomponentenüberwachung oder ähnliches.

Viele 1-Wire-Geräte arbeiten mit einer Betriebsspannung zwischen 2,8 und 5,5 V und können daher ideal aus einem USB-Anschluss versorgt werden. Die Stromaufnahme liegt im Bereich von mA und darunter und ist daher sehr sparsam.

Da im Allgemeinen die 1-Wire-Komponenten kostenmäßig vergleichbar sind mit Sensoren für Temperatur, Feuchte, Helligkeit etc. aus dem FS20/HMS- oder HomeMatic-Bereich sind, kommen für eine preiswerte Nutzung im Gebäudeautomationsbereich lediglich die Temperatursensoren vom Typ DS18S20 oder ähnlich in Frage. Diese sind für ca. 2 Euro die kostengünstigsten, schnellsten und zugleich genauesten Temperatursensoren am Markt.

8.41.1 Typische Geräte

Typische Geräte des 1-Wire-Busses sind der Busverbinder zum übergeordneten Gebäudeautomationssystem als Gateway und die 1-Wire-Sensoren (vgl. Abb. 8.801). Kostengünstig lässt sich der 1-Wire-Bus über eine USB-Schnittstelle in die Gebäudeautomation integrieren. Andere Lösungen sind auch für die Anbindung an das Ethernet erhältlich.

Abb. 8.801 1-Wire-USB-
Gateway

Hinsichtlich der Sensoren wird nur der Temperatursensor DS18S20 angeführt, da er kostengünstig und exakt die Temperatur an dezentralen Stellen im Gebäude im übergeordneten Gebäudeautomationssystem verfügbar macht (vgl. Abb. 8.802).

Abb. 8.802 1-Wire-Temperatursensoren, montiert in WAGO-Verbindungs-Klemmen

8.41.2 Programmierung

Eine einfache Einbindung in das Gebäudeautomationssystem kann über IP-Symcon erfolgen. Dies stellt eine große Anzahl von Instanzen zum 1-Wire-Bussystem zur Verfügung, worunter sich auch der Temperatursensor DS18S20 befindet.

IP-Symcon sucht nach konfigurierter Schnittstelle zum 1-Wire-Bus, dies erfordert die Installation eines entsprechenden Treibers im Windows-Betriebssystem, automatisch den Bus nach Teilnehmern ab, die einfach per Auslösung eines Temperatursprung durch Umfassung mit einem Finger selektiert werden können (vgl. Abb. 8.803).

Abb. 8.803 Suche nach 1-Wire-Geräten in IP-Symcon

Nach Auswahl einer 1-Wire-Komponente ist die Konfiguration erforderlich. Zu aktivieren und definieren ist das Abfragetiming, eventuell auch die Präzision der Datenerfassung. Nach Bestätigung mit „Übernehmen" erfolgen die gezeiteten Messungen (vgl. Abb. 8.804).

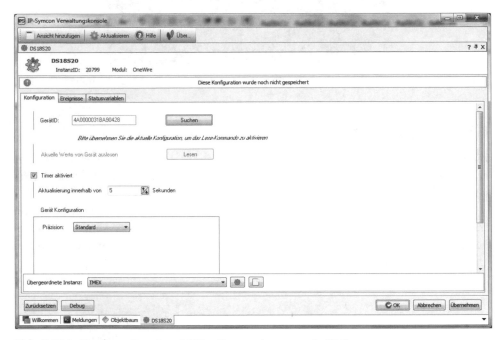

Abb. 8.804 Konfiguration eines 1-Wire-Temperatursensors in IP-Symcon

Die Weiterverarbeitung der Messdaten kann mit den üblichen IP-Symcon-Methoden erfolgen (vgl. Abb. 8.805).

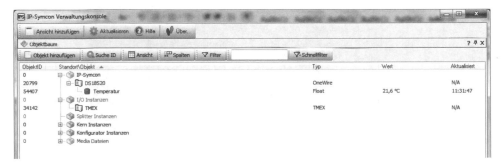

Abb. 8.805 Ansicht der 1-Wire-Komponenten in der Objektansicht von IP-Symcon

Wie allgemein üblich erfolgt eine umgehende Anzeige der Messergebnisse der Sensoren im Web-UI in IP-Symcon (vgl. Abb. 8.806).

Abb. 8.806 Anzeige der Temperatursensoren-Messwerte im Web-UI von IP-Symcon

8.41.3 Analyse

Das 1-Wire-System ist ein einfach in die Gebäudeautomation integrierbares Bussystem.
Zahlreiche Sensoren werden angeboten, bei denen bis auf den Temperatursensor die
Preise vergleichbar sind mit Lösungen aus Standard-Gebäudeautomationssystemen. Die
Temperatursensoren sind äußerst kostengünstig, präzise und schnell und können daher
gut für die Überwachung von Heizungsanlagen und zur detaillierten Temperaturüber-
wachung in Räumen genutzt werden.

8.41.4 Neubau

1-Wire-Sensoren eignen sich insbesondere für den Neubau, da die notwendigen drei-
adrigen Leitungen als Telefonkabel ausgeführt einfach verlegt werden können. Werden
diese günstigen Temperatursensoren an verschiedenen Stellen im Wohnraum angebracht, kann beispielsweise die Funktionalität einer Heizungsanlage geeignet überwacht
werden. Der Aufbau eines vollständigen Gebäudeautomationssystems ist mit dem 1-
Wire-Bussystem nicht möglich.

8.41.5 Sanierung

Saubere Sanierungen sind mit dem 1-Wire-Bus nicht möglich, da Leitungen verlegt
werden müssen. Im Rahmen einer schmutzigen Sanierung können diese notwendigen
Leitungen nachverlegt werden, um eine genaue und detaillierte Temperaturüberwachung zu ermöglichen. Der Aufbau eines vollständigen Gebäudeautomationssystems ist
mit dem 1-Wire-Bussystem nicht möglich.

8.41.6 Erweiterung

Soweit die 1-Wire-Leitung verlegt ist, können weitere 1-Wire-Sensoren in das Netzwerk integriert werden. Sollten Leitungsverlängerungen notwendig sein, ist eine separate Spannungsversorgung notwendig. Neu eingebaute Sensoren können komfortabel per Software in das bestehende Gebäudeautomationssystem integriert werden.

8.41.7 Nachrüstung

Für die Nachrüstung ist der 1-Wire-Bus nicht bzw. lediglich für Detailanwendungen, geeignet, da Leitungen verlegt werden müssen und im Allgemeinen nicht verfügbar sein werden. Sollte lediglich eine Heizungsanlage oder ähnliches an zentraler Stelle überwacht werden, ist dies mit dem 1-Wire-Bus auch per Nachrüstung möglich. Mit geringem Aufwand können die Vor- und Rücklauftemperaturen in den verschiedenen Heiz- oder Verteilkreisen der Heizung überwacht werden.

8.41.8 Anwendbarkeit für smart-metering-basiertes Energiemanagement

Da das 1-Wire-Sensor-Bussystem kein aktives, sondern eher ein passives Subsystem in einer Gebäudeautomation darstellt, kann dieses keine Funktionen des psychologischen, aktiven oder passiven Energiemanagements erfüllen. In Verbindung mit einem Gebäudeautomationssystem, das die Aufgaben des Energiemanagements übernimmt, können jedoch die 1-Wire-Komponenten weitere Messdaten zur Weiterverarbeitung liefern.

8.41.9 Objektgebäude

Das 1-Wire-Bussystem ist eher ergänzend für Einfamilienhäuser geeignet. Eine Verwendung in Objektgebäuden kommt daher eher für Spezialanwendungen, z. B. in Rechenzentren, oder zur Überwachung von Technikräumen in Frage.

8.42 Rutenbeck-Serie TC IP

Rutenbeck ist in der Elektroinstallationsbranche als Spezialist für Produkte der Nachrichten- und Kommunikationstechnik bekannt. Seit vielen Jahren werden Einrichtungen vertrieben, um Gebäudeautomationssysteme, wie z. B. KNX/EIB, PEHA PHC und andere, über Telekommunikationseinrichtungen zu steuern. Damit ist es möglich auf der Basis von Zustandsänderungen im Gebäude Meldungen auf ein Telefon zu senden oder über das Telefon im Gebäude Schalthandlungen auszuführen. Rutenbeck erweiterte diese Automationseinrichtungen um komplexe Fernsteuerungs- und -überwachungseinrichtungen über GSM und andere Mobilkommunikationseinrichtungen und hat das Produktportfolio auch auf ethernetbasierte Geräte erweitert. Begonnen wurde mit der Vermarktung von Fernschalteinrichtungen mit Tast- und Schaltaktorkanälen für die Hutschiene und als Zwischensteckergerät, an denen zusätzlich ein Temperatureingang angeschlossen werden kann. In Verbindung mit fernparametrierbaren Zeituhren können dezentrale Gebäudeautomationslösungen aufgebaut werden, die über das drahtbasierte Ethernet erreichbar sind. Interessante Anwendungen sind z. B. in Ferienhäusern denkbar, um diese aus der Ferne zu überwachen. Als neuestes Gerät wurde ein Zwischensteckergerät mit zusätzlichem WLAN-Anschluss entwickelt und vertrieben, das auch über komplexe Smart-Metering-Möglichkeiten verfügt. Damit können ohnehin in fast allen Haushalten vorhandene WLAN-Router genutzt werden, um in dem dadurch aufgebauten Funknetzwerk Fernschalteinrichtungen zu betreiben. Um einen Überblick über das energetische Verhalten von Verbrauchern, wie z. B. Geschirrspülmaschinen, Kühltruhen, -schränken, Waschmaschinen, Trocknern zu erhalten können diese Geräte über Zwischenstecker betrieben werden und die Messdaten im Zwischenstecker gespeichert werden, um diese dann über das Netzwerk per Browser auszulesen.

Damit lassen sich Sicherheit, Komfort und Wirtschaftlichkeit im Gebäude bei Nutzung von LAN- oder WLAN-fähigen Geräten steigern. Die Bedienung ist zudem über Smartphones und Touchpads möglich. Weitere Schalthandlungen können auf der Basis einfacher Befehle, die von einer Zentrale ausgelöst werden, erfolgen.

8.42.1 Typische Geräte

Typische Geräte des Rutenbeck-TC-IP-Systems sind die Fernschaltgeräte TC IP 4 für die Hutschiene und TC IP 1 als Zwischenstecker für das drahtbasierte Ethernet und TC IP 1 WLAN als Zwischenstecker für drahtbasiertes Ethernet oder WLAN. Systemkomponenten sind nicht notwendig, soweit ein Ethernet verfügbar ist.

Das Fernschaltgerät TC IP 4 verfügt über vier separate Schaltaktorkanäle mit ausreichender Strombelastbarkeit und vier Eingänge, die direkt am Gerät oder über abgesetzte Tasteinrichtungen bedient werden können. Die Stromversorgung erfolgt direkt über das 230-V-Stromnetz, da ein Netzteil direkt integriert ist. Verbaut im Stromkreisverteiler auf der Hutschiene nimmt es sehr wenig Platz ein und ist nach Verbindung mit dem Ethernet direkt nutzbar und kann umkonfiguriert werden (vgl. Abb. 8.807).

Abb. 8.807 LAN-basiertes Fernschaltgerät und Zeitschaltuhr TC IP 4 für vier elektrische
Verbraucher

In anderer Bauform mit nur einem Schaltkanal ist das Gerät auch als TC IP 1 als Zwi-
schensteckervariante verfügbar. Die Vor-Ort-Bedienung erfolgt über einen integrierten
Taster. Der Zwischenstecker wird über ein Ethernet-Kabel mit dem Netzwerk verbunden. Damit können Leuchtmittel über das Netzwerk oder Zeitschaltuhren ausgelöst
geschaltet werden (vgl. Abb. 8.808).

Abb. 8.808 LAN-basiertes
Fernschaltgerät und Zeitschaltuhr TC IP 1 für einen elektrischen Verbraucher

Mit dem Energy Manager TC IP 1 WLAN können elektrische Geräte über ein drahtge-
bundenes oder drahtloses Netzwerk geschaltet werden. Des Weiteren verfügt der Energy
Manager über einen Stromsensor, der den Laststrom und alle weiteren elektrischen
Kennwerte des angeschlossenen Verbrauchers ermittelt. Die gemessenen Werte erlauben
im Browser die Anzeige von Wirk-, Schein- und Blindleistung sowie Phasenverschiebungswinkel, Strom und Spannung. Die Speicherung der gemessenen Werte im Fernschaltgerät ermöglicht eine spätere graphische Auswertung der Verbrauchswerte z. B.
über Microsoft Excel. Eine Kostenprognose wird nach Eingabe der Kosten für eine kWh

sofort im Browser angezeigt. Eine lastabhängige Schaltung der integrierten Steckdose bei Unter bzw. Überschreitung einer Last wird per E-Mail zusätzlich gemeldet. Das Gerät ist in einem Steckdosen-Zwischenstecker untergebracht. Zur Inbetriebnahme muss der Energy Manager einfach mit einer vorhandenen Steckdose und mittels WLAN oder eines Patchkabels mit dem lokalen Netzwerk verbunden werden. Das Gerät hat im Auslieferungszustand die IP-Adresse 192.168.0.4. Nach der Konfiguration kann die Verbindung zum Netzwerk über WLAN oder Netzwerkanschluss erfolgen. Für die Sicherheit im WLAN werden die Verschlüsselungen WEP, WPA und WPA2 angeboten. Das zu schaltende Gerät wird in die im Gerät befindliche Steckdose gesteckt. Der Energy Manager kann über den Netzwerknamen bzw. die IP-Adresse von allen Rechnern des gleichen Netzwerks mittels Webbrowser die integrierte Steckdose schalten. Eine lokale Bedienung ist über einen Taster am Gerät möglich. Der aktuelle Schaltzustand des Ausgangs wird durch eine LED am Schalttaster angezeigt. Der Energy Manager besitzt eine integrierte Zeitschaltfunktion. Es sind 20 Einschalt- oder Ausschaltzeiten frei wählbar. Bei einem angeschlossenen Temperatursensor wird die Temperatur im Browser angezeigt. Eine temperaturabhängige Schaltung der integrierten Steckdose kann per E-Mail ebenso gemeldet werden, wie eine Unter- oder Überschreitung einer vorgegebenen Temperatur. Der Energy Manager kann auch über das Internet oder per Smartphone bedient werden, wenn eine feste IP-Adresse oder die Übersetzung der dynamischen IP-Adresse in einen Host-Namen vorhanden ist (vgl. Abb. 8.809).

Abb. 8.809 LAN/WLAN basiertes Fernschaltgerät TC IP 1 WLAN mit Meteringfunktion für einen elektrischen Verbraucher

Zum Lieferumfang der Fernschalteinrichtungen und des Energy Managers gehört eine ausführliche, gut verständliche Bedienungsanleitung.

8.42.2 Bedienung/Konfiguration/Programmierung

Für den Betrieb der Fernschalteinrichtungen ist eine Programmierung prinzipiell nicht erforderlich, soweit ein übergeordnetes Gebäudeautomationssystem nicht auf die Geräte zurückgreifen soll. Die Konfiguration und Parametrierung der Geräte erfolgt durch die Web-UI-Fähigkeit der Geräte direkt über einen Internet-Browser.

Nach Installation des Fernschaltgeräts TC IP 1 ist es im Netzwerk direkt über die Netzwerkadresse 192.168.0.2 erreichbar. Durch Eingabe der Netzwerkadresse im Internetbrowser gelangt man auf die Konfigurationsseite des Fernschaltgeräts. Erkennbar sind die MAC-Netzwerk-Geräteadresse und der vergebene Netzwerkname des Geräts. Der Netzwerkzugriff kann durch Änderung des Netzwerknamens, der IP-Adresse, Netzwerk-Maske, Gateway und DNS-Server sowie generell die Umstellung auf DHCP-Betrieb angepasst werden, um das Gerät auch weltweit erreichen zu können. Zur Absicherung können Benutzer mit Passwörtern eingerichtet werden, um unbefugten Zugriff zu verhindern. Die Bedienung des Geräts ist direkt über die Web-Seite durch „ein, aus oder Uhrzeit" möglich, angezeigt wird auch der Status des Geräts sowie die Anzeige der Temperatur, soweit ein Temperatursensor angeschlossen wurde (vgl. Abb. 8.810).

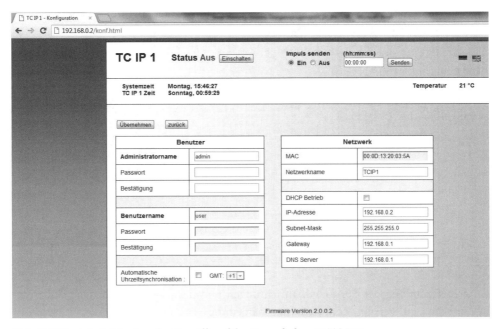

Abb. 8.810 Administration des Zugriffs auf das Fernschaltgerät TC IP 1

Die Schaltzeiten der insgesamt vier verfügbaren Zeitschaltuhren sind komfortabel über eine weitere Web-Seite konfigurierbar (vgl. Abb. 8.811).

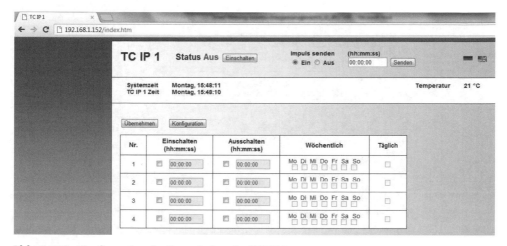

Abb. 8.811 Konfiguration des Fernschaltgeräts TC IP 1

Das Bedienkonzept des 4-Kanal-Fernschaltgeräts für die Hutschiene TC IP 4 ist ähnlich, berücksichtigt jedoch die vier verfügbaren Kanäle. Auch dieses Gerät wird über die vorkonfigurierte Netzwerkadresse 192.168.0.3 erreicht und kann hinsichtlich Netzwerkname, DHCP und sonstiger Netzwerkeinstellungen über den Menüpunkt „Netzwerkeinstellungen" angepasst werden (vgl. Abb. 8.812).

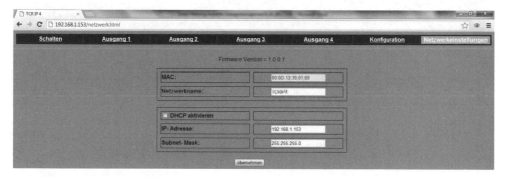

Abb. 8.812 Administration der Netzwerkeinstellungen des Fernschaltgeräts TC IP 4

Die Sicherheit des Geräts wird über die Web-Seite „Konfiguration" durch Vergabe von Usernamen und Passwörter eingerichtet, zusätzlich können die einzelnen Schaltaktorkanäle benannt werden (vgl. Abb. 8.813).

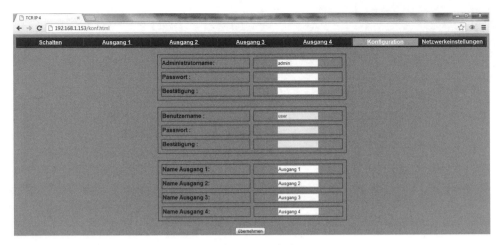

Abb. 8.813 Administration des Zugriffs auf das Fernschaltgerät TC IP 4

Über den Menüpunkt „Schalten" können die Schaltkanäle direkt über das Netzwerk bedient werden (vgl. Abb. 8.814).

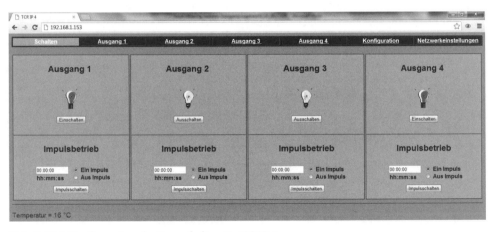

Abb. 8.814 Konfiguration des Fernschaltgeräts TC IP 4

Die einzelnen Schaltuhren werden über die Menüs „Ausgang x" parametriert. Sehr übersichtlich können insgesamt fünf verschiedene Zeitschaltuhren aktiviert werden (vgl. Abb. 8.815).

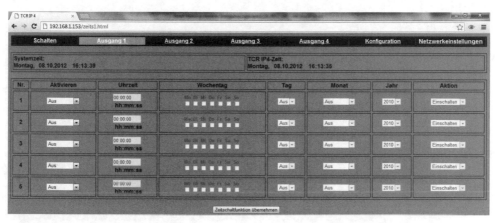

Abb. 8.815   Konfiguration der Zeitschaltuhren des Fernschaltgeräts TC IP 4

Über ein mitgeliefertes kleines Programm können die Schalthandlungen auch von PCs über das Ethernet ausgelöst werden. Das Programm TCIPX.exe wird mit einfachen Parametern, die die IP-Adresse des anzusprechenden Geräts, die Ausgangnummer und den gewünschten Schaltzustand umfassen, ausgelöst. Einfach können diese Sequenzen auch von IP-Symcon ausgelöst werden.
Beispielhafte Befehle sind:

TCIPX.exe 192.168.0.2 1 1   , um den Ausgang 1 einschalten
TCIPX.exe 192.168.0.2 1 0   , um den Ausgang 1 ausschalten
TCIPX.exe 192.168.0.2 1 2 00:00:02 normal   , um den Ausgang 1 für 2 s einzuschalten.

Weitere Befehle können auf der Rutenbeck-Web-Seite eingesehen werden.

Komplexer ist die Konfiguration und Bedienung des Fernschaltgeräts TC IP 1 WLAN, da das Gerät um WLAN erweitert ist und zusätzlich Smart-Metering-Funktionalität bietet (vgl. Abb. 8.816).

Die Parametrierung des Netzwerkzugangs erfolgt unter dem Menüpunkt „Netzwerk" und ist um die WLAN-Parametrierung und damit Verschlüsselung und WLAN-Netzwerkname erweitert.

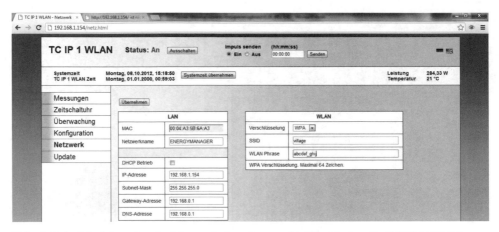

Abb. 8.816 Administration der Netzwerkeinstellungen des Fernschaltgeräts TC IP 1 WLAN

Die Sicherheit des Geräts wird über den Menüpunkt „Konfiguration" durch Definition der User mit Passwörtern angelegt. Zusätzlich wird der E-Mail-Server konfiguriert, über den das Fernschaltgerät auch per E-Mail Informationen austauschen kann. Zu konfigurieren sind wie üblich E-Mail-Adresse, Kontoname, Kennwort und Postausgangsserver. Die Zulässigkeit von Schalthandlungen über E-Mails muss gezielt freigegeben werden (vgl. Abb. 8.817).

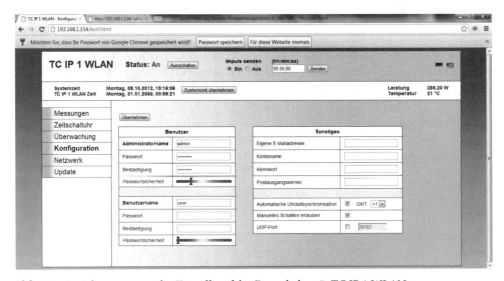

Abb. 8.817 Administration des Zugriffs auf das Fernschaltgerät TC IP 1 WLAN

Direkt über das Internet kann ein Update des Geräts über den Menüpunkt „Update"
angefordert werden (vgl. Abb. 8.818).

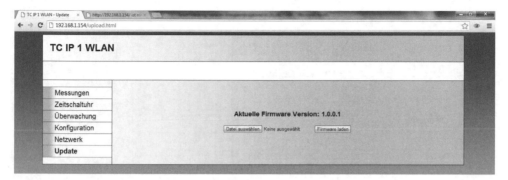

Abb. 8.818   Update der Firmware des Fernschaltgeräts

Die insgesamt 20 Zeitschaltuhren für den Schaltaktor werden über den Menüpunkt
„Zeitschaltuhr" parametriert. Die Bedienung und Konfiguration entsprechen den anderen Fernschaltgeräten, sind jedoch um Zufallszeiten ergänzt (vgl. Abb. 8.819).

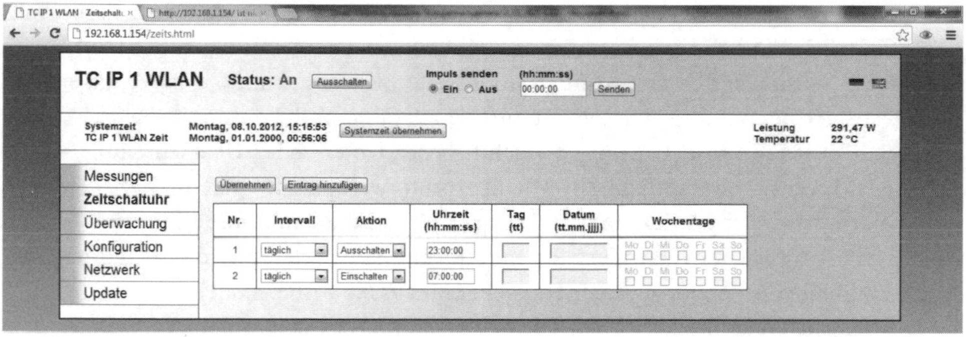

Abb. 8.819   Konfiguration der Zeitschaltuhren des Fernschaltgeräts TC IP 1 WLAN

Die Smart-Metering-Funktionen des Geräts sind über den Menüpunkt „Messungen"
erreichbar. Angezeigt werden Spannung, Strom, cos phi, Schein-, Wirk- und Blindleistung. Die Logging-Funktion ist automatisch eingeschaltet und enthält eine große Anzahl
von Speicherplätzen, die gemäß der Aufzeichnung von Tagen, Wochen, Monaten und
Jahren mit entsprechenden Intervallen genutzt werden. Sämtliche Messdaten werden mit
Zeitstempel erfasst und können aus dem Gerät ausgelesen und dezentral abgespeichert
werden. Die Messwerte werden zyklisch überschrieben. Bei Angabe des Tarifs der elektrischen Energie werden auf der Basis des gemessenen Verbrauchs auch die bislang ange-

fallenen Kosten ermittelt und auf das Jahr als Kalkulation hochgerechnet. Der Messzeit-
raum kann definiert festgelegt werden (vgl. Abb. 8.820).

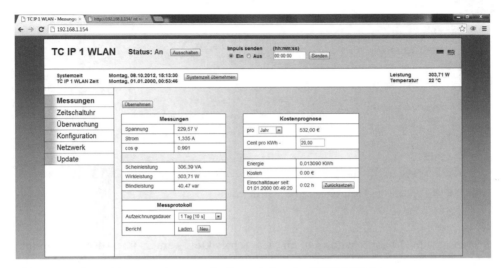

Abb. 8.820 Smart-Metering-Anzeigen des Fernschaltgeräts TC IP 1 WLAN

Neben der energetischen Verbrauchs- und Kostenerfassung sind mit dem Fernschaltgerät TC IP 1 WLAN auch smart-metering-basierte Energiemanagement-Funktionen
auslösbar. So sind unter der Konfigurationsseite „Überwachung" Auswertungen und
damit ausgelöste Handlungen separat für Temperatur und Leistung möglich. Gezielt
können Temperatur und Leistung hinsichtlich der Unter- oder Überschreitung vorgegebener Minimal- oder Maximalwerte überprüft werden, um darauf basierend den
Schaltaktor ein- oder auszuschalten und/oder eine E-Mail mit vordefiniertem Text an
eine E-Mail-Adresse zu versenden. Rutenbeck geht damit weit über die reine Metering-
Funktionalität von Geräten anderer Hersteller hinaus (vgl. Abb. 8.821).

Die Messdaten können aus dem Fernschaltgerät ausgelesen und als CSV-Datei, d. h.
zeilenweise mit durch Semikolon getrennte Ausgaben, abgespeichert werden (vgl.
Abb. 8.822).

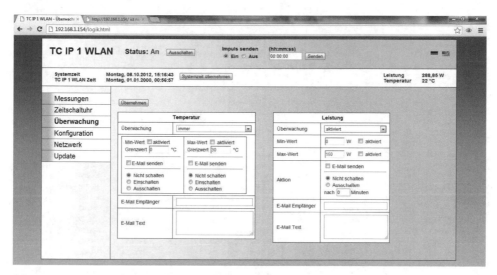

Abb. 8.821 Smart-Metering-Aktionen des Fernschaltgeräts TC IP 1 WLAN

Abb. 8.822 Ansicht einer CSV-Datei mit Messdaten

Problemlos kann die CSV-Datei mit Kopfzeile in Microsoft Excel eingelesen werden (vgl. Abb. 8.823). Die Messdaten können anschließend in Microsoft Excel bearbeitet und in Graphiken zur Anzeige gebracht werden. Bei entsprechender Definition der Messzyklen, dann auf das Betriebsverhalten einzelner Verbraucher geschlossen werden (vgl. Abb. 8.824 und Abb. 8.825).

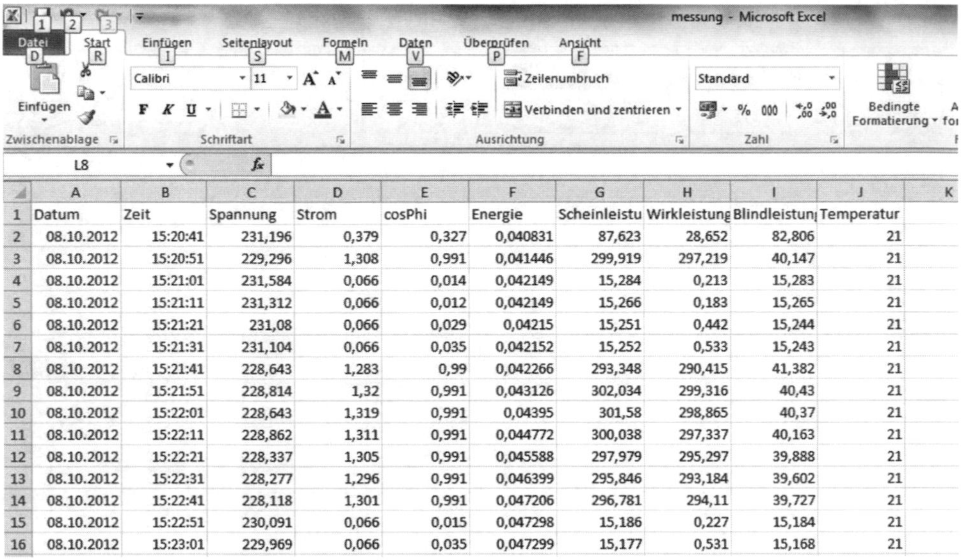

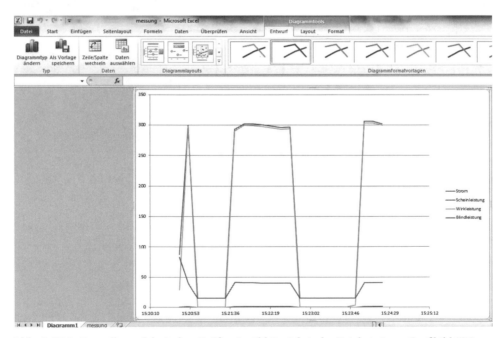

	A	B	C	D	E	F	G	H	I	J	K
1	Datum	Zeit	Spannung	Strom	cosPhi	Energie	Scheinleistu	Wirkleistung	Blindleistun	Temperatur	
2	08.10.2012	15:20:41	231,196	0,379	0,327	0,040831	87,623	28,652	82,806	21	
3	08.10.2012	15:20:51	229,296	1,308	0,991	0,041446	299,919	297,219	40,147	21	
4	08.10.2012	15:21:01	231,584	0,066	0,014	0,042149	15,284	0,213	15,283	21	
5	08.10.2012	15:21:11	231,312	0,066	0,012	0,042149	15,266	0,183	15,265	21	
6	08.10.2012	15:21:21	231,08	0,066	0,029	0,04215	15,251	0,442	15,244	21	
7	08.10.2012	15:21:31	231,104	0,066	0,035	0,042152	15,252	0,533	15,243	21	
8	08.10.2012	15:21:41	228,643	1,283	0,99	0,042266	293,348	290,415	41,382	21	
9	08.10.2012	15:21:51	228,814	1,32	0,991	0,043126	302,034	299,316	40,43	21	
10	08.10.2012	15:22:01	228,643	1,319	0,991	0,04395	301,58	298,865	40,37	21	
11	08.10.2012	15:22:11	228,862	1,311	0,991	0,044772	300,038	297,337	40,163	21	
12	08.10.2012	15:22:21	228,337	1,305	0,991	0,045588	297,979	295,297	39,888	21	
13	08.10.2012	15:22:31	228,277	1,296	0,991	0,046399	295,846	293,184	39,602	21	
14	08.10.2012	15:22:41	228,118	1,301	0,991	0,047206	296,781	294,11	39,727	21	
15	08.10.2012	15:22:51	230,091	0,066	0,015	0,047298	15,186	0,227	15,184	21	
16	08.10.2012	15:23:01	229,969	0,066	0,035	0,047299	15,177	0,531	15,168	21	

Abb. 8.823 Eingelesene CSV-Datei in Excel

Abb. 8.824 Darstellung elektrischer Größen in Abhängigkeit der Zeit bei einem Großbild-TV

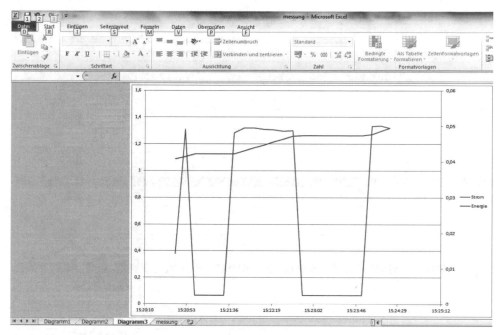

Abb. 8.825 Darstellung des Zusammenhangs von Strom und Verbrauch

Auch für das Fernschaltgerät mit Smart-Metering-Funktion bietet Rutenbeck eine Fernsteuerungsfunktion über Befehle an, die auch mit IP-Symcon angesteuert werden können. Dem größeren Funktionsumfang entsprechend sind im Parameterstring weitere Kennwörter enthalten (vgl. Abb. 8.826). Die Kennwörter sind in einer umfangreichen Liste aufgeführt (vgl. Abb. 8.827).

Mit dem Programm UDPSend.exe können die UDP Befehle komfortabel gesendet werden. Die Syntax zum Programmstart lautet:
UDPSend.exe IP-Adresse UDP-Port "Befehlszeile"
Wichtig! In der Befehlszeile kommen Leerzeichen vor. Die Befehlszeile liegt zwischen Anführungszeichen!

Beispiele:
UDPSend.exe 192.168.0.4 30303 "OUT1 1"	Schaltet den Ausgang Ein
UDPSend.exe 192.168.0.4 30303 "I ?"	Fragt den aktuellen Stromverbrauch ab
UDPSend.exe 192.168.0.4 30303 "TIMER1 12:00:00 1"	Zeitschaltuhr Kanal 1: Ausgang täglich um 12Uhr einschalten
UDPSend.exe 192.168.0.4 30303 "TIMER2 12:00:00 0"	Zeitschaltuhr Kanal 2: Ausgang täglich um 12Uhr ausschalten
UDPSend.exe 192.168.0.4 30303 "OUT1 IMP 00:00:10 1"	Ausgang1 für 10 Sekunden einschalten
UDPSend.exe 192.168.0.4 30303 "TEMPCON MAX 10"	Den Max- Schwellwert für die Temperatur auf 10°C einstellen
UDPSend.exe 192.168.0.4 30303 "TEMPCON MAXAKTION 1"	Wenn der Max-Schwellwert überschritten wird, wird der Ausgang eingesch

Abb. 8.826 Fernsteuerung von Funktionen am Fernschaltgerät über das Programm UDPSend.exe [Rutenbeck]

Addressat	Index	Zusatz	Aktion	Beschreibung
OUT	1		0	Ausgang 1 ausschalten
			1	Ausgang 1 einschalten
			2	Ausgang 1 umschalten
			?	Zustand Ausgang 1 abfragen
		IMP	00:00:01 0/1/2	Ausgang 1 impulsschalten
T			?	Aktuelle Temperatur abfragen
U			?	Aktuelle Spannung abfragen
I			?	Aktueller Stromverbrauch abfragen
cos			?	Aktuelle Phasenverschiebung abfragen
P			?	Aktuelle Wirkleistung abfragen
S			?	Aktuelle Scheinleistung abfragen
Q			?	Aktuelle Blindleistung abfragen
E			?	Aktuelle Energie? Abfragen
SONT (Switching on Time)			?	Einschaltzeit vom Ausgang 1
SONT (Switching on Time)			0	Rücksetzen der Einschaltzeit für den Ausgang 1
TIMER	1 bis 20		OFF	Zeitschaltuhr Kanal x ausschalten
		hh:mm:ss	1/0	Zeitschaltuhr Kanal x täglich
		hh:mm:ss	MO TU(Wochentage) usw. 1/0	Zeitschaltuhr Kanal x wöchentlich
		hh:mm:ss	day 1/0	Zeitschaltuhr Kanal x monatlich
		hh:mm:ss	datum 1/0	Zeitschaltuhr Kanal x einmalig
			?	Einstellungen der Zeitschaltuhr Kanal x abfragen
TEMPCON / POWERCON			ON	Überwachung ist immer eingeschaltet
			OFF	Überwachung ist ausgeschaltet
			O1	Überwachung Wenn Ausgang EIN
			O0	Temperarturüberwachung Wenn Ausgang AUS
			?	Status der Überwachung abfragen
		MIN	xx / ?	Eintragen des Min-Wertes
		MAX	xx / ?	Eintragen des Max-Wertes
		MINAKT	0/1/?	Min-Wert aktivieren / deaktivieren
		MAXAKT	0/1/?	Max-Wert aktivieren / deaktivieren
		AKTION	MAIL 0/1/?	E-Mail senden bei Grenzwertüberschreitung
		AKTION	0 / ?	Bei Grenzwertüberschreitung nicht schalten
		AKTION	1 / ?	Bei Grenzwertüberschreitung EIN schalten
		AKTION	2 / ?	Bei Grenzwertüberschreitung AUS schalten
TEMPCON		MAXAKTION	0/1/2/?	Bei Überschreitung des Maxwertes Aktion ausführen. (Nur für die Temperaturmessung gültig)
TEMPCON		MINAKTION	0/1/2/?	Bei Unterschreitung des Minwertes Aktion ausführen(Nur für die Temperaturmessung gültig)
TEMPCON		MAXAKTION	MAIL 0/1/?	Bei Überschreitung des Maxwertes Aktion ausführen. (Nur für die Temperaturmessung gültig)
TEMPCON		MINAKTION	MAIL 0/1/?	Bei Unterschreitung des Minwertes Aktion ausführen(Nur für die Temperaturmessung gültig)
POWERCON		DELAY	0...9/?	Einstellen einer Ausschaltverzögerung bei der Leistungsmessung [Minuten]

Abb. 8.827   Kennwörter und Befehlsliste für das Fernschaltgerät mit Smart-Metering-Funktionalität [Rutenbeck]

8.42.3 Analyse

Rutenbeck bietet mit den reinen Fernschaltgeräten Schaltaktoren mit Vor-Ort-Bedienung an, die über das drahtbasierte Ethernet erreicht werden können. Die Funktionalität in Verbindung mit Zeitschaltuhren ermöglicht die Anwendung in vielen Bereichen der Gebäudeautomation, in der kein drahtbasiertes Bussystem installierbar ist und auf Funkbus- und Powerline-basierte Systeme nicht zurückgegriffen werden soll. Im Bereich der Stromkreisverteiler sind die Ethernetanschlüsse meist direkt verfügbar, während häufig lokale Ethernetanschlüsse fehlen oder durch Verlegung in Kabelkanälen oder Leerrohren erst nachgerüstet werden müssen. In Verbindung mit der Auswertung von Temperatursensoren lassen sich Heizungs-, Lüftungs- und Kältegeräte ansteuern oder Kühleinrichtungen, wie z. B. Kühlschränke und -truhen überwachen. Gute Einsatzmöglichkeiten bestehen daher insbesondere in Ferienhäusern oder an zentralen Orten in Gebäuden, die überwacht und ferngesteuert werden sollen.

Dem Trend der Notwendigkeit von Smart Metering und der notwendigen Einbindbarkeit in WLAN-Netze ist Rutenbeck mit dem Energy Saver TC IP 1 WLAN gefolgt und bietet damit ein Fernschaltgerät, das auch über ein WLAN-Interface verfügt. Damit ist die Anwendbarkeit auch in Gebäuden ohne Ethernet-Verkabelung, aber vorhandenem WLAN-Router möglich. Das Gerät wurde als Erweiterung der reinen Fernschaltgeräte und die Messung elektrischer Größen, wie Spannung, Strom und Leistung, aber darauf basierend auch Verbrauch und Kosten erweitert. Auf der Basis dieser Messungen können Schalthandlungen ausgeführt werden oder Meldungen per E-Mail versandt werden.

Um dem Anwender potenzielle Anwendungen des Energy Managers aufzuzeigen hat Rutenbeck auf seiner Web-Seite einige Anwendungsfälle aufgeführt.

8.42.3.1 Temperaturüberwachung und -aufzeichnung in einem Gewächshaus

Rutenbeck erläutert: „Der Energiebedarf eines Gewächshauses ist enorm. Trotz der hohen Heizkosten muss sichergestellt werden, dass die Pflanzen immer die optimale Temperatur haben. Der Energy Manager hilft bei der Temperaturregelung, indem er Temperaturwerte ermittelt, Abweichungen erkennt und sie per E-Mail meldet. Zusätzlich steuert er z. B. eine Hupe zur Alarmierung. Die ermittelten Temperaturwerte werden im Gerät aufgezeichnet. Darüber hinaus werden sie sofort auf dem Bildschirm angezeigt. Sie werden vom Energy Manager über das Netzwerk als CSV-Datei auf den eigenen Computer zur weiteren Auswertung geladen. Je nach gewünschter Aufzeichnungsdauer werden unterschiedliche Messzyklen angeboten. So lässt sich der Temperaturverlauf im Gewächshaus bis zu einem Jahr aufzeichnen." (vgl. Abb. 8.828).

Neben der Ansteuerung einer Hupe kann auch direkt eine zusätzliche Heizung aktiviert werden. Durch Langzeitdatenspeicherung und -auswertung können Optimierungen an der Heizungsanlage umgesetzt werden.

Abb. 8.828 Anwendung des Energy Managers im Gewächshaus [Rutenbeck]

8.42.3.2 Stromfresser über das Netzwerk aufspüren (weiße und braune Ware)

Rutenbeck erläutert: „Was kostet mich der Betrieb eines Haushaltsgeräts (Kühltruhe, Waschmaschine, Wäschetrockner, Computer, Stereoanlage) eigentlich im Jahr? Das lässt sich mit dem Energy Manager leicht ermitteln und komfortabel auf dem Computer über das Netzwerk anzeigen. Die vom Energy Manager erfassten Werten können als Datei zur weiteren Auswertung geladen werden." (vgl. Abb. 8.829).

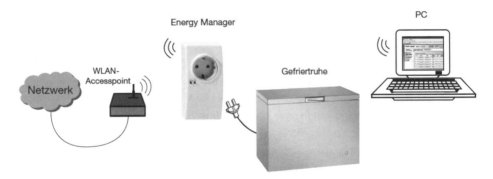

Abb. 8.829 Anwendung des Energy Managers zur Überwachung von Kühlgeräten [Rutenbeck]

Diese Anwendung ist insbesondere auch für Energieberater interessant, um Energieverbrauchern anhand einer kurz- oder längerfristigen Aufzeichnung Verbrauch und Kosten von Verbrauchern zu veranschaulichen. Eine Einbindung in IP-Symcon und damit ein standardisiertes Energieverbrauchsanalysesystem ist problemlos möglich.

8.42.3.3 Schalten über das Netzwerk – Beleuchtungssteuerung einer Firma mit dem TC IP 4

Rutenbeck erläutert: „In einer Firma soll sowohl die Hallenbeleuchtung, als auch die Treppenhaus- und die Hofbeleuchtung über das Netzwerk gesteuert werden. Die Hallenbeleuchtung der Firma ist am Schaltausgang 1 des TC IP 4 angeschlossen und wird montags bis freitags um 5.30 Uhr morgens eingeschaltet und um 17.00 Uhr ausgeschaltet. Am Schaltausgang 2 ist die Treppenhausbeleuchtung der Firma angeschlossen. Die Hofbeleuchtung ist am Schaltausgang 3 angeschlossen. Die Schaltzeiten lassen sich für jeden Schaltausgang individuell einstellen. Der Benutzer kann die Beleuchtung auch außerhalb der vorgegebenen Zeiten über zusätzliche installierte Taster oder über die Web-Seite ein- oder ausschalten. Per PC lässt sich jederzeit der aktuelle Schaltzustand der Beleuchtung über das Netzwerk kontrollieren." (vgl. Abb. 8.830).

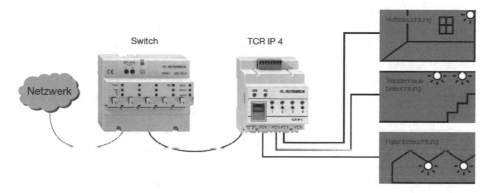

Abb. 8.830 Zeit- und bedarfsgesteuerte Schaltung von Leuchtmitteln [Rutenbeck]

8.42.3.4 Waschmaschine fertig ? – Überwachen der Last

Rutenbeck erläutert: „Am Ende des Waschgangs einer Waschmaschine soll per E-Mail auf das Smartphone gemeldet werden, damit die Wäsche zeitnah entnommen werden kann. Der Energy Manager überwacht die Leistungsaufnahme der Maschine.

Abb. 8.831 Meldung des Endes eines Waschprozesses über Smartphone [Rutenbeck]

Nach dem Waschgang sinkt die Leistungsaufnahme dauerhaft ab. Daraufhin verschickt der Energy Manager über das Netzwerk eine E-Mail. Alternativ kann der Energy
Manager die Waschmaschine auch direkt abschalten. Selbstverständlich lassen sich auch
andere elektrische Geräte wie z. B. Wäschetrockner derart überwachen." (vgl.
Abb. 8.831).

8.42.3.5 Weitere denkbare Funktionen

Rutenbeck zeigt gezielt Anwendungsbeispiele für Schalteinrichtungen auf, die Komfort,
Sicherheit und Energieeinsatz optimieren. Die Liste denkbarer Anwendungen der Fernschalteinrichtungen oder des Energy Managers kann beliebig erweitert werden und auch
nachgewiesen werden, dass Energie eingespart werden kann. So kann ein Energy Manager an einem Kühlschrank oder einer Kühltruhe betrieben werden. Wird dauerhaft
nur wenig Energie abgenommen oder steigt die Temperatur über ein gewisses Niveau,
erfolgt eine Meldung per E-Mail als Störmeldung. Durch gezieltes Abschalten von
Verbrauchern können Standby-Verluste vermieden werden. Die Fertig-Meldungen
betreffen Waschmaschine, Trockner, Spülmaschine, Herde und Mikrowellenherde. Anhand einer permanenten Messung am Heizkessel kann überprüft werden, ob die Heizungspumpe zuverlässig arbeitet oder dauerhaft läuft. Interessant ist auch die Anwendung des Energy Managers in Verbindung mit Elektromobilität bei der Überwachung
des Ladeprozesses und Verlagerung in lastschwache Zeiten.

Nach Aussage der Firma Rutenbeck werden in Kürze weitere Geräte mit Smart-
Metering- und WLAN-Fähigkeit auf den Markt gebracht werden, damit können weitere
Flexibilität erfordernde Anwendungen erschlossen werden. Das ohnehin fast in allen Gebäuden verfügbare WLAN ermöglicht zahlreichen Anwendungen von Fernschalteinrichtungen über WLAN im Gebäude.

8.42.4 Neubau

Bei konsequenter Verlegung eines drahtbasierten Ethernets im Gebäude und dezentraler
Installation von Stromkreisverteilern können mit dem hutschienenbasierten Fernschaltgerät TC IP 4 einige Schalthandlungen im Gebäude übernommen werden. In Verbindung mit zusätzlichen Relais lassen sich auch Jalousiesteuerungen realisieren. Es fehlt
jedoch die Möglichkeit Dimmfunktionen zu realisieren. Durch die Anbindbarkeit dezentraler konventioneller Taster können auch Taster in die Gebäudeautomation mit Fernschaltgeräten integriert werden. Trotzdem wird sich mit dem Fernschaltsystem keine
vollständige Gebäudeautomation realisieren lassen, dies ist auch nicht beabsichtigt, da
mit den Fernschaltsystemen eher Nachrüstungen in begrenztem Maße oder Sonderfunktionen realisieren lassen. Als Ergänzung zu einer drahtbasierten Gebäudeautomation
oder in Ferienhäusern eignet sich das Fernschaltsystem von Rutenbeck ausgezeichnet.

8.42.5 Sanierung

Die Argumente des Neubaus treffen auch auf die Sanierung zu. Der Neubau entspricht einer schmutzigen Sanierung und erfordert den Anschluss von Tastern und Aktoren an die Fernschaltgeräte im Stromkreisverteiler. Aktuell können mit den Zwischenstecker-geräten nur Detaillösungen als Ergänzung aufgebaut werden. Eine saubere Sanierung ist auch mit dem Energy Manager derzeit nicht realisierbar.

8.42.6 Erweiterung

Vorhandene Elektroinstallationen, dazu zählen auch konventionelle, können gezielt durch Rutenbeck-Fernschaltgeräte mit und ohne Smart-Metering-Fähigkeit erweitert werden. Die Fernsteuerbarkeit über das Internet und die einfach konfigurierbaren Zeit-schaltuhren sind für den Bauherrn sehr interessant.

8.42.7 Nachrüstung

Punktuell kann mit den Fernschaltgeräten Nachrüstung betrieben werden. Diese redu-ziert sich jedoch auf reine Schalthandlungen ohne Dimmfunktionen, Jalousien können nur durch separaten Schaltaufwand realisiert werden. Die Argumentation für die Mög-lichkeiten der Nachrüstung wurde bereits bei Neubau, Sanierung und Erweiterung auf-geführt.

8.42.8 Anwendbarkeit für smart-metering-basiertes Energiemanagement

Rutenbeck bietet mit den reinen Fernschaltgeräten direkte Möglichkeiten Geräte gezielt ein- und auszuschalten, um damit den Energieverbrauch gezielt zu steuern und Standby-verbräuche zu reduzieren. Mit dem Energy Manager können punktuell und dezentral Energiemessungen erfolgen, die Daten gespeichert und darauf basierend Schalthandlun-gen ausgeführt werden. Bei konsequenter Weiterentwicklung der Fernschaltgeräte um Unterputz- und Hutschienengeräte mit Smart-Metering-Funktionalität können wesent-liche Funktionalitäten des smart-metering-basierten Energiemanagements umgesetzt werden. Durch Einbindung der Rutenbeck-Hardware in das IP-Symcon-System lassen sich umfangreiche Lösungen des smart-metering-basierten Energiemanagements in Ver-bindung mit anderen Gebäudeautomationssystemen realisieren.

8.42.9 Objektgebäude

Rutenbeck-Lösungen eignen sich optimal für Speziallösungen in kleinen, mittleren und großen Gebäuden, damit auch dem Objektgebäude. Die Anwendungsbeispiele wurden im Unterkapitel Analyse aufgezeigt.

Systemvergleich

9

9.1 Argumente für den Systemvergleich

Im vorliegenden Kapitel konnte bei einer Diskussion von insgesamt 42 Gebäudeautomationssystemen, zu denen auch die konventionelle Elektroinstallation zählt, aufgezeigt werden, dass die Systemauswahl für die Gebäudeautomation unüberschaubar für den Bauherrn, aber auch für den Elektroinstallateur als Berater und Dienstleister des Bauherrn ist. Hierbei ist zu beachten, dass bei weitem nicht alle Gebäudeautomationssysteme vorgestellt wurden, da eine Beschränkung auf diejenigen Systeme vorgenommen wurde, mit denen im Detail Erfahrungen im Rahmen von studentischen Arbeiten, externen und internen Projektarbeiten und Forschungsarbeit gesammelt wurden. Viele der Systeme sind täglich im Labor im Einsatz, einige werden darüber hinaus ständig im Praktikum eingesetzt. Nicht berücksichtigt sind die aus der Literatur und von Messen bekannten Gebäudebussysteme BacNet, ISYGLT, DMX, ZigBee, SI-System, Wireless Wire, DynaTemp, Free Control, HOMEPLEXER, Actor, Esylux Powerline, RATIO, Luxor, Synco Living, RolloHomeControl, HOMEeasy, Plugwise, RSL, MAX, Nikobus, Conrad C-Control und andere. In Summe mit den 42 vorgestellten Systemen sind dies bereits 64 Systeme. Hinzu kommen noch die vielen Kleinlösungen, die sich auf einzelne Gewerke oder Funktionalitäten beschränken, wie z. B. Audio- oder Jalousielösungen. Die Übersichtlichkeit wird noch dadurch gesteigert, dass manche Hersteller ihre auf einem Standard beruhenden Geräte unter verschiedenen Namen führen oder führten. So wurde KNX/EIB anfänglich unter dem Namen EIB (Europäischer Installations-Bus) oder instabus EIB vertrieben, der Name KNX wurde nach Integration von zwei weiteren im deutschen Markt eher unwichtigen Bussystemen eingeführt, so dass KNX/EIB heute unter den Namen KNX, EIB und instabus immer noch geführt wird. Resultat ist, dass zur Vermeidung von Missverständnissen der Name KNX/EIB verwendet wird, was auch in diesem Buch erfolgt. Ein weiteres Missverständnis ist auch bei dem von dem Elektronikunternehmen INSTA entwickelten Funkbussystem mit 433 MHz, das für Berker, GIRA und Jung entwickelt wurde, vorhanden. So verwendet GIRA den Namen GIRA Funk-

Bussystem, Berker den Namen Funkbus und Jung den Namen Funk-Management. Der Kunde wird nie auf die Idee kommen, dass sich darunter ein- und dasselbe, hinsichtlich der Produkte austauschbare Funbbussystem befindet. Andererseits sieht der Kunde bei diversen Anbietern, wie z. B. Baumärkten, Technik-Kaufhäusern, im Internet und auch bei Discountern von Lebensmittelketten fernsteuerbare Steckdosenadapter, die sich anschließend als nicht kompatibel erweisen, obwohl diese ähnlich aussehen. Weiter gesteigert wird das Kaufvergnügen des potenziellen Gebäudeautomationskunden beim Besuch von Technik-Kaufhäusern mit dem großen C, wo nebeneinander bis zu 6 in Regalen als Spalten angeordnete Bussysteme angeboten werden, die vermeintlich kompatibel sind, da sie direkt nebeneinander ausgestellt sind, was jedoch nicht der Fall ist. Der negative Effekt dieser Entwicklung ist völlige Unklarheit bei Bauherren und auch Elektroinstallateuren.

Lösung dieser Misere ist die Reduktion auf wenige Systeme. So hat sich allgemein bei Elektroinstallateuren KNX/EIB als Gebäudeautomationssystem durchgesetzt, das nahezu fast ausschließlich potenziellen Bauherren angeboten wird, wenn dieser nach Gebäudeautomation fragt. Neben KNX/EIB hat sich LON mit BacNet in Verbindung im Objektgebäude durchgesetzt, was der Büronutzer jedoch kaum an den Geräten in seinem Büro erkennen wird. Auch LCN als weiteres in der Anwendung in den Objektgebäuden weit verbreitetes Gebäudeautomationssystem ist meist im Wohngebäudebau nur regional verbreitet und wird dort von Elektroinstallateuren angeboten. Auf die Idee SPS-Systeme in seinem Haus zu verwenden, die ja eigentlich für Industrieautomation vorgesehen sind, wird der Bauherr erst gar nicht kommen, es sei denn er hat im Rahmen von Industrieautomation im Berufsleben damit zu tun. Damit haben die Anbieter von intelligenter Technik ein sehr großes Problem, das mit „Wie kommt der Bauherr zu seinem Bussystem?" beschrieben werden kann. Die Anbieter schalten mit großem Aufwand und hohen Kosten Werbung in den elektronischen und PapierMedien. Während der Bauherr die kurzen Werbespots im Fernsehen, in dem ihm die heile Welt der Gebäudeautomation ohne konkrete Fakten und Produkte präsentiert wird, meist gar nicht wahrnimmt, erscheint die größte Anzahl von Anzeigen in Fachzeitschriften für den Elektroinstallateur oder Architekten, die den Bauherrn meist nicht erreichen. Jegliche Werbung ist also eher an den Elektroinstallateur gerichtet, der über den dreistufigen Markt Hersteller => Großhändler => Elektroinstallateur => Bauherr den Bauherrn erreicht bzw. erreichen soll. Da wiederum der erste Kontakt zu den Vorteilen von Gebäudeautomation durch den Architekten vermittelt werden muss, der wiederum an den Elektroinstallateur weitervermittelt und eher an Beton, Schönheit und Organisationsmanagement interessiert ist und sich lieber nicht um die Probleme durch Gebäudeautomation kümmern möchte, wird es für den Bauherrn sehr schwierig sein ein Gebäude mit Gebäudeautomation zu erhalten. Je nach Auswahl eines Elektroinstallateurs konzentriert sich dieser auf einige wenige Hersteller oder eher auf den Marktführer, da es für den Elektroinstallateur unmöglich ist alle Systeme zu kennen und noch mehr Personal zu halten, das diese Systeme konfigurieren, parametrieren und programmieren kann, insbesondere im Wartungs- und Erweiterungsfalle werden die Probleme eklatant. Es ist zu begrüßen, dass außerhalb des Vertriebs über den dreistufigen Handelsweg Unternehmen wie ELV und Conrad über Katalog, Internet und Technik-Kaufhäuser mit guter Information Gebäudeautomation anbieten. Weiter gesteigert werden konnte das Interesse an Gebäudeautomation durch einen großen Energieversorger, der über eine breite elektronische Medienkampagne für Gebäudeautomation intensiv warb und ausschließlich über das Internet und ein Technik-Kaufhaus vertreibt.

Wichtig ist, dass der potenzielle Kunde der Gebäudeautomation korrekt informiert wird und Produkte sowohl erwerben, als auch in sein Gebäude eingebaut erhalten kann. Hier ist wiederum der Elektroinstallateur als Lieferant von Vorteil, da dieser vertreiben und installieren kann, während der Kunde von ELV- oder Conrad-Gebäudeautomation zunächst jemand finden muss, der die Installation fachgerecht vornimmt. In diesem Zusammenhang ist der Vertriebsweg des Energieversorgers interessant, der gleichzeitig Produkte und Dienstleistung anbietet. Um dieses massive Problem der Lieferanten-Kunden-Beziehung zu lösen, helfen nur Baumessen, Verbrauchermessen oder für Bauherren geöffnete Fachmessen, auf denen sich Bauherren, gleich ob Neubauer oder Nachrüster, informieren können oder der Aufbau eines neuen Berufsfeldes des Systemberaters oder noch eher der Aufbau eigenen Expertenwissens beim Bauherrn, damit dieser gezielt seinem Elektroinstallateur erläutern kann, welches System er in welcher Form installiert erhalten möchte. Besteht dieses Expertenwissen beim Kunden, kann er auch selbst in die Beschaffung einsteigen und nach dem preiswerten Kauf von eigentlich nur über den Elektroinstallateur vertriebenen Produkten bei Ebay oder anderen Internethändlern den Aufbau seiner Gebäudeautomation starten. Beginnt der Bauherr früh genug mit dem Aufbau von Expertenwissen kann er bereits in den Neubau günstig eine Gebäudeautomation integrieren, sonst nur im Rahmen einer umfassenden Sanierung oder Nachrüstung.

Wichtig bei der Betrachtung und dem Vergleich der verschiedenen Bussysteme ist das Baustadium. So ist bei Neubauten meist falls alles möglich, da Wände, Decken und Böden noch geöffnet, unverputzt und ohne Tapeten sind und damit noch die Entscheidung für Einbauorte von Gebäudeautomation und die Verlegung von Datenleitungen geplant und umgesetzt werden kann. Ist das Gebäude erst einmal fertiggestellt, können Bussysteme nur noch per Sanierung oder Nachrüstung installiert werden. Schmutzige oder dreckige Sanierungen ermöglichen vergleichbar mit dem Neubau nahezu alles, wenn die finanziellen Mittel bereitstehen, jedoch mit wesentlich größerem Aufwand. Saubere Sanierungen erfordern Bussysteme, die integriert werden können, indem die vorhandenen Leitungen genutzt werden und lediglich Umverdrahtungen in Schalter- und Verteilerdosen sowie Änderungen oder Erweiterungen am Stromkreisverteiler, notwendig werden und die Sanierungsarbeiten lediglich mit Tapezier- und Malerarbeiten abgeschlossen werden müssen. Nachrüstungen können pauschal oder sukzessive erfolgen. Die pauschale Nachrüstung ist vergleichbar mit einer sauberen Sanierung ohne das Öffnen von Schalter- und Verteilerdosen, dies kann nur mit äußerst wenigen Bussystemen realisiert werden, während sukzessive Nachrüstung eher der Normalfall sein wird, da abhängig von der Notwendigkeit und dem Geldbeutel sinnvolle Funktionalitäten priorisiert realisiert werden. Ist ein Gebäudeautomationssystem erst einmal installiert, soll es den Bedürfnissen entsprechend erweiterbar sein. Dies erfordert eine vorbereitete oder leicht änder- und erweiterbare Elektroinstallation, ein breites Produktportfolio des Herstellers insbesondere für die Nachrüstung und eine einfache Umkonfigurations- und Programmiermöglichkeit.

Wichtig bei der Auswahl des Gebäudeautomationssystems ist die Vielfalt des Systems hinsichtlich der Anwendbarkeit, d. h. der Abdeckung der Gewerke und Funktionalitäten. Hinsichtlich der Funktionalitäten müssen Komfort, Sicherheit, Energieeinsparung als Hauptargumente bedient werden und die Gewerke Licht, Gerätemanagement, Beschattung, Heizungs-/Klima-/Lüftungstechnik (HKL), Mediensteuerung und weiteres abgedeckt werden. Während das Gewerk Mediensteuerung eher nur dem Komfort dient und daher kaum für eine Energieeinsparung sorgen wird, können über Licht-, Geräte- und Heizungssteuerung enorme Energieeinsparungen realisiert werden. Auch das Gewerk Sicherheit hat Einfluss auf die ökonomischen Vorteile, da Einbrüche mit ihren Folgen vermieden und Versicherungsbeiträge reduziert werden können. Zu berücksichtigen ist, dass der große Einspareffekt bei Heizungs- und Lüftungstechnik nur durch Kooperation der Anbieter der Gewerke Elektro und Sanitär realisiert werden können. Nicht jede Heizungsanlage ist in der Lage nach automatisiertem Absperren des Heißwasserstroms an den Heizkörperstellantrieben auch Heizungspumpe und Heizung selbst herunterzufahren und bedarfsorientiert wieder hochzufahren. Eher ist es die Regel, dass Gateways zur Heizungsanlage installiert werden müssen, um die Kooperation von Einzelraumtemperatur- und Heizungsregelung zu optimieren. Verbunden sind die ökonomischen Vorteile auch mit ökologischen für die Gesellschaft, da mit Energieeinsparung auch die Energiewende vorangetrieben werden kann, indem die Energieabnahme eingeschränkt und damit die Energieproduktion gemindert und dadurch der CO_2-Ausstoß reduziert werden kann. Problematisch ist, dass bei weitem nicht alle Anbieter von und Systeme für Gebäudeautomation alle Argumente und Funktionalitäten befriedigen können und vielfach auch nur Nischen der Gebäudeautomation, d. h. nur Beschattung oder nur HKL abdecken können. In diesem Zusammenhang ist die Interoperabilität der verschiedenen Systeme wichtig. Gefordert sind preiswerte Gateways zwischen den Bussystemen oder zentralenbasierte Systeme, die über preiswerte Systemzugänge die Vorteile verschiedener Gebäudeautomationssysteme koppeln können.

Insbesondere das Thema Energieeinsparung hat aktuell im Rahmen der Energiewende stark an Bedeutung gewonnen. So müssen die Bussysteme über Smart-Metering-Produkte verfügen, die zentrale und dezentrale Stromzählerauslesung, aber auch weitere sensorische Messgrößenaufnahmen ermöglichen. Auch an diesem Argument festgemacht unterscheiden sich die Systeme erheblich. Manche Hersteller und Systeme widmen sich dem Thema Smart Metering durch Erfüllung der Vorgaben des Gesetzgebers durch zentrale Zählereinbindung, manche durch intelligente, smarte Smart Metering-Möglichkeiten mit Einbindung dezentraler Zähler und Sensoren, andere lassen das Produktportfolio an Smart-Metering-Produkten völlig vermissen. Lösung dieser Misere ist Interoperabilität zu anderen Systemen, indem das Smart Metering und andere Sensorik aus anderen Systemen übernommen und damit integriert wird, oder die Überlagerung des Gebäudeautomationssystems mit einem Automations- und Visualisierungssystem, das wiederum Zugänge zu anderen Systemen über Schnittstellen ermöglicht.

Zur Steuerung der Systeme ist ein ausreichendes Maß an Automatisierung notwendig. An dieser Stelle unterscheiden sich die Bussysteme erheblich. Der Range spannt sich auf von einfachster bis zur komplexesten Gebäudeautomation, die mit Industrieautomation vergleichbar ist. Zur Realisierung der Automationsfunktionen können vorbereitete Applikationen dienen, die nur noch über direkte Zuordnung zwischen Sensoren und Aktoren genutzt werden. Andere Lösungswege sind die Programmierung über die Kombination logischer Gatter in Verbindung mit Zeitbausteinen über spezialisierte Logikmodule bis hin zum Programmiersystem mit verschiedenen Programmiersprachen, mit denen nahezu alles möglich ist. Insbesondere im Rahmen der Auswertung von Smart Metering und anderen Sensoren ist die Berechnungsmöglichkeit bei Rückgriff auf komplexe Mathematik und die Speicherbarkeit von Variablen und deren Präsentation notwendig.

Abgeschlossen werden die Ebenen der Automationspyramide bei der Gebäudeautomation durch die Visualisierung. Hier unterscheiden sich die Systeme erheblich, da manche Systeme keine Visualisierung, sondern nur visuelle Rückmeldung anhand der Reaktion des gesteuerten Geräts oder durch Auswertung von Rückmeldungen über Anzeigeelemente auf den Bedieneinrichtungen als LEDs oder über kleine Displays anbieten. Andere Systeme bieten systemintegrierte Visualisierungssoftware an, die die Integrierbarkeit anderer Systeme nicht ermöglichen. Nur wenige auf Visualisierung spezialisierte Unternehmen bieten Software an, mit der verschiedene Bussysteme in der Visualisierung zusammengeführt werden können.

Zur Realisierung der gesamten Funktionen, die über die erweiterte Automatisierungspyramide abgebildet sind, sind Konfigurations-, Parametrierungs- oder Programmierwerkzeuge erforderlich. Manche, eher einfache Systeme werden direkt an den Geräten über die Betätigung von Tastern oder Einstellung von Stellrädern oder DIP-Schalter programmiert. Andere Systeme werden über eine spezielle PC-basierte Software parametriert, indem auf fest vorgegebene Applikationen zurückgegriffen wird und per Zuordnung zwischen den Objekten der Geräte Funktionen realisiert werden. Nur wenige Systeme verfügen über echte Programmierwerkzeuge, diese sind eher auf Industrieautomation zurückzuführen und damit ideal geeignet, um komplexe Funktionen zu realisieren und auch Berechnungen durchführen zu können. Zu unterscheiden sind die Systeme auch anhand der Programmierbarkeit am Gerät, über eine PC-basierte Software oder Web-UI-Lösungen direkt auf einem Controller. Letztendlich ist sicherzustellen, dass Programmierungen nicht durch Unbefugte geändert werden können und defekte Teilnehmer im Gebäudeautomationsnetzwerk auf einfache Weise ohne große Änderungen an der Programmierung getauscht werden können.

Letztendlich müssen Gebäudeautomationssysteme bezahlt werden und damit bezahlbar sein. Wichtig ist in diesem Zusammenhang der Preis der einzelnen Geräte selbst, aber insbesondere deren Preis-Leistungs-Verhältnis und der kostenmäßige Stellenwert im Sinne der Mehrfachverwendung von Geräten im Zusammenhang mit einer komplexen Gebäudeautomation als gesamtes System. Produkte, die über den 3-stufigen Vertriebsweg vertrieben werden, sind wesentlich teurer als vergleichbare Produkte von Internetanbietern. Kostenvorteile entstehen auch dadurch, dass ein Hersteller nicht in Deutschland oder Europa, sondern kostengünstig in Fernost fertigen lässt. Aufgrund der Vergleichbarkeit der Geräte auf der Basis verschiedener Medien werden diese häufig zu ähnlich hohen Kosten vertrieben, obwohl die Funktionalität nicht vergleichbar ist. Häufig werden gleichartige Produkte verschiedener Hersteller mit direkt vergleichbarer Funktion zu gleich hohen Kosten vertrieben, obwohl dies mit technischen Gründen nicht begründet werden kann. So werden häufig Geräte des KNX/EIB, verglichen zwischen verschiedenen Herstellern, zu gleich hohen Preisen vertrieben, die Kosten von ca. 370 Euro zuzüglich Mehrwertsteuer für eine Spannungsversorgung, die lediglich einen Transformator und wenige elektronische Bauelemente enthält, ist viel zu hoch und angesichts einer Marktverfügbarkeit von mehr als 20 Jahren kaum zu rechtfertigen. Durch Kombination verschiedener Medien bei einem Hersteller oder eines Systems lassen sich die Kosten aufgrund des für den Hersteller einfacher nutzbaren Mediums für ein- und dieselbe Funktion erheblich reduzieren, so sind dezentrale Funkbusgeräte aufgrund der notwendigen Busankoppler an den Funkbus kostspieliger als RS485-basierte Geräte, die direkt auf eine Drahtleitung mit einfachen Datenzugriffsmechanismen zugreifen.

Die beschriebenen Auswahlargumente sind bei weitem nicht vollständig, dienen jedoch ausgezeichnet für die Grundlage einer Systemauswahl.

9.2 Systemspezifische Beurteilung

Die konventionelle Elektroinstallation ist nach wie vor das verbreitetste Bussystem der Welt. Als Medium des Bussystems dient die Stromversorgung direkt, Funktionen werden direkt realisiert, Programmierung ist nicht notwendig, sondern wird durch direkte Verdrahtung realisiert. Es besteht vollständige Kompatibilität zwischen den einzelnen Anbietern, soweit die Produkte für ein spezifisches Land angeboten werden. Der Verdrahtungsaufwand ist erheblich, Erweiterungen sind kaum, Sanierungen nur mit erheblichem Aufwand realisierbar. Die Erweiterung entspricht einer Sanierung, Nachrüstung von Funktionen ist kaum möglich. Erweiterte Automatisierung ist nur durch Aufbau einer zentralen Steuerung bei Hinzunahme von Stromstoßschaltern möglich. Fast alle Gewerke werden separat realisiert, Visualisierungen der Gebäudeautomation sind nicht möglich. Dafür halten sich die Kosten in Grenzen, soweit die Komplexität der Installation gering ist.

X10 ist aktuell nur als Oldtimer zu betrachten, da der direkte Vertrieb nicht mehr erfolgt und nur noch Experten und Liebhaber das System weiter einsetzen. Erweiterbar ist das System durch das Funkbussystem Z-Wave. Die Kosten des Systems sind niedrig, da sich das System seit vielen Jahren auf dem Markt befindet. Die Smart-Metering-

Möglichkeit wäre durch das Medium Powerline ideal realisierbar. Eine weitere Beurteilung erfolgt nicht.

KNX/EIB-Powerline, vertrieben unter dem Namen Powernet bei Busch-Jaeger ist eine Variante des KNX/EIB-Systems für das Medium Powerline, das ursprünglich von einigen KNX/EIB-Anbietern hinsichtlich der Komponenten entwickelt und vertrieben wurde, wobei bis auf Busch-Jaeger als Initiator von KNX/EIB-Powerline als einziger Anbieter verblieben ist, nachdem alle anderen Anbieter auf ein einfaches Funkbussystem umgeschwenkt ist. KNX/EIB-Powerline ist ideal für die Gebäudeautomation nutzbar, da neben der Stromversorgung keine anderen Leitungen notwendig sind. Dadurch wird auch die Integration von Smart Metering und smart-metering-basiertes Energiemanagement bis hin zur Steuerung von Haushaltsgeräten (z. B. Waschmaschinen von Miele) möglich. Das Produktportfolio ist vollständig, sollten Geräte und Funktionalitäten fehlen, können diese über ein Gateway zum KNX/EIB in der Variante als drahtbasiertes System eingebunden werden, wie auch eine übergreifende Automatisierung und Visualisierung möglich ist. Damit kann die Automatisierungspyramide direkt im KNX/EIB-Powerline, optimiert jedoch bei Rückgriff auf KNX/EIB-TP vollständig abgedeckt werden. Die Kosten für KNX/EIB-Powerline-Geräte, insbesondere der Powerline-fähigen Haushaltsgeräte sind jedoch immens und ermöglichen die Amortisation der Kosten durch Energieeinsparungen nicht oder nur nach großen Zeiträumen eventuell. Auf eine erweiterte Analyse von KNX/EIB-TP wird nachfolgend eingegangen.

Rademacher Homeline wurde hinsichtlich der Hardware von Rademacher entwickelt und produziert, die Software von Contronics entwickelt. Contronics hat das System unter dem Namen Homeputer ebenso vertrieben und konsequent um ein Funkbussystem erweitert. Der Vertrieb dieses Powerline-Systems, das gute Ansätze hinsichtlich Hardware- und Softwareansatz bot, wurde mittlerweile vollständig eingestellt. Das Know-how hinsichtlich der Homeputer-Software floss anschließend über Contronics in Automations- und Visualisierungssoftware für diverse andere Gebäudeautomationssysteme ein. Auf eine weitere Analyse von Rademacher Homeline wird daher nicht eingegangen.

digitalSTROM etabliert sich nach längerer Entwicklungs- und Markteröffnungsphase als modernes Gebäudeautomationssystem am Markt. Es kann sowohl im Neubau-, als auch im Nachrüstbereich eingesetzt werden, kann daher auch für eine Sanierung genutzt werden. Die Erweiterbarkeit ist derzeit noch durch ein recht knappes Produktportfolio, das jedoch viele Funktionalitäten ermöglicht, direkt durch digitalSTROM-Produkte allein eingeschränkt. Durch eine offene Schnittstelle zum Ethernet können andere Gebäudeautomationssysteme zu einem Gesamtsystem zusammengefügt werden. digitalSTROM fokussiert dabei seine Anwendung auf Geräte direkt am Stromkabel, durch Hinzunahme des Funkbussystems EnOcean in Verbindung mit einer Automatisierungssoftware entstehen komplexe Automationssysteme mit Web-UI-basierter Visualisierung. Da digitalSTROM den Energieverbrauch gezielt von Stromkreisen oder auch direkt einzelner Verbraucher automatisch erfasst, können smart-metering-basierte Anwendungen ideal aufgebaut werden. Optimal gestaltet sich digitalSTROM in Verbindung mit IP-Symcon. Nachteilig ist das System derzeit noch aufgrund des begrenzten Produktportfolios und des immensen Preises der einzelnen Komponenten, insbesondere der Systemkomponenten. Es ist davon auszugehen, dass dieses moderne, per Web-Oberfläche direkt am System administrierbare System, stetig weiterentwickelt wird und damit ein ideales System für die Gebäudeautomation zur Ermöglichung von Energieeinsparung am Markt etabliert wird. Die immensen Kosten der Geräte müssen sich in die Richtung entwickeln, wie sie bei Marktbekanntgabe dargestellt wurden.

Eltako Powerline ist eher als Netzwerkkomponente innerhalb des Eltako-Funkbussystems zu betrachten, es ist für sich kein vollständiges Bussystem, sondern koppelt einzelne Eltako-Funkbussysteme mit RS485-Systemeinbindung ideal über das Stromnetz und ermöglicht zudem das Auslesen von Stromzählern oder die direkte Einbindung von Stromzählern über Powerline. Auf eine nähere Analyse von Eltako Powerline wird daher unter Eltako-Funkbus eingegangen.

KNX/EIB TP ist ein seit mehr als 20 Jahren am Markt etabliertes, drahtbasiertes Gebäudeautomationssystem. Aufgrund der geringen Performance und des umfangreichen Daten-Protokolls wurde mittlerweile das Medium Ethernet hinzugenommen, um performante Backbone-Funktionalität zu ermöglichen. Das Produktportfolio lässt keinerlei Wünsche offen und ist vollständig, dies ist auf die lange Dauer am Markt und auch die große Anzahl beteiligter Hersteller von mehr als 140 zurückzuführen. Erweiterungsmöglichkeiten sind über Funkbus- und andere Spezialsysteme möglich, die über Gateways angekoppelt werden. Automationsmöglichkeiten werden über viele Lösungsmöglichkeiten verfügbar gemacht, zum einen sind dies Logikmodule (ca. 580 Euro) und Zeitschaltuhren (ca. 390 Euro) zu immens hohen Kosten bei recht geringer Funktionalität, Automationsmodule, wie z. B. KNX-Nodes (ca. 1.000 Euro) oder über einen PC mit Schnittstelle (Schnittstelle ca. 510 Euro, Software IP-Symcon ca. 250 Euro) realisierbar. Die Automatisierungsfunktionen können preiswert auch über SPS-Systeme mit KNX/EIB-Gateway, z. B. von WAGO, Beckhoff oder Phoenix Contact oder Kleinsteuerungen, wie z. B. Siemens LOGO mit KNX/EIB-Gateway realisiert werden. Zur Visualisierung können systemimmanente Visualisierungssysteme, wie z. B. WinSwitch oder Facility Pilot, oder auch systemübergreifende Visualisierungen, wie z. B. B-Con von ICONG eingesetzt werden. KNX/EIB-typisch sind diese Visualisierungslösungen sehr kostenintensiv, preiswerte Lösungen sind z. B. durch IP-Symcon möglich und ermöglichen zudem die Erweiterung der Funktionalität des gesamten Gebäudeautomationssystems. Aufgrund der notwendigen Datenleitungen ist KNX/EIB eher nur für den Neubau geeignet, Sanierungen sind nur schmutzig möglich, da die Datenleitungen neu verlegt werden müssen und Umverdrahtungen an der Elektroinstallation notwendig sind. Erweiterungen sind problemlos möglich, soweit die Datenleitungen vorhanden sind und auch die Stromversorgung zu neuen Aktoren verlegt ist, dies betrifft auch die einfache Änderung der Parametrierung, soweit das System aufgrund der begrenzten Netzwerkkapazitäten eine Erweiterung möglich macht und auch die zugrundeliegende KNX/EIB-Datenbank des letzten Installationsstandes vorliegt, da ein KNX/EIB-System nicht vollständig ausgelesen werden kann. KNX/EIB für die Nachrüstung ist auszuschließen. Mit dem Anbieter Lingg&Janke ist ein breites Zählerangebot für viele Energie- und Versorgungsmedien, aber auch durch ABB ein schmaleres, verfügbar, um zentrales und dezentrales Smart Metering zu ermöglichen, die Energiemanagement-Funktion kann ideal in Verbindung mit Berechnung über eine WAGO- oder Beckhoff-SPS oder IP-Symcon realisiert werden. Damit ist KNX/EIB ideal für die die Gebäudeautomation im Neubau und bei schmutziger Sanierung geeignet, soweit die hohen Kosten hingenommen werden. Aktuell sind einige wenige Anbieter von KNX/EIB, wie z. B. Lingg&Janke, bestrebt die Kosten des KNX/EIB durch angepasste Produkte, insbesondere durch viele Kanäle an Sensoren und Aktoren, zu senken. KNX/EIB ist ideal auch für die Anwendung von smart-metering-basiertem Energiemanagement geeignet, wobei eine Amortisationsmöglichkeit durch Energieeinsparung stark von der Auswahl der verwendeten Komponenten, d. h. deren Investitionskosten, abhängig ist.

LCN ist ähnlich lange am Markt verfügbar wie KNX/EIB und hat den häufig von Konkurrenzunternehmen geäußerten Makel, dass LCN nur von einem Anbieter produziert und vertrieben wird. Trotzdem wird durch die große internationale Verbreitung im Objektgebäudebereich die Stabilität des Anbieters gesichert. LCN verfügt über ein breites Produktportfolio inklusive analoger Sensorik, das Netzwerkkonzept ist einfach gestaltet und bietet eine hohe Performance. Die Automationsmöglichkeit ist bereits in den Modulen dezentral integriert und kann durch die systemimmanente Software LCN-GVS sowie die externe Software IP-Symcon über ein Gateway erweitert werden. Damit wird auch gleichzeitig eine Web-UI-basierte Visualisierung ermöglicht. Das LCN-Programmiertool ist nach Einarbeitung einfach zu bedienen und ermöglicht das Auslesen der Programmierung aus den einzelnen Modulen. Eine Smart-Metering-Möglichkeit besteht ab November 2012 für zentrale Stromzähler mit S0-Schnittstelle oder kann über ein externes System, wie z. B. IP-Symcon eingekoppelt werden. Damit ist LCN insbesondere für den Neubau- und Sanierungsbereich geeignet und kann einfach erweitert werden, da eine vorhandene Leitung zu den Adern L, N und PE als Datenader reicht und im Allgemeinen keine weitere Verlegung notwendig macht. Als Nachrüstsystem eignet sich LCN jedoch nur bei vorhandenen separaten Adern als Datenleitung. Aufgrund der vielfältigen Möglichkeiten der LCN-Module in Verbindung mit modular zu integrierender Peripherie weist LCN ein günstiges Preis-Leistungsverhältnis auf und ist damit gut zum Aufbau einer komplexen Gebäudeautomation geeignet, die dezentrale Smart-Metering-Funktionalität hinsichtlich integriertem Energiemanagement muss durch Hinzunahme von IP-Symcon realisiert werden. Durch die angebotenen Display-Flächentaster in vielen denkbaren Formen ist LCN wie KNX/EIB auch für das Luxus-Segment gut geeignet.

LON hat sich wie KNX/EIB seit mehr als 20 Jahren im Gebäudeautomationsmarkt etabliert. Bis auf sehr wenige Ausnahmen ist die Anwendung von LON auf Objektgebäude reduziert. Aufgrund der Verfügbarkeit mehrerer Medien, von denen insbesondere das Medium Draht breit angewendet wird, ist die Anwendbarkeit von LON mit KNX/EIB vergleichbar. Das Produktportfolio ist insbesondere bei Rückgriff auf internationale Anbieter sehr groß. LON verfügt über Automatisierungs- und Visualisierungsmöglichkeiten und kann um Smart-Metering-Komponenten erweitert werden. Zur Realisierung der Parametrierung und Automation sind mehrere Programmiertools verfügbar.

Damit ist LON insbesondere für den Neubau- und schmutzigen Sanierungsbereich anwendbar, eher weniger für saubere Sanierung und Nachrüstung. Aufgrund der sehr hohen Kosten der LON-Komponenten entsteht jedoch ein sehr schlechtes Preis-Leistungs-Verhältnis und damit kaum mögliche Amortisation hinsichtlich der Investitionen für Smart-Metering-Anwendung durch Energieeinsparungsmöglichkeit. LON wird dadurch eher selten für Gebäudeautomation im Wohngebäudebereich zur Anwendung kommen.

PEHA PHC ist wie KNX/EIB seit mehr als 20 Jahren im Gebäudeautomationsmarkt etabliert und von Anfang an sehr preisgünstig. PEHA ist der einzige Hersteller, vertrieben wird zudem über ABN, der Vertrieb über OBO Bettermann wurde eingestellt. Das Produktportfolio ist umfangreich und wird durch Gateways zu EnOcean, Easywave und DALI erweitert. Die Automationsmöglichkeiten sind von vornherein im System über Logik und Zeituhren möglich, eine Visualisierungssoftware ist vorhanden. Damit ist PEHA PHC aufgrund des Mediums Draht als Basis insbesondere für den Neubau- und schmutzigen Sanierungsbereich anwendbar, eher weniger für saubere Sanierung und Nachrüstung. Die Erweiterung ist möglich, soweit Datenleitungen am neuen Einbauort vorhanden sind oder über Gateway EnOcean in der Lesart Easyclick oder Easywave als Funkbussystem hinzugezogen wird. Smart-Metering-Produkte sind nicht im Produktportfolio enthalten. Die Programmierung erfolgt über ein einfach bedienbares Programmiertool, das kostenlos zur Verfügung gestellt wird. Seit Mitte 2012 wird der Bauherrenberatungsprozess durch eine graphisch orientierte Programmiersoftware unterstützt. Damit ist PEHA PHC gut für eine Gebäudeautomation ohne Einbindung von Smart Metering geeignet, ein einfacher externer Systemzugang ist leider nicht verfügbar, um diesen Mangel zu beheben, obwohl durch eine Ethernet-basierte Zentrale den Zugang zu PEHA PHC einfach ermöglichen würde. Sehr vorteilhaft ist das Preis-Leistungs-Verhältnis bei sehr niedrigen Kosten der einzelnen Gerätekanäle.

EQ-3 hat das FS20-Funkbussystem als neues Gebäudeautomationssystem HomeMatic mit den Medien RS485 und Funkbus vor wenigen Jahren als modernes Bussystem am Markt etabliert. EQ-3 ist der einzige Hersteller, vertrieben wird zudem über weitere Anbieter. Das Produktportfolio ist umfangreich, besteht jedoch nur aus binären Sensoren und Schalt-, Dimm- und Jalousieaktoren als drahtbasiertes System, und wird durch das Medium Funkbus erheblich erweitert. Die Automationsmöglichkeiten sind von vornherein im System über Logik, Zeitschaltuhren und erweiterte Programmierung über ein Web-UI möglich, eine Visualisierungsmöglichkeit ist vorhanden. Damit ist HomeMatic RS485 aufgrund des Mediums Draht insbesondere für den Neubau- und schmutzigen Sanierungsbereich anwendbar, eher weniger für saubere Sanierung und Nachrüstung, diese müssen über den Funkbus realisiert werden. Die Erweiterung ist möglich, soweit Datenleitungen am neuen Einbauort vorhanden sind oder das Funkbussystem verwendet werden. Smart-Metering-Produkte sind nicht direkt im Produktportfolio von Home-Matic, jedoch im sonstigen Produktportfolio des Herstellers enthalten und können zukünftig über ein separates System eingebunden werden. Die Erweiterung wird hinsichtlich der Programmierung direkt am System einfach gestaltet, neue Module melden sich selbständig an und können konfiguriert und programmiert werden. Damit ist Home-

Matic gut für eine Gebäudeautomation ohne Einbindung von Smart Metering geeignet. Die Automatisierungs- und Visualisierungsmöglichkeit wird durch die Softwarepakete Homeputer und IP-Symcon optimiert und damit auch eine Berechnungsmöglichkeit mit graphischer Datendarstellung ermöglicht. IP-Symcon garantiert die Ankoppelbarkeit weiterer Systeme und damit auch von Smart Metering. Sehr vorteilhaft ist das Preis-Leistungs-Verhältnis bei sehr niedrigen Kosten der einzelnen Gerätekanäle, eine vollständige, komplexe Gebäudeautomation ist nur in Verbindung mit dem eQ-3-Funkbussystem und damit weiterer Sensorik möglich.

ELSO IHC ist wie KNX/EIB seit mehreren Jahren im Gebäudeautomationsmarkt etabliert und von Anfang an sehr preisgünstig. ELSO ist der einzige Hersteller, vertrieben wird in Verbindung mit Schneider Electric als Konzernmutterunternehmen. Das Produktportfolio ist umfangreich und basiert auf den Medien RS485 und Funkbus. Die Automationsmöglichkeiten sind von vornherein im System über Logik und Zeitschaltuhren möglich, eine Visualisierungssoftware ist vorhanden. Damit ist ELSO IHC aufgrund des Mediums Draht als Basis insbesondere für den Neubau- und schmutzigen Sanierungsbereich anwendbar, eher weniger für saubere Sanierung und Nachrüstung. Die Erweiterung ist möglich, soweit Datenleitungen am neuen Einbauort vorhanden sind oder das Funkbussystem hinzugezogen wird. Smart-Metering-Produkte wurden nicht im Produktportfolio gefunden. Die Programmierung erfolgt über ein einfach bedienbares Programmiertool. Damit ist ELSO IHC gut für eine Gebäudeautomation ohne Einbindung von Smart Metering geeignet, ein einfacher externer Systemzugang ist nicht verfügbar, um diesen Mangel zu beheben. Sehr vorteilhaft ist das Preis-Leistungs-Verhältnis bei sehr niedrigen Kosten der einzelnen Gerätekanäle.

Auch Doepke Dupline ist wie KNX/EIB seit vielen Jahren im Gebäudeautomationsmarkt etabliert und von Anfang an hinsichtlich Sensorik und Aktorik sehr preisgünstig. Doepke und Carlo Gavazzi als Industrieautomationsunternehmen entwickeln Dupline gemeinsam weiter, wobei Doepke sich auf den Vertrieb im Gebäudeautomationssegment beschränkt. Das Produktportfolio ist umfangreich und basiert auf dem Medium-2-Draht. Die Automationsmöglichkeiten sind von vornherein im System über Logik und Zeitschaltuhren möglich, eine Visualisierungssoftware ist als zusätzliches Softwarepaket vorhanden. Damit ist Doepke Dupline aufgrund des Mediums Draht als Basis insbesondere für den Neubau- und schmutzigen Sanierungsbereich anwendbar, eher weniger für saubere Sanierung und Nachrüstung. Die Erweiterung ist möglich, soweit Datenleitungen am neuen Einbauort vorhanden sind oder über ein Gateway das Funkbussystem INSTA Funkbus 433 MHz hinzugezogen wird. Smart-Metering-Produkte sind direkt im Produktportfolio vorhanden. Die Programmierung erfolgt über ein einfach bedienbares Programmiertool über einen PC. Damit ist Doepke Dupline gut für eine Gebäudeautomation mit Einbindung von Smart Metering geeignet, zudem ist ein einfacher externer Systemzugang über MODBUS verfügbar, um erweiterte Programmiermöglichkeit über IP-Symcon zu schaffen. Sehr vorteilhaft ist das Preis-Leistungs-Verhältnis bei sehr niedrigen Kosten der einzelnen Gerätekanäle und die hohe Übertragungssicherheit.

Eltako macht im Rahmen seines Funkbussystems auch das Medium RS485 als drahtbasierte Lösung verfügbar. So können stromkreisverteilerbasierte RS485-Systeme mit
mehreren Subsystemen aufgebaut werden, die direkt über RS485 oder ein Funkbus-
Gateway zusammengefasst werden. Das Produktportfolio ist umfangreich und basiert
auf dem Medium-2-Draht RS485 mit 24-V-Stromversorgung und kann im Verbund mit
Powerline- und Funkbusgeräten nahezu beliebig erweitert werden. Die Automationsmöglichkeiten sind von vornherein im System über direkte Parametrierung der einzelnen Busteilnehmer und gegenseitige Zuweisung und erweitert über Logik und Zeitschaltuhren über ein Softwaretool möglich, das direkt auch Visualisierung möglich
macht. Damit ist der Eltako-Funkbus in der Variante RS485 aufgrund des Mediums
Draht als Basis insbesondere für den Neubau- und schmutzigen Sanierungsbereich anwendbar, je nach Anwendung der Funkbusmöglichkeiten aber auch für saubere Sanierung und Nachrüstung. Die Erweiterung ist möglich, soweit Datenleitungen am neuen
Einbauort vorhanden sind oder das Funkbussystem hinzugezogen wird. Smart Metering-
Produkte sind sowohl als zentrale, als auch als dezentrale Geräte, direkt im Produktportfolio vorhanden. Die Programmierung erfolgt über ein einfach bedienbares Programmiertool über einen PC. Damit ist das Eltako Funkbussystem mit dem Medium RS485
gut für eine Gebäudeautomation mit Einbindung von Smart Metering geeignet, zudem
ist einfacher externer Systemzugang über ein Funkbus-Gateway verfügbar, um erweiterte
Programmiermöglichkeit über IP-Symcon zu schaffen. Sehr vorteilhaft ist das Preis-
Leistungs-Verhältnis bei sehr niedrigen Kosten der einzelnen Gerätekanäle.

Das Elektronik-Unternehmen INSTA hat für die Partner GIRA, Berker und Jung ein
433-MHz-Funkbussystem entwickelt, das über GIRA, Berker und Jung vertrieben wird.
Eingeführt wurde das System als Ablösung für das nur kurze Zeit vermarktete KNX/EIB-
Powerline-System. Das Produktportfolio ist beschränkt auf die Basisfunktionen der Gebäudeautomation Schalten, Dimmen, Jalousie fahren und einfache HKL-Einbindung
und wird durch Gateways zu KNX/EIB erweitert, wobei das Funkbussystem jedoch eher
als Zubringersystem zu KNX/EIB betrachtet werden muss. Die Automationsmöglichkeiten sind eher gering und werden durch direkte Zuordnung von Sensoren zu Aktoren
konfiguriert. Eine verfügbare, äußerst teure Zentrale im System ermöglicht per Programmierung über ein Mehrzeilendisplay die Einbindung von Logik und Zeitschaltuhren weitere Automationsfunktionen. Eine Visualisierung ist nur über den KNX/EIB
möglich. Damit ist der INSTA-Funkbus 433 MHz nicht für den Neubau- und Sanierungsbereich anwendbar, sondern eher für saubere Sanierung als Zubringersystem zum
KNX/EIB mit hohen Kosten für das notwendige Gateway. Die Erweiterung und Nachrüstbarkeit ist mit dem Funkbussystem gegeben. Smart-Metering-Produkte sind nicht im
Produktportfolio enthalten, auch können analoge Daten nicht genutzt werden. Damit ist
das Funkbussystem nicht für eine komplexe Gebäudeautomation geeignet. Extrem
nachteilig ist das Preis-Leistungs-Verhältnis bei sehr hohen Kosten der einzelnen Geräte.

ELV hat bereits seit vielen Jahren mehrere Funkbussysteme unter den Namen FS10,
FS20, HMS, FHT80 und KS im Angebot und vertreibt diese über das Internet, Katalog
und Technik-Kaufhäuser. Das Produktportfolio jedes einzelnen Bussystems ist auf ein-

zelne Gewerke ausgerichtet und hinsichtlich dieser umfangreich. Durch die Entwicklung eines Gateways FHZ 1xxx, das diese Bussysteme gemeinsam für Softwarepakete erschließt, ist eine komplexe Gebäudeautomation mit Berechnungs- und Visualisierungsmöglichkeit möglich. Verfügbar sind Hutschienengeräte mit drahtbasiertem Bus, die über ein Funkbusmodul als reine Aktoren angesteuert werden. Damit ist das ELV-FS20-Funkbussystem nicht für den Neubau- und Sanierungsbereich anwendbar. Die saubere Sanierung, deren Erweiterung und die Nachrüstbarkeit ist mit dem Funkbussystem gegeben. Smart-Metering-Produkte sind nicht im Produktportfolio enthalten. Damit ist das Funkbussystem für eine komplexe Gebäudeautomation geeignet. Von Vorteil ist das Preis-Leistungs-Verhältnis bei sehr niedrigen Kosten der einzelnen Geräte, insbesondere der analogen Sensoren, nachteilig jedoch die geringe Sicherheit aufgrund der unidirektionalen Funkbuseigenschaften ohne Rückmeldung. Da FS20 in Verbindung mit IP-Symcon genutzt werden kann, ist eine Erweiterung durch das modernere und sicherere HomeMatic-System von Vorteil.

EQ-3 hat HomeMatic als Nachfolgesystem von FS20 vor wenigen Jahren auf den Markt gebracht. Das System verfügt über die Medien RS485 und auch bidirektionalen, sicheren Funkbus. Vertrieben wird über das Internet, Katalog und Technik-Kaufhäuser. Das Produktportfolio ist vollständig und kann bei Hinzunahme des RS485-Systems kostengünstig erweitert genutzt werden. Das System kann direkt über Zuweisung von Sensoren zu Aktoren einfach und über die Zentrale hinsichtlich Logik, Zeituhren und komplexer Programmierung direkt über ein Web-UI erweitert programmiert werden. Zahlreiche Softwarepakete können direkt auf die Zentrale zurückgreifen und damit die Automatisierungs- und Visualisierungsmöglichkeit erheblich erweitern. Damit ist eine komplexe Gebäudeautomation mit Berechnungs- und Visualisierungsmöglichkeit möglich. HomeMatic ist damit für den Neubau-, Sanierungs- und Nachrüstbereich anwendbar und kann beliebig erweitert werden, wobei die Programmierung dies optimal unterstützt. Smart-Metering-Produkte sind nicht im Produktportfolio enthalten, können bei Rückgriff auf andere Bussysteme ausgeglichen werden. Von Vorteil ist das Preis-Leistungs-Verhältnis bei sehr niedrigen Kosten der einzelnen Geräte.

EATON hat das xComfort-System von Moeller übernommen. Das System verfügt über das Medium bidirektionaler, sicherer Funkbus auf der Basis 868 MHz. Vertrieben wird über den dreistufigen Vertriebsweg. Das Produktportfolio ist vollständig und umfasst auch intelligente Smart-Metering-Geräte. Das System kann direkt über Zuweisung von Sensoren zu Aktoren einfach und über einen PC über eine Schnittstelle komfortabel programmiert werden. Zahlreiche Softwarepakete können direkt auf die Zentrale über ein Gateway zurückgreifen und damit das System um Automatisierungs- und Visualisierungsmöglichkeit erweitern. Damit ist eine komplexe Gebäudeautomation mit Berechnungs- und Visualisierungsmöglichkeit gegeben. XComfort ist damit für den Neubau-, Sanierungs- und Nachrüstbereich anwendbar und kann beliebig erweitert werden, wobei die Programmierung dies optimal unterstützt. Durch spezielle Routingmechanismen ist das System sehr übertragungssicher.

Merten hat das Connect-System auf der Basis von Z-Wave entwickelt, jedoch den Standard nicht vollständig eingehalten. Das System verfügt über das Medium bidirektionaler, sicherer Funkbus auf der Basis 868 MHz. Vertrieben wird über den dreistufigen Vertriebsweg und zusätzlich das Internet über Z-Wave-Vertreiber. Das Produktportfolio ist umfangreich, umfasst jedoch keine Smart-Metering-Geräte. Das System kann direkt über Zuweisung von Sensoren zu Aktoren einfach und über einen PC per Schnittstelle komfortabel programmiert werden. Die Merten-Connect-Schnittstelle erlaubt nicht den Zugriff anderer Softwarepakete und damit nicht erweiterte Automatisierungs- und Visualisierungsmöglichkeit. Merten Connect ist damit nicht für den Neubau- und Sanierungsbereich, sondern eher für die Nachrüstung anwendbar. Ein Gateway zu LON oder KNX/EIB, drahtbasierte Gebäudebussysteme, die ebenso von Schneider Electric bzw. Merten, vertrieben werden, ist nicht verfügbar. Die Erweiterung einer bestehenden Installation ist beliebig erweiterbar, soweit das Produktportfolio den Anwendungen genügt.

Z-Wave ist ein standardisiertes Funkbussystem, wobei eine Alliance bemüht ist sicherzustellen, dass die einzelnen Geräte interoperabel sind, zusätzlich erfolgt durch ein europäisches Unternehmen die Verbreitung von Z-Wave in Europa durch Anpassung der Geräte für den europäischen Markt. Das System verfügt über das Medium bidirektionaler, sicherer Funkbus auf der Basis 868 MHz. Vertrieben wird über das Internet, zusätzlich herstellerspezifisch über die einzelnen Hersteller. Das Produktportfolio ist umfangreich und umfasst auch einige Smart-Metering-Geräte. Das System kann direkt über Zuweisung von Sensoren zu Aktoren einfach und über einen PC per Schnittstelle komfortabel programmiert werden, mehrere Programmierwerkzeuge und Zentralen als Automatisierungs- und Visualisierungssysteme sind verfügbar. Damit ist erweiterte Automatisierungs- und Visualisierungsmöglichkeit gegeben. Z-Wave ist damit für den Neubau- und Sanierungsbereich, insbesondere jedoch für die Nachrüstbereich anwendbar. Die Erweiterung einer bestehenden Installation ist beliebig möglich. Durch eine Zentrale kann ein komplexes smart-metering-basiertes Energiemanagementsystem aufgebaut werden. Von Vorteil ist die große Übertragungssicherheit durch ein ausgefeiltes Routingkonzept.

Das Elektronik-Unternehmen ELDAT entwickelt und produziert als OEM-Partner der Industrie Funkbuskomponenten für Gebäudeautomationssysteme und vertreibt eigene Produkte unter dem Namen Easywave über den dreistufigen Markt. Das Produktportfolio ist beschränkt auf die Basisfunktionen der Gebäudeautomation Schalten, Jalousie fahren, wobei Dimmen derzeit nicht möglich ist und bietet Gateways zu KNX/EIB, LON und PEHA PHC als Zubringersystem. Die Automationsmöglichkeiten sind einfach und werden durch direkte Zuordnung von Sensoren zu Aktoren konfiguriert, eine verfügbare Automatisierungssoftware, die über ein USB-Gateway auf Easywave zugreift, ermöglicht per Programmierung die Einbindung komplexer Automation in Verbindung mit graphischer Visualisierung. Damit ist Easywave nicht für den Neubau- und Sanierungsbereich anwendbar, sondern eher für saubere Sanierung und als Zubringersystem zu KNX/EIB, LON und PEHA PHC. Die Erweiterung und Nachrüstbarkeit ist mit dem Funkbussystem gegeben. Smart-Metering-Produkte sowie analoge Sensoren sind nicht im Produktportfolio enthalten. Damit ist das Funkbussystem für eine komplexe Gebäudeautomation, jedoch ohne komplexe Lichtsteuerung, geeignet. Von Vorteil ist das Preis-Leistungs-Verhältnis bei sehr geringen Kosten der einzelnen Geräte.

PEHA hat das Funkbussystem Easywave über ein REG-basiertes Gateway in PEHA PHC integriert. Das Produktportfolio bei PEHA ist beschränkt auf wenige Produkte, da direkt auf ELDAT zurückgegriffen werden kann, um die Basisfunktionen der Gebäudeautomation Schalten, Jalousie fahren, abzubilden, wobei Dimmen derzeit nicht möglich ist,. Die Automationsmöglichkeiten werden nach Anlernen der Easywave-Teilnehmer im Gateway über PEHA PHC realisiert. Damit ist Easywave nicht für den Neubau- und Sanierungsbereich anwendbar, sondern eher für saubere Sanierung als Zubringersystem zu PEHA PHC. Die Erweiterung und Nachrüstbarkeit ist mit dem Funkbussystem gegeben. Smart-Metering-Produkte sind nicht im Produktportfolio enthalten. Damit ist das Funkbussystem integriert in PEHA PHC für eine komplexe Gebäudeautomation geeignet. Von Vorteil ist das Preis-Leistungs-Vverhältnis bei sehr geringen Kosten der einzelnen Geräte.

EnOcean ist ein standardisiertes Funkbussystem, wobei eine Alliance sicherstellt, dass die einzelnen Geräte interoperabel sind. Das System verfügt über das Medium bidirektionaler, sicherer Funkbus auf der Basis 868 MHz. Vorteilhaft ist, dass die Sensoren keine Batterien benötigen, sondern ihre Energie aus der Umwelt über die Nutzung physikalischer Phänomene beziehen. Damit entfallen im Betrieb die nicht unerheblichen Kosten für Batterien. Vertrieben wird über den dreistufigen Vertriebsweg. Das Produktportfolio ist umfangreich und umfasst auch Smart-Metering-Geräte und umfangreiche Sensorik. Das System kann direkt über Zuweisung von Sensoren zu Aktoren einfach und über einen PC per Schnittstelle komfortabel programmiert werden, mehrere Programmierwerkzeuge und Zentralen sind verfügbar. Damit ist erweiterte Automatisierungs- und Visualisierungsmöglichkeit gegeben. EnOcean ist damit nicht für den Neubau- und Sanierungsbereich, sondern eher für die Nachrüstbereich anwendbar. Die Erweiterung einer bestehenden Installation ist beliebig durchführbar. Durch eine Zentrale kann ein komplexes smart-metering-basiertes Energiemanagementsystem aufgebaut werden. EnOcean verfügt nicht über eine Routingfunktion, daher müssen Übertragungsprobleme durch auch mehrstufige Repeater behoben werden.

Eltako setzt bei seinem Funkbussystem auf Easyclick als standardisiertes Funkbussystem und erweitert das Funkbussystem um ein RS485-System und bindet weitere Geräte und Teilstrukturen über Powerline ein. Das System verfügt über das Medium bidirektionaler, sicherer Funkbus auf der Basis 868 MHz. Vorteilhaft ist, dass die Sensoren keine Batterien benötigen, sondern ihre Energie aus der Umwelt über die Nutzung physikalischer Phänomene beziehen. Vertrieben wird über den dreistufigen Vertriebsweg. Das Produktportfolio ist umfangreich und umfasst auch Smart-Metering-Geräte, wobei das Portfolio noch durch RS485- und Powerline-Geräte erweitert wird. Das System kann direkt über Zuweisung von Sensoren zu Aktoren einfach und über einen PC per Schnittstelle komfortabel programmiert werden, mehrere Programmierwerkzeuge und Zentralen sind zusätzlich verfügbar. Damit ist erweiterte Automatisierungs- und Visualisierungsmöglichkeit gegeben. In Summe ist der Eltako-Funkbus mit den beiden anderen Medien RS485 und Powerline für den Neubau-, Sanierungs- und Nachrüstbereich geeignet. Die Erweiterung einer bestehenden Installation ist beliebig durchführbar. Durch eine Zentrale kann ein komplexes smart-metering-basiertes Energiemanagementsystem aufgebaut werden.

PEHA vertreibt EnOcean unter dem Namen Easyclick als standardisiertes Funkbussystem, wobei eine Alliance sicherstellt, dass die einzelnen Geräte interoperabel sind. Das System verfügt über das Medium bidirektionaler, sicherer Funkbus auf der Basis 868 MHz. Vorteilhaft ist, dass die Sensoren keine Batterien benötigen, sondern ihre Energie aus der Umwelt über die Nutzung physikalischer Phänomene beziehen. Vertrieben wird über den dreistufigen Vertriebsweg. Das Produktportfolio ist umfangreich, umfasst aber keine Smart-Metering-Geräte, auch analoge Sensoren können innerhalb des PHC-Systems nicht direkt, sondern nur über Schwellwerte zur Anwendung kommen. Das System kann direkt über Zuweisung von Sensoren zu Aktoren einfach und über einen PC per Schnittstelle komfortabel programmiert werden. Automation ist ohne PHC in Grenzen, Visualisierung über ein separates Programmpaket möglich. Über ein Gateway wird Easyclick mit PEHA PHC gekoppelt und stellt damit erweiterte Funktionalitäten zur Verfügung. EnOcean ist damit nicht für den Neubau- und schmutzigen Sanierungsbereich, sondern eher für die Nachrüstung und saubere Sanierung anwendbar, soweit genügend Platz in den Stromkreisverteiler verfügbar ist. Die Erweiterung einer bestehenden Installation ist beliebig durchführbar. Durch Hinzunahme des drahtbasierten PEHA-PHC-System entsteht ein komplexes Gebäudeautomationssystem.

RWE hat mit dem Funkbussystem RWE SmartHome einen neuen Standard für Gebäudeautomationssysteme angekündigt und erst vor kurzer Zeit mit immenser Werbekampagne in den Markt gebracht. Hersteller der Hardware ist eQ-3, der Hersteller von HomeMatic, derjenige der Software Microsoft. Vertrieben wird vom Energieversorger direkt über das Internet, ein Technik-Kaufhaus und einen Food/Nonfood-Großhändler. Das Produktportfolio ist beschränkt auf die Basisfunktionen der Gebäudeautomation Schalten, Dimmen, Jalousie fahren, Sicherheit und einfache HKL-Einbindung mit wenigen Geräten, und wird über eine internetbasierte Zentrale programmiert und betrieben. Die Automationsmöglichkeiten sind eher gering und werden per Programmierung über die Web-Seite des Energieversorgers realisiert, damit besteht auch eine einfache Visualisierung über Smart Phone und allgemein Computer am Internet. Damit ist RWE SmartHome nicht für den Neubau- und Sanierungsbereich anwendbar, sondern eher für einfache Nachrüstung. Die Erweiterung ist mit dem Funkbussystem gegeben. Smart-Metering-Produkte sind nicht im Produktportfolio enthalten. Damit ist das Funkbussystem nicht für eine komplexe Gebäudeautomation geeignet. Extrem nachteilig ist das Preis-Leistungs-Verhältnis bei recht hohen Kosten der einzelnen Geräte.

Hager hat mit Hager tebis KNX Funk ein Funkbussystem entwickelt, das als eigenständiges System, aber auch als Zubringersysteme zum KNX/EIB fungieren kann. Hager hat das Funkbussystem tebis KNX Funk über zwei Aufputzgeräte als Gateways in KNX/EIB integriert. Das Produktportfolio bei Hager tebis KNX Funk ist beschränkt auf wenige Produkte, die die Standardfunktionen für eine Gebäudeautomation abbilden, da das System als Zubringersystem zum KNX/EIB fungiert und sämtliche anderen Funktionen über KNX/EIB in der Variante TP realisiert werden. Die Automationsmöglichkeiten werden nach Anlernen der Funkbusteilnehmer im Gateway direkt oder über die KNX/EIB-ETS realisiert. Damit ist Hager tebis KNX Funk nicht für den Neubau- und Sanierungsbereich anwendbar, sondern eher für saubere Sanierung als Zubringersystem zu KNX/EIB. Die Erweiterung bestehender Anlagen und Nachrüstbarkeit ist mit dem Funkbussystem gegeben. Smart-Metering-Produkte sind für den eHz im Produktportfolio enthalten. Damit ist das Funkbussystem integriert in KNX/EIB für eine komplexe Gebäudeautomation geeignet.

Das SPS-System Siemens S7-300 ist ein Industrieautomationssystem, das über die Anschaltung von Sensoren und Aktoren als binäre und analoge Geräte, an denen konventionelle Schalter, Taster und Sensoren sowie Relais aufgeschaltet werden, für die Gebäudeautomation nutzbar gemacht werden kann. Über ein KNX/EIB-Gateway kann KNX/EIB in das S7-300-SPS-System eingebunden werden. Subsysteme können über PROFIBUS zu einem Netzwerk zusammen geschaltet werden. Das IEC61131-3-basierte Programmiertool ermöglicht komplexe Automation, wobei die Funktionalitäten von Grund auf eigenständig programmiert werden müssen. Durch das KNX/EIB-System können auch dezentrale Teilnehmer erreicht und einbezogen werden. Visualisierung ist über externe Software, die über eine Schnittstelle auf die SPS zugreift, möglich. Damit ist die SPS S7-300 aufgrund des Mediums Draht als Basis insbesondere für den Neubau- und schmutzigen Sanierungsbereich anwendbar, nicht jedoch für saubere Sanierung und Nachrüstung geeignet. Die Erweiterung ist möglich, soweit Datenleitungen am neuen Einbauort vorhanden sind oder ebenso drahtbasiert über KNX/EIB einbezogen werden können. Smart Metering-Produkte sind nicht im Produktportfolio enthalten, können jedoch mit Programmieraufwand integriert werden. Damit ist die SPS Siemens S7-300 prinzipiell für eine Gebäudeautomation ohne Einbindung von Smart Metering geeignet, ein einfacher externer Systemzugang ist z. B. über IP-Symcon verfügbar, um diesen Mangel zu beheben. Sehr vorteilhaft ist das Preis-Leistungs-Verhältnis bei sehr niedrigen Kosten der einzelnen Gerätekanäle.

Das SPS-System Siemens S7-200 ist ein Industrieautomationssystem, das über die Anschaltung von Sensoren und Aktoren als binäre und analoge Geräte, an denen konventionelle Schalter, Taster und Sensoren sowie Relais aufgeschaltet werden, für die Gebäudeautomation nutzbar gemacht werden kann. Das IEC61131-3-basierte Programmiertool ermöglicht mit zwei Programmiersprachen komplexe Automation, wobei die Funktionalitäten von Grund auf eigenständig programmiert werden müssen. Visualisierung ist sehr beschränkt möglich. Damit ist die SPS S7-200 aufgrund des Mediums Draht als Basis insbesondere für den Neubau- und schmutzigen Sanierungsbereich anwendbar, nicht für saubere Sanierung und Nachrüstung geeignet. Die Erweiterung ist möglich, soweit Datenleitungen am neuen Einbauort vorhanden sind und genügend Hardwareerweiterungsmöglichkeit besteht. Smart-Metering-Produkte sind nicht im Produktport-folio enthalten. Damit ist die SPS Siemens S7-200 prinzipiell für eine Gebäudeautomati-on ohne Einbindung von Smart Metering geeignet. Sehr vorteilhaft ist das Preis-Leis-tungs-Verhältnis bei sehr niedrigen Kosten der einzelnen Gerätekanäle.

Die Kleinsteuerung Siemens LOGO ist ein Industrieautomationssystem, das über die Anschaltung von Sensoren und Aktoren als binäre und analoge Geräte, an denen kon-ventionelle Schalter, Taster und Sensoren sowie Relais aufgeschaltet werden, für die Gebäudeautomation nutzbar gemacht werden kann. Über ein KNX/EIB-Gateway kann KNX/EIB in die Kleinsteuerung eingebunden werden. Subsysteme der LOGO können bei Verwendung bestimmter Modelle der Kleinsteuerung zu einem Netzwerk zusammen geschaltet werden. Das IEC61131-3-basierte Programmiertool ermöglicht bei Verfügbar-keit von 2 Programmiersprachen komplexe Automation, wobei die Funktionalitäten von Grund auf eigenständig programmiert werden müssen. Durch das KNX/EIB-System können auch dezentrale Teilnehmer erreicht und einbezogen werden. Visualisierung ist über externe Software, die über das KNX/EIB-Gateway auf die SPS zugreift, möglich. Damit ist die Kleinsteuerung Siemens LOGO aufgrund des Mediums Draht als Basis insbesondere für den Neubau- und schmutzigen Sanierungsbereich anwendbar, nicht für saubere Sanierung und Nachrüstung. Die Erweiterung ist möglich, soweit Datenlei-tungen am neuen Einbauort vorhanden sind oder ebenso drahtbasiert über KNX/EIB einbezogen werden können. Smart-Metering-Produkte sind nicht im Produktportfolio enthalten. Damit ist die Kleinsteuerung Siemens LOGO prinzipiell für eine Gebäude-automation ohne Einbindung von Smart Metering geeignet, ein einfacher externer Sys-temzugang ist z. B. über IP-Symcon verfügbar, um diesen Mangel zu beheben. Sehr vor-teilhaft ist das Preis-Leistungs-Verhältnis bei sehr niedrigen Kosten der einzelnen Gerä-tekanäle. Die Kleinsteuerung agiert als preiswerte Automationskomponente im KNX/EIB.

Das WAGO-750-System ist ein Industrieautomationssystem, das über die An-schaltung von Sensoren und Aktoren als binäre und analoge Geräte, an denen konventi-onelle Schalter, Taster und Sensoren sowie Relais aufgeschaltet werden, aber auch über Sonderklemmen und Gateway zu anderen Bussystemen für die Gebäudeautomation nutzbar gemacht werden kann. Über ein KNX/EIB-Gateway kann KNX/EIB voll inte-griert in das WAGO-750-SPS-System eingebunden werden, weitere Erweiterungsmög-lichkeiten bestehen über EnOcean, DALI, SMI, CAN, M-Bus und andere. Subsysteme aus WAGO-750-Systemen können über Ethernet, MODBUS oder KNX/IP zu einem Netzwerk zusammengeschaltet werden. Das IEC61131-3-basierte Programmiertool er-möglicht komplexe Automation, wobei auf Bibliotheken zurückgegriffen werden kann. Über die diversen Gateways können auch dezentrale Teilnehmer erreicht und einbe-zogen werden. Visualisierung ist direkt auf dem Controller per Web-UI und über exter-ne Software, die über das Ethernet auf die SPS zugreift, möglich. Damit ist die SPS WA-GO 750 aufgrund des Mediums Draht als Basis insbesondere für den Neubau- und schmutzigen Sanierungsbereich anwendbar, nicht für saubere Sanierung und Nachrüs-tung. Die Erweiterung ist möglich, soweit Datenleitungen am neuen Einbauort vorhan-den sind oder ebenso drahtbasiert über KNX/EIB oder EnOcean funkbasiert einbezogen werden können. Smart Metering-Produkte sind als dreiphasige Energiemessklemmen im Produktportfolio enthalten. Damit ist die SPS WAGO 750 prinzipiell für eine Gebäude-automation mit Einbindung von Smart Metering geeignet, da im Rahmen der Automati-sierung Mathematikfunktionen ideal bereitgestellt werden. Ein einfacher externer Sys-temzugang ist z. B. über IP-Symcon verfügbar, um die Möglichkeiten der Auto-matisierung und Visualisierung optimal zu erweitern. Sehr vorteilhaft ist das Preis-Leis-tungs-Verhältnis bei sehr niedrigen Kosten der einzelnen Gerätekanäle und Controller.

Das Beckhoff-System ist ein Industrieautomationssystem, das über die Anschaltung von Sensoren und Aktoren als binäre und analoge Geräte, an denen konventionelle Schalter, Taster und Sensoren sowie Relais aufgeschaltet werden, aber auch über Sonder-klemmen und Gateway zu anderen Bussystemen für die Gebäudeautomation nutzbar gemacht werden kann. Über ein KNX/EIB-Gateway kann KNX/EIB gut integriert in das Beckhoff-SPS-System eingebunden werden, weitere Erweiterungsmöglichkeiten bestehen über EnOcean, DALI, SMI, CAN, M-Bus und andere. Subsysteme aus Beckhoff-Sys-temen können über Ethernet oder MODBUS zu einem Netzwerk zusammen geschaltet werden. Das IEC61131-3-basierte Programmiertool ermöglicht komplexe Automation, wobei auf Bibliotheken zurückgegriffen werden kann. Über die diversen Gateways kön-nen auch dezentrale Teilnehmer erreicht und einbezogen werden. Visualisierung ist über externe Software, die über das Ethernet auf die SPS zugreift, möglich. Damit ist die SPS Beckhoff aufgrund des Mediums Draht als Basis insbesondere für den Neubau- und schmutzigen Sanierungsbereich anwendbar, nicht für saubere Sanierung und Nachrüs-tung. Die Erweiterung ist möglich, soweit Datenleitungen am neuen Einbauort vorhan-den sind oder ebenso drahtbasiert über KNX/EIB oder EnOcean funkbasiert einbezogen werden können. Smart-Metering-Produkte sind als dreiphasige Energiemessklemmen im Produktportfolio enthalten. Damit ist die SPS Beckhoff prinzipiell für eine Gebäude-automation mit Einbindung von Smart Metering geeignet, da im Rahmen der Automati-sierung Mathematikfunktionen ideal bereitgestellt werden. Ein einfacher externer Sys-temzugang ist z. B. über IP-Symcon verfügbar, um die Möglichkeiten der Automatisie-rung und Visualisierung optimal zu erweitern. Sehr vorteilhaft ist das Preis-Leistungs-Verhältnis bei sehr niedrigen Kosten der einzelnen Gerätekanäle und Controller.

Das Phoenix-Contact-Interbus-System ist ein Industrieautomationssystem, das über die Anschaltung von Sensoren und Aktoren als binäre und analoge Geräte, an denen konventionelle Schalter, Taster und Sensoren sowie Relais aufgeschaltet werden, aber auch über Sonderklemmen und Gateway zu anderen Bussystemen für die Gebäude-automation nutzbar gemacht werden kann. Über ein externes, innerhalb des Interbus softwarebasiertes KNX/EIB-Gateway kann KNX/EIB gut integriert in das Phoenix-Contact-Interbus-SPS-System eingebunden werden, weitere Erweiterungsmöglichkeiten bestehen über EnOcean, CAN, M-Bus und andere. Subsysteme aus Phoenix-Contact Interbus-Systemen können über Ethernet, PROFIBUS oder MODBUS zu einem Netz-werk zusammengeschaltet werden. Das IEC61131-3-basierte Programmiertool ermög-licht komplexe Automation, wobei auf Bibliotheken zurückgegriffen werden kann. Über diverse Gateways können auch dezentrale Teilnehmer erreicht und einbezogen werden.

Visualisierung ist über externe Software, die über das Ethernet auf die SPS zugreift, möglich. Damit ist die SPS Phoenix-Contact-Interbus aufgrund des Mediums Draht als Basis insbesondere für den Neubau- und schmutzigen Sanierungsbereich anwendbar, nicht für saubere Sanierung und Nachrüstung. Die Erweiterung ist möglich, soweit Datenleitungen am neuen Einbauort vorhanden sind oder ebenso drahtbasiert über KNX/EIB oder EnOcean funkbasiert einbezogen werden können. Damit ist die SPS Phoenix-Contact-Interbus prinzipiell für eine Gebäudeautomation mit Einbindung von Smart Metering geeignet, ein einfacher externer Systemzugang ist z. B. über IP-Symcon verfügbar, um die Möglichkeiten der Automatisierung und Visualisierung optimal auch um Smart Metering zu erweitern. Sehr vorteilhaft ist das Preis-Leistungs-Verhältnis bei sehr niedrigen Kosten der einzelnen Gerätekanäle und Controller.

Die Kleinsteuerung Phoenix Contact Nanoline ist ein Kleinsteuerungssystem, das über die Anschaltung von Sensoren und Aktoren als binäre und analoge Geräte, an denen konventionelle Schalter, Taster und Sensoren sowie Relais aufgeschaltet werden, für die Gebäudeautomation nutzbar gemacht werden kann. Eine Vernetzung einzelner Kleinsteuerungen ist über MODBUS möglich. Das IEC61131-3-basierte Programmiertool ermöglicht mit sehr einfacher Programmiersprache komplexe Automation, wobei die Funktionalitäten von Grund auf eigenständig programmiert werden müssen. Visualisierung ist sehr beschränkt möglich. Damit ist die Kleinsteuerung Phoenix Contact Nanoline aufgrund des Mediums Draht als Basis in Grenzen für den Neubau- und schmutzigen Sanierungsbereich in begrenztem Rahmen anwendbar, nicht jedoch für saubere Sanierung und Nachrüstung geeignet. Die Erweiterung ist möglich, soweit Datenleitungen am neuen Einbauort vorhanden sind und genügend Hardware-Erweiterungsmöglichkeit besteht. Smart-Metering-Produkte sind nicht im Produktportfolio enthalten. Damit ist die Kleinsteuerung Phoenix Contact Nanoline prinzipiell für eine Gebäudeautomation ohne Einbindung von Smart Metering bei geringen Anforderungen an die Gebäudeautomation geeignet. Sehr vorteilhaft ist das Preis-Leistungs-Verhältnis bei sehr niedrigen Kosten der einzelnen Gerätekanäle.

Die Kleinsteuerung EATON Easy ist ein Kleinsteuerungssystem, das über die Anschaltung von Sensoren und Aktoren als binäre und analoge Geräte, an denen konventionelle Schalter, Taster und Sensoren sowie Relais aufgeschaltet werden, für die Gebäudeautomation nutzbar gemacht werden kann. Eine Vernetzung einzelner Kleinsteuerungen ist über das Ethernet möglich, integrierbar ist zudem eine Easy-Variante mit dezentraler Peripherie von Sensoren und Aktoren. Das IEC61131-3-basierte Programmiertool ermöglicht mit sehr einfacher Programmiersprache komplexe Automation, wobei die Funktionalitäten von Grund auf eigenständig programmiert werden müssen. Visualisierung ist sehr beschränkt möglich. Damit ist die Kleinsteuerung EATON Easy aufgrund des Mediums Draht als Basis insbesondere für den Neubau- und schmutzigen Sanierungsbereich in begrenztem Maße anwendbar, nicht jedoch für saubere Sanierung und Nachrüstung geeignet. Die Erweiterung ist möglich, soweit Datenleitungen am neuen Einbauort vorhanden sind und genügend Hardwareerweiterungsmöglichkeit besteht. Smart-Metering-Produkte sind nicht im Produktportfolio enthalten. Damit ist die Kleinsteuerung EATON Easy prinzipiell für eine Gebäudeautomation ohne Einbindung von Smart Metering bei geringen Anforderungen an die Gebäudeautomation geeignet. Sehr vorteilhaft ist das Preis-Leistungs-Verhältnis bei sehr niedrigen Kosten der einzelnen Gerätekanäle.

Die Kleinsteuerung Schneider Electric Zelio ist ein Kleinsteuerungssystem, das über die Anschaltung von Sensoren und Aktoren als binäre und analoge Geräte, an denen konventionelle Schalter, Taster und Sensoren sowie Relais aufgeschaltet werden, für die Gebäudeautomation nutzbar gemacht werden kann. Eine Vernetzung einzelner Kleinsteuerungen ist über das Ethernet möglich. Das IEC61131-3-basierte Programmiertool ermöglicht mit sehr einfacher Programmiersprache komplexe Automation, wobei die Funktionalitäten von Grund auf eigenständig programmiert werden müssen. Visualisierung ist über ein angepasstes Visualisierungssystem und ein Display möglich. Damit ist die Kleinsteuerung Schneider Electric Zelio aufgrund des Mediums Draht als Basis insbesondere für den Neubau- und schmutzigen Sanierungsbereich in begrenztem Rahmen anwendbar, nicht jedoch für saubere Sanierung und Nachrüstung geeignet. Die Erweiterung ist möglich, soweit Datenleitungen am neuen Einbauort vorhanden sind und genügend Hardwareerweiterungsmöglichkeit besteht. Smart-Metering-Produkte sind nicht im Produktportfolio enthalten. Damit ist die Kleinsteuerung Schneider Electric Zelio prinzipiell für eine Gebäudeautomation ohne Einbindung von Smart Metering bei geringen Anforderungen an die Gebäudeautomation geeignet. Sehr vorteilhaft ist das Preis-Leistungs-Verhältnis bei sehr niedrigen Kosten der einzelnen Gerätekanäle.

EM 1000 ist ein reines Messbussystem für Smart-Metering-Geräte. Zur Verfügung stehen elektrische Energiezähler für die Adaption an einem Ferraris-Zähler und als Zwischenstecker sowie Lösungen für Gas- und Wasserzähler. Die Messdaten werden von einer ethernetbasierten Schnittstelle FHZ 2000 gesammelt und können über die Software Homeputer ausgewertet und weiterverarbeitet werden. EM 1000 ist kein vollständiges Gebäudeautomationssystem, daher erfolgt keine weitere Bewertung anhand der Merkmale eines Gebäudeautomationssystems.

DALI ist ein reines Lichtbussystem, das speziell für die Ansteuerung spezieller Vorschaltgeräte für beliebige Leuchtmittel geeignet ist. Über Gateways zu verschiedenen Gebäudeautomationssystemen, wie z. B. KNX/EIB, LCN, WAGO, Beckhoff, ist eine Ankopplung von DALI an diese als Subsystem möglich. DALI ist kein vollständiges Gebäudeautomationssystem, daher erfolgt keine weitere Bewertung anhand der Merkmale eines Gebäudeautomationssystems.

SMI ist ein reines Jalousieantriebssystem, das speziell für die Ansteuerung von Antrieben von Beschattungssystemen geeignet ist. Über Gateways zu verschiedenen Gebäudeautomationssystemen, wie z. B. KNX/EIB, WAGO, Beckhoff, ist eine Ankopplung von SMI an diese als Subsystem möglich. SMI ist kein vollständiges Gebäudeautomationssystem, daher erfolgt keine weitere Bewertung anhand der Merkmale eines Gebäudeautomationssystems.

IP-Symcon stellt verschiedene Hardware zur Vervollständigung der Funktion von Gebäudeautomationssystemen zur Verfügung. Hierzu zählen Module zur Auswertung von Zählern, Sensoren und Aktoren zur Ansteuerung von LED-RGB-Systemen, die direkt in

IP-Symcon genutzt werden können. Die IP-Symcon-Hardware stellt kein vollständiges Gebäudeautomationssystem dar, daher erfolgt keine weitere Bewertung anhand der Merkmale eines Gebäudeautomationssystems.

1-Wire ist drahtbasierter, serieller Messbus, über den insbesondere hochpräzise Temperaturerfassung möglich ist. Diverse Schnittstellen zu Bussystemen existieren. 1-Wire ist kein vollständiges Gebäudeautomationssystem, daher erfolgt keine weitere Bewertung anhand der Merkmale eines Gebäudeautomationssystems.

Rutenbeck bietet mit den Fernschaltgeräten TC IP 1 und TCR IP 4 Lösungen für die Ansteuerung und Bedienung von Schaltaktoren direkt über das Internet. In der Hutschienenvariante TC IP 4 können auch konventionelle Taster an das System angeschaltet werden, damit sind prinzipiell Lösungen für die Gebäudeautomation möglich, die jedoch auf das Schalten beschränkt sind. Jalousiefunktionen müssen durch Zusatzschaltungen realisiert werden, Dimmfunktionen sind nicht realisierbar. In der Variante TC IP 1 können Geräte über Steckdosen-Zwischenstecker über das drahtbasierte Ethernet gesteuert werden. Optimal für die Anwendung im smart-metering-basierten Energiemanagement ist der Energy Saver, der Smart Metering an dezentraler Stelle auch über WLAN ermöglicht und auch darauf basierendes Energiemanagement ermöglicht. Aufgrund des kleinen Produktportfolios können komplexe Gebäudeautomationen für den Neubau-, Sanierungs- und Nachrüstbereich nicht realisiert werden. Die Fernschaltgeräte eignen sich ideal als punktuelle Lösungen im Bereich der Nachrüstung.

9.3   Beurteilungsmatrix

Die Beurteilung der betrachteten Gebäudeautomationssysteme erfolgt anhand bestimmter Kriterien in einer Matrix, in der die Gebäudeautomationssysteme in Spalten und die Beurteilungskriterien in Zeilen angeordnet sind. 10 Punkte werden für das vollständige Zutreffen des Kriteriums, 0 Punkte für unzutreffend vergeben. In der vorletzten Spalte wird die Summe der Beurteilungen geführt und anschließend eine Rangfolge vergeben.

Unter „Produktportfolio allgemein" wird bewertet, inwieweit das jeweilige Gebäudeautomationssystem ein vollständiges Produktportfolio für alle zwingend erforderlichen Funktionalitäten zum Aufbau einer komplexen Gebäudeautomation aufweist und alle Einbaubedingungen für Reiheneinbau, unter Putz, auf Putz, als Einbaugerät und als Zwischensteckergerät erfüllt werden.

Unter „Gewerk Licht (inklusive Bauformen)" wird bewertet, inwieweit das jeweilige Gebäudeautomationssystem ein vollständiges Produktportfolio für alle Lichtfunktionen aufweist. Hierzu müssen Geräte und Taster entweder als fester Bestandteil des Gebäudeautomationssystems als Busankoppler mit Anwendungsmodul bei mehreren Wippen oder als Tasterschnittstelle mit anschließbaren konventionellen Tastern oder Schaltern verfügbar sein, die in Mehrfachrahmen verbaut werden können. Hinsichtlich der Aktorik müssen Schalt- und Dimmfunktionen realisierbar sein, wobei Dimmern auch gezielte Helligkeitswerte zuweisbar sein müssen, um Lichtszenen zu realisieren.

Unter „Gewerk HKL (direkte Verfügbarkeit)" wird bewertet, inwieweit das jeweilige Gebäudeautomationssystem ein vollständiges Produktportfolio für das Gewerk Heizung, Klima, Lüftungstechnik bietet. Zur Erfassung der Isttemperatur können Raumthermostate oder Temperatursensoren dienen. Die Solltemperatur kann über das Raumthermostat über z. B. ein Stellrad oder über ein Display eingestellt werden und muss zur Realisierung von Temperaturprofilen, Reaktion auf den Bewohnungszustand oder auf der Basis von smart-metering-basiertem Energiemanagement verändert werden können. Einfache Heizungssteuerungen werden über 2-Punkt-Regelung realisiert, komfortablere über Stetigregelung. Heizungs- und Kühlungssteuerung werden vorausgesetzt, Lüftungssteuerung erfordert die Erfassung der Luftgüte und das gezielte Öffnen von Fenster als komfortable Erweiterung bzw. gezielte Versorgung der Räume mit Frischluft von zentraler Stelle und Steuerung über Aktoren.

Unter „Gewerk Sicherheit" wird bewertet, inwieweit das jeweilige Gebäudeautomationssystem ein vollständiges Produktportfolio für das Gewerk Sicherheit bietet. Dies beinhaltet Tür- und Fensterkontakte, Glasbruchmelder, Rauchmelder, Bewegungs- und Präsenzmelder. Meldungen müssen auf Meldeaktorik (Licht, Geräusch, Fernmeldung) ausgegeben werden können oder bei komplexer Realisierung des Gewerks auch zur Weiterverarbeitung auf Automations- oder Visualisierungseinrichtungen (Displays, Smartphone, Verbindung zu Security-Unternehmen) angewendet werden.

Unter „Herstellervielfalt" wird bewertet, inwieweit das betrachtete System nur von einem einzigen Hersteller als proprietäres oder von einer Herstelleralliance als Standard produziert und vertrieben wird. Soweit ein Hersteller nur Teile des definierten Standards anbietet und verfolgt, wie z. B. Reduktion auf binäre statt analoger und allgemeiner Signale führt dies zu Abzügen.

Unter „Zukunftsfähigkeit" wird bewertet, inwieweit das betrachtete System vom Hersteller vertriebsmäßig eingestellt oder in Einstellung begriffen ist, lange am Markt verfügbar und damit veraltet ist oder neu am Markt etabliert wurde und aufgrund der verwendeten Technologie eine Marktdurchdringung zu erwarten ist.

Unter „Vertriebswegeanzahl" wird bewertet, inwieweit das betrachtete System durch die Vertriebswege dreistufiger Vertrieb, Internet, Kataloggeschäft, Technik-Kaufhaus, Direktvertrieb oder über andere Wege vertrieben wird. Bei Beschränkung auf einen oder wenige Wege können nur Detailmärkte, wie z. B. Neubau oder Nachrüstung bedient werden.

Unter „Kosten für Schaltfunktion" wird bewertet, inwieweit mit dem betrachteten System auf einfachste und vergleichbar günstigste Weise eine einfache Schaltfunktion realisiert werden kann. Vorteilhaft sind Systeme mit vielen sensorischen Eingängen und/oder Ausgängen, um die Kosten für den Busankoppler durch Mehrfachverwendung zu reduzieren. Zur Kostensenkung und damit Nutzung in preiswerten Gebäudeautomationsanwendungen dienen Mehrfach-Tast-Eingänge zur Verbindung mit konventionellen Tastern.

Unter „Allgemeines Kostenniveau" wird bewertet, inwieweit für den Betrieb des Gesamtsystems kostspielige Systemkomponenten benötigt werden und in welchem Kostenbereich sich das gesamte Produktportfolio des Herstellers oder der Herstelleralliance befindet.

Unter „Sensoren mit analoger Erfassung" wird bewertet, inwieweit im betrachteten Gebäudeautomationssystem direkt ohne Zugriff auf Analogeingänge Sensoren für Innen- und Außenanwendung zur Erfassung von Temperatur, Feuchte, Luftgüte, Windgeschwindigkeit, Regen etc. verfügbar sind. Im allgemeinen sind direkt im System integrierte Sensoren günstiger als Sensoren, die über Analogeingänge eingebunden werden müssen.

Unter „Analogeingänge verfügbar" wird bewertet, inwieweit im betrachteten Gebäudeautomationssystem Analogeingänge mit Standard-Beschaltung 0–10 V, 0–20 mA, 4–20 mA etc. verfügbar sind, um beliebige Sensorik einbinden zu können, wenn direkte Sensoren nicht verfügbar sind.

Unter „Smart Meter-Einbindung eHz" wird bewertet, inwieweit im betrachteten Gebäudeautomationssystem elektronische Haushaltszähler über eine Systemschnittstelle oder standardisierte Verfahren, z. B. eine S0-Schnittstelle, einbezogen werden können.

Unter „Dezentrale Smart-Metering-Produkte" wird bewertet, inwieweit im betrachteten Gebäudeautomationssystem dezentrale Smart Meter in beliebiger Bauform einbezogen werden können.

Unter „Programmierfähigkeit hinsichtlich Automation ohne Zusatz-Software" wird bewertet, inwieweit das Gebäudeautomationssystem durch direkt im System integrierte Einrichtungen, wie z. B. Logikmodule, Zentralen-PCs mit systemspezifischer Software die Programmierung einer komplexen Automation ermöglicht.

Unter „Programmierfähigkeit hinsichtlich Automation mit Zusatz-Software" wird bewertet, inwieweit das Gebäudeautomationssystem über Schnittstellen oder direkt das Ethernet durch Systeme mit Zusatzsoftware, wie z. B. IP-Symcon, TOBIT David oder KNX-Vision, erweitert werden kann, um komplexe Automation zu ermöglichen oder zu erweitern.

Unter „Programmierfähigkeit hinsichtlich Rechnung mit Zusatz-Software" wird bewertet, inwieweit das Gebäudeautomationssystem auch über Zusatz-Software über Mathematik-Funktionalität verfügt, um Parameter umzurechnen, aufzusummieren, Mittelwerte zu berechnen und sonstige Rechenoperationen durchzuführen und die Parameter gezielt mit Zeitstempel speichern zu können, um darauf basierende graphische Analysen durchzuführen.

Unter „Dokumentierfunktion" wird bewertet, inwieweit das Gebäudeautomationssystem über die Möglichkeit der Beschriftung und Benennung von Geräten, Ein- und Ausgangskanälen und Funktionen verfügt. Optimierte Dokumentation wird ermöglicht durch Anlage von Strukturen und Topologien oder Graphiken, in denen die Funktionalität des Geräts oder Ein-/Ausgabekanals nachvollzogen werden kann.

Unter „Neubauanwendung mit Bezug auf komplexe Funktionalität" wird bewertet, inwieweit das Gebäudeautomationssystem im Neubau verwendet werden kann, um eine komplexe Gebäudeautomation mit verschiedenen Gewerken, Automation, Visualisierung und dezentraler Bedienbarkeit aufzubauen.

Unter „Sanierungsanwendung mit Bezug auf komplexe Funktionalität" wird bewertet, inwieweit das Gebäudeautomationssystem im Rahmen einer möglichst sauberen Sanierung verwendet werden kann, um eine komplexe Gebäudeautomation mit verschiedenen Gewerken, Automation, Visualisierung und dezentraler Bedienbarkeit aufzubauen. Die Tendenz zur schmutzigen Sanierung vergleichbar mit einem Neubau führt zu Abzügen in der Bewertung.

Unter „Erweiterungsmöglichkeit mit Bezug auf komplexe Funktionalität" wird bewertet, inwieweit das Gebäudeautomationssystem im Rahmen einer sukzessiven Nachrüstung mit dem Ziel einer vollständigen Automation verwendet werden kann, um eine komplexe Gebäudeautomation mit verschiedenen Gewerken, Automation, Visualisierung und dezentraler Bedienbarkeit aufzubauen. Der Grad der Nichterfüllbarkeit der vollständigen Nachrüstung führt zu Abzügen in der Bewertung.

Unter „Automatisierung auf Systemebene integriert" wird bewertet, inwieweit das Gebäudeautomationssystem auf Systemebene ohne Zusatzgeräte eine komplexe Automatisierung abbilden kann. Dies setzt zusätzlich zur Programmierbarkeit u. U. systemimmanente Zusatzkomponenten voraus.

Unter „Visualisierung im System integriert" wird bewertet, inwieweit das Gebäudeautomationssystem über direkt im System integrierte Darstellungsmöglichkeiten verfügt, über das Meldungen abgesetzt und Bedienungen möglich sind. In einfachster Form sind dies Mehrzeilendisplays, in komplexer Form Displays mit variabler tabellarischer Darstellung oder Graphiken.

Unter „Systemerweiterung um andere Systeme vorgesehen (Gateways)" wird bewertet, inwieweit das Gebäudeautomationssystem über Hardware-Gateways verfügt, um das System gezielt zu erweitern. Je nach Anzahl der ankoppelbaren Systeme sowie der bereits im Gesamtsystem verfügbaren zusammenschaltbaren Medien steigt die Bewertung.

Unter „Konnektivität zu anderen Systemen durch Software vorhanden" wird bewertet, inwieweit das Gebäudeautomationssystem über Schnittstellen, optimal das Ethernet, verfügt, um das System gezielt durch Software, wie z. B. IP-Symcon oder TOBIT David um andere Systeme zu erweitern.

Unter „direkte Anwendbarkeit für smart-metering-basiertes Energiemanagement" wird bewertet, inwieweit das Gebäudeautomationssystem direkt ohne Zusatzsysteme smart-metering-basiertes Energiemanagement ermöglicht. Dies setzt im System Smart Metering auch als dezentrales Smart Metering und eine komplexe Automationsmöglichkeit voraus.

Unter „Anwendbarkeit für smart-metering-basiertes Energiemanagement mit Systemerweiterung" wird bewertet, inwieweit das Gebäudeautomationssystem über Zusatzsysteme um Smart-Metering-Geräte oder Automatisierungsmöglichkeit erweitert werden kann.

Unter „Energiekosteneinsparmöglichkeit inklusive Amortisation" wird bewertet, inwieweit das Gebäudeautomationssystem durch smart-metering-basiertes Energiemanagement und Gebäudeautomation Energiekosteneinsparung ermöglicht und in Verbindung mit den dadurch entstehenden Kosten für die Gebäudeautomation eine Amortisation in ca. 5 Jahren möglich ist. Die Beurteilung erfolgt subjektiv auf der Basis des Know-hows bezüglich der verschiedenen Systeme in Verbindung mit Realisierungskosten.

Tab. 9-1 Bewertung der Gebäudeautomationssysteme bei gleichmäßiger Berücksichtigung der Kriterien inklusive Smart Metering

Bewertungskriterien (Skala 0–10 Punkte). Medium (Pl=Powerline, Dr=Draht, Fu=Funk, Et=Ethernet).

Gebäudeautomationssystem	Medium	Bewertungssumme	Rangfolge bei konstanter Bewertung
Z-Wave	Fu	252	1
Eltako Funkbus	Fu	252	1
EATON xComfort	Fu	243	3
WAGO 750	Dr	241	4
EnOcean	Fu	237	5
Beckhoff	Dr	229	6
KNX/EIB-TP	Dr	223	7
LON	Dr	223	7
eQ-3 HomeMatic Funk	Fu	223	7
Phoenix Contact Interbus	Dr	216	10
LCN	Dr	215	11
Doepke Dupline	Dr	202	12
eQ-3 HomeMatic RS485	Dr	199	13
Eltako RS485	Dr	199	13
ELV FS20	Fu	191	15
Rutenbeck TC IP 1 und TCR IP 4	Et	182	16
PEHA Easyclick	Fu	174	17
KNX/EIB-Powerline	PL	168	18
digitalSTROM	PL	161	19
Hager tebis KNX Funk	Fu	155	20
Siemens LOGO	Dr	146	21
Siemens S7-300	Dr	145	22
PEHA-PHC	Dr	140	23
ELSO IHC	Dr	135	24
Siemens S7-200	Dr	99	25
IP-Symcon-Hardware	Dr,Fu	98	26
konventionelle Installationstechnik	Dr	97	27
Schneider Electric Zelio	Dr	97	27
ELDAT Easywave	Fu	95	29
EATON easy	Dr	93	30
Phoenix Contact Nanoline	Dr	87	31
RWE SmartHome	Fu	77	32
Merten Connect	Fu	75	33
Rademacher homeline	Dr	72	34
PEHA Easywave	Fu	69	35
DALI	Dr	69	35
Eltako Powerline	PL	62	37
INSTA 433 MHz Funkbus	Fu	55	38
X10	PL	46	39
1-wire	Dr	43	40
SMI	Dr	35	41
EM 1000	Fu	31	42

Bewertungskriterien (Spalten): Produktportfolio allgemein; Gewerk Licht (inklusive Bauformen); Gewerk HKL (direkte Verfügbarkeit); Gewerk Sicherheit; Herstellervielfalt; Zukunftsfähigkeit; Vertriebswegeanzahl; Kosten für Schaltfunktion; allgemeines Kostenniveau; Sensoren mit analoger Erfassung; Analog-Eingänge verfügbar; Smart-Meter-Einbindung eHz; dezentrale Smart-Metering-Produkte; Programmierfähigkeit hinsichtlich Automation ohne Zusatz-Software; Programmierfähigkeit hinsichtlich Automation mit Zusatz-Software; Programmierfähigkeit hinsichtlich Rechnung mit Zusatz-Software; Dokumentierfunktion; Neubau Anwendung mit Bezug auf komplexe Funktionalität; Sanierungsanwendung mit Bezug auf komplexe Funktionalität; Erweiterungsmöglichkeit mit Bezug auf komplexe Funktionalität; Nachrüstbarkeit mit Bezug auf komplexe Funktionalität; Automatisierung auf Systemebene integriert; Visualisierung im System integriert; Systemerweiterung um andere Systeme vorgesehen (Gateways); Konnektivität zu anderen Systemen durch Software vorhanden; direkte Anwendbarkeit für Smart Metering-basiertes Energiemanagement; Anwendbarkeit für Smart Metering-basiertes Energiemanagement mit Systemerweiterung; Energiekosteneinsparmöglichkeit inklusive Amortisation.

Als erste Bewertung der Gebäudeautomationssysteme dient die Betrachtung der Systeme bei gleichmäßiger Berücksichtigung aller Kriterien inklusive Smart Metering (vgl. Tab. 9-1). Auf den Rängen 1 und 2 liegen Z-Wave und Eltako-Funkbus gleichauf, gefolgt von EATON xComfort als weiteres Funkbussystem mit lediglich ca. 3 % weniger Wertungspunkten. Aufgrund des großen Produktportfolios auch in Richtung Smart Metering in Verbindung mit komplexen Visualisierungsmöglichkeiten bei Verwendbarkeit für die Segmente Neubau, Sanierung und Nachrüstung ist dies nachvollziehbar. Von Nachteil sind bei diesen Systemen die erheblichen Kosten für die Busankoppler. Auf Rang 4 folgt mit WAGO 750 ein drahtbasiertes SPS-System, das eher für das Neubausegment geeignet ist, jedoch erhebliche Kostenvorteile bietet. Durch Nutzung anderer Funkbussysteme und die überragenden Controllermöglichkeiten kann es auch im Rahmen von Sanierung und Nachrüstung zum Einsatz kommen. Es folgt auf Rang 5 EnOcean als System, das ausschließlich über das Medium Funkbus verfügt und aufgrund der einzelnen Busankoppler geräteweise teuer ist. Auf Rang 6 folgt das Beckhoff-System als drahtbasiertes System, das gegenüber WAGO 750 nicht direkt über eine integrierte, kostengünstige Visualisierung auch zur Nutzung für die Inbetriebnahme dient. Erst auf Rang 7 folgt das KNX/EIB-TP-System und LON, das zwar über ein sehr breites Produktportfolio verfügt, aber hinsichtlich der Kosten für das gesamte System sehr hoch ist und daher eher für das Luxussegment oder Objektgebäude geeignet ist. Auf Rang 7 folgt gleichauf mit KNX/EIB auch HomeMatic, das nur durch Systemerweiterungen über eine Software um Smart Metering erweitert werden kann. Es folgen auf den Rängen 10 bis 15 die Systeme Interbus, LCN, Dupline, HomeMatic RS485 und FS20, die bis zu 25 % weniger Bewertungspunkte aufweisen als Rang 1.

Rang	Gebäudeautomationssystem	Typ	Punkte
1	Z-Wave	Fu	252
1	Eltako-Funkbus	Fu	252
3	EATON xComfort	Fu	243
4	WAGO 750	Dr	241
5	EnOcean	Fu	237
6	Beckhoff	Dr	229
7	KNX/EIB-TP	Dr	223
7	LON	Dr	223
7	eQ-3 HomeMatic Funk	Fu	223
10	Phoenix-Contact-Interbus	Dr	216
11	LCN	Dr	215
12	Doepke Dupline	Dr	202
13	eQ-3 HomeMatic RS485	Dr	199
13	Eltako RS485	Dr	199
15	ELV FS20	Fu	191

Tab. 9-2 Bewertung der Gebäudeautomationssysteme bei Berücksichtigung der Kriterien inklusive Smart Metering bezogen auf den Neubaubereich

Rang	Gebäudeautomationssystem	Medium (PL=Powerline, Dr=Draht, Fu=Funk, Et=Ethernet)	Bewertungssumme
1	WAGO 750	Dr	218
2	KNX/EIB-TP	Dr	213
3	Z-Wave	Fu	212
4	Beckhoff	Et	206
5	LCN	Dr	203
6	LON	Dr	200
7	Phoenix Contact Interbus	Dr	194
8	Doepke Dupline	Dr	180
9	Eltako RS485	Dr	177
10	Eltako Funkbus	Fu	171
11	EATON xComfort	Fu	164
12	eQ-3 HomeMatic RS485	Dr	143
13	Siemens S7-300	Dr	129
14	EnOcean	Fu	121
15	eQ-3 HomeMatic Funk	Fu	112
16	Rutenbeck TC IP 1 und TCR IP 4	Et	111
17	KNX/EIB-Powerline	PL	102
18	PEHA-PHC	Dr	99,4
19	digitalSTROM	PL	96,8
20	Siemens LOGO	Dr	92,4
21	ELSO IHC	Dr	89,6
22	PEHA Easyclick	Dr,Fu	85,2
23	Siemens S7-200	Fu	84
24	Hager tebis KNX Funk	Fu	66
25	konventionelle Installationstechnik	Dr	54,6
26	Schneider Electric Zelio	Dr	43,5
27	EATON easy	Dr	41,5
28	Phoenix Contact Nanoline	Dr	38,5
29	DALI	Dr	25,2
30	ELV FS20	Fu	16,2
31	ELDAT Easywave	Fu	15,6
32	Rademacher homeline	Fu	12
33	IP-Symcon-Hardware	Dr	9,3
34	PEHA Easywave	Fu	6,2
35	SMI	Dr	3,3
36	RWE SmartHome	Fu	0
37	Merten Connect	Dr	0
38	Eltako Powerline	PL	0
39	X10	PL	0
40	1-wire	Dr	0
41	INSTA 433 MHz Funkbus	Fu	0
42	EM 1000	Fu	0

Optimal für die Umsetzung von smart-metering-basiertem Energiemanagement für alle Bausegmente sind damit kostengünstige Funkbussysteme mit Systemerweiterung geeignet, die aufgrund von Routing übertragungssicher sind.

Reduziert man die Bewertung inklusive Smart Metering auf den Neubaubereich, so liegt das SPS-System WAGO 750 allein auf Rang 1, nur 2,5 % dahinter KNX/EIB in der drahtbasierten Variante und Z-Wave (vgl. Tab. 9-2). Für das SPS-System WAGO 750 spricht beim Neubau zum einen der Preis, aber auch der immense Funktionsumfang mit gutem Preis-Leistungs-Verhältnis. KNX/EIB holt hier auf, da die Kostennachteile gegenüber anderen Systeme durch die nicht berücksichtigten Bewertungsnachteile für die Verwendbarkeit im Sanierungs- und Nachrüstbereich ausgeglichen werden. Z-Wave liegt weit vorn, da durch die überragenden dynamischen Routingfähigkeiten das Funkbussystem sicher eingesetzt werden kann. Nur wenig abgeschlagen folgen das Beckhoff-SPS-System, LCN und LON, die aufgrund des Mediums Draht Systeme für den Neubau sind. Erst auf den Rängen 9 und 10 folgen die Eltako-Systeme bezogen auf Draht (RS485) und Funkbus getrennt. Das RS485-System ist hinsichtlich Smart-Metering- und anderer Geräte noch nicht vollständig genug und benötigt Komponenten aus dem Funkbussystem, um die Nachteile für den Neubau auszugleichen. Erst durch Kombination aus RS485 und Funkbus entsteht bei Eltako ein optimiertes Gesamtsystem, das auch für den Neubau geeignet ist. Dies erklärt auch das HomeMatic-System, das hinsichtlich RS485 auf Rang 12 und Funkbus auf Rang 15 rangiert. Hier wird klar, dass das Produktportfolio von HomeMatic der Variante RS485 noch sehr unvollständig ist und das HomeMatic Funkbussystem ausgleichen muss, jedoch nicht über Smart-Metering-Fähigkeit verfügt.

Rang	Gebäudeautomationssystem	Typ	Punkte
1	WAGO 750	Dr	218
2	KNX/EIB-TP	Dr	213
3	Z-Wave	Fu	212
4	Beckhoff	Dr	206
5	LCN	Dr	203
6	LON	Dr	200
7	Phoenix-Contact-Interbus	Dr	194
8	Doepke Dupline	Dr	180
9	Eltako RS485	Dr	177
10	Eltako-Funkbus	Fu	171
11	EATON xComfort	Fu	164
12	eQ-3 HomeMatic RS485	Dr	143
13	Siemens S7-300	Dr	129
14	EnOcean	Fu	121
15	eQ-3 HomeMatic Funk	Fu	112

Optimal geeignet für das Neubausegment sind damit aufgrund ihrer vielfältigen Möglichkeiten und ihrer Kosten SPS-Systeme, die um weitere Systeme ergänzt werden können. KNX/EIB in der drahtbasierten Variante erscheint wie LCN weit vorn, da sie ausgewiesene Neubausysteme mit breitem Produktportfolio auch hinsichtlich der Design-Komponenten sind, jedoch hohe Kosten aufweisen. Z-Wave erscheint weit vorn, da durch das sichere Funkbussystem mit Draht vergleichbare Eigenschaften realisierbar sind. Kombisysteme wie z. B. Eltako oder HomeMatic rangieren weit hinten, wenn der Systemcharakter nicht berücksichtigt wird.

Tab. 9-3 Bewertung der Gebäudeautomationssysteme bei Berücksichtigung der Kriterien inklusive Smart Metering bezogen auf den Sanierungsbereich

Rangfolge	Gebäudeautomationssystem	Medium	Bewertungssumme
1	Eltako Funkbus	Fu	214
2	Z-Wave	Fu	212
3	EATON xComfort	Fu	205
4	EnOcean	Fu	201
5	eQ-3 HomeMatic Funk	Fu	187
6	KNX/EIB-Powerline	PL	145
7	digitalSTROM	PL	142
8	ELV FS20	Fu	130
9	PEHA Easyclick	Fu	114
10	WAGO 750)	Dr	109
11	Beckhoff	Dr	103
12	LCN	Dr	102
13	KNX/EIB-TP	Dr	85,2
14	LON	Dr	80
15	Hager tebis KNX Funk	Fu	79,2
16	Phoenix Contact Interbus	Dr	77,6
17	Doepke Dupline	Dr	72
18	eQ-3 HomeMatic RS485	Dr	71,6
19	Eltako RS485	Dr	70,8
20	Rutenbeck TC IP 1 und TCR IP 4	Et	63,2
21	PEHA-PHC	Dr	48,4
22	ELSO IHC	Dr,Fu	44,8
23	Rademacher homeline	Dr	42
24	Siemens LOGO	Dr	39,6
25	konventionelle Installationstechnik	Dr	36,4
26	Merten Connect	Fu	34,2
27	ELDAT Easywave	Fu	31,2
28	RWE SmartHome	Fu	26
29	Siemens S7-300	Dr	25,8
30	INSTA 433 MHz Funkbus	Fu	20
31	IP-Symcon-Hardware	PL	18,6
32	X10	PL	11,1
33	Schneider Electric Zelio	Dr	8,7
34	Siemens S7-200	Dr	8,4
35	EATON easy	Dr	8,3
36	Phoenix Contact Nanoline	Dr	7,7
37	DALI	Dr	6,3
38	PEHA Easywave	Fu	6,2
39	SMI	PL	0
40	Eltako Powerline	PL	0
41	1-wire	Dr	0
42	EM 1000	Fu	0

Reduziert man die Bewertung inklusive Smart Metering auf den Sanierungsbereich, so liegt das Eltako Funkbussystem mit Z-Wave nahezu gleichauf auf Rang 1, lediglich 0,9 % der Wertungspunkte trennen beide Systeme (vgl. Tab. 9-3). Das Eltako-System liegt hier leicht vor Z-Wave, da das Eltako-System über weitere Medien verfügt und auch Komponenten für die Hutschiene im Stromkreisverteiler aufweist. Bereits 4 % hinter dem Eltako-Funkbussystem rangiert EATON xComfort mit einem weiteren Funkbussystem auf Rang 4, dicht gefolgt von EnOcean, das von den Möglichkeiten der Hersteller Eltako und PEHA profitiert und hier als Alliance-Vertreter vergleichbar mit Z-Wave auftritt. Bereits 13 % hinter dem Eltako-Funkbus rangiert HomeMatic in der Funkbusvariante auf Rang 5. Weit abgeschlagen folgen KNX/EIB-Powerline und digitalSTROM als Powerline-Systeme auf den Rängen 6 und 7 mit 33 % Rückstand auf das Eltako-Funkbussystem. Nachteilig für Powerline-Systeme sind die Reduktion auf nur einen Anbieter und der sehr hohe Preis der Systeme. Es folgen die Funkbussysteme FS20 und PEHA Easyclick auf den Rängen 8 und 9 aufgrund der Nichteinbindbarkeit von Smart Metering und weit abgeschlagen die SPS-Systeme aufgrund ihres zwar günstigen Preises aber der Erfordernis für eine schmutzige Sanierung.

Rang	Gebäudeautomationssystem	Typ	Punkte
1	Eltako-Funkbus	Fu	214,0
2	Z-Wave	Fu	212,0
3	EATON xComfort	Fu	205,0
4	EnOcean	Fu	201,0
5	eQ-3 HomeMatic Funk	Fu	187,0
6	KNX/EIB-Powerline	PL	145,0
7	digitalSTROM	PL	142,0
8	ELV FS20	Fu	130,0
9	PEHA Easyclick	Fu	114,0
10	WAGO 750	Dr	109,0
11	Beckhoff	Dr	103,0
12	LCN	Dr	102,0
13	KNX/EIB-TP	Dr	85,2
14	LON	Dr	80,0
15	Hager tebis KNX Funk	Fu	79,2

Die Funkbussysteme sind klar am besten geeignet für den Sanierungsbereich, überzeugend sind diejenigen Funkbussysteme, die keine Batterien benötigen und weitere Medien im Portfolio führen sowie die hinsichtlich der Übertragungssicherheit aufgrund der Routerfunktionalität sichern und damit nahezu mit Drähten vergleichbaren Funkbussysteme Z-Wave und xComfort. Powerline-basierte Systeme sind (noch) zu teuer, um im Bereich der Sanierung anwendbar zu sein.

Tab. 9-4 Bewertung der Gebäudeautomationssysteme bei Berücksichtigung der Kriterien inklusive Smart Metering bezogen auf die Nachrüstbarkeit

Gebäudeautomationssystem	Medium (PL=Powerline, Dr=Draht, Fu=Fu-Funk, Et=Ethernet)	Bewertungssumme	Rangfolge bei konstanter Bewertung bezogen auf Nachrüstung
Eltako Funkbus	Fu	214	1
Z-Wave	Fu	212	2
EATON xComfort	Fu	205	3
EnOcean	Fu	201	4
eQ-3 HomeMatic Funk	Fu	187	5
ELV FS20	Fu	162	6
KNX/EIB-Powerline	PL	146	7
digitalSTROM	PL	114	8
PEHA Easyclick	Fu	114	10
Rutenbeck TC IP 1 und TCR IP 4	Et	111	11
LCN	PL	111	11
Hager tebis KNX Funk	Fu	81,2	12
ELSO IHC	PL	79,2	13
ELDAT Easywave	Fu	44,3	14
Merten Connect	Fu	39	15
RWE SmartHome	Fu	34,2	16
KNX/EIB-TP	Dr	26	17
LON	Dr	21,3	18
Rademacher homeline	Fu	20	19
INSTA 433 MHz Funkbus	Fu	18	20
PEHA Easywave	Fu	16	21
X10	PL	12,4	22
iP-Symcon-Hardware	Dr	11,1	23
EM 1000	Fu	9,3	24
WAGO 750	Dr	2,9	25
Beckhoff	Dr	0	25
Phoenix Contact Interbus	Dr	0	25
Doepke Dupline	Dr	0	25
Eltako RS485	Dr	0	25
eQ-3 HomeMatic RS485	Dr	0	25
Siemens S7-300	Dr	0	25
PEHA-PHC	Dr	0	25
Siemens LOGO	Dr	0	25
Siemens S7 200	Dr	0	25
konventionelle Installationstechnik	Dr	0	25
Schneider Electric Zelio	Dr	0	25
Phoenix Contact Nanoline	Dr	0	25
DALI	Dr	0	25
SMI	PL	0	25
Eltako Powerline	PL	0	25
1-wire	Dr	0	25

Reduziert man die Bewertung inklusive Smart Metering auf die Nachrüstbarkeit, so liegt wie bei Betrachtung der Sanierung und hiermit vergleichbar das Eltako-Funkbussystem mit Z-Wave nahezu gleichauf auf Rang 1, lediglich 0,9 % der Wertungspunkte trennen beide Systeme (vgl. Tab. 9-4). Das Eltako-System liegt hier leicht vor Z-Wave, da das Eltako-System über weitere Medien verfügt und auch Komponenten für die Hutschiene im Stromkreisverteiler verfügbar sind, die es ermöglichen dezentrale stromkreisverteiler-basierte Systeme über Funk zu koppeln. Bereits 4 % hinter dem Eltako Funkbussystem rangiert EATON xComfort mit einem weitere Funkbussystem auf Rang 4, dicht gefolgt von EnOcean, das von den Möglichkeiten der Hersteller Eltako und PEHA profitiert und hier als Alliance-Vertreter vergleichbar mit Z-Wave auftritt. Bereits 13 % hinter dem Eltako-Funkbus rangiert HomeMatic in der Funkbusvariante auf Rang 5. Auch das aufgrund der Unidirektionalität etwas unsichere und nicht für alle Anwendungen geeignete Funkbussystem FS20 rangiert mit Rang 6 aber deutlich weniger Wertungspunkten noch weit vorn. Weit abgeschlagen folgen KNX/EIB-Powerline als Powerline-Systeme folgt auf Rang 7 mit 33 % Rückstand auf das Eltako-Funkbussystem und weiter abgeschlagen auf Rang 8 digitalSTROM. Nachteilig für Powerline-Systeme sind die Reduktion auf nur einen Anbieter und der sehr hohe Preis der Systeme. Es folgen weit abgeschlagen PEHA Easyclick, das ethernet-basierten Rutenbeck-Fernschaltsystem, LCN und weitere Funkbussysteme. Das Rutenbeck-System tritt hier nur aufgrund seiner Smart-Metering-Eigenschaften und des damit verbundenen Energiemanagements in Erscheinung, eignet sich jedoch (noch) nicht für eine breit angelegte Nachrüstung.

Rang	Gebäudeautomationssystem	Typ	Punkte
1	Eltako-Funkbus	Fu	214,0
2	Z-Wave	Fu	212,0
3	EATON xComfort	Fu	205,0
4	EnOcean	Fu	201,0
5	eQ-3 HomeMatic Funk	Fu	187,0
6	ELV FS20	Fu	162,0
7	KNX/EIB-Powerline	PL	145,0
8	digitalSTROM	PL	114,0
8	PEHA Easyclick	Fu	114,0
10	Rutenbeck TC IP 1 und TCR IP 4	Et	111,0
11	LCN	Dr	81,2
12	Hager tebis KNX Funk	Fu	79,2
13	ELSO IHC	Dr, Fu	44,8
14	ELDAT Easywave	Fu	39,0
15	Merten Connect	Fu	34,2

Die Funkbussysteme sind klar am besten geeignet für die Nachrüstung, überzeugend sind diejenigen Funkbussysteme, die keine Batterien benötigen und weitere Medien im Portfolio führen sowie die hinsichtlich der Übertragungssicherheit aufgrund der Routerfunktionalität sichern und damit nahezu mit Drähten vergleichbaren Funkbussysteme Z-Wave und xComfort. Powerline-basierte Systeme sind (noch) zu teuer, um im Bereich der Sanierung anwendbar zu sein. Auch FS20 landet bei dieser Betrachtung weit vorn, da es als Einstieg in die Nachrüstung dienen kann und durch HomeMatic oder andere Systeme die sukzessive Nachrüstung fortgeführt wird.

Tab. 9-5 Bewertung der Gebäudeautomationssysteme bei gleichmäßiger Berücksichtigung der Kriterien ohne Smart-Metering-Funktionalität

Gebäudeautomationssystem	Medium (PL=Powerline, Dr=Draht, Fu=Funk, Et=Ethernet)	Bewertungssumme (ohne Smart-Metering)	Rangfolge bei konstanter Bewertung
Eltako Funkbus	Fu	224	1
Z-Wave	Fu	223	2
EATON xComfort	Fu	216	3
KNX/EIB-TP	Dr	213	4
WAGO 750	Dr	211	5
EnOcean	Fu	210	6
LCN	Dr	208	7
eQ-3 HomeMatic Funk	Fu	204	8
LON	Dr	202	9
Beckhoff	Dr	199	10
Phoenix Contact Interbus	Dr	186	11
Doepke Dupline	Dr	180	12
eQ-3 HomeMatic RS485	Dr	179	13
ELV FS20	Fu	173	14
Eltako RS485	Dr	169	15
KNX/EIB-Powerline	PL	164	16
PEHA Easyclick	Fu	160	17
Rutenbeck TC IP 1 und TCR IP 4	Et	157	18
digitalSTROM	PL	154	19
Hager tebis KNX Funk	Fu	135	20
PEHA-PHC	Dr	132	21
Siemens LOGO	Dr	131	22
Siemens S7-300	Dr	130	23
ELSO IHC	Dr,Fu		24
konventionelle Installationstechnik	Dr	97	25
Siemens S7-200	Dr	96	26
Schneider Electric Zelio	Dr	94	27
ELDAT Easywave	Fu	91	28
EATON easy	Dr	90	29
IP-Symcon-Hardware	Dr	87	30
Phoenix Contact Nanoline	Dr	84	31
RWE SmartHome	Fu	75	32
Rademacher homeline	Fu	72	33
Merten Connect	Fu	71	34
DALI	Dr	69	35
PEHA Easywave	Fu	68	36
Eltako Powerline	PL	62	37
INSTA 433 MHz Funkbus	Fu	54	38
X10	PL	46	39
1-wire	Dr	43	40
SMI	Dr	35	41
EM 1000	Fu	31	42

Reduziert man die Bewertung der Gebäudeautomationssysteme auf die Kriterien ohne Smart Metering, jedoch mit Automations- und Visualisierungsmöglichkeit und belässt die Betrachtung aller Baubereiche Neubau, Sanierung und Nachrüstung, so behalten die Funkbussysteme Eltako-Funkbus, Z-Wave und xComfort ihre guten Ränge 1 bis 3 nahezu gleichauf (vgl. Tab. 9-5). Es folgt nahezu gleichauf KNX/EIB in der drahtbasierten Variante auf Rang 4, das die Nachteile der Amortisation hinsichtlich Smart Metering nutzen kann, um die Nichtanwendbarkeit für die Nachrüstung auszugleichen. Es folgen auf Rang 5 das WAGO-SPS-System, und EnOcean, LCN, HomeMatic Funkbus, LON und Beckhoff nahezu gleichauf auf den Rängen 6 bis 10.

Rang	Gebäudeautomationssystem	Typ	Punkte
1	Eltako-Funkbus	Fu	224
2	Z-Wave	Fu	223
3	EATON xComfort	Fu	216
4	KNX/EIB-TP	Dr	213
5	WAGO 750	Dr	211
6	EnOcean	Fu	210
7	LCN	Dr	208
8	eQ-3 HomeMatic Funk	Fu	204
9	LON	Dr	202
10	Beckhoff	Dr	199
11	Phoenix-Contact-Interbus	Dr	186
12	Doepke Dupline	Dr	180
13	eQ-3 HomeMatic RS485	Dr	179
14	ELV FS20	Fu	173
15	Eltako RS485	Dr	169

Ohne die Berücksichtigung von Smart-Metering-Produkten, sowohl als eIIz-Einbindung oder als dezentrale Zähler, liegen viele Gebäudeautomationssysteme hinsichtlich der Bewertung nahezu gleichauf und unterscheiden sich nur hinsichtlich der Kosten immens. Da Energieeinsparung auch ohne die Einbindung von Smart Metern durch reine Auswertung des Schaltverhaltens auf der Basis von Berechnungsmöglichkeit möglich ist, bieten sich viele Systeme auch ohne Smart Meter für energieeinsparende Gebäudeautomation an.

Reduziert man die Beurteilung der Systeme weiter auf die systemimmanente Funktionalität ohne Zusatzsysteme und ohne Smart Metering und damit die Automations- und Visualisierungsfunktionen des spezifischen Systems, so rückt die Bewertung der Systeme weiter zusammen (vgl. Tab. 9-6). Allround-Systeme wie Z-Wave, xComfort, Eltako-Funkbus und HomeMatic-Funkbus liegen auf den Rängen 1 bis 3, gefolgt von drahtbasierten Systemen WAGO 750, KNX/EIB-TP, LCN, LON und Beckhoff mit EnOcean als Funkbussystem im Sandwich auf Rang 8.

Tab. 9-6 Bewertung der Gebäudeautomationssysteme bei gleichmäßiger Berücksichtigung der Kriterien bezogen auf die Gebäudeautomationsfunktion des Systems

Bewertungskriterien (Skala 0–10 Punkte) – Medium (Pl.=Powerline, Dr.=Draht, Fu=Funk, Et.=Ethernet):

Gebäudeautomationssystem	Medium	Bewertungssumme	Rangfolge
Z-Wave	Fu	171	1
EATON xComfort	Fu	166	2
Eltako Funkbus	Fu	164	3
eQ-3 HomeMatic Funk	Fu	164	3
WAGO 750	Dr	155	5
KNX/EIB-TP	Dr	153	6
LCN	Dr	153	6
EnOcean	Fu	150	8
LON	Dr	149	9
Baßhoff	Dr	143	10
PEHA Easyclick	Fu	142	11
eQ-3 HomeMatic RS485	Dr	139	12
KNX/EIB-Powerline	Pl	139	13
ELV FS20	Fu	138	14
Phoenix Contact Interbus	Dr	130	15
PEHA-PHC	Dr	130	15
Eltako RS485	Dr	129	17
ELSO IHC	Dr/Fu	128	18
Rutenbeck TC IP 1 und TCR IP 4	Dr	125	19
digitalSTROM	Pl	115	20
Siemens LOGO	Dr	109	21
Siemens S7-300	Dr	99	22
Siemens S7-200	Dr	97	23
Hager tebis KNX Funk	Fu	96	24
Schneider Electric Zelio	Dr	95	25
ELDAT Easywave	Fu	94	26
EATON easy	Dr	91	27
Phoenix Contact Nanoline	Dr	90	28
konventionelle Installationstechnik	Dr	84	29
RWE SmartHome	Fu	77	30
Rademacher homeline	Fu	75	31
Merten Connect	Pl	72	32
PEHA Easywave	Fu	71	33
DALI	Dr	66	34
INSTA 433 MHz Funkbus	Fu	59	35
X10	Pl	49	36
IP-Symcon-Hardware	Dr	44	37
1-wire	Dr	35	38
SMI	Dr	31	39
Eltako Powerline	Pl	28	40
—		22	41
EM 1000	Fu	20	42

Rang	Gebäudeautomationssystem	Typ	Punkte
1	Z-Wave	Fu	171
2	EATON xComfort	Fu	166
3	Eltako-Funkbus	Fu	164
3	eQ-3 HomeMatic Funk	Fu	164
5	WAGO 750	Dr	155
6	KNX/EIB-TP	Dr	153
6	LCN	Dr	153
8	EnOcean	Fu	150
9	LON	Dr	149
10	Beckhoff	Dr	143
11	PEHA Easyclick	Fu	142
12	eQ-3 HomeMatic RS485	Dr	139
13	KNX/EIB-Powerline	PL	139
14	ELV FS20	Fu	138
15	Phoenix-Contact-Interbus	Dr	130

Berücksichtigt man zusätzlich die Bauanwendung, so werden die Funkbussysteme eher für Sanierung und Nachrüstung und drahtbasierte Systeme eher für den Neubau geeignet sein. Zusätzlich sind für eine Entscheidung die Kosten entscheidend, die über Luxus- und Standardanwendung entscheidend, der Unterschied ist hier bei Funkbussystemen eher marginal, bei drahtbasierten entscheidend, wie z. B. KNX/EIB.

Im Rahmen einer Bewertung der Systeme ist zudem der Systemcharakter interessant, wenn die Medienvielfalt der Hersteller und System und der Alliance-Charakter berücksichtigt wird (vgl. Tab. 9-7). So verfügt Eltako über die Medien Funkbus, RS485 und Powerline im Eltako Funkbussystem und stützt sich zudem auf EnOcean. eQ-3 setzt auf das Funkbussystem in Verbindung mit dem RS485-System. Bei KNX/EIB ergänzen sich ideal die Möglichkeiten von Twisted Pair, Powerline, Hager-Funkbus und Siemens LO-GO. PEHA kombiniert das drahtbasierte PHC-System mit den Funkbussystemen Easyclick, Easywave und EnOcean, weitere Allianzen bilden die SPS-Systeme in Verbindung mit EnOcean und KNX/EIB.

Fasst man diese Systeme zusammen und optimiert hinsichtlich der besten Eigenschaften der beteiligten Systeme idealerweise, so wird die Rangfolge der Systeme in Verbindung mit Smart Metering neu geordnet (vgl. Tab. 9-8). Vorn liegen dann klar die SPS-Systeme, die ihre Nachteile im Bereich Sanierung und Nachrüstung durch ein Übergewicht durch die Funkbussysteme und die Herstellervielfalt bei KNX/EIB ausgleichen können sowie KNX/EIB, das seine Nachteile als drahtbasiertes System durch das Funkbussystem von Hager und die SPS-Fähigkeiten hinsichtlich Automation durch die Siemens LOGO ausgleichen kann. Damit liegen die Ränge 1 bis 4 nahezu gleichauf.

Tab. 9-7 Zusammenfassung von Systemen zur Bewertung der Gebäudeautomationssysteme bei gleichmäßiger Berücksichtigung der Kriterien inklusive Smart Metering

Tab. 9-8 Bewertung gesamter Gebäudeautomationssysteme bei gleichmäßiger, optimierter Berücksichtigung der Kriterien inklusive Smart Metering

Gebäudeautomationssystem	Medium (PL=Powerline, Dr=Draht, Fu=Funk; Et=Ethernet)	Produktportfolio allgemein	Gewerk Licht (inklusive Bauformen)	Gewerk HKL (direkte Verfügbarkeit)	Gewerk Sicherheit	Herstellervielfalt	Zukunftsfähigkeit	Vertriebswegeanzahl	Kosten für Schaltfunktion	allgemeines Kostenniveau	Sensoren mit analoger Erfassung	Analog-Eingänge verfügbar	Smart-Meter-Einbindung eHz	dezentrale Smart-Metering-Produkte	Programmierfähigkeit hinsichtlich Automation ohne Zusatz-Software	Programmierfähigkeit hinsichtlich Automation mit Zusatz-Software	Programmierfähigkeit hinsichtlich Rechnung mit Zusatz-Software	Dokumentierfunktion	Neubauanwendung mit Bezug auf komplexe Funktionalität	Sanierungsanwendung mit Bezug auf komplexe Funktionalität	Erweiterungsmöglichkeit mit Bezug auf komplexe Funktionalität	Nachrüstbarkeit mit Bezug auf komplexe Funktionalität	Automatisierung auf Systemebene integriert	Visualisierung im System integriert	Systemerweiterung um andere Systeme vorgesehen (Gateways)	Konnektivität zu anderen Systemen durch Software vorhanden	direkte Anwendbarkeit für SmartMetering-basiertes Energiemanagement	Anwendbarkeit für SmartMetering-basiertes Energiemanagement mit Systemverwertung	Energiekosteneinsparmöglichkeit inklusive Amortisation	Bewertungssumme	Rangfolge bei konstanter Bewertung
WAGO 750	Dr,Fu	10	10	10	10	10	10	8	10	10	10	10	10	10	10	10	10	10	10	10	10	10	10	10	10	10	10	10	10	248	1
KNX/EIB-TP	Dr,PL,Fu	10	10	10	10	10	10	8	10	10	10	10	10	10	10	10	10	10	10	10	10	10	10	10	10	10	10	10	4	246	2
Beckhoff	Dr,Fu	10	10	10	10	10	10	5	9	10	10	10	10	10	10	10	10	10	10	10	10	10	10	10	10	10	10	10	10	245	3
Phoenix Contact Interbus	Dr,Fu	10	10	10	10	10	10	5	9	10	10	10	10	10	10	10	10	10	10	10	10	10	10	10	10	10	10	10	10	243	4
LCN	Dr,Fu	10	10	10	10	10	10	5	9	9	10	10	10	10	10	10	10	10	10	10	10	10	10	10	10	10	10	10	7	236	5
Eltako Funkbus	Fu,Dr,PL	10	10	10	10	10	10	5	5	6	10	10	10	10	10	10	10	10	10	10	10	10	10	10	10	10	10	10	8	234	6
PEHA+PHC	Dr,Fu	10	10	10	10	10	10	8	9	10	10	10	10	10	10	10	10	10	10	10	10	10	10	10	2	10	10	10	9	234	6
Z-Wave	Fu	10	10	10	10	10	10	8	8	10	10	10	0	0	8	10	10	10	8	8	10	10	10	10	2	10	0	0	8	223	8
eQ-3 HomeMatic Funk	Fu,Dr	10	10	10	10	10	10	5	6	7	10	10	10	0	8	10	10	10	8	10	10	10	10	10	10	10	0	0	10	218	9
EATON xComfort	Fu,Dr	10	10	10	10	10	10	5	2	7	10	10	10	0	8	10	10	8	6	8	10	10	10	10	5	10	0	2	7	216	10
LON	Dr	7	10	10	10	10	10	5	6	1	10	10	10	0	6	10	10	8	10	10	10	1	10	10	5	10	0	0	5	202	11
Doepke Dupline	Dr,Fu	8	7	10	10	3	6	5	10	8	10	10	0	0	10	10	10	6	10	7	7	0	10	10	5	5	0	0	8	181	12
ELV FS20	Fu	8	8	10	10	6	6	8	9	2	10	0	0	10	6	10	10	6	8	10	4	0	4	10	5	8	0	0	7	173	13
Rutenbeck TC IP 1 und TCR IP 4	Et	5	4	3	8	10	10	4	10	8	0	10	0	10	8	10	10	4	4	6	7	0	10	4	4	10	0	0	4	157	14
digitalSTROM	Dr	2	3	0	8	2	10	5	9	2	0	0	0	10	8	10	10	7	10	2	1	7	6	0	2	2	0	0	4	154	15
Siemens S7-300	Dr	7	8	10	3	8	4	4	8	8	0	10	0	0	10	10	10	10	8	4	4	1	10	6	4	2	0	0	5	131	16
ELSO IHC	Dr,Fu	7	8	0	10	8	4	5	0	8	0	2	0	6	5	0	0	8	8	7	0	0	10	10	2	4	0	0	6	130	17
konventionelle Installationstechnik	Dr	3	6	3	4	10	10	10	10	10	10	0	10	0	1	0	0	0	6	6	6	6	0	0	0	0	0	0	4	97	18
Siemens S7-200	Dr	2	3	0	3	1	4	8	10	10	0	10	0	0	10	10	10	10	0	10	5	0	10	4	0	0	0	0	3	96	19
Schneider Electric Zelio	Dr	2	3	3	3	2	5	8	10	10	0	10	0	0	10	10	10	8	10	5	2	0	10	10	2	0	0	0	3	94	20
ELDAT Easywave	Fu	2	5	3	3	2	4	4	9	10	0	10	0	0	9	10	10	10	6	5	1	4	6	0	8	2	0	0	3	91	21
EATON easy	Dr	1	2	3	3	2	4	3	10	10	0	2	0	0	9	10	10	4	4	2	5	0	4	0	2	2	0	0	0	90	22
IP-Symcon-Hardware	Fu	2	3	2	5	5	4	6	3	9	0	0	10	10	9	10	10	5	7	7	5	6	0	0	2	2	0	10	3	87	23
Phoenix Contact Nanoline	Dr	1	2	0	3	2	2	6	10	4	0	10	0	0	5	10	0	0	1	1	5	1	6	0	2	2	0	0	3	84	24
RWE SmartHome	Fu	3	4	3	0	5	2	0	4	6	0	0	10	5	5	4	0	5	5	5	2	4	4	4	2	5	0	0	1	75	25
Rademacher homeline	Fu	1	6	0	5	2	2	3	5	3	0	0	0	10	4	5	0	10	2	2	4	7	6	2	8	0	0	0	0	72	26
Merten Connect	Dr	5	4	2	0	1	0	0	4	6	0	2	0	0	5	5	0	4	0	0	0	6	3	0	0	0	2	0	0	71	27
DALI	PL	2	6	2	0	3	6	7	5	3	10	0	0	0	5	5	0	0	0	0	4	0	0	0	8	0	0	0	0	69	28
X10	Dr	1	4	0	0	3	10	2	8	6	0	0	0	0	5	5	0	4	0	1	0	0	0	0	2	0	0	0	0	46	29
1-wire	Dr	1	0	2	0	4	1	5	0	0	10	0	0	0	5	5	0	0	0	0	1	0	2	0	2	10	0	0	0	43	30
SMI	Dr	1	0	0	0	3	0	3	3	3	0	0	0	0	5	5	0	4	1	0	3	0	0	8	5	2	2	0	0	35	31
EM 1000	Fu	1	0	0	0	1	4	5	0	7	0	0	5	6	5	0	0	4	0	0	0	0	0	10	2	0	0	0	0	31	32

LCN kann seine Nachteile hinsichtlich Sanierung und Nachrüstung durch das EnOcean-Funkbussystem hinsichtlich der Sensorik ausgleichen und liegt auf Rang 5. Es folgt der Eltako-Funkbus und PEHA PHC nahezu gleichauf mit LCN auf Rang 6. Z-Wave kann kaum auf Allianzen mit anderen Systemen zurückgreifen und verharrt damit trotz hoher Bewertungszahl auf Rang 8. Dies betrifft auch HomeMatic und xComfort, die nur über Software mit anderen Systemen kombiniert werden können, und damit auf Rang 9 und 10 liegen.

Rang	Gebäudeautomationssystem	Typ	Punkte
1	WAGO 750	Dr, Fu	248
2	KNX/EIB-TP	Dr, PL, Fu	246
3	Beckhoff	Dr, Fu	245
4	Phoenix-Contact-Interbus	Dr, Fu	243
5	LCN	Dr, Fu	236
6	Eltako-Funkbus	Fu, Dr, PL	234
6	PEHA PHC	Dr, Fu	234
8	Z-Wave	Fu	223
9	eQ-3 HomeMatic Funk	Fu, Dr	218
10	EATON xComfort	Fu	216
11	LON	Dr	202
12	Doepke Dupline	Dr, Fu	181
13	ELV FS20	Fu	173
14	Rutenbeck TC IP 1 und TCR IP 4	Et	157
15	digitalSTROM	PL	154

Die Bewertung ist nicht real, da sie auf der idealisierten Kombination der Eigenschaften von Gebäudeautomationssystemen beruht. Es wird jedoch klar, dass die Nachteile drahtbasierter Systeme, wie z. B. SPS-Systeme von WAGO, Beckhoff und der Interbus durch Hinzunahme von Funkbussystemen, wie dem batterielosen EnOcean, ideal für die Anwendung im Sanierungs- und Nachrüstbereich geeignet wären, hier hätte jedoch der Funkbuscharakter der Systeme klar das Übergewicht. Durch Hinzunahme von KNX/EIB erfahren die SPS-Systeme eine Erweiterung um Design-orientierte Elektroinstallation und stoßen damit in das Luxussegment bei optimaler Gebäudeautomation vor. Der KNX/EIB wird durch seine Medienvielfalt bei vergleichsweise hohen Kosten stark aufgewertet und stößt in die Segmente Sanierung und Nachrüstung vor. Auch hier beruht die Aufwertung klar auf dem Funkbussystem von Hager. Auch LCN erhält durch EnOcean als Funkbussystem eine eher irreale Aufwertung in Richtung Sanierung und Nachrüstung. Um diesen Stellenwert zu halten ist die Anwendbarkeit von LCN im Bereich Sanierung und Nachrüstung wesentlich davon abhängig, ob der Neutralleiter N und eine zusätzliche Datenader am Einbauort der Busteilnehmer verfügbar ist. Durch diese eher irrealen Verzerrungen der Bewertung haben die bislang für Sanierung und Nachrüstung optimal geeigneten Funkbussysteme Eltako-Funkbus, Z-Wave und xComfort stark an Boden verloren.

Es bleibt hinsichtlich der Bewertung der Gebäudeautomationssysteme festzuhalten, dass ein wesentlicher Aspekt der Gebäudeautomationssysteme deren Preis ist. Die Kosten der Systeme gingen bei der gewählten Betrachtung nur als 2 von 28 Kriterien, d. h. mit 7 % ein.

Im Neubaubereich sind bei starkem Fokus auf die Kosten damit die SPS-Systeme klar von Vorteil und können ideal auch um Funkbussysteme, bei Rückgriff auf Gateways durch EnOcean, unter Einsatz von Software als Gateway zu anderen Systemen durch eine Vielzahl von Systemen ergänzt werden. Spielen die Kosten, wie im Luxussegment, keine Rolle, bietet sich KNX/EIB oder LON an. Der Neubaubereich kann aber auch durch Funkbussysteme, wie z. B. Z-Wave, abgedeckt werden, wenn die Funkeigenschaften aufgrund dynamischen Routings als sicher eingeschätzt werden.

Im Sanierungs- und Nachrüstsegment überzeugen klar die Funkbussysteme. Je nach Gewichtung der Wartungseigenschaften ist eher das batterielose EnOcean-System bei Rückgriff auf Eltako, EnOcean selbst und Easyclick von Vorteil, bei Vernachlässigung der Wartungseigenschaften mit Fokus auf die Sicherheit des Systems Z-Wave oder xComfort zu bevorzugen. Eltako und PEHA bieten zudem den immensen Vorteil des Systemcharakters, indem mehrere Medien im System vorhanden sind. Wenn analoge Sensoren im System keine große Rolle spielen und durch Schwellwerterkennung ersetzt werden können, ist hier PEHA aufgrund des einfacheren Systems von Vorteil.

Im Rahmen der Bewertung sind einige Gebäudeautomationssysteme noch nicht stark in Erscheinung getreten, obwohl deren Zukunftsfähigkeit hoch eingeschätzt wird. Dies ist zum einen auf das teilweise sehr geringe Produktportfolio, aber auch die hohen Kosten der Komponenten zurückzuführen.

Wesentlich für die Auswahl des Gebäudeautomationssystems ist jedoch auch die Rückgreifbarkeit auf kostengünstige Gateway-Lösungen in Form von Hard- oder Software, um aus den Vorteilen einzelner Systeme im Ganzen das ideale System zu gestalten. Den Softwarepaketen IP-Symcon und TOBIT David kommt damit ein großer Stellenwert zu, der in der Bewertung nicht direkt zum Tragen kam.

Grundlagen zur elektromechanischen Messung 10

Im Rahmen der Diskussion und Anwendung von Smart Metering werden häufig die Begriffe Leistung, Verbrauch und Energie falsch angewendet oder in einen falschen Zusammenhang gebracht. Daher werden im Folgenden ausgehend von den mechanischen Größen Leistung, Energie und damit auch der Verbrauch abgeleitet.

Ein Körper fester Masse m befindet sich auf einem Niveau der Höhe 0 m. Durch Verlagerung des Körpers durch Einsatz manueller Arbeit um die Höhe h senkrecht nach oben gegen die Schwerkraft erhält der Körper der Masse m in Bezug auf das Niveau der Höhe 0 m eine Lageenergie, die sich wie folgt berechnet:

$$W_{pot} = m \cdot g \cdot h$$

Die Einheit der potenziellen Energie ist damit mit [kg] für die Masse m, [m/(s*s)] für die Erdbeschleunigung g und [m] für die Höhe h:

$$|W_{pot}| = kg \cdot \frac{m}{s^2} \cdot m = kg \cdot \frac{m^2}{s^2}$$

Entsprechend besitzt ein Körper der Masse m bei einer Geschwindigkeit v die kinetische Energie, die sich wie folgt berechnet:

$$W_{kin} = \frac{1}{2} m \cdot v^2$$

Die Einheit der kinetischen Energie ist damit mit [kg] für die Masse m und [m/s] für die Höhe der Geschwindigkeit v:

$$\lfloor W_{kin}\rfloor = kg \cdot \frac{m^2}{s^2}$$

Wird die Lageenergie innerhalb der Zeit Δt verändert, so wird diese zu leistende Arbeit mit einer Leistung verrichtet, die sich wie folgt berechnet:

$$P = \frac{W_{pot}}{\Delta t} = m \cdot g \cdot h/\Delta t$$

Die Einheit der Leistung ist entsprechend:

$$[P] = kg \cdot \frac{m^2}{s^3}$$

Dem entspricht bei elektrischen Systemen im Gleichstromfall mit der Spannung U und dem Strom I die elektrische Leistung:

$$P_{el} = U \cdot I$$

Die Einheit der elektrischen Leistung ist entsprechend:

$$[P_{el}] = V \cdot A$$

Verglichen mit der mechanischen Leistung ergeben sich für Spannung und Strom damit:

$$[P_{el}] = [U \cdot I] = V \cdot A = kg \cdot \frac{m^2}{s^3}$$

Damit ergibt sich die Basiseinheit für die Spannung:

$$[U] = kg \cdot \frac{m^2}{As^3}$$

auf Basis der SI-Einheit A für den Strom I.

$$[I] = A$$

Damit können mechanische Größen einheitenmäßig in elektrische überführt werden.

Bleibt der elektrische Verbraucher über die Zeit Δt eingeschaltet, so wird an diesem Verbraucher elektrische Arbeit verrichtet und damit Energie verbraucht:

$$W_{el} = P_{el} \cdot \Delta t = U \cdot I \cdot \Delta t$$

Damit sind beispielsweise an einer Photovoltaikanlage zu jedem Zeitpunkt die elektrischen Verhältnisse auf der Gleichstromseite ermittelbar.

$$P = U \cdot I$$

Wird ein elektrischer Verbraucher jedoch an eine Wechselspannung angeschlossen, so ist die Spannung im ungestörten Fall sinusförmig von der Zeit abhängig. Der Verlauf der elektrischen Spannung folgt damit dem formelmäßigen Zusammenhang, vorausgesetzt zum Zeitpunkt 0 war die Spannung 0 V:

$$U(t) = \hat{U} \cdot \sin(\omega t)$$

Dabei ist $\hat{U}$ die Amplitude der elektrischen Spannung.

Ein Ohm'scher Widerstand der Größe R wird daraufhin von einem Strom I durchflossen, der wiederum selbst von der Zeit abhängt. Es ergibt sich für den elektrischen Strom nach dem Ohm'schen Gesetz:

$$I(t) = \frac{\hat{U}}{R} \cdot \sin(\omega t)$$

und damit die zeitlich abhängige elektrische Leistung:

$$P(t) = U(t) \cdot I(t) = \hat{U} \cdot \sin(\omega t) \cdot \frac{\hat{U}}{R} \cdot \sin(\omega t) = \frac{\hat{U}^2}{R} \cdot \sin^2(\omega t)$$

Nach Anwendung des entsprechenden Additionstheorems für den quadrierten Sinus ergibt sich damit:

$$P(t) = U(t) \cdot I(t) = \frac{\hat{U}^2}{2R} \cdot (1 - \cos(2\omega t))$$

Damit schwingt die elektrische Leistung um den Mittelwert $\frac{\hat{U}^2}{2R}$ mit doppelter Netzfrequenz. Dies kann mit der Abb. 10.1 dargestellt werden:

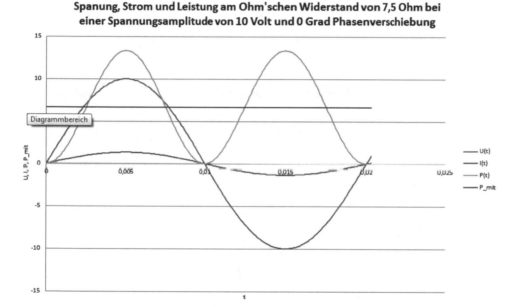

Abb. 10.1 Spannung, Strom und Leistung in Abhängigkeit der Zeit beim Ohm'schen Verbraucher

Der Mittelwert der elektrischen Leistung ergibt sich durch Integration der Leistung über eine Periode der Spannung:

$$P_{mit} = \frac{1}{2\pi} \int_0^{2\pi} \frac{\hat{U}^2}{2R}(1 - \cos(2\alpha)) \ d\alpha = \frac{1}{2\pi} \left[\frac{\hat{U}^2}{2R}\left(\alpha - \frac{1}{2}\sin(2\alpha) \right) \right]_0^{2\pi}$$

$$= \frac{1}{2\pi}\frac{\hat{U}^2}{2R}\left(2\pi - \frac{1}{2}\sin(4\pi) - 0 + \frac{1}{2}\sin(0) \right) = \frac{1}{2\pi}\frac{\hat{U}^2}{2R}2\pi$$

$$P_{mit} = \frac{\hat{U}^2}{2R}$$

Die mittlere Leistung kann zudem über die effektive Spannung und den effektiven Strom ermittelt werden.

Der Effektivwert der Spannung ergibt sich als:

$$U_{eff} = \sqrt{\left(\frac{1}{2\pi}\int_0^{2\pi}\left(\hat{U}^2\sin^2(\alpha)\right)d\alpha\right)} = \sqrt{\left(\frac{1}{2\pi}\int_0^{2\pi}\left(\frac{\hat{U}^2}{2}(1-\cos(2\alpha))\right)d\alpha\right)}$$

$$= \sqrt{\left(\frac{1}{2\pi}\left(\frac{\hat{U}^2}{2}\left(\alpha-\frac{1}{2}\sin(2\alpha)\right)_0^{2\pi}\right)\right)} = \sqrt{\left(\frac{1}{2\pi}\left(\frac{\hat{U}^2}{2}\left(2\pi-\frac{1}{2}\sin(4\pi)-0+\frac{1}{2}\sin(0)\right)\right)\right)}$$

$$= \sqrt{\left(\frac{1}{2\pi}\left(\frac{\hat{U}^2}{2}2\pi\right)\right)} = \sqrt{\left(\frac{1}{2}\hat{U}^2\right)}$$

$$U_{eff} = \frac{\hat{U}}{\sqrt{2}}$$

Entsprechend ergibt sich für den Strom:

$$I_{eff} = \frac{\hat{U}}{\sqrt{2}R}$$

Damit ergibt sich für den Mittelwert der Leistung über die Effektivwerte bestätigt:

$$P_{mit} = U_{eff}\cdot I_{eff} = \frac{\hat{U}}{\sqrt{2}}\cdot\frac{\hat{U}}{\sqrt{2}R} = \frac{\hat{U}^2}{2R}$$

Bei einer Phasenverschiebung von 90 Grad zwischen Spannung und Strom ergibt sich bei gleicher Spannung:

$$I(t) = \frac{\hat{U}}{R}\cdot\sin\left(\omega t-\frac{\pi}{2}\right)$$

$$I_{eff} = \sqrt{\left(\frac{1}{2\pi}\int_0^{2\pi}\left(\frac{\hat{U}^2}{R^2}\sin^2\left(\alpha-\frac{\pi}{2}\right)\right)d\alpha\right)}$$

$$= \sqrt{\left(\frac{1}{2\pi}\int_0^{2\pi}\left(\frac{\hat{U}^2}{2R^2}\left(1-\cos\left(2\alpha-2\frac{\pi}{2}\right)\right)\right)d\alpha\right)}$$

$$= \sqrt{\left(\frac{1}{2\pi}\left(\frac{\hat{U}^2}{2R^2}\left[\alpha-\frac{1}{2}\sin(2\alpha-\pi)\right]_0^{2\pi}\right)\right)}$$

$$= \sqrt{\left(\frac{1}{2\pi}\left(\frac{\hat{U}^2}{2R^2}\left(2\pi-\frac{1}{2}\sin(4\pi-\pi)-0+\frac{1}{2}\sin(0-\pi)\right)\right)\right)}$$

$$= \sqrt{\left(\frac{1}{2\pi}\left(\frac{\hat{U}^2}{2R^2}\left(2\pi-\frac{1}{2}\sin(3\pi)+\frac{1}{2}\sin(-\pi)\right)\right)\right)}$$

$$= \sqrt{\left(\frac{1}{2\pi}\left(\frac{\hat{U}^2}{2R^2}2\pi\right)\right)} = \sqrt{\left(\frac{1}{2R}\hat{U}^2\right)}$$

$$I_{eff} = \frac{\hat{U}}{\sqrt{2R}}$$

Damit sind die Effektivwerte von Spannung und Strom nicht von der Phasenlage abhängig. Es scheint so, als wäre die elektrische Leistung demnach nicht von der Phase abhängig. Das korrekte Ergebnis ergibt sich nur über die korrekte Integration des Produkts aus Spannung und Strom über der Zeit:

$$P_{mit} = \frac{1}{2\pi}\int_0^{2\pi}\frac{\hat{U}^2}{R}\left(\sin(\alpha)\sin\left(\alpha - \frac{\pi}{2}\right)\right)d\alpha$$

$$= \frac{1}{2\pi}\int_0^{2\pi}\frac{\hat{U}^2}{2R}\left(\cos\left(+\frac{\pi}{2}\right) - \cos\left(2\alpha - \frac{\pi}{2}\right)\right)d\alpha$$

$$= \frac{1}{2\pi}\left[\frac{\hat{U}^2}{2R}\left(\cos\left(\frac{\pi}{2}\right)\alpha - \frac{1}{2}\sin\left(2\alpha - \frac{\pi}{2}\right)\right)\right]_0^{2\pi}$$

$$= \frac{1}{2\pi}\frac{\hat{U}^2}{2R}\left(\cos\left(\frac{\pi}{2}\right)\cdot 2\pi - \frac{1}{2}\sin\left(4\pi - \frac{\pi}{2}\right) - 0 + \frac{1}{2}\sin\left(-\frac{\pi}{2}\right)\right)$$

$$= \frac{1}{2\pi}\frac{\hat{U}^2}{2R}\left(2\pi\cdot\cos\left(\frac{\pi}{2}\right) - \frac{1}{2}\sin\left(-\frac{\pi}{2}\right) + \frac{1}{2}\sin\left(-\frac{\pi}{2}\right)\right) = \frac{1}{2\pi}\frac{\hat{U}^2}{2R}\left(2\pi\cdot\cos\left(\frac{\pi}{2}\right)\right)$$

$$P_{mit} = \frac{\hat{U}^2}{2R}\cdot\cos\left(\frac{\pi}{2}\right) = 0$$

Die mittlere Leistung ist aufgrund der Phasenverschiebung 0.

Das Ergebnis wird durch ein Zeitdiagramm bestätigt (vgl. Abb. 10.2). Die elektrische Leistung schwankt mit doppelter Netzfrequenz, der Mittelwert ist jedoch 0. Die mittlere Leistung kann daher keinesfalls über getrennte Messung der Effektivwerte von Spannungen und Strömen und Multiplikation beider erfolgen.

Zur Bestimmung der Wirkleistung ist die Phasenverschiebung zwischen Strom und Spannung zu ermitteln und nach der Produktbildung beider Effektwerte mit dem Cosinus des Phasenwinkels zu berechnen. Einfach sind die Effektivwerte von Spannung und Strom ermittelbar, die Erfassung der Phasenlage kann durch Detektion der Nulldurchgänge von Spannung und Strom erfolgen, die Frequenz sollte für alle Größen bekannt sein, geht jedoch nicht in das Gesamtergebnis ein.

$$P_{mit} = \frac{\hat{U}^2}{2R}\cdot\cos(\varphi)$$

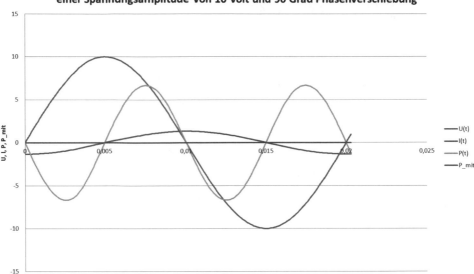

Abb. 10.2   Spannung, Strom und Leistung in Abhängigkeit der Zeit bei 90-Grad-Phasenverschiebung

Die mittlere Leistung ist die tatsächlich am Gerät umgesetzte Leistung und wird auch als Wirkleistung bezeichnet. Bei rein sinusförmigen, d. h. harmonischen Netzen und passiven Verbrauchern, ergibt sich die Wirkleistung aus der Multiplikation der Effektivwerte von Spannung und Strom mit dem Cosinus des Phasenwinkels.

$$P = P_{Wirk} = P_{mit} = \frac{\widehat{U}^2}{2R} \cdot \cos(\varphi)$$

Bei der Phasenverschiebung von 90 Grad im vorliegenden Beispiel ist der Mittelwert der Leistung 0, dem Diagramm kann jedoch entnommen werden, dass die Leistung mit doppelter Frequenz zeitweise positiv und negativ ist und um den Mittelwert schwingt. Dies ist darauf zurückzuführen, dass die passiven elektrischen Speicher Induktivität (Spule) und Kondensator die elektrische Energie speichern und wieder abgeben. Bei idealen Verhältnissen geht keine Energie verloren, grundsätzlich sind diese Elemente und auch deren Zuleitungen jedoch nicht verlustlos und weisen damit einen gewissen Ohm'schen Widerstand auf. Der Phasenwinkel wird demnach bei Spulen und Kondensatoren nie exakt 90 Grad betragen. Die schwingende Leistung wird als Blindleistung bezeichnet, die je nach Art des passiven Elements aufgrund des positiven oder negativen Phasenwinkels des Stromes zur Spannung (nach- oder voreilender Strom) positiv oder negativ sein.

$$Q = \frac{\widehat{U}^2}{2R} \cdot \sin(\varphi)$$

Bei realen Verbrauchern wird der Phasenwinkel kleine Werte haben, da im Allgemeinen Ohm'sche Verbraucher leicht induktiv sind. Die realen Verhältnisse ergeben sich wie in Abb. 10.3 dargestellt.

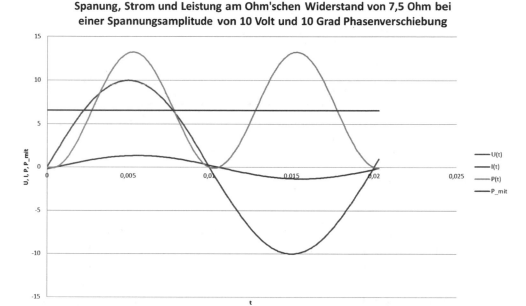

Abb. 10.3 Spannung, Strom und Leistung in Abhängigkeit der Zeit bei 10-Grad-Phasenverschiebung

In der Elektrotechnik werden Wirkleistung P und Blindleistung Q in einem Koordinatensystem angeordnet und dazu der Stromzeiger über den Phasenwinkel dem Spannungszeiger zugeordnet, der auf die y-Achse gelegt wird. Hierbei sind Verbraucher- und Erzeugerzählpfeil zu unterscheiden. Im Fall des Energieverbrauchs, z. B. bei Wohngebäuden oder Industriebetrieben, wird im Allgemeinen Energie verbraucht und damit verbrauchte Energie positiv gezählt, erzeugte und an den Energieversorger gelieferte Energie wird dann negativ sen. Demgegenüber verwenden Energieversorger das Erzeugerzählpfeilsystem, um erzeugte Energie, die an den Energiekunden abgegeben wird, positiv zu zählen, verbrauchte, d. h. vom Energiekunden abgenommene Energie, wird dann negativ gezählt. Damit ergibt sich zwischen Energieversorger und -kunde eine Bilanz, die jederzeit auch bezüglich der Blindleistung ausgeglichen sein muss (vgl. Abb. 10.4).

Nach Pythagoras ergibt sich damit aus Wirk- und Blindleistung die Scheinleistung S:

$$S^2 = P^2 + Q^2 \text{ bzw. } S = \sqrt{P^2 + Q^2}$$

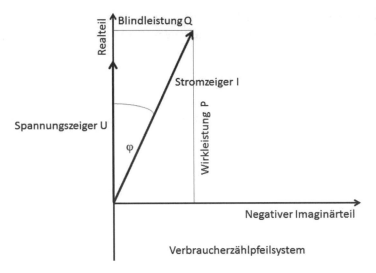

Abb. 10.4 Spannungs- und Stromzeiger im Verbraucherzählpfeilsystem

Die Scheinleistung ist die scheinbare Leistung, womit angedeutet wird, dass auch verlustbehaftete Spulen und Kondensatoren Wirkleistung benötigen und umgekehrt Ohm'sche Verbraucher zusätzlich leicht induktiv oder kapazitiv sein können. Jeder Strom beliebiger Frequenz, der über eine Leistung fließt, erzeugt zusätzliche Ohm'sche Verluste.

Problematisch wird die Leistungsberechnung durch die aktiven Verbraucher, wobei durch Phasenan- und/oder -abschnitt oder andere elektronisch bewirkte Beeinflussung aus den harmonischen, d. h. rein sinusförmigen, Signalen nichtsinusförmige entstehen. So kann eine sinusförmige Spannung z. B. bei Dimmern den Strom erst zeitlich versetzt eingeschaltet werden, wobei dieses zeitliche Einschalten jeweils einen gewissen Phasenwinkel α nach dem jeweiligen 0-Durchgang in der positiven und negativen Welle erfolgt (vgl. Abb. 10.5).

Bei einem Ohm'schen Verbraucher tritt entsprechend bei Phasenanschnitt eine zeitliche Phasenverschiebung des Stromes auf, die einem teils induktiven Verbraucher entspricht, zudem weist der Stromverlauf neben harmonischen Anteilen auch höherfrequente Anteile auf, diese werden Oberwellen genannt und haben Frequenzen mit Vielfachen der Grundfrequenz. Damit wird der Mittelwert der elektrischen Leistung über den Cosinus φ der Grundwelle falsch berechnet. Auch die Leistung verfügt über höherfrequente Anteile. Zu unterscheiden sind die Leistung der Grundwelle und derjenigen der einzelnen Oberwellen. Insbesondere bei komplexen Elektroniken an Vorschaltgeräten von Energiespar- und LED-Lampen hat der Strom- und damit Leistungsverlauf nur noch wenig mit Sinuskurvenform zu tun.

Zur Berechnung des Effektivwertes des Stromes bei sinusförmigem Stromes sind die einzelnen Oberwellen des Stromes zu ermitteln und in Verbindung mit dem Grundstrom durch Aufsummation der Quadrate der einzelnen Stromwellen und anschließendes Wurzelziehen der Summe zu ermitteln. Damit wird klar, dass Wirkleistung nicht nur durch die Grundwelle, sondern auch aufgrund der Oberwellen am Verbraucher umgesetzt wird.

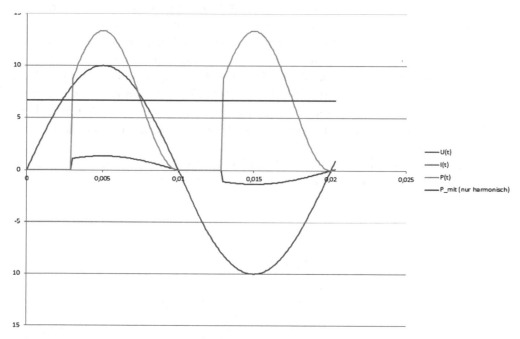

Abb. 10.5 Spannungs-, Strom- und Leistungsverlauf bei Spannungsanschnitt

Unterschieden wird bei der Leistungsberechnung nichtharmonischer Größen zwischen Wirkleistung, Blindleistung der Grundwelle und der Blindleistung aufgrund der Oberwellen, die als Verzerrungsleistung D bezeichnet wird. Die Verzerrungsleistung ist die Blindleistung aufgrund der Oberwellen ohne Grundwellen. Die Scheinleistungsberechnung muss um die Verzerrungsleistung erweitert werden.

$$S^2 = P^2 + Q^2 + D^2 \quad \text{bzw.} \quad S = \sqrt{P^2 + Q^2 + D^2}$$

Die Effektivwertbestimmung des Stromes ist damit problemlos mit jedem elektromechanischen Messgerät, aber auch modernen, elektronischen Multimetern möglich, die Leistungsberechnung bereitet jedoch größere Aufwände. Damit liefern viele Leistungsmesseinrichtungen, die zur Wirkleistungsmessung bei Smart Metering genutzt werden, insbesondere bei aktiven, elektronischen Verbrauchern falsche Messwerte. Wird zudem die Phasenverschiebung zwischen Spannung und Strom nicht erfasst und die Leistung lediglich über die Ermittlung des Stromes erfasst, so sind die ermittelten Leistungswerte ebenfalls nicht korrekt. Die Güte der Leistungserfassung spiegelt sich daher im Messaufwand und damit den Kosten für den Smart Meter wider.

Elektronische Messsysteme greifen daher auf die numerische, zeitdiskrete Erfassung der Effektivwerte, Wirk-, Blind-, Verzerrungs- und Scheinleistung zurück. Dies setzt jedoch die zeitabhängige Messung von Spannung von Strom voraus, um zu jedem Zeitpunkt per Produktbildung und anschließender Analyse die Messwerte zu liefern.

Dies wird im Folgenden anhand einer Dreiphasen-Leistungsmessklemme eines SPS-Anbieters erläutert. Spannung und Strom stehen für alle drei Phasen an der Leistungsmessklemme an. Als Basis für die zeitdiskrekte Abtastung wird das Sinussignal der Spannung und des Stromes jeweils mit einer Abtastfrequenz von ca. 16 µs abgetastet. Dies bedeutet, dass für eine Wechselspannung mit einer Frequenz von 50 Hz und damit einer Periodendauer von 20 ms werden etwa 1.250 Werte gemessen. Alle drei Phasen werden zeitsynchron gemessen.

Bei einem Phasenwinkel von 0 Grad ergibt sich folgender gemessener Verlauf in Abhängigkeit der Zeit t bei einer Amplitudendauer von T (vgl. Abb. 10.6):

Abb. 10.6 Verlauf von Spannung und Strom bei Ohm'schem Verbraucher

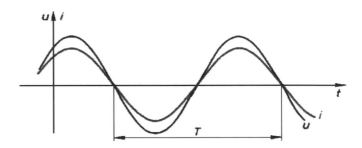

Der Effektivwert der Spannung ergibt sich nach Aufsummation der Quadrate der einzelnen Messwerte der Spannung in einer Schwingungsperiode und Division durch die Anzahl der Abtastungen für eine Periode und Radizierung.

$$U = \sqrt{\frac{1}{n} \sum_1^n u_{(t)}^2}$$

Entsprechend ergibt sich der Effektivwert der Ströme.

$$I = \sqrt{\frac{1}{n} \sum_1^n i_{(t)}^2}$$

Zur Berechnung der zeitabhängigen Wirkleistung werden die Momentanwerte von Strom und Spannung miteinander multipliziert (vgl. Abb. 10.7).

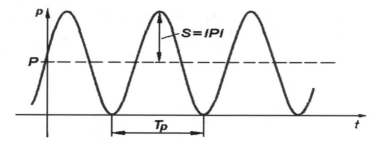

Abb. 10.7 Darstellung der Leistung am Ohm'schen Verbraucher in Abhängigkeit der Zeit

Die Wirkleistung ergibt sich nach Aufsummation der Produkte von Spannung und Strom innerhalb einer Zeitperiode T_p einer Leistungswelle und anschließender Division durch die Anzahl der zugehörigen Abtastwerte, die bei symmetrischen Verhältnissen der Hälfte der Abtastwerte der Spannung entspricht.

$$P = \frac{1}{n} \sum_{1}^{n} u(t) \cdot i(t)$$

Die Leistung $s_{(t)}$ ist dabei die Momentanleistung zu jedem Abtastschritt.

$$s_{(t)} = u(t) \cdot i(t)$$

Wenn ein Stromkreis außer den ohmschen Verbrauchern auch aus induktiven und/oder kapazitiven Verbrauchern besteht, kommt es zwischen den Strom und Spannungsverläufen zu einer Phasenverschiebung. Die gemessenen Effektivwerte der Strom- und Spannungsverläufe werden dadurch nicht beeinflusst (vgl. Abb. 10.8).

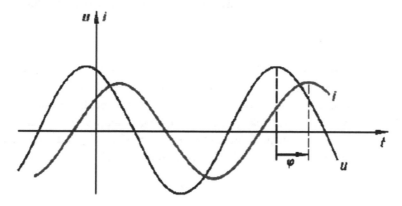

Abb. 10.8 Spannung und Strom mit Phasenverschiebung zueinander

Aus dem Produkt der Effektivwerte von Strom- und Spannung ergibt sich die Scheinleistung in Abhängigkeit der Zeit (vgl. Abb. 10.9).

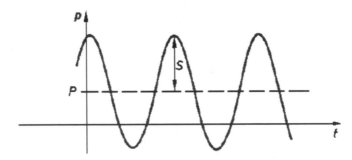

Abb. 10.9 Scheinleistung bei Phasenverschiebung zwischen Strom und Spannung

Zusätzlich zur Wirkleistung sind die Blind- und Scheinleistung sowie der Leistungsfaktor cos φ zu bestimmen.

Die Scheinleistung berechnet sich aus den Produkten der Effektivwerte von Strom I
und Spannung U.

$$S = U \cdot I$$

Die gesamte Blindleistung kann mit Hilfe des Satzes des Pythagoras bestimmt werden.
Dabei sind die Wirk- und die Blindleistung die beiden Katheten und die Scheinleistung
die Hypotenuse des bekannten Dreiecks.

$$Q = \sqrt{S^2 - P^2}$$

Das Verhältnis aus Wirk- und Scheinleistung ergibt dann den Leistungsfaktor cos φ.

$$\cos\varphi = \frac{P}{S}$$

Der Phasenverschiebungswinkel kann über den Arcuskosinus berechnet werden. Bei
nichtharmonischen Größen ist die Berechnung analog und basiert auf der zeitdiskreten
Erfassung von Spannung und Strom und Produktbildung beider. Komplexe Power-
Meter, die mittlerweile auch als elektronischer Chip angeboten werden, geben neben den
Leistungsdaten S, P und Q auch die gesamte Verzerrungsleistung und die Leistung der
einzelnen Leistungsoberwellen aus (vgl. Abb. 10.10 und Abb. 10.11).

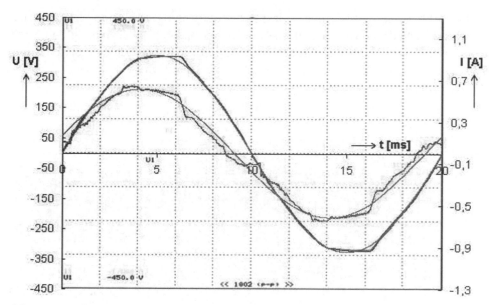

Abb. 10.10 Spannung und Strom an einem DALI-Vorschaltgerät an einer Leuchtstofflampe

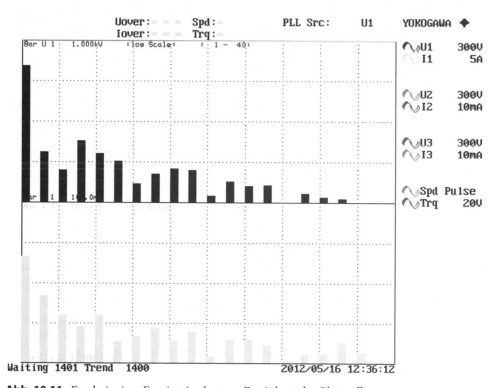

Abb. 10.11 Ergebnis einer Fourier-Analyse zur Ermittlung der Oberwellen

Bei der Messung von Leistungen elektrischer Einrichtungen ist demnach auf die richtige Messmethode zu achten. Einfache Effektivwertbildung von Spannung und Strom und Multiplikation der beiden Größen ist preisgünstiger als korrekte Leistungserfassung. Dies wird insbesondere bei der Messung nichtsinusförmiger Größen klar (vgl. Abb. 10.12).

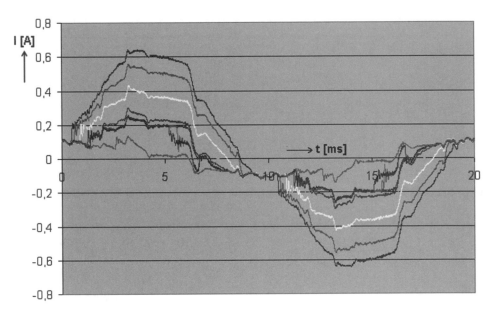

Abb. 10.12   Strom am DALI-Vorschaltgerät an einer Leuchtstofflampe bei verschiedener Aussteuerung

10.1.1   Messgeräte zur Bestimmung elektrischer Größen

Schon von Beginn an wurden im Rahmen der Elektrifizierung der Welt Messgeräte notwendig. Zu den ersten Messgeräten zählen Galvanometer, Drehspul- und Dreheisenmessgeräte, zu denen anschließend das Leistungsmessgerät hinzukam. Anfänglich wurden die Messbereiche durch Shunts, schaltbare Widerstände, erweitert, heute sind elektronische Messgeräte als sogenannte Multimeter im Einsatz, mit denen die Messbereiche komfortabel angepasst werden können. Per Infrarotschnittstelle wurden an diese Multimeter Schnittstellen zum PC geschaltet, um Messdatenerfassung zu ermöglichen. Heute sind Messeinrichtungen zur Leistungsmessung in komplexen Power-Metern realisiert und ermöglichen auch die Oberwellenmessung von Spannungen, Strömen und Leistungen. Einfache, aber dennoch präzise Leistungsmessung wird in nur wenige Zentimeter großen Hutschienengeräten oder SPS-I/O-Klemmen möglich, die durch Spannungs- und Stromwandler ergänzt werden können.

10.1.2 Spannungs- und Strommessgeräte

Spannungs- und Messgeräte sind als Drehspul- und Dreheisenmessgeräte bereits aus der Historie bekannt.

Ein Dreheisenmesswerk dient zur Messung und Anzeige von Strömen. In Abhängigkeit der Stromstärke erfolgt ein entsprechender Zeigerausschlag. Innerhalb einer Spule befindet sich ein fest stehender Eisenkern und ein an der Zeigerachse befestigter und mit ihr beweglicher Eisenkern, das sogenannte Dreheisen. Fließt Strom durch die Spule, so werden die beiden Eisen gleichsinnig magnetisiert und stoßen sich daher ab. Hierdurch dreht sich der bewegliche Eisenkern vom festen weg und bringt den Zeiger zum Ausschlag. Hierbei wird eine Feder gespannt, bis die Federkraft gleich der magnetisch erzeugten Kraft ist. Nach Abschalten des Stroms stellt die Feder den Zeiger wieder in die Nullstellung zurück. Der Ausschlag ist nicht proportional zur Stromstärke, daher ist die Skala nicht linear. Da die beiden Eisenkerne unabhängig von der Polung immer gleichsinnig magnetisiert werden und sich abstoßen, eignet sich dieses Messwerk für Gleich- und Wechselstrom.

Die entstehende magnetische Kraft ist dem Strom quadratisch proportional und misst damit den Effektivwert, d. h. den quadratischen Mittelwert, des Stromes. Das Messgerät ist auch für die Messung nichtsinusförmiger, periodischer Ströme geeignet (vgl. Abb. 10.13).

Abb. 10.13 Dreheisenmesswerk

Ein Drehspulmesswerk ist ein für die Messung elektrischer Gleichströme bevorzugtes Messgerät. Es zeigt die Stromstärke als einen dem Messstrom proportionalen Zeigerausschlag vor einer Anzeigeskala an.

Eine drehbare Spule befindet sich im Feld eines Dauermagneten. Zwei Spiralfedern dienen sowohl der Stromzufuhr als auch der Rückstellung in die Ruhelage. Die Spule ist meist auf einen Aluminiumrahmen gewickelt, der eine Kurzschlusswindung bildet und das Messwerk dämpft, so dass der Anzeigewinkel mit geringem Überschwingen nach kürzester Zeit erreicht wird. Bei Drehspulmesswerken liegt der Dauermagnet in Hufeisenform außen, während ein Weicheisenkern in Zylinderform in der Spule angeordnet ist und der magnetische Kreis in Form eines Ringes aus weichmagnetischem Material außerhalb der Spule als Rückschluss für den magnetischen Fluss aufgebaut ist. Durch die Polschuhe und den Eisenkern wird erreicht, dass sich die Drehspule in dem vorgesehenen Drehbereich (ca. 90°) immer in einem hinreichend gleich starken Feld befindet, damit wird erreicht, dass der Ausschlag proportional dem Messstrom ist. Die Anzeige ist proportional zum Messstrom, der durch die Spule fließt (vgl. Abb. 10.14).

Abb. 10.14 Drehspulmesswerk

Die Messbereichserweiterung erfolgt über in Serie oder parallel geschaltete Widerstände, um Spannungs- und Strommessung für verschiedene Größenordnungen zu messen (vgl. Abb. 10.15).

Abb. 10.15 Messbereichserweiterung durch externe Beschaltung

Drehspul- und Dreheisenmessgeräte wurden im Zuge der intensiven Elektronik-Anwendung durch elektronische Multimeter ersetzt, mit denen per Drehknopf Messbereiche und Messart geändert werden können. Es ist für die Messungen von Spannungen und Strömen sowohl für Gleich-, als auch Wechselstrom geeignet (vgl. Abb. 10.16).

Abb. 10.16 Multimeter

Durch Schnittstellen, die meist per Infrarot an das Messgerät angekoppelt werden, können viele Multimeter auch für die Messdatenerfassung in Verbindung mit einem PC genutzt werden oder verfügen direkt über eine USB-Schnittstelle.

10.1.3   Energie-Zähler

Elektrische Energiezähler dienen der Erfassung der durch den elektrischen Strom geleisteten Arbeit. Die meisten Energiezähler sind mechanische Zähler, die auf der Basis der Multiplikation von Spannung und Strom basieren. Mehr und mehr werden die mechanischen Zähler durch elektronische ersetzt, die das Produkt aus Spannung und Strom rechnerisch analysieren.

10.1.3.1   Konventionelle Haushaltszähler (Ferraris-Zähler)

Der Ferraris-Zähler ist benannt nach dem Erfinder Galileo Ferraris, der ein elektromechanisches Messgerät zur Messung der verbrauchten elektrischen Energie erfunden hat. Umgangssprachlich ist der Zähler unter dem Namen Stromzähler bekannt, misst jedoch nicht den Strom, sondern in Kombination mit der Spannung die Wirkleistung. Verfügbar sind ein- oder mehrphasige Zähler für Wechselspannung, die in Niederspannungsnetzen direkt im Zählerplatz in der Nähe des Stromkreisverteilers verbaut werden. Das

Gerät ist die Sonderform eines Asynchronmotors, wobei der Rotor der sogenannte Ferraris-Läufer ist und die Form einer kreisförmigen Aluminiumscheibe hat. Die Umdrehungen der Rotorscheibe werden auf ein Zählwerk geführt (vgl. Abb. 10.17).

Abb. 10.17 Einphasiger
Ferraris-Zähler

Der Ferraris-Läufer besteht aus einer drehbar gelagerten Aluminiumscheibe als Rotor, die durch die Wechselfelder zweier Erregerspulen als feststehender Stator läuft. Die eine Spule ist mit wenigen, starken Windungen ausgeführt und kennzeichnet den sogenannten Strompfad, die andere ist mit hoher Impedanz ausgeführt und kennzeichnet den Spannungspfad. Der durch die Verbraucher fließende elektrische Strom fließt auch durch die Spule im Strompfad, die elektrische Spannung des Energieversorgungsnetzes liegt an der Spule im Spannungspfad an. Das durch die Magnetfelder auf die Scheibe ausgeübte Drehmoment ist zu jedem Augenblick dem Produkt aus Strom und Spannung proportional (vgl. Abb. 10.18 bis Abb. 10.20).

Abb. 10.18 Spulensysteme
am Ferraris-Zähler, Spannungspfad (links) und Strompfad (rechts)

Abb. 10.19 Strompfad
(rechts) des Stators

Abb. 10.20 Aluminium-
scheibe als Rotor

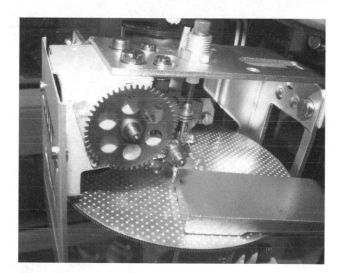

Bei Mehrphasensystemen ist, weil die Möglichkeit einer asymmetrischen Belastung besteht, für jeden Außenleiter eine eigene Spule im Strom- und Spannungspfad notwendig,
deren Felder sich addieren.

Die Kerne der Spulen des Strom- bzw. des Spannungspfades sind an der Aluminiumscheibe so angeordnet, dass sie zusammen in Verbindung mit der Induktion von Wirbel-
strömen in der Aluminiumscheibe ein magnetisches Drehfeld erzeugen. Das Wirkungs-
prinzip entspricht einem zweiphasigen Asynchronmotor. Durch die geometrische Anordnung der Spulen ist das Drehmoment zu jedem Zeitpunkt proportional zum Produkt
aus Strom und Spannung und damit zur elektrischen Wirkleistung. Die korrekte Phasenverschiebung im Spannungspfad wird im Rahmen der Kalibrierung am Zähler einge-

stellt. Die Blindleistung führt dann im zeitlichen Mittel zu keinem Drehmoment und wird nicht gezählt. Darüber hinaus sind oft Kurzschlussbügel aus Widerstandsdraht vorhanden, mit denen das Drehmoment für verschiedene Leistungsstufen abgeglichen werden kann (vgl. Abb. 10.21).

Abb. 10.21 Anpassmöglichkeit am Ferraris-Zähler

Der Ferraris-Zähler arbeitet nur korrekt bei konstanter Netzfrequenz sowie einer Geschwindigkeit der Aluminiumscheibe, die sehr viel kleiner ist als die des Wanderfeldes. Das heißt, das System arbeitet mit sehr großem Schlupf gegenüber dem vom Stator erzeugten Drehfeld. Diese Bedingung wird durch einen Permanentmagneten erreicht, durch dessen zeitlich konstantes Feld sich der Rotor ebenfalls bewegt. Dadurch entstehen Wirbelströme in der Aluminiumscheibe, die eine der Drehzahl proportionale Bremswirkung auf die Scheibe ausüben (vgl. Abb. 10.22).

Abb. 10.22 Permanentmagnet zur Abbremsung der Aluminiumscheibe

Die Aluminiumscheibe treibt über ein mechanisches Getriebe ein Rollenzählwerk an, das aufgrund der Anzahl der Scheibenumdrehungen die Leistung in Kilowattstunden zur Anzeige bringt (vgl. Abb. 10.23).

Abb. 10.23 Getriebe zur
Welle des Zählwerks

Aufgrund des Asynchronmaschinenprinzips kann die Ferraris-Scheibe auch rückwärts laufen, soweit keine mechanischen Sperren dies verhindern, wenn aufgrund von Energiespeisung in das Versorgungsnetz die Asynchronmaschine im Bremsbetrieb läuft.

Eine Anpassbarkeit an andere Spannungen wird über Wandler erreicht.

Durch Verwendung der Hummelschaltung im Spannungspfad kann die Phase um 90° gedreht werden, um auch Blindleistungsmessung zu ermöglichen.

Abb. 10.24 Ausleseeinheit
für Ferraris Zähler

Aufgrund des komplexen Aufwands, der Notwendigkeit der terminierten Kalibrierung und der Lageempfindlichkeit des Ferraris-Zählers wird klar, warum dieser gegen elektronische Haushaltszähler (eHz) ausgetauscht werden soll.

Über spezielle Sensoren, die auf die Glasscheibe des Ferraris-Zählers aufgesetzt werden, können wie bei einer Lichtschranke durch Wechsel von Hell und Dunkel auf der Aluminiumscheibe einzelne Umdrehungen des Zählers detektiert und damit die verbrauchten Kilowattstunden ermittelt werden (vgl. Abb. 10.24).

Aus der gemessenen Arbeit kann nur auf eine mittlere Leistung rückgeschlossen werden, wenn die Arbeit eines Zeitintervalls durch dieses Zeitintervall dividiert wird.

10.1.3.2   Elektronischer Energiezähler

Die elektromechanischen Ferraris-Zähler werden auf der Basis einer Gesetzesgrundlage mehr und mehr gegen elektronische Zähler ausgetauscht. Ziel ist die elektronische Fernauslesefähigkeit, um das visuelle Ablesen des Zählers einzusparen und kürzere Ausleseintervalle zu ermöglichen. Der elektronische Zähler wird unter dem Begriff elektronischer Haushaltszähler (eHz) in den Markt eingeführt und wird auch intelligenter Zähler oder Smart Meter genannt. Die Fernauslesung erfolgt über externe Module (vgl. Abb. 10.25).

Abb. 10.25 Elektronischer
Haushaltszähler (eHz)

Der Zugang zum elektronischen Haushaltszähler wird über verschiedene Schnittstellen, wie z. B. Powerline, Funkbus, M-Bus, PSTN, GSM, GPRS, LAN realisiert. Spezial für das Bussystem KNX/EIB wurden MUCs, sogenannte Multi-Utility-Controller entwickelt, um den eHz an KNX/EIB anzukoppeln und damit auch tarifbasiertes Schalten zu ermöglichen.

In Italien, Schweden, Kanada, den USA, der Türkei, Australien, Neuseeland und den Niederlanden wurden intelligente Zähler bereits in größerem Umfang installiert bzw. ihre Einführung ist beschlossen. In Deutschland sind Smart Meter keine Pflicht – einzig bei Neubauten und bei Totalsanierungen müssen laut Energiewirtschaftsgesetz seit 2010 intelligente Zähler kostenneutral eingebaut werden. Hierfür ist der Netzbetreiber zuständig, der zudem allen Kunden gesetzeskonforme Mindestlösungen anbieten muss. Die gesetzliche Mindestlösung beinhaltet nur die Grundfunktionen, um den tatsächlichen Energieverbrauch und die tatsächliche Nutzungszeit widerspiegeln zu können. Eine Fernauslesung ist prinzipiell nicht notwendig.

Im Umkreis des elektronischen Haushaltszählers haben sich im Rahmen der Pilotinstallationen seit 2008 einige Problemkreise aufgetan, die sich um Datensicherheit und Datenübertragungsprobleme ranken. Weitere Probleme bestehen darin, dass der Eigenenergieverbrauch des Smart Meters zusätzliche Kosten verursacht. Der Schutz der Privatsphäre ist fraglich, da das Risiko besteht, dass der Energiekunde zum gläsernen Kunden wird. Die Erfassung und missbräuchliche Auswertung der Verbrauchsdaten gestattet weitreichende Rückschlüsse auf die Lebensgewohnheiten der Kunden. Höhere Anschaffungskosten der Zähler und Infrastrukturkosten entstehen, da für den Zugang zum Zähler ein paralleles Telekommunikationsnetz notwendig ist und die Mehrkosten einseitig auf den Verbraucher umgelegt werden können. Aufgrund der höheren Systemkomplexität in Verbindung mit einer Anbindung an Gebäudeautomation ist eine höhere Ausfallwahrscheinlichkeit des Gesamtsystems möglich. Bedingt durch die Kommunikation des Zählers zum EVU ist ein höherer Eigenverbrauch als ein üblicher Ferraris-Zähler vorhanden.

Abb. 10.26 Externe Auslesung
eines eHz

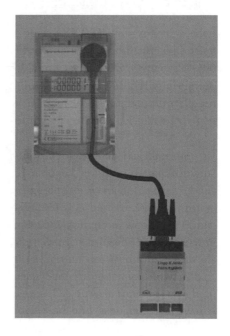

Die elektronische Auslesefähigkeit kann durch Einbau im eHz oder durch externe Aufsatzgeräte realisiert werden. Einbaulösungen im Zähler werden mittlerweile nicht mehr verfolgt, da im Rahmen des Einbaus des Zusatzgeräts eine Neukalibrierung nötig oder Manipulation möglich wird. Aus diesem Grunde werden externe Anbaulösungen priorisiert (vgl. Abb. 10.26).

10.1.3.3   Elektronische Energiezähler

Elektronische Energiezähler sind auch in Klemmenform für SPS-System und als Hutschienengerät mit Adaptiermöglichkeit an Gebäudeautomationssysteme verfügbar (vgl. Abb. 10.27 bis Abb. 10.30).

Abb. 10.27 WAGO-Dreiphasen-Leistungsmessklemme 5 A

Abb. 10.28 Eltako-Wechselstromzähler für EnOcean-Funkbus

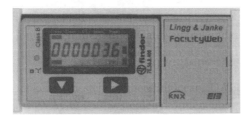

Abb. 10.29 Lingg&Janke-Dreiphasenzähler für die Hutschiene

Abb. 10.30 Eltako-Stromzähler für Powerline

10.1.3.4   Elektronische Zähler mit S0-Schnittstelle

Doepke, Eltako, ABB und andere bieten dreiphasige Energiezähler an, die über die S0-Schnittstelle ausgelesen werden können (vgl. Abb. 10.31 und Abb. 10.32).

Abb. 10.31   Dreiphasiger Energiezähler und S0-Schnittstelle [Doepke]

Abb. 10.32   Dreifach-S0-Schnittstelle für Powerline [Eltako]

10.1.3.5   Energiezähler mit Gebäudeautomations-Interface

ABB bietet Zählerschnittstellen an, die elektronische Zähler mit dem KNX/EIB koppeln. Ein transparenter Zugriff auf die Messdaten wird über die KNX/EIB-ETS ermöglicht (vgl. Abb. 10.33).

Abb. 10.33   Energiezähler mit KNX/EIB-Interface [ABB]

10.1.3.6   Gebäudeautomationsintegrierte elektronische Zähler

digitalSTROM hat die Smart-Metering-Funktion direkt in die Gebäudeautomation integriert. Die digitalSTROM-Meter liefern mit großer zeitlicher Häufigkeit und automatisch die Energiemessdaten direkt an eine überlagerte Gebäudeautomation, die einzelnen Teilnehmer können hinsichtlich der Energiemessdaten angefragt werden (vgl.
Abb. 10.34).

Abb. 10.34   digitalStrom-Meter und -Busteilnehmer

10.2   Zähler anderer Energiearten

Neben elektrischer Energie ist der Energieversorger verpflichtet auch die Medien Gas
und Wasser hinsichtlich ihrer Zufuhr zum Energiekunden zu messen. Das Heizöl wird
von einem Mineralölunternehmen übernommen, wobei die übernommene Menge anhand eines Zählwerks und der Ölstand im Tank anhand von visuellen Einrichtungen
überprüft werden kann. Die Abwassermenge ergibt sich aus der verbrauchten Frisch-
wassermenge. Zur Berechnung hinzugezogen wird die über Grundstücksflächen verrie-
selte Regenwassermenge.

10.2.1   Gasmengenzähler

Ein Gaszähler wird im Volksmund auch als Gasuhr oder Gasmesser bezeichnet und ist
ein Messgerät zur Ermittlung des bezogenen Gasvolumens vom Energieversorger im Bereich der Versorgungswirtschaft. Gemessen wird in der Einheit Kubikmeter im Zustand
des Betriebs am Einbauort und anschließend in Normalkubikmeter umgerechnet. Der
Gaszähler besteht aus einer Vorrichtung zur Erfassung des Gasstromes und Umsetzung

in eine mechanische Bewegung, die über ein elektrisches Signal und/oder ein Zählwerk zur Anzeige gebracht wird. Im Fall der Abrechnung unterliegen die Gaszähler der Eichpflicht und müssen von Zeit zu Zeit geprüft werden.

Zusätzlich zur Zähleinrichtung in den Gaszähleinrichtungen sind Gasdruckregler, auch Druckminderer genannt, verbaut, die den hohen Gasdruck des Netzes auf etwa 23 bis 25 mbar nach dem Hausanschluss mindern.

Historisch wurden die ersten Gaszähler von dem Briten Samuel Clegg 1816 konstruiert.

Für die Fernabfrage von Zählerständen gibt es Schnittstellen über einen auswertbaren Reed-Kontakt oder aufsetzbare optische Einrichtungen, die eine Skala auf dem Zählwerk ablesen. In privaten Umgebungen wird die Möglichkeit der Fernauslesung in der Regel nur selten genutzt. Im kommerziellen Bereich bei Miethäusern ist der Einsatz eines potenzialfreien Reed-Kontakts zur Weiterverarbeitung verbreitet (vgl. Abb. 10.35 und Abb. 10.36).

Abb. 10.35 Gaszähler mit KNX-Interface an einem potenzialfreien Kontakt

Abb. 10.36 Gaszähler mit aufgesetztem Ablesesensor

10.2.1.1 Mechanische Gaszähler

Balgengaszähler

Ein Balgengaszähler misst den Volumenstrom des Gases, indem wie bei einem Blasebalg ein Speicher mehrfach gefüllt wird und anhand der Anzahl Füllungen und des Speicherinhalts die abgenommene Gasmenge bestimmt wird.

Durch Membranen voneinander getrennte Messkammern werden periodisch gefüllt und entleert. Ein Gelenkgetriebe überträgt die Membranbewegung auf eine Kurbelwelle. Die Kurbelwelle treibt zwei Schieber an, die den Gasstrom steuern. Somit wird der Gasstrom wechselseitig durch einen Balg über eine Kippwaage geleitet. Die Drehbewegung des Getriebes wird über eine magnetische Kupplung auf ein Zählwerk übertragen.

Die Verwendung erfolgt überwiegend als Haushaltsgaszähler sowie bei Industrieanlagen im Niederdruck-Bereich.

Drehkolbenzähler

Auch der Drehkolbenzähler beruht auf dem Prinzip der Verdrängungsmessung. Zwei 8-förmige präzise ineinander greifende Drehkolben füllen und entlassen jeweils ¼ des Reglervolumens bei einer halben Umdrehung jedes einzelnen Kolbens. Da das Gehäuse des Messwerkes im Betrieb unter Hochdruck steht oder stehen kann, ist es baulich vom Zählwerk getrennt. Die Übertragung der Umdrehungen an das Zählwerk erfolgt über eine Magnetkupplung.

Nachteilig sind bei diesem Zähler aufgrund der baulichen Konstruktion die Trägheit beim An- und Auslauf, das hohe Gewicht ab einer bestimmten Baugröße und die Möglichkeit, dass Schmutzpartikel im Gas die Drehkolben leicht blockieren können.

Der Drehkolbengaszähler kann im Hochdruckbereich eingesetzt werden und wird klassischerweise im Industriebereich verwendet.

Turbinenradzähler

Das in den Zähler strömende Gas versetzt ein Turbinenmessrad in Rotation, dessen Anzahl Umdrehungen proportional zum durchgeströmten Betriebsvolumen ist. Das Gas wird im Zählereingang durch einen Strömungskörper beschleunigt. Durch eine besondere Gestaltung des Strömungsmesskörpers werden eventuell vorhandene Störungen im Strömungsprofil eliminiert.

Elektronische Gasmengenzähler

Die thermische, elektronische Gasdurchflussmessung basiert im Allgemeinen auf der Kühlung eines erwärmten Objektes im Gasfluss. Dazu wird die Temperaturdifferenz zwischen zwei stromauf- und stromabwärts angebrachten Temperaturfühlern im Bereich eines Mikroheizers ermittelt. Fließt kein Gas über den Sensor, so messen die beiden Temperaturfühler im Heizmoment, d. h. während der Mikroheizer stromdurchflossen ist und sich dabei gegenüber der Umgebungstemperatur um einige Grad erwärmt, die gleiche Temperaturerhöhung. Fließt nun ein Gasstrom über das Sensorelement, wird diese Symmetrie gestört. Zwischen den beiden Temperatursensoren entsteht eine gemessene Temperaturdifferenz. Dieses, in der Form einer Spannungsdifferenz anliegende, Temperaturdifferenzsignal wird im Analogteil eines Sensorchips aufbereitet und anschließend digitalisiert. Diese spezielle Art der thermischen Durchflussmessung zeichnet sich unter anderem durch den hohen Messeffekt und die weitgehende Unabhängigkeit gegenüber Temperatur- und Druckeinflüssen aus. Mit einer elektrischen Gesamtleistung von ca. 0,2 mW ist es so möglich, den Gaszähler mit einer Lithium-Batterie über 16 Jahre lang zu betreiben. Der sich in der Anordnung befindende integrierte Heizer wird in einem quasiperiodischen Pulsbetrieb mit einigen mW Heizleistung erwärmt (vgl. Abb. 10.37).

Abb. 10.37 Elektronischer
Gaszähler [DIEHL, Adunos
GmbH]

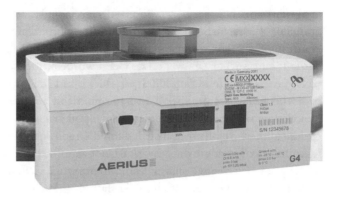

10.2.2   Wasserzähler

Wasserzähler werden im Volksmund auch als Wasseruhr bezeichnet und sind Messgeräte, die das Volumen der durchgeflossenen Wassermenge anzeigen. Da die Wasserzähler im Versorgungsbereich eingesetzt werden, müssen diese geprüft und von Zeit zu Zeit geeicht werden. Zur Ermöglichung des besseren Ausbaus sind vor und hinter dem Wasserzähler Absperreinrichtungen verbaut (vgl. Abb. 10.38 bis Abb. 10.42).

Abb. 10.38 Aufputz-Wohnungswasserzähler
mit KNX-Interface Typ Andrae

Abb. 10.39 Hauswasserzähler mit KNX-
Interface Typ Andrae

Abb. 10.40 Elektronischer
Wasserzähler mit KNX-
Interface Typ Corona E
für die Hutschiene

Abb. 10.41 Ringkolben-
Wasserzähler mit KNX-
Interface

Abb. 10.42 Einstrahl-
Wohnungswasserzähler mit
KNX-Interface

Carl Wilhelm Siemens entwickelte 1851 in England einen Wasserzähler, der die verbrauchte Wassermenge direkt anzeigte. In der Zuleitung war ein Flügelrad eingesetzt, dessen Drehzahl dem Durchfluss proportional ist. Ein Zahnradgetriebe übertrug die Zahl der Umläufe auf ein Zählwerk. Das Gerät wurde ab 1858 auch in Deutschland vertrieben.

Die Anzeige erfolgt durch Zahlenrollen und auch durch kleine Zeiger mit einer dezimalen Skala, wobei der Messwert in Kubikmeter angezeigt wird. Mit schwarzen Ziffern werden die vollen Kubikmeter, in roten Zahlen die Bruchteile in 10., 100. oder 1.000. angezeigt. Zur elektronischen Erfassung können Wasserzähler mit potenzialfreien Ausgängen ausgestattet werden, die z. B. bei jeweils 100 Liter einen Impuls zur Weiterverarbeitung an die Gebäudeautomation weiterleiten. Gebräuchlich sind auch bei neueren Geräten LCD-Anzeigen, die aus einer Batterie gespeist werden.

Wenn Zweifel an der Messrichtigkeit eines geeichten Messgeräts bestehen, kann man nach Rücksprache mit dem Wasserversorgungsunternehmen einen Antrag auf Befundprüfung bei einer staatlich anerkannten Prüfstelle oder beim Eichamt stellen. Dort wird der Zähler einzeln geprüft und ein Prüfschein ausgestellt. Häufig werden die Versorgungsunternehmen selbst tätig, wenn der Wasserverbrauch angezweifelt wird.

10.2.2.1 Flügelradwasserzähler

Flügelradwasserzähler dienen der Messung kleiner bis mittlerer Wassermengen für Nenndurchflüsse bis 15 m³/h. Dabei wird das zu messende Wasser über einen Strahl als Einstrahl oder mehrere Strahle als Mehrstrahl dem Flügelrad zugeführt. Damit entspricht es der aus dem Turbinenbereich in Wasserkraftwerken bekannten Pelton-Turbine. Bei den Wohnungswasserzählern handelt es sich in der Regel um Einstrahlzähler mit tangentialer Anströmung des Flügelrads. Bei den Hauswasserzählern handelt es sich aufgrund der größeren Wassermenge in der Regel um Mehrstrahlzähler, die Anströmung des Flügelrads erfolgt symmetrisch von der Mantelfläche der Messkammer aus, dadurch wirkt die Wassermenge gleichmäßig auf das Flügelrad übertragen und damit eine erhöhte Mess-Stabilität sowie Messgenauigkeit gewährleistet.

10.2.2.2 Ultraschall-Zähler

Ultraschallzähler nutzen nach dem Mitführungsprinzip den Umstand, dass zwischen zwei Reflektoren entgegenlaufende Schallwellen unterschiedliche Laufzeiten haben, womit sich eine Laufzeitdifferenz Δt ermitteln lässt. Diese ist proportional der mittleren Geschwindigkeit v der Rohrströmung, welche mit dem Rohrquerschnitt A multipliziert wiederum den Volumenstrom ergibt.

10.2.2.3 Andere Bauformen und Messgeräte

Bekannt sind auch Volumenzähler mit festen oder beweglichen Messkammertrennwänden, die unter den Namen Scheibenzähler oder Ringkolbenzähler angeboten werden oder Volumenzähler mit Turbinen, dies sind im Allgemeinen Großmengenwasserzähler für Nenndurchflüsse ab 15 m³/h.

Angeboten werden zudem Kombigeräte, die je nach Abnahmemenge die Eigenschaften von Messeinrichtungen für geringen und hohen Wasserdurchfluss kombinieren.

10.2.3 Wärmemengenzähler

Wärmemengenzähler sind als echte Messgeräte oder Anzeigeinstrumente auf der Basis der Verdunstung eines Mediums bekannt. Die Wärmemengenmessung ist schwierig, da die Wärmemenge, d. h. die Menge eines Mediums, gemessen wird, wobei die Wärme über eine Temperaturdifferenz gemessen werden muss.

Die Wärmemenge, die von einer Heizungsanlage abgegeben wurde, ergibt sich aus der Änderung der Masse, d. h. dem Volumenstrom, der Wärmekonstante des Mediums und der Differenz aus Vorlauftemperatur des von der Heizungsanlage erwärmten Mediums und der Rücklauftemperatur aus der geheizten Anlage zurück in die Heizungsanlage.

$$Q = \int \dot{m} \cdot c_W \cdot (\vartheta_{VL} - \vartheta_{RL}) \times dt$$

Darin ist m die Masse des umgesetzten Mediums und mit Punkt über dem m die Mediumsmenge pro Zeit als Ableitung, c_W die spezifische Wärmekapazität in J/(kgK); bzw. Ws/(kgK), ϑ die Temperatur in K, für Vorlauf und Rücklauf, und t die Zeit im Integral für das betrachtete Zeitintervall in s. Damit ergibt sich für die Wärmemenge die Einheit:

$$\lfloor Q \rfloor = \frac{kg}{s} \cdot \frac{J}{kg \cdot K} \cdot K \cdot s = \frac{kg}{s} \cdot \frac{Ws}{kg \cdot K} \cdot K \cdot s = Ws$$

Damit ergibt sich als Einheit für die Wärmemenge wie erwartet die Integration der Wärmeleistung über der Zeit, also Ws. Die Ableitung der Einheit erfolgte in SI-Einheiten, üblicherweise erfolgt die Angabe in Wh.

Prinzipiell müsste damit die Erfassung der Wärmemenge durch stetige Erfassung die durch das Messgerät geführte Medienmasse über eine Waage ermittelt werden. In Verbindung mit Zeitintervallen kann auf die Geschwindigkeit des Volumenstroms und damit auf die Prinzipien der Wasserzähler zurückgegriffen werden.

$$Q = \int \dot{m} \cdot c_W \cdot (\vartheta_{VL} - \vartheta_{RL}) \cdot dt = \int \rho \cdot \dot{V} \cdot c_W \cdot (\vartheta_{VL} - \vartheta_{RL}) \cdot dt$$
$$= \int \rho \cdot A \cdot v \cdot c_W \cdot (\vartheta_{VL} - \vartheta_{RL}) \cdot dt$$

Darin ist ρ die Dichte des transportierten Mediums, A die Querschnittsfläche durch der Volumenstrom tritt und v die Geschwindigkeit des Mediums. Hinsichtlich der Einheit ändert sich nichts. Die Wärmeleistung ergibt sich automatisch ohne Integration in Abhängigkeit der Zeit in W.

Damit gestaltet sich die Erfassung der Wärmemenge, d. h. des Wärmeverbrauch bzw. der Wärmeleistung sehr kompliziert, was in hohen Kosten für die Messeinrichtungen resultiert. Am Übergabepunkt der Wärme muss die durchgelassene Medienmenge, im Fall der Heizung des Wassers, erfasst werden. Dies erfolgt prinzipiell durch eine einfache Wasseruhr, die bei bekannter Dichte des Wassers, die jedoch von der Temperatur abhängig ist, der Fläche der Messeinrichtung in Verbindung mit der Geschwindigkeit des durchgelassenen Mediums als Volumenstrommessung erfolgt. Als bekannt vorausgesetzt wird die Wärmekapazität des Mediums. Zusätzlich erfasst werden muss die Temperaturdifferenz zwischen Vor- und Rücklauf des Heizungssystems. Dies bedeutet, dass direkt an der Heizungsanlage Vor- und Rücklauftemperatur erfasst werden müssen. Dies ist im Allgemeinen problemlos möglich, da beide Rohre dicht nebeneinander liegen. Direkt an Heizkörpern sind Vor- und Rücklauf häufig nicht direkt beieinander, so dass die Sensoren zur Erfassung von Vor- und Rücklauftemperatur weit voneinander entfernt sind. Klar ist aber auch, dass zur Erfassung der Wärmemenge eine Referenztemperatur (Rücklauftemperatur) erforderlich ist, um die Differenzbildung durchführen zu können. Wärmemengenzähler müssen daher im Allgemeinen aus einem Volumenstromsensor und zwei Temperatursensoren bestehen, sind diese nicht vorhanden, erfolgt die Wärmemengenerfassung nur im Schätzverfahren.

Um auf den Wirkungsgrad einer Heizungsanlage zu schließen, sind die übertragenen Wärmemengen zum jeweiligen Heizkörper in Beziehung zu setzen mit der Änderung der Wärmekapazität eines Raumes in Abhängigkeit der Zeit. Derartige Berechnungen sind aufgrund der physikalischen Verhältnisse infolge der Wärmeströmung sehr komplex, können aber Aufschluss über Dämmung und Heizleistung liefern. Zu beachten ist, dass thermische Prozesse sehr hohe Totzeiten, d. h. lange Änderungszeiten haben. Vielfach wird vom Bauherrn erwartet, dass nach Einschalten einer Heizung umgehend eine Änderung der Temperatur im Raum erzielt wird, dies ist jedoch aufgrund der Zeitkonstanten kaum möglich und auch nicht durch hohe Heizleistungen der Heizung realisierbar. Die Wärmemengenmessung kann diese Problematik verdeutlichen, ist jedoch sehr kostspielig.

10.2.3.1 Heizkostenverteiler-Verdunster

Der nach dem Verdunstungsprinzip arbeitende Heizkostenverteiler-Verdunster ist bereits seit Jahrzehnten im Vermietungsbereich im Gebrauch. Erhöhte Bedeutung erlangte er durch die Heizkostenverordnung.

Als anerkannte Regeln der Technik für Heizkostenverteiler nach dem Verdunstungsprinzip gelten die Normen nach DIN EN 835 vom November 1994 mit dem Titel „Heizkostenverteiler für die Verbrauchswerterfassung von Raumheizflächen-Geräte ohne elektrische Energieversorgung nach dem Verdunstungsprinzip" (vgl. Abb. 10.43). Die DIN EN 835 enthält neben der Definition des Anwendungsbereiches Begriffsbestimmungen, Angaben über Messverfahren, Ausführungen über den Aufbau der Geräte, Anforderungen an die Heizkostenverteiler und die Bewertung der Messanzeige sowie Hinweise zum Einbau, zur Befestigung, zur Prüfung, zur Kennzeichnung, zur Wartung und zur Ablesung. Die Konformität der Heizkostenverteiler mit der Norm wird gemäß § 5 der Heizkostenverordnung durch sachverständige Stellen überprüft und festgestellt.

Abb. 10.43 Wärmemengenzähler nach dem Verduns-
tungsprinzip

Die Genauigkeit der Wärmemengenzähler nach dem Verdunstungsprinzip wird immer wieder angezweifelt, da die zugeführte Menge von der Heizkörpergröße relativ zum Raum ist und allein auf die Verdunstung durch Wärme zurückzuführen ist. Während es im Winter klar zu sein scheint, dass die Heizung den Raum erwärmt, kann im Sommer auch die Sonne für Erwärmung sorgen, die prinzipiell auch für die Verdunstung im Wärmemengenzähler führen kann, wenn auch der Heizkörper mit seiner großen Masse nur wenig auf Sonneneinstrahlung reagiert. Prinzipiell ist der Wärmemengenzähler lediglich ein Schätzinstrument, wobei hier einige Erfahrungen gesammelt wurden.

10.2.3.2   Elektronische Wärmemengenzähler

Ein Wärmemengenzähler ist ein Messgerät zur Bestimmung der Wärmemenge, die einem Verbraucher über einen Heizkreislauf zugeführt wird. Sie errechnet sich aus dem gemessenen Volumenstrom des Heizwassers und der Temperaturdifferenz zwischen Vorlauf und Rücklauf des Heizkreislaufs.

Die gemessene Heizenergie wird in Joule (J) oder Wattstunden (Wh) angegeben, eine ältere Angabeeinheit sind Kalorien (cal), was der Energieform Wärme eher entspricht. Die vom Messgerät erfasste Heizenergie ist die Wärmeenergie, die in einem bestimmten Zeitraum an eine Verbrauchseinheit abgegeben wurde. Damit kann auf die Warmwasserbereitung rückgeschlossen werden. Die gemessene Wärmemenge kann auf Minuten, Stunden, Monate oder Jahre bezogen werden.

Wärmemengenzähler werden vor allem eingesetzt bei Hausanschlüssen in der Fernwärmeversorgung durch Energieversorgungsunternehmen, der Trennung von Nutzergruppen zwischen Gebäudeteilen (z. B. Läden und Wohnungen) oder Heizungsanlagenteilen (z. B. Heizung und Brauchwassererwärmung), oder einzelnen Wohnungen, wenn

Heizkostenverteiler mit Verdunstungsprinzip als preiswertere Alternative nicht in Frage kommen, z. B. bei Fußbodenheizung.

Wärmemengenzähler können auch in Kühl- oder Kälteanlagen zur Messung der entzogenen Wärme, sozusagen der von einem Kühlsystem abgegebenen Kälte einer Kälteanlage verwendet werden. Hierbei ist zu beachten, dass die meist vorhandenen Frostschutz-Zusätze des Kältekreislaufs hinsichtlich der physikalischen Eigenschaften bei der Berechnung von Enthalpie und Dichte korrekt berücksichtigt werden.

Die Messung der Wärmemenge erfolgt wie bereits erläutert über die Messung des Volumenstroms und die Temperaturen des Mediums im Vor- und Rücklauf. Die Auswertung der Messergebnisse in Verbindung mit den physikalischen Materialgrößen erfolgt in einem Rechenwerk, d. h. einem Mikrocomputer, zunächst als Wärmeleistung. Die Integration im Rechenwerk liefert die Wärmemenge, die auf dem Display in einer auszuwählenden Einheit angezeigt wird. Zusätzliche Informationen können auf Wunsch abgerufen werden, wie beispielsweise der aktuelle Durchfluss, die Wärmeleistung oder eine akkumulierte Wärmemenge innerhalb einzugebender Stichtage.

Als mechanische Messteile kommen Flügelradzähler in einstrahliger oder zweistrahliger Bauweise zum Einsatz. Einstrahlige Zähler eignen sich als Kompaktzähler für kleine Messeinheiten, da schon geringe Volumenströme von etwa 1,5 l/h zuverlässig erfasst werden. Bei mehrstrahligen Zählern, wie sie in größeren Wohneinheiten zum Einsatz kommen, wird der auf das Rad strömende Volumenstrom durch Blenden aufgeteilt und das Flügelrad somit gleichmäßig belastet, sie kommen im größeren Nennweitenbereich zum Einsatz.

Soll die momentane Wärmeleistung ermittelt werden, muss darauf geachtet werden, dass der Temperaturverlauf im Vor- und Rücklauf zeitlich stabil ist, also nicht gerade deutlich ansteigt oder abfällt. Das Volumenelement des kühleren Wassers im Rücklauf benötigt eine gewisse Zeit, um vom Rücklauf- zum Vorlaufthermometer zu kommen. Bei ansteigendem Temperaturniveau wird bei gleichzeitiger Messung der Temperaturen also eine zu niedrige Temperaturdifferenz angezeigt, denn erst die später gemessene Temperatur ergibt die wahre Temperaturdifferenz des aufgeheizten Volumenelementes und damit die momentane Wärmeleistung an. Die üblichen Wärmezähler integrieren rechnerisch die Wärmeleistung über die Zeit und mitteln dabei die Fehler der bei Temperaturan- und -abstieg vorliegenden Augenblicksmessung wieder aus.

Wärmemengenzähler sind in der Regel mit elektronischen Schnittstellen ausgerüstet. Mit diesen Schnittstellen werden Messwerte an nachgelagerte Verarbeitungseinheiten weitergegeben. Die Schnittstellen sind bei den aktuellen Wärmemengenzähler steckbar realisiert und können auf einen oder mehrere Messwerte programmiert werden. Dies können potenzialfreier Kontakte oder S0-Schnittstellen sein, die Impulse zur weiteren Auswertung in der Gebäudeautomation abgeben, oder analoge Schnittstellen mit z. B. 0 bis 10 V relativ zur Skalierung des Messwerts, Verwendung des M-Bus oder standardisierte (KNX/EIB) oder proprietäre Schnittstellen. Bei den potenzialfreien Kontakten oder der S0-Schnittstelle werden in der Regel die momentane Wärmeleistung, kumulierte Leistung oder die Wassermenge als ein gewichteter Impuls übertragen, d. h. ein Impuls pro kWh oder m³ (vgl. Abb. 10.44 und Abb. 10.45).

Abb. 10.44 Wärmemengenzähler mit KNX-Interface Typ Kamstrup [Lingg&Janke]

Abb. 10.45 Wärmemengenzähler mit KNX-Interface Typ Zelsius [Lingg&Janke]

10.2.4 Elektronische Abwassermengenzähler

Abwassermengenzähler werden im Zuge der steigenden Kosten für die Abwasserentsorgung interessant, da im Allgemeinen die Abwasserkostenabrechnung an die Frischwasserversorgung gekoppelt ist. Damit wird es für den Wohnungs- oder Hausmieter oder -besitzer wichtig die tatsächliche Abwassermenge zu erfassen, um den Entsorger, d. h. im Allgemeinen die Stadtwerke, zu überzeugen die Abwasserkosten einzeln auszuweisen. Abwassermengenzähler entsprechen im Wesentlichen dem Frischwasserzähler, müssen jedoch hinsichtlich der Konstruktion den u. U. aggressiven Schmutzbedingungen Sorge tragen.

10.2.4.1 Füllstandsmessung

Die Füllstandsmessung ist z. B. bei der Heizölanwendung beim Einsatz fossiler Rohstoffe für die Heizung notwendig oder um Wasserstände in Zisternen, Regenfässern oder Abwasserkästen vor Hebeeinrichtungen zu erfassen. Verfügbar sind mechanische, visuelle und elektronische Messmethoden, die wesentlich auf Industrieautomatisierungsanwendung basieren. Die Füllstandsmessung kann auch als Leckageerfassung aufgefasst werden.

10.2.4.2 Mechanische Füllstandsmessung

Visuell lässt sich der Füllstand an einem Schauglas oder einer Skala über ein Zwischengetriebe erfassen, das den Füllstand über einen Schwimmer misst. Das Messsignal auf der Skala kann analog umgesetzt, binäre Signale (voll, nicht voll) über Schwimmerschalter erfasst an eine Gebäudeautomation weitergeleitet werden (vgl. Abb. 10.46 und Abb. 10.47).

Abb. 10.46 Schwimmerschalter [Doepke]

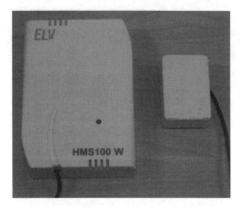

Abb. 10.47 Wasserdetektor mit integriertem oder abgesetztem Sensor [ELV, eQ-3]

10.2.4.3   Elektronische Füllstandsmessgeräte

Vibrationssensoren

Ein Sensor in Form einer Stimmgabel wird auf seiner Resonanzfrequenz zur Vibration angeregt, wobei dies piezoelektrisch erfolgen kann. Durch Eintauchen in ein Medium verändert sich die Schwingfrequenz bzw. die Amplitude. Diese Änderung kann ausgewertet und in ein Schaltsignal umgesetzt werden. Die Anwendung ist abgleich- und wartungsfrei und für alle Flüssigkeiten, auch bei Ansatzbildung, Turbulenzen oder Luftblasen, unabhängig von den elektrischen Eigenschaften des Mediums geeignet.

Drehflügelschalter

Die Drehbewegung eines Flügels um eine Achse wird durch Bedecken mit Schüttgut gestoppt; dann schaltet ein Relais. Die Anwendung ist prinzipiell nur für Schüttgüter geeignet, eventuell auch für träge Flüssigkeiten.

Elektromechanische Lotsysteme

Ein mit einem Fühlgewicht beschwertes Messband wird in einen Behälter hinab gelassen. Beim Auftreffen des Gewichtes auf der Füllgutoberfläche lässt die Zugkraft am Messband nach, wodurch der Motor umgeschaltet wird. Das Gewicht läuft in die Ausgangslage zurück. Aus der Länge des abgespulten Bandes lässt sich der Füllstand berechnen. Das Messprinzip kann zur Anwendung bei kontinuierlicher Messung von Schüttgütern in hohen Silos, auch bei starker Staubbildung genutzt werden.

Hydrostatische Füllstandsmessung

Die hydrostatische Füllstandmessung in offenen Behältern basiert auf der Bestimmung des hydrostatischen Drucks, der durch die Höhe der Flüssigkeitssäule erzeugt wird. Der gemessene Druck ist somit ein direktes Maß für den Füllstand und damit die Höhe der Flüssigkeit über dem Sensor.

Leitfähigkeitsmessung

Die konduktive-Füllstandmessung wird auch als Konduktivmessung, d. h. Leitfähig-keitsmessung, bezeichnet. Bei Erreichen eines bestimmten Füllstandes wird der elektri-sche Strom zwischen zwei Elektroden durch die Flüssigkeit geleitet. Dabei ändert sich der Widerstand zwischen zwei Messelektroden durch An- oder Abwesenheit des Me-diums.

Durch die Verwendung von Wechselstrom im Messstromkreis werden Korrosion des Sondenstabes und elektrochemische Reaktionen des Füllgutes vermieden. Zur sicheren Messung bei bewegter Flüssigkeitsoberfläche wird eine einstellbare Zeitverzögerung bei der Messung oder Mittelwertbildung des Ausgangssignals eingebaut. Konduktivsonden mit einer Elektrode können in Metallbehältern als Voll- oder Leermelder eingesetzt wer-den, mit zwei Elektroden in Metallbehältern als Voll- und Leermelder und mit drei Elek-troden als Voll- und Leermelder auch in nichtmetallischen Behältern. Bei Einstabsonden dient die elektrisch leitende Behälterwand als Gegenelektrode.

Die Leitfähigkeitsmessung ist eine einfache und damit preisgünstige Messmethode für leitfähige Flüssigkeiten wie z. B. Wasser, Abwasser und flüssige Lebensmittel zur Grenz-standserfassung.

Kapazitive Messung

Bei der kapazitiven Füllstandmessung wird die Änderung der elektrischen Kapazität zwischen den Elektroden detektiert, wenn diese von einem Medium umgeben werden. Diese Änderung hängt von der Dielektrizitätskonstante ε_r des Mediums ab. Ist diese konstant, so kann aus der gemessenen Kapazität darauf geschlossen werden, wie weit die Elektroden in das Medium eintauchen. In diesem Fall kann also nicht nur ein Grenz-wertschalter gebaut werden, sondern auch die kontinuierliche Füllhöhe bestimmt wer-den.

Optische Messung

Die optische Messung setzt auf optoelektronische Grenzwertschalter und wertet die Absorption des Lichts oder auch das Verschwinden der Totalreflexion aus, wenn der Sensor in ein Medium eintaucht. Der optoelektronische Füllstandsensor besteht aus einer Infrarot-LED und einem Lichtempfänger. Das Licht der LED wird auf ein Prisma an der Spitze des Messaufnehmer gerichtet. Solange die Spitze nicht in Flüssigkeit einge-taucht ist, wird das Licht durch das Prisma zum Empfänger reflektiert. Steigt die Flüssig-keit im Behälter und umschließt die Spitze, wird das Licht durch die Flüssigkeit gebro-chen und erreicht nicht mehr oder abgeschwächt den Empfänger. Die Auswerteelektro-nik setzt diese Veränderung in einen Schaltvorgang um, problematisch hierbei ist die Empfindlichkeit für Verschmutzungen oder allgemein die Anwendung bei schmutzigen Medien.

Ultraschall

Die Messung mit Ultraschall beruht auf einer Laufzeitmessung, vergleichbar mit dem Radar. Die durch einen Sensor ausgesandten Ultraschall-Impulse werden von der Oberfläche des Mediums reflektiert und wieder vom Sensor erfasst. Die benötigte Laufzeit ist ein Maß für den zurückgelegten Weg im leeren Behälterteil. Dieser Wert wird von der gesamten Standhöhe abgezogen und man erhält daraus den Füllstand.

Dieses prinzipiell auch als Echolot-Verfahren benennbare Verfahren ist berührungslos und erlaubt wartungsfreie Messung ohne Beeinflussung durch Füllguteigenschaften wie z. B. Dielektrizitätszahl, Leitfähigkeit, Dichte oder Feuchtigkeit.

Das Ultraschallverfahren kommt auch bei der Abstandserfassung zum Einsatz.

Mikrowellen

Das Verfahren der Verwendung von Mikrowellen entspricht dem Messprinzip mit Ultraschall in einem anderen Frequenzbereich. Das Verfahren ist z. B. für die Füllstandshöhe von losen Schüttgütern, wie z. B. Holzspänen, Papier-, Kartonschnitzel, Kalk, Kies, Sand, ganze Säcken und Kisten. Aufgrund des Messprinzips besteht kein Einfluss durch Prozesstemperaturen und Prozessdruck.

Radar

Das Verfahren der Verwendung von Radar entspricht dem Messprinzip mit Ultraschall in einem anderen Frequenzbereich und setzt auf die Anwendung des Dopplerprinzips.

Zur Anwendung kommt Radar auch in bestimmten Varianten von Bewegungs- und Präsenzmeldern.

Gesetzliche Grundlagen für Smart Metering **11**

Die Einführung von Smart Metering bietet ideale Voraussetzungen, um den Markt der Gebäudeautomation im Neubau-, aber auch insbesondere im Nachrüstbereich zu beleben. Durch Smart Metering werden die Entscheidungen für die Einführung von Gebäudeautomation durch die Darstellung von Energiesparpotenzialen erleichtert. Wie bei vielen Neueinführungen von Technologie wird davon ausgegangen, dass insbesondere der Gesetzgeber durch gesetzliche Grundlagen die Einführung der Technologie des Smart Meterings unterstützt und damit zur Einführung von Gebäudeautomation im Neubau- und Nachrüstbereich anregt. Im Folgenden werden die Endenergieeffizienzrichtlinie der EU, das Energiewirtschaftsgesetzt, die Energieeinsparverordnung, das Energie-Wärme-Gesetz und die Messzählerverordnung auf Anreize zur Einführung von Smart Metering und Gebäudeautomation untersucht und kommentiert.

11.1 Endenergieeffizienzrichtline

11.1.1 Richtlinien-Text

Die Endenergieeffizienzrichtlinie 2006/32/EG des Europäischen Parlaments und Rates hat folgenden für die Endenergieeinsparung betreffenden Inhalt, in dem durch Hervorhebungen die Relevanz in **FETTER** Schrift für Energiekunden im Heimbereich, in *KURSIVER* Schrift für Energieversorger und in <u>UNTERSTRICHENER</u> Schrift allgemein angemerkt wird. Die Textstellen werden mit großen Zahlen in geschweiften Klammern {} markiert und im Folgenden kommentiert:

„DAS EUROPÄISCHE PARLAMENT UND DER RAT DER EUROPÄISCHEN UNION –
gestützt auf den Vertrag zur Gründung der Europäischen Gemeinschaft, insbesondere
Artikel 175 Absatz 1, auf Vorschlag der Kommission, nach Stellungnahme des Europäischen Wirtschafts- und Sozialausschusses[1], nach Stellungnahme des Ausschusses der
Regionen[2], gemäß dem Verfahren des Artikels 251 des Vertrags[3], in Erwägung nach-
stehender Gründe:

(1)   In der Europäischen Gemeinschaft besteht die Notwendigkeit, die Endenergieeffizienz zu steigern, die Energienachfrage zu steuern und die Erzeugung erneuerbarer
Energie zu fördern, da es kurz- bis mittelfristig verhältnismäßig wenig Spielraum für eine
andere Einflussnahme auf die Bedingungen der Energieversorgung und -verteilung, sei
es durch den Aufbau neuer Kapazitäten oder durch die Verbesserung der Übertragung
und Verteilung, gibt. Diese Richtlinie trägt daher zu einer Verbesserung der Versorgungssicherheit bei. {1}

(2)   Eine verbesserte Endenergieeffizienz wird auch zur Senkung des Primärenergieverbrauchs, zur Verringerung des Ausstoßes von CO_2 und anderen Treibhausgasen und
somit zur Verhütung eines gefährlichen Klimawandels beitragen. Diese Emissionen
nehmen weiter zu, was die Einhaltung der in Kyoto eingegangenen Verpflichtungen
immer mehr erschwert. Menschliche Tätigkeiten, die dem Energiebereich zuzuordnen
sind, verursachen 78 % der Treibhausgasemissionen der Gemeinschaft. In dem durch
den Beschluss Nr. 1600/2002/EG des Europäischen Parlaments und des Rates[4] aufgestellten Sechsten Umweltaktionsprogramm der Gemeinschaft werden weitere Emissionsminderungen für erforderlich erachtet, um das langfristige Ziel der Klimarahmenkonvention der Vereinten Nationen zu erreichen, nämlich eine Stabilisierung der Konzentration von Treibhausgasen in der Atmosphäre auf einem Niveau, das gefährliche anthropogene Störungen des Klimasystems ausschließt. Deshalb sind konkrete Konzepte
und Maßnahmen erforderlich. {2}

(3)   Eine verbesserte Endenergieeffizienz wird eine kostenwirksame und wirtschaftlich
effiziente Nutzung der Energieeinsparpotenziale ermöglichen. Maßnahmen zur Verbesserung der Energieeffizienz könnten diese Energieeinsparungen herbeiführen und der
Europäischen Gemeinschaft dadurch helfen, ihre Abhängigkeit von Energieimporten zu
verringern. Außerdem kann die Einführung von energieeffizienteren Technologien die
Innovations- und Wettbewerbsfähigkeit der Europäischen Gemeinschaft steigern, wie in
der Lissabonner Strategie hervorgehoben wird. {3}

(4)   In der Mitteilung der Kommission über die Durchführung der ersten Phase des
Europäischen Programms zur Klimaänderung wurde eine Richtlinie zum Energienach-
fragemanagement als eine der vorrangigen Maßnahmen hinsichtlich des Klimawandels
genannt, die auf Gemeinschaftsebene zu treffen sind.

(5)   Diese Richtlinie steht in Einklang mit der Richtlinie 2003/54/EG des Europäischen
Parlaments und des Rates vom 26. Juni 2003 über gemeinsame Vorschriften für den
Elektrizitätsbinnenmarkt[5] sowie der Richtlinie 2003/55/EG des Europäischen Parlaments und des Rates vom 26. Juni 2003 über gemeinsame Vorschriften für den Erdgas-
binnenmarkt[6], die die Möglichkeit bieten, Energieeffizienz und Nachfragesteuerung als

Alternative zu neuen Lieferkapazitäten und für Zwecke des Umweltschutzes zu nutzen {4}, so dass es den Behörden der Mitgliedstaaten unter anderem möglich ist, neue Kapazitäten auszuschreiben oder sich für Energieeffizienzmaßnahmen und nachfrageseitige Maßnahmen, einschließlich Systemen für Einsparzertifikate, zu entscheiden.

Fußnoten zum oberen Abschnitt:

[1] ABl. C 120 vom 20.5.2005, S. 115.

[2] ABl. C 318 vom 22.12.2004, S. 19.

[3] Stellungnahme des Europäischen Parlaments vom 7. Juni 2005 (noch nicht im Amtsblatt veröffentlicht), Gemeinsamer Standpunkt des Rates vom 23. September 2005 (ABl. C 275 E vom 8.11.2005, S. 19) und Standpunkt des Europäischen Parlaments vom 13. Dezember 2005 (noch nicht im Amtsblatt veröffentlicht). Beschluss des Rates vom 14. März 2006.

[4] ABl. L 242 vom 10.9.2002, S. 1.

[5] ABl. L 176 vom 15.7.2003, S. 37. Geändert durch die Richtlinie 2004/85/EG des Rates (ABl. L 236 vom 7.7.2004, S. 10).

[6] ABl. L 176 vom 15.7.2003, S. 57.

(6)   Diese Richtlinie lässt Artikel 3 der Richtlinie 2003/54/EG unberührt, wonach die Mitgliedstaaten sicherstellen müssen, dass alle Haushalts-Kunden und, soweit die Mitgliedstaaten dies für angezeigt halten, Kleinunternehmen über eine Grundversorgung verfügen, d. h. in ihrem Hoheitsgebiet das Recht auf Versorgung mit Elektrizität einer bestimmten Qualität zu angemessenen, leicht und eindeutig vergleichbaren und transparenten Preisen haben. {5}

(7)   Ziel dieser Richtlinie ist es daher nicht nur, die Angebotsseite von Energiedienstleistungen weiter zu fördern, sondern auch stärkere Anreize für die Nachfrageseite zu schaffen. Aus diesem Grund sollte in jedem Mitgliedstaat der öffentliche Sektor mit gutem Beispiel hinsichtlich Investitionen, Instandhaltung und anderer Ausgaben für Energie verbrauchende Geräte, Energiedienstleistungen und andere Energieeffizienzmaßnahmen vorangehen. Der öffentliche Sektor sollte deshalb aufgefordert werden, dem Aspekt der Energieeffizienzverbesserung bei seinen Investitionen, Abschreibungsmöglichkeiten und Betriebshaushalten Rechnung zu tragen. Außerdem sollte der öffentliche Sektor bestrebt sein, Energieeffizienzkriterien bei öffentlichen Ausschreibungsverfahren anzuwenden, was gemäß der Richtlinie 2004/17/EG des Europäischen Parlaments und des Rates vom 31. März 2004 zur Koordinierung der Zuschlagserteilung durch Auftraggeber im Bereich der Wasser-, Energie- und Verkehrsversorgung sowie der Postdienste[1] sowie aufgrund der Richtlinie 2004/18/EG des Europäischen Parlaments und des Rates vom 31. März 2004 über die Koordinierung der Verfahren zur Vergabe öffentlicher Bauaufträge, Lieferaufträge und Dienstleistungsaufträge[2] zulässig ist; diese Praxis wird grundsätzlich durch das Urteil des Gerichtshofs der Europäischen Gemeinschaften vom 17. September 2002 in der Rechtssache C-513/99[3] bestätigt. In Anbetracht der sehr unterschiedlichen Verwaltungsstrukturen in den einzelnen Mitgliedstaaten sollten die verschiedenen Arten von Maßnahmen, die der öffentliche Sektor ergreifen kann, auf der geeigneten nationalen, regionalen und/oder lokalen Ebene getroffen werden.

(8)   Der öffentliche Sektor kann auf vielerlei Weise seiner Vorbildfunktion gerecht werden: Neben den in den Anhängen III und VI genannten Maßnahmen kann er beispielsweise Pilotprojekte im Bereich der Energieeffizienz initiieren oder energieeffizientes Verhalten von Bediensteten fördern usw. Zur Erzielung des erwünschten Multiplikatoreffekts sollten dem einzelnen Bürger und/oder Unternehmen auf wirksame Weise einige solcher Maßnahmen unter Hervorhebung der Kostenvorteile zur Kenntnis gebracht werden.

(9)   Die Liberalisierung der Einzelhandelsmärkte für Endkunden in den Bereichen Elektrizität, Erdgas, Steinkohle und Braunkohle, Brennstoffe und in einigen Fällen auch Fernheizung und -kühlung haben fast ausschließlich zu Effizienzverbesserungen und Kostensenkungen bei der Energieerzeugung, -umwandlung und -verteilung geführt. Die Liberalisierung hat nicht zu wesentlichem Wettbewerb bei Produkten und Dienstleistungen geführt, der eine höhere Energieeffizienz auf der Nachfrageseite hätte bewirken können {6}.

(10)   In seiner Entschließung vom 7. Dezember 1998 über Energieeffizienz in der Europäischen Gemeinschaft[(4)] hat der Rat für die Gemeinschaft als Ganzes die Zielvorgabe der Verbesserung der Energieintensität des Endverbrauchs bis zum Jahr 2010 um einen zusätzlichen Prozentpunkt jährlich gebilligt.

(11)   Die Mitgliedstaaten sollten daher nationale Richtziele festlegen, um die Endenergieeffizienz zu fördern und das weitere Wachstum und die Bestandsfähigkeit des Markts für Energiedienstleistungen zu gewährleisten und dadurch zur Umsetzung der Lissabonner Strategie beizutragen. Die Festlegung nationaler Richtziele zur Förderung der Endenergieeffizienz sorgt für effektive Synergien mit anderen Rechtsvorschriften der Gemeinschaft, die bei ihrer Umsetzung zur Erreichung dieser nationalen Zielvorgaben beitragen werden.

(12)   Diese Richtlinie erfordert Maßnahmen der Mitgliedstaaten, wobei die Erreichung ihrer Ziele davon abhängt, wie sich solche Maßnahmen auf die Endverbraucher auswirken. Das Endergebnis der von den Mitgliedstaatengetroffenen Maßnahmen hängt von vielen externen Faktoren ab, die das Verhalten der Verbraucher hinsichtlich ihres Energieverbrauchs und ihrer Bereitschaft, Energiesparmethoden anzuwenden und energiesparende Geräte zu verwenden, beeinflussen. Selbst wenn die Mitgliedstaaten sich verpflichten, Anstrengungen zur Erreichung des festgelegten Richtwerts von 9 % zu unternehmen, handelt es sich bei dem nationalen Energieeinsparziel lediglich um ein Richtziel, das für die Mitgliedstaaten keine rechtlich erzwingbare Verpflichtung zur Erreichung dieses Zielwerts beinhaltet {7}.

(13)   Im Rahmen ihrer Anstrengungen zur Erzielung ihres nationalen Richtziels können die Mitgliedstaaten sich selbst ein höheres Ziel als 9 % setzen.

(14)   Ein Austausch von Informationen, Erfahrungen und vorbildlichen Praktiken auf allen Ebenen, einschließlich insbesondere des öffentlichen Sektors, wird einer erhöhten Energieeffizienz zugute kommen. Daher sollten die Mitgliedstaaten die im Zusammenhang mit dieser Richtlinie ergriffenen Maßnahmen auflisten und deren Wirkungen so weit wie möglich in Energieeffizienz-Aktionsplänen überprüfen {8}.

(15) Bei der Steigerung der Energieeffizienz durch technische, wirtschaftliche und/ oder Verhaltensänderungen sollten größere Umweltbelastungen vermieden und soziale Prioritäten beachtet werden. **{9}**

Fußnoten zum oberen Abschnitt:

[1] ABl. L 134 vom 30.4.2004, S. 1. Zuletzt geändert durch die Verordnung (EG) Nr. 2083/2005 der Kommission (ABl. L 333 vom 20.12.2005, S. 28).

[2] ABl. L 134 vom 30.4.2004, S. 114. Zuletzt geändert durch die Verordnung (EG) Nr. 2083/2005.

[3] C-513/99: Concordia Bus Finland Oy Ab, früher Stagecoach Finland Oy Ab gegen Helsingin kaupunki und HKL-Bussiliikenne Slg. 2002, I-7213.

[4] ABl. C 394 vom 17.12.1998, S. 1.

(16) Die Finanzierung des Angebots und die Kosten für die Nachfrageseite spielen für die Energiedienstleistungen eine wichtige Rolle. Die Schaffung von Fonds, die die Durchführung von Energieeffizienzprogrammen und anderen Energieeffizienzmaß-nahmen subventionieren und die Entwicklung eines Marktes für Energiedienstleistun-gen fördern, ist daher ein wichtiges Instrument zur diskriminierungsfreien Anschub-finanzierung eines solchen Marktes **{10}**.

(17) Eine bessere Endenergieeffizienz kann erreicht werden, indem die Verfügbarkeit und die Nachfrage von Energiedienstleistungen gesteigert oder andere Energieeffizienz-verbesserungsmaßnahmen getroffen werden **{11}**.

(18) Damit das Energiesparpotenzial in bestimmten Marktsegmenten wie z. B. Haus-halten, für die im Allgemeinen keine Energieaudits gewerblich angeboten werden, ausge-schöpft werden kann, sollten die Mitgliedstaaten für die Verfügbarkeit von Energieaudits sorgen **{12}**.

(19) In den Schlussfolgerungen des Rates vom 5. Dezember 2000 wird die Förderung der Energiedienstleistungen durch die Entwicklung einer Gemeinschaftsstrategie als vor-rangiger Bereich für Maßnahmen zur Verbesserung der Energieeffizienz genannt **{13}**.

*(20) Energieverteiler, Verteilernetzbetreiber und Energieeinzelhandelsunternehmen kön-nen die Energieeffizienz in der Gemeinschaft verbessern, wenn die von ihnen angebotenen Energiedienstleistungen sich auf einen effizienten Endverbrauch erstrecken, wie etwa in den Bereichen Gebäudeheizung, Warmwasserbereitung, Kühlung, Produktherstellung, Beleuchtung und Antriebstechnik. Die Gewinnmaximierung wird für Energieverteiler, Verteilernetzbetreiber und Energieeinzelhandelsunternehmen damit enger mit dem Ver-kauf von Energiedienstleistungen an möglichst viele Kunden verknüpft, statt mit dem Ver-kauf von möglichst viel Energie an den einzelnen Kunden. Die Mitgliedstaaten sollten bestrebt sein, jegliche Wettbewerbsverzerrung in diesem Bereich zu vermeiden, um allen Anbietern von Energiedienstleistungen gleiche Voraussetzungen zu bieten; sie können mit dieser Aufgabe jedoch die jeweilige einzelstaatliche Regulierungsbehörde beauftragen **{14}**.*

(21) Um die Durchführung von Energiedienstleistungen und Energieeffizienzmaßnahmen nach dieser Richtlinie zu erleichtern, sollten die Mitgliedstaaten unter umfassender Berück-sichtigung der nationalen Gliederung der Marktteilnehmer im Energiesektor entscheiden können, ob sie den Energieverteilern, den Verteilernetzbetreibern oder den Energieeinzel-

handelsunternehmen oder gegebenenfalls zwei oder allen drei dieser Marktteilnehmer die Erbringung dieser Dienstleistungen und die Mitwirkung an diesen Maßnahmen vorschreiben {15}.

(22) Die Inanspruchnahme von Drittfinanzierungen ist eine praktische Innovation, die gefördert werden sollte. Hierbei vermeidet der Nutzer eigene Investitionskosten, indem er einen Teil des Geldwerts der mit der Drittfinanzierung erzielten Energieeinsparungen zur Begleichung der von dritter Seite getragenen Investitionskosten und des Zinsaufwands verwendet {16}.

(23) Um die Tarife und sonstigen Regelungen für netzgebundene Energie so zu gestalten, dass ein effizienter Energieendverbrauch stärker gefördert wird, sollten ungerechtfertigte Anreize für einen höheren Energieverbrauch beseitigt werden {17}.

(24) Die Förderung des Marktes für Energiedienstleistungen kann durch vielerlei Mittel, einschließlich solcher nichtfinanzieller Art, erreicht werden.

(25) Die Energiedienstleistungen, Energieeffizienzprogramme und anderen Energieeffizienzmaßnahmen, die zur Erreichung der Energieeinsparziele eingerichtet werden, können durch freiwillige Vereinbarungen zwischen den Beteiligten und von den Mitgliedstaaten benannten öffentlichen Stellen unterstützt und/oder durchgeführt werden.

(26) Die unter diese Richtlinie fallenden freiwilligen Vereinbarungen sollten transparent sein und gegebenenfalls Informationen zumindest zu den folgenden Punkten enthalten: quantifizierte und zeitlich gestaffelte Ziele, Überwachung und Berichterstattung.

(27) Die Bereiche Kraftstoff und Verkehr müssen ihren besonderen Verpflichtungen für Energieeffizienz und Energieeinsparungen gerecht werden.

(28) Bei der Festlegung von Energieeffizienzmaßnahmen sollten Effizienzsteigerungen infolge der allgemeinen Verwendung kosteneffizienter technologischer Innovationen (z. B. elektronischer Messgeräte) berücksichtigt werden. Im Rahmen dieser Richtlinie gehören zu individuellen Zählern zu wettbewerbsorientierten Preisen auch exakte Wärmemesser{18}.

(29) Damit die Endverbraucher besser fundierte Entscheidungen in Bezug auf ihren individuellen Energieverbrauch treffen können, sollten sie mit ausreichenden Informationen über diesen Verbrauch und mit weiteren zweckdienlichen Informationen versorgt werden, wie etwa Informationen über verfügbare Energieeffizienzmaßnahmen, Endverbraucher-Vergleichsprofilen oder objektiven technischen Spezifikationen für energiebetriebene Geräte, einschließlich „Faktor-Vier"-Systemen oder ähnlicher Einrichtungen. Es wird daran erinnert, dass einige solcher nützlichen Informationen den Endkunden bereits gemäß Artikel 3 Absatz 6 der Richtlinie 2003/54/EG zur Verfügung gestellt werden sollten. Die Verbraucher sollten zusätzlich aktiv ermutigt werden, ihre Zählerstände regelmäßig zu überprüfen {19}.

(30) Alle Arten von Informationen im Hinblick auf die Energieeffizienz sollten bei den einschlägigen Zielgruppen in geeigneter Form, auch über die Abrechnungen, weite Verbreitung finden. Dazu können auch Informationen über den finanziellen und rechtlichen Rahmen, Aufklärungs- und Werbekampagnen und der umfassende Austausch vorbildlicher Praktiken auf allen Ebenen gehören {20}.

(31) Mit Erlass dieser Richtlinie werden alle substanziellen Bestimmungen der Richtlinie 93/76/EWG des Rates vom 13. September 1993 zur Begrenzung der Kohlendioxidemissionen durch eine effizientere Energienutzung (SAVE)[1] von anderen gemeinschaftlichen Rechtsvorschriften abgedeckt, so dass die Richtlinie 93/76/EWG aufgehoben werden sollte.

(32) Da die Ziele dieser Richtlinie, nämlich die Förderung der Endenergieeffizienz und die Entwicklung eines Markts für Energiedienstleistungen, auf Ebene der Mitgliedstaaten nicht ausreichend erreicht werden können und daher besser auf Gemeinschaftsebene zu erreichen sind, kann die Gemeinschaft im Einklang mit dem Subsidiaritätsprinzip nach Artikel 5 des Vertrags tätig werden. Entsprechend dem in demselben Artikel genannten Grundsatz der Verhältnismäßigkeit geht diese Richtlinie nicht über das für die Erreichung dieser Ziele erforderliche Maß hinaus.

(33) Die zur Durchführung dieser Richtlinie erforderlichen Maßnahmen sollten gemäß dem Beschluss 1999/468/EG des Rates vom 28. Juni 1999 zur Festlegung der Modalitäten für die Ausübung der der Kommission übertragenen Durchführungsbefugnisse [2] erlassen werden.

Fußnoten zum oberen Abschnitt:
[1] ABl. L 237 vom 22.9.1993, S. 28.
[2] ABl. L 184 vom 17.7.1999, S. 23.

DAS EUROPÄISCHE PARLAMENT UND DER RAT DER EUROPÄISCHEN UNION haben folgende Richtlinie erlassen:

KAPITEL I
GEGENSTAND UND ANWENDUNGSBEREICH

Artikel 1
Zweck
Zweck dieser Richtlinie ist es, die Effizienz der Endenergienutzung in den Mitgliedstaaten durch folgende Maßnahmen kostenwirksam zu steigern:
a) Festlegung der erforderlichen Richtziele sowie der erforderlichen Mechanismen, Anreize und institutionellen, finanziellen und rechtlichen Rahmenbedingungen zur Beseitigung vorhandener Markthindernisse und -mängel, die der effizienten Endenergienutzung entgegenstehen;
b) Schaffung der Voraussetzungen für die Entwicklung und Förderung eines Markts für Energiedienstleistungen und für die Erbringung von anderen Maßnahmen zur Verbesserung der Energieeffizienz für die Endverbraucher {21}.

Artikel 2
Anwendungsbereich
Diese Richtlinie gilt für Anbieter von Energieeffizienzmaßnahmen, Energieverteiler, Verteilernetzbetreiber und Energieeinzelhandelsunternehmen. Die Mitgliedstaaten können je-

doch kleine Energieverteiler, kleine Verteilernetzbetreiber und kleine Energieeinzelhandelsunternehmen von der Anwendung der Artikel 6 und 13 ausnehmen {22}.

b) Endkunden. Diese Richtlinie gilt jedoch nicht für diejenigen Unternehmen, die an den in Anhang I der Richtlinie 2003/87/EG des Europäischen Parlaments und des Rates vom 13. Oktober 2003 über ein System für den Handel mit Treibhausgasemissionszertifikaten in der Gemeinschaft[3] **aufgelisteten Kategorien von Tätigkeiten beteiligt sind** {23};

c) die Streitkräfte, aber nur soweit ihre Anwendung nicht mit der Art und dem Hauptzweck der Tätigkeit der Streitkräfte kollidiert, und mit Ausnahme von Material, das ausschließlich für militärische Zwecke verwendet wird.

Artikel 3

Begriffsbestimmungen

Im Sinne dieser Richtlinie gelten folgende Begriffsbestimmungen:

a) „Energie": alle handelsüblichen Energieformen, einschließlich Elektrizität, Erdgas (einschließlich verflüssigtem Erdgas) und Flüssiggas, Brennstoff für Heiz- und Kühlzwecke (einschließlich Fernheizung und -kühlung), Stein- und Braunkohle, Torf, Kraftstoffe (ausgenommen Flugzeugtreibstoffe und Bunkeröle für die Seeschifffahrt) und Biomasse im Sinne der Richtlinie 2001/77/EG des Europäischen Parlaments und des Rates vom 27. September 2001 zur Förderung der Stromerzeugung aus erneuerbaren Energien im Elektrizitätsbinnenmarkt [4];

b) „Energieeffizienz": das Verhältnis von Ertrag an Leistung, Dienstleistungen, Waren oder Energie zu Energieeinsatz; 27.4.2006 DE Amtsblatt der Europäischen Union L 114/67

Fußnoten zum oberen Abschnitt:

[3] ABl. L 275 vom 25.10.2003, S. 32. Geändert durch die Richtlinie 2004/101/EG (ABl. L 338 vom 13.11.2004, S. 18).

[4] ABl. L 283 vom 27.10.2001, S. 33. Geändert durch die Beitrittsakte von 2003.

---

c) „Energieeffizienzverbesserung": die Steigerung der Endenergieeffizienz durch technische, wirtschaftliche und/oder Verhaltensänderungen;

d) „Energieeinsparungen": die eingesparte Energiemenge, die durch Messung und/ oder Schätzung des Verbrauchs vor und nach der Umsetzung einer oder mehrerer Energieeffizienzmaßnahmen und bei gleichzeitiger Normalisierung zur Berücksichtigung der den Energieverbrauch negativ beeinflussenden äußeren Bedingungen ermittelt wird;

e) „Energiedienstleistung": der physikalische Nutzeffekt, der Nutzwert oder die Vorteile als Ergebnis der Kombination von Energie mit energieeffizienter Technologie und/oder mit Maßnahmen, die die erforderlichen Betriebs-, Instandhaltungs- und Kontrollaktivitäten zur Erbringung der Dienstleistung beinhalten können; sie wird auf der Grundlage eines Vertrags erbracht und führt unter normalen Umständen erwiesenermaßen zu überprüfbaren und mess- oder schätzbaren Energieeffizienzverbesserungen und/oder Primärenergieeinsparungen;

f) „Energieeffizienzmechanismen": von Regierungen oder öffentlichen Stellen eingesetzte allgemeine Instrumente zur Schaffung flankierender Rahmenbedingungen oder von Anreizen für Marktteilnehmer bei Erbringung und Inanspruchnahme von Energiedienstleistungen und anderen Energieeffizienzmaßnahmen;

g) „Energieeffizienzprogramme": Tätigkeiten, die auf bestimmte Gruppen von Endkunden gerichtet sind und in der Regel zu überprüfbaren und mess- oder schätzbaren Energieeffizienzverbesserungen führen;

h) „Energieeffizienzmaßnahmen": alle Maßnahmen, die in der Regel zu überprüfbaren und mess- oder schätzbaren Energieeffizienzverbesserungen führen;

i) „Energiedienstleister": eine natürliche oder juristische Person, die Energiedienstleistungen und/oder andere Energieeffizienzmaßnahmen in den Einrichtungen oder Räumlichkeiten eines Verbrauchers erbringt bzw. durchführt und dabei in gewissem Umfang finanzielle Risiken trägt. Das Entgelt für die erbrachten Dienstleistungen richtet sich (ganz oder teilweise) nach der Erzielung von Energieeffizienzverbesserungen und der Erfüllung der anderen vereinbarten Leistungskriterien;

j) „Energieleistungsvertrag": eine vertragliche Vereinbarung zwischen dem Nutzer und dem Erbringer (normalerweise einem Energiedienstleister) einer Energieeffizienzmaßnahme, wobei die Erstattung der Kosten der Investitionen in eine derartige Maßnahme im Verhältnis zu dem vertraglich vereinbarten Umfang der Energieeffizienzverbesserung erfolgt;

k) „Drittfinanzierung": eine vertragliche Vereinbarung, an der neben dem Energielieferanten und dem Nutzer einer Energieeffizienzmaßnahme ein Dritter beteiligt ist, der die Finanzmittel für diese Maßnahme bereitstellt und dem Nutzer eine Gebühr berechnet, die einem Teil der durch die Energieeffizienzmaßnahme erzielten Energieeinsparungen entspricht. Dritter kann auch der Energiedienstleister sein;

l) „Energieaudit": ein systematisches Verfahren zur Erlangung ausreichender Informationen über das bestehende Energieverbrauchsprofil eines Gebäudes oder einer Gebäudegruppe, eines Betriebsablaufs in der Industrie und/oder einer Industrieanlage oder privater oder öffentlicher Dienstleistungen, zur Ermittlung und Quantifizierung der Möglichkeiten für kostenwirksame Energieeinsparungen und Erfassung der Ergebnisse in einem Bericht;

m) „Finanzinstrumente für Energieeinsparungen": alle Finanzierungsinstrumente wie Fonds, Subventionen, Steuernachlässe, Darlehen, Drittfinanzierungen, Energieleistungsverträge, Verträge über garantierte Energieeinsparungen, Energie-Outsourcing und andere ähnliche Verträge, die von öffentlichen oder privaten Stellen zur teilweisen bzw. vollen Deckung der anfänglichen Projektkosten für die Durchführung von Energieeffizienzmaßnahmen auf dem Markt bereitgestellt werden;

n) „Endkunde": eine natürliche oder juristische Person, die Energie für den eigenen Endverbrauch kauft;

o) „Energieverteiler": eine natürliche oder juristische Person, die für den Transport von Energie zur Abgabe an Endkunden und an Verteilerstationen, die Energie an Endkunden verkaufen, verantwortlich ist. Von dieser Definition sind die von Buchstabe p erfassten Verteilernetzbetreiber im Elektrizitäts- und Erdgassektor ausgenommen;

p) „Verteilernetzbetreiber": eine natürliche oder juristische Person, die für den Betrieb, die Wartung sowie erforderlichenfalls den Ausbau des Verteilernetzes für Elektrizität oder Erdgas in einem bestimmten Gebiet und gegebenenfalls der Verbindungsleitungen zu anderen Netzen verantwortlich ist sowie für die Sicherstellung der langfristigen Fähigkeit des Netzes, eine angemessene Nachfrage nach Verteilung von Elektrizität oder Erdgas zu befriedigen;

q) „Energieeinzelhandelsunternehmen": eine natürliche oder juristische Person, die Energie an Endkunden verkauft;

r) „Kleinversorger, kleiner Verteilernetzbetreiber und kleines Energieeinzelhandelsunternehmen": eine natürliche oder juristische Person, die Endkunden mit Energie versorgt oder Energie an Endkunden verkauft und dabei einen Umsatz erzielt, der unter dem Äquivalent von 75 GWh an Energie pro Jahr liegt, oder weniger als zehn Personen beschäftigt oder dessen Jahresumsatz und/oder Jahresbilanz 2.000.000 EUR nicht übersteigt;

s) „Einsparzertifikate": von unabhängigen Zertifizierungsstellen ausgestellte Zertifikate, die die von Marktteilnehmern aufgrund von Energieeffizienzmaßnahmen geltend gemachten Energieeinsparungen bestätigen {24}.

KAPITEL II
ENERGIEEINSPARZIEL

Artikel 4
Allgemeines Ziel

(1)   Die Mitgliedstaaten legen für das neunte Jahr der Anwendung dieser Richtlinie einen generellen nationalen Energieeinsparrichtwert von 9 % fest, der aufgrund von Energiedienstleistungen und anderen Energieeffizienzmaßnahmen zu erreichen ist, und streben dessen Verwirklichung an. Die Mitgliedstaaten erlassen kostenwirksame, praktikable und angemessene Maßnahmen, die zur Erreichung dieses Ziels beitragen sollen.

Dieser nationale Energieeinsparrichtwert ist gemäß den Vorschriften und der Methodik in Anhang I festzulegen und zu berechnen. Zum Vergleich der Energieeinsparungen und zur Umrechnung in vergleichbare Einheiten sind die Umrechnungsfaktoren in Anhang II zu verwenden, sofern nicht für die Verwendung anderer Umrechnungsfaktoren triftige Gründe vorliegen. Beispiele für geeignete Energieeffizienzmaßnahmen sind in Anhang III aufgeführt. Ein allgemeiner Rahmen für die Messung und Überprüfung von Energieeinsparungen ist in Anhang IV vorgegeben. Die nationalen Energieeinsparungen im Vergleich zum nationalen Energieeinsparrichtwert sind vom 1. Januar 2008 an zu messen.

(2)   Im Hinblick auf den ersten gemäß Artikel 14 vorzulegenden Energieeffizienz-Aktionsplan (EEAP) legt jeder Mitgliedstaat für das dritte Jahr der Anwendung dieser Richtlinie einen nationalen Energieeinsparrichtwert als Zwischenziel und eine Übersicht über ihre Strategie zur Erreichung der Zwischenziele und der generellen Richtwerte fest.

Dieses Zwischenziel muss realistisch und mit dem in Absatz 1 genannten generellen nationalen Energieeinsparrichtwert vereinbar sein. Die Kommission gibt eine Stellungnahme dazu ab, ob der als Zwischenziel gesetzte nationale Richtwert realistisch erscheint und im Einklang mit dem generellen Richtwert ist.

(3)   Jeder Mitgliedstaat legt Programme und Maßnahmen zur Verbesserung der Energieeffizienz fest.

(4)   Die Mitgliedstaaten übertragen einer oder mehreren neuen oder bestehenden Behörden oder Stellen die Gesamtkontrolle und Gesamtverantwortung für die Aufsicht über den in Bezug auf das Ziel von Absatz 1 festgelegten Rahmen. Diese Stellen überprüfen danach die Energieeinsparungen, die aufgrund von Energiedienstleistungen und anderen Energieeffizienzmaßnahmen, einschließlich bereits getroffener nationaler Energieeffizienzmaßnahmen, erzielt wurden und erfassen die Ergebnisse in einem Bericht.

(5)   Nach Überprüfung und entsprechender Berichterstattung über die ersten drei Jahre der Anwendung dieser Richtlinie prüft die Kommission, ob ein Vorschlag für eine Richtlinie vorgelegt werden sollte, um das Marktkonzept der Energieeffizienzverbesserung durch „Einsparzertifikate" weiter zu entwickeln.

Artikel 5

Endenergieeffizienz im öffentlichen Sektor

(1)   Die Mitgliedstaaten stellen sicher, dass der öffentliche Sektor eine Vorbildfunktion im Zusammenhang mit dieser Richtlinie übernimmt. Zu diesem Zweck unterrichten sie in wirksamer Weise die Bürger und/oder gegebenenfalls Unternehmen über die Vorbildfunktion und die Maßnahmen des öffentlichen Sektors.

Die Mitgliedstaaten sorgen dafür, dass der öffentliche Sektor Energieeffizienzmaßnahmen ergreift, deren Schwerpunkt auf kostenwirksamen Maßnahmen liegt, die in kürzester Zeit zu den umfassendsten Energieeinsparungen führen. Diese Maßnahmen werden auf der geeigneten nationalen, regionalen und/oder lokalen Ebene getroffen und können in Gesetzgebungsinitiativen und/oder freiwilligen Vereinbarungen gemäß Artikel 6 Absatz 2 Buchstabe b oder anderen Vorhaben mit gleichwertiger Wirkung bestehen. Unbeschadet des nationalen und gemeinschaftlichen Vergaberechts

- werden aus der in Anhang VI aufgeführten Liste zumindest zwei Maßnahmen herangezogen;
- erleichtern die Mitgliedstaaten diesen Prozess, indem sie Leitlinien zur Energieeffizienz und zu Energieeinsparungen als mögliches Bewertungskriterium bei der Ausschreibung öffentlicher Aufträge veröffentlichen.

Die Mitgliedstaaten erleichtern und ermöglichen den Austausch vorbildlicher Praktiken zwischen den Einrichtungen des öffentlichen Sektors, beispielsweise zu energieeffizienten öffentlichen Beschaffungspraktiken, und zwar sowohl auf nationaler wie internationaler Ebene; zu diesem Zweck arbeitet die in Absatz 2 genannte Stelle mit der Kommission im Hinblick auf den Austausch der vorbildlichen Praxis gemäß Artikel 7 Absatz 3 zusammen.

(2)   Die Mitgliedstaaten übertragen einer oder mehreren neuen oder bestehenden Stellen die Verantwortung für die Verwaltung, Leitung und Durchführung der Aufgaben zur Einbeziehung von Energieeffizienzbelangen gemäß Absatz 1. Dabei kann es sich um die gleichen Behörden oder Stellen wie in Artikel 4 Absatz 4 handeln.

KAPITEL III
FÖRDERUNG VON ENDENERGIEEFFIZIENZ UND ENERGIEDIENSTLEISTUNGEN

Artikel 6
Energieverteiler, Verteilernetzbetreiber und Energieeinzelhandelsunternehmen
(1)   Die Mitgliedstaaten stellen sicher, dass Energieverteiler, Verteilernetzbetreiber und/oder Energieeinzelhandelsunternehmen
a) den in Artikel 4 Absatz 4 genannten Behörden oder Stellen oder einer anderen benannten Stelle auf Ersuchen – jedoch höchstens einmal pro Jahr – aggregierte statistische Daten über ihre Endkunden bereitstellen, sofern die letztgenannte Stelle die erhaltenen Daten an die zuerst genannten Behörden oder Stellen weiterleitet. Diese Daten müssen ausreichen, um Energieeffizienzprogramme ordnungsgemäß zu gestalten und durchzuführen und um Energiedienstleistungen und andere Energieeffizienzmaßnahmen zu fördern und zu überwachen. Sie können vergangenheitsbezogene Informationen umfassen und müssen aktuelle Informationen zu Endkundenverbrauch und gegebenenfalls Lastprofilen, Kundensegmentierung und Kundenstandorten umfassen, wobei die Integrität und Vertraulichkeit von Angaben privaten Charakters bzw. von schützenswerten Geschäftsinformationen unter Beachtung des geltenden Gemeinschaftsrechts zu wahren ist;
b) alle Handlungen unterlassen, die die Nachfrage nach Energiedienstleistungen und anderen Energieeffizienzmaßnahmen und deren Erbringung bzw. Durchführung behindern oder die Entwicklung von Märkten für Energiedienstleistungen und andere Energieeffizienzmaßnahmen beeinträchtigen könnten. Die betroffenen Mitgliedstaaten ergreifen die erforderlichen Maßnahmen, um solche Handlungen bei deren Auftreten zu unterbinden.
(2)   Die Mitgliedstaaten
a) wählen eine oder mehrere der folgenden, von den Energieverteilern, Verteilernetzbetreibern und/oder Energieeinzelhandelsunternehmen entweder unmittelbar und/oder mittelbar über andere Erbringer von Energiedienstleistungen oder Energieeffizienzmaßnahmen einzuhaltenden Vorgaben aus:
i) Förderung von Energiedienstleistungen mit wettbewerbsorientierter Preisgestaltung und Sicherstellung des entsprechenden Angebots für ihre Endkunden oder
ii) Förderung von unabhängig durchgeführten Energieaudits mit wettbewerbsorientierter Preisgestaltung und/oder von Energieeffizienzmaßnahmen im Einklang mit Artikel 9 Absatz 2 und Artikel 12 und Sicherstellung der entsprechenden Verfügbarkeit für ihre Endkunden oder
iii) Beteiligung an den Fonds und Finanzierungsverfahren des Artikels 11. Die Höhe dieser Beteiligung muss zumindest den geschätzten Kosten eines der Leistungsangebote

nach diesem Absatz entsprechen und mit den in Artikel 4 Absatz 4 genannten Behörden oder Stellen vereinbart werden; und/oder

b) stellen sicher, dass freiwillige Vereinbarungen und/oder andere marktorientierte Instrumente wie Einsparzertifikate bestehen oder geschlossen werden, die eine gleichwertige Wirkung wie eine oder mehrere der Vorgaben gemäß Buchstabe a entfalten. Freiwillige Vereinbarungen unterliegen der Beurteilung, Aufsicht und fortlaufenden Kontrolle der Mitgliedstaaten, damit gewährleistet ist, dass sie in der Praxis eine gleichwertige Wirkung wie eine oder mehrere der Vorgaben gemäß Buchstabe a entfalten. Zu diesem Zweck werden in den freiwilligen Vereinbarungen klare und eindeutige Ziele sowie Überwachungs- und Berichterstattungsanforderungen genannt, und zwar im Zusammenhang mit Verfahren, aus denen sich überarbeitete und/oder zusätzliche Maßnahmen ergeben können, wenn die Ziele nicht – oder voraussichtlich nicht – erreicht werden. Zur Gewährleistung der Transparenz werden die freiwilligen Vereinbarungen, bevor sie Anwendung finden, öffentlich zugänglich gemacht und veröffentlicht, soweit geltende Vertraulichkeitsbestimmungen dies zulassen, und mit einer Aufforderung an die Betroffenen zur Abgabe von Kommentaren versehen.

(3)   Die Mitgliedstaaten stellen sicher, dass ausreichende Anreize, gleiche Wettbewerbsbedingungen und faire Voraussetzungen für andere Marktteilnehmer als Energieverteiler, Verteilernetzbetreiber und Energieeinzelhandelsunternehmen wie Energiedienstleister, Energieanlagenbauer und Energieberater bestehen, damit die in Absatz 2 Buchstabe a Ziffern i und ii genannten Energiedienstleistungen, Energieaudits und Energieeffizienzmaßnahmen unabhängig angeboten und erbracht werden können.

(4)   Die Mitgliedstaaten können Verteilernetzbetreibern gemäß den Absätzen 2 und 3 nur dann Zuständigkeiten übertragen, wenn dies mit den Vorschriften über die Entflechtung der Rechnungslegung gemäß Artikel 19 Absatz 3 der Richtlinie 2003/54/EG und Artikel 17 Absatz 3 der Richtlinie 2003/55/EG im Einklang steht.

(5)   Die Umsetzung dieses Artikels lässt gemäß den Richtlinien 2003/54/EG und 2003/55/EG gewährte abweichende Regelungen oder Ausnahmen unberührt.

Artikel 7
Verfügbarkeit von Informationen

(1)   Die Mitgliedstaaten stellen sicher, dass die Informationen über Energieeffizienzmechanismen und die zur Erreichung der nationalen Energieeinsparrichtwerte festgelegten finanziellen und rechtlichen Rahmenbedingungen transparent sind und den relevanten Marktteilnehmern umfassend zur Kenntnis gebracht werden.

(2)   Die Mitgliedstaaten sorgen dafür, dass größere Anstrengungen zur Förderung der Endenergieeffizienz unternommen werden. Sie schaffen geeignete Bedingungen und Anreize, damit die Marktbeteiligten den Endkunden mehr Information und Beratung über Endenergieeffizienz zur Verfügung zu stellen.

(3)   Die Kommission sorgt dafür, dass Informationen über vorbildliche Energieeinsparpraxis in den Mitgliedstaaten ausgetauscht werden und umfassend Verbreitung finden {25}.

Artikel 8

Verfügbarkeit von Qualifikations-, Zulassungs- und Zertifizierungssystemen

Soweit die Mitgliedstaaten es für notwendig erachten, stellen sie zur Erreichung eines hohen Niveaus an technischer Kompetenz, Objektivität und Zuverlässigkeit sicher, dass geeignete Qualifikations-, Zulassungs- und/oder Zertifizierungssysteme für die Anbieter der in Artikel 6 Absatz 2 Buchstabe a Ziffern i und ii genannten Energiedienstleistungen, Energieaudits und anderen Energieeffizienzmaßnahmen bereitstehen.

Artikel 9

Finanzinstrumente für Energieeinsparungen

(1) Die Mitgliedstaaten heben nicht eindeutig dem Steuerrecht zuzuordnende nationale Rechtsvorschriften auf oder ändern sie, wenn diese die Nutzung von Finanzinstrumenten auf dem Markt für Energiedienstleistungen und andere Energieeffizienzmaßnahmen unnötigerweise oder unverhältnismäßig behindern oder beschränken.

(2) Die Mitgliedstaaten stellen vorhandenen oder potenziellen Abnehmern von Energiedienstleistungen und anderen Energieeffizienzmaßnahmen aus dem öffentlichen und privaten Sektor Musterverträge für diese Finanzinstrumente zur Verfügung. Diese können von der in Artikel 4 Absatz 4 genannten Behörden oder Stellen ausgegeben werden {26}.

Artikel 10

Energieeffizienztarife und sonstige Regelungen für netzgebundene Energie

(1) Die Mitgliedstaaten stellen sicher, dass in Übertragungs- und Verteilungstarifen enthaltene Anreize, die das Volumen verteilter oder übertragener Energie unnötig erhöhen, beseitigt werden. In diesem Zusammenhang können die Mitgliedstaaten nach Artikel 3 Absatz 2 der Richtlinie 2003/54/EG und Artikel 3 Absatz 2 der Richtlinie 2003/55/EG Elektrizitäts- bzw. Gasunternehmen gemeinwirtschaftliche Verpflichtungen in Bezug auf die Energieeffizienz auferlegen.

(2) Die Mitgliedstaaten können Systemkomponenten und Tarifstrukturen, mit denen soziale Ziele verfolgt werden, genehmigen, sofern alle störenden Auswirkungen auf das Übertragungs- und Verteilungssystem auf das erforderliche Mindestmaß begrenzt werden und in keinem unangemessenen Verhältnis zu den sozialen Zielen stehen {27}.

Artikel 11

Fonds und Finanzierungsverfahren

(1) Unbeschadet der Artikel 87 und 88 des Vertrags können die Mitgliedstaaten einen oder mehrere Fonds einrichten, die die Durchführung von Energieeffizienzprogrammen und anderen Energieeffizienzmaßnahmen subventionieren und die Entwicklung eines Markts für Energieeffizienzmaßnahmen fördern. Zu diesen Maßnahmen zählen auch die Förderung von Energieaudits, von Finanzinstrumenten für Energieeinsparungen und gegebenenfalls einer verbesserten Verbrauchserfassung und informativen Abrechnung. Zielgruppen für die Fonds sind auch Endnutzersektoren mit höheren Transaktionskosten und höherem Risiko {28}.

(2)   Werden Fonds eingerichtet, so können daraus Zuschüsse, Darlehen, Bürgschaften und/oder andere Arten der Finanzierung, die mit einer Ergebnisgarantie verbunden sind, bereitgestellt werden.

(3)   Die Fonds stehen allen Anbietern von Energieeffizienzmaßnahmen, wie Energiedienstleistern, unabhängigen Energieberatern, Energieverteilern, Verteilernetzbetreibern, Energieeinzelhandelsunternehmen und Anlagenbauern offen. **Die Mitgliedstaaten können entscheiden, ob sie die Fonds allen Endkunden zugänglich machen {29}.** Ausschreibungen oder gleichwertige Verfahren, bei denen völlige Transparenz gewährleistet ist, sind unter umfassender Beachtung der geltenden vergaberechtlichen Vorschriften durchzuführen. Die Mitgliedstaaten stellen sicher, dass diese Fonds in Ergänzung und nicht in Konkurrenz zu gewerblich finanzierten Energieeffizienzmaßnahmen eingesetzt werden.

Artikel 12

Energieaudits

(1)   Die Mitgliedstaaten stellen sicher, dass wirksame, hochwertige Energieauditprogramme, mit denen mögliche Energieeffizienzmaßnahmen ermittelt werden sollen und die von unabhängigen Anbietern durchgeführt werden, für alle Endverbraucher, einschließlich kleinerer Haushalte und gewerblicher Abnehmer und kleiner und mittlerer Industriekunden, zur Verfügung stehen.

(2)   Marktsegmente, in denen höhere Transaktionskosten anfallen, und nicht komplexe Anlagen können durch andere Maßnahmen, z. B. durch Fragebögen und über das Internet verfügbare und/oder per Post an die Kunden gesandte Computerprogramme abgedeckt werden. Die Mitgliedstaaten sorgen unter Berücksichtigung von Artikel 11 Absatz 1 für die Verfügbarkeit von Energieaudits für Marktsegmente, für die keine Energieaudits gewerblich angeboten werden {30}.

(3)   Bei Zertifizierungen gemäß Artikel 7 der Richtlinie 2002/91/EG des Europäischen Parlaments und des Rates vom 16. Dezember 2002 über die Gesamtenergieeffizienz von Gebäuden[(1)] ist davon auszugehen, dass sie Energieaudits, die die Anforderungen der Absätze 1 und 2 des vorliegenden Artikels erfüllen und Energieaudits nach Anhang VI Buchstabe e der vorliegenden Richtlinie gleichzusetzen sind. Darüber hinaus ist bei Audits, die im Rahmen von Regelungen auf der Grundlage freiwilliger Vereinbarungen zwischen Organisationen von Betroffenen und einer von dem jeweiligen Mitgliedstaat benannten und seiner Aufsicht und fortlaufenden Kontrolle gemäß Artikel 6 Absatz 2 Buchstabe b der vorliegenden Richtlinie unterliegenden Stelle zustande kommen, gleichermaßen davon auszugehen, dass sie die Anforderungen der Absätze 1 und 2 des vorliegenden Artikels erfüllen.

Artikel 13

Erfassung und informative Abrechnung des Energieverbrauchs

(1)   *Soweit es technisch machbar, finanziell vertretbar und im Vergleich zu den potenziellen Energieeinsparungen angemessen ist, stellen die Mitgliedstaaten sicher, dass, alle Endkunden in den Bereichen Strom, Erdgas, Fernheizung und/oder -kühlung und Warmbrauchwasser individuelle Zähler zu wettbewerbsorientierten Preisen erhalten, die den*

tatsächlichen Energieverbrauch des Endkunden und die tatsächliche Nutzungszeit wider-spiegeln. Soweit bestehende Zähler ersetzt werden, sind stets solche individuellen Zähler zu wettbewerbsorientierten Preisen zu liefern, außer in Fällen, in denen dies technisch nicht machbar oder im Vergleich zu den langfristig geschätzten potenziellen Einsparungen nicht kostenwirksam ist. Soweit neue Gebäude mit neuen Anschlüssen ausgestattet oder soweit Gebäude größeren Renovierungen im Sinne der Richtlinie 2002/91/EG unterzogen werden, sind stets solche individuellen Zähler zu wettbewerbsorientierten Preisen zu liefern.

(2) Die Mitgliedstaaten stellen gegebenenfalls sicher, dass die von den Energieverteilern, Verteilernetzbetreibern und Energieeinzelhandelsunternehmen vorgenommene Abrech-nung den tatsächlichen Energieverbrauch auf klare und verständliche Weise wiedergibt. Mit der Abrechnung werden geeignete Angaben zur Verfügung gestellt, die dem Endkun-den ein umfassendes Bild der gegenwärtigen Energiekosten vermitteln. Die Abrechnung auf der Grundlage des tatsächlichen Verbrauchs wird so häufig durchgeführt, dass die Kunden in der Lage sind, ihren eigenen Energieverbrauch zu steuern.

(3) Die Mitgliedstaaten stellen sicher, dass Energieverteiler, Verteilernetzbetreiber oder Energieeinzelhandelsunternehmen den Endkunden in oder zusammen mit Abrechnungen, Verträgen, Transaktionen und/oder an Verteilerstationen ausgestellten Quittungen folgen-de Informationen auf klare und verständliche Weise zur Verfügung stellen:

a) geltende tatsächliche Preise und tatsächlicher Energieverbrauch;

b) Vergleich des gegenwärtigen Energieverbrauchs des Endkunden mit dem Energie-verbrauch im selben Zeitraum des Vorjahres, vorzugsweise in grafischer Form;

c) soweit dies möglich und von Nutzen ist, Vergleich mit einem normierten oder durch Vergleichstests ermittelten Durchschnittsenergieverbraucher derselben Verbraucherkate-gorie;

d) Kontaktinformationen für Verbraucherorganisationen, Energieagenturen oder ähnliche Einrichtungen, einschließlich Internetadressen, von denen Angaben über angebotene Ener-gieeffizienzmaßnahmen, Endverbraucher- Vergleichsprofile und/oder objektive technische Spezifikationen von energiebetriebenen Geräten erhalten werden können {31}.

KAPITEL IV
SCHLUSSBESTIMMUNGEN

Artikel 14
Berichterstattung
(1) Mitgliedstaaten, die bei Inkrafttreten dieser Richtlinie – gleichviel zu welchem Zweck – bereits Berechnungsmethoden zur Bestimmung von Energieeinsparungen an-wenden, die den in Anhang IV beschriebenen Berechnungsarten ähneln, können der Kommission angemessen detaillierte Informationen darüber übermitteln. Diese Über-mittlung erfolgt so früh wie möglich, vorzugsweise bis zum 17. November 2006. Diese Informationen ermöglichen der Kommission die gebührende Berücksichtigung beste-hender Verfahrensweisen.

Fußnoten zum Abschnitt:
[1] ABl. L 1 vom 4.1.2003, S. 65.

(2) Die Mitgliedstaaten legen der Kommission die folgenden EEAP vor:

- einen ersten EEAP spätestens zum 30. Juni 2007;
- einen zweiten EEAP spätestens zum 30. Juni 2011;
- einen dritten EEAP spätestens zum 30. Juni 2014.

In allen EEAP werden die Energieeffizienzmaßnahmen dargelegt, die vorgesehen sind, um die in Artikel 4 Absätze 1 und 2 genannten Ziele zu erreichen und die Bestimmungen über die Vorbildfunktion des öffentlichen Sektors sowie über die Bereitstellung von Information und die Beratung für die Endkunden gemäß Artikel 5 Absatz 1 und Artikel 7 Absatz 2 zu erfüllen.

Der zweite und dritte EEAP

- enthält eine sorgfältige Analyse und Bewertung des vorangegangenen Aktionsplans;
- enthält eine Aufstellung der Endergebnisse bezüglich des Erreichens der in Artikel 4 Absätze 1 und 2 genannten Energieeinsparziele;
- enthält Pläne für zusätzliche Maßnahmen, mit denen einer feststehenden oder erwarteten Nichterfüllung der Zielvorgabe begegnet wird, und Angaben über die erwarteten Auswirkungen solcher Maßnahmen;
- verwendet zunehmend gemäß Artikel 15 Absatz 4 harmonisierte Effizienz-Indikatoren und -Benchmarks sowohl bei der Bewertung bisheriger Maßnahmen als auch bei der Schätzung der Auswirkungen geplanter künftiger Maßnahmen;
- beruht auf verfügbaren Daten, die durch Schätzwerte ergänzt werden.

(3)   Spätestens am 17. Mai 2008 veröffentlicht die Kommission eine Kosten-Nutzen-Bewertung, in der die Berührungspunkte zwischen den auf Endenergieeffizienz bezogenen Normen, Rechtsvorschriften, Konzepten und Maßnahmen der EU untersucht werden.

(4)   Die EEAP werden nach dem in Artikel 16 Absatz 2 genannten Verfahren bewertet:

- Der erste EEAP wird vor dem 1. Januar 2008 überprüft;
- der zweite EEAP wird vor dem 1. Januar 2012 überprüft;
- der dritte EEAP wird vor dem 1. Januar 2015 überprüft.

(5)   Auf der Grundlage der EEAP bewertet die Kommission, welche Fortschritte die Mitgliedstaaten bei der Erfüllung ihrer nationalen Energieeinsparrichtwerte erreicht haben. Die Kommission veröffentlicht einen Bericht mit ihren Schlussfolgerungen

- zu den ersten EEAP vor dem 1. Januar 2008;
- zu den zweiten EEAP vor dem 1. Januar 2012;
- zu den dritten EEAP vor dem 1. Januar 2015.

Diese Berichte enthalten Informationen über einschlägige Maßnahmen auf Gemeinschaftsebene einschließlich der geltenden und der künftigen Rechtsvorschriften. In den Berichten wird das in Artikel 15 Absatz 4 genannte Benchmarking-System berücksichtigt und die vorbildliche Praxis aufgezeigt, und es werden Fälle aufgeführt, in denen die Mitgliedstaaten und/oder die Kommission nicht ausreichende Fortschritte erzielen; die Berichte können Empfehlungen enthalten.

Auf den zweiten Bericht folgen, soweit angemessen und erforderlich, Vorschläge an das Europäische Parlament und den Rat für zusätzliche Maßnahmen, einschließlich einer etwaigen Verlängerung der Dauer der Anwendung der Ziele. Falls der Bericht zu dem Ergebnis kommt, dass nicht ausreichende Fortschritte im Hinblick auf das Erreichen der nationalen Richtziele gemacht worden sind, gehen diese Vorschläge auf die Ziele unter quantitativem und qualitativem Aspekt ein.

Artikel 15
Überprüfung und Anpassung der Rahmenbedingungen

(1) Die in den Anhängen II, III, IV und V genannten Werte und Berechnungsmethoden sind nach dem in Artikel 16 Absatz 2 genannten Verfahren an den technischen Fortschritt anzupassen.

(2) Vor dem 1. Januar 2008 nimmt die Kommission nach dem in Artikel 16 Absatz 2 genannten Verfahren bei Bedarf eine Präzisierung und Ergänzung der Nummern 2 bis 6 des Anhangs IV vor und berücksichtigt dabei den allgemeinen Rahmen von Anhang IV.

(3) Die Kommission erhöht vor dem 1. Januar 2012 nach dem in Artikel 16 Absatz 2 genannten Verfahren den im harmonisierten Rechenmodell verwendeten Prozentsatz der harmonisierten Bottom-up-Berechnungen gemäß Anhang IV Nummer 1 unbeschadet der von den Mitgliedstaaten verwendeten Modelle, in denen bereits ein höherer Prozentsatz Anwendung findet. Das neue harmonisierte Rechenmodell mit einem signifikant höheren Prozentanteil an Bottom-up-Berechnungen wird erstmals ab dem 1. Januar 2012 angewandt. Soweit praktisch durchführbar, wird bei der Ermittlung der gesamten Einsparungen während der gesamten Geltungsdauer der Richtlinie dieses harmonisierte Rechenmodell verwendet, jedoch unbeschadet der von den Mitgliedstaaten verwendeten Modelle, in denen ein höherer Prozentanteil an Bottom-up-Berechnungen gegeben ist.

(4) Bis zum 30. Juni 2008 erarbeitet die Kommission nach dem in Artikel 16 Absatz 2 genannten Verfahren harmonisierte Energieeffizienz-Indikatoren und auf diesen beruhende Benchmarks und berücksichtigt dabei verfügbare Daten oder Daten, die sich in Bezug auf die einzelnen Mitgliedstaaten kostengünstig erfassen lassen. Bei der Ausarbeitung dieser harmonisierten Energieeffizienz-Indikatoren und -Benchmarks zieht die Kommission als Bezugspunkt die als Orientierung dienende Liste in Anhang V heran. Die Mitgliedstaaten beziehen diese Indikatoren und Benchmarks stufenweise in die statistischen Daten ein, die sie in ihre EEAP gemäß Artikel 14 aufnehmen, und benutzen sie als eines ihrer Instrumente für Entscheidungen über künftige vorrangige Bereiche der EEAP.

Die Kommission unterbreitet dem Europäischen Parlament und dem Rat spätestens am 17. Mai 2011 einen Bericht über die Fortschritte bei der Festlegung von Indikatoren und Benchmarks.

Artikel 16
Ausschuss

(1)   Die Kommission wird von einem Ausschuss unterstützt.

(2)   Wird auf diesen Absatz Bezug genommen, so gelten die Artikel 5 und 7 des Beschlusses 1999/468/EG unter Beachtung von dessen Artikel 8.

Der Zeitraum nach Artikel 5 Absatz 6 des Beschlusses 1999/468/EG wird auf drei Monate festgesetzt.

(3)   Der Ausschuss gibt sich eine Geschäftsordnung.

Artikel 17
Aufhebung

Die Richtlinie 93/76/EWG wird aufgehoben.

Artikel 18
Umsetzung

(1)   Die Mitgliedstaaten setzen die Rechts- und Verwaltungsvorschriften in Kraft, die erforderlich sind, um dieser Richtlinie bis 17. Mai 2008 nachzukommen, mit Ausnahme der Bestimmungen von Artikel 14 Absätze 1, 2 und 4, deren Umsetzung spätestens am 17. Mai 2006 erfolgt. Sie setzen die Kommission unverzüglich davon in Kenntnis.

Wenn die Mitgliedstaaten diese Vorschriften erlassen, nehmen sie in den Vorschriften selbst oder durch einen Hinweis bei der amtlichen Veröffentlichung auf diese Richtlinie Bezug. Die Mitgliedstaaten regeln die Einzelheiten der Bezugnahme.

(2)   Die Mitgliedstaaten teilen der Kommission den Wortlaut der wichtigsten innerstaatlichen Rechtsvorschriften mit, die sie auf dem unter diese Richtlinie fallenden Gebiet erlassen.

Artikel 19
Inkrafttreten

Diese Richtlinie tritt am zwanzigsten Tag nach ihrer Veröffentlichung im Amtsblatt der Europäischen Union in Kraft.

Artikel 20
Adressaten

Diese Richtlinie ist an die Mitgliedstaaten gerichtet.

Geschehen zu Straßburg am 5. April 2006.
Im Namen des Europäischen Parlaments
Der Präsident
J. BORRELL FONTELLES
Im Namen des Rates
Der Präsident
H. WINKLER

ANHANG I

Methodik zur Berechnung des nationalen Energieeinsparrichtwerts

Der nationale Energieeinsparrichtwert gemäß Artikel 4 wird nach folgender Methodik berechnet:

1. *Zur Berechnung eines jährlichen Durchschnittsverbrauchs verwenden die Mitgliedstaaten den jährlichen inländischen Endenergieverbrauch aller von dieser Richtlinie erfassten Energieverbraucher in den letzten fünf Jahren vor Umsetzung dieser Richtlinie, für die amtliche Daten vorliegen. Dieser Endenergieverbrauch entspricht der Energiemenge, die während des Fünfjahreszeitraums an Endkunden verteilt oder verkauft wurde und zwar ohne Bereinigung nach Gradtagen, Struktur- oder Produktionsänderungen.*

Der nationale Energieeinsparrichtwert wird ausgehend von diesem jährlichen Durchschnittsverbrauch einmal berechnet; die als absoluter Wert ermittelte angestrebte Energieeinsparung gilt dann für die gesamte Geltungsdauer dieser Richtlinie {32}.

Für den nationalen Energieeinsparrichtwert gilt Folgendes:

a) Er beträgt 9 % des genannten jährlichen Durchschnittsverbrauchs;

b) er wird nach dem neunten Jahr der Anwendung der Richtlinie gemessen;

c) er ergibt sich aus den kumulativen jährlichen Energieeinsparungen, die während des gesamten Neunjahreszeitraums der Anwendung der Richtlinie erzielt wurden;

d) er muss aufgrund von Energiedienstleistungen und anderen Energieeffizienzmaßnahmen erreicht werden {33}.

Mit dieser Methodik zur Messung von Energieeinsparungen wird sichergestellt, dass die in dieser Richtlinie festgelegten Gesamtenergieeinsparungen einen festen Wert darstellen und daher vom künftigen BIP-Wachstum und von künftigen Zunahmen des Energieverbrauchs nicht beeinflusst werden.

2.   Der nationale Energieeinsparrichtwert wird in absoluten Zahlen in GWh oder einem Äquivalent angegeben und gemäß Anhang II berechnet.

3.   Energieeinsparungen, die sich in einem bestimmten Jahr nach Inkrafttreten dieser Richtlinie aufgrund von Energieeffizienzmaßnahmen ergeben, die in einem früheren Jahr, frühestens 1995, eingeleitet wurden und dauerhafte Auswirkungen haben, können bei der Berechnung der jährlichen Energieeinsparungen berücksichtigt werden. In bestimmten Fällen können, wenn die Umstände dies rechtfertigen, vor 1995, jedoch frühestens 1991 eingeleitete Maßnahmen Berücksichtigung finden. Maßnahmen technischer Art sollten entweder zur Berücksichtigung des technologischen Fortschritts aktualisiert worden sein oder anhand des Benchmarks für solche Maßnahmen bewertet werden. Die Kommission stellt Leitlinien dafür auf, wie die Auswirkungen aller derartigen Maßnahmen zur Verbesserung der Energieeffizienz zu quantifizieren bzw. zu schätzen sind, und stützt sich dabei, soweit möglich, auf geltende gemeinschaftliche Rechtsvorschriften, wie die Richtlinie 2004/8/EG des Europäischen Parlaments und des Rates vom 11. Februar 2004 über die Förderung einer am Nutzwärmebedarf orientierten Kraft-Wärme-Kopplung im Energiebinnenmarkt[1] und die Richtlinie 2002/91/EG.

In allen Fällen müssen die sich ergebenden Energieeinsparungen dem allgemeinen Rahmen in Anhang IV entsprechend noch überprüfbar und messbar oder schätzbar sein.

Fußnoten zum oberen Abschnitt: [1] ABl. L 52 vom 21.2.2004, S. 50.

ANHANG II

**Energiegehalt ausgewählter Brennstoffe für den Endverbrauch –
Umrechnungstabelle (1)**

Brennstoff	kJ (Nettowärmeinhalt)	kg Öläquivalent (OE) (Nettowärmeinhalt)	kWh (Nettowärmeinhalt)
1 kg Koks	28 500	0,676	7,917
1 kg Steinkohle	17 200 — 30 700	0,411 — 0,733	4,778 — 8,528
1 kg Braunkohlenbriketts	20 000	0,478	5,556
1 kg Hartbraunkohle	10 500 — 21 000	0,251 — 0,502	2,917 — 5,833
1 kg Braunkohle	5 600 — 10 500	0,134 — 0,251	1,556 — 2,917
1 kg Ölschiefer	8 000 — 9 000	0,191 — 0,215	2,222 — 2,500
1 kg Torf	7 800 — 13 800	0,186 — 0,330	2,167 — 3,833
1 kg Torfbriketts	16 000 — 16 800	0,382 — 0,401	4,444 — 4,667
1 kg Rückstandsheizöl (Schweröl)	40 000	0,955	11,111
1 kg leichtes Heizöl	42 300	1,010	11,750
1 kg Motorkraftstoff (Vergaserkraftstoff)	44 000	1,051	12,222
1 kg Paraffin	40 000	0,955	11,111
1 kg Flüssiggas	46 000	1,099	12,778
1 kg Erdgas (1)	47 200	1,126	13,10
1 kg Flüssigerdgas	45 190	1,079	12,553
1 kg Holz (25 % Feuchte) (2)	13 800	0,330	3,833
1 kg Pellets/Holzbriketts	16 800	0,401	4,667
1 kg Abfall	7 400 — 10 700	0,177 — 0,256	2,056 — 2,972
1 MJ abgeleitete Wärme	1 000	0,024	0,278
1 kWh elektrische Energie	3 600	0,086	1 (3)

{34}.

Quelle: Eurostat

(1) 93 % Methan.

(2) Die Mitgliedstaaten können je nach der im jeweiligen Mitgliedstaat am meisten verwendeten Holzsorte andere Werte verwenden.

(3) Bei Einsparungen von Elektrizität in kWh können die Mitgliedstaaten standardmäßig einen Faktor von 2,5 anwenden, der dem auf 40 % geschätzten durchschnittlichen Wirkungsgrad der Erzeugung in der EU während der Zielperiode entspricht. Die Mitgliedstaaten können andere Koeffizienten verwenden, wenn hierfür triftige Gründe vorliegen.

Fußnoten zum oberen Abschnitt:
[1] Die Mitgliedstaaten können andere Umrechnungsfaktoren verwenden, wenn hierfür triftige Gründe vorliegen.

ANHANG III
Als Orientierung dienende Liste mit Beispielen für geeignete Energieeffizienzmaßnahmen

In diesem Anhang sind Beispiele für Bereiche aufgeführt, in denen Energieeffizienzprogramme und andere Energieeffizienzmaßnahmen im Rahmen von Artikel 4 entwickelt und durchgeführt werden können.

Diese Energieeffizienzmaßnahmen werden bei der Anrechnung nur dann berücksichtigt, wenn sie zu Energieeinsparungen führen, die sich gemäß den Leitlinien in Anhang IV eindeutig messen und überprüfen oder schätzen lassen, und wenn ihre Energieeinsparwirkungen nicht bereits im Rahmen anderer Maßnahmen angerechnet worden sind. Die nachstehende Liste ist nicht erschöpfend, sondern dient der Orientierung.

Beispiele für geeignete Energieeffizienzmaßnahmen:

Wohn- und Tertiärsektor
a) Heizung und Kühlung (z. B. Wärmepumpen, neue Kessel mit hohem Wirkungsgrad, Einbau/Modernisierung von Fernheizungs-/Fernkühlungssystemen);
b) Isolierung und Belüftung (z. B. Hohlwanddämmung und Dachisolierung, Doppel-/Dreifach-Verglasung von Fenstern, passive Heizung und Kühlung);
c) Warmwasser (z. B. Installation neuer Geräte, unmittelbare und effiziente Nutzung in der Raumheizung, Waschmaschinen);
d) Beleuchtung (z. B. neue effiziente Leuchtmittel und Vorschaltgeräte, digitale Steuersysteme, Verwendung von Bewegungsmeldern für Beleuchtungssysteme in gewerblich genutzten Gebäuden);
e) Kochen und Kühlen (z. B. neue energieeffiziente Geräte, Systeme zur Wärmerückgewinnung);
f) sonstige Ausrüstungen und Geräte (z. B. KWK-Anlagen, neue effiziente Geräte, Zeitsteuerung für eine optimierte Energieverwendung, Senkung der Energieverluste im Bereitschaftsmodus, Einbau von Kondensatoren zur Begrenzung der Blindleistung, verlustarme Transformatoren);
g) Einsatz erneuerbarer Energien in Haushalten, wodurch die Menge der zugekauften Energie verringert wird (z. B. solarthermische Anwendungen, Erzeugung von Warmbrauchwasser, solarunterstützte Raumheizung und -kühlung) {35};

Industriesektor
h) Fertigungsprozesse (z. B. effizienter Einsatz von Druckluft, Kondensat sowie Schaltern und Ventilen, Einsatz automatischer und integrierter Systeme, energieeffizienter Betriebsbereitschaftsmodus);

i) Motoren und Antriebe (z. B. vermehrter Einsatz elektronischer Steuerungen, Regel-antriebe, integrierte Anwendungsprogramme, Frequenzwandler, hocheffiziente Elektro-motoren);

j) Lüfter, Regelantriebe und Lüftung (z. B. neue Geräte/Systeme, Einsatz natürlicher Lüftung);

k) Bedarfsmanagement (z. B. Lastmanagement, Regelsysteme für Spitzenlastabbau);

l) hocheffiziente Kraft-Wärme-Kopplung (z. B. KWK-Anlagen);

Verkehrssektor

m) Verkehrsträgernutzung (z. B. Förderung verbrauchsarmer Fahrzeuge, energieeffi-zienter Einsatz von Fahrzeugen einschließlich Reifendruckregelsysteme, verbrauchsen-kende Fahrzeugausstattung und -zusatzausstattung, verbrauchsenkende Kraftstoffzusät-ze, Leichtlauföle, Leichtlaufreifen) {**36**};

n) Verkehrsverlagerung auf andere Verkehrsträger (z. B. Regelungen für autofreies Wohnen/Arbeiten, Fahrgemeinschaften (Car-Sharing), Umstieg auf andere Verkehrsträ-ger, d. h. von energieintensiven Verkehrsarten auf solche mit niedrigerem Energie-verbrauch pro Personen- bzw. Tonnenkilometer {**37**};

o) autofreie Tage;

Sektorübergreifende Maßnahmen

p) Standards und Normen, die hauptsächlich auf die Erhöhung der Energieeffizienz von Erzeugnissen und Dienstleistungen, einschließlich Gebäuden, abzielen;

q) Energieetikettierungsprogramme;

r) Verbrauchserfassung, intelligente Verbrauchsmesssysteme, wie z. B. Einzelmessgeräte mit Fernablesung bzw. -steuerung, und informative Abrechnung;

*s) Schulungs- und Aufklärungsmaßnahmen zur Förderung der Anwendung energieeffi-zienter Technologien und/oder Verfahren {**38**};*

Übergeordnete Maßnahmen

t) Vorschriften, Steuern usw., die eine Verringerung des Endenergieverbrauchs be-wirken;

u) gezielte Aufklärungskampagnen, die auf die Verbesserung der Energieeffizienz und auf energieeffizienzsteigernde Maßnahmen abzielen {**39**}.

ANHANG IV

Allgemeiner Rahmen für die Messung und Überprüfung von Energieeinsparungen

1.   Messung und Berechnung von Energieeinsparungen und deren Normalisierung

1.1.   Messung von Energieeinsparungen {**40**}.

Allgemeines

Bei der Messung der erzielten Energieeinsparungen nach Artikel 4 zur Erfassung der Gesamtverbesserung der Energieeffizienz und zur Überprüfung der Auswirkung einzel-ner Maßnahmen ist ein harmonisiertes Berechnungsmodell mit einer Kombination von Top-down- und Bottom-up-Berechnungsmethoden zu verwenden, um die jährlichen Verbesserungen der Energieeffizienz für die in Artikel 14 genannten EEAP zu messen.

Bei der Entwicklung des harmonisierten Berechnungsmodells nach Artikel 15 Absatz 2 muss der Ausschuss das Ziel verfolgen, so weit wie möglich Daten zu verwenden, die bereits routinemäßig von Eurostat und/oder den nationalen statistischen Ämtern bereitgestellt werden.

Top-down-Berechnungen {41}.

Unter einer Top-down-Berechnungsmethode ist zu verstehen, dass die nationalen oder stärker aggregierten sektoralen Einsparungen als Ausgangspunkt für die Berechnung des Umfangs der Energieeinsparungen verwendet werden. Anschließend werden die jährlichen Daten um Fremdfaktoren wie Gradtage, strukturelle Veränderungen, Produktmix usw. bereinigt, um einen Wert abzuleiten, der ein getreues Bild der Gesamtverbesserung der Energieeffizienz (wie in Nummer 1.2 beschrieben) vermittelt. Diese Methode liefert keine genauen Detailmessungen und zeigt auch nicht die Kausalzusammenhänge zwischen den Maßnahmen und den daraus resultierenden Energieeinsparungen auf. Sie ist jedoch in der Regel einfacher und kostengünstiger und wird oft als „Energieeffizienzindikator" bezeichnet, weil sie Entwicklungen anzeigt.

Bei der Entwicklung der für dieses harmonisierte Berechnungsmodell verwendeten Top-down-Berechnungsmethode muss sich der Ausschuss so weit wie möglich auf bestehende Methoden wie das Modell ODEX[(1)] stützen.

Bottom-up-Berechnungen

Unter einer Bottom-up-Berechnungsmethode ist zu verstehen, dass die Energieeinsparungen, die mit einer bestimmten Energieeffizienzmaßnahme erzielt werden, *in Kilowattstunden (kWh), in Joules (J) oder in Kilogramm Öläquivalent (kg OE)* {42} zu messen sind und mit Energieeinsparungen aus anderen spezifischen Energieeffizienzmaßnahmen zusammengerechnet werden. Die in Artikel 4 Absatz 4 genannten Behörden oder Stellen gewährleisten, dass eine doppelte Zählung von Energieeinsparungen, die sich aus einer Kombination von Energieeffizienzmaßnahmen (einschließlich Energieeffizienzmechanismen) ergeben, vermieden wird. Für die Bottom-up-Berechnungsmethode können die in den Nummern 2.1 und 2.2 genannten Daten und Methoden verwendet werden.

Die Kommission entwickelt vor dem 1. Januar 2008 ein harmonisiertes Bottom-up-Modell. Dieses Modell erfasst zwischen 20 und 30 % des jährlichen inländischen Endenergieverbrauchs in den unter diese Richtlinie fallenden Sektoren, und zwar unter gebührender Berücksichtigung der in den Buchstaben a, b und c genannten Faktoren.

Bis zum 1. Januar 2012 entwickelt die Kommission dieses harmonisierte Bottom-up-Modell weiter; es soll einen signifikant höheren Anteil des jährlichen inländischen Energieverbrauchs auf Sektoren abdecken, die unter diese Richtlinie fallen, und zwar unter gebührender Berücksichtigung der unter den Buchstaben a, b und c genannten Faktoren.

Fußnote zum oberen Abschnitt:
[(1)] SAVE-Programm – Projekt ODYSSEE-MURE (Kommission, 2005).

Bei der Entwicklung des harmonisierten Bottom-up-Modells berücksichtigt die Kommission die nachstehenden Faktoren und begründet ihre Entscheidung entsprechend:

a) Erfahrungen aus den ersten Jahren der Anwendung des harmonisierten Rechenmodells;

b) erwartete potenzielle Zunahme der Genauigkeit dank einem höheren Anteil an Bottom-up-Berechnungen;

c) geschätzte potenziell hinzukommende Kosten und/oder Verwaltungsbelastungen.

Bei der Entwicklung dieses Bottom-up-Modells nach Artikel 15 Absatz 2 verfolgt der Ausschuss das Ziel, standardisierte Methoden anzuwenden, die ein Minimum an Verwaltungsaufwand und Kosten verursachen, wobei insbesondere die in den Nummern 2.1 und 2.2 genannten Messmethoden angewendet werden und der Schwerpunkt auf die Sektoren gelegt wird, in denen das harmonisierte Bottom-up-Modell am kostenwirksamsten angewendet werden kann.

Die Mitgliedstaaten, die dies wünschen, können zusätzlich zu dem durch das harmonisierte Bottom-up-Modell zu erfassenden Teil weitere Bottom-up-Messungen verwenden, wenn die Kommission nach dem in Artikel 16 Absatz 2 genannten Verfahren einer von dem betreffenden Mitgliedstaat vorgelegten Methodenbeschreibung zugestimmt hat.

Sind für bestimmte Sektoren keine Bottom-up-Berechnungen verfügbar, so sind in den der Kommission zu übermittelnden Berichten Top-down-Indikatoren oder Kombinationen aus Top-down- und Bottom-up-Berechnungen zu verwenden, sofern die Kommission nach dem in Artikel 16 Absatz 2 genannten Verfahren ihre Zustimmung erteilt hat. Die Kommission muss insbesondere dann eine angemessene Flexibilität walten lassen, wenn sie entsprechende Anträge anhand des in Artikel 14 Absatz 2 genannten ersten EEAP beurteilt. Einige Top-down-Berechnungen werden erforderlich sein, um die Auswirkungen der Maßnahmen zu messen, die nach 1995 (und in einigen Fällen ab 1991) durchgeführt wurden und sich weiterhin auswirken.

1.2.   Normalisierung der Messung der Energieeinsparungen

Energieeinsparungen sind durch Messung und/oder Schätzung des Verbrauchs vor und nach Durchführung der Maßnahme zu ermitteln, wobei Bereinigungen und Normalisierungen für externe Bedingungen vorzunehmen sind, die den Energieverbrauch in der Regel beeinflussen. Die Bedingungen, die den Energieverbrauch in der Regel beeinflussen, können sich im Laufe der Zeit ändern. Dazu können die wahrscheinlichen Auswirkungen eines oder mehrerer plausibler Faktoren gehören, wie etwa:

a) Wetterbedingungen, z. B. Gradtage;

b) Belegungsniveau {43};

c) Öffnungszeiten von Gebäuden, die nicht Wohnzwecken dienen;

d) Intensität der installierten Ausrüstung (Anlagendurchsatz); Produktmix;

e) Anlagendurchsatz, Produktionsniveau, Volumen oder Mehrwert, einschließlich Veränderungen des BIP;

f) zeitliche Nutzung von Anlagen und Fahrzeugen;

g) Beziehung zu anderen Einheiten.

2. Verwendbare Daten und Methoden (Messbarkeit)

Für die Erhebung von Daten zur Messung und/oder Abschätzung von Energieeinsparungen gibt es verschiedene Methoden. Zum Zeitpunkt der Bewertung einer Energiedienstleistung oder einer Energieeffizienzmaßnahme ist es oft nicht möglich, sich nur auf Messungen zu stützen. Es wird daher eine Unterscheidung getroffen zwischen Methoden zur Messung von Energieeinsparungen und Methoden zur Schätzung von Energieeinsparungen, wobei die zuletzt genannten Methoden gebräuchlicher sind.

2.1. Daten und Methoden bei Zugrundelegung von Messungen

Abrechnungen von Versorgern oder Einzelhandelsunternehmen

Energierechnungen mit Verbrauchserfassung können die Grundlage für die Messung für einen repräsentativen Zeitraum vor der Einführung der Energieeffizienzmaßnahme bilden. Diese Abrechnungen können dann mit den ebenfalls in einem repräsentativen Zeitraum nach Einführung und Durchführung der Maßnahme erstellten Verbrauchsabrechnungen verglichen werden. Die Ergebnisse sollten nach Möglichkeit auch mit einer Kontrollgruppe (keine Teilnehmergruppe) verglichen oder alternativ dazu wie in Nummer 1.2 beschrieben normalisiert werden.

Energieverkaufsdaten

Der Verbrauch verschiedener Energiearten (z. B. Strom, Gas, Heizöl) kann ermittelt werden, indem die Verkaufsdaten des Einzelhändlers oder Versorgers vor Einführung der Energieeffizienzmaßnahmen mit den Verkaufsdaten nach Einführung der Maßnahme verglichen werden. Zu diesem Zweck können eine Kontrollgruppe verwendet oder die Daten normalisiert werden.

Verkaufszahlen zu Ausrüstungen und Geräten

Die Leistung von Ausrüstungen und Geräten kann auf der Grundlage von Informationen, die unmittelbar vom Hersteller eingeholt werden, berechnet werden. Verkaufszahlen zu Ausrüstungen und Geräten können in der Regel von den Einzelhändlern eingeholt werden. Es können auch besondere Umfragen und Erhebungen vorgenommen werden. Die zugänglichen Daten können anhand der Umsatzzahlen überprüft werden, um das Ausmaß der Einsparungen zu bestimmen. Bei der Anwendung dieser Methode sollten Bereinigungen vorgenommen werden, um Änderungen bei der Nutzung von Ausrüstungen und Geräten zu berücksichtigen.

Endverbrauchslast-Daten

Der Energieverbrauch eines Gebäudes oder einer Einrichtung kann vollständig überwacht werden, um den Energiebedarf vor und nach Einführung einer Energieeffizienzmaßnahme aufzuzeichnen. Wichtige relevante Faktoren (z. B. Produktionsprozess, Spezialausrüstung, Wärmeanlagen) können genauer erfasst werden {44}.

2.2. Daten und Methoden bei Zugrundelegung von Schätzungen

Schätzdaten aufgrund einfacher technischer Begutachtung ohne Inspektion
Die Datenschätzung aufgrund einfacher technischer Begutachtung ohne Inspektion am
Ort ist die gebräuchlichste Methode zur Gewinnung von Daten für die Messung vermu-
teter Energieeinsparungen. Die Schätzung kann dabei unter Anwendung ingenieurtech-
nischer Prinzipien erfolgen, ohne dass am Ort erhobene Daten vorliegen, wobei sich die
Annahmen auf Gerätespezifikationen, Leistungsmerkmale, Betriebsprofile der durchgeführten Maßnahmen und Statistiken usw. stützen.

Schätzdaten aufgrund erweiterter technischer Begutachtung mit Inspektion
Energiedaten können auf der Grundlage von Informationen berechnet werden, die von
einem externen Sachverständigen während eines Audits oder sonstigen Besuchs einer
oder mehrerer der ins Auge gefassten Anlagen ermittelt wurden. Auf dieser Grundlage
könnten komplexere Algorithmen/Simulationsmodelle entwickelt und auf eine größere
Zahl von Anlagen (z. B. Gebäude, Einrichtungen, Fahrzeuge) angewendet werden. Diese
Art der Messung kann häufig dazu verwendet werden, die bei einfacher technischer
Begutachtung gewonnenen Schätzdaten zu vervollständigen und zu kalibrieren.

3. Handhabung der Unsicherheit

Alle in Nummer 2 aufgeführten Methoden können einen gewissen Grad an Unsicherheit
aufweisen. Eine Unsicherheit kann aus folgenden Quellen herrühren [1]:

a) Messgerätefehler: tritt typischerweise aufgrund von Fehlern in Spezifikationen des
Produktherstellers auf;

Fußnoten zum oberen Abschnitt:
(1) Ein Modell für die Festlegung eines Niveaus quantifizierbarer Unsicherheit auf der Grundlage
    dieser drei Fehler enthält Anhang B des Internationalen Protokolls für Leistungsmessung und -
    überprüfung (International Performance Measurement and Verification Protocol, IPMVP).

---

b) Modellfehler: bezieht sich typischerweise auf Fehler in dem Modell, das zur Abschätzung von Parametern für die gesammelten Daten benutzt wird;
c) Stichprobenfehler: bezieht sich typischerweise auf Fehler aufgrund der Tatsache, dass an
einer Stichprobe Beobachtungen vorgenommen wurden, statt die Grundgesamtheit aller
Einheiten zu beobachten.
Eine Unsicherheit kann sich auch aus geplanten und ungeplanten Annahmen ergeben; dies
ist typischerweise mit Schätzungen, Vorgaben und/oder der Verwendung technischer Daten verbunden. Das Auftreten von Fehlern steht auch mit der gewählten Methode der Da-
tensammlung in Zusammenhang, die in den Nummern 2.1 und 2.2 skizziert ist. Eine weitere Spezifizierung der Unsicherheit ist anzuraten {45}.
Die Mitgliedstaaten können sich auch dafür entscheiden, die Unsicherheit zu quantifizieren, wenn sie über die Erreichung der in dieser Richtlinie festgelegten Ziele berichten.
Die quantifizierte Unsicherheit ist dann auf statistisch sinnvolle Weise unter Angabe
sowohl der Genauigkeit als auch des Konfidenzniveaus auszudrücken.
Beispiel: „Das Konfidenzintervall (90 %) des quantifizierbaren Fehlers liegt bei ± 20 %."

Wird die Methode der quantifizierten Unsicherheit angewendet, tragen die Mitgliedstaaten auch der Tatsache Rechnung, dass das akzeptable Unsicherheitsniveau bei der Berechnung der Einsparungen eine Funktion des Niveaus der Energieeinsparungen und der Kostenwirksamkeit abnehmender Unsicherheit ist.

4.   Harmonisierte Laufzeiten von Energieeffizienzmaßnahmen in Bottom-up-Berechnungen

Einige Energieeffizienzmaßnahmen sind auf mehrere Jahrzehnte angelegt, andere hingegen haben kürzere Laufzeiten. Nachstehend sind einige Beispiele für durchschnittliche Laufzeiten von Energieeffizienzmaßnahmen aufgelistet:

Dachgeschossisolierung (privat genutzte Gebäude)	**30 Jahre**
Hohlwanddämmung (privat genutzte Gebäude)	**40 Jahre**
Verglasung (von E nach C) (in m2)	**20 Jahre**
Heizkessel (von B nach A)	**15 Jahre**
Heizungsregelung – Nachrüstung mit Ersatz des Kessels	**15 Jahre**
Kompakte Fluoreszenzleuchten (handelsübliche Leuchten)	**16 Jahre** {46}.

Quelle: Energy Efficiency Commitment 2005–2008 (Vereinigtes Königreich)

Damit gewährleistet ist, dass alle Mitgliedstaaten für ähnliche Maßnahmen die gleichen Laufzeiten zugrunde legen, werden die Laufzeiten europaweit harmonisiert. Die Kommission, die von dem nach Artikel 16 eingesetzten Ausschuss unterstützt wird, ersetzt deshalb spätestens am 17. November 2006 die vorstehende Liste durch eine vereinbarte vorläufige Liste mit den durchschnittlichen Laufzeiten verschiedener Energieeffizienzmaßnahmen.

5.   Umgang mit den Multiplikatoreffekten von Energieeinsparungen und Vermeidung einer doppelten Erfassung bei kombinierter Top-down- und Bottom-up-Berechnung

Die Durchführung einer einzigen Energieeffizienzmaßnahme, wie etwa der Isolierung des Warmwasserspeichersund der Warmwasserrohre in einem Gebäude, oder einer anderen Maßnahme mit gleicher Wirkung kann Multiplikatoreffekte im Markt auslösen, so dass der Markt eine Maßnahme automatisch ohne weitere Beteiligung der in Artikel 4 Absatz 4 genannten Behörden oder Stellen oder eines privatwirtschaftlichen Energiedienstleisters umsetzt. Eine Maßnahme mit Multiplikatorpotenzial wäre in den meisten Fällen kostenwirksamer als Maßnahmen, die regelmäßig wiederholt werden müssen. Die Mitgliedstaaten müssen das Energiesparpotenzial derartiger Maßnahmen einschließlich ihrer Multiplikatoreffekte abschätzen und die gesamten Auswirkungen im Rahmen einer Ex-post-Evaluierung, für die gegebenenfalls Indikatoren zu verwenden sind, überprüfen. Bei der Evaluierung von horizontalen Maßnahmen können Energieeffizienz-Indikatoren herangezogen werden, sofern die Entwicklung, die die Indikatoren ohne die horizontalen Maßnahmen genommen hätten, bestimmt werden kann. Doppel-Zählungen mit Einsparungen durch gezielte Energieeffizienz-Programme, Energiedienstleistungen und andere Politikinstrumente müssen dabei jedoch so weit wie möglich ausgeschlossen werden können. Dies gilt insbesondere für Energie- oder CO_2-Steuern und Informationskampagnen.

Für doppelt erfasste Energieeinsparungen sind entsprechende Korrekturen vorzuneh-men. Es sollten Matrizen verwendet werden, die die Summierung der Auswirkungen von Maßnahmen ermöglichen.

Potenzielle Energieeinsparungen, die sich erst nach der Zielperiode ergeben, dürfen nicht berücksichtigt werden, wenn die Mitgliedstaaten über die Erreichung der allgemei-nen Zielvorgabe nach Artikel 4 berichten. Maßnahmen, die langfristige Auswirkungen auf den Markt haben, sollten in jedem Fall gefördert werden, und Maßnahmen, die be-reits energiesparende Multiplikatoreffekte ausgelöst haben, sollten bei der Berichterstat-tung über die Erreichung der in Artikel 4 festgelegten Ziele berücksichtigt werden, sofern sie anhand der Leitlinien dieses Anhangs gemessen und überprüft werden können.

6.   Überprüfung der Energieeinsparungen

Die Energieeinsparungen, die durch eine bestimmte Energiedienstleistung oder eine andere Energieeffizienzmaßnahme erzielt wurden, sind durch einen Dritten zu überprü-fen, wenn dies als kostenwirksam und erforderlich erachtet wird. Dies kann durch unab-hängige Berater, Energiedienstleister oder andere Marktteilnehmer erfolgen. Die in Arti-kel 4 Absatz 4 genannten zuständigen Behörden oder Stellen des Mitgliedstaats können weitere Anweisungen dazu herausgeben.

Quellen: A European Ex-post Evaluation Guidebook for DSM and EE Service Pro-grammes; IEA, INDEEPDatenbank; IPMVP, Band 1 (Ausgabe März 2002).

ANHANG V

Als Orientierung dienende Liste der Märkte und Teilmärkte für Energieverbrauchs-umstellung, bei denen Benchmarks ausgearbeitet werden können:

1.   Markt für Haushaltsgeräte/Informationstechnik und Beleuchtung:

1.1.   Küchengeräte (Weiße Ware);

1.2.   Unterhaltungs-/Informationstechnik;

1.3.   Beleuchtung.

2.   Markt für Hauswärmetechnik:

2.1.   Heizung;

2.2.   Warmwasserbereitung;

2.3.   Klimaanlagen;

2.4.   Lüftung;

2.5.   Wärmedämmung;

2.6.   Fenster {47}.

3.   Markt für Industrieöfen.

4.   Markt für motorische Antriebe in der Industrie.

5.   Markt der öffentlichen Einrichtungen:

5.1.   Schulen/Behörden;

5.2.   Krankenhäuser;

5.3.   Schwimmbäder;

5.4.   Straßenbeleuchtung.

6.   Markt für Verkehrsdienstleistungen.

ANHANG VI

Liste der förderungsfähigen Maßnahmen im Bereich der energieeffizienten öffentlichen Beschaffung

Unbeschadet der nationalen und gemeinschaftlichen Rechtsvorschriften für das öffentliche Beschaffungswesen sorgen die Mitgliedstaaten dafür, dass der öffentliche Sektor im Rahmen seiner in Artikel 5 genannten Vorbildfunktion mindestens zwei der Anforderungen anwendet, die in der nachstehenden Liste aufgeführt sind:

a) Anforderungen hinsichtlich des Einsatzes von Finanzinstrumenten für Energieeinsparungen, einschließlich Energieleistungsverträgen, die die Erbringung messbarer und im Voraus festgelegter Energieeinsparungen (auch in Fällen, in denen öffentliche Verwaltungen Zuständigkeiten ausgegliedert haben) vorschreiben;

b) Anforderungen, wonach die zu beschaffenden Ausrüstungen und Fahrzeuge aus Listen energieeffizienter Produkte auszuwählen sind, die Spezifikationen für verschiedene Kategorien von Ausrüstungen und Fahrzeugen enthalten und von den in Artikel 4 Absatz 4 genannten Behörden oder Stellen erstellt werden, wobei gegebenenfalls eine Analyse minimierter Lebenszykluskosten oder vergleichbare Methoden zur Gewährleistung der Kostenwirksamkeit zugrunde zu legen sind;

c) Anforderungen, die den Kauf von Ausrüstungen vorschreiben, die in allen Betriebsarten – auch in Betriebsbereitschaft – einen geringen Energieverbrauch aufweisen, wobei gegebenenfalls eine Analyse minimierter Lebenszykluskosten oder vergleichbare Methoden zur Gewährleistung der Kostenwirksamkeit zugrunde zu legen sind;

d) Anforderungen, die das Ersetzen oder Nachrüsten vorhandener Ausrüstungen und Fahrzeuge durch die bzw. mit den unter den Buchstaben b und c genannten Ausrüstungen vorschreiben;

e) Anforderungen, die die Durchführung von Energieaudits und die Umsetzung der daraus resultierenden Empfehlungen hinsichtlich der Kostenwirksamkeit vorschreiben;

f) Anforderungen, die den Kauf oder die Anmietung von energieeffizienten Gebäuden oder Gebäudeteilen bzw. den Ersatz oder die Nachrüstung von gekauften oder angemieteten Gebäuden oder Gebäudeteilen vorschreiben, um ihre Energieeffizienz zu verbessern {48}.

11.1.2   Kommentar zur Endenergieeffizienzrichtlinie der EU

Die EU widmet sich dem komplexen Energieeffizienzproblem im Rahmen der Endenergieeffizienzrichtlinie 2006/32/EG sehr umfassend. Eine breitflächige Widmung ist zwingend erforderlich, um Vergleichbarkeit der Ergebnisse von Energieeffizienzsteigerung in den vielen Ländern der EU vergleichbar zu ermöglichen, die Definition der Standards für die Vergleichbarkeit nehmen in der Richtlinie dementsprechend den größten Raum ein. Viele Vergleichskriterien dienen den Kunden der Energieversorgungsunternehmen als gute Grundlage für die Realisierung von Energieeinsparung. Die Richtlinie wendet sich dem allgemeinen Problem und den im Prozess beteiligten Energieversorgungsunternehmen, deren Kunden in allen Bereichen sowie den Ämtern, Behörden etc., die im

Rahmen einer Vorreiterrolle Beispiele für Energieeffizienz sein sollen, zu. Maßnahmen zur Energieeinsparung werden vorgeschlagen, jedoch nicht intensiviert. Besonderes Augenmerk wird auf die Rolle von Energieberatungsunternehmen gelegt, die den Schlüssel zur Energieeinsparung zur Änderung des Nutzerverhaltens und der Neueinführung anderer energieverbrauchender Geräte aufzeigen können. Der Energiekunde soll transparent über seinen Energieeinsatz informiert werden, um daraus Potenziale für Energieeinsparung zu erkennen, dazu sind Smart Meter für alle Energie- und Medienformen vom Energieversorger verfügbar zu machen. Besonderes Augenmerk wird auf Informationsverfügbarkeit und -austausch gelegt. Wichtige Begriffe werden erläutert, jedoch kaum Bezug auf die Kostensituation, sondern lediglich auf den Energieverbrauch und die damit verbundenen Umweltprobleme gelegt.

Die fixierten Textstellen werden im Folgenden kommentiert und auf Handlungsvorschläge für den Energiekunden mit Hinsicht auf smart-metering-basiertes Energiemanagement untersucht.

(1) In der Europäischen Gemeinschaft besteht die Notwendigkeit, die Endenergieeffizienz zu steigern, die Energienachfrage zu steuern und die Erzeugung erneuerbarer Energie zu fördern, da es kurz- bis mittelfristig verhältnismäßig wenig Spielraum für eine andere Einflussnahme auf die Bedingungen der Energieversorgung und -verteilung, sei es durch den Aufbau neuer Kapazitäten oder durch die Verbesserung der Übertragung und Verteilung, gibt. Diese Richtlinie trägt daher zu einer Verbesserung der Versorgungssicherheit bei. {1}

Kommentar. Das Ziel der Notwendigkeit für Energieeinsparung ist angesichts des drohenden Energieressourcenproblems und der steigenden Energiekosten allgemein vom Verbraucher aufgenommen. Die Energiewende ist nur durch Energieeinsparung und intensive Einbindung regenerativer Energien in den Versorgungsbereich lösbar.

(2) Eine verbesserte Endenergieeffizienz wird auch zur Senkung des Primärenergieverbrauchs, zur Verringerung des Ausstoßes von CO_2 und anderen Treibhausgasen und somit zur Verhütung eines gefährlichen Klimawandels beitragen. Diese Emissionen nehmen weiter zu, was die Einhaltung der in Kyoto eingegangenen Verpflichtungen immer mehr erschwert. Menschliche Tätigkeiten, die dem Energiebereich zuzuordnen sind, verursachen 78 % der Treibhausgasemissionen der Gemeinschaft. In dem durch den Beschluss Nr. 1600/2002/EG des Europäischen Parlaments und des Rates [4] aufgestellten Sechsten Umweltaktionsprogramm der Gemeinschaft werden weitere Emissionsminderungen für erforderlich erachtet, um das langfristige Ziel der Klimarahmenkonvention der Vereinten Nationen zu erreichen, nämlich eine Stabilisierung der Konzentration von Treibhausgasen in der Atmosphäre auf einem Niveau, das gefährliche anthropogene Störungen des Klimasystems ausschließt. Deshalb sind konkrete Konzepte und Maßnahmen erforderlich. {2}

Kommentar: Das Ziel der Notwendigkeit für Energieeinsparung in Verbindung mit den Umweltproblemen wird dem Verbraucher ständig in den Medien erläutert.

(3)   Eine verbesserte Endenergieeffizienz wird eine kostenwirksame und wirtschaftlich effiziente Nutzung der Energieeinsparpotenziale ermöglichen. Maßnahmen zur Verbesserung der Energieeffizienz könnten diese Energieeinsparungen herbeiführen und der Europäischen Gemeinschaft dadurch helfen, ihre Abhängigkeit von Energieimporten zu verringern. Außerdem kann die Einführung von energieeffizienteren Technologien die Innovations- und Wettbewerbsfähigkeit der Europäischen Gemeinschaft steigern, wie in der Lissabonner Strategie hervorgehoben wird. {3}

Kommentar: Der Aspekt der Energieeinsparung ist verbunden mit persönlicher Kostenoptimierung, die jedoch nur mit großem Aufwand aufgezeigt werden kann. Wesentlich größer ist aufgrund der großen Masse von Energiekunden der gesamtgesellschaftliche Effekt der Energieeinsparung, da bei Kappung der Spitzenlastabnahme Kraftwerke eingespart und Energieimporte reduziert werden können. Dies steigert insgesamt die Wettbewerbsfähigkeit der einzelnen Staaten der EU und der Gesamtheit der EU. Nicht eingegangen wird auf Versorgungssituation mit elektrischem Strom in Verbindung mit Elektromobilität und die Umsatzverluste der Energieversorger, die trotz Senkung des Energieeinsatzes zu Preissteigerungen führen können.

Alternative zu neuen Lieferkapazitäten und für Zwecke des Umweltschutzes zu nutzen, {4}.

Kommentar: Das Energieeinsparpotenzial wird klar auf die Ermöglichung neuer Märkte, z. B. für die Elektromobilität, und die Verbesserung der Umweltsituation projiziert.

dass alle Haushalts-Kunden und, soweit die Mitgliedstaaten dies für angezeigt halten, Kleinunternehmen über eine Grundversorgung verfügen, d. h. in ihrem Hoheitsgebiet das Recht auf Versorgung mit Elektrizität einer bestimmten Qualität zu angemessenen, leicht und eindeutig vergleichbaren und transparenten Preisen haben. {5}

Kommentar: Die EU stellt fest, dass trotz des Umgestaltungsprozesses der Energieversorgung die Versorgungssicherheit bestehen bleiben muss und die Preise für Energie transparent bleiben müssen.

(9)   Die Liberalisierung der Einzelhandelsmärkte für Endkunden in den Bereichen Elektrizität, Erdgas, Steinkohle und Braunkohle, Brennstoffe und in einigen Fällen auch Fernheizung und -kühlung haben fast ausschließlich zu Effizienzverbesserungen und Kostensenkungen bei der Energieerzeugung, -umwandlung und -verteilung geführt. Die Liberalisierung hat nicht zu wesentlichem Wettbewerb bei Produkten und Dienstleistungen geführt, der eine höhere Energieeffizienz auf der Nachfrageseite hätte bewirken können {6}.

Kommentar: Auf die Erfolge der Liberalisierung des Energiemarktes wird hingewiesen, obwohl viele Energiekunden die Möglichkeit der freien Wahl ihres Energieversorgers noch nicht ausnutzen, um Energiekosten zu sparen, sondern eher über stetig steigende Energiekosten klagen.

(12) Diese Richtlinie erfordert Maßnahmen der Mitgliedstaaten, wobei die Erreichung ihrer Ziele davon abhängt, wie sich solche Maßnahmen auf die Endverbraucher auswirken. Das Endergebnis der von den Mitgliedstaatengetroffenen Maßnahmen hängt von vielen externen Faktoren ab, die das Verhalten der Verbraucher hinsichtlich ihres Energieverbrauchs und ihrer Bereitschaft, Energiesparmethoden anzuwenden und energiesparende Geräte zu verwenden, beeinflussen. Selbst wenn die Mitgliedstaaten sich verpflichten, Anstrengungen zur Erreichung des festgelegten Richtwerts von 9 % zu unternehmen, handelt es sich bei dem nationalen Energieeinsparziel lediglich um ein Richtziel, das für die Mitgliedstaaten keine rechtlich erzwingbare Verpflichtung zur Erreichung dieses Zielwerts beinhaltet {7}.

Kommentar: Es wird klar, dass sich das Ziel der Energieeinsparung nur durch die Endverbraucher selbst erreichen lässt. Das Verbrauchsverhalten ist der Schlüssel zur Energieeinsparung, notwendig ist das Wissen um Energiesparmethoden und die Kenntnis energiesparender Verbraucher. Die festgelegten Energiesparziele der EU lassen sich nur erreichen oder überschreiten, wenn der Energieverbraucher sich an dem Prozess der Einsparung aktiv beteiligt.

(14) Ein Austausch von Informationen, Erfahrungen und vorbildlichen Praktiken auf allen Ebenen, einschließlich insbesondere des öffentlichen Sektors, wird einer erhöhten Energieeffizienz zu Gute kommen. Daher sollten die Mitgliedstaaten die im Zusammenhang mit dieser Richtlinie ergriffenen Maßnahmen auflisten und deren Wirkungen so weit wie möglich in Energieeffizienz-Aktionsplänen überprüfen {8}.

Kommentar: Transparenz über Energiesparmöglichkeiten ist nur durch Information und Erfahrungsaustausch möglich. Vorreiterrolle soll der öffentliche Sektor sein, wobei insbesondere dieser häufig nicht über die Mittel verfügt, um Energieeinsparung durch Neuinvestition zu finanzieren. Ein Maßnahmenkatalog und die Erstellung von Aktionsplänen können den Weg zur Energieeinsparung verdeutlichen.

(15) Bei der Steigerung der Energieeffizienz durch technische, wirtschaftliche und/oder Verhaltensänderungen sollten größere Umweltbelastungen vermieden und soziale Prioritäten beachtet werden {9}.

Kommentar: Die Steigerung der Energieeffizienz darf nicht zu Lasten der Umwelt gehen und nicht den sozial Schwachen versperrt sein. Vor diesem Hintergrund ist die Einführung von Energiesparleuchten in Bezug auf das Recyclingproblem dieser hinsichtlich des Quecksilber- sowie des allgemeinen Entsorgungsproblems bei Elektronik zu beachten. Insbesondere sozial Schwache sind in großer Anzahl in der Gesellschaft vorhanden und verbrauchen Energie. Daher dürfen Maßnahmen zur Reduktion elektrischer Energie nicht Halt machen vor sozial Schwachen und damit auch Mietobjekten. Hier besteht ein großes Potenzial für die Einführung preisgünstiger Gebäudeautomationssysteme mit dem Ziel der Energieeinsparung.

(16) Die Finanzierung des Angebots und die Kosten für die Nachfrageseite spielen für die Energiedienstleistungen eine wichtige Rolle. Die Schaffung von Fonds, die die

Durchführung von Energieeffizienzprogrammen und anderen Energieeffizienzmaßnahmen subventionieren und die Entwicklung eines Marktes für Energiedienstleistungen fördern, ist daher ein wichtiges Instrument zur diskriminierungsfreien Anschubfi-
nanzierung eines solchen Marktes {10}.

Kommentar: Die Detektion von Energiesparpotenzialen beim Verbraucher durch Energieberatungsunternehmen und auch die Realisierung von Maßnahmen erfordern Investitionen, die nur durch Kredite gedeckt werden können. Daher müssen Finanzierungs-
angebote sowohl die Energieberatung, als auch die Umsetzung von Maßnahmen ermöglichen.

(17) Eine bessere Endenergieeffizienz kann erreicht werden, indem die Verfügbarkeit
und die Nachfrage von Energiedienstleistungen gesteigert oder andere Energieeffizienz-
verbesserungsmaßnahmen getroffen werden {11}.

Kommentar: Die Notwendigkeit des Aufbaus von Energiedienstleistungen, dies können
Energieberatung, aber auch Projektierung von Gebäudeautomation sein, flankieren die
Umsetzung von Maßnahmen zur Effizienzsteigerung. Dieses noch recht neue Berufsfeld
ist sehr innovativ, aber noch sehr schlecht besetzt.

(18) Damit das Energiesparpotenzial in bestimmten Marktsegmenten wie z. B. Haushalten, für die im Allgemeinen keine Energieaudits gewerblich angeboten werden, ausge-
schöpft werden kann, sollten die Mitgliedstaaten für die Verfügbarkeit von Energieaudits
sorgen {12}.

Kommentar: Die Energieberatungsprozesse können mit Energieaudits kombiniert werden, um die Energieberater zu prüfen und auch die Erfolge der Maßnahmen zu prüfen.

(19) In den Schlussfolgerungen des Rates vom 5. Dezember 2000 wird die Förderung
der Energiedienstleistungen durch die Entwicklung einer Gemeinschaftsstrategie als
vorrangiger Bereich für Maßnahmen zur Verbesserung der Energieeffizienz genannt
{13}.

Kommentar: Der Weg zur Energieeinsparung führt nur über Energiedienstleistungen.

*(20) Energieverteiler, Verteilernetzbetreiber und Energieeinzelhandelsunternehmen kön-
nen die Energieeffizienz in der Gemeinschaft verbessern, wenn die von ihnen angebotenen
Energiedienstleistungen sich auf einen effizienten Endverbrauch erstrecken, wie etwa in
den Bereichen Gebäudeheizung, Warmwasserbereitung, Kühlung, Produktherstellung,
Beleuchtung und Antriebstechnik. Die Gewinnmaximierung wird für Energieverteiler,
Verteilernetzbetreiber und Energieeinzelhandelsunternehmen damit enger mit dem Ver-
kauf von Energiedienstleistungen an möglichst viele Kunden verknüpft, statt mit dem Ver-
kauf von möglichst viel Energie an den einzelnen Kunden. Die Mitgliedstaaten sollten
bestrebt sein, jegliche Wettbewerbsverzerrung in diesem Bereich zu vermeiden, um allen
Anbietern von Energiedienstleistungen gleiche Voraussetzungen zu bieten; sie können mit
dieser Aufgabe jedoch die jeweilige einzelstaatliche Regulierungsbehörde beauftragen {14}.*

Kommentar: Aufgrund der Kompetenz der Energieversorgungsunternehmen auf allen Gebieten der Energieversorgung sind insbesondere diese gut für den Aufbau der Energiedienstleistungen geeignet, da sie über exzellente Beziehung zu den ansässigen Elektroinstallationsunternehmen verfügen. So können die Energiedienstleistungen in Bezug auf Beratung gut mit der E-Check-Kampagne kombiniert werden, um neue Aufträge zu realisieren. Durch die Etablierung dieses neuen Geschäftsfeldes können potenzielle Umsatzverluste beim Energievertrieb anderweitig ausgeglichen werden, wenn nicht die Energieabnahmereduktion durch den Energieversorger durch Tarifsteigerungen ertragsmäßig abgeglichen wird. Damit kann Wettbewerbsverzerrung vermieden werden.

(21)   Um die Durchführung von Energiedienstleistungen und Energieeffizienzmaßnahmen nach dieser Richtlinie zu erleichtern, sollten die Mitgliedstaaten unter umfassender Berücksichtigung der nationalen Gliederung der Marktteilnehmer im Energiesektor entscheiden können, ob sie den Energieverteilern, den Verteilernetzbetreibern oder den Energieeinzelhandelsunternehmen oder gegebenenfalls zwei oder allen drei dieser Marktteilnehmer die Erbringung dieser Dienstleistungen und die Mitwirkung an diesen Maßnahmen vorschreiben {15}.

Kommentar: Fraglich ist, ob die Hürde des Fehlens von Energieberatern durch den Zwang gegenüber den Energieversorgern zur Energieberatung behoben werden sollte. Während die Energieberatung energieversorgerlastig ist, kann die Projektierung und Inbetriebnahme von PC-Systemen für Gebäudeautomation oder SmartMetering auch von IT-Dienstleistungsunternehmen ausgeführt werden. Dieser Synergieeffekt in Verbindung mit IT-Consulting ermöglicht die Etablierung neuer Märkte und damit ein verbrauchernahes Consulting.

(22)   Die Inanspruchnahme von Drittfinanzierungen ist eine praktische Innovation, die gefördert werden sollte. Hierbei vermeidet der Nutzer eigene Investitionskosten, indem er einen Teil des Geldwerts der mit der Drittfinanzierung erzielten Energieeinsparungen zur Begleichung der von dritter Seite getragenen Investitionskosten und des Zinsaufwands verwendet {16}.

Kommentar: Energiespar- und damit auch in Folge Gebäudeautomationsprojekte können über Kredite, aber auch Contracting in Verbindung mit Zahlung bei Erfolgsgarantie erfolgen. Dies fördert die Wettbewerbsfähigkeit.

(23)   Um die Tarife und sonstigen Regelungen für netzgebundene Energie so zu gestalten, dass ein effizienter Energieendverbrauch stärker gefördert wird, sollten ungerechtfertigte Anreize für einen höheren Energieverbrauch beseitigt werden {17}.

Kommentar: Die Anpassung der Tarife in Verbindung mit Energieeinsparung darf durch Reduktion der Energieabnahme nicht dazu führen, dass die Energieeinsparung durch höhere Tarife bestraft bzw. zur Erreichung niedrigerer Tarife zum Mehrverbrauch angeregt wird. Umgekehrt sollen günstige Tarife nicht zur Verschwendung von Energie führen.

(28) Bei der Festlegung von Energieeffizienzmaßnahmen sollten Effizienzsteigerungen infolge der allgemeinen Verwendung kosteneffizienter technologischer Innovationen (z. B. elektronischer Messgeräte) berücksichtigt werden. Im Rahmen dieser Richtlinie gehören zu individuellen Zählern zu wettbewerbsorientierten Preisen auch exakte Wärmemesser {18}.

Kommentar: Energieeinsparung wird nicht allein an Gebäudeautomation festgemacht, sondern dem psychologischen Energiemanagement, indem über zentrale Zähler der Energieverbrauch sämtlicher Energiemedien visualisiert wird.

(29) Damit die Endverbraucher besser fundierte Entscheidungen in Bezug auf ihren individuellen Energieverbrauch treffen können, sollten sie mit ausreichenden Informationen über diesen Verbrauch und mit weiteren zweckdienlichen Informationen versorgt werden, wie etwa Informationen über verfügbare Energieeffizienzmaßnahmen, Endverbraucher-Vergleichsprofilen oder objektiven technischen Spezifikationen für energiebetriebene Geräte, einschließlich „Faktor-Vier"-Systemen oder ähnlicher Einrichtungen. Es wird daran erinnert, dass einige solcher nützlichen Informationen den Endkunden bereits gemäß Artikel 3 Absatz 6 der Richtlinie 2003/54/EG zur Verfügung gestellt werden sollten. Die Verbraucher sollten zusätzlich aktiv ermutigt werden, ihre Zählerstände regelmäßig zu überprüfen {19}.

Kommentar: Die Methoden zur Energieeinsparung werden konkretisiert. Information über Energieeffizienzmaßnahmen ist die Basis, SmartMetering ermöglicht die Übersicht über den zeitabhängigen Energieverbrauch, der durch Vergleichsmöglichkeit mit anderen Energieabnehmern im persönlichen Wettbewerb dazu ansport weitere Energieeinsparmaßnahmen anzuregen. Es wird darauf verwiesen, dass die optimierte Information des Energiekunden bereits seit 2003 gefordert ist.

(30) Alle Arten von Informationen im Hinblick auf die Energieeffizienz sollten bei den einschlägigen Zielgruppen in geeigneter Form, auch über die Abrechnungen, weite Verbreitung finden. Dazu können auch Informationen über den finanziellen und rechtlichen Rahmen, Aufklärungs- und Werbekampagnen und der umfassende Austausch vorbildlicher Praktiken auf allen Ebenen gehören {20}.

Kommentar: Die Information über Ergebnisse des SmartMeterings kann über Abrechnungen oder andere Methoden erfolgen. Im Zuge der Abrechnungsübermittlung können Informationen über Energiesparmethoden verteilt werden.

a) Festlegung der erforderlichen Richtziele sowie der erforderlichen Mechanismen, Anreize und institutionellen, finanziellen und rechtlichen Rahmenbedingungen zur Beseitigung vorhandener Markthindernisse und -mängel, die der effizienten Endenergienutzung entgegenstehen;
b) Schaffung der Voraussetzungen für die Entwicklung und Förderung eines Markts für Energiedienstleistungen und für die Erbringung von anderen Maßnahmen zur Verbesserung der Energieeffizienz für die Endverbraucher {21}.

Kommentar: Auf die Notwendigkeit der Etablierung von Energiedienstleistungen wird nochmals hingewiesen. Markthindernisse und -mängel für Dienstleister im Energieeffizienzsektor müssen abgebaut werden.

Diese Richtlinie gilt für Anbieter von Energieeffizienzmaßnahmen, Energieverteiler, Verteilernetzbetreiber und Energieeinzelhandelsunternehmen. Die Mitgliedstaaten können jedoch kleine Energieverteiler, kleine Verteilernetzbetreiber und kleine Energieeinzelhandelsunternehmen von der Anwendung der Artikel 6 und 13 ausnehmen, {22}

Kommentar: Die Anbieter von Energiedienstleistungen werden nochmals bei dem Energieversorger festgemacht, ausgenommen werden können nur kleine Energieversorger. Dies kann durch andere Dienstleister ausgeglichen werden.

b) Endkunden. Diese Richtlinie gilt jedoch nicht für diejenigen Unternehmen, die an den in Anhang I der Richtlinie 2003/87/EG des Europäischen Parlaments und des Rates vom 13. Oktober 2003 über ein System für den Handel mit Treibhausgasemissionszertifikaten in der Gemeinschaft [3] aufgelisteten Kategorien von Tätigkeiten beteiligt sind; {23}

Kommentar: Klar festgelegt ist, dass die EU-Richtlinie auch für Endkunden und damit für die Information dieser gilt. Damit wird nochmals untermauert, dass die Umsetzung der EU-Ziele nur durch den Energiekunden erfolgen kann.

a) „Energie": alle handelsüblichen Energieformen, einschließlich Elektrizität, Erdgas (einschließlich verflüssigtem Erdgas) und Flüssiggas, Brennstoff für Heiz- und Kühlzwecke (einschließlich Fernheizung und -kühlung), Stein- und Braunkohle, Torf, Kraftstoffe (ausgenommen Flugzeugtreibstoffe und Bunkeröle für die Seeschifffahrt) und Biomasse im Sinne der Richtlinie 2001/77/EG des Europäischen Parlaments und des Rates vom 27. September 2001 zur Förderung der Stromerzeugung aus erneuerbaren Energien im Elektrizitätsbinnenmarkt (4);

b) „Energieeffizienz": das Verhältnis von Ertrag an Leistung, Dienstleistungen, Waren oder Energie zu Energieeinsatz; 27.4.2006 DE Amtsblatt der Europäischen Union L 114/67

c) „Energieeffizienzverbesserung": die Steigerung der Endenergieeffizienz durch technische, wirtschaftliche und/oder Verhaltensänderungen;

d) „Energieeinsparungen": die eingesparte Energiemenge, die durch Messung und/oder Schätzung des Verbrauchs vor und nach der Umsetzung einer oder mehrerer Energieeffizienzmaßnahmen und bei gleichzeitiger Normalisierung zur Berücksichtigung der den Energieverbrauch negativ beeinflussenden äußeren Bedingungen ermittelt wird;

e) „Energiedienstleistung": der physikalische Nutzeffekt, der Nutzwert oder die Vorteile als Ergebnis der Kombination von Energie mit energieeffizienter Technologie und/oder mit Maßnahmen, die die erforderlichen Betriebs-, Instandhaltungs- und Kontrollaktivitäten zur Erbringung der Dienstleistung beinhalten können; sie wird auf der Grundlage eines Vertrags erbracht und führt unter normalen Umständen erwiesenermaßen zu überprüfbaren und mess- oder schätzbaren Energieeffizienzverbesserungen und/oder Primärenergieeinsparungen;

f) „Energieeffizienzmechanismen": von Regierungen oder öffentlichen Stellen eingesetzte allgemeine Instrumente zur Schaffung flankierender Rahmenbedingungen oder von Anreizen für Marktteilnehmer bei Erbringung und Inanspruchnahme von Energiedienstleistungen und anderen Energieeffizienzmaßnahmen;

g) „Energieeffizienzprogramme": Tätigkeiten, die aufbestimmte Gruppen von Endkunden gerichtet sind und in der Regel zu überprüfbaren und mess- oder schätzbaren Energieeffizienzverbesserungen führen;

h) „Energieeffizienzmaßnahmen": alle Maßnahmen, die in der Regel zu überprüfbaren und mess- oder schätzbaren Energieeffizienzverbesserungen führen;

i) „Energiedienstleister": eine natürliche oder juristische Person, die Energiedienstleistungen und/oder andere Energieeffizienzmaßnahmen in den Einrichtungen oder Räumlichkeiten eines Verbrauchers erbringt bzw. durchführt und dabei in gewissem Umfang finanzielle Risiken trägt. Das Entgelt für die erbrachten Dienstleistungen richtet sich (ganz oder teilweise) nach der Erzielung von Energieeffizienzverbesserungen und der Erfüllung der anderen vereinbarten Leistungskriterien;

j) „Energieleistungsvertrag": eine vertragliche Vereinbarung zwischen dem Nutzer und dem Erbringer (normalerweise einem Energiedienstleister) einer Energieeffizienzmaßnahme, wobei die Erstattung der Kosten der Investitionen in eine derartige Maßnahme im Verhältnis zu dem vertraglich vereinbarten Umfang der Energieeffizienzverbesserung erfolgt;

k) „Drittfinanzierung": eine vertragliche Vereinbarung, an der neben dem Energielieferanten und dem Nutzer einer Energieeffizienzmaßnahme ein Dritter beteiligt ist, der die Finanzmittel für diese Maßnahme bereitstellt und dem Nutzer eine Gebühr berechnet, die einem Teil der durch die Energieeffizienzmaßnahme erzielten Energieeinsparungen entspricht. Dritter kann auch der Energiedienstleister sein;

l) „Energieaudit": ein systematisches Verfahren zur Erlangung ausreichender Informationen über das bestehende Energieverbrauchsprofil eines Gebäudes oder einer Gebäudegruppe, eines Betriebsablaufs in der Industrie und/oder einer Industrieanlage oder privater oder öffentlicher Dienstleistungen, zur Ermittlung und Quantifizierung der Möglichkeiten für kostenwirksame Energieeinsparungen und Erfassung der Ergebnisse in einem Bericht;

m) „Finanzinstrumente für Energieeinsparungen": alle Finanzierungsinstrumente wie Fonds, Subventionen, Steuernachlässe, Darlehen, Drittfinanzierungen, Energieleistungsverträge, Verträge über garantierte Energieeinsparungen, Energie-Outsourcing und andere ähnliche Verträge, die von öffentlichen oder privaten Stellen zur teilweisen bzw. vollen Deckung der anfänglichen Projektkosten für die Durchführung von Energieeffizienzmaßnahmen auf dem Markt bereitgestellt werden;

n) „Endkunde": eine natürliche oder juristische Person, die Energie für den eigenen Endverbrauch kauft;

o) „Energieverteiler": eine natürliche oder juristische Person, die für den Transport von Energie zur Abgabe an Endkunden und an Verteilerstationen, die Energie an Endkunden verkaufen, verantwortlich ist. Von dieser Definition sind die von Buchstabe p erfassten Verteilernetzbetreiber im Elektrizitäts- und Erdgassektor ausgenommen;

p) „Verteilernetzbetreiber": eine natürliche oder juristische Person, die für den Betrieb, die Wartung sowie erforderlichenfalls den Ausbau des Verteilernetzes für Elektrizität oder Erdgas in einem bestimmten Gebiet und gegebenenfalls der Verbindungsleitungen zu anderen Netzen verantwortlich ist sowie für die Sicherstellung der langfristigen Fähigkeit des Netzes, eine angemessene Nachfrage nach Verteilung von Elektrizität oder Erdgas zu befriedigen;

q) „Energieeinzelhandelsunternehmen": eine natürliche oder juristische Person, die Energie an Endkunden verkauft;

r) „Kleinversorger, kleiner Verteilernetzbetreiber und kleines Energieeinzelhandelsunternehmen": eine natürliche oder juristische Person, die Endkunden mit Energie versorgt oder Energie an Endkunden verkauft und dabei einen Umsatz erzielt, der unter dem Äquivalent von 75 GWh an Energie pro Jahr liegt, oder weniger als zehn Personen beschäftigt oder dessen Jahresumsatz und/oder Jahresbilanz 2.000.000 EUR nicht übersteigt;

s) „Einsparzertifikate": von unabhängigen Zertifizierungsstellen ausgestellte Zertifikate, die die von Marktteilnehmern aufgrund von Energieeffizienzmaßnahmen geltend gemachten Energieeinsparungen bestätigen (**24**).

Kommentar: Die Begriffe Energie, Energieeffizienz, Energieeffizienzverbesserung, Energieeinsparungen, Energiedienstleistung, Energieeffizienzmechanismen, Energieeffizienzprogramme, Energieeffizienzmaßnahmen, Energiedienstleister, Energieleistungsvertrag, Drittfinanzierung, Energieaudit, Finanzinstrumente für Energieeinsparungen, Endkunde, Verteilernetzbetreiber, Energieeinzelhandelsunternehmen, Kleinversorger, kleiner Verteilernetzbetreiber und kleines Energieeinzelhandelsunternehmen, Einsparzertifikate werden ausführlich erläutert.

(1)   Die Mitgliedstaaten stellen sicher, dass die Informationen über Energieeffizienzmechanismen und die zur Erreichung der nationalen Energieeinsparrichtwerte festgelegten finanziellen und rechtlichen Rahmenbedingungen transparent sind und den relevanten Marktteilnehmern umfassend zur Kenntnis gebracht werden.

(2)   Die Mitgliedstaaten sorgen dafür, dass größere Anstrengungen zur Förderung der Endenergieeffizienz unternommen werden. Sie schaffen geeignete Bedingungen und Anreize, damit die Marktbeteiligten den Endkunden mehr Information und Beratung über Endenergieeffizienz zur Verfügung zu stellen.

(3)   Die Kommission sorgt dafür, dass Informationen über vorbildliche Energieeinsparpraxis in den Mitgliedstaaten ausgetauscht werden und umfassend Verbreitung finden {**25**}.

Kommentar: Die einzelnen Staaten der EU werden verpflichtet die Rahmenbedingungen für die Realisierung von Energieeinsparung zu schaffen, dies betrifft breitflächige Information, Finanzierung und die Schaffung rechtlicher Rahmenbedingungen. Umgekehrt trägt die EU Sorge dafür, dass Informationen über realisierte Energieeinsparung innerhalb der EU verfügbar gemacht wird, um das Energiespar-Know-how weiter auszubauen.

(1)   Die Mitgliedstaaten heben nicht eindeutig dem Steuerrecht zuzuordnende nationale Rechtsvorschriften auf oder ändern sie, wenn diese die Nutzung von Finanzinstrumenten auf dem Markt für Energiedienstleistungen und andere Energieeffizienzmaßnahmen unnötigerweise oder unverhältnismäßig behindern oder beschränken.

(2)   Die Mitgliedstaaten stellen vorhandenen oder potenziellen Abnehmern von Energiedienstleistungen und anderen Energieeffizienzmaßnahmen aus dem öffentlichen und privaten Sektor Musterverträge für diese Finanzinstrumente zur Verfügung. Diese können von der in Artikel 4 Absatz 4 genannten Behörde oder Stelle ausgegeben werden {26}.

Kommentar: Die EU-Staaten sind angehalten, auch aus steuerrechtlicher Sicht die Rahmenbedingungen für Energieeinsparung zu schaffen.

(1)   Die Mitgliedstaaten stellen sicher, dass in Übertragungs- und Verteilungstarifen enthaltene Anreize, die das Volumen verteilter oder übertragener Energie unnötig erhöhen, beseitigt werden. In diesem Zusammenhang können die Mitgliedstaaten nach Artikel 3 Absatz 2 der Richtlinie 2003/54/EG und Artikel 3 Absatz 2 der Richtlinie 2003/55/EG Elektrizitäts- bzw. Gasunternehmen gemeinwirtschaftliche Verpflichtungen in Bezug auf die Energieeffizienz auferlegen.

(2)   Die Mitgliedstaaten können Systemkomponenten und Tarifstrukturen, mit denen soziale Ziele verfolgt werden, genehmigen, sofern alle störenden Auswirkungen auf das Übertragungs- und Verteilungssystem auf das erforderliche Mindestmaß begrenzt werden und in keinem unangemessenen Verhältnis zu den sozialen Zielen stehen {27}.

Kommentar: Die EU-Staaten stellen sicher, dass die Übertragung der elektrischen Energie korrekt im Rahmen der Gesamttarife Berücksichtigung findet. Hierdurch wird die Wettbewerbsfähigkeit gegenüber dem Energiekunden und zwischen den Energieversorgern gesichert.

(1)   Unbeschadet der Artikel 87 und 88 des Vertrags können die Mitgliedstaaten einen oder mehrere Fonds einrichten, die die Durchführung von Energieeffizienzprogrammen und anderen Energieeffizienzmaßnahmen subventionieren und die Entwicklung eines Markts für Energieeffizienzmaßnahmen fördern. Zu diesen Maßnahmen zählen auch die Förderung von Energieaudits, von Finanzinstrumenten für Energieeinsparungen und gegebenenfalls einer verbesserten Verbrauchserfassung und informativen Abrechnung. Zielgruppen für die Fonds sind auch Endnutzersektoren mit höheren Transaktionskosten und höherem Risiko {28}.

Kommentar: Die Subventionierung von Energieeffizienzprogrammen durch den jeweiligen Staat wird ausdrücklich gestattet.

Die Mitgliedstaaten können entscheiden, ob sie die Fonds allen Endkunden zugänglich machen (29).
Kommentar: Die aufgestellten Finanzierungsfonds können auch von Endkunden genutzt werden, soweit der betreffende EU-Staat dies entscheidet.

(1) Die Mitgliedstaaten stellen sicher, dass wirksame, hochwertige Energieaudit-programme, mit denen mögliche Energieeffizienzmaßnahmen ermittelt werden sollen und die von unabhängigen Anbietern durchgeführt werden, für alle Endverbraucher, einschließlich kleinerer Haushalte und gewerblicher Abnehmer und kleiner und mittlerer Industriekunden, zur Verfügung stehen {29}.
Kommentar: Die einzelnen EU-Staaten werden verpflichtet per Energiedienstleistung die Energieaudits auch bei Endkunden durchführbar zu gestalten.

(2) Marktsegmente, in denen höhere Transaktionskosten anfallen, und nicht komplexe Anlagen können durch andere Maßnahmen, z. B. durch Fragebögen und über das Internet verfügbare und/oder per Post an die Kunden gesandte Computerprogramme abgedeckt werden. Die Mitgliedstaaten sorgen unter Berücksichtigung von Artikel 11 Absatz 1 für die Verfügbarkeit von Energieaudits für Marktsegmente, für die keine Energieaudits gewerblich angeboten werden {30}.
Kommentar: Aufgrund des Mengenproblems können die notwendigen Audits neben persönlicher Betreuung auch durch Computerprogramme oder Fragebögen abgewickelt werden.

(1) Soweit es technisch machbar, finanziell vertretbar und im Vergleich zu den potenziellen Energieeinsparungen angemessen ist, stellen die Mitgliedstaaten sicher, dass, alle Endkunden in den Bereichen Strom, Erdgas, Fernheizung und/oder -kühlung und Warmbrauchwasser individuelle Zähler zu wettbewerbsorientierten Preisen erhalten, die den tatsächlichen Energieverbrauch des Endkunden und die tatsächliche Nutzungszeit widerspiegeln. Soweit bestehende Zähler ersetzt werden, sind stets solche individuellen Zähler zu wettbewerbsorientierten Preisen zu liefern, außer in Fällen, in denen dies technisch nicht machbar oder im Vergleich zu den langfristig geschätzten potenziellen Einsparungen nicht kostenwirksam ist. Soweit neue Gebäude mit neuen Anschlüssen ausgestattet oder soweit Gebäude größeren Renovierungen im Sinne der Richtlinie 2002/91/EG unterzogen werden, sind stets solche individuellen Zähler zu wettbewerbsorientierten Preisen zu liefern.
(2) Die Mitgliedstaaten stellen gegebenenfalls sicher, dass die von den Energieverteilern, Verteilernetzbetreibern und Energieeinzelhandelsunternehmen vorgenommene Abrechnung den tatsächlichen Energieverbrauch auf klare und verständliche Weise wiedergibt. Mit der Abrechnung werden geeignete Angaben zur Verfügung gestellt, die dem Endkunden ein umfassendes Bild der gegenwärtigen Energiekosten vermitteln. Die Abrechnung auf der Grundlage des tatsächlichen Verbrauchs wird so häufig durchgeführt, dass die Kunden in der Lage sind, ihren eigenen Energieverbrauch zu steuern.

(3) Die Mitgliedstaaten stellen sicher, dass Energieverteiler, Verteilernetzbetreiber oder Energieeinzelhandelsunternehmen den Endkunden in oder zusammen mit Abrechnungen, Verträgen, Transaktionen und/oder an Verteilerstationen ausgestellten Quittungen folgende Informationen auf klare und verständliche Weise zur Verfügung stellen:

a) geltende tatsächliche Preise und tatsächlicher Energieverbrauch;

b) Vergleich des gegenwärtigen Energieverbrauchs des Endkunden mit dem Energieverbrauch im selben Zeitraum des Vorjahres, vorzugsweise in grafischer Form;

c) soweit dies möglich und von Nutzen ist, Vergleich mit einem normierten oder durch Vergleichstests ermittelten Durchschnittsenergieverbraucher derselben Verbraucherkategorie;

d) Kontaktinformationen für Verbraucherorganisationen, Energieagenturen oder ähnliche Einrichtungen, einschließlich Internetadressen, von denen Angaben über angebotene Energieeffizienzmaßnahmen, Endverbraucher- Vergleichsprofile und/oder objektive technische Spezifikationen von energiebetriebenen Geräten erhalten werden können. {31}

Kommentar: Dieser Passus der Richtlinie regelt klar die Einführung von Smart Metern. Diese sollen mit der Einschränkung der finanziellen Vertretbarkeit zu marktgerechten Kosten vom Energieversorger für Strom, Erdgas, Fernheizung und/oder -kühlung und Warmbrauchwasser dem Energiekunden angeboten werden. Die Smart Meter sollen den tatsächlichen Verbrauch und die Nutzungszeit, deren Verläufe speichern und damit dauerhaft verfügbar machen. Sollte Amortisation nicht ausweisbar sein, kann auf die Installation der Zähler verzichtet werden. Verpflichtend ist der Einsatz in Neubauten und bei umfassenden Renovierungen (Sanierung). Der Energieverbrauch muss auf lesbare und verständliche Weise dargestellt sein. Die Häufigkeit der Einsicht in den Energieverbrauch muss eine Trendübersicht für den Energiekunden ermöglichen. Darüber hinaus muss eine Vergleichbarkeit gegenüber Zeiträumen in anderen Jahren und mit vergleichbaren anderen Energiekunden ermöglicht werden. Im Zuge der Rechnungsstellung müssen Informationen über Energieeffizienz oder deren Dienstleister verfügbar gemacht werden.

1. Zur Berechnung eines jährlichen Durchschnittsverbrauchs verwenden die Mitgliedstaaten den jährlichen inländischen Endenergieverbrauch aller von dieser Richtlinie erfassten Energieverbraucher in den letzten fünf Jahren vor Umsetzung dieser Richtlinie, für die amtliche Daten vorliegen. Dieser Endenergieverbrauch entspricht der Energiemenge, die während des Fünfjahreszeitraums an Endkunden verteilt oder verkauft wurde und zwar ohne Bereinigung nach Gradtagen, Struktur- oder Produktionsänderungen.

Der nationale Energieeinsparrichtwert wird ausgehend von diesem jährlichen Durchschnittsverbrauch einmal berechnet; die als absoluter Wert ermittelte angestrebte Energieeinsparung gilt dann für die gesamte Geltungsdauer dieser Richtlinie {32}.

Kommentar: Der jährliche Durchschnittsverbrauch bezieht sich nicht auf spezifische Verbraucher, sondern als Grundlage für eine Vergleichsmöglichkeit mit anderen EU-Staaten im Sinne der Einschätzung der Umsetzung von Energieeffizienzmaßnahme und der Feststellung der Erreichbarkeit der von der EU gesteckten Ziele.

Für den nationalen Energieeinsparrichtwert gilt Folgendes:
a) Er beträgt 9 % des genannten jährlichen Durchschnittsverbrauchs;
b) er wird nach dem neunten Jahr der Anwendung der Richtlinie gemessen;
c) er ergibt sich aus den kumulativen jährlichen Energieeinsparungen, die während des
gesamten Neunjahreszeitraums der Anwendung der Richtlinie erzielt wurden;
d) er muss aufgrund von Energiedienstleistungen und anderen Energieeffizienzmaßnahmen erreicht werden. {33}

Kommentar: Die Energieeffizienzziele sind sind klar festgelegt und auch terminiert.
Dazu sind auch die flankierenden Maßnahmen durch Energiedienstleistungen, unter
anderem im Rahmen von Energieberatung, und Durchführung anderer Energieeffizienzmaßnahmen benannt.

Brennstoff	kJ (Nettowärmeinhalt)	kg Öläquivalent (OE) (Nettowärmeinhalt)	kWh (Nettowärmein- halt)
1 kg Koks	28 500	0,676	7,917
1 kg Steinkohle	17 200 — 30 700	0,411 — 0,733	4,778 — 8,528
1 kg Braunkohlenbriketts	20 000	0,478	5,556
1 kg Hartbraunkohle	10 500 — 21 000	0,251 — 0,502	2,917 — 5,833
1 kg Braunkohle	5 600 — 10 500	0,134 — 0,251	1,556 — 2,917
1 kg Ölschiefer	8 000 — 9 000	0,191 — 0,215	2,222 — 2,500
1 kg Torf	7 800 — 13 800	0,186 — 0,330	2,167 — 3,833
1 kg Torfbriketts	16 000 — 16 800	0,382 — 0,401	4,444 — 4,667
1 kg Rückstandsheizöl (Schweröl)	40 000	0,955	11,111
1 kg leichtes Heizöl	42 300	1,010	11,750
1 kg Motorkraftstoff (Vergaserkraftstoff)	44 000	1,051	12,222
1 kg Paraffin	40 000	0,955	11,111
1 kg Flüssiggas	46 000	1,099	12,778
1 kg Erdgas ([1])	47 200	1,126	13,10
1 kg Flüssigerdgas	45 190	1,079	12,553
1 kg Holz (25 % Feuchte) ([2])	13 800	0,330	3,833
1 kg Pellets/Holzbriketts	16 800	0,401	4,667
1 kg Abfall	7 400 — 10 700	0,177 — 0,256	2,056 — 2,972
1 MJ abgeleitete Wärme	1 000	0,024	0,278
1 kWh elektrische Energie	3 600	0,086	1 ([3])

{34}

Kommentar: Zur Herstellung der Vergleichbarkeit der thermischen Energieeinsparsituation wurden die Brennwerte verschiedener Stoffe festgelegt, um Brennwerte von Energieformen ineinander umzurechnen. Der Energiekunde erhält durch die Tabelle einen Überblick über die Austauschbarkeit der Energiequellen und damit Ideen für die Integration eines anderen Heizungssystems.

a) **Heizung und Kühlung (z. B. Wärmepumpen, neue Kessel mit hohem Wirkungsgrad, Einbau/Modernisierung von Fernheizungs-/Fernkühlungssystemen);**
b) **Isolierung und Belüftung (z. B. Hohlwanddämmung und Dachisolierung, Doppel-/Dreifach-Verglasung von Fenstern, passive Heizung und Kühlung);**
c) **Warmwasser (z. B. Installation neuer Geräte, unmittelbare und effiziente Nutzung in der Raumheizung, Waschmaschinen);**
d) **Beleuchtung (z. B. neue effiziente Leuchtmittel und Vorschaltgeräte, digitale Steuersysteme, Verwendung von Bewegungsmeldern für Beleuchtungssysteme in gewerblich genutzten Gebäuden);**
e) **Kochen und Kühlen (z. B. neue energieeffiziente Geräte, Systeme zur Wärmerückgewinnung);**
f) **sonstige Ausrüstungen und Geräte (z. B. KWK-Anlagen, neue effiziente Geräte, Zeitsteuerung für eine optimierte Energieverwendung, Senkung der Energieverluste im Bereitschaftsmodus, Einbau von Kondensatoren zur Begrenzung der Blindleistung, verlustarme Transformatoren);**
g) **Einsatz erneuerbarer Energien in Haushalten, wodurch die Menge der zugekauften Energie verringert wird (z. B. solarthermische Anwendungen, Erzeugung von Warmbrauchwasser, solarunterstützte Raumheizung und -kühlung) (35);**
Kommentar: In diesem Passus wird auf die konkreten Maßnahmen zur Energieeinsparung eingegangen. Eine Priorisierung wird nicht konkret angegeben, aber dennoch eine gewisse Reihenfolge der Nennung eingehalten. Da Heizung und Kühlung, je nach Lokalität in Europa, zu den größten Energiesenkern zählen, bieten sich hier die Einführung von Wärmepumpen, neuer Heizungskessel und Modernisierung von Fernheiz- oder -kühlsystemen als erstes an. An zweiter Stelle rangiert die Sanierung der Isolation und Belüftung durch moderne Dämmung und Isolation, Optimierung der Verglasung von Fenstern und passive Heizung und Kühlung. Der Trend geht hier zum Passiv-, Niedrigenergie- oder Energie-Plus-Haus. Hinsichtlich der Wärme bietet sich der Warmwasserbereich durch Installation neuer Geräte von Heizung und thermischen Haushaltsgeräten an. Aufgrund des relativ zur Wärme niedrigeren Energieverbrauchs von Beleuchtung rangiert an der nächsten Stelle die Optimierung der Beleuchtung durch neue, effiziente Leuchtmittel in Verbindung mit elektronischen Vorschaltgeräten. In diesem Kontext wird erstmals die Gebäudeautomation im Rahmen einer „digitalen Steuerung" und der Verwendung von Bewegungsmeldern erwähnt. Unklar ist, ob die Gebäudeautomation nur in Verbindung mit gewerblich genutzten Gebäuden gesehen wird. Aufgrund der geringen Nutzung und der relativ niedrigen Energiekosten werden als Nächstes Kochen und Kühlen in Verbindung mit energieeffizienten Geräten und Wärmerück-

gewinnung genannt. Als sonstige Ausrüstungen und Geräte werden Kraft-Wärme-Kopplungs-Anlagen, neue effiziente Geräte, erneut die Zeitsteuerung als Bestandteil der Gebäudeautomation, die Senkung von Energieverlusten im Standby-Betrieb, Kompensationseinrichtungen zur Reduktion der Blindleistung und damit der Reduktion von Leitungsverlusten und die Verwendung verlustarmer Transformatoren genannt. Abgerundet werden die vorgeschlagenen Maßnahmen durch den Einsatz regenerativer Energien als Solarthermie für Warmwasser und Heizung.

Die Gebäudeautomation wird demnach nicht in Verbindung mit Smart Metering als smart-metering-basiertes Energiemanagement, sondern nur mit digitaler Steuerung für Lichtsteuerung, Einbindung von Bewegungsmeldern, Zeitsteuerungen und Senkung der Standby-Verluste vorgeschlagen. Nicht erwähnt wird zudem die Gebäudeautomation in Verbindung mit Einzelraumtemperaturregelung und der Interaktion von einzelnen Heiz- und Kühlsystemen.

Förderung verbrauchsarmer Fahrzeuge, energieeffizienter Einsatz von Fahrzeugen einschließlich Reifendruckregelsysteme, verbrauchsenkende Fahrzeugausstattung und -zusatzausstattung, verbrauchsenkende Kraftstoffzusätze, Leichtlauföle, Leichtlaufreifen; {22}

Kommentar: Auf dem Verkehrssektor werden verbrauchsarme, energieeffiziente Fahrzeuge erwähnt, die im Kontext mit dem Wohngebäude auch Elektroautos sein können.

Fahrgemeinschaften (Car Sharing), Umstieg auf andere Verkehrsträger, d. h. von energieintensiven Verkehrsarten auf solche mit niedrigerem Energieverbrauch pro Personen- bzw. Tonnenkilometer; {37}

Kommentar: Weitere Einsparpotenziale im Verkehrssektor werden durch CarSharing, d. h. die Einsparung unnötiger Kfz und dem Umstieg auf andere Verkehrsmittel gesehen.

p) Standards und Normen, die hauptsächlich auf die Erhöhung der Energieeffizienz von Erzeugnissen und Dienstleistungen, einschließlich Gebäuden, abzielen;
q) Energieetikettierungsprogramme;
r) Verbrauchserfassung, intelligente Verbrauchsmesssysteme, wie z. B. Einzelmessgeräte mit Fernablesung bzw. -steuerung, und informative Abrechnung;
s) Schulungs- und Aufklärungsmaßnahmen zur Förderung der Anwendung energieeffizienter Technologien und/oder Verfahren, {38}

Kommentar: Weitere Maßnahmen zur Energieeinsparung sind die Einführung und Unterstützung von Standards und Normen in Verbindung mit Produkten und Dienstleistungen. Dies können Etikettierungsprogramme in Form des Energieausweises oder der Energieausweisung an Geräten, Verbrauchserfassung (Smart Meter) und insbesondere Schulungs-, Informations- und Aufklärungsmaßnahmen sein.

t) Vorschriften, Steuern usw., die eine Verringerung des Endenergieverbrauchs bewirken;

u) gezielte Aufklärungskampagnen, die auf die Verbesserung der Energieeffizienz und auf energieeffizienzsteigernde Maßnahmen abzielen, {39}

Kommentar: Als letzte Maßnahme werden Vorschriften und Steuern genannt, die einen Zwang zur Energieeffizienz und damit Ablehnung führen können. Die Information wird sehr häufig und in nahezu jedem Passus genannt.

1. Messung und Berechnung von Energieeinsparungen und deren Normalisierung
1.1. Messung von Energieeinsparungen {40}

Kommentar: Das Thema Messung wird erneut im Zuge der Vergleichbarkeit der EU-Staaten erwähnt.

Top-down-Berechnungen {41}

Kommentar: Der Begriff Top-down-Berechnung wird im Zusammenhang der Vergleichbarkeit erwähnt, kann jedoch im Rahmen eines Energieverbrauchsinformationssystems hinsichtlich der Bilanz des SmartMeters in anderen Kontext gebracht werden.

Bottom-up-Berechnungen

Kommentar: Der Begriff Bottom-up-Berechnung wird im Zusammenhang der Vergleichbarkeit erwähnt, kann jedoch im Rahmen eines Energieverbrauchsinformationssystems hinsichtlich der Bilanzierung der einzelnen gemeterten oder geschätzten Energieverbräuche der einzelnen Geräte und deren Kumulation betrachtet werden.

In Kilowattstunden (kWh), in Joules (J) oder in Kilogramm Öläquivalent (kg OE) {42}

Kommentar: Anwendungsorientiert (elektrische Energie/Wärme) kann die Reduktion des Energieverbrauchs in verschiedenen Einheiten und damit auch im Vergleich mit Öl ausgewiesen werden.

Energieeinsparungen sind durch Messung und/oder Schätzung des Verbrauchs vor und nach Durchführung der Maßnahme zu ermitteln, wobei Bereinigungen und Normalisierungen für externe Bedingungen vorzunehmen sind, die den Energieverbrauch in der Regel beeinflussen. Die Bedingungen, die den Energieverbrauch in der Regel beeinflussen, können sich im Laufe der Zeit ändern. Dazu können die wahrscheinlichen Auswirkungen eines oder mehrerer plausibler Faktoren gehören, wie etwa:

a) Wetterbedingungen, z. B. Gradtage;

b) Belegungsniveau; {43}

Kommentar: Im Zuge der Herstellung der Vergleichbarkeit von Energieeinsparung werden auch die lokalen Einflussgrößen Wetter und Belegung genannt, die auch in der Gebäudeautomation in anderem Zusammenhang zur Einbindung kommen.

Abrechnungen von Versorgern oder Einzelhandelsunternehmen
Energierechnungen mit Verbrauchserfassung können die Grundlage für die Messung für
einen repräsentativen Zeitraum vor der Einführung der Energieeffizienzmaßnahme bilden.
Diese Abrechnungen können dann mit den ebenfalls in einem repräsentativen Zeitraum
nach Einführung und Durchführung der Maßnahme erstellten Verbrauchsabrechnungen
verglichen werden. Die Ergebnisse sollten nach Möglichkeit auch mit einer Kontrollgruppe
(keine Teilnehmergruppe) verglichen oder alternativ dazu wie in Nummer 1.2 beschrieben
normalisiert werden.

Energieverkaufsdaten
Der Verbrauch verschiedener Energiearten (z. B. Strom, Gas, Heizöl) kann ermittelt wer-
den, indem die Verkaufsdaten des Einzelhändlers oder Versorgers vor Einführung der
Energieeffizienzmaßnahmen mit den Verkaufsdaten nach Einführung der Maßnahme
verglichen werden. Zu diesem Zweck können eine Kontrollgruppe verwendet oder die Da-
ten normalisiert werden.

Verkaufszahlen zu Ausrüstungen und Geräten
Die Leistung von Ausrüstungen und Geräten kann auf der Grundlage von Informationen,
die unmittelbar vom Hersteller eingeholt werden, berechnet werden. Verkaufszahlen zu
Ausrüstungen und Geräten können in der Regel von den Einzelhändlern eingeholt werden.
Es können auch besondere Umfragen und Erhebungen vorgenommen werden. Die zugäng-
lichen Daten können anhand der Umsatzzahlen überprüft werden, um das Ausmaß der
Einsparungen zu bestimmen. Bei der Anwendung dieser Methode sollten Bereinigungen
vorgenommen werden, um Änderungen bei der Nutzung von Ausrüstungen und Geräten
zu berücksichtigen.

Endverbrauchslast-Daten
Der Energieverbrauch eines Gebäudes oder einer Einrichtung kann vollständig überwacht
werden, um den Energiebedarf vor und nach Einführung einer Energieeffizienzmaßnahme
aufzuzeichnen. Wichtige relevante Faktoren (z. B. Produktionsprozess, Spezialausrüstung,
Wärmeanlagen) können genauer erfasst werden. {**44**}

Kommentar: Die zur Vergleichsermöglichung der EU-Staaten notwendigen Energie-
verbrauchsdaten können auf verschiedenste Weise geschätzt oder gemetert werden.
Diese Vorgehensweise kann auch in Energieverbrauchsinformationssystem analog zum
Einsatz kommen.

b) Modellfehler: bezieht sich typischerweise auf Fehler in dem Modell, das zur Abschät-
zung von Parametern für die gesammelten Daten benutzt wird;
c) Stichprobenfehler: bezieht sich typischerweise auf Fehler aufgrund der Tatsache, dass an
einer Stichprobe Beobachtungen vorgenommen wurden, statt die Grundgesamtheit aller
Einheiten zu beobachten.
Eine Unsicherheit kann sich auch aus geplanten und ungeplanten Annahmen ergeben; dies
ist typischerweise mit Schätzungen, Vorgaben und/oder der Verwendung technischer Da-

ten verbunden. Das Auftreten von Fehlern steht auch mit der gewählten Methode der Da-
tensammlung in Zusammenhang, die in den Nummern 2.1 und 2.2 skizziert ist. Eine wei-
tere Spezifizierung der Unsicherheit ist anzuraten {45}.

Kommentar: Die Fehlermöglichkeit bei der Bilanzbildung der potenziellen Energieeinsparung wird anhand mehrerer Fehlerquellen erläutert. In einem anderen Zusammenhang wird die Unsicherheit der Bilanzierung betrachtet. Ohne exaktes Metering beim
Energiekunden kann die Energieeinsparung in Abhängigkeit gezielter Maßnahmen nicht
beurteilt werden.

Dachgeschossisolierung (privat genutzte Gebäude)	**30 Jahre**
Hohlwanddämmung (privat genutzte Gebäude)	**40 Jahre**
Verglasung (von E nach C) (in m²)	**20 Jahre**
Heizkessel (von B nach A)	**15 Jahre**
Heizungsregelung – Nachrüstung mit Ersatz des Kessels	**15 Jahre**
Kompakte Fluoreszenzleuchten (handelsübliche Leuchten)	**16 Jahre** {46}

Kommentar: Erwähnt sind in der Richtlinie auch die unterschiedlichen Nutzungszeiten
von Energieeinsparungsmaßnahmen, um darauf basierend in Verbindung mit den Anschaffungskosten die Amortisation abschätzen zu können.

1.   **Markt für Haushaltsgeräte/Informationstechnik und Beleuchtung:**
1.1.   **Küchengeräte (Weiße Ware);**
1.2.   **Unterhaltungs-/Informationstechnik;**
1.3.   **Beleuchtung.**
2.   **Markt für Hauswärmetechnik:**
2.1.   **Heizung;**
2.2.   **Warmwasserbereitung;**
2.3.   **Klimaanlagen;**
2.4.   **Lüftung;**
2.5.   **Wärmedämmung;**
2.6.   **Fenster (47).**

Kommentar: Die Marktpotenziale für energiesparende Produkte und Geräte werden in
anderer Reihenfolge als im Zusammenhang mit der Energieeinsparung angegeben. Unter 1. werden Haushaltsgeräte, Informationstechnik und Beleuchtung geführt. Dies sind
eher preiswerte Geräte mit kurzen Einsatzzeiten. Unter 2. werden Maßnahmen zur Reduktion des Wärmebedarfs aufgeführt, die eher größere bis große Nutzungszeiten haben.
Im Kontext wird Gebäudeautomation nicht aufgeführt.

Liste der förderungsfähigen Maßnahmen im Bereich der energieeffizienten öffentlichen
Beschaffung
Unbeschadet der nationalen und gemeinschaftlichen Rechtsvorschriften für das öffentliche
Beschaffungswesen sorgen die Mitgliedstaaten dafür, dass der öffentliche Sektor im Rah-

men seiner in Artikel 5 genannten Vorbildfunktion mindestens zwei der Anforderungen anwendet, die in der nachstehenden Liste aufgeführt sind:

a) Anforderungen hinsichtlich des Einsatzes von Finanzinstrumenten für Energieeinsparungen, einschließlich Energieleistungsverträgen, die die Erbringung messbarer und im Voraus festgelegter Energieeinsparungen (auch in Fällen, in denen öffentliche Verwaltungen Zuständigkeiten ausgegliedert haben) vorschreiben;

b) Anforderungen, wonach die zu beschaffenden Ausrüstungen und Fahrzeuge aus Listen energieeffizienter Produkte auszuwählen sind, die Spezifikationen für verschiedene Kategorien von Ausrüstungen und Fahrzeugen enthalten und von den in Artikel 4 Absatz 4 genannten Behörden oder Stellen erstellt werden, wobei gegebenenfalls eine Analyse minimierter Lebenszykluskosten oder vergleichbare Methoden zur Gewährleistung der Kostenwirksamkeit zugrunde zu legen sind;

c) Anforderungen, die den Kauf von Ausrüstungen vorschreiben, die in allen Betriebsarten – auch in Betriebsbereitschaft – einen geringen Energieverbrauch aufweisen, wobei gegebenenfalls eine Analyse minimierter Lebenszykluskosten oder vergleichbare Methoden zur Gewährleistung der Kostenwirksamkeit zugrunde zu legen sind;

d) Anforderungen, die das Ersetzen oder Nachrüsten vorhandener Ausrüstungen und Fahrzeuge durch die bzw. mit den unter den Buchstaben b und c genannten Ausrüstungen vorschreiben;

e) Anforderungen, die die Durchführung von Energieaudits und die Umsetzung der daraus resultierenden Empfehlungen hinsichtlich der Kostenwirksamkeit vorschreiben;

f) Anforderungen, die den Kauf oder die Anmietung von energieeffizienten Gebäuden oder Gebäudeteilen bzw. den Ersatz oder die Nachrüstung von gekauften oder angemieteten Gebäuden oder Gebäudeteilen vorschreiben, um ihre Energieeffizienz zu verbessern (48).

Kommentar: Abschließend werden die flankierenden Maßnahmen zur Energieeffizienzsteigerung nochmals zusammengefasst. Hier werden insbesondere finanzielle Aspekte angesprochen.

11.1.3 Zusammenfassung

Im Rahmen der Endenergieeffizienzrichtlinie regelt die EU insbesondere die Vergleichbarkeit der Erreichung von Energiesparzielen der einzelnen EU-Staaten. Energieeffizienzsteigerung wird insbesondere in Verbindung mit Energieberatung und anderen Energiedienstleistungen betrachtet. Hier werden an erster Stelle die Energieversorger als Dienstleister betrachtet. Die Einführung von Smart Metering für alle Energiequellen wird verbindlich geregelt, dies betrifft auch die Auswertung, Darstellung und Übermittlung der erfassten Daten an den Energiekunden. Der Kostenaspekt der Einführung von Smart Metering wird beschrieben. Energieeinsparungsmöglichkeit wird insbesondere durch Sanierung der Heizungs- und Kühlungsanlage, Isolation und Belüftung, Warmwassergeräten gesehen. In der Reihenfolge weit hinten sind Beleuchtung und Gebäudeautomation sowie sonstige Geräte. Gebäudeautomation wird nicht in Verbindung mit Smart Metering betrachtet, obwohl das geforderte Tarifmanagement nur in Verbindung

mit Gebäudeautomation realisiert werden kann. Neben dem Angebot von Energiedienstleistungen legt die EU Wert auf breite Information über Energieeinspa-
rungsmöglichkeiten und der Veröffentlichung von Best-Practise-Beispielen.

11.2   Energiewirtschaftsgesetz (EnWG von 2005, letzte Änderung 2012)

Das Energiewirtschaftsgesetz der deutschen Regierung ist eine gesetzliche Regelung, die
auf die Richtlinie der EU folgt. Sie regelt die Neuerungen bezüglich der Versorgung mit
elektrischer und Gas-Energie in Verbindung mit Smart Metering und variablen Tarifen.
Im Folgenden sind Teile des für Smart Metering und Gebäudeautomation relevanten
Gesetzestextes aufgeführt, die Paragraph für Paragraph kommentiert werden.
Das gesamte Gesetz hat folgenden Inhalt:
Inhaltsübersicht

Teil 4

Energielieferung an Letztverbraucher

§ 36 Grundversorgungspflicht

§ 37 Ausnahmen von der Grundversorgungspflicht

§ 38 Ersatzversorgung mit Energie

§ 39 Allgemeine Preise und Versorgungsbedingungen

§ 40 Strom- und Gasrechnungen, Tarife

§ 41 Energielieferverträge mit Haushaltskunden, Verordnungsermächtigung

§ 42 Stromkennzeichnung, Transparenz der Stromrechnungen, Verordnungsermächtigung

Teil 5

Planfeststellung, Wegenutzung

§ 43 Erfordernis der Planfeststellung

§ 43a Anhörungsverfahren

§ 43b Planfeststellungsbeschluss, Plangenehmigung

§ 43c Rechtswirkungen der Planfeststellung

§ 43d Planänderung vor Fertigstellung des Vorhabens

§ 43e Rechtsbehelfe

§ 43f Unwesentliche Änderungen

§ 43g Projektmanager

§ 43h Ausbau des Hochspannungsnetzes

§ 44 Vorarbeiten

§ 44a Veränderungssperre, Vorkaufsrecht

§ 44b Vorzeitige Besitzeinweisung

§ 45 Enteignung

§ 45a Entschädigungsverfahren

§ 45b Parallelführung von Planfeststellungs- und Enteignungsverfahren

§ 46 Wegenutzungsverträge

§ 47 (aufgehoben)

§ 48 Konzessionsabgaben

Teil 6

Sicherheit und Zuverlässigkeit der Energieversorgung

§ 49 Anforderungen an Energieanlagen, Verordnungsermächtigung

§ 50 Vorratshaltung zur Sicherung der Energieversorgung

§ 51 Monitoring der Versorgungssicherheit

§ 52 Meldepflichten bei Versorgungsstörungen

§ 53 Ausschreibung neuer Erzeugungskapazitäten im Elektrizitätsbereich

§ 53a Sicherstellung der Versorgung von Haushaltskunden mit Erdgas

Kommentar: Der Gesetzestext ist eine Fortschreibung des bestehenden Energiewirtschaftsgesetzes und umfasst alle Aspekte der Energieversorgung vom Versorger bis zum

Kunden. Große Passagen betreffen nur den Energieversorger und werden daher nicht weiter betrachtet.

§ 1 Zweck des Gesetzes

(1)   Zweck des Gesetzes ist eine möglichst sichere, preisgünstige, verbraucherfreundliche, effiziente und umweltverträgliche leitungsgebundene Versorgung der Allgemeinheit mit Elektrizität und Gas, die zunehmend auf erneuerbaren Energien beruht.

(2)   Die Regulierung der Elektrizitäts- und Gasversorgungsnetze dient den Zielen der Sicherstellung eines wirksamen und unverfälschten Wettbewerbs bei der Versorgung mit Elektrizität und Gas und der Sicherung eines langfristig angelegten leistungsfähigen und zuverlässigen Betriebs von Energieversorgungsnetzen.

(3)   Zweck dieses Gesetzes ist ferner die Umsetzung und Durchführung des Europäischen Gemeinschaftsrechts auf dem Gebiet der leitungsgebundenen Energieversorgung.

Kommentar: Der Zweck des Gesetzes ist die Versorgung der Allgemeinheit auf der Basis von Sicherheit, Kosten, Effizienz und Umwelt unter Berücksichtigung der stetigen Zunahme erneuerbarer Energien.

§ 2 Aufgaben der Energieversorgungsunternehmen

(1)   Energieversorgungsunternehmen sind im Rahmen der Vorschriften dieses Gesetzes zu einer Versorgung im Sinne des § 1 verpflichtet.

(2)   Die Verpflichtungen nach dem Erneuerbare-Energien-Gesetz und nach dem Kraft-Wärme-Kopplungsgesetz bleiben vorbehaltlich des § 13, auch in Verbindung mit § 14, unberührt.

Kommentar: Die Verpflichtungen zur Versorgung des Endkunden werden dem Energieversorger auch vor dem Hintergrund der Einbindung regenerativer Energien und der Kraft-Wärme-Kopplung auferlegt.

§ 17 Netzanschluss

(1)   Betreiber von Energieversorgungsnetzen haben Letztverbraucher, gleich- oder nachgelagerte Elektrizitäts- und Gasversorgungsnetze sowie -leitungen, Erzeugungs- und Speicheranlagen sowie Anlagen zur Speicherung elektrischer Energie zu technischen und wirtschaftlichen Bedingungen an ihr Netz anzuschließen, die angemessen, diskriminierungsfrei, transparent und nicht ungünstiger sind, als sie von den Betreibern der Energieversorgungsnetze in vergleichbaren Fällen für Leistungen innerhalb ihres Unternehmens oder gegenüber verbundenen oder assoziierten Unternehmen angewendet werden.

(2)   Betreiber von Energieversorgungsnetzen können einen Netzanschluss nach Absatz 1 verweigern, soweit sie nachweisen, dass ihnen die Gewährung des Netzanschlusses aus betriebsbedingten oder sonstigen wirtschaftlichen oder technischen Gründen unter Berücksichtigung der Ziele des § 1 nicht möglich oder nicht zumutbar ist. Die Ablehnung ist in Textform zu begründen. Auf Verlangen der beantragenden Partei muss die Begründung im Falle eines Kapazitätsmangels auch aussagekräftige Informationen darüber enthalten, welche konkreten Maßnahmen und damit verbundene Kosten zum Aus-

bau des Netzes im Einzelnen erforderlich wären, um den Netzanschluss durchzuführen; die Begründung kann nachgefordert werden. Für die Begründung nach Satz 3 kann ein Entgelt, das die Hälfte der entstandenen Kosten nicht überschreiten darf, verlangt werden, sofern auf die Entstehung von Kosten zuvor hingewiesen worden ist.

... (gekürzt um unwichtige Passagen)

(3)   Die Bundesregierung wird ermächtigt, durch Rechtsverordnung mit Zustimmung des Bundesrates

1.   Vorschriften über die technischen und wirtschaftlichen Bedingungen für einen Netzanschluss nach Absatz 1 oder Methoden für die Bestimmung dieser Bedingungen zu erlassen und

2.   zu regeln, in welchen Fällen und unter welchen Voraussetzungen die Regulierungsbehörde diese Bedingungen oder Methoden festlegen oder auf Antrag des Netzbetreibers genehmigen kann.

Insbesondere können durch Rechtsverordnungen nach Satz 1 unter angemessener Berücksichtigung der Interessen der Betreiber von Energieversorgungsnetzen und der Anschlussnehmer

1.   die Bestimmungen der Verträge einheitlich festgesetzt werden,

2.   Regelungen über den Vertragsabschluss, den Gegenstand und die Beendigung der Verträge getroffen werden und

3.   festgelegt sowie näher bestimmt werden, in welchem Umfang und zu welchen Bedingungen ein Netzanschluss nach Absatz 2 zumutbar ist; dabei kann auch das Interesse der Allgemeinheit an einer möglichst kostengünstigen Struktur der Energieversorgungsnetze berücksichtigt werden.

Kommentar: Der Energieversorger wird verpflichtet für den Netzanschluss des Energiekunden zu sorgen und dabei die Leistungsentgelte vergleichbar mit anderen Energieversorgern zu halten, um Wettbewerbsnachteile zu vermeiden. Das Gesetz regelt des Weiteren den Anschluss von Offshore-Anlagen, der für Energiekunden nicht direkt, sondern nur bezüglich einer Kostenumlage, von Belang ist. Die technischen Anschlussbedingungen und Verträge werden erwähnt.

§ 20 Zugang zu den Energieversorgungsnetzen

(1)   Betreiber von Energieversorgungsnetzen haben jedermann nach sachlich gerechtfertigten Kriterien diskriminierungsfrei Netzzugang zu gewähren sowie die Bedingungen, einschließlich möglichst bundesweit einheitlicher Musterverträge, Konzessionsabgaben und unmittelbar nach deren Ermittlung, aber spätestens zum 15. Oktober eines Jahres für das Folgejahr Entgelte für diesen Netzzugang im Internet zu veröffentlichen. Sind die Entgelte für den Netzzugang bis zum 15. Oktober eines Jahres nicht ermittelt, veröffentlichen die Betreiber von Energieversorgungsnetzen die Höhe der Entgelte, die sich voraussichtlich auf Basis der für das Folgejahr geltenden Erlösobergrenze ergeben wird. Sie haben in dem Umfang zusammenzuarbeiten, der erforderlich ist, um einen effizienten Netzzugang zu gewährleisten. Sie haben ferner den Netznutzern die für einen

effizienten Netzzugang erforderlichen Informationen zur Verfügung zu stellen. Die Netzzugangsregelung soll massengeschäftstauglich sein.

(1a) Zur Ausgestaltung des Rechts auf Zugang zu Elektrizitätsversorgungsnetzen nach Absatz 1 haben Letztverbraucher von Elektrizität oder Lieferanten Verträge mit denjenigen Energieversorgungsunternehmen abzuschließen, aus deren Netzen die Entnahme und in deren Netze die Einspeisung von Elektrizität erfolgen soll (Netznutzungsvertrag). Werden die Netznutzungsverträge von Lieferanten abgeschlossen, so brauchen sie sich nicht auf bestimmte Entnahmestellen zu beziehen (Lieferantenrahmenvertrag). Netznutzungsvertrag oder Lieferantenrahmenvertrag vermitteln den Zugang zum gesamten Elektrizitätsversorgungsnetz. Alle Betreiber von Elektrizitätsversorgungsnetzen sind verpflichtet, in dem Ausmaß zusammenzuarbeiten, das erforderlich ist, damit durch den Betreiber von Elektrizitätsversorgungsnetzen, der den Netznutzungs- oder Lieferantenrahmenvertrag abgeschlossen hat, der Zugang zum gesamten Elektrizitätsversorgungsnetz gewährleistet werden kann. Der Netzzugang durch die Letztverbraucher und Lieferanten setzt voraus, dass über einen Bilanzkreis, der in ein vertraglich begründetes Bilanzkreissystem nach Maßgabe einer Rechtsverordnung über den Zugang zu Elektrizitätsversorgungsnetzen einbezogen ist, ein Ausgleich zwischen Einspeisung und Entnahme stattfindet.

(1b) Zur Ausgestaltung des Zugangs zu den Gasversorgungsnetzen müssen Betreiber von Gasversorgungsnetzen Einspeise- und Ausspeisekapazitäten anbieten, die den Netzzugang ohne Festlegung eines transaktionsabhängigen Transportpfades ermöglichen und unabhängig voneinander nutzbar und handelbar sind. Zur Abwicklung des Zugangs zu den Gasversorgungsnetzen ist ein Vertrag mit dem Netzbetreiber, in dessen Netz eine Einspeisung von Gas erfolgen soll, über Einspeisekapazitäten erforderlich (Einspeisevertrag). Zusätzlich muss ein Vertrag mit dem Netzbetreiber, aus dessen Netz die Entnahme von Gas erfolgen soll, über Ausspeisekapazitäten abgeschlossen werden (Ausspeisevertrag). Wird der Ausspeisevertrag von einem Lieferanten mit einem Betreiber eines Verteilernetzes abgeschlossen, braucht er sich nicht auf bestimmte Entnahmestellen zu beziehen. Alle Betreiber von Gasversorgungsnetzen sind verpflichtet, untereinander in dem Ausmaß verbindlich zusammenzuarbeiten, das erforderlich ist, damit der Transportkunde zur Abwicklung eines Transports auch über mehrere, durch Netzkopplungspunkte miteinander verbundene Netze nur einen Einspeise- und einen Ausspeisevertrag abschließen muss, es sei denn, diese Zusammenarbeit ist technisch nicht möglich oder wirtschaftlich nicht zumutbar. Sie sind zu dem in Satz 5 genannten Zweck verpflichtet, bei der Berechnung und dem Angebot von Kapazitäten, der Erbringung von Systemdienstleistungen und der Kosten- oder Entgeltwälzung eng zusammenzuarbeiten. Sie haben gemeinsame Vertragsstandards für den Netzzugang zu entwickeln und unter Berücksichtigung von technischen Einschränkungen und wirtschaftlicher Zumutbarkeit alle Kooperationsmöglichkeiten mit anderen Netzbetreibern auszuschöpfen, mit dem Ziel, die Zahl der Netze oder Teilnetze sowie der Bilanzzonen möglichst gering zu halten. Betreiber von über Netzkopplungspunkte verbundenen Netzen haben bei der Berechnung und Ausweisung von technischen Kapazitäten mit dem Ziel zusammenzuarbeiten, in möglichst hohem Umfang aufeinander abgestimmte Kapazitäten in den miteinander verbundenen Netzen ausweisen zu können. Bei einem Wechsel des Lieferanten kann der neue Lieferant vom bisherigen Lieferanten die Übertragung der für die Versorgung des Kunden erforderlichen, vom bisherigen Lieferanten gebuchten Ein- und Ausspeisekapazitäten verlangen, wenn ihm die Versorgung des Kunden entsprechend der von ihm eingegangenen Lieferverpflichtung ansonsten nicht möglich ist und er dies gegenüber dem bisherigen Lieferanten begründet. Betreiber von Fernleitungsnetzen sind verpflichtet, die Rechte an gebuchten Kapazitäten so auszugestalten, dass sie den Transportkunden berechtigen, Gas an jedem Einspeisepunkt für die Ausspeisung an jedem Ausspeisepunkt ihres Netzes oder, bei dauerhaften Engpässen, eines Teilnetzes bereitzustellen (entry-exit System). Betreiber eines örtlichen Verteilernetzes haben den Netzzugang nach Maßgabe einer Rechtsverordnung nach § 24 über den Zugang zu Gasversorgungsnetzen durch Übernahme des Gases an Einspeisepunkten ihrer Netze für alle angeschlossenen Ausspeisepunkte zu gewähren.

(1c) Verträge nach den Absätzen 1a und 1b dürfen das Recht aus § 21b Absatz 2 weder behindern noch erschweren.

(1d) Der Betreiber des Energieversorgungsnetzes, an das eine Kundenanlage oder Kundenanlage zur betrieblichen Eigenversorgung angeschlossen ist, hat die erforderlichen Zählpunkte zu stellen. Bei der Belieferung der Letztverbraucher durch Dritte findet erforderlichenfalls eine Verrechnung der Zählwerte über Unterzähler statt.

(2) Betreiber von Energieversorgungsnetzen können den Zugang nach Absatz 1 verweigern, soweit sie nachweisen, dass ihnen die Gewährung des Netzzugangs aus betriebsbedingten oder sonstigen Gründen unter Berücksichtigung der Ziele des § 1 nicht möglich oder nicht zumutbar ist. Die Ablehnung ist in Textform zu begründen und der Regulierungsbehörde unverzüglich mitzuteilen. Auf Verlangen der beantragenden Partei muss die Begründung im Falle eines Kapazitätsmangels auch aussagekräftige Informationen darüber enthalten, welche Maßnahmen und damit verbundene Kosten zum Ausbau des Netzes erforderlich wären, um den Netzzugang zu ermöglichen; die Begründung kann nachgefordert werden. Für die Begründung nach Satz 3 kann ein Entgelt, das die Hälfte der entstandenen Kosten nicht überschreiten darf, verlangt werden, sofern auf die Entstehung von Kosten zuvor hingewiesen worden ist.

Kommentar: Der Netzzugang des Energiekunden wird klar hinsichtlich der Vertragsgestaltung geregelt. Die Tarifgestaltung und -änderung wird definiert über die Bekanntgabe von Tarifänderungen zu einem Stichtag mit Veröffentlichung. Geregelt wird auch der Zugang zu Gasversorgungsnetzen inklusive vertraglicher Vereinbarungen. Die Energieabnahmezähleinrichtungen sind vom Energieversorgungsnetzbetreiber zu stellen. Damit obliegt die Auswahl der Smart Meter dem lokalen Energieversorger.

§ 20a Lieferantenwechsel

(1) Bei einem Lieferantenwechsel hat der neue Lieferant dem Letztverbraucher unverzüglich in Textform zu bestätigen, ob und zu welchem Termin er eine vom Letztverbraucher gewünschte Belieferung aufnehmen kann.

(2)   Das Verfahren für den Wechsel des Lieferanten darf drei Wochen, gerechnet ab dem Zeitpunkt des Zugangs der Anmeldung zur Netznutzung durch den neuen Lieferanten bei dem Netzbetreiber, an dessen Netz die Entnahmestelle angeschlossen ist, nicht überschreiten. Der Netzbetreiber ist verpflichtet, den Zeitpunkt des Zugangs zu dokumentieren. Eine von Satz 1 abweichende längere Verfahrensdauer ist nur zulässig, soweit die Anmeldung zur Netznutzung sich auf einen weiter in der Zukunft liegenden Liefertermin bezieht.

(3)   Der Lieferantenwechsel darf für den Letztverbraucher mit keinen zusätzlichen Kosten verbunden sein.

(4)   Erfolgt der Lieferantenwechsel nicht innerhalb der in Absatz 2 vorgesehenen Frist, so kann der Letztverbraucher von dem Lieferanten oder dem Netzbetreiber, der die Verzögerung zu vertreten hat, Schadensersatz nach den §§ 249 ff. des Bürgerlichen Gesetzbuchs verlangen. Der Lieferant oder der Netzbetreiber trägt die Beweislast, dass er die Verzögerung nicht zu vertreten hat.

Kommentar: Der Passus Lieferantenwechsel ist interessant in Verbindung mit der Tarifnutzung in Verbindung mit Gebäudeautomation. So ist beabsichtigt und gefordert, dass der Energieversorger lastabhängige Tarife anbietet, die der aktuellen Netzauslastung entsprechen. Die Aufgabe der Gebäudeautomation besteht darin unnötige oder starke Verbraucher abzuschalten oder tariforientiert einzuschalten, um dadurch auf die Netzauslastung zu reagieren und dadurch Lastspitzen abzubauen. Diese Aktion ist kein Lieferantenwechsel. Demgegenüber ist der Energiekunde geneigt, durch ständige Beobachtung der Tarife automatisiert über das Internet, gesteuert durch die Gebäudeautomation, Verträge automatisiert zu wechseln. Das Gesetz regelt, dass ein Lieferantenwechsel möglich ist und in welcher Form dies kundenfreundlich erfolgt. Eine hohe Dynamik ist beim Lieferantenwechsel jedoch angesichts von maximalen Dreiwochenfristen zur vertraglichen Regelung nicht möglich bzw. würde zu großer Intransparenz führen.

§ 21 Bedingungen und Entgelte für den Netzzugang

(1)   Die Bedingungen und Entgelte für den Netzzugang müssen angemessen, diskriminierungsfrei, transparent und dürfen nicht ungünstiger sein, als sie von den Betreibern der Energieversorgungsnetze in vergleichbaren Fällen für Leistungen innerhalb ihres Unternehmens oder gegenüber verbundenen oder assoziierten Unternehmen angewendet und tatsächlich oder kalkulatorisch in Rechnung gestellt werden.

(2)   Die Entgelte werden auf der Grundlage der Kosten einer Betriebsführung, die denen eines effizienten und strukturell vergleichbaren Netzbetreibers entsprechen müssen, unter Berücksichtigung von Anreizen für eine effiziente Leistungserbringung und einer angemessenen, wettbewerbsfähigen und risikoangepassten Verzinsung des eingesetzten Kapitals gebildet, soweit in einer Rechtsverordnung nach § 24 nicht eine Abweichung von der kostenorientierten Entgeltbildung bestimmt ist. Soweit die Entgelte kostenorientiert gebildet werden, dürfen Kosten und Kostenbestandteile, die sich ihrem Umfang nach im Wettbewerb nicht einstellen würden, nicht berücksichtigt werden.

(3)   Um zu gewährleisten, dass sich die Entgelte für den Netzzugang an den Kosten einer Betriebsführung nach Absatz 2 orientieren, kann die Regulierungsbehörde in regelmäßigen zeitlichen Abständen einen Vergleich der Entgelte für den Netzzugang, der Erlöse oder der Kosten der Betreiber von Energieversorgungsnetzen durchführen (Vergleichsverfahren). Soweit eine kostenorientierte Entgeltbildung erfolgt und die Entgelte genehmigt sind, findet nur ein Vergleich der Kosten statt.

(4)   Die Ergebnisse des Vergleichsverfahrens sind bei der kostenorientierten Entgeltbildung nach Absatz 2 zu berücksichtigen. Ergibt ein Vergleich, dass die Entgelte, Erlöse oder Kosten einzelner Betreiber von Energieversorgungsnetzen für das Netz insgesamt oder für einzelne Netz- oder Umspannebenen die durchschnittlichen Entgelte, Erlöse oder Kosten vergleichbarer Betreiber von Energieversorgungsnetzen überschreiten, wird vermutet, dass sie einer Betriebsführung nach Absatz 2 nicht entsprechen.

Kommentar: § 21 regelt die Tarifgestaltung in Verbindung mit der Effizienzoptimierung der Energielieferung. Erwähnt wird die Regulierungsbehörde, die über die Vergleichbarkeit der Tarif verschiedener Energieversorger wacht.

§ 21a Regulierungsvorgaben für Anreize für eine effiziente Leistungserbringung

(1)   Soweit eine kostenorientierte Entgeltbildung im Sinne des § 21 Abs. 2 Satz 1 erfolgt, können nach Maßgabe einer Rechtsverordnung nach Absatz 6 Satz 1 Nr. 1 Netzzugangsentgelte der Betreiber von Energieversorgungsnetzen abweichend von der Entgeltbildung nach § 21 Abs. 2 bis 4 auch durch eine Methode bestimmt werden, die Anreize für eine effiziente Leistungserbringung setzt (Anreizregulierung).

(2)   Die Anreizregulierung beinhaltet die Vorgabe von Obergrenzen, die in der Regel für die Höhe der Netzzugangsentgelte oder die Gesamterlöse aus Netzzugangsentgelten gebildet werden, für eine Regulierungsperiode unter Berücksichtigung von Effizienzvorgaben. Die Obergrenzen und Effizienzvorgaben sind auf einzelne Netzbetreiber oder auf Gruppen von Netzbetreibern sowie entweder auf das gesamte Elektrizitäts- oder Gasversorgungsnetz, auf Teile des Netzes oder auf die einzelnen Netz- und Umspannebenen bezogen. Dabei sind Obergrenzen mindestens für den Beginn und das Ende der Regulierungsperiode vorzusehen. Vorgaben für Gruppen von Netzbetreibern setzen voraus, dass die Netzbetreiber objektiv strukturell vergleichbar sind.

… (gekürzt um unwichtige Passagen)

(6)   Die Bundesregierung wird ermächtigt, durch Rechtsverordnung mit Zustimmung des Bundesrates

1. zu bestimmen, ob und ab welchem Zeitpunkt Netzzugangsentgelte im Wege einer Anreizregulierung bestimmt werden,

2. die nähere Ausgestaltung der Methode einer Anreizregulierung nach den Absätzen 1 bis 5 und ihrer Durchführung zu regeln sowie

3. zu regeln, in welchen Fällen und unter welchen Voraussetzungen die Regulierungsbehörde im Rahmen der Durchführung der Methoden Festlegungen treffen und Maßnahmen des Netzbetreibers genehmigen kann.

Insbesondere können durch Rechtsverordnung nach Satz 1

1. Regelungen zur Festlegung der für eine Gruppenbildung relevanten Strukturkriterien und über deren Bedeutung für die Ausgestaltung von Effizienzvorgaben getroffen werden,

2. Anforderungen an eine Gruppenbildung einschließlich der dabei zu berücksichtigenden objektiven strukturellen Umstände gestellt werden, wobei für Betreiber von Übertragungsnetzen gesonderte Vorgaben vorzusehen sind,

3. Mindest- und Höchstgrenzen für Effizienz- und Qualitätsvorgaben vorgesehen und Regelungen für den Fall einer Unter- oder Überschreitung sowie Regelungen für die Ausgestaltung dieser Vorgaben einschließlich des Entwicklungspfades getroffen werden,

4. Regelungen getroffen werden, unter welchen Voraussetzungen die Obergrenze innerhalb einer Regulierungsperiode auf Antrag des betroffenen Netzbetreibers von der Regulierungsbehörde abweichend vom Entwicklungspfad angepasst werden kann,

5. Regelungen zum Verfahren bei der Berücksichtigung der Inflationsrate unter Einbeziehung der Besonderheiten der Einstandspreisentwicklung und des Produktivitätsfortschritts in der Netzwirtschaft getroffen werden,

6. nähere Anforderungen an die Zuverlässigkeit einer Methode zur Ermittlung von Effizienzvorgaben gestellt werden,

7. Regelungen getroffen werden, welche Kostenanteile dauerhaft oder vorübergehend als nicht beeinflussbare Kostenanteile gelten,

8. Regelungen getroffen werden, die eine Begünstigung von Investitionen vorsehen, die unter Berücksichtigung der Ziele des § 1 zur Verbesserung der Versorgungssicherheit dienen,

9. Regelungen für die Bestimmung von Zuverlässigkeitskenngrößen für den Netzbetrieb unter Berücksichtigung der Informationen nach § 51 und deren Auswirkungen auf die Regulierungsvorgaben getroffen werden, wobei auch Senkungen der Obergrenzen zur Bestimmung der Netzzugangsentgelte vorgesehen werden können, und

10. Regelungen zur Erhebung der für die Durchführung einer Anreizregulierung erforderlichen Daten durch die Regulierungsbehörde getroffen werden.

(7)   In der Rechtsverordnung nach Absatz 6 Satz 1 sind nähere Regelungen für die Berechnung der Mehrkosten von Erdkabeln nach Absatz 4 Satz 3 zu treffen.

Kommentar: Der Gesetzespassus regelt die Tarifgestaltung in Verbindung mit der Einführung von Energieeffizienzmaßnahmen beim Energieversorger, die eine Korrektur der Tarife haben. Er betrifft den Energiekunden nur indirekt und vermeidet zu starke Tarifänderungen durch Regulierung.

§ 21b Messstellenbetrieb

(1)   Der Messstellenbetrieb ist Aufgabe des Betreibers von Energieversorgungsnetzen, soweit nicht eine anderweitige Vereinbarung nach Absatz 2 getroffen worden ist.

(2)   Auf Wunsch des betroffenen Anschlussnutzers kann anstelle des nach Absatz 1 verpflichteten Netzbetreibers von einem Dritten der Messstellenbetrieb durchgeführt werden, wenn der einwandfreie und den eichrechtlichen Vorschriften entsprechende Messstellenbetrieb, zu dem auch die Messung und Übermittlung der Daten an die be-

rechtigten Marktteilnehmer gehört, durch den Dritten gewährleistet ist, so dass eine fristgerechte und vollständige Abrechnung möglich ist, und wenn die Voraussetzungen nach Absatz 4 Satz 2 Nummer 2 vorliegen. Der Netzbetreiber ist berechtigt, den Messstellenbetrieb durch einen Dritten abzulehnen, sofern die Voraussetzungen nach Satz 1 nicht vorliegen. Die Ablehnung ist in Textform zu begründen. Der Dritte und der Netzbetreiber sind verpflichtet, zur Ausgestaltung ihrer rechtlichen Beziehungen einen Vertrag zu schließen. Bei einem Wechsel des Messstellenbetreibers sind der bisherige und der neue Messstellenbetreiber verpflichtet, die für die Durchführung des Wechselprozesses erforderlichen Verträge abzuschließen und die dafür erforderlichen Daten unverzüglich gegenseitig zu übermitteln. Soweit nicht Aufbewahrungsvorschriften etwas anderes bestimmen, hat der bisherige Messstellenbetreiber personenbezogene Daten unverzüglich zu löschen. § 6a Absatz 1 gilt entsprechend.

(3) In einer Rechtsverordnung nach § 21i Absatz 1 Nummer 13 kann vorgesehen werden, dass solange und soweit eine Messstelle nicht mit einem Messsystem im Sinne von § 21d Absatz 1 ausgestattet ist oder in ein solches eingebunden ist, auf Wunsch des betroffenen Anschlussnutzers in Abweichung von der Regel in Absatz 2 Satz 1 auch nur die Messdienstleistung auf einen Dritten übertragen werden kann; Absatz 2 gilt insoweit entsprechend.

(4) Der Messstellenbetreiber hat einen Anspruch auf den Einbau von in seinem Eigentum stehenden Messeinrichtungen oder Messsystemen. Beide müssen
1. den eichrechtlichen Vorschriften entsprechen und
2. den von dem Netzbetreiber einheitlich für sein Netzgebiet vorgesehenen technischen Mindestanforderungen und Mindestanforderungen in Bezug auf Datenumfang und Datenqualität genügen.
Die Mindestanforderungen des Netzbetreibers müssen sachlich gerechtfertigt und nicht-diskriminierend sein.

(5) Das in Absatz 2 genannte Auswahlrecht kann auch der Anschlussnehmer ausüben, solange und soweit dazu eine ausdrückliche Einwilligung des jeweils betroffenen Anschlussnutzers vorliegt. Die Freiheit des Anschlussnutzers zur Wahl eines Lieferanten sowie eines Tarifs und zur Wahl eines Messstellenbetreibers darf nicht eingeschränkt werden. Näheres kann in einer Rechtsverordnung nach § 21i Absatz 1 Nummer 1 geregelt werden.

Kommentar: § 21b regelt unter „Messstellenbetrieb" die Zuständigkeit für den Betrieb der Zähleinrichtungen. So ist prinzipiell zunächst der Energieversorger zuständig, kann diese Aufgabe jedoch an Dritte weitergeben.

§ 21c Einbau von Messsystemen

(1) Messstellenbetreiber haben
a) in Gebäuden, die neu an das Energieversorgungsnetz angeschlossen werden oder einer größeren Renovierung im Sinne der Richtlinie 2002/91/EG des Europäischen Parlaments und des Rates vom 16. Dezember 2002 über die Gesamtenergieeffizienz von Gebäuden (ABl. L 1 vom 4.1.2003, S. 65) unterzogen werden,

b) bei Letztverbrauchern mit einem Jahresverbrauch größer 6.000 Kilowattstunden,

c) bei Anlagenbetreibern nach dem Erneuerbare-Energien-Gesetz oder dem Kraft-Wärme-Koppelungsgesetz bei Neuanlagen mit einer installierten Leistung von mehr als 7 Kilowatt jeweils Messsysteme einzubauen, die den Anforderungen nach § 21d und § 21e genügen, soweit dies technisch möglich ist,

d) in allen übrigen Gebäuden Messsysteme einzubauen, die den Anforderungen nach § 21d und § 21e genügen, soweit dies technisch möglich und wirtschaftlich vertretbar ist.

(2) Technisch möglich ist ein Einbau, wenn Messsysteme, die den gesetzlichen Anforderungen genügen, am Markt verfügbar sind. Wirtschaftlich vertretbar ist ein Einbau, wenn dem Anschlussnutzer für Einbau und Betrieb keine Mehrkosten entstehen oder wenn eine wirtschaftliche Bewertung des Bundesministeriums für Wirtschaft und Technologie, die alle langfristigen, gesamtwirtschaftlichen und individuellen Kosten und Vorteile prüft, und eine Rechtsverordnung im Sinne von § 21i Absatz 1 Nummer 8 ihn anordnet.

(3) Werden Zählpunkte mit einem Messsystem ausgestattet, haben Messstellenbetreiber nach dem Erneuerbare-Energien-Gesetz oder dem Kraft-Wärme-Kopplungsgesetz für eine Anbindung ihrer Erzeugungsanlagen an das Messsystem zu sorgen. Die Verpflichtung gilt nur, soweit eine Anbindung technisch möglich und wirtschaftlich vertretbar im Sinne von Absatz 2 ist; Näheres regelt eine Rechtsverordnung nach § 21i Absatz 1 Nummer 8.

(4) Der Anschlussnutzer ist nicht berechtigt, den Einbau eines Messsystems nach Absatz 1 und Absatz 2 oder die Anbindung seiner Erzeugungsanlagen an das Messsystem nach Absatz 3 zu verhindern oder nachträglich wieder abzuändern.

Kommentar: Die Messstellenbetreiber, d. h., der Energieversorger oder durch ihn beauftragte Dritte, sind verpflichtet in Neubauten, Bauten mit hohem Sanierungsumfang, bei Energiekunden mit einem Verbrauch größer 6.000 kWh, Netzeinspeisern von z. B. Photovoltaik- oder KWK-Anlagen und allen übrigen Bauten, in denen der Einbau von Smart Metern technisch und wirtschaftlich möglich ist, Smart Meter zu installieren. Die technische Möglichkeit wird daran gemessen, ob Smart Meter am Markt verfügbar sind, und die Wirtschaftlichkeit des Einbaus dadurch erwiesen ist, dass dem Energiekunden für Einbau und Betrieb des Smart Meters keine Mehrkosten entstehen. Die Realisierbarkeit kann auch durch eine wirtschaftliche Bewertung durch das Bundesministerium erfolgen. Der Energiekunde ist gezwungen die Installation von Smart Metern hinzunehmen. Da Smart Meter seit mehreren Jahren vom messtechnischen Standpunkt kostengünstig verfügbar sind, können dieses seit ca. 2010 damit verbaut werden. Zahlreiche Anbieter können den Markt auch mit elektronischen Auslesesystemen bedienen.

§ 21d Messsysteme

(1) Ein Messsystem im Sinne dieses Gesetzes ist eine in ein Kommunikationsnetz eingebundene Messeinrichtung zur Erfassung elektrischer Energie, das den tatsächlichen Energieverbrauch und die tatsächliche Nutzungszeit widerspiegelt.

(2) Nähere Anforderungen an Funktionalität und Ausstattung von Messsystemen werden in einer Verordnung nach § 21i Absatz 1 Nummer 3 festgeschrieben.

Kommentar: Der Begriff Messsystem wird näher spezifiziert. Es umfasst nicht nur das elektromechanische, gegen einen elektronischen Zähler ausgetauschte Gerät, sondern auch die Kommunikationseinheit zur Einbindung in ein Kommunikationsnetz. Hiermit ist vermutlich die Anbindung an ein Kommunikationsnetz zum Energieversorger gemeint, jedoch nicht näher erwähnt. Das Messsystem dient der Erfassung von tatsächlichem Energieverbrauch und Nutzungszeit. Diese Aufgabe haben bislang auch Ferraris-Zähler erfüllt, indem durch Kumulation, d. h. dem Zählprozess, der tatsächliche Verbrauch auf der Basis der zugrundeliegenden Nutzungszeit als Integral erfasst wurde. Bei häufigeren Ablesevorgängen hätten der unter „tatsächlich" verstandene zeitabhängige Verbrauch und damit der Rückschluss auf die mittlere Leistung über einem Zeitintervall ermittelt werden können. Durch das neue Messsystem soll diese Aufgabe automatisiert werden.

§ 21e Allgemeine Anforderungen an Messsysteme zur Erfassung elektrischer Energie

(1) Es dürfen nur Messsysteme verwendet werden, die den eichrechtlichen Vorschriften entsprechen. Zur Gewährleistung von Datenschutz, Datensicherheit und Interoperabilität haben Messsysteme den Anforderungen der Absätze 2 bis 4 zu genügen.

(2) Zur Datenerhebung, -verarbeitung, -speicherung, -prüfung, -übermittlung dürfen ausschließlich solche technischen Systeme und Bestandteile eingesetzt werden, die

1. den Anforderungen von Schutzprofilen nach der nach § 21i zu erstellenden Rechtsverordnung entsprechen sowie

2. besonderen Anforderungen an die Gewährleistung von Interoperabilität nach der nach § 21i Absatz 1 Nummer 3 und 12 zu erstellenden Rechtsverordnung genügen.

(3) Die an der Datenübermittlung beteiligten Stellen haben dem jeweiligen Stand der Technik entsprechende Maßnahmen zur Sicherstellung von Datenschutz und Datensicherheit zu treffen, die insbesondere die Vertraulichkeit und Integrität der Daten sowie die Feststellbarkeit der Identität der übermittelnden Stelle gewährleisten. Im Falle der Nutzung allgemein zugänglicher Kommunikationsnetze sind Verschlüsselungsverfahren anzuwenden, die dem jeweiligen Stand der Technik entsprechen. Näheres wird in einer Rechtsverordnung nach § 21i Absatz 1 Nummer 4 geregelt.

(4) Es dürfen nur Messsysteme eingebaut werden, bei denen die Einhaltung der Anforderungen des Schutzprofils in einem Zertifizierungsverfahren zuvor festgestellt wurde, welches die Verlässlichkeit von außerhalb der Messeinrichtung aufbereiteten Daten, die Sicherheits- und die Interoperabilitätsanforderungen umfasst. Zertifikate können befristet, beschränkt oder mit Auflagen versehen vergeben werden. Einzelheiten zur Ausgestaltung des Verfahrens regelt die Rechtsverordnung nach § 21i Absatz 1 Nummer 3 und 12.

(5) Messsysteme, die den Anforderungen eines speziellen Schutzprofils nicht genügen, können noch bis zum 31. Dezember 2012 eingebaut werden und dürfen bis zum nächsten Ablauf der bestehenden Eichgültigkeit weiter genutzt werden, es sei denn, sie wären

zuvor auf Grund eines Einbaus nach § 21c auszutauschen oder ihre Weiterbenutzung ist mit unverhältnismäßigen Gefahren verbunden. Näheres kann durch Rechtsverordnung nach § 21i Absatz 1 Nummer 11 bestimmt werden.

Kommentar: Die Anforderungen an Messsysteme werden näher spezifiziert. Verwendung finden dürfen nur geeichte Zähler. Der Datenschutz, Datensicherheit und Interoperabilität müssen weiteren Anforderungen entsprechen. So ist prinzipiell der Aufbau eines Messsystems anhand eines Schutzprofils geregelt. Die Interoperabilität wird in einem anderen Passus erläutert. Im Rahmen von Datenschutz und Datensicherheit ist der Stand der Technik einzuhalten, insbesondere aber Vertraulichkeit, Integrität und Feststellbarkeit der Identität abzusichern. Zur Wahrung der Datensicherheit wird auf Verschlüsselungsverfahren in Kommunikationsnetzen und einen weiteren Passus hingewiesen. Verwendete Smart Meter müssen dem Schutzprofil entsprechen und zertifiziert sein. Insbesondere wird auf die Verlässlichkeit der von außen aufbereiteten Daten und die Verlässlichkeit der Sicherheit und Interoperabilität hingewiesen. Festgehalten wird zudem, dass Smart Meter, die unter anderem im Rahmen von Pilot- und vorhergegangen Installationen, die nicht allen Anforderungen genügten, noch bis Ende 2012 eingebaut und bis zur nächsten Eichgültigkeit genutzt werden dürfen. Danach ist ein Austausch vorzunehmen.

Der § 21e fasst alle Probleme zusammen, die zur Unsicherheit im Umgang mit Smart Metern und deren stark verzögerte Einführung geführt haben. So umfasst der Smart Meter nicht nur die Zähleinrichtung, sondern auch die Anbindung an ein Kommunikationsnetz und fordert die Sicherstellung von Datenschutz und -sicherheit. Im Zuge der Pilotinstallationen traten vielfältige Probleme auf, die zu einer Verzögerung der Einführung von Smart Metern führten, da zunächst das Datensicherheits- in Verbindung mit dem -übertragungsproblem gelöst werden musste. Die Lösung dieser Probleme ist auch Ende 2012 noch nicht abgeschlossen. Demgegenüber wird Interoperabilitätsmöglichkeit gefordert, was bidirektionale Kommunikation, d. h. Eingriff von außen durch Vorgabe von Tarifen und von innen durch Zugriff auf den Smart Meter bedeutet. Die Einführung elektronischer Zähler war von Beginn an kein Problem, da genügend Erfahrungen aus Industrieanwendungen bestanden. Zur Realisierung der Interoperabilität wurden Schnittstellen im Zähler verbaut, was nach einiger Diskussion in Verbindung mit der Datensicherheit in Frage gestellt wurde und Lösungen geschaffen werden mussten, die einen Zugriff auf den elektronischen Zähler von außen ermöglichten. Die Definition und Erfüllung von Schutzprofilen in Verbindung mit Zertifizierung ist nicht abgeschlossen. Damit kann der Smart Meter derzeit eher vom Energiekunden ausgelesen werden, als wie gefordert, zunächst vom Energieversorger, um eine Übersicht über Energieverbräuche in Rechnungen ermöglicht. §21e macht klar, warum die Umsetzung der Einführung von Smart Metern in Deutschland sehr zögerlich erfolgt und einige Energieversorger dieses noch nicht in Angriff nehmen oder Smart Meter ohne Fernauslesung oder über einen sicheren, aber dafür kostspieligen Weg, z. B. über GSM, verbauen. Da diese wiederum nicht den Schutzprofilen entsprechen, da diese noch nicht konkret erarbeitet sein können, ist ein Einbau nur noch bis Ende 2012 und eine Nutzung nur bis zur nächsten Eichung gestattet.

Aufgrund der gegen Ende 2012 noch völlig unklaren Definition der Smart Meter wurde vergleichbar mit der Verschiebung der Smart Meter zum Jahreswechsel 2009/2010 auch eine Aussetzung der Smart Meter für 2013 beschlossen, bis erneut bzw. noch andauernd, die generellen Probleme behoben sind.

§ 21f Messeinrichtungen für Gas

(1)   Messeinrichtungen für Gas dürfen nur verbaut werden, wenn sie sicher mit einem Messsystem, das den Anforderungen von § 21d und § 21e genügt, verbunden werden können. Sie dürfen ferner nur dann eingebaut werden, wenn sie auch die Anforderungen einhalten, die zur Gewährleistung des Datenschutzes, der Datensicherheit und Interoperabilität in Schutzprofilen und Technischen Richtlinien auf Grund einer Rechtsverordnung nach § 21i Absatz 1 Nummer 3 und 12 sowie durch eine Rechtsverordnung im Sinne von § 21i Absatz 1 Nummer 3 und 12 festgelegt werden können.

(2)   Bestandsgeräte, die den Anforderungen eines speziellen Schutzprofils nicht genügen, können noch bis zum 31. Dezember 2012 eingebaut werden und dürfen bis zum nächsten Ablauf der bestehenden Eichgültigkeit weiter genutzt werden, es sei denn, sie wären zuvor auf Grund eines Einbaus nach § 21c auszutauschen oder ihre Weiterbenutzung ist mit unverhältnismäßigen Gefahren verbunden. Näheres kann durch Rechtsverordnung nach § 21i Absatz 1 Nummer 11 bestimmt werden.

Kommentar: Die Aussagen zu Zählern elektrischer Energie gelten auch für Gaszähler Da es sich um dasselbe Kommunikationsnetz handelt, treten auch hier die vergleichbaren Probleme auf.

§ 21g Erhebung, Verarbeitung und Nutzung personenbezogener Daten

(1)   Die Erhebung, Verarbeitung und Nutzung personenbezogener Daten aus dem Messsystem oder mit Hilfe des Messsystems darf ausschließlich durch zum Datenumgang berechtigte Stellen erfolgen und auf Grund dieses Gesetzes nur, soweit dies erforderlich ist für

1. das Begründen, inhaltliche Ausgestalten und Ändern eines Vertragsverhältnisses auf Veranlassung des Anschlussnutzers;

2. das Messen des Energieverbrauchs und der Einspeisemenge;

3. die Belieferung mit Energie einschließlich der Abrechnung;

4. das Einspeisen von Energie einschließlich der Abrechnung;

5. die Steuerung von unterbrechbaren Verbrauchseinrichtungen in Niederspannung im Sinne von § 14a;

6. die Umsetzung variabler Tarife im Sinne von § 40 Absatz 5 einschließlich der Verarbeitung von Preis- und Tarifsignalen für Verbrauchseinrichtungen und Speicheranlagen sowie der Veranschaulichung des Energieverbrauchs und der Einspeiseleistung eigener Erzeugungsanlagen;

7. die Ermittlung des Netzzustandes in begründeten und dokumentierten Fällen;

8. das Aufklären oder Unterbinden von Leistungserschleichungen nach Maßgabe von Absatz 3.

(2)   Zum Datenumgang berechtigt sind der Messstellenbetreiber, der Netzbetreiber und der Lieferant sowie die Stelle, die eine schriftliche Einwilligung des Anschlussnutzers, die den Anforderungen des § 4a des Bundesdatenschutzgesetzes genügt, nachweisen kann. Für die Einhaltung datenschutzrechtlicher Vorschriften ist die jeweils zum Datenumgang berechtigte Stelle verantwortlich.

(3)   Wenn tatsächliche Anhaltspunkte für die rechtswidrige Inanspruchnahme eines Messsystems oder seiner Dienste vorliegen, muss der nach Absatz 2 zum Datenumgang Berechtigte diese dokumentieren. Zur Sicherung seines Entgeltanspruchs darf er die Bestandsdaten und Verkehrsdaten verwenden, die erforderlich sind, um die rechtswidrige Inanspruchnahme des Messsystems oder seiner Dienste aufzudecken und zu unterbinden. Der nach Absatz 2 zum Datenumgang Berechtigte darf die nach Absatz 1 erhobenen Verkehrsdaten in der Weise verwenden, dass aus dem Gesamtbestand aller Verkehrsdaten, die nicht älter als sechs Monate sind, die Daten derjenigen Verbindungen mit dem Messsystem ermittelt werden, für die tatsächliche Anhaltspunkte den Verdacht der rechtswidrigen Inanspruchnahme des Messsystems und seiner Dienste begründen. Der nach Absatz 2 zum Datenumgang Berechtigte darf aus den nach Satz 2 erhobenen Verkehrsdaten und Bestandsdaten einen pseudonymisierten Gesamtdatenbestand bilden, der Aufschluss über die von einzelnen Teilnehmern erzielten Umsätze gibt und unter Zugrundelegung geeigneter Missbrauchskriterien das Auffinden solcher Verbindungen des Messsystems ermöglicht, bei denen der Verdacht einer missbräuchlichen Inanspruchnahme besteht. Die Daten anderer Verbindungen sind unverzüglich zu löschen. Die Bundesnetzagentur und der Bundesbeauftragte für den Datenschutz und die Informationsfreiheit sind über Einführung und Änderung eines Verfahrens nach Satz 2 unverzüglich in Kenntnis zu setzen.

(4)   Messstellenbetreiber, Netzbetreiber und Lieferanten können als verantwortliche Stellen die Erhebung, Verarbeitung und Nutzung auch von personenbezogenen Daten durch einen Dienstleister in ihrem Auftrag durchführen lassen; § 11 des Bundesdatenschutzgesetzes ist einzuhalten und § 43 des Bundesdatenschutzgesetzes ist zu beachten.

(5)   Personenbezogene Daten sind zu anonymisieren oder zu pseudonymisieren, soweit dies nach dem Verwendungszweck möglich ist und im Verhältnis zu dem angestrebten Schutzzweck keinen unverhältnismäßigen Aufwand erfordert.

(6)   Näheres ist in einer Rechtsverordnung nach § 21i Absatz 1 Nummer 4 zu regeln. Diese hat insbesondere Vorschriften zum Schutz personenbezogener Daten der an der Energieversorgung Beteiligten zu enthalten, welche die Erhebung, Verarbeitung und Nutzung dieser Daten regeln. Die Vorschriften haben den Grundsätzen der Verhältnismäßigkeit, insbesondere der Beschränkung der Erhebung, Verarbeitung und Nutzung auf das Erforderliche sowie dem Grundsatz der Zweckbindung Rechnung zu tragen. Insbesondere darf die Belieferung mit Energie nicht von der Angabe personenbezogener Daten abhängig gemacht werden, die hierfür nicht erforderlich sind. Fernwirken und Fernmessen dürfen nur vorgenommen werden, wenn der Letztverbraucher zuvor über

den Verwendungszweck sowie über Art, Umfang und Zeitraum des Einsatzes unterrichtet worden ist und nach der Unterrichtung eingewilligt hat. Die Vorschriften müssen dem Letztverbraucher Kontroll- und Einwirkungsmöglichkeiten für das Fernwirken und Fernmessen einräumen. In der Rechtsverordnung sind Höchstfristen für die Speicherung festzulegen und insgesamt die berechtigten Interessen der Unternehmen und der Betroffenen angemessen zu berücksichtigen. Die Eigenschaften und Funktionalitäten von Messsystemen sowie von Speicher- und Verarbeitungsmedien sind datenschutzgerecht zu regeln.

Kommentar: Der § 21g regelt die Datensicherheitsproblematik grundsätzlich. Die gemessenen Daten, die aufgrund der Lokalität personenbezogen sind, dürfen nur durch Berechtigte genutzt werden. Die Nutzung ist beschränkt auf die Begründbarkeit von Vertragsänderungen auf der Basis der Messungen, Auslesung von Verbrauch und Einspeisemenge, Belieferung mit und Lieferung von Energie und deren Rechnungsstellung, Steuerung von unterbrechbaren Verbrauchseinrichtungen, Umsetzung variabler Tarife, Ermittlung des Netzzustandes und Aufklärung oder Unterbindung von Leistungserschleichungen (Stromklau). Berechtigt sind Messstellenbetreiber, Netzbetreiber und Lieferant sowie Dritte, die vom Energiekunden berechtigt werden. Der Berechtigte darf darüber hinaus die Messdaten ohne Personenbezug nutzen, um damit statische Erfassungen mit Vergleichsmöglichkeit anderer Energiekunden zu erstellen. Die Auswertung der Messdaten darf durch beauftragte Dritte erfolgen, soweit das Bundesdatenschutzgesetz beachtet wird. Der Energiekunde selbst wird abschließend als Nutzer der Messdaten genannt, um ihm Kontroll- und Einwirkungsmöglichkeiten für das Fernwirken und Fernmessen einzuräumen, damit ist eine Verwendung der Messdaten für smart-metering-basiertes Energiemanagement gesichert. Die Speicherzeit der Messdaten wird in einer Verordnung näher festgelegt.

Damit ist der Nutzen von Smart Metering klar beschrieben. Gemetert werden Energieverbrauch aus und -lieferung in das Netz zur Ermöglichung der Abrechnung durch den Energieversorger, aber auch zur Nutzung in Verbindung mit smart-metering-basiertem Energiemanagement. Darüber hinaus dürfen im Rahmen der Nutzung der Smart Metering-Einrichtungen auch unterbrechbare Verbrauchseinrichtungen genutzt werden, um säumige Energieverbraucher vom Netz zu trennen, statistische Erhebungen auf der Basis der Messungen erfolgen und die Messdaten herangezogen werden, um die Netzsicherheit zu prüfen und die erschlichene Nutzung von Energie aufzuspüren.

Dies erfordert bidirektionale Datenkommunikation mit erheblichen Aufwendungen hinsichtlich der Datensicherheit.

§ 21h Informationspflichten

(1)   Auf Verlangen des Anschlussnutzers hat der Messstellenbetreiber
1. ihm Einsicht in die im elektronischen Speicher- und Verarbeitungsmedium gespeicherten auslesbaren Daten zu gewähren und
2. in einem bestimmten Umfang Daten an diesen kostenfrei weiterzuleiten und diesen zur Nutzung zur Verfügung zu stellen.

(2)   Wird bei einer zum Datenumgang berechtigten Stelle festgestellt, dass gespeicherte Vertrags- oder Nutzungsdaten unrechtmäßig gespeichert, verarbeitet oder übermittelt wurden oder auf sonstige Weise Dritten unrechtmäßig zur Kenntnis gelangt sind und drohen schwerwiegende Beeinträchtigungen für die Rechte oder schutzwürdigen Interessen des betroffenen Anschlussnutzers, gilt § 42a des Bundesdatenschutzgesetzes entsprechend.

Kommentar: Dem Energieverbraucher ist Einsicht in die gespeicherten elektronischen Daten zu gewähren und in begrenztem Umfang die Weiterleitung dieser zur weiteren Nutzung zur Verfügung zu stellen. Unrechtmäßiger Umgang mit Messdaten nach Weitergabe an Dritte wird geahndet.

Damit ist klargestellt, dass der Energiekunde Einsicht in die Messdaten nehmen kann, dies kann z. B. über eine Homepage beim Energieversorger erfolgen. Darüber hinaus müssen dem Energiekunden in bestimmtem Umfang die Daten kostenfrei zur Verfügung gestellt werden, wenn dieser nicht selbst auf seine Messdaten zugreifen kann oder Prüfungen vornehmen möchte, um z. B. Energieeffizienzmaßnahmen zu detektieren.

§ 21i Rechtsverordnungen

(1)   Die Bundesregierung wird ermächtigt, durch Rechtsverordnung mit Zustimmung des Bundesrates

1. die Bedingungen für den Messstellenbetrieb zu regeln und dabei auch zu bestimmen, unter welchen Voraussetzungen der Messstellenbetrieb von einem anderen als dem Netzbetreiber durchgeführt werden kann und welche weiteren Anforderungen an eine Ausübung des Wahlrechts aus § 21b Absatz 2 durch den Anschlussnehmer gemäß § 21b Absatz 5 zu stellen sind;

2. die Verpflichtung nach § 21c Absatz 1 und 3 näher auszugestalten;

3. die in § 21d, § 21e und § 21f genannten Anforderungen näher auszugestalten und weitere bundesweit einheitliche technische Mindestanforderungen sowie Eigenschaften, Ausstattungsumfang und Funktionalitäten von Messsystemen und Messeinrichtungen für Strom und Gas unter Beachtung der eichrechtlichen Vorgaben zu bestimmen;

4. den datenschutzrechtlichen Umgang mit den bei einer leitungsgebundenen Versorgung der Allgemeinheit mit Elektrizität oder Gas anfallenden personenbezogenen Daten nach Maßgabe von § 21g zu regeln;

5. zu regeln, in welchen Fällen und unter welchen Voraussetzungen die Regulierungsbehörde Anforderungen und Bedingungen nach den Nummern 1 bis 3 festlegen kann;

6. Sonderregelungen für Pilotprojekte und Modellregionen vorzusehen;

7. das Verfahren der Zählerstandsgangmessung als besondere Form der Lastgangmessung näher zu beschreiben;

8. im Anschluss an eine den Vorgaben der Richtlinien 2009/72/EG und 2009/73/EG genügende wirtschaftliche Betrachtung im Sinne von § 21c Absatz 2 den Einbau von Messsystemen im Sinne von § 21d und § 21e und Messeinrichtungen im Sinne von § 21f ausschließlich unter bestimmten Voraussetzungen und für bestimmte Fälle vorzusehen und für andere Fälle Verpflichtungen von Messstellenbetreibern zum Angebot von sol-

chen Messsystemen und Messeinrichtungen vorzusehen sowie einen Zeitplan und Vorgaben für einen Rollout für Messsysteme im Sinne von § 21d und § 21e vorzusehen;

9. die Verpflichtung für Betreiber von Elektrizitätsverteilernetzen aus § 14a zu konkretisieren, insbesondere einen Rahmen für die Reduzierung von Netzentgelten und die vertragliche Ausgestaltung vorzusehen sowie Steuerungshandlungen zu benennen, die dem Netzbetreiber vorbehalten sind, und Steuerungshandlungen zu benennen, die Dritten, insbesondere dem Lieferanten, vorbehalten sind, wie auch Anforderungen an die kommunikative Einbindung der unterbrechbaren Verbrauchseinrichtung aufzustellen und vorzugeben, dass die Steuerung ausschließlich über Messsysteme im Sinne von § 21d und § 21e zu erfolgen hat;

10. Netzbetreibern oder Messstellenbetreibern in für Letztverbraucher wirtschaftlich zumutbarer Weise die Möglichkeit zu geben, aus Gründen des Systembetriebs und der Netzsicherheit in besonderen Fällen Messsysteme, die den Anforderungen von § 21d und § 21e genügen, oder andere technische Einrichtungen einzubauen und die Anforderungen dafür festzulegen;

11. den Bestandsschutz nach § 21e Absatz 5 und § 21f Absatz 2 inhaltlich und zeitlich näher zu bestimmen und damit gegebenenfalls auch eine Differenzierung nach Gruppen und eine Verlängerung der genannten Frist vorzunehmen;

12. im Sinne des § 21e Schutzprofile und Technische Richtlinien für Messsysteme im Sinne von § 21d Absatz 1 sowie für einzelne Komponenten und Verfahren zur Gewährleistung von Datenschutz, Datensicherheit und Anforderungen zur Gewährleistung der Interoperabilität von Messsystemen und ihrer Teile vorzugeben sowie die verfahrensmäßige Durchführung in Zertifizierungsverfahren zu regeln;

13. dem Anschlussnutzer das Recht zuzubilligen und näher auszugestalten, im Falle der Ausstattung der Messstelle mit einer Messeinrichtung, die nicht im Sinne von § 21d Absatz 1 in ein Kommunikationsnetz eingebunden ist, in Abweichung von der Regel in § 21b Absatz 2 einem Dritten mit der Durchführung der Messdienstleistung zu beauftragen. Rechtsverordnungen nach den Nummern 3, 4 und 12 bedürfen der Zustimmung des Deutschen Bundestages. Die Zustimmung gilt mit Ablauf der sechsten Sitzungswoche nach Zuleitung des Verordnungsentwurfs der Bundesregierung an den Deutschen Bundestag als erteilt.

(2) In Rechtsverordnungen nach Absatz 1 können insbesondere

1. Regelungen zur einheitlichen Ausgestaltung der Rechte und Pflichten der Beteiligten, der Bestimmungen der Verträge nach § 21b Absatz 2 Satz 4 und des Rechtsverhältnisses zwischen Netzbetreiber und Anschlussnutzer sowie über den Vertragsschluss, den Gegenstand und die Beendigung der Verfahren getroffen werden;

2. Bestimmungen zum Zeitpunkt der Übermittlung der Messdaten und zu den für die Übermittlung zu verwendenden bundeseinheitlichen Datenformaten getroffen werden;

3. die Vorgaben zur Dokumentation und Archivierung der relevanten Daten bestimmt werden;

4. die Haftung für Fehler bei Messung und Datenübermittlung geregelt werden;

5. die Vorgaben für den Wechsel des Dritten näher ausgestaltet werden;

6. das Vorgehen beim Ausfall des Dritten geregelt werden;

7. Bestimmungen aufgenommen werden, die

a) für bestimmte Fall- und Haushaltsgruppen unterschiedliche Mindestanforderungen an Messsysteme, ihren Ausstattungs- und Funktionalitätsumfang vorgeben;

b) vorsehen, dass ein Messsystem im Sinne von § 21d aus mindestens einer elektronischen Messeinrichtung zur Erfassung elektrischer Energie und einer Kommunikationseinrichtung zur Verarbeitung, Speicherung und Weiterleitung dieser und weiterer Daten besteht;

c) vorsehen, dass Messsysteme in Bezug auf die Kommunikation bidirektional auszulegen sind, Tarif- und Steuersignale verarbeiten können und offen für weitere Dienste sind;

d) vorsehen, dass Messsysteme über einen geringen Eigenstromverbrauch verfügen, für die Anbindung von Stromeinspeise-, Gas-, Wasser-, Wärmezählern und Heizwärmemessgeräten geeignet sind, über die Fähigkeit zur Zweirichtungszählung verfügen, Tarifinformationen empfangen und variable Tarife im Sinne von § 40 Absatz 5 realisieren können, eine externe Tarifierung unter Beachtung der eichrechtlichen Vorgaben ermöglichen, über offen spezifizierte Standard-Schnittstellen verfügen, eine angemessene Fernbereichskommunikation sicherstellen und für mindestens eine weitere gleichwertige Art der Fernbereichskommunikation offen sind sowie für die Anbindung von häuslichen EEG- und KWKG-Anlagen in Niederspannung und Anlagen im Sinne von § 14a Absatz 1 geeignet sind;

e) vorsehen, dass es erforderlich ist, dass Messsysteme es bewerkstelligen können, dem Netzbetreiber, soweit technisch möglich und wirtschaftlich vertretbar, unabhängig von seiner Position als Messstellenbetreiber neben abrechnungsrelevanten Verbrauchswerten bezogen auf den Netzanschluss auch netzbetriebsrelevante Daten wie insbesondere Frequenz-, Spannungs- und Stromwerte sowie Phasenwinkel, soweit erforderlich, unverzüglich zur Verfügung zu stellen und ihm Protokolle über Spannungsausfälle mit Datum und Zeit zu liefern;

f) vorsehen, dass Messsysteme eine Zählerstandsgangmessung ermöglichen können;

8. die Einzelheiten der technischen Anforderungen an die Speicherung von Daten sowie den Zugriffsschutz auf die im elektronischen Speicher- und Verarbeitungsmedium abgelegten Daten geregelt werden;

9. Bestimmungen dazu vorgesehen werden, dass die Einzelheiten zur Gewährleistung der Anforderungen an die Interoperabilität in Technischen Richtlinien des Bundesamtes für Sicherheit in der Informationstechnik oder in Festlegungen der Bundesnetzagentur geregelt werden;

10. dem Bundesamt für Sicherheit in der Informationstechnik, der Bundesnetzagentur und der Physikalisch-Technischen Bundesanstalt Kompetenzen im Zusammenhang mit der Entwicklung und Anwendung von Schutzprofilen und dem Erlass Technischer Richtlinien übertragen werden, wobei eine jeweils angemessene Beteiligung der Behörden über eine Einvernehmenslösung sicherzustellen ist;

11. die Einzelheiten von Zertifizierungsverfahren für Messsysteme bestimmt werden.

Kommentar: Die Bundesregierung ist berechtigt die Bedingungen für den Messstellenbetrieb zu regeln und legt die Anforderungen an Smart Meter hinsichtlich bundesweit
einheitlicher Mindestanforderungen fest. Darüber hinaus werden von ihr datenschutz-
rechtliche Regelungen erlassen und Sonderregelungen für Pilotprojekte erlassen. Das
Verfahren der Zählerstandsgangmessung wird ihr als Form der Lastgangmessung näher
beschrieben. In Verbindung mit der genügenden wirtschaftlichen Betrachtung der
Smart-Meter-Geräte wird ein Zeitplan und Vorgaben für die Einführung der Smart Meter vorgesehen. Sie regelt auch die kommunikative Einbindung, d. h. Fernsteue-
rungsmöglichkeit unterbrechbarer Verbrauchseinrichtungen. Geregelt ist, dass die Messstellenbetreiber dem Energieverbraucher Messsysteme anbieten, die wirtschaftlich zumutbar sind sowie weitere technische und Einsatzanforderungen. Wird in Pilotinstallationen festgestellt, dass dem Energiekunden die Kosten für Smart Meter nicht wirtschaftlich zuzumuten sind, kann die Einführung der Smart Meter verschoben werden. Prinzipiell ist festzuhalten, dass die Kosten für die Einführung der Smart Meter dem Energieversorger obliegen, da dieser hierfür verantwortlich ist und auch den größten Nutzen
hat, da er auf manuelle Zählerauslesung verzichten kann. Auch dürften aus technologischen Gründen die Kosten für elektronische Smart Meter gegenüber elektromechanischen Zählern mittlerweile niedriger liegen. Der Kostendruck und damit die Unklarheit
über die Einführung von Smart Metern ist nicht am Gerät Smart Meter festzumachen,
sondern der Datenübertragung zum Energieversorger und die dauerhafte Speicherung
der Messdaten bei diesem mit erheblichen Kosten.

Insbesondere wird herausgestellt, dass die Messsysteme kommunikativ bidirektional
arbeiten, Tarif- und Steuersignale verarbeiten können, einen geringen Eigenverbrauch
aufweisen, für Messungen im Umfeld von Stromeinspeisung, Gas, Wasser, Wärme und
Heizwärme geeignet sind, im Zweirichtungsbetrieb zählen können, eine externe Tarifierung ermöglichen und über offene, spezifizierte Standard-Schnittstellen verfügen. Darüber hinaus sollen, wenn technisch vertretbar, auch betriebsrelevante Daten, wie z. B.
Spannung, Strom, Frequenz, und Phasenwinkel erfasst sowie Spannungsausfälle protokolliert werden.

Die Anforderungen an den Smart Meter entsprechen damit dem Pflichtenheft eines
komplexen PowerMeters mit personenenbezogener Fernauslesung und -bedienung. Klar
wird damit, dass dieses Gerät, das eher einer eierlegenden Wollmilchsau entspricht, insbesondere hinsichtlich der Datensicherheit kaum alle Anforderungen erfüllen kann. Damit ist eine schnelle Verbreitung in Frage gestellt. Eine schnelle Einführung erscheint
nur möglich, wenn die Anforderungen auf einen rein elektronischen Energiezähler reduziert oder andere Vergütungsverfahren eingeführt werden.

§ 23a Genehmigung der Entgelte für den Netzzugang

(1) Soweit eine kostenorientierte Entgeltbildung im Sinne des § 21 Abs. 2 Satz 1 erfolgt, bedürfen Entgelte für den Netzzugang nach § 21 einer Genehmigung, es sei denn,
dass in einer Rechtsverordnung nach § 21a Abs. 6 die Bestimmung der Entgelte für den

Netzzugang im Wege einer Anreizregulierung durch Festlegung oder Genehmigung angeordnet worden ist.

(2) Die Genehmigung ist zu erteilen, soweit die Entgelte den Anforderungen dieses Gesetzes und den auf Grund des § 24 erlassenen Rechtsverordnungen entsprechen. Die genehmigten Entgelte sind Höchstpreise und dürfen nur überschritten werden, soweit die Überschreitung ausschließlich auf Grund der Weitergabe nach Erteilung der Genehmigung erhöhter Kostenwälzungssätze einer vorgelagerten Netz- oder Umspannstufe erfolgt; eine Überschreitung ist der Regulierungsbehörde unverzüglich anzuzeigen.

(3) Die Genehmigung ist mindestens sechs Monate vor dem Zeitpunkt schriftlich zu beantragen, an dem die Entgelte wirksam werden sollen. Dem Antrag sind die für eine Prüfung erforderlichen Unterlagen beizufügen; auf Verlangen der Regulierungsbehörde haben die Antragsteller Unterlagen auch elektronisch zu übermitteln. Die Regulierungsbehörde kann ein Muster und ein einheitliches Format für die elektronische Übermittlung vorgeben. Die Unterlagen müssen folgende Angaben enthalten:

... (gekürzt um unwichtige Passagen)

Kommentar: § 23a regelt die Genehmigung und Regulierung der Tarife.

§ 36 Grundversorgungspflicht

(1) Energieversorgungsunternehmen haben für Netzgebiete, in denen sie die Grundversorgung von Haushaltskunden durchführen, Allgemeine Bedingungen und Allgemeine Preise für die Versorgung in Niederspannung oder Niederdruck öffentlich bekannt zu geben und im Internet zu veröffentlichen und zu diesen Bedingungen und Preisen jeden Haushaltskunden zu versorgen. Die Pflicht zur Grundversorgung besteht nicht, wenn die Versorgung für das Energieversorgungsunternehmen aus wirtschaftlichen Gründen nicht zumutbar ist.

(2) Grundversorger nach Absatz 1 ist jeweils das Energieversorgungsunternehmen, das die meisten Haushaltskunden in einem Netzgebiet der allgemeinen Versorgung beliefert. Betreiber von Energieversorgungsnetzen der allgemeinen Versorgung nach § 18 Abs. 1 sind verpflichtet, alle drei Jahre jeweils zum 1. Juli, erstmals zum 1. Juli 2006, nach Maßgabe des Satzes 1 den Grundversorger für die nächsten drei Kalenderjahre festzustellen sowie dies bis zum 30. September des Jahres im Internet zu veröffentlichen und der nach Landesrecht zuständigen Behörde schriftlich mitzuteilen. Die nach Landesrecht zuständige Behörde kann die zur Sicherstellung einer ordnungsgemäßen Durchführung des Verfahrens nach den Sätzen 1 und 2 erforderlichen Maßnahmen treffen. Über Einwände gegen das Ergebnis der Feststellungen nach Satz 2, die bis zum 31. Oktober des jeweiligen Jahres bei der nach Landesrecht zuständigen Behörde einzulegen sind, entscheidet diese nach Maßgabe der Sätze 1 und 2. Stellt der Grundversorger nach Satz 1 seine Geschäftstätigkeit ein, so gelten die Sätze 2 und 3 entsprechend.

(3) Im Falle eines Wechsels des Grundversorgers infolge einer Feststellung nach Absatz 2 gelten die von Haushaltskunden mit dem bisherigen Grundversorger auf der Grundlage des Absatzes 1 geschlossenen Energielieferverträge zu den im Zeitpunkt des Wechsels geltenden Bedingungen und Preisen fort.

(4)   Die Absätze 1 bis 3 gelten nicht für geschlossene Verteilernetze.

Kommentar: § 36 regelt generell die Sicherstellung der Grundversorgung der Energiekunden.

§ 39 Allgemeine Preise und Versorgungsbedingungen

(1)   Das Bundesministerium für Wirtschaft und Technologie kann im Einvernehmen mit dem Bundesministerium für Ernährung, Landwirtschaft und Verbraucherschutz durch Rechtsverordnung mit Zustimmung des Bundesrates die Gestaltung der Allgemeinen Preise nach § 36 Abs. 1 und § 38 Abs. 1 des Grundversorgers unter Berücksichtigung des § 1 Abs. 1 regeln. Es kann dabei Bestimmungen über Inhalt und Aufbau der Allgemeinen Preise treffen sowie die tariflichen Rechte und Pflichten der Elektrizitätsversorgungsunternehmen und ihrer Kunden regeln.

(2)   Das Bundesministerium für Wirtschaft und Technologie kann im Einvernehmen mit dem Bundesministerium für Ernährung, Landwirtschaft und Verbraucherschutz durch Rechtsverordnung mit Zustimmung des Bundesrates die allgemeinen Bedingungen für die Belieferung von Haushaltskunden in Niederspannung oder Niederdruck mit Energie im Rahmen der Grund- oder Ersatzversorgung angemessen gestalten und dabei die Bestimmungen der Verträge einheitlich festsetzen und Regelungen über den Vertragsabschluss, den Gegenstand und die Beendigung der Verträge treffen sowie Rechte und Pflichten der Vertragspartner festlegen. Hierbei sind die beiderseitigen Interessen angemessen zu berücksichtigen. Die Sätze 1 und 2 gelten entsprechend für Bedingungen öffentlich-rechtlich gestalteter Versorgungsverhältnisse mit Ausnahme der Regelung des Verwaltungsverfahrens.

Kommentar: § 39 regelt die Preise (Tarife) in Verbindung mit dem Verbraucherschutz.

§ 40 Strom- und Gasrechnungen, Tarife

(1)   Rechnungen für Energielieferungen an Letztverbraucher müssen einfach und verständlich sein. Die für Forderungen maßgeblichen Berechnungsfaktoren sind vollständig und in allgemein verständlicher Form auszuweisen.

(2)   Lieferanten sind verpflichtet, in ihren Rechnungen für Energielieferungen an Letztverbraucher

1. ihren Namen, ihre ladungsfähige Anschrift und das zuständige Registergericht sowie Angaben, die eine schnelle elektronische Kontaktaufnahme ermöglichen, einschließlich der Adresse der elektronischen Post,

2. die Vertragsdauer, die geltenden Preise, den nächstmöglichen Kündigungstermin und die Kündigungsfrist,

3. die für die Belieferung maßgebliche Zählpunktbezeichnung und die Codenummer des Netzbetreibers,

4. den ermittelten Verbrauch im Abrechnungszeitraum und bei Haushaltskunden Anfangszählerstand und den Endzählerstand des abgerechneten Zeitraums,

5. den Verbrauch des vergleichbaren Vorjahreszeitraums,

6. bei Haushaltskunden unter Verwendung von Grafiken darzustellen, wie sich der eigene Jahresverbrauch zu dem Jahresverbrauch von Vergleichskundengruppen verhält,

7. die Belastungen aus der Konzessionsabgabe und aus den Netzentgelten für Letztverbraucher und gegebenenfalls darin enthaltene Entgelte für den Messstellenbetrieb und die Messung beim jeweiligen Letztverbraucher sowie

8. Informationen über die Rechte der Haushaltskunden im Hinblick auf Streitbeilegungsverfahren, die ihnen im Streitfall zur Verfügung stehen, einschließlich der für Verbraucherbeschwerden nach § 111b einzurichtenden Schlichtungsstelle und deren Anschrift sowie die Kontaktdaten des Verbraucherservice der Bundesnetzagentur für den Bereich Elektrizität und Gas gesondert auszuweisen. Wenn der Lieferant den Letztverbraucher im Vorjahreszeitraum nicht beliefert hat, ist der vormalige Lieferant verpflichtet, den Verbrauch des vergleichbaren Vorjahreszeitraums dem neuen Lieferanten mitzuteilen. Soweit der Lieferant aus Gründen, die er nicht zu vertreten hat, den Verbrauch nicht ermitteln kann, ist der geschätzte Verbrauch anzugeben.

(3)   Lieferanten sind verpflichtet, den Energieverbrauch nach ihrer Wahl monatlich oder in anderen Zeitabschnitten, die jedoch zwölf Monate nicht wesentlich überschreiten dürfen, abzurechnen. Lieferanten sind verpflichtet, Letztverbrauchern eine monatliche, vierteljährliche oder halbjährliche Abrechnung anzubieten. Letztverbraucher, deren Verbrauchswerte über ein Messsystem im Sinne von § 21d Absatz 1 ausgelesen werden, ist eine monatliche Verbrauchsinformation, die auch die Kosten widerspiegelt, kostenfrei bereitzustellen.

(4)   Lieferanten müssen sicherstellen, dass der Letztverbraucher die Abrechnung nach Absatz 3 spätestens sechs Wochen nach Beendigung des abzurechnenden Zeitraums und die Abschlussrechnung spätestens sechs Wochen nach Beendigung des Lieferverhältnisses erhält.

(5)   Lieferanten haben, soweit technisch machbar und wirtschaftlich zumutbar, für Letztverbraucher von Elektrizität einen Tarif anzubieten, der einen Anreiz zu Energieeinsparung oder Steuerung des Energieverbrauchs setzt. Tarife im Sinne von Satz 1 sind insbesondere lastvariable oder tageszeitabhängige Tarife. Lieferanten haben daneben stets mindestens einen Tarif anzubieten, für den die Datenaufzeichnung und -übermittlung auf die Mitteilung der innerhalb eines bestimmten Zeitraums verbrauchten Gesamtstrommenge begrenzt bleibt.

(6)   Lieferanten haben für Letztverbraucher die für Forderungen maßgeblichen Berechnungsfaktoren in Rechnungen unter Verwendung standardisierter Begriffe und Definitionen auszuweisen.

(7)   Die Bundesnetzagentur kann für Rechnungen für Energielieferungen an Letztverbraucher Entscheidungen über den Mindestinhalt nach den Absätzen 1 bis 5 sowie Näheres zum standardisierten Format nach Absatz 6 durch Festlegung gegenüber den Lieferanten treffen.

Kommentar: § 40 regelt die Rechnungsstellung, die einfach und verständlich gestaltet sein muss. Sie enthält Unternehmensdaten, Vertragsinformationen inklusive Kündigungszeitraum und Angabe zu Zähler und Zählerdaten. Über Graphiken muss das Energieverbrauchsverhalten einsehbar sein, wobei die Abrechnungszeiträume wählbar sind. Der Energieversorger darf Tarife anbieten, die einen Anreiz zur Steigerung der Energieeffizienz bieten.

§ 41 Energielieferverträge mit Haushaltskunden, Verordnungsermächtigung

(1) Verträge über die Belieferung von Haushaltskunden mit Energie außerhalb der Grundversorgung müssen einfach und verständlich sein. Die Verträge müssen insbesondere Bestimmungen enthalten über

1. die Vertragsdauer, die Preisanpassung, Kündigungstermine und Kündigungsfristen sowie das Rücktrittsrecht des Kunden,

2. zu erbringende Leistungen einschließlich angebotener Wartungsdienste,

3. die Zahlungsweise,

4. Haftungs- und Entschädigungsregelungen bei Nichteinhaltung vertraglich vereinbarter Leistungen,

5. den unentgeltlichen und zügigen Lieferantenwechsel,

6. die Art und Weise, wie aktuelle Informationen über die geltenden Tarife und Wartungsentgelte erhältlich sind,

7. Informationen über die Rechte der Haushaltskunden im Hinblick auf Streitbeilegungsverfahren, die ihnen im Streitfall zur Verfügung stehen, einschließlich der für Verbraucherbeschwerden nach § 111b einzurichtenden Schlichtungsstelle und deren Anschrift sowie die Kontaktdaten des Verbraucherservice der Bundesnetzagentur für den Bereich Elektrizität und Gas.

Die Informationspflichten gemäß Artikel 246 §§ 1 und 2 des Einführungsgesetzes zum Bürgerlichen Gesetzbuche bleiben unberührt.

(2) Dem Haushaltskunden sind vor Vertragsschluss verschiedene Zahlungsmöglichkeiten anzubieten. Wird eine Vorauszahlung vereinbart, muss sich diese nach dem Verbrauch des vorhergehenden Abrechnungszeitraums oder dem durchschnittlichen Verbrauch vergleichbarer Kunden richten. Macht der Kunde glaubhaft, dass sein Verbrauch erheblich geringer ist, so ist dies angemessen zu berücksichtigen. Eine Vorauszahlung wird nicht vor Beginn der Lieferung fällig.

(3) Lieferanten haben Letztverbraucher rechtzeitig, in jedem Fall jedoch vor Ablauf der normalen Abrechnungsperiode und auf transparente und verständliche Weise über eine beabsichtigte Änderung der Vertragsbedingungen und über ihre Rücktrittsrechte zu unterrichten. Ändert der Lieferant die Vertragsbedingungen einseitig, kann der Letztverbraucher den Vertrag ohne Einhaltung einer Kündigungsfrist kündigen.

(4) Energieversorgungsunternehmen sind verpflichtet, in oder als Anlage zu ihren Rechnungen an Haushaltskunden und in an diese gerichtetem Werbematerial sowie auf ihrer Website allgemeine Informationen zu den Bestimmungen nach Absatz 1 Satz 2 anzugeben.

(5) Das Bundesministerium für Wirtschaft und Technologie kann im Einvernehmen mit dem Bundesministerium für Ernährung, Landwirtschaft und Verbraucherschutz durch Rechtsverordnung mit Zustimmung des Bundesrates nähere Regelungen für die

Belieferung von Haushaltskunden mit Energie außerhalb der Grundversorgung treffen, die Bestimmungen der Verträge einheitlich festsetzen und insbesondere Regelungen über den Vertragsabschluss, den Gegenstand und die Beendigung der Verträge treffen sowie Rechte und Pflichten der Vertragspartner festlegen. Hierbei sind die beiderseitigen Interessen angemessen zu berücksichtigen. Die jeweils in Anhang I der Richtlinie 2009/72/EG und der Richtlinie 2009/73/EG vorgesehenen Maßnahmen sind zu beachten.

Kommentar: § 41 regelt die Vertragssituation für Energiekunden außerhalb der Grundversorgung mit ähnlichem, angepasstem Inhalt von § 40.

§ 42 Stromkennzeichnung, Transparenz der Stromrechnungen, Verordnungsermächtigung

(1)   Elektrizitätsversorgungsunternehmen sind verpflichtet, in oder als Anlage zu ihren Rechnungen an Letztverbraucher und in an diese gerichtetem Werbematerial sowie auf ihrer Website für den Verkauf von Elektrizität anzugeben:

1. den Anteil der einzelnen Energieträger (Kernkraft, Kohle, Erdgas und sonstige fossile Energieträger, erneuerbare Energien, gefördert nach dem Erneuerbare-Energien-Gesetz, sonstige erneuerbare Energien) an dem Gesamtenergieträgermix, den der Lieferant im letzten oder vorletzten Jahr verwendet hat; spätestens ab 1. November eines Jahres sind jeweils die Werte des vorangegangenen Kalenderjahres anzugeben;

2. Informationen über die Umweltauswirkungen zumindest in Bezug auf Kohlendioxidemissionen (CO_2-Emissionen) und radioaktiven Abfall, die auf den in Nummer 1 genannten Gesamtenergieträgermix zur Stromerzeugung zurückzuführen sind.

(2)   Die Informationen zu Energieträgermix und Umweltauswirkungen sind mit den entsprechenden Durchschnittswerten der Stromerzeugung in Deutschland zu ergänzen und verbraucherfreundlich und in angemessener Größe in grafisch visualisierter Form darzustellen.

(3)   Sofern ein Elektrizitätsversorgungsunternehmen im Rahmen des Verkaufs an Letztverbraucher eine Produktdifferenzierung mit unterschiedlichem Energieträgermix vornimmt, gelten für diese Produkte sowie für den verbleibenden Energieträgermix die Absätze 1 und 2 entsprechend. Die Verpflichtungen nach den Absätzen 1 und 2 bleiben davon unberührt.

(4)   Bei Strommengen, die nicht eindeutig erzeugungsseitig einem der in Absatz 1 Nummer 1 genannten Energieträger zugeordnet werden können, ist der ENTSO-E-Energieträgermix für Deutschland unter Abzug der nach Absatz 5 Nummer 1 und 2 auszuweisenden Anteile an Strom aus erneuerbaren Energien zu Grunde zu legen. Soweit mit angemessenem Aufwand möglich, ist der ENTSO-E-Mix vor seiner Anwendung so weit zu bereinigen, dass auch sonstige Doppelzählungen von Strommengen vermieden werden. Zudem ist die Zusammensetzung des nach Satz 1 und 2 berechneten Energieträgermixes aufgeschlüsselt nach den in Absatz 1 Nummer 1 genannten Kategorien zu benennen.

(5) Eine Verwendung von Strom aus erneuerbaren Energien zum Zweck der Stromkennzeichnung nach Absatz 1 Nummer 1 und Absatz 3 liegt nur vor, wenn das Elektrizitätsversorgungsunternehmen

1. Herkunftsnachweise für Strom aus erneuerbaren Energien verwendet, die durch die zuständige Behörde nach § 55 Absatz 4 des Erneuerbare-Energien-Gesetzes entwertet wurden,

2. Strom, der nach dem Erneuerbare-Energien-Gesetz gefördert wird, unter Beachtung der Vorschriften des Erneuerbare-Energien-Gesetzes ausweist oder

3. Strom aus erneuerbaren Energien als Anteil des nach Absatz 4 berechneten Energieträgermixes nach Maßgabe des Absatz 4 ausweist.

(6) Erzeuger und Vorlieferanten von Strom haben im Rahmen ihrer Lieferbeziehungen den nach Absatz 1 Verpflichteten auf Anforderung die Daten so zur Verfügung zu stellen, dass diese ihren Informationspflichten genügen können.

(7) Elektrizitätsversorgungsunternehmen sind verpflichtet, einmal jährlich zur Überprüfung der Richtigkeit der Stromkennzeichnung die nach den Absätzen 1 bis 4 gegenüber den Letztverbrauchern anzugebenden Daten sowie die der Stromkennzeichnung zugrunde liegenden Strommengen der Bundesnetzagentur zu melden. Die Bundesnetzagentur übermittelt die Daten, soweit sie den Anteil an erneuerbaren Energien betreffen, an das Umweltbundesamt. Die Bundesnetzagentur kann Vorgaben zum Format, Umfang und Meldezeitpunkt machen. Stellt sie Formularvorlagen bereit, sind die Daten in dieser Form elektronisch zu übermitteln.

(8) Die Bundesregierung wird ermächtigt, durch Rechtsverordnung, die nicht der Zustimmung des Bundesrates bedarf, Vorgaben zur Darstellung der Informationen nach den Absätzen 1 bis 4, insbesondere für eine bundesweit vergleichbare Darstellung, und zur Bestimmung des Energieträgermixes für Strom, der nicht eindeutig erzeugungsseitig zugeordnet werden kann, abweichend von Absatz 4 sowie die Methoden zur Erhebung und Weitergabe von Daten zur Bereitstellung der Informationen nach den Absätzen 1 bis 4 festzulegen. Solange eine Rechtsverordnung nicht erlassen wurde, ist die Bundesnetzagentur berechtigt, die Vorgaben nach Satz 1 durch Festlegung zu bestimmen.

Kommentar: § 42 regelt die Information über die Erzeugung der Energie und damit den Ausweis der Verwendung gesellschaftlich belasteter Energieformen, wie z. B. aus Atomkraftwerken oder sauberen regenerativen Quellen.

§ 118b Übergangsregelungen für Vorschriften zum Messwesen

Messeinrichtungen, die nach § 21b Absatz 3a in der Änderungsfassung vom 7. März 2011 (BGBl. I S. 338) des Energiewirtschaftsgesetzes vom 7. Juli 2005 (BGBl. I S. 1970) einzubauen sind, können in den dort genannten Fällen bis zum 31. Dezember 2012 weiter eingebaut werden.

Kommentar: § 118b regelt nochmals den weiteren Einbau älterer Smart Meter bis Ende 2012.

Abschließender Kommentar

Das Energiewirtschaftsgesetz der Bundesregierung regelt die Energieversorgung in Deutschland in allen Belangen, dazu zählt insbesondere auch die Einbindung regenerativer Energien und die Einführung von Smart Metern. Die Smart Meter sind hinsichtlich der Anforderungen so auszustatten, dass durch bidirektionale Kommunikation eine Fernbedienung auch von Schalteinrichtungen und Fernauslesungen hinsichtlich vieler elektrischer Messgrößen möglich wird. Aus den Messungen können statistische Erfassungen abgeleitet werden, die auf die gesamte Gesellschaft erweitert werden. Die Nutzung der Messdaten durch den Energiekunden ist klar geregelt und ermöglicht bei Nutzung der Messdaten vor Ort auch smart-metering-basiertes Energiemanagement.

Die Einführung der Smart Meter ist mit erheblichen Anstrengungen hinsichtlich Datensicherheit in allen Belangen verbunden, die Sicherheit bei der Datenübertragung zwingend erfordern.

Den Auftrag zur Einführung der Smart Meter inklusive der Auswahl dieser in seinem Versorgungsgebiet hat ausschließlich der Netzbetreiber, er kann den Messbetrieb an Dritte weitergeben.

Aufgrund der immensen Anforderungen an die Funktionalität und Sicherheit der Smart Meter wird klar, weshalb die Einführung der Meter zeitverzögert bei elektrischer Energie und weit schleppender bei Gaszählern erfolgt.

Aussagen über die Wege zum smart-metering-basierten Energiemanagement erfolgen konkret nicht. Erwähnt wird die Übermittlung variabler Tarife an den Zähler, um darauf basierend Handlungen beim Energiekunden vorzunehmen und die Interpretation von Energiegangskurven.

11.3 Energieeinsparverordnung 2009 (EnEV von 2007, letzte Änderung 2009)

Die Energieeinsparverordnung widmet sich der Energieeinsparung bei Verbrauchern mit größten Leistungen und damit Verbräuchen, den Heizungs- und prinzipiell auch Kühlungsanlagen. Über den Energieausweis wird Vergleichbarkeit mit anderen Energieverbrauchern zu schaffen, damit die Anregung aus der EU-Richtlinie zur Einführung von Energieeffizienzberatung in Verbindung mit Energiedienstleistungen umgesetzt. Auf die Einbindung in Gebäudeautomation wird nicht eingegangen.

Im Folgenden sind Teile des für Smart Metering und Gebäudeautomation relevanten Verordnungstextes aufgeführt, die Paragraph für Paragraph kommentiert werden.

Die gesamte Verordnung hat folgenden Inhalt:

Inhaltsübersicht

§ 25   Befreiungen

§ 26   Verantwortliche

§ 26a Private Nachweise

§ 26b Aufgaben des Bezirksschornsteinfegermeisters

§ 27   Ordnungswidrigkeiten

Abschnitt 7

Schlussvorschriften

§ 28   Allgemeine Übergangsvorschriften

§ 29   Übergangsvorschriften für Energieausweise und Aussteller

§ 30   aufgehoben

§ 31   Inkrafttreten, Außerkrafttreten

Anlagen

§ 1 Anwendungsbereich

(1)   Diese Verordnung gilt

1. für Gebäude, soweit sie unter Einsatz von Energie beheizt oder gekühlt werden, und

2. für Anlagen und Einrichtungen der Heizungs-, Kühl-, Raumluft- und Beleuchtungstechnik sowie der Warmwasserversorgung von Gebäuden nach Nummer 1.

Der Energieeinsatz für Produktionsprozesse von Gebäuden ist nicht Gegenstand dieser
Verordnung.

(2)   Mit Ausnahme der §§ 12 und 13 gilt diese Verordnung nicht für

1. Betriebsgebäude, die überwiegend zur Aufzucht oder zur Haltung von Tieren genutzt
werden,

2. Betriebsgebäude, soweit sie nach ihrem Verwendungszweck großflächig und lang
anhaltend offen gehalten werden müssen,

3. unterirdische Bauten,

4. Unterglasanlagen und Kulturräume für Aufzucht, Vermehrung und Verkauf von Pflanzen,

5. Traglufthallen und Zelte,

6. Gebäude, die dazu bestimmt sind, wiederholt aufgestellt und zerlegt zu werden, und provisorische Gebäude mit einer geplanten Nutzungsdauer von bis zu zwei Jahren,

7. Gebäude, die dem Gottesdienst oder anderen religiösen Zwecken gewidmet sind,

8. Wohngebäude, die für eine Nutzungsdauer von weniger als vier Monaten jährlich bestimmt sind, und

9. sonstige handwerkliche, landwirtschaftliche, gewerbliche und industrielle Betriebsgebäude, die nach ihrer Zweckbestimmung auf eine Innentemperatur von weniger als 12 Grad Celsius oder jährlich weniger als vier Monate beheizt sowie jährlich weniger als zwei Monate gekühlt werden.

Auf Bestandteile von Anlagensystemen, die sich nicht im räumlichen Zusammenhang mit Gebäuden nach Absatz 1 Satz 1 Nr. 1 befinden, ist nur § 13 anzuwenden.

Kommentar: Die Energieeinsparverordnung behandelt den Energieeinsatz für Anlagen und Einrichtungen der Heizungs-, Kühl-, Raumluft- und Beleuchtungstechnik sowie der Warmwasserversorgung von Gebäuden mit Ausnahme von Produktionsprozessen.

§ 3 Anforderungen an Wohngebäude

(1)   Zu errichtende Wohngebäude sind so auszuführen, dass der Jahres-Primärenergiebedarf für Heizung, Warmwasserbereitung, Lüftung und Kühlung den Wert des Jahres-Primärenergiebedarfs eines Referenzgebäudes gleicher Geometrie, Gebäudenutzfläche und Ausrichtung mit der in Anlage 1 Tabelle 1 angegebenen technischen Referenzausführung nicht überschreitet.

(2)   Zu errichtende Wohngebäude sind so auszuführen, dass die Höchstwerte des spezifischen, auf die wärmeübertragende Umfassungsfläche bezogenen Transmissionswärmeverlusts nach Anlage 1 Tabelle 2 nicht überschritten werden.

(3)   Für das zu errichtende Wohngebäude und das Referenzgebäude ist der Jahres-Primärenergiebedarf nach einem der in Anlage 1 Nummer 2 genannten Verfahren zu berechnen. Das zu errichtende Wohngebäude und das Referenzgebäude sind mit demselben Verfahren zu berechnen.

(4)   Zu errichtende Wohngebäude sind so auszuführen, dass die Anforderungen an den sommerlichen Wärmeschutz nach Anlage 1 Nummer 3 eingehalten werden.

Kommentar: Die Anforderungen an thermische Anlagen werden auf der Basis von Vergleichszahlen klar beschrieben.

§ 9 Änderung, Erweiterung und Ausbau von Gebäuden

(1)   Änderungen im Sinne der Anlage 3 Nummer 1 bis 6 bei beheizten oder gekühlten Räumen von Gebäuden sind so auszuführen, dass die in Anlage 3 festgelegten Wärmedurchgangskoeffizienten der betroffenen Außenbauteile nicht überschritten werden. Die Anforderungen des Satzes 1 gelten als erfüllt, wenn

1. geänderte Wohngebäude insgesamt den Jahres-Primärenergiebedarf des Referenzge-bäudes nach § 3 Absatz 1 und den Höchstwert des spezifischen, auf die wärmeübertra-gende Umfassungsfläche bezogenen Transmissionswärmeverlusts nach Anlage 1 Tabel-le 2,

2. geänderte Nichtwohngebäude insgesamt den Jahres-Primärenergiebedarf des Refe-renzgebäudes nach § 4 Absatz 1 und die Höchstwerte der mittleren Wärmedurchgangs-koeffizienten der wärmeübertragenden Umfassungsfläche nach Anlage 2 Tabelle 2

um nicht mehr als 40 vom Hundert überschreiten.

(2)   In Fällen des Absatzes 1 Satz 2 sind die in § 3 Absatz 3 sowie in § 4 Absatz 3 ange-gebenen Berechnungsverfahren nach Maßgabe der Sätze 2 und 3 und des § 5 entspre-chend anzuwenden. Soweit

1. Angaben zu geometrischen Abmessungen von Gebäuden fehlen, können diese durch vereinfachtes Aufmaß ermittelt werden;

2. energetische Kennwerte für bestehende Bauteile und Anlagenkomponenten nicht vorliegen, können gesicherte Erfahrungswerte für Bauteile und Anlagenkomponenten vergleichbarer Altersklassen verwendet werden; hierbei können anerkannte Regeln der Technik verwendet werden; die Einhaltung solcher Regeln wird vermutet, soweit Verein-fachungen für die Datenaufnahme und die Ermittlung der energetischen Eigenschaften sowie gesicherte Erfahrungswerte verwendet werden, die vom Bundesministerium für Verkehr, Bau und Stadtentwicklung im Einvernehmen mit dem Bundesministerium für Wirtschaft und Technologie im Bundesanzeiger bekannt gemacht worden sind. Bei An-wendung der Verfahren nach § 3 Absatz 3 sind die Randbedingungen und Maßgaben nach Anlage 3 Nr. 8 zu beachten.

(3)   Absatz 1 ist nicht anzuwenden auf Änderungen von Außenbauteilen, wenn die Fläche der geänderten Bauteile nicht mehr als 10 vom Hundert der gesamten jeweiligen Bauteilfläche des Gebäudes betrifft.

(4)   Bei der Erweiterung und dem Ausbau eines Gebäudes um beheizte oder gekühlte Räume mit zusammenhängend mindestens 15 und höchstens 50 Quadratmetern Nutz-fläche sind die betroffenen Außenbauteile so auszuführen, dass die in Anlage 3 festgeleg-ten Wärmedurchgangskoeffizienten nicht überschritten werden.

(5)   Ist in Fällen des Absatzes 4 die hinzukommende zusammenhängende Nutzfläche größer als 50 Quadratmeter, sind die betroffenen Außenbauteile so auszuführen, dass der neue Gebäudeteil die Vorschriften für zu errichtende Gebäude nach § 3 oder § 4 einhält.

Kommentar: Die Anforderungen an thermische Anlagen werden für Änderung, Erwei-terung und Ausbau von Gebäuden auf der Basis von Vergleichszahlen werden klar be-schrieben.

§ 16 Ausstellung und Verwendung von Energieausweisen

(1)   Wird ein Gebäude errichtet, hat der Bauherr sicherzustellen, dass ihm, wenn er zugleich Eigentümer des Gebäudes ist, oder dem Eigentümer des Gebäudes ein Energie-ausweis nach dem Muster der Anlage 6 oder 7 unter Zugrundelegung der energetischen

Eigenschaften des fertig gestellten Gebäudes ausgestellt wird. Satz 1 ist entsprechend anzuwenden, wenn

1. an einem Gebäude Änderungen im Sinne der Anlage 3 Nr. 1 bis 6 vorgenommen oder

2. die Nutzfläche der beheizten oder gekühlten Räume eines Gebäudes um mehr als die Hälfte erweitert wird und dabei unter Anwendung des § 9 Absatz 1 Satz 2 für das gesamte Gebäude Berechnungen nach § 9 Abs. 2 durchgeführt werden. Der Eigentümer hat den Energieausweis der nach Landesrecht zuständigen Behörde auf Verlangen vorzulegen.

(2)   Soll ein mit einem Gebäude bebautes Grundstück, ein grundstücksgleiches Recht an einem bebauten Grundstück oder Wohnungs- oder Teileigentum verkauft werden, hat der Verkäufer dem potenziellen Käufer einen Energieausweis mit dem Inhalt nach dem Muster der Anlage 6 oder 7 zugänglich zu machen, spätestens unverzüglich, nachdem der potenzielle Käufer dies verlangt hat. Satz 1 gilt entsprechend für den Eigentümer, Vermieter, Verpächter und Leasinggeber bei der Vermietung, der Verpachtung oder beim Leasing eines Gebäudes, einer Wohnung oder einer sonstigen selbständigen Nutzungseinheit.

(3)   Für Gebäude mit mehr als 1.000 Quadratmetern Nutzfläche, in denen Behörden und sonstige Einrichtungen für eine große Anzahl von Menschen öffentliche Dienstleistungen erbringen und die deshalb von diesen Menschen häufig aufgesucht werden, sind Energieausweise nach dem Muster der Anlage 7 auszustellen. Der Eigentümer hat den Energieausweis an einer für die Öffentlichkeit gut sichtbaren Stelle auszuhängen; der Aushang kann auch nach dem Muster der Anlage 8 oder 9 vorgenommen werden.

(4)   Auf kleine Gebäude sind die Vorschriften dieses Abschnitts nicht anzuwenden. Auf Baudenkmäler sind die Absätze 2 und 3 nicht anzuwenden.

Kommentar: Die Ausstellung und Verwendung von Energieausweisen wird ausführlich beschrieben.

§ 17 Grundsätze des Energieausweises

(1)   Der Aussteller hat Energieausweise nach § 16 auf der Grundlage des berechneten Energiebedarfs oder des erfassten Energieverbrauchs nach Maßgabe der Absätze 2 bis 6 sowie der §§ 18 und 19 auszustellen. Es ist zulässig, sowohl den Energiebedarf als auch den Energieverbrauch anzugeben.

(2)   Energieausweise dürfen in den Fällen des § 16 Abs. 1 nur auf der Grundlage des Energiebedarfs ausgestellt werden. In den Fällen des § 16 Abs. 2 sind ab dem 1. Oktober 2008 Energieausweise für Wohngebäude, die weniger als fünf Wohnungen haben und für die der Bauantrag vor dem 1. November 1977 gestellt worden ist, auf der Grundlage des Energiebedarfs auszustellen. Satz 2 gilt nicht, wenn das Wohngebäude

1. schon bei der Baufertigstellung das Anforderungsniveau der Wärmeschutzverordnung vom 11. August 1977 (BGBl. I S. 1554) eingehalten hat oder

2. durch spätere Änderungen mindestens auf das in Nummer 1 bezeichnete Anforderungsniveau gebracht worden ist.

Bei der Ermittlung der energetischen Eigenschaften des Wohngebäudes nach Satz 3 können die Bestimmungen über die vereinfachte Datenerhebung nach § 9 Abs. 2 Satz 2 und die Datenbereitstellung durch den Eigentümer nach Absatz 5 angewendet werden.

(3)   Energieausweise werden für Gebäude ausgestellt. Sie sind für Teile von Gebäuden auszustellen, wenn die Gebäudeteile nach § 22 getrennt zu behandeln sind.

(4)   Energieausweise müssen nach Inhalt und Aufbau den Mustern in den Anlagen 6 bis 9 entsprechen und mindestens die dort für die jeweilige Ausweisart geforderten, nicht als freiwillig gekennzeichneten Angaben enthalten; sie sind vom Aussteller unter Angabe von Name, Anschrift und Berufsbezeichnung eigenhändig oder durch Nachbildung der Unterschrift zu unterschreiben. Zusätzliche Angaben können beigefügt werden.

(5)   Der Eigentümer kann die zur Ausstellung des Energieausweises nach § 18 Absatz 1 Satz 1 oder Absatz 2 Satz 1 in Verbindung mit den Anlagen 1, 2 und 3 Nummer 8 oder nach § 19 Absatz 1 Satz 1 und 3, Absatz 2 Satz 1 oder 3 und Absatz 3 Satz 1 erforderlichen Daten bereitstellen. Der Eigentümer muss dafür Sorge tragen, dass die von ihm nach Satz 1 bereitgestellten Daten richtig sind. Der Aussteller darf die vom Eigentümer bereitgestellten Daten seinen Berechnungen nicht zugrunde legen, soweit begründeter Anlass zu Zweifeln an deren Richtigkeit besteht. Soweit der Aussteller des Energieausweises die Daten selbst ermittelt hat, ist Satz 2 entsprechend anzuwenden.

(6)   Energieausweise sind für eine Gültigkeitsdauer von zehn Jahren auszustellen. Unabhängig davon verlieren Energieausweise ihre Gültigkeit, wenn nach § 16 Absatz 1 ein neuer Energieausweis erforderlich wird.

Kommentar: Der Umfang der Energieausweise wird ausführlich beschrieben und damit Vergleichbarkeit gewährleistet (vgl. Abb. 11.2 und Abb. 11.4).

§ 20 Empfehlungen für die Verbesserung der Energieeffizienz

(1)   Sind Maßnahmen für kostengünstige Verbesserungen der energetischen Eigenschaften des Gebäudes (Energieeffizienz) möglich, hat der Aussteller des Energieausweises dem Eigentümer anlässlich der Ausstellung eines Energieausweises entsprechende, begleitende Empfehlungen in Form von kurz gefassten fachlichen Hinweisen auszustellen (Modernisierungsempfehlungen). Dabei kann ergänzend auf weiterführende Hinweise in Veröffentlichungen des Bundesministeriums für Verkehr, Bau und Stadtentwicklung im Einvernehmen mit dem Bundesministerium für Wirtschaft und Technologie oder von ihnen beauftragter Dritter Bezug genommen werden. Die Bestimmungen des § 9 Abs. 2 Satz 2 über die vereinfachte Datenerhebung sind entsprechend anzuwenden. Sind Modernisierungsempfehlungen nicht möglich, hat der Aussteller dies dem Eigentümer anlässlich der Ausstellung des Energieausweises mitzuteilen.

(2)   Die Darstellung von Modernisierungsempfehlungen und die Erklärung nach Absatz 1 Satz 4 müssen nach Inhalt und Aufbau dem Muster in Anlage 10 entsprechen. § 17 Abs. 4 und 5 ist entsprechend anzuwenden.

(3)   Modernisierungsempfehlungen sind dem Energieausweis mit dem Inhalt nach den Mustern der Anlagen 6 und 7 beizufügen.

Kommentar: Der Energieausweis wird komplettiert durch im Beratungsgespräch diskutierte Maßnahmen zur Energieeffizienzsteigerung. Der Energieausweis ist eine Maßnahme zur Energieberatung und erfüllt damit voll die Ziele der Endenergieeffizienzrichtlinie (vgl. Abb. 11.5).

ENERGIEAUSWEIS für Wohngebäude

gemäß den §§ 16 ff. Energieeinsparverordnung (EnEV)

Gültig bis: (1)

Gebäude

Gebäudetyp	
Adresse	
Gebäudeteil	
Baujahr Gebäude	
Baujahr Anlagentechnik[1])	**Gebäudefoto (freiwillig)**
Anzahl Wohnungen	
Gebäudenutzfläche (A_N)	
Erneuerbare Energien	
Lüftung	

Anlass der Ausstellung des Energieausweises	☐ Neubau ☐ Vermietung / Verkauf	☐ Modernisierung (Änderung / Erweiterung)	☐ Sonstiges (freiwillig)

Hinweise zu den Angaben über die energetische Qualität des Gebäudes

Die energetische Qualität eines Gebäudes kann durch die Berechnung des **Energiebedarfs** unter standardisierten Randbedingungen oder durch die Auswertung des **Energieverbrauchs** ermittelt werden. Als Bezugsfläche dient die energetische Gebäudenutzfläche nach der EnEV, die sich in der Regel von den allgemeinen Wohnflächenangaben unterscheidet. Die angegebenen Vergleichswerte sollen überschlägige Vergleiche ermöglichen (**Erläuterungen – siehe Seite 4**).

☐ Der Energieausweis wurde auf der Grundlage von Berechnungen des **Energiebedarfs** erstellt. Die Ergebnisse sind auf **Seite 2** dargestellt. Zusätzliche Informationen zum Verbrauch sind freiwillig.

☐ Der Energieausweis wurde auf der Grundlage von Auswertungen des **Energieverbrauchs** erstellt. Die Ergebnisse sind auf **Seite 3** dargestellt.

Datenerhebung Bedarf/Verbrauch durch   ☐ Eigentümer   ☐ Aussteller

☐ Dem Energieausweis sind zusätzliche Informationen zur energetischen Qualität beigefügt (freiwillige Angabe).

Hinweise zur Verwendung des Energieausweises

Der Energieausweis dient lediglich der Information. Die Angaben im Energieausweis beziehen sich auf das gesamte Wohngebäude oder den oben bezeichneten Gebäudeteil. Der Energieausweis ist lediglich dafür gedacht, einen überschlägigen Vergleich von Gebäuden zu ermöglichen.

Aussteller

....
Datum   Unterschrift des Ausstellers

[1]) Mehrfachangaben möglich

Abb. 11.1 Datenseite und Erläuterung des Energieausweises [Energieeinsparverordnung]

ENERGIEAUSWEIS für Wohngebäude

gemäß den §§ 16 ff. Energieeinsparverordnung (EnEV)

Erläuterungen

Energiebedarf – Seite 2
Der Energiebedarf wird in diesem Energieausweis durch den Jahres-Primärenergiebedarf und den Endenergie-bedarf dargestellt. Diese Angaben werden rechnerisch ermittelt. Die angegebenen Werte werden auf der Grundlage der Bauunterlagen bzw. gebäudebezogener Daten und unter Annahme von standardisierten Randbedingungen (z. B. standardisierte Klimadaten, definiertes Nutzerverhalten, standardisierte Innentemperatur und innere Wärme-gewinne usw.) berechnet. So lässt sich die energetische Qualität des Gebäudes unabhängig vom Nutzerverhalten und der Wetterlage beurteilen. Insbesondere wegen standardisierter Randbedingungen erlauben die angegebenen Werte keine Rückschlüsse auf den tatsächlichen Energieverbrauch.

Primärenergiebedarf – Seite 2
Der Primärenergiebedarf bildet die Gesamtenergieeffizienz eines Gebäudes ab. Er berücksichtigt neben der End-energie auch die so genannte „Vorkette" (Erkundung, Gewinnung, Verteilung, Umwandlung) der jeweils eingesetz-ten Energieträger (z. B. Heizöl, Gas, Strom, erneuerbare Energien etc.). Kleine Werte signalisieren einen geringen Bedarf und damit eine hohe Energieeffizienz und eine die Ressourcen und die Umwelt schonende Energienutzung. Zusätzlich können die mit dem Energiebedarf verbundenen CO_2-Emissionen des Gebäudes freiwillig angegeben werden.

Energetische Qualität der Gebäudehülle – Seite 2
Angegeben ist der spezifische, auf die wärmeübertragende Umfassungsfläche bezogene Transmissionswärme-verlust (Formelzeichen in der EnEV H'$_T$). Er ist ein Maß für die durchschnittliche energetische Qualität aller wärme-übertragenden Umfassungsflächen (Außenwände, Decken, Fenster etc.) eines Gebäudes. Kleine Werte signali-sieren einen guten baulichen Wärmeschutz. Außerdem stellt die EnEV Anforderungen an den sommerlichen Wärmeschutz (Schutz vor Überhitzung) eines Gebäudes.

Endenergiebedarf – Seite 2
Der Endenergiebedarf gibt die nach technischen Regeln berechnete, jährlich benötigte Energiemenge für Heizung, Lüftung und Warmwasserbereitung an. Er wird unter Standardklima- und Standardnutzungsbedingungen errechnet und ist ein Maß für die Energieeffizienz eines Gebäudes und seiner Anlagentechnik. Der Endenergiebedarf ist die Energiemenge, die dem Gebäude bei standardisierten Bedingungen unter Berücksichtigung der Energieverluste zugeführt werden muss, damit die standardisierte Innentemperatur, der Warmwasserbedarf und die notwendige Lüftung sichergestellt werden können. Kleine Werte signalisieren einen geringen Bedarf und damit eine hohe Energieeffizienz.
Die Vergleichswerte für den Energiebedarf sind modellhaft ermittelte Werte und sollen Anhaltspunkte für grobe Ver-gleiche der Werte dieses Gebäudes mit den Vergleichswerten ermöglichen. Es sind ungefähre Bereiche ange-geben, in denen die Werte für die einzelnen Vergleichskategorien liegen. Im Einzelfall können diese Werte auch außerhalb der angegebenen Bereiche liegen.

Energieverbrauchskennwert – Seite 3
Der ausgewiesene Energieverbrauchskennwert wird für das Gebäude auf der Basis der Abrechnung von Heiz- und ggf. Warmwasserkosten nach der Heizkostenverordnung und/oder auf Grund anderer geeigneter Verbrauchsdaten ermittelt. Dabei werden die Energieverbrauchsdaten des gesamten Gebäudes und nicht der einzelnen Wohn- oder Nutzeinheiten zugrunde gelegt. Über Klimafaktoren wird der erfasste Energieverbrauch für die Heizung hinsichtlich der konkreten örtlichen Wetterdaten auf einen deutschlandweiten Mittelwert umgerechnet. So führen beispielsweise hohe Verbräuche in einem einzelnen harten Winter nicht zu einer schlechteren Beurteilung des Gebäudes. Der Energieverbrauchskennwert gibt Hinweise auf die energetische Qualität des Gebäudes und seiner Heizungsanlage. Kleine Werte signalisieren einen geringen Verbrauch. Ein Rückschluss auf den künftig zu erwartenden Verbrauch ist jedoch nicht möglich; insbesondere können die Verbrauchsdaten einzelner Wohneinheiten stark differieren, weil sie von einer Lage im Gebäude, von der jeweiligen Nutzung und vom individuellen Verhalten abhängen.

Gemischt genutzte Gebäude
Für Energieausweise bei gemischt genutzten Gebäuden enthält die Energieeinsparverordnung besondere Vorga-ben. Danach sind - je nach Fallgestaltung - entweder ein gemeinsamer Energieausweis für alle Nutzungen oder zwei getrennte Energieausweise für Wohnungen und die übrigen Nutzungen auszustellen; dies ist auf Seite 1 der Ausweise erkennbar (ggf. Angabe „Gebäudeteil").

Abb. 11.2   Fortsetzung

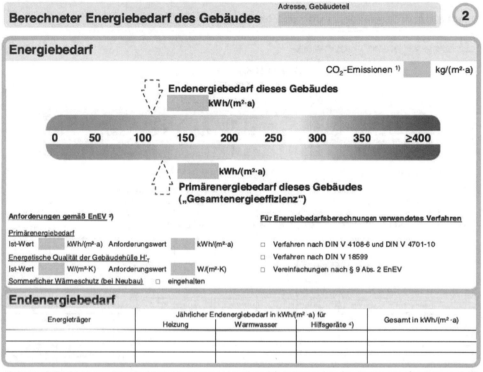

ENERGIEAUSWEIS für Wohngebäude

gemäß den §§ 16 ff. Energieeinsparverordnung (EnEV)

Berechneter Energiebedarf des Gebäudes

Adresse, Gebäudeteil

2

Energiebedarf

CO_2-Emissionen [1]   kg/(m²·a)

Endenergiebedarf dieses Gebäudes
kWh/(m²·a)

0   50   100   150   200   250   300   350   ≥400

kWh/(m²·a)
Primärenergiebedarf dieses Gebäudes
(„Gesamtenergieeffizienz")

Anforderungen gemäß EnEV [2]

Für Energiebedarfsberechnungen verwendetes Verfahren

Primärenergiebedarf
Ist-Wert   kWh/(m²·a)   Anforderungswert   kWh/(m²·a)

☐ Verfahren nach DIN V 4108-6 und DIN V 4701-10

Energetische Qualität der Gebäudehülle H'_T
Ist-Wert   W/(m²·K)   Anforderungswert   W/(m²·K)

☐ Verfahren nach DIN V 18599

Sommerlicher Wärmeschutz (bei Neubau)   ☐ eingehalten

☐ Vereinfachungen nach § 9 Abs. 2 EnEV

Endenergiebedarf

Energieträger	Jährlicher Endenergiebedarf in kWh/(m²·a) für			Gesamt in kWh/(m²·a)
	Heizung	Warmwasser	Hilfsgeräte [4]	

Ersatzmaßnahmen [3]

Anforderungen nach § 7 Nr. 2 EEWärmeG
☐ Die um 15 % verschärften Anforderungswerte sind eingehalten.

Anforderungen nach § 7 Nr. 2 i. V. m. § 8 EEWärmeG

Die Anforderungswerte der EnEV sind um   % verschärft.

Primärenergiebedarf
Verschärfter Anforderungswert: kWh/(m²·a).

Transmissionswärmeverlust H'_T
Verschärfter Anforderungswert: W/(m²·K).

Vergleichswerte Endenergiebedarf

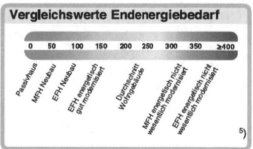

0   50   100   150   200   250   300   350   ≥400

Passivhaus · MFH Neubau · EFH Neubau · EFH energetisch gut modernisiert · Durchschnitt Wohngebäude · MFH energetisch nicht wesentlich modernisiert · EFH energetisch nicht wesentlich modernisiert

[5]

Erläuterungen zum Berechnungsverfahren

Die Energieeinsparverordnung lässt für die Berechnung des Energiebedarfs zwei alternative Berechnungsverfahren zu, die im Einzelfall zu unterschiedlichen Ergebnissen führen können. Insbesondere wegen standardisierter Randbedingungen erlauben die angegebenen Werte keine Rückschlüsse auf den tatsächlichen Energieverbrauch. Die ausgewiesenen Bedarfswerte sind spezifische Werte nach der EnEV pro Quadratmeter Gebäudenutzfläche (A_N).

[1] freiwillige Angabe   [2] bei Neubau sowie bei Modernisierung im Falle des § 16 Abs. 1 Satz 2 EnEV
[3] nur bei Neubau im Falle der Anwendung von § 7 Nr. 2 Erneuerbare-Energien-Wärmegesetz   [4] ggf. einschließlich Kühlung
[5] EFH: Einfamilienhäuser, MFH: Mehrfamilienhäuser

Abb. 11.3 Energiebedarfs- und -verbrauchsberechnung im Energieausweis [Energieeinsparverordnung]

ENERGIEAUSWEIS für Wohngebäude

gemäß den §§ 16 ff. Energieeinsparverordnung (EnEV)

Erfasster Energieverbrauch des Gebäudes

Adresse, Gebäudeteil

(3)

Energieverbrauchskennwert

Dieses Gebäude:

kWh/(m²·a)

| 0 | 50 | 100 | 150 | 200 | 250 | 300 | 350 | ≥400 |

Energieverbrauch für Warmwasser: ☐ enthalten   ☐ nicht enthalten

☐ Das Gebäude wird auch gekühlt; der typische Energieverbrauch für Kühlung beträgt bei zeitgemäßen Geräten etwa 6 kWh je m² Gebäudenutzfläche und Jahr und ist im Energieverbrauchskennwert nicht enthalten.

Verbrauchserfassung – Heizung und Warmwasser

Energieträger	Zeitraum		Energie-verbrauch [kWh]	Anteil Warm-wasser [kWh]	Klima-faktor	Energieverbrauchskennwert in kWh/(m²·a) (zeitlich bereinigt, klimabereinigt)		
	von	bis				Heizung	Warmwasser	Kennwert
								Durchschnitt

Vergleichswerte Endenergiebedarf

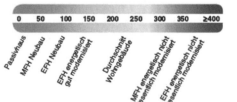

Die modellhaft ermittelten Vergleichswerte beziehen sich auf Gebäude, in denen die Wärme für Heizung und Warmwasser durch Heizkessel im Gebäude bereitgestellt wird.

Soll ein Energieverbrauchskennwert verglichen werden, der keinen Warmwasseranteil enthält, ist zu beachten, dass auf die Warmwasserbereitung je nach Gebäudegröße 20 – 40 kWh/(m²·a) entfallen können.

Soll ein Energieverbrauchskennwert eines mit Fern- oder Nahwärme beheizten Gebäudes verglichen werden, ist zu beachten, dass hier normalerweise ein um 15 – 30 % geringerer Energieverbrauch als bei vergleichbaren Gebäuden mit Kesselheizung zu erwarten ist.

1)

Erläuterungen zum Verfahren

Das Verfahren zur Ermittlung von Energieverbrauchskennwerten ist durch die Energieeinsparverordnung vorgegeben. Die Werte sind spezifische Werte pro Quadratmeter Gebäudenutzfläche (A$_N$) nach der Energieeinsparverordnung. Der tatsächliche Verbrauch einer Wohnung oder eines Gebäudes weicht insbesondere wegen des Witterungseinflusses und sich änderndem Nutzerverhaltens vom angegebenen Energieverbrauchskennwert ab.

¹) EFH: Einfamilienhäuser, MFH: Mehrfamilienhäuser

Abb. 11.4 Fortsetzung

Modernisierungsempfehlungen zum Energieausweis
gemäß § 20 Energieeinsparverordnung

Gebäude

Adresse	Hauptnutzung / Gebäudekategorie

Empfehlungen zur kostengünstigen Modernisierung

Maßnahmen zur kostengünstigen Verbesserung der Energieeffizienz sind   ☐ möglich   ☐ nicht möglich

Empfohlene Modernisierungsmaßnahmen

Nr.	Bau- oder Anlagenteile	Maßnahmenbeschreibung

☐   weitere Empfehlungen auf gesondertem Blatt

Hinweis: Modernisierungsempfehlungen für das Gebäude dienen lediglich der Information. Sie sind nur kurz gefasste Hinweise und kein Ersatz für eine Energieberatung.

Beispielhafter Variantenvergleich (Angaben freiwillig)

	Ist-Zustand	Modernisierungsvariante 1	Modernisierungsvariante 2
Modernisierung gemäß Nummern:			
Primärenergiebedarf [kWh/(m²·a)]			
Einsparung gegenüber Ist-Zustand [%]			
Endenergiebedarf [kWh/(m²·a)]			
Einsparung gegenüber Ist-Zustand [%]			
CO_2-Emissionen [kg/(m²·a)]			
Einsparung gegenüber Ist-Zustand [%]			

Aussteller

....
Datum   Unterschrift des Ausstellers

Abb. 11.5 Empfehlungen zur Realisierung von Energieeffizienzsteigerungen im Energieausweis [Energieeinsparverordnung]

Abschließender Kommentar

Die Energieeinsparverordnung widmet sich lediglich der Einsparung von Energie bei thermischen Anlagen. Ein Einbezug von Gebäudeautomation durch Einzelraumtemperaturregelung in Verbindung mit Kesselsteuerung der Heizung ist nicht vorhanden. Neben dem Weg über Energieberatung wird Energiedienstleistung durch Diskussion von Maßnahmen zur Energieeinsparung erbracht.

Der Energieausweis ermöglicht Vergleichbarkeit mit anderen Anlagen der Gesellschaft und ähnelt dem statischen psychologischen Energiemanagement (vgl. Abb. 11.6).

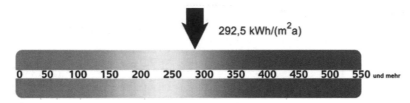

Abb. 11.6   Skala zur Einschätzung des Energieverbrauchs im Energieausweis [Energieeinsparverordnung]

11.4   Energie Wärme Gesetz (EEWärmeG von 2008, letzte Änderung 2011)

Auch das Energie Wärme Gesetz widmet sich bereits durch seine Benennung thermischen Anlagen. Der Inhaltsübersicht ist zu entnehmen, dass die normalen thermischen Anlagen durch Anlagen zur Nutzung Erneuerbarer Energien ergänzt oder hierdurch ersetzt werden. Im Gesetz wird auch auf Finanzierungsmaßnahmen eingegangen.

Im Folgenden sind Teile des für Smart Metering und Gebäudeautomation relevanten Gesetzestextes aufgeführt, die Paragraph für Paragraph kommentiert werden.

Das gesamte Gesetz hat folgenden Inhalt:

Inhaltsübersicht

Teil 1
Allgemeine Bestimmungen
§ 1   Zweck und Ziel des Gesetzes
§ 1a   Vorbildfunktion öffentlicher Gebäude
§ 2   Begriffsbestimmungen

Teil 2
Nutzung Erneuerbarer Energien
§ 3   Nutzungspflicht
§ 4   Geltungsbereich der Nutzungspflicht

Anlage Anforderungen an die Nutzung von Erneuerbaren Energien und Ersatzmaßnahmen

§ 1 Zweck und Ziel des Gesetzes

(1)   Zweck dieses Gesetzes ist es, insbesondere im Interesse des Klimaschutzes, der Schonung fossiler Ressourcen und der Minderung der Abhängigkeit von Energieimporten, eine nachhaltige Entwicklung der Energieversorgung zu ermöglichen und die Weiterentwicklung von Technologien zur Erzeugung von Wärme und Kälte aus Erneuerbaren Energien zu fördern.

(2)   Um den Zweck des Absatzes 1 unter Wahrung der wirtschaftlichen Vertretbarkeit zu erreichen, verfolgt dieses Gesetz das Ziel, dazu beizutragen, den Anteil Erneuerbarer Energien am Endenergieverbrauch für Wärme und Kälte bis zum Jahr 2020 auf 14 Prozent zu erhöhen.

Kommentar: Zweck und Ziel ist die Steigerung des Einsatzes Regenerativer Energien zur Erzeugung von Wärme und Kälte. Auf Photovoltaikanlagen zum Einsatz Regenerativer Energien zur Einsparung elektrischer Energie wird nicht eingegangen.

§ 5 Anteil Erneuerbarer Energien bei neuen Gebäuden

(1) Bei Nutzung von solarer Strahlungsenergie nach Maßgabe der Nummer I der Anlage zu diesem Gesetz wird die Pflicht nach § 3 Abs. 1 dadurch erfüllt, dass der Wärme- und Kälteenergiebedarf zu mindestens 15 Prozent hieraus gedeckt wird.

(2) Bei Nutzung von gasförmiger Biomasse nach Maßgabe der Nummer II.1 der Anlage zu diesem Gesetz wird die Pflicht nach § 3 Abs. 1 dadurch erfüllt, dass der Wärme- und Kälteenergiebedarf zu mindestens 30 Prozent hieraus gedeckt wird.

(3) Bei Nutzung von

1. flüssiger Biomasse nach Maßgabe der Nummer II.2 der Anlage zu diesem Gesetz und

2. fester Biomasse nach Maßgabe der Nummer II.3 der Anlage zu diesem Gesetz

wird die Pflicht nach § 3 Abs. 1 dadurch erfüllt, dass der Wärme- und Kälteenergiebedarf zu mindestens 50 Prozent hieraus gedeckt wird.

(4) Bei Nutzung von Geothermie und Umweltwärme nach Maßgabe der Nummer III der Anlage zu diesem Gesetz wird die Pflicht nach § 3 Abs. 1 dadurch erfüllt, dass der Wärme- und Kälteenergiebedarf zu mindestens 50 Prozent aus den Anlagen zur Nutzung dieser Energien gedeckt wird.

(5) Bei Nutzung von Kälte aus Erneuerbaren Energien nach Maßgabe der Nummer IV der Anlage zu diesem Gesetz wird die Pflicht nach § 3 Absatz 1 dadurch erfüllt, dass der Wärme- und Kälteenergiebedarf mindestens in Höhe des Anteils nach Satz 2 hieraus gedeckt wird. Maßgeblicher Anteil ist der Anteil, der nach den Absätzen 1 bis 4 für diejenige Erneuerbare Energie gilt, aus der die Kälte erzeugt wird. Wird die Kälte mittels einer thermischen Kälteerzeugungsanlage durch die direkte Zufuhr von Wärme erzeugt, gilt der Anteil, der auch im Falle einer reinen Wärmeerzeugung (ohne Kälteerzeugung) aus dem gleichen Energieträger gilt. Wird die Kälte unmittelbar durch Nutzung von Geothermie oder Umweltwärme bereitgestellt, so gilt der auch bei Wärmeerzeugung aus diesen Energieträgern geltende Anteil von 50 Prozent am Wärme- und Kälteenergiebedarf.

Kommentar: Der Anteil unterschiedlicher Erneuerbarer Energien bei neuen Gebäuden für die Erzeugung von Kälte und Wärme wird geregelt.

Anlage Anforderungen an die Nutzung von Erneuerbaren Energien und Ersatzmaßnahmen

(Fundstelle: BGBl. I 2008, 1663–1665; bzgl. der einzelnen Änderungen vgl. Fußnote)

I. Solare Strahlungsenergie

1. Sofern solare Strahlungsenergie durch solarthermische Anlagen genutzt wird, gilt

a) der Mindestanteil nach § 5 Abs. 1 als erfüllt, wenn

aa) bei Wohngebäuden mit höchstens zwei Wohnungen solarthermische Anlagen mit einer Fläche von mindestens 0,04 Quadratmetern Aperturfläche je Quadratmeter Nutzfläche und

bb) bei Wohngebäuden mit mehr als zwei Wohnungen solarthermische Anlagen mit einer Fläche von mindestens 0,03 Quadratmetern Aperturfläche je Quadratmeter Nutzfläche installiert werden; die Länder können insoweit höhere Mindestflächen festlegen,

b) die Nutzung nur dann als Ersatzmaßnahme nach § 7 Absatz 2, wenn solarthermische Anlagen mit einer Fläche von mindestens 0,06 Quadratmetern Aperturfläche je Quadratmeter Nutzfläche installiert werden,

c) eine Nutzung von solarthermischen Anlagen mit Flüssigkeiten als Wärmeträger nur dann als Erfüllung der Pflicht nach § 3 Absatz 1 oder 2 oder als Ersatzmaßnahme nach § 7 Absatz 2, wenn die Anlagen mit dem europäischen Prüfzeichen „Solar Keymark" zertifiziert sind; § 14 Absatz 2 Nummer 1 Satz 2 gilt entsprechend.

2.   Nachweis im Sinne des § 10 Abs. 3 ist für Nummer 1 Buchstabe c das Zertifikat „Solar Keymark".

II. Biomasse

1.   Gasförmige Biomasse

a) Die Nutzung von gasförmiger Biomasse gilt nur dann als Erfüllung der Pflicht nach § 3 Abs. 1, wenn die Nutzung in einer KWK-Anlage erfolgt.

b) Die Nutzung von gasförmiger Biomasse gilt nur dann als Erfüllung der Pflicht nach § 3 Absatz 2, wenn die Nutzung in einem Heizkessel, der der besten verfügbaren Technik entspricht, oder in einer KWK-Anlage erfolgt.

c) Die Nutzung von gasförmiger Biomasse, die aufbereitet und in das Erdgasnetz eingespeist worden ist (Biomethan), gilt unbeschadet der Buchstaben a und b nur dann als Erfüllung der Pflicht nach § 3 Absatz 1 oder 2, wenn

aa) bei der Aufbereitung und Einspeisung des Biomethans die Voraussetzungen nach Nummer 1 Buchstabe a bis c der Anlage 1 zum Erneuerbare-Energien-Gesetz vom 25. Oktober 2008 (BGBl. I S. 2074), das zuletzt durch Artikel 1 des Gesetzes vom 28. Juli 2011 (BGBl. I S. 1634) geändert worden ist, in der jeweils geltenden Fassung eingehalten worden sind und

bb) die Menge des entnommenen Biomethans im Wärmeäquivalent am Ende eines Kalenderjahres der Menge von Gas aus Biomasse entspricht, das an anderer Stelle in das Gasnetz eingespeist worden ist, und wenn für den gesamten Transport und Vertrieb des Biomethans von seiner Herstellung, seiner Einspeisung in das Erdgasnetz und seinem Transport im Erdgasnetz bis zu seiner Entnahme aus dem Erdgasnetz Massenbilanzsysteme verwendet worden sind.

2.   Flüssige Biomasse

a) Die Nutzung von flüssiger Biomasse gilt nur dann als Erfüllung der Pflicht nach § 3 Absatz 1 oder 2, wenn die Nutzung in einem Heizkessel erfolgt, der der besten verfügbaren Technik entspricht.

b) Die Nutzung von flüssiger Biomasse gilt unbeschadet des Buchstaben a nur dann als Erfüllung der Pflicht nach § 3 Absatz 1 oder 2, wenn die zur Wärmeerzeugung eingesetzte Biomasse die folgenden Anforderungen erfüllt:

aa) die Anforderungen an einen nachhaltigen Anbau und eine nachhaltige Herstellung, die die Biomassestrom-Nachhaltigkeitsverordnung vom 23. Juli 2009 (BGBl. I S. 2174), die zuletzt durch Artikel 5 des Gesetzes vom 12. April 2011 (BGBl. I S. 619) geändert worden ist, in der jeweils geltenden Fassung stellt, und bb) das Treibhausgas-Minderungspotenzial, das bei der Wärmeerzeugung in entsprechender Anwendung des § 8 der Biomassestrom-Nachhaltigkeitsverordnung mindestens erreicht werden muss. § 10 der Biomassestrom-Nachhaltigkeitsverordnung ist nicht anzuwenden. Bei der Berechnung des Treibhausgas-Minderungspotenzials ist der Vergleichswert für Fossilbrennstoffe (*EF*) nach Nummer 4 der Anlage 1 zur Biomassestrom-Nachhaltigkeitsverordnung

– für flüssige Biomasse, die zur Wärmeerzeugung verwendet wird, 77 g CO_{2eq}/MJ und

– für flüssige Biomasse, die zur Wärmeerzeugung in Kraft-Wärme-Kopplung verwendet wird, 85 g CO_{2eq}/MJ.

c) (weggefallen)

3. Feste Biomasse

a) Die Nutzung von fester Biomasse gilt nur dann als Erfüllung der Pflicht nach § 3 Absatz 1 oder 2, wenn der entsprechend § 14 Absatz 2 Nummer 2 Satz 2 berechnete Umwandlungswirkungsgrad folgende Werte nicht unterschreitet:

aa) 86 Prozent bei Anlagen zur Heizung oder Warmwasserbereitung mit einer Leistung bis einschließlich 50 Kilowatt,

bb) 88 Prozent bei Anlagen zur Heizung oder Warmwasserbereitung mit einer Leistung über 50 Kilowatt oder

cc) 70 Prozent bei Anlagen, die nicht der Heizung oder Warmwasserbereitung dienen.

b) Die Nutzung von fester Biomasse beim Betrieb von Feuerungsanlagen im Sinne der Verordnung über kleine und mittlere Feuerungsanlagen vom 26. Januar 2010 (BGBl. I S. 38) in der jeweils geltenden Fassung gilt unbeschadet des Buchstaben a nur dann als Erfüllung der Pflicht nach § 3 Absatz 1 oder 2, wenn

aa) die Nutzung erfolgt in einem

– Biomassekessel oder

– automatisch beschickten Biomasseofen mit Wasser als Wärmeträger,

bb) die Anforderungen der Verordnung über kleine und mittlere Feuerungsanlagen erfüllt werden und

cc) ausschließlich Biomasse nach § 3 Absatz 1 Nummer 4, 5, 5a oder 8 dieser Verordnung eingesetzt wird.

4. Nachweis der Anforderungen an gelieferte Biomasse

Die Abrechnungen der Brennstofflieferanten, mit denen die Erfüllung der in § 5 Absatz 2 und Absatz 3 Nummer 1 vorgesehenen Mindestanteile nach § 10 Absatz 2 Nummer 1 nachgewiesen wird, müssen die folgenden Bescheinigungen enthalten:

a) im Falle der Nutzung von gasförmiger Biomasse die Bescheinigung, dass die Anforderungen nach Nummer 1 Buchstabe c erfüllt sind,

b) im Falle der Nutzung von flüssiger Biomasse einen anerkannten Nachweis nach § 14 der Biomassestrom-Nachhaltigkeitsverordnung. Enthält dieser Nachweis bei den Angaben zum Treibhausgas-Minderungspotenzial nicht den Vergleichswert für die Verwendung, für die die flüssige Biomasse eingesetzt wird, müssen die Verpflichteten nachweisen, dass die eingesetzte flüssige Biomasse das Treibhausgas-Minderungspotenzial auch bei dieser Verwendung aufweist. Dies kann durch die Stelle, die den Nachweis ausgestellt hat, oder durch eine Zertifizierungsstelle, die nach § 42 der Biomassestrom-Nachhaltigkeitsverordnung anerkannt ist, bescheinigt werden. Sofern die Bundesanstalt für Landwirtschaft und Ernährung eine Methode zur Umrechnung des Treibhausgas-Minderungspotenzials für unterschiedliche Verwendungen im Bundesanzeiger nach § 21 Absatz 1 Satz 2 der Biomassestrom-Nachhaltigkeitsverordnung bekannt macht, kann auch dies als Nachweis nach Satz 1 dienen.

5.   Nachweis der sonstigen Anforderungen

Nachweis im Sinne des § 10 Absatz 3 darüber, dass die Anforderungen nach Nummer 1 Buchstabe a, Nummer 2 Buchstabe a oder Nummer 3 Buchstabe a und b erfüllt sind, ist die Bescheinigung eines Sachkundigen, des Anlagenherstellers oder des Fachbetriebs, der die Anlage eingebaut hat.

III.   Geothermie und Umweltwärme

1.

a) Sofern Geothermie und Umweltwärme durch elektrisch angetriebene Wärmepumpen genutzt werden, gilt diese Nutzung nur dann als Erfüllung der Pflicht nach § 3 Absatz 1 oder 2, wenn

- die nutzbare Wärmemenge mindestens mit der Jahresarbeitszahl nach Buchstabe b bereitgestellt wird,
- die Wärmepumpe über die Zähler nach Buchstabe c verfügt und
- die Wärmepumpe mit dem gemeinschaftlichen Umweltzeichen „Euroblume", dem Umweltzeichen „Blauer Engel" oder dem Prüfzeichen „European Quality Label for Heat Pumps" (Version 1.3) ausgezeichnet ist oder Anforderungen nach europäischen oder gemeinschaftlichen Normen erfüllt, die den Anforderungen für die Vergabe dieser Zeichen entsprechen und in den Verwaltungsvorschriften nach § 13 Satz 2 genannt sind.

b) Die Jahresarbeitszahl beträgt bei

- Luft/Wasser- und Luft/Luft-Wärmepumpen 3,5 und
- allen anderen Wärmepumpen 4,0.

Wenn die Warmwasserbereitung des Gebäudes durch die Wärmepumpe oder zu einem wesentlichen Anteil durch andere Erneuerbare Energien erfolgt, beträgt die Jahresarbeitszahl abweichend von Satz 1 bei

- Luft/Wasser- und Luft/Luft-Wärmepumpen 3,3 und
- allen anderen Wärmepumpen 3,8.

Die Jahresarbeitszahl nach Satz 1 oder 2 verringert sich ferner bei Wärmepumpen in bereits errichteten Gebäuden, mit denen die Pflicht nach § 3 Absatz 2 erfüllt werden soll, um den Wert 0,2. Die Jahresarbeitszahl nach den Sätzen 1 bis 3 wird nach den anerkannten Regeln der Technik berechnet. Die Berechnung ist mit der Leistungszahl der Wärmepumpe, mit dem Pumpstrombedarf für die Erschließung der Wärmequelle, mit der Auslegungs-Vorlauf- und bei Luft/Luft-Wärmepumpen mit der Auslegungs-Zulauftemperatur für die jeweilige Heizungsanlage, bei Sole/Wasser-Wärmepumpen mit der Sole-eintritts-Temperatur, bei Wasser/Wasser-Wärmepumpen mit der primärseitigen Wassereintritts-Temperatur und bei Luft/Wasser- und Luft/Luft-Wärmepumpen zusätzlich unter Berücksichtigung der Klimaregion durchzuführen.

c) Die Wärmepumpen müssen über einen Wärmemengen- und Stromzähler verfügen, deren Messwerte die Berechnung der Jahresarbeitszahl der Wärmepumpen ermöglichen. Satz 1 gilt nicht bei Sole/Wasser- und Wasser/Wasser-Wärmepumpen, wenn die Vorlauftemperatur der Heizungsanlage nachweislich bis zu 35 Grad Celsius beträgt.

2.   Sofern Geothermie und Umweltwärme durch mit fossilen Brennstoffen angetriebene Wärmepumpen genutzt werden, gilt diese Nutzung nur dann als Erfüllung der Pflicht nach § 3 Absatz 1 oder 2, wenn

- die nutzbare Wärmemenge mindestens mit der Jahresarbeitszahl von 1,2 bereitgestellt wird; Nummer 1 Buchstabe b Satz 4 und 5 gilt entsprechend, und
- die Wärmepumpe über einen Wärmemengen- und Brennstoffzähler verfügt, deren Messwerte die Berechnung der Jahresarbeitszahl der Wärmepumpe ermöglichen; Nummer 1 Buchstabe c Satz 2 gilt entsprechend, und
- die Wärmepumpe mit dem gemeinschaftlichen Umweltzeichen „Euroblume" oder dem Umweltzeichen „Blauer Engel" ausgezeichnet ist oder Anforderungen nach europäischen oder gemeinschaftlichen Normen erfüllt, die den Anforderungen für die Vergabe dieser Zeichen entsprechen und in den Verwaltungsvorschriften nach § 13 Satz 2 genannt sind.

3.   Nachweise im Sinne des § 10 Absatz 3 sind die Bescheinigung eines Sachkundigen und das Umweltzeichen „Euroblume", das Umweltzeichen „Blauer Engel", das Prüfzeichen „European Quality Label for Heat Pumps" oder ein gleichwertiger Nachweis.

IV.   Kälte aus Erneuerbaren Energien

1.   Die Nutzung von Kälte aus Erneuerbaren Energien gilt nur dann als Erfüllung der Pflicht nach § 3 Absatz 1 oder 2, wenn

a) die Kälte technisch nutzbar gemacht wird

aa) durch unmittelbare Kälteentnahme aus dem Erdboden oder aus Grund- oder Oberflächenwasser oder

bb) durch thermische Kälteerzeugung mit Wärme aus Erneuerbaren Energien im Sinne des § 2 Absatz 1 Nummer 1 bis 4,

b) die Kälte zur Deckung des Kältebedarfs für Raumkühlung nach § 2 Absatz 2 Nummer 9 Buchstabe b genutzt wird und

c) der Endenergieverbrauch für die Erzeugung der Kälte, die Rückkühlung und die Verteilung der Kälte nach der jeweils besten verfügbaren Technik gesenkt worden ist.

Die technischen Anforderungen nach den Nummern I bis III gelten entsprechend. Die für die Erfüllung der Pflicht nach § 3 Absatz 1 oder 2 anrechenbare Kältemenge umfasst die für die Zwecke des Satz 1 Buchstabe b nutzbar gemachte Kälte, nicht jedoch die zum Antrieb thermischer Kälteerzeugungsanlagen genutzte Wärme.

2.   Nachweis im Sinne des § 10 Absatz 3 ist die Bescheinigung eines Sachkundigen.

V. Abwärme

1.   Sofern Abwärme durch Wärmepumpen genutzt wird, gelten die Nummern III.1 und III.2 entsprechend.

2.   Sofern Abwärme durch raumlufttechnische Anlagen mit Wärmerückgewinnung genutzt wird, gilt diese Nutzung nur dann als Ersatzmaßnahme nach § 7 Absatz 1 Nummer 1 Buchstabe a, wenn

a) der Wärmerückgewinnungsgrad der Anlage mindestens 70 Prozent und

b) die Leistungszahl, die aus dem Verhältnis von der aus der Wärmerückgewinnung stammenden und genutzten Wärme zum Stromeinsatz für den Betrieb der raumlufttechnischen Anlage ermittelt wird, mindestens 10 betragen.

3.   Sofern Kälte genutzt wird, die durch Anlagen technisch nutzbar gemacht wird, denen unmittelbar Abwärme zugeführt wird, gilt Nummer IV.1 mit Ausnahme von Satz 1 Buchstabe a entsprechend.

4.   Sofern Abwärme durch andere Anlagen genutzt wird, gilt diese Nutzung nur dann als Ersatzmaßnahme nach § 7 Absatz 1 Nummer 1 Buchstabe a, wenn sie nach dem Stand der Technik erfolgt.

5.   Nachweis im Sinne des § 10 Absatz 3 sind

a) für Nummer 1 die Bescheinigung eines Sachkundigen und das Umweltzeichen „Euroblume", das Umweltzeichen „Blauer Engel", das Prüfzeichen „European Quality Label for Heat Pumps" oder ein gleichwertiger Nachweis,

b) für Nummer 2 die Bescheinigung eines Sachkundigen oder die Bescheinigung des Anlagenherstellers oder des Fachbetriebs, der die Anlage eingebaut hat,

c) für die Nummern 3 und 4 die Bescheinigung eines Sachkundigen.

VI.   Kraft-Wärme-Kopplung

1.   Die Nutzung von Wärme aus KWK-Anlagen gilt nur dann als Erfüllung der Pflicht nach § 3 Absatz 1 oder 2 und als Ersatzmaßnahme nach § 7 Absatz 1 Nummer 1 Buchstabe b, wenn die KWK-Anlage hocheffizient im Sinne der Richtlinie 2004/8/EG des Europäischen Parlaments und des Rates vom 11. Februar 2004 über die Förderung einer am Nutzwärmebedarf orientierten Kraft-Wärme-Kopplung im Energiebinnenmarkt und zur Änderung der Richtlinie 92/94/EWG (ABl. EU Nr. L 52 S. 50) ist. KWK-Anlagen mit einer elektrischen Leistung unter einem Megawatt sind hocheffizient, wenn sie Primärenergieeinsparungen im Sinne von Anhang III der Richtlinie 2004/8/EG erbringen.

2.   Die Pflicht nach § 3 Absatz 1 oder 2 und die Ersatzmaßnahme nach § 7 Absatz 1 Nummer 1 Buchstabe b gelten auch dann als erfüllt, sofern Kälte genutzt wird, die durch Anlagen technisch nutzbar gemacht wird, denen unmittelbar Wärme aus einer KWK-Anlage im Sinne der Nummer 1 zugeführt wird. Nummer IV.1 gilt mit Ausnahme von Satz 1 Buchstabe a entsprechend.

3.   Nachweis im Sinne des § 10 Abs. 3 ist bei Nutzung von Wärme oder Kälte aus KWK-Anlagen,

a) die der Verpflichtete selbst betreibt, die Bescheinigung eines Sachkundigen, des Anlagenherstellers oder des Fachbetriebs, der die Anlage eingebaut hat,

b) die der Verpflichtete nicht selbst betreibt, die Bescheinigung des Anlagenbetreibers.

VII. Maßnahmen zur Einsparung von Energie

1.   Maßnahmen zur Einsparung von Energie gelten nur dann als Ersatzmaßnahme nach § 7 Absatz 1 Nummer 2, wenn damit bei der Errichtung von Gebäuden

a) der jeweilige Höchstwert des Jahres-Primärenergiebedarfs und

b) die jeweiligen für das konkrete Gebäude zu erfüllenden Anforderungen an die Wärmedämmung der Gebäudehülle nach der Energieeinsparverordnung in der jeweils geltenden Fassung um mindestens 15 Prozent unterschritten werden.

2.   Maßnahmen zur Einsparung von Energie gelten bei öffentlichen Gebäuden vorbehaltlich des § 19 Absatz 3 nur dann als Ersatzmaßnahme nach § 7 Absatz 1 Nummer 2, wenn damit

a) bei der Errichtung öffentlicher Gebäude abweichend von Nummer 1 der Transmissionswärmetransferkoeffizient um mindestens 30 Prozent oder

b) bei der grundlegenden Renovierung öffentlicher Gebäude der 1,4-fache Wert des Transmissionswärmetransferkoeffizienten um mindestens 20 Prozent unterschritten wird. Transmissionswärmetransferkoeffizient im Sinne des Satzes 1 ist der spezifische, auf die wärmeübertragende Umfassungsfläche bezogene Transmissionswärmetransferkoeffizient des Referenzgebäudes gleicher Geometrie, Nettogrundfläche, Ausrichtung und Nutzung einschließlich der Anordnung der Nutzungseinheiten nach Anlage 2, Tabelle 1 der Energieeinsparverordnung in der am 1. Mai 2011 geltenden Fassung. Der Transmissionswärmetransferkoeffizient wird nach Nummer 6.2 der DIN V 18599-2 (2007-02), die wärmeübertragende Umfassungsfläche wird nach DIN EN ISO 13789 (1999-10), Fall „Außenabmessung", ermittelt, so dass alle thermisch konditionierten Räume des Gebäudes von dieser Fläche umschlossen werden. Bei der grundlegenden Renovierung öffentlicher Gebäude gilt Satz 1 Buchstabe b auch dann als erfüllt, wenn das öffentliche Gebäude nach der grundlegenden Renovierung die Anforderungen an zu errichtende Gebäude nach § 4 der Energieeinsparverordnung in der am 1. Mai 2011 geltenden Fassung erfüllt.

3.   Maßnahmen zur Einsparung von Energie, bei denen ganz oder teilweise Erneuerbare Energien, Abwärme oder Wärme aus Kraft-Wärme-Kopplung genutzt werden, um den Wärme- und Kälteenergiebedarf zu decken, gelten unbeschadet der Nummern 1 oder 2 nur dann als Ersatzmaßnahme nach § 7 Absatz 1 Nummer 2, wenn sie die Anforderungen nach den Nummern I bis VI erfüllen.

4.   Soweit andere Rechtsvorschriften höhere Anforderungen an den baulichen Wärmeschutz als die Energieeinsparverordnung stellen, treten diese Anforderungen an die Stelle der Anforderungen nach der Energieeinsparverordnung in Nummer 1.

5.   Nachweis im Sinne des § 10 Abs. 3 ist der Energieausweis nach § 18 der Energieeinsparverordnung.

VIII. Fernwärme oder Fernkälte

1.   Die Nutzung von Fernwärme oder Fernkälte gilt nur dann als Ersatzmaßnahme nach § 7 Absatz 1 Nummer 3, wenn die in dem Wärme- oder Kältenetz insgesamt verteilte Wärme oder Kälte

a) zu einem wesentlichen Anteil aus Erneuerbaren Energien,

b) zu mindestens 50 Prozent aus Anlagen zur Nutzung von Abwärme,

c) zu mindestens 50 Prozent aus KWK-Anlagen oder

d) zu mindestens 50 Prozent durch eine Kombination der in den Buchstaben a bis c genannten Maßnahmen

stammt. Die Nummern I bis VI gelten entsprechend.

2.   Nachweis im Sinne des § 10 Abs. 3 ist die Bescheinigung des Wärme- oder Kältenetzbetreiber.

Kommentar: Die Methoden zur Nutzung verschiedenster regenerativer Energien für thermische Prozesse und deren Anrechenbarkeit wird ausführlich erläutert.

Abschließender Kommentar

Das Energie-Wärme Gesetz widmet sich lediglich der Einsparung von Energie bei thermischen Anlagen, dem Ersatz durch Regenerative Energieformen und der Finanzierung von Maßnahmen. Ein Einbezug von Gebäudeautomation zur Kombination von Regenerativen Energien in Verbindung mit sonstigen thermischen Systemen wird nicht andiskutiert.

11.5   Messzählerverordnung von 2008, zuletzt geändert 2012

Die Messzählerverordnung regelt auf der Basis des Energiewirtschaftsgesetzes die Verwendung der Messeinrichtung und setzt damit die Anforderungen an die neuen Smart Meter um.

Im Folgenden sind Teile des für Smart Metering und Gebäudeautomation relevanten Verordnungstextes aufgeführt, die Paragraph für Paragraph kommentiert werden.

Die gesamte Verordnung hat folgenden Inhalt:

Inhaltsübersicht

Teil 1

Allgemeine Bestimmungen

Teil 2

Messstellenbetrieb und Messung

§ 8 Messstellenbetrieb

§ 9 Messung

§ 10 Art der Messung beim Stromnetzzugang

§ 11 Art der Messung beim Gasnetzzugang

§ 12 Datenaustausch und Nachprüfung der Messeinrichtung

Teil 3

Festlegungen der Bundesnetzagentur, Übergangsregelungen

§ 13 Festlegungen der Bundesnetzagentur

§ 14 Übergangsregelungen

§ 4 Inhalt der Verträge zwischen Netzbetreiber und Messstellenbetreiber oder Messdienstleister

(1)   Die Verträge nach § 3 müssen mindestens Folgendes regeln:

1. Bedingungen des Messstellenbetriebs und der Messung, soweit Vertragsgegenstand,

2. Regelungen zum Messstellenbetrieb und zur Messung einschließlich des Vorgehens bei Mess- und Übertragungsfehlern, soweit Vertragsgegenstand,

3. Mindestanforderungen nach § 21b Abs. 3 Satz 2 Nr. 2 des Energiewirtschaftsgesetzes,

4. Verpflichtung der Parteien zur gegenseitigen Datenübermittlung sowie gegebenenfalls die Datenübermittlung an Energielieferanten, Netznutzer, Anschlussnutzer und von dem Anschlussnutzer in seinem Rechtsverhältnis mit dem Messstellenbetreiber oder Messdienstleister Benannte, die dabei zu verwendenden Datenformate und Inhalte sowie die hierfür geltenden Fristen,

5. Haftungsbestimmungen,

6. Kündigung und sonstige Beendigung des Vertrages einschließlich der Pflichten des Dritten bei der Beendigung des Vertrages,

7. im Falle eines Rahmenvertrages die An- und Abmeldung einer Messstelle zu diesem Vertrag.

(2)   In den Verträgen ist insbesondere zu regeln, dass die Vertragsparteien sich verpflichten,

1. mit dem Anschlussnutzer anlässlich des Messstellenbetriebs oder der Messung durch Dritte keine Regelungen zu vereinbaren, die dessen Lieferantenwechsel behindern,

2. im Falle des Übergangs des Messstellenbetriebs

a) dem neuen Messstellenbetreiber die zur Messung vorhandenen technischen Einrichtungen, insbesondere die Messeinrichtung selbst, Wandler, vorhandene Telekommunikationseinrichtung und bei Gasentnahmemessung Druck- und Temperaturmesseinrichtungen, vollständig oder einzelne dieser Einrichtungen, soweit möglich, gegen angemessenes Entgelt zum Kauf oder zur Nutzung anzubieten,

b) soweit der neue Messstellenbetreiber von dem Angebot nach Buchstabe a keinen Gebrauch macht, die vorhandenen technischen Einrichtungen zu einem von dem neuen Messstellenbetreiber zu bestimmenden Zeitpunkt unentgeltlich zu entfernen oder den

Ausbau der Einrichtungen durch den neuen Messstellenbetreiber zu dulden, wenn dieser dafür Sorge trägt, dass die ausgebauten Einrichtungen dem bisherigen Messstellenbetreiber auf dessen Wunsch zur Verfügung gestellt werden.

(3)   Der Dritte ist verpflichtet, die von ihm ab- oder ausgelesenen Messdaten an den Netzbetreiber zu den Zeitpunkten zu übermitteln, die dieser zur Erfüllung eigener Verpflichtungen unter Beachtung von Festlegungen nach § 13 vorgibt. § 18a Abs. 1 der Stromnetzzugangsverordnung vom 25. Juli 2005 (BGBl. I S. 2243), die durch Artikel 3 Abs. 1 der Verordnung vom 1. November 2006 (BGBl. I S. 2477) geändert worden ist, und § 44 Absatz 1 der Gasnetzzugangsverordnung gelten entsprechend. Die Anforderungen, die sich aus Vereinbarungen nach § 40 Absatz 3 Satz 2 des Energiewirtschaftsgesetzes ergeben, sind zu beachten. Verpflichtungen des Dritten zur Datenübermittlung aus seinem Rechtsverhältnis mit dem Anschlussnutzer bleiben unberührt.

(4)   Der Netzbetreiber ist verpflichtet,

1. die Zählpunkte zu verwalten,

2. durch ihn aufbereitete abrechnungsrelevante Messdaten an den Netznutzer zu übermitteln sowie

3. die übermittelten Daten für den im Rahmen des Netzzugangs erforderlichen Zeitraum zu archivieren.

Der Netzbetreiber ist nicht verpflichtet, Inkassoleistungen für den Dritten zu erbringen.

(5)   Im Falle des Wechsels des bisherigen Anschlussnutzers ist der Dritte auf Wunsch des Netzbetreibers für einen Übergangszeitraum von längstens drei Monaten verpflichtet, den Messstellenbetrieb oder die Messung gegen ein vom Netzbetreiber zu entrichtendes angemessenes Entgelt fortzuführen, bis der Messstellenbetrieb oder die Messung auf Grundlage eines Auftrages des neuen Anschlussnutzers im Sinne des § 5 Abs. 1 Satz 1 erfolgt. Andernfalls gilt § 7 Abs. 1.

(6)   Der Netzbetreiber ist berechtigt, zur Erfüllung gesetzlicher Verpflichtungen, insbesondere zur Durchführung einer Unterbrechung nach den §§ 17 und 24 der Niederspannungsanschlussverordnung vom 1. November 2006 (BGBl. I S. 2477) oder den §§ 17 und 24 der Niederdruckanschlussverordnung vom 1. November 2006 (BGBl. I S. 2477, 2485), vom Dritten die notwendigen Handlungen an den Messeinrichtungen zu verlangen. In diesen Fällen ist der Netzbetreiber verpflichtet, den Dritten von sämtlichen Schadensersatzansprüchen freizustellen, die sich aus einer unberechtigten Handlung ergeben können.

(7)   Der Dritte ist berechtigt, zur Messdatenübertragung gegen angemessenes und diskriminierungsfreies Entgelt Zugang zum Elektrizitätsverteilungsnetz des Netzbetreibers zu erhalten, soweit und für den Teil des Netzes, in dem der Netzbetreiber selbst eine solche Messdatenübertragung durchführt oder zulässt. Dies gilt nicht, solange der Netzbetreiber die Messdatenübertragung für einen eng befristeten Zeitraum ausschließlich zu technischen Testzwecken durchführt.

Kommentar: Die Verträge bezüglich des Messstellenbetriebs werden konkretisiert, insbesondere wird der Umfang der Messstellen mit Wandlern beschrieben. Aufgrund der Vergabe des Messstellenbetriebs an Dritte wird die vertragliche Situation zwischen Energieversorger und dem Messstellenbetreiber als Drittem klar geregelt. Es wird geregelt, wie die Messdatenübertragung zu verrechnen ist.

§ 5 Wechsel des Messstellenbetreibers und des Messdienstleisters

(1) Ein Anschlussnutzer hat gegenüber dem Netzbetreiber in Textform zu erklären, dass er beabsichtigt, nach § 21b des Energiewirtschaftsgesetzes einen Dritten mit dem Messstellenbetrieb oder der Messung zu beauftragen. Die Erklärung nach Satz 1 muss Angaben enthalten über

1. die Identität des Anschlussnutzers (Name, Adresse sowie bei im Handelsregister eingetragenen Firmen Registergericht und Registernummer),

2. die Entnahmestelle (Adresse, Zählernummer) oder den Zählpunkt (Adresse, Nummer),

3. den Dritten, der aufgrund des Auftrages des Anschlussnutzers den Messstellenbetrieb oder die Messung durchführen soll (Name, Adresse sowie bei im Handelsregister eingetragenen Firmen Registergericht und Registernummer), und

4. den Zeitpunkt, ab dem der Messstellenbetrieb oder die Messdienstleistung durchgeführt werden soll.

Die Erklärung kann auch gegenüber dem Dritten abgegeben werden. In diesem Fall genügt die Übersendung einer Kopie als elektronisches Dokument an den Netzbetreiber.

(2) Sobald die erforderliche Erklärung des Anschlussnutzers und die erforderlichen Angaben des Dritten vorliegen, hat der Netzbetreiber dem Dritten

1. in den Fällen des § 3 Abs. 1 oder 2 innerhalb eines Monats mitzuteilen, ob er dessen Angebot zum Abschluss eines Vertrages annimmt,

2. bei einem Rahmenvertrag nach § 3 Abs. 3 innerhalb von zwei Wochen nach der Anmeldung nach § 4 Abs. 1 Nr. 7 mitzuteilen, ob er die Benennung einer hinzukommenden Messstelle zurückweist.

(3) Für den Wechsel des Messstellenbetreibers oder des Messdienstleisters darf kein gesondertes Entgelt erhoben werden.

(4) Die Bestimmungen in den Absätzen 1 bis 3 gelten entsprechend für die Beziehungen zwischen Messstellenbetreibern und Messdienstleistern, wenn die Aufgabe des Messstellenbetreibers oder der Messung nicht an den Netzbetreiber zurückfällt.

Kommentar: Geregelt wird zudem der Wechsel des Messstellenbetreibers. Insbesondere wird klargestellt, wie der Energiekunde sich bei Wechsel des Messstellenbetreibers zu verhalten hat, wenn er und nicht der Energieversorger den Messstellenbetreiber wechselt.

§ 8 Messstellenbetrieb

(1) Der Messstellenbetreiber bestimmt Art, Zahl und Größe von Mess- und Steuereinrichtungen; die Bestimmung muss unter Berücksichtigung energiewirtschaftlicher Belange zur Höhe des Verbrauchs und zum Verbrauchsverhalten in einem angemessenen Verhältnis stehen. In den Fällen des § 14 Abs. 3 der Stromgrundversorgungsverordnung vom 26. Oktober 2006 (BGBl. I S. 2391) und des § 14 Abs. 3 der Gasgrundversorgungs-

verordnung vom 26. Oktober 2006 (BGBl. I S. 2391, 2396) hat der Messstellenbetreiber eine vom Grundversorger verlangte Messeinrichtung einzubauen und zu betreiben.

(2)   Mess- und Steuereinrichtungen müssen den eichrechtlichen Vorschriften entsprechen und eine Messung nach den §§ 10 und 11 ermöglichen. Die Möglichkeit, zusätzliche Messfunktionen vorzusehen, bleibt unberührt.

(3)   Ein Dritter, der den Messstellenbetrieb durchführt, ist für den ordnungsgemäßen Messstellenbetrieb verantwortlich. Er hat den Verlust, die Beschädigung und Störungen der Mess- und Steuereinrichtungen unverzüglich dem Netzbetreiber in Textform mitzuteilen und zu beheben.

(4)   Sofern auf eine Messstelle wegen baulicher Veränderungen oder einer Änderung des Verbrauchsverhaltens des Anschlussnutzers oder Änderungen des Netznutzungsvertrages andere Mindestanforderungen nach § 4 Abs. 1 Nr. 3 anzuwenden sind, ist der Netzbetreiber berechtigt, von dem Messstellenbetreiber mit einer Frist von zwei Monaten eine Anpassung zu verlangen. Erfolgt keine Anpassung an die anzuwendenden Mindestanforderungen, ist der Netzbetreiber berechtigt, den Vertrag nach § 3 für diese Messstelle bei einer wesentlichen Abweichung von den Mindestanforderungen zu beenden.

(5)   In den Fällen des § 9 Abs. 2 darf der Messstellenbetreiber eine elektronisch ausgelesene Messeinrichtung nur einbauen, sofern Anschlussnutzer und Netzbetreiber ihr Rechtsverhältnis mit dem Messdienstleister für diese Messstelle beendet haben.

Kommentar: Wie bereits im Energiewirtschaftsgesetz wird grundsätzlich die Messstelle beschrieben. Auf den Betrieb als Messsystem wird nicht eingegangen.

§ 9 Messung

(1)   Der Messstellenbetreiber führt, soweit nichts anderes vereinbart ist, auch die Messung durch.

(2)   Die Durchführung der Messung kann auf Wunsch des Anschlussnutzers einem anderen als dem Messstellenbetreiber übertragen werden (Messdienstleister), sofern die Messeinrichtung nicht elektronisch ausgelesen wird. Als elektronisch ausgelesen gelten auch Messeinrichtungen, die elektronisch vor Ort ausgelesen werden.

(3)   Wer die Messung durchführt, hat dafür Sorge zu tragen, dass eine einwandfreie Messung der entnommenen Energie sowie die form- und fristgerechte Datenübertragung gewährleistet sind. Er kann unter diesen Voraussetzungen auch Messungen durchführen, die über die in den §§ 10 und 11 vorgeschriebenen hinausgehen.

Kommentar: Die Art und Weise der Messung durch den Messstellenbetreiber wird beschrieben. Als elektronische Messung wird auch eine manuelle, aber elektronische Auslesung eines elektronischen Zählers vor Ort festgelegt. Die Datenübertragung der Messdaten ist fester Bestandteil der Messung.

§ 10 Art der Messung beim Stromnetzzugang

(1)   Die Messung der entnommenen Elektrizität erfolgt bei Letztverbrauchern im Sinne des § 12 der Stromnetzzugangsverordnung durch Erfassung der entnommenen elektri-

schen Arbeit sowie gegebenenfalls durch Registrierung der Lastgänge am Zählpunkt oder durch Feststellung der maximalen Leistungsaufnahme.

(2)   Handelt es sich nicht um Letztverbraucher im Sinne des § 12 der Stromnetzzugangsverordnung, erfolgt die Messung durch eine viertelstündige registrierende Leistungsmessung.

(3)   Ein Letztverbraucher im Sinne des § 12 der Stromnetzzugangsverordnung ist als Anschlussnutzer berechtigt, im Einvernehmen mit seinem Lieferanten von dem Messstellenbetreiber eine Messung nach Absatz 2 zu verlangen, sofern der Lieferant mit dem Netzbetreiber die Anwendung des Lastgangzählverfahrens vereinbart hat. Netzbetreiber und Messstellenbetreiber sind im Falle eines solchen Verlangens zur Aufnahme entsprechender Vereinbarungen in den Verträgen nach § 3 verpflichtet.

Kommentar: Beschrieben wird die physikalische Messung des Verbrauchs über die entnommene elektrische Arbeit. Zur Erweiterung wird die Registrierung des Lastgangs und der maximalen Leistungsaufnahme angeboten. Für andere Energiekunden, die keine direkten Letztverbraucher sind, d. h. z. B. Industriebetriebe, wird festgelegt, dass hier eine viertelstündige, registrierende Leistungsmessung erfolgt. Damit ist für Großkunden die zeitliche Auflösung der Messung geregelt.

§ 11 Art der Messung beim Gasnetzzugang

(1)   Die Messung des entnommenen Gases erfolgt

1. durch eine kontinuierliche Erfassung der entnommenen Gasmenge sowie,

2. soweit es sich nicht um Letztverbraucher im Sinne des § 24 der Gasnetzzugangsverordnung handelt, für die Lastprofile gelten, durch eine stündliche registrierende Leistungsmessung.

In den Fällen des Satzes 1 Nr. 2 sind für die Messung Datenübertragungssysteme einzurichten, die die stündlich registrierten Ausspeisewerte in maschinenlesbarer Form an Transportkunden nach § 3 Nr. 31b des Energiewirtschaftsgesetzes, an die an der Erbringung von Ausgleichsleistungen beteiligten Netzbetreiber und auf Verlangen an den Ausspeisenetzbetreiber übermitteln.

(2)   Ein Letztverbraucher im Sinne des § 24 der Gasnetzzugangsverordnung ist als Anschlussnutzer berechtigt, im Einvernehmen mit seinem Lieferanten von dem Messstellenbetreiber eine Messung nach Absatz 1 zu verlangen, sofern der Lieferant mit dem Netzbetreiber die Anwendung des Lastgangzählverfahrens vereinbart hat. Netzbetreiber und Messstellenbetreiber sind im Falle eines solchen Verlangens zur Aufnahme entsprechender Vereinbarungen in den Verträgen nach § 3 verpflichtet.

Kommentar: Wesentlich konkreter für den Energiekunden wird die Registrierung des Gasverbrauchs beschrieben, er ist oder kann wesentlich häufiger zeitlich aufgelöst werden.

§ 12 Datenaustausch und Nachprüfung der Messeinrichtung

(1)   Der Netzbetreiber hat einen elektronischen Datenaustausch in einem einheitlichen Format zu ermöglichen. Soweit Mess- oder Stammdaten betroffen sind, muss das Format

die vollautomatische Weiterverarbeitung im Rahmen der Prozesse für den Datenaustausch zwischen den Beteiligten ermöglichen, insbesondere auch für den Wechsel des Lieferanten. Der Dritte ist verpflichtet, die vom Netzbetreiber geschaffenen Möglichkeiten zum Datenaustausch nach den Sätzen 1 und 2 zu nutzen.

(2)   Ein Dritter, der die Messung durchführt, ist verpflichtet, dem Netzbetreiber die Messdaten fristgerecht entsprechend den Vorgaben nach Absatz 1 oder den Festlegungen der Regulierungsbehörden nach § 13 elektronisch zu übermitteln.

(3)   Sofern ein Dritter den Messstellenbetrieb durchführt, kann der Netzbetreiber jederzeit eine Nachprüfung der Messeinrichtung durch eine Befundprüfung nach § 32 Abs. 1, 1a und 3 der Eichordnung vom 12. August 1988 (BGBl. I S. 1657), die zuletzt durch Artikel 3 § 14 des Gesetzes vom 13. Dezember 2007 (BGBl. I S. 2390) geändert worden ist, durch eine Eichbehörde oder eine staatlich anerkannte Prüfstelle im Sinne des § 2 Abs. 4 des Eichgesetzes verlangen. Ergibt die Befundprüfung, dass das Messgerät nicht verwendet werden darf, so trägt der Messstellenbetreiber die Kosten der Nachprüfung, sonst der Netzbetreiber. Die sonstigen Möglichkeiten zur Durchführung einer Befundprüfung nach § 32 Abs. 2 der Eichordnung bleiben unberührt.

Kommentar: Geregelt wird generell die Übermittlung der Messdaten mit einem Datenformat ohne konkret auf den Datenschutz einzugehen.

Abschließender Kommentar
Während das Energiewirtschaftsgesetz die Einführung der Smart Meter sehr konkret beschreibt, geht die Messzählerverordnung nur pauschal auf die Messung des Energieverbrauchs ein. Beschrieben wird der Messstellenbetrieb und die Messung, nicht jedoch der zeitliche Ablauf einer Messung bezogen auf die Einführung von Smart Metern. Festgelegt wird, dass auch der Energiekunde Dritte beauftragen kann die Messdienstleistung zu übernehmen.

11.6   Initiierte Prototypen-Projekte für Smart Metering

Auf der Basis der EU-Richtlinie und der darauf basierenden nationalen Maßnahmen wurden zahlreiche Pilot-Projekte in Europa gestartet und teilweise schon beendet oder bereits in gängige Praxis umgesetzt. Im deutschen Energiewirtschaftsgesetz werden die Bedingungen für Prototypen-Projekte geregelt.

Eine Länderaufstellung auf der Basis des Jahres 2010 zeigt:

- Großbritannien:
  - Pilotprojekte, von der Regierung gefördert
  - erste Anforderungen an „Smart Gas Meter" erstellt
  - ca. 2 Millionen Prepayment-Gaszähler im Einsatz
- Schweden:
  - Gesetzgeber schreibt monatliche Ablesung der Stromkunden ab 2009 vor

- Finnland:
  - 30.000 Stromzähler bereits fernauslesbar, mehr als 300.000 sollen folgen
- Niederlande:
  - alle Strom- und Gaszähler sollen ab 2008/2009 durch fernauslesbare Zähler ersetzt werden
  - Anforderung an Smart Meter geklärt
  - ca. 30.000 Gaszähler im Großversuch
- Belgien:
  - den Kunden müssen Prepaymentzähler angeboten werden
- Spanien:
  - Pilotversuch von Gas Natural mit ca. 5.000 Gaszählern
- Österreich:
  - Pilotprojekt mit Stromzählern bei Energie AG entschieden
  - Pilotprojekt mit Gaszählern und Abschaltventil geplant
- Deutschland:
  - viele Pilotprojekte, teilweise in Planung

11.7 Abschließender Kommentar zur gesetzlichen Regelung der Einführung von Energieeffizienz

Die EU gibt mit der Endenergieeffizienz-Richtlinie vor, dass die Energieeffizienz gesteigert werden muss, um den anstehenden Ressourcen- und bestehenden Umweltproblemen zu begegnen. Maßnahmen werden insbesondere an Energiedienstleistungen in Form von Energieberatung und der genaueren Messung der Energieabnahme festgemacht. Zahlreiche Beispiele für die Realisierung der Energieeinsparung werden vorgestellt.

Im Energie Wärme Gesetz konkretisiert die deutsche Bundesregierung die Vorgaben der EU-Richtlinie, indem insbesondere die Einbindung von Regenerativen Energien in die thermische Prozesse einbezogen werden sollen. Zahlreiche Beispiele Regenerativer Energiequellen werden aufgeführt.

Die Energieeinspar-Verordnung widmet sich konkret der Messung von Energieeinsparung durch ein Energieberatungs-Instrument in Form eines Energieausweises. Durch Vergleich mit anderen Gebäuden wird zum Wettbewerb angeregt, um durch Einführung von energieeffizienten Maßnahmen, die in einem Maßnahmenkatalog fixiert werden, den Energieverbrauch in Bezug auf die Nutzung von Wärme und Kälte zu optimieren. Die Verordnung reduziert sich damit auf das Werk HKL.

Das Energiewirtschaftsgesetz forciert die Vorgaben der EU-Richtlinie hinsichtlich der genaueren Messung des Energieverbrauchs durch die exakte Beschreibung der Anforderungen an einen Smart Meter sowie der rechtlichen Rahmenbedingungen bezüglich Vertragsrecht, Tarifen und Messstellenbetrieb. Der Smart Meter soll durch bidirektionale

Kommunikation eine Fernbedienung auch von Schalteinrichtungen und Fernauslesungen hinsichtlich vieler elektrischer Messgrößen ermöglichen. Aus den Messungen können statistische Erfassungen abgeleitet werden, die auf die gesamte Gesellschaft erweitert werden. Die Nutzung der Messdaten durch den Energiekunden ist klar geregelt und ermöglicht bei Nutzung der Messdaten vor Ort auch für smart-metering-basiertes Energiemanagement. Die Einführung der Smart Meter ist mit erheblichen Anstrengungen hinsichtlich Datensicherheit in allen Belangen verbunden, die Sicherheit bei der Datenübertragung zwingend erfordern. Den Auftrag zur Einführung der Smart Meter inklusive der Auswahl dieser in seinem Versorgungsgebiet hat ausschließlich der Netzbetreiber, er kann den Messbetrieb an Dritte weitergeben. Erwähnt wird die Übermittlung variabler Tarife an den Zähler, um darauf basierend Handlungen beim Energiekunden vorzunehmen und die Interpretation von Energiegangskurven.

Damit legt der Gesetzgeber fest, dass das smart-metering-basierte Energiemanagement über die 3 Ausprägungen psychologisch, aktiv und passiv in Verbindung mit Gebäudeautomation realisiert werden kann (vgl. Abb. 11.7).

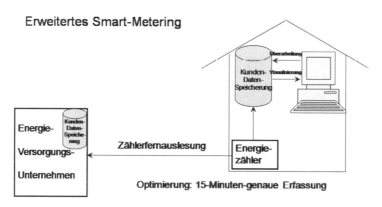

Abb. 11.7   Erweitertes Energiemanagement mit Smart Metern

Es ist prinzipiell geregelt, dass Smart Metering vom Energieversorger eingeführt werden soll. Es fehlt die Regelung der Anbindung des Smart Meterings in eine Gebäudeautomation. Diese Aufgabe müssen die Verbände übernehmen und könnten hierauf basierend große Investitionen bei Bauherren im Neubau- und insbesondere Nachrüstbereich anregen.

Das größte Problem ist die Datensicherheit. Interessant ist in diesem Zusammenhang die Lösung einiger Staaten Prepayment-Zähler einzuführen, mit denen das Metering direkt im Ansatz durch Methoden einer mit dem Kfz vergleichbaren Tankuhr erfolgt. Datensicherheitsprobleme entfallen damit von vornherein. Die Messung des Energieverbrauchs erfolgt über die Kostenerfassung per Prepayment.

Funktionalität des Smart Meterings

Die Einführung des Smart Meterings ist durch den Gesetzgeber klar geregelt, wird jedoch aufgrund der massiven Anforderungen und Problemkreise ständig verschoben. Zuständig hierfür ist der Energieversorger, der wiederum Dritte beauftragen kann, um den Messstellenbetrieb durchzuführen. Auf der Basis der bevorstehenden Einführung von Smart Metern hat die Industrie erhebliche Maßnahmen ergriffen, um Geräte am Markt verfügbar zu machen. Auf der Basis der Erfahrungen und der Verfügbarkeit von elektronischen Zählern und des Know-hows in der Zählerfernauslesung wurden erste Smart Meter entwickelt und vertrieben, bei denen direkt im Gerät Schnittstellen zu Kommunikationsnetzwerken und andere Schnittstellen zur Gebäudeautomation verfügbar waren. Damit war die von Gesetzgeberseite geforderte Zählerfernauslesung realisiert (vgl. Abb. 12.1).

Abb. 12.1 Smart Meter mit integrierter Kommunikationsschnittstelle

Die Smart Meter erlaubten per Fernauslesung die Übertragung der Messdaten in nachfolgende Auswertungssysteme. Zur Vereinfachung wurden tabellarisch geführte Messergebnisse verfügbar gemacht, die anschließend in Graphiken umgearbeitet werden konnten (vgl. Abb. 12.2).

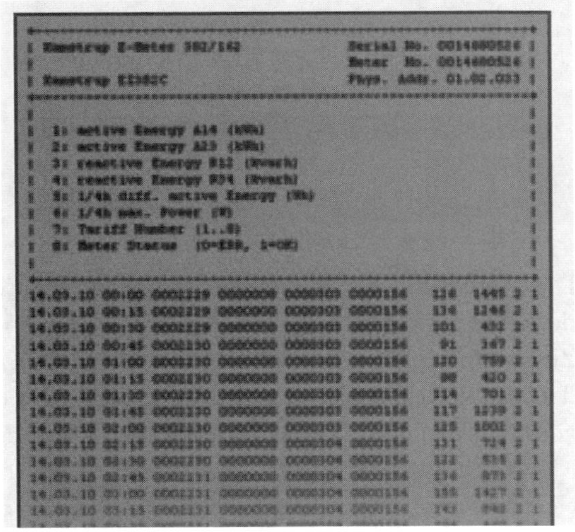

Kamstrup E-Meter 382/162 Serial No. 0014400526
Meter No. 0014400526
Kamstrup EI382C Phys. Addr. 01.02.033

1: active Energy A14 (kWh)
2: active Energy A23 (kWh)
3: reactive Energy R12 (kvarh)
4: reactive Energy R34 (kvarh)
5: 1/4h diff. active Energy (Wh)
6: 1/4h max. Power (W)
7: Tariff Number (1..8)
8: Meter Status (0=ERR, 1=OK)

Abb. 12.2 Messdatenerfassung in Listenform

Im Rahmen von Prototypeninstallationen wurden die Smart Meter eingesetzt und Erfahrungen mit der Kommunikation mit dem Zähler, dessen Auslesung, der Speicherung und Weiterverarbeitung und der Präsentation der Messdaten gegenüber dem Energiekunden untersucht. Im Zuge der Tests wurde auf der Basis der Verordnungen erkannt, dass unter anderem die Datensicherheit, Manipulationsfähig- und Messgenauigkeit durch die Integration der Schnittstellen im Zählergehäuse in Frage zu stellen ist. Daraufhin wurden Zählerauslesungen von außerhalb des Smart Meters realisiert (vgl. Abb. 12.3).

Abb. 12.3 Smart Meter mit externer Schnittstelle

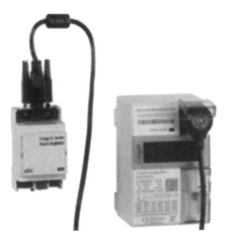

Damit stehen dem Messstellenbetreiber Lösungen zur Verfügung, um die Smart Meter in sein Kommunikationsnetz einzubinden, indem direkte Schnittstellen zur Verfügung stehen, aber auch zur weiteren Verwendung beim Energiekunden über externe Schnittstellen.

Es wird schnell klar, dass aufgrund der Kundenmassenproblematik und der gleichartigen Nutzung der Smart Meter durch die Energieversorger die Einführung der Smart Meter sehr problematisch ist. Demgegenüber neigen Energieendkunden zur Erlangung der in Aussicht gestellten Transparenz des Energieverbrauchs und der Einführung flexibler Abrechnung von Nebenkosten dazu, dass elektronische Zähler verfügbar gemacht werden. Die Industrie hat stellvertretend durch Unternehmen wie Hager, ABB und Lingg&Janke erhebliche Anstrengungen unternommen, um die Forderung nach Smart Metern zu befriedigen, und zudem Konzepte entwickelt, die Zählerdaten auch direkt kundenseitig auszuwerten und zu verarbeiten. Durch die problembelastete Einführung der Smart Meter durch den Energieversorger können Umsätze mit Smart Metern aktuell nur durch kundenseitige Projekte realisiert werden.

12.1 Anwendung der Smart Meter

Die Smart Meter können direkt abgelesen werden, dazu verfügt der Smart Meter wie üblich beim Ferraris-Zähler über ein Display. Visuelle Auslesung ist damit weiterhin gegeben (vgl. Abb. 12.4).

Abb. 12.4 Display am Smart Meter

Die je nach zeitlicher Häufigkeit der Energiemessung erfassten Daten werden in Zwischenspeicher übertragen und können fernausgelesen werden. Auflösungsbasiert können intensive oder überblicksweise Graphiken des Energieverbrauchs aufbereitet werden. Eine Darstellungsmöglichkeit ist die Jahresganglinie (vgl. Abb. 12.5).

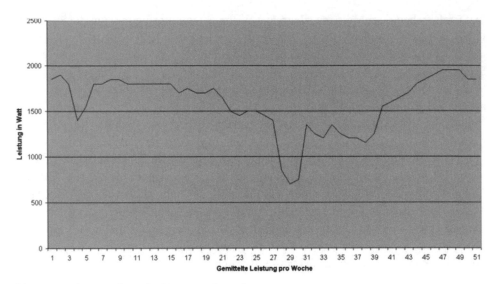

Abb. 12.5 Jahresganglinie des Energieverbrauchs

Die Jahresganglinie stellt den Energieverbrauch über das Jahr relativ zu den Tagen, Wochen oder Monaten dar. Die Darstellung kann als Liniendiagramm bei hoher Auflösung oder durch Balkendiagramme bei niedriger Auflösung erfolgen. Der Jahresganglinie kann je nach Ausstattung des Wohnhauses und der Heizungsart das saisonale Verbrauchsverhalten entnommen werden und wird von Kunde zu Kunde differieren. So wird im Allgemeinen der elektrische Energieverbrauch zur Mitte des Jahres aufgrund größerer Außenhelligkeit und auch dem variablen Unterschied zwischen Tag und Nacht geringer sein als im Winter. Damit kann prinzipiell hier eine Cosinusfunktion mit Argument Jahreswoche über einem Mittelwert zur Beschreibung des Jahresgangverhaltens herangezogen werden. Des Weiteren ist die Jahresganglinie durch einige Einbrüche gekennzeichnet, die auf Urlaube oder allgemein längere Abwesenheiten zurückzuführen sind. Diese Einbrüche werden eher nicht konstant an Jahreswochen festzumachen sein, sondern lediglich pauschal am Urlaubsverhalten, z. B. dem regelmäßigen kurzen Winterurlaub, Osterurlaub und 3 Wochen Sommerurlaub. Damit lässt sich im Mittel abschätzen, welche Energiemengen nach Kumulation im Jahr vom Energieversorger abgenommen werden. Nach Multiplikation mit dem entweder festen Tarif des Energieversorgers, der nur einmalig im Jahr geändert wird, oder dem Verlauf des jahrevariablen Tarifs, z. B. auch in Folge eines Lieferantenwechsels, kann damit auf die Kostenverteilung und Gesamtkosten geschlossen werden.

Die Jahresganglinie ist damit von saisonalen und persönlichen Änderungen abhängig, die von Jahr zu Jahr unterschiedlich sein können. So werden Urlaubszeitänderungen oder Verschiebungen von Feiertagen die Einbrüche im Jahresverlauf verschieben. Darüber hinaus können Klimaabhängigkeiten, wie z. B. kalte oder warme Winter, Einfluss auf die Jahresganglinie haben, die nur bei Vergleich der einzelnen Jahre anhand der kumulierten Jahresverläufe oder über dreidimensionale Graphiken, wobei der Verbrauch über dem jeweiligen Jahr auf einer z-Achse und dem Jahresgang dargestellt wird. Bei Vergleich der jährlichen Informationen können Trends erkannt werden, die auf Klimaänderungen, Nutzungsänderung oder Einführung von Energieeffizienzmaßnahmen zurückzuführen sind. So kann bei Einbezug der Heizung über elektrische Energie der Energieverbrauch prinzipiell reduziert werden, indem Holzheizung über Kamine oder spezielle Öfen hinzugenommen wird. Dies muss jedoch sowohl hinsichtlich des Verbrauchs an natürlicher Energie und monetär separat bewertet werden.

Damit können Jahresganglinien im Rahmen von Energieberatung herangezogen werden, um Energieeffizienzmaßnahmen zu erläutern. Der Energiekunde kann dies eventuell auch nachvollziehen, aber auch seine Urlaubserinnerungen am Verlauf der Energieabnahme des jeweiligen Jahres festmachen. Der Nutzen von Jahresganglinien liegt kumuliert eher beim Energieversorger, da er seinen Energieeinsatz über das Jahr präzisieren kann. Der Energiekunde wird mit Jahresganglinien eher sein Verhalten bestätigt sehen.

Bei genauer Betrachtung der Jahresganglinie wurde die y-Achse mit Leistung und der Einheit W beschriftet, da sich der Verbrauch in Verbindung mit der Zeit durch Multiplikation ergibt. Der Verbrauch und damit die abgenommene Arbeit ist das Integral der Leistung der eingesetzten Geräte über der Zeit. Durch Äquivalenzrechnung kann auf die produzierten CO_2-Mengen geschlossen werden, um Umweltaspekte zu berücksichtigen.

Genaueren Einblick in den Energieverbrauch relativ zum Tagesverlauf erhält der Energiekunde über Tagesganglinien (vgl. Abb. 12.6).

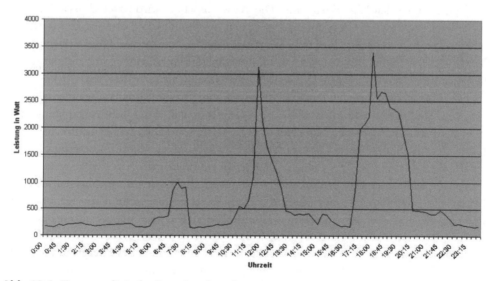

Abb. 12.6 Tagesganglinie des Energieverbrauchs

In Abhängigkeit des Tages im Jahr erhält der Energiekunde Eindrücke seines energetischen Verhaltens. In der Nacht bis morgens früh wird der Energieverbrauch eher niedrig sein, da nur noch wenige Geräte eingeschaltet sind oder sich im Standby befinden. Zum Frühstück werden Leuchtmittel und Geräte eingeschaltet, um das Frühstück zu zelebrieren. Nach dem Frühstück reduziert sich der Energieverbrauch bis zur Mittagszeit. Je nach familiärer und Arbeitssituation wird ein großes elektrisches Gerät, wie z. B. Spül-, Waschmaschine oder Trockner, eingeschaltet. Zur Mittagszeit wird gekocht, dies je nach Gerät elektrisch oder unter Gaseinsatz, es folgt der Nachmittag mit eher niedrigerem Energieverbrauch, gefolgt vom Abend, an dem alle Familienmitglieder auch aufgrund der Umweltsituation mehr oder weniger Verbraucher einschalten. Die Nacht bringt je nach Einschlafsituation eine Verbrauchsminderung mit sich, nach dem Einschlafen bis zum Morgen sind nur wenige Verbraucher, wie z. B. Kühlschränke oder -truhen, im Einsatz.

Die Tagesganglinie ist von vielen Parametern abhängig. Zum einen ist die Tagesganglinie vom Tag im Jahr abhängig. Während eines Urlaubs werden nur sehr wenige Geräte eingeschaltet sein, im Winter aufgrund von Dämmerung und Außentemperatur je nach Heizungsart viele Verbraucher. Der Tagesgang ist zudem von der familiären Situation abhängig. So sind Verbräuche von Singles, Ehepaaren ohne Kinder, Familien, Großfamilien mit mehreren Generationen und Pensionisten sehr unterschiedlich. Des Weiteren ist der Energieverbrauch von der Arbeitssituation der Bewohner abhängig. Bei zwei beruflich tätigen Familienmitgliedern mit Schulkindern wird der Verbrauch anders sein, als bei einem Berufstätigen und einer Hausfrau. Letztendlich wird die Planung des Tagesverlaufs und sonstige Notwendigkeit des Einschaltens von Geräten zu Verbrauchsspitzen sorgen, die über den Tag verteilt sind. Die Waschmaschine wird unter Umständen nicht an jedem Tag eingeschaltet sein oder sogar an bestimmten Waschtagen mehrfach. Bei vorhandenem Trockner folgt auf den Betrieb der Waschmaschine derjenige des Trockners. Auch die Spülmaschine muss nicht täglich eingeschaltet sein, häufiger jedoch bei Familienfesten.

Die Tagesganglinie ist von zahlreichen, individuellen Parametern abhängig. Der Tagesgang ist insbesondere auch vom Jahresgang abhängig. Energieeffizienzmaßnahmen oder die Neuanschaffung verbrauchsintensiver Geräte, wie z. B. dem Einbau von Saunen oder Wärmeschutzkabinen, können den allgemeinen Energieverbrauch von Jahr zu Jahr ändern.

Pauschal kann festgestellt werden, dass über den Tag verteilt Verbrauchsspitzen auftreten, dies z. B. morgens, mittags und abends. Diese Spitzen resultieren in Lastspitzen des Energieversorgers, die zum Einsatz temporärer Kraftwerke, wie z. B. Pumpspeicherkraftwerken, zur Deckung dieser Spitzen führen. Hier können auch andere Speicher genutzt werden. Bezogen auf das individuelle, saisonale Verhalten des Energiekunden werden die Verbrauchsspitzen nicht an einem spezifischen Zeitpunkt fixiert sein.

Damit wird die Einführung variabler Tarife klar, die die Lastspitzen durch Verlagerung des Energieeinsatzes beim Energiekunden über den Tag realisieren. So könnte eine Waschmaschine, Trockner oder Spülmaschine nicht in der Mittagszeit, sondern eher morgens, nachmittags oder eher in der Nacht eingeschaltet werden, soweit dies den Energiekunden oder Mieter in Mietshäusern nicht stört, die Möglichkeit hierzu technisch gegeben ist oder sonstige familiäre Bedingungen dies verhindern. Der Energiekunde kann seinen Verbrauch prinzipiell nicht ändern, da die Vorgänge im Haus erledigt werden müssen, aber damit seine Kosten reduzieren, indem er günstigere Tarife nutzt. Demgegenüber kann der Energieversorger seine Lastspitzen abbauen und auf den gesamten Tag verlagern, indem er die Grundlast anhebt.

Auch die Tagesganglinie kann in einen CO_2-Äquivalen umgerechnet werden, macht hier jedoch nur wenig Sinn (vgl. Abb. 12.7).

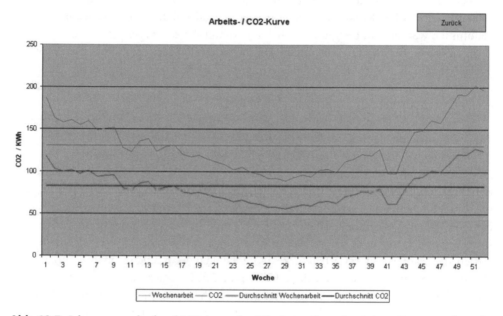

Abb. 12.7 Jahresgangverlauf und Mittelwert des CO_2-Ausstoßes aufgrund von Energieverbrauch

12.2 Nutzen für den EVU-Kunden

Der Nutzen des Kunden des Energieversorgers besteht in einer Übersicht über den aktuellen Verbrauch und über eine betrachtete Periode bei Rückgriff auf die Daten und Interpretation auf einem PC oder durch aufbereitete Daten oder Graphiken über einen Browser, der auf die Web-Seiten des Versorgers zurückgreift. Der Kunde kann die Daten speichern, da sie persönlich ihm zugeordnet sind und für Vergleichsrechnungen weiterbenutzen. Neben abgenommener Energie kann auch eingespeiste Energie, z. B. von Photovoltaik- oder Windkraftanlagen, gemessen und deren Daten gespeichert werden. Der aktuelle Tarif, auch tagesgangabhänig oder nach Änderung, kann angezeigt werden. Soweit vom Energieversorger vorbereitet, können auch zusätzliche Informationen des Versorgers, z. B. zur Durchführung von Energieeffizienzmaßnahmen angezeigt werden. Tarifwechsel können per Information angekündigt werden, dies z. B. Tarifsteigerungen aufgrund der Anpassung an ökologische oder ökonomische Bedürfnisse, aber auch hoch, mittel, niedrig tagesabhängig, um gezielt Verbraucher zu betreiben. So ist von Frankreich bekannt, dass die dort häufig verbauten Elektroheizungen nach Information über den Niedrigtarif eingeschaltet werden. Die Zählerablesung erfolgt elektronisch, damit werden Störungen in den familiären Tagesablauf durch Ankündigung eines Ablesers des Energieversorgers, auch wenn es nur einmalig im Jahr geschieht, vermieden, dies spart Kosten beim Energieversorger, die umgelegt werden können. Letztendlich können über eine Gebäudeautomation Reaktionen auf Tarifwechsel oder den aktuellen Leistungsbedarf genommen werden, um Energieverbrauch und damit -kosten zu senken.

Als Vorteile für den Energiekunden sind bessere Information und damit ein Kostenüberblick mit dem Ziel der Sensibilisierung zur Senkung des Energieverbrauchs und damit psychologisches Energiemanagement zu nennen. Kurzfristigere Rechnungstellung ermöglicht zeitnähere Einsicht in den Verbrauch von Energie und damit den tatsächlichen Verbrauch. Finanzielle Vorteile sind in Verbindung mit der Nutzung variabler Tarife durch Verschiebung des Verbrauchs in Nebenzeiten möglich.

Nachteilig ist, dass jedes zusätzlich installierte Gerät Energie verbraucht und in Verbindung mit der Anschaffung zusätzliche Kosten verursacht. Der Schutz der Privatsphäre ist fraglich, es besteht das Risiko, dass der Kunde transparent wird. Die Erfassung und missbräuchliche Auswertung der Verbrauchsdaten gestattet weitreichende Rückschlüsse über die Lebensgewohnheiten der Kunden. Damit sind bedarfsorientierte Tarifanpassungen möglich und auch die Sicherheit kann gefährdet werden. Höhere Anschaffungskosten der Zähler und Infrastrukturkosten entstehen zwar möglicherweise direkt dem Energieversorger, der wiederum diese Kosten an den Energiekunden weiterreicht. Aufgrund der höheren Systemkomplexität ist eine höhere Ausfallwahrscheinlichkeit des Gesamtsystems erwartbar. Finanzielle Vorteile für Kunden durch Verschiebung der Nutzungszeiten von Waschvorgängen der Waschmaschine oder des Wäschetrockners in Nebenzeiten mit günstigeren Tarifen ist fraglich, da mietrechtlichlich die Nutzung in Nachtzeiten häufig unterbunden, schlichtweg nicht praktikabel oder technisch nicht umsetzbar ist. Das Auslesen der gesammelten Daten durch den Verbraucher wird nicht jedermann möglich sein und damit das Gleichbehandlungsprinzip nicht gewahrt sein.

12.3   Nutzen für das EVU

Der Versorger ist in der Lage Verbrauchsdaten zu speichern und auszuwerten. Die Anzeige und Speicherung der abgenommenen und eingespeisten Energie des Kunden ist sehr zeitnah und direkt am Kunden möglich. Die automatische Zählerablesung ermöglicht die Einsparung von Zählerablesern und minimiert damit den manuellen Aufwand. Programmierte Steuerung einzelner Verbraucher und Energieerzeugungsanlagen wird ermöglicht. Durch den exakten Aufbau einer Wissensbasis kann die Erzeugung von Energie zeitlich genau geplant und gesteuert werden.

Vorteilig ist damit die kurzfristigere (z. B. monatliche) Rechnungsstellung nach tatsächlichem Verbrauch, verbunden mit der Kosteneinsparung bei Zählerablesungen sowie die Vermeidbarkeit von Stromdiebstahl. Bessere Lastplanung wird mit entsprechender Tarifgestaltung möglich, die Anreize zur Verschiebung von Stromnutzung weg von Spitzenlastzeiten gibt.

Nachteilig ist der große Aufwand bei der Einrichtung von Smart Metern beim Kunden, der Realisierung der Kommunikation mit den Zählern und die aufwändige Speicherung der großen Datenmengen. Zwangsläufig werden durch die Einführung von Smart Metern Umsatzverluste eintreten, die durch Tarifgestaltung oder die Erschließung anderer Geschäftsfelder zu kompensieren ist. Das Energiewirtschaftsgesetz verpflichtet die Energieversorger zur Einführung von Smart Metern und ermuntert zur Durchführung von Energieberatung als Dienstleistung.

12.4 Erweiterungsmöglichkeiten

Es wird klar, dass zentrales Smart Metering mit großem Aufwand verbunden ist und lediglich psychologisches Energiemanagement ermöglicht. Die immensen Vorteile des Smart Metering sind jedoch nur durch aktives Energiemanagement möglich, indem der Energiekunde direkt Information zur Änderung des Nutzungsverhaltens durch ein System erhält. Hier besteht die Möglichkeit intensive Energieberatung durchzuführen, die durch technische Maßnahmen flankiert werden. In Verbindung mit Gebäudeautomation wird passives Energiemanagement möglich, indem sensorisch erfasste Daten, im einfachsten Falle durch Energiezähler, genutzt werden, um automatisch auf die Energienutzung einzugehen. Beispiele können sein Abschalten unnötiger Verbraucher, zeitversetztes Einschalten von Verbrauchern bei Tarifwechseln oder bevorstehenden Lastwechseln oder die zeitliche Senkung der Sollwerte bei Heizungsanlagen, neben normalen Effekten, die durch eine Gebäudeautomation auch ohne die Einbindung von Smart Metern realisierbar sind. Optimiert wird das Smart Metering und damit smart-metering-basierte Energiemanagement durch dezentrale Zähleinrichtungen und weitere Sensoren, mit denen sich punktuell die Energieverbräuche erfassen lassen. Diese dezentralen Sensoren müssen nicht unbedingt dem Eichrecht unterliegen und können daher kostengünstiger sein, da sie lediglich der Orientierung und Trendrechnung dienen.

Energiemanagement 13

Energiemanagement spielt in der heutigen Zeit, in der die Energiepreise stetig steigen, eine immer wichtigere Rolle, damit verbunden sind auch Umweltaspekte. Aufgrund der stetigen Erderwärmung sollte jeder überflüssige und vermeidbare CO_2-Ausstoß vermieden werden. Im Zuge der Reduktion fossiler Ressourcen werden zudem die Energiekosten steigen, dies wird zu einer extremen Kostenbelastung jedes einzelnen führen. Diesem zu begegnen sind die obersten Ziele, die in der EU-Richtlinie zur Effizienzsteigerung niedergeschrieben sind.

Unter Energiemanagement können verschiedene Maßnahmen verstanden werden. Zum einen können Energiemanagementmaßnahmen auf der Basis des persönlichen Verstandes basieren und so das persönliche Verhalten direkt korrigieren. Andererseits kann eine Gebäudeautomation ohne Rückgriff auf Smart Metering zur Anwendung kommen, um Energiemanagement durchzuführen. Darüber hinaus bestehen Maßnahmen der Steuer- und Regelungstechnik, die auf der Basis einer Verbrauchserfassung von Gas, Öl, Wasser und Strom verschiedene Funktionen integrieren, um das Energiemanagement durch Messungen zu unterstützen. Hierzu ist es erforderlich die Verbrauchserfassung zu visualisieren und gegebenenfalls direkt in einen Euro-Betrag umzurechnen, damit direkt Einsicht in die Kosten besteht. Hier kann das Verständnis für die Kosten einzelner Prozesse, wie z. B. ein Spülmaschinen- oder Waschgang, ein Vollbad etc. interessant werden, um das eigene Verhalten zu ändern. Die mit Smart Metering erfassten und ausgelesenen Daten können von den Energieversorgern für jeden Kunden im Internet bereitgestellt werden und damit ein Tageslastgang erstellt werden, andere Wege führen über den Direktzugriff auf die Messdaten. In den folgenden Kapiteln werden die verschiedenen Methoden des Energiemanagements vorgestellt.

13.1 Persönliches, manuelles Energiemanagement

Die einfachste Methode des Energiemanagements basiert auf der Basis des Einsatzes des persönlichen Verstandes oder der Reaktion auf Umweltgegebenheiten. In der freien Natur kann mit zusammengeholtem Holz geheizt werden, hierzu ist das Holz manuell zusammenzutragen, das Feuer erwärmt die Anwesenden im Allgemeinen nur im direkten Umfeld des Feuers, ist das Feuer ausgebrannt oder nimmt in der Intensität ab, muss nachgelegt und stetig für Nachschub gesorgt werden. Zum Überleben ist Wasser notwendig, aus diesen Gründen kann das Feuer direkt an einer Wasserstelle entzündet werden oder das Wasser wird aus Wasserstellen geholt und zwischengelagert. Dies bedeutet Aufwand und damit Reduktion auf die geringsten Bedürfnisse und Anforderungen, um den Aufwand zu minimieren. Reaktion des Menschen ist die Änderung seines Wohnraumes durch Bau von Häusern. Dennoch sind die Auswirkungen des offenen Feuers jedem noch präsent und führen zu angepassten Verhaltensänderungen auch im Haus. Vergleicht man jedoch das Leben im Hausumfeld z. B. mit einem Campingurlaub, so wird man im Haus eher nicht auf den gewohnten Luxus verzichten, beim Campingurlaub ist Reduktion auf das Wesentliche und Notwendige und Anpassung an die Umstände notwendig. Im Haus ist das Wasser direkt aus dem Wasserhahn beziehbar, der Strom, d. h. elektrische Energie, direkt aus der Steckdose und die wohlige Wärme von einer Heizung. Beim Campingurlaub muss das Wasser stetig herbeigeschafft werden oder der Tank regemäßig gefüllt werden oder man greift auf die sonstigen Einrichtungen des Campingplatzes zurück. Der Strom kann aus gemieteten Anschlüssen bezogen werden, dies ist bei zeitnaher Zahlung mit bis zu 4 Euro je Tag bei maximal 4 kW oder 50 Cent je kWh möglich und führt direkt zu Reduktion auf notwendige Geräte, niemand wird angesichts von 120 Euro je Monat auf die Idee kommen Waschmaschine, Trockner, Spülmaschine und Kühltruhe auf seiner Campingplatz-Parzelle zu betreiben. Andererseits ist für die Wärme eine thermische Heizung notwendig, die aus Propan- oder Butangasflaschen gespeist wird, diese schlägt mit circa 20 Euro je Füllung für 11 kg Gas zu Buche. Das Kochen und Erwärmen von Wasser für das Bad ermöglicht häufig Nutzungszeiten von mehreren Wochen aus 11 kg Gas, während in einem strengen Winter die 11 kg Gas bereits nach wenigen Tagen verbraucht sind. Durch Reduktion auf das Notwendige und Nutzung anderer, zentraler Möglichkeiten am Campingplatz können dennoch erträgliche, nahezu luxuriöse Wohnmöglichkeiten direkt in der Natur geschaffen werden, die mit recht hohen Kosten verbunden sind. Im einem gut ausgestatteten Wohnmobil erfolgt die Heizung während der Fahrt aus der Abwärme des im Allgemeinen Dieselmotors, beim Aufenthalt aus einer 11-kg-Flasche, Wassertanks haben eine Füllgröße von 80 bis 150 l und sind an die Mobilität angepasst, entsorgt wird über Abwassertanks mit 100 bis 150 l. Zusätzlich ist ein Fäkalientank von 20 bis 30 l Fassungsvermögen eingebaut. Als Energiequelle dient entweder die Autobatterie, eine separate Batterie mit im Allgemeinen circa 100 Ah Kapazität oder ein üblicher Stromanschluss mit circa 4 bis 6 A Anschlusswert. Mit dieser auf Mobilität ausgerichteten Ver- und Entsorgungsausstattung lassen sich mobil 2 bis 5 Tage gestalten, immobil gelten die Gegebenheiten eines Campingplatzes. Die Maßstäbe der Mobilität zeigen, dass Kochen und Waschen problemlos sind, während Baden entfällt, Duschen angesichts circa 100 l Frischwasser eingeschränkt werden muss, die reine Mobilität beschränkt sich auf maximal 3 Tage. Die Batterie kann während der Fahrt geladen werden oder durch eine kleine Photovoltaikanlage unterstützt werden, trotzdem stehen auf der Basis von 100 Ah lediglich 1,2 kWh zur Verfügung. Der elektrische Verbrauch reduziert sich auf Leuchtmittel, wobei der Einsatz von LEDs die Nutzungsdauer erhöht, und kleine Multimediageräte, die Grundversorgung notwendiger Geräte, wie z. B. Pumpen oder elektronische Schaltungen für den Betrieb anderer Geräte, bereits der Betrieb eines Kühlschranks ist angesichts 10 bis 15 A Strombelastung nur während der Fahrt mit Motorunterstützung sinnvoll. Der einzige Energiespeicher, der auch mobil länger nutzbar ist, ist neben dem Kraftstofftank für den Motor der Gastank, mit dem im Winter einige Tage, über den Sommer und in Übergangszeiten mehrere Wochen Betrieb für Wärme und Kochen gesichert ist. Wasser, Abwasser und elektrische Energie zwingen zu Mobilität oder Aufenthalt auf Campingplätzen in maximal 3 Tagen Abstand. Die Reduktion auf geringe Ressourcen bringt Anpassungen des Verhaltens mit sich.

Auf der anderen Seite wird der gesunde Menschenverstand übliche Lebensgewohnheiten ändern. Niemand wird in Zelt, Wohnwagen oder Wohnmobil über längere Zeit auf die Idee kommen Fenster und Türen während des Heizprozesses geöffnet zu halten, dabei aber die Lüftung angepasst einrichten. Andererseits wird nie die gesamte Beleuchtung eingeschaltet sein oder ein großer Verbraucher, wie z. B. der Kühlschrank, längere Zeit eingeschaltet bleiben. Dies betrifft auch den Einsatz von Wasser und damit den Anfall von Abwasser.

Übertragen auf das Wohngebäude sollten Fenster und Türen nur zum Stoßlüften geöffnet werden und während der Heizperiode geschlossen werden. Ein Vollbad erfordert eine Füllung mit 100 bis 200 l oder mehr, während sich ein Duschvorgang mit 15 l je Minute und in Summe circa 75 l günstiger gestaltet. Die Nutzung eines Wärmetrockners, der bei einer Anschlussleistung von circa 2.500 W bei einer Trocknungszeit von einer Stunde für circa 5 kg Wäsche etwa 2,5 kWh verbraucht, ergibt auf der Basis von 20 Cent/kWh für einen Trocknungsvorgang mit wenig Wäsche 50 Cent. Dies kann durch Trocknung auf Wäscheständern oder im Garten auf Wäscheleinen kostengünstiger gestaltet werden. Fernseher müssen nicht ständig eingeschaltet sein, wie auch nicht die gesamte Beleuchtung ständig eingeschaltet sein muss. Letztendlich ist der größte Kostenerzeuger die Heizung, die zentral abgestellt oder direkt an den Stellantrieben abgeregelt werden kann. Damit ist auch klar, warum in allen gesetzlichen Regelungen der Abnahme thermischer Energie besonderes Augenmerk gewidmet wird.

Jegliche manuelle Interaktion erfordert persönliche Interaktion, jede Beschränkung eine Beschränkung der persönlichen Lebensqualität, aber jeder Nutzen technischer Einrichtungen ist mit Anschaffungs- und Betriebskosten verbunden. Es ist die Aufgabe des Bewohners Lebensqualität mit Betriebskosten in Einklang zu bringen.

13.2   Gebäudeautomationsbasiertes Energiemanagement

Gebäudeautomation wird verbunden mit den Argumenten Komfort, Sicherheit, Energie-
einsparung und im Rahmen von Mietobjekten auch Überwachung im anderen Sinne als
Sicherheit. Während Komfort und Sicherheit sich auf die Lebensqualität beziehen, ist die
Energieeinsparung mit der monetären Bewertung der gewünschten Lebensqualität durch
Kosten verbunden.

Einfache Gebäudeautomationsmöglichkeiten sind bereits mit Einzelraumtemperaturregelungen direkt am oder als Stellantrieb oder fernsteuerbaren Steckdosen möglich, die
bei Technik-Kaufhäusern oder Discountern günstig beschafft werden können. Durch
Ersatz der manuell oder thermisch betätigten Ventile an den Heizkörpern durch elektro-
nische, batteriebetriebene Stellantriebe in Verbindung mit Raumthermostaten (direkt im
Stellantrieb integriert oder abgesetzt als Wandgerät) lässt sich die Temperatur in den
Wohnräumen stellen. Selbst preiswerte Systeme verfügen über Zeitprofile, mit denen die
Sollwerte kalender- und zeitbasiert gestellt werden. Einige Systeme verfügen über die
Möglichkeit der Anbindbarkeit von Fensterkontakten oder der Detektion von Tempera-
turänderungen, um während der Fensteröffnung die Sollwerte abzuregeln. Zeitschaltuh-
ren sind als Zwischenstecker verfügbar und können bestimmte Geräte oder Leuchtmittel
durch einfach parametrierbare Uhren automatisieren. Über Fernbedienungen können
Geräte über Zwischenstecker geschaltet werden, häufig sind hier auch einfache Zeitschaltuhren integriert. Für das Gewerk Beschattung sind steuerbare Rohrmotoren oder
Gurtwickler verfügbar, mit denen helligkeitsabhängig über Sensoren, die mit Saugnäpfen
an der Fensterscheibe angebracht werden, und Zeitschaltuhren die Jalousien, Rollläden
oder Markisen gefahren werden. Derartige Systeme haben bis auf sehr wenige Ausnahmen den Nachteil, dass sie nicht über Schnittstellen oder allgemein Interoperabilität
verfügen, um die Systeme miteinander zu verbinden oder in eine später aufzubauende
komplexe Gebäudeautomation zu integrieren. Kompatibilität bezüglich Kommunikation
und Bedienbarkeit besteht meist nicht. Von Vorteil ist, dass keine Änderungen an der
konventionellen Elektroinstallation oder der Heizungsanlage vorgenommen werden
müssen.

Neben Gebäudeautomationssystemen, die Solitäre darstellen, sind wie bereits bei der
Betrachtung der einzelnen Systeme zahlreiche Gebäudeautomationssysteme verfügbar,
die sämtliche Gewerke abdecken und auch Interoperabilität zwischen den Gewerken
ermöglichen. So können durch Kombination einer Helligkeitsmessung mit Zeitsteuerung, Bewegungsmeldern und separater Schalt- und Fernbedienbarkeit Leuchtmittel
helligkeitsmäßig gesteuert werden. Kombiniert mit einer „Haus-ist-verlassen-Steuerung"
können so Kosten elektrischer Energie eingespart werden. Die Heizungsanlage kann
durch Einzelraumtemperaturregelungen optimiert werden, bei denen Fensterkontakte
integriert werden. Durch Zentralisierung und Einbindung des „Haus-ist-verlassen-Zu-
standes" oder „I-come-back"-Sendens können bedarfsgerecht die Sollwerte gefahren und
auch die Jalousien oder Rollläden angepasst gefahren werden. Weitere Beispiele zur
Energieeinsparung sind generell das bedarfsgerechte Fahren der Jalousie oder das zeitba-

sierte Fahren des Heizkessels, meist als völlig unterschiedliche Systeme realisiert. Je mehr Teilsysteme in die Gebäudeautomation einbezogen werden, desto mehr Einsparpotenziale, damit aber auch Steigerung von Komfort und Sicherheit, werden realisierbar. Es wird klar, dass die Einbindung von Sensoren erforderlich ist und teilweise bereits in den einzelnen Komponenten, z. B. Temperaturmessung in den Raumthermostaten, realisiert ist.

13.3 Smart-Metering-basiertes Energiemanagement

Persönliches, manuelles und gebäudeautomationsbasiertes Energiemanagement berücksichtigen den Verbrauchs- und Kostenaspekt nur sehr indirekt. Bei beiden Managementverfahren sorgt die Abrechnung für die Einsicht in Verbrauch und damit verbundene Kosten. Am Lagerfeuer wird Wärme mit dem Holen von viel Holz und damit Aufwand verbunden, auf dem Campingplatz mit der zeitnahen Zahlung der Rechnung entweder direkt bei der Ankunft oder nach wenigen Tagen oder Wochen oder direkt durch Prepayment-Systeme. Bei Wohngebäuden, gleich ob Besitz- oder Mietobjekten, erfolgt die Einsicht in die Kosten sehr spät. Zwar müssen monats- oder jahresweise Abschlagszahlen auf der Basis der letzten Jahre gezahlt werden, die Ausgleichszahlung auf der Basis der Ablesung bedeutet jedoch fast immer Mehrkosten und damit eine sehr späte Übersicht über die Kosten. Ist der Kostenschock erst einmal überwunden, wird die neue Abschlagszahlung akzeptiert und kaum etwas am Nutzerverhalten geändert. Bedingt durch weitere Abgaben, Steuern und Tarifanpassungen, aktuell insbesondere durch die Umlagen für die Energiewende durch den Übergang vermeintlich günstiger Atomkraft zur Verwendung Regenerativer Energie, werden die Kosten ständig steigen.

Diesem Problem in Verbindung mit anderen gesellschaftspolitischen Zielen begegnet die Einführung von Smart Metern. Gesetzlich vorgeschrieben sind zentrale Smart Meter, mit denen lediglich die kumulierten Energienutzungsdaten ermittelt werden, was jedoch bereits einen wesentlich besseren Überblick über das Verbrauchsverhalten und die damit verbundenen Kosten ermöglicht, wenn in sinnvollen Zeitabständen gemessen wird und die Messergebnisse zeitnah und interpretierbar bereitgestellt werden. Durch Integration weiterer Sensorik und dezentraler Zähler kann die Übersicht über einzelne Verbraucher und Komponenten optimiert werden.

13.3.1 Psychologisches Energiemanagement

Unter psychologischem Energiemanagement auf der Basis der Einführung von Smart Metern wird die Erfassung der mittleren Leistung in Abhängigkeit der Zeit, über die durch Integralbildung auf die abgenommene Leistung für eine bestimmten Zeitraum geschlossen werden kann, verstanden. Dargestellt als Balken- oder Liniendiagramme erhält der Verbraucher Einsicht in die Jahresgangslinien und einzelne Tagesgangslinien.

In Verbindung mit zeit-, tages-, monats- oder jahresabhängigen Tarifen kann auf die Kosten geschlossen werden. Während Jahresgangslinien vom Energiekunden einfach interpretiert werden können und im Allgemeinen nur die eigenen Vorstellungen vom Energieverbrauch nur bestätigen, ist mit Tagesgangslinien je nach zeitlicher Auflösung der Daten das genauere energetische Verhalten registrierbar. Problematisch ist hier, dass Tagesgangslinien in einem Standard-Jahr für 365 Tage vorliegen und damit saisonal und persönlich bedingt sehr unterschiedlich sind. Um einen exakten Einblick in die Verbräuche zu erhalten sind demnach alle 365 Tagesgangslinien zu interpretieren, die jedoch für viele Tage sehr ähnlich, aber dennoch im Detail unterschiedlich sein werden, von Woche zu Woche oder Monat aber sehr unterschiedlich sein können. Bei genauerer Betrachtung wird der Energiekunde sich an schöne Urlaube erinnern, was in niedrigen Verbräuchen resultiert, während denen hoffentlich alle unnötigen Verbraucher ausgeschaltet wurden, und an seinen normalen Tagesverlauf, bei dem morgens ein Frühstück zubereitet wird, Wasch-, Spülmaschine und Trockner zu variablen Terminen eingeschaltet werden, mittags das Mittagessen zubereitet wird, nachmittags eventuell ein Kuchen gebacken wird und abends das Abendessen zubereitet und ferngesehen oder gelesen wird. Sichtbar wird, dass Leistungsspitzen auftreten, was den Energieverbraucher primär nicht interessiert, da er die notwendige Tätigkeit, nicht jedoch die Notwendigkeit der Erzeugung der notwendigen Energie und Kosten erkennt. Aus den Leistungsverläufen kann erkannt werden, dass zeitweise große Verbraucher, wie z. B. Herde oder Maschinen eingeschaltet sind. Es fehlt der Überblick des Energiekunden über die Maximalleistung der Geräte und deren Verbrauchsverhalten während einer Nutzung. Eine genaue Einsicht in den Pizzazubereitungs- oder Wasch- und Trockenprozess mit Kostendarstellung ist aus der Tagesgangslinie nicht ableitbar.

Hinsichtlich der Kosten kann aus der Jahresgangslinie eine Kostenübersicht über tägliche, wöchentliche und monatliche Kosten aufgebaut werden, bei der im Allgemeinen nur einzelne Energiequellen aufgeführt sind und nicht die Kumulation aller Energiequellen, d. h. die Erfassung von elektrischem Energie-, Gast und Wasserverbrauch erfolgt separat. Die Information gestaltet sich besser, wenn die Kostenverläufe in Verbindung mit der Vergleichsmöglichkeit vorangegangener Jahre dargestellt werden können. In Verbindung mit persönlicher Erinnerung können damit Auswirkungen von Geräteänderungen, damit verbunden Energieeffizienzoptimierung, eruiert werden. Dies wird bei Verbräuchen ohne Tarifbewertung einfacher sein, als bei Kosten, da im Allgemeinen Tarifsteigerungen die Energieeffizienzsteigerung kostenmäßig kompensieren. Die Interpretation einer Tagesgangslinie wird kostenmäßig in Folge der Varianz der einzelnen Tage wesentlich schwieriger sein. Der Energieeinsatz an einem Tag kostet Geld. Man könnte überlegen das Frühstück extern einzunehmen, Wäsche extern waschen zu lassen, auswärts zu Mittag und zu Abend essen zu gehen und statt dem Fernseher ins Kino gehen. Jede dieser Maßnahmen wird für sich teurer sein, als den Prozess zu Hause durchzuführen, wenn auch Energieeinsparung vordergründig möglich ist, da Geräte gemeinschaftlich genutzt werden. Eine eigene, persönliche Interpretation von Jahres- und Tagesganglinien ist daher zu aufwändig und bringt dem Energiekunden nur wenige Vorteile, wenn er sich nicht intensiv in seiner kostbaren Freizeit damit beschäftigt, wobei er nicht abschätzen kann, ob ihm dies persönlich etwas einbringt und welche Kosten umzusetzende Maßnahmen mit sich bringen.

Energieberatung durch den Energieversorger ist daher zwingend notwendig, um die immensen Datenmengen zu beherrschen, zu interpretieren und daraus Maßnahmen abzuleiten. Die Energieberatung kann persönlich erfolgen, was hinsichtlich der großen Anzahl zu betreuender Energiekunden nahezu unlösbar erscheint, oder durch Hinweissysteme des Energieversorgers, die die Ganglinien automatisch auswerten und darauf basierend Maßnahmen vorschlagen. Angesichts der aktuellen Situation um Smart Metering erscheint diese automatisierte Energieberatung noch utopisch.

13.3.2 Aktives Energiemanagement

Unter aktivem Energiemanagement wird die aktive, manuelle Einflussnahme auf den Energieverbrauch auf der Basis gemessener Verbrauchsdaten verstanden. Während das psychologische Energiemanagement auf der Basis der Verbrauchsdaten durch Interpretation von Graphiken und Zahlen in Aktionen, Beschaffungen und Verhaltensänderung resultiert, geht aktives Energiemanagement direkt auf Zustände und Verhalten ein. Unter aktiv wird in diesem Zusammenhang verstanden, dass der Bewohner selbst aktiv werden muss, um unnötige Verbräuche zu korrigieren oder abzustellen. Die sensorische Erfassung von Zustandsdaten, dies können über Zähler gemessene Verbrauchsdaten, aber auch Temperatur-, Feuchte-, CO_2- oder Zustandssensoren sein, wird problematisches Verhalten detektiert und resultiert in Hinweisen an den Bewohner. Beispiele für aktives Energiemanagement sind zeitlich große kumulierte Verbräuche mit dem Hinweis zu prüfen, ob alle Geräte gleichzeitig eingeschaltet sein müssen, gemessene große Wärmeströme, die auf zu hoch eingestellte Sollwerte des Heizungssystems zurückgehen, nötig sind und durch Hinweis zur Senkung der Sollwerttemperatur aufgefordert wird, hohe Verbräuche auch in der Nacht vorhanden sind, die auf nicht ausgeschaltete Verbraucher hinweisen. Aktives Energiemanagement wird dann optimiert, wenn viele binäre und analoge Sensoren sowie dezentrale Zähler verfügbar sind und Informationen auf einem oder mehreren Displays zur Anzeige gebracht werden.

13.3.2.1 Messung energetischer Grundlagen

Die Messung energetischer Grundlagen erstreckt sich über die zentrale Erfassung des Energieverbrauchs, der durch tageweise, manuelles oder zeitgesteuertes, automatisiertes Ablesen des oder der Zähler im Anschlussraum, manuelle Ermittlung der Verbräuche durch Ermittlung der Verbrauchswerte der einzelnen Verbraucher bei Abschätzung der mittleren Einschaltdauern bis zur Ermittlung der Tagesgangkurven der externen und einzelnen Raumtemperaturen durch Ablesen von Thermometern. Zur Unterstützung kann auch das zeitgesteuerte Abfragen einer externen Wetterstation über das Internet nützlich sein. Es wird erkennbar, dass diese manuelle Messwertaufnahme sehr mühsam ist und allein aus menschlichen Gründen nur über ein kurzes Zeitintervall selbst bei größter Disziplin erfolgreich sein wird. Insbesondere die Temperaturerfassung kann für die Energieeinsparung sehr nützlich sein, erfordert jedoch den größten Aufwand.

Es wird ersichtlich, dass bereits die Einführung eines Smart Meters erste Unterstützungsmöglichkeiten bieten kann, wenn zumindest der zentrale Stromverbrauch intervallgesteuert erfasst werden kann. Wärmemengenzähler erzeugen Übersicht über Temperaturverläufe und das Verhalten der Heizung.

Weitere Unterstützung ist möglich durch zwischensteckerbasierte Stromverbrauchsaufnahmen, um den Verbrauch einzelner Verbräuche dezentral näher zu untersuchen. Diese sollten einfach ablesbar, zugänglich und möglichst auch fernausgelesen werden können. Weitere Unterstützung kann durch Energieversorgungsunternehmen oder andere Dienstleister erfolgen, indem über einen vereinbarten Zeitraum energetisch Daten aufgenommen und gespeichert werden. Parallel sollte in einem Zustandskalender die Nutzung der Räume im Gebäude zumindest grob erfasst werden, um Korrelationen zu ermöglichen. Die Kosten insbesondere des ELV-Gebäudeautomationssystems FS20 oder des eQ-3-Messsystems EM1000 sind so niedrig, dass deren Anschaffung in Verbindung mit der Homeputer-Software nützlich sind, um insbesondere die Temperaturprofile in den einzelnen Räumen oder Verbräuche oder Verbrauchsverhalten einzelner Verbraucher zu ermitteln.

13.3.2.2 Korrelation von Energiemess- mit Sensordaten

Stehen genügend Basisdaten zur Verfügung, können Auswertungen erfolgen. Hierzu bietet sich ein Tabellenkalkulationssystem, wie z. B. Microsoft Excel an. Wurde der Verbrauch in kWh erfasst, so ist es möglich auf Zeitintervalle zurückzurechnen, um die mittlere eingeschaltete Leistung der Geräte in einem Zeitintervall darstellen zu können. In Abhängigkeit der Zeitintervalle ist anschließend der Bewohnungs- bzw. Belegungszustand, der jeweiligen Räume einzutragen. Sollten die Bewohnungszustände mit einem Verbrauch überlappen, der nicht erforderlich ist (dies ist zu ermitteln), so sind hier Einsparpotenziale festzumachen, die entsprechend eines Jahreskalenders hochkalkuliert werden können. Anhand einer Wohnzimmer-Standleuchte soll dies als Beispiel erarbeitet werden. Angenommen die Standleuchte hat eine Leistung von 60 W und ist von 6 Uhr morgens bis 23 Uhr abends ständig eingeschaltet, so ist diese 17 h eingeschaltet und verbraucht 1.020 Wh, also etwa 1 kWh, bei einem zugrundeliegenden Tarif von 20 Cent/kWh 20 Cent am Tag und bei täglicher Wiederholung 73 Euro. Berücksichtigt man das Anwesenheitsverhalten am Tag mit „Haus-ist-verlassen-Zustand" von 10 bis 12 Uhr und 13 bis 17 Uhr, ist die Lampe 6 h unnötig eingeschaltet. Das Einsparpotenzial am Tag ist 360 Wh und resultiert über das Jahr betrachtet in einer Einsparung von circa 26 Euro. Nimmt man die Helligkeitserfassung am Tag hinzu, vorausgesetzt die Lampe steht in einem gut von außen beleuchteten Raum, können weitere Einsparungen erfolgen. Erfasst man also den Einschaltzustand der Lampe, gibt dazu die Leistung der Lampe an und erfasst geeignet die Helligkeitssituation z. B. über das Internet, so kann ein Hinweissystem aufgebaut werden, das bereits als Anteil einer Gebäudeautomation aufgefasst werden kann.

Entsprechend kann mit Temperaturverläufen verfahren werden. Die Temperaturverläufe werden korreliert mit der Außentemperatur und dem Bewohnungs- bzw. Belegungszustand. Sollte die Raumtemperatur bei dauerhaft verlassenem Raum oberhalb eines sinnvollen Wertes (z. B. der Frostschutztemperatur oder eines minimalen Standbywertes) liegen, so wird der Raum unnötig geheizt. Hat man zudem die Lüftungszeiten notiert, so kann auch deren Korrelation mit der Raumtemperatur berücksichtigt werden. Im Allgemeinen wird man für die Zeit des Lüftens die Solltemperatur nicht absenken. Anhand der Lüftungszeit oder der Zeit, in die Raumtemperatur drastisch gefallen ist und danach wieder ansteigt, sind weitere Einsparpotenziale ermittelbar. Im Übrigen kann anhand des Verlaufs der Maximaltemperaturen ermittelt werden, ob die Temperatur bei oder über der gewünschten Wohlfühl-Wunsch-Temperatur liegt. Auch dies kann in einem Hinweissystem raumweise zur Anzeige gebracht werden.

13.3.2.3 Hinweissystem

Soweit auf einen Dienstleister zurückgegriffen wurde oder auf das preiswerte ELV-FS20-System inklusive Homeputer- oder IP-Symcon-Software, können Hinweissysteme per Programmierung erstellt werden, die die Ergebnisse der manuellen Korrelation dauerhaft bestätigen. Die Hinweise sind wie eine Störmeldung in einem Gebäudeautomationssystem eines Objektgebäudes in der Leitebene zu verstehen und auch derart zu behandeln. Zur Darstellung von Hinweisen können textuelle Informationen direkt in einer Visualisierungsoberfläche oder Popups genutzt werden. Zahlenwerte können durch farbliche Kennzeichnung auffällig gemacht werden, hier dient eine Farbauswahl analog einer Ampel zur Verdeutlichung der Situation. Grün bedeutet „ok", gelb es wird schlechter und rot, dass etwas aus dem Ruder gelaufen ist. Weitere Hinweise können in Graphiken Minimal- oder Maximalgrenzen sein, die über- oder unterschritten werden und auch farbig dargestellt werden können. Effektiv sind auch farbige Flächen in Graphiken, die Energieabnahme oder -lieferung darstellen (vgl. Abb. 13.1).

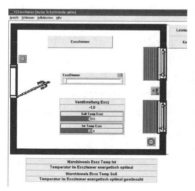 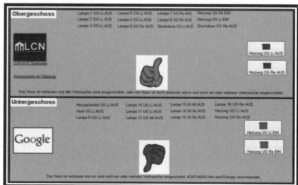

Abb. 13.1 Hinweise beim aktiven Energiemanagement

Weitere Hinweissysteme können Signallampen, Ampeln, Tachometer oder spezielle Anzeigeinstrumente von z. B. Eltako sein, mit denen eine Zustandssituation anhand einer LED-Skala oder ein anderes graphisches Element visualisiert wird.

13.3.2.4 Aufforderung zur Verhaltensänderung

Neben Hinweisen können konkrete Aufforderungen zur Verhaltensänderung als textuelle Information, auch in Verbindung mit einem Piktogramm oder Bilder zur Anzeige gebracht werden. Ähnlich der Verwendung von Post-it-Aufklebern kann für einen Raum ausgewiesen werden, dass der Sollwert zu hoch eingestellt ist, die Temperatur sich unterhalb der Frostschutzgrenze befindet, Geräte ausgeschaltet werden sollen oder aufgrund aktueller Netzbelastung Geräte verzögert eingeschaltet werden sollten, um zunächst die Lastspitze abzuwarten. Es wird klar, dass insbesondere bei Verwendung vieler, möglichst preiswerter Sensoren, Hinweise generiert werden können, die vielfach die Korrelation mit anderen Messdaten erfordern.

13.3.2.5 Energie- und Kosteneinsparpotenziale

Letztendlich führt das Hinweissystem im Rahmen des aktiven Energiemanagements zur Reduktion des Energieverbrauchs und damit gekoppelt auch Energiekosteneinsparung, wenn die Realisierung der Energieeinsparung nicht bereits durch höhere Tarife ausgeglichen wird. Letztendlich ist damit dem Energieversorger geholfen, indem generell die Energieabnahme reduziert oder durch Verlagerung in andere Tageszeiten Lastspitzen reduziert werden können. Damit ist eine Erfüllung der EU-Richtlinie zur Energieeffizienzsteigerung realisierbar, die aber auch mit Kosteneinsparung beim Energiekunden verbunden ist, wenn die Messung der energetischen Daten nicht teurer ist als das kostenmäßige Einsparpotenzial. Die einzelnen Einsparpotenziale müssen anhand von Fallbeispielen aufgezeigt werden.

13.3.2.6 Systematische Umsetzung als Energieberatungssystem

Hinweissysteme sind im Allgemeinen Individuallösungen für einzelne Verbraucher, interessanter ist die Umsetzung der Problematik im Rahmen eines Energieberatungssystem, das den aktuellen Energieverbrauch auf der Basis von Messdaten in Verbindung mit geschätzten Daten ermittelt, bilanziert und mit den Messdaten des Smart Meters korreliert. Damit ist Übersicht auch über einzelne Energieverbraucher möglich und damit gezielt die Eruierung von Einsparmöglichkeiten realisierbar. Ein derartiges, auf IP-Symcon basierendes System wird im Folgenden vorgestellt, wie aber auch die Einbindung eines derartigen Systems in ein vom Anwender akzeptables Umfeld durch Multifunktionallösung bei Verwendung eines Touchscreens.

Die zahlreichen Prototypeninstallationen hatten zum Ziel Leistungsgangskurven und die Entwicklung des aktuellen Energieverbrauchs seit Anfang des Jahres beim Energiekunden transparent zu machen. Teilweise waren Vergleiche mit zurückliegenden Tagen, Wochen, Monaten oder Jahren möglich, eine große Ausnahme bot Yellowstrom mit Kostenauflösung und weiteren Funktionen. Allen Prototypen- und Testinstallationen war gemein, dass ausschließlich kumulierte Energiemengen erfasst wurden und damit der Energiekunde schnell das Interesse an den Möglichkeiten des elektronischen Haushaltszählers verlor.

Die Frage danach, was dem Energiekunden tatsächlich etwas gebracht hätte, ist konkret nie gestellt oder diskutiert worden. Interesse hat der Energieabnehmer daran, wie er Energiekosten sparen kann. Dazu muss ihm ein System zur Verfügung gestellt werden, mit dem er sowohl die bilanzierten Energieverbräuche und -kosten relativ zu den gemeterten Daten am Smart Meter, auch in Verbindung mit dem Metering der Quellen regenerativer Energien, z. B. Photovoltaikanlagen, analysieren kann, dies sowohl für den aktuellen Leistungsbedarf des Gebäudes, der aktuell angelaufenen Verbräuche und Kosten, aber auch der bis zum Jahresende per Trendrechnung anfallenden Verbräuche und Kosten auf der Basis einer Jahreskalkulation. Stellt man diese Daten und Informationen auch als Graphiken zur Verfügung, so können auf der Basis von Verhaltensänderungen oder Einsatz anderer elektrischer Verbraucher Rückschlüsse auf die Energiekosten gezogen werden. Derartige Systeme sind am Markt bislang nicht vorhanden.

Aber auch wenn es derartige Systeme am Markt gäbe, wäre der Energiekunde kaum daran interessiert, da die Kosten für ausschließlich diese solitäre Nutzung eines Displaysystems wenig dazu anreizt dieses System zu beschaffen, dies auch, wenn die Daten per Web-UI bereitgestellt würden, da auch für das Web-UI ein System bereitgestellt werden muss. Denkt man an die Einführung von Energieeinsatzberatungs- oder Energieverbrauchsinformationssystemen muss man nach Auffassung des Autors völlig anders denken, sozusagen um die Ecke oder von hinten, eine Vorgehensweise, die einem Ingenieur eher fremd erscheint.

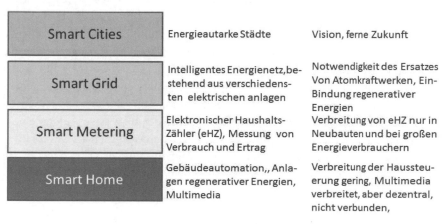

Abb. 13.2 Bottom-up-Einführung smarter Technologien

Die vorwärtsgerichtete Denkweise ist die aufeinanderfolgende Integration smarter Technologien zu einem Gesamtsystem. Falsch hieran war und ist, dass das Smart Home kaum verbreitet ist, eher noch in hochpreisigen Villen, daher das Smart Metering keine Basis hat, um per Tarifanreizen darauf aufzusetzen, und damit das Smart Grid nicht auf die Spitzenlastabsenkung bei Gebäuden setzen kann und in Summe Smart Cities kaum einführbar sein werden (vgl. Abb. 13.2).

Was den Energiekunden tatsächlich interessieren würde, wäre das, was er im Kfz direkt vorfindet, Multimedia in Form von Radio, USB-Stick und CD-ROM, Navigationssystem, Informationsmanagement, Internet etc., das Kfz fährt fast von selbst (vgl. Abb. 13.3).

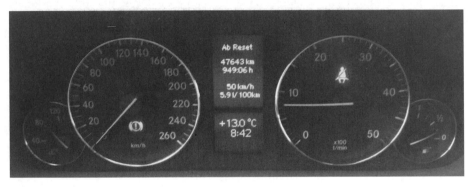

Abb. 13.3   Smart Metering im Kfz

So müsste es auch im Gebäude sein. Das, was man dem Nachbarn und Besucher präsentieren kann und möchte, ist nicht etwa die Haussteuerung oder das smarte Metering, sondern Multimedia auf einem zentralen Touchscreen-PC mit Web-UI, über das man mit Smartphone, Laptop oder Tablet-PC zugreifen kann. Um die Ecke oder von hinten denken heißt also Einführung von Multimedia, Informations- und Kommunikationsmanagement etc. auf einem zentralen PC, auf den dezentral zugegriffen werden kann, und auf der Basis dieser Hardware die Einführung von Smart Metering des zentralen Zählers für Verbrauch oder Einspeisung geernteter Energie, Aufbau eines generellen Energieberatungssystems und darauf basierend bei Kenntnis darüber, dass man durch Verhaltensänderung Energiekosten sparen kann sowie der sukzessive Aufbau eines Gebäudeautomationssystems. Man beginnt bei dem, das man eigentlich als Letztes integrieren würde und endet bei dem, von dem man bislang ausging, was als Erstes installiert sein müsste (vgl. Abb. 13.4).

Neuer Weg zu Smart Cities

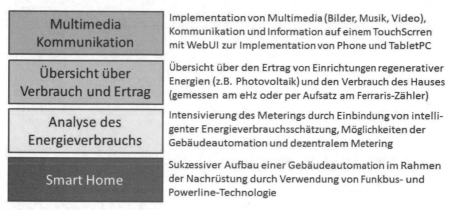

Multimedia Kommunikation	Implementation von Multimedia (Bilder, Musik, Video), Kommunikation und Information auf einem TouchScrren mit WebUI zur Implementation von Phone und TabletPC
Übersicht über Verbrauch und Ertrag	Übersicht über den Ertrag von Einrichtungen regenerativer Energien (z.B. Photovoltaik) und den Verbrauch des Hauses (gemessen am eHz oder per Aufsatz am Ferraris-Zähler)
Analyse des Energieverbrauchs	Intensivierung des Meterings durch Einbindung von intelligenter Energieverbrauchsschätzung, Möglichkeiten der Gebäudeautomation und dezentralem Metering
Smart Home	Sukzessiver Aufbau einer Gebäudeautomation im Rahmen der Nachrüstung durch Verwendung von Funkbus- und Powerline-Technologie

Abb. 13.4 Top-down-Vorgehensweise zum Aufbau von Smart Homes mit Smart Metering

Im Folgenden werden der Aufbau eines derartigen Gesamtsystems sowie die Anwendung in einer Referenz, näher beschrieben. Das Gesamtsystem basiert auf einem Touchscreen-Multifunktions-PC der Firma DELL für circa 600 Euro, der Software IP-Symcon für circa 250 Euro sowie der sukzessiven Integration von Komponenten der Gebäudeautomationssysteme FS20 und HomeMatic (eQ-3, ELV), EnOcean (Eltako), SPS (WAGO-Serie 750), digitalSTROM, RWE SmartHome, LCN sowie KNX/EIB für Sonderzwecke (vgl. Abb. 13.5).

Abb. 13.5 Anlage von Topologien der Funktionsgewerke

Mit IP-Symcon können sehr einfach Topologien zur Programmierung der Anwendung angelegt werden, die, im einfachsten Falle, auch direkt zur Navigation im Web-UI genutzt werden können. Im vorliegenden Falle wurden die Topologie-Kategorien Haussteuerung, Kosten, Multimedia, Kommunikation, Information, Archiv und Feldbussysteme angelegt. Je nach Auswahl des Ausstattungsgrades des Energieberatungssystems können die einzelnen Kategorien frei- oder weggeschaltet werden. Im einfachsten Falle erhält der Kunde lediglich die Multimediakomponente und kann durch Zukauf andere Module erwerben. IP-Symcon setzt hierzu auf eine sehr einfach gestaltete Konfigurationsoberfläche (vgl. Abb. 13.6).

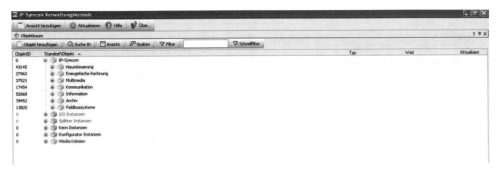

Abb. 13.6 Programmieroberfläche von IP-Symcon mit angelegten Topologien

Innerhalb der angelegten Kategorien können weitere Hierarchieebenen mit weiteren Kategorien angelegt werden, womit beispielsweise die gesamte Gebäudestruktur sowohl als Grundlage für die Anlage des Feldbussystems, als auch der Haussteuerung oder der Kosten erfolgen kann. In diesen Kategorien können im nächsten Schritt Variablen, Instanzen und Medien abgelegt werden, diese wiederum können über Events oder Skripten beeinflusst werden. Darüber hinaus können Links verwendet werden, um Verweise von einzelnen Kategorien in anderen zu erstellen, so können beispielsweise die jeweiligen Gebäudeautomationssysteme mit ihren Sensoren, Aktoren etc. unter Feldbussysteme angelegt werden und deren Bedienelemente und Stati z. B. in der Haussteuerung verwendet werden. Von vornherein ist damit eine größtmögliche Übersicht über das Projekt gewahrt. Variablen können Strings, Real-, Integer- oder Boolesche Variablen sein, deren Formatierung in weiten Bereichen durch Nachkommastellen, Minima und Maxima und auch farbliche Unterstützung möglich ist. Instanzen können sein Teilnehmer der verschiedenen Gebäudeautomationssysteme, d. h. die Hardware selbst oder deren Objekte sowie Zugriffe auf Mail-Systeme, Web-Seiten etc. Skripten dienen allgemein zur Steuerung des Systems bzw. deren einzelner Objekte. So können Skripten Programme aufrufen, rechnen, Zustände verändern oder gezielt auf Hardware zugreifen. Skripten, aber zum Teil auch Hardwareelemente, können eventgesteuert über Kalender, Zeittabellen oder Zustandsänderungen ausgelöst werden. Damit stehen alle wesentlichen Bestandteile für ein Energieberatungssystem mit Multimediaeinbindung zur Verfügung.

Da Multimedia als alleinige Basis für die Einführung von Smart Metering und Smart Home betrachtet wird, werden im Folgenden zunächst die Multimedia-, Kommunikations- und Informationsbestandteile des Systems erläutert. IP-Symcon ermöglicht über ein Verzeichnis mit dem Namen „media" direkt Mediendateien in IP-Symcon aufzunehmen. Hierzu sollten vor dem Einfügen die Meta-Daten zu den Medien eingepflegt werden bzw. überprüft werden, ob diese vorhanden sind. Im Fall von kopierten CD-ROMs oder DVDs übernimmt der von Windows bekannte Mediaplayer die Anlage der Metadaten selbst, dies betrifft auch die Benennung von Verzeichnissen und einzelnen Dateien. Entweder durch manuelles Einfügen in IP-Symcon über das „Media"-Verzeichnis oder skriptgesteuert können Musiktitel und -verzeichnisse direkt in eine IP-Symcon-Struktur mit Kategorien überführt werden. Manuell oder per Skript müssen nun abschließend die Musiktitel im Web-UI aufrufbar gemacht werden, hier ist der manuelle Weg etwas mühsam, bereitgestellte Skripten erleichtern dies sehr, wenn diese einmalig erstellt und verfügbar gemacht werden. Schwieriger gestaltet sich das Einbinden eingescannter Schallplatten. Hier ist Vorarbeit zu leisten, indem die Audiofiles einer Schallplattenseite aufgespalten werden (viele Audioscanner übernehmen dies automatisch) und einzeln laut Plattencover benannt werden. Der sonstige Prozess entspricht der Einbindung von CD-ROMs oder DVDs. Schnell entsteht so durch gezieltes Anlegen von Kategorien ein Musikarchiv. Durch Anordnung von Schallplatten- bzw. Audioarchiv auf der linken Web-Seite und dem Mediaplayer aus IP-Symcon auf der rechten Seite kann so eine Musikbox aufgebaut werden, diese Funktionalität erlaubt der Web-UI-Konfigurator von IP-Symcon auf einfache Art und Weise. Als Clou kann auf die Audiofiles per Zufallsgenerator zugegriffen werden, um eine realistische Anwesenheitssimulation mit Audiounterstützung zu realisieren, die das abendliche Licht schalten und Jalousien fahren sinnvoll unterstützt, zudem können auch Gespräche und Diskussionen oder Hundegebell mit einbezogen werden, um die Anwesenheit optimal zu simulieren. Im Beispiel wurde in kurzer Zeit manuell ein sehr großes Audioarchiv aufgebaut und wird seitdem im Wohnzimmer eingesetzt und über Smartphone oder Tablet-PC über das Web-UI von IP-Symcon angesteuert. Ein Subwoofer, der im Sofa montiert wurde und über einen FS20-Schaltaktor geschaltet wird, komplettiert das Klangerlebnis (vgl. Abb. 13.7).

Abb. 13.7 Mediensteuerung in IP-Symcon

Mit Energiemanagement oder Gebäudeautomation hat dies noch sehr wenig zu tun, das zentrale System dient lediglich als Grundlage für das aufzubauende System.

Auf ähnliche, aber noch einfachere Art und Weise, können Bildarchive aufgebaut werden. Erneut liegt die Vorarbeit bei der Benennung der JPG- oder sonstigen Bilderda-

teien, die dann wieder über das „Media"-Verzeichnis in IP-Symcon importiert werden.
Abschließend werden die Bilddateien in die richtigen Kategorien überführt und können
dann im Web-UI betrachtet werden. Zusätzlich bietet IP-Symcon die Funktion Bild-
Wechsler und ermöglicht damit die Imitation von digitalen Bilderrahmen (vgl.
Abb. 13.8).

Abb. 13.8 Bildwechslerfunktion in IP-Symcon

Standardmäßig implementiert in IP-Symcon ist bereits die Anzeige der Informationen
des Deutschen Wetterdienstes, wenn diese nach kostenloser Lizensierung freigeschaltet
wurden. Durch automatisiertes Auslesen der Web-Seite können regionale Daten abgerufen und mit Zeitstempel gespeichert werden (vgl. Abb. 13.9).

Abb. 13.9 Zugriff auf die Daten des deutschen Wetterdienstes

Als nächste einfache Funktion ist das Kommunikationsmanagement zu nennen. Auf einfachste Art und Weise werden die verschiedenen E-Mail-Provider für jedes Familienmitglied in IP-Symcon implementiert. Zur Verfügung stehen wie üblich POP3 und IMAP. Die Inhalte von E-Mails können zudem automatisch ausgelesen werden, um damit z. B. das Audioarchiv anzusteuern und eine bestimmte Sequenz ablaufen zu lassen oder bei vorhandener Gebäudeautomation Funktionen anzusteuern oder Abfragen zu tätigen. Umgekehrt können automatisiert E-Mails erstellt und versendet werden, die z. B. auf Schalthandlungen, Temperaturänderungen, Leistungssprünge etc. zurückzuführen sind. Erweitert werden kann das Kommunikationsmanagement um Videoanrufsysteme, wie z. B. Skype, indem die Skype-Anwendung per Web implementiert wird oder die automatische Anzeige von Web-Seiten, z. B. der Webcam am Urlaubsort oder Ferienhaus. IP-Symcon hält hier einige Funktionen bereit, die lediglich sinnvoll eingebunden werden müssen (vgl. Abb. 13.10).

Abb. 13.10   Einbindung von Kommunikationssystemen in IP-Symcon

Als Möglichkeiten des Informationsmanagements sollen hier Informationen der Familie bzw. Einkaufszettel angeführt werden. Die einzelnen Informationen sind editierbare Stringvariablen, die über einen einfachen Editor bearbeitet und geändert werden können. Nach erfolgter Änderung wird ein Event ausgelöst und an bestimmte Familienmitglieder eine E-Mail oder SMS versendet. Selbstverständlich können auch Nachrichten vom Smartphone empfangen werden. Erweitert werden kann das System problemlos um Stundenpläne, wichtige Informationen der Bank, des Energieversorgers etc. Möglich für aktives Energiemanagement ist die Aufforderung zur Nutzungsänderung, also z. B.: „Peter, du hast wieder das Licht nicht ausgeschaltet!", die direkt per E-Mail auf das Smartphone gesendet wird (vgl. Abb. 13.11).

Als letzter Bestandteil aus dem Bereich der Multifunktionsanwendungen werden Informationsarchive aufgezeigt. Problemlos können z. B. im „Media"-Verzeichnis PDF-Dateien wichtiger Informationen oder Papiere in Topologien abgelegt werden und dann per Skript aktiviert werden (vgl. Abb. 13.12).

Abb. 13.11 Informationserstellung in IP-Symcon

Abb. 13.12 Aufbau eines Datenarchivs

Für geringen Geldeinsatz kleiner 1.000 Euro, und bei Nutzung einer Dienstleistung zur Generierung des Systems etwas teurer, entsteht so die Basis für ein Gesamtsystem, das um Metering und Haussteuerung erweitert werden kann. Durch die automatisierbar einsetzbaren Skripten in IP-Symcon können wiederum Skripten genutzt werden, um andere Skripten zu schreiben oder Kategorien aufzubauen.

Im Rahmen des Meterings reicht es dem „normalen" Hausbesitzer bzw. dem Mieter völlig, ständig über die aktuelle energetische Situation informiert zu werden. Hierzu kann auf den elektronischen Haushaltszähler per Gateway oder Interface (z. B. über M-Bus, KNX/EIB, S0 oder IP) bzw. den Smart Meter der Photovoltaikanlage oder per Direktzugriff auf die Wechselrichter durchgegriffen werden. Die verfügbar gemachten Daten, im allgemeinen werden dies die Verbräuche und/oder Erträge innerhalb einer Zykluszeit, d. h. eine mittlere Leistung, oder der aktuelle Verbrauch oder Ertrag in kWh oder Euro sein, werden von IP-Symcon ständig in eine Datenbank geschrieben und damit geloggt. Damit ist wiederum per Graphik eine Übersicht über das Verbrauchs- oder Ertragsverhalten möglich. Berücksichtigt man Trendingfunktionen per Jahreskalkulation, so kann auch die perspektivische Entwicklung von Verbrauch oder Ertrag in kWh oder Euro dargestellt werden, um zu prüfen, ob die Abschlagsrechnung passt oder Nachzahlungen anstehen würden, die wiederum durch Verhaltensänderung kompensiert werden könnten. Ähnliche Aspekte betreffen auch den Einsatz von Photovoltaikanlagen, um zu prüfen, ob eine Eigenverwendung der elektrischen Energie effektiver wäre als die Vermarktung an den Energieversorger bzw. inwieweit die Limitierung der Energieabgabe an den Energieversorger zur Nichtabnahme von Energie geführt hat. Dies wäre die einfachste Art und Weise des Meterings über zentrale elektronische Haushaltszähler oder direkt das Auslesen der Wechselrichter.

An dieser Stelle soll jedoch näher auf die Möglichkeiten eines Energieberatungssystems eingegangen werden, das sinnvoll das zentrale Metering unterstützt. Der Energiekunde erhält als Basisinformation auf der Basis eines Energieberatungsgesprächs und der Parametrierung seines spezifischen Gebäudeverbrauchsmodells Informationen über die gesamte Anschlussleistung aller im Gebäude betriebenen Verbraucher (wenn diese gleichzeitig eingeschaltet wären) und damit einen Überblick über die möglichen Maximalverbräuche in einer Zeiteinheit. Hinzu kommt auf der Basis von Metering, Auswertung des Schaltverhaltens oder Mittelung der Verbräuche einzelner Verbraucher über Schätzung die aktuelle Anschlussleistung, wobei geschätzte Verbraucher hier gemittelt mitgerechnet werden. Auf der Basis der aktuellen Anschlussleistung und des aktuellen Tarifs werden im minütlichen Takt die aktuellen Verbräuche und Kosten seit Jahresbeginn ermittelt. Hinzu kommt nach einem Berechnungsmodell die Extrapolation der aktuellen Daten auf kalkulierte Daten für das gesamte Jahr, um Auswirkungen wechselnder Tarife oder die Änderung des Nutzerverhaltens nachvollziehen zu können. Sämtliche 6 Daten des gesamten Energieverbrauchsdatensatzes werden geloggt und können damit graphisch dargestellt werden, um Änderungen nachvollziehen zu können. Prinzipiell können auch Vergleiche mit vorangegangenen Tagen, Wochen, Monaten, Jahren herangezogen werden (vgl. Abb. 13.13).

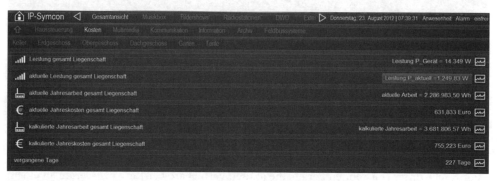

Abb. 13.13 Kumulierte Verbrauchsrechnung

Farblich unterlegt sind Daten oberhalb eines Grenzbereichs. Dem versierten Energiekunden, der Interesse daran gefunden hat seine Energiekosten ohne jeglichen Komfort-
verlust zu senken, wird die Darstellung der zentralen Energiedatenerfassung nicht reichen. Da ohnehin hinter der Energienutzungserfassung das gesamte Gebäudemodell
liegt, ist auch die Einsicht in die verschiedenen Etagen möglich. Somit kann überblicksweise der Ort des größten Energieverbrauchers ermittelt werden (vgl. Abb. 13.14).

Abb. 13.14 Verbrauchsdatenaufstellung für eine Etage

Selbstverständlich kann je nach Verständnis des Energieberatungssystemsnutzers oder
durch einen Berater, z. B. vom Energieversorger, der Energieverbrauch auch noch näher
an der Nutzung, d. h. in den einzelnen Räumen, untersucht werden (vgl. Abb. 13.15).

Abb. 13.15 Verbrauchsdatendarstellung für einen Raum

Hier reicht unter Umständen bereits die aktuell verfügbare Leistung der Geräte an einem
Ort in Verbindung mit den kalkulierten Daten. Bei Bedarf kann der Anwender jedoch
auch unter der Kategorie „Verbrauchsrechnung Strom" den vollständigen Überblick
erlangen (vgl. Abb. 13.16).

Abb. 13.16   Exakte Verbrauchsübersicht über einen Raum

Zu genaueren Berechnung bzw. Analyse, sind einige Angaben zu tätigen, die jedoch auch
zur tiefgreifenden Analyse des Verbraucherverhaltens herangezogen werden können. Es
ist davon auszugehen, dass diese Funktion lediglich vom versierten Anwender oder einem Energieberater zur Verwendung kommen wird. Neben der „Verbrauchsrechnung
Strom" sind hierzu zu erkennen die Kategorien „Geräte" und „Licht".

Durch Klick auf „Geräte" werden die Geräte sichtbar, die an dieser Lokalität im Gebäude im Einsatz sind. Nach Auswahl eines Geräts kann dieses hinsichtlich der Anschlussleistung bzw. des Meterings, parametriert werden. Als erster Eintrag zum Gerät
ist zu parametrieren, wie das Gerät verbrauchstechnisch erfasst wird. Zur Verfügung
stehen derzeit „Dauer", d. h., ein Verbraucher ist mit seiner Wirk Anschlussleistung
dauerhaft im Betrieb, „geschätzt", d. h., für den Verbraucher wird eine mittlere Nutzungszeit für den gesamten Tag angegeben und daraus der mittlere Anschlusswert für
einen Dauerverbraucher ermittelt, „gerechnet", d. h. das Gerät wird über eine Gebäudeautomation betrieben und aus dem Schaltzustand wird die aktuelle Leistung ermittelt,
„gemetert mit ...", d. h. auf der Basis verschiedenster Meteringsysteme von EATON,
Eltako, eQ-3, Rutenbeck, digitalSTROM, KNX etc. werden die Leistungen und Verbräuche direkt erfasst und verarbeitet. Zusätzlich können über Gebäudeautomationssysteme
gedimmte Verbraucher auch mit einer Kennlinie versehen werden, um damit auch den
Dimmzustand beim Verbrauch abschätzend zu berücksichtigen. Die Energieverbrauchs-
erfassungsmethode kann im laufenden Betrieb geändert werden, wenn sich die Mete-
ringvariante geändert hat, beispielsweise, wenn eine Waschmaschine nur per Schätzung
gemetert wurde und nun mit einem Steckdosenzwischenstecker-Smart Meter von eQ-3
näher untersucht werden soll, da der Verbrauch dort erheblich ist.

Des Weiteren können Kommentare und besondere Vorkommnisse in einer Proto-
kolldatei erfasst werden, um z. B. näher zu dokumentieren, dass ein Leuchtmittel oder
Gerät häufig defekt war oder eine Waschmaschine erneuert wurde. Damit ist eine Korrelation der Änderung von Geräten zum Energieverbrauch leicht möglich. Des Weiteren
ist ein Kommentar vorgesehen, um das angeschlossene Gerät oder Leuchtmittel näher zu
beschreiben.

Als letzter und wichtigster Eintrag ist unter Einschaltdauer bei geschätzten Energieverbräuchen die mittlere Einschaltdauer eines Tages anzugeben, die gegebenenfalls angepasst werden muss oder kann (vgl. Abb. 13.17).

Abb. 13.17 Definition der Metering-Methode eines Verbrauchers

Wie bereits weiter oben beschrieben können alle Informationen auch graphisch visualisiert werden, um Änderungen nachzuverfolgen. Im Beispiel in der Abb. 13.18 ist zu
erkennen, dass die Metering-Methode geändert wurde.

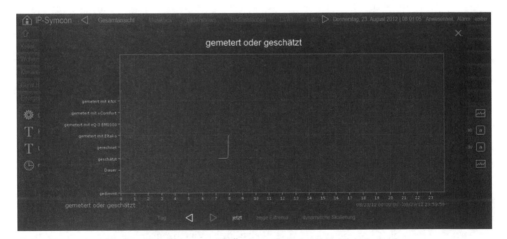

Abb. 13.18 Graphische Visualisierung der Änderung einer Metering-Methode

Die Kommentare und Informationen zu Geräten werden einfach per Editor geändert
(vgl. Abb. 13.19). Bei Dauerverbrauchern, geschätzten, geschalteten und gedimmten
Verbrauchern, d. h. denen, die nicht gemetert werden, muss die Leistung des Gerätes
laut Typenschild oder bei einer Vorabmessung angegeben werden. Mit diesem Parameter wird die gesamte Rechnung durchgeführt. Dieser Parameter kann gegebenenfalls
einfach per Mausklick ähnlich einer Sollwertvorgabe bei der Heizung geändert werden.

Abb. 13.19 Kommentaränderung durch textuelle Eingabe

Als zusätzliche Information erhält man für jedes Gerät oder jedes Leuchtmittel einzeln
die aktuelle Leistung (bei geschätzten Verbrauchern ist dies die mittlere Tagesleistung),
die aktuellen Verbräuche und Kosten und selbstverständlich auch die auf das Jahr hoch-
kalkulierten Verbräuche und Kosten.

Bei genauerer Analyse der Daten in Verbindung mit den Graphiken können damit
Energiefresser ausgemacht werden und deren Einsatz optimiert (durch Verlagerung in
Nachtzeiten) oder Ersatz verbessert werden.

An einigen Beispielen soll dies im Folgenden erläutert werden.

Die Spülmaschine ist in diesem Fall ein geschätzter Verbraucher. Man erkennt, dass
sich bei einer Anschlussleistung von 1.200 W bei einer bestimmten Einschaltdauer von
180 min am Tag eine mittlere Tagesanschlussleistung von 150 W ergibt (vgl. Abb. 13.20).

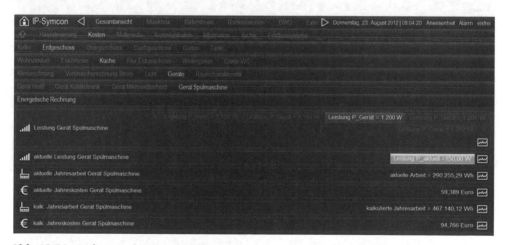

Abb. 13.20 Definition des Geräts Spülmaschine

Ein anderes Beispiel ist geschaltetes Licht, in diesem Fall die Laternen am Gartenhaus (vgl. Abb. 13.21). Sie werden über Eltako Schaltaktoren zeit- und helligkeitsgesteuert. Entsprechend ist „gerechnet" ausgewählt, die Angabe der Einschaltdauer ist hier überflüssig. Die näheren Beschreibungen sind Energiesparlampe und ohmsch, elektronisch.

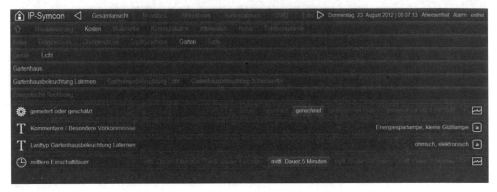

Abb. 13.21 Definition des Geräts Lampe

Des Weiteren muss unter „Energetische Rechnung" die Anschlussleistung mit 25 W ausgewählt werden. Es wird schnell ersichtlich, dass auf der Basis der äußerst niedrigen Jahreskosten ein Metering hier keineswegs in Frage kommt (vgl. Abb. 13.22).

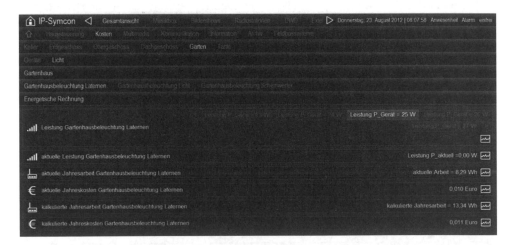

Abb. 13.22 Nähere Definition des Verbrauchers Lampe

Das nächste Beispiel ist ein Dauerverbraucher, in diesem Fall der zentrale PC mit Touchscreen im Wohnzimmer, über den das Web-UI bereitgestellt wird. Ausgewählt ist „Dauer", die mittlere Einschaltdauer ist überflüssig und daher mit 0 angegeben (vgl. Abb. 13.23).

Abb. 13.23 Definition des Dauerverbrauchers IP-Symcon-PC

Als Anschlussleistung wurde 100 W angegeben, was zu entsprechenden Kosten führt. An dieser Stelle sei darauf hingewiesen, dass die kalkulierten Werte nicht exakt sind, da das System nicht über das ganze Jahr seit Jahresbeginn im Einsatz war (vgl. Abb. 13.24).

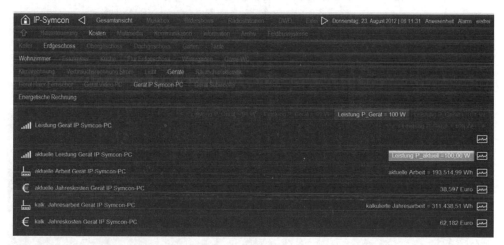

Abb. 13.24 Nähere Definition des Dauerverbrauchers

Als Basis für die Berechnung sind Tarife für Strom sowie für andere Anwendungen auch für Gas und Wasser anzugeben. Die Tarife werden unter der Kategorie „Tarife" angezeigt und können entweder manuell geändert werden, um Änderungen, z. B. durch Preisänderungen der Energieversorger sichtbar zu machen, oder auch skriptgesteuert mit Wechsel zwischen Hoch- und Niedertarif oder durch Internetzugriff beim Energieversorger angepasst werden. Tarife werden ebenfalls in der Datenbank mitgeschrieben (vgl. Abb. 13.25). Damit erhält der Energieverbraucher die absolute Übersicht über seine Energieverbräuche Kosten und kann gezielt Einfluss darauf nehmen und damit seine Energiekosten senken.

Abb. 13.25 Parametrierung der Tarife

Letztendlich ist damit Energiekostensenkung möglich, die entweder auf Dauer mit Komforteinbußen aufgrund des direkten, aktiven Einwirkens auf den Gebäudeprozess notwendig sind oder durch sukzessives Einbauen einer Gebäudeautomation, indem nach und nach Schalthandlungen von einer Gebäudeautomation übernommen werden. Hier bietet IP-Symcon die ideale Grundlage, um verschiedenste Gebäudeautomationssystem zu integrieren.

Im Folgenden wird nur ein kleines Beispiel eines Raumes näher erläutert, wobei die verwendete Hardware nicht erkennbar ist. Es handelt sich hier um das Esszimmer im Erdgeschoss, in dem sich ein Stellantrieb an der Heizung befindet, der wiederum von einem Raumtemperaturregler im Wohnzimmer beeinflusst wird. Zusätzlich befindet sich im Esszimmer eine Stehlampe, die über Timer gesteuert wird.

Die einzelnen Parameter der Geräte sind unter den Kategorien „Raumtemperaturregelung", „Lichtquellen" und „Timer" zu finden. Damit erhält der Anwender mit Übersicht Informationen über das Raumklima, kann den Sollwert verschieben, das Licht manuell schalten und auch die Einschaltzeiten verändern (vgl. Abb. 13.26).

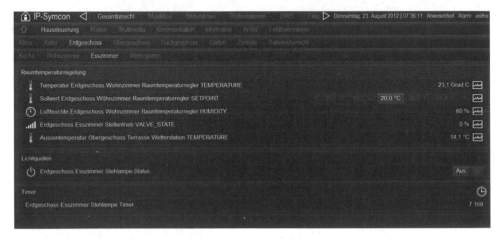

Abb. 13.26 Ansicht der Anzeige- und Steuerungsmöglichkeiten eines Raumes

Im Hintergrund des gesamten Systems agieren Skripten, in denen durch Direktzugriff per Tag-ID-Zustände abgefragt werden können und in denen auf einfachste Art und Weise Berechnungen durchgeführt werden können. IP-Symcon hält eine großen Umfang an nutzbaren IP-Symcon- und -Geräte-Funktionen neben den allgemeinen PHP-Funktionen bereit. Die Skripten können auch wie parametrierbare Unterprogramme aufgerufen werden, dies erfolgte im Beispiel in Abb. 13.27 aus Gründen der Übersichtlichkeit noch nicht.

Abb. 13.27 Skriptaufbau zur energetischen Berechnung

Sehr einfach kann damit auch die Auswertung einer Wetterstation programmiert werden, um z. B. die mittleren Sonnenstunden über das gesamte Jahr zu ermitteln, um vorab zu erkennen, ob sich der Einsatz einer Photovoltaikanlage lohnen würde, oder auch die Ermittlung der mittleren Windgeschwindigkeiten, um den Einsatz einer Windkraftanlage auf dem Dach als Vertikalpropeller zu eruieren (vgl. Abb. 13.28).

Abb. 13.28   Auswertung einer Wetterstation

Für die Nachrüstung von Gebäudeautomation sind zwingend nachrüstfähige Gebäudeautomationssysteme zu verwenden, dies können sein z. B. FS20, HomeMatic, Eltako
EnOcean, RWE SmartHome, 1-Wire, KNX/EIB, digitalSTROM, Z-Wave, xComfort und
die WAGO-SPS. Bis auf RWE SmartHome können alle genannten Systeme direkt in IP-
Symcon verwendet werden, wobei KNX/EIB wie bereits vorangehend erläutert eher
nicht für die Nachrüstung geeignet ist.

Im vorliegenden Beispiel wurden einige Eltako-Sensoren und -Aktoren im Winter-
garten im Erdgeschoss verbaut. Hardwaremäßig werden diese unter der Kategorie „Feldbussysteme" angelegt und deren Parameter innerhalb der Haussteuerung oder der Kostenrechnung per Verweis verlinkt (vgl. Abb. 13.29).

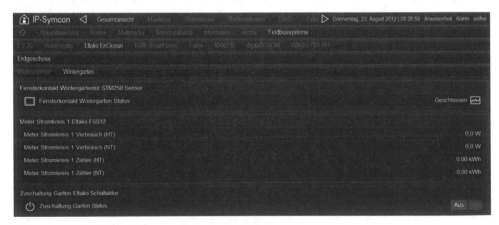

Abb. 13.29   Verbaute Geräte und Systeme im Feldbussystem

Aufgrund seiner überragenden Rechenfähigkeiten kann IP-Symcon jedoch auch genutzt werden, um die Heizungssteuerung generell zu optimieren und hierzu Raummodelle heranziehen. Die folgenden Gedanken werden derzeit im Rahmen einer Prototypeninstallation untersucht.

Zunächst wird der Raum anhand von Länge, Breite, Höhe und damit dem Volumen charakterisiert. Nützliche Daten können auch sein die Fensterfläche und das Türöffnungsverhalten (vgl. Abb. 13.30).

Abb. 13.30 Definition einer Raumcharakteristik

Auf der Basis dieser Daten wiederum kann die Wärmekapazität gegenüber dem Außenraum ermittelt oder gezielt das Heizungsverhalten untersucht und optimiert werden. Der Schritt zur Heizkostenermittlung ist dann nur noch ein ganz kleiner (vgl. Abb. 13.31).

Abb. 13.31 Definition einer Heizung in IP-Symcon

Neben den textuellen Informationen liefert IP-Symcon auch graphische Darstellungsmöglichkeiten, die durch Mausklick auf das Schreiber-Symbol aufgerufen werden können. In den folgenden Graphiken sind Messergebnisse und Rechnungen dargestellt, die
auf einem Systemstart beruhen, der nicht am 01.01. des Jahres, sondern zeitverzögert
erfolgte. Damit beziehen sich die aktuellen Verbrauchsdaten auf den Systemstart, analog
auch die kalkulatorischen und befinden sich daher noch nicht im eingeschwungenen
Zustand. Berücksichtigt wurden sehr wenige gemeterte Geräte, einige geschaltete und
gedimmte, in großer Anzahl erfolgten Schätzungen.

Der Verlauf der aktuellen Leistung ergibt auf der Basis der Mittelung geschätzter Daten einen Mittelwert, der tagesabhängig variiert (vgl. Abb. 13.32).

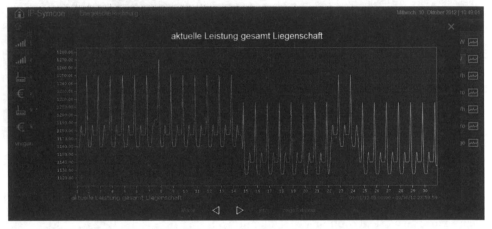

Abb. 13.32   Aktuelle Leistung in W in Abhängigkeit der Zeit für einen Monat

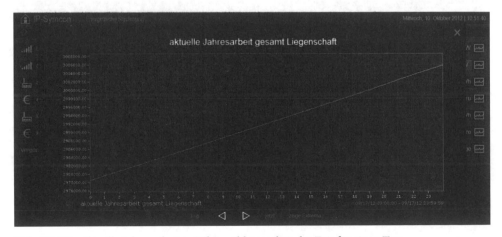

Abb. 13.33   Aktuelle Jahresarbeit in Wh in Abhängigkeit der Zeit für einen Tag

Wie nicht anders zu erwarten steigt die aktuelle Arbeit zu jedem Zeitpunkt an. Aufgrund nur weniger gemeterter Daten ist die Varianz der Daten auch in Verbindung mit Kumulationsrechnung und des fortgeschrittenen Tages im Jahr sehr gering (vgl. Abb. 13.33).

Analog zum Verbrauch steigen die aktuellen Jahreskosten sukzessive. Während die Arbeit, d. h. der Verbrauch kontinuierlich steigt, können bei den Kosten Sprünge auftreten, da auf ganze Cent gerundet wird (vgl. Abb. 13.34).

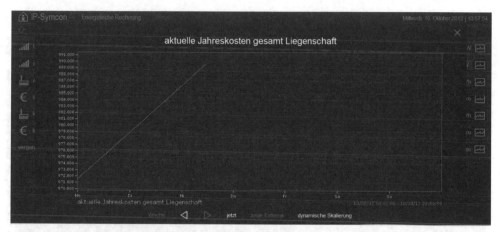

Abb. 13.34   Aktuelle Jahreskosten in Euro für eine Woche

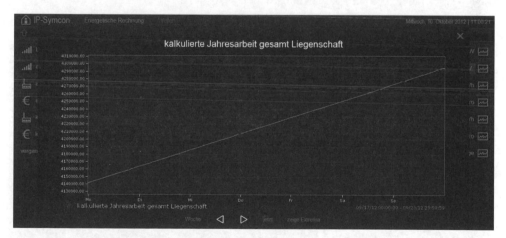

Abb. 13.35   Kalkulierte Jahresarbeit in Wh für eine Woche

Auf den gemessenen Verbrauchsdaten basiert kann die kalkulierte Jahresarbeit ermittelt werden. Diese ist aufgrund des verzögerten Systemstarts mit Bezug auf den 01.01. des Jahres linear steigend mit exponentiellen Anteilen, da das System noch „lernt". Bei einem

System, das am 01.01. gestartet wird, erfolgt ein recht zappeliger Einschwingprozess am
Anfang des Jahres, da das System noch nicht das Verbrauchsverhalten „gelernt" hat, mit
anschließend recht konstantem Verlauf, der sich zu niedrigeren Werten entwickelt,
wenn die Effizienz gesteigert wurde und zu höheren Werten, wenn das Verbrauchsverhalten verschlechtert wurde (vgl. Abb. 13.35).

Rechnet man die zeitabhängigen Tarife in Verbindung mit dem aktuellen Verbrauch
auf das ganze Jahr hoch, so ergeben sich die kalkulierten Kosten, für die die Aussagen
unter kalkuliertem Verbrauch gelten (vgl. Abb. 13.36).

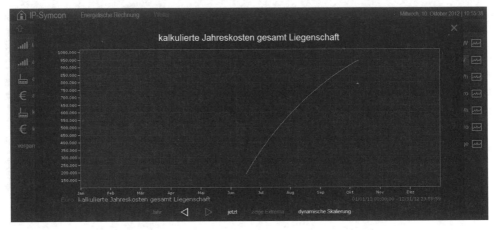

Abb. 13.36   Kalkulierte Jahreskosten in Euro für das Jahr 2012

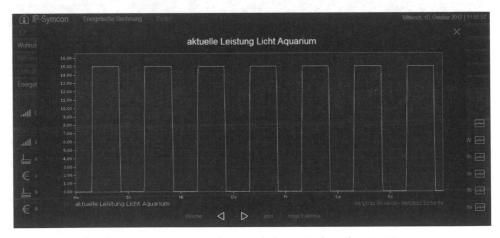

Abb. 13.37   Aktuelle Leistung eines einzelnen geschalteten Verbrauchers in W

Während die aktuellen und kalkulierten Verläufe kaum Varianz aufweisen, stellt sich dies an einzelnen Verbrauchern anders dar. Das Licht am Aquarium ist ein geschalteter Verbraucher, der morgens ein- und abends ausgeschaltet wird. Entsprechend ergibt sich eine geschaltete aktuelle Leistung (vgl. Abb. 13.37).

Die zugehörige aktuelle Arbeit, d. h., der Verbrauch steigt linear bei eingeschaltetem und bleibt konstant bei ausgeschaltetem Verbraucher (vgl. Abb. 13.38).

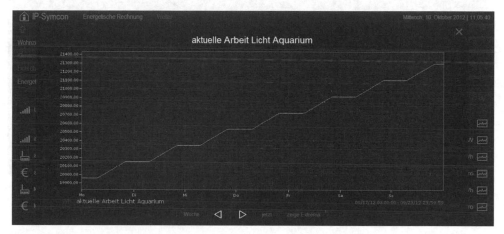

Abb. 13.38   Aktueller Verbrauch eines einzelnen Verbrauchers in Wh

Die kalkulierten Jahreskosten steigen entsprechend des verzögerten Systemstarts und des Bezugs auf 01.01. weiter an und weisen Sprünge im Cent-Bereich auf (vgl. Abb. 13.39).

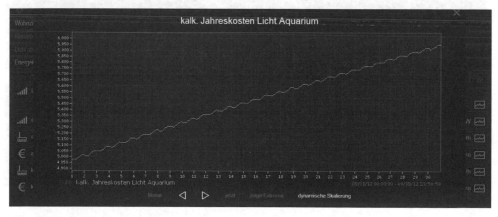

Abb. 13.39   Kalkulierte Jahreskosten eines einzelnen Verbrauchers in Euro

Zur näheren Interpretation von Heizungsdaten bzw. der Wärmerechnung, wird die Außentemperatur gemessen. In Abb. 13.40 ist die Außentemperatur in Abhängigkeit der Zeit für einen Monat dargestellt.

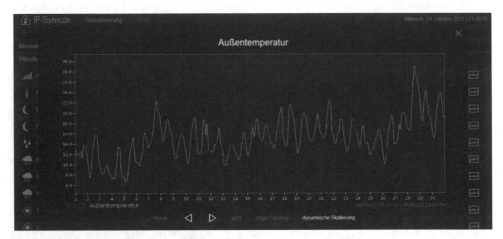

Abb. 13.40 Außentemperatur in einem Monat

Die Nutzbarmachung einer Windkraftmaschine kann durch Auswertung der Messdaten der Windgeschwindigkeit über der Zeit durch Mittelung der Daten erfolgen (vgl. Abb. 13.41).

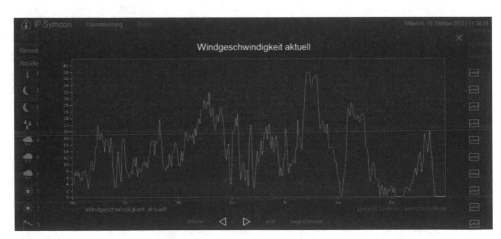

Abb. 13.41 Windgeschwindigkeit über einem Wochenzeitraum

Abschließend ist festzustellen, dass IP-Symcon optimal geeignet ist, um ein Energie-beratungssystem zu erstellen. Die vorgestellte Referenz ist real und seit einigen Monaten im Einsatz und leicht auf andere Gebäude anpassbar. Basis ist nicht ein Smart Home-System oder Smart Metering, sondern zunächst ein umfassendes Multimediasystem.

13.3.3   Passives Energiemanagement

Während das aktive Energiemanagement lediglich auf Verhaltensänderungen durch Hinweise aufmerksam macht, greift das passive Energiemanagement gezielt in den Ge-bäudeprozess ein und übernimmt eigenständig Schalt- und Parameteränderungen, um hinsichtlich der Optimierung des Energieverbrauchs anhand gesteckter Ziele zu agieren. Durch parallel fortschreitende Messung, die die Grundlage für die Änderungen darstellt, kann der Hausbewohner beobachten, wie sich das passive Energiemanagement auf Verbrauch, Kosten und anhand von Temperatur, Feuchte und Helligkeit auf das Wohl-fühl-Gefühl auswirkt. Voraussetzung für passives Energiemanagement ist der Aufbau einer Gebäudeautomation, die im Allgemeinen als Nachrüstung erfolgt und auch sukzes-sive eingebaut werden kann. Grundlage für die Einführung des passiven Energiemana-gements kann das bereits vorgestellte Energieberatungssystem sein.

13.3.3.1   Messung energetischer Grundlagen

Hinsichtlich der Messung energetischer Grundlagen ändert sich nur insofern etwas, als in die Gebäudeautomation hinzugenommene Komponenten diese weiteren Messdaten zur Verfügung stellen können. So stellen Raumthermostate, wenn sie an der richtigen Stelle verbaut und geeicht wurden, im Allgemeinen Temperatur und Feuchte sowie den eingestellten Sollwert zur Auswertung und Anzeige zur Verfügung. Einige Schaltaktoren liefern den Effektivwert des Stromes oder führen eine Leistungsmessung durch. Dimm-aktoren werden ausgesteuert und liefern manchmal den eingestellten Helligkeitswert zurück. Auch Systemkomponenten, wie z. B. die digitalSTROM-Meter, liefern zeitgenau Leistungs- und Verbrauchsdaten in die überlagerte Gebäudeautomation. Durch ge-schickte Auswahl von Komponenten kann somit aus einem reinen zentralen Smart-Metering-System ein intelligentes System dezentraler Smart Meter werden, womit die Bilanzierung des Energieverbrauchs näher am Verbraucher gestaltet werden kann, um weitere Energieeffizienzpotenziale durch Wahl anderer Verbraucher zu eruieren.

13.3.3.2   Korrelation von Energiemess- mit Sensordaten

Durch die größere Verfügbarkeit von Messdaten sind weitere Korrelationsmöglichkeiten möglich, müssen jedoch nicht zwingend zur Anwendung kommen, da die Gebäu-deautomation wesentlich die Energieeffizienzsteigerung umsetzt. Bei sukzessivem Aus-bau der Gebäudeautomation können durch Korrelation weitere Einsparpotenziale er-schlossen werden.

13.3.3.3 Hinweissystem

Ein Hinweissystem ist prinzipiell nicht mehr erforderlich, da bei korrekt funktionsfähigem Gebäudeautomationssystem direkt auf den Prozess eingegriffen wird. Dies kann jedoch negative Auswirkungen haben, da bei ständig geöffnetem Fenster und damit korrekterweise abgeregelter Heizung der Raum auskühlt. Hinweise machen also zum Großteil weiterhin Sinn und können als Störmeldung aufgefasst werden. Diese Störmeldungen können sein längere Fensteröffnung, sehr niedrige Sollwerte, geöffnete Dachfenster etc.

13.3.3.4 Einzelraumtemperaturregelung/Heizungssteuerung

Wie bereits in der Kommentierung der Energieeffizienzrichtlinie der EU und Kommentierung des Regenerative-Energien- und Energie-Wärme-Gesetzes wurde von der EU besonderes Augenmerk auf die Wärmeerzeugung gelegt, da diese der größte Energieverbraucher im Gebäude ist. Zwangsläufig werden als erste Maßnahmen Dämmung und Isolation von Wänden, Decken und Dächern, Austausch von Heizkesseln und Integration von thermischen Anlagen zur Nutzung Regenerativer Energien umgesetzt werden. In diesem Zusammenhang ist sicherzustellen, dass der Heizkessel sinnvoll bedient und auch mit einer Gebäudeautomation verbunden werden kann. Bei Nichtabnahme von Heizenergie kann die Umwälzpumpe nach einiger Zeit, wie auch die Heizung selbst abgeschaltet werden, zur Optimierung des Komforts kann die Vorlauftemperatur anhand des Bedarfs angepasst werden. Darüber hinaus müssen thermische Anlagen zur Nutzung Regenerativer Energien mit dem Heizkessel gekoppelt werden, auch hierzu sind Schnittstellen vorzusehen. Beide Schnittstellen können von der Gebäudeautomation aufgegriffen werden, um zum einen Anzeigen zu ermöglichen, aber auch eine Einzelraumtemperaturregelung in die Heizungssteuerung zu integrieren. Die Einzelraumtemperaturregelung ermittelt Raum für Raum die Temperatur, optimal in Verbindung mit der Feuchte, und stellt entsprechend dem eingestellten Sollwert die Stellantriebe an den Heizkörpern. Bei Zweipunkt-Regelung wird der Stellantrieb das Ventil auf- oder zufahren, bei Stetigregelung bei Erreichung des Sollwerts das Ventil langsam schließen. Da die Sollwertvorgabe lokal oder über die Gebäudeautomation gesteuert wird, liegt damit eine Information vor, ob ein Heizkörper Wärmebedarf hat und damit der Heizkessel seine Arbeit aufnehmen muss oder wenn alle Heizkörper keinen Wärmebedarf haben, die Umwälzpumpe und der Heizkessel abgeschaltet werden. Damit wird eine wesentlich komfortablere Wärmeversorgung ermöglicht als durch eine reine Profil- und oder Außentemperatursteuerung, indem der Heizkessel außentemperaturgeführt und über einen Heizplan arbeitet. Dies führt in den Übergangszeiten vor und nach der Heizperiode häufig zu kalten oder überhitzten Räumen und damit unnötige Energieverbräuche, die durch eine Einzelraumtemperaturregelung ausgeglichen werden können.

Temperatur-Istwerterfassung

Der Temperatur-Istwerterfassung kommt im Zuge der Einzelraumtemperaturregelung in Verbindung mit Gebäudeautomation besondere Bedeutung zu. Wird die Temperatur,

wie beispielsweise beim RWE-SmartHome-Heizkörperthermostat, direkt am Heizkörper
gemessen, so wird die gemessene und im Gebäudeautomationssystem verfügbar gemachte Temperaturmessung nicht der Raumtemperatur entsprechen und verfälschte Regelungen auslösen, die wiederum durch falsche Sollwerte oder eine Korrektur der Messwerte angepasst werden müssen. Zum anderen wird die Temperatur im Raum aufgrund
der Wärmeströmung nicht überall dieselbe sein. Der Sensor bzw. das Raumthermostat,
ist an der „richtigen Stelle" im Raum anzubringen, die das gewünschte Wohlfühl-Gefühl
am ehesten widerspiegelt. Des Weiteren müssen, soweit die Einzelraumtemperaturregler
es ermöglichen, die gemessenen Temperaturen anhand von Vergleichsmessungen durch
Offsets korrigiert werden. Viele, auch teure Raumtemperaturregler, weisen Raumtemperaturen aus, die bis zu 3 Grad vom tatsächlichen Wert unterschiedlich sind.

Temperatur-Sollwertvorgabe und -anpassung

Temperatur-Sollwerte werden entweder direkt am Raumthermostat oder zeit- und bele-
gungsabhängig von der Gebäudeautomation eingestellt. In Verbindung mit einem
smart-metering-basierten Energiemanagement muss bei zu großem Energieverbrauch
auf der Basis einer Zielvorgabe der Sollwert sukzessive abgesenkt werden, um den gewünschten Effekt relativ zum Wohlfühl-Gefühl zu erzielen. So muss im System ein gewünschter Sollwert für jeden Raum vorliegen, dazu aber auch ein auf der Basis des
smart-metering-basierten Energiemanagements angepasster Sollwert. Zunächst wird bei
Energieabnahmeüberschreitung der Sollwert in den nicht priorisierten Räumen abgesenkt mit Trend zu den priorisierten Räumen. Sind alle Energieeinspareffekte ausge-
schöpft und die Frostschutztemperatur erreicht, so können keine Anpassungen mehr
vorgenommen werden, das Haus kühlt aus. Diesem kann durch Änderung der Zielvorgabe mit höher akzeptierten Heizkosten begegnet werden, wodurch die vom System
angepassten Sollwerte wieder sukzessive steigen. Sollte das Heizungssystem wieder im
Rahmen der Ziele liegen, können auch die Sollwerte wieder angepasst werden. Es entsteht ein kostenbasierter Regelprozess.

Leistungserfassung der betriebenen Heizungseinrichtungen

Die Leistungs- oder Verbrauchserfassung der betriebenen Heizungseinrichtungen erfolgt
durch Wärmemengenzähler, die aufgrund ihres Preises eher nur an Heizkesseln zum
Einsatz kommen werden. Abschlägige Rechnungen für einzelne Heizkörper können über
die Vor- und Rücklauftemperaturerfassung am Heizkörper, die Nennleistung des Heizkörpers und den Öffnungsgrad des Ventils erfolgen.

Anwesenheitserfassung

In den Steuerungsprozess der Heizungsanlage ist die Anwesenheit fest zu integrieren. Ist
niemand über kürzere Zeiträume zu Hause anwesend, kann die Sollwert-Vorgabe leicht
reduziert werden, damit nach Rückkunft ins Haus angesichts der großen Totzeiten relativ schnell der Wohlfühlwert wieder erreicht wird. Bei längerer Abwesenheit kann der
Sollwert nahe Frostschutztemperatur geführt werden, um erheblich Heizkosten einzu-

sparen. Ist das Gebäudeautomationssystem direkt oder per E-Mail oder SMS erreichbar, so kann die Rückankunft der Heizungsanlage frühzeitig angekündigt werden, um die Sollwerte wieder anzupassen. Die Anwesenheit kann sich auf die ganze Familie für alle, oder auf einzelne Familienmitglieder für einzelne Räume auswirken. Durch individuelle Sollwertstellung ist nahezu alles möglich.

Fenster- und Türenstellungserfassung

Wesentliche Verbrauchsreduktion ist auch durch Einbindung von Fenster- oder Tür- kontakten möglich. Priorisiert wird die Fensterstellung erfasst. Bei geöffnetem Fenster wird der Sollwert auf Frostschutzniveau reduziert, da der gesamt von der Heizung er- zeugte Wärmestrom zum Fenster hinaus geleitet wird. Eine Temperaturausgleichung kann aber auch innerhalb des Hauses erfolgen, indem das Wohnzimmer geheizt wird, der Flur jedoch nicht und durch Wärmeströmung bei geöffneten Türen Energie verloren geht. Durch Miteinbindung von Türkontakten kann die Heizungssteuerung noch drasti- scher erfolgen.

Jahreszeitberücksichtigung

Einfache Heizungssteuerungen bieten eine Jahreszeitberücksichtigung über Kalender- funktionen. Im Sommer kann der Heizkessel abgeschaltet werden, soweit der Kessel nicht auch das Warmwasser erzeugt. Problematisch sind die Übergangsphasen, wenn wie häufig üblich eine Außentemperaturführung erfolgt und die Außentemperaturen im Frühling und Herbst um den Referenzpunkt herum schwanken. Sinnvolle Lösung kann hier nur eine Einzelraumtemperaturregelung in Verbindung mit Kesselsteuerung über eine Gebäudeautomation sein.

Heizungspumpensteuerung

Bei manchen Heizungsanlagen ist die Heizungspumpe außerhalb des Heizkessels ver- baut. Häufig läuft die Heizungspumpe ungesteuert rund um die Uhr. Allein dieser Verbrauch schlägt sich in den gesamten Energiekosten des Hauses als elektrische Energie nieder. In Absprache mit dem Heizungsmonteur sollte eine Pumpensteuerung eingebaut werden, die über die Vor- und Rücklauftemperaturmessung bedarfsgesteuert die Hei- zungspumpe abschaltet oder hinsichtlich der Drehzahl steuert.

Heizungssteuerung

Letztendlich führt nur eine Ankopplung der gesamten Heizungssteuerung an die Gebäu- deautomation zu optimalen Ergebnissen hinsichtlich der Effizienzsteigerung. Berück- sichtigt werden muss jedoch, dass insbesondere die Schnittstelle zu Heizkesseln entweder nur als Systemschnittstellen z. B. zu KNX/EIB oder als Analogschnittstelle mit 0 bis 10 V angeboten wird und im Allgemeinen sehr kostspielig sind.

13.3.3.5 Lichtsteuerung

Die Beleuchtung zählt seit der Einführung von Elektrizität in Wohngebäuden zu den ersten elektrischen Verbrauchern. Anfänglich waren nur Glühlampen verfügbar, hinzu kamen Leuchtstofflampen, woraus zur Ablösung der Glühlampe Energiesparlampen entwickelt wurden. Aufgrund der Entsorgungsproblematik der Energiesparlampen und enormen Weiterentwicklung der Leuchtdiode (LED) entsteht momentan ein erheblicher Trend in Richtung rein elektronischer Leuchtmittel.

Grundlagen der Leuchtmittel

Die Glühlampe wurde 1879 von Edison erfunden und ist eine Lampe mit im Allgemeinen doppeltgewendeltem Glühfaden, der sich in einem Schutzgas befindet und von elektrischem Strom durchflossen wird. Elektrisch betrachtet ist die Glühlampe ein rein Ohm'scher Verbraucher, der in erster Linie Wärme erzeugt und nur wenig Licht abgibt. Auch durch die starke, mehrfache Wendelung konnte der hinsichtlich Lichtabgabe bezifferbare Wirkungsgrad nicht wesentlich erhöht werden. Letztendlich führte dies zum Verbot der Glühlampe durch die EU im Jahr 2008 und daraufhin der sukzessiven Einstellung des Vertriebs von Glühlampen.

Bei Verwendung von Halogenen im Füllgas von Glühlampen in Verbindung mit kompakteren Gehäusen werden Glühlampen auch als Halogenlampen angeboten, die sowohl für Niederspannung (12 V), als auch für normale Stromversorgungen (230 V) angeboten werden. Die Lichtausbeute ist gegenüber Glühlampen etwas größer, es überwiegen jedoch die Eigenschaften als Wärmequelle.

Die Leuchtstofflampe ist eine Niederdruck-Gasentladungsröhre, auf der auf der Innenseite ein fluoreszierender Leuchtstoff als Beschichtung aufgebracht ist. An beiden Enden der Röhre sind beheizte Elektroden angebracht, zwischen denen ein ionisiertes Medium aufgebaut wird, das ultraviolettes Licht abstrahlt. Durch den fluoreszierenden Leuchtstoff wird das ultraviolette Licht in sichtbares Licht umgewandelt. Am verbreitetsten sind nach wie vor konventionelle Vorschaltgeräte mit Startern, die mehr und mehr durch elektronische Vorschaltgeräte ersetzt werden. Konventionelle Leuchtstoffampen können durch geeignete Dimmer gedimmt werden. In Verbindung mit 0- bis 10-V- und DALI-Schnittstellen können die Leuchtstofflampen auch von Gebäudeautomationssystemen im Dimmbetrieb angesteuert werden.

Die als Ersatz für Glühlampen eingeführte Energiesparlampe ist nichts anderes als eine Leuchtstofflampe mit elektronischem Vorschaltgerät, wobei das Leuchtstofflampengehäuse von linearer Form in eine gekrümmte, kreisrunde oder sogar gewendelte Form überführt ist damit der Form einer Glühlampe nahe kommt. Aufgrund des elektronischen Vorschaltgeräts sind normale Energiesparlampe nicht dimmbar, wesentlich teurere Energiesparlampen werden auch als dimmbare Leuchtmittel angeboten.

Aufgrund der Verwendung von Quecksilber in den Leuchtstofflampen entstehen gravierende Entsorgungsprobleme, da beim Zerbrechen der Leuchtstofflampe giftiges Quecksilber an die Umwelt freigesetzt wird. Die großen Nachteile der geringen Lichtausbeute von Leuchtdioden (LED) wurde in den letzten Jahren erheblich reduziert, dazu die Farbauswahl bei Leuchtdioden erheblich erweitert und damit die Möglichkeit zur Konstruktion von effizienten LED-Lampen mit warmem Licht geschaffen, die nicht zu einer Umweltbelastung führen.

Der Wirkungsgrad von Glüh- und Halogenlampen hinsichtlich Lichtausbeute ist sehr gering, diese Lampen können eher als kleine Heizkörper betrachtet werden. Wesentlich besser sind Leuchtstofflampen, optimale Lösungen für den Hausgebrauch derzeit LED-Lampen.

Durch zunehmende Einführung elektronischer Vorschaltgeräte wird die Sinusform des Stromnetzes zunehmend gestört. Die Sprungantwort preiswerter elektronischer Vorschaltgeräte, d. h. der Stromverlauf dieser Lampen, hat nahezu nichts mehr mit einem Sinus zu tun, sondern ähnelt eher einem begrenzten Strompaket mit in jeder Halbperiode sehr großem Einschaltstrom, was insbesondere bei powerline-basierten, u. U. aber auch Funkbussystemen zu Störungen führt.

Leuchtmittel im Innenbereich

Im Innenbereich werden Leuchtmittel als Lampen sowohl als Decken-, Steh-, Wand- und Möbellampen eingesetzt. Noch immer am verbreitetsten sind Glühlampen, die aus Energiespargründen mehr und mehr durch Energiesparlampen ersetzt werden. In Fluren, Kellern und sonstigen Räumen sind Leuchtstofflampen im Einsatz. Die Halogenlampe wird häufig in abhängten Decken eingesetzt. Mehr und mehr setzen sich LED-Lampen durch, die aufgrund ihres Preises jedoch noch Nachteile gegenüber Kompaktleuchtstofflampen, den Energiesparleuchten, haben.

Leuchtmittel im Außenbereich

Leuchtmittel im Außenbereich sind bekannt als Boden-, Wand- und auf Pfählen aufgesetzten Lampen sowie diversen Sonderbauformen. Verbreitet sind im Gartenbereich auch Niedervoltlampen. In Lampen größerer Leistungen für Straßen- und Platzbeleuchtung sind auch weitere Leuchtmittelarten im Einsatz, auf die hier nicht näher eingegangen wird.

Geschaltete Leuchtmittel

Das Schalten von Leuchtmitteln stellt prinzipiell kein großes Problem dar, es erfolgt über Schaltaktoren bzw. Binärausgänge. Soweit die Lampen Ohm'schen Charakter haben, weisen Spannung und Strom denselben Nulldurchgang auf. Lampen mit elektronischen Vorschaltgeräten sowie konventionelle Vorschaltgeräte von Leuchtstofflampen weisen Phasenverschiebungen und Einschaltströme auf, die zu Abbrand an Schalteinrichtungen führen können. Die Relaishersteller haben daraufhin erheblich Werkstoff-Forschung betrieben und dieses Problem nahezu behoben, dennoch können Relais wesentlich besser Ohm'sche Verbraucher schalten, bei Lampen mit elektronischen Vorschaltgeräten sollten die Schaltleistungen der Relais entsprechend des Einschaltstroms und nicht der Nennlast ausgewählt werden. Für Leuchtstoff-, Energiespar- und LED-Lampen sind damit wesentlich leistungsstärkere Relais erforderlich, obwohl die Anschlussleistung kleiner ist als diejenige von Glühlampen.

Vorteilhaft bei Schalteinrichtungen von Leuchtmitteln oder allgemein Verbrauchern ist, wenn gleichzeitig eine Leistungserfassung für das Smart Metering oder zumindest eine abschlägige Strommessung erfolgt, die ausgewertet werden kann, um zu prüfen, ob das Leuchtmittel nach der Einschaltung Strom führt oder nicht, also keine klare Rückmeldung vorhanden ist.

Gedimmte Leuchtmittel

Das Dimmen von Leuchtmitteln war für Glühlampen von vornherein kein Problem, wenn auch durch die Anschnittsteuerung Blindleistung erforderlich wurde und zusätzlich Verzerrungsleistung auftrat. Für Leuchtstofflampen mit konventionellem Vorschaltgerät wurden Dimmer mit Abschnittssteuerung entwickelt. Infolge der Weiterentwicklung von Leuchtmitteln durch elektronische Vorschaltgeräte entstand der Trend zur Entwicklung von Universaldimmern, die anhand der Sprungantwort des Leuchtmittels (Stromverlauf über der Zeit) die Last erkannten und die An- und Abschnittsteuerung optimal anpassten und somit zur Reduktion des Blindleistungsbedarfs führten. Mit der Einführung komplexer elektronischer Vorschaltgeräte für Energiespar- und LED-Lampen ist die Dimmbarkeit prinzipiell nicht vorgesehen, bei entsprechend höherem Geldeinsatz sind auch Energiespar- und LED-Leuchtmittel beschaffbar, die mit normalen Dimmern angesteuert werden können. Mehr und mehr geht die Industrie dazu über die elektronischen Vorschaltgeräte mit 0- bis 10-V- oder DALI-Schnittstelle zu vertreiben. Bei LED-Lampen werden pulsweitenmodulierte Dimmer angeboten. Damit reduziert sich das Problem der Dimmbarkeit erheblich. Speziell für den DALI-Lichtbus werden Vorschaltgeräte für nahezu alle Leuchtmittel angeboten, die über das standardisierte DALI-Protokoll über einen Controller und damit als Subsystem angesprochen werden können.

Zur Steuerung der Helligkeit des Leuchtmittels mit gebäudeautomationsbasierten Dimmern werden die Befehle Schalten, Rampe und Helligkeitswert verwendet.

Isterfassung des Betriebszustandes

Die Ist-Erfassung des Betriebszustandes kann über die Rückmeldung des Schaltaktors erfolgen, soweit er über bidirektionale Funktionalität verfügt. Auch damit wird jedoch keine exakte Rückmeldung möglich, da ein Schaltaktor auch ein defektes Leuchtmittel schalten kann. Eine visuelle Rückmeldung scheidet aus, da diese nicht in der Gebäudeautomation integriert werden kann, Abhilfe kann die kostspielige Erfassung der vom Leuchtmittel erzeugten Helligkeit bringen, die jedoch wenig praktikabel ist. Beim DALI-Lichtbus, digitalSTROM, teilweise Eltako und anderen Schalteinrichtungen erfolgt eine Stromerfassung bzw. Leistungserfassung, aus der auf den korrekten Betrieb des Leuchtmittels rückgeschlossen werden kann bzw. Unter- oder Überlasten erkannt werden können.

Anwesenheitserfassung

Die Anwesenheitserfassung von Personen, um generell Leuchtmittel freizuschalten, kann durch Kartenschalter oder Transpondersysteme erfolgen. Gezielt sind Schaltungen bei Anwesenheit durch Bewegungs- oder Präsenzmelder detektiert möglich, in Verbindung mit Treppenlichtautomatenschaltungen, die im Allgemeinen direkt integriert sind, sind spätere automatische Abschaltungen möglich.

Szenariensteuerung

Leuchtmittel können einzeln oder in Gruppen geschaltet werden. Bei Dimmern können auch gezielt Helligkeitswerte an einzelne oder in Gruppen adressierte Leuchtmittel eingestellt werden. Szenen sind zusammengefasste Ansteuerungen von Leuchtmitteln mit unterschiedlichen Helligkeitswerten, die bei einigen Bussystemen auch als Stimmungen bezeichnet werden, um beispielsweise für den Prozess Essen den Esstisch hell auszuleuchten und sonstige Lampen herunter zu dimmen oder gezielt für das Fernsehen alles Licht auszuschalten und nur eine Stehlampe einzuschalten.

Konstantlichtregelung

Die Konstantlichtregelung wird eher in Objektgebäuden oder bei Industriebauten verwendet, um bei wechselndem Einfall von Außenlicht über gesteuertes Kunstlicht eine bestimmte Helligkeit an bestimmten oder allen Orten im Raum zu erreichen. Dazu wird die Helligkeit an auch mehreren Orten im Raum erfasst, auf das Gebäudeautomationssystem oder eine Lichtsteuerung aufgeschaltet und darauf basierend die Aussteuerung der Dimmer vorgenommen. Konstantlichtregelungen können den Energieverbrauch insbesondere bei Großraumbüros senken.

Stromspareinrichtungen bei Leuchtmitteln

Um gezielt den Energiebedarf von Leuchtmitteln zu senken werden für Leuchtmittel ohne elektronisches Vorschaltgerät Spannungsabsenkungsanlagen angeboten, mit denen die vom Stromnetz übernommene Spannung um einige Prozent abgesenkt werden kann, um damit den Strom und hiermit verbunden den Verbrauch zu senken. Für elektronische Vorschaltgeräte ist diese Einrichtung prinzipiell nicht sinnvoll, da niedrigere Eingangsspannungen vom Vorschaltgerät durch eine höhere Stromübernahme aus dem Netz kompensiert werden und damit konstant die gleiche angeforderte Leistung abgeben. Verbunden mit der Spannungssenkung ist eine Reduktion der Leistungsabnahme, die in geringerer Lichtintensität resultiert, was bei geringer Absenkung kaum vom Auge wahrgenommen wird. Durch diese Eingriffsmöglichkeit, die insbesondere bei großen Beleuchtungsanlagen eingesetzt wird, kann die Energieabnahme bei Lastspitzen gezielt reduziert werden.

Jahreszeitberücksichtigung

Bei Außenlichtabhängigkeit, d. h. Räume mit Fenstern, ist die erforderliche Leistung von Leuchtmitteln abhängig von der lokalen Helligkeit. Im Allgemeinen wird es im Winter

dunkler sein als im Sommer, zudem ist die Dämmerungs- und Nachstundenanzahl im
Winter größer als in den Übergangszeiten zum Sommer. Damit sind im Sommer nicht
unbedingt alle Leuchtmittel einzuschalten bzw. bei Dimmern voll auszusteuern. Durch
gezielte Jahreszeitberücksichtigung in der Gebäudeautomation kann der Energiebedarf
durch Aussteuerung oder kalenderabhängige Ein- oder Ausschaltung der Leuchtmittel
reduziert werden, dies kann durch das Smart Metering bestätigt werden.

13.3.3.6 Stromkreissteuerung (schaltbare Steckdosen)

Leuchtmittel und Geräte können einzeln geschaltet werden, wenn diese auf einzelne
Stromkreise aufgeteilt werden und damit über Leitungsschutzschalter direkt und zusätzliche Hutschienenschaltaktoren geschaltet werden. Soweit eine Elektroinstallation sauber
saniert oder nachgerüstet werden soll, um über eine Gebäudeautomation gezielt einzelne
Lampen oder Geräte zu schalten, können Zwischenstecker-Schaltaktoren zum Einsatz
kommen. Neben den bereits behandelten Leuchtmitteln werden die geschalteten Geräte
klassisch in braune und weiße Geräte kategorisiert. Hinzu kommen Kommunikations-
und IT-Geräte, die über Steckdosen mit dem Stromnetz verbunden werden.

Grundlagen der angeschlossenen Geräte

Die häufigsten im Haushalt eingesetzten Geräte werden unterteilt in „braune" und „weiße" Haushaltsgeräte. Diese werden in den folgenden beiden Kapiteln näher analysiert.

„Braune" Haushaltsgeräte

„Braune" Haushaltgeräte sind aufgrund ihrer bei Einführung häufigen Farbe Geräte der
Fernseh- und Audiobranche, also ursprünglich Radios und Fernsehgeräte. Ursprünglich
verfügten diese Geräte über eine Stromversorgung aus dem Netz oder Batterien, die über
einen manuellen Schalter ein- oder ausgeschaltet wurden. Zur Lautstärkeregelung diente
ein elektromechanisches Gerät, das Potenziometer. Ebenso dienten ursprünglich Potenziometer zur Einstellung bzw. Auswahl fester Sendefrequenzen bzw. Kanäle. Zum Teil
wurden diese „festen Frequenzen" auf Auswahltaster gelegt, um diese auf Knopfdruck
manuell abrufen zu können. Diese Basis der „braunen" Haushaltsgeräte wurde um Ton-
bandgeräte und Kassettenrecorder im Audiobereich und Videorecorder verschiedenster
Formate (Video 2000, VHS, BETA) im Videobereich erweitert. Bereits im Zuge der Einführung dieser „neuen" Geräte wurden diese komplexer hinsichtlich der Bedienung und
wurden um viele elektronische Details, wie z. B. Displays und elektronische Schaltvorrichtungen erweitert. Im Zuge der Einführung weiterer Geräte, wie z. B. Satelliten-
Receiver, DVB-T-Tuner, DVD-Recorder, CD- und DVD-Player stieg die Komplexität
weiter dramatisch an. Kaum noch sind mechanische Stromschaltvorrichtungen am Gerät
vorhanden, dem Ein- und Ausschalter ist ein elektronischer Taster mit Anzeige-LED gewichen, über den das Gerät direkt elektronisch ein- und ausgeschaltet wird. Die erweiterte Bedienung ist entweder auf eine Fernbedienung oder ein per Display aufrufbares
Menü verlagert worden. Dies hatte neben der Komfortsteigerung zufolge, dass ein Einschalten des Gerätes in den Betriebszustand durch Zuschaltung an das Netz nicht mehr
erfolgen konnte, das Gerät verbleibt im Allgemeinen im „Standby-Betrieb". Zusätzlich

ergeben sich im Standby-Betrieb nicht unerhebliche Energieverbräuche, die sich über das Jahr summieren.

Für die Integration von „braunen" Haushaltgeräten in die Gebäudeautomation hat dies zwei wesentliche Auswirkungen. Zum einen ist die wie bei vielen Werbungen zur Gebäudeautomation zitierte Funktionalität des fern- oder zeitgesteuerten Einschaltens von Radios oder Fernsehgeräten nicht mehr realisierbar. Hinzu kommt, dass die Geräte zwar in den Standby-Zustand eingeschaltet werden können, aber dann nicht unerhebliche Standby-Verbräuche haben. Zum anderen zwingt der Standbybetrieb dazu diese Geräte zeitgesteuert, z. B. durch eine Gebäudeautomation, abzuschalten, um die nicht unerheblichen Kosten durch Standbybetrieb zu minimieren.

Wenn auch viele moderne Geräte heutzutage über serielle oder USB-Schnittstellen verfügen, über die das gesamte Gerät ferngesteuert werden kann, so verfügen die sich in der Nähe von steuerbaren Geräten verfügbaren PCs nicht über genügend Schnittstellen. Die Bedienbarkeit von „braunen" Geräten wurde ad absurdum geführt.

Es wird noch einige Zeit dauern, bis eine genügend große Anzahl dieser millionenfach vorhandenen Geräte über LAN- oder WLAN-Anschlüsse (inklusive Anschlussmöglichkeit im Haus) verfügt, über die dann eine Fernsteuerung erfolgen kann. Dies erfordert dann jedoch auch sehr aufwändige Schnittstellen der Geräte zu einer Gebäudeautomation.

In der Zwischenzeit werden „Smartphones" oder PCs als Multifunktionssystem die Lücke schließen, mit ähnlichen Problemen der Stromversorgung.

Für Audio- und Videosysteme werden spezielle oder direkte Mediensteuerungssysteme angeboten, über die die Geräte per Bussystem gesteuert werden können. Diese Anwendungen werden jedoch eher im Luxusbereich liegen.

„Weiße" Haushaltsgeräte

„Weiße" Haushaltsgeräte sind aufgrund ihrer bei Einführung häufigen Farbe Geräte in Küche und Haushaltsraum, also ursprünglich Kühlschränke, Elektroherde und Waschmaschinen und Trockner. Klassisch gehören diese Geräte im Haushalt zu denjenigen Geräten, die über das gesamte Jahr hinweg den Großteil des gesamten elektrischen Energieverbrauchs ausmachen. Während der Kühlschrank ein Dauerläufer ist, der permanent eingeschaltet ist und über ein internes Thermostat seine Kühleinrichtung steuert, verfügt der Elektroherd über Bedieneinrichtungen, um die einzelnen Brennstellen und den Backofen zu steuern. Dies betrifft auch die Waschmaschine, die zudem in der Anfangszeit über ein mechanisches Steuerwerk verfügte, um die verschiedenen Waschprogramme zu bedienen und starten. In der Folge kamen weitere Haushaltsgeräte mit kleinerer und größerer Leistung hinzu. Bei den kleineren sind dies Kaffee-Maschinen, Haushaltsmaschinen, Brotschneidemaschinen, bei den größeren der Trockner und die Mikrowelle. Analog zu den „braunen" Haushaltsgeräten verfügten auch die neueren „weißen" Haushaltsgeräte kaum noch über mechanische Schalteinrichtungen. Die Bedienung erfolgt auch hier häufig über eine Direktbedienung oder elektronische Taster oder Displays mit komplexer Bedienung.

Prinzipiell macht es wenig Sinn die „Ein-Schaltung" einer Maschine großer Leistung zeitgesteuert erfolgen zu lassen, da die Hausfrau sich kaum vom aktuellen Tarif vorgeben lassen würde, wann sie Wäsche wäscht oder trocknet oder die Nutzung lauter Haushaltsgerät in der Nachtzeit in Miethäusern schlicht per Hausordnung untersagt ist. Aufgrund der großen Leistung in Verbindung mit der großen Menge großer Verbraucher in den Haushalten macht es eher nur für den Energieversorger Sinn, dass die Einschaltzeiten dieser Verbraucher in Tageszeiten verlagert werden, in denen der elektrische Strom billig und in großem Maße verfügbar ist, also insbesondere der Nachtzeiten. Hier ist der Nutzen intensiv zu bewerten bzw. zu entlohnen. Der Nutzen des Energieversorgers liegt klar auf der Hand, ihm steht entgegen die Nutzenschaffbarkeit durch den Nutzer, da dieser seinen Komfort entweder nicht aufgeben will (Komfort hinsichtlich des Zeitpunkts des Waschens oder Trocknens) oder will, weil häufiger als einmal je Tag gewaschen wird und kein automatisches Verlagern des Waschgutes von der Waschmaschine in den Trockner bzw. vom Trockner in den Wäschekorb erfolgen kann und der Nutzer niemals nachts nach Zeituhr oder per elektronischem Befehl das Neufüllen von Waschmaschine oder Trockner vornehmen wird.

Völlig fraglich ist die Fernsteuerung eines Herdes oder Backofens, da dieser zunächst mit Kochgut beschickt werden muss und der Kochprozess kaum aus der Zeit vor dem Mittag- oder Abendessen verlagert werden kann. Abschaltung macht hier Sinn, wenn bei verlassenem Haus vergessen wurde Herd oder Backofen abzuschalten.

Damit ist die „Ein-Schaltbarkeit" großer Verbraucher andiskutiert, soweit dies technisch überhaupt noch machbar ist. Infolge der technologischen Weiterentwicklung haben sich diese „Ein-Schalt"-Möglichkeiten durch elektronische Schalter fast bei allen modernen Geräten minimiert. Ein Übriges hat der technologische Fortschritt bei den Waschmaschinen und Trocknern durch Austausch des elektromechanischen durch ein computergesteuertes Steuerwerk bewirkt. Wenn die zeitgesteuerte „Ein-Schaltbarkeit" durch elektronische Taster verhindert wird, so bedeutet ein „Ab-Schalten" der Stromversorgung die Speicherung des Programmzustandes beim computergesteuerten Steuerwerk, da diese Steuerwerke für externe Zu- und Abschaltung nicht mehr vorgesehen sind. Es ist also bei den meisten Waschmaschinen oder Trocknern nicht mehr technisch möglich über die Gebäudeautomation zeitgesteuert einzuschalten oder für ein Zeitintervall den Wasch- oder Trockenprozess anzuhalten und später wieder freizugeben. Die nicht vorhandene Technologie erscheint zudem wenig zu schmerzen, da die Hausfrau weiß, dass Wäsche nicht über längere Zeit in der Waschlake liegen sollte (Gefahr des Einlaufens oder der Verfilzung), das Waschgut bei Abschaltung erkaltet und danach erneut aufgeheizt werden muss und nasse Wäsche im Trockner nicht lange liegen sollte.

Dieses Argument der Energieeinsparung der Energieversorger scheint ausdrücklich nur dem Energieversorger zu nützen, für den Verbraucher wenig Nutzen zu bringen und zusätzlich nur mit erheblichem Aufwand realisierbar zu sein.

Um dieser Misere zu entgehen, verfügen aktuell einige wenige Geräte über direkt eingebaute Timerfunktionen, um den Wasch- oder Trockenprozess zu einer bestimmten Uhrzeit oder mit Zeitverzug zu starten.

Dennoch befassen sich namhafte Unternehmen der „weißen" Industrie, wie z. B. Miele und Siemens damit, diese Möglichkeiten zu realisieren und darüber hinaus ihre Geräte intelligent und smart zu gestalten, dies zu einem sehr hohen Preis. So verfügen insbesondere teure Waschmaschinen über Systemschnittstellen oder Gebäudeautomationsschnittstellen (z. B. über Powerline oder Ethernet), um die Maschine servicetechnisch überprüfen, den Waschprozess überwachen oder begleiten zu können. Dies betrifft auch den Herd, an dem der Kochprozess inklusive Rezeptierung mit Internet-basierten Daten korreliert wird. Aufgrund der Preislage scheint dies eher nur für das Luxussegment geeignet zu sein.

Energieeinsparung bei den „großen" Verbrauchern scheint durch Verhaltensänderung kaum änderbar zu sein, demgegenüber können Wirkungsgrade optimiert werden. Die Physik gibt jedoch unausweichlich vor, wie viel Energie erforderlich ist, um einen Liter Wasser um eine bestimmte Temperatur zu erhitzen. Hilfreich ist eventuell die Stärke und Art der Isolation des Gehäuses bzw. die Absenkung der Waschtemperatur oder Verkürzung des Waschprozesses durch andere Waschmittel.

Wie bereits bei den „braunen" Haushaltsgeräten besteht vordergründig auch bei den „weißen" Haushaltsgeräten der Wunsch nach Komfort. So wird in Werbesequenzen suggeriert, dass zeitgesteuert am Morgen oder zum Abend Kaffee oder Eier gekocht, Brot getoastet oder andere Funktionen ausgeführt werden. Auch bei diesen Geräten, die über das Jahr einen eher kleineren Energieverbrauch haben, hat der technische Fortschritt diesen Wunsch nach Komfort durch elektronische Taster oder die Praktikabilität (Toastbrot wird nach 8 h trocken) eliminiert.

Standby-Verbrauch von Geräten

Es wird allgemein geschätzt, dass bei einer vierköpfigen Familie bis zu 100 Euro im Jahr allein für den Standby-Betrieb sämtlicher Elektrogeräte bezahlt werden müssen. Bestimmte Geräte wie TV oder PC verbrauchen auch nach dem Ausschalten weiterhin Strom. Merklich wird dieser an sich unnötige Stromverbrauch an der Wärmeerzeugung, einem Brummton oder der sichtbaren Anzeige von Uhrzeit oder durch eine Leuchtdiode. Sollten keine logischen Gründe für Standby-Funktionen bestehen, so ist ein Grund für Standby-Stromverbrauch bereits der Leerlaufverbrauch von Netzteilen, auch allein durch den Leerlaufstrom der Transformatoren bei alten Geräten. Moderne Geräte verfügen über elektronische Transformatoren, die geringere Standby-Verluste und damit auch anderes Verhalten haben.

Zu den heimlichen Geräten mit Standby-Verbrauch zählen Espressomaschine, alte TV-Geräte, Videorecorder, ältere Steckernetzteile, Funktelefone mit Basisstation, ADSL-Router, Sat-Tuner und Set-top-Boxen (DVB-T).

Beispielhaft werden folgende Standby-Verbrauchswerte von Geräten angegeben:

- Videorecorder: 10 W (Altgerät)   entsprechend 88 kWh/a oder   17,50 Euro/a
- Videorecorder: 3 W (Neugerät)   entsprechend 26 kWh/a oder   5,25 Euro/a
- Röhren-TV: 15 bis 20 W: entsprechend 175 kWh/a oder   35 Euro/a
- LCD-TV: 1 bis 3 W   entsprechend 26 kWh/a oder   5,25 Euro/a

- Radiowecker: 5 W   entsprechend 44 kWh/a oder   8,80 Euro/a
- Halogenlampe mit Netzteil 5 W   entsprechend 44 kWh/a oder   8,80 Euro/a
- HiFi-Anlage: 10 W   entsprechend 88 kWh/a oder   17,50 Euro/a

Standby-Verluste können durch Anschaffung neuer Geräte reduziert oder gezielte Ein- und Ausschaltung über Schaltaktoren vermieden werden.

Isterfassung des Betriebszustandes

Die Ist-Erfassung des Betriebszustandes kann über die Rückmeldung des Schaltaktors erfolgen, soweit er über bidirektionale Funktionalität verfügt. Auch damit wird jedoch keine exakte Rückmeldung möglich, da ein Schaltaktor auch ein defektes Gerät oder nur den Standby-Betrieb schalten kann. Eine visuelle Rückmeldung des Geräts scheidet aus, da diese nicht in der Gebäudeautomation integriert werden kann. Bei digitalSTROM und teilweise Eltako und anderen Schalteinrichtungen erfolgt eine Stromerfassung bzw. Leistungserfassung, aus der auf den korrekten Betrieb des Leuchtmittels rückgeschlossen werden kann bzw. Unter- oder Überlasten erkannt werden können. Damit kann auch auf Defekte rückgeschlossen werden.

Soweit die Geräte über Geräteschnittstellen verfügen, kann der Betriebs- oder Prozesszustand auch über ein Bussystem oder allgemein Leit- und Automationssystem ausgelesen werden.

Elektrosmog

Neben dem Problem des Standby-Betriebs besteht bei elektrischen Geräten das Problem durch elektromagnetische Felder. Bei Stromfluss entsteht auch bei niedrigen Frequenzen ein magnetisches Feld, während bei fehlendem Stromfluss bereits die anliegende Spannung elektrische Felder erzeugt. Bei einigen Menschen führt dies zu einer Beeinflussung der Lebensqualität. Verschärft wird die Elektrosmog-Problematik durch hochfrequente Felder aufgrund von Schaltnetzteilen, PCs, Kommunikations- und sonstige IT-Einrichtungen. Die Reduktion der Elektrosmog-Problematik kann nur durch gezieltes Abschalten der Geräte in Ruhezeiten erfolgen, was im Sprachgebrauch mit Netzfreischaltung bezeichnet wird. Keinesfalls dürfen jedoch Uhren und einige weitere Geräte abgeschaltet werden. Hierzu ist die Stromkreisabschaltung oder gezielte Geräteabschaltung selektiv vorzunehmen.

Möglichkeiten der automatischen Steuerung

Die automatische Steuerung vieler Elektrogeräte ist bezüglich des Ein- und Ausschaltens über Schaltaktoren problemlos möglich. Bei der Auswahl der Schaltaktoren ist auf ausreichende Strombelastbarkeit zu achten, da ein schlechter $\cos \varphi$ oder große Verzerrungsleistung größere Maximalströme mit sich bringt als aufgrund der Wirkleistung angenommen. Die Ein- und Ausschaltung bringt nicht unbedingt mit sich, dass das Gerät automatisch startet, da die Bedienung meist nur lokal am Gerät möglich ist. Die Einschaltung von Geräten kann auch tarifbasiert erfolgen (vgl. Abb. 13.42).

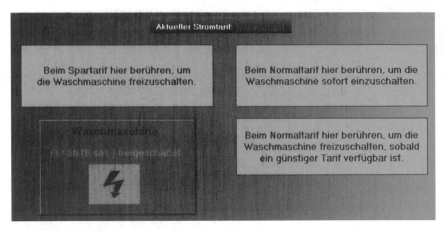

Abb. 13.42   Freischaltung einer Waschmaschine nach Tarif

13.3.3.7   Stromkreissteuerung (schaltbare Geräte)

Hinsichtlich der elektrischen Geräte ist zu unterscheiden zwischen Geräten, die über einen Schukostecker in eine Steckdose gesteckt werden und auch über einen Zwischenstecker geschaltet werden können, und Geräte, die direkt an einem Stromkreis angeschaltet werden.

Grundlagen der angeschlossenen Geräte

Zu den direkt am Stromnetz angeschlossenen Geräten zählen elektrischer Herd und Kochplatten, Nachtspeicheröfen, Frostwächter, Infrarotheizungen und andere. Herde in Verbindung mit Kochplatten und Nachtspeicheröfen werden aufgrund ihrer großen Leistung am Drehstromnetz, also allen 3 Phasen in Verbindung mit dem N-Leiter angeschlossen.

Isterfassung des Betriebszustandes

Die Ist-Erfassung des Betriebszustandes kann über die Rückmeldung des Schaltaktors erfolgen, soweit er über bidirektionale Funktionalität verfügt. Auch damit wird jedoch keine exakte Rückmeldung möglich, da ein Schaltaktor auch ein defektes Gerät oder nur den Standby-Betrieb schalten kann. Eine visuelle Rückmeldung des Geräts scheidet aus, da diese nicht in der Gebäudeautomation integriert werden kann. Bei Schaltaktoren mit Strom- oder Leistungserfassung kann auch auf Defekte rückgeschlossen werden.

Möglichkeiten der automatischen Steuerung

Die automatische Steuerung vieler Elektrogeräte ist bezüglich des Ein- und Ausschaltens über Schaltaktoren problemlos möglich. Bei der Auswahl der Schaltaktoren ist auf ausreichende Strombelastbarkeit zu achten, da ein schlechter $\cos\varphi$ größere Ströme mit sich bringt als aufgrund der Wirkleistung angenommen. Bei Geräten am Dreiphasen-Stromnetz muss darauf geachtet werden, dass alle 3 Phasen zugeschaltet werden, wenn dies erforderlich ist. In Verbindung mit einer Temperaturüberwachung ist es insbesondere im Bereich des altengerechten Lebens (AAL) möglich und sinnvoll Geräte nach länger anhaltender hoher Temperatur, die die Zeit eines normalen Kochvorgangs überschreitet, das Gerät gezielt abzuschalten oder mit Gefahr verbundene Geräte großer Leistung nur für eine begrenzte Zeit einzuschalten (vgl. Abb. 13.43).

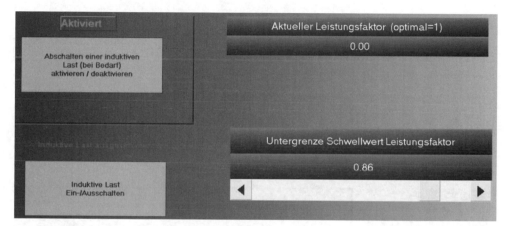

Abb. 13.43   Lastabhängige Abschaltung von Geräten

13.3.4   Einbindung von Komfortfunktionen

Auch wenn Komfortfunktionen eher dem persönlichen Luxus dienen, sind viele der Funktionen auch bezüglich der Energieeffizienz relevant. Zu den Komfortfunktionen zählen automatisches, zeitgesteuertes Einschalten von Verbrauchern, wie z. B. Weckfunktionen, Präsenz- oder Bewegungsmeldung, helligkeitsabhängiges Schalten des Außenlichts, zeitgesteuerte Aquarienlichtsteuerung, automatisches Treppenhauslicht, dazu automatische Abschaltung von Verbrauchern. In Verbindung mit dem Gewerk Sicherheit können zeitgeschaltet Türschlösser verriegelt und Jalousien, Rollläden, Markisen und Fenster gefahren werden. Der Wetter-, Helligkeits- oder Umwelteinfluss kann auf die Bedienung von Beschattungssystemen, Fenster und Markisen Einfluss nehmen. Reine Luxusfunktionen sind Szenensteuerung für verschiedene Prozesse in der Wohnung. Hinsichtlich der Heizung kann die Behaglichkeit durch Steuerung der Sollwerte gesteigert werden, auf die Sollwertbeeinflussung in Verbindung mit Energieeinsparung wurde bereits eingegangen. Die Gartenbeleuchtung kann zeit- und helligkeitsabhängig gesteuert werden, wie auch die Berieselung des Rasens bei längerer Zeit ausgebliebenem Niederschlag.

13.3.4.1 Haus-wird-verlassen-Steuerung

Zu den Komfort-Automationen zählt die „Haus-wird-verlassen"-Steuerung, bei der nach dem dauerhaften Verlassen von Räumen oder komplettem Verlassen des Hauses alle unnötigen Verbraucher abgeschaltet werden. Dies hat direkten Einfluss auf die Energie-einsparmöglichkeit und erzeugt zusätzlich Sicherheit, da defekte oder noch in Betrieb befindliche Geräte keine Brände auslösen können. Weitere Sicherheit wird durch eine Anwesenheitssimulation erzeugt sowie die automatische Zuschaltung der Alarmanlage.

13.3.4.2 Haus-wird-betreten-Steuerung

Im Gegensatz zur „Haus-wird-verlassen"-Steuerung werden keinesfalls alle Geräte im Gebäude zugeschaltet, sondern in Abhängigkeit des Eintretenden nur die Wege bis zum bevorzugten Aufenthaltsort. So macht es Sinn den Weg zur Küche oder ins Wohn-zimmer automatisch einzuschalten und einige Leuchtmittel zeitverzögert wieder abzu-schalten. Bei bereits besetztem Haus kann anhand eines Transponders der Neu-Eintretende erkannt und ihm durch Licht der Weg zu seinem bevorzugten Aufenthalts-ort gewiesen werden (vgl. Abb. 13.44).

Abb. 13.44 Anwesenheitserfassung mit Transponder und Visualisierung mit LCN-GVS

13.3.4.3 Frühstücksszenario

Das Frühstücksszenario ist eine Idealvorstellung, die im Allgemeinen an den zur Verfü-gung stehenden Geräten scheitert. Erwartet wird, dass morgens die Kaffeemaschine eingeschaltet wird, um Kaffee aufzubrühen, der Toaster eingeschaltet wird, um Toasts oder Brötchen aufzubacken und möglichst automatisiert Eier zu kochen oder Spiegeleier zu braten. Diese Idealvorstellung kann realistisch nur durch einen Butler oder ein Hausmädchen ausgeführt werden.

13.3.4.4 Ankommenszenario

Das Ankommens-Szenario unterscheidet sich vom Haus-wird-betreten-Szenarion da-hingehend, dass von unterwegs per SMS oder E-Mail die Sollwert-Temperatur der Hei-zung angehoben, die Sauna oder Wärmekammer vorgewärmt und Wasser in die Bade-wanne eingelassen wird. Prinzipiell sind dies problemlos realisierbare Funktionen, die jedoch zu den absoluten Luxusfunktionen zählen, bis auf die Badewannenfunktion je-doch einfach realisiert werden können (vgl. Abb. 13.45).

Abb. 13.45 SMS-Meldung

13.3.5 Einbindung von Sicherheitsfunktionen

Zu den Sicherheitsfunktionen zählen Einbruchsmeldung durch Auswertung diverser Sensoren, Schaltzustandsüberwachung und -steuerung bei Herden, Kochstellen, Steckdosen (Bügeleisen), Kleinkindüberwachung, Stromkreisüberwachung hinsichtlich Kurzschlüssen und defekter Verbraucher, Meldung von Wasserlecks und Überschwemmungen, defekter Kühlgeräte aufgrund der Temperatursituation, Überhitzung und drohender Vereisung. Nur wenige Sicherheitsfunktionen haben direkten Einfluss auf die Energieeinspeisung.

13.3.5.1 Fensterkontaktüberwachung
Die Fensterkontaktüberwachung gehört zum Sicherheitsgewerk bezogen auf die Überwachung von kompletter Fensteröffnung per Riegelüberwachung oder Reedkontakt oder der Öffnung des Fensters im Kippzustand (vgl. Abb. 13.46). Die energetische Auswertung wurde bereits bei der Heizungsdiskussion erläutert.

Abb. 13.46 Fensterkontaktauswertung bei KNX/EIB (links) und LCN-GVS (rechts)

13.3.5.2 Präsenz-/Bewegungsmeldereinbindung
Präsenz- und Bewegungsmelder können Bewegungen bei verlassenem Haus erfassen und damit einen Einbruch detektieren. Die Verwendung der Sensoren im Sinne der Gebäudeautomation und Energieeinsparung wurde bereits unter der Schaltbarkeit von Leuchtmitteln erläutert.

13.3.5.3 Webcams
Webcams dienen der Überwachung von Räumen, Plätzen oder sonstigen Lokalitäten der Liegenschaft. Sie können per Internet überwacht und gesteuert werden, aber auch durch

ein PC-System hinsichtlich einer Bewegung detektieren und diese per SMS, E-Mail oder
Störmeldung an eine Gebäudeautomation melden (vgl. Abb. 13.47).

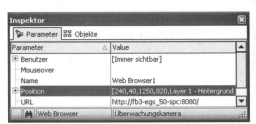

Abb. 13.47 Webcam-Einbindung in KNX-Vision

13.3.5.4 Leckageerfassung

Die Detektion von Leckagen kann über eine Leitfähigkeitsermittlung sehr einfach über
den Widerstand zwischen zwei Kontakten erfolgen. Eine Weitermeldung an die Gebäudeautomation ist problemlos möglich.

13.3.5.5 Regendetektion und -mengenerfassung

Analog zur Leckageerfassung erfolgt die Regendetektion über die Messung der Leitfähigkeit zwischen zwei Kontakten. Die Regenmenge kann über Waagensysteme ermittelt
werden, indem Gefäße gefüllt und nach Füllung wieder entleert werden. Aus der Anzahl
der Füllung in Verbindung mit der Gefäßgröße relativ zur Sensorfläche kann auf die
Regenmenge in mm Niederschlag geschlossen werden. Die Regendetektion kann zum
automatischen Einfahren von Fenstern, Dachhauben oder Markisen oder für allgemeine
Warnungen genutzt werden.

13.3.5.6 Feuchtedetektion

Die Feuchtedetektion ist mit Schimmelbildungsmöglichkeit verbunden und kann insbesondere in Vermietungsobjekten zum Einsatz kommen, um Feuchte zu detektieren,
registrieren und melden. Die Feuchtemeldung kann genutzt werden, um auf die fehlende
Lüftung hinzuweisen oder automatisiert zu heizen oder Fenster automatisiert für kurze
Zeit zu öffnen.

13.4 Der Monitor als Multifunktionssystem

PC-Systeme haben sich im Laufe der Zeit aufgrund der Windows-Software des Unternehmens Microsoft zu Alleskönnern entwickelt, waren jedoch zunächst an einen statischen Ort mit normalem Display gebunden. Durch die Einführung von Laptops und Notebooks wurden die PC-Systeme mobil und konnten zur Konfiguration von Gebäudeautomationssystemen Verwendung finden. Durch Erweiterung der Web-Technologie entstanden Web-UI-Systeme, die ihre graphischen und textuellen Informationen über Internetseiten verfügbar machen konnten. Durch Einführung von Embedded-PC-Systemen wurden die PC-Systeme erheblich verkleinert und konnten in Stromkreisverteiler integriert werden. Andererseits wurden die PCs zu Multifunktionssystemen mit WLAN-Anschluss und Touchscreens mit geringer Leistung und damit optimal nutzbar für Gebäudeautomationssysteme, die Multifunktionalitäten integrieren oder umgekehrt die Gebäudeautomation in ein Web-basiertes Multifunktionssystem integrieren.

13.4.1 Grundlagen

Aktuelle, zentralenbasierte Gebäudeautomationssysteme decken die gesamte Gebäudeautomationspyramide ab, indem sie über Gateways oder Systemschnittstellen auf verschiedenste Bussysteme im Feldbus zurückgreifen, über ausgeprägte Programmierfähigkeit über Skript- oder Programmiersprachen die Automation in Verbindung mit Zeituhren umsetzen und die Visualisierungs- und damit die Beobacht- und Bedienbarkeit realisieren. Wird die Visualisierung über ein Web-basiertes User Interface verfügbar gemacht, können beliebige Rechner-Systeme über einen Browser darauf zurückgreifen. Wird neben der Gebäudeautomation und dem Smart Metering auch Multimedia-, Kommunikations- und Informationstechnik integriert, entstehen Multifunktionssysteme (vgl. Abb. 13.48).

Im vorgestellten Referenzbeispiel dient ein PC mit Touchscreen, der an einer Wand im Wohnzimmer installiert ist, als Zentrale, die über verschiedene Schnittstellen auf Bussysteme wie ELV-FS20, HMS und FHT80, eQ-3-HomeMatic, eQ-3-EM1000, Eltako-Funkbus, EATON xComfort, eine WAGO-SPS, KNX/EIB und LCN zurückgreift. Weitere Bussysteme, wie z. B. Z-Wave können einfach und kostengünstig integriert werden. Zur Abdeckung der Multimediafunktionen wird ein ausreichend großer Festplattenspeicher im Terrabyte-Bereich zur Aufnahme der Audio-, Bild- und Videodaten genutzt. Über eine Anbindung an das Internet werden Mailsysteme und weitere internetbasierte Dienste integriert. Als Steuerungssoftware und Drehscheibe wird IP-Symcon eingesetzt sowie Homeputer als Zugangssystem zum eQ-3-Messsystem EM1000. IP-Symcon und Homeputer stellen eine Visualisierung bereit, die über eine web-basierte Oberfläche von jedem zugelassenen Rechnersystem über einen Browser aufgerufen werden kann (vgl. Abb. 13.49).

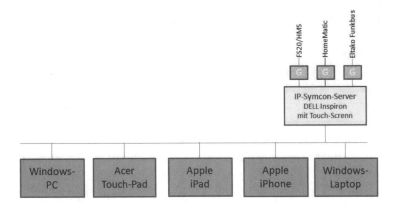

Abb. 13.48 IP-Symcon als Web-UI-System

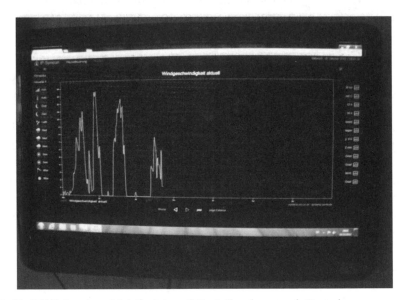

Abb. 13.49 DELL-Inspiron-Multifunktions-PC mit Touchscreen als Zentrale

Auf dem zentralen Server laufen alle Informationen zusammen, werden gespeichert, ausgewertet, in smart-metering-basiertes Energiemanagement und sonstige Gebäudeautomation umgesetzt und als Multifunktionssystem per Web-UI bereitgestellt. Die Bedienbarkeit ist direkt vor Ort möglich, zusätzlich dient das zentrale System als digitaler Bilderrahmen, über einen angeschlossenen Beamer können auch Bilder und Videos präsentiert werden. Über ein angeschlossenes Soundsystem mit schaltbarem Subwoofer können
Audiofiles abgespielt und Radiosender gehört werden. Über LAN ist die Zentrale mit
einem leistungsfähigen Router verbunden und macht damit über LAN und WLAN
sämtliche Dienste im Haus verfügbar.

Abb. 13.50   Web-UI-Zugriff über einen Laptop

WLAN und LAN machen die zentralisierten Dienste und damit den Zugriff auf Multimedia, Smart Metering und Gebäudeautomation über im Netzwerk installierte PCs und Laptops verfügbar. Über PC und Laptop kann das Audio-, Bild- und Videosystem im Wohnzimmer bedient werden, per automatisiertem Download oder Streaming die Multimediadaten auch lokal konsumiert werden (vgl. Abb. 13.50).

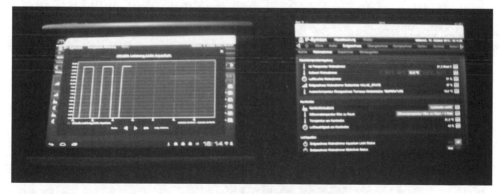

Abb. 13.51   Web-UI auf einem Acer-Touchpad (links) und iPad (rechts)

Durch die Web-UI-Funktionalität können über WLAN auch Touchpad-Systeme, im Referenzbeispiel von Acer und Apple problemlos auf den Server zugreifen und als Bedieneinrichtung für die Multimediadienste genutzt werden oder diese direkt nutzen (vgl. Abb. 13.51).

Abb. 13.52 IP-Symcon im Browser auf einem iPhone

Vervollständigt wird die Medienlandschaft durch die Integrierbarkeit von Smartphones, die über WLAN oder UMTS auf die Zentrale zurückgreifen und per Browser oder Apps die Dienste nutzen (vgl. Abb. 13.52).

13.4.2   Audiofunktionen

Hinsichtlich der Audiofunktionalität können Multifunktionssysteme die Speicherung von Audiodateien, deren Ursprung Internet, CDs, DVDs oder digitalisierte Schallplatte sind, übernehmen und in Verbindung mit beschreibenden Metadaten die Audiodaten als Archiv bereitstellen. Über Web-basierte Mediaplayerfunktionen können die Audiofiles komfortabel wie in einer alten Musikbox abgespielt werden. Bei Verfügbarkeit einer neuen HTML-Version können die Daten auch automatisch über das Web weitergeleitet werden (vgl. Abb. 13.53).

Abb. 13.53 Audioarchiv mit IP-Symcon (links) und Homeputer (rechts)

13.4.3   Bildfunktionen

Bildfunktionen werden im Smart Home mehr und mehr von statischen Bildern oder Postern auf dynamische elektronische Bilderrahmen verlagert. Das Multifunktionssystem kombiniert statische und dynamische Funktionalität, indem Bilder von Digitalkameras direkt oder nach Digitalisierung Papierbilder, Dias oder Negative indirekt im System gespeichert und in Kombination mit Metadaten archiviert werden. Die Bilddateien können statisch über das Archiv abgerufen, per Bildschirmschoner oder Bildwechsler dynamisch angezeigt werden (vgl. Abb. 13.54).

Abb. 13.54   Bildarchiv in IP-Symcon (links) und Homeputer (rechts)

13.4.4   Videofunktionen

Vergleichbar mit dem elektronischen Bildarchiv können auch Videoarchive auf dem Multimediasystem abgelegt werden (vgl. Abb. 13.55).

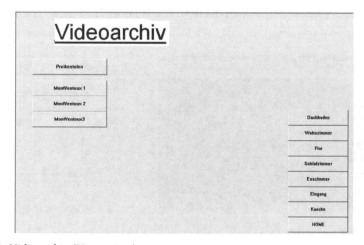

Abb. 13.55   Videoarchiv (Homeputer)

13.4.5 Internet

Der Aufruf von Internetseiten ist wie bei Web-Browsern üblich über Favoriten oder durch Direkteingabe einer Seite möglich (vgl. Abb. 13.56). Die Favoritenliste ist jedoch, von Ausnahmen bei Cloud-Betrieb abgesehen, an den spezifischen Rechner gebunden. Multifunktionssysteme lösen dieses Problem durch zentralisierte Favoritenlisten, aus denen themenbasiert Web-Seiten aufgerufen werden können.

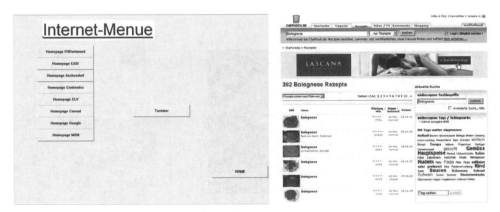

Abb. 13.56 Internetseiten-Aufruf mit Homeputer (links) und KNX-Node (rechts)

13.4.6 Notizblockfunktion/Stundenpläne/Einkaufszettel

Notizblockfunktion, Information, Einsicht in Stundenpläne und Einkaufszettel runden die Funktion von Multifunktionssystemen ab (vgl. Abb. 13.57). Über zentralisierte Dateien, die dezentral über Editoren geändert werden, stehen netzwerkweit die Informationen bereit und können automatisiert auch per E-Mail oder SMS weitergeleitet werden.

Abb. 13.57 Notizblockfunktion mit IP-Symcon (links) und Homeputer (rechts)

Stundenpläne können über einen Scanner eingelesen und digitalisiert oder per Direktzugriff auf eine Schule als Web-Seite verfügbar gemacht werden.

Einkaufszettelfunktionen können über editor-erzeugte Dateien oder komfortabel bildhafte Bestellsysteme realisiert werden, wobei der fertige oder geänderte Einkaufszettel per E-Mail oder SMS an das Smartphone weitergeleitet wird (vgl. Abb. 13.58).

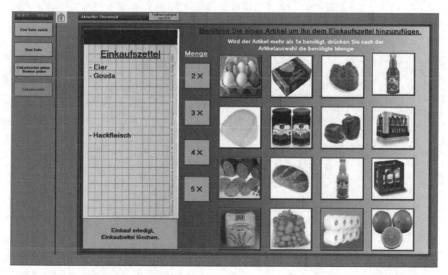

Abb. 13.58   Internet-Einkaufszettel (KNX-Node)

13.4.7   Archivierungssystem

Abgerundet wird das Multifunktionssystem durch ein Archivierungssystem, indem notwendige Dokumente passwortgeschützt und allgemein verfügbare Berichte oder Informationen im System abgespeichert werden. Der Zugriff auf die Daten ist komfortabel über ein CMS-System oder tabellengesteuert möglich (vgl. Abb. 13.59).

13.4.8   Videotürsprechstellen

Aufgrund der Erweiterung von Türsprecheinrichtungen um Videofunktionalität und die Integration von Schnittstellen, z. B. über das Ethernet können auch derartige Systeme problemlos in eine Web-UI-basierte Gesamtlösung integriert werden. Damit ist zentrale Bedienung über die Zentrale am festen Ort, aber auch über mobile Bedienstationen möglich.

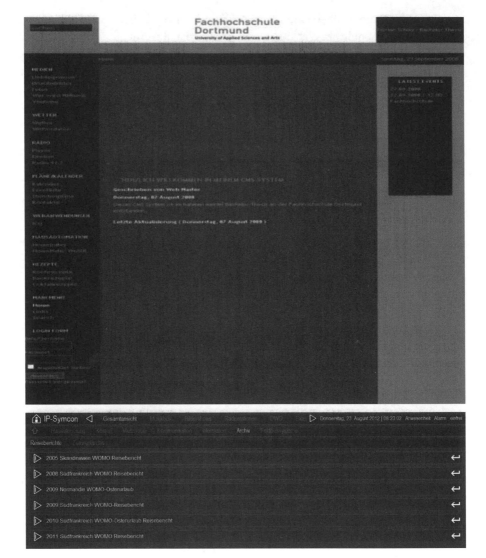

Abb. 13.59 Archivierung mit einem CMS-System (oben) und IP-Symcon (unten)

13.4.9 Weitere Funktionen

Die Liste der Funktionen, die optimal über Web-UI-basierte Multifunktionssysteme abedeckt werden können, kann nahezu beliebig fortgeführt werden. Soweit Dienste als Internetseite bereitgestellt werden, ist eine Implementation problemlos, andererseits mit etwas Mühe und Programmieraufwand verbunden. Weitere Funktionen sind Internet-Radio, Internet-Fernsehen, Podcasts, lokale Wetterstationen, Einblendung von Webcams am Urlaubsort und vieles mehr.

Umsetzung von smart-metering-basiertem Energiemanagement mit FS20/Homeputer

14

FS20 in Verbindung mit HMS und FHT80 und HomeMatic sind zwei Gebäudeautomationssysteme, die über eine große Anzahl von Sensoren, Aktoren und sonstige Komponenten verfügen. Damit wird die Feldbusebene nicht nur für die üblichen Funktionalitäten Licht, Heizung, Jalousie/Rollladen etc., sondern auch für allgemeines Metering und Smart Metering aufbereitet. Auf den Gebäudeautomationssystemen FS 20 und Home-Matic können verschiedenste Softwarepakete mit Automations- und Visualisierungsfunktionalität aufgesetzt werden, um darüber hinaus auch die Automations- und Leitebene kostengünstig abzubilden. Ein Softwarepaket, mit dem Automations- und Leitebene ähnlich einer graphisch programmierten Software-SPS abgebildet werden, ist die Software Homeputer. Homeputer wird von der Firma Contronics über Internet oder Katalog (ELV und Conrad) oder Technikaufhäuser vertrieben. Das System ist in Verbindung mit der Hardware von ELV/eQ-3 insbesondere für den Hobbyelektroniker geeignet, der funktionale Lösungen selbst mit der Elektroinstallation verbinden kann. Zwischen den Softwarelösungen für FS20 und HomeMatic gibt es systembedingt Unterschiede. Während FS20 ein reines Funkbussystem auf 868-MHz-Basis ist, wobei drahtgebundene Komponenten auch, jedoch nur über einen Funkankoppler, angebunden werden können, und zudem die Funkbuskomponenten über einen Funkankoppler, der über USB an einen dauer laufenden PC angeschlossen ist, miteinander kommunizieren, ist HomeMatic eine zentral basierte Lösung, bei der an einer autark arbeitenden Zentrale sowohl Funkbuskomponenten, als auch drahtgebundene Komponenten direkt über RS485 angesprochen werden können. Die Zentrale wird bei HomeMatic über einen USB-Anschluss oder einen Ethernet-IP-Anschluss programmiert, sämtliche externen Zugriffe auf die Zentrale zur Datenverwaltung etc. erfolgen ebenso über Ethernet-IP.

FS20/Homeputer bot sich aufgrund seiner vielfältigen hard- und softwareseitigen Möglichkeiten, die auch simuliert werden können, ideal als Prototypensystem an, mit dem sowohl standardmäßig Komfort- und Sicherheitsfunktionen, als auch Metering,

Smart Metering, Multimedia, eingebunden werden können, um ein Multifunktionssystem zu erstellen. Dieser im Folgenden beschriebene Prototyp für ein smart-metering-basiertes Multifunktionssystem wurde in der Folge soweit realisierbar auf KNX/EIB, LCN, WAGO-SPS und IP-Symcon mit diversen Funkbussystemen als Referenzsystem genutzt. Die Möglichkeiten des Meterings, Smart Meterings, des aktiven und passiven Energiemanagements etc. werden in den folgenden Kapiteln einzeln funktional erläutert.

Entwickelt wurde der Prototyp begleitend zum Projekt Zukunft Wohnen der IHK-Köln und anschließend auf einer Forschungsmesse, der Messe Elektrotechnik, der Light&Building und auch der Baumesse NRW präsentiert (vgl. Abb. 14.1 und Abb. 14.2).

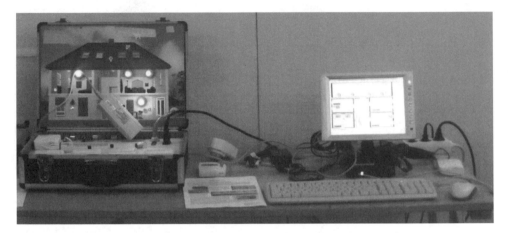

Abb. 14.1   Das Prototypensystem FS20/Homeputer auf der Baumesse NRW 2010

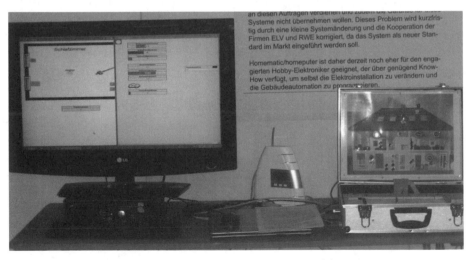

Abb. 14.2   Das Prototypensystem mit HomeMatic/Homeputer auf der Baumesse NRW

Homeputer als Software und FS 20 als Hardware sind unmittelbar miteinander verbunden. Nach Installation der Softwarekomponente auf einem windowsbasierten System kann diese aus dem Explorer aufgerufen werden. Es erscheint am Bildschirm eine kleine Bedienoberfläche, aus der sämtliche Funktionalität abgerufen wird. Für die weitere Vorgehensweise kann Homeputer auch als reines Planungstool genutzt werden, ohne konkrete Produkte einzusetzen, sondern direkt Objekte verwenden, oder als Programmierwerkzeug, bei dem konkrete Geräte, die in der Folge installiert und automatisiert werden, Verwendung finden (vgl. Abb. 14.3).

Abb. 14.3 Homeputer-Bedienoberfläche nach dem Aufruf

Standardmäßig wird bei einem neuen Projekt direkt die Modulauswahl mit aufgerufen. Bei Aufruf eines vorhandenen Projekts entfällt die Modulauswahl. Der Name des aufgerufenen Projekts wird in einem Textfeld rechts, in diesem Fall „Multifunktionssystem", eingeblendet (vgl. Abb. 14.3).

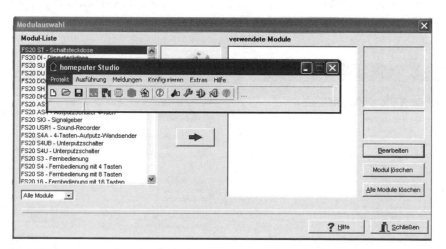

Abb. 14.4 Homeputer-Bedienoberfläche bei Aufruf eines neuen Projekts

Aus der Modulliste können in der Folge die durch Bild, Modulbezeichnung und -beschreibung auswählbaren Module ausgewählt werden, indem durch Auswahl im linken Auswahlfenster und Betätigung des Pfeils nach rechts mit der Maus die Module nach

„verwendete Module" übertragen werden. Sollten Module mehrfach verwendet werden, erhalten diese zusätzlich einen Nummernindex (vgl. Abb. 14.5).

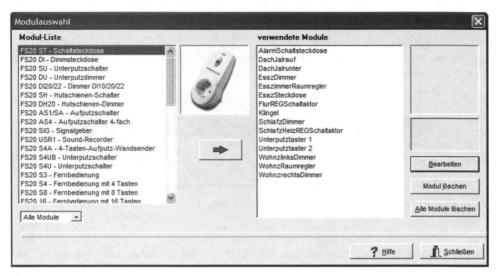

Abb. 14.5 Modulauswahl in Homeputer

Die ausgewählten Module können im nächsten Schritt durch Anklicken in „verwendete Module" ausgewählt werden, um diese näher zu parametrieren (vgl. Abb. 14.6).

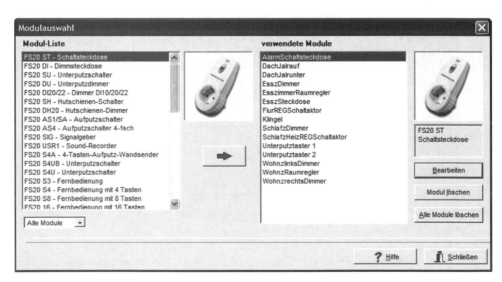

Abb. 14.6 Aufruf der Parametrierung eines Moduls

Die Parametrierung der Module bezieht sich auf den Namen in der Liste „verwendete Module" und Bezeichnung. Der Name wird später zur Platzierung der Module in Ansichten verwendet und sollte daher beschreibend definiert werden, die Bezeichnung dient der Verwendung als Objekt zur späteren Programmierung. Im nächsten Schritt ist die Adresse des Sensors oder Aktors zu definieren. Auf die Adressierung wird hier nicht näher eingegangen, sondern auf die Bedienungsanleitungen des Herstellers ELV verwiesen. Es sei nur erläutert, dass die Sensor-Adresse direkt am Gerät eingestellt wird und per Betätigung des Sensors oder automatische Auslösung dem Modul in der Software zugewiesen werden muss und die Aktor-Adresse in der Software definiert wird und über die Software dem Aktor zugeordnet werden muss, indem der Aktor in einen Programmiermodus versetzt wird.

Als weitere Parametrierung kann und sollte der Standort des Moduls und eine Notiz zum Modul angegeben werden, da Homeputer als Manko nicht über eine Gebäude- oder Modultopologie verfügt, sondern dies über graphische Elemente realisiert (vgl. Abb. 14.7).

Der LAN-Index bezieht sich auf spezielle Busankopplung über WLAN, auf die an dieser Stelle ebenso nicht eingegangen wird.

Jedem Modul werden je nach Kanalzahl ein oder mehrere Objekte zugewiesen. Diesen Objekten können für die anschließende graphisch basierte Programmierung Symbole, je nach Schalt- oder Funktionszustand, zugewiesen werden.

Erste Programmierungen können bereits hier direkt über einen Zeitplan erfolgen.

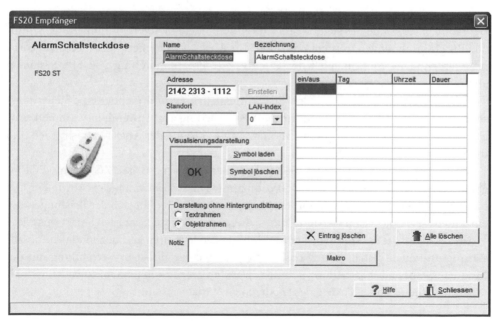

Abb. 14.7 Parametrierung eines Moduls

Weitere Module können durch Betätigung des farbigen Buttons mit Kreis, Dreieck und Viereck aus der Buttonliste hinzugefügt werden (vgl. Abb. 14.8). Damit ist eine sukzessive Erweiterung oder Nachrüstung möglich.

Sämtliche folgenden Programmierfunktionalitäten verbergen sich hinter dem Schraubenschlüssel-Symbol (vgl. Abb. 14.9).

Abb. 14.8 Button zur Auswahl weiterer   **Abb. 14.9** Aufruf der Programmierumgebung
Module

Hier sind unter Einstellungen die Möglichkeiten zur Definition und Bearbeitung von Ansichten, Objekten, Makros und sonstiger Parametriermöglichkeiten gegeben (vgl. Abb. 14.10).

Abb. 14.10 Programmierfunktionalitäten

Bei Homeputer handelt es sich um eine graphisch unterstützte Programmierung. Sämtliche Programmierungen werden bzw. sollten in Ansichten definiert oder diesen zugeordnet werden. Dies ist prinzipiell der Codesys zur Programmierung von SPS-Systemen ähnlich.

Eine Ansicht kann ein Gebäude-, Etagen- oder Raumgrundriss oder eine Steuerungsseite sein, die im Folgenden auch für die Visualisierung zur Anwendung kommen. Ansichten werden durch „Neu" definiert, hierzu ist ein Name der Ansicht zu vergeben und diesem ein Bitmap zuzuordnen.

Im in Abb. 14.11 dargestellten Beispiel wurden Raumgrundrisse EGKueche, EGEingang, OGSchlafzimmer, OGFlur, OGWohnzimmer, Dachboden angelegt sowie der Gebäudegrundriss Hausübersicht und eine Eingabeseite für die Eingabe der Leistungen der einzelnen Verbraucher im Gebäude zum späteren intelligenten, smarten Smart Metering.

Im nächsten Schritt sind Objekte und Makros zu definieren, auf denen die Automatisierung und auch Visualisierung basiert. Objekte werden direkt in Verbindung mit der Modulauswahl und -bearbeitung definiert. Darüber hinaus können Objekte auch virtuelle Module, Steuer- oder Textelemente oder auch Variablen sein.

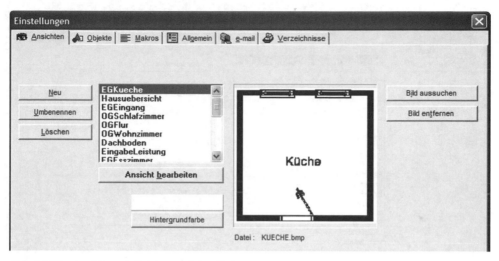

Abb. 14.11 Ansichtendefinition und -bearbeitung

Neue Objekte werden durch Anklicken von „Neues Objekt" angelegt und können anschließend oder durch Doppelklick auf das zu bearbeitende Objekt bearbeitet werden. Makros sind Programmierungen, die den Objekten zugewiesen werden. Objekte können bearbeitet, deren Name geändert oder gelöscht werden. Durch „Bezüge anzeigen" kann eruiert werden, in welchem Makro oder Objekt das betreffende Objekt verlinkt wurde, dies erleichtert die Übersicht über die objektorientierte Programmierung.

Sollten die bereits zur Verfügung gestellten symbolischen Typen Licht, Heizung etc. nicht reichen, können weitere Typen durch „Typdefinition" definiert werden. Typen definieren Gerätetypen, die spezielle Funktionen ausführen und über Visualisierungselemente verfügen, die den Funktionszustand darstellen (vgl. Abb. 14.12).

Im hier beschriebenen Beispiel wurde eine sehr große Anzahl von Objekten definiert. Entgegen der Programmierung in Codesys können die Objekte keinen Klassen oder Ordnern zugewiesen werden. Daher wurde bereits bei der Namensvergabe angedeutet, welche Funktionalität das Objekt hat. Bixxx steht für Bilderaufrufe im Multimediasystem, CMSxxx steht für CMS-Zugriff, Dach für Dachboden-Objekte, xxxM steht für Ansichtenaufruf usw.

Da den meisten Objekten Makros zugewiesen sind, erscheinen die Objekte ein weiteres Mal unter Makros. Eine Bearbeitung von Programmierungen unter Makros erscheint unübersichtlich und wird im Folgenden nicht weiter verwendet, da Makros direkt in den Objekten deklariert und bearbeitet werden (vgl. Abb. 14.13).

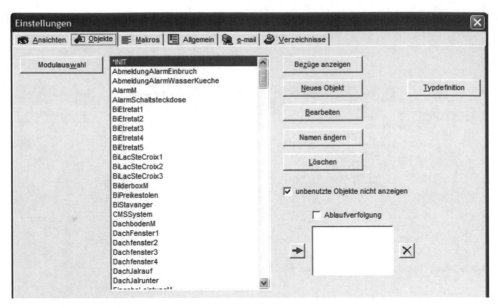

Abb. 14.12   Einige angelegte Objekte im Beispielprojekt Multifunktionssystem

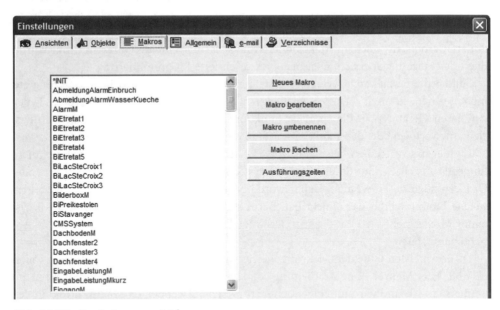

Abb. 14.13   Bearbeitung von Makros

Weitere Parametrierungen für den Betrieb von Homeputer werden unter „Allgemein" eingestellt. Hierzu zählen die Definition der Anwesenheitssimulation, die Berechnungsgrundlagen für die Azimuth- und Elevationsberechnung der Sonnenstellung sowie Einstellungen für die Sprachausgabe (vgl. Abb. 14.14).

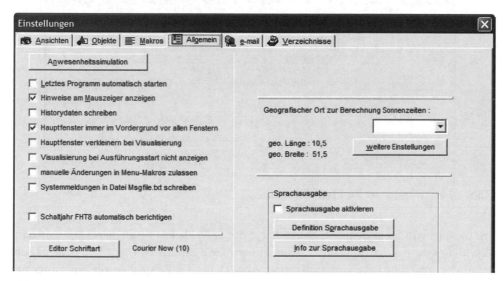

Abb. 14.14 Definition des Softwareverhaltens

Weitere notwendige Einstellungen werden unter „Verzeichnisse" getätigt. Hierzu zählen die Einstellung des Dateiortes für die verwendeten Bitmaps (Endung .bmp, Sounddateien sowie der Ablageort der Programm-Dateien (Endung .spg) (vgl. Abb. 14.15).

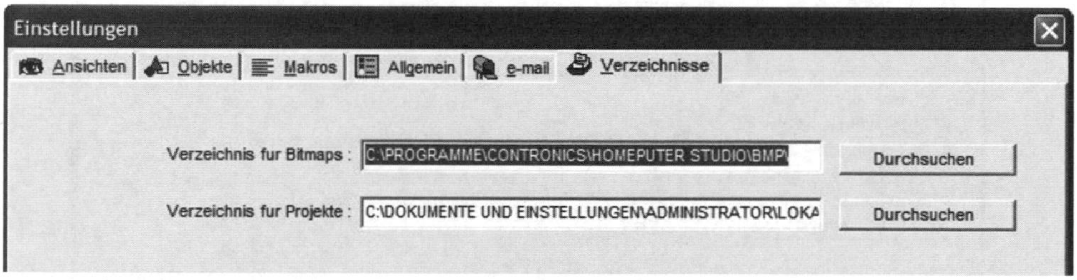

Einstellungen

Ansichten | Objekte | Makros | Allgemein | e-mail | Verzeichnisse

Verzeichnis fur Bitmaps : C:\PROGRAMME\CONTRONICS\HOMEPUTER STUDIO\BMP\   Durchsuchen

Verzeichnis fur Projekte : C:\DOKUMENTE UND EINSTELLUNGEN\ADMINISTRATOR\LOKA   Durchsuchen

Abb. 14.15 Verzeichniseinstellung für Dateien

Objekte werden durch Doppelklick auf das Objekt aus dem Objektverzeichnis oder aus einer Ansicht heraus bearbeitet. Die Bearbeitung bezieht sich auf allgemeine Angaben unter „Allgemein", wie Typus (Licht, Heizung, Zahl etc.) oder nachträgliche Zuordnung des graphischen Symbols, Definition der Nachkommastellen bei Zahlen, Zeilenanzahl bei Texten sowie Startwerten. Unter „Makro" erfolgt die Programmierung, entweder durch Event- oder Zyklensteuerung. Mit „Hardware" kann in Erfahrung gebracht werden, ob es sich um reale oder virtuelle Hardware mit Bezug zum Objekt handelt.

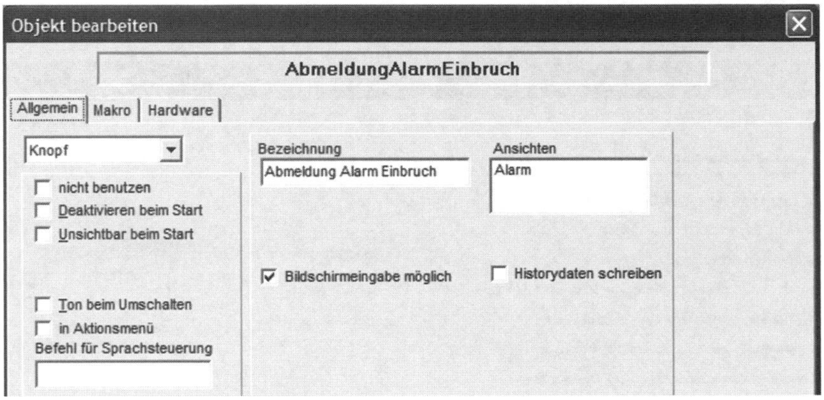

Abb. 14.16   Allgemeines zur Makrodefinition

Im Beispiel wurde ein Bedienknopf, d. h. ein durch Anklicken betätigbares graues Rechteck, definiert, das die Aufschrift „Abmeldung Alarm Einbruch" trägt. Der Bedienknopf ist in der Ansicht Alarm vorhanden (vgl. Abb. 14.16). Im Beispiel wurde ein Taster mit der Bezeichnung „WohnzLicht1Taster4links" definiert, der in der Ansicht „OGWohnzimmer" vorhanden ist (vgl. Abb. 14.17).

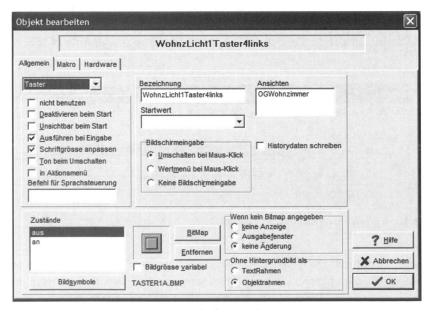

Abb. 14.17   Parametrierung eines Tasters (Objekt Taster)

Unter Makro besteht die Möglichkeit eine Programmsequenz, ähnlich wie in structured text, einer Programmiersprache, die in der IEC 61131-3 enthalten ist, entweder als zyklische Task mit anzugebendem Ausführungsintervall oder als eventgesteuerte Task, z. B. durch Betätigen eines Tasters (Flanke) oder eine Variablenänderung, die über „Ausführung bei Änderung" ausgewählt wird, auszuführen. Insbesondere bei Funkmodulen ist hier zu berücksichtigen, dass zyklische Tasken hier Aktoren nicht zu häufig ansteuern, da hierdurch die Bandbreitenbegrenzung im 868-MHz-Band (Duty-Cycle) schnell erreicht wird. Auf Anzeigen in der Visualisierung oder Module am RS485-Bus bei HomeMatic hat dies keinen großen Einfluss.

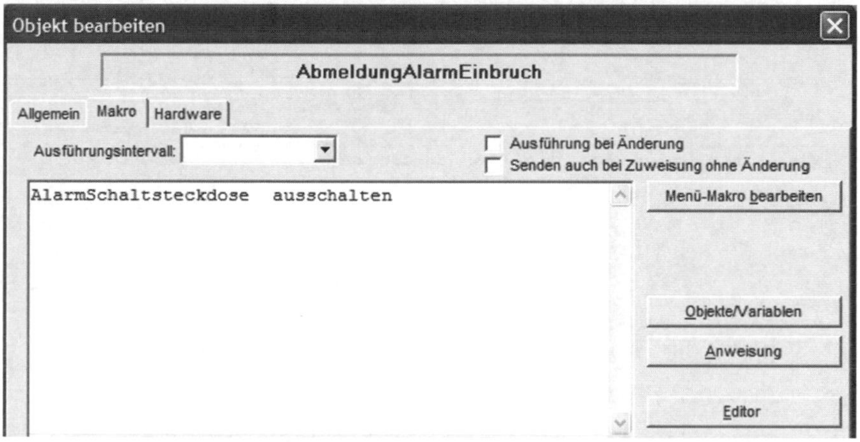

Abb. 14.18 Auslösung eines Events

In obigem Fall wird durch ein Makro eine AlarmSchaltsteckdose, an der z. B. eine Lampe eingesteckt ist, ausgeschaltet (vgl. Abb. 14.18).

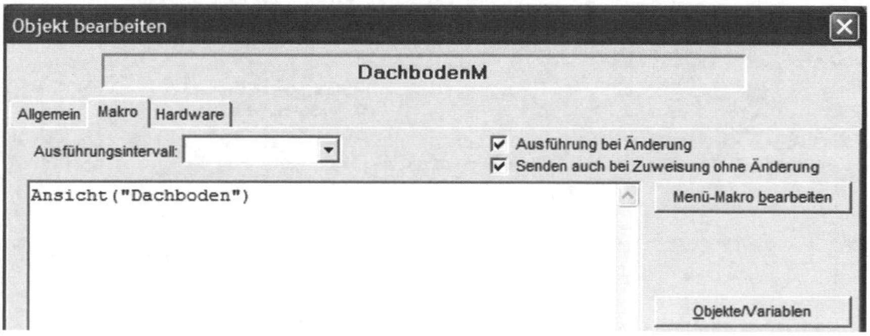

Abb. 14.19 Ansteuerung einer Ansicht

Durch die Eventsteuerung können durch den Ansicht-Befehl auch gezielt Ansichten in der Visualisierung, in diesem Fall der Ansicht „Dachboden" angesteuert werden (vgl. Abb. 14.19). Werden Störmeldungen oder Alarme angezeigt, so erscheinen diese direkt im Vordergrund.

Der direkte Zugriff auf Internetseiten oder Programmaufrufe innerhalb von Windows erfolgt durch den „Startwin"-Befehl mit in Klammern und Hochkommata eingeschlossenem auszuführendem Befehl. In Abb. 14.20 wird der Microsoft Internet-Explorer mit einer aufzurufenden Seite aufgerufen.

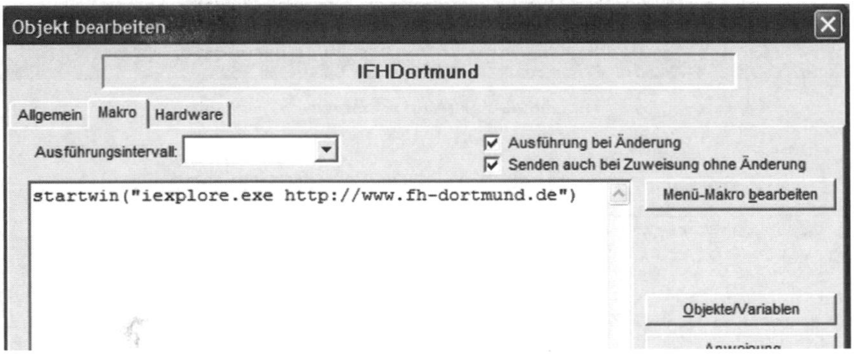

Abb. 14.20   Aufruf eines Windows-Programms oder des Internet Explorers

Weitere nützliche Befehle sind das Einschalten von Schaltaktoren für eine bestimmte Zeit, d. h. die Treppenhauslichtfunktionalität, in diesem Fall für 10 s sowie der Befehl „Play", mit dem ein Audiodatei im Format Wave (Endung .wav) abgespielt werden kann (vgl. Abb. 14.21).

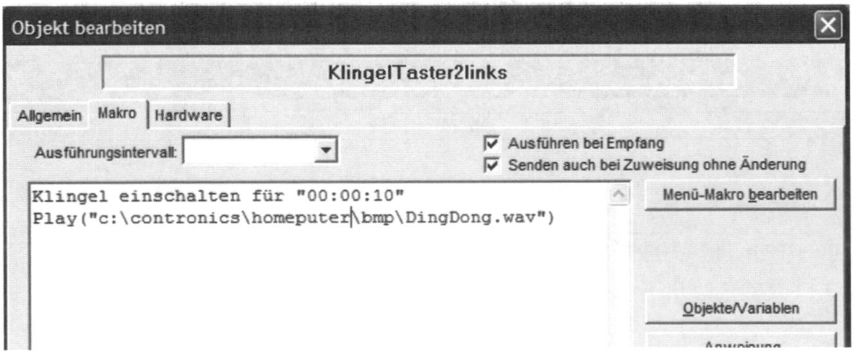

Abb. 14.21   Treppenlichtautomat und Abspielen einer Audiodatei

Homeputer ermöglicht darüber hinaus auf einfachste Weise unter Zugrundelegung einer einfachen Pascal/Basic basierten Programmiersprache die Generierung komplexer Befehlsfolgen.

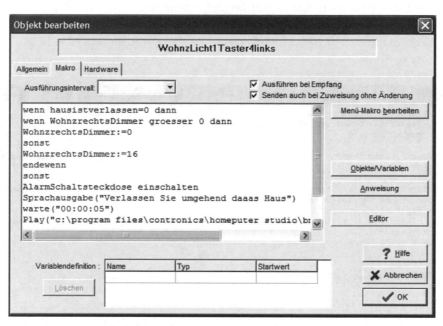

Abb. 14.22   Komplexe Befehlsfolge im Rahmen eines Events

Im vorliegenden Beispiel dient das Makro zur Abfrage einer Variablen „hausistverlassen", das bei Betätigung durch einen Taster im Wohnzimmer ausgeführt wird, als Event (vgl. Abb. 14.22). Die Abfragesequenz beginnt mit „wenn hausistverlassen=0 dann", berücksichtigt als Fallentscheidung „sonst" und wird abgeschlossen mit „endewenn". Im Fall von „hausistverlassen=0", d. h. dem Zustand, dass das Haus nicht verlassen ist, wird der Dimmer im Wohnzimmer, dargestellt durch das Objekt WohnzrechtsDimmer, dessen Wertebereich laut Produktbeschreibung 16 Stufen plus Ausschaltung hat, auf Stufe 0 geschaltet, wenn sein Wert größer 0 ist und auf Stufe 16 geschaltet, wenn der Wert 0 ist, d. h., der Dimmer wird entweder voll ein- oder ausgeschaltet. Sollte die Variable „hausistverlassen" 1 sein, d. h. das Haus ist verlassen, wird das Licht im Schlafzimmer, das bei Verlassenheit des Hauses allgemein ausgeschaltet ist, nicht beeinflusst, sondern stattdessen Alarm ausgelöst. Die Alarmsequenz besteht aus

- Einschaltung der Alarmsteckdose (an der eine Sirene angeschlossen ist)
- Sprachausgabe über Lautsprecher
- der Ausgabe eines Warntons (Dampflokpfiff)
- dem Wechsel in die Ansicht „Alarm" (nur zu Demonstrationszwecken)

Im Gegensatz zu vielen anderen Programmierumgebungen von Gebäudeautomationssystemen wird mit einer Programmiersprache mit landestypischen Wörtern für Befehle etc. gearbeitet. Dies soll die Hemmung der Programmierer vor systemspezifischen Programmierweisen und der englischen Sprache, die üblicherweise im Rahmen von Programmiersprachen zur Anwendung kommt, verringern.

Zur besseren Übersicht kann ein Editor genutzt werden, in dessen Fenster mit größerer Übersicht die einzelnen Programmierzeilen angezeigt werden (vgl. Abb. 14.23).

Abb. 14.23 Auslösung einer Sequenz in Abhängigkeit von Zustandsvariablen

Die Komplexität kann sehr umfangreich sein und lässt nahezu keine Wünsche offen und wird im Weiteren erläutert.

Im nächsten Beispiel wird ein Objekt mit dem Namen „tuirgendwas" definiert, dem ein Makro mit gleichem Namen zugewiesen wird. Das neue Objekt wird zunächst neu angelegt (vgl. Abb. 14.24).

Abb. 14.24 Anlegen eines
neuen Objekts

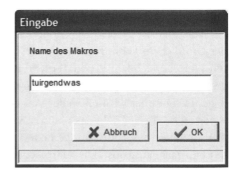

In der Folge kann das Objekt parametriert werden. Aus einer Liste kann unter dem Punkt „Allgemein" die Funktionalität des Objekts ausgewählt werden (vgl. Abb. 14.25).

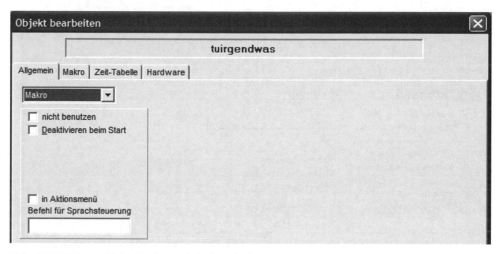

Abb. 14.25 Auswahl der Funktionalität des Objekts

Hier können grundlegend Funktionalitäten zugefügt werden, die den verfügbaren FS20-Komponenten entsprechen:

- ASchalter
- ASensor
- AufAb'Taste
- Auge
- AW50
- Dimmer
- EAGeraet
- Feuchtesensor
- FHT80b-Raumregler
- Knopf
- Licht
- Makro

- Markise
- Regenmenge
- Rollladen
- Rollladen2
- Schalter
- SSensor
- Taster
- TempSensor
- TuerFenster
- Windsensor
- Zahl
- Zeichen

Die meisten Bezeichnungen erklären sich von selbst, können durch Selektion und anschließende Analyse auch geklärt werden. Sollten die Typen nicht reichen, können über „Typdefinition" weitere Typen generiert werden, wie z. B. „Heizung" oder Ähnliches.

Im vorliegenden Fall wird als Objekttyp Taster gewählt, der gedrückt den Zustand „an" und losgelassen den Zustand „aus" hat (vgl. Abb. 14.26). Beiden Zuständen ist ein Bitmap zugeordnet, das in den Ansichten eingefügt werden kann.

Der Objekttyp kann in einfachster Weise geändert werden (vgl. Abb. 14.27). Hierbei ist zu beachten, dass nicht nach Sensoren und Aktoren unterschieden wird, ein Sensor, der Telegramme auslöst, kann so auch einfach in einen Aktor umgewandelt werden, der auf Telegramme reagiert.

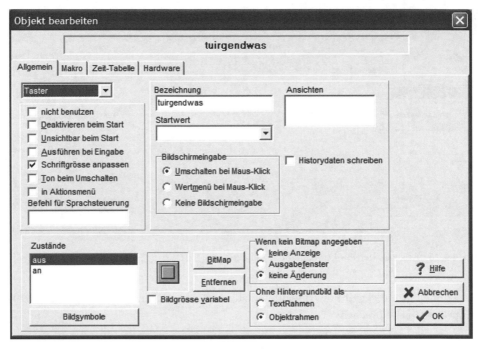

Abb. 14.26 Auswahl des Objekttyps Taster

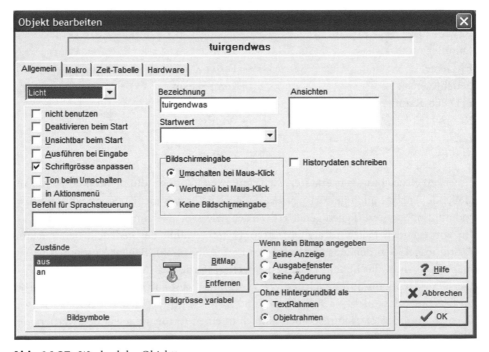

Abb. 14.27 Wechsel des Objekttyps

Dem Objekt kann anschließend auf einfachste Weise ein auszuführendes Makro zugeordnet werden. Dies kann entweder durch unterstützte Direkteingabe oder einen Editor erfolgen.

Das Makro kann, wie bereits erläutert, entweder zyklisch oder eventgesteuert eine Aktion auslösen (vgl. Abb. 14.28).

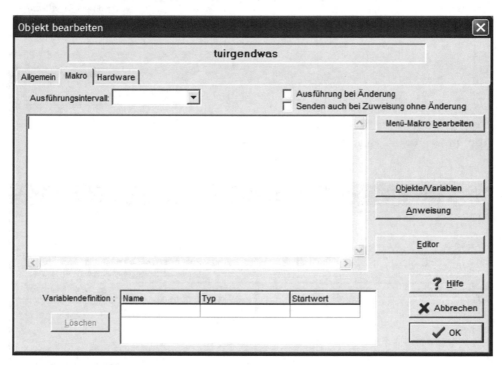

Abb. 14.28 Editierung des zugeordneten Makros

Zur Unterstützung der Eingabe stehen die Eingabeunterstützungen „Objekte/Variablen" und „Anweisung" zur Verfügung.

Unter „Objekte/Variablen" können in diesem Fall nur die bereits vorhandenen Objekte „tuirgendwas" und „Uhr" ausgewählt werden (vgl. Abb. 14.29). Im Referenzbeispiel sind dies wesentlich mehr Objekte. Zur Übersicht wurde hier ein anderes Projekt mit geringer Anzahl von Objekten betrachtet.

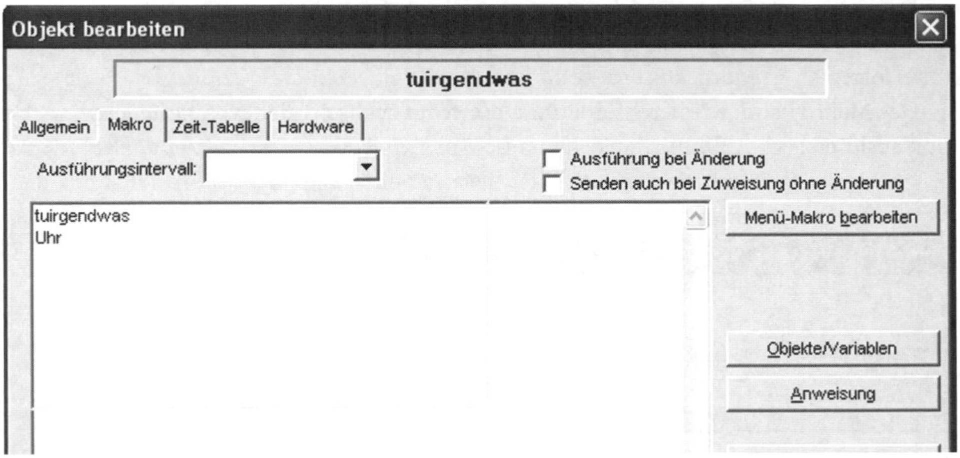

Abb. 14.29 Auswahl eines Objekts in der Anweisung

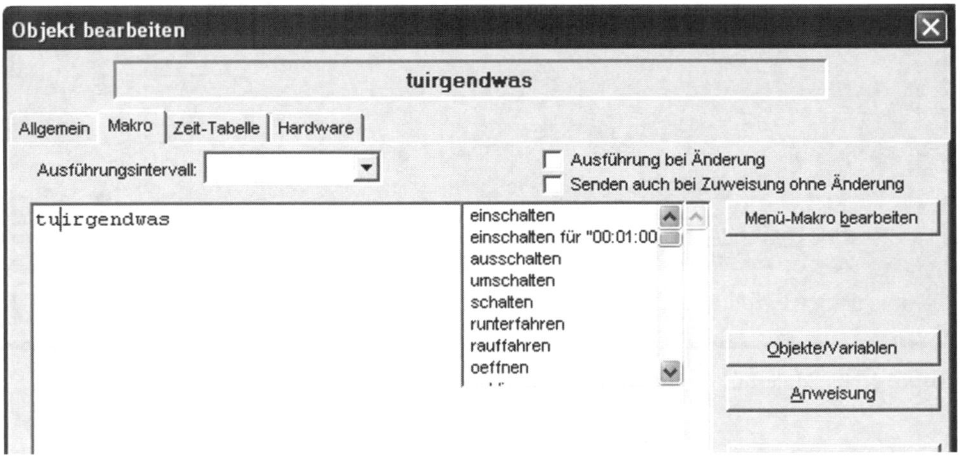

Abb. 14.30 Zuordnung einer Aktion zu einem Objekt

Dem ausgewählten Objekt kann anschließend eine Anweisung zugeordnet werden. Hierzu zählen folgende Befehle, die zum Teil Aktionen ausführen, Zustände abfragen können etc. (vgl. Abb. 14.30):

- Befehle, die Verbraucher schalten:
  - einschalten
  - einschalten für „00:01:00"
  - ausschalten
  - umschalten
  - schalten

- Befehle, die Jalousien oder Rollläden bedienen:
  - runterfahren
  - rauffahren
- Befehle, die Türen oder Fenster bedienen:
  - oeffnen
  - schließen
- Befehle, die Dimmer beeinflussen:
  - raufdimmen(
  - runterdimmen(
  - stoppdimmen(

- Befehle, die Programme oder Makros aufrufen:
  - aufrufen(
  - starte(
  - holemail(
  - sendemail(
  - startwin(
- Befehle, die Objekte beeinflussen:
  - aktivieren(
  - deaktivieren
- Befehle, die Zeiten feststellen oder definieren:
  - Startuhr(
  - Stoppzeit(
  - Schaltdauer(
  - Uhrzeit(
- Befehle, die Audioausgaben vornehmen:
  - Play(
  - Laut(
  - Sprachausgabe(
- Befehle, die Fenster beeinflussen:
  - Ansicht(
  - holeposition(
  - setzeposition(
  - sichtbar(
  - unsichtbar(
- Hinzu kommen Sonderbefehle:
  - Wenn
  - Dann
  - Sonst
  - Endewenn
  - Eingabe(„
  - Eingabefreigeben(
  - Eingabesperren(

- und Programmier- und Abfragefehle:
  - eingeschaltet
  - ausgeschaltet
  - geschlossen
  - geoeffnet
  - geschaltet(
  - aktiviert(
  - Datum
  - Tag
  - Monatstag
  - Jahr
  - Sonnenuntergang
  - Sonnenaufgang
  - Balkenfarbe(
  - verlassen
  - erledigt(
  - sichern(
  - laden(
  - Verbindungsaufbau(
  - Verbindungsende(,
- sowie Befehle mit denen Daten in Dateien geschrieben werden können:
  - Schreibedatei(
  - sichern(
  - laden(

Zustände können durch := , analog structured text in der IEC 61131-3, von einem Objekt auf das andere übertragen werden. Das „=“-Zeichen dient nur als Vergleichsoperator (vgl. Abb. 14.31).

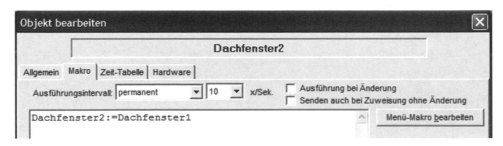

Abb. 14.31 Kopie eines Zustands auf ein anderes Objekt

Knöpfe als Objekttypen dienen beim Anklicken dem Wechsel in eine andere Ansicht (vgl. Abb. 14.32).

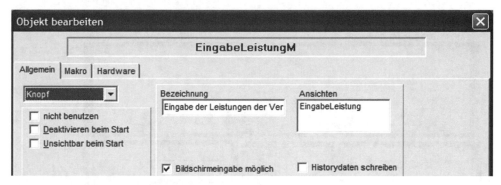

Abb. 14.32   Knopf zum Wechsel in eine andere Ansicht

Die Objekte werden einer Ansicht zugeordnet, indem die jeweilig zu bearbeitende Ansicht ausgewählt und über „Objekte" aus einer „Objektliste" das einzufügende Objekt
ausgewählt wird. Das ausgewählte Objekt liegt in Standardgröße oben links in der Ecke
der Ansicht (bei mehreren Objekten auch mehrere übereinander). Mit der Maus kann
das Objekt in der Ansicht verschoben werden oder, wenn vordefiniert, hinsichtlich der
Größe verändert werden (vgl. Abb. 14.33).

Abb. 14.33   Einfügen eines
Objekts in eine Ansicht

Eine derartige Zusammenstellung von Objekten in einer Ansicht hat nach der Zuordnung beispielhaft folgendes Aussehen. Im Hintergrund befindet sich das der Ansicht
zugeordnete Bitmap. Die einzelnen Objekte befinden sich mit ihren Bezeichnungen entweder als Bitmap, wenn eines zugeordnet wurde, oder als Rechteck mit Benennung auf
dem Hintergrundbild (vgl. Abb. 14.34 und Abb. 14.35).

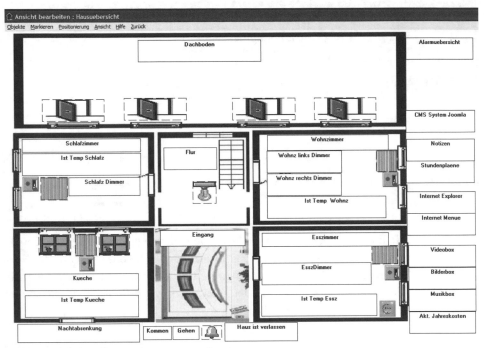

Abb. 14.34 Beispiel einer Übersichtsansicht, aus der Menüs aufgerufen werden

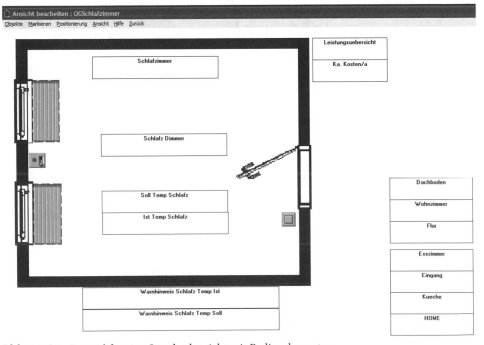

Abb. 14.35 Beispiel für eine Standardansicht mit Bedienelementen

14.1 Prototypenfunktion des Systems

Mit diesen Standardfunktionalitäten wurden sämtliche typischen Funktionen der Gebäudeautomation aus dem Bedienbereich unter Einbindung von Komfort und Sicherheit, aber auch Smart Metering, intelligentem Smart Metering, Energiemanagement bis
hin zur Multimedia- und Dokumentenmanagement-Einbindung realisiert.

Die Basis für die Bedienung ist die sogenannte Home-Seite, von der aus alle Menüs
verzweigt werden (vgl. Abb. 14.36).

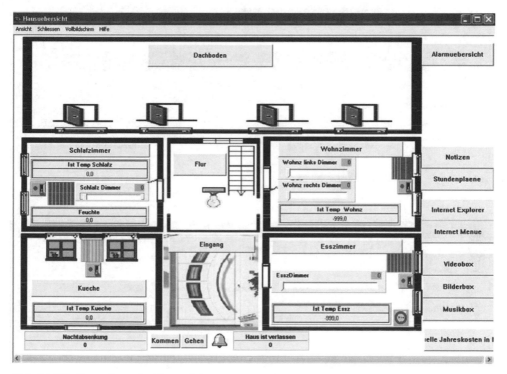

Abb. 14.36 Darstellung der Home-Seite

Die einzelnen Räume werden durch Anklicken des grauen Rechtecks mit der Raum-
bezeichnung angesteuert, Menüs werden über die Rechtecke auf der rechten Seite angesteuert, während darüber hinaus bereits in der Übersicht wesentliche Zustände angezeigt
und Änderungen durch Anklicken des Objekts ausgeführt werden können.

14.2   Smart-Metering-Einbindung

Das Smart Metering kann wie folgt sehr einfach integriert werden. Durch einen „Knopf"
mit Aufschrift „Smart Metering" erreicht man über das Makro mit dem Befehl start-
win(„iexplore www.dew21.de") mit entsprechend angepassten Einträgen die Smart-Metering-Seite des spezifischen Kunden (vgl. Abb. 14.37 und Abb. 14.38).

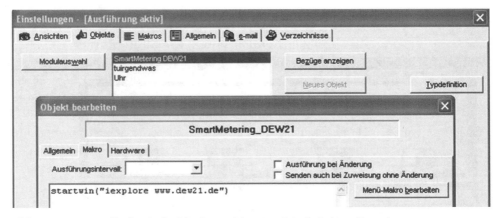

Abb. 14.37 Beispielhafter Aufruf der Smart-Metering-Seite bei einem Energieversorger

Abb. 14.38 Smart-Metering-Seite eines Energieversorgers

Dort würde über eine Menüführung im Internet für ein zu spezifizierendes Datum oder einen Zeitbereich die entsprechende Ganglinie in Watt über der Zeit angezeigt. Ein Import der Leistungs-, Verbrauchs- oder Kostendaten in die Homeputer-Umgebung ist jedoch nur mit größtem Aufwand realisierbar.

14.3   Intelligentes Smart Metering

Das Smart Metering auf der Basis des intelligenten Stromzählers erlaubt lediglich den Einblick in die kumulierten Leistungsverläufe über den Tag und die insgesamt verbrauchte Energie. Eine Umrechnung in Kosten sowie eine Trendrechnung ist nur möglich, wenn der temporäre Leistungsbedarf in einer Datenbank abgespeichert wird und nachträglich mit abgespeicherten Tarifverläufen bewertet wird.

Diese Vorgehensweise ermöglicht nach wie vor nur die Analyse der kumulierten Energieverbräuche. Umgekehrt kann bei vorhandener Gebäudeautomation oder Leistungsmessgeräten an notwendigen Stellen eine detaillierte Betrachtung der Leistungsaufnahme mit großer Auflösung erfolgen. Hierzu ist ein zeit-task-gesteuertes Gebäudeautomationssystem nötig, das über mathematische und graphische Funktionen verfügt.

Bei der hier beschriebenen Homeputer-Lösung wird zunächst eine Zeitbasis für sämtliche Messungen und Analysen benötigt. Diese Zeitbasis ist ein Sekundenzähler, der ein Objekt vom Typ Zahl ist, den Startwert 0,0 hat und wie eine Retain-Variable bei einem SPS-System behandelt werden sollte (vgl. Abb. 14.39).

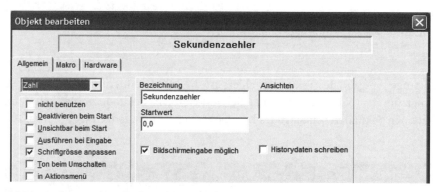

Abb. 14.39   Definition des Objekts Sekundenzähler

Das Objekt Sekundenzähler wird einer zeitgesteuerten Task zugewiesen, die bei Homeputer mit „Ausführungsintervall" ausgewählt wird. Zur Verfügung stehen

- permanent
- alle 5 Sekunden
- jede Minute

- jede volle Stunde
- bei Tageswechsel

Permanent kann nicht gewählt werden, da die Taskzeit von der Rechnerperformance abhängig ist, zudem können Funkkomponenten damit nicht kontrolliert werden (Bandbreitenbegrenzung). Im Weiteren wurde „Alle 5 Sekunden" ausgewählt, was insbesondere für dieses im Demonstrationsbereich schnell reaktionsfähige System sinnvoll ist. Vollständig ausreichend ist „jede Minute", wodurch die Rechnerperformance nicht zu stark ausgenutzt wird und noch Performance für andere Subsysteme bleibt. Ungeeignet sind „jede volle Stunde" und „bei Tageswechsel". Neue Versionen von Homeputer arbeiten zusätzlich mit Faktoren bezogen auf die Zeitbasen sowie weiteren Zeitbasen. Bei „permanent" kann bei neueren Versionen zudem eine feste Zeitbasis mit Faktor angegeben werden (vgl. Abb. 14.40).

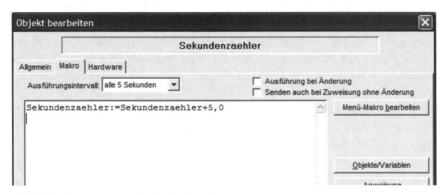

Abb. 14.40 Rechenoperation des Sekundenzählers

Die alleinige Aufgabe des Sekundenzählers ist die Inkrementierung des Objekts Sekundenzähler um 5 s (bei Taskzeit „Alle 5 Sekunden"). Der Sekundenzähler hält damit die abgelaufenen Sekunden seit Start des Energiemanagementsystems fest (vgl. Abb. 14.41).

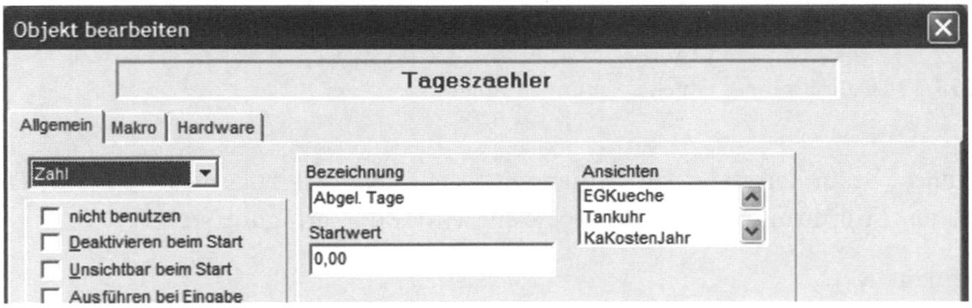

Abb. 14.41 Definition des Tageszählers

Aus den abgelaufenen Sekunden kann für Darstellungszwecke auch die Anzahl abgelaufener Tage abgeleitet werden. Hier wurde ebenfalls der Startwert 0,00 gewählt, die Angabe von 2 Nachkomma-Nullen ist notwendig, damit die dargestellten Nachkommastellen der Zahl Tageszähler auf 2 festgelegt werden. Unter Ansichten ist aufgeführt, in welchen Ansichten das Objekt Tageszähler verwendet wird (vgl. Abb. 14.42).

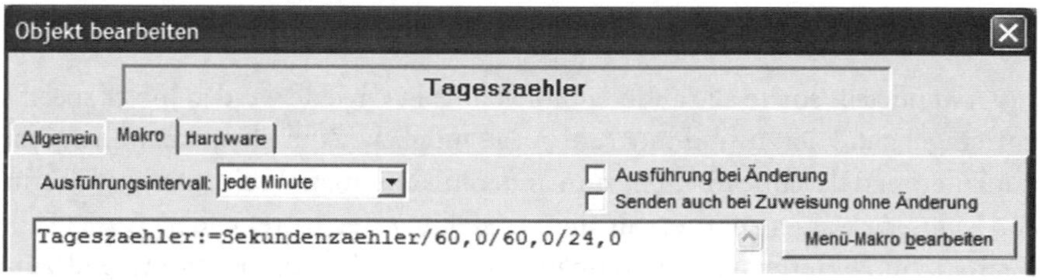

Abb. 14.42   Ermittlung der abgelaufenen Tage aus dem Sekundenzähler

Für die Genauigkeit ist es ausreichend jede Minute den Tageszähler upzudaten, auch Stundengenauigkeit ist ausreichend. Der Sekundenzähler wird mit Division durch 60,0 (s) in Minuten, durch 60,0 (min) in Stunden und durch 24,0 in Tage und damit das Objekt Tagezähler umgerechnet.

Im gleichen Zuge kann der Jahreszähler definiert werden, der für die Trendrechnung zur Hochrechnung auf ein Jahr Verwendung finden kann. Der Jahreszähler ist ein Zahlenobjekt „Jahresanteil", das als Task in diesem Fall permanent und damit zu häufig ermittelt wird (vgl. Abb. 14.43).

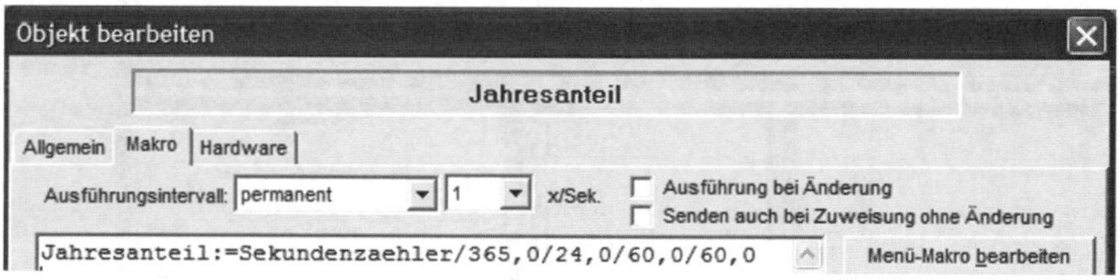

Abb. 14.43   Bestimmung des Jahresanteils aus dem Sekundenzähler

Der Jahresanteil ergibt sich als Division des Sekundenzählers durch 365 (Tage, Schaltjahre werden nicht berücksichtigt), durch 24,0 (h), durch 60,0 (min) und 60,0 (s) (vgl. Abb. 14.44). Bereits an dieser Stelle wird aufgezeigt, dass insbesondere längere Formelausdrücke besser mit dem zur Verfügung stehenden Editor bearbeitet werden.

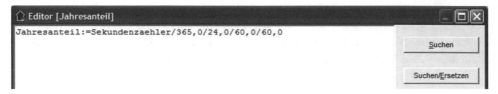

Abb. 14.44 Bearbeitung von Formelausdrücken mit einem Editor

Diese (verwendeten) sowie alle anderen notwendigen Objekte werden in der spezifischen Ansicht eingebaut. Hierzu sind mehrere Wege möglich. Zum einen kann man eine Ansicht aufrufen und dann bearbeiten, zum anderen kann man direkt „Ansicht bearbeiten" mit der Maus auswählen und erhält die Darstellung der betreffenden Ansicht, der im allgemeinen ein Hintergrundbild (Bitmap entsprechender Auflösung passend zur Bildschirmauflösung) hinterlegt ist. Auf diesem Hintergrundbild sind die Objekte abgelegt, die dieser Ansicht bereits zugeordnet wurden. Die Objekte werden bei Zahlen, Texten etc. mit ihrer Bezeichnung dargestellt. Im dargestellten Beispiel ist dies die Ansicht „EingabeLeistung".

Diese Ansicht dient der Eingabe der Leistung der einzelnen Verbraucher (vgl. Abb. 14.45).

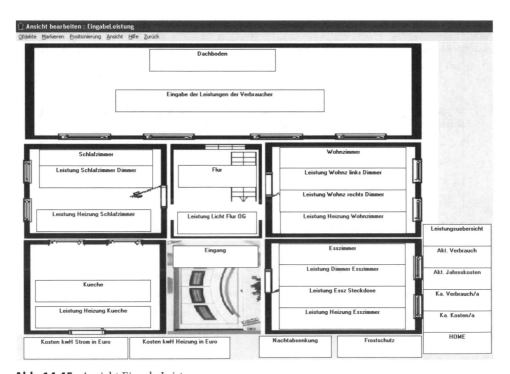

Abb. 14.45 Ansicht EingabeLeistung

Im Prototypenprojekt sind dies folgende Verbraucher:

- LeistungDimmerEsszimmer
- LeistungEsszSteckdose
- LeistungHeizungEsszimmer
- LeistungHeizungKueche
- LeistungWohnzlinksDimmer
- LeistungWohnzrechtsDimmer
- LeistungHeizungWohnzimmer
- LeistungLichtFlurOG
- LeistungSchlafzimmerDimmer
- LeistungHeizungSchlafzimmer

Hierbei wird vereinfacht davon ausgegangen, dass die Heizungen in Esszimmer, Küche, Wohnzimmer und Schlafzimmer binär geschaltet werden, d. h. die Stellventile der Heizkörper bzw. die elektrischen Heizung werden nur ein- oder ausgeschaltet, zugrunde gelegt wird die Leistung der jeweiligen Heizkörper.

Ebenso werden über die Steckdosen im Esszimmer und die Leuchtmittelfassung im Flur nur Verbraucher mit konstanter Leistung betrieben, die über eine Gebäudeautomation ein- oder ausgeschaltet werden.

Die Dimmer im Esszimmer, Wohnzimmer, Schlafzimmer werden als lineare Dimmvorrichtungen betrachtet, die in diesem Fall über 16 Stufen, zuzüglich 0 für aus, in ihrer Leistungsaufnahme beeinflusst werden.

Auf komplexere Verbraucher wird im Prototypensystem nicht eingegangen, diese sind jedoch über spezielle Leistungsaufnahmesensoren, z. B. für EM1000 von eQ-3 über eine separate Schnittstelle, einbindbar.

Des Weiteren befinden sich in dieser Ansicht die Eingabefelder für die Tarife von elektrischer Energie und Heizenergie (links unten angeordnet) und Temperaturen für Nachtabsenkung und Frostschutz (unten Mitte) sowie Bedienknöpfe zur Navigation durch das Gebäudeautomationssystem.

In der Ansicht „Leistungaktuell" werden die aktuellen Leistungen der einzelnen Verbraucher angezeigt. Verbraucher mit konstanter Leistung erscheinen im ausgeschalteten Zustand mit 0 (Watt), im eingeschalteten mit zugeordneter Einschaltleistung (vgl. Abb. 14.46). Lineare Verbraucher (Dimmer) werden mit der zugeordneten Leistung, multipliziert mit ihrer Stufe, dividiert durch die Anzahl Stufen angezeigt.

Auf der Basis der abgelaufenen Zeit und ihrem Schaltverhalten werden die Jahresarbeiten der einzelnen Verbraucher berechnet und in der Ansicht „ArbeitJahr" angezeigt (vgl. Abb. 14.47).

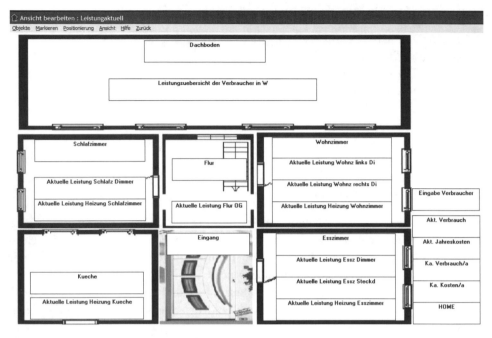

Abb. 14.46 Ansicht „Leistungaktuell"

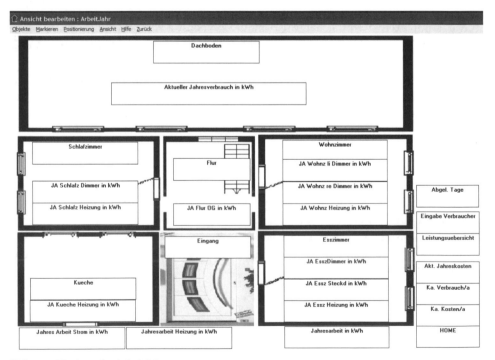

Abb. 14.47 Ansicht ArbeitJahr

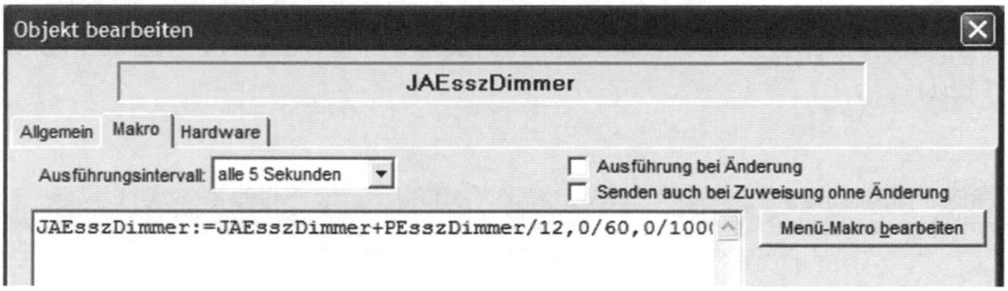

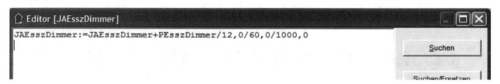

Abb. 14.48 Definition des Jahresarbeitsobjekts JAEsszDimmer

Das Objekt JAEsszDimmer wird als Objekt vom Typ Zahl angelegt und im Takt des Sekundenzählers alle 5 s die Jahresarbeit des Dimmers im Esszimmer inkrementiert (vgl. Abb. 14.48).

Dies ist aus Gründen der Übersichtlichkeit besser im Editorfenster darstell- und änderbar (vgl. Abb. 14.49).

```
⌂ Editor [JAEsszDimmer]                                              _ □ X
JAEsszDimmer:=JAEsszDimmer+PEsszDimmer/12,0/60,0/1000,0

                                                                Suchen

                                                           Suchen/Ersetzen
```

Abb. 14.49 Formel zur Berechnung der Jahresarbeit des Dimmers im Esszimmer

Durch „JAEsszDimmer:=JAEsszDimmer +" erfolgt die Inkrementierung auf der Basis des letzten Taskzyklusses des Rechners. Inkrementiert wird um die aktuelle Leistung des am Dimmer angeschlossenen Geräts, dessen Basisleistung auch im Laufe des Betriebs über das Jahr geändert werden kann, hier PEsszDimmer (für Leistung P), dividiert durch 12,0 als Ersatz für 5 s Taskzeit dividiert durch 60 s, dividiert durch 60,0 zur Umrechnung von Minuten in Stunden und dividiert durch 1.000,0, um von Wh in kWh umzurechnen (vgl. Abb. 14.49).

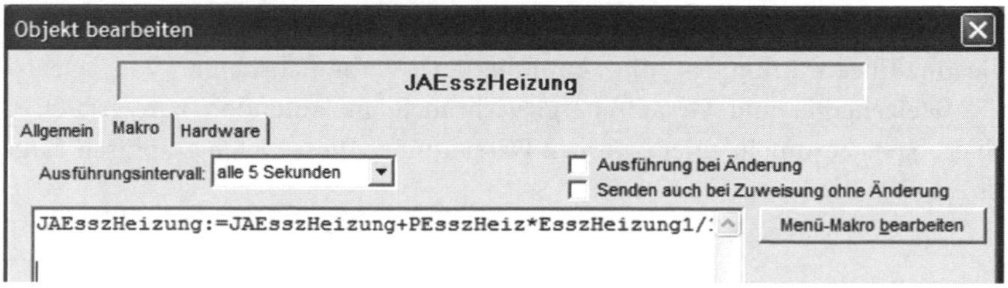

```
Objekt bearbeiten                                                       X

                        JAEsszHeizung

Allgemein  Makro  Hardware
Ausführungsintervall: alle 5 Sekunden  ▼         ☐ Ausführung bei Änderung
                                                 ☐ Senden auch bei Zuweisung ohne Änderung

JAEsszHeizung:=JAEsszHeizung+PEsszHeiz*EsszHeizung1/: ∧   Menü-Makro bearbeiten
```

Abb. 14.50 Definition des Jahresarbeitsobjekts JAEsszHeizung

Ähnlich verhält es sich mit der Jahresarbeit konstanter Verbraucher, die einfacher berechnet, jedoch ebenfalls übersichtlicher mit dem Editor bearbeitet werden kann (vgl. Abb. 14.51).

Abb. 14.51 Formel zur Berechnung der Jahresarbeit der Heizung im Esszimmer

Die Jahresarbeit ergibt sich durch Inkrementierung der Jahresarbeit der Heizung im Esszimmer „JAEsszHeizung:=JAEsszHeizung + „ mit der Inkrementierung um die Basisleistung der Heizung „PEsszHeiz" multipliziert mit EsszHeizung1, was den Schaltzustand der Heizung definiert (0 = aus, 1 = aus), dividiert durch 12,0 und durch 60,0 und durch 1000,0 (analog JAEsszDimmer) (vgl. Abb. 14.52).

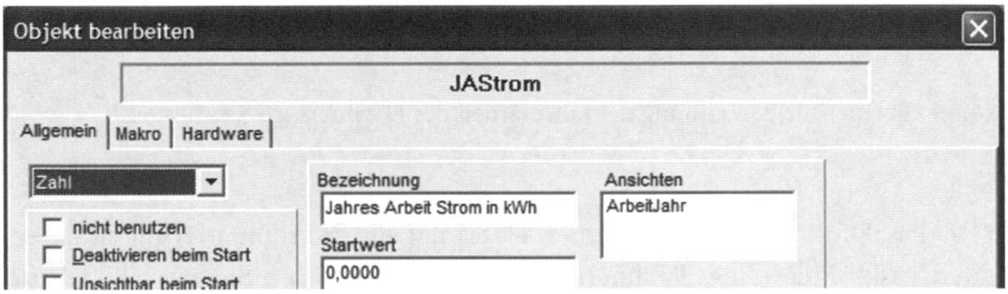

Abb. 14.52 Zusammenfassung aller einzelnen Jahresverbräuche der Verbraucher zum Gesamtverbrauch

Das Objekt JAStrom dient der Zusammenfassung der Jahresarbeiten aller einzelnen Verbraucher und ist ein Objekt vom Typ Zahl, das zur feinen Auflösung 4 Nachkommastellen aufweist. Enthalten ist es in der Ansicht „ArbeitJahr" (vgl. Abb. 14.52).

Damit sind wie beim zugrundeliegenden Smart Metering auf der Basis der einzelnen Energieabnahmeermittlungen die kumulierten Verbrauchsdaten von elektrischer Energie, Heizenergie und Gesamtenergieverbrauch im laufenden Jahr erfasst. Durch dauerhafte Speicherung in einer externen Datei können diese Daten graphisch dargestellt werden.

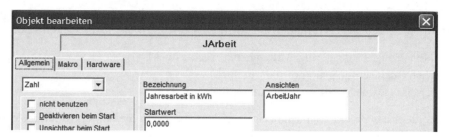

Abb. 14.53 Zusammenfassung von elektrischem und Heizungsverbrauch zum Gesamtjahres-verbrauch

14.4 Aktives Energiemanagement

Das aktive Energiemanagement geht weit über das reine Smart Metering hinaus. Basis hierfür sind weitere sensorische Aufnahmen, wie z. B. Temperaturen, Zustände etc. (vgl. Abb. 14.54).

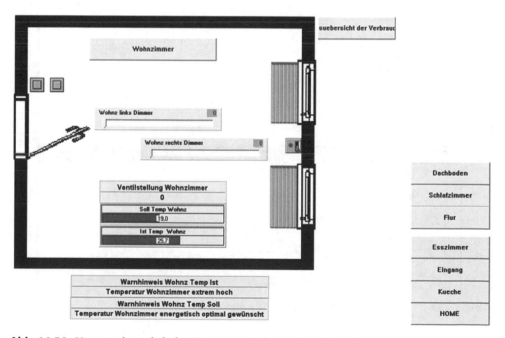

Abb. 14.54 Hinweise bezüglich der Heizung im Rahmen des aktiven Energiemanagements

Im Beispiel werden Soll- und Ist-Temperaturen durch Hinweise transparent interpretiert, um auf das Benutzerverhalten einzuwirken. Diese Hinweismöglichkeiten sind:

- Balkenanzeige (links gering, Mitte normal, rechts hoch)
- Farben (blau gering, grün normal, rot hoch)
- Hinweise (textuelle Information auf der Basis von Daten)

Hierzu dient das Objekt „Balkenanzeige", in dem wiederum die Hintergrundfarbe extern zugewiesen wird.

Hinweistexte werden durch variablen Text definiert. Im Folgenden sind dies die Hinweise „WarnEsszIst" für die Ist-Temperatur im Esszimmer und „WarnEsszSoll" für die Soll-Temperatur im Esszimmer (vgl. Abb. 14.55 und Abb. 14.56).

Warnhinweise sind Objekte vom Typ „Zeichen". Durch Anklicken von „Schriftgröße anpassen" ändert sich die Schriftgröße der Hinweise in Abhängigkeit von der Länge des anzuzeigenden Texts.

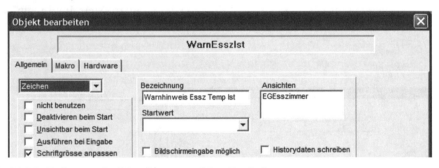

Abb. 14.55   Definition des Warnhinweises „WarnEsszIst"

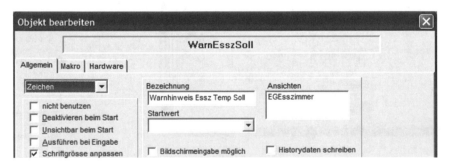

Abb. 14.56   Definition des Warnhinweises „WarnEsszSoll"

Die Warnhinweise werden Tasken einer bestimmten Zykluszeit, in diesem Fall 5 s, zugeordnet (vgl. Abb. 14.57). Diese Zykluszeit kann außerhalb eines Demonstrationssystems problemlos auf Minuten vergrößert werden, da Heizungen große Reaktionszeiten haben.

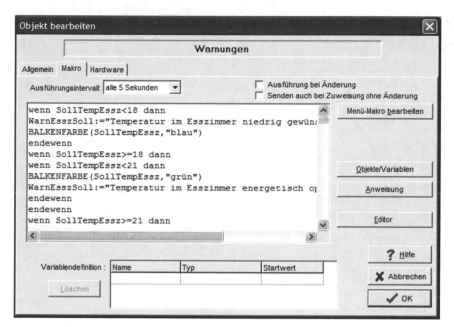

Abb. 14.57 Definition der Hinweise und Balkenfarben im Makro „Warnungen"

Hier wird sehr deutlich, dass das komplexe Makro nicht im Textfeld des Objekts vollständig angezeigt werden kann und daher eine Darstellung im Texteditor übersichtlicher ist (vgl. Abb. 14.58).

Je nach Raum werden verschiedene Temperaturbereiche, getrennt nach Soll- und Ist-Temperatur, interpretiert. Beispielhaft wird die Solltemperatur im Esszimmer interpretiert:

Durch die If-Then-Abfrage bezüglich „SollTempEssz<18" wird der Warnhinweis für das Esszimmer bezüglich der Solltemperatur auf „Temperatur im Esszimmer niedrig gewünscht" und die Balkenfarbe des Balkenanzeigeinstruments der Temperatur auf blau eingestellt.

Beim nächsten Temperaturbereich von 18 bis 21 Grad sind zwei geschachtelte If-Then-Abfragen bezüglich „SollTempEssz>=18" und „SollTempEssz<21" notwendig. Der Hinweis wechselt auf „Temperatur im Esszimmer energetisch optimal gewünscht" und die Balkenfarbe des Balkenanzeigeinstruments der Temperatur auf grün eingestellt.

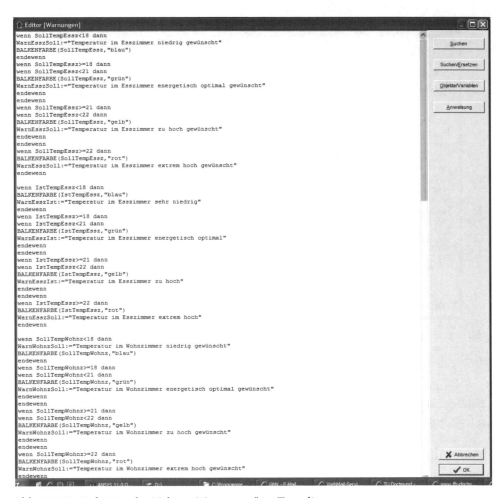

Abb. 14.58 Definition des Makros „Warnungen" im Texteditor

Analog erfolgen alle weiteren Analysen und damit Einstellungen. Im Skript wurde Wert auf Übersichtlichkeit, nicht optimierte Programmierung gelegt.

Eine weitere Notwendigkeit für aktives Energiemanagement ist die Auswertung von Fensterkontakten, wobei bei geöffneten Fenstern die Heizungen abgeschaltet werden sollten (insbesondere, wenn die Fenster längere Zeit geöffnet bleiben), im Gegenzug Lüftung notwendig ist, um die Luftgüte zu optimieren und Schimmelbildung zu vermeiden (vgl. Abb. 14.59).

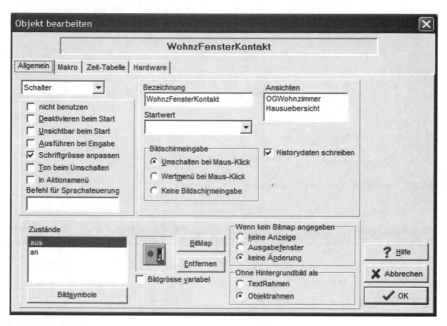

Abb. 14.59 Definition von Fensterkontakten

Fensterkontakte sind entweder Reed-Kontakte, die im Übergangsbereich von Fenster zum Rahmen, am Fenstergriff oder an den Schließriegeln angebracht werden oder direkt im Fenster oder am Fenstergriff integriert sind. Die Fensterkontakte werden über normale Schalter mit „an" oder „aus" in den Ansichten berücksichtigt. Hinweise werden analog den Warnhinweisen für die Temperaturen generiert.

Als weiteres Mittel für das aktive Energiemanagement dient die Darstellung der monetären Kosten des Energieverbrauchs, heruntergebrochen auf die einzelnen Verbraucher, und die Kalkulation des gesamten jährlichen Verbrauchs und der Jahreskosten auf der Basis des zurückliegenden Nutzerverhaltens per Trendrechnung.

Als Basis für energetische Rechnung und Kostenrechnung dienen die Eingaben der Basisleistungen der einzelnen Verbraucher. Hinter dem Dimmer (Anschnittsdimmer) werden Glühlampen mit einer Gesamtleistung von 200 W berücksichtigt. Die Leistung wird als Objekt vom Typ „Zahl" mit Startwert „200,0" definiert, wobei die Leistung der Glühlampen im laufenden Betrieb geändert werden kann (Bildschirmeingabe möglich) (vgl. Abb. 14.60).

Analog wird die konstante Leistung der Heizung im Esszimmer definiert sowie alle Leistungen der konstanten Verbraucher (vgl. Abb. 14.61).

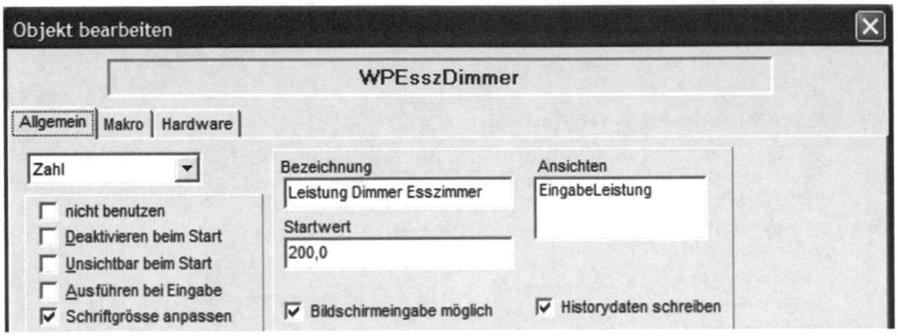

Abb. 14.60   Definition der Maximalleistung des Dimmers

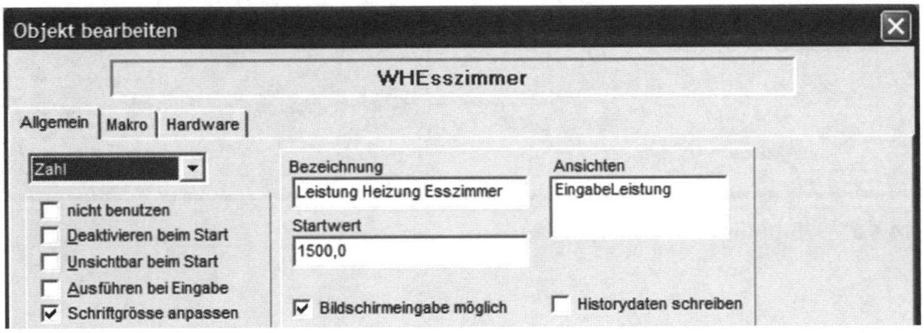

Abb. 14.61   Maximalleistung der Heizung

Auf der Basis der Basisleistungen werden die einzelnen aktuellen Leistungen ermittelt, hierzu werden die Objekte „PEsszDimmer" und „PHEsszimmer" sowie all weiteren Objekte aktueller Leistungen definiert (vgl. Abb. 14.62 und Abb. 14.63).

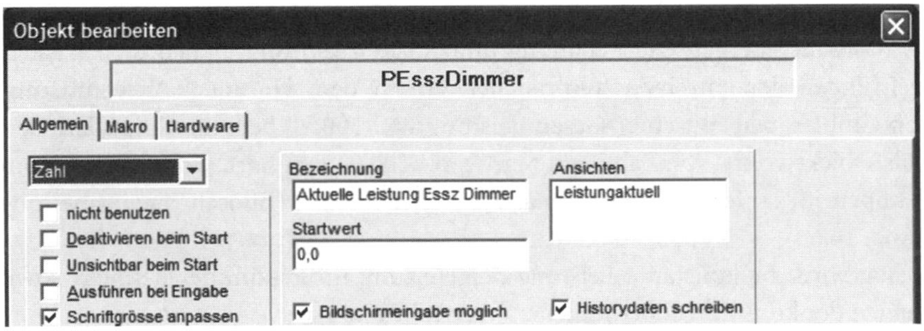

Abb. 14.62   Aktuelle Leistung der Geräte am Dimmer im Esszimmer

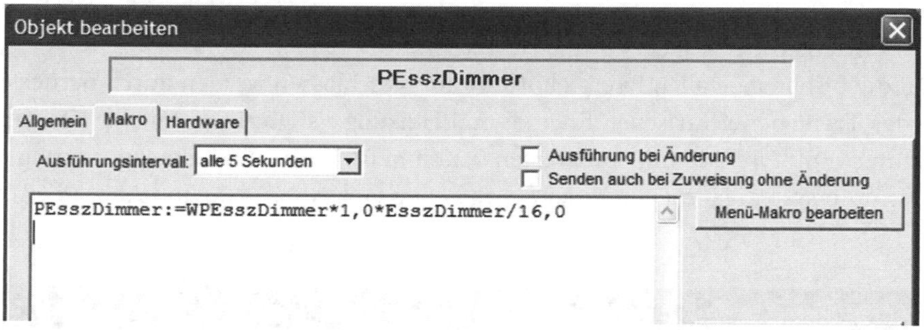

Abb. 14.63   Ermittlung der aktuellen Leistung am Dimmer im Esszimmer

Die aktuelle Leistung ergibt sich durch Multiplikation der Basisleistung mit dem Einschaltwert des Dimmers (EsszDimmer) dividiert durch die maximale Anzahl von Stufen (in diesem Fall 16). Die Multiplikation mit 1,0 ist nicht zwingend notwendig, dient nur der Anpassung der Stellenanzahl hinter dem Komma (vgl. Abb. 14.64).

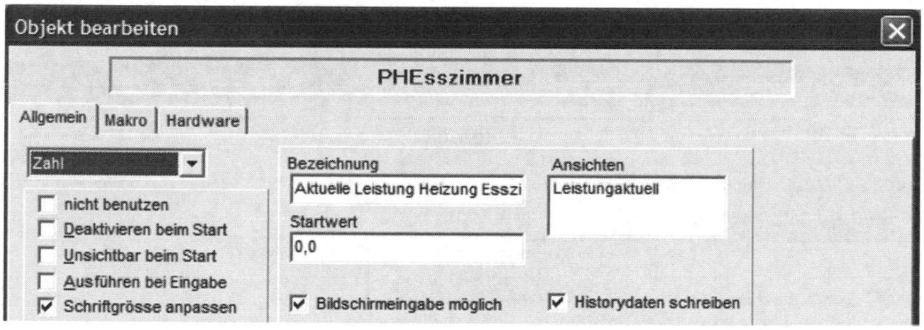

Abb. 14.64   Aktuelle Leistung der Heizung im Esszimmer

Die aktuelle Leistung der Heizung im Esszimmer ergibt sich durch Multiplikation der Basisleistung mit dem Einschaltzustand der Heizung (EsszHeizung1) (vgl. Abb. 14.65).

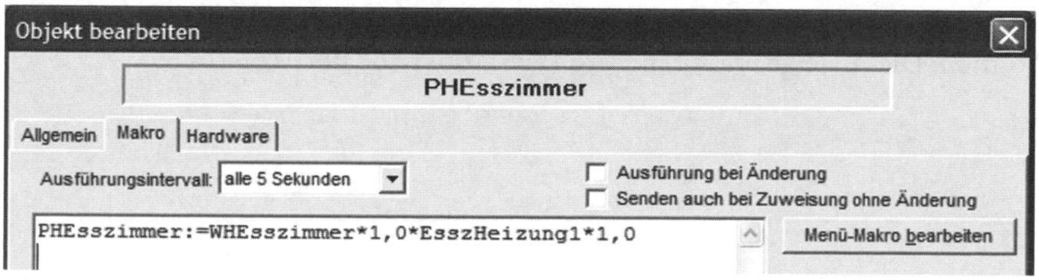

Abb. 14.65   Ermittlung der aktuellen Leistung der Heizung im Esszimmer

Daraus können, wie bereits unter Smart Metering aufgeführt, die aktuellen Verbräuche der einzelnen Verbraucher ermittelt werden.

Auf die bisher angefallen Energiekosten kann geschlossen werden durch Berücksichtigung der Tarife der elektrischen Energie und Heizung als Objekte vom Typ KStrom und KHeizung vom Typ Zahl mit Startwerten 0,20 und 0,05. Eine Einheitenzuordnung ist im Programmiersystem Homeputer nicht vorgesehen (vgl. Abb. 14.66 und Abb. 14.67).

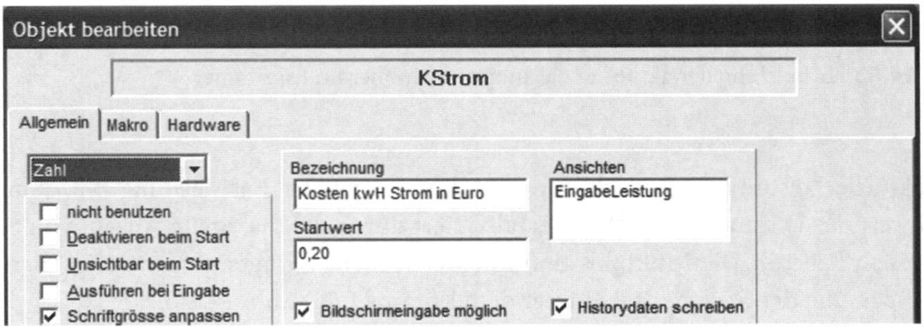

Abb. 14.66   Eingabe des Tarifs für elektrische Energie

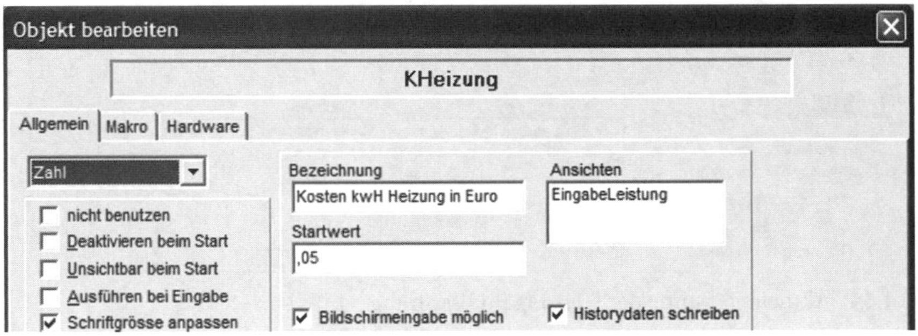

Abb. 14.67   Eingabe des Tarifs für die Heizungsenergie

Die aktuellen Jahreskosten für die beiden betrachteten Beispiele tragen als Objekte die Namen „JKEsszHeizung" und „JKEsszDimmer". Die Objekte sind vom Typ Zahl und haben 4 Nachkommastellen, damit bereits im Anlauf des Systems Kosten angezeigt werden können. Die Anzeige erfolgt in Euro (vgl. Abb. 14.68 und Abb. 14.69).

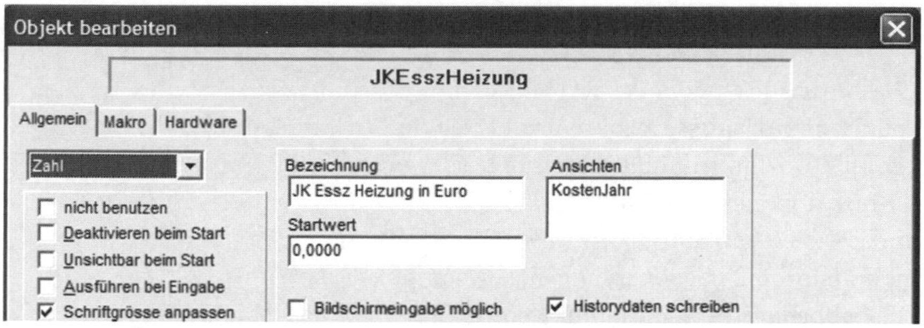

Abb. 14.68 Definition des Objekts für die aktuellen Jahreskosten der Heizung im Esszimmer

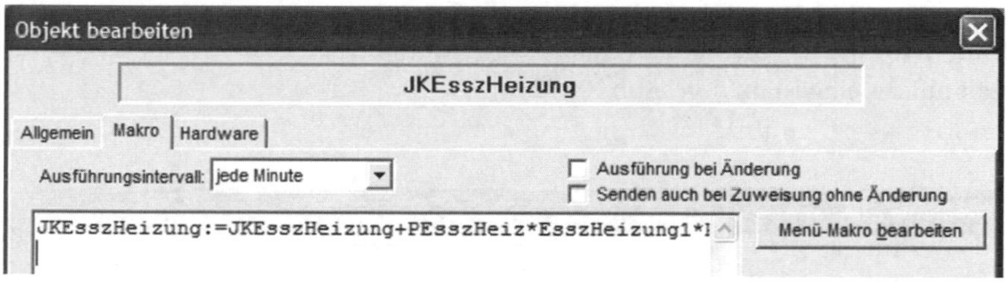

Abb. 14.69 Makrodefinition für die aktuellen Jahreskosten der Heizung im Esszimmer

Die Interpretation des Formelzusammenhangs erfolgt im Texteditor (vgl. Abb. 14.70).

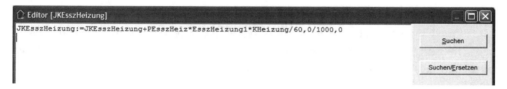

Abb. 14.70 Editorfenster des Makros JKEsszHeizung

Die aktuellen Jahreskosten ergeben sich durch Kumulation der bereits angefallenen Kosten „JKEsszHeizung:=JKEsszHeizung +" inkrementiert durch die Multiplikation der Basisleistung der Heizung multipliziert mit dem Schaltzustand und dem Tarif für die Heizungskosten dividiert durch 60,0 (Minuten je Stunde) und 1.000,0 (Wh je kWh). Zugrunde liegt eine Taskzykluszeit von einer Minute. Dies erscheint als ausreichend, da die Reaktionszeiten von Heizungen groß sind.

Analog erfolgt die Ermittlung der aktuellen Jahreskosten der konstanten und linearen elektrischen Verbraucher (vgl. Abb. 14.71).

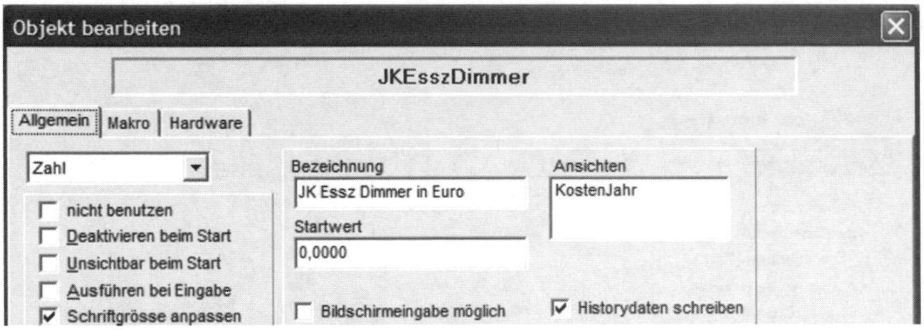

Abb. 14.71 Definition des Objekts für die aktuellen Jahreskosten der Geräte am Dimmer im Esszimmer

Da beim Dimmer im Esszimmer häufiger Änderungen auftreten können, wurde die Taskzeit auf 5 s eingestellt (vgl. Abb. 14.72).

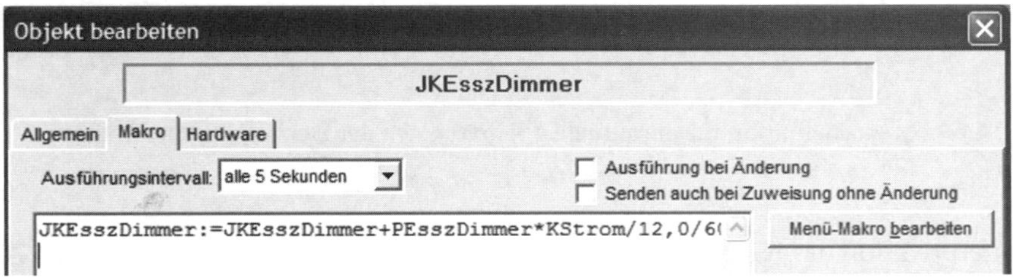

Abb. 14.72 Makrodefinition für die aktuellen Jahreskosten des Dimmers im Esszimmer

Die aktuellen Jahreskosten ergeben sich durch Kumulation der bereits angefallenen Kosten „JKEsszDimmer:=JKEsszDimmer +" inkrementiert durch die Multiplikation der aktuellen Leistung der Heizung multipliziert mit dem Tarif für die elektrischen Kosten dividiert durch 12,0 (Taskzeit 5 s dividiert durch 60 s), 60,0 (min je h) und 1.000,0 (Wh je kWh) (vgl. Abb. 14.73).

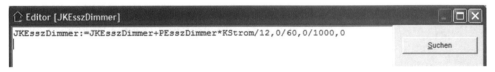

Abb. 14.73 Editorfenster des Makros JKEsszDimmer

Die einzelnen aktuellen Jahreskosten werden zu den gesamten aktuellen Jahreskosten durch Addition aufsummiert und dem Objekt JKStrom zugewiesen (vgl. Abb. 14.74 und Abb. 14.75).

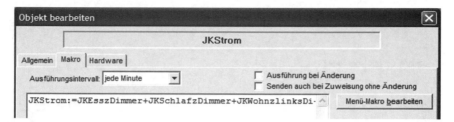

Abb. 14.74 Summierung der einzelnen aktuellen elektrischen Jahreskosten zu aktuellen elektrischen Jahreskosten

Abb. 14.75 Summierung der einzelnen aktuellen elektrischen Jahreskosten zu aktuellen elektrischen Jahreskosten im Editorfenster

Analog erfolgt die Summierung für die aktuellen Jahreskosten der Heizung durch das Objekt „JKHeizung".

Die einzelnen aktuellen summierten Jahreskosten von elektrischer Energie und Heizungsenergie werden zu den gesamten aktuellen Jahreskosten summiert (vgl. Abb. 14.76).

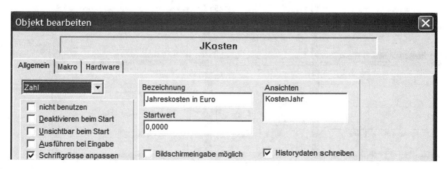

Abb. 14.76 Summierung der einzelnen aktuellen elektrischen Jahreskosten zu aktuellen elektrischen Jahreskosten im Editorfenster

Die Summation von „JKStrom" und „JKHeizung" ergibt die gesamten aktuellen Jahreskosten „JKosten" (vgl. Abb. 14.77).

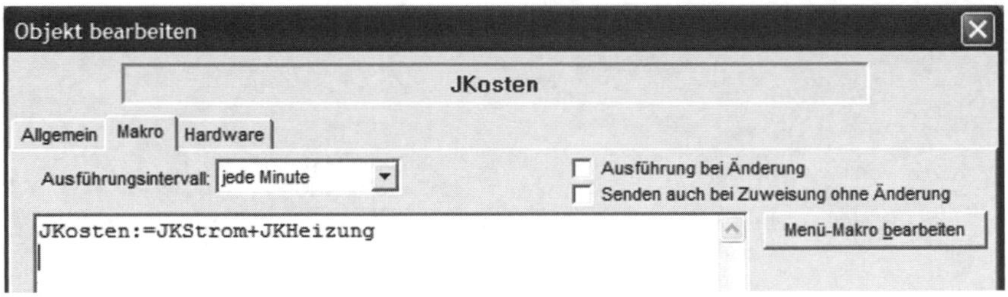

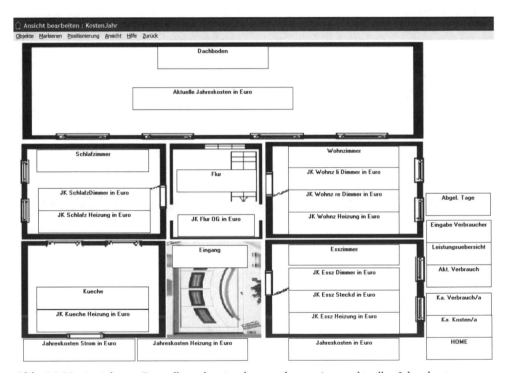

Abb. 14.77   Summation der einzelnen aktuellen Kosten zu den gesamten aktuellen Kosten

Zur Darstellung kommen die aktuellen Kosten in der Ansicht „KostenJahr" (vgl. Abb. 14.78).

Abb. 14.78   Ansicht zur Darstellung der einzelnen und summierten aktuellen Jahreskosten

Im Gegensatz zum aktuellen Jahresverbrauch haben Kostendarstellungen den Vorteil, dass der Mensch eher monetär bewerten kann als die Zusammenhänge physikalischer Grundlagen. Insbesondere wird hier auch direkt deutlich, dass Heizungskosten Kosten elektrischer Energie überwiegen und mit größerem Erfolg angegangen werden können (vgl. Abb. 14.798).

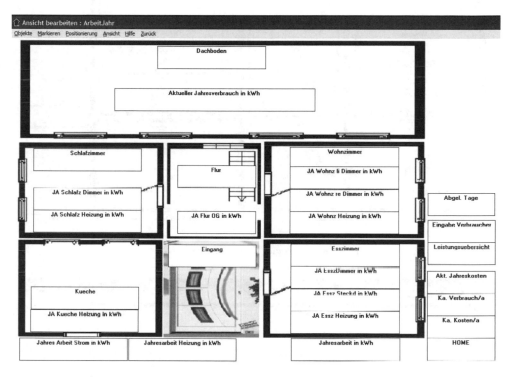

Abb. 14.79 Ansicht ArbeitJahr

Insbesondere zu Anfang eines Jahres- oder Messintervalls sind sowohl die aktuellen Verbräuche, als auch Kosten noch sehr gering. Durch mehr oder weniger komplexe Trendrechnung können Verbräuche und Kosten für das gesamte Jahr vorauskalkuliert werden.

Die Darstellung erfolgt in den Ansichten „KaArbeitJahr" und „KAKostenJahr" (vgl. Abb. 14.80 und Abb. 14.81).

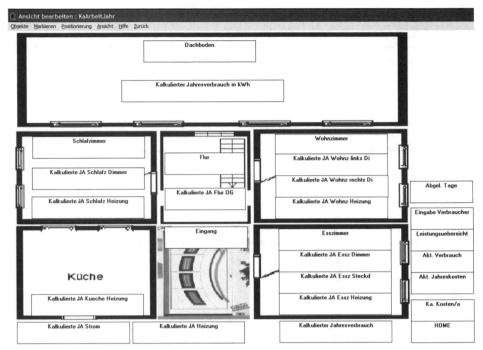

Abb. 14.80 Ansicht kalkulierte Jahres-Arbeit „KaArbeitJahr"

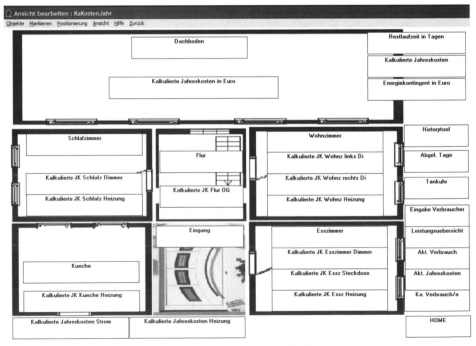

Abb. 14.81 Ansicht kalkulierte Jahres-Kosten „KaKostenJahr"

Angelegt werden für das Esszimmer die Objekte KaJAEsszDimmer und KaJAEssz-Heizung. Beide Objekte sind vom Typ Zahl und haben nur 2 Nachkommastallen, da von den kalkulierten Werten entsprechend große Werte erwartet werden (vgl. Abb. 14.82).

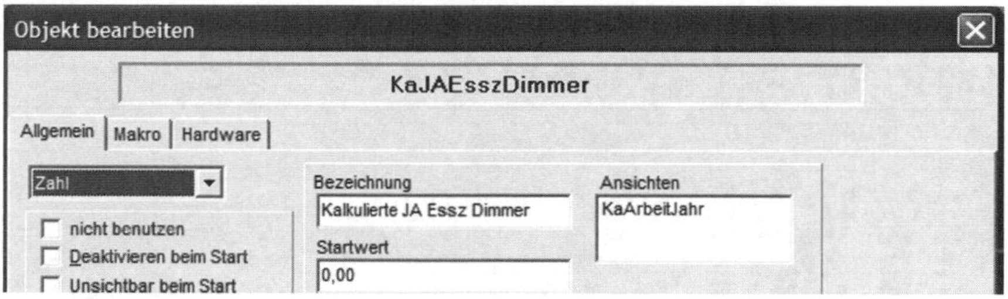

Abb. 14.82   Definition des Objekts KaJAEsszDimmer

Die Trendrechnung erfolgt bei jahresäquivalentem Nutzerverhalten in einem vereinfachten Verfahren durch Division durch den ermittelten Jahresanteil auf der Basis einer einfachen Dreisatzrechnung. Für elektrische Verbraucher, die über das Jahr gleichförmig benutzt werden (TV, Radio) sowie Lampen in Räumen ohne Außenlichtanteil trifft diese einfache Trendrechnung zu. Bei Leuchten in Räumen mit Außenlichtanteil muss zusätzlich eine Korrektur erfolgen (vgl. Abb. 14.83). Entsprechend wird das Objekt „KaJAEsszHeizung" angelegt und parametriert (vgl. Abb. 14.84).

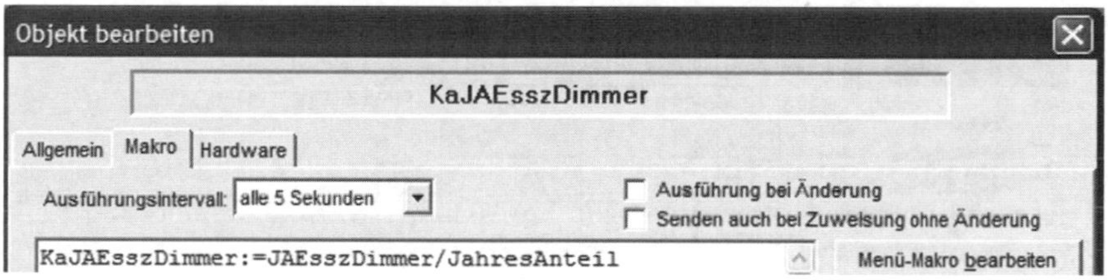

Abb. 14.83   Berechnung der kalkulierten Jahresarbeit für den Dimmer im Esszimmer

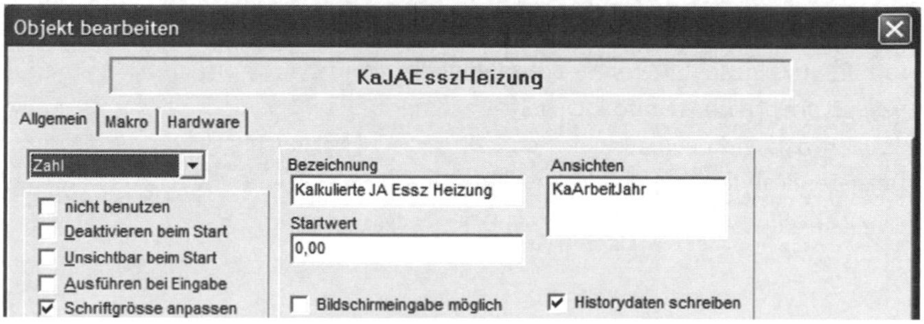

Abb. 14.84   Definition des Objekts KaJAEsszHeizung

Auch die Kalkulationsrechnung ohne Korrektur unterscheidet sich nicht vom obigen Beispiel. Berücksichtigt werden muss beispielsweise, dass die Heizperiode von etwa Mai bis Oktober entfällt und somit über das gesamte Jahr damit nur die Hälfte der kalkulierten Kosten anfällt (vgl. Abb. 14.85).

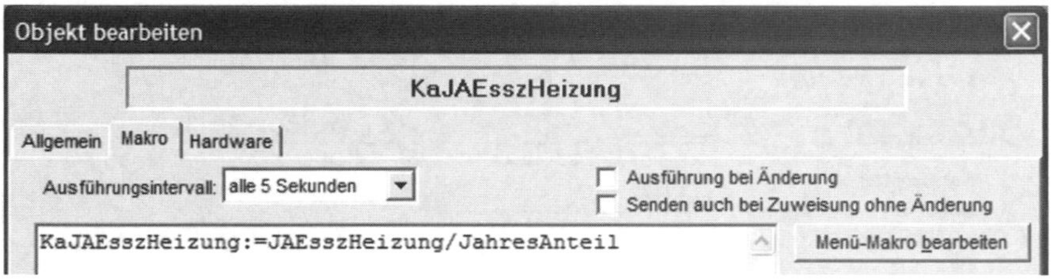

Abb. 14.85 Berechnung der kalkulierten Jahresarbeit für die Heizung im Esszimmer

Die einzelnen kalkulierten Jahresarbeiten und damit Jahresverbräuche werden wie bereits bei den aktuellen summiert und als Gesamtverbräuche angelegt (vgl. Abb. 14.86 bis Abb. 14.88).

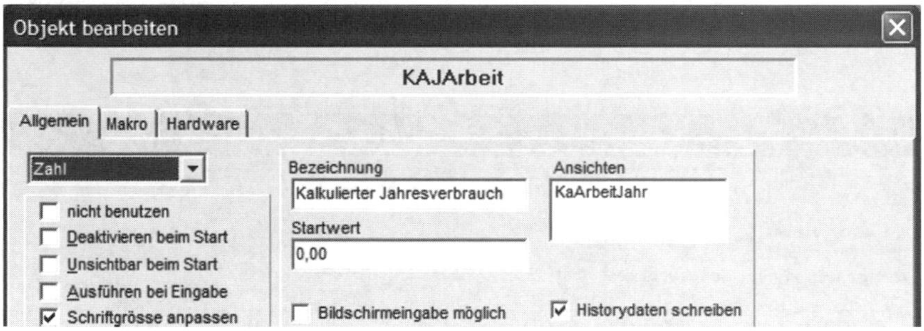

Abb. 14.86 Anlage des Objekts KAJArbeit für die Kalkulation des Jahresverbrauchs

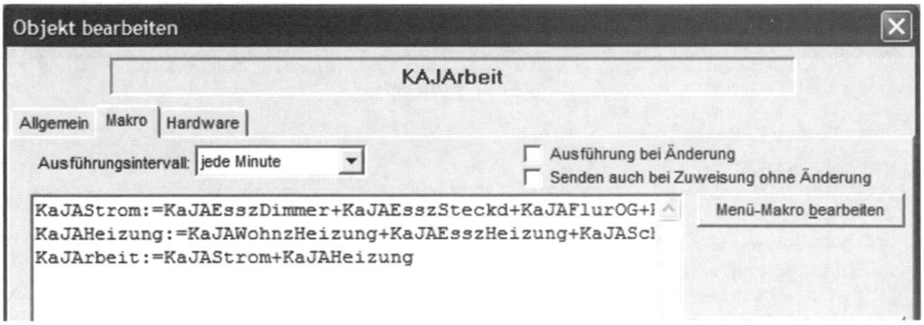

Abb. 14.87 Aufsummation der einzelnen Jahresarbeiten

Abb. 14.88 Aufsummation der einzelnen Jahresarbeiten im Editorfenster

Beispielhaft ergibt sich die Darstellung in Abb. 14.89.

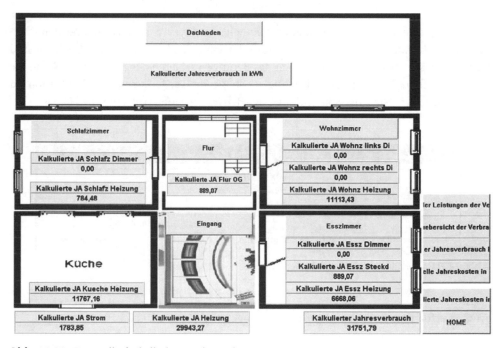

Abb. 14.89 Beispielhafte kalkulierte Jahresarbeit

Analog werden die kalkulierten Kosten ermittelt und in den Objekten „KaJKEssz-Dimmer" und „KaJKEsszHeizung" abgelegt. Es gelten die gleichen Parametrisierungs-grundlagen wie bei den kalkulieren Verbräuchen (vgl. Abb. 14.90).

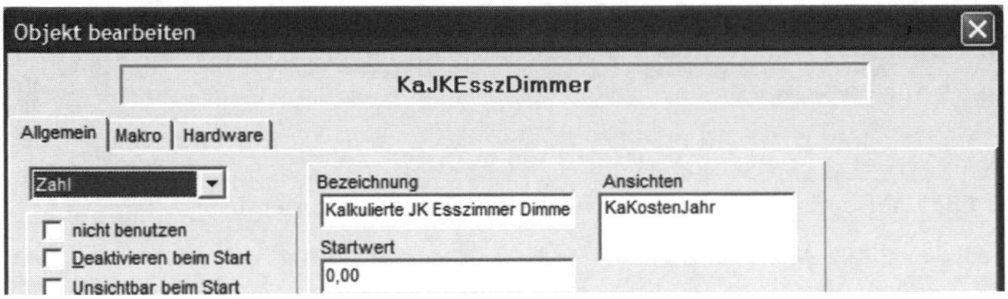

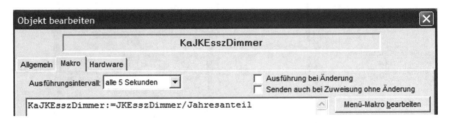

Abb. 14.90   Anlage des Objekts „KaJKEsszDimmer"

Die folgende sehr einfache Kalkulation beinhaltet nicht, dass sich Tarife und Benutzer-verhalten über das Jahr und damit den Rest des Jahres ändern können. Tatsächlich sind wie bei der Kalkulation der Jahresarbeit das Benutzerverhalten der Betriebsmittel und die sich ändernden Tarife zu berücksichtigen. Steigende Tarife lassen die Kalkulation zu niedrig ausfallen, Nichtberücksichtigung des Betriebs zu hohe (vgl. Abb. 14.91).

Abb. 14.91   Berechnung der kalkulierten Jahreskosten des Dimmers

Analog erfolgt die Kalkulation für die Heizungen (vgl. Abb. 14.92).

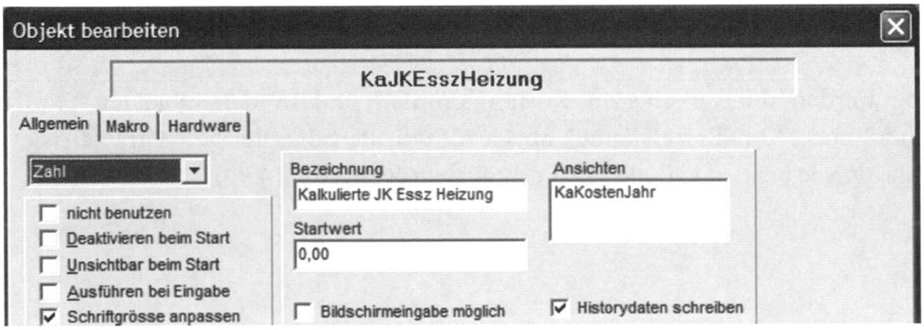

Abb. 14.92   Anlage des Objekts „KaJKEsszHeizung"

Auch die Berechnung unterscheidet sich nicht (vgl. Abb. 14.93).

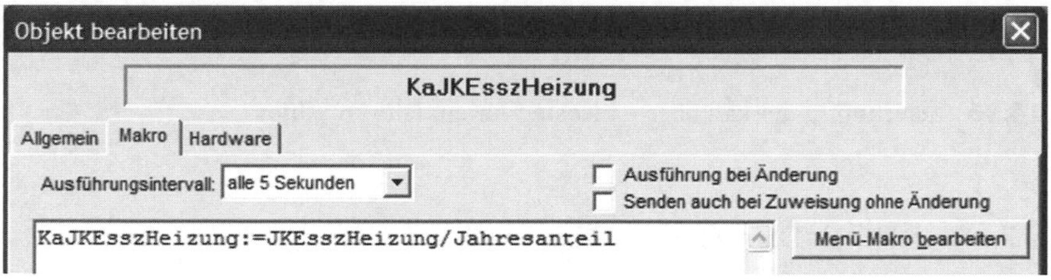

Abb. 14.93 Berechnung der kalkulierten Jahreskosten der Heizung

Entsprechend der kalkulierten Verbräuche werden auch die Kosten zu gesamten kalkulierten kosten für die Einzelanteile elektrische und Heizungs-Energie und Gesamtkosten
ermittelt. Hierzu werden die Einzelobjekte „KaJKStrom", „KaJKHeizung" und „KaJKosten" angelegt (vgl. Abb. 14.94).

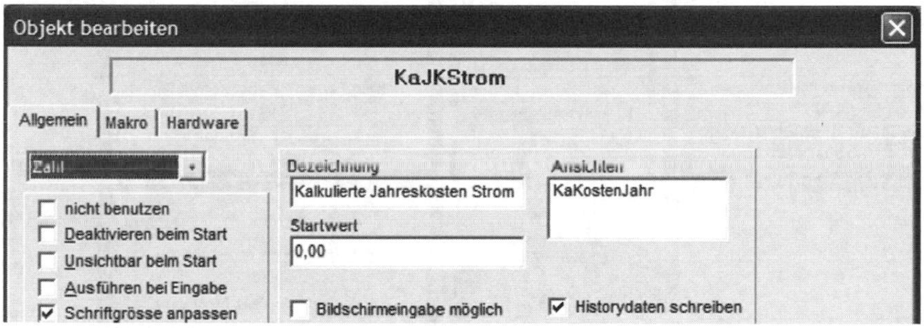

Abb. 14.94 Anlage des Kalkulationsobjekts „KaJKStrom"

Die Summation erfolgt für alle beteiligten Objekte im Makro des Objekts „KaJKosten".
Die Berechnung für eine vergleichbare Tankuhr erfolgt abschließend (vgl. Abb. 14.95
und Abb. 14.96).

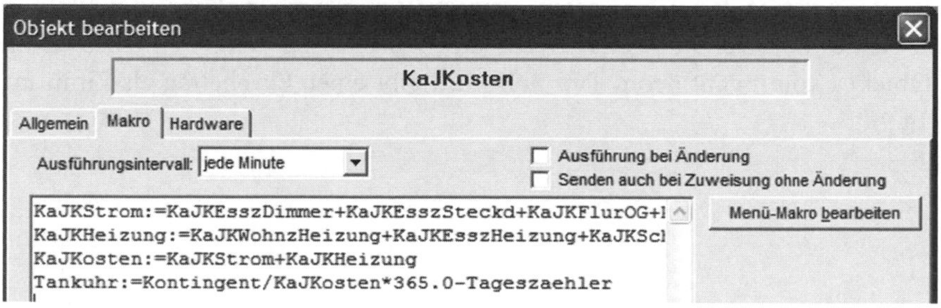

Abb. 14.95 Berechnung der kalkulierten Kosten für ein Jahr

Abb. 14.96 Berechnung der kalkulierten Kosten für ein Jahr im Editor

Beispielhaft ergibt sich Darstellung in Abb. 14.97.

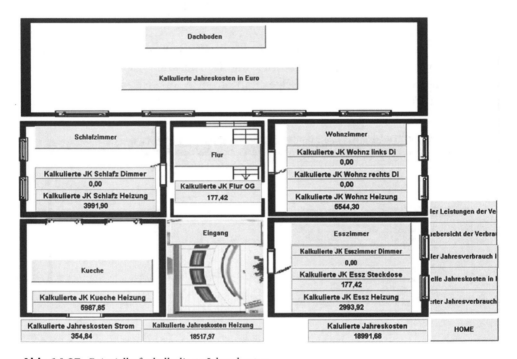

Abb. 14.97 Beispielhafte kalkulierte Jahreskosten

Auf der Basis der kalkulierten Kosten kann zusätzlich eine Tankuhr abgeleitet werden. Hierzu ist das Energiekontingent für das Jahr zunächst zu definieren. Dies erfolgt mit dem Objekt „Kontingent" vom Typ Zahl und gibt einen Eurobetrag als Limit an (vgl. Abb. 14.98).

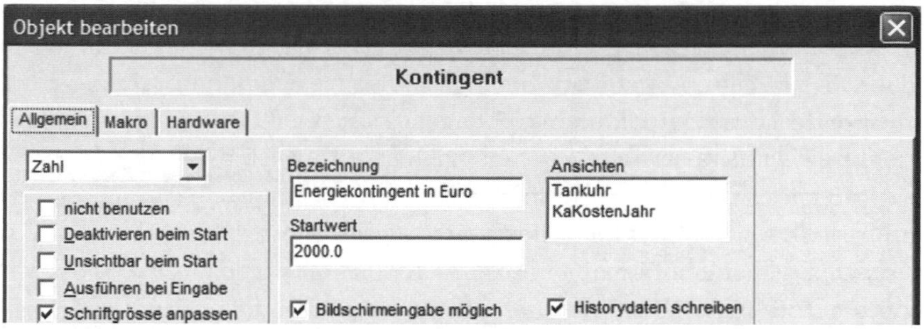

Abb. 14.98 Definition des Objekts „Kontingent"

Das Objekt „Tankuhr" ist ebenso vom Typ Zahl und gibt die Anzahl Tage der Restlauf-zeit auf der Basis von Limit und kalkulierter Kosten an.

Durch Division von „Kontingent" durch die aktuell kalkulierten gesamten Jahreskos-ten multipliziert mit 365 Tagen, entsprechend einem Jahr, ergibt sich die Anzahl Tage, die mit dem vorhandenen Limit den Betrieb des Hauses noch ermöglichen. Zieht man davon die bereits abgelaufenen Tage (Objekt „Tageszähler") ab, so ergibt sich die aktuelle Restlaufzeit (vgl. Abb. 14.99).

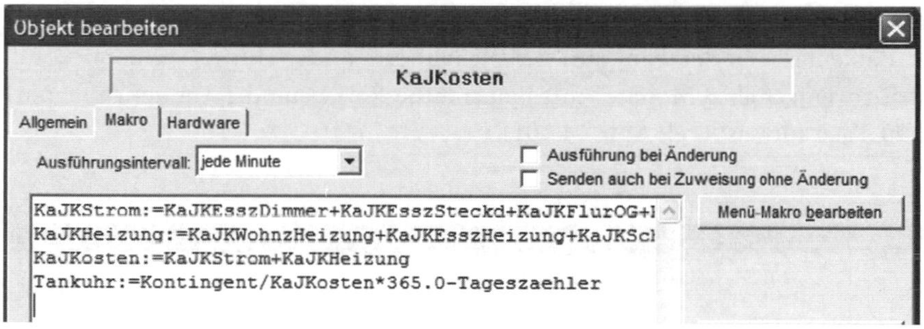

Abb. 14.99 Berechnung des Tankuhrobjekts im Makro „KaJKosten"

Die Restlaufzeit „Tankuhr" kann ausgewertet und in Hinweise analog der Temperatur-interpretation umgewandelt werden. Dies erfolgt im Makro zum Objekt „Tankuhr" (vgl. Abb. 14.100).

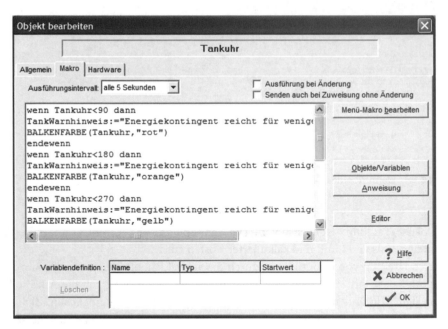

Abb. 14.100 Makro des Objekts „Tankuhr"

Je nach Tankuhrstand erfolgt die Interpretation mit Anzeige als „Warnhinweis" oder durch Balkenfarbe in der Tankuhr. Beispielhaft erfolgt der Hinweis „Energiekontingent reicht für weniger als 3 Monate" mit Balkenfarbe Rot, wenn die Tankuhr nur noch den Wert 90 Tage aufweist (vgl. Abb. 14.101).

Abb. 14.101 Makro des Objekts „Tankuhr" im Editorfenster

Angezeigt werden die vom Objekt „Tankuhr" bearbeiteten Objekte in der Ansicht mit demselben Namen „Tankuhr" (vgl. Abb. 14.102).

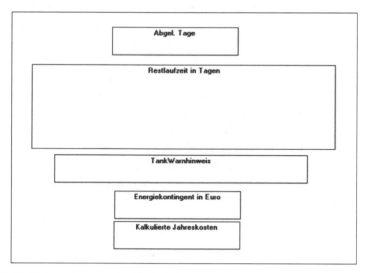

Abb. 14.102   Definition der Ansicht „Tankuhr"

Exemplarisch ergibt sich die Ansicht in Abb. 14.103.

Abb. 14.103   Anzeige der Ansicht „Tankuhr"

14.5   Passives Energiemanagement

Die Funktionen des passiven Energiemanagements sind im Grunde genommen reine Gebäudeautomationsfunktionen, die den Kategorien Komfort oder Sicherheit zugeordnet werden können. Zusätzlich können bei starker Netzbelastung oder aufgrund variierender Tarife Abschaltungen erfolgen, Basis hierfür ist die smart-metering-basierte Berechnung. Die Heizungssteuerung ist eine Funktionalität, die wesentlich zur Energieeinsparung beitragen kann. Der Heizenergieverbrauch kann durch Einbindung der Bewohnungs- und Tagessituation, der Fensterstellung in Verbindung mit Hysteresen und bedarfs- und tarifbasierte Sollwerteinstellungen optimal beeinflusst werden kann. Bei der Homeputer/FS20-Realisierung werden die Temperaturdaten über Temperaturfühler ermittelt und stehen als reale Daten zur Verfügung. Die Sollwerte werden am Display dem Raum zugehörig durch Tastatureingabe verändert. Der Bewohnungszustand „Haus ist verlassen" wird über einen Schalter, Präsenzerfassung oder ein Codeschloss ermittelt, die Tageszeit vom Rechner automatisch mitgeführt. Damit sind alle Grundlagen gelegt, zu programmieren ist im einfachsten und ausreichenden Falle eine Zweipunktregelung der Heizkörperstellventile oder -relais. Im Beispiel ist die Heizung ein binäres Objekt mit der Benennung „EsszHeizung1". Die 1 wird verwendet, da 2 Heizkörper im Raum vorhanden sind (vgl. Abb. 14.104).

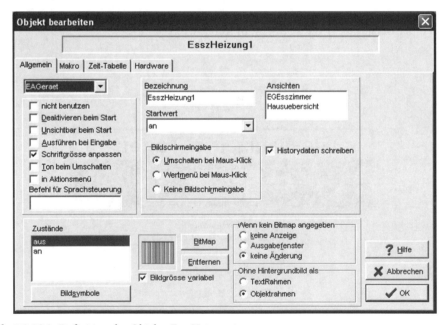

Abb. 14.104 Definition des Objekts EsszHeizung1

Das Makro wird über den Karteireiter „Makro" erzeugt und besteht aus der Separation der beiden Abfragen „Hausistverlassen=1" und „Hausistverlassen=0". Der Aufbau des gesamten Makros ist dem Text in Abb. 14.105 zu entnehmen.

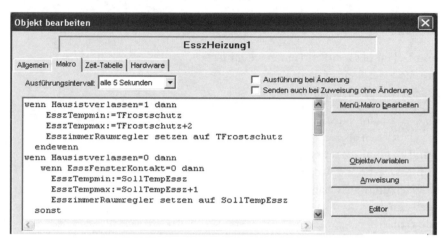

Abb. 14.105 Makro für die Heizung im Esszimmer

Beim Zustand des verlassenen Hauses wird die Heizung eingeschaltet, wenn die Temperatur unter die eingestellte Frostschutztemperatur TKFrostschutz sinkt und wieder ausgeschaltet, wenn die Frostschutztemperatur um 2 Grad, dies ist die zugeordnete Hysterese, überschritten wurde. Ähnlich verhält es sich beim bewohnten Haus, wobei jedoch die Fensterkontakte mit ausgewertet werden. Bei nicht geöffnetem Fenster liegt die minimale Temperatur, bei der die Heizung eingeschaltet wird, beim eingestellten Sollwert der Temperatur im Esszimmer mit oberer Grenze entsprechend einer Hysterese von einem Grad, bei geöffnetem Fenster wird die aktuelle Sollwerttemperatur auf den Wert der Nachtabsenkung mit Hysterese von einem Grad eingestellt. Bei Verwendung von FHT-Raumtemperaturreglern kann der Status des Raumtemperaturreglers auch direkt beeinflusst werden.

wenn Hausistverlassen=1 dann
    EsszTempmin:=TFrostschutz
    EsszTempmax:=TFrostschutz+2
    EsszimmerRaumregler setzen auf TFrostschutz
    endewenn

wenn Hausistverlassen=0 dann
    wenn EsszFensterKontakt=0 dann
    EsszTempmin:=SollTempEssz
    EsszTempmax:=SollTempEssz+1
    EsszimmerRaumregler setzen auf SollTempEssz

```
      sonst
        EsszTempmin:=TNachtabsenkung
        EsszTempmax:=TNachtabsenkung+1
        EsszimmerRaumregler setzen auf TNachtabsenkung
      endewenn
      endewenn

      wenn IstTempEssz<=EsszTempmax dann
      wenn EsszHeizSteig=1 dann
       EsszHeizung1 einschalten
      endewenn
      endewenn

      wenn IstTempEssz<=EsszTempmax dann
      wenn EsszHeizSteig=0 dann
       EsszHeizung1 ausschalten
      endewenn
      endewenn

      wenn IstTempEssz>EsszTempmax dann
       EsszHeizSteig:=0
       EsszHeizung1 ausschalten
      endewenn

      wenn IstTempEssz<EsszTempmin dann
       EsszHeizSteig:=1
       EsszHeizung1 einschalten
      endewenn
```

EsszHeizSteig ist ein Objekt mit einem Merker, in dem festgehalten wird, ob die Temperatur im Steigen oder Sinken begriffen ist.

Jeder weitere Heizkörper im Raum kann den Schaltzustand durch einfache Zuweisung erhalten. Hierzu werden weitere Objekte für die Heizung angelegt, in diesem Fall EsszHeizung2 (vgl. Abb. 14.106 und Abb. 14.107).

Der Sollwert für das Esszimmer wird als Zahl-Objekt angelegt, als Startwert wird 19,0 Grad gewählt, wobei die Endung „0" erforderlich ist, um die Genauigkeit der Temperaturauswertung auf eine Nachkommastelle einzustellen (vgl. Abb. 14.108).

Der Sollwert kann im laufenden Betrieb durch Auswahl der Bedienoberfläche für das Esszimmer und dort Anklicken des Reglers für die Solltemperatur geändert werden. Durch Verwendung der Tastatur wird der neue plausibel gewählte Wert eingegeben. Zur Sicherheit kann dem Objekt „SollTempEssz" ein einfaches Makro angehängt werden, das die Eingaben auf zu große oder zu kleine Werte analysiert und bei unplausibler Eingabe auf einen Standardwert korrigiert (vgl. Abb. 14.109).

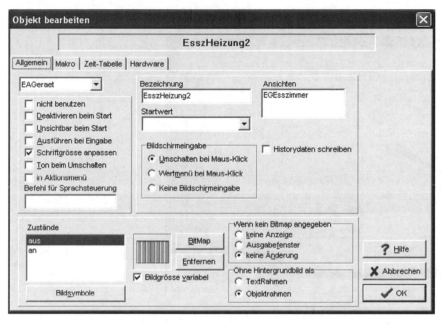

Abb. 14.106 Definition des Objekts EsszHeizung2

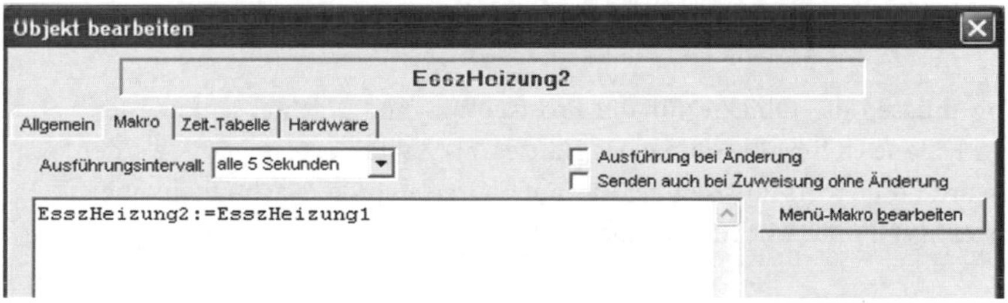

Abb. 14.107 Makro für die Zuweisung des Schaltverhaltens des zweiten Heizkörpers

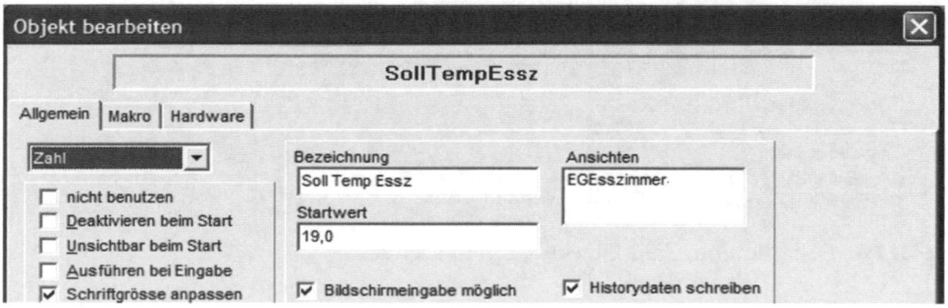

Abb. 14.108 Definition des Sollwerts der Temperatur im Esszimmer

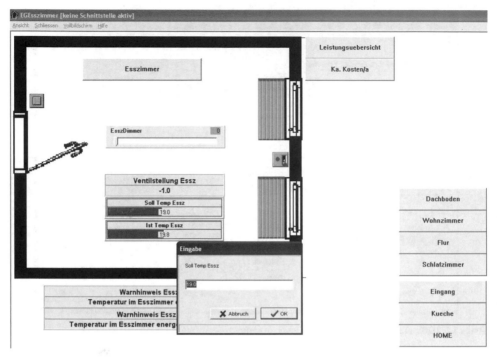

Abb. 14.109 Änderung der Sollwerttemperatur im Esszimmer im laufenden Betrieb

Analog müssen die Objekte für die Frostschutz- und Nachtabsenkungstemperatur, in diesem Fall gleich für alle Räume des Hauses, als Zahlobjekte angelegt werden. Als Startwert wurde die Frostschutztemperatur auf 5 Grad und die Nachtabsenkung auf 14 Grad eingestellt (vgl. Abb. 14.110 und Abb. 14.111).

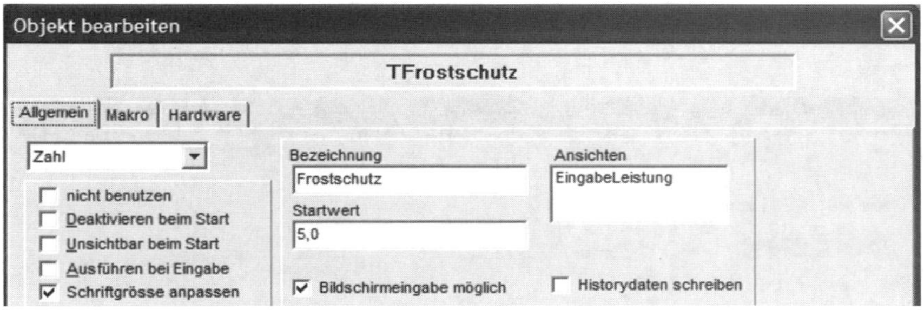

Abb. 14.110 Definition des Zahl-Objekts „TKFrostschutz"

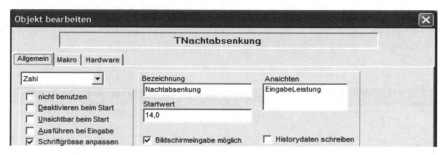

Abb. 14.111 Definition des Zahlobjekts „TNachtabsenkung"

Beide Werte werden in der Ansicht „EingabeLeistung" am unteren rechten Bildrand angezeigt und können nach Anklicken mit der Maus mit der Tastatur geändert werden, auch diese können auf Plausibilität durch ein Makro kontrolliert werden (vgl. Abb. 14.112).

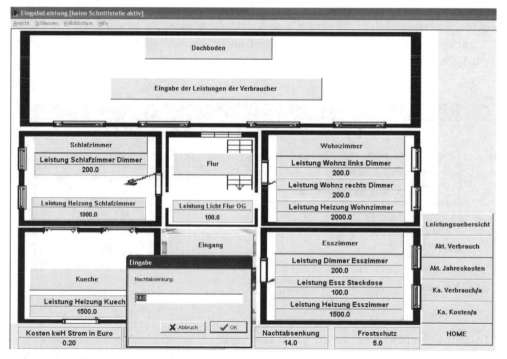

Abb. 14.112 Änderung von Nachtabsenkung oder Frostschutz im laufenden Betrieb

Die Nachtabsenkung wird ähnlich wie die „Haus-ist-verlassen"-Funktion in diesem Fall durch die Zeit gesteuert. Der Zustand „Nachtabsenkung" wird als Zahl angelegt, die den Wertebereich 0 oder 1 hat (vgl. Abb. 14.113).

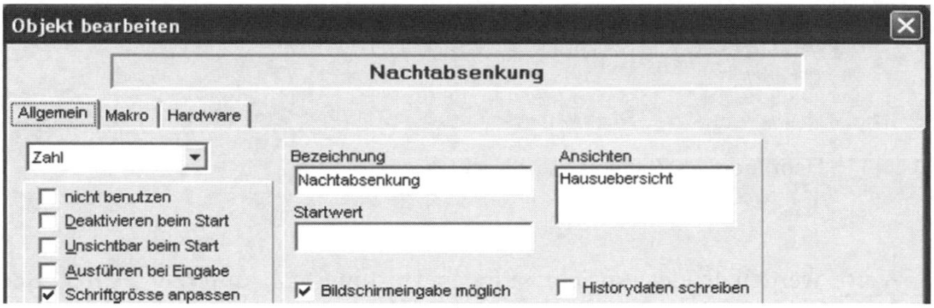

Abb. 14.113 Definition des Objekts „Nachtabsenkung"

Das zugehörige Makro fragt in einem längeren Zyklus, in diesem Fall wurde zu Demonstrationszwecken die Zykluszeit auf eine Minute festgelegt, den Zustand der Variablen „Hausistverlassen" ab und stellt bei bewohntem Zustand im Nachtzeitintervall von 22 bis 6 Uhr den Status der Nachtabsenkung von 0 auf 1. Die niedrigere Frostschutztemperatur wird generell verwendet, wenn das Haus verlassen ist (vgl. Abb. 14.114).

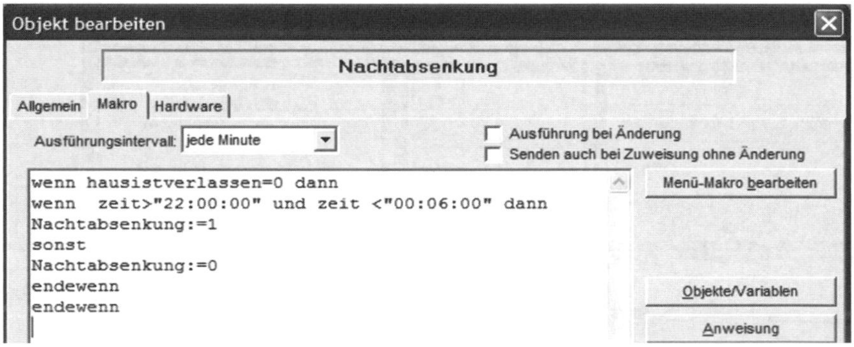

Abb. 14.114 Makro der Nachtabsenkung

Im laufenden Betrieb erfolgt die Visualisierung des Heizbetriebs über Heizkörpersymbole im jeweiligen Raum (blau = aus, rot = an), zusätzlich kann der Reglerzustand eingeblendet werden, wenn die Heizungssteuerung indirekt über die FHT-Raumtemperaturregler erfolgt, die Heizkörpersymbole sind dann virtuell.

Zur Unterstützung des Energiemanagements können die Elemente aus dem aktiven Energiemanagement beibehalten werden, d. h. Soll- und Ist-Temperatur werden anhand von Farben oder Skalen bewertet und mit Kommentaren belegt. Vorteil des passiven Energiemanagements ist, dass die Stellventile der Heizkörper nicht mehr von Hand gestellt werden müssen und automatisiert Energie eingespart wird (vgl. Abb. 14.115).

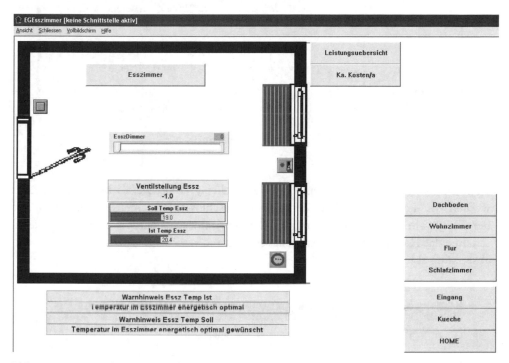

Abb. 14.115   Ansicht einer Einzelraumtemperaturregelung

Ein weiteres Merkmal des passiven Energiemanagements ist die Auswertung des „Hausistverlassen"-Zustands. Hierzu wird geeignet der Zustand „Hausistverlassen" erfasst. Im einfachsten Falle wurden in diesem Beispiel zwei Taster mit der Beschriftung „Kommen" und „Gehen" angelegt. „Gehen" steht für das vollständige Verlassen des Hauses und Versetzen des Zustands „Hausistverlassen" auf 1 und „Kommen" umgekehrt für das Betreten des Hauses und Versetzen des Zustands „Hausistverlassen" auf 0. Während „Gehen" tatsächlich nur beim Verlassen des letzten Einwohners betätigt werden sollte, ist ein mehrmaliges Betätigen von „Kommen" unkritisch.

„Gehen" und „Kommen" werden als (Bedien-)Knöpfe mit der jeweiligen Aufschrit „Gehen" und „Kommen" angelegt, die zugehörigen Objekte tragen die Bezeichnung „Hausistverlassenein" und „Hausistverlassenaus" (vgl. Abb. 14.116).

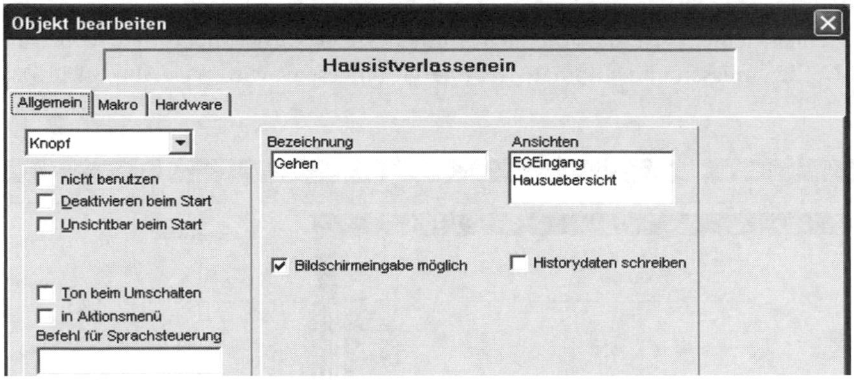

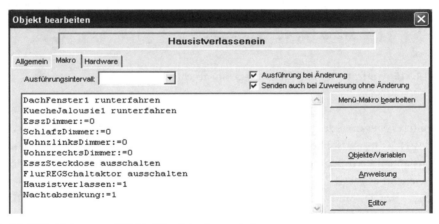

Abb. 14.116 Definition des Objekts „Hausistverlassenein"

Dem Objekt „Hausistverlassenein" kann ein beliebig kompliziertes Makro zugeordnet werden. In diesem Beispiel werden Fenster geschlossen (Dachfenster) und Jalousien heruntergefahren, zusätzlich sämtliche Lampen und schaltbaren Verbraucher ausgeschaltet, das Haus in den Haus-ist-verlassen-Zustand versetzt. Zusätzlich wird die Nachtabsenkung aktiviert (vgl. Abb. 14.117).

Abb. 14.117 Makro zum Objekt „Hausistverlassenein"

Analog wird das Makro „Hausistverlassenaus" angelegt (vgl. Abb. 14.118).

Objekt bearbeiten
Hausistverlassenaus
Allgemein
Makro
Hardware
Knopf
nicht benutzen
Deaktivieren beim Start
Unsichtbar beim Start
Ton beim Umschalten
in Aktionsmenü
Befehl für Sprachsteuerung
Bezeichnung
Kommen
Bildschirmeingabe möglich
Ansichten
EGEingang
Hausuebersicht
Historydaten schreiben

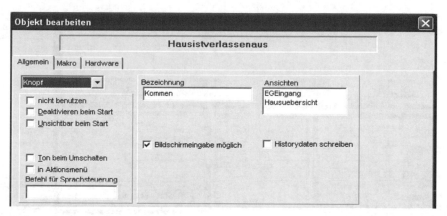

Abb. 14.118 Definition des Makros „Hausistverlassenaus“

Beim Betreten des Hauses werden die Jalousien wieder heraufgefahren, Lichtszenen eingeschaltet, Alarme ausgeschaltet und das Haus wieder in den Zustand „Hausistverlassen=0“, also bewohnt, versetzt. Zusätzlich wird die Nachtabsenkung für eine bestimmte Zeit bis zur nächsten Aktivierung deaktiviert, um die Temperaturen auch zur Nachtabsenkungszeit komfortorientiert anzuheben. An dieser Stelle können selbstverständlich auch Lampen nur für bestimmte Zeit aktiviert und anschließend wieder abgeschaltet werden (vgl. Abb. 14.119).

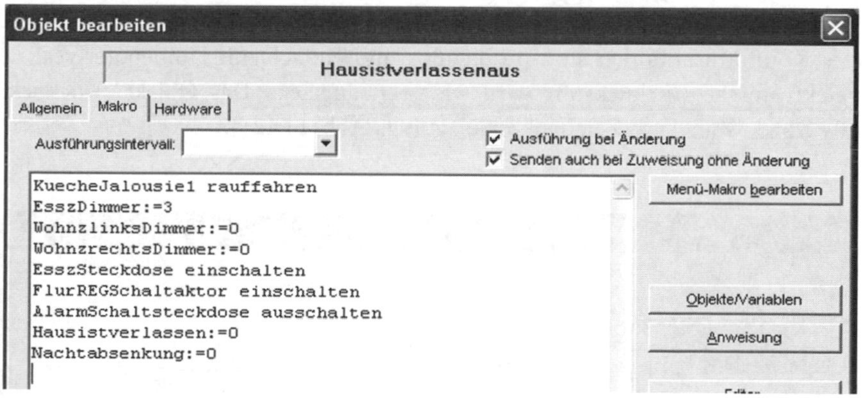

Objekt bearbeiten
Hausistverlassenaus
Allgemein
Makro
Hardware
Ausführungsintervall:
Ausführung bei Änderung
Senden auch bei Zuweisung ohne Änderung
KuecheJalousie1 rauffahren
EsszDimmer:=3
WohnzlinksDimmer:=0
WohnzrechtsDimmer:=0
EsszSteckdose einschalten
FlurREGSchaltaktor einschalten
AlarmSchaltsteckdose ausschalten
Hausistverlassen:=0
Nachtabsenkung:=0
Menü-Makro bearbeiten
Objekte/Variablen
Anweisung

Abb. 14.119 Definition des Makros „Hausistverlassenaus“

Die Funktionalität der Haus-ist-verlassen-Steuerung ist in der Ansicht „Hausuebersicht“ gut demonstrierbar (vgl. Abb. 14.120).

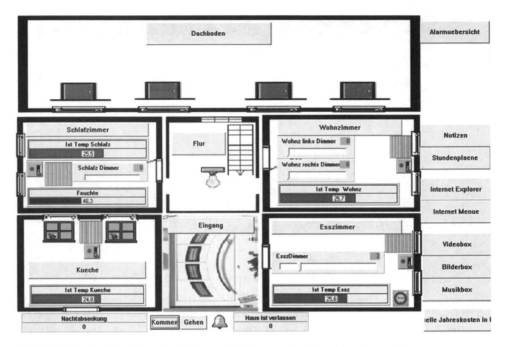

Abb. 14.120   Ansicht Hausuebersicht zur Erläuterung der Haus-ist-verlassen-Steuerung

14.6   Einbindung von Komfortfunktionen

Weitere Komfortfunktionen sind problemlos und einfach mit Homeputer realisierbar. Eine elektronische Kuckucksuhr wird wie folgt angelegt. Das Objekt „Kuckucksuhr" wird als Objekt vom Typ „Zeichen" angelegt (vgl. Abb. 14.121).

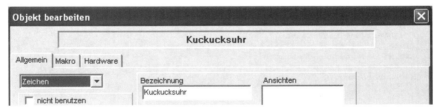

Abb. 14.121   Definition des Objekts „Kuckucksuhr"

Dem Objekt wird ein Makro zugeordnet, in dem zu jeder vollen Stunde eine passende Audiodatei (vom Typ *.wav) über den Play-Befehl abgespielt wird (vgl. Abb. 14.122).

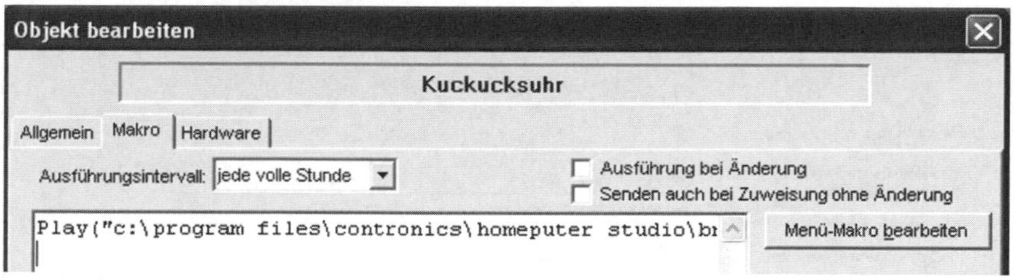

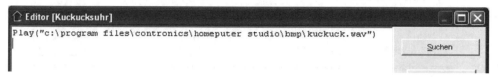

Abb. 14.122 Makro zum Abspielen einer Audiodatei

Aufgrund der langen Textzeile durch den Ordner wird das Makro im Editorfenster erneut dargestellt (vgl. Abb. 14.123).

Abb. 14.123 Makro zum Abspielen einer Audiodatei im Editorfenster

Dieses simple Beispiel verdeutlicht nicht die immensen Möglichkeiten von Homeputer hinsichtlich der Realisierung von Komfortfunktionen. Da im Vordergrund smart-metering-basiertes Energiemanagement steht, wird nicht auf weitere Beispiele eingegangen.

14.7 Einbindung von Sicherheitsfunktionen

Neben Komfortfunktionen sind auf der Basis von Komponenten zur Nutzung für Energiemanagementfunktionen auch Sicherheitsfunktionen einfach realisierbar. So können Präsenz- oder Bewegungsmelder, Taster oder Fensterkontakte in Verbindung mit dem Status „Hausistverlassen" abgefragt werden, um einen Alarm auszulösen.

Dies wird im folgenden Beispiel an einer komplexen Tasterabfrage erläutert.

Einer der Taster im Esszimmer ist als Objekt „EsszLichtTaster2rechts" vom Typ „Taster" angelegt. Das zugeordnete Makro, das im Normalzustand lediglich ein Event beim zugeordneten Schaltaktor auslösen würde, wird um entsprechende Abfragen erweitert (vgl. Abb. 14.124).

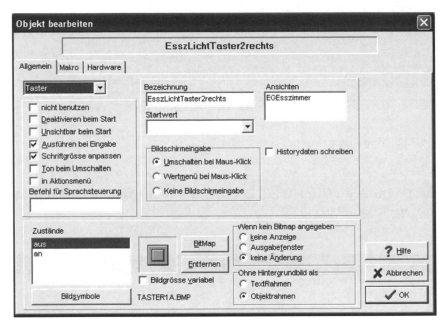

Abb. 14.124 Definition des Objekts „EsszLichtTaster2rechts"

Das zugehörige Makro des Objekts wird mit der Abfrage „Wenn Hausistverlassen=0 dann" eingeschachtelt. Im Normalzustand „Hausistverlassen=0" wird der zugeordnete Dimmer beim Tasten ausgeschaltet (EsszDimmer:=0) oder voll eingeschaltet (EsszDimmer:=16), anderenfalls wird der Alarm ausgelöst (AlarmSchaltsteckdose:=1) und der Einbrecher durch Sprache und Töne erschreckt, während das Licht nicht eingeschaltet wird (vgl. Abb. 14.125).

Übersichtlicher ist das Makro dem Editorfenster zu entnehmen (vgl. Abb. 14.126).

Als weiteres Beispiel für Sicherheitsfunktionen wird die Klingelfunktion erläutert. Der Klingeltaster ist vom Typ Taster und trägt die Bezeichnung „KlingelTaster2links" (vgl. Abb. 14.127).

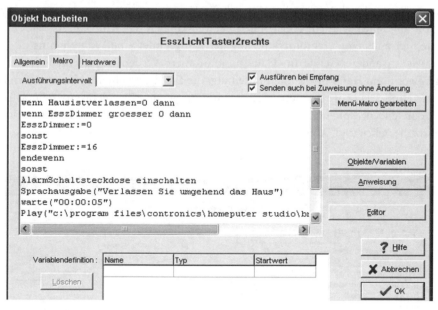

Abb. 14.125 Makro des Objekts „EsszLichtTaster2rechts"

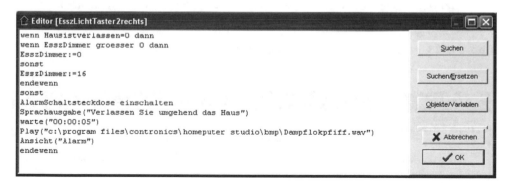

Abb. 14.126 Makro des Objekts „EsszLichtTaster2rechts" im Editorfenster

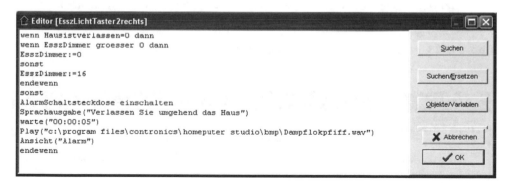

Abb. 14.127 Definition des Objekts „KlingelTaster2links"

Im Normalfall soll das Objekt „Klingel" für 10 s eingeschaltet werden und zusätzlich ein Ton abgespielt werden. Hinsichtlich der Funktionen des Ambient-Assisted-Livings könnte hier auch eine Lichtunterstützung der Klingel oder eine Weiterleitung des Klingelsignals an andere Geräte im Haus programmiert werden. Anderenfalls könnte bei nichtbewohntem Haus eine Sprachmitteilung, die Eröffnung einer Videolinie zum Handy oder ähnliches programmiert werden. Im vorliegenden Beispiel werden Sprach- und Audiodateien abgespielt. Zur Realisierung ist lediglich die Variable „Hausistverlassen" mit einzubeziehen (vgl. Abb. 14.128 und Abb. 14.129).

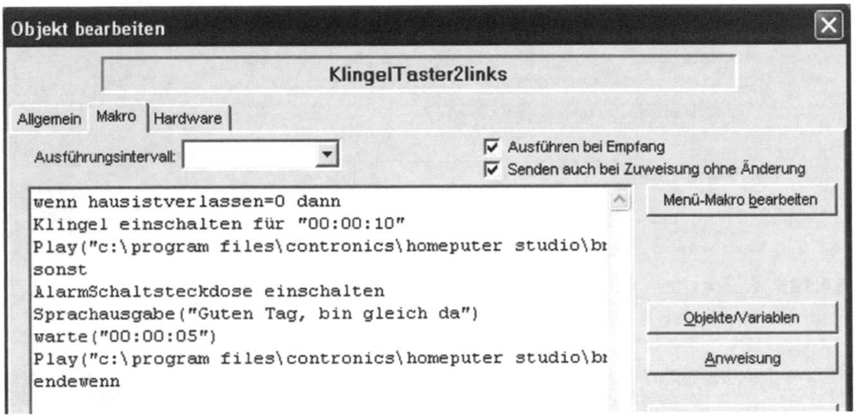

Abb. 14.128 Makro des Objekts „Klingeltaster2links"

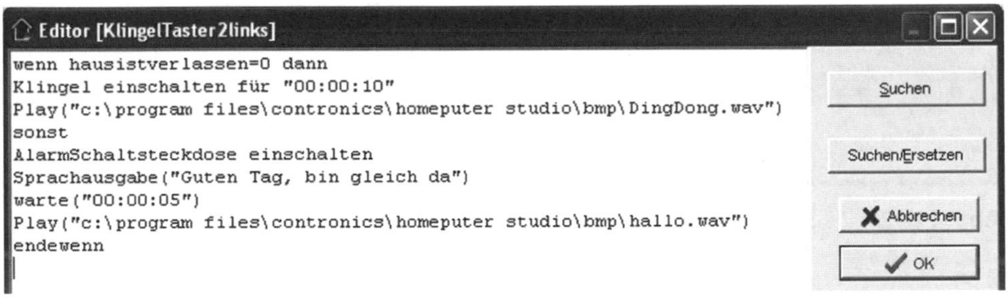

Abb. 14.129 Makro des Objekts „Klingeltaster2links" im Editorfenster

In der Realität ist die Funktionalität in der Ansicht „EGEingang" nachvollziehbar. Der Klingeltaster ist neben der Tür angeordnet, die Klingel unter der Tür. Problemlos kann an dieser Stelle im Display auch die Verbindung zu einer Videotelephonieschnittstelle eingebunden werden (vgl. Abb. 14.130).

Entsprechend sind Jalousietaster- und Fensterkontaktabfragen realisierbar, die den folgenden Abbildungen zu entnehmen sind (vgl. Abb. 14.131).

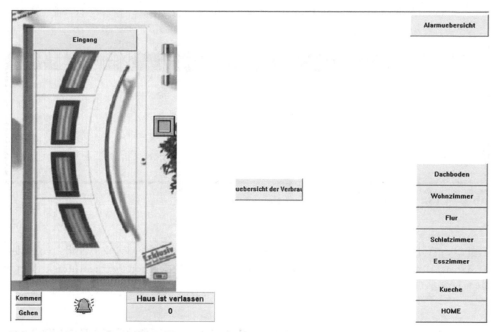

Abb. 14.130 Ansicht EGEingang

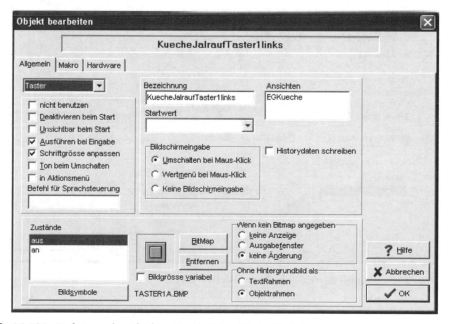

Abb. 14.131 Definition des Objekts „KuecheJalraufTaster1links"

Der Makroinhalt ist in Abb. 14.132 wiedergegeben.

Abb. 14.132 Makro des Objekts „KuecheJalraufTaster1links"

Der Fensterkontakt wird im Normalzustand hinsichtlich seines Zustands von der Heizungssteuerung ausgewertet, kann jedoch auch für Sicherheitsbetrachtungen ausgewertet werden (vgl. Abb. 14.133).

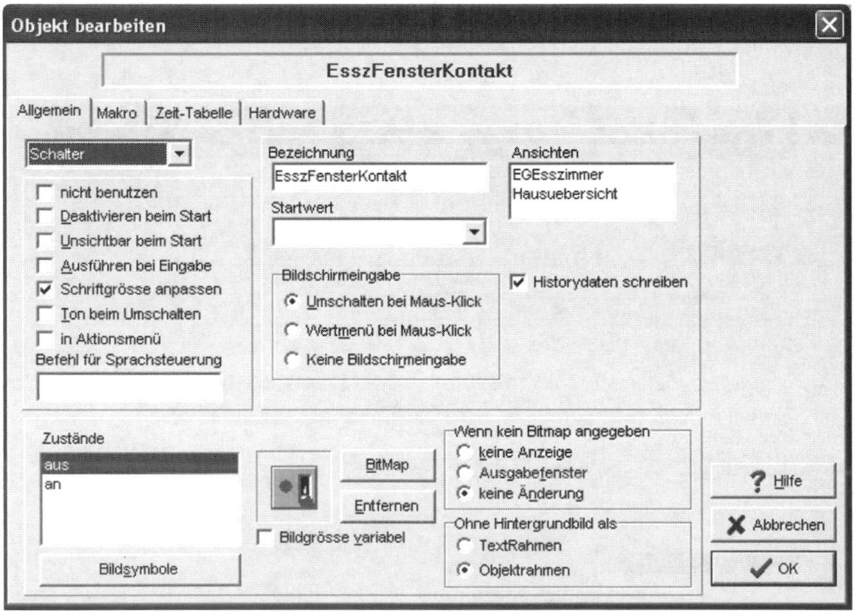

Abb. 14.133 Definition des Objekts „EsszFensterKontakt"

Mit dem Fensterkontakt ist das Makro in Abb. 14.134 verbunden.

Abb. 14.134 Makro des Objekts „EsszFensterKontakt"

Für die Alarmmeldungen im Display, das wiederum über das Internet oder Handy aufgerufen werden kann, wird eine Ansicht „Alarm" definiert, in der die Einbruchsmeldung
mit Quittierung (rechts) sowie die Regen- und die Wasserschadensüberwachung
angelegt ist (vgl. Abb. 14.135).

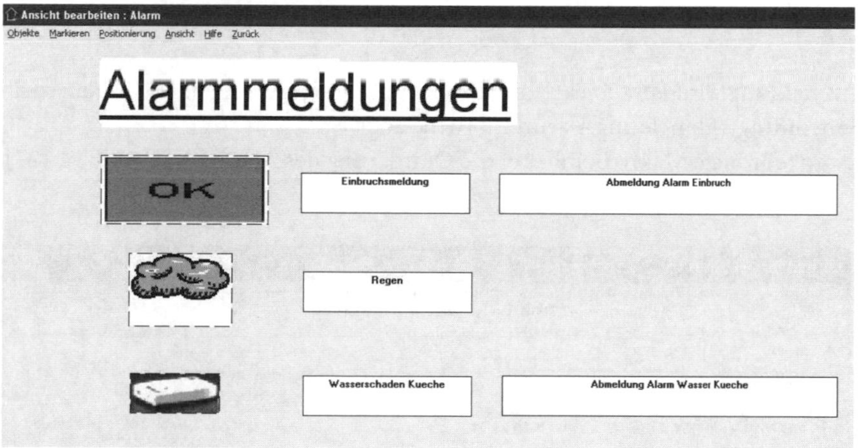

Abb. 14.135 Ansicht „Alarm"

Zur Alarmierung können beliebige Meldelinien über Kontakt angesteuert werden. Im
vorliegenden Beispiel dient ein Schaltkontakt mit Lampe, angelegt als Objekt „Alarm-
Schaltsteckdose" als beispielhafter Alarm. Das Objekt ist vom Typ „ASensor", das speziell als Typ mit unterschiedlichen Bitmaps angelegt wurde (vgl. Abb. 14.136).

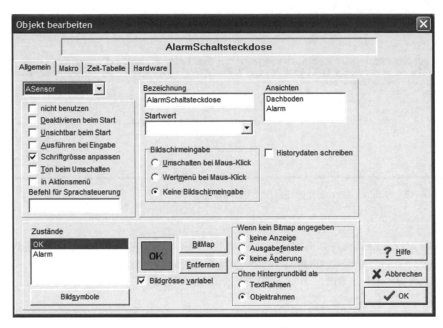

Abb. 14.136 Definition des Objekts „AlarmSchaltsteckdose"

Zur Abmeldung wird ein Objekt vom Typ Knopf mit entsprechender Textaufschrift und der Benennung „AbmeldungAlarmEinbruch" angelegt.

Das zugeordnete Makro beinhaltet die Quittierung des Alarms (vgl. Abb. 14.137).

Abb. 14.137 Makro des Objekts „AlarmSchaltsteckdose"

Ebenso wird die Wasserschadensmeldung quittiert (vgl. Abb. 14.138).

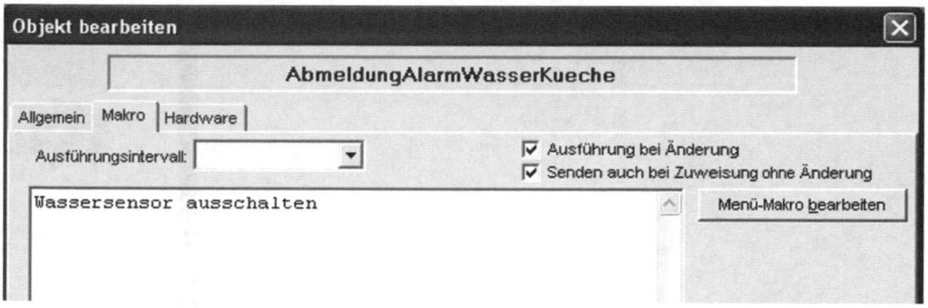

Abb. 14.138   Makro des Objekts „AbmeldungAlarmWasserKueche"

Die Funktionalität der Alarmierung ist der Abb. 14.139 zu entnehmen.

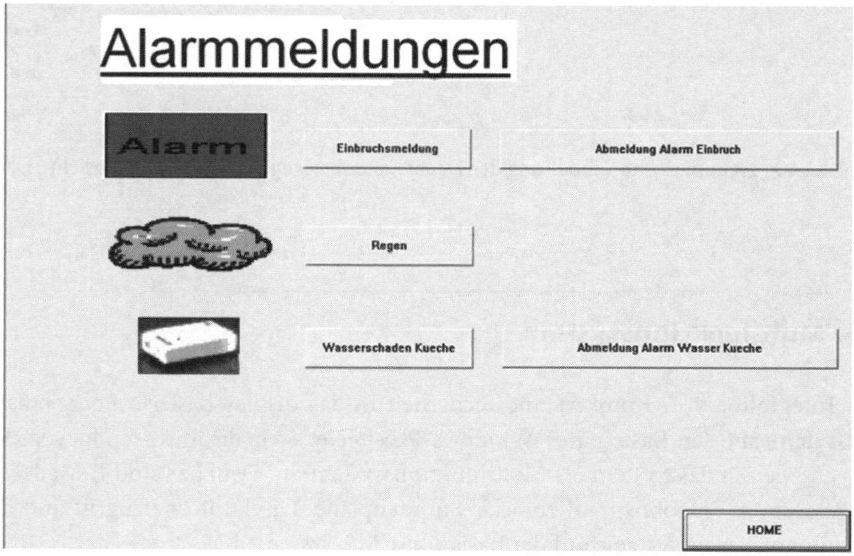

Abb. 14.139   Alarmfunktion bei Einbruch in der Ansicht „Alarm"

Als weitere Sicherheitsfunktion können die Dachfenster bei Regenalarm entsprechend geschlossen werden (vgl. Abb. 14.140).

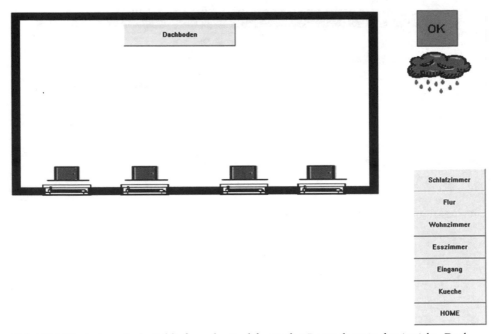

Abb. 14.140 Automatische Schließung der Dachfenster bei Regenalarm in der Ansicht „Dachboden"

14.8 Multifunktionssystem

Nach Integration von Komfort und Sicherheit in das display-basierte Energiemanagementsystem auf der Basis eines Windows-PCs bietet sich die Integration von Multimediaanteilen in das System als Multifunktionssystem an. Denkbar sind E-Mails, Musibox, Bilderbox, Videobox, Notizblöcke, Stundenpläne, Direktinternetzugriff und Dokumentenmanagementsysteme auf der Basis von CMS-Systemen.

E-Mail-Systeme können entweder als separate Bestandteile innerhalb der Windowsoberfläche oder als fester Bestandteil des Gebäudeautomationssystems integriert werden. Letzteres hat den Vorteil, dass E-Mail-Mitteilungen direkt vom Gebäudeautomationssystem erzeugt und empfangen und von diesem interpretiert werden können. So können Meldungen mit Makroaufrufen oder Funktionsbefehlen direkt per Mail oder auch SMS empfangen oder an andere Systeme weitergeleitet werden.

Homeputer bietet hierzu die Möglichkeit der E-Mail- und SMS-Kommunikation und hält einen eigenen Mail-Server vor. Der Mail-Server muss zunächst konfiguriert werden, indem POP-Server, Port für den Posteingang und SMTP-Server und Port für den Postausgang sowie für automatisierte Prozesse Benutzer, Kennwort und E-Mail-Adresse beim Provider angegeben werden. Es empfiehlt sich für die Gebäudeautomation einen eigenen User anzulegen (vgl. Abb. 14.141).

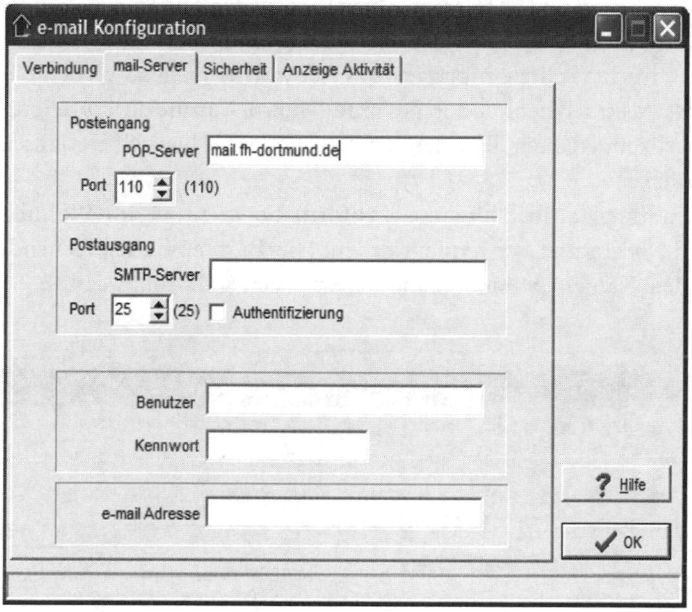

Abb. 14.141 Konfiguration des Mail-Systems

Anschließend kann innerhalb des Gebäudeautomationssystems die Häufigkeit der E-Mail-Synchronisation konfiguriert werden, indem Wochentage, Uhrzeiten und Zeitintervalle definiert werden, zu denen E-Mails abgerufen werden (vgl. Abb. 14.142).

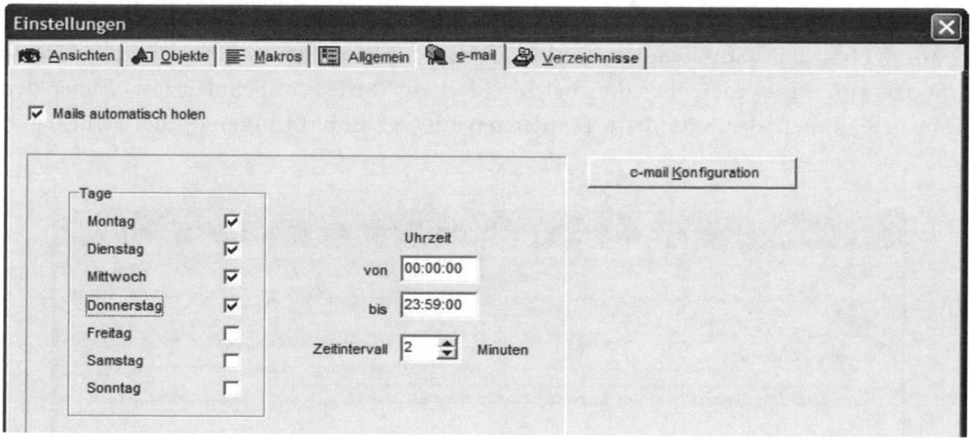

Abb. 14.142 Definition der Basiszeiten für E-Mail-Abfragen

Über den Makro-Befehl „Holemail" bzw. den zeitgesteuerten Mailempfang können E-Mails abgerufen werden. Der Inhalt der E-Mails wird interpretiert und auf ein Betreff-Codewort untersucht. Sollte ein passendes Codewort vorliegen, werden die nachfolgenden Zeilen als Makro-Befehle oder gesamte Makro-Aufrufe interpretiert. Event- oder zyklusgesteuert können auch über den Befehl „SendeMail" gezielt E-Mails an Adressaten versandt werden.

Homeputer kann darüber hinaus als Informationszentrale im Wohnhaus für Stundenpläne und Notizbretter verwendet werden. Hierzu ist eine entsprechende Ansicht, im Beispiel mit dem Namen „Stundenpläne" zu erzeugen (vgl. Abb. 14.143).

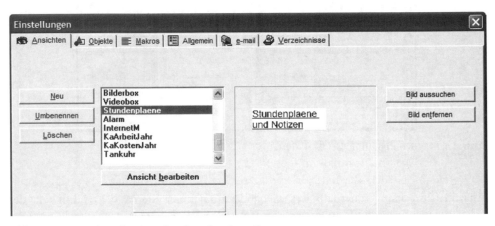

Abb. 14.143   Anlage der Ansicht „Stundenplaene"

In dieser Ansicht können Objekte vom Typ „Knopf" mit entsprechenden Aufrufen und Aufschriften, z. B. „Stundenplan Kind x", „Notizen y" angelegt werden. Die zugehörigen Makros rufen entweder über den Befehl „Startwin" Seiten an Schulen direkt über den Internetexplorer oder editierbare Textdateien auf (vgl. Abb. 14.144 und Abb. 14.145).

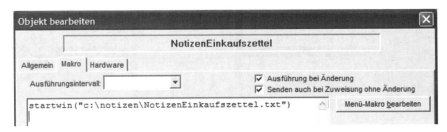

Abb. 14.144   Definition des Makros zum Objekt „NotizenEinkaufszettel"

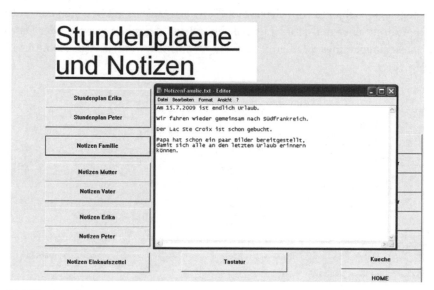

Abb. 14.145 Ausschen einer typischen Notiz- und Stundenplan-Informationsseite

Darüber hinaus sind für den Wohn- und Küchenbereich auch Medienaufrufseiten realisierbar, um durch Anklicken mit der Maus häufig gewünschte Musiktitel, Bilder oder Videos anzuzeigen. Hierzu wird entsprechend eine Ansicht „Musikbox" definiert, in der
Musiktitel oder komplette Alben direkt angesteuert werden können (vgl. Abb. 14.146).

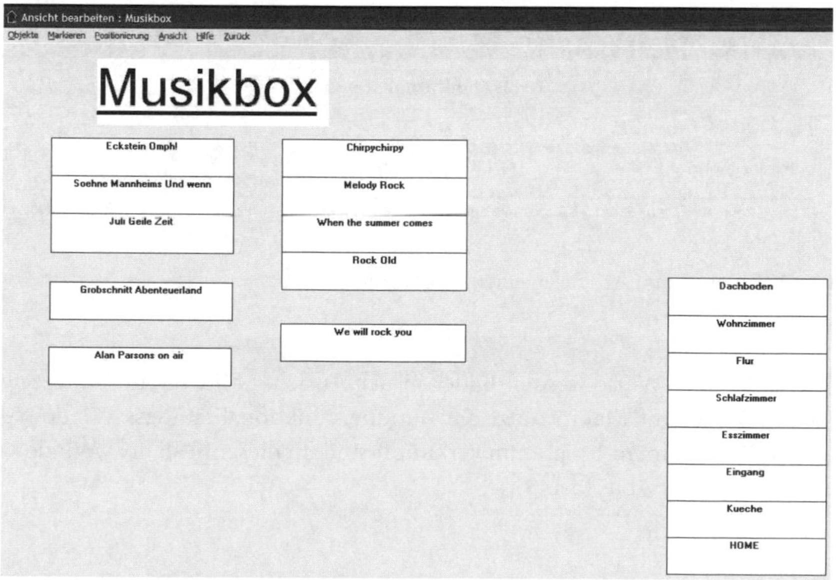

Abb. 14.146 Anlegen der Ansicht „Musikbox"

Die abgelegten Objekte vom Typ „Knopf" steuern Makros an, in denen entweder Musikdateien direkt über den Homeputer-Befehl „Play" abgespielt werden oder Dateien in die Warteschlange eines Medienplayers aufgenommen werden (vgl. Abb. 14.147 und Abb. 14.148).

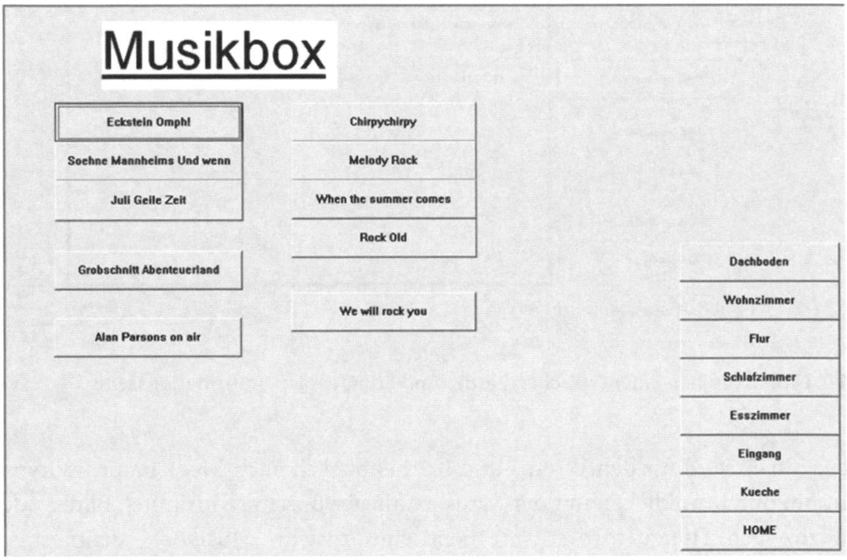

Abb. 14.147 Ansicht „Musikbox" zum Abspielen von Audiodateien

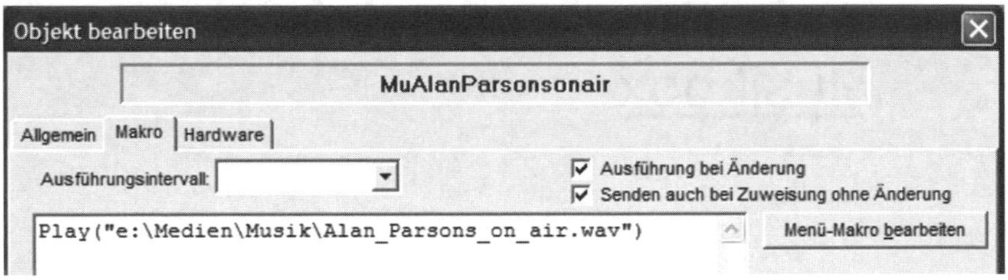

Abb. 14.148 Makro zum Abspielen einer Audiodatei

Auf gleiche Art und Weise werden Bilder in der Ansicht „Bilderalbum" angezeigt. Das anklickbare Objekt mit Makro nutzt die Windowsfunktionalität, dass Windowsdateien standardmäßig mit einem Programm verknüpft sind, in diesem Fall der „Windows Bild- und Faxanzeige" (vgl. Abb. 14.149).

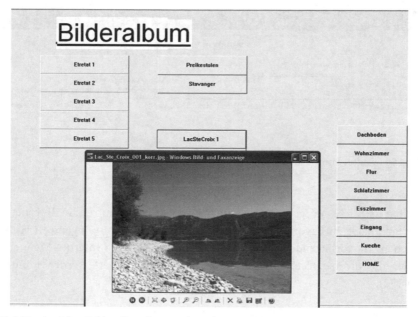

Abb. 14.149   Ansicht „Bilderalbum" mit aufgerufenem Bild

Der gleiche Mechanismus bedient das Videoarchiv in der Ansicht „Videoarchiv". Auch hier werden die Videodateien mit Endung „.avi" oder „.mpg" direkt mit dem Windows-Mediaplayer abgespielt (vgl. Abb. 14.150).

Abb. 14.150   Ansicht „Videoarchiv"

Diese sehr einfache Möglichkeit des Abspielens von Multimediadateien ist gut nutzbar für normalen Medieneinsatz im Haus, aber auch als Unterstützung von SeniorInnen, die analog einer alten Jukebox Medien anschauen und -hören können. Ergänzungen sind leicht möglich, da die Programmierung weiterer „Knöpfe" durch Klartextprogrammierung unterstützt wird (vgl. Abb. 14.151).

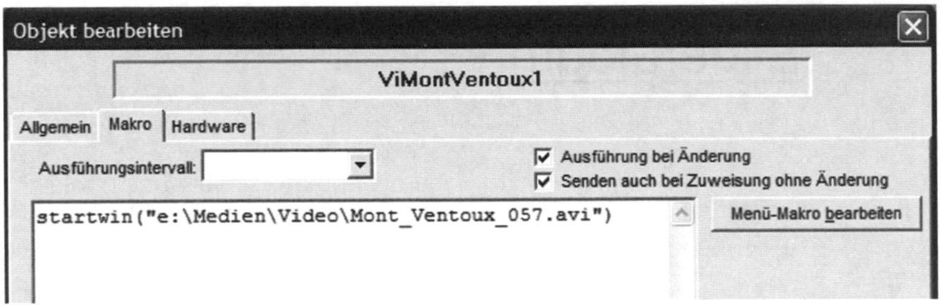

Abb. 14.151 Aufruf einer Videodatei

Anwendbar ist diese Vorgehensweise auch auf Web-Seitenaufruf im Internet, indem Web-Seiten analog zu Favoriten mit großen „Knöpfen" direkten Zugang zu Web-Seiten ermöglichen. Im vorliegenden Beispiel ist dies in der Ansicht „Internet-Menue" zu finden, über die diverse feste Internet-Seiten direkt angesteuert werden können (vgl. Abb. 14.152).

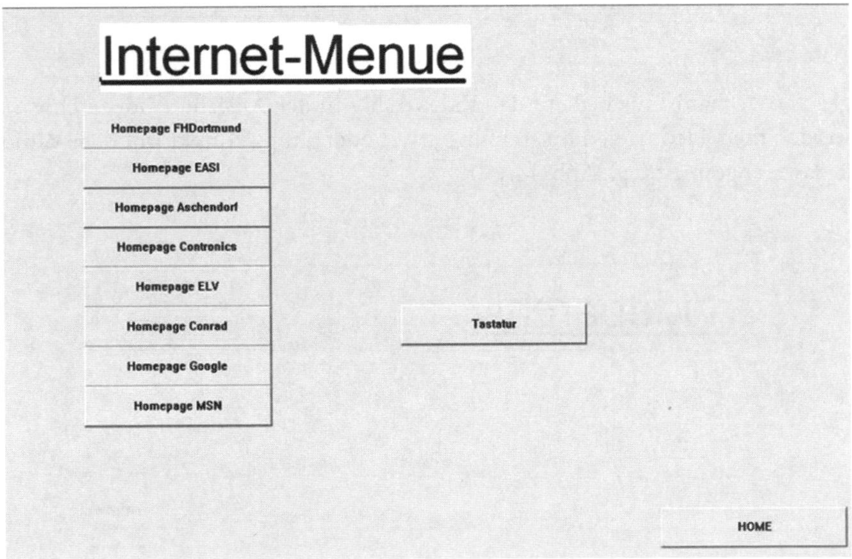

Abb. 14.152 Ansicht „Internet-Menue"

Die gesamten Funktionalitäten werden über die Ansicht „Hausuebersicht" aufgerufen (vgl. Abb. 14.153).

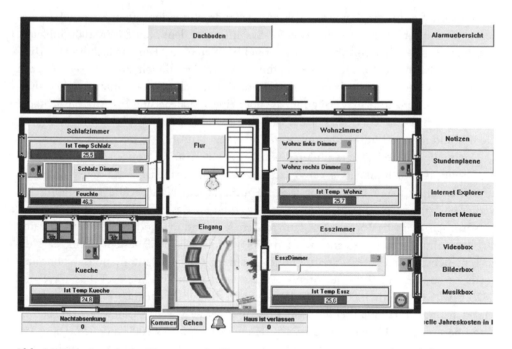

Abb. 14.153 Ansicht der Homepage des Hausautomationssystems „Hausuebersicht"

14.9   Graphische Darstellung von geloggten Daten

Auf Anfrage loggt Homeputer im laufenden Betrieb Messdaten und Variableninhalte in einer History-Datei mit. Die History-Daten können nach Microsoft Excel überführt und dort außerhalb des Multifunktionssystems zur Anzeige gebracht und interpretiert werden. Darüber hinaus ist ein History-Tool verfügbar, mit dem die von Homeputer geloggten Daten eingelesen und dargestellt werden können. Die Möglichkeit des Aufrufs des Historytools aus dem Multifunktionssystem heraus besteht zusätzlich.

14.10 Fazit

Homeputer ermöglicht eine Programmierung von Energiemanagement und Gebäudeautomation im Klartext mit einfachen Begriffen aus der Elektroinstallationswelt. Die Programmiertechnik entspricht der Vorgehensweise von SPS-Systemen bei Verwendung von structured text und damit der Verwendung von Tasken und Objekten, die über Events oder zeitbasiert zyklisch gesteuert werden. Durch den Rückgriff auf ein sehr breites Produktportfolio bei FS20/HMS/FHT80 und auch HomeMatic bleiben kaum Wünsche für die Realisierung einer komplexen Gebäudeautomation offen. Smart Metering-Sensoren müssen über ein weiteres eQ-3-System unter dem Namen EM1000 hinzugenommen werden, während analoge Sensoren für Temperatur, Feuchte etc. direkt verfügbar sind. Durch die Verfügbarkeit mathematischer Funktionen können sehr einfach Verbrauchs- und Kostenrechnungen erfolgen. Damit stehen auch umfangreiche Funktionen für Automation zur Verfügung, die über eine Visualisierung zur Anzeige gebracht werden kann. Die Web-UI-basierte Visualisierung auf einem Display ermöglicht auch die Einbindung von Multimediafunktionen zu einem Multifunktionssystem.

Nachteilig bei dem Programmiersystem Homeputer ist die Notwendigkeit des Starts des Programms über einen User und nicht einen Windowsdienst sowie die verfügbaren, einfachen und bunten Ikonen vor weißem unifarbenem Hintergrund mit graphischer Bedienung, die nach Ansicht einiger Interessenten für das System nicht dem Zeitgeist entsprechen. Diesen Vorurteilen kann durch Verwendung anderer Ikonensätze und farbiger Hintergründe begegnet werden. Ein weiterer Nachteil besteht darin, dass die verschiedenen Homeputer-Varianten nur auf einzelne Gebäudeautomationssysteme ausgerichtet sind. Damit ist eine Interaktion zwischen xComfort, ELDAT Easywave und FS20 bzw. Homematic nicht gegeben. Erst durch die mit erheblichen Problemen in den Markt gebrachte Homeputer-Version für das Ethernet-basierte Gateway FHZ2000 ist eine übergreifende Bedienung von FS20, Homematic und EM1000 möglich. Diese Variante weist jedoch gegenüber den anderen einige Nachteile bezüglich der Visualisierung auf.

Bei der Realisierung von Automationsfunktionen und Realisierung von smart-metering-basiertem Energiemanagement sind sowohl mathematische, als auch programmiertechnische Funktionalitäten zwingend erforderlich. Die Software Homeputer deckt dies durch eine sehr einfache und leicht verständliche Programmierumgebung ab. Aufgrund der Ausrichtung der Gebäudeautomationssysteme FS20 und Homematic auf Bastler und selbstinstallierende Endverbraucher wird sich Homeputer in Verbindung mit den genannten Gebäudeautomationssystemen nicht durchsetzen. Zur Darstellung eines Prototypen für smart-metering-basiertes Energiemanagement eignete sich die Software Homeputer, für standardisierte leistungsfähige Anwendungen fehlen graphische Datenaufbereitungsmöglichkeiten, eine stabilere Einbindung in das überlagerte Betriebssystem, Übernahmemöglichkeit externer Daten, Gruppierungsmöglichkeit der Objekte und insbesondere die Zugriffsmöglichkeit auf Smart Meter und weitere, auch im dreistufigen Vertrieb verfügbare Gebäudeautomationssysteme.

Umsetzung von smart-metering-basiertem Energiemanagement mit KNX/EIB

15

Das hier vorgestellte KNX/EIB-Projekt stellt die Realisierung von smart-metering-basiertem Energiemanagement bei Einbindung von Komfort-, Sicherheits-, Energiemanagementfunktionen auf der Basis von KNX/EIB als Feldbus- und KNXnode als Automations- und Visualisierungssystem dar. Implementiert sind im KNX/EIB-Feldbus Geräte von ABB, Walther, Lingg&Janke und ELDAT. Die Energiedatenerfassung erfolgt für die kumulierten elektrischen Basis-Energiedaten über einen elektronischen Haushaltszähler der Firma Lingg&Janke, der die Messdaten über den KNX an einen Server liefert, der wiederum diese Daten per Ethernet verfügbar macht sowie einen ABB-Energiezähler, der für drei Phasen auch die Analyse des Energieverbrauchs hinsichtlich Wirk-, Blind-, Scheinleistung und Leistungsfaktor als dezentrales Smart Metering ermöglicht.

Die Auswertung der Smart-Metering- und sonstigen Messdaten, die Automatisierung und Visualisierung und damit Gebäudeautomation erfolgt über einen KNXnode, programmiert wird mit der Software KNXvision mit Darstellung auf einem Touchscreen Monitor. Das Gesamtsystem in Verbindung mit dem KNXnode bereitet die Messdaten auf und ermöglicht die Darstellung unter anderem der Energiegangkurve über Microsoft Excel. Die Bewohner erhalten damit einen Einblick in ihr energetisches Verbrauchsverhalten.

Durch das Zusammenspiel der Soft- und Hardware-Komponenten können auf der Basis der ermittelten Energiemessdaten Verbraucher im Gebäude gezielt gesteuert werden, indem diese zeit- oder tarifgesteuert geschaltet werden. Auf der Basis des aktuellen Energieverbrauchs oder der Tarifsituation können Verbraucher, wie z. B. Waschmaschine oder Geschirrspüler, dann vom System eingeschaltet werden, wenn es kostenmäßig günstig ist.

Als Multimediasystem mit Internetzugang können auf dem Touch-Screen-Monitor Einkaufsbestellsysteme, Stundenpläne, Wetterdaten und vieles mehr abgerufen werden. Per Internet-Fernzugriff können Web-Cams im Gebäude abgerufen werden und im Bedarfsfall Schalthandlungen im Gebäude, wie z. B. das Abschalten von Bügeleisen etc., erfolgen.

Das Gesamtsystem wurde auf den Messen Baumesse NRW und Light&Building im Jahr 2010 vorgestellt (vgl. Abb. 15.1).

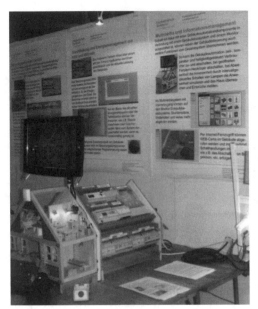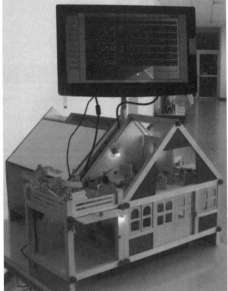

Abb. 15.1   Gesamtsystem auf der Baumesse NRW 2010

Das Demonstrationssystem besteht aus einem Gebäudeautomationsteil, in dem Systemkomponenten, Sensoren und Aktoren auf Hutschienen aufgebracht verbaut wurden und der Prozess auf der Basis eines Modellhauses angeflanscht wurde (vgl. Abb. 15.2).

Im oberen Teil des Gebäudeautomationsteils sind Systemkomponenten, wie z. B. Facility-Web-Server von Lingg&Janke, Kommuikationseinheit von Rutenbeck, Spannungsversorgung mit Drossel, KNXnode und KNX/EIB-Router von ABB untergebracht sowie die sensorischen Elemente für das Smart Metering als elektronischer Haushaltszähler von Lingg&Janke und ABB-Zähler mit KNX/EIB-Schnittstelle (vgl. Abb. 15.3).

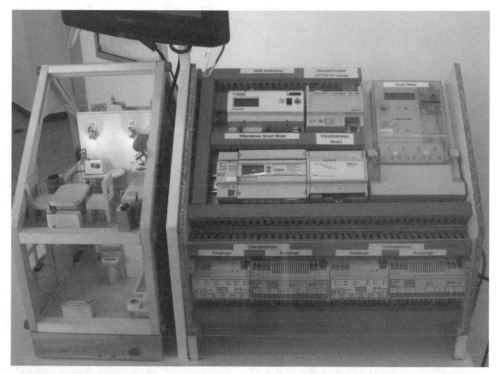

Abb. 15.2 Ansicht des Systems besteht aus Gebäudeautomationssystem und Prozess

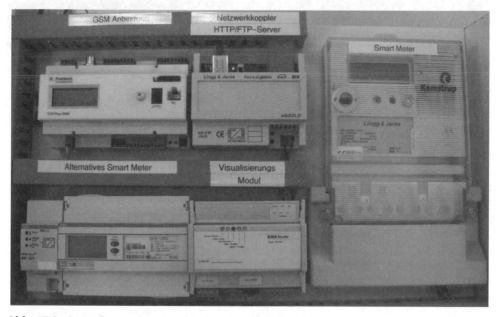

Abb. 15.3 Systemkomponenten mit Smart-Metering-Geräten

Im unteren Teil sind sensorische und aktorische Binäreingänge von Walther zur Ansteuerung des Demonstrationshauses enthalten (vgl. Abb. 15.4 und Abb. 15.5).

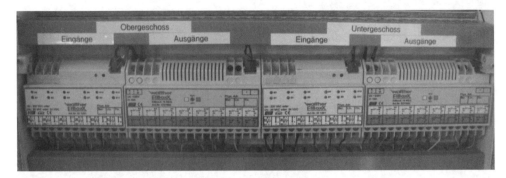

Abb. 15.4 Sensorik und Aktorik der Gebäudeautomation

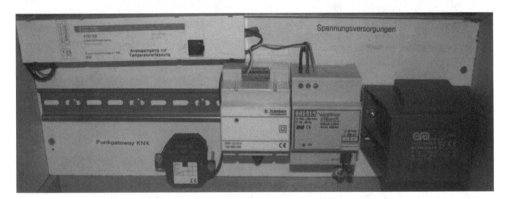

Abb. 15.5 Weitere Systemkomponenten und Sensoren

Als weitere Komponenten sind Analogeingänge von Busch-Jaeger und ein ELDAT-Easywave-KNX/EIB-Gatway verbaut (vgl. Abb. 15.5).

Der Gebäudeprozess ist anhand eines Demonstrationsmodells mit 4 Räumen, Terrasse und Garage vorhanden, in dem zahlreiche Taster, Lampen, Heizungs- und Gerätesimulatoren verbaut wurden (vgl. Abb. 15.6).

Abb. 15.6 Funktionsübersicht im Demonstrationsmodell

Abb. 15.7 Erweiterung des KNX/EIB-Systems um eine Laborinstallation

Das Gesamtsystem wurde zur Erweiterung an eine KNX/EIB-Laborinstallation angeflanscht, die über Busch-Jaeger-Binäreingänge, einen Berker-Schaltaktor mit Stromerfassung, ein KNX/EIB-DALI-Gateway und einen WAGO-Controller mit KNX/EIB-Gate-
way sowie weitere ABB-Energiezähler mit KNX/EIB-Schnittstelle dieses erheblich erweiterte (vgl. Abb. 15.7).

Abb. 15.8   Erweiterung des Gesamtsystems um eine Smart Meter-gesteuerte Küche

Im Zuge der Vervollständigung wurde die Laborinstallation um eine per KNX/EIB gesteuerte Küche ergänzt, wobei das Smart Metering über konventionelle, Lingg&Janke-
und Eltako-Funkbus-Zähler mehrstufig für die Verbraucher Kühlschrank, Mikrowelle,
Dunstabzugshaube, Herd, Kochfeld, Kaffeemaschine, Toaster, Spülmaschine und Heiß-
wasserbereiter und Vorrüstung für Waschmaschine und Trockner ergänzt.

Die Geräte des Demonstrationsmodells wurden in die KNX/EIB-Programmiersoft-
ware ETS aufgenommen, indem die passenden Applikationen geladen wurden und im
Bereich 1 und der Linie 1 abgelegt. Aufgrund der übersichtlichen Anzahl von Geräten
war die Aufbereitung eines KNX/EIB-Netzwerk zunächst nicht notwendig (vgl.
Abb. 15.9).

Nu...	Name	Funktion	Beschreibung	Gruppe
0	Ausgang A1	Schalten Ein/Aus	Küche_L_Spüle	1/1/1
1	Ausgang A2	Schalten Ein/Aus	Küche_L_Bügeleisen	1/1/3
2	Ausgang A3	Schalten Ein/Aus	Küche_L_Herd	1/1/2
3	Ausgang A4	Schalten Ein/Aus	Wohn_L_Fernseher	1/1/4
4	Ausgang A5	Schalten Ein/Aus	Küche_LED_Dunst	1/2/4
5	Ausgang A6	Schalten Ein/Aus	Küche_LED_Herd	1/2/3
6	Ausgang A7	Schalten Ein/Aus	Küche_LED_Backofen	1/2/2
7	Ausgang A8	Schalten Ein/Aus	Küche_Stkd_Bügeleisen	1/2/1
8	Ausgang A9	Schalten Ein/Aus	Wohn_Stkd_innen	1/2/5
9	Ausgang A10	Schalten Ein/Aus	Wohn_L_Couch	1/1/5
10	Ausgang A11	Schalten Ein/Aus	Wohn_Stkd_außen	1/2/6
11	Ausgang A12	Schalten Ein/Aus	Balkon_L_innen	1/1/6
12	Ausgang A13	Schalten Ein/Aus	Balkon_L_außen	1/1/6
13	Ausgang A14	Schalten Ein/Aus		
14	Ausgang A15	Schalten Ein/Aus		
15	Ausgang A16	Schalten Ein/Aus		
16	Sammel-Aus	Schalten		
17	Sammel-Ein	Schalten		

Baumstruktur links:

- Puppenhaus
  - 1 Bereich 1
    - 1.1 Linie 1
      - 1.1.- Spannungsversorgung 320 mA
      - 1.1.1 Obergeschoß_Ausgang   EIBoxX 1602 REG
      - 1.1.2 Obergeschoß_Eingang EIBoxX EI1201 REG
      - 1.1.3 Untergeschoß_Ausgang EIBoxX 1602 REG
      - 1.1.4 Untergeschoß_Eingang EIBoxX EI1201 REG
      - 1.1.5 Analogeingang 6157 4f-Analogeingang 0/4-20 mA, 0-10V, EB
      - 1.1.6 NK-1 Lingg&Janke eibSOLO Netzwerk-Koppler
      - 1.1.7 Zähler Lingg&Janke Elektrozähler EZ162A/382A FacilityWeb
      - 1.1.8 TC Plus
      - 1.1.9 ZS/S1.1 Zählerschnittstelle, REG
      - 1.1.11 Easywave-KNX Gateway

Abb. 15.9 Teilnehmerübersicht in KNX/EIB

Um die Übersicht zu wahren, wurden die Geräte mit ihren Objekten hinsichtlich der Kanäle ausführlich beschriftet und damit dokumentiert. Dies ist in der Teilnehmerübersicht unter Beschreibung sichtbar.

Zur Funktionsdefinition wurden den Objekten Gruppenadressen zugewiesen. In diesem Projekt wurde das 3-stufige Konzept angewendet. Die Lampenfunktionen befinden sich in der Mittelgruppe 1, von 1 bis 11 die aktorischen Funktionen und von 21 bis 31 die sensorischen. Die direkte Sensor-Aktor-Beziehung, wie sie bei KNX/EIB-Projektierungen allgemein üblich ist, wurde aufgelöst, da die Schalthandlungen in Verbindung mit dem KNXnode erfolgen. Der KNXnode als Automatisierungsgerät empfängt die Daten der Sensoren, wandelt diese in Verbindung mit logischen Verknüpfungen und Zeittabellen in Funktionen um, die wiederum an die Aktoren weitergeleitet werden. Aus dem streng dezentralen Gebäudeautomationssystem wird damit ein zentralisiertes System. In der Mittelgruppe 2 sind von 1 bis 27 die weiteren aktorischen Funktionen der Geräte angelegt (vgl. Abb. 15.10).

Vervollständigt wird das Gruppenadressenkonzept durch die Mittelgruppe 3 mit Heizungsfunktionen sowie Klingelfunktionen in Mittelgruppe 4. Die Sonderfunktionen sind in Hauptgruppe 2 abgelegt.

Zu den Sonderfunktionen in der Hauptgruppe 2 zählen in der Mittelgruppe 1 die Messdaten der elektrischen Energie, Fenster- und Türkontakte, Alarm, Haus-ist-verlassen-Funktion und Gruppenadressen, die dem ELDAT-Gateway zuzuordnen sind (vgl. Abb. 15.11).

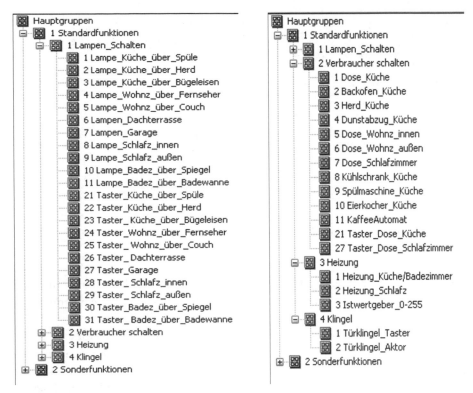

Abb. 15.10 Gruppenadressenkonzept der Hauptgruppe 1

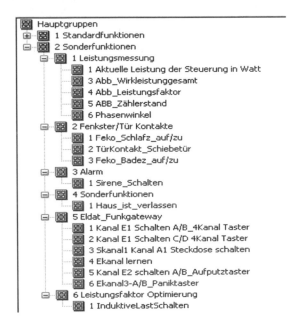

Abb. 15.11 Gruppenadressenkonzept der Hauptgruppe 2

Damit sind die einzelnen sensorischen und aktorischen Funktionen wie folgt an-
steuerbar.

Adressen	Funktionen
1/1/1-1/1/11	Schaltaktoren für die Zimmerbeleuchtungen
1/1/21-1/1/31	Sensoren für die Zimmerbeleuchtungen
1/2/1-1/2/7	Schaltaktor der verschiedenen Verbraucher
1/2/21+1/2/27	Sensoren für zwei schaltbare Steckdosen
1/3/1-1/3/3	Schaltaktoren Heizungen ein/aus und Erfassung des Raum- temperaturwertes über den Analogeingang
1/4/1	Sensor für die Türklingel
1/4/2	Aktor für die Türklingel (Klingeltrafo)
2/1/1	Bezogene Leistung der Steuerung (Lingg&Janke)
2/1/2-2/1/6	Zählerausgaben Smart Meter (ABB) der Leuchtwand
2/2/1-2/2/3	Fenster- und Türkontaktsensoren
2/3/1	Schaltaktor für die Sirene
2/4/1	Sensor für Haus ist verlassen
2/5/1-2/5/6	Sensoren und Aktoren der Funkkomponenten (Eldat)

Da bei dem KNX/EIB-Gebäudeautomationssystem keinerlei Vorgaben zur Verwendung
der Haupt- und Mittelgruppen sowie der Untergruppen zu diesen bestehen, hätten andere Programmierer damit auch nach völlig anderen Überlegungen die Funktionen aufbereiten können.

Um einfache, direkte Schaltfunktionen der Beleuchtungen ohne ein Zusatzsystem,
d. h. ohne Logik- und Zeitfunktionseinbindung, mittels KNX/EIB zur realisieren, müssten die entsprechenden Objekte der Sensoren und Aktoren mit derselben Gruppenadresse verbunden werden. In diesem Fall wurden aufgrund der Automation die Gruppenadressen der Sensor- und Aktorobjekte für die Zimmerbeleuchtung getrennt. Das verwendete Zusatzsystem KNXnode gewährleistet durch entsprechende Programmierung
der Automation, dass die gesendeten Telegramme der Sensorobjekte trotzdem von den
zuzuordnenden Aktorobjekten verarbeitet werden. Im Vorfeld der Planung einer
KNX/EIB-Installation muss daher darauf geachtet werden, dass für den späteren Einsatz
eines Zusatzsystems Adressräume in Haupt- und Mittelgruppen freigelassen werden.
Der nachträgliche Programmieraufwand würde um einiges dezimiert werden. Vorstellbar wäre der Einsatz eines Dummys, der für die Freihaltung sorgt.

Ein KNX/EIB-System ohne Zusatzsystem kann z. B. mit Geräten, die folgende Grundfunktionen besitzen, ausgestattet werden:

- Beleuchtung: Beleuchtungen können geschaltet oder gedimmt werden. Vordefinierte
  Lichtszenen, wie z. B. „Fernsehen", „Lesen", „Schlummern" oder „Standard" können
  auf Knopfdruck angewählt werden.

- Jalousien: Entweder von Hand oder in Verbindung mit den Lichtszenen oder der Wetterstation werden die Jalousien hoch bzw. herunter gefahren. Ein zeitlich gesteuerter Ablauf ist möglich.
- Bewegungsmelder: Bewegungsmelder dienen z. B. zu Melde- oder Kontrollzwecken.
- Einzelraumregelung: Durch die Einbindung relativ teurer KNX Komponenten wäre auch eine Einzelraumtemperaturregelung realisierbar.

15.1   Funktionalität des KNXnode

Der KNXnode ist ein Controller, der als Gateway zwischen dem Ethernet und dem KNX/EIB fungiert. Durch die Ethernet Anbindung und die Serverfunktion kann eine Fernauslesung oder Fernsteuerung der KNX/EIB-Anlage ermöglicht werden. Durch die umfangreichen Steuerfunktionen bietet er zudem die Möglichkeit der Automation einer KNX/EIB Anlage. Die mit der zugehörigen Software KNXvision Studio generierten Projekte werden per Ethernet auf den KNXnode übertragen, von dem sie dann abgearbeitet werden. Ein im Hintergrund laufender Computer als Zentrale ist also nicht nötig. Automatisiert man eine KNX/EIB-Anlage mittels eines KNXnodes, so können im Fehlerfall bei Ausfall des KNX-Nodes meist nur noch wenige Funktionen abgerufen werden.

Abgesehen von den verschiedenen Einsatzmöglichkeiten wie z. B. als Linien- oder Bereichskoppler bietet der KNXnode noch folgende Funktionen:

- Aufzeichnung der letzten 8.000 Schalttelegramme
- Zustandstabellen
- Verknüpfungen über logische Funktionen
- FTP-Server
- HTTP-Server
- KNX-Net/IP

Der KNXnode verfügt über KNX/EIB-Busanschlussklemme, -Programmiertaste, Anschluss zur erforderlichen Spannungsversorgung von 10 bis 30 V, RJ45-Buchse zum Anbinden an das Ethernet LAN, optionale serielle Schnittstelle und diverse Signal-LEDs.

Die Software KNXvision Classic ist ein weiteres Tool zur Visualisierung der vorher mit KNXvision Studio erstellten Projekte. Der Vorteil, dass Unbefugte keine Möglichkeit der Programmänderung haben, ergibt sich ebenso wie die gestiegene Flexibilität und Anwenderfreundlichkeit durch die strikte Trennung der programmierenden von der ausführenden Software. In den Startparametern von KNXvision Classic kann z. B. festgelegt werden, mit welcher Visualisierungs-Seite das Projekt geöffnet werden soll oder ob alle Kommunikationsobjekte des KNX/EIB Systems beim Starten auf „0" gesetzt werden. Daneben gibt es weitere Funktionen, die sämtlich keine Möglichkeit der Programmänderung bieten.

Mit Hilfe der Programmiersoftware KNXvision-Studio werden Projekte erstellt und auf den KNXnode übertragen. Angefangen mit dem Anlegen eines neuen Projekts über die Einstellung der wichtigsten Parameter wie „Bemerkungen zum Projekt" oder die „Serverhostadresse" kann mit der Strukturierung eines Projekts durch Unterteilung in einzelne „Seiten" begonnen werden. Die „Seiten" stellen während des Betriebs die Bildschirmausgabe unter KNXvision Classic dar. Die graphische Programmierung wird auf den „Seiten" über verschiedene Gatter erstellt, wobei die Ein- und Ausgänge über reale und virtuelle Gruppenadressen verbunden werden. Reale Gruppenadressen sind Gruppenadressen im KNX/EIB-Feldbussystem, die real angesprochen werden können und damit sensorische Daten übernehmen oder aktorische senden können. Da der Adressierungsraum im KNX/EIB-System hinsichtlich der Gruppenadressen eingeschränkt ist, die Performance des KNX/EIB mit 9.600 Baud stark eingeschränkt ist und zudem interne Zwischenzustände im Zuge der Automation realisierbar sein müssen, die nicht zu Funktionen im KNX/EIB-System führen, wurden weitere virtuelle Gruppenadressen oberhalb der realen Gruppenadressen hinzugenommen, die nicht zum KNX/EIB-Bus weitergeleitet werden.

Zur Navigation von der vorher festgelegten Startseite unter KNXvision Classic zu einer anderen Seite muss unter KNXvision Studio auf der Startseite ein Button mit der Funktion „Seite wechseln" platziert werden (vgl. Abb. 15.12).

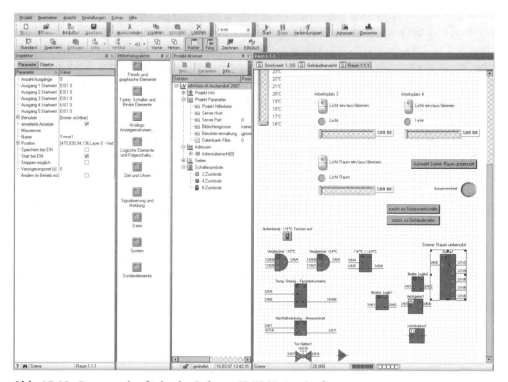

Abb. 15.12 Benutzeroberfläche der Software KNX-Vision Studio

Ist eine Seite mit keinem „Seite wechseln"-Button verknüpft, so kann man sie nur über die KNXvision Studio-Umgebung erreichen. Dies ermöglicht dem Programmierer, Seiten zu erstellen, die der Anwender von KNXvision Classic nicht einsehen kann. Diese Eigenschaft ist sehr wichtig, um im Hintergrund die Automation von Abläufen steuern zu können, ohne dass es die Übersichtlichkeit des Projekts beeinträchtigt. Alle Funktionen und Objekte der nicht direkt erreichbaren Seiten werden voll mit in die Kommunikation einbezogen und ermöglichen somit erst die im Hintergrund erfolgende Automation.

Um die verschiedenen angebotenen Bausteine aus der „Bibliothekspalette" ins Projekt einzubinden, zieht man sie per Drag and Drop auf die gewünschte Seite und ändert dann im Menü „Inspektor" die Eigenschaften des Bausteins, wie z. B. Eingangs- und Ausgangsadressen, Schaltobjektadressen, Logik Funktionen wie „Und", „Oder", „NichtUnd", „NichtOder", Farben, „Objektfreigabeadressen", „Objektrücksetzadressen" und viele mehr.

Die Adressen, die zur Verknüpfung mit anderen Bausteinen dienen, sind grundlegend in virtuelle und reale Gruppenadressen unterteilt. Um Telegramme von KNX/EIB-Teilnehmern verarbeiten zu können, werden die realen Gruppenadressen verwendet. Äquivalent dazu ist vorzugehen, wenn man Telegramme zu KNX/EIB-Teilnehmern senden möchte. Läuft im Hintergrund eine Automation, für die in der Regel viele „Hilfsadressen" benötigt werden, wird auf den zweiten Gruppenadressbereich zurückgegriffen. Dies ist der virtuelle Adressbereich von 16/1/255 bis 31/7/255. Die Option des virtuellen Adressbereichs ist unumgänglich, weil sonst durch die hohe Frequenz häufig wiederkehrender Telegramme der KNX/EIB-Bus überlastet würde. Der KNX/EIB ist erfahrungsgemäß schon mit 20 Telegrammen pro Sekunde ausgelastet, wobei der KNXnode laut Herstellerangaben 500 Telegramme pro Sekunde problemlos bewältigen kann.

Funktionen, die u. U. auch mehrere Funktionsbausteine (z. B.) Logikgatter erfordern, werden realisiert, indem die Eingänge und Ausgänge der Gatter mit realen und virtuellen Gruppenadressen belegt werden. Verbindungen zwischen Ausgängen und Eingängen von Logikgattern oder anderen Funktionsbausteinen werden hergestellt, indem dort gleiche virtuelle Gruppenadressen zugeordnet werden. Die Übersicht über KNXvision-Projekte ist damit schwierig, da Verbindungslinien zwischen Ausgängen und Eingängen fehlen. Die Fehlerwahrscheinlichkeit steigt, wenn die Übersicht über die verwendeten virtuellen Gruppenadressen verlorengeht.

In den folgenden Kapiteln werden die Softwarelösungen zur Realisierung der einzelnen Anforderungen an Smart Metering, Energiemanagement, Gebäudeautomation und sonstige Multifunktionalität detailliert beschrieben. Erläutert wird jeweils die Entwicklung vom theoretischen Ansatz über die Programmierung bis zur verbraucherorientierten Lösung und Darstellung der jeweiligen Funktion.

15.2 Smart-Metering-Einbindung

Im Rahmen von Smart Metering und der Auswertung sonstiger Sensoren sollen folgende Darstellungen als Funktionen realisiert werden:

- aktuell aufgenommene elektrische Leistung des Gebäudes in W
- Zählerstand in kWh
- Leistungsfaktor $\cos \varphi$
- aktuell aufgenommene elektrischen Leistung jedes Verbrauchers
- Temperatur jedes Raumes
- Jahresganglinie der Leistung, der Arbeit und des verursachten CO_2-Werts
- Tagesgangslinie der Leistung in 15-Minuten-Intervallen

Im Rahmen der Auswertung des zentralen Smart Meters wird die Anzeige der Jahres- und Tagesgangslinie der bezogenen Leistung sowie die Jahresgangslinie der Arbeit und des dadurch verursachten CO_2-Ausstoßes realisiert.

Theoretischer Ansatz Das installierte Smart Meter der Firma Lingg&Janke bietet in Verbindung mit dem Netzwerkkoppler NK-FW der Firma Lingg&Janke die Möglichkeit, die gemessenen Leistungswerte im 15-Minuten-Intervall als Textdatei (*.txt-Datei) zu speichern und per http-Protokoll auslesen zu können. Mit Hilfe eines Softwaretools wird das Herunterladen und Zusammenkopieren der Textdateien automatisiert. Mit einem programmierten Excel-Makro werden das Einlesen und Generieren der entsprechenden Diagramme automatisiert. Um diese verschiedenen Vorgänge in der richtigen Reihenfolge anzustoßen, wurde eine Kommandodatei (*.bat-Datei) erstellt, welche nach Aufruf über die Visualisierung startet. Die entsprechenden Unterlagen zur Kommandodatei und dem Excel Makro werden vorgestellt.

Programmierung Die Programmierung besteht ausschließlich aus einem KNXvision-Element, das durch entsprechende Parametrierung über den „Element-Inspektor" über den „Startparameter" ein ASCII-Skript aufruft (vgl. Abb. 15.13).

Beschreibung des Elements Das Element „Jahresganglinie Excel" bietet die Möglichkeit einen Verzeichnispfad anzugeben, der auf eine ausführbare Datei zeigt. Die vorher programmierte Datei „Ganglinie.bat" befindet sich im Stammverzeichnis des PCs. Trägt man den Pfad unter Startparameter ein und setzt das Flag „Start bei EIN", dann wird mit dem Empfang eines 1-Bit Telegramms mit dem Wert 1 über die Gruppenadresse 17/2/30 die Datei im Pfad unter Startparameter ausgeführt. In der Visualisierung ist der entsprechende Button oben rechts zu finden, welcher bei Betätigung ein 1-Bit Telegramm mit dem Wert 1 auf die Gruppenadresse 17/2/30 sendet.

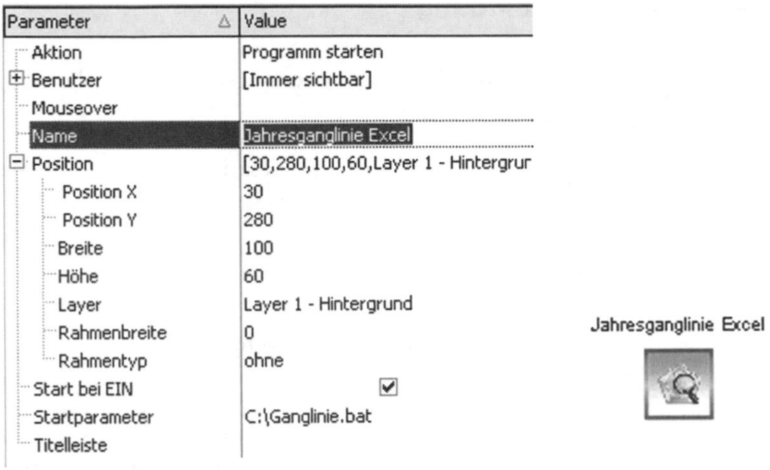

Parameter	△	Value
Aktion		Programm starten
⊞ Benutzer		[Immer sichtbar]
Mouseover		
Name		Jahresganglinie Excel
⊟ Position		[30,280,100,60,Layer 1 - Hintergrur
Position X		30
Position Y		280
Breite		100
Höhe		60
Layer		Layer 1 - Hintergrund
Rahmenbreite		0
Rahmentyp		ohne
Start bei EIN		☑
Startparameter		C:\Ganglinie.bat
Titelleiste		

Abb. 15.13 Inspektor- und Element-Ansicht des Elements Jahresganglinie

Das Ergebnis ist die Darstellung der aktuellen Jahresgangslinie (vgl. Abb. 15.14).

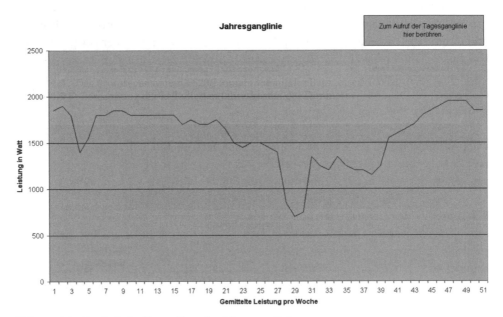

Abb. 15.14 Ergebnis der Darstellung der Jahresganglinie

Analog kann die Tagesganglinie erzeugt werden (vgl. Abb. 15.15 und Abb. 15.16).

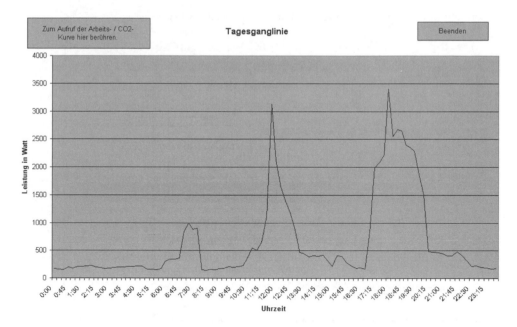

Abb. 15.15 Darstellung der Tagesgangslinie sowie die in diesem Fall auf anderen Daten beruhende Arbeits- oder CO_2-Darstellung in Abhängigkeit der Wochen des Jahres

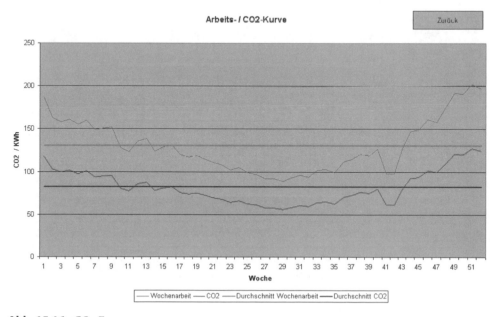

Abb. 15.16 CO_2-Erzeugung

Übersicht der in Excel verwendeten Makros (vgl. Abb. 15.17).

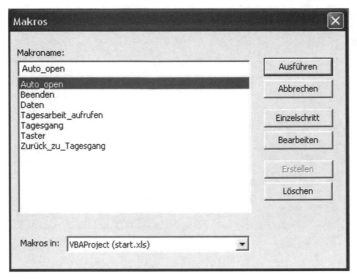

Abb. 15.17 Makros in Excel

Makro „Auto_Open"

```
Sub Auto_open()
'
' Datenein Makro
'


        'Ev. Laufwerks-  und Dateiname anpassen
        Workbooks.OpenText Filename:="3.txt", Origin:=xlMSDOS, _
        StartRow:=1, DataType:=xlFixedWidth, FieldInfo:=Array(Array(0, 1), Array(2, _
        1), Array(8, 1), Array(18, 1), Array(24, 1), Array(30, 1)), TrailingMinusNumbers:= _
        True

        'ActiveWorkbook.SaveAs Filename:="3.xls", FileFormat:=xlNormal, _
    '    Password:="", WriteResPassword:="", ReadOnlyRecommended:=False, _
    '    CreateBackup:=False
    'Range("A1").Select

 'Makro starten
 Application.Run "start.xls!Daten"
 Application.Run "start.xls!Taster"


End Sub
```

Makro „Beenden"

```
Sub Beenden()
'
' Beenden Makro
'

   'Unterdrücken von Abfragen
   Application.DisplayAlerts = False
   Sheets("Jahresgang").Select
     ActiveWindow.SelectedSheets.Delete
     Sheets("3").Select
     ActiveWindow.SelectedSheets.Delete
      Sheets("Start").Select
    Application.CommandBars("Full Screen").Visible = True
     'Die folgende Anweisung beendet EXCEL ohne zu speichern
      ThisWorkbook.Saved = True
      Application.Quit
'
End Sub
```

Makro "Daten"

```
Sub Daten()
' Daten Makro
 Windows("3.txt").Activate
   Sheets("3").Select
   Sheets("3").Move After:=Workbooks("start.xls").Sheets(1)
   Rows("1:1").Select
   Selection.Insert Shift:=xlDown
   Range("A1").Select
   ActiveCell.FormulaR1C1 = "Spalte_1"
   Range("B1").Select
   ActiveCell.FormulaR1C1 = "Uhrzeit"
   Range("C1").Select
   ActiveCell.FormulaR1C1 = "Spalte_3"
   Range("D1").Select
   ActiveCell.FormulaR1C1 = "Leistung"
   'Ev. noch Zeilen löschen
   Rows("2:12").Select
   Selection.Delete Shift:=xlUp
   Range("A1").Select
   'Leistungsspalte nach links verschieben
   Columns("E:E").Select
   Selection.Cut
   Columns("A:A").Select
   Selection.Insert Shift:=xlToRight
   Range("B1").Select
```

```
'Diagramm erzeugen und Vollbild
  Columns("A:A").Select
Charts.Add
ActiveChart.ChartType = xlLineStacked
ActiveChart.SetSourceData Source:=Sheets("3").Range("A1:A52"), PlotBy:= _
    xlColumns
'ActiveChart.SeriesCollection(1).Name = "='3'!R1C1:R1C1"
ActiveChart.Location Where:=xlLocationAsNewSheet, Name:="Jahresgang"
With ActiveChart
    .HasTitle = True
    .ChartTitle.Characters.Text = "Jahresganglinie"
    .Axes(xlCategory, xlPrimary).HasTitle = True
    .Axes(xlCategory, xlPrimary).AxisTitle.Characters.Text = _
    "Gemittelte Leistung pro Woche"
    .Axes(xlValue, xlPrimary).HasTitle = True
    .Axes(xlValue, xlPrimary).AxisTitle.Characters.Text = "Leistung in Watt"
End With
ActiveChart.HasLegend = False
Application.WindowState = xlMaximized
Application.DisplayFullScreen = True
Application.CommandBars("Full Screen").Visible = False
Application.CommandBars("Chart").Visible = False
ActiveWindow.Zoom = True
Application.CommandBars("Stop Recording").Visible = False
'Sheets("Start").Select
'Range("A1").Select
End Sub
```

Makro „Tagesarbeit_abrufen"

```
Sub Tagesarbeit_aufrufen()
'
' Tagesarbeit_aufrufen Makro
' Makro am 17.03.2010 von Branse aufgezeichnet
    Sheets("Tagesarbeit").Select
    Application.DisplayFullScreen = True

End Sub
Sub Zurück_zu_Tagesgang()
'
' Zurück_zu_Tagesgang Makro
' Makro am 17.03.2010 von Branse aufgezeichnet
'
    Sheets("Tagesgang").Select
    Application.DisplayFullScreen = True
'

End Sub
```

Makro „Tagesgang"

```
Sub Tagesgang()
'
' Tagesgang Makro
' Makro am 13.03.2010 von Branse aufgezeichnet
'
    Sheets("Tagesgang").Select
    Application.DisplayFullScreen = True
'
End Sub
```

Makro „Taster"

```
Sub Taster()
' Taster Makro
' Makro am 07.03.2010 von Branse aufgezeichnet
"Schließen-Taster einbauen
  Sheets("Jahresgang").Select
  ActiveChart.Shapes.AddShape(msoShapeRectangle, 528.51, 3.17, 180.57, 44.91). _
    Select
  ActiveChart.Shapes.AddTextbox(msoTextOrientationHorizontal, 537.49, 13.21, _
    162.09, 31.7).Select
  Selection.Characters.Text = "Zum Aufruf der Tagesganglinie" & Chr(10) & _
    "hier berühren."
  Selection.AutoScaleFont = False
  With Selection
    .HorizontalAlignment = xlCenter
    .VerticalAlignment = xlTop
    .ReadingOrder = xlContext
    .Orientation = xlHorizontal
    .AutoSize = False
  End With
  With Selection.Characters(Start:=1, Length:=18).Font
    .Name = "Arial"
    .FontStyle = "Standard"
    .Size = 10
    .Strikethrough = False
    .Superscript = False
    .Subscript = False
    .OutlineFont = False
    .Shadow = False
    .Underline = xlUnderlineStyleNone
    .ColorIndex = xlAutomatic
```

End With
ActiveChart.Shapes("Rectangle 1").Select
 ActiveChart.Shapes.Range(Array("Rectangle 1", "Text Box 2")).Select
Selection.ShapeRange.Group.Select
ActiveChart.Shapes("Group 3").Select
Selection.OnAction = "Tagesgang"
ActiveChart.ChartTitle.Select
ActiveChart.PlotArea.Select
ActiveChart.ChartArea.Select
ActiveChart.Shapes("Group 3").Select
Selection.ShapeRange.Fill.ForeColor.SchemeColor = 22
Selection.ShapeRange.Fill.Visible = msoTrue
Selection.ShapeRange.Fill.Solid
ActiveChart.ChartArea.Select
   End Sub

Makro 1 „Zurück_zu_Tagesgang"

```
Sub Tagesarbeit_aufrufen()
'
' Tagesarbeit_aufrufen Makro
' Makro am 17.03.2010 von Branse aufgezeichnet
    Sheets("Tagesarbeit").Select
    Application.DisplayFullScreen = True

End Sub
Sub Zurück_zu_Tagesgang()
'
' Zurück_zu_Tagesgang Makro
' Makro am 17.03.2010 von Branse aufgezeichnet
'

    Sheets("Tagesgang").Select
    Application.DisplayFullScreen = True
'

End Sub
```

Die verwendete Skriptsprache ist sehr kryptisch und erfordert die intensive Einarbeitung in die Unterlagen des KNXnodes.

Entgegen der Aussage, dass sämtliche Programme direkt auf den KNXnode geladen und von diesem autark bearbeitet werden können, ist bei Rückgriff auf Makros und Windows-basierte Programme der Betrieb des KNXnodes nur in Verbindung mit einem PC als Zentrale möglich.

15.3   Aktives Energiemanagement

Im Rahmen des intelligenten Smart Meterings werden neben dem zentralen Smart Meter weitere Zähler für einzelne Stromkreise oder Geräte und Sensoren für das Smart Metering berücksichtigt. Damit wird aktives Energiemanagement realisiert.

15.3.1   Anzeigen der elektrisch aufgenommenen Leistung jedes Verbrauchers

Theoretischer Ansatz   Für alle konstanten Verbraucher wurde eine Softwarelösung entwickelt, die die aktuell aufgenommene Leistung dieser Verbraucher anzeigen kann. Sinnvoller und für den Anwender nützlicher sind jedoch die entstandenen Kosten, die vom Verbraucher seit dem letzten Einschalten verursacht wurden. Daher werden anstelle der bezogenen Leistungen direkt die entstandenen Kosten angezeigt. Als Berechnungsgrundlage dient ein Stromtarif von 20 Cent/kWh, jedoch lässt sich dieser Preis/kWh ohne großen Aufwand signalabhängig gestalten, so dass stets der aktuelle Tarif mit in die Berechnung einfließt. Dazu ist der Zugriff auf externe Internetseiten oder Mail-Systeme möglich. Zu Präsentationszwecken bot sich jedoch eher ein fester Tarif an. Auch wenn dimmbare Leuchtmittel eingesetzt werden, lassen sich die Kosten mit einiger Genauigkeit berechnen. Der prozentuale Dimmwert würde dann noch mit in die Berechnung einfließen. Um die Kosten der nicht linearen Verbraucher ermitteln zu können, müssen diese jeweils mit einem eigenen Messgerät ausgestattet werden. Im Folgenden wird die Berechnung der Kosten der konstanten Verbraucher am Beispiel einer Küchenbeleuchtung erläutert.

Programmierung (vgl. Abb. 15.18)

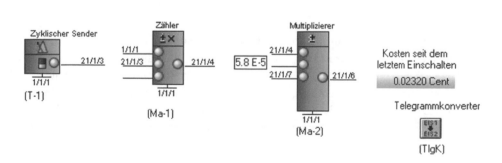

Abb. 15.18   Programmierung zur Ermittlung von Kosten

Gruppenadressenbelegung:

1/1/1   Aktor für die Küchenbeleuchtung L1

21/1/3-7   Virtuelle Adressen zur Realisierung der Funktion

Die Programmierung besteht aus den Bausteinen „Zyklischer Sender", der den Schalt-zustand des Schaltaktors verfügbar macht, einem „Zähler", der die Summierung des Verbrauchs bzw. der Kosten, übernimmt und einem „Multiplizierer", der die Daten geeignet in das Zielformat umrechnet.

Beschreibung der einzelnen Objekte in der Programmierung Der zyklische Sender (T-1) sendet im 10-Sekunden-Takt auf die Gruppenadresse 21/1/3 ein 1-Bit-Telegramm mit dem Wert 1, wenn über die Gruppenadresse 1/1/1 ein 1-Bit-Telegramm mit dem Wert 1 empfangen wurde.

Der Zähler (Ma-1) zählt die Telegramme, die über die Gruppenadresse 21/1/3 emp-fangen werden, wenn auf der Gruppenadresse 1/1/1 ein 1-Bit-Telegramm mit dem Wert 1 empfangen wurde. Der Zählwert wird auf die Gruppenadresse 21/1/4 als 4-Byte-Telegramm ausgegeben.

Funktion des Multiplizierers (Ma-2): wenn auf der Gruppenadresse 1/1/1 ein 1-Bit-Telegramm mit dem Wert 1 empfangen wurde, multipliziert das Gatter die empfangenen 4-Byte-Telegramme der Gruppenadressen 21/1/4 und 21/1/7 mit dem eingestellten 4-Byte-Festwert (5.8E-5). Das Ergebnis wird in diesem Fall als 4-Byte-Telegramm auf die Gruppenadresse 21/1/6 gesendet. Der ausgegebene Wert wird über die dargestellte An-zeige ausgegeben.

Der Telegrammkonverter (TlgK) sendet ein 4-Byte-Telegramm mit dem Wert 0 auf die Gruppenadresse 21/1/6, wenn ein 1-Bit-Telegramms über die Gruppenadresse 1/1/1 empfangen wird.

Beschreibung der Zusammenarbeit der Objekte Voraussetzung für eine korrekte Berechnung ist die richtige Leistungsangabe des installierten Leuchtmittels. Über die „Gebäudeansicht-Küche" der Visualisierung kann diese durch Klicken auf die entspre-chende Beleuchtung eingestellt werden. Die Leistung wird von 1 bis 100 W über einen erscheinenden Schieberegler eingestellt. Wird die Beleuchtung L1 in der Küche einge-schaltet, so startet der Berechnungsprozess. Nach 10 s wird vom Taktgeber der erste Takt gesendet und somit die Multiplikation der Werte Taktanzahl(1) × Festwert (5,8) × Leis-tungsangabe (1–100 W) berechnet. Das Ergebnis wird über die Anzeige dargestellt. In den Anzeigenparametern ist eingestellt, dass hinter den Zahlenwert die Einheit „Cent" angehangen wird. Wie im theoretischen Ansatz beschrieben wird für den Tarif ein kWh-Preis von 20 Cent zu Grunde gelegt. Der Telegrammkonverter sorgt dafür, dass nach jeder Berechnung die Anzeige wieder auf „0" gesetzt wird (vgl. Abb. 15.18). Der ange-führte Festwert berechnet sich wie folgt:

$$60 \text{ s}/10 = 6 \rightarrow 6 \text{ Takte/Min} \rightarrow 6 \cdot 60 = 360 \text{ Takte/h} \rightarrow (1/360) \cdot (1/1.000) \cdot 20 = 5{,}8 \text{ E-5}$$

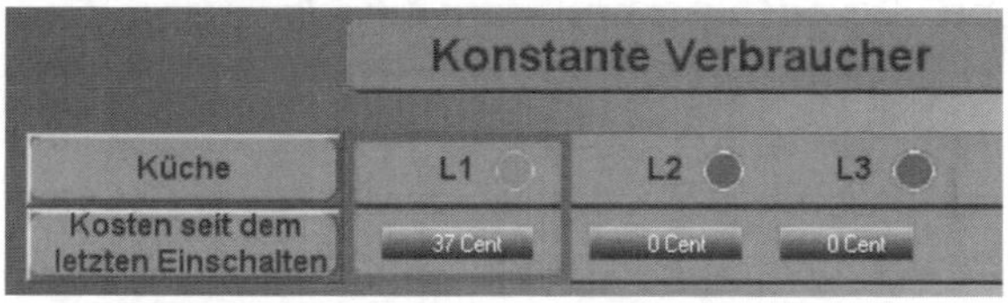

Abb. 15.19 Visualisierung der Funktion

Insgesamt ergibt sich die in der Abb. 15.20 dargestellte Situation.

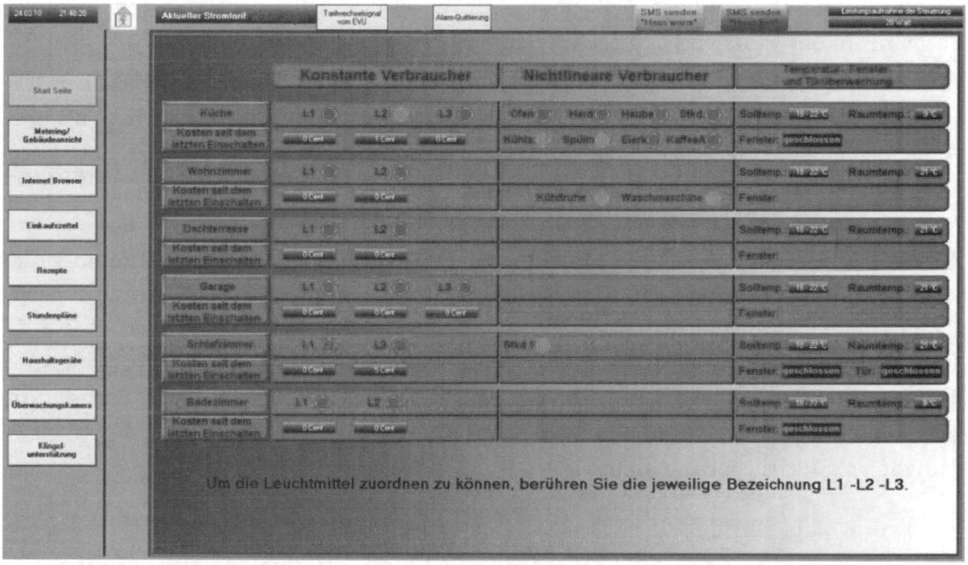

Abb. 15.20 Visualisierung sämtlicher Kosten

Damit ist erläutert, dass grundlegend mathematische Funktionen in KNXvision verfügbar und damit auch Berechnungen möglich sind. Aufgrund des nicht visuell erkennbaren Zusammenhangs zwischen den Aus- und Eingängen der Funktionsbausteine ist die Übersicht sehr schwierig. Je aufwändiger das gewünschte Berechnungsergebnis ist und zudem Jahreswechsel, Speicherung der Daten etc. Berücksichtigung finden müssen, desto klarer wird, dass eine Funktionsbaustein-basierte Programmierumgebung für Smart-Metering-Funktionen nur schlecht anwendbar ist.

15.3.2 Anzeigen der aufgenommenen Wirkleistung der Steuerung

Theoretischer Ansatz Mittels des Zählers der Firma Lingg&Janke wird die Leistungsaufnahme der Steuerung gemessen und in der oberen rechten Bildschirmecke der Visualisierung angezeigt. Die getrennte Messung der von der Steuerung aufgenommenen
Leistung und einer separat angeschlossenen Demonstrations-Leuchtwand ist sinnvoll.
Die verbrauchte Energie eines Systems, mit dem man Energie sparen möchte, ist eines
der häufig diskutierten Themen. Zum einen ist es wichtig zu wissen, welche Energiemenge ein System zur Realisierung von Energiesparzielen aufnimmt und zum anderen
wird gezeigt, dass die Zählerinformationen auch mittels http-Protokoll abgefragt werden
können.

Die Programmierung ist nicht notwendig, es wird lediglich ein Wert angezeigt. Das
Ergebnis in der Visualisierung zeigt Abb. 15.21.

Abb. 15.21 Anzeige der Leistungsaufnahme der Steuerung

Erläuterung der verwendeten Objekte Die Visualisierung und die Programmierung
sind miteinander verbunden. Das in der Softwarebibliothek auszuwählende Element
„Analogwert Anzeigen" wird eingefügt und mit der sendenden Gruppenadresse des
bestimmten Zähler-Kanals verbunden. Da in den Parametern des Zählers mittels der
ETS ein Intervall für sendende Telegramme von 8 s benutzt wurde, aktualisiert die Anzeige ihre Ausgabe im 8-Sekunden-Takt. Das KNXnode-System agiert über eine Web-UI
lediglich als Visualisierungssystem.

15.3.3 Anzeigen der aufgenommenen Leistung, des Leistungsfaktors
und des Zählerstandes der Demonstrations-Leuchtwand

Theoretischer Ansatz Unter Verwendung des Smart Meters der Firma ABB wird auf
einer separaten Seite eine Verbrauchsübersicht angezeigt. Zu sehen sind der Zählerstand
in kWh, die aktuell aufgenommene Leistung in W und der Wert des Leistungsfaktors. In
der Praxis wären dies neben dem Verbrauch die Werte, die angezeigt werden sollten, um
eine bessere Verbrauchstransparenz des Nutzers zu ermöglichen. Im Verlauf dieses Ka-
pitels werden verschiedene Möglichkeiten des Lastmanagements aufgezeigt, welche sich
jeweils auf die hier dargestellten Messwerte beziehen. Die zu programmierenden Anzeigeelemente sind auch gleichzeitig die Elemente, die anschließend in der Visualisierung
angezeigt werden. Mittels der Software ETS 3 wird im Zuge der Parametrierung das
Smart Meter so eingestellt, dass die gemessenen Werte im 10-Sekunden-Takt auf den
KNX/EIB-Bus gesendet werden.

Programmierung/Visualisierung (vgl. Abb. 15.22)

Abb. 15.22 Anzeige von Leistung, Zählerstand und Leistungsfaktor

Gruppenadressenbelegung:

2/1/3	Ausgang gesamte Wirkleistung vom ABB Zähler auf Analoganzeige 1
2/1/4	Ausgang gesamter Leistungsfaktor vom ABB Zähler auf Analoganzeige 3
2/1/5	Ausgang Zählerstand vom ABB Zähler auf Analoganzeige 2

Beschreibung der einzelnen Objekte in der Programmierung   Der Eingang der „Analogwertanzeige 1" empfängt 4-Byte-Telegramme, die auf die Gruppenadresse 2/1/3 gesendet werden. Auf diese Gruppenadresse wird die vom ABB-Zähler gemessene Wirkleistung gesendet. Die Darstellung des empfangenen Wertes kann beliebig parametriert werden.

Der Eingang der „Analogwertanzeige 2" empfängt 4-Byte-Telegramme (Datentyp EIS9), die auf die Gruppenadresse 2/1/5 gesendet werden. Auf diese Gruppenadresse wird der vom ABB-Zähler gemessene Leistungsfaktor gesendet. Die Darstellung des empfangenen Wertes kann beliebig parametriert werden.

Der Eingang der „Analogwertanzeige 3" empfängt 4-Byte-Telegramme (Datentyp EIS 11), die auf die Gruppenadresse 2/1/4 gesendet werden. Auf diese Gruppenadresse wird der vom ABB-Zähler gemessene Zählerstand gesendet. Die Darstellung des empfangenen Wertes kann beliebig parametriert werden.

15.3.4   Anzeige der Raumtemperatur

Theoretischer Ansatz   Am Beispiel der Raumtemperaturerfassung in der Küche wird gezeigt, wie über einen Analogeingang und einen temperaturabhängigen Ohm'schen Widerstand exemplarisch die Raumtemperatur erfasst und dargestellt werden kann. Des Weiteren wird der Wert zur Steuerung der Einzelraumtemperaturregelung benutzt, auf die im Verlauf der weiteren Beschreibung noch eingegangen wird. Allerdings ist die Umgebungstemperatur in den Messehallen, in dieses Projekt vorgestellt wurde, nicht bekannt. Aus diesem Grunde ist es nicht sinnvoll einen temperaturabhängigen Widerstand zu verwenden und die Steuerung im Vorfeld korrekt zu parametrieren oder direkt Messwerte von Raumtemperaturreglern zu verwenden. Als vergleichbarer Ersatz wurde ein Drehpotenziometer zur Simulation der Raumtemperatur verwendet, dies entspricht möglichen anderen Messmethoden, bei denen nicht direkt die Temperatur in Grad angegeben wird.

Programmierung (vgl. Abb. 15.23)

Abb. 15.23 Programmierung der
Umrechnung der Messwerte

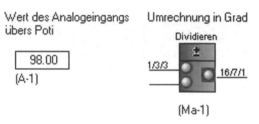

Beschreibung der einzelnen Objekte Die Analogwertanzeige (A-1) zeigt die 8-Bit-Telegramme der Gruppenadresse 1/3/3 an. Der Widerstand, über den die Raumtemperatur der Küche ermittelt wird, ist über einen Analogeingang an den Bus angeschlossen. Der Analogeingang sendet, je nach Widerstandswert, ein 8-Bit-Telegramm mit Werte von 0 bis 255 auf die Gruppenadresse 1/3/3.

Das Mathematik-Gatter (Ma-1) dividiert das über die Gruppenadresse 1/3/3 empfangene 8-Bit-Telegramm durch 8,7 und gibt das Ergebnis als 8-Bit-Telegramm aus. Dieser Wert wird auf der Startseite der Visualisierung als Raumtemperaturwert der Küche dargestellt. Die verwendete Anzeige ist so parametriert, dass hinter dem Zahlenwert ein „°C“ angehängt wird.

Auf diese Weise können beliebige Messwerte in verschiedensten Datenformaten über Korrekturfaktoren und Offsets in Zielformate umgerechnet werden.

Visualisierung (vgl. Abb. 15.24):

Abb. 15.24 Anzeige der
Temperatur

15.4   Passives Energiemanagement

Unter passivem Energiemanagement werden die alltäglichen Automatismen verstanden, auf denen basierend Gebäudeautomation auch auf der Basis von Zählerdaten erfolgt. Derartige Funktionen können sein:

- Heizungs-Einzelraumregelung, die auf geöffnete Fenster sowie ein verlassenes Gebäude reagiert
- Spannungsfreischaltung einiger Steckdosen von Haushaltsgeräten, wenn diese gerade nicht benutzt werden.
- Minimierung des Standby-Verbrauchs, wenn das Gebäude verlassen ist

- Ist das Gebäude verlassen, so wird der Heizungssollwert auf einen vorher definierten Bereich abgesenkt
- Raumtemperatursollwert-Anhebung nach einem definierten Zeitmuster, z. B. unter Berücksichtigung der Arbeitszeiten
- Möglichkeit den Raumtemperatursollwert unter Benutzung des Handys anzuheben oder abzusenken

15.4.1 Lastmanagement

Tarifabhängiges Lastmanagement beinhaltet:

- Automatische Abschaltung vorher definierter Verbraucher beim Spitzenlasttarif
- Automatische Zuschaltung von Großverbrauchern, wenn ein günstiger Tarif angeboten wird, wenn z. B. hohe Einspeisespitzen geglättet werden sollten
- Automatische Abschaltung vorher definierter induktiver Verbraucher, bei Unterschreitung des vorher definierten Leistungsfaktors.

15.4.1.1 Spitzenlasttarifabhängige Abschaltung einiger Verbraucher

Theoretischer Ansatz Wird vom Energieversorgungsunternehmen ein Tarif mit Spitzenlastbegrenzung angeboten, so gibt es die Möglichkeit vorher definierte Verbraucher automatisch abschalten zu können. In der Praxis könnte es Anwendung darin finden, dass die Gartenbeleuchtung zur optischen Unterstützung meist eingeschaltet ist und bei einem Spitzenlasttarif zeitweise automatisch abgeschaltet wird. Wenn die Gartenbeleuchtung allerdings auf Grund von außergewöhnlicher Nutzung des Gartens benötigt wird, lässt sich das automatische Abschalten unterdrücken.

Programmierung (vgl. Abb. 15.25)

Abb. 15.25 Programmierung des Lastabwurfs

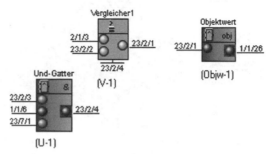

Gartenbeleuchtung abwerfen

Gruppenadressenbelegung:
    1/1/6   Gartenbeleuchtung Aktor
    1/1/26   Gartenbeleuchtung Sensor

2/1/3   Wirkleistungsanzeige ABB Smart Meter
23/2/1   Ausgang Vergleicher 1
23/2/2   Einstellung der Lastabwurfgrenze mittels Schieberegler
23/2/3   Gartenbeleuchtung bei Bedarf abwerfen, aktivieren/deaktivieren
23/2/4   Ausgang „Und-Gatter" auf Freigabeobjekt vom Vergleicher
23/7/1   Spitzenlasttarifsignal vom Energieversorgungsunternehmen

Beschreibung der einzelnen Objekte Das Und-Gatter(U-1) gibt den Vergleicher (V-1) dann frei, wenn die Gartenbeleuchtung eingeschaltet ist, das Spitzenlasttarifsignal vom Energieversorger gesendet wird und die Option „Gartenbeleuchtung bei Überschreitung der Spitzenlastgrenze abwerfen" aktiviert ist. Wird auf allen drei Eingangsgruppenadressen 1/1/6, 23/2/3, 23/7/1 ein 1-Bit-Telegramm mit dem Wert 1 empfangen, so sendet das Gatter am Ausgang ein 1-Bit-Telegramm mit dem Wert 1.

Der Vergleicher(V-1) vergleicht den aktuellen Wert der Wirkleistungsanzeige des ABB-Zählers 2/1/3 mit der über einen Schieberegler einzustellenden Lastabwurfgrenze 23/2/2. Die Eingänge verarbeiten 4-Byte-Telegramme und am Ausgang wird ein 1-Bit-Telegramm gesendet 23/2/1. Wird die Vergleichsfunktion erfüllt, so wird auf die am Ausgang eingetragene Gruppenadresse ein 1-Bit Telegramm mit dem Wert 1 gesendet, andernfalls ein 1-Bit-Telegramm mit dem Wert 0. Überschreitet die aktuell bezogene Leistung die vorher eingestellte Lastabwurfgrenze und das Spitzenlasttarifsignal wurde empfangen, so sendet der Vergleicher ein 1-Bit-Telegramm mit dem Wert 0 auf die Gruppenadresse 23/2/1.

Das Objektwert Element (Objw-1) sendet am Ausgang 1/1/26 kontinuierlich das identische 1-Bit-Telegramm, wie jenes, das zuvor am Eingang 23/2/1 empfangen wurde.

Visualisierung (vgl. Abb. 15.26)

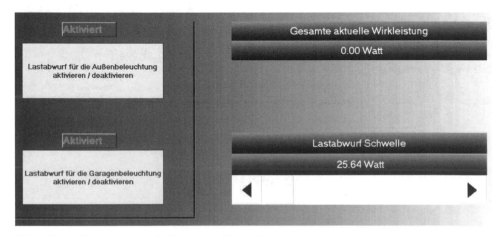

Abb. 15.26 Visualisierung der Lastabwurf-Funktion

15.4.1.2 Tarifabhängiges Einschalten einiger Verbraucher

Theoretischer Ansatz Es wird vorausgesetzt, dass das Energieversorgungsunternehmen zwei unterschiedliche Tarife anbietet, einen Normaltarif und einen Spartarif, und das installierte Smart Meter diese Signale verarbeiten kann. Für diesen Fall gibt es die Möglichkeit den aktuellen Tarif in der Visualisierung darzustellen und entsprechend zu reagieren. Am Beispiel der Waschmaschine wird gezeigt, wie ein derartiges Szenario aussehen könnte. Grundsätzlich ist die Steckdose der Waschmaschine spannungsfrei geschaltet. Befüllt man die Maschine mit Wäsche und dreht die Programmwahlschalter auf die passenden Stellungen, so geht man anschließend zum Touchscreen mit der Visualisierung und navigiert sich durch das Menu bis zum Punkt „Waschen". Auf der dargestellten Oberfläche ist zu sehen, welcher Tarif aktuell angeboten wird („Spar- oder Normaltarif"). Wird momentan der Spartarif angeboten, so gibt man die Spannung der Steckdose, in der die Waschmaschine eingesteckt ist, durch Betätigen des entsprechenden Buttons frei. Die Steckdose ist für eine vorher definierte Zeit freigeschaltet. Diese Freischaltzeit sollte so eingestellt werden, dass auch der längste Waschgang durchlaufen werden kann. Wird aktuell ein Normaltarif angeboten, so hat man die Möglichkeit entweder teuer sofort zu waschen oder die Freischaltung in einen Wartezustand zu versetzen. Entscheidet man sich für letzteres, weil die saubere Wäsche z. B. nicht unmittelbar benötigt wird, so wird die Spannung der Wachmaschinen-Steckdose erst dann freigeschaltet, wenn ein Spartarif angeboten wird. Dies setzt jedoch eine geeignete Einschaltbarkeit der Waschmaschine voraus.

Programmierung (vgl. Abb. 15.27)

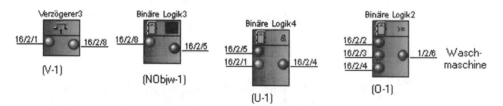

Abb. 15.27 Programmierung der Waschmaschinen-Freischaltung

Gruppenadressbelegung:

1/2/6	Relais für die Freischaltung der Waschmaschinensteckdose
16/2/1	Tarifsignal 1-Bit-Wert, 1 = Spartarif/0 = Normaltarif
16/2/2	Freischalten bei aktuell angebotenem Spartarif
16/2/3	Unverzügliches Freischalten bei aktuell angebotenem Normaltarif
16/2/4	Ausgang des Und-Gatters auf einen Eingang des Oder-Gatters
16/2/5	Auswahl Wartezustand bei aktuell angebotenem Normaltarif
16/2/8	Ausgang des Elements Verzögerer (V-1)

Beschreibung der einzelnen Objekte Der Verzögerer (V-1):

Wenn am Eingang ein 1-Bit-Telegramm mit dem Wert 1 über die Gruppenadresse 16/2/1 empfangen wird, so sendet das Gatter um 3 s verzögert am Ausgang auf die Gruppenadresse 16/2/8 ein 1-Bit-Telegramm mit dem Wert 1. Ein 1-Bit-Telegramm mit dem Wert 0 wird unverzüglich am Ausgang gesendet.

Das Nicht-Objektwert-Element (NObjw-1) ist so parametriert, dass nur ein 1-Bit-Telegramm mit dem Wert 0 am Ausgang 16/2/5 gesendet wird. Da es sich um ein Nicht-Objektwert-Element handelt, reagiert es am Eingang 16/2/8 nur auf 1-Bit-Telegramme mit dem Wert 1.

Das Und-Gatter(U-1): Wenn an den beiden Eingängen 16/2/1 und 16/2/5 1-Bit-Telegramme mit dem Wert 1 empfangen werden, sendet das Gatter am Ausgang 16/2/4 ein 1-Bit-Telegramm mit dem Wert 1. In jedem anderen Fall sendet das Element am Ausgang ein 1-Bit-Telegramm mit dem Wert 0.

Das Oder-Gatter(O-1): Wenn an einem der Eingänge 16/2/2-4 ein 1-Bit-Telegramm mit dem Wert 1 empfangen wird, sendet das Gatter am Ausgang 1/2/6 ein 1-Bit-Telegramm mit dem Wert 1. Wurde auf allen drei Eingängen 1 Bit-Telegramme mit dem Wert 0 empfangen, so wird am Ausgang ein verzögertes 1-Bit-Telegramm mit dem Wert 0 gesendet. Bei diesem Gatter ist eine definierte Zeit von (10 s) eingestellt.

Beschreibung der Zusammenarbeit der Objekte Wird im Fall des Spar- oder Normaltarifs die Option des unmittelbaren Einschaltens genutzt, so sendet das Oder-Gatter(O-1) direkt ein Signal mit dem Wert 1 Bit und dem Inhalt 1 am Ausgang 1/2/6 und nach Ablauf der eingestellten Zeit ein Signal mit dem Wert 1 Bit und dem Inhalt 0. Wird aktuell der Normaltarif angeboten und man entscheidet sich für die „Warten bis ein günstiger Tarif verfügbar ist"-Option, so wird der Freischaltvorgang über den Eingang 1/2/4 des Oder-Gatters angestoßen und ebenfalls nach der voreingestellten Zeit beendet.

Visualisierung (vgl. Abb. 15.28)

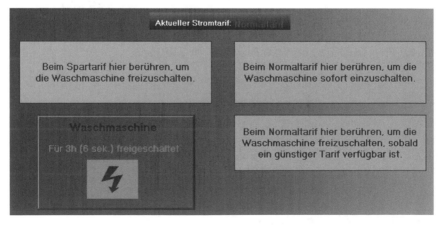

Abb. 15.28 Freischaltung einer Waschmaschine

15.4.1.3   Leistungsfaktorabhängige Abschaltung induktiver Verbraucher

Theoretischer Ansatz   Wird vom Energieversorgungsunternehmen ein Blindleistungs-faktor-orientierter Tarif angeboten, gibt es die Möglichkeit bei Überschreitung der vor-her definierten Leistungsfaktorgrenze bestimmte Induktivitäten abzuschalten. Durch das Abschalten der Induktivitäten wird eine Verbesserung des Leistungsfaktors erreicht. Zur Herstellung einer sinnvollen Funktion, musste eine Phase des ABB Smart Meter über ein separates Relais per Schaltaktorkanal geführt werden, um den Befehl des Abschaltens von Induktivitäten umsetzen zu können. An diese schaltbare Phase wurde eine Induktivität angeschlossen. Durch die neue Regelung, dass nur noch Energiesparlampen ver-kauft werden dürfen, könnte die Reaktion auf blindleistungsorientierte Tarife zuneh-mend Anwendung finden.

Programmierung (vgl. Abb. 15.29)

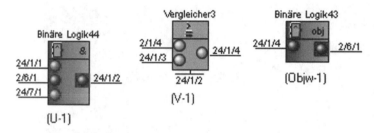

Abb. 15.29   Abschaltung von Induktivitäten

Gruppenadressenbelegung:

2/1/4	Leistungsfaktoranzeige ABB Smart Meter
2/6/1	Abschaltung einer Phase des ABB Smart Meter mittels eines Relais
24/1/1	Abschalten einer induktiven Last (bei Bedarf) aktivieren/deaktivieren
24/1/2	Ausgang vom Und-Gatter() welcher den Vergleicher() frei gibt
24/1/3	Einstellen der Untergrenze des Wirkleistungsfaktors
24/1/4	Ausgang vom Vergleicher()
24/7/1	Blindleistungsorientierter Tarif vom EVU aktivieren/deaktivieren

Beschreibung der einzelnen Objekte   Das Und-Gatter(U-1) gibt den Vergleicher über sein Freigabeobjekt frei, wenn die schaltbare Phase des ABB Smart Meter zugeschaltet ist, das Wirkleistungstarifsignal vom Energieversorger gesendet wird und die Option „Abschalten einer induktiven Last bei Bedarf" aktiviert ist. Wurde auf allen drei Ein-gangsgruppenadressen 2/6/1,24/1/1,24/7/1 ein 1-Bit-Telegramm mit dem Wert 1 emp-fangen, so sendet das Gatter am Ausgang ein 1-Bit-Telegramm mit dem Wert 1.

Der Vergleicher (V-1) vergleicht den aktuellen Wert der Leistungsfaktoranzeige des ABB-Zählers 2/1/4 mit der über einen Schieberegler einzustellenden Untergrenze für den Leistungsfaktor 24/1/3. Die Eingänge verarbeiten 4-Byte-Telegramme und am Ausgang wird ein 1-Bit-Telegramm auf die Gruppenadresse 24/1/4 gesendet. Wird die Vergleichsfunktion erfüllt, so wird auf die am Ausgang eingetragene Gruppenadresse ein 1-Bit-Telegramm mit dem Wert 1 gesendet, andernfalls ein 1-Bit-Telegramm mit dem Wert 0. Unterschreitet der aktuelle Wert des Leistungsfaktors die vorher eingestellte Untergrenze und das blindleistungsorientierte Tarifsignal wird empfangen, so sendet der Vergleicher ein 1-Bit-Telegramm mit dem Wert 0 auf die Gruppenadresse 24/1/4.

Das Objektwert-Element(Objw-1) sendet am Ausgang 2/6/1 kontinuierlich ein identisches Signal wie jenes was zuvor am Eingang 24/1/4 empfangen wurde. Wird am Eingang ein Signal mit dem Wert 1 Bit und dem Inhalt 0 empfangen, so wird am Ausgang ein Signal mit dem Wert 1 Bit und dem Inhalt 0 gesendet, so dass die induktive Last „abgeworfen" bzw. abgeschaltet wird.

Visualisierung (vgl. Abb. 15.30)

Abb. 15.30   Leistungsfaktorgesteuerter Lastabwurf

15.4.2   Heizungssteuerung inklusive Fernparametrieroption

Theoretischer Ansatz   Am Beispiel der Küche wird aufgezeigt, wie eine Einzelraumtemperaturregelung programmiert und visualisiert werden kann. Die Raumtemperatur wird wie bereits beschrieben über einen Ohm'schen Widerstand ermittelt. Liegt dieser Wert unter dem eingestellten Raumtemperatursollwert, so schaltet die Heizung ein. Wird ein Raumtemperaturwert erfasst, der höher ist als der eingestellte Sollwert, so schaltet die Heizung ab, zusätzlich muss die Hysterese berücksichtigt werden, dies erfolgt in diesem einfachen Beispiel nicht. Je nach Situation im Gebäude wird automatisch einer der beiden voreingestellten Sollwertbereiche zur Regelung benutzt. Der erste Sollwertbereich liegt bei 13 bis 14 °C und der zweite bei 18 bis 22 °C. Ist in einem Raum die Heizung z. B. gerade eingeschaltet und ein Fenster dieses Raumes wird geöffnet, so schaltet die Heizung ab. Sobald das Fenster wieder geschlossen wird, schaltet die Heizung ein, solange die Raumtemperatur noch unter dem Sollwert liegt. In der Praxis wäre ein zeitlich gesteuerter Wechsel der Sollwertbereiche am sinnvollsten. An Arbeitstagen müsste zeitlich anders gesteuert werden als an Wochenenden. Eine Stunde bevor der erste Bewohner während der Woche von der Arbeit kommt, müsste der Sollwert entsprechend angehoben werden, damit das Gebäude bei Betreten auch warm ist und nicht erst mit dem Umdrehen des Haustürschlüssels geheizt wird. Für den Fall, dass ein Bewohner außerplanmäßig nach Hause kommt, wurde die Möglichkeit implementiert, den Sollwertbereich mittels Telefon-Anbindung auszuwählen. Eine Stunde bevor das Gebäude betreten wird, hat man die Möglichkeit, z. B. per SMS, einen Befehl zu schicken, damit der Sollwertbereich angehoben wird und die Raumtemperaturen in einem behaglichen Bereich gehalten werden. Das GSM-Modul, welches in der Steuerung verbaut ist, ermöglicht es mittels SMS und entsprechendem Inhalt Relais zu schalten. In der Praxis müsste die Einzelraumtemperaturregelung mit der Steuerung der witterungsgeführten Zentralheizung abgestimmt werden.

Die Funktionsbeschreibung ist sehr komplex, entsprechend kompliziert und uneinsichtig ist die Anordnung der Gatter.

Programmierung (vgl. Abb. 15.31)

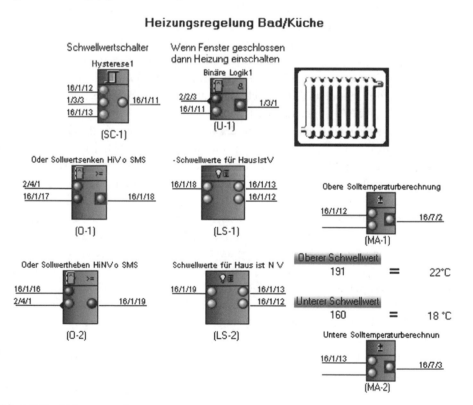

Abb. 15.31 Heizungsregelung

Gruppenadressenbelegung:

1/3/1	Heizung ein- und ausschalten
1/3/3	Istwertgeber Eingang (0–255) in Abhängigkeit der Raumtemperatur
2/2/3	Fensterkontakt im Raum wo sich der Heizkörper befindet (Küche)
2/4/1	„Haus ist verlassen"-Signal
16/1/11-19	Virtuelle Adressen die zur Realisierung der Automation dienen
16/1/16	Sollwertbereichsanhebung per SMS
16/1/17	Sollwertbereichsabsenkung per SMS
16/7/2+3	Zusätzliche virtuelle Adressen die auch der Automation dienen

Beschreibung der einzelnen Objekte Schwellwertschalter „SC-1": Wenn der am Eingang über Gruppenadresse 1/3/3 empfangene Wert den über Gruppenadresse 16/1/13 empfangenen Wert unterschreitet, sendet das Gatter am Ausgang ein 1-Bit-Telegramm mit dem Wert 1 auf die Gruppenadresse 16/1/11. Die Gruppenadresse 16/1/13 ist mit dem Objekt „unterer Schwellwert" verknüpft und kann so wie der Eingang 1/3/3 8-Bit-Telegramme verarbeiten.

Wenn der am Eingang über Gruppenadresse 1/3/3 empfangene Wert den über 16/1/12 empfangenen Wert überschreitet, wird am Ausgang ein 1-Bit-Telegramm mit dem Inhalt 0 gesendet. Die Gruppenadresse 16/1/12 ist mit dem Objekt „oberer Schwellwert" verknüpft und kann 8-Bit-Telegramme verarbeiten.

Das Und-Gatter (U-1): Wenn am Eingang 16/1/11 ein 1-Bit-Telegramm mit dem Wert 1 und am Eingang 2/2/3 ein 1-Bit-Telegramm mit dem Wert 0 empfangen wurde, sendet das Gatter am Ausgang ein 1-Bit-Telegramm mit dem Wert 1 auf die Gruppenadresse 1/3/1. In jedem anderen Fall sendet das Gatter am Ausgang ein 1-Bit-Telegramm mit dem Wert 0 auf die Gruppenadresse 1/3/1.

Das Oder-Gatter (O-1): Wenn an einem der beiden Eingänge über die Gruppenadressen 2/4/1 oder 16/1/17 ein 1-Bit-Telegramm mit dem Wert 1 empfangen wurde, sendet das Gatter am Ausgang ein 1-Bit-Telegramm mit dem Wert 1 auf die Gruppenadresse 16/1/18. Anderenfalls wird ein 1-Bit-Telegramm mit dem Wert 0 auf die Gruppenadresse 16/1/18 gesendet.

Das Oder-Gatter (O-2): Wenn über die Gruppenadresse 16/1/16 ein 1-Bit-Telegramm mit dem Wert 1 oder über die Gruppenadresse 2/4/1 ein 1-Bit-Telegramm mit dem Wert 0 empfangen wird, sendet das Gatter am Ausgang ein 1-Bit-Telegramm mit dem Wert 1 auf die Gruppenadresse 16/1/19, andernfalls wird ein 1-Bit-Telegramm mit dem Wert 0 auf die Gruppenadresse 16/1/19 gesendet.

Das Lichtszene-Element (LS-1): Wenn ein 1-Bit-Telegramm mit dem Wert 1 über die Gruppenadresse 16/1/18 empfangen wird, sendet das Gatter 8-Bit-Telegramme mit voreingestellten Werten an die beiden Ausgänge. Auf die Gruppenadresse 16/1/12 wird ein 8-Bit-Telegramm mit dem Wert 125 und auf die Gruppenadresse 16/1/13 ein 8-Bit-Telegramm mit dem Wert 115 gesendet.

Wurde am Eingang ein 1-Bit-Telegramm mit dem Wert 0 empfangen, so sendet das Objekt keine Telegramme an die Ausgänge.

Das Lichtszene-Element (LS-2): Wenn ein 1-Bit-Telegramm mit dem Wert 1 über die Gruppenadresse 16/1/19 empfangen wird, sendet das Gatter 8-Bit-Telegramme mit voreingestellten Werten an die beiden Ausgänge. Auf die Gruppenadresse 16/1/12 wird ein 8-Bit-Telegramm mit dem Wert 191 und auf die Gruppenadresse 16/1/13 ein 8-Bit-Telegramm mit dem Wert 160 gesendet.

Wurde am Eingang ein 1-Bit-Telegramm mit dem Wert 0 empfangen, so sendet das Objekt keine Telegramme an die Ausgänge.

Das Mathematik-Gatter (MA-1) dividiert den Wert, der am Eingang über Gruppenadresse 16/1/12 in Form eines 8-Bit-Telegramms empfangen wird, durch den eingestellten Divisor. Das Ergebnis wird als 8-Bit-Telegramm auf die Gruppenadresse 16/7/2 ausgegeben. Beispielhaft wurde ein Divisor von 8,7 gewählt. Die Anzeige des Ergebnisses ist so parametriert worden, dass nach dem Zahlenwert die Bezeichnung °C anfügt wird.

Das Mathematik-Gatter (MA-2) dividiert den Wert, der am Eingang über Gruppenadresse 16/1/13 in Form eines 8-Bit-Telegramms empfangen wird, durch den eingestellten Divisor. Das Ergebnis wird als 8-Bit-Telegramm auf die Gruppenadresse 16/7/3 ausgegeben. Auch hier wurde ein Divisor von 8,7 gewählt. Die Anzeige des Ergebnisses ist so parametriert worden, dass nach dem Zahlenwert die Bezeichnung °C anfügt wird. Wie die Ergebnisse der beiden Mathematik-Gatter anschaulich angezeigt werden, ist der Visualisierung zu entnehmen.

Beschreibung der Zusammenarbeit der Objekte Wird ein Fenster geöffnet (2/2/3), so schaltet die Heizung in jedem Fall aus.

Ist das Haus verlassen oder wurde eine SMS mit „Heizungssollwert absenken" empfangen, so übergibt das Objekt (LS-1) die eingestellten Werte an den Schwellwertschalter (SC-1), welcher nach diesen Werten die Heizung steuert.

Ist das Haus nicht verlassen oder wurde eine SMS mit Heizungssollwert anheben empfangen, so übergibt das Objekt (LS-2) die eingestellten Werte an den Schwellwertschalter (SC-1), welcher nach diesen Werten die Heizung steuert.

Visualisierung (vgl. Abb. 15.32 und Abb. 15.33)

Abb. 15.32 Visualisierung von Soll- und Ist-Temperatur

Abb. 15.33 Visualisierung der SMS-Kommunikation

15.5   Einbindung von Komfortfunktionen

Komfortfunktionen sind z. B.:

- anwählbare optische Türklingelunterstützung für verschiedene Räume
- anwählbares „Frühstücksszenario" per Funktaster, um den Eierkocher, Ofen und den Kaffeeautomaten aufzuheizen und für einen definierten Zeitraum einzuschalten
- in einer Zeitspanne von 4 s kann nach Betreten des Gebäudes durch Betätigen der Türklingel parallel zum Gong die Gartenbeleuchtung eingeschaltet werden
- Funktasteranbindung für diverse benutzeroptimierte Komforteinstellungen

15.5.1   Abschalten kritischer Geräte beim Verlassen des Gebäudes

Theoretischer Ansatz Beim Verlassen des Gebäudes werden alle voreingestellten Steckdosen sowie fest installierte Verbraucher abgeschaltet. Die Gefahr eines Brandes durch ein defektes elektrisches Gerät und der Standby-Stromverbrauch werden minimiert. Wird das Haus wieder betreten, nehmen alle als vorher unkritisch eingestuften Verbraucher, wieder ihren vorherigen Status an. Die als kritisch eingestuften Verbraucher, wie z. B. ein Bügeleisen oder der Herd, werden bei Wiederbetreten des Gebäudes nicht in ihren vorherigen Status versetzt, sondern bleiben ausgeschaltet.

Programmierung der Abschaltung Am Beispiel der Wohnzimmerbeleuchtung sowie des Bügeleisens wird die Programmierung erläutert. Ähnlich der Programmierung dieser Verbraucher stellt sich auch die Programmierung der übrigen Verbraucher im Gebäude dar, auf die deshalb nicht weiter eingegangen wird (vgl. Abb. 15.34).

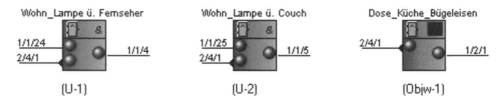

Abb. 15.34 Programmierung der Schaltung von Verbrauchern

Gruppenadressenbelegung:

1/1/4	Relais Wohnzimmer Lampe über dem Fernseher.
1/1/5	Relais Wohnzimmer Lampe über der Couch.
1/1/24	Tastsensor für die Lampe über dem Fernseher.
1/1/25	Tastsensor für die Lampe über der Couch.
1/2/1	Relais für die Freischaltung der Steckdose in der das Bügeleisen eingesteckt ist.
2/4/1	Schlüsselsensor (bei Abschließen der Haustür=1/bei Aufschließen=0)

Beschreibung der einzelnen Objekte Das Und-Gatter U-1 sendet am Ausgang nur dann den Wert der auf die Gruppenadresse 1/1/24, wenn das Gebäude nicht verlassen ist. Ist das Gebäude verlassen, leitet das Gatter keinen Wert weiter. Äquivalent zu dem Gatter verhält sich auch das Und-Gatter U-2. Empfangene und gesendete Telegramme haben den Wert 1 Bit.

Das Objektwertgatter Objw-1 ist so konfiguriert, dass es nur ein 1-Bit-Telegramm mit dem Wert 0 weiterleitet. Wird das Haus verlassen, so wird durch den negierten Eingang ein 1-Bit-Telegramm mit dem Wert 0 auf die Gruppenadresse 1/1/6 gesendet. Daraufhin schaltet das Relais für die Steckdose des Bügeleisens in der Küche ab. Da nur ein 1-Bit-Telegramm mit dem Wert 0 gesendet wird, schaltet das Relais bei Betreten des Hauses nicht wieder ein.

15.5.2 Optische Türklingelunterstützung für verschiedene Räume

Theoretischer Ansatz Am Beispiel der anwählbaren Türklingelunterstützung für den Garten wird gezeigt, wie die Komfortfunktion realisiert und visualisiert werden kann. Durch Aktivierung der Funktion „optische Türklingelunterstützung" für den Garten wird der Bewohner auch bei Gartenarbeiten auf die Türklingel aufmerksam gemacht. Bei Betätigen der Türklingel blinkt die Gartenbeleuchtung auf, um das wahrscheinlich überhörte akustische Klingeln optisch zu signalisieren. In diesem Projekt wurden die Wohnzimmer- und Küchenbeleuchtungen optional eingebunden. Dies könnte in der Praxis Anwendung finden, wenn z. B. Staub gesaugt oder laute Musik gehört wird (vgl. Abb. 15.35).

Gruppenadressenbelegung:

1/1/6	Aktor Gartenbeleuchtung
1/4/1	Tastsensor Türklingel
1/4/2	Schaltaktor Türklingel
2/4/1	Tastsensor „Haus ist verlassen"
30/1/5-11	Virtuelle Adressen um die Automation zu realisieren

Beschreibung der einzelnen Objekte Objektwert-Gatter (Objw-1): Wenn ein 1-Bit-Telegramm mit dem Wert 1 über die Gruppenadresse 1/4/1 empfangen wird, sendet das Gatter ein 1-Bit-Telegramm mit dem Wert 1 auf die Gruppenadresse 1/4/2. Äquivalent dazu verhält sich das Element, wenn ein 1-Bit-Telegramm mit dem Wert 0 empfangen wird.

Objektwert-Gatter (Objw-2): Wenn ein 1-Bit-Telegramm mit dem Wert 1 auf der Gruppenadresse 2/4/1 empfangen wird, sendet das Gatter ein 1-Bit-Telegramm mit dem Wert 1 auf die Gruppenadresse 30/1/5. Ein 1-Bit-Telegramm mit dem Wert 0 wird nicht verarbeitet.

Programmierung

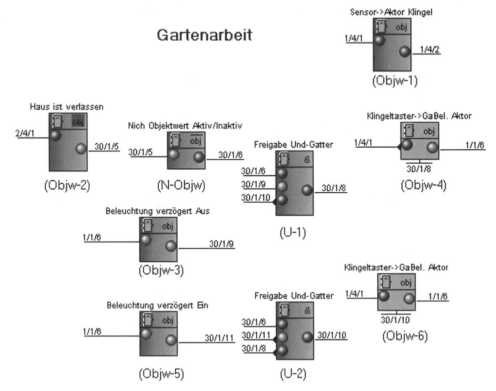

Abb. 15.35 Programmierung der Klingelunterstützung

Objektwert-Gatter (Objw-3): Wenn ein 1-Bit-Telegramm mit dem Wert 1 über die Gruppenadresse 1/1/6 empfangen wird, sendet das Gatter unverzüglich ein 1-Bit-Telegramm mit dem Wert 1 auf die Gruppenadresse 30/1/9. Bei Empfang eines 1-Bit-Telegramms mit dem Wert 0 wird ein um eine Sekunde verzögertes 1-Bit-Telegramm mit dem Wert 0 auf den Ausgang gesendet.

Objektwert-Gatter (Objw-4): Wenn über die Freigabe-Gruppenadresse 30/1/8 ein 1-Bit-Telegramm mit dem Wert 1 empfangen wurde, werden die Telegramme am Eingang verarbeitet. Wird jetzt ein 1-Bit-Telegramm mit dem Wert 1 über die Gruppenadresse 1/4/1 empfangen, so sendet das Gatter ein 1-Bit-Telegramm mit dem Wert 0 auf die Gruppenadresse 1/1/6. Wird ein 1-Bit-Telegramm mit dem Wert 0 empfangen, dann sendet das Gatter ein 1-Bit-Telegramm mit dem Wert 1 auf den Ausgang.

Objektwert-Gatter (Objw-5): Wenn ein 1-Bit-Telegramm mit dem Wert 0 über die Gruppenadresse 1/1/6 empfangen wird, sendet das Gatter unverzüglich ein 1-Bit Telegramm mit dem Wert 0 auf die Gruppenadresse 30/1/11. Bei Empfang eines 1-Bit-

Telegramms mit dem Wert 1 wird ein 1-Bit-Telegramm mit dem Wert 1 um 1 s verzögert auf den Ausgang gesendet.

Objektwert-Gatter (Objw-6): Wenn über die Freigabe-Gruppenadresse 30/1/10 ein 1-Bit-Telegramm mit dem Wert 1 empfangen wurde, dann werden die empfangenen 1-Bit-Telegramme am Ausgang gesendet. Wird über die Gruppenadresse 1/4/1 ein 1-Bit-Telegramm mit dem Wert 1 empfangen, so sendet das Gatter ein 1-Bit-Telegramm mit dem Wert 1 auf die Gruppenadresse 1/1/6. Andernfalls sendet das Gatter ein 1-Bit-Telegramm mit dem Wert 0 auf den Ausgang.

Nicht-Objektwert-Gatter (N-Objw): Wenn ein 1-Bit-Telegramm mit dem Wert 1 über die Gruppenadresse 30/1/5 empfangen wird, sendet das Gatter ein 1-Bit-Telegramm mit dem Wert 0 auf die Gruppenadresse 30/1/6. Bei Empfang eines 1-Bit-Telegramms mit dem Wert 0 sendet das Gatter ein 1-Bit-Telegramm mit dem Wert 1 auf den Ausgang.

Und-Gatter (U-1): Wenn über die Gruppenadressen 30/1/6+9 1-Bit-Telegramme mit dem Wert 1 und über die Gruppenadresse 30/1/10 ein 1-Bit-Telegramm mit dem Wert 0 empfangen werden, sendet das Gatter ein 1-Bit-Telegramm mit dem Wert 1 auf die Gruppenadresse 30/1/8, andernfalls wird ein 1-Bit-Telegramm mit dem Wert 0 auf den Ausgang gesendet.

Und-Gatter (U-2): Wenn über die Gruppenadressen 30/1/8+11 1-Bit-Telegramme mit dem Wert 0 und über die Gruppenadresse 30/1/6 ein 1-Bit-Telegramm mit dem Wert 1 empfangen werden, sendet das Gatter ein 1-Bit-Telegramm mit dem Wert 1 auf die Gruppenadresse 30/1/0. Andernfalls wird ein 1-Bit-Telegramm mit dem Wert 0 auf den Ausgang gesendet.

Beschreibung der Zusammenarbeit der Objekte Das Objekt Objw-2 sorgt dafür, dass die optische Klingelunterstützung nicht erfolgt, falls das Gebäude verlassen ist. Die anderen Objekte steuern die Klingelunterstützung so, dass das Blinken der Beleuchtung funktioniert, wenn die Beleuchtung beim Klingeln eingeschaltet oder ausgeschaltet ist. Wichtig ist, dass die Beleuchtung nach dem Klingeln wieder in ihren vorherigen Status versetzt wird, was nur mit der relativ großen Anzahl an Objekten gewährleistet werden kann.

15.5.3   Optionales „Frühstücksszenario" mittels Funktaster

Theoretischer Ansatz Durch das Freischalten bestimmter Steckdosen im Haus bindet die Gebäudeautomation diverse Haushaltsgeräte intelligent ein. Möchte man Eier kochen, so wird der Eierkocher vorbereitet und eingeschaltet. Da die Steckdose aus Brandschutz- und Energiespargründen spannungsfrei geschaltet ist, muss am Touchscreen auf der Seite „Haushaltsgeräte" erst die Freigabe der zugehörigen Steckdose initiiert werden. Betätigt man den Button „Eierkochen", wird die Steckdose, in die der Eierkocher eingesteckt ist, für eine bestimmte voreingestellte Zeit freigegeben. Mit dem Ofen, dem Herd und dem Kaffeeautomaten wird ebenso verfahren.

Da durch die Gebäudeautomation die entsprechenden Steckdosen freigegeben werden können, lassen sich diverse Komfortfunktionen realisieren. Mittels eines Funktasters, der z. B. am Nachttisch liegt, kann eine Komfortfunktion mit der Bezeichnung „Frühstücksszenario" angestoßen werden. Die Funktion ist so programmiert, dass bei Betätigung des entsprechenden Funktasters der Eierkocher, der Ofen und der Kaffeeautomat für eine voreingestellte Zeit eingeschaltet werden. Die Anwendung in der Praxis könnte so aussehen, dass man abends Aufbackbrötchen in den Ofen legt und auf 160 °C Umluft einstellt, den Eierkocher mit Eiern und Wasser befüllt und einschaltet, den Kaffeeautomaten einschaltet, aber keines der Geräte direkt über den Touch Screen freigibt.

Nach dem Aufwachen drückt man morgens den entsprechenden Taster am Funksender und nach ca. 15 min sind die Brötchen aufgebacken, die Eier fertig und der Kaffeeautomat hält das heiße Wasser oder Kaffee schon bereitet vor.

Programmierung (vgl. Abb. 15.36)

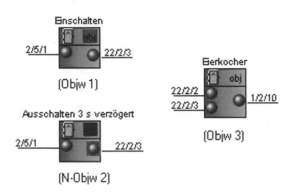

Abb. 15.36 Programmierung des Frühstücksszenario

Gruppenadressenbelegung:
1/2/10	Relais zur Freischaltung der Steckdose des Eierkochers
2/5/1	Funktaster zum starten des „Frühstücksszenarios"
22/2/2	Virtuelle Adresse zur Freischaltung über den Touch Screen
22/2/3	Virtuelle Adresse zur Freischaltung über den Funktaster

Beschreibung der einzelnen Objekte Objektwert-Gatter (Objw 1): Wenn ein 1-Bit-Telegramm mit dem Wert 1 über die Gruppenadresse 2/5/1 empfangen wird, sendet das Gatter unverzüglich ein 1-Bit-Telegramm mit dem Wert 1 auf die Gruppenadresse 22/2/3.

Bei Empfang eines 1-Bit-Telegramms mit dem Wert 0 sendet das Element kein Telegramm am Ausgang.

Objektwert-Gatter (N-Objw 2): Wenn ein 1-Bit-Telegramm mit dem Wert 1 über die Gruppenadresse 2/5/1 empfangen wird, sendet das Gatter ein 1-Bit-Telegramm mit dem Wert 0 auf die Gruppenadresse 22/2/3. Das Ausgangstelegramm wird mit einer Verzögerung von 3 s gesendet. Bei Empfang eines 1-Bit-Telegramms mit dem Wert 0, sendet das Element kein Telegramm am Ausgang.

Objektwert-Gatter (Objw 3): Wenn über die Gruppenadressen 22/2/2 oder 22/2/3 ein 1-Bit-Telegramm mit dem Wert 0 empfangen wird, sendet das Gatter ein 1-Bit-Telegramm mit dem Wert 0 auf die Gruppenadresse 1/2/10. Das Ausgangstelegramm wird mit einer Verzögerungszeit von 10 s gesendet. Wird ein 1-Bit-Telegramm mit dem Wert 1 über die Gruppenadressen 22/2/2 oder 22/2/3 empfangen, so wird unverzüglich ein 1-Bit-Telegramm mit dem Wert 1 auf die Gruppenadresse 1/2/10 gesendet.

Beschreibung der Zusammenarbeit der Objekte Die beiden Gatter Objw 1 und N-Objw 2 werden eingesetzt, da der Funktaster unter Benutzung einer einzigen Taste entweder nur ein 1-Bit-Telegramm mit dem Wert 0 oder mit dem Wert 1 senden kann. Beim Drücken der Taste ist die Sendung eines 1-Bit-Telegramms mit dem Wert 1 und beim Loslassen eines 1-Bit-Telegramms mit dem Wert 0 nicht möglich, aus diesem Grunde wird das Absetzen des Wert-Bit-Telegramms mit dem Wert 0 nach Loslassen der Taste über das Gatter N-Objw 2 initiiert. Wird über den Funktaster das „Frühstücksszenario" gewählt, so schaltet der Eierkocher nach einer bestimmten Zeit ab. Diese Zeit ergibt sich durch die Addition der eingestellten Verzögerungszeiten der Gatter N-Objw 2 und Objw 3. Wird die Spannungsfreigabe der Steckdose des Eierkochers über den Touchscreen angestoßen, so bleibt die Steckdose für die Zeit freigeschaltet, die in dem Gatter Objw 3 als Verzögerung eingetragen ist.

15.5.4 Mehrfachbelegung eines Sensors für Komfortfunktionen

Theoretischer Ansatz Durch geschickte Planung im Vorfeld ist es möglich Taster-Funktionszuweisungen zu ändern ohne mittels der Software ETS die EIB-Gräte neu parametrieren zu müssen. Bereits gezeigt wurde, wie durch die Anwahl der entsprechenden Option z. B. die Klingel optisch unterstützt werden kann. Hier wird gezeigt, dass auch ohne explizite Anwahl der Option sinnvolle zeitgesteuerte Funktionen implementiert werden können. Normalerweise klingelt es, wenn man den Klingeltaster an der Haustür betätigt. Für die Dauer von 4 s nach Betreten des vorher verlassenen Gebäudes hat man die Möglichkeit, die Klingel zu betätigen und parallel zum Klingeln die Gartenbeleuchtung einzuschalten. Ist die eingestellte Zeit von 4 s verstrichen, so dient der Klingeltaster wieder nur dem Klingeln. In der Praxis klingelt eigentlich niemand in den folgenden 4 s nachdem er mit dem Schlüssel die Tür aufgeschlossen hat. Hat man allerdings z. B. schmutzige Arbeitskleidung an und möchte bei Dunkelheit kurz die Gartenbeleuchtung einschalten, um im Garten noch ein paar Dinge zu erledigen, müsste man in der Regel einmal durchs Gebäude laufen um den entsprechenden Tastsensor für die Gartenbeleuchtung zu betätigen. Hier hat man jetzt die Möglichkeit, per Klingeltaster bei Bedarf die Gartenbeleuchtung einzuschalten.

Programmierung (vgl. Abb. 15.37)

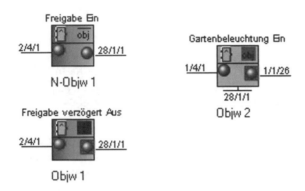

Abb. 15.37   Programmierung der automatisierten Schaltung

Gruppenadressenbelegung

1/4/1	Tastsensor der Türklingel
1/1/26	Schaltaktor Gartenbeleuchtung
2/4/1	Sensor „Haus ist verlassen"
28/1/1	Virtuelle Adresse für die Freigabe der Einschaltung mittels Klingeltasters

Beschreibung der einzelnen Objekte   Nicht-Objektwert-Gatter (N-Objw 1): Wenn ein 1-Bit-Telegramm mit dem Wert 1 über Gruppenadresse 2/4/1 empfangen wird, sendet das Gatter ein 1-Bit-Telegramm mit dem Wert 0 auf die Gruppenadresse 28/1/1. Wird auf der Gruppenadresse 2/4/1 ein 1-Bit-Telegramm mit dem Wert 0 empfangen, so sendet das Element ein 1-Bit-Telegramm mit dem Wert 1 auf die Gruppenadresse 28/1/1.

Objektwert-Gatter (Objw 1): Wenn ein 1-Bit-Telegramm mit dem Wert 0 auf der Gruppenadresse 2/4/1 empfangen wird, sendet das Gatter ein um 4 s verzögertes 1-Bit-Telegramm mit dem Wert 0 auf die Gruppenadresse 28/1/1. Empfangene 1-Bit-Telegramme mit dem Wert 1 werden nicht berücksichtigt.

Objektwert-Gatter (Objw 2): Wenn ein 1-Bit-Telegramm mit dem Wert 1 auf der Gruppenadresse 1/4/1 empfangen wird, sendet das Gatter ein 1-Bit-Telegramm mit dem Wert 1 auf die Gruppenadresse 1/1/26. Voraussetzung dafür ist, dass über das Freigabeobjekt 28/1/1 ein 1-Bit-Telegramm mit dem Wert 1 empfangen wurde.

Empfangene 1-Bit-Telegramme mit dem Wert 0 werden nicht berücksichtigt.

Beschreibung der Zusammenarbeit der Objekte Ist das Gebäude verlassen, so ist das Objektwert-Gatter Objw 2 nicht freigegeben. Wird das Gebäude wieder betreten, so erhält dieses Gatter über die Gruppenadresse 28/1/1 eine Freigabe für 4 s, welche durch das ausschaltverzögerte Objektwert-Gatter Objw 1 initiiert wird. Während dieser 4 s werden die 1-Bit-Telegramme mit dem Wert 1 von der Gruppenadresse 1/4/1 auf die Gruppenadresse 1/1/26 weitergeleitet.

15.6   Einbindung von Sicherheitsfunktionen

15.6.1   Alarmanlagen Unterstützung

Theoretischer Ansatz Wenn das Haus verlassen ist, werden die Fenster- und Türkontakte überwacht und im Fall des Öffnens eines Kontakts die Alarmanlage ausgelöst. Wird das Haus verlassen, obwohl noch ein Fenster oder eine Tür geöffnet ist, so wird dies durch Blinken der Garagenaußenbeleuchtung signalisiert. So lässt sich automatisch vermeiden, dass das Gebäude in einem unsicheren und energetisch unoptimalen Zustand verlassen wird.

Programmierung der Alarmfunktion (vgl. Abb. 15.38)

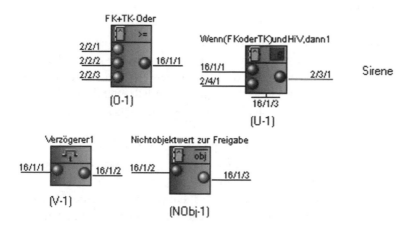

Abb. 15.38 Programmierung der Alarmfunktion

Gruppenadressenbelegung:

2/2/1	Türkontaktsensor
2/2/2	Fensterkontaktsensor 1
2/2/3	Fensterkontaktsensor 2

2/4/1   Schlüsselsensor (bei Abschließen der Haustür=1/bei Aufschließen=0)
2/3/1   Relais zum Einschalten der Sirene
16/1/1-3   Virtuelle Gruppenadressen, die mit keiner Hardware verbunden sind

Beschreibung der einzelnen Objekte   Das Oder-Gatter (O-1) prüft über die Gruppenadressen 2/2/1-3, ob mindestens ein Fenster oder eine Tür geöffnet ist. Ist dies der Fall,
so wird am Ausgang 16/1/1 ein 1-Bit-Telegramm mit dem Wert 1 gesendet.

Das Verzögerungs-Gatter (V-1) untersucht, ob über die Gruppenadresse 16/1/1 1-Bit-
Telegramme empfangen werden, und sendet diese verzögert auf die Ausgangsgruppen-
adresse 16/1/2. Die Verzögerungszeit wird vorher über die Software parametriert.

Das Nicht-Objektwert-Gatter (NObj-1) empfängt am Eingang die 1-Bit-Telegramme
von Gruppenadresse 16/1/2 und sendet den negierten Wert auf die Gruppenadresse 16/1/3. Wird über Gruppenadresse 16/1/2 z. B. ein 1-Bit-Telegramm mit dem Wert 1
gesendet, so sendet das Gatter ein 1-Bit-Telegramm mit dem Inhalt 0 auf die Gruppenadresse 16/1/3. Ebenso sendet das Gatter beim Empfang eines 1-Bit-Telegramms mit
dem Wert 1 am Ausgang ein 1-Bit-Telegramm mit dem Wert 0.

Das Und-Gatter (U-1) sendet am Ausgang auf die Gruppenadresse 2/3/1 ein 1-Bit-
Telegramm mit dem Wert 1, wenn von den Gruppenadressen 16/1/1 und 2/4/1 ein
1-Bit-Telegramm mit dem Wert 1 gesendet wurde. Das Gatter sendet nur, wenn es freigegeben ist. Freigabe erfolgt durch das Senden eines 1-Bit-Telegramms mit dem Wert 1
von der Gruppenadresse 16/1/3. Wurde als letztes ein 1-Bit-Telegramm mit dem Wert 0
auf die Gruppenadresse 16/1/3 gesendet, ist das Gatter nicht freigegeben und ignoriert
alle Telegramme an Ein- und Ausgängen.

Beschreibung der Zusammenarbeit der Objekte   Wird bei geschlossenen Fenstern und
Türen das Haus verlassen, dann ist das Alarmanlagenunterstützungssystem aktiviert.
Wird jetzt ein Fenster geöffnet, so ertönt die Sirene und weitere Alarmmeldefunktionen
können ausgeführt werden, z. B. in Form einer SMS mit Warninhalt oder dem Absetzten
eines Notrufes. Die Alarmquittierung erfolgt über das Betätigen eines Buttons in der
Visualisierung.

Wird ein Fenster geöffnet und das Haus ist nicht verlassen, wird dem Und-Gatter
nach 3 s die Freigabe genommen und die Sirene schaltet beim Verlassen des Hauses
nicht ein. In diesem Fall wird dem Bewohner beim Abschließen der Tür durch die blin-
kende Außenbeleuchtung an der Garage signalisiert, dass ein Fenster oder eine Tür nicht
geschlossen und das Gebäude in einem unsicheren und energetisch unoptimalen Zustand ist. Im Folgenden wird die Programmierung der Signalgebung erläutert.

Programmierung der Signalfunktion (vgl. Abb. 15.39)

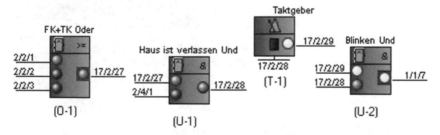

Abb. 15.39   Programmierung der Alarmierung

Gruppenadressenbelegung:

2/2/1	Türkontaktsensor
2/2/2	Fensterkontaktsensor 1
2/2/3	Fensterkontaktsensor 2
2/4/1	Schlüsselsensor (bei Abschließen der Haustür=1/bei Aufschließen=0)
1/1/7	Relais zum Einschalten der Garagenbeleuchtung
17/2/27-29	Virtuelle Gruppenadressen, die mit keiner Hardware verbunden sind

Beschreibung der einzelnen Objekte   Das Oder-Gatter (O-1) prüft über die Gruppenadressen 2/2/1-3, ob mindestens ein Fenster oder eine Tür geöffnet ist. Ist dies der Fall, so wird am Ausgang 17/2/7 ein 1-Bit-Telegramm mit dem Wert 1 gesendet.

Und-Gatter (U-1): Wenn über die Gruppenadressen 17/2/27 und 2/4/1 ein 1-Bit-Telegramm mit dem Wert 1 empfangen wurde, sendet das Gatter ein 1-Bit-Telegramm mit dem Wert 1 auf die Gruppenadresse 17/2/28.

Der Taktgeber (T-1) sendet auf die Gruppenadresse 17/2/29 jede Sekunde ein 1-Bit-Telegramm mit dem Wert 1, wenn er durch den Empfang eines 1-Bit-Telegramms mit dem Wert 1 auf der Gruppenadresse 17/2/28 freigegeben wurde.

Und-Gatter (U-2): Wenn am Eingang 1-Bit-Telegramme mit dem Wert 1 über die Gruppenadressen 17/2/2 und 17/2/29 empfangen wurden, sendet das Gatter am Ausgang auf die Gruppenadresse 1/1/7 ein 1-Bit-Telegramm mit dem Wert 1

Beschreibung der Zusammenarbeit der Objekte   Wird das Gebäude verlassen und ein Fenster oder eine Tür ist geöffnet, schaltet das Relais, welches auf die Gruppenadresse 1/1/7 reagiert, im Takt von einer Sekunde ein und wieder aus. Von diesem Relais wird die Garagenbeleuchtung geschaltet.

Wird das Gebäude verlassen und kein Fenster oder keine Tür ist geöffnet, so blinkt die Garagenbeleuchtung erst, wenn auch die Sirene einschaltet, um auf das Gebäude aufmerksam zu machen.

Visualisierung (vgl. Abb. 15.40)

Abb. 15.40 Visualisierung der
Fenster- und Türenzustände

15.6.2   Internetbasierte USB-Überwachungskamera

Theoretischer Ansatz Bei der Visualisierungslösung mittels KNXvision läuft im Hintergrund ein PC mit Microsoft Windows-Betriebssystem. Neben der Software KNXvision wurde das kostenlose Tool WebcamXP installiert, um über diesen Weg einen Webserver zu emulieren. Bei passender Administration des Routers ist es möglich über jeden Internetzugang bei Nutzung der richtigen Passwörter die Live-Bilder der Kamera zu sehen. Vorstellbar wäre eine Anwendung bei folgendem Szenario: Das Gebäudebussystem sendet eine Alarm-SMS oder Email an ein UMTS-fähiges Endgerät. Nach Freigabe der Kamera kann nun über das Internet kontrolliert werden, ob es sich um einen ernstzunehmenden Alarm oder einen Fehlalarm handelt. Um gegen unbefugtes Ausspähen der Handlungen im Gebäude geschützt zu sein, ist es notwendig, ein vom Internet unabhängiges System zur Freigabe der Kamera zu integrieren. Eine Lösungsmöglichkeit wäre eine über ein Relais gesteuerte Klappe mittels GSM-Signal zu steuern und damit letztendlich tatsächlich das Kameraobjektiv freizugeben.

Programmierung (vgl. Abb. 15.41)

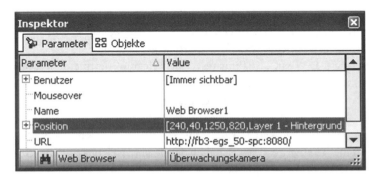

Abb. 15.41 Parametrierung eines Elements zum Aufruf der Webcam

Das Element „WebBrowser" wird auf einer vorgesehenen Seite in der Visualisierung platziert. Durch den Aufruf dieser Seite stellt das Element eine Verbindung mit der eingestellten Internetadresse her. In diesem Fall ist es die Adresse http://Computername:Port/. Unter dieser Adresse ist die USB-Überwachungskamera auch von allen anderen Internetverbindungen erreichbar. Zudem kann das Element auch ftp-Adressen auflösen.

Visualisierung   In der Abb. 15.42 ist die Innansicht auf die Schiebetür des Modellhauses erkennbar.

Abb. 15.42   Anzeige der Webcam

15.7   Multifunktionssystem

Sonstige realisierbare Funktionen sind z. B.:

- am Beispiel von Stundenplänen wird die Möglichkeit von individuell speicherbaren Informationen nahezu jeglicher Art gezeigt
- Nutzung der Vielfalt an einzusehenden Rezepten mittels des Internets
- schnell verfügbare Internetanbindung per Tastendruck

15.7.1   Rezeptauswahl mit Hilfe des Internetbrowsers

Theoretischer Ansatz   Der im Hintergrund laufende Mini-PC bietet die Möglichkeit über die bestehende Internetverbindung schnell und komfortabel auf Internetdienste zu zugreifen. Die Nutzung der Vielfalt an einzusehenden Rezepten aus der Datenbank z. B. der Internetplattform „www.chefkoch.de" findet dann sinnvolle Anwendung, wenn der Touch-Screen z. B. in der Küche installiert ist. Anstatt der bisherigen Koch-buchsammlung kann fortan das breite Rezeptangebot des Internets genutzt werden.

Programmierung/Visualisierung   Über den Button „Rezepte" auf der Startseite, wird ein Browserfenster geöffnet (vgl. Abb. 15.43).

Abb. 15.43   Aufruf von Rezepten

15.7.2   Internetbasiertes Einkaufs- und Bestellsystem mit Handy-Ankopplung

Theoretischer Ansatz   Um diese Anwendung des Einkaufs- und Bestellsystems sinnvoll nutzen zu können, ist sinnvoller Weise der Touch-Screen in der Küche zu installieren. Ein Artikel, der benötigt wird, kann durch Berührung dieses Artikels dem „elektroni-schen Einkaufszettel" hinzugefügt werden. Wird der Artikel mehrmals benötigt, so kann nach der Artikelauswahl die Menge angegeben werden. Ist der Einkauf erledigt, berührt man den Button „Einkauf erledigt" und die auf dem Einkaufszettel aufgeführten Artikel werden gelöscht. Dieser Einkaufszettel ist über den Touch-Screen einsehbar und wird zusätzlich als Textdatei auf der Festplatte gespeichert. Über die entsprechende Freigabe im hauseigenen Router kann diese Textdatei, unter Anwendung der entsprechenden Passwörter, von jedem Internetzugang eingesehen oder an ein Smartphone per E-Mail gesendet werden. Anwendung in der Praxis finden könnte dieses System besonders in alten- und behindertengerechte Wohneinrichtungen finden. Dienstleistungsunternehmen könnten kostengünstig die Anfragen der Bewohner in Bezug auf fehlende Medikamente oder Einkäufe bedienen. Die Mitglieder einer Familie hätten die Möglichkeit mit einem UMTS fähigen Mobiltelefon den „elektronischen Einkaufszettel" aktuell von unterwegs zusätzlich abzufragen. Die Einkäufe und Besorgungen wären dann ohne zusätzliche Kommunikation erledigbar.

Programmierung/Visualisierung (vgl. Abb. 15.44)

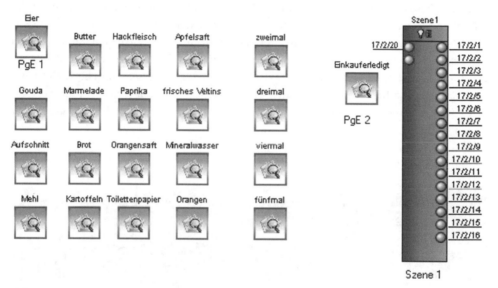

Abb. 15.44 Programmierung der Bestellfunktion

Gruppenadressenbelegung:
  17/2/1-20 Virtuelle Gruppenadresse für die Ausführung des Bestellvorgangs

Beschreibung der einzelnen Objekte Da das Prinzip der einzelnen Elemente sehr ähnlich ist, wird am Beispiel der Elemente (PgE 1), (PgE 2) und (Szene 1) die Funktion erläutert. Die Telegramme die zum jeweiligen Ausführen der Elemente führen, werden von den Buttons, die der Visualisierung zu entnehmen sind, gesendet.
  Element (PgE 1): Bei Empfang eines 1-Bit-Telegramms mit dem Wert 1 auf der Gruppenadresse 17/2/1 wird die Datei mit dem Pfad „C:\Einkauf\Eier.bat" ausgeführt. Zusätzlich wird ein Textfeld mit dem Inhalt „Eier" auf dem in der Visualisierung zu sehenden Einkaufszettel angezeigt.

Element (PgE 2): Bei Empfang eines 1-Bit-Telegramms mit dem Wert 1 auf der Gruppenadresse 17/2/20 wird die Datei mit dem Pfad „C:\Einkauf\Einkauferledigt.bat" ausgeführt.

Das Szene-Element (Szene1) dient zum Löschen des Einkaufszettels. Wird ein 1-Bit-Telegramm mit dem Wert 1 über die Gruppenadresse 17/2/20 empfangen, so werden 1-Bit-Telegramme mit dem Wert 0 auf die Gruppenadressen 17/2/1-16 gesendet. Diese Adressen sind mit den Textfeldern auf dem visualisierten Einkaufszettel verknüpft und lassen dort Textfelder ohne Inhalt erscheinen.

Beschreibung der Zusammenarbeit der Objekte Wird das Bild der Hühnereier berührt, so zeigt das entsprechende Textfeld auf dem Einkaufszettel „-Eier" an. Zudem wird die Datei „c:\Einkauf\Eier.bat" ausgeführt. Diese Datei erzeugt eine Textdatei namens „Einkaufszettel.txt" mit dem Inhalt „-Eier". Klickt man nun ein weiteres Bild eines Artikels an, so addiert die hinterlegte „*.bat"-Datei den Artikel in der „Einkaufszettel.txt"-Datei und das entsprechende Textfeld wird auf dem virtuellen Einkaufszettel angezeigt. Wird der Button „Einkauf erledigt" angewählt, so wird die „Einkaufszettel.txt"-Datei mit einer „Einkaufszettel.txt"-Datei ohne Inhalt ersetzt und auch alle Textfelder auf dem virtuellen Einkaufszettel werden ohne Inhalt angezeigt. Damit wird gewährleistet, dass der visualisierte Einkaufszettel und die „Einkaufszettel.txt"-Datei immer aktuell sind.

Visualisierung (vgl. Abb. 15.45)

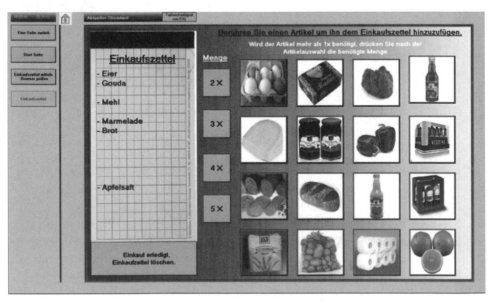

Abb. 15.45 Visualisierung des Bestellsystems

15.7.3   Informationssystem/Stundenpläne

Abschließend ist zu erwähnen, dass problemlos über einzelne Ikonen auch einzelne Dateien vom lokalen PC oder aus dem Internet Web-Seiten aufgerufen werden können. Beispielhaft wird der Aufruf eines Stundenplans der Kinder Paul und Lotta dargestellt (vgl. Abb. 15.46).

Abb. 15.46 Stundenplanaufruf

15.8   Funktionen des altengerechten Wohnens (Ambient Assisted Living)

Funktionen des Ambient Assisted Living (AAL) sind:

- Intuitiv bedienbares internetbasiertes Einkaufs-/Bestellsystem mit Handy-Ankopplung, z. B. für Lebensmittel oder Medikamente
- Funk-Panik-Taster am Handgelenk, der bei Betätigung Alarm auslöst

15.8.1   Einbindung eines Armbands mit Panik-Taster Funktion

Theoretischer Ansatz   Die Anwendung dieses Armbandes findet in der Praxis auch Anwendung in alten- und behindertengerechten Wohneinrichtungen. Das dezente Armband in der Form ähnlich einer Armbanduhr löst durch Druck des integrierten Funktasters ein Szenario aus, das nach Belieben bestimmt werden kann. Für alten- und behindertengerechte Wohneinrichtungen würde sich die Initiierung von Notrufen oder Warnungen an das betreuende Personal anbieten. Der Initiierung von anderen Funktionen sind jedoch technisch nahezu keine Grenzen gesetzt. Zur Demonstration wurde eine Sirene der Alarmanlage eingebunden, welche bei Betätigen des Funktasters auslöst.

Programmierung/Visualisierung (vgl. Abb. 15.47)

Abb. 15.47 Programmierung der Panikfunktion mit ELDAT-Armband-Taster

Gruppenadressenbelegungen:

2/3/1   Relais zum Einschalten der Sirene
2/5/6   Sensor am Funk-Armband der Firma Eldat

Beschreibung des Elements Bei Empfang eines 1-Bit-Telegramms mit dem Wert 1 über die Gruppenadresse 2/5/6 wird ein 1-Bit-Telegramm mit dem Wert 1 auf die Gruppenadresse 2/3/1 gesendet. Empfangene 1-Bit-Telegramme mit dem Wert 0 werden nicht berücksichtigt.

15.9 Fazit

Die vielfältige Aufgabe des Aufbaus eines Energiemanagementsystems für Wohngebäude auf der Basis von KNX/EIB mit KNXnode unter Einbindung von Smart Metering ließ sich im Projekt bei großem Programmieraufwand gut erfüllen. Dazu musste mit üblichen Methoden angelegte Gruppenadressstruktur bei Verwendung der Software ETS 3 anwendungsgerecht für die Einbindung einer Zentrale aufgebaut werden. Um eine ausreichende Automation zu gewährleisten, mussten dazu die Sensor- von den Aktorgruppenadressen getrennt werden und über das logische Steuerungsmodul KNXnode umgeleitet werden. Die Programmierung dieses Moduls ist über die Software KNXvision zu erstellen und lässt in Bezug auf Anwendung und Funktionalität kaum Wünsche offen. Damit wurde eine benutzerfreundliche Visualisierung eines Energiemanagementsystems realisiert. Dem Anwender werden eine Verbrauchstransparenz seines Gebäudes sowie ein Zuwachs an Komfort- und Sicherheitsfunktionen ermöglicht.

Die Programmierung mit der Software KNXvision Studio erfolgt über verschiedene Gatter und sonstige Funktionsbausteine und ist damit wesentlich unübersichtlicher als Klartextprogrammierung wie in der bereits vorgestellten Softwareumgebung homeputer oder bei Verwendung der Programmiersprache structured text bei SPS-Systemen. Insbesondere die für Smart Metering notwendige mathematische Rechnung ist mit programmierbaren Gattern schwierig. Eine Mischung von Funktionsbausteinen, wie aus der IEC 61131-3 bekannt, in Verbindung mit Klartextprogrammierung wäre besser geeignet. Was bei der Programmierung in KNXvision zudem negativ auffällt sind die fehlenden Verbindungslinien zwischen Sensoren und Aktoren und Eingängen und Ausgängen, die über reale und virtuelle Gruppenadressen realisiert werden. Um Überblick zu wahren, muss ein Ausdruck erfolgen, in den die Verbindungslinien manuell eingezeichnet werden. Externe Dokumentation ist zwingend erforderlich, um die Funktionalität der Programmierung auf mehreren separaten Seiten auch nachträglich zu verstehen. Im Zusammenhang mit Kosten schneidet KNX/EIB aufgrund der hohen Kosten auch in Verbindung mit dem kostenintensiven KNXnode auch in Verbindung mit der komplexen Programmierung schlecht ab. Des Weiteren nachteilig ist, dass die Software KNXvision ausschließlich auf das System KNX/EIB ausgerichtet ist und weitere Systeme, wie z. B. Funkbussysteme, nur über kostspielige Gateways in das System einbezogen werden können. Die Kopierfunktion ist in KNXvision zwar gegeben, um Funktionen zu duplizieren, dies erfordert jedoch direkt die Nacharbeit mit dem „Elementinspektor", um sensorische und aktorische Gruppenadressen sowie interne Verbindungen direkt anzupassen.

Vorteilhaft ist das breite Produktportfolio des Gebäudeautomationssystems KNX/EIB aufgrund der großen Anzahl von Komponenten.

Mit dem Gebäudeautomationssystem KNX/EIB in Verbindung mit KNXvision ist smart-metering-basiertes Energiemanagement bei großem Programmieraufwand auch bei Rückgriff auf echte Smart Meter möglich.

Umsetzung von smart-metering-basiertem Energiemanagement mit LCN

16

LCN eignet sich aufgrund der in den Modulen integrierten Automationsmöglichkeit in Verbindung mit der auf einem PC installierten Automatisierungs- und Visualisierungssoftware LCN-GVS gut für den Aufbau einer Gebäudeautomation. Im Rahmen eines studentischen Projekts wurde untersucht, inwieweit LCN mit der Software LCN-GVS für smart-metering-basiertes Energiemanagement zum Einsatz kommen kann. Im Rahmen des Projekts wurde die Realisierung von aktivem und passivem Energiemanagement untersucht, auf psychologisches Energiemanagement wurde verzichtet, da elektronische Haushaltszähler erst zum Stand 10/2012 in LCN integrierbar waren und daher im Projekt nicht berücksichtigt werden konnten. Die Implementierung elektronischer Haushaltszähler kann zudem durch Integration von LCN in IP-Symcon oder die Anzeige der Zählerdaten kann durch Aufruf einer externen Web-Seite erfolgen.

Das LCN-Demonstrationsmodell verfügt über eine Gebäudeautomation mit Komfort-, Sicherheits- und Energiesparfunktionen (vgl. Abb. 16.1). Die Beleuchtung wird zum Teil geschaltet und gedimmt, eine Konstantlichtregelung ist implementiert. Zur Einzelraumtemperaturregelung wird in jedem Raum die Temperatur gemessen. Der „Haus-ist-verlassen"-Zustand wird über eine kartenbasierte Transponderlösung erfasst. Über verschiedene Zutrittskarten wird die Anwesenheit registriert und bei völliger Abwesenheit das Haus soweit notwendig energielos geschaltet. Das Gebäude wird über die Visualisierungssoftware LCN-GVS der Firma Issendorff visualisiert und gesteuert. Zur Unterstützung des Energiemanagements wird der Bewohner über mangelhaftes Energieverhalten informiert und zu Aktionen aufgefordert.

Das LCN-Demonstrationsmodell besteht aus mehreren LCN-Modulen mit Peripherie, die auf der Rückseite eines Gebäudemodells auf Hutschienen installiert wurde.

Über ein Transpondersystem am Eingang können sich die Bewohner mit scheckkartengroßen Transponder-Karten an- oder abmelden, eine Kontrollleuchte meldet die An- oder Abmeldung (vgl. Abb. 16.2).

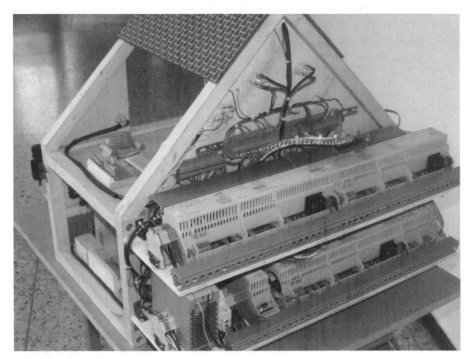

Abb. 16.1   LCN-Hardware am LCN-Demonstrationsmodell

Abb. 16.2   Transpondersystem am Eingang

Abb. 16.3 Vorderansicht des
Gebäudemodells

Abb. 16.4 Demonstration
des LCN-Demonstrations-
modells auf der Baumesse
NRW 2010

Das Gebäudemodell besteht aus 2 Etagen mit insgesamt 5 Räumen, in denen zahlreiche Taster, Lampen, Gerätedemonstratoren, Sensoren und Heizungssimulatoren sowie zwei Jalousien verbaut wurden (vgl. Abb. 16.3 und Abb. 16.4).

Die gesamte Automation wird über die LCN-Module in Verbindung mit der Visualisierung LCN-GVS realisiert (vgl. Abb. 16.5).

Abb. 16.5 LCN-Modul mit angeschlossener Peripherie

16.1 Programmierung des LCN-Systems

Zur Programmierung des LCN-Systems dient die Software LCN-Pro Version 3.64. Diese ist ein Windows-Konfigurationstool, mit dem die LCN-Module des Bussystems konfiguriert werden. LCN-Pro ist der Nachfolger der MS-DOS basierenden LCN-P Software und unterstützt, anders als LCN-P, die Offline-Programmierung. Mit dieser ist es außerdem möglich, die Module zum Aufbau eines Netzwerks in einzelne Segmente zu unterteilen.

Zur ersten Inbetriebnahme bietet es sich an, die verwendeten Module aus den verfügbaren Vorlagen auszuwählen und per Drag and Drop in das angelegte Projekt einzufügen. Für jedes eingefügte Modul öffnet sich automatisch das Fenster „Modul Id zuweisen". In diesem Fenster muss dem Modul eine eindeutige ID zugewiesen werden. Darüber hinaus kann das Modul mit Namen und Kommentar beschrieben werden. Die Zuweisung der vergebenen ID zu den modulspezifischen Seriennummern erfolgt im Rahmen der Inbetriebnahme (vgl. Abb. 16.6).

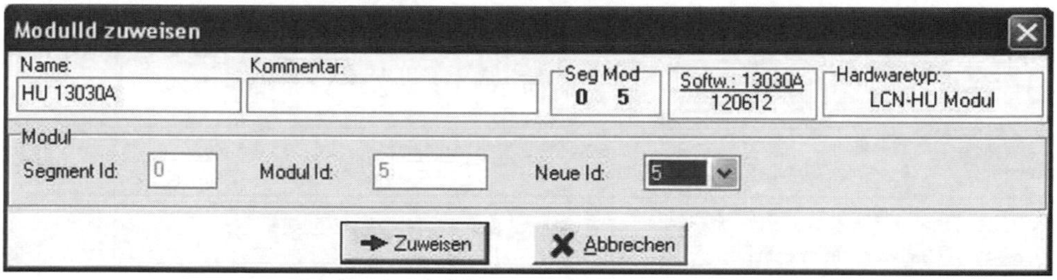

Abb. 16.6   Zuweisung einer LCN-Modul-ID

Nach Öffnen des Moduls besteht die Möglichkeit die grundlegenden Einstellungen vorzunehmen (vgl. Abb. 16.7).

Abb. 16.7   Konfigurations-Menü für ein Modul

Die beiden wichtigsten Einstellungen unter „Eigenschaften" sind die Zuweisung einer
Gruppenzugehörigkeit und die Belegung des Moduls mit einem Passwort (vgl.
Abb. 16.8).

Unter „Ausgänge" lässt sich festlegen, ob die Ausgänge eines Moduls deaktiviert sind
oder als Standardausgang zum Schalten und Dimmen oder als Motorschalter verwendet
werden sollen. Die Kennlinie eines Dimmerausgangs kann anwendungsorientiert parametriert werden (vgl. Abb. 16.9).

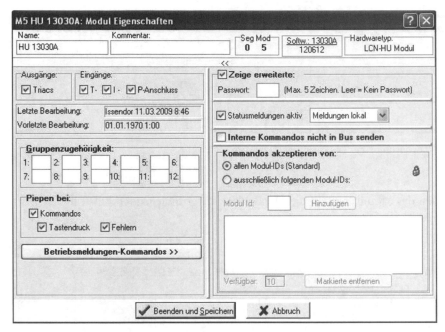

Abb. 16.8 LCN-Modul-Eigenschaften

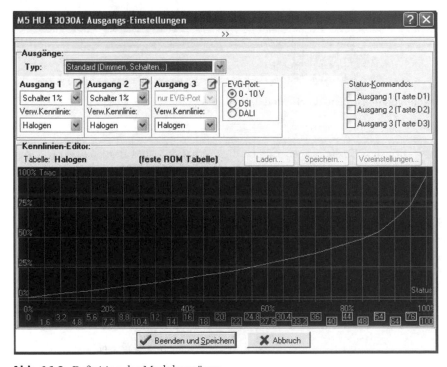

Abb. 16.9 Definition der Modulausgänge

Unter „Anschlüsse" lassen sich die Belegungen der Peripherie an den T-, I- und P-Ports parametrieren. Damit wird festgelegt, welche Aktorik und Sensorik an den Ports angeschlossen ist. Für den T-Anschluss lassen sich neben verschiedenen Tastern auch Lichtsensoren sowie Analog-/Digital-Wandler anschließen. Die am I-Port angeschlossene Peripherie wird durch das Modul eigenständig erkannt, für den P-Port lässt sich festlegen, ob Relais zur Ansteuerung von Lampen, Geräten oder Jalousien angeschlossen wurden (vgl. Abb. 16.10).

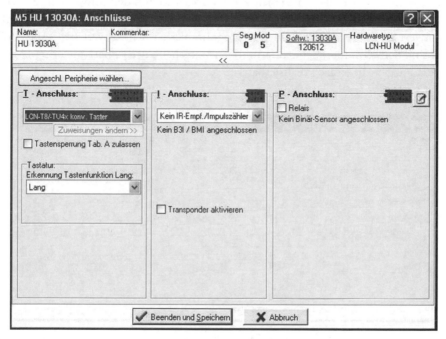

Abb. 16.10 Modulanschlüsse

Unter Schwellwerte sind eigentlich die Einstellungen der Zweipunktregler zu verstehen. Sie eignen sich für einfache regelungstechnische Aufgaben, z. B. zur Heizungsventil- oder Rollladensteuerung. Als Wert werden der Schwellwert und zusätzlich eine Hysterese eingegeben. Die Hysterese ist wichtig, damit eine Temperaturregelung einen „Totbereich/Toleranz" hat, um ein ständiges Ein- und Ausschalten des Relais oder Ausgangs bei geringen Temperaturschwankungen zu vermeiden.

Wird beispielsweise für eine Einzelraumregelung als Schwellwert 21 °C eingetragen und die Hysterese mit 2 K angegeben, so interpretiert der Schwellwert über den Wert in der T-Variablen die Temperatur und führt dementsprechend die Taste B1 Lang aus, wenn der Schwellwert (hier 21 °C) erreicht oder überschritten wird. Die Taste B1 Los wird ausgeführt, wenn der Schwellwert abzüglich der Hysterese (hier 19 °C) erreicht oder unterschritten wird.

Sollte die Taste für den Schwellwert, während dieser durchschritten wird, aus beliebigem Grund gesperrt sein, so wird keine Aktion ausgelöst. Es gibt jedoch die Möglichkeit, mit dem Kommando „Wiederhole Schwellwert" den Schwellwert nachträglich auszuwerten. Nur so kann gewährleistet werden, dass z. B. die Temperaturregelung oder Lichtregelung wieder einsetzt.

Um die Heizungsregelung durch den Benutzer beeinflussen zu können, gibt es die Möglichkeit mit verschiedenen Kommandos auf die eingestellten Schwellwerte Einfluss zu nehmen. So kann auf den Schwellwert ein eingestellter Wert aufaddiert werden, um ihn zu erhöhen, oder umgekehrt einen Wert abzuziehen, um den Schwellwert zu verringern. Beziehen kann man sich in der Programmierung dabei einmal auf den aktuellen Schwellwert und zum anderen auf den programmierten Schwellwert (vgl. Abb. 16.11). Damit sind Sollwertänderungen aufgrund von Vorgaben durch smart-metering-basiertes Energiemanagement einfach realisierbar.

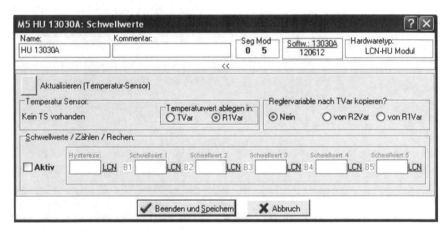

Abb. 16.11 Schwellwertanwendung zur Zweipunktregelung

Bei den Reglern findet eine stetige Auswertung des Variableninhalts statt. Darin besteht der entscheidende Unterschied zu den Schwellwerten. Dies ermöglicht den Regler proportional zu der Regelabweichung zu verstellen. Eingegeben werden muss neben dem Sollwert auch der Proportionalbereich. Der Sollwert ist eine Art Zielwert, bei dem der Ausgangswert des Reglers = 0 ist. Oberhalb bzw. unterhalb des Sollwertes ist der Regler aktiv (abhängig davon, ob die Funktion Kühlen oder Heizen eingestellt wurde). Der Sollwert kann beispielsweise auf die gewünschte Temperatur gesetzt werden (vgl. Abb. 16.12).

Abb. 16.12 Heiz- und Kühl-
kurve des Reglers [LCN]

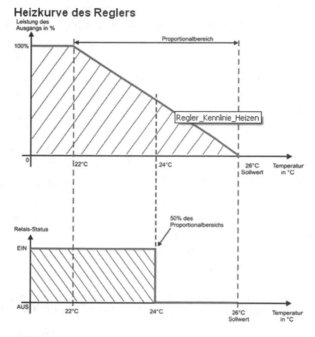

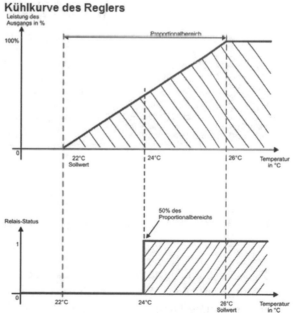

Der Regler ist optimal geeignet, um einen Stellantrieb z. B. für eine Heizungssteuerung,
anzusteuern. Weniger geeignet ist er, wenn er zur Steuerung einer Heizung ein Relais
ansteuert. Das Relais kann nur die beiden Zustände EIN oder AUS annehmen. Dieses

Umschalten geschieht, wenn 50 % des Proportionalbereichs über- oder unterschritten sind. Bei kleinen Temperaturschwankungen um diesen Schaltbereich herum würde es zu einem ständigen Ein- und Ausschalten des Relaisausgangs kommen.

Mit Hilfe von Rechenoperationen ist es möglich eine Summe oder eine Differenz von zwei Reglern zu bilden. Die Voraussetzung dafür ist jedoch die Verwendung von zwei Modulen, die jeweils eine Reglervariable bereitstellen. Jedes Modul hat zwei Regler integriert, somit kann die Heizungs- und Kühlsteuerung von einem Modul übernommen werden.

Zur Visualisierung von Zuständen der Ausgänge, Relais und Binärsensoren können LEDs genutzt werden. In jedem Modul sind 12 LEDs integriert. Sie können beliebig in 4 Zuständen angezeigt werden: Ein, Aus, Blinken und Flackern. Die LEDs oder in früheren LCN-Pro-Versionen Lämpchen genannten Rückmeldemöglichkeiten können reale Anzeigeelemente z. B. an Tastmodulen sein oder virtuelle Rückmeldungen, die wie Merker genutzt werden können (vgl. Abb. 16.13). Bei Berücksichtigung von Aus, Blinken und Flackern können die Merker drei verschiedene Zustände einnehmen.

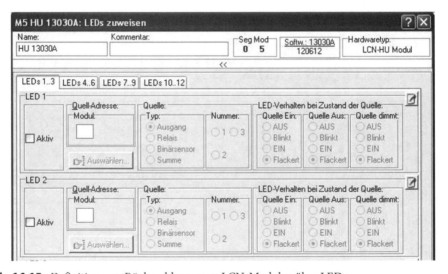

Abb. 16.13 Definition von Rückmeldungen an LCN-Modulen über LEDs

Die LCN-Module sind eigenständig in der Lage Logik-Funktionen zu verarbeiten. Dabei können von jedem Modul bis zu 4 unabhängige Auswertungen vorgenommen werden. In jeder Auswertung können alle 12 LEDs, d. h. Rück- oder Zustandsmeldungen eines Moduls, zu einer Summe verknüpft und ausgewertet werden. Bei Veränderungen der Summe werden aktiv Befehle durch das Modul ausgeführt. Bei der Summenbildung werden 3 Zustände unterschieden. Ist die Summe erfüllt (Und-Funktion), so wird ein Befehl zu den Tasten C1–C4 auf den Kurz-Befehl gesendet. Wenn die Summe nur teilweise erfüllt ist (Oder-Funktion), geht der Befehl an die Tasten C1-C4 auf den Lang-

Befehl. Der dritte Zustand, d. h., wenn die Summe nicht erfüllt ist (Nicht-Funktion), geht der Befehl an die Tasten C1–C4 auf den Los-Befehl. Als Programmierbeispiel kann hier exemplarisch die Überwachung von Fensterkontakten genannt werden. Hierbei muss die Summe der LEDs erfüllt sein (Und-Funktion). Ist dies nicht der Fall, so wird z. B. bei verlassenem Haus ein Alarm ausgelöst.

Mit dem periodischen Zeitgeber ist es möglich eine Taste zyklisch aufrufen zu lassen. Dies ist z. B. nach einem Stromausfall hilfreich, da das Modul nach eingestellter Zeit wieder beginnt die programmierte Funktion auszuführen (vgl. Abb. 16.14). Jedem Modul steht nur ein Zeitgeber zur Verfügung. Er kann jeder Taste der Tastentabellen A–D zugeordnet werden. Ausgeführt wird dabei nur der Kurzbefehl.

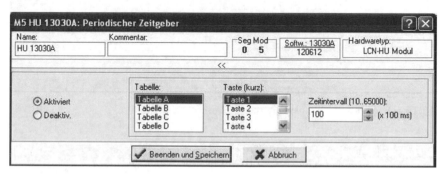

Abb. 16.14 Periodischer Zeitgeber

Mit Hilfe eines Infrarot-Empfängers oder Transpondermoduls kann jedes Modul für die Zugangskontrolle genutzt werden. Insgesamt können pro Modul bis zu 16 verschiedene sechsstellige Codes hinterlegt werden. Jeder Code wirkt auf eine frei wählbare Taste. Wird ein Zugangscode betätigt, so kann der im Gerät eingebrannte Code im Busmonitor mitgelesen werden und dann anschließend einer Taste zugeordnet werden. Durch die Verwendung der Visualisierungssoftware LCN-W und dem Zusatzmodul LCN-WA ist es möglich mehr als 16 Codes zu nutzen (vgl. Abb. 16.15).

Es sind bis zu 100 Lichtszenen für jeden Ausgang und 100 Lichtszenen für Relais speicherbar. Die 100 Lichtszenen sind in 10 Registern zu je 10 Lichtszenen unterteilt. Dabei gibt es zwei Möglichkeiten der Art des Speicherns. Eine der Möglichkeiten besteht darin, die Lichtszenen fest zu speichern, so dass der Kunde nicht mehr in der Lage ist, eigenständig Veränderungen vorzunehmen. Die andere Möglichkeit besteht darin, die Lichtszenen variabel zu speichern. Auf diese Weise ist es dem Kunden überlassen worden selbstständig Lichtszenen zu speichern und zu verändern (vgl. Abb. 16.16).

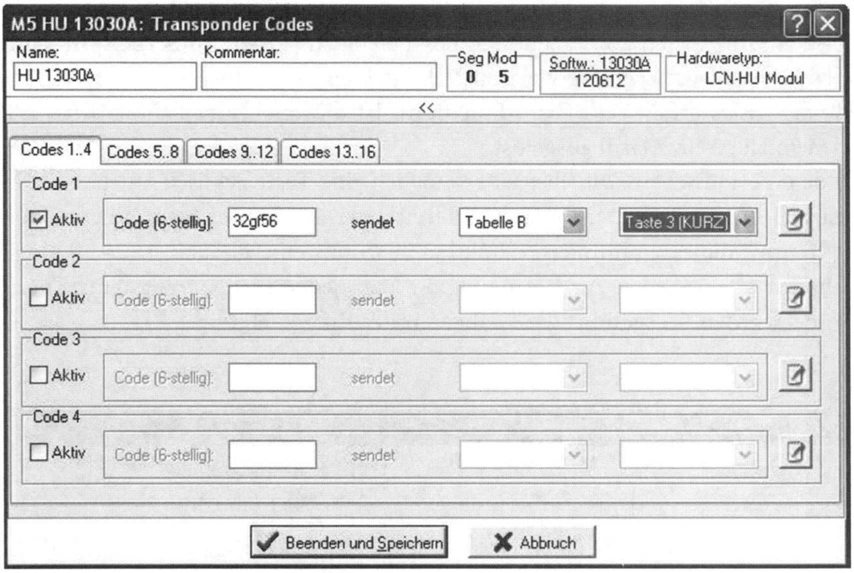

Abb. 16.15 Definition von Transpondercodes

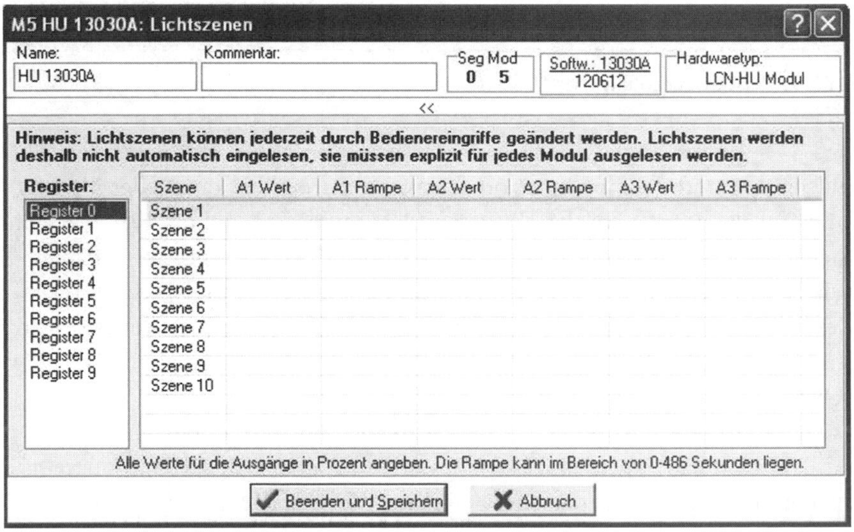

Abb. 16.16 Definition von Lichtszenen

Die eigentliche Programmierung erfolgt bei LCN wie bereits angedeutet über die Betätigung von Tasten über die Befehlsart „Kurz", „Lang" oder „Loslassen", wobei Tasten real oder virtuell vorliegen können. Diese Programmiervariante erscheint im Vergleich zu anderen Gebäudeautomationssystemen ungewöhnlich, insbesondere bereitet die Definition virtueller Tasten Probleme. Bei genauerer Betrachtung der Vorgehensweise entspricht die Interpretation von Tastenansteuerungen dem realen Bedienprozess in der Elektroinstallation. Eine Taste kann bei fast allen andern Automationssystemen kurz oder lang betätigt werden. Insbesondere bei der Ansteuerung von Dimmern wird die Beendigung des Abfahrens einer Dimmrampe durch den Loslassen-Befehl gesteuert. Bei realen Tasten ist die Vorgehensweise der Programmierung damit geklärt. Zur Erläuterung von virtuellen Tasten kann man mit Boten vergleichen, die von einer Taste oder einem anderen Befehl auch verzögert auf den Weg geschickt werden, um eine andere Taste, die auch als virtuell verstanden werden kann, zu betätigen. Tasten sind in Tastentabellen organisiert, um Funktionen auszulösen. Es gibt insgesamt vier Tastentabellen: A, B, C und D. Sämtliche angeschlossene Peripherie und auch alle Funktionen wie z. B. Schwellwerte, Summen oder Status-Kommandos wirken auf diese Tabellen. Der Darstellung der Tastentabelle können die genauen Zuweisungen entnommen werden (vgl. Abb. 16.17).

EREIGNISDEFINIERTE TASTENZUWEISUNGEN

Tasten-Tabelle	Ereignis	Tastenbelegung	„Kurz"-Kommando	„Lang"-Kommando	„Los"-Kommando
A	Hardware-Taster (z. B. LCN-TEU, LCN- TE8, etc.)	A1 bis A8	kurzes Tippen	drücken	loslassen
	Fernbedienung (z.B. LCN-RT)	A1 bis A8	kurzes Tippen	drücken	loslassen
	Transponder (LCN-UT)	A1 bis A8	gültiger Code erkannt	n/a	n/a
B	Bewegungsmelder (LCN-BMI)	B4/B5/B6/B7	n/a	Bewegung	Ruhe
	Binäreingänge 1-8 (z.B. LCN-B8H)	B1 bis B8	n/a	logisch 1	logisch 0
	Schwellwerte 1-5	B1 bis B5	n/a	Schwellwert überschritten	Schwellwert unterschritten
	Fernbedienung	B1 bis B8	kurzes Tippen	drücken	loslassen
	Transponder	B1 bis B8	gültiger Code erkannt	n/a	n/a
C	Summenverarbeitung 1-4	C1 bis C4	Summe erfüllt	Summe teilweise erfüllt	Summe nicht erfüllt
	Statuskommando Ausgänge 1&2	C7 bis C8	Helligkeit 100%	Helligkeit 1-99%	Helligkeit 0%
	Statuskommando Relais 1-8	C1 bis C8	n/a	Relais EIN	Relais AUS
	Fernbedienung	C1 bis C8	kurzes Tippen	drücken	loslassen
	Transponder	C1 bis C8	gültiger Code erkannt	n/a	n/a
D	Stromausfall	D8	kurzer Stromausfall	langer Stromausfall	n/a
	Transponder	D1 bis D8	gültiger Code erkannt	n/a	n/a
Hinweis: Die Kommando-Auswertung erfolgt jeweils nur bei einer Zustands-Änderung. Der Zustand von andauernden Ereignissen (z.B. Binäreingänge) kann bei Bedarf mit «Statusmeldungen» situativ abgefragt oder dessen Funktion mittels «Statuskommando» erzwungen werden (siehe auch Seite 97 «LCN-Kommandos»).					

Abb. 16.17 Tastentabelle [LCN]

Die Programmierung erfolgt über die Definition von Befehlen aufgrund eines Tastendrucks. Wenn auf eine Taste der Tabellen A–D geklickt wird, so öffnet sich ein Untermenü. In diesem Untermenü kann man zwischen Tastenbelegung 1 und 2 wählen (vgl. Abb. 16.18).

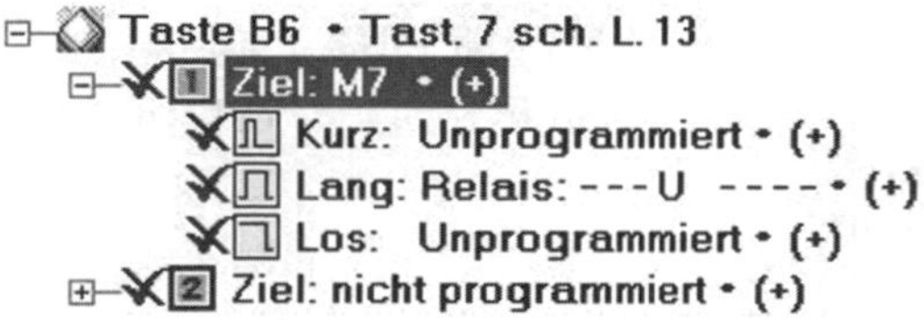

Abb. 16.18 Tastenauswertung und Modulzuweisung

⊟◇ **Taste B6 • Tast. 7 sch. L. 13**
  ⊟✗▣ **Ziel: M7 • (+)**
    ✗▫ **Kurz: Unprogrammiert • (+)**
    ✗▫ **Lang: Relais: - - - U - - - - • (+)**
    ✗▫ **Los: Unprogrammiert • (+)**
  ⊞✗▣ **Ziel: nicht programmiert • (+)**

Dies bedeutet, dass pro Taste zwei verschiedene Befehle ausgeführt werden können. Wird eine Tastenbelegung angewählt, so muss als Erstes das Ziel für die Funktion der Tastenbelegung festgelegt werden. Als Ziel kann eine Modul-ID oder eine Gruppen-ID angegeben werden. Wird das jetzt festgelegte Ziel aktiviert, so öffnet sich erneut ein Untermenu, in dem man den drei Befehlen Kurz, Lang und Los die verschiedenen Kommandos zuweisen kann. Auf eine detaillierte Erklärung der einzelnen Kommandos kann aufgrund des großen Umfangs an dieser Stelle nicht näher eingegangen werden. In der Abb. 16.19 ist jedes verfügbare Kommando abgebildet.

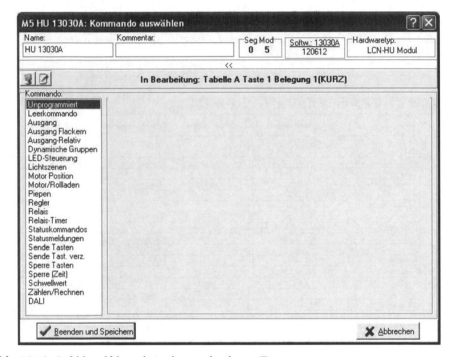

Abb. 16.19   Befehlsvielfalt nach Auslösung durch eine Tastenauswertung

Das Statusfenster stellt ein sehr hilfreiches Werkzeug zur Überprüfung der Funktion der Module dar. Es ermöglicht eine genaue Überwachung der Ausgänge, gesperrter Tasten, Reglervariablen, Schwellwerten, Relaiskontakten, Binäreingängen, LEDs und der Motorpositionierung (vgl. Abb. 16.20).

Im Busmonitor lässt sich jedes Bustelegramm in Klarschrift mitlesen (vgl. Abb. 16.21). Man kann leicht feststellen ob die korrekten Kommandos ausgeführt werden. Auch dies ist ein hilfreiches Werkzeug und insbesondere bei der Fehlersuche nützlich.

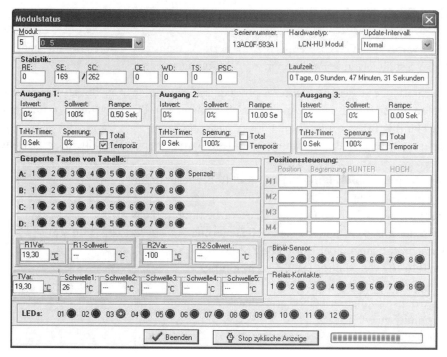

Abb. 16.20 Statusfenster während der Ausführung eines LCN-Systems

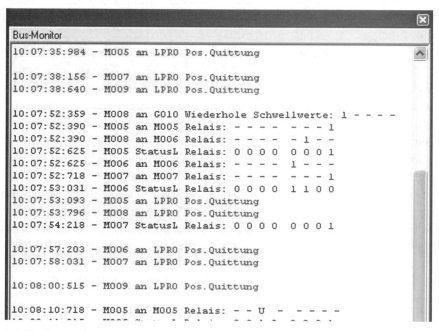

Abb. 16.21 Busmonitor

16.2   Globales Visualisierungssystem (LCN-GVS)

Die Software LCN-GVS ist eine Web-basierte Visualisierungssoftware für den LCN. LCN-GVS stellt folgende Funktionen zur Verfügung:

- übergreifende Steuerung mehrerer physikalisch getrennter LCN-Busse
- ortsunabhängige Visualisierung per Web-Browser von PCs oder mobilen Endgeräten wie Handys, PDAs, Smartphones aus
- ortsunabhängige Administration und Konfiguration per Web-Browser ausgehend vom PC
- Mehrbenutzerfähigkeit mit Rechte- und Rollenverwaltung
- Zugangskontrolle für LCN
- Ereignisüberwachung und Störmeldeverarbeitung für LCN
- Zeitschaltuhr für zeitgesteuerte LCN-Steuerung
- Benachrichtigungen per E-Mail und SMS
- Ausführung von Makros (Stapelverarbeitung)
- Makroausführung per SMS
- Makroausführung per LCN-Tastendruck
- Kopplung zu OPC-Netzen
- Kopplung zu MODBUS-Netzen

LCN-GVS ist ein Server/Client-System. Der Server installiert sich als Windows-Dienst und tritt bei jedem weiteren Systemstart in Aktion, ist jedoch nicht nach außen sichtbar. Das LCN-Webinterface ist die nach außen sichtbare Komponente des LCN-GVS. Es dient zur Verwaltung des LCN-Servers und zur Visualisierung und Steuerung von LCN per Web-Browser.

Das LCN-GVS lässt sich funktional wie in Abb. 16.22 darstellen.

Die Visualisierung ist in der LCN-GVS in einer zwei-Stufenstruktur aufgebaut. Es wird zwischen Projekten und Tableaus unterschieden. In dem vorliegenden Fall stellt das Demonstrationsmodell das Projekt dar und die Tableaus entsprechen z. B. den einzelnen Räumen und der Anwesenheitskontrolle. In den Tableaus lassen sich die einzelnen Steuerungen einrichten. Der Abbildung kann die Auswahlliste an Steuerungen und damit Steuerungsmöglichkeiten betrachtet werden, die in ein Tableau eingefügt werden können (vgl. Abb. 16.23).

Wie bei der Beschreibung der LCN-PRO ist es auch hier vom Umfang her nicht möglich alle Steuerungsmöglichkeiten zu beschreiben. Viele der aufgeführten Möglichkeiten sind selbsterklärend. Ein Beispiel zur Einrichtung einer Steuerung soll jedoch an dieser Stelle beschrieben werden. In diesem Beispiel wird die Einrichtung einer Schaltfläche zur Steuerung eines LCN-Modul-Ausgangs erläutert:

Ein Klick auf die Schaltfläche schaltet den Modul-Ausgang UM. Der Text der Schaltfläche soll sich abhängig vom aktuellen Zustand des Modul-Ausgangs (EIN oder AUS) ändern.

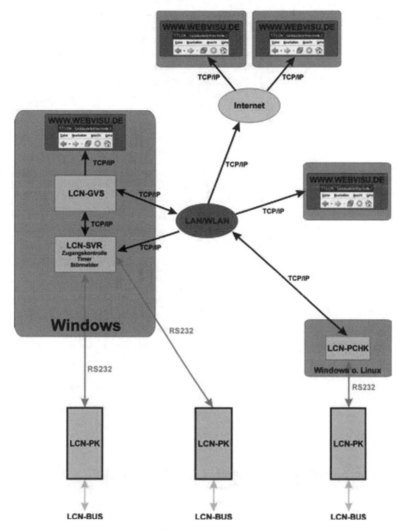

Abb. 16.22   Topologie der LCN-GVS [LCN]

Dazu wird wie oben abgebildet im Editor auf „Hinzufügen" geklickt und danach „Steuerung mit Status-Text" ausgewählt. Es öffnet sich ein neues Fenster, in dem man den Typ als Ausgang anwählt. Anschließend kann die zugehörige Modul-ID und der zu verwendende Ausgang ausgewählt werden. Nach dem Bestätigen muss der dynamische Text festlegt werden (vgl. Abb. 16.24). Anschließend wird der Button „Weiter" angewählt und die Steuerung erscheint im Tableau. Über die LCN-GVS kann der aktuelle Status von Ausgang 1 abgefragt werden oder aber auch aktiv der Status aus der Visualisierung heraus verändert werden.

Abb. 16.23 Steuerungselemente in der LCN-GVS

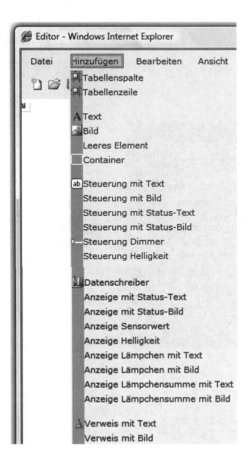

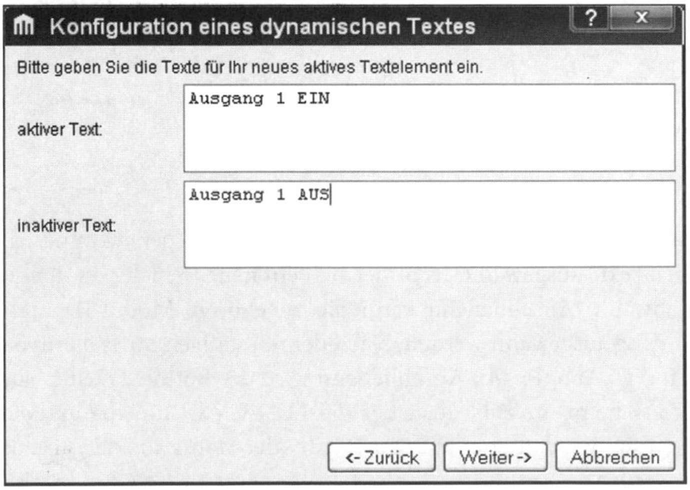

Abb. 16.24 Konfiguration eines dynamischen Textes in LCN-GVS

16.3   Aufbau des Demonstrationsmodells

Im Demonstrationsmodell sind neben mehreren 24-V-Lampen und schaltbaren Steckdosen auch andere Verbraucher wie z. B. ein Herd oder die Abzugshaube simulatorisch installiert. Alle Verbraucher können im Haus über einen Taster ein- oder ausgeschaltet werden. Die genaue Zuordnung realer Sensoren und Aktoren erfolgt durch direkte Beschreibung in den Modulen oder durch Ausdruck des Projekts.

Die Taster für die 24-V-Lampen im Haus sind am Binärsensor LCN-B8L angeschlossen und die Verbraucher jeweils an den Relaisausgängen LCN-R8H. Da die Binärsensoren im LCN auf die Tastentabelle B mit langem Tastendruck wirken, muss also auf der entsprechenden Taste das Kommando zum Umschalten des Relaisausgangs gelegt werden.

Jeder der fünf Räume des Hauses wurde in der Visualisierung LCN-GVS gleich aufgebaut. Auf der linken Seite befinden sich die Verweise zu den anderen Räumen, zur LCN-GVS-Startseite, zur Google Startseite und auch zur Homepage eines Energieversorgers. Oben rechts ist für jeden Raum die Heizungssteuerung visualisiert und unten rechts sind die einzelnen elektrischen Verbraucher des jeweiligen Zimmers aufgeführt sowie die Jalousiesteuerung (vgl. Abb. 16.25).

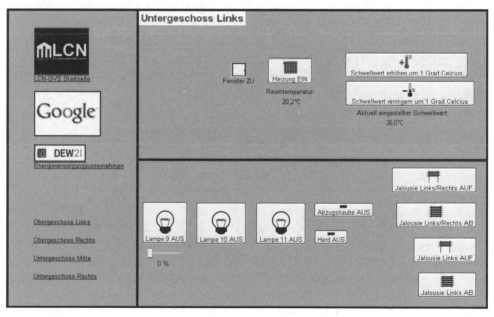

Abb. 16.25 Visualisierung eines Raumes

16.4   Smart-Metering-Einbindung

Eine direkte Eingriffsmöglichkeit auf Smart Meter ist bei LCN erst seit 10/2012 möglich. Über die LCN-GVS-Oberfläche kann auf die Web-Seite eines Energieversorgers zugegriffen werden, über die der Energiekunde auf die Serviceleistungen des Energieversorgers bezüglich Smart Metering zugreifen kann. Aus der Interpretation der Ganglinien können Hinweise für die Änderung des Nutzerverhaltens abgeleitet werden. Ein Download der Smart-Metering-Daten von Energieversorger zum LCN-System zur weiteren Auswertung ist nicht möglich.

16.5   Aktives Energiemanagement

Im Rahmen der aktiven Form des Smart Meterings werden über verschiedenste Sensoren Daten erfasst und bei einem Fehlverhalten des Nutzers bezogen auf seinen Energieverbrauch eine Mitteilung hierzu präsentiert und dadurch zu einer Änderung seines eigenen Verhaltens aufgefordert. Beispiele dafür können sein, dass der Nutzer darauf hingewiesen wird, dass er das Fenster zum Lüften des Raumes geöffnet hat, ohne dass er zuvor die Heizung ausgestellt hat. Ebenso wäre ein Warnhinweis denkbar, wenn trotz Verlassens des Hauses einige Verbraucher eingeschaltet oder im Standby-Betrieb geblieben sind. Eine Energieeinsparung aufgrund der Beachtung dieser Hinweise des Systems ist möglich. Jedoch ist es nicht sinnvoll sich für ein Bussystem zu entscheiden, um damit ausschließlich ein aktives Energiemanagement zu realisieren. Denn letztlich ist der Endverbraucher gefordert sämtliche Einstellungen im Haus selbst durchzuführen, um einen optimierten Energieverbrauch zu erreichen.

16.5.1   Funktion „Haus ist verlassen"

Theoretischer Ansatz Jedem Familienmitglied wird eine Transponderkarte zugeordnet. Über das Transpondersystem wird die Anwesenheit jedes einzelnen Familienmitglieds erfasst. Wenn das System erfasst, dass sich niemand mehr im Haus befindet, so wird überprüft, ob alle Verbraucher im Haus ausgeschaltet sind oder nicht. Für den Fall, dass ein oder mehrere unnötige Verbraucher im Haus noch eingeschaltet sind, wird in der Visualisierung eine Warnung mit dem Hinweis „Das Haus ist verlassen und es sind noch ein oder mehrere Verbraucher eingeschaltet. ACHTUNG! Hier wird Energie verschwendet." angezeigt. Zusätzlich ist dargestellt, welche Verbraucher im Haus eingeschaltet sind und wo sie sich befinden.

Hardware Das Transpondersystem LCN-UT wird über den I-Port mit dem zugehörigen LCN-Modul verbunden. Es muss über eine vom 230-V-Netz getrennte Spannungsversorgung mit einer Spannung von 10 bis 18 V versorgt werden. Je nach angeschlossener Antenne müssen verschiedene Einstellungen der DIP-Schalter vorgenommen werden. Im Demonstrationsmodell ist die kleinste Antenne angeschlossen. Das bedeutet, dass die ersten beiden von insgesamt sechs DIP-Schaltern auf EIN stehen müssen, alle anderen auf AUS (vgl. Abb. 16.26).

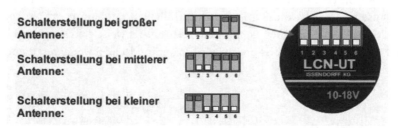

Abb. 16.26 DIP-Schalterstellungen für die verschiedenen Antennen

Programmierung Wird durch die am Transpondersystem angeschlossene Antenne eine der vier Transponder-Karten erfasst, so wird je nach Karte die virtuelle Taste A5–A8 vom Modul 6 mit einem kurzen Tastendruck betätigt. Da in diesem Modul jedoch schon alle vier Logiksummen belegt sind, werden die Tasten mit dem Kommando „Sende Taste" belegt (vgl. Abb. 16.27). Somit wird das Erkennen der Transponderkarten vom Modul 6 und den Tasten A5–A8 weitergeleitet an Modul 9 auf die Tasten A3–A6.

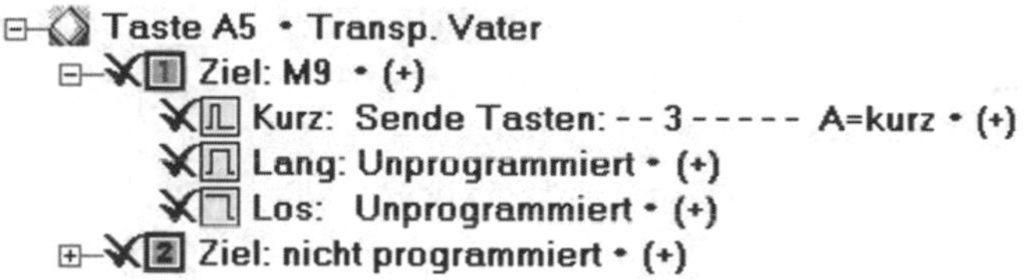

```
⊟─◇ Taste A5 • Transp. Vater
    ⊟─✗▣ Ziel: M9 • (+)
        ✗▥ Kurz:  Sende Tasten: - - 3 - - - - - A=kurz • (+)
        ✗▤ Lang: Unprogrammiert • (+)
        ✗▤ Los:  Unprogrammiert • (+)
    ⊞─✗② Ziel: nicht programmiert • (+)
```

Abb. 16.27 Kommando „Sende Tasten"

Auf diese Tasten sind die Kommandos „Relais Umschalten" und „Ausgang 2 einschalten für 2 Sek." gelegt, d. h., dass bei Erkennung einer Transponderkarte der jeweilige Relaisausgang umgeschaltet und gleichzeitig der Ausgang 2 des Moduls 7 für 2 s eingeschaltet wird. Das Umschalten der Relaisausgänge wird genutzt, um die LEDs des Moduls ein- und auszuschalten. Diese LEDs werden später für die Summenbildung verwendet. Der Ausgang 2 des Moduls 7 (Lampe 18), der für 2 s eingeschaltet wird, dient der Visualisierung, ob eine Karte erkannt wurde oder nicht. Bei Erkennung wird die Lampe kurzzeitig eingeschaltet, somit hat der Bediener die Gewissheit, dass seine Karte vom System erkannt wurde.

Die umzuschaltenden Relaisausgänge werden bei Erkennung einer Karte genutzt, um die LEDs 3 bis 6 vom Modul 9 ein- und auszuschalten. Die Summe 2 vom Modul 9 wertet die LEDs 3 bis 6 von Modul 9 aus und überwacht sie auf den Status „AUS". Wenn also alle LEDs ausgeschaltet sind, so bedeutet dies, dass sich niemand mehr im Haus befindet und somit die Summe 2 erfüllt ist (vgl. Abb. 16.28). Bei Anwesenheit einer oder mehrerer Personen im Haus ist die Summe teilweise erfüllt; wenn alle Familienmitglieder zu Hause sind, so ist die Summe nicht erfüllt. Ist die Summe erfüllt, so wird die LED 5 in Modul 5 eingeschaltet. Ist sie nicht oder nur teilweise erfüllt, so wird die LED 5 in Modul 5 ausgeschaltet. Diese Summe wird später in Modul 5 weiterverarbeitet.

Abb. 16.28 Summe 2 von Modul 9

In Modul 7 ist eine Logiksumme eingerichtet, die alle Verbraucher im Untergeschoss auf den Status EIN überwacht. Wenn ein oder mehrere Verbraucher eingeschaltet sind, wird die LED 4 von Modul 5 eingeschaltet. Nur wenn alle Verbraucher ausgeschaltet sind, ist die LED auch aus.

Auch die Verbraucher im Obergeschoss werden überwacht. Wenn ein oder mehrere Verbraucher im Obergeschoss eingeschaltet sind, so wird die LED 3 von Modul 5 eingeschaltet und nur wenn alle Verbraucher ausgeschaltet sind, ist auch die LED aus.

In Modul 5 sind nun die drei Summen, die die Anwesenheit und die Verbraucher im Ober- sowie Untergeschoss überwachen, miteinander verknüpft. Wenn also das Haus verlassen ist und es ist mindestens ein Verbraucher im Ober- oder Untergeschoss eingeschaltet, so wird in der Visualisierung ein Warnhinweis, der Verbraucher und der Ort, wo sich der Verbraucher befindet, angezeigt (vgl. Abb. 16.29).

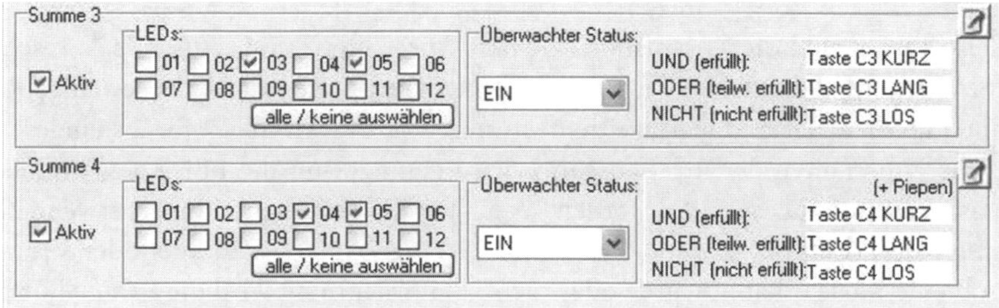

Abb. 16.29 Summe 3 und 4 von Modul 5

Visualisierung In der Visualisierungssoftware LCN-GVS werden die beiden Summen 3 und 4 des Moduls 5 überwacht. Dazu wird in der GVS unter „Hinzufügen" die Funktion „Anzeige Logik-Funktion mit Bild" gewählt. Befindet sich jemand im Haus und es sind ein oder mehrere Verbraucher eingeschaltet, oder befindet sich niemand im Haus und es sind aber alle Verbraucher ausgeschaltet, so wird durch ein eingefügtes Bild signalisiert, dass man sich energetisch „im grünen Bereich" befindet. Erst wenn das Haus verlassen ist und ein oder mehrere Verbraucher eingeschaltet sind, ändert sich das Bild und es erscheint eine Warnung, dass im aktuellen Zustand Energie verschwendet wird (vgl. Abb. 16.30).

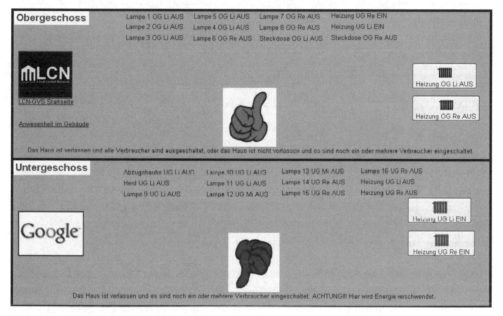

Abb. 16.30 Anzeige von „Haus ist verlassen" beim aktiven Energiemanagement

Im Screenshot wird sichtbar, dass zusätzlich zur Anzeige der Logikfunktionen noch einige Buttons zur Heizungssteuerung eingefügt sind. Dazu ist unter „Hinzufügen" die Funktion „Steuerung mit Statusbild" ausgewählt worden. Zusätzlich befinden sich links im Bild noch zwei Verweise, die in jedem Fenster der Visualisierung aufgeführt sind. Zum einen ist das der Verweis zur LCN-GVS-Startseite und zum anderen der Verweis zur Google-Startseite.

16.5.2   Funktion „Heizungsteuerung"

Theoretischer Ansatz   Die Heizungsteuerung ist erforderlich, um eine Heizungsüberwachung zu realisieren und wird deshalb an dieser Stelle erläutert. Im Demonstrationsmodell sind insgesamt vier Heizkörper eingebaut. Sie befinden sich im Obergeschoss links und rechts sowie im Untergeschoss links und rechts. In jedem dieser Zimmer ist ein Temperatursensor LCN-TS zur Raumtemperaturmessung eingebaut. Die Module 5 bis 8 übernehmen die Heizungssteuerung in den vier Räumen. Die Heizungen werden automatisch gesteuert, dabei soll ein voreingestellter Schwellwert als Sollwert dienen. Dieser ist bei Bedarf über die Visualisierung veränderbar.

Zusätzlich soll in der Visualisierung überwacht werden, ob in einem der Räume gleichzeitig die Heizung eingeschaltet und ein Fenster geöffnet ist. Für den Fall, dass beide Bedingungen erfüllt sind, wird wieder die Warnung ausgesprochen, dass hier Energie verschwendet wird.

Hardware   Der Temperatursensor LCN-TS muss mit dem LCN-Modul über den I-Port verbunden werden, er wird vom Modul eigenständig erkannt. Die Fensterkontakte sind über einen Binäreingang LCN-B3I mit dem Modul 9 verbunden. Der LCN-B3I-Sensoreingang wird am I-Port angeschlossen.

Da der Temperatursensor vom Modul eigenständig erkannt wird, muss nur unter „Schwellwerte" die Funktion aktiviert, die Hysterese und der Sollwert der Raumtemperatur eingestellt werden. In der Abbildung sind beispielsweise 26 °C als gewünschte Raumtemperatur eingestellt und die Hysterese ist mit 1,5 °C angegeben. Das heißt, dass die Heizung bei 26 °C ausgeschaltet wird und sobald die Raumtemperatur 24,5 °C unterschreitet die Heizung wieder eingeschaltet wird.

Programmierung   Der Schwellwert 1 wirkt voreingestellt in der Tastentabelle B auf die Taste B1. Wird der Schwellwert überschritten, so wird die Taste B1 Lang ausgeführt, bei Unterschreiten des Schwellwerts minus Hysterese wird die Taste B1 Los ausgeführt (vgl. Abb. 16.31).

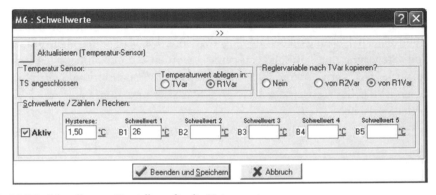

Abb. 16.31   Schwellwerte-Einstellung für die Heizungssteuerung

Auf die Taste B1 Lang wird das Kommando „Relais AUS", auf die Taste B1 Los das Kommando „Relais EIN" gelegt. Die Relais schalten die simulierten Elektroheizkörper (vgl. Abb. 16.32).

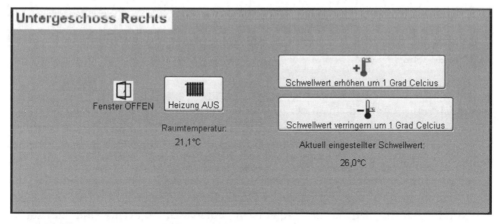

```
⊟─🔲 Tasten-Tabelle B
    ⊟─◇ Taste B1  (Schwellw. 1) • Heiz. UG Re
        ⊟─✘🔟 Ziel: M6 • (+)
            ✘🔟 Kurz: Unprogrammiert • (+)
            ✘🔟 Lang: Relais: - - - - 0 - - - • (+)
            ✘🔟 Los:  Relais: - - - - 1 - - - • (+)
        ⊞─✘🗲 Ziel: nicht programmiert • (+)
```

Abb. 16.32 Heizung UG Re geschaltet durch Schwellwert

Visualisierung Die Abb. 16.33 zeigt die Visualisierung der Heizungsteuerung und -überwachung für das Untergeschoss rechts. Dargestellt ist die Heizung, die per Mausklick über die Visualisierung ein- oder ausgeschaltet werden kann, der Schwellwert ist ebenso durch Betätigung des Buttons veränderbar. Es werden die Fensterkontaktabfrage, der Schwellwert sowie die aktuelle Raumtemperatur dargestellt.

Untergeschoss Rechts

Fenster OFFEN   Heizung AUS

Schwellwert erhöhen um 1 Grad Celcius

Schwellwert verringern um 1 Grad Celcius

Raumtemperatur:
21,1°C

Aktuell eingestellter Schwellwert:
26,0°C

Abb. 16.33 Visualisierung der Heizungssteuerung

16.5.3   Funktion „Heizungsüberwachung"

Theoretischer Ansatz Durch eine Fensterkontaktabfrage wird überwacht, ob die Fenster geöffnet oder geschlossen sind. Die Heizungsanlage wird separat auch auf ihren Status überwacht. In dem Fall, dass eine Heizung eingeschaltet ist und gleichzeitig das Fenster in dem Raum geöffnet ist, wird in der Visualisierung davor gewarnt, dass in diesem Fall Energie verschwendet wird.

Programmierung Die installierten Fensterkontakte sind über einen 3fach-Binärsensor mit dem LCN-UPP-Modul (Modul ID 9) verbunden. Sie wirken auf die Tasten B 7 (Fensterkontakt „Rechts") und B 8 (Fensterkontakt „Links") der Tastentabelle B. Bei geöffnetem Fenster wird vom Fensterkontakt „Rechts" die LED 2 von Modul 6 eingeschaltet, bei geschlossenem Fenster ist die LED ausgeschaltet. Der Fensterkontakt „Links" schaltet die LED 4 von Modul 6 in gleicher Weise.

Die Heizungen im Erdgeschoss schalten jeweils die LEDs 1 und 3 von Modul 6. Wird die Heizung eingeschaltet, so ist auch die jeweilige LED eingeschaltet (vgl. Abb. 16.34).

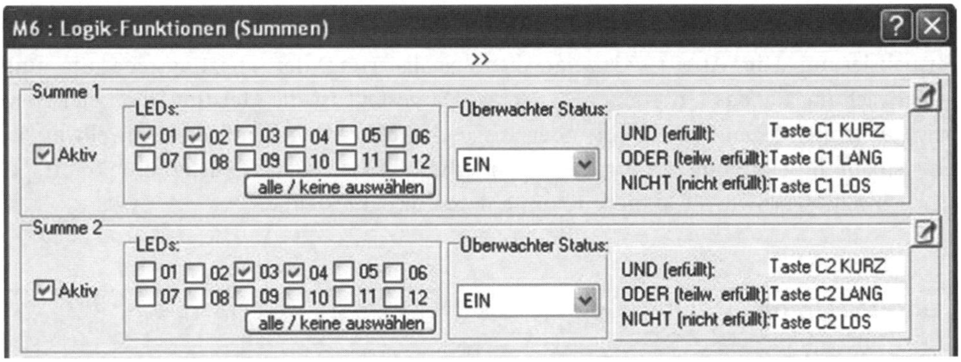

Abb. 16.34 Summe 1 und 2 von Modul 6

Visualisierung Wenn in einem der beiden Räume gleichzeitig die Heizung eingeschaltet ist und das Fenster zum Lüften geöffnet wird, wird in der Visualisierung die Warnung ausgegeben, dass hier ein Fehlverhalten des Nutzers vorliegt und Energie verschwendet wird. Es werden die Summen 1 und 2 des Moduls 6 auf den Status EIN überwacht. Die Visualisierung der Funktion des aktiven Energiemanagements ist so aufgebaut, dass die Logik-Funktionen 1 und 2 von Modul 6 überwacht und dargestellt werden. Die Logik-Funktion 1 bezieht sich auf den Raum im Untergeschoss Rechts und die Logik-Funktion 2 auf den Raum rechts.

In der Abb. 16.35 ist für den Raum links ein auf den Energieverbrauch akzeptabler Zustand angezeigt, im rechten Raum hingegen ein unakzeptabler Zustand. Hier wird deutlich davor gewarnt, dass Energie verschwendet wird, da trotz offenem Fenster geheizt wird.

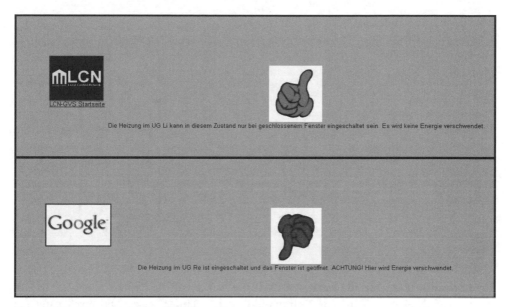

Abb. 16.35 Heizungsüberwachung bei aktiven Energiemanagement

16.5.4 Funktion „Jalousiesteuerung" (über EnOcean-Funktaster)

Theoretischer Ansatz Die Jalousien am Haus werden über Rohrmotoren hoch und runter gefahren. Die beiden Motoren werden über zwei 2fach-EnOcean-Funktaster angesteuert. Über einen kurzen Tastendruck soll die Jalousie zeitgesteuert eigenständig hoch- oder runterfahren.

Hardware Die Einbindung von EnOcean-Funktastern ist im LCN-Bus über den Funktastenumsetzer LVN-T4ER möglich, der über den T-Port mit dem LCN-Modul verbunden wird. Funktaster müssen einmalig angelernt werden. Die Betätigung der Tasten wirkt sich auf die Tastentabelle A im zugehörigen Modul aus.

Die Rohrmotoren der Jalousien werden über Relaisausgänge angesteuert. Je Motor werden zwei Relaisausgänge benötigt. In der Abbildung ist der Anschluss eines Motors an die Relaisausgänge dargestellt. Möglich und üblicher ist der Anschluss über einen Richtungs- und einen Fahrkontakt an den Relais mit Serienschaltung der Kontakte, im vorliegenden Fall wurde eine Polwendeschaltung realisiert, da die Jalousie über Gleichstrommotoren realisiert ist (vgl. Abb. 16.36).

Abb. 16.36 Polwendeschaltung für einen DC-Rohrmotor an der DC-Versorgung

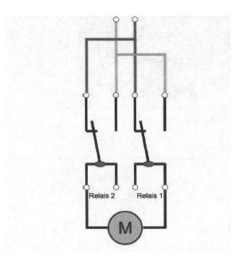

Programmierung Der EnOcean-4-fach-Taster wirkt auf die Tasten A1–A4 von Modul 6. Auf die Tasten wird das Kommando „Relais Timer" gelegt. Dadurch kann ein Relaisausgang für eine voreingestellte Zeit eingeschaltet werden. Man kann einen Zeitbereich von 30 ms bis zu 4 min einstellen. Je nach eingeschaltetem Relaisausgang ändert sich die angelegte Polarität am Rohrmotor und somit seine Drehrichtung. Zusätzlich wird das zweite Ziel der Tasten benutzt, um LEDs ein- und auszuschalten. Diese werden wiederum in Logiksummen weiterverarbeitet.

In der Abb. 16.37 ist die Programmierung der Jalousie im Untergeschoss rechts über Tastenbefehle abgebildet.

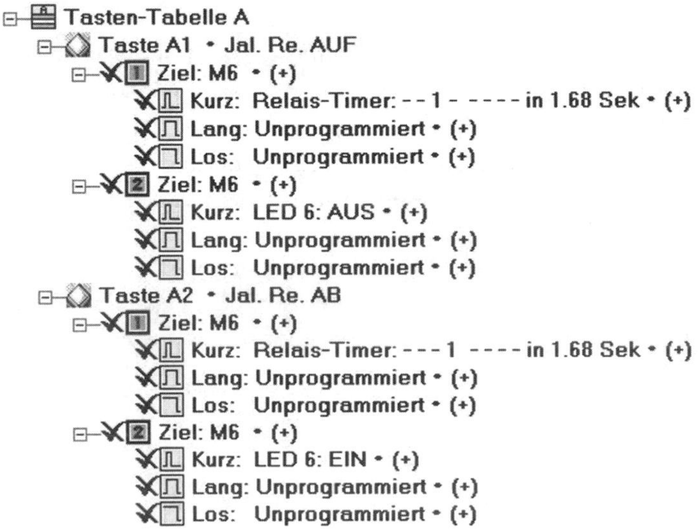

```
⊟ 🏠 Tasten-Tabelle A
   ⊟ ◇ Taste A1 • Jal. Re. AUF
      ⊟ ✗🔲 Ziel: M6 • (+)
          ✗🔲 Kurz: Relais-Timer: - - 1 - - - - - in 1.68 Sek • (+)
          ✗🔲 Lang: Unprogrammiert • (+)
          ✗🔲 Los:  Unprogrammiert • (+)
      ⊟ ✗🔲 Ziel: M6 • (+)
          ✗🔲 Kurz: LED 6: AUS • (+)
          ✗🔲 Lang: Unprogrammiert • (+)
          ✗🔲 Los:  Unprogrammiert • (+)
   ⊟ ◇ Taste A2 • Jal. Re. AB
      ⊟ ✗🔲 Ziel: M6 • (+)
          ✗🔲 Kurz: Relais-Timer: - - - 1 - - - - in 1.68 Sek • (+)
          ✗🔲 Lang: Unprogrammiert • (+)
          ✗🔲 Los:  Unprogrammiert • (+)
      ⊟ ✗🔲 Ziel: M6 • (+)
          ✗🔲 Kurz: LED 6: EIN • (+)
          ✗🔲 Lang: Unprogrammiert • (+)
          ✗🔲 Los:  Unprogrammiert • (+)
```

Abb. 16.37 Programmierung Jalousie rechts

Visualisierung In den Tableaus des Untergeschosses links und rechts sind jeweils vier Buttons eingefügt, über die sich die Jalousien einzeln oder auch zusammen hoch- oder runter fahren lassen (vgl. Abb. 16.38).

Abb. 16.38 Jalousiesteuerung UG links

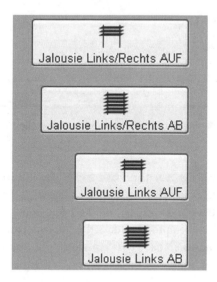

16.5.5   Funktion „Jalousieüberwachung"

Theoretischer Ansatz Über den Außenlichtsensor wird erfasst, ob es außerhalb des Hauses hell oder dunkel ist. Ebenso wird überwacht, ob die Jalousien hoch- oder runtergefahren sind. Wenn das System feststellt, dass in einem Raum die Jalousien heruntergefahren sind, obwohl es draußen schon hell geworden ist, so weist die Visualisierung den Bewohner darauf hin, dass es sinnvoller ist, das einfallende Außenlicht zu nutzen als eventuell elektrische Verbraucher einzuschalten um den Raum zu beleuchten. Umgekehrt erfolgt ein Hinweis, wenn es bereits dunkel ist und die Jalousie noch nicht heruntergefahren worden ist und es auch aus Sicherheitsgründen sinnvoll wäre die Jalousien herunter zu fahren.

Programmierung In der Abbildung ist zu sehen, dass die Jalousien je nach Position eine LED ein- oder ausgeschaltet haben. Die rechte Jalousie schaltet die LED 6 von Modul 6 und die Jalousie links die LED 7 von Modul 6. Die LEDs sind eingeschaltet, wenn die Jalousien heruntergefahren sind.

   Der Außenlichtsensor erfasst den Helligkeitswert der Umgebung. Wenn der voreingestellte Schwellwert von 121 Lux unterschritten wird, wird die LED 8 von Modul 6 eingeschaltet. Erst bei Überschreitung dieses Schwellwerts, schaltet sich die LED wieder aus (vgl. Abb. 16.39).

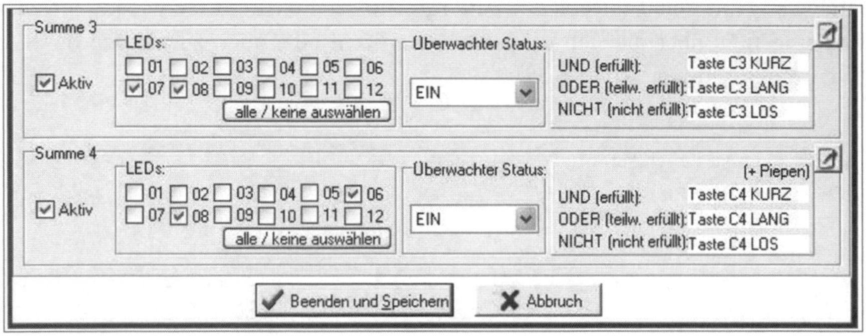

Abb. 16.39   Summenauswertung 3 und 4 von Modul 6

Visualisierung   Auch hier wird über die Option „Anzeige Logik-Funktionen mit Bild"
der jeweilige Zustand der Summe angezeigt. Die Abbildung zeigt den Zustand, dass es
draußen bereits dunkel ist, die Jalousie jedoch noch hochgefahren ist. Aus Sicherheitsgründen wird empfohlen, dass die Jalousie runtergefahren werden soll, zusätzlich däm-
men die Jalousien das Haus ein wenig ab. Energetisch bedenklich ist der Fall, wenn die
Jalousie noch unten ist während es draußen schon hell ist. Dann könnte das Tageslicht
genutzt werden und es müssten zur Beleuchtung keine elektrischen Verbraucher benutzt
werden (vgl. Abb. 16.40).

Abb. 16.40   Jalousieüberwachung

16.6   Passives Energiemanagement

Der optimierte Einsatz von Energie ohne eine Bevormundung durch das installierte System lässt sich durch Gebäudeautomation und ein passives Energiemanagementsystem
erreichen. Bei der passiven Variante wird durch das System selbst die Steuerung übernommen, der Bewohner wird passiv, die Funktionalität des Hauses läuft automatisiert

im Hintergrund ab. Auf die bereits angesprochenen Beispiele bezogen bedeutet dies konkret, dass die Einzelraumtemperatursteuerung selbstständig vom System abgeschaltet wird, sobald ein Fenster geöffnet wird, und eine automatische Abschaltung aller Leuchten und nicht notwendigen Verbraucher (z. B. Standby-Betrieb) beim Verlassen des Gebäudes erfolgt.

Die gesamte Automation dient auch der Ermöglichung des zeitversetzten Einschaltens von Prozessen im Gebäude zur Vermeidung von Spitzenlasten (kurzzeitiges Abschalten von Kühlschränken, kurzzeitiges Abschalten von Trocknern oder Waschmaschinen oder gezieltes Einschalten zur Nachtzeit, gezielte Steuerung von Heizungen und Heißwasserbereitern).

Um die Prozesse des aktiven und passiven Energiemanagementsystems stetig zu verbessern, ist es sinnvoll durch Rückgriff auf ein Smart-Metering-System den Verbrauch zu überprüfen und zu analysieren, um weitere Einsparmöglichkeiten zu ermitteln.

16.6.1   Funktion „Haus ist verlassen"

Theoretischer Ansatz   Der theoretische Ansatz entspricht dem der „Haus ist verlassen" Funktion, die bereits beim aktiven Energiemanagement erläutert wurde. Der Unterschied ist jedoch, dass das Haus automatisch spannungsfrei geschaltet wird, wenn es verlassen wird. In diesem Beispiel ist es so, dass das komplette Haus spannungsfrei geschaltet wird. Dies wäre in der Praxis nicht umzusetzen, da im Haus immer einige Verbraucher vorhanden sind, die nicht ausgeschaltet werden dürfen (z. B. Kühlschrank und Tiefkühltruhe oder am Stromnetz betriebene Uhren oder Wecker).

Programmierung   Die Programmierung ist identisch mit der Programmierung der „Haus-ist-verlassen"-Funktion im aktiven Energiemanagement. Die Summe 2 in Modul 9 ist erfüllt, wenn alle Familienmitglieder das Haus verlassen haben (vgl. Abb. 16.41).

Abb. 16.41   Summe 2 von Modul 9

Erfüllt die Summe das „Und", so wirkt die Auswertung auf die Taste C2 kurz, die teilweise erfüllte Summe auf die Taste C2 lang und die nicht erfüllte Summe auf die Taste C2 los (vgl. Abb. 16.42).

Für den Fall, dass die Summe erfüllt ist, also alle Bewohner das Haus verlassen haben, wird die Gruppe 6 angesprochen und bei allen zugehörigen Modulen werden die Relaisausgänge sowie die Ausgänge der Module ausgeschaltet.

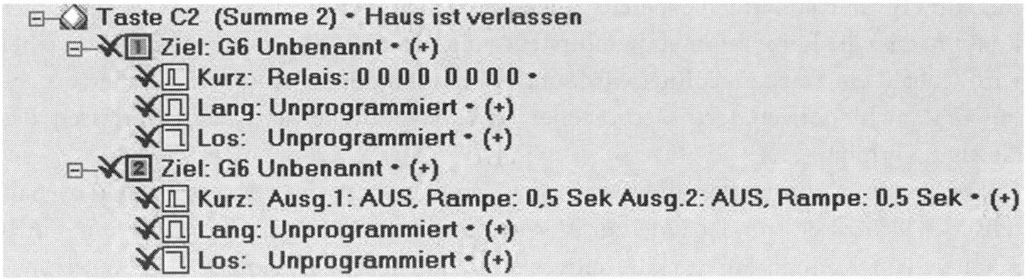

```
⊟—◇ Taste C2  (Summe 2) • Haus ist verlassen
   ⊟—✗⬛ Ziel: G6 Unbenannt • (+)
       ✗⬛ Kurz:  Relais:  0 0 0 0  0 0 0 0 •
       ✗⬛ Lang: Unprogrammiert • (+)
       ✗⬛ Los:   Unprogrammiert • (+)
   ⊟—✗⬛ Ziel: G6 Unbenannt • (+)
       ✗⬛ Kurz:  Ausg.1: AUS, Rampe: 0,5 Sek Ausg.2: AUS, Rampe: 0,5 Sek • (+)
       ✗⬛ Lang: Unprogrammiert • (+)
       ✗⬛ Los:   Unprogrammiert • (+)
```

Abb. 16.42 Tasten-Programmierung „Haus ist verlassen"

Für den Fall, dass ein oder mehrere Bewohner wieder das Haus betreten wollen, wird bei jeder Anmeldung durch das Transpondersystem die Lampe 13 (Modul 7, Relaisausgang 4) im Haus für eine Zeit von 6 s eingeschaltet, damit man in einen beleuchteten Eingangsbereich tritt (vgl. Abb. 16.43).

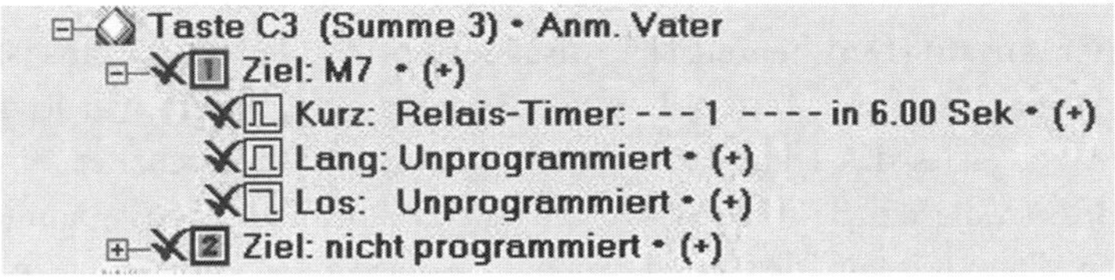

```
⊟—◇ Taste C3  (Summe 3) • Anm. Vater
   ⊟—✗⬛ Ziel: M7 • (+)
       ✗⬛ Kurz:  Relais-Timer: - - - 1 - - - - in 6.00 Sek • (+)
       ✗⬛ Lang: Unprogrammiert • (+)
       ✗⬛ Los:   Unprogrammiert • (+)
   ⊞—✗⬛ Ziel: nicht programmiert • (+)
```

Abb. 16.43 Anmeldung Vater

Visualisierung Die Visualisierung im passiven Energiemanagement ist so aufgebaut, dass jedem Familienmitglied ein Foto zugeordnet ist. Ist dieses Foto in schwarz-weiß dargestellt, so ist die Person nicht zu Hause. Wenn es in Farbe erscheint, ist die Person im Haus. Zusätzlich ist dem Textfeld unter jedem Foto zu entnehmen, wer sich gerade im Haus aufhält und wer nicht.

Diese Darstellung ist möglich, da jedes Bild mit der Funktion „Logik-Funktion anzeigen" verknüpft ist und den Status je nach Zustand ändert (vgl. Abb. 16.44).

Abb. 16.44 Übersicht über die Anzahl der Familienmitglieder im Haus

16.6.2 Funktion Außenlicht

Theoretischer Ansatz Das Außenlicht (Lampe 17) soll nur dann für eine bestimmte Zeit eingeschaltet werden, wenn das Tageslicht hinsichtlich der gemessenen Helligkeit unter einen bestimmten Wert sinkt und zusätzlich vom Bewegungsmelder eine Person erfasst wird.

Hardware Der Bewegungsmelder LCN-BMI wird über den I-Port und der Lichtsensor LCN-LSH über den T-Port mit dem LCN-Modul verbunden.

Programmierung Auch für diese Funktion ist eine Summe zu bilden. Der Bewegungsmelder muss eine Person in seinem Erfassungsbereich erkennen und gleichzeitig muss eine bestimmte Tageslichtstufe unterschritten werden (vgl. Abb. 16.45).

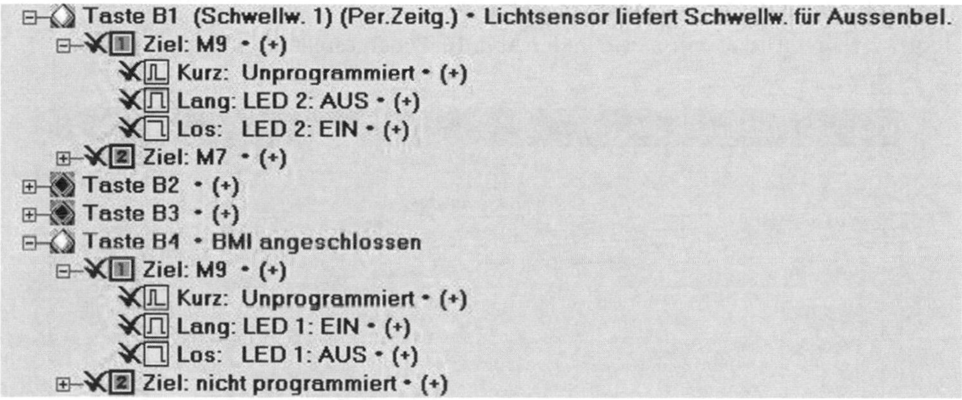

```
⊟─◇ Taste B1  (Schwellw. 1) (Per.Zeitg.) • Lichtsensor liefert Schwellw. für Aussenbel.
   ⊟─✗🔟 Ziel: M9 • (+)
        ✗🔟 Kurz: Unprogrammiert • (+)
        ✗🔟 Lang: LED 2: AUS • (+)
        ✗🔟 Los:  LED 2: EIN • (+)
   ⊞─✗🔁 Ziel: M7 • (+)
⊞─◆ Taste B2  • (+)
⊞─◆ Taste B3  • (+)
⊟─◇ Taste B4  • BMI angeschlossen
   ⊟─✗🔟 Ziel: M9 • (+)
        ✗🔟 Kurz: Unprogrammiert • (+)
        ✗🔟 Lang: LED 1: EIN • (+)
        ✗🔟 Los:  LED 1: AUS • (+)
   ⊞─✗🔁 Ziel: nicht programmiert • (+)
```

Abb. 16.45 Programmierung des Außenlichts

Der Lichtsensor schaltet die LED 2 von Modul 9 ein, wenn der Schwellwert unterschritten wird. Die LED 1 von Modul 9 wird eingeschaltet, wenn im Erfassungsbereich des Bewegungsmelders eine Person erfasst wird. Diese beiden LEDs müssen auf den Status „EIN" überwacht werden. Wenn diese Summe erfüllt ist, wird die Taste C1 betätigt und daraufhin das Kommando „Ausgang 2 von Modul 5 einschalten für 10 Sekunden" ausgeführt (vgl. Abb. 16.46).

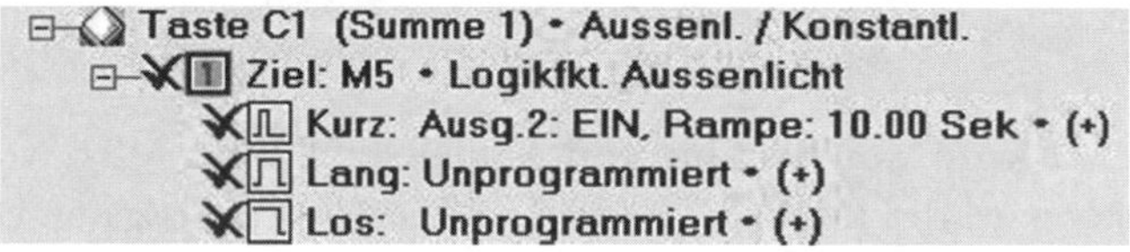

```
⊟─◇ Taste C1  (Summe 1) • Aussenl. / Konstantl.
   ⊟─✗🔟 Ziel: M5 • Logikfkt. Aussenlicht
        ✗🔟 Kurz: Ausg.2: EIN, Rampe: 10.00 Sek • (+)
        ✗🔟 Lang: Unprogrammiert • (+)
        ✗🔟 Los:  Unprogrammiert • (+)
```

Abb. 16.46 Tastenbelegung C1 von Modul 9

16.6.3   Funktion „Konstantlichtregelung"

Theoretischer Ansatz   Dimmbare Leuchtmittel sollen je nach Außenlicht oder Helligkeit im Raum automatisch auf- und abgedimmt werden, um eine konstante Raumbe-
leuchtung zu garantieren. Wenn genug Licht erfasst wird, so wird die Lampe komplett
ausgeschaltet. In der Dämmerung wird der prozentuale Dimmwert ansteigen, bis der
Wert auf 100 % angestiegen ist. Damit sich das Licht nicht automatisch einschaltet, wenn
der Helligkeitswert dies verlangt, ist die Funktion der Konstantlichtregelung über einen
Taster im Zimmer zu sperren und freizuschalten.

Hardware   Es muss ein dimmbares Leuchtmittel an einen der Schalt- und Dimmaus-
gänge der LCN-Module angeschlossen sein. Zusätzlich wird der Lichtsensor wie schon
beschrieben am T-Port des LCN-Moduls angeschlossen.

Programmierung   Der Lichtsensor gibt seinen Messwert über die T-Variable an den
Regler 1 weiter. Dieser muss, wie in der Abb. **16.47** dargestellt, konfiguriert werden.

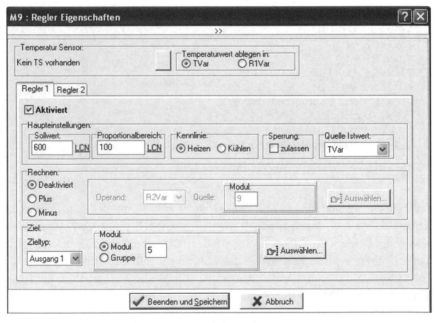

Abb. 16.47   Reglereinstellung für die Konstantlichtregelung

Über die Taste A1 wird der Ausgang von Modul 5 auf einen Wert von 60 % eingeschaltet. 3 s später wird der Regler 1 entsperrt und regelt den Ausgang. Durch die Taste
A2 wird der Regler wieder gesperrt und der Ausgang ausgeschaltet (vgl. Abb. 16.48).

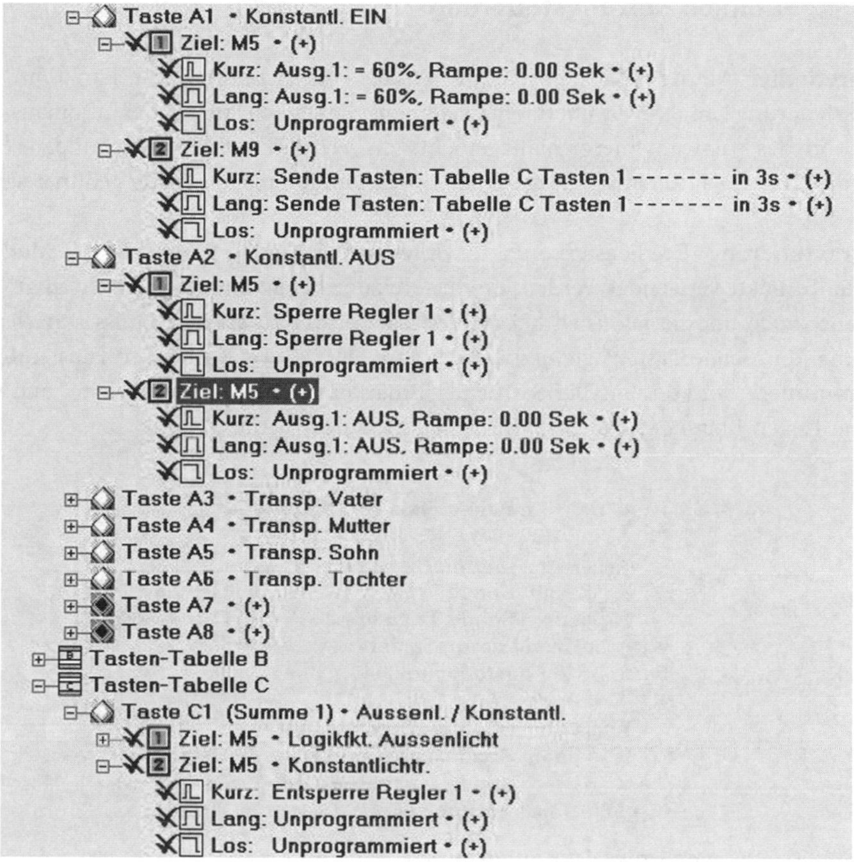

Taste A1 • Konstantl. EIN
Ziel: M5 • (+)
Kurz: Ausg.1: = 60%, Rampe: 0.00 Sek • (+)
Lang: Ausg.1: = 60%, Rampe: 0.00 Sek • (+)
Los: Unprogrammiert • (+)
Ziel: M9 • (+)
Kurz: Sende Tasten: Tabelle C Tasten 1 ------- in 3s • (+)
Lang: Sende Tasten: Tabelle C Tasten 1 ------- in 3s • (+)
Los: Unprogrammiert • (+)
Taste A2 • Konstantl. AUS
Ziel: M5 • (+)
Kurz: Sperre Regler 1 • (+)
Lang: Sperre Regler 1 • (+)
Los: Unprogrammiert • (+)
Ziel: M5 • (+)
Kurz: Ausg.1: AUS, Rampe: 0.00 Sek • (+)
Lang: Ausg.1: AUS, Rampe: 0.00 Sek • (+)
Los: Unprogrammiert • (+)
Taste A3 • Transp. Vater
Taste A4 • Transp. Mutter
Taste A5 • Transp. Sohn
Taste A6 • Transp. Tochter
Taste A7 • (+)
Taste A8 • (+)
Tasten-Tabelle B
Tasten-Tabelle C
Taste C1 (Summe 1) • Aussenl. / Konstantl.
Ziel: M5 • Logikfkt. Aussenlicht
Ziel: M5 • Konstantlichtr.
Kurz: Entsperre Regler 1 • (+)
Lang: Unprogrammiert • (+)
Los: Unprogrammiert • (+)

Abb. 16.48 Programmierung der Konstantlichtregelung

Visualisierung Die Konstantlichtregelung wird visualisiert über einen Statusbutton, der anzeigt, ob die Lampe 7 eingeschaltet ist und wenn ja, auf welchen prozentualen Dimmwert die Lampe eingestellt ist (vgl. Abb. 16.49).

Lampe 6 AUS
Lampe 7 AUS
Lampe 8 AUS
Steckdose AUS
0 %
Konstantlichtregelung

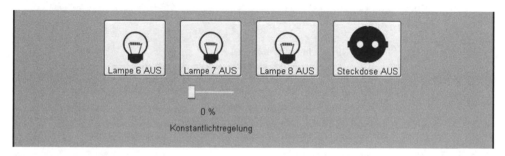

Abb. 16.49 Konstantlichtregelung

16.6.4   Funktion Heizungsteuerung

Theoretischer Ansatz   Der theoretische Ansatz entspricht dem der Funktion „Heizungssteuerung" im aktiven Energiemanagement. Zusätzlich sind in der automatisierten Funktion des passiven Energiemanagements die Fensterkontakte eingebunden. Somit wird die Heizung automatisch ausgeschaltet, wenn im Raum ein Fenster geöffnet wird.

Programmierung   Die Fensterkontakte wirken auf die Tasten B7 und B8 des Moduls 9. Da die Kontakte verwendet werden, um die Heizung bei geöffnetem Fenster auszuschalten, aber auch um die Jalousien bei geöffnetem Fenster zu sperren, muss zunächst das Kommando „Sende Tasten" genutzt werden, um jeweils zwei Tasten pro Fensterkontakt programmieren zu können. Der Status der Binärkontakte wird weitergeleitet und wirkt auf die Tasten 1 bis 4 der Tabelle D im selben Modul (vgl. Abb. 16.50).

Abb. 16.50   Programmierung der Fensterkontakte

Das Sperren der Heizung muss in zwei Schritten erfolgen. Zunächst wird die Heizung abgeschaltet, anschließend wird die Taste B1 des zugehörigen Moduls gesperrt. Auf diese Taste wirkt der Schwellwert, der die Heizung bei Unterschreitung des Schwellwerts einschaltet. Beide Funktionen sind in der Abb. 16.51 dargestellt.

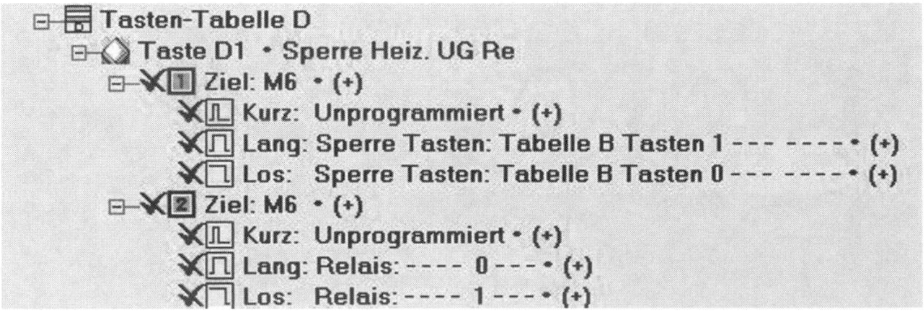

Abb. 16.51   Programmierung Heizung sperren

16.6.5   Funktion Jalousiesteuerung

Theoretischer Ansatz   Der theoretische Ansatz entspricht dem der Funktion „Jalousie-steuerung" im aktiven Energiemanagement. Es wird jedoch die Steuerung der Jalousien nicht mehr über den EnOcean Funktaster realisiert, sondern je nach erfasstem Außen-licht durch den Außenlichtsensor fahren die Jalousien automatisch hoch oder runter. In dem Fall, dass ein Fenster geöffnet ist, wird die Jalousie gesperrt, um eine Beschädigung zu vermeiden.

Hardware   Der Lichtsensor ist am T-Port des LCN-Moduls angeschlossen, die Fenster-kontakte über den Binäreingang B3I am I-Port des Moduls.

Programmierung   Der eingestellte Schwellwert wirkt auf die Taste B1 von Modul 9. Es wird ein Lang-Kommando gesendet, wenn der Schwellwert überschritten und ein Los-Signal, wenn der Schwellwert unterschritten wird. Diese Befehle werden mit dem Kom-mando „Sende Tasten" auf die Tasten 1 bis 4 der Tastentabelle A in Modul 7 weitergelei-tet als Kurz-Kommando (vgl. Abb. 16.52).

Abb. 16.52   Programmierung des Außenlichtsensors

In Modul 7 sind die Tasten 1 und 2 der rechten Jalousie zugeordnet, die Tasten 3 und 4 der Jalousie links (vgl. Abb. 16.53).

Wenn der Schwellwert überschritten wird (Helligkeit nimmt zu), wirkt das Kurz-Kommando auf die Tasten A1 und A3. Über einen Relaistimer werden die Relaisausgän-ge 1 und 3 für die Zeit von 1,68 s eingeschaltet. Wenn der Schwellwert unterschritten wird (Helligkeit nimmt ab), werden die Relaisausgänge 2 und 4 für die eingestellte Zeit eingeschaltet.

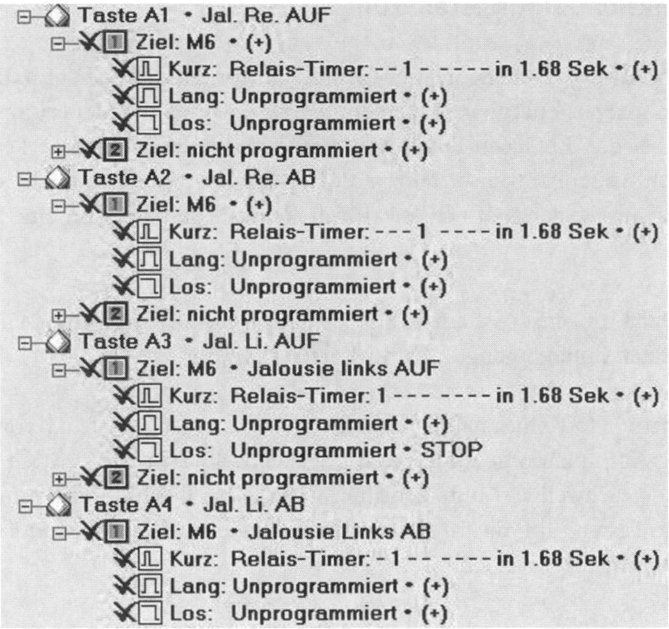

```
⊟─◇ Taste A1  •  Jal. Re. AUF
   ⊟─✘▣ Ziel: M6  •  (+)
          ✘Ⅱ Kurz:  Relais-Timer: - - 1 - - - - - in 1.68 Sek • (+)
          ✘Ⅱ Lang: Unprogrammiert • (+)
          ✘☐ Los:  Unprogrammiert • (+)
   ⊞─✘▢ Ziel: nicht programmiert • (+)
⊟─◇ Taste A2  •  Jal. Re. AB
   ⊟─✘▣ Ziel: M6  •  (+)
          ✘Ⅱ Kurz:  Relais-Timer: - - - 1 - - - - in 1.68 Sek • (+)
          ✘Ⅱ Lang: Unprogrammiert • (+)
          ✘☐ Los:  Unprogrammiert • (+)
   ⊞─✘▢ Ziel: nicht programmiert • (+)
⊟─◇ Taste A3  •  Jal. Li. AUF
   ⊟─✘▣ Ziel: M6  • Jalousie links AUF
          ✘Ⅱ Kurz:  Relais-Timer: 1 - - - - - - - in 1.68 Sek • (+)
          ✘Ⅱ Lang: Unprogrammiert • (+)
          ✘☐ Los:  Unprogrammiert • STOP
   ⊞─✘▢ Ziel: nicht programmiert • (+)
⊟─◇ Taste A4  •  Jal. Li. AB
   ⊟─✘▣ Ziel: M6  • Jalousie Links AB
          ✘Ⅱ Kurz:  Relais-Timer: - 1 - - - - - - in 1.68 Sek • (+)
          ✘Ⅱ Lang: Unprogrammiert • (+)
          ✘☐ Los:  Unprogrammiert • (+)
```

Abb. 16.53 Programmierung Jalousien

16.7 Einbindung von Komfortfunktionen

Einige Komfortfunktionen, wie z. B. Heizungs- und Jalousiesteuerung, Außenlichtsteuerung etc. wurden bereits als Funktionen des passiven Energiemanagements vorgestellt. Durch die vielfältigen Möglichkeiten von LCN ist nahezu jede denkbare Funktion der Gebäudeautomation realisierbar. Beispielhaft sollen Lichtszenen als Funktion ergänzt werden.

16.7.1 Funktion Lichtszenen

Theoretischer Ansatz In einem Raum sollen über einen 4fach-Funktaster vier Lichtszenen aufrufbar sein. Ziel ist, über einen Tastendruck ein oder mehrere Verbraucher einschalten können und teilweise auch auf eine gewünschte Stufe zu dimmen. Jede Lichtszene ist dabei auf ein bestimmtes Nutzerverhalten abgestimmt.

Hardware Als 4fach-Taster wird der EnOcean-Funktaster benutzt.

Programmierung Die 4 Tasten des Funktasters wirken auf die Tasten A1 bis A4 im Modul 6. Es werden teilweise Kombinationen von Modulausgängen und Relaisausgängen eingeschaltet, zum Teil werden aber auch Modulausgänge und Relaisausgänge einzeln eingeschaltet. Jede aufgerufene Lichtszene lässt sich über einen langen Tastendruck derselben Taste, die zum Einschalten genutzt wurde, wieder löschen (vgl. Abb. 16.54). Die hier sehr einfache Programmierung von Szenen kann auch über die Anlage von Szenen und Aufruf über Tasten realisiert werden.

Abb. 16.54 Programmierung von Lichtszenen

Taste A1 • Lichtszene 1
Ziel: M7 • (+)
Kurz: Ausg.1: = 50%, Rampe: 5.00 Sek • (+)
Lang: Ausg.1: AUS, Rampe: 5.00 Sek • (+)
Los: Unprogrammiert • (+)
Ziel: nicht programmiert • (+)
Taste A2 • Lichtszene 2
Ziel: M7 • (+)
Kurz: Ausg.1: EIN, Rampe: 5.00 Sek • (+)
Lang: Ausg.1: AUS, Rampe: 1.00 Sek • (+)
Los: Unprogrammiert • (+)
Ziel: M5 • (+)
Kurz: Relais: - - - 1 1 - - - • (+)
Lang: Relais: - - - 0 0 - - - • (+)
Los: Unprogrammiert • (+)
Taste A3 • Lichtszene 3
Ziel: M7 • (+)
Kurz: Ausg.1: = 74%, Rampe: 3.00 Sek • (+)
Lang: Ausg.1: AUS, Rampe: 1.00 Sek • (+)
Los: Unprogrammiert • (+)
Ziel: M5 • (+)
Kurz: Relais: - - - - - - 1 - • (+)
Lang: Relais: - - - - - - 0 - • (+)
Los: Unprogrammiert • (+)
Taste A4 • Lichtszene 4
Ziel: M5 • (+)
Kurz: Relais: - - - - 1 1 - - • (+)
Lang: Relais: - - - - 0 0 - - • (+)
Los: Unprogrammiert • (+)
Ziel: nicht programmiert • (+)

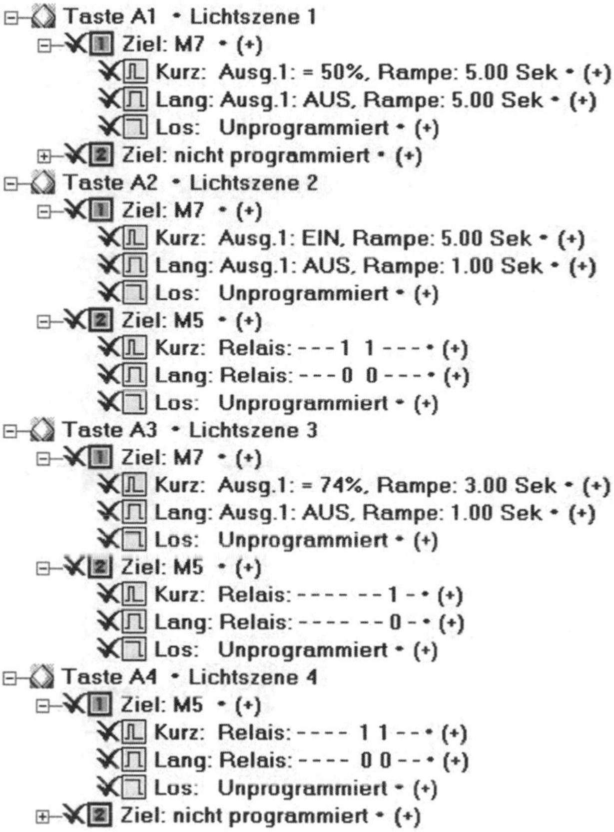

Visualisierung (vgl. Abb. 16.55)

Lampe 2 AUS
Lampe 3 AUS
Lampe 4 AUS
Lampe 5 AUS
Lampe 1 AUS
Steckdose AUS
0 %
Lichtszene 1
Lichtszene 2
Lichtszene 3
Lichtszene 4

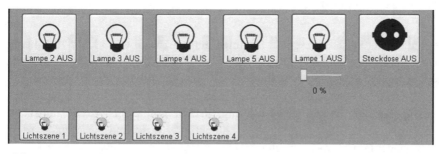

Abb. 16.55 Visualisierung von Lichtszenen

16.8   Einbindung von Sicherheitsfunktionen

16.8.1   Funktion „Alarmanlage"

Theoretischer Ansatz Wenn das Transpondersystem erkannt hat, dass das Haus verlassen ist, werden die Fenster- und Türkontakte überwacht. In dem Moment, wenn einer dieser Kontakte geöffnet wird, wird die Alarmanlage eingeschaltet. Diese ist im Demonstrationsmodell über einige Lampen dargestellt, die 15-mal ein- und ausgeschaltet werden. Diese Funktion der Alarmanlage kann in der Realität nur als Erweiterung einer zertifizierten Alarmanlage genutzt werden. Sie allein stellt keinen ausreichenden Schutz dar und ist versicherungstechnisch nicht ausreichend.

Programmierung Die Summe „Haus ist verlassen" von Modul 9 wird genutzt, um die LED 1 in Modul 8 ein- und auszuschalten. Die LEDs 2 bis 4 werden durch die drei Fenster- und Türkontakte ein- und ausgeschaltet. Drei Summen werden zur Realisierung der Überwachung benötigt. Jeweils ein Fenster- oder Türkontakt wird mit der Summe „Haus ist verlassen" zusammen auf den Status „EIN" überwacht (vgl. Abb. 16.56).

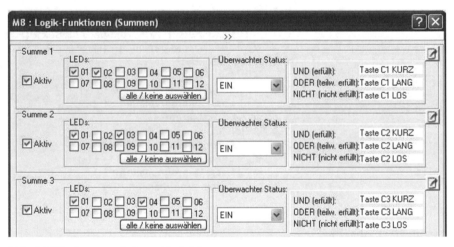

Abb. 16.56 Summen 1–3 von Modul 8

Wenn sie erfüllt sind, wirken diese drei Summen auf die Tasten C1–3 kurz. Auf diesen Tasten ist programmiert, dass die Ausgänge A1 und A2 der Gruppe 6 insgesamt 15-mal flackern sollen (vgl. Abb. 16.57).

Visualisierung Das Fenster zur Überwachung im Abwesenheitsfall ist so aufgebaut, dass die beiden Fensterkontakte und der Türkontakt überwacht und angezeigt werden. Abb. 16.58 zeigt, dass im Moment durch den Türkontakt ein Alarm ausgelöst wurde.

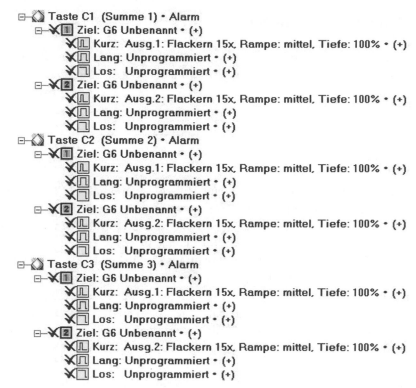

Abb. 16.57   Programmierung des Alarms

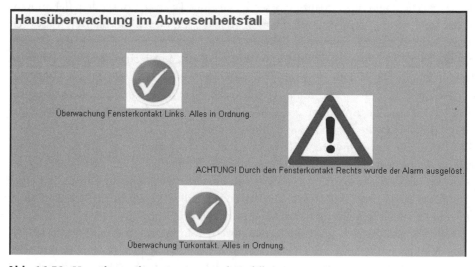

Abb. 16.58   Hausüberwachung im Anwesenheitsfall

16.9   Multifunktionssystem

Über die Möglichkeit der Einbindung des Aufrufs externer Web-Seiten, die auf ansteu-
erbaren Seiten abgelegt werden, können Informationssysteme aufgebaut und in der
LCN-GVS integriert werden.

16.10   Fazit

Die Gebäudeautomation lässt sich mit den Hutschienenmodulen LCN-HU und den
Unterputzmodulen LCN-UPP für das Demonstrationsmodell gut umsetzen. Es konnte
aufgezeigt werden, dass die drei üblichen Bereiche Komfort, Sicherheit und Energieeffizienzsteigerung mit LCN gut abgedeckt werden können.

Die Programmierung mit der LCN-PRO-Software ist auch ohne große Vorkenntnisse
möglich, erfordert jedoch eine Einarbeitung und Umgewöhnung, wenn man die Pro-
grammier- und Parametrierweise anderer Systeme kennt. Für erweiterte Funktionen bietet die Software LCN Pro eine umfangreiche Hilfe an. Wenn die ersten Funktionen programmiert sind, stehen eine Reihe an hilfreichen Werkzeugen zur Überprüfung der
Programmierung und Analyse der Fehler zur Verfügung, hilfreich sind Statusfenster des
Moduls und der Busmonitor.

Die Anzahl der möglichen Lichtszenen ist mit einer Menge von 100 je Modul recht
hoch dimensioniert. Andere Funktionen wie z. B. die Summenbildung für Logikfunktionen sind mit nur vier Summen pro Modul eindeutig zu gering vorgehalten. Auch die
eingeschränkte Möglichkeit, mehrere Befehle von einer Taste aus zu senden, fiel im Rahmen der Realisierung negativ auf. Um umfangreiche Funktionen mit mehreren Aktoren
zu realisieren, muss mit dem Befehl „Sende Tasten" oder Gruppen gearbeitet werden,
was die Übersichtlichkeit der Programmierung deutlich verschlechtert. In größeren
Projekten ist eine übersichtliche Struktur ohnehin schwer zu erhalten, da eine übersichtliche Gebäudetopologie, wie z. B. in der KNX/EIB-ETS, fehlt. Zur fehlenden Übersicht
trägt auch die geringe Anzahl an Zeichen (526 Zeichen) pro Modul bei, die verwendet
werden können, um die Programmierung mit Kommentaren zu versehen.

Die Visualisierungssoftware LCN-GVS ist eine gut bedienbare Software, mit der
durch die Vorgabe der Funktionen recht einfach eine Oberfläche zur Visualisierung des
eigenen Projekts erstellt werden kann. Dabei ist die Oberfläche mit Hintergrundbild und
dargestellten Funktionen frei zu gestalten. Im vorgestellten Projekt wurde Wert auf funktionale, nicht vom Erscheinungsbild schöne Darstellung gelegt.

Bei der Einbindung von smart-metering-basiertem Energiemanagement ist das LCN-
System deutlich an seine Grenzen gestoßen. Anders als z. B. das KNX/EIB-System wird
das LCN-System nur von einem Hersteller bestückt und vertrieben, Erweiterungen sind
nur über Gateways zu EnOcean und DALI möglich, größere Erweiterungen nur über IP-
Symcon. Das psychologische smart-metering-basierte Energiemanagement ist durch

Einbindung der Web-Seiten des Energieversorgers möglich, der die Aufbereitung der Messdaten selbst ermöglicht. Aktives Energiemanagement basiert bei LCN grundsätzlich bereits auf dem Vorhandensein einer Gebäudeautomation, damit wird das LCN-System, in dem in den Modulen standardmäßig Sensorik und Aktorik über Peripherie vorgehalten wird, niemals ausschließlich für sensorische Anwendung in Verbindung mit Visualisierung genutzt werden. Passives Energiemanagement kann sich im betrachteten Demonstrationsprojekt nicht auf energetische Messdaten stützen, da die Einbindung von Smart Metern erst ab 10/2012 möglich ist. Soweit andere sensorische Messdaten eingebunden werden, können diese im Rahmen von passivem Energiemanagement genutzt werden. Aufgrund der Eigenschaften der LCN-Module, die auch über Zähler verfügen, können Energiezähler über ein neues, zum Stand 10/2012 noch nicht vorhandenes, Peripherieelement nun integriert werden. Da die LCN-GVS derzeit keine Rechenoperationen ausführen kann, müssen die notwendigen Rechenoperationen in den LCN-Modulen selbst realisiert werden. LCN verfügt zur Programmierung von Automatisierungsfunktionen weder über eine graphische Programmiermöglichkeit, vergleichbar mit homeputer oder aus dem SPS-Bereich bekannten Funktionsbausteinen, noch direkt über eine Skriptsprache mit Variablenverwendung. Wird LCN um IP-Symcon ergänzt und damit der Zugriff auf Eltako-Zähler ermöglicht, entsteht ein System, mit dem vollständig smart-metering-basiertes Energiemanagement umgesetzt werden kann.

Umsetzung von smart-metering-basiertem Energiemanagement mit WAGO 750

17

Das WAGO-Demonstrationsmodell verfügt über eine komplexe Gebäudeautomation mit vollständiger Energiemanagement-Implementation. Auf der Basis von Limitvorgaben werden Sollwerte der Heizungen angepasst und Verbraucher lastgesteuert abgeschaltet. Auf der Basis sämtlicher Ver- und Entsorgungstarife werden die aktuellen und kalkulierten Ver- und Entsorgungsdaten in kWh oder Euro ermittelt und zur Anzeige gebracht. Neben der visuellen Darstellung werden die Daten für das Lastmanagement genutzt. Anhand vorgegebener Limits werden aktuelle Leistungen, Verbräuche und aktuelle Kosten hinsichtlich deren Ausnutzungsgrad ständig als Tankuhr visualisiert.

Die Leistungs-, Verbrauchs- und Kostenübersicht wird sowohl stromkreisbasiert, raumbasiert, für Elektroverbraucher, Heizungen und das gesamte Haus aufbereitet und zahlenmäßig oder als Trendkurve zur Anzeige gebracht.

Das Demonstrationsmodell wurde auf den Messen Baumesse NRW und Light&Building 2010 vorgeführt und ständig weiterentwickelt (vgl. Abb. 17.1).

Das Demonstrationsmodell wird über integrierte und extern angebrachte konventionelle Schalt- und Tastelemente bedient (vgl. Abb. 17.2).

Die insgesamt 5 Räume des Demonstrationsmodells verfügen über eine umfangreiche Sensorik, mit der über Thermoelemente auch Temperaturen und über Fensterkontakte Fenster- und Türzustände erfasst werden, und Aktorik, über die Leuchtmittel, Geräte und Heizungen angesteuert werden (vgl. Abb. 17.3).

Abb. 17.1 Demonstrationsmodell WAGO 750 auf der Baumesse NRW 2010

Abb. 17.2 Ansicht des Demonstrationsmodells mit externen Bedienelementen

Abb. 17.3 Seitenansicht des Demonstrationsmodells

Die umfangreiche Sensorik und Aktorik ist über Leitungen mit der zentralen Steuerung, einer WAGO 750, verbunden. Die Abb. 17.4 zeigt die Prototypeninstallation vor der endgültigen Verkabelung des Systems über Systemstecker.

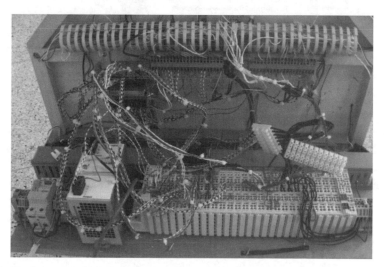

Abb. 17.4 Hardwareansicht mit Verbindungen zum Demonstrationsmodell

Die gesamte Hardware besteht aus dem WAGO-Controller 750-849 mit aufwändigem Klemmenbus zur Ansteuerung der I/O.

17.1   Hardware

Der KNX-IP-Controller ist ein programmierbarer Feldbuscontroller (vgl. Abb. 17.5). Als 2-Port-Ethernet-Switch verfügt er über zwei RJ45-Buchsen und kann direkt mit einem IP-Netzwerk verbunden werden. Für die Programmierung stehen dem Controller 512-kB-Programmierspeicher, 256-kB-Datenspeicher und 24-kB-Retain-Speicher zu Verfügung. Die Konfigurationsschnittstelle befindet sich hinter einer Abdeckklappe. Über diese Konfigurationsschnittstelle kann der Controller über ein spezielles Kabel direkt über eine serielle Schnittstelle (z. B. USB, RS-232) mit einem Computer verbunden werden.

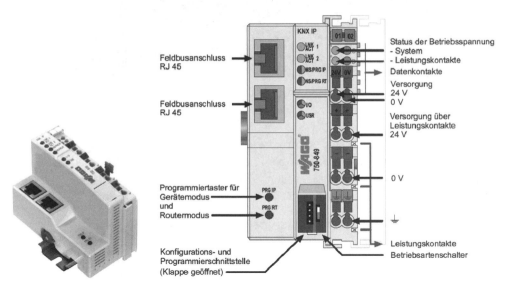

Abb. 17.5   KNX-IP-Controller 750-849

Die 8-Kanal-Digital-Ausgangsklemme überträgt digitale Ausgangssignale vom Controller direkt an den angeschlossenen Aktor (vgl. Abb. 17.6). Die Ausgänge der Klemme sind high aktiv, was bedeutet, dass das Steuergerät bei logischer „EINS" (High Pegel) ein Potenzial von 24 V am jeweiligen Ausgang gegenüber Masse anlegt. Dieses Potenzial wird intern über die Leistungskontakte einer vorgeschalteten Einspeiseklemme eingespeist. Die Status-LED am oberen Ende der Klemme gibt an, welche Ausgänge sich gegenwärtig auf einem High Potential befinden. Aufgrund der geringen Belastbarkeit der Ausgänge und der in der Industrie üblichen Spannung muss ein Leistungsrelais nachgeschaltet werden.

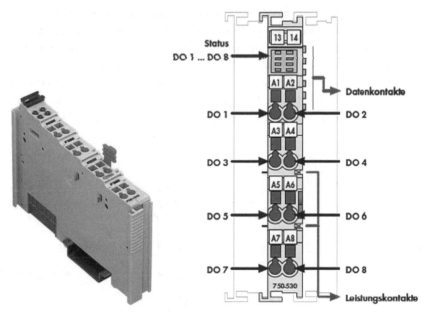

Abb. 17.6   8-Kanal-Digital-Ausgangsklemme 750-530

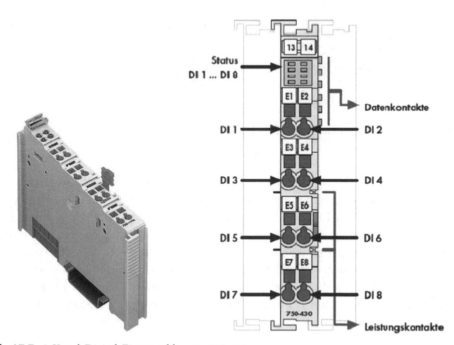

Abb. 17.7   8-Kanal-Digital-Eingangsklemme 750-430

Die 8-Kanal-Digital-Eingangsklemme nimmt Spannungspotenziale von Sensoren oder Tastern am jeweiligen Eingang auf und gibt diese als binäre Steuersignale an den Controller weiter (vgl. Abb. 17.7). Der Eingangspegel der Signalspannung muss dabei – 3 V bis +5 V DC für eine logische „NULL" und 15 V bis 30 V DC für eine logische „EINS" betragen. Zur Störsicherheit ist jedem der acht Eingänge ein zusätzlicher RC-Filter mit einer Zeitkonstante von 3 ms vorgeschaltet. Die Status-LED am oberen Ende der Klemme gibt an, welchen Zustand der jeweilige Eingang gegenwärtig besitzt.

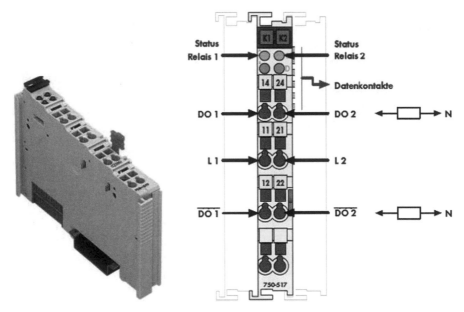

Abb. 17.8 2-Kanal-Relaisausgangsklemme 750-517

Die 2-Kanal-Relaisausgangsklemme verfügt über zwei separate Relais, welche über die Steuersignale des Automatisierungsgerätes angesteuert werden (vgl. Abb. 17.8). An den beiden Relaiskontakten L1 und L2 kann jeweils ein externes Gerät mit anderen Spannungspotenzialen direkt angeschlossenen werden. Die beiden Ausgangskanäle sind galvanisch voneinander getrennt. Somit können an den beiden Wechslern unterschiedliche Potenziale angeschlossen werden. Befindet sich das Relais in Ruhestellung, so sind die Kontakte L1 und L2 auf die beiden unteren Ausgangskanäle D0 und D1 geschaltet. Sind die Kontakte L1 und L2 auf D0 und D1 geschaltet, so leuchtet die Status-LED auf. Die Strombelastbarkeit ist mit 1 A bei Wechselstrom sehr gering.

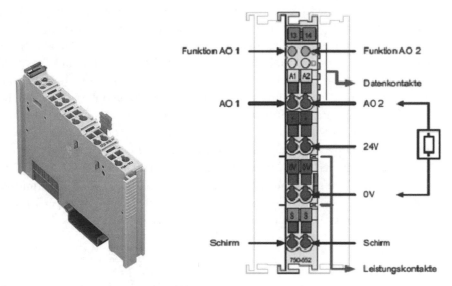

Abb. 17.9 2-Kanal-Analog-Ausgangsklemme 0–20 mA 750-552

Die 2-Kanal-Analog-Ausgangsklemme erzeugt über einen A/D-Wandler aus Signalen mit einer Auflösung von 12-Bit-Strömen gesteuerte Ströme von 0 bis 20 mA am Ausgang (vgl. Abb. 17.9). Beide Ausgangskanäle sind galvanisch voneinander getrennt. Die Klemme erhält ihre Spannungsversorgung von 24 V über die vorgeschaltete Busklemme oder über eine Einspeiseklemme.

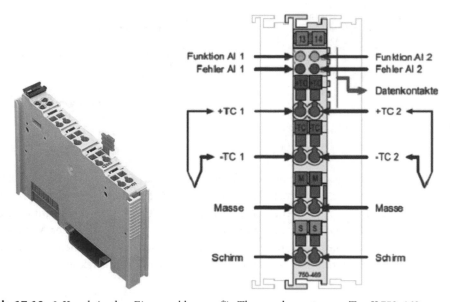

Abb. 17.10 2-Kanal-Analog-Eingangsklemme für Thermoelemente vom Typ K 750-469

Die Analog-Eingangsklemme für Thermoelemente misst Spannungswerte und wandelt diese in Temperaturwerte um (vgl. Abb. 17.10). Zur Umrechnung und Linearisierung der Spannungswerte verfügt die Klemme über einen eigenen Mikroprozessor. Die Klemme hat zwei Eingangskanäle und kann daher die Daten von zwei Thermoelementen separat aufnehmen. Die Feld- und Systemebene sind galvanisch voneinander getrennt. Zudem verfügt die Klemme pro Kanal über zwei Status-LEDs. Die grüne LED signalisiert die Betriebsbereitschaft sowie die störungsfreie Kommunikation der Kanäle. Die rote LED signalisiert eine Unterbrechung der Sensorleitung oder die Überschreitung des zulässigen Messbereiches. Die Temperaturwerte werden in einem Datenwort mit 16 Bit ausgewertet und verfügbar gemacht, ein Digit entspricht dabei 0,1 °C. Bei einer Temperatur von 0 °C entspricht demnach der Zahlenwert 0 x 0000 (dez. 0) und eine Temperatur von 50 °C 0 x 0032 (dez. 500). Um die korrekte Temperatur später im Programm zu erhalten, muss dieser Wert mit 0,1 multipliziert werden.

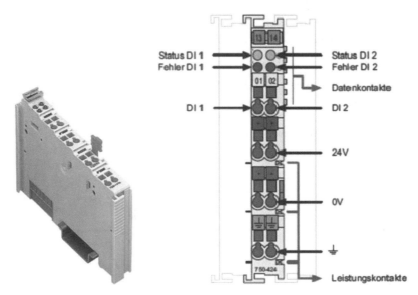

Abb. 17.11   2 DI DC 24 V, Einbruchsmeldung 750-424

Die Einbruchsmeldungsklemme verfügt über zwei digitale Eingangskanäle und kann Meldekontakte, wie z. B. Fensterkontakte über Meldelinien überwachen (vgl. Abb. 17.11). Es können zwei Meldekontakte in 2-Leiter-Technik an die Klemme angeschlossen werden. Die grüne Status-LED signalisiert den Schaltzustand der Meldekontakte. Die zusätzliche rote Status-LED meldet einen Kurzschluss oder einen Drahtbruch. Damit können auch Manipulationen an den Meldeeinrichtungen detektiert werden (vgl. Abb. 17.12).

Abb. 17.12 Aufbau von
Meldelinien mit Kontakten

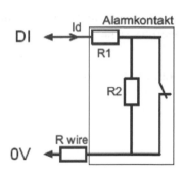

Der EnOcean-Funk-Empfänger nimmt Funksignale auf und gibt diese an den Klemmenbus weiter. Enocean stellt verschiedene Funksensoren her, welche größtenteils über Anwendung des Energy Harvesting verfügen. Die Sensoren arbeiten daher ohne zusätzliche Stromversorgung und benötigen keine Batterien oder ähnliches. Verfügbar sind Taster, Raumthermostate und andere Sensorik, die über spezielle Programmiertools ausgewertet werden können. Die Klemme wurde bereits im Rahmen der Vorstellung des WAGO-750-Systems vorgestellt. Im System verwendet wurden 2-Wippen-EnOcean-Taser und Thermokon-Raumthermostate.

Zur Implementierung des 4fach-Tasters steht ein Funktionsblock „FbButton_4_Channel" in der Bibliothek „Enoccan04_d_lib" zur Verfügung (vgl. Abb. 17.13).

Der Temperatursensor SR04 nimmt Ist-Temperaturwerte auf und verfügt zusätzlich über ein Drehpotenziometer, über das Sollwerte bezogen auf einen vorgebbaren Basiswert eingestellt werden können sowie eine Präsenztaste (vgl. Abb. 17.14).

Abb. 17.13 Auswertung des
EnOcean-Tasters

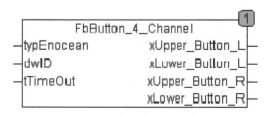

Abb. 17.14 Thermokon-
Raumtemperatursteller SR04

Für den Temperatursensor steht ebenfalls ein Funktionsblock in der Bibliothek „Enocean04_d_lib" zur Verfügung (vgl. Abb. 17.15).

Abb. 17.15 EnOcean-
Funktionsbaustein fbSR04

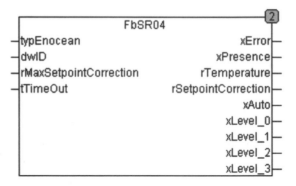

Das RTC-Modul stellt der Steuerung die aktuelle Uhrzeit zur Verfügung (vgl. Abb. 17.16). Diese Uhrzeit kann mit Hilfe eines Stützkondensators selbst nach einem Spannungsausfall noch über eine gewisse Zeit gehalten werden.

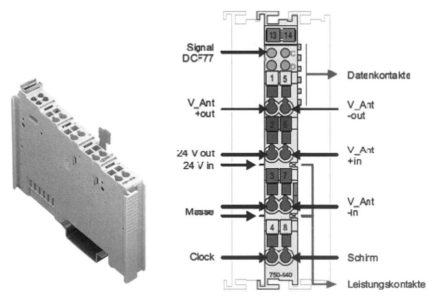

Abb. 17.16 RTC-Modul (750-640)

Die 3-Phasen-Leistungsmessklemme misst sinus- und nichtsinusförmige Spannungs-, Strom- und Leistungswerte in einem dreiphasigen Versorgungsnetz, wobei auch drei separate Stromkreise einer Phase gemessen werden können (vgl. Abb. 17.17).

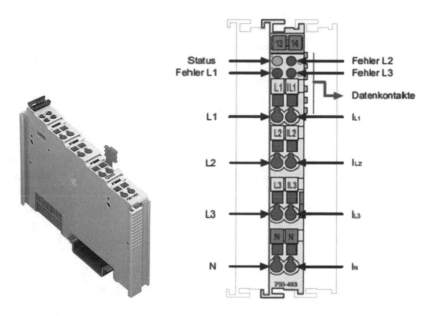

Abb. 17.17 3-Phasen-Leistungsmessklemme (750-493)

Die Messklemme tastet dabei die Spannungs-, Strom- und damit Leistungsverläufe ab und bildet aus diesen gemessen Werten den quadratischen Mittelwert (Effektivwert) der Spannungen und die Leistungswerte. Für die Messungen stehen der 3-Phasen-Leistungs-messklemme insgesamt sechs Analog-/Digitalwandler zur Verfügung, daher können die Berechnungen bereits innerhalb der Klemme erfolgen, ohne viel Rechenleistung im Controller in Anspruch zu nehmen.

Zur Programmierung der 3-Phasen-Leistungsmessklemme stellt die Firma WAGO die Bibliothek „PowerMeasurement_02.Lib" zur Verfügung. In dieser Bibliothek ist der Baustein „Fb750_493_Master3Phase" vorhanden, über den die Klemme parametriert werden kann. Die Parametrierung der Messklemme kann über eine Web-basierte Visualisierung erfolgen.

Der Baustein liefert die Spannungs- und Stromwerte sowie Schein-, Wirk- und Blindleistung, den Leistungsfaktor und ermittelte Verbräuche (vgl. Abb. 17.18). Diese Werte können dann in einer energetischen Rechnung weiter verwendet werden.

Zur Einbindung von KNX/EIB-Geräten kann der Controller direkt über das Ethernet, aber auch über die zusätzliche Klemme 750-646 auf den KNX/EIB-Bus zugreifen. Die Anwendung der Klemme wurde bereits im Kapitel der WAGO 750-SPS eingegangen. Damit können neben dem dezentralen Metering über die Leistungsmessklemme auch Smart Meter aus dem KNX/EIB-Bereich in das Energiemanagement einbezogen werden.

Abb. 17.18 Auswerte-
baustein zur Leistungs-
messklemme 750-493

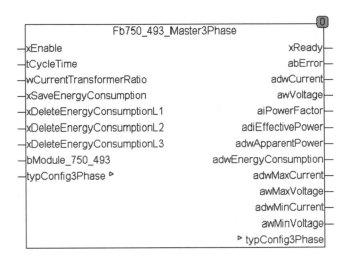

Die Busendklemme ist die letzte Klemme des Feldbusknotens und dient dazu den Li-
nienbus der Klemmen am Controller ordnungsgemäß abzuschließen (vgl. Abb. 17.19).

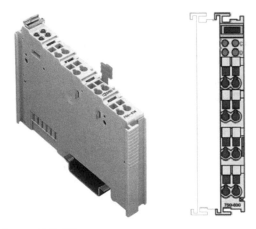

Abb. 17.19 Busendklemme 750-600

17.2 Software CoDeSys

Die Softwareumgebung CoDeSys (Controller Development System) ist eine Entwicklungsumgebung für speicherprogrammierbare Steuerungen (SPS) und wurde von dem
1994 gegründeten Softwarehersteller „3S-Smart Software Solutions" entwickelt, vermarktet und ständig erweitert und angepasst. Gegenwärtig benutzen mehr als 200 Hersteller
von SPS-Systemen das CoDeSys Programmiersystem für ihre Hardware-Komponenten

und Automatisierungsgeräte. Für die Programmierung stehen in der CoDeSys alle 5 von der IEC 61131-3 spezifizierten Sprachen zu Verfügung:

- AWL: Anweisungsliste
- KOP: Kontaktplan
- FUP: Funktionsplan
- AS: Ablaufsprache
- ST: strukturierter Text
- CFC: Continuous Function Chart

Die Programmierung mit der CoDeSys kann bei der WAGO-Steuerung in einer stringenten Form durch direkte Benennung aller Ein- und Ausgänge erfolgen, während Spezialisten der Industrieautomatisierung meist die Klemmen in anderer Form ansprechen und darauf zugreifen.

Auswahl des Zielsystems Zur Erstellung eines neuen Programms muss zuerst das Zielsystem (im Fall des vorliegenden Controllers 750-849) ausgewählt werden, auf dem später das Programm geladen werden soll (vgl. Abb. 17.20). Wurde ein Zielsystem gewählt, öffnet sich ein Fenster, in dem das Zielsystem zunächst konfiguriert werden kann (vgl. Abb. 17.21).

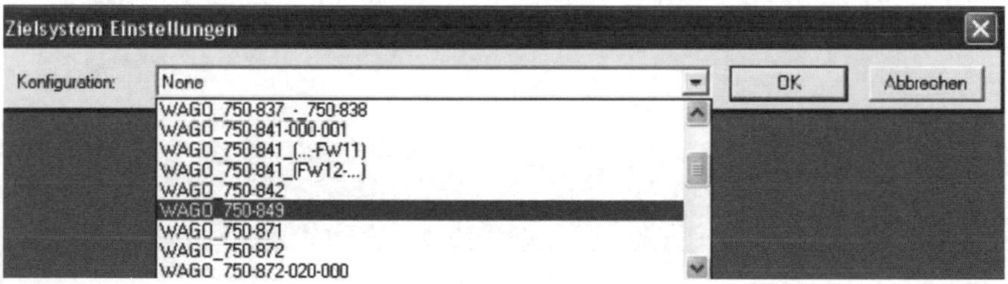

Abb. 17.20 Auswahl des Zielsystems

Erstellung eines Programms Nachdem das Zielsystem ausgewählt und parametriert wurde, öffnet sich das Fenster zur Erstellung eines Programms. Auf der linken Seite des Fensters kann der Benutzer wählen, ob er ein Programm, einen Funktionsblock oder eine Funktion programmieren möchte. Auf der rechten Seite des Fensters werden der Name des Programms und die Programmiersprache ausgewählt. Ein Programm setzt sich im Allgemeinen aus mehreren Funktionsblöcken und Funktionen zusammen. Funktionsblöcke und Funktionen können als Unterprogramme Verwendung finden. Zur Programmierung von mehrfach verwendeten Gebäudefunktionen in Räumen bieten sich daher Funktionsblöcke an, wobei die Programme zur Darstellung der Räume und Etagen genutzt werden, um Übersicht zu wahren. Funktionen dienen z. B. dazu, um die Smart-Metering-Daten auszuwerten oder umzurechnen.

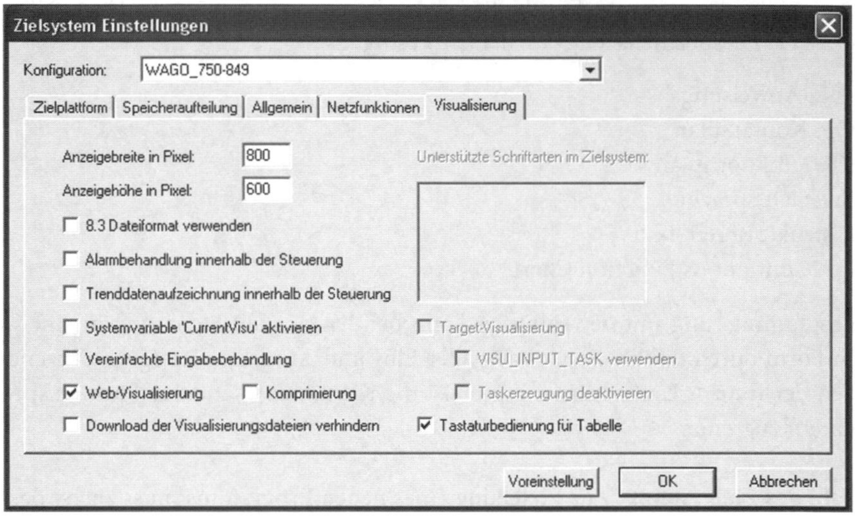

Abb. 17.21 Nähere Definition des Zielsystems

Die Programmiersprachen der Softwareumgebung CoDeSys   Im nächsten Schritt öffnet sich das Fenster zum Erstellen eines Programms. Auf der rechten Seite des Fensters werden der Name des Programms und die Programmiersprache ausgewählt (vgl. Abb. 17.22).

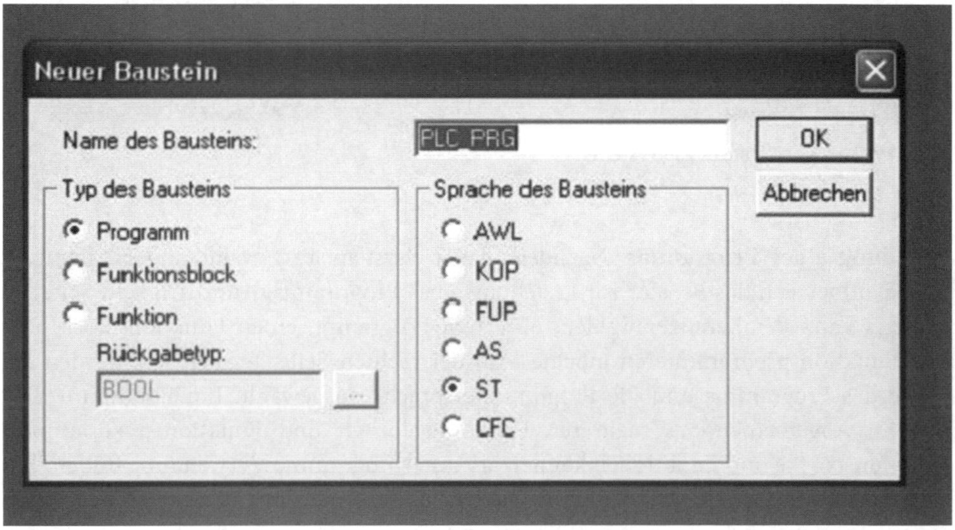

Abb. 17.22 Anlage eines Bausteins und Auswahl der Programmiersprache

17.2.1 Anweisungsliste (AWL)

Die Anweisungsliste ist eine Programmiersprache, die der Assemblersprache sehr ähnlich ist. Ein Programm, welches mit AWL geschrieben wird, beginnt in der Regel immer damit, dass ein Operand in den Akkumulator (Zwischenspeicher) geladen wird. Dies geschieht mit der Operation „LD". Der Wert, der sich nun im Akkumulator befindet, dient nun als Parameter für die nächste Operation. Zum Schluss kann der Wert mit dem Befehl „ST" in eine Variable gespeichert werden.

Beispiel: Zwei Zahlen (3 und 4) sollen miteinander multipliziert werden (vgl. Abb. 17.23).

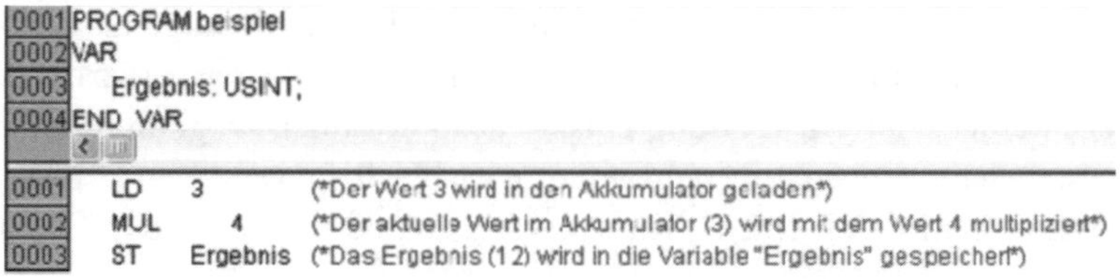

0001 PROGRAM beispiel
0002 VAR
0003 Ergebnis: USINT;
0004 END_VAR
0001 LD 3 (*Der Wert 3 wird in den Akkumulator geladen*)
0002 MUL 4 (*Der aktuelle Wert im Akkumulator (3) wird mit dem Wert 4 multipliziert*)
0003 ST Ergebnis (*Das Ergebnis (12) wird in die Variable "Ergebnis" gespeichert*)

Abb. 17.23 Programmierung in AWL

Benutzt werden kann AWL z. B. gut als Unterprogramm, das eine bestimmte Anzahl von Bytes in ein Protokoll einbaut und dies auf dem Bussystem ausgibt.

17.2.1.1 Kontaktplan (KOP)

Der Kontaktplan ist eine graphische Programmiersprache, die der Zeichnung eines elektrischen Stromlaufplans sehr ähnlich ist. Über parallele oder serielle Kontakte können einfache Verknüpfungen wie „UND" und „ODER" realisiert werden. Auch Negationen sind mit dem Kontaktplan möglich. Beispiel: Eine Lampe soll eingeschaltet werden, sobald „Taster 1" oder „Taster 2" betätigt werden (vgl. Abb. 17.24).

0001 PROGRAM beispiel
0002 VAR
0003 Schalter1: BOOL;
0004 Schalter2: BOOL;
0005 Lampe: BOOL;
0006 END_VAR
0007 VAR
0008 END_VAR
0001
Schalter1
Schalter2
Lampe

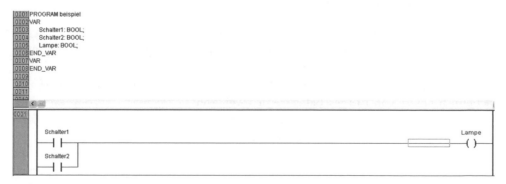

Abb. 17.24 Programmierung in KOP

Der Kontaktplan entspricht im Wesentlichen einer Schaltung der konventionellen Elektroinstallationstechnik. Einfache Automatisierungen sind damit leicht überschaubar, Berechnungen sind mit dem Kontaktplan nicht möglich.

17.2.2 Funktionsplan (FUP)

Genau wie beim Kontaktplan handelt es sich bei dem Funktionsplan ebenfalls um eine graphische Programmiersprache. Mit dem Funktionsplan kann der Benutzer recht zügig programmieren, indem Funktionsblöcke einer Bibliothek entnommen, instanziert, benannt und auf einer Seite abgelegt werden, Funktionsblöcke können auch Ein- und Ausgänge sein. Die Verbindungspunkte an den Blöcken werden automatisch über Verbindungslinien mit anderen Bausteinen verbunden. Die Ein- und Ausgänge der Bausteine und Funktionsblöcke können zudem mit Boole'schen und analogen Werten oder Variablen belegt werden. Die Anwendung entspricht in etwa der Programmiermethode im KNXnode, statt der Gruppenadressen werden Variablen benutzt.

Beispiel: Eine Lampe soll eingeschaltet werden, sobald „Taster 1" oder „Taster 2" betätigt werden (vgl. Abb. 17.25).

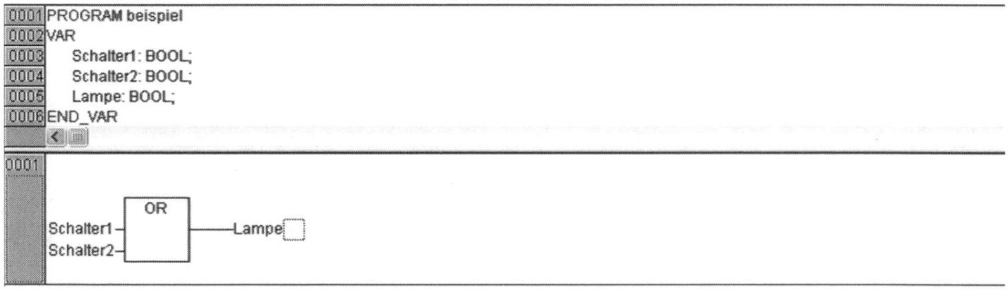

Abb. 17.25 Programmierung in AWL

17.2.3 Ablaufsprache (AS)

Die Ablaufsprache dient in erster Linie zur Strukturierung eines Programms. Hierbei können Programme in sogenannten Steps (Schritten) abgelegt werden. Die einzelnen Schritte werden durch Bedingungen (Transitionen) aktiviert.

Beispiel: Durch die Betätigung eines Tasters sollen drei Lampen nacheinander in zeitlichen Abständen von 10 s geschaltet werden (vgl. Abb. 17.26).

Das Programm wird durch den Taster gestartet. Sobald er betätigt wird und damit den Wert „TRUE" erhält, startet das Programm. Im ersten Schritt (Lampe 1) wird die erste Lampe eingeschaltet und die Zeit inkremental in einem Zyklus um 100 ms erhöht. Sind 10 s vergangen, ist die Bedingung für den Wechsel zum zweiten Programmschritt (Zeit 1) erfüllt und der zweite Schritt (Lampe 2) wird gestartet.

Abb. 17.26 Programmierung
in AS

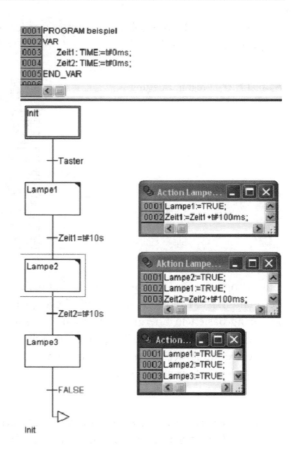

In diesem Schritt muss Lampe 2 eingeschaltet werden und Lampe 1 soll weiterhin leuchten. Sobald wieder 10 s vergangen sind, ist die Bedingung für den Wechsel zum dritten Schritt erfüllt (Zeit 2). Im letzten Schritt (Lampe 3), wird die dritte Lampe eingeschaltet und die anderen beiden Lampen sollen weiterhin leuchten. Der letzte Programmschritt und keine weitere Wiederholung werden durch den Transitionszustand „FALSE" definiert, damit das Programm stoppt und nicht wieder von vorn beginnt.

Diese Programmiersprache wird häufig bei Industrieautomationen eingesetzt, wenn Prozesse in einer klar vorgegebenen Ablauffolge abgearbeitet werden müssen.

17.2.4   Strukturierter Text (ST, structured text)

Ähnlich wie die Anweisungsliste ist ST eine textbasierte Programmiersprache, die sich aber von ihrer Sprachsyntax und Semantik sehr an PASCAL oder C orientiert. In ST kann der Benutzer Schleifen wie IF, WHILE, CASE oder FOR programmieren. Komplexe Berechnungen sind damit durchführbar.

Beispiel: Eine Lampe soll eingeschaltet werden, sobald „Taster 1" oder „Taster 2" betätigt werden (vgl. Abb. 17.27).

Abb. 17.27 Programmierung
in ST

```
0001 PROGRAM beispiel
0002 VAR
0003     Taster1:BOOL;
0004     Taster2:BOOL;
0005     Lampe:BOOL;
0006 END_VAR
```

```
0001 IF Taster1=TRUE OR Taster2=TRUE THEN
0002 Lampe:=TRUE;
0003 ELSE
0004 Lampe:=FALSE;
0005 END_IF
```

Zur Programmierung komplexer Gebäudeautomationsaufgaben, die Berechnungen beinhalten, ist ST (structured text) ideal geeignet. Damit wird die Umsetzung von smart-metering-basiertem Energiemanagement beim Rückgriff auf Berechnungen in einfacher Weise ermöglicht. Durch Rückgriff auf verschiedene andere Programmiersprachen über die Anwendung der Unterprogrammtechnik können die einzelnen Sprachen anwendungsorientiert verwendet werden.

17.2.5 Freigraphischer Funktionsplan-Editor (Continuous Function Chart CFC)

Der frei-graphische Funktionsplan-Editor funktioniert ähnlich wie der Funktionsplan. Es werden Funktionsblöcke oder Bausteine aus einer Bibliothek eingefügt und bearbeitet. Der Unterschied zur Programmiersprache FUP besteht darin, dass die Verbindungen zwischen den Ein- und Ausgängen der Bausteine nicht automatisch gesetzt werden, sondern vom Benutzer manuell gezogen werden. Dies ist zwar zeitaufwändiger, jedoch ist die Programmierung wesentlich flexibler. Die einzelnen Bausteine können beliebig auf der Seite angeordnet werden.

Beispiel: Eine Lampe soll eingeschaltet werden, sobald „Taster 1" oder „Taster 2" betätigt werden (vgl. Abb. 17.28).

Abb. 17.28 Programmierung
in CFC

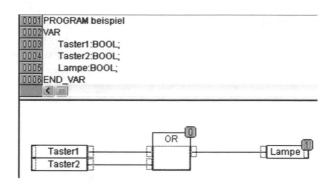

17.2.6   Programmierung einer Funktion

Kommen Ereignisse, wie z. B. eine bestimmte formelbasierte Berechnung, mehrmals
innerhalb eines Programms vor, so ist es sinnvoll diese in einer Funktion zu programmieren. Eine Funktion liefert genau einen Rückgabewert in Abhängigkeit der Eingabe-
werte. Die CoDeSys stellt mehrere Bibliotheken zur Verfügung, in denen bereits vorprogrammierte Funktionen, wie z. B. trigonometrische Funktionen, enthalten sind.

Beispiel: Drei Zahlen sollen miteinander addiert werden (vgl. Abb. 17.29).

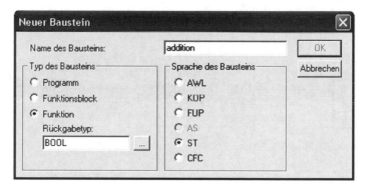

Abb. 17.29 Generierung einer Funktion in CoDeSys

Die Eingabevariablen werden innerhalb des Abschnitts „VAR_INPUT" als Integervari-
ablen deklariert, die Datentype des Rückgabewertes direkt hinter „FUNCTION" als Inte-
gervariable (vgl. Abb. 17.30).

Abb. 17.30 Deklaration der
Variablen

```
0001 FUNCTION addition : INT
0002 VAR_INPUT
0003     Zahl1:INT;
0004     Zahl2:INT;
0005     Zahl3:INT;
0006 END_VAR
```

Bei der Deklaration der Variablen ist darauf zu achten, dass die Funktion den richtigen Variablentyp haben muss. Werden Ganzzahlvariablen (INTEGER) addiert, so müssen die Übergabewerte, wie auch der Rückgabewert als INTEGER definiert werden (vgl. Abb. 17.31). Sollen nun die Zahlen „1, 6 und 8" addiert werden, so muss die Funktion über ein Programm aufgerufen werden. Dies geschieht je nach Programmiersprache unterschiedlich.

Bei ST (strukturierter Text) ergibt sich folgender Aufruf der Funktion „addition" mit den einzelnen Argumenten in einer Klammer, getrennt durch Semikolon (vgl. Abb. 17.32).

```
0001 addition:=Zahl1+Zahl2+Zahl3;
```

Abb. 17.31 Formel in ST

```
0001 Ergebnis:=addition(1, 6, 8);
```

Abb. 17.32 Aufruf einer Funktion in ST

Bei CFC (frei-graphischer Funktionsplan-Editor) ergibt sich die Verwendung wie bei einem Funktionsbaustein (vgl. Abb. 17.33).

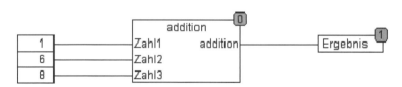

Abb. 17.33 Anwendung der Funktion in CFC

In der Anweisungsliste (AWL) ist die Verwendung sehr kryptisch(vgl. Abb. 17.34).

Abb. 17.34 Anwendung der
Funktion in AWL

```
0001     LD    1
0002     addition   6,8
0003     ST    Ergebnis
```

17.2.7 Programmierung eines Funktionsblocks

Im Gegensatz zu einer Funktion hat der Funktionsblock nicht unbedingt einen Rückgabewert, sondern besteht aus mehreren Ein- und Ausgängen (Input-Variablen, Output-Variablen), wobei die Variablenein- und -ausgabe auch von außerhalb des Funktionsblocks direkt erfolgen kann. Die CoDeSys stellt mehrere Bibliotheken zur Verfügung, in denen bereits vorprogrammierte Funktionsblöcke enthalten sind, allerdings können auch eigene Funktionsblöcke programmiert werden. Dies kann in größeren Projekten sehr vorteilhaft sein, da bestimmte Funktionen mehrfach verwendet werden können.

Anhand eines Beispiels soll nun ein Funktionsblock programmiert werden (vgl. Abb. 17.35).

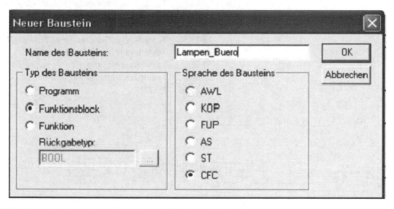

Abb. 17.35 Generierung eines Funktionsblocks in CoDeSys

Auf der linken Seite wird bestimmt, dass es sich bei dem Baustein um einen Funktionsblock handelt. Auf der rechten Seite wird der Name des Funktionsblocks definiert und die Programmiersprache, in der dieser programmiert werden soll. Am einfachsten ist diese Funktion in der Sprache CFC zu programmieren.

Zunächst werden die In- und Output-Variablen und die allgemeinen internen Variablen deklariert (vgl. Abb. 17.36).

Danach wird der Funktionsblock, der auch komplex aufgebaut sein kann und weitere Funktionsblöcke und Funktionen beinhalten kann, programmiert (vgl. Abb. 17.37). Die Programmierung selbst erfolgt prinzipiell wie bei einem normalen Programm.

Abb. 17.36 Variablendeklaration bei einem Funktionsblock

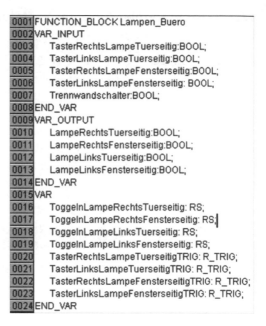

```
0001 FUNCTION_BLOCK Lampen_Buero
0002 VAR_INPUT
0003     TasterRechtsLampeTuerseitig:BOOL;
0004     TasterLinksLampeTuerseitig:BOOL;
0005     TasterRechtsLampeFensterseitig:BOOL;
0006     TasterLinksLampeFensterseitig: BOOL;
0007     Trennwandschalter:BOOL;
0008 END_VAR
0009 VAR_OUTPUT
0010     LampeRechtsTuerseitig:BOOL;
0011     LampeRechtsFensterseitig:BOOL;
0012     LampeLinksTuerseitig:BOOL;
0013     LampeLinksFensterseitig:BOOL;
0014 END_VAR
0015 VAR
0016     ToggelnLampeRechtsTuerseitig: RS;
0017     ToggelnLampeRechtsFensterseitig: RS;
0018     ToggelnLampeLinksTuerseitig: RS;
0019     ToggelnLampeLinksFensterseitig: RS;
0020     TasterRechtsLampeTuerseitigTRIG: R_TRIG;
0021     TasterLinksLampeTuerseitigTRIG: R_TRIG;
0022     TasterRechtsLampeFensterseitigTRIG: R_TRIG;
0023     TasterLinksLampeFensterseitigTRIG: R_TRIG;
0024 END_VAR
```

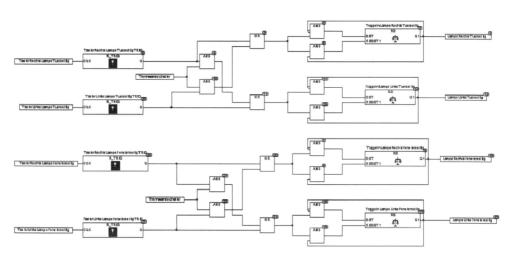

Abb. 17.37 Programmierung eines Funktionsblocks in CFC

Ist der Funktionsblock vollständig programmiert, kann nun auf den Funktionsblock in einem Programm zurückgegriffen werden. Zunächst werden wie üblich die Variablen, die übergeben und übernommen werden, deklariert. Der Funktionsblock muss ebenfalls in den Variablenlisten aufgeführt werden und wird als Variable vom Typ des Namens des verwendeten Funktionsblocks als Instanzierung deklariert. Im vorliegenden Fall heißt der Funktionsblock Lampen_Buero. Die Anwendung für das Büro erfolgt als Wiederverwendung (Instanzierung) unter dem Namen Lampen_Buero1. Durch sinnvolle Benennung der Instanzierungen wird eine übersichtliche Programmstruktur erzeugt (vgl. Abb. 17.38).

Abb. 17.38 Deklaration der
Variablen

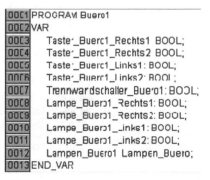

Im Programm wird nun ein neuer Funktionsbaustein eingefügt, indem auf einer Seite per rechtem Mausklick ein Popup-Menü aufgerufen wird (vgl. Abb. 17.39).

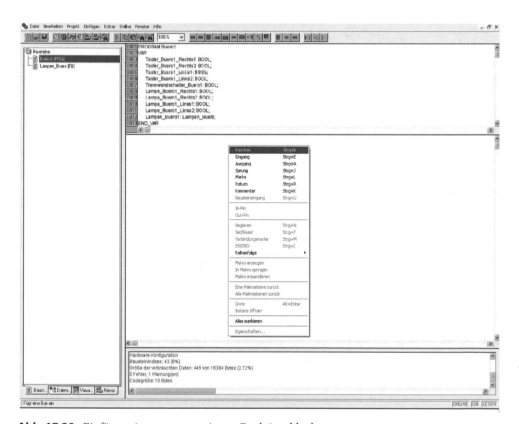

Abb. 17.39 Einfügen eines programmierten Funktionsblocks

Nach Auswahl aus dem eigenen Programmspeicher oder Bibliotheken erscheint der Funktionsblock als neuer Baustein. Auf der rechten Seite befinden die Eingänge, die als Input-Variablen definiert wurden, oben in der Mitte steht der Name des Funktionsblocks und rechts befinden sich die Ausgänge, die als Output-Variablen definiert wurden. Über dem Baustein wird der Name eingetragen, der für dieses Programm als Instanzierung benutzt wird. Dieser muss zusätzlich bei den Variablen eingetragen werden (vgl. Abb. 17.40).

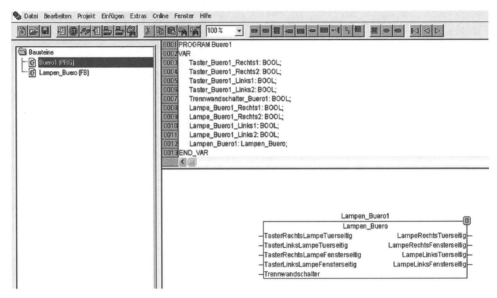

Abb. 17.40   Angelegter neuer Baustein

Nun können die Ein- und Ausgänge angelegt und diesen bereits definierte Variablen zugewiesen werden (vgl. Abb. 17.41).

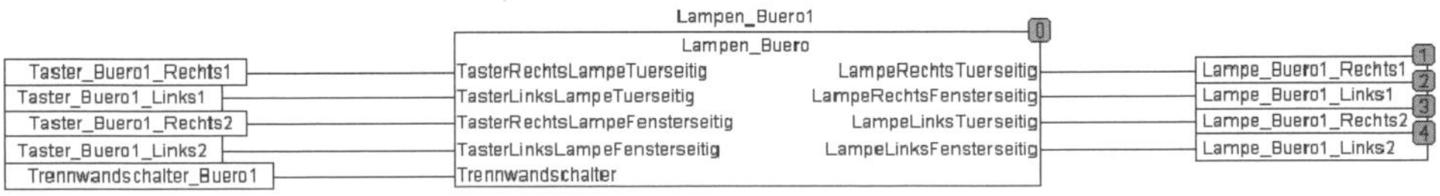

Abb. 17.41   Zuordnung von Ein- und Ausgangsvariablen zum instanzierten Funktionsblock

17.2.8   Bibliotheken

Im vorherigen Abschnitt wurde gezeigt, dass es bei größeren Projekten durchaus sinnvoll ist, für Aktionen, die eine komplizierte Programmierung erfordern (wie z. B. das Doppelbüro), Funktionsblöcke oder Funktionen anzulegen. Die Firma WAGO stellt dafür komplette Bibliotheken zur Verfügung, welche bereits über vorprogrammierte Funktionsblöcke, globale Variablen und sogar Visualisierungselemente verfügen. Auch für spezielle Klemmen wie z. B. die KNX-TP1-Klemme oder dem EnOcean-Funkempfänger existieren Bibliotheken mit Funktionsblöcken, die speziell auf die Klemmen zugeschnitten sind.

Der Bibliotheksverwalter   Die Bibliotheken in CoDeSys werden über einen sogenannten „Bibliotheksverwalter" verwaltet, welcher sich unter dem Reiter „Ressourcen" im Verwaltungsfenster befindet (vgl. Abb. 17.42).

Abb. 17.42 Bibliotheksverwalter
in CoDeSys

Mit einem Rechtsklick auf das Feld oben Links im Bibliotheksverwalter, öffnet sich ein Fenster zum Einfügen einer weiteren Bibliothek (vgl. Abb. 17.43).

Die von WAGO bereitgestellten Bibliotheken befinden sich standardmäßig im Verzeichnis „Library" im Programmordner der WAGO-CoDeSys, ihre Dateiendung ist „.LIB". Es empfiehlt sich jedoch die Ablage der Libraries in einem Pfad, der von allen Windows-Usern, nicht nur dem Administrator, genutzt werden kann (vgl. Abb. 17.44).

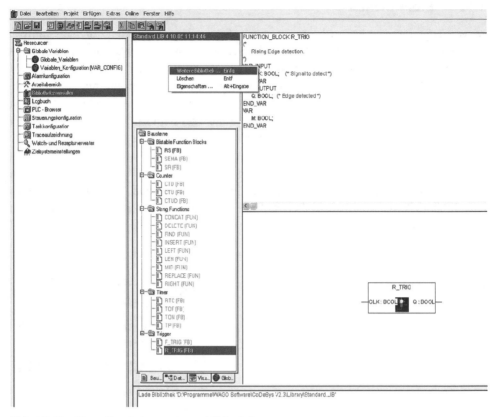

Abb. 17.43   Hinzufügen einer weiteren Bibliothek

Abb. 17.44   Laden einer
Bibliothek

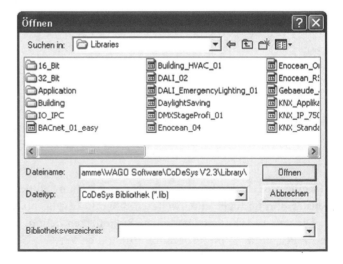

Als Beispiel soll nun eine einfache „Lampe_umschalten"- Funktion programmiert werden. Die Funktion wird mit Hilfe zweier verschiedener Bibliotheken realisiert:

- Standard: Die Bibliothek „Standard" wird standardmäßig von der Firma „Smart Software Solutions" für die CoDeSys zur Verfügung gestellt. Sie beinhaltet sequentielle binäre Schaltungen, wie z. B.: RS-Flip-Flops, Auf- und Abwärtszähler oder taktflankengesteuerte Trigger.
- Gebäude_allgemein: „Gebäude_allgemein" ist eine Bibliothek der Firma WAGO. Sie beinhaltet vorprogrammierte Funktionen und Funktionsblöcke wie z. B.: Stromstoß-, Taster-kurz- und-lang- oder Jalousiefunktionen, die innerhalb einer Gebäudeautomatisierung sehr nützlich sein können.

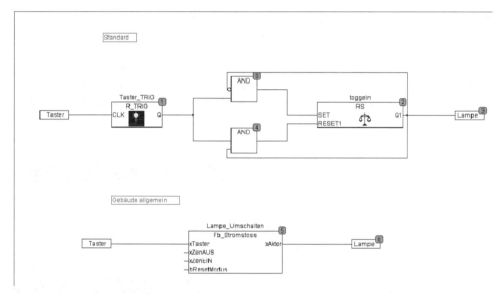

Abb. 17.45 Funktion Lampe umschalten, realisiert über Standardfunktionen und die Gebäudeautomations-Bibliothek

Die Abb. 17.45 zeigt die Funktion „Lampe_umschalten", die mit beiden Bibliotheken realisiert wurde. Hierbei ist deutlich zu erkennen, dass die Realisierung mit dem Funktionsblock „Stromstoss" der Bibliothek „Gebäude_allgemein" wesentlich komfortabler ist, zudem besitzt der Funktionsblock „Stromstoss" noch zusätzliche Eingänge wie z. B.: „xZenEIN" oder „xZenAUS", mit dem die Aktoren noch über zentrale Funktionen ein oder aus geschaltet werden können.

17.2.9 CoDeSys-Visualisierung

17.2.9.1 Grundlagen

Die CoDeSys verfügt über einen eigenen Visualisierungs-Editor, welcher graphische Elemente bereitstellt, die mit den Projektvariablen verknüpft werden können. Zum Visualisierungs-Editor gelangt man über den Reiter „Visualisierung" (vgl. Abb. 17.46).

Abb. 17.46   Bearbeitung von Visualisierungen unter „Visualisierung"

Mit einem Rechtsklick öffnet sich das Kontextmenü. Über „Objekt einfügen ..." wird ein neues Visualisierungsobjekt angelegt (vgl. Abb. 17.47). Es können auch kaskadierte Ordnerstrukturen aufgebaut werden, mit denen die Topologie eines Gebäudes aus einzelnen Gebäuden, Etagen und Räumen abgebildet wird.

Abb. 17.47   Anlegen einer
neuen Visualisierungsseite

Die neue Visualisierungsseite ist sinnvoll und anwendungsorientiert zu beschriften, Leerzeichen sind nicht erlaubt (vgl. Abb. 17.48).

Abb. 17.48   Benennung der
Visualisierungsseite

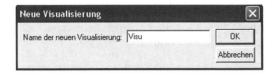

Die Visualisierungsoberfläche funktioniert ähnlich einem CAD- oder Zeichenprogramm. Neben den standardmäßigen Zeichenelementen können Bitmaps, AktiveX-Elemente, Windows Meta Files oder auch der Zugriff auf andere Seiten oder Web-Seiten eingefügt werden. Neue Elemente werden durch Anwahl eines Elements und Aufziehen mit der Maus bei gedrückter linker Maustaste angelegt (vgl. Abb. 17.49).

Für die Visualisierung stehen die in Abb. 17.50 gezeigten Objekte zur Verfügung.

Datei Bearbeiten Projekt Einfügen Extras Online Fenster Hilfe
100 %
Visualisierungen

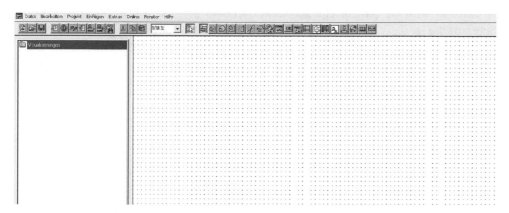

Abb. 17.49 Zeichenoberfläche für die Visualisierung

Rechteck
abgerundetes Rechteck
Ellipse
Polygon
Linienzug
Kurve
Kreissektor
Bitmap
Visualisierung
Windows Metafile
Schaltfläche
ActiveX-Element
Scrollleiste
Tabelle
Zeiger-instrument
Balkenanzeige
Histogramm
Alarmtabelle
Trend

Abb. 17.50 Visualisierungselemente in CoDeSys

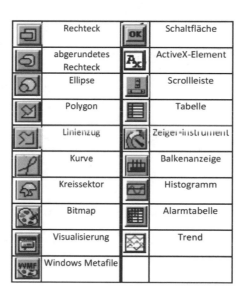

17.2.9.2 Erstellung einer Visualisierung

Erstellung einer Schaltfläche für Taster

Aus der Symbolleiste wird das Element „Schaltfläche" ausgewählt (vgl. Abb. 17.51).

Schaltfläche

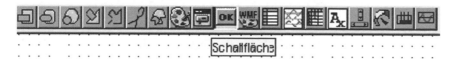

Abb. 17.51 Auswahl eines Elements aus der Symbolleiste

Danach wird die Schaltfläche gezeichnet, in dem mit der rechten Maustaste auf die Schaltfläche geklickt wird und durch einen zweiten Mausklick die gewünschte Größe aufgezogen werden kann. Die Schaltfläche kann im Anschluss beliebig auf dem Untergrund verschoben werden (vgl. Abb. 17.52).

Abb. 17.52 Angelegtes gefülltes Rechteck

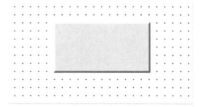

Danach wird über den Befehl „Konfigurieren" die Funktionalität der Schaltfläche definiert (vgl. Abb. 17.53).

Abb. 17.53 Konfiguration eines Rechtecks

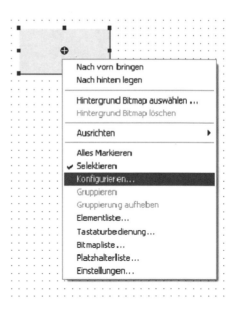

Es öffnet sich ein Fenster zur Konfiguration des Visualisierungselements. Dies betrifft unter anderem Farben, Text, Schriftart und Verhalten bei Anwahl. Insbesondere wird der Textinhalt des Buttons, hier mit „Taster", definiert (vgl. Abb. 17.54). Hier können nun verschiedene Einstellungen vernommen werden. Zunächst wird ein Text eingefügt, welcher später auf dem Element zu sehen ist. Dazu wählt man den Befehl „Text" auf der linken Seite des Fensters, im Eingabefeld kann ein Text eingegeben und die horizontale und vertikale Ausrichtung des Textes sowie Schriftgröße und Schrifttyp bestimmt werden.

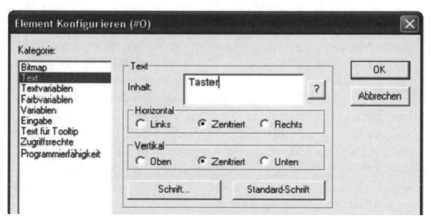

Abb. 17.54 Konfiguration des Textinhalts eines Rechtecks

Im nächsten Schritt wird der Befehl „Eingabe" ausgewählt, damit wird definiert, welche Funktion ausgeführt wird, wenn mit der Maus auf das Element geklickt wird (vgl. Abb. 17.55).

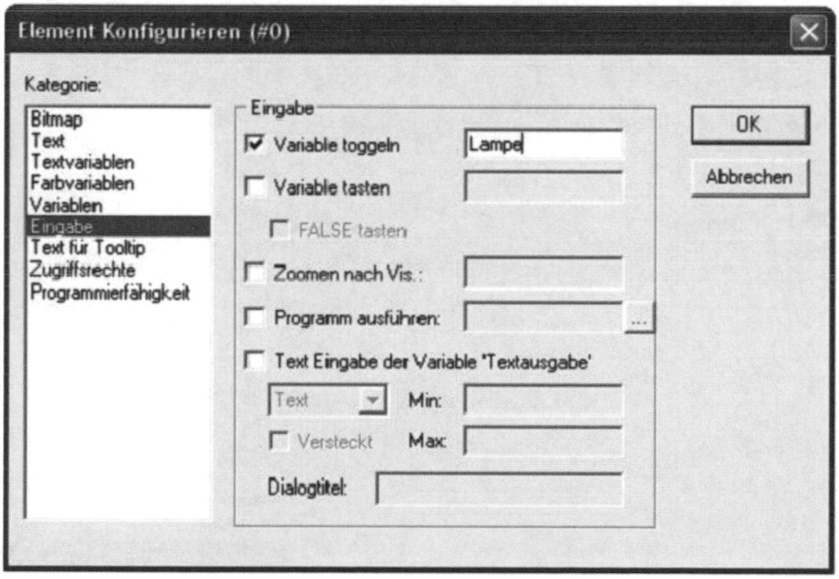

Abb. 17.55 Definition der Funktion des Rechtecks bei Mausklick

Es können verschiedene Aktionen gewählt werden, die durch einen Haken vor der gewünschten Aktion selektiert wird. Zum Beispiel kann die Variable (hier Lampe) eines Ausgabekanals eingetragen werden, dessen Zustand beim „Klick" auf das Element geändert werden soll (hierzu kann auch die Eingabehilfe verwendet werden). Mit dem Befehl „Variable Toggeln" wird der Zustand der Variablen gewechselt (die Aktion funktioniert nur bei Booleschen Variablen). Der Befehl „Variable Tasten" funktioniert ähnlich, hierbei wird die Variable ähnlich wie bei einem Taster auf den Wert „TRUE" oder „FALSE" (falls ein Haken an das Feld „FALSE tasten" gesetzt wird) gesetzt. Ähnlich wie bei einer HTML-Seite kann eine Schaltfläche auch die Funktion eines „Links" übernehmen, welcher, sobald man mit der Maus drauf klickt, ein anderes Visualisierungsfenster öffnet. Hierzu wird das gewünschte Fenster im Feld „Zoomen nach Vis" eingefügt, damit wird Navigation durch die einzelnen Seiten der Visualisierung ermöglicht. Im Feld „Programm ausführen" kann ein Programm ausgewählt werden, welches beim „Klick" auf die Schaltfläche ausgeführt wird. Auf die Aktion „Text Eingabe der Variable 'Textausgabe'" wird später noch einmal genauer eingegangen.

Lampe mit Farbwechsel

Die Zustandsänderung einer Boole'schen Variable soll mit Hilfe eines Visualisierungselements mit einem Farbwechsel signalisiert werden. Hierzu wird zunächst wieder ein gewünschtes Element (hier Ellipse) eingefügt (vgl. Abb. 17.56). Auch hier wird mit Mausklick nun das Konfigurationsfenster geöffnet (vgl. Abb. 17.57).

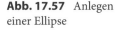

Abb. 17.56   Auswahl eines Elements aus der Symbolleiste

Abb. 17.57   Anlegen
einer Ellipse

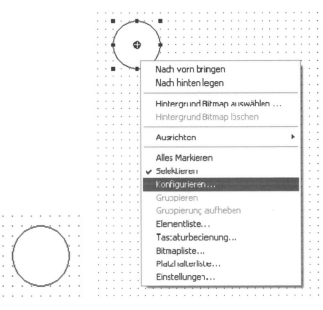

Auf der linken Seite des Fensters wird der Befehl „Farbvariablen" gewählt (vgl. Abb. 17.58).

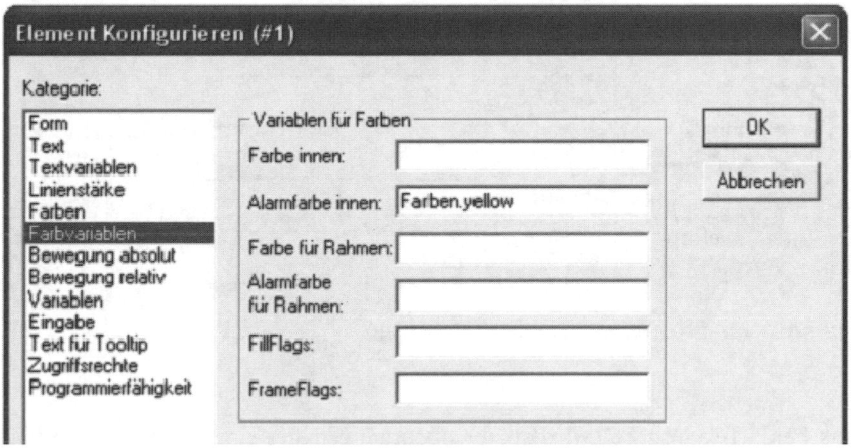

Abb. 17.58 Konfiguration der Farbwerte der Ellipse

Hier können Farben für die bestimmten Bereiche des Elementes ausgewählt werden. In den beiden Feldern „Alarmfarbe innen" und „Alarmfarbe für Rahmen" werden die Farben eingetragen, die bei einer Zustandsänderung der entsprechenden Variable im Element erscheinen. Die Farben können entweder direkt durch Auswahl unter „Farben" oder über ein Programm als Konstante definiert werden. Die Farben werden als RBG-Farben in einer Variablen vom Typ DWORD als Hexadezimalwert gespeichert (vgl. Abb. 17.59).

Abb. 17.59 Farbdefinition über
Werte in einem Programm

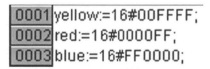

Unter dem Befehl „Variablen" im linken Teil des Fensters kann die Variable ausgewählt werden, deren Zustandsänderung einen Farbwechsel hervorrufen soll (vgl. Abb. 17.60). Hier wird erneut die Variable „Lampe" ausgewählt, welche über die Schaltfläche „getoggelt", d. h. umgeschaltet wird. Wird in dem Feld „Unsichtbar" eine Variable eingetragen, ist das Element nur sichtbar, wenn die Variable den Wert „FALSE" hat. Mit dem Feld „Eingabe deaktivieren" werden alle Einstellungen in der Kategorie „Eingabe" nicht berücksichtigt, wenn die Variable, die in dem Feld eingetragen ist, den Wert „TRUE" hat.

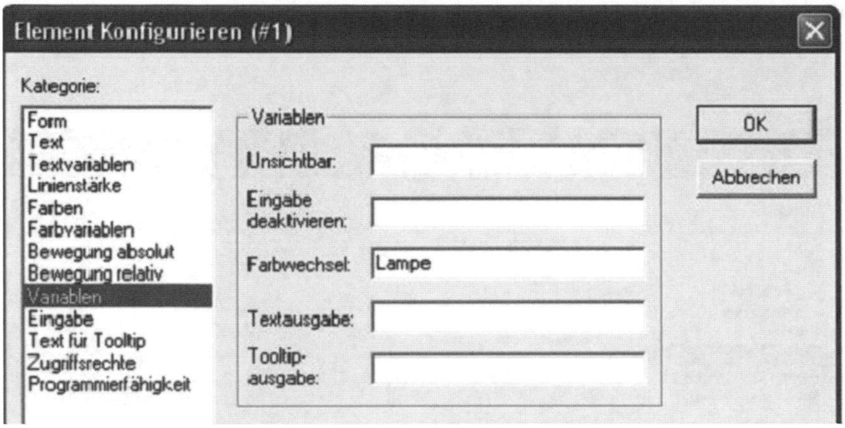

Abb. 17.60   Variablenselektion zur Auswahl der Farbe

Auf das Feld „Textausgabe" wird später nochmal genauer eingegangen. Die Abbildung zeigt die Darstellung der beiden Elemente im Online Modus, über einen Klick auf „Taster" wird der Zustand der Lampe geändert und durch Farbwechsel von Weiß auf Gelb visualisiert (vgl. Abb. 17.61).

Abb. 17.61   Bedienung der Lampe über die Visualisierung

Scrollleiste
Eine Scrollleiste ist ein graphisches Visualisierungselement, mit dem der Wert einer Variablen, z. B. die Basisleistung eines Geräts, geändert werden kann.

Wie üblich wird das Zeichenelemente Scrollleiste aus der Symbolleiste eingefügt und konfiguriert (vgl. Abb. 17.62).

Abb. 17.62   Auswahl eines Elements aus der Symbolleiste

Durch Mausklick wird die Scrollleiste platziert (vgl. Abb. 17.63).

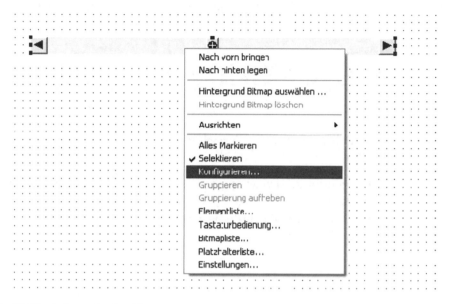

Abb. 17.63 Anlegen der Scrollleiste

Im Konfigurationsfenster wird bestimmt, welche Variable wertmäßig geändert wird und in welchem Wertebereich die Variable ausgewählt werden kann (vgl. Abb. 17.64). Im Feld „Min. Wert" und „Max. Wert" wird der Wertebereich der Variablen eingestellt, hier 0 bis 200. Im Feld „Slider" wird die Variable eingetragen, welche durch den Schiebebalken der Scrollleiste im Online Modus verändert wird.

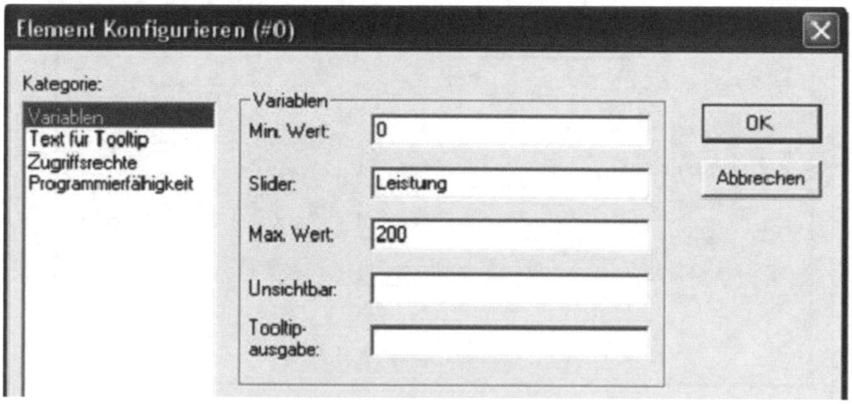

Abb. 17.64 Konfiguration der Variablen der Scrollleiste

Zeigerinstrument

Über ein Zeigerinstrument kann der Wert einer Variablen im Online-Modus angezeigt werden. Wie üblich wird das Element aus der Symbolleiste, hier neben der Scrollleiste ausgewählt und mit der Maus auf der Visualisierungsseite platziert (vgl. Abb. 17.65).

Abb. 17.65   Auswahl eines Elements aus der Symbolleiste

Sobald das Zeigerinstrument gezeichnet wurde, öffnet sich ein Fenster zur Parametrierung des Instrumentes. Hier können diverse Einstellungen wie Pfeilart, Start- und Endwinkel, Zeigerfarbe, Position der Beschriftung oder Farbbereiche auf der Skala vorgenommen werden (vgl. Abb. 17.66).

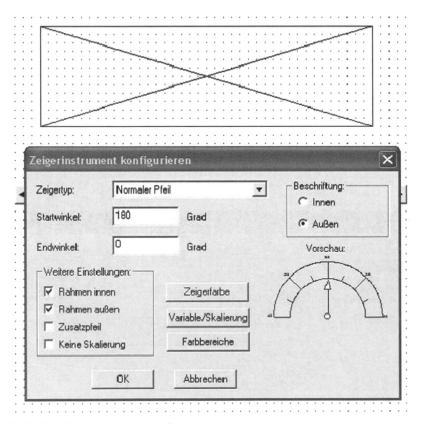

Abb. 17.66   Konfiguration des Zeigerelements

Über den Button „Variable/Skalierung" gelangt man zum Konfigurationsfenster der Anzeigeskala und der Variablen (vgl. Abb. 17.67).

Abb. 17.67 Definition
der Skala

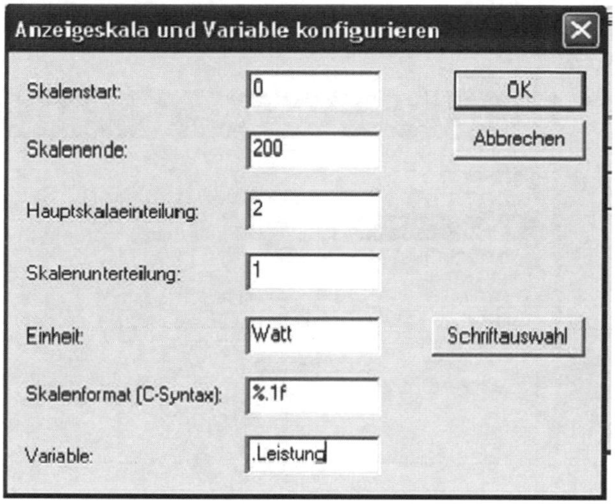

Anzeigeskala und Variable konfigurieren

Skalenstart:	0	OK
Skalenende:	200	Abbrechen
Hauptskalaeinteilung:	2	
Skalenunterteilung:	1	
Einheit:	Watt	Schriftauswahl
Skalenformat (C-Syntax):	%.1f	
Variable:	.Leistung	

Hier kann wie bei der Scrollleiste der minimale und maximale Wert der Skala eingestellt werden. Die Hauptskaleneinteilung gibt an, in welchen Schritten die Skalenwerte angezeigt werden (hier jeder zweite ganzzahlige Wert). Eine zusätzliche „Skalenunterteilung" zeigt weitere kurze unbeschriftete Striche an. Im Feld „Einheit" kann die Einheit der angezeigten Variablen (hier Watt) eingetragen werden. Diese wird am Zeigerursprung angezeigt. Im Feld „Skalenformat" wird eingestellt, in welchem Format die Zahlen ausgegeben werden (hier %1f: die Zahlen werden ganzzahlig ohne Nachkommastelle ausgegeben). Die Variable, die das Zeigerinstrument anzeigen soll, wird im Feld „Variable" eingetragen. Die Abb. 17.68 zeigt die Darstellung des Elements im Online-Modus. Durch Veränderungen an der Scrollbar wird die Stellung des Zeigerinstruments geändert:

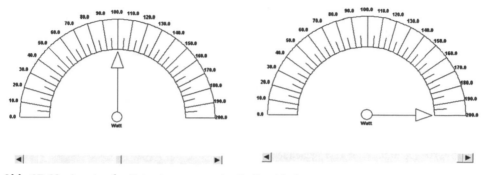

Abb. 17.68 Anzeige des Zeigerinstruments im Online-Modus

Ein- und Ausgabe über ein „Eingabefeld"

Variablen können auch direkt über ein Eingabefeld ein- oder ausgegeben werden. Hierzu müssen bestimmte Einstellungen im Konfigurationsfenster vorgenommen werden (vgl. Abb. 17.69).

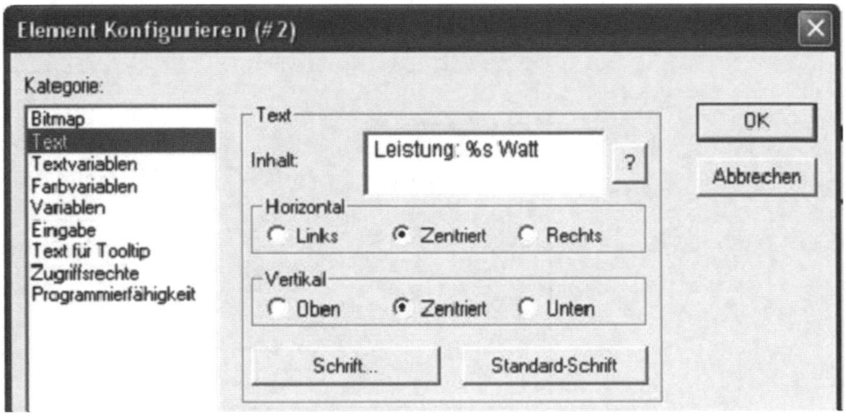

Abb. 17.69 Konfiguration eines Textelements

Zunächst wird der Text eingeben, der später auf dem Eingabefeld erscheinen soll, „%s" ist ein Platzhalter, an dieser Stelle erscheint später der Wert der Variablen.

Unter dem Befehl „Variablen" wird im Feld „Textausgabe" die Variable eingetragen, deren Wert in der Textausgabe bei dem Platzhalter „%s" erscheint (vgl. Abb. 17.70).

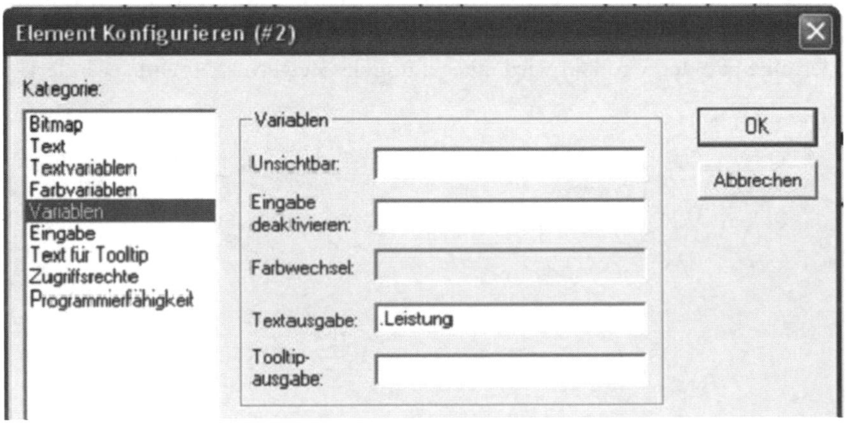

Abb. 17.70 Definition der auszugebenden Variablen

Im Online Modus wird nun der Wert der Variable auf dem Eingabefeld angezeigt (vgl. Abb. 17.71).

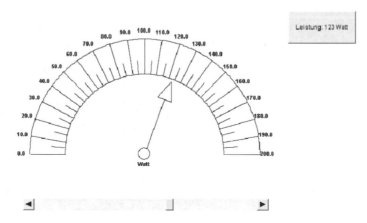

Abb. 17.71 Anzeige des Variablenwerts im Online-Modus

Soll nun der Wert der Variablen auch über das Eingabefeld verändert werden, muss zusätzlich noch im Befehl „Eingabe" ein Haken am Feld „Text Eingabe der Variable „Texteingabe" selektiert werden (vgl. Abb. 17.72). Nun kann auch hier zusätzlich der Wertebereich eingestellt werden.

Abb. 17.72 Definition der Eingabe einer Variablen

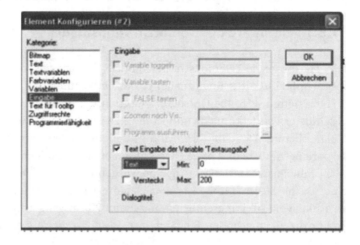

Zusätzlich kann im Pull-Down-Menü die Art der Eingabe gewählt werden. Hier kann z. B. ein Keypad oder Numpad ausgewählt werden. Geschieht dies, so wird im Online-Modus die Nachbildung eines alphabetischen bzw. numerischen Tastaturfeldes geöffnet.

Wird ein Haken an dem Feld „Versteckt" gesetzt, erscheint anstatt dem Wert der Variable im Online-Modus nur „*****" an der entsprechenden Stelle. Abb. 17.73 zeigt die Darstellung im Online-Modus:

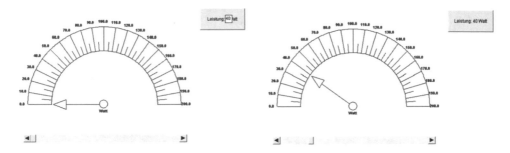

Abb. 17.73   Eingabe einer Leistung

Damit sind neben den Programmierungsgrundlagen auch die Visualisierungsgrundlagen gelegt. In den folgenden Kapiteln wird die Umsetzung von smart-metering-basiertem Energiemanagement anhand einer WAGO-SPS für ein Demonstrationsmodell mit 5 Räumen erläutert.

17.3   Realisierung eines Gebäudeautomationsprojekts

17.3.1   Hardware des Demonstrationsmodells

Die Hardware des Demonstrationsmodells besteht aus dem Controller 750-849 und insgesamt 25 I/O-Klemmen zuzüglich der Endklemme.

Die Klemme 750-424 (Intruder Detection) ist geeignet für die Auswertung sabotagegeschützter Fensterkontakte und ist für 2 Fensterkontakte einmalig verbaut.

Die Klemme 750-640 (RTC-Modul) stellt die Systemuhrzeit zur Verfügung und ist eine parametrierbare und ohne DCF selbst lauffähig Real-Time-Clock.

Für die anzusteuernden Ausgänge wurden insgesamt drei 8-fach-750-530-(8DI-) und eine 4fach-750-504-(4DI-)Ausgangsklemme verbaut. Dadurch können bei einer Verwendung von 4 Teilungseinheiten insgesamt 28 Ausgänge angesteuert werden.

Für die abzufragenden Eingänge der Taster wurden insgesamt vier 8-fach-Eingangsklemmen 750-430 (8DI) verbaut. Dadurch können bei einer Verwendung von 4 Teilungseinheiten insgesamt 32 Eingänge abgefragt werden.

3 analoge Ausgänge zur Simulation von dimmbaren Leuchtmitteln über LED werden über analoge Ausgangsklemmen 750-552 (0–20 mA) mit jeweils 2 Ausgängen angesteuert.

Insgesamt 6 Thermokoppler vom Typ K werden über 3 Thermokopplerklemmen 750-469 angesteuert, um Temperaturen in 5 Räumen und im Außenbereich zu messen.

5 Relaisklemmen vom Typ 750-517 dienen mit ihren insgesamt 10 Ausgängen zur Ansteuerung der 6 230-V-Lampen in 5 Räumen und dem Außenlicht sowie 2 Jalousien mit Auf- und Ab-Funktion.

Mit 2 Powerklemmen vom Typ 750-493 werden die elektrischen Größen von 6 einzelnen Stromkreisen erfasst.

Eine KNX-TP1-Klemme vom Typ 750-493 ermöglicht die Integration von insgesamt 64 KNX/EIB-Gruppenadressen in die Datenstruktur der SPS.

Eine EnOcean-Klemme vom Typ 750-642 dient der Einbindung von EnOcean-Modulen und deren Telegrammen in die Datenstruktur der SPS.

Die Klemmen werden über den Reiter „Ressourcen" und dort den Griff „Steuerungskonfiguration" aus einem Katalog in den K-Bus integriert (vgl. Abb. 17.74).

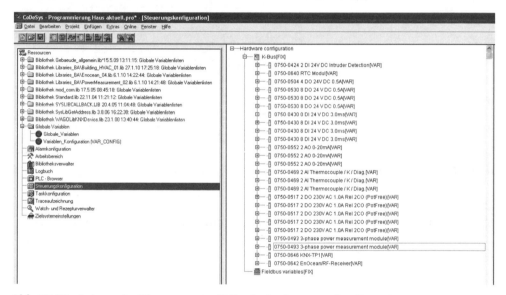

Abb. 17.74 Anlegen der Klemmen unter K-Bus in der Steuerungskonfiguration

Durch direktes Anklicken des „+"-Zeichens vor der jeweiligen Klemme gelangt man in die Parametrierung der Ein- und Ausgänge der Klemme. Die Parametrierung erfolgt mit passenden Datenpunktbezeichnungen, die direkt durch Klick vor dem Text „AT %" eingetragen werden. Prinzipiell könnte auf die Benennung der Ein- und Ausgänge über Namen verzichtet werden, da innerhalb der Programmierung über Klemmen- und Kanalindex der Ein-/Ausgang adressiert werden kann. Durch statische Übersicht wird jedoch bereits eine Dokumentation ermöglicht und damit ein besserer, namensmäßiger Zugriff auf Ein- und Ausgänge in der Programmierung und Visualisierung ermöglicht, wobei der Name bereits Stockwerk, Raum und Funktion beinhalten sollte. Es ist darauf zu achten, dass alle Klemmen in der richtigen Reihenfolge mit richtigem Typ konfiguriert werden, sonst treten Fehler auf (vgl. Abb. 17.75).

Abb. 17.75 Parametrierung der Ein- und Ausgänge der Klemmen 1 bis 4

Die Benennung ist dem jeweiligen I/O-Kanal zu entnehmen, beispielhaft ist „OG_Schlafzimmer_Bett_Licht" entsprechend das Licht am Bett im Schlafzimmer des Obergeschosses.

17.3.2 Taskkonfiguration

Die nachfolgende Programmierung wird auf mehrere Tasken mit unterschiedlichen Zykluszeiten aufgeteilt. Die einzelnen Tasken werden unter dem Punkt „Taskkonfiguration" angelegt und der jeweiligen Task die einzelnen hiervon aufgerufenen Programme zugeordnet (vgl. Abb. 17.76).

Der Task „Energetische Rechnung" wurde eine recht hohe Prioriät zugewiesen (vgl. Abb. 17.77). Die Zykluszeit ist zu Demonstrationszwecken auf eine Sekunde festgelegt, kann jedoch wesentlich auf z. B. eine Minute erhöht werden, entsprechend ist die Intervallzeit für die energetische Rechnung anzupassen.

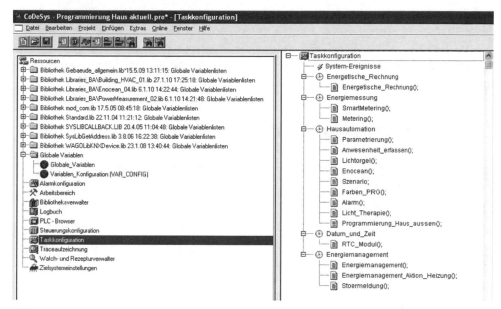

Abb. 17.76 Definitionsübersicht über die Tasken in der Taskkonfiguration

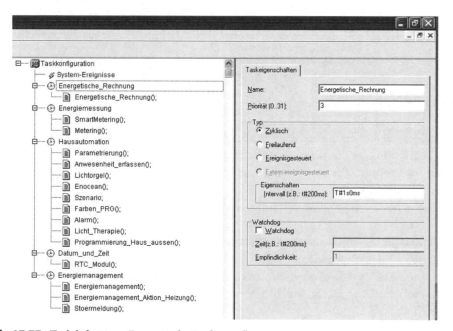

Abb. 17.77 Taskdefinition „Energetische Rechnung"

Die Energiemessung erfolgt in der Task „Energiemessung" mit hoher Priorität, da die Messdaten zeitsynchron erfasst werden sollen (vgl. Abb. 17.78). Als Zykluszeit wurden 60 ms, d. h. 1 s gewählt. Angehängt wurden die Programme „SmartMetering" zur Abfrage der beiden Power-Messklemmen 750-493 sowie der Messdatenaufbereitung im Programm „Metering".

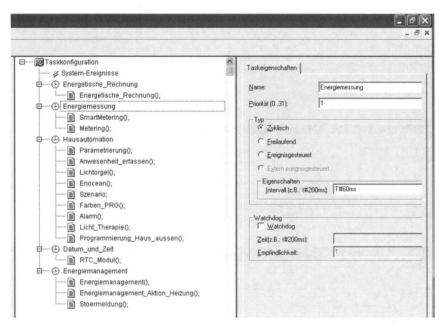

Abb. 17.78 Taskdefinition Energiemessung

Alle Programme, die der Gebäudeautomation zugehörig sind, sind der Task „Hausautomation" zugeordnet, die die zweithöchste Priorität hat (vgl. Abb. 17.79). Diese Task ist zyklisch freilaufend, d. h., die Task wird in der minimalsten Taskzeit ausgeführt, dies kann bei einer intensiven Berechnung eventuell langsam und im Allgemeinen schnell sein.

Der Task „Energiemanagement" mit den Programmen „Energiemanagement", „Energiemanagement-Aktion-Heizung" und „Stoermeldung" wurde eine sehr geringe Priorität zugeordnet. Die Zykluszeit von 20 s reicht für die Aufgaben des Energiemanagements aus, die Störmeldung könnte auch in eine Task mit niedrigerer Zykluszeit verschoben werden (vgl. Abb. 17.80).

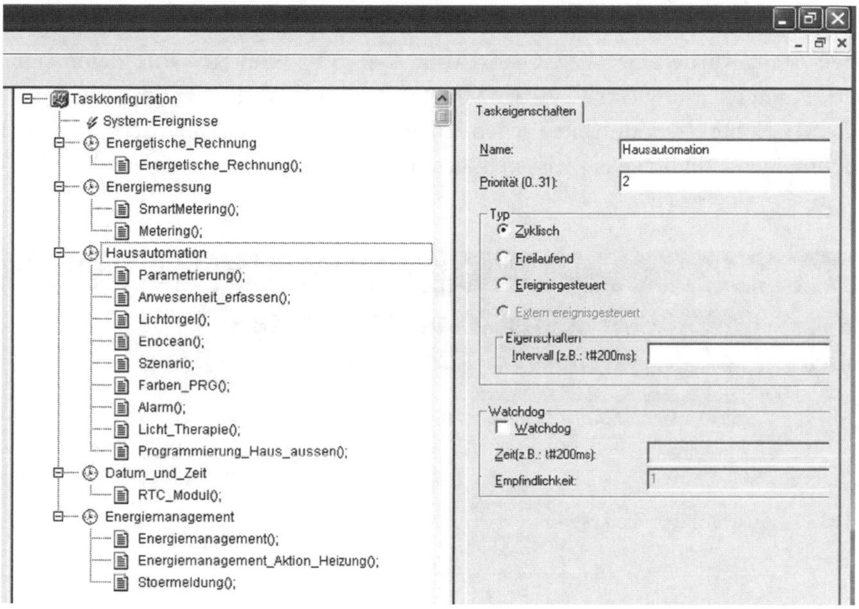

Abb. 17.79 Taskdefinition „Hausautomation"

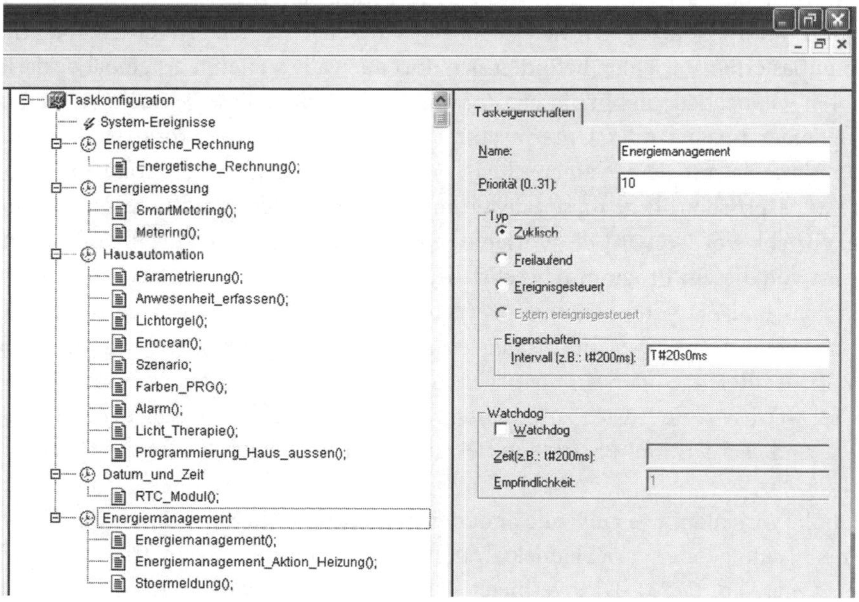

Abb. 17.80 Taskdefinition „Energiemanagement"

17.3.3   Controllerauswahl

Als Zielsystem wurde eine WAGO-SPS vom Typ 750-849 ausgewählt, deren standardmäßige Parametrierung für das betrachtete Projekt beibehalten werden kann (vgl.
Abb. 17.81). Sollte der Controller gegen einen anderen Typ ausgetauscht werden, muss
im Allgemeinen lediglich das Zielsystem getauscht und neu compiliert werden.

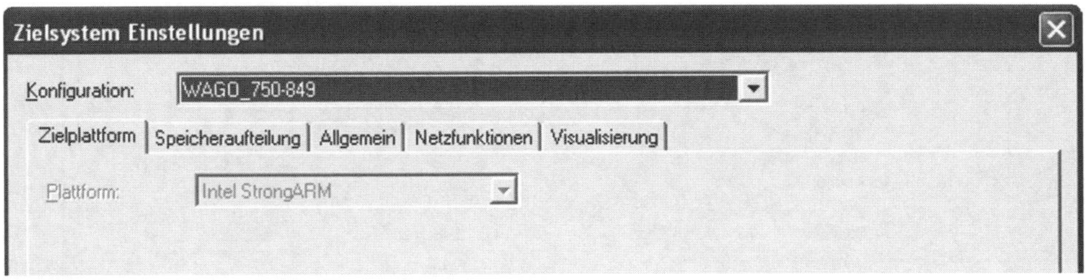

Abb. 17.81   Auswahl des Zielsystems

17.3.4   Variablendeklaration

Ein für die Gebäudeautomation wesentlicher Vorteil der WAGO-Codesystem-Imple-
mentation ist, dass sämtliche Ein- und Ausgangsvariablen der I/O-Klemmen als globale
Variablen im Ressourcen-Ordner „Globale_Variablen" abgelegt werden. Neben den
klemmenbasierten Variablen befinden sich dort auch alle weiteren als global deklarierten
Variablen. Global bedeutet in diesem Zusammenhang, dass diese Variablen ohne Voran-
stellung einer Instanz oder Unterinstanz angesprochen werden können. So wird eine
globale Variable mit dem Namen „licht", wenn sie unter globale Variablen liegt, über
„licht" angesprochen, liegt diese wiederum in einem Programm „unterprogramm" als
lokale Variable vor, so wird die Variable mit „unterprogramm.licht" angesprochen und
kann nur von diesem Programm beschrieben werden.

Die Ein- und Ausgangsvariablen werden direkt als globale Variablen angesprochen.
Um ein Abbild davon über die Visualisierung ansprechen zu können, also dass z. B. ein
Taster in der Realität oder ein virtueller in der Visualisierung eine Lampe umschalten
kann, so werden reale Taster automatisch angelegt, virtuelle müssen manuell angelegt
werden und werden im Projektbeispiel auch unter globale Variablen abgelegt (vgl.
Abb. 17.82).

Globale Variablen, wie auch alle anderen Variablen können durch rechten Mausklick
und die nachfolgende Variablendeklaration hinsichtlich der Parametrierung verändert
werden (vgl. Abb. 17.83). Dies verbietet sich für Variablen von Klemmen, da die Parametrierung vom Klemmensignal abhängig ist!

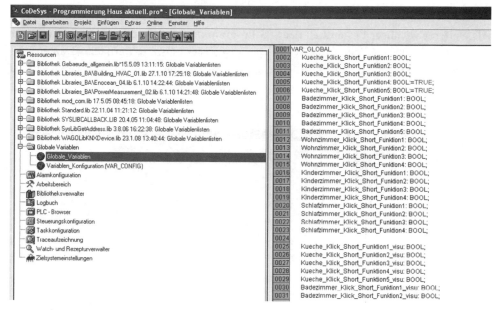

Abb. 17.82 Globale Variablen

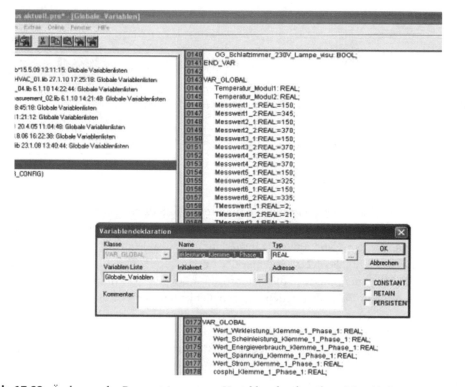

Abb. 17.83 Änderung der Parametrierung von Variablen durch rechten Mausklick

17.3.5 Visualisierung

Als weiterer wichtiger Bestandteil der SPS-Programmierung wurden die Grundlagen für die Visualisierung mit der CoDeSys gelegt. Visualisierungsseiten erhalten Namen und können Ordnern mit aussagekräftigen Namen zugeordnet werden, um Übersicht zu behalten (vgl. Abb. 17.84).

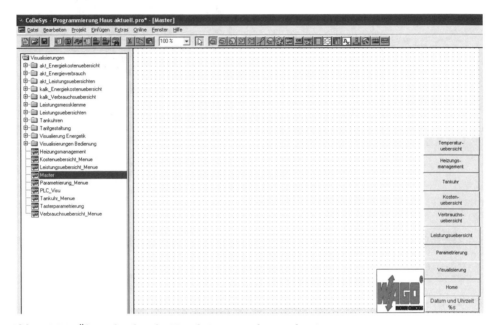

Abb. 17.84 Übersicht über die Visualisierungsordner und -seiten

17.4 Smart-Metering-Einbindung

Die Funktionen des Smart Meterings können in die SPS durch eine über die Visualisierung aufrufbare Web-Seite integriert werden. Darüber hinaus können per programmiertem File-Transfer z. B. von einem Lingg&Janke-Facility-Web-Server die Messgrößen analog der Lösung für das KNX-System oder über die KNX/EIB-Klemme durch Zugriff auf die KNX/EIB-Datenpunkte in die Datenstruktur des SPS-Systems übertragen werden.

Im vorliegenden Beispiel wurden die Möglichkeiten der Power-Messklemmen 750-493 genutzt, um direkt am Prozess zyklusgesteuert die elektrischen Messgrößen zu erfassen. Insgesamt werden 6 Stromkreise in den 5 Räumen und zusätzlich eines Außenbereichs-Verbrauchers gemessen. Bei einem realen System könnte die Power-Messklemme mit einem Wandler betrieben die Überwachung der Einspeisung in den zentralen Stromkreisverteiler überwachen.

Die Messklemme 750-493 wird mit wenigen Eingangsvariablen parametriert, wobei
über einen Index die anzuwählende Powerklemme bei Verwendung mehrerer Power-
Messklemmen im Klemmenbus zu deklarieren ist. Als Zykluszeit wurden 5 s gewählt.
Die graphisch parametrierten Konfigurationsdaten werden über ConfigurationsPara-
meters# zugeführt, wobei # für die Klemmennummer steht. Über die Phasennummern
können die Daten jeder einzelnen Phase der Power-Messklemme bzw. des betreffenden
Stromkreises, abgefragt werden.

Als Ausgangsvariablen stellt die Powerklemme für jede einzelne Phase (bei einpha-
sigem Betrieb jeden einzelnen erfassten Stromkreis) Strom, Spannung, Leistungsfaktor,
Wirkleistung, Scheinleistung und gesamten Energieverbrauch zur Verfügung. Die Daten
werden entsprechend Klemme und Stromkreis unter folgenden Namen erfasst:

- Strom_roh_Klemme_#_Phase_#
- Spannung_roh_Klemme_#_Phase_#
- cosphi_roh_Klemme_#_Phase_#
- Wirkleistung_roh_Klemme_#_Phase_#
- Scheinleistung_roh_Klemme_#_Phase_#
- Energieverbrauch_roh_Klemme_#_Phase_#

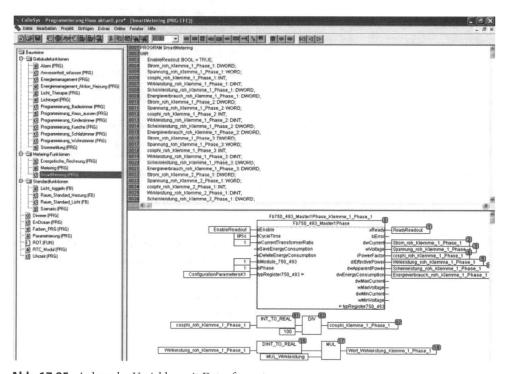

Abb. 17.85 Anlage der Variablen mit Datenformaten

Die erfassten Daten werden mit „_roh_" bezeichnet, da zunächst für jeden Messwert eine Wandlung vom Zahlenformat „DWORD"(Rohwerte) nach „REAL" als Zieldaten erfolgt und eine Multiplikation mit einem Faktor vorgenommen, der die Wandlung in das Basisdatenformat V, A, W, VA durchführt (vgl. Abb. 17.85).

Die Wandlung der Messdaten in die verwendeten Datenformate erfolgt im CFC-Programm unter dem Baustein für die Power-Messklemme (vgl. Abb. 17.86).

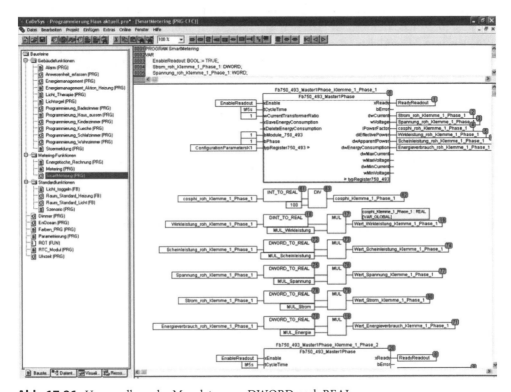

Abb. 17.86 Umwandlung der Messdaten von DWORD nach REAL

Die Basisparametrierung der Power-Messklemmen erfolgt über die Visualisierungselemente zu den Power-Klemmen, die in einer Visualisierungsseite abgelegt werden können (vgl. Abb. 17.87).

Zur Darstellung der gemeterten Daten wird in der Visualisierungsseite „Leistungsuebersicht_Menu" der Menüpunkt „Energiesituation" angeklickt (vgl. Abb. 17.88).

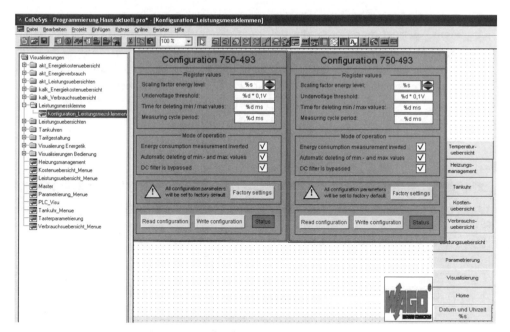

Abb. 17.87   Parametrierung der Power-Messklemmen über eine Visualisierungsseite

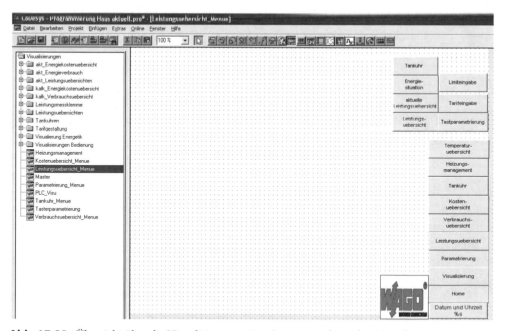

Abb. 17.88   Übersicht über die Visualisierungsseite „Leistungsuebersicht_Menu"

Ein anderer Weg führt über die Hausübersicht. Über das Menü „Leistungsueber-sicht_Menu" gelangt man durch Mausklick auf den Button „Leistungsuebersicht" in das Leistungsübersichtsmenü.

In diesem Menü ist stilisiert das Gebäude mit 2 Etagen und den 3 Räumen abgebildet. In jedem einzelnen Raum wird die aktuelle Leistung der elektrischen Verbraucher und der Heizung zur Anzeige gebracht. Unter dem Gebäude befindet sich die Bilanzierung aller elektrischen Verbraucher, der Heizungen und der gesamten Verbraucher (vgl. Abb. 17.89).

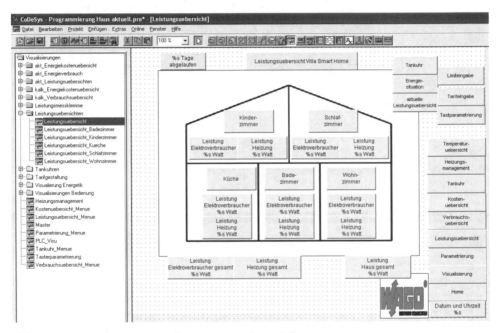

Abb. 17.89 Visualisierungsansicht „Leistungsuebersicht"

Durch Anklicken des Buttons für das Schlafzimmer gelangt man in die Ansicht der ener-getischen Situation im Schlafzimmer. Soweit der Verbraucher oder Stromkreis über einen Kanal der Power-Messklemme gemetert wird, in diesem Fall der Verbraucher Lampe 1, so werden Effektivwert von Spannung und Strom, Scheinleistung, Wirkleis-tung, Leistungsfaktor, aktuelle und kalkulierte Verbräuche und Kosten angezeigt (vgl. Abb. 17.90).

Neben der textuellen Ausgabe ist auch die Anzeige über Skalen möglich (vgl. Abb. 17.91).

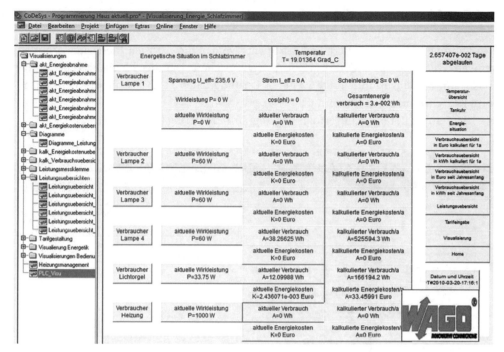

Abb. 17.90 Aktive Visualisierungsseite zur energetischen Situation

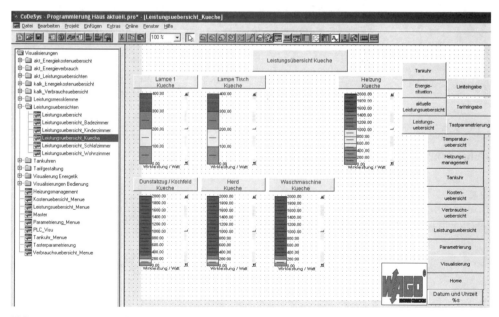

Abb. 17.91 Leistungsübersicht über Skalen

17.5 Aktives Energiemanagement

Im Rahmen des aktiven Energiemanagements werden die erfassten Messdaten ermittelt, umgerechnet und auf andere Variablen umgespeichert. Darüber hinaus werden auf der Basis von Systemzuständen alle weiteren Leistungsdaten als Basis für die Verbrauchs- und Kostenrechnungen bestimmt.

Die Temperaturerfassung erfolgt im Programm Metering (vgl. Abb. 17.92).

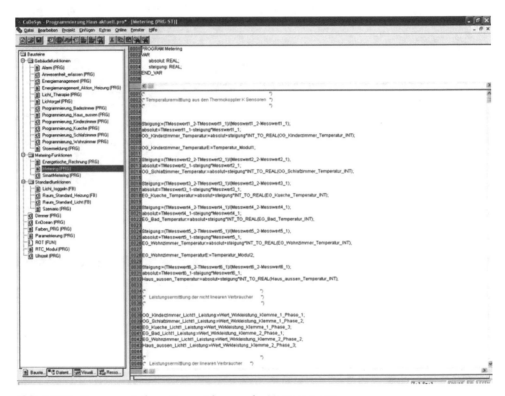

Abb. 17.92 Programmteil zur Umspeicherung der Temperaturen

Entsprechend werden die Leistungsmessdaten der Power-Messklemmen auf die Variablen der jeweiligen Räume umgespeichert (vgl. Abb. 17.93).

Abb. 17.93 Umspeicherung der Leistungsmessdaten

Für die Kalibrierung jedes einzelnen Thermokopplers am Messeingang der Thermokoppler werden zwei Messwerte zu unterschiedlichen Temperaturen, idealerweise für 0
und 100 °C, ermittelt und daraus Absolutbetrag und Steigung für die Proportionalitäts-
gerade zwischen Messwert und zugehörigem Temperaturwert ermittelt. Die Ermittlung
von Steigung und Absolutbetrag ist nur einmalig nach Einlesen der Parametrierung notwendig, wurde aus Anschauungsgründen im betrachteten Beispiel in jedem Messzyklus
aufgenommen. Zusätzlich wird eine weitere Referenztemperatur aus einem EnOcean-
Modul auf eine Variable mit der Kennung E (für EnOcean) am Ende des Variablen-
namens abgespeichert. Die Berechnung der Daten ist folgenden Formelumsetzungen in
ST zu entnehmen:

```
(*                                        *)
(* Temperaturermittlung aus den Thermokoppler K Sensoren   *)
(*                                        *)
Steigung:=(TMesswert1_2-TMesswert1_1)/(Messwert1_2-Messwert1_1);
absolut:=TMesswert1_1-steigung*Messwert1_1;
OG_Kinderzimmer_Temperatur:=absolut+steigung*INT_TO_REAL(OG_Kinderzimmer_Temperatur_INT);
OG_Kinderzimmer_TemperaturE:=Temperatur_Modul1;
Steigung:=(TMesswert2_2-TMesswert2_1)/(Messwert2_2-Messwert2_1);
absolut:=TMesswert2_1-steigung*Messwert2_1;
OG_Schlafzimmer_Temperatur:=absolut+steigung*INT_TO_REAL(OG_Schlafzimmer_Temperatur_INT);
Steigung:=(TMesswert3_2-TMesswert3_1)/(Messwert3_2-Messwert3_1);
absolut:=TMesswert3_1-steigung*Messwert3_1;
EG_Kueche_Temperatur:=absolut+steigung*INT_TO_REAL(EG_Kueche_Temperatur_INT);
Steigung:=(TMesswert4_2-TMesswert4_1)/(Messwert4_2-Messwert4_1);
absolut:=TMesswert4_1-steigung*Messwert4_1;
EG_Bad_Temperatur:=absolut+steigung*INT_TO_REAL(EG_Bad_Temperatur_INT);
Steigung:=(TMesswert5_2-TMesswert5_1)/(Messwert5_2-Messwert5_1);
absolut:=TMesswert5_1-steigung*Messwert5_1;
EG_Wohnzimmer_Temperatur:=absolut+steigung*INT_TO_REAL(EG_Wohnzimmer_Temperatur_INT);
EG_Wohnzimmer_TemperaturE:=Temperatur_Modul2;
Steigung:=(TMesswert6_2-TMesswert6_1)/(Messwert6_2-Messwert6_1);
absolut:=TMesswert6_1-steigung*Messwert6_1;
Haus_aussen_Temperatur:=absolut+steigung*INT_TO_REAL(Haus_aussen_Temperatur_INT);
```

Damit stehen die Ist-Temperaturen der jeweiligen Räume und die Ist-Außen-Temperatur unter den Variablen „Geschoss_Raum_Temperatur" zur Verfügung.

Die aktuellen Leistungen der jeweiligen Verbraucher werden entweder bei konstanten Verbrauchern aus dem zugrundeliegenden Basis-Leistungswert und der Einschaltsituation, linearen Verbrauchern aus dem Basis-Leistungswert multipliziert mit dem Proportionalitätsfaktor für den Einschaltwert (0 ... 1) und nichtlineare Verbraucher aus dem gemessenen Leistungswert über die Power-Messklemme ermittelt. Somit ist die Leistung bzw. aktuelle Leistung nur aus den Messwerten der Wirkleistung der Power-Messklemmen zu übernehmen und auf die jeweilige Variable des Raumes mit Verbraucherbezeichnung, z. B. „OG_Kinderzimmer_Licht1_Leistung", zu übertragen.

```
(*                                              *)
(*  Leistungsermittlung der nicht linearen Verbraucher   *)
(*                                              *)
OG_Kinderzimmer_Licht1_Leistung:=Wert_Wirkleistung_Klemme_1_Phase_1;
OG_Schlafzimmer_Licht1_Leistung:=Wert_Wirkleistung_Klemme_1_Phase_2;
EG_Kueche_Licht1_Leistung:=Wert_Wirkleistung_Klemme_1_Phase_3;
EG_Bad_Licht1_Leistung:=Wert_Wirkleistung_Klemme_2_Phase_1;
EG_Wohnzimmer_Licht1_Leistung:=Wert_Wirkleistung_Klemme_2_Phase_2;
Haus_aussen_Licht1_Leistung:=Wert_Wirkleistung_Klemme_2_Phase_3;
```

Die Leistung bzw. aktuelle Leistung linearer Verbraucher wird durch Ermittlung des Einschaltwertes, bezogen auf den maximalen Einschaltwert, multipliziert mit der Basisleistung (in diesem Fall konstant 100 W) ermittelt und auf die jeweilige Variable des Raumes mit Verbraucherbezeichnung übertragen.

```
(*                                     *)
(*  Leistungsermittlung der linearen Verbraucher   *)
(*                                     *)
OG_Schlafzimmer_Steckdose1_Leistung:=WORD_TO_REAL(Light_Blue)/6000*100.;
IF OG_Schlafzimmer_Steckdose1_Leistung < 0 THEN;
  OG_Schlafzimmer_Steckdose1_Leistung:=0;
END_IF;
OG_Schlafzimmer_Steckdose2_Leistung:=WORD_TO_REAL(Light_Yellow)/6000*100.;
IF OG_Schlafzimmer_Steckdose2_Leistung < 0 THEN;
  OG_Schlafzimmer_Steckdose2_Leistung:=0;
END_IF;
OG_Schlafzimmer_Steckdose3_Leistung:=WORD_TO_REAL(Light_Red)/6000*100.;
IF OG_Schlafzimmer_Steckdose3_Leistung < 0 THEN;
  OG_Schlafzimmer_Steckdose3_Leistung:=0;
END_IF;
OG_Schlafzimmer_Steckdose4_Leistung:=WORD_TO_REAL(Light_Green)/6000*100.;
IF OG_Schlafzimmer_Steckdose4_Leistung < 0 THEN;
  OG_Schlafzimmer_Steckdose4_Leistung:=0;
END_IF;
OG_Schlafzimmer_Steckdose5_Leistung:=WORD_TO_REAL(Light_White)/6000*100.;
IF OG_Schlafzimmer_Steckdose5_Leistung < 0 THEN;
  OG_Schlafzimmer_Steckdose5_Leistung:=0;
END_IF;
```

Im betrachteten Beispiel werden die 5 farbigen Lichter als Lichtorgel mit 5 einzelnen Steckdosen betrachtet, die in Summe als Lichtorgel betrachtet werden. Damit erfolgt die Summation der einzelnen Leistungen der Steckdosen zur Variablen „OG_Schlafzimmer_Licht5_Leistung".

```
(*                                                      *)
(*  Umspeichern der linearen Verbraucher der Lichtorgel auf Licht 5    *)
(*                                                      *)
OG_Schlafzimmer_Licht5_Leistung:=OG_Schlafzimmer_Steckdose1_Leistung;
OG_Schlafzimmer_Licht5_Leistung:=OG_Schlafzimmer_Licht5_Leistung+OG_Schlafzimmer_Steckdose2_
    Leistung;
OG_Schlafzimmer_Licht5_Leistung:=OG_Schlafzimmer_Licht5_Leistung+OG_Schlafzimmer_Steckdose3_
    Leistung;
OG_Schlafzimmer_Licht5_Leistung:=OG_Schlafzimmer_Licht5_Leistung+OG_Schlafzimmer_Steckdose4_
    Leistung;
OG_Schlafzimmer_Licht5_Leistung:=OG_Schlafzimmer_Licht5_Leistung+OG_Schlafzimmer_Steckdose5_
    Leistung;
```

Um eine Übersicht über die elektrische Leistung in den jeweiligen Räumen zu erhalten, werden diese für die jeweiligen Räume und den Außenbereich aufsummiert.

```
(*                                                      *)
(*  Leistungen der Elektroverbraucher der einzelnen Raeume         *)
(*                                                      *)
OG_Kinderzimmer_Elektroverbraucher_Leistung:=OG_Kinderzimmer_Licht1_Leistung;
OG_Kinderzimmer_Elektroverbraucher_Leistung:=OG_Kinderzimmer_Elektroverbraucher_Leistung+OG_
    Kinderzimmer_Licht2_Leistung;
OG_Kinderzimmer_Elektroverbraucher_Leistung:=OG_Kinderzimmer_Elektroverbraucher_Leistung+OG_
    Kinderzimmer_Licht3_Leistung;
OG_Kinderzimmer_Elektroverbraucher_Leistung:=OG_Kinderzimmer_Elektroverbraucher_Leistung+OG_
    Kinderzimmer_Licht4_Leistung;
OG_Kinderzimmer_Elektroverbraucher_Leistung:=OG_Kinderzimmer_Elektroverbraucher_Leistung+OG_
    Kinderzimmer_Steckdose1_Leistung;
............
Haus_aussen_Elektroverbraucher_Leistung:=Haus_aussen_Licht1_Leistung;
```

Darüber hinaus werden die Leistungen der einzelnen Räume zur Gesamtleistung der elektrischen Verbraucher aufsummiert.

```
(*                                                      *)
(*  Gesamte Leistung der Elektroverbraucher des Hauses         *)
(*                                                      *)
Haus_Elektroverbraucher_gesamt_Leistung:=OG_Kinderzimmer_Elektroverbraucher_Leistung;
Haus_Elektroverbraucher_gesamt_Leistung:=Haus_Elektroverbraucher_gesamt_Leistung+OG_Schlafzimmer_
    Elektroverbraucher_Leistung;
Haus_Elektroverbraucher_gesamt_Leistung:=Haus_Elektroverbraucher_gesamt_Leistung+EG_Kueche_
    Elektroverbraucher_Leistung;
Haus_Elektroverbraucher_gesamt_Leistung:=Haus_Elektroverbraucher_gesamt_Leistung+EG_Bad_
    Elektroverbraucher_Leistung;
Haus_Elektroverbraucher_gesamt_Leistung:=Haus_Elektroverbraucher_gesamt_Leistung+EG_Wohnzimmer_
    Elektroverbraucher_Leistung;
Haus_Elektroverbraucher_gesamt_Leistung:=Haus_Elektroverbraucher_gesamt_Leistung+Haus_aussen_
    Elektroverbraucher_Leistung;
```

Da neben den Leistungen der elektrischen Verbraucher auch die Verbrauchswerte der Heizkörper überschlagsweise aus der Stellventilsituation ermittelt werden können, werden auch diese für jeden Raum und das ganze Gebäude ermittelt. Abschließend können die Leistungen der verschiedenen Verbrauchertypen, in diesem Fall „Elektroverbraucher" und „Heizungen" zur Gesamtleistung aufsummiert werden.

```
(*                                                         *)
(*   Gesamte Leistung des Hauses                           *)
(*                                                         *)
Haus_gesamt_Leistung:=Haus_Elektroverbraucher_gesamt_Leistung+Haus_Heizung_gesamt_Leistung;
```

Damit steht eine vollständige Übersicht über sämtliche Leistungen zur Verfügung. Die Leistungen der geschalteten oder dauerhaft eingeschalteten Verbraucher erfolgt unter „Energetische Rechnung" (vgl. Abb. 17.94).

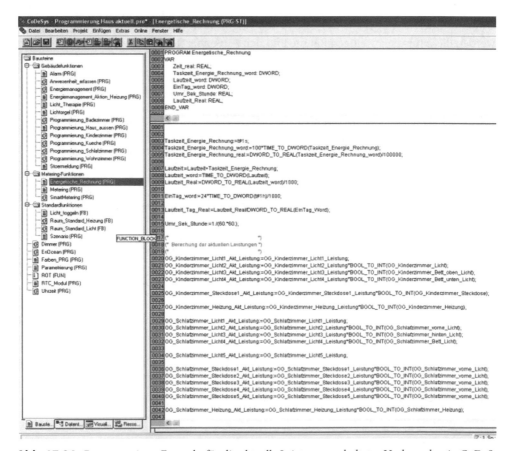

Abb. 17.94 Programmierte Formeln für die aktuelle Leistung geschalteter Verbraucher in CoDeSys

Zur Ermittlung wird zunächst die Taskzeit definiert, die den Einstellungen der Task-konfiguration entspricht. In diesem Fall wurde eine Sekunde gewählt. Die Taskzeit wird in verschiedene andere Datenformate umgerechnet und in Laufzeiten entsprechend Tagen und Jahren umgerechnet.

```
Taskzeit_Energie_Rechnung:=t#1s;
Taskzeit_Energie_Rechnung_word:=100*TIME_TO_DWORD(Taskzeit_Energie_Rechnung);
Taskzeit_Energie_Rechnung_real:=DWORD_TO_REAL(Taskzeit_Energie_Rechnung_word)/100000;

Laufzeit:=Laufzeit+Taskzeit_Energie_Rechnung;
Laufzeit_word:=TIME_TO_DWORD(Laufzeit);
Laufzeit_Real:=DWORD_TO_REAL(Laufzeit_word)/1000;

EinTag_word:=24*TIME_TO_DWORD(t#1h)/1000;

Laufzeit_Tag_Real:=Laufzeit_Real/DWORD_TO_REAL(EinTag_Word);

Umr_Sek_Stunde:=1./(60.*60.);
```

Im nächsten Block werden die Leistungen der geschalteten Verbraucher aus der jeweiligen Nennwirkleistung und dem Schaltzustand ermittelt.

```
(*                              *)
(* Berechnung der aktuellen Leistungen *)
(*                              *)
OG_Kinderzimmer_Licht1_Akt_Leistung:=OG_Kinderzimmer_Licht1_Leistung;
OG_Kinderzimmer_Licht2_Akt_Leistung:=OG_Kinderzimmer_Licht2_Leistung*BOOL_TO_INT(OG_
    Kinderzimmer_Licht);
OG_Kinderzimmer_Licht3_Akt_Leistung:=OG_Kinderzimmer_Licht3_Leistung*BOOL_TO_INT(OG_
    Kinderzimmer_Bett_oben_Licht);
OG_Kinderzimmer_Licht4_Akt_Leistung:=OG_Kinderzimmer_Licht4_Leistung*BOOL_TO_INT(OG_
    Kinderzimmer_Bett_unten_Licht);
OG_Kinderzimmer_Steckdose1_Akt_Leistung:=OG_Kinderzimmer_Steckdose1_Leistung*BOOL_TO_INT
    (OG_Kinderzimmer_Steckdose);
OG_Kinderzimmer_Heizung_Akt_Leistung:=OG_Kinderzimmer_Heizung_Leistung*BOOL_TO_INT(OG_
    Kinderzimmer_Heizung);
(*                                                                    *)
(* Berechnung der aktuellen Leistung der gesamten Elektroverbraucher der einzelnen Raeume   *)
(*                                                                    *)
OG_Kinderzimmer_Elektroverbraucher_Akt_Leistung:=OG_Kinderzimmer_Licht1_Akt_Leistung;
OG_Kinderzimmer_Elektroverbraucher_Akt_Leistung:=OG_Kinderzimmer_Elektroverbraucher_Akt_
    Leistung+OG_Kinderzimmer_Licht2_Akt_Leistung;
OG_Kinderzimmer_Elektroverbraucher_Akt_Leistung:=OG_Kinderzimmer_Elektroverbraucher_Akt_
    Leistung+OG_Kinderzimmer_Licht3_Akt_Leistung;
OG_Kinderzimmer_Elektroverbraucher_Akt_Leistung:=OG_Kinderzimmer_Elektroverbraucher_Akt_
    Leistung+OG_Kinderzimmer_Licht4_Akt_Leistung;
OG_Kinderzimmer_Elektroverbraucher_Akt_Leistung:=OG_Kinderzimmer_Elektroverbraucher_Akt_
    Leistung+OG_Kinderzimmer_Steckdose1_Akt_Leistung;
```

Aus allen einzelnen aktuellen Leistungen kann durch Multiplikation mit der Taskzeit der Verbrauch innerhalb eines Zeitintervalls „Taskzeit" ermittelt werden. Durch Aufaddition dieser zeitintervallabhängigen Arbeit zum letzten ermittelten Verbrauch und Speicherung auf den dann neuen letzten ermittelten Verbrauch ergibt sich der jeweilige aktuelle Verbrauch zum aktuellen Zeitpunkt. Verbrauch ist geleistete Arbeit innerhalb eines Zeitintervalls. Verbraucher für Verbraucher erfolgt die Berechnung des aktuellen Verbrauchs (Arbeit) und durch Summation aller Verbräuche für einen Raum die Bilanzierung für einen Raum.

```
(*                                 *)
(*  Berechnung der aktuellen Arbeiten   *)
(*                                 *)
OG_Kinderzimmer_Licht1_Akt_Arbeit:=OG_Kinderzimmer_Licht1_Akt_Arbeit+OG_Kinderzimmer_Licht1
    _akt_Leistung*Taskzeit_Energie_Rechnung_real*Umr_Sek_Stunde;
OG_Kinderzimmer_Licht2_Akt_Arbeit:=OG_Kinderzimmer_Licht2_Akt_Arbeit+OG_Kinderzimmer_Licht2
    _akt_Leistung*Taskzeit_Energie_Rechnung_real*Umr_Sek_Stunde;
OG_Kinderzimmer_Licht3_Akt_Arbeit:=OG_Kinderzimmer_Licht3_Akt_Arbeit+OG_Kinderzimmer_Licht3
    _akt_Leistung*Taskzeit_Energie_Rechnung_real*Umr_Sek_Stunde;
OG_Kinderzimmer_Licht4_Akt_Arbeit:=OG_Kinderzimmer_Licht4_Akt_Arbeit+OG_Kinderzimmer_Licht4
    _akt_Leistung*Taskzeit_Energie_Rechnung_real*Umr_Sek_Stunde;
OG_Kinderzimmer_Steckdose1_Akt_Arbeit:=OG_Kinderzimmer_Steckdose1_Akt_Arbeit+OG_Kinderzimm
    er_Steckdose1_akt_Leistung*Taskzeit_Energie_Rechnung_real*Umr_Sek_Stunde;
OG_Kinderzimmer_Heizung_Akt_Arbeit:=OG_Kinderzimmer_Heizung_Akt_Arbeit+OG_Kinderzimmer_H
    eizung_akt_Leistung*Taskzeit_Energie_Rechnung_real*Umr_Sek_Stunde;
(*                                                              *)
(*  Berechnung der aktuellen Arbeiten der gesamten Elektroverbraucher der einzelnen Raeume   *)
(*                                 *)
OG_Kinderzimmer_Elektroverbraucher_Akt_Arbeit:=OG_Kinderzimmer_Licht1_Akt_Arbeit;
OG_Kinderzimmer_Elektroverbraucher_Akt_Arbeit:=OG_Kinderzimmer_Elektroverbraucher_Akt_Arbeit+O
    G_Kinderzimmer_Licht2_Akt_Arbeit;
OG_Kinderzimmer_Elektroverbraucher_Akt_Arbeit:=OG_Kinderzimmer_Elektroverbraucher_Akt_Arbeit+O
    G_Kinderzimmer_Licht3_Akt_Arbeit;
OG_Kinderzimmer_Elektroverbraucher_Akt_Arbeit:=OG_Kinderzimmer_Elektroverbraucher_Akt_Arbeit+O
    G_Kinderzimmer_Licht4_Akt_Arbeit;
OG_Kinderzimmer_Elektroverbraucher_Akt_Arbeit:=OG_Kinderzimmer_Elektroverbraucher_Akt_Arbeit+O
    G_Kinderzimmer_Steckdose1_Akt_Arbeit;
```

Entsprechend der aktuellen Arbeit können durch Multiplikation des Verbrauchs in einem Zeitintervall mit dem jeweils gültigen Tarif und laufende Inkrementierung die seit dem Startpunkt der Rechnung angefallenen Kosten für jeden Verbraucher ermittelt und durch Summierung für einzelne Räume ermittelt werden. Benutzt wurden Faktoren zur Umrechnung der Sekunden in Stunden und Division durch 1.000 in kWh und Multiplikation mit 0,01 auf Euro, um von Sekunden, Watt und Cent in Kilowattstunden und Euro umzurechnen.

```
(*                                         *)
(* Berechnung der aktuellen Kosten seit Zuschaltung  *)
(*                                         *)
OG_Kinderzimmer_Licht1_Akt_Kosten:=OG_Kinderzimmer_Licht1_Akt_Kosten+OG_Kinderzimmer_
    Licht1_akt_Leistung*Taskzeit_Energie_Rechnung_real*Umr_Sek_Stunde*Tarif_Strom/1000*0.01;
OG_Kinderzimmer_Licht2_Akt_Kosten:=OG_Kinderzimmer_Licht2_Akt_Kosten+OG_Kinderzimmer_
    Licht2_akt_Leistung*Taskzeit_Energie_Rechnung_real*Umr_Sek_Stunde*Tarif_Strom/1000*0.01;
OG_Kinderzimmer_Licht3_Akt_Kosten:=OG_Kinderzimmer_Licht3_Akt_Kosten+OG_Kinderzimmer_
    Licht3_akt_Leistung*Taskzeit_Energie_Rechnung_real*Umr_Sek_Stunde*Tarif_Strom/1000*0.01;
OG_Kinderzimmer_Licht4_Akt_Kosten:=OG_Kinderzimmer_Licht4_Akt_Kosten+OG_Kinderzimmer_
    Licht4_akt_Leistung*Taskzeit_Energie_Rechnung_real*Umr_Sek_Stunde*Tarif_Strom/1000*0.01;
OG_Kinderzimmer_Steckdose1_Akt_Kosten:=OG_Kinderzimmer_Steckdose1_Akt_Kosten+OG_Kinderzim
    mer_Steckdose1_akt_Leistung*Taskzeit_Energie_Rechnung_real*Umr_Sek_Stunde*Tarif_Strom/1000*0.0
    1;
OG_Kinderzimmer_Heizung_Akt_Kosten:=OG_Kinderzimmer_Heizung_Akt_Kosten+OG_Kinderzimmer_
    Heizung_akt_Leistung*Taskzeit_Energie_Rechnung_real*Umr_Sek_Stunde*Tarif_Heizung/1000*0.01;
```

Die einzelnen aktuellen Kosten der Elektroverbraucher eines Raumes werden zu den bereits angefallenen Kosten des jeweiligen Raumes aufsummiert.

```
(*                                                    *)
(* Berechnung der aktuellen Kosten der einzelnen Raeume seit Zuschaltung   *)
(*                                                    *)
OG_Kinderzimmer_Elektroverbraucher_Akt_Kosten:=OG_Kinderzimmer_Licht1_Akt_Kosten;
OG_Kinderzimmer_Elektroverbraucher_Akt_Kosten:=OG_Kinderzimmer_Elektroverbraucher_Akt_Kosten+
    OG_Kinderzimmer_Licht2_Akt_Kosten;
OG_Kinderzimmer_Elektroverbraucher_Akt_Kosten:=OG_Kinderzimmer_Elektroverbraucher_Akt_Kosten+
    OG_Kinderzimmer_Licht3_Akt_Kosten;
OG_Kinderzimmer_Elektroverbraucher_Akt_Kosten:=OG_Kinderzimmer_Elektroverbraucher_Akt_Kosten+
    OG_Kinderzimmer_Licht4_Akt_Kosten;
OG_Kinderzimmer_Elektroverbraucher_Akt_Kosten:=OG_Kinderzimmer_Elektroverbraucher_Akt_Kosten+
    OG_Kinderzimmer_Steckdose1_Akt_Kosten;
```

Bei Berücksichtigung der angefallenen Verbräuche der einzelnen Verbraucher kann bei Voraussetzung des gleichen Nutzerverhaltens auf die kalkulierte Arbeit für ein Jahr seit Zuschaltung per Trendrechnung kalkuliert werden. Die Berechnung beruht auf einfacher Dreisatzrechnung und berücksichtigt nicht die geänderten Verbräuche aufgrund der wechselnden Jahreszeiten.

```
(*                                      *)
(* Berechnung der kalkulierten Arbeit fuer ein Jahr seit Zuschaltung  *)
(*                                      *)
OG_Kinderzimmer_Licht1_Kalk_Arbeit:=OG_Kinderzimmer_Licht1_Akt_Arbeit*365/Laufzeit_Tag_real;
OG_Kinderzimmer_Licht2_Kalk_Arbeit:=OG_Kinderzimmer_Licht2_Akt_Arbeit*365/Laufzeit_Tag_real;
OG_Kinderzimmer_Licht3_Kalk_Arbeit:=OG_Kinderzimmer_Licht3_Akt_Arbeit*365/Laufzeit_Tag_real;
OG_Kinderzimmer_Licht4_Kalk_Arbeit:=OG_Kinderzimmer_Licht4_Akt_Arbeit*365/Laufzeit_Tag_real;
OG_Kinderzimmer_Steckdose1_Kalk_Arbeit:=OG_Kinderzimmer_Steckdose1_Akt_Arbeit*365/Laufzeit_Tag
    _real;
OG_Kinderzimmer_Heizung_Kalk_Arbeit:=OG_Kinderzimmer_Heizung_Akt_Arbeit*365/Laufzeit_Tag_real;
```

Entsprechend werden die einzelnen kalkulierten Arbeiten für einen Raum aufsummiert.

```
(*                                          *)
(* Berechnung der kalkulierten Arbeit der Elektroverbraucher eines Raumes fuer ein Jahr seit Zuschaltung *)
(*                                          *)
OG_Kinderzimmer_Elektroverbraucher_Kalk_Arbeit:=OG_Kinderzimmer_Licht1_Kalk_Arbeit;
OG_Kinderzimmer_Elektroverbraucher_Kalk_Arbeit:=OG_Kinderzimmer_Elektroverbraucher_Kalk_Arbeit+
    OG_Kinderzimmer_Licht2_Kalk_Arbeit;
OG_Kinderzimmer_Elektroverbraucher_Kalk_Arbeit:=OG_Kinderzimmer_Elektroverbraucher_Kalk_Arbeit+
    OG_Kinderzimmer_Licht3_Kalk_Arbeit;
OG_Kinderzimmer_Elektroverbraucher_Kalk_Arbeit:=OG_Kinderzimmer_Elektroverbraucher_Kalk_Arbeit+
    OG_Kinderzimmer_Licht4_Kalk_Arbeit;
OG_Kinderzimmer_Elektroverbraucher_Kalk_Arbeit:=OG_Kinderzimmer_Elektroverbraucher_Kalk_Arbeit+
    OG_Kinderzimmer_Steckdose1_Kalk_Arbeit;
```

Aus den aktuellen Verbräuchen kann in Verbindung mit dem letzten gültigen Tarif auf die kalkulierten Kosten für ein Jahr seit Beginn der Erfassung geschlossen werden.

```
(*                                          *)
(* Berechnung der kalkulierten Kosten fuer ein Jahr seit Zuschaltung *)
(*                                          *)
OG_Kinderzimmer_Licht1_Kalk_Kosten:=OG_Kinderzimmer_Licht1_akt_Kosten+OG_Kinderzimmer_Licht
    1_Akt_Arbeit*Tarif_Strom/1000*0.01*(365-Laufzeit_Tag_real)/Laufzeit_Tag_real;
OG_Kinderzimmer_Licht2_Kalk_Kosten:=OG_Kinderzimmer_Licht2_akt_Kosten+OG_Kinderzimmer_Licht
    2_Akt_Arbeit*Tarif_Strom/1000*0.01*(365-Laufzeit_Tag_real)/Laufzeit_Tag_real;
OG_Kinderzimmer_Licht3_Kalk_Kosten:=OG_Kinderzimmer_Licht3_akt_Kosten+OG_Kinderzimmer_Licht
    3_Akt_Arbeit*Tarif_Strom/1000*0.01*(365-Laufzeit_Tag_real)/Laufzeit_Tag_real;
OG_Kinderzimmer_Licht4_Kalk_Kosten:=OG_Kinderzimmer_Licht4_akt_Kosten+OG_Kinderzimmer_Licht
    4_Akt_Arbeit*Tarif_Strom/1000*0.01*(365-Laufzeit_Tag_real)/Laufzeit_Tag_real;
OG_Kinderzimmer_Steckdose1_Kalk_Kosten:=OG_Kinderzimmer_Steckdose1_Akt_Kosten+OG_Kinder
    zimmer_Steckdose1_Akt_Arbeit*Tarif_Strom/1000*0.01*(365-Laufzeit_Tag_real)/Laufzeit_Tag_real;
OG_Kinderzimmer_Heizung_Kalk_Kosten:=OG_Kinderzimmer_Heizung_Akt_Kosten+OG_Kinderzimmer_
    Heizung_Akt_Arbeit*Tarif_Heizung/1000*0.01*(365-Laufzeit_Tag_real)/Laufzeit_Tag_real;
```

Die einzelnen kalkulierten Kosten der Verbraucher wiederum können zu den gesamten kalkulierten Kosten eines Raumes aufsummiert werden.

```
(*                                          *)
(* Berechnung der kalkulierten Kosten der einzelnen Raeume fuer ein Jahr seit Zuschaltung    *)
(*                                          *)
OG_Kinderzimmer_Elektroverbraucher_Kalk_Kosten:=OG_Kinderzimmer_Licht1_Kalk_Kosten;
OG_Kinderzimmer_Elektroverbraucher_Kalk_Kosten:=OG_Kinderzimmer_Elektroverbraucher_Kalk_Kosten
    +OG_Kinderzimmer_Licht2_Kalk_Kosten;
OG_Kinderzimmer_Elektroverbraucher_Kalk_Kosten:=OG_Kinderzimmer_Elektroverbraucher_Kalk_Kosten
    +OG_Kinderzimmer_Licht3_Kalk_Kosten;
OG_Kinderzimmer_Elektroverbraucher_Kalk_Kosten:=OG_Kinderzimmer_Elektroverbraucher_Kalk_Kosten
    +OG_Kinderzimmer_Licht4_Kalk_Kosten;
OG_Kinderzimmer_Elektroverbraucher_Kalk_Kosten:=OG_Kinderzimmer_Elektroverbraucher_Kalk_Kosten
    +OG_Kinderzimmer_Steckdose1_Kalk_Kosten;
```

Damit sind aus den aktuellen Leistungen, Verbräuchen und Kosten der einzelnen Räume die Gesamtleistungen, -verbräuche und -kosten ermittelbar. Im ersten Block werden die aktuellen Leistungen aufsummiert.

```
(*                                                                    *)
(* Berechnung der gesamten aktuellen Leistung der Elektroverbraucher des Hauses   *)
(*                                                                    *)
Haus_Elektroverbraucher_gesamt_Akt_Leistung:=OG_Kinderzimmer_Elektroverbraucher_Akt_Leistung;
Haus_Elektroverbraucher_gesamt_Akt_Leistung:=Haus_Elektroverbraucher_gesamt_Akt_Leistung+OG_
   Schlafzimmer_Elektroverbraucher_Akt_Leistung;
Haus_Elektroverbraucher_gesamt_Akt_Leistung:=Haus_Elektroverbraucher_gesamt_Akt_Leistung+EG_
   Kueche_Elektroverbraucher_Akt_Leistung;
Haus_Elektroverbraucher_gesamt_Akt_Leistung:=Haus_Elektroverbraucher_gesamt_Akt_Leistung+EG_Bad_
   Elektroverbraucher_Akt_Leistung;
Haus_Elektroverbraucher_gesamt_Akt_Leistung:=Haus_Elektroverbraucher_gesamt_Akt_Leistung+EG_
   Wohnzimmer_Elektroverbraucher_Akt_Leistung;
Haus_Elektroverbraucher_gesamt_Akt_Leistung:=Haus_Elektroverbraucher_gesamt_Akt_Leistung+Haus_
   aussen_Elektroverbraucher_Akt_Leistung;
```

Im zweiten Block werden die aktuellen Verbräuche (Arbeiten) aufsummiert.

```
(*                                                                    *)
(*   Berechnung der gesamten aktuellen Arbeit der Elektroverbraucher des Hauses   *)
(*                                                                    *)
Haus_Elektroverbraucher_gesamt_Akt_Arbeit:=OG_Kinderzimmer_Elektroverbraucher_Akt_Arbeit;
Haus_Elektroverbraucher_gesamt_Akt_Arbeit:=Haus_Elektroverbraucher_gesamt_Akt_Arbeit+OG_
   Schlafzimmer_Elektroverbraucher_Akt_Arbeit;
Haus_Elektroverbraucher_gesamt_Akt_Arbeit:=Haus_Elektroverbraucher_gesamt_Akt_Arbeit+EG_Kueche_
   Elektroverbraucher_Akt_Arbeit;
Haus_Elektroverbraucher_gesamt_Akt_Arbeit:=Haus_Elektroverbraucher_gesamt_Akt_Arbeit+EG_Bad_
   Elektroverbraucher_Akt_Arbeit;
Haus_Elektroverbraucher_gesamt_Akt_Arbeit:=Haus_Elektroverbraucher_gesamt_Akt_Arbeit+EG_
   Wohnzimmer_Elektroverbraucher_Akt_Arbeit;
Haus_Elektroverbraucher_gesamt_Akt_Arbeit:=Haus_Elektroverbraucher_gesamt_Akt_Arbeit+Haus_aussen
   _Elektroverbraucher_Akt_Arbeit;
```

Im dritten Block werden die aktuellen Kosten aufsummiert.

```
(*                                                                    *)
(*   Berechnung der gesamten aktuellen Kosten  der Elektroverbraucher des Hauses   *)
(*                                                                    *)
Haus_Elektroverbraucher_gesamt_Akt_Kosten:=OG_Kinderzimmer_Elektroverbraucher_Akt_Kosten;
Haus_Elektroverbraucher_gesamt_Akt_Kosten:=Haus_Elektroverbraucher_gesamt_Akt_Kosten+OG_
   Schlafzimmer_Elektroverbraucher_Akt_Kosten;
Haus_Elektroverbraucher_gesamt_Akt_Kosten:=Haus_Elektroverbraucher_gesamt_Akt_Kosten+EG_Kueche
   _Elektroverbraucher_Akt_Kosten;
Haus_Elektroverbraucher_gesamt_Akt_Kosten:=Haus_Elektroverbraucher_gesamt_Akt_Kosten+EG_Bad_
   Elektroverbraucher_Akt_Kosten;
Haus_Elektroverbraucher_gesamt_Akt_Kosten:=Haus_Elektroverbraucher_gesamt_Akt_Kosten+EG_
   Wohnzimmer_Elektroverbraucher_Akt_Kosten;
Haus_Elektroverbraucher_gesamt_Akt_Kosten:=Haus_Elektroverbraucher_gesamt_Akt_Kosten+Haus_
   aussen_Elektroverbraucher_Akt_Kosten;
```

Im vierten Block werden die für ein Jahr kalkulierten Verbräuche (Arbeiten) aufsummiert.

```
(*                                                                          *)
(*   Berechnung der gesamten kalkulierten Arbeit der Elektroverbraucher des Hauses fuer ein Jahr   *)
(*                                                                          *)
Haus_Elektroverbraucher_gesamt_Kalk_Arbeit:=OG_Kinderzimmer_Elektroverbraucher_Kalk_Arbeit;
Haus_Elektroverbraucher_gesamt_Kalk_Arbeit:=Haus_Elektroverbraucher_gesamt_Kalk_Arbeit+OG_
    Schlafzimmer_Elektroverbraucher_Kalk_Arbeit;
Haus_Elektroverbraucher_gesamt_Kalk_Arbeit:=Haus_Elektroverbraucher_gesamt_Kalk_Arbeit+EG_Kueche
    _Elektroverbraucher_Kalk_Arbeit;
Haus_Elektroverbraucher_gesamt_Kalk_Arbeit:=Haus_Elektroverbraucher_gesamt_Kalk_Arbeit+EG_Bad_
    Elektroverbraucher_Kalk_Arbeit;
Haus_Elektroverbraucher_gesamt_Kalk_Arbeit:=Haus_Elektroverbraucher_gesamt_Kalk_Arbeit+EG_
    Wohnzimmer_Elektroverbraucher_Kalk_Arbeit;
Haus_Elektroverbraucher_gesamt_Kalk_Arbeit:=Haus_Elektroverbraucher_gesamt_Kalk_Arbeit+Haus_
    aussen_Elektroverbraucher_Kalk_Arbeit;
```

Im fünften Block werden die kalkulierten Kosten aufsummiert.

```
(*                                                                          *)
(*   Berechnung der gesamten kalkulierten Kosten der Elektroverbraucher des Hauses fuer ein Jahr   *)
(*                                                                          *)
Haus_Elektroverbraucher_gesamt_Kalk_Kosten:=OG_Kinderzimmer_Elektroverbraucher_Kalk_Kosten;
Haus_Elektroverbraucher_gesamt_Kalk_Kosten:=Haus_Elektroverbraucher_gesamt_Kalk_Kosten+OG_
    Schlafzimmer_Elektroverbraucher_Kalk_Kosten;
Haus_Elektroverbraucher_gesamt_Kalk_Kosten:=Haus_Elektroverbraucher_gesamt_Kalk_Kosten+EG_
    Kueche_Elektroverbraucher_Kalk_Kosten;
Haus_Elektroverbraucher_gesamt_Kalk_Kosten:=Haus_Elektroverbraucher_gesamt_Kalk_Kosten+EG_Bad_
    Elektroverbraucher_Kalk_Kosten;
Haus_Elektroverbraucher_gesamt_Kalk_Kosten:=Haus_Elektroverbraucher_gesamt_Kalk_Kosten+EG_
    Wohnzimmer_Elektroverbraucher_Kalk_Kosten;
Haus_Elektroverbraucher_gesamt_Kalk_Kosten:=Haus_Elektroverbraucher_gesamt_Kalk_Kosten+Haus_
    aussen_Elektroverbraucher_Kalk_Kosten;
```

Analoge Berechnungen erfolgen für die einzelnen Heizkörper der Räume des Hauses. Anschließend können die Verbrauchswerte für Elektroverbraucher und Heizungen summiert werden zu den Gesamtwerten des Gebäudes.

```
(*                                                                          *)
(*   Berechnung der gesamten Energieuebersicht des Hauses     *)
(*                                                                          *)
Haus_gesamt_akt_Leistung:=Haus_Elektroverbraucher_gesamt_akt_Leistung+Haus_Heizung_gesamt_akt_
    Leistung;
Haus_gesamt_akt_Arbeit:=Haus_Elektroverbraucher_gesamt_akt_Arbeit+Haus_Heizung_gesamt_akt_Arbeit;
Haus_gesamt_akt_Kosten:=Haus_Elektroverbraucher_gesamt_akt_Kosten+Haus_Heizung_gesamt_akt_
    Kosten;
Haus_gesamt_kalk_Arbeit:=Haus_Elektroverbraucher_gesamt_kalk_Arbeit+Haus_Heizung_gesamt_kalk_
    Arbeit;
Haus_gesamt_kalk_Kosten:=Haus_Elektroverbraucher_gesamt_kalk_Kosten+Haus_Heizung_gesamt_kalk_
    Kosten;
```

Für die Aufbereitung der angepassten Tachometer- und Tankuhrdarstellungen werden die aktuellen Leistungen, kalkulierten Arbeiten und kalkulierten Kosten auf die vorgegebenen Limitvorgaben bezogen und durch Multiplikation mit 100 in Prozent umgerechnet.

Prozent_Strom_akt_Leistung:=REAL_TO_INT(Haus_Elektroverbraucher_gesamt_akt_Leistung/Limit_
    Strom_Leistung*100);
Prozent_Heizung_akt_Leistung:=REAL_TO_INT(Haus_Heizung_gesamt_akt_Leistung/Limit_Heizung_
    Leistung*100);
Prozent_Strom_kalk_Verbrauch:=REAL_TO_INT(Haus_Elektroverbraucher_gesamt_kalk_Arbeit/Limit_
    Strom_Verbrauch*100);
Prozent_Heizung_kalk_Verbrauch:=REAL_TO_INT(Haus_Heizung_gesamt_kalk_Arbeit/Limit_Heizung_
    Verbrauch*100);
Prozent_Strom_kalk_Kosten:=100-REAL_TO_INT(Haus_Elektroverbraucher_gesamt_kalk_Kosten/Limit_
    Strom_kalk_Kosten*100);
Prozent_Heizung_kalk_Kosten:=100-REAL_TO_INT(Haus_Heizung_gesamt_kalk_Kosten/Limit_Heizung_
    Kalk_Kosten*100);

Auf der Basis der kalkulierten Gesamtkosten bezogen auf die Limitvorgaben können die Restlaufzeiten für Elektroverbraucher und Heizungen auf der Basis des zurückliegenden Verbraucherverhaltens ermittelt werden.

Restlaufzeit_Strom:=365-REAL_TO_INT(Haus_Elektroverbraucher_gesamt_Kalk_Kosten/Limit_Strom_
    Kalk_Kosten*365)-Laufzeit_Tag_Real;
Restlaufzeit_Heizung:=365-REAL_TO_INT(Haus_Heizung_gesamt_Kalk_Kosten/Limit_Heizung_Kalk_
    Kosten*365)-Laufzeit_Tag_Real;

Die berechneten Daten werden dem Bewohner in Form von Zahlen, Skalen oder Zeigerdiagrammen präsentiert.

Als Rechengrundlage sind die Tarife der einzelnen Energiemedien elektrische Energie, Heizung, Wasser und Abwasser zu definieren. Dies erfolgt über Scrollbars unter einem Zeigerdiagramm, in dem farblich die aktuelle Situation zusätzlich bewertet wird (vgl. Abb. 17.95). Im realen Betrieb müssten die Tarife zeitaktuell vom Energieversorger übernommen werden.

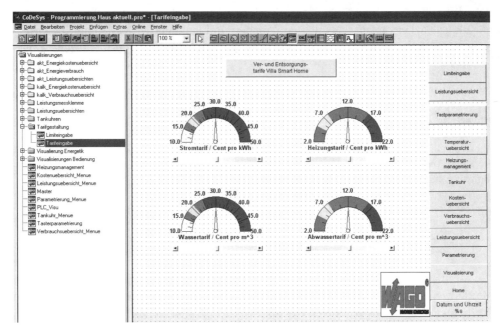

Abb. 17.95 Seite zur Eingabe der Tarife

Neben den Tarifen müssen Limits vergeben werden (vgl. Abb. 17.96). Die Kostenlimits entsprechen eigenen Zielvorgaben oder der Summe aller Abschlagsrechnungen. Definierbar sind Leistungs-, Verbrauchs- und Kostenlimits. Das Leistungslimit entspricht der Maximalstellung eines Gaspedals, das nicht weiter durchgetreten werden kann und damit dem Limit entspricht. Das Verbrauchslimit entspricht der Arbeit, die insgesamt abgenommen werden darf. Wird eine große Leistung über kurze Zeit eingesetzt, ist das Limit schnell erschöpft, während eine kleine Leistung über einen großen Zeitraum den gleichen Verbrauch darstellen kann. Beschränkung in der eingesetzten Leistung sowie den Zeiträumen eingesetzter Leistung erfüllt zur Erfüllung des gesetzten Limits. Das Limit der Kosten berücksichtigt zudem variable Tarife. Wird ein Verbrauch hinsichtlich des Limits eingehalten, kann dies bei steigenden Tarifen dazu führen, dass das Kostenlimit nicht eingehalten wird.

Nach Start der SPS beginnt die energetische Messung und darauf basierend die Kalkulation. Im laufenden Betrieb können die Tarife manuell durch Verschiebung per Scrollbar oder direkt durch Abfrage aus dem Internet beim Energieversorger geändert werden. Die Anzeige erfolgt zeitaktuell auf der Seite Tarife (vgl. Abb. 17.97). Im vorliegenden Fall wurden die Tarife für Wasser und Abwasser mit 0 vorgegeben, da sie keine Berücksichtigung finden, daher liegen die Zeiger unter dem Start der Skala.

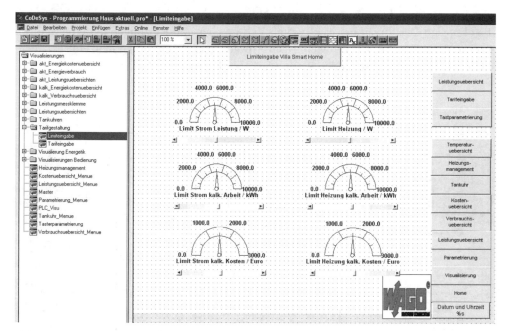

Abb. 17.96 Vergabe von Limits für Leistung, Verbrauch und Kosten

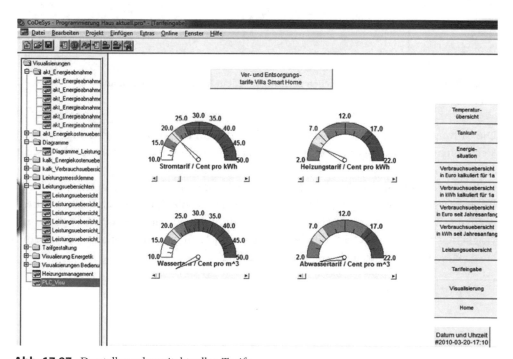

Abb. 17.97 Darstellung des zeitaktuellen Tarifs

Über die Ansicht der Leistungsübersicht kann überblicksweise eine Übersicht über die aktuellen Leistungen der elektrischen Verbraucher und Heizungen in den jeweiligen Räumen und in der Bilanz erfolgen. Nach Anwahl eines Raums erhält man eine genauere Übersicht über den betreffenden Raum (vgl. Abb. 17.98).

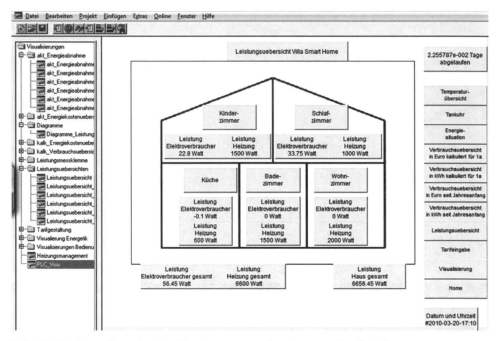

Abb. 17.98   Darstellung der aktuellen Leistung in jedem Raum und in der Bilanz

Die Anzeige der einzelnen Leistungen im Kinderzimmer erfolgt über farbige Skalen. Verbraucher mit niedriger Leistung werden grün, die mit hoher Leistung rot dargestellt (vgl. Abb. 17.99).

Entsprechend können die aktuellen Verbräuche in den einzelnen Räumen und in der Bilanz dargestellt werden (vgl. Abb. 17.100). Während die Anzeige der Leistung einen gewissen Eindruck vom Energieeinsatz vermittelt, da er mit einem Gaspedal beim Auto verglichen werden kann, trifft dies beim Verbrauch nicht zu. Ohne jeglichen Bezug sind ausgewiesene kWh-Anzeigen wenig aussagekräftig.

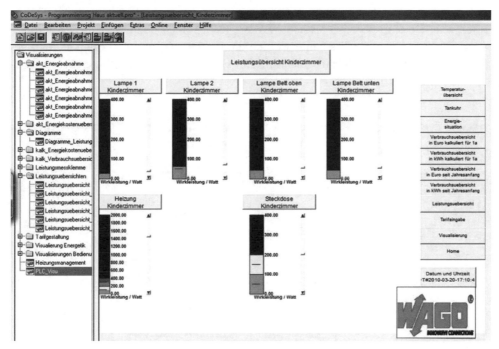

Abb. 17.99   Darstellung der aktuellen Leistungen im Kinderzimmer

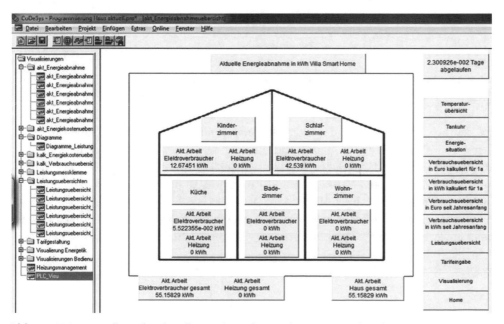

Abb. 17.100   Darstellung des aktuellen Verbrauchs in jedem Raum und in der Bilanz

Interessanter erscheint die Anzeige der einzelnen Kosten in den Räumen. So können potenzielle Kostentreiber ausgemacht werden, jedoch auch ohne einen Bezug zum gesamten Jahr. Am Anfang des Jahres werden die Kosten aufgrund des fehlenden Bezuges auf das Jahr nicht tragisch erscheinen und nur gegen Ende des Jahres interessanter werden (vgl. Abb. 17.101).

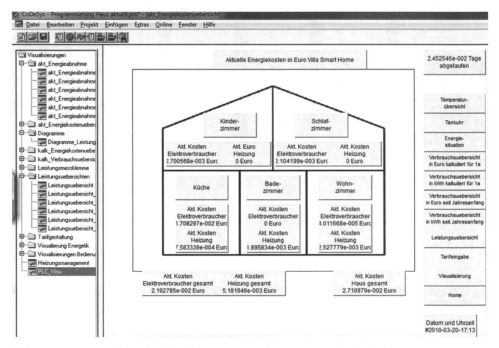

Abb. 17.101   Darstellung der aktuellen Kosten in jedem Raum und in der Bilanz

Wesentlich interessanter sind die Kalkulationsrechnungen für Verbrauch und Kosten, da bereits ein Eindruck des Gesamtverbrauchs oder der Gesamtkosten entsteht. Werden in die Trendrechnung keine Jahreskorrekturen der jeweiligen Verbraucher eingebaut, so werden die kalkulierten Verbräuche und Kosten viel zu hoch liegen und damit zur Einsparung anregen (vgl. Abb. 17.102).

Nähere Informationen über die energetische Situation in einzelnen Räumen können über ein Anwahlmenü ausgewählt werden (vgl. Abb. 17.103).

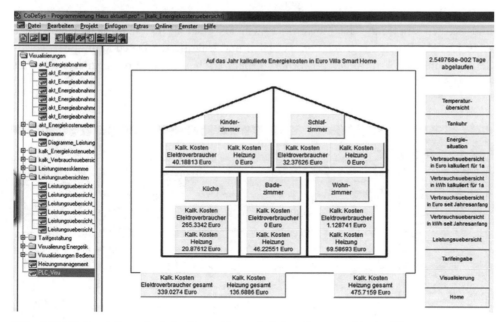

Abb. 17.102   Darstellung der kalkulierten Kosten in jedem Raum und in der Bilanz

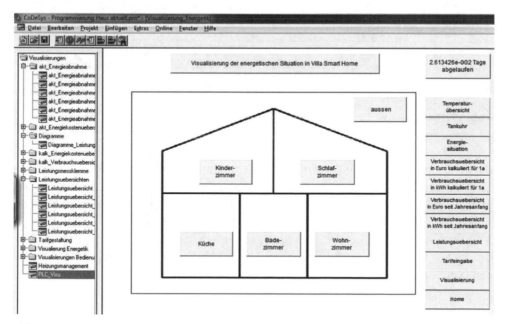

Abb. 17.103   Anwahl der energetischen Situation in jedem Raum

Detailliert werden für jeden Verbraucher des jeweiligen Raumes Leistung, Verbrauch und Kosten angezeigt, dies sowohl aktuell, als auch in der Jahreskalkulation (vgl. Abb. 17.104). Durch Vergleich von aktuellen und kalkulierten Daten kann durch Nachdenken eine Korrektur angeregt werden. Erneut erscheinen die Kosten interessanter als Verbräuche.

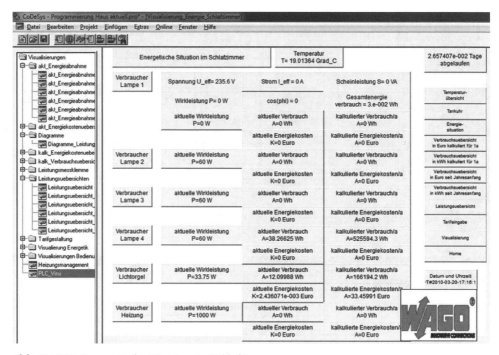

Abb. 17.104 Energetische Situation im Schlafzimmer

Bei genauerer Betrachtung der Information entsteht der Eindruck lebloser Zahlenfriedhöfe, die nur bei genauerer Betrachtung in Verbindung mit einem Energieberater interpretiert werden können. Die Berechnung für die einzelnen Verbraucher ist jedoch notwendig, um überblicksweise Informationen aufbereiten zu können.

Interessanter erscheinen Zeigerinstrumente, aus denen auf der Basis von Limits Eindrücke wie z. B. Vollgas oder Leerlauf oder 5 vor 12 bei einer Uhr generiert werden können (vgl. Abb. 17.105).

Abb. 17.105 Leistungsanzeige als Zeigerinstrument

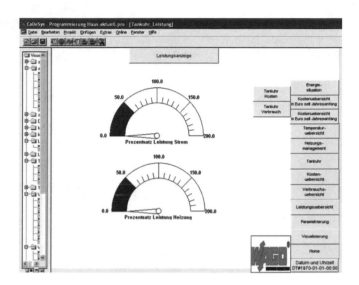

Die Leistungsanzeige auf der Basis eines vorgegebenen Limits vermittelt in Verbindung
mit Farben den Eindruck eines Gaspedals. Niedrige, blau unterlegte Leistung vermittelt
den Eindruck von Leerlauf und damit niedrigem Verbrauch, hohe, rot unterlegte Leistung den Eindruck von Vollgas und hohen Kosten (vgl. Abb. 17.106).

Abb. 17.106 Verbrauchsanzeige als Zeigerdiagramm

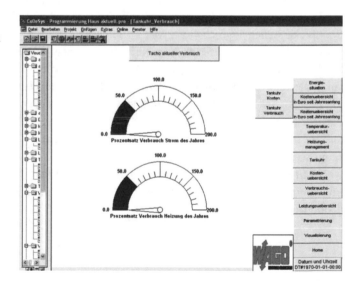

Wie die Leistung kann auch der aktuelle Verbrauch auf ein Limit bezogen werden. Am
Anfang des Jahres werden niedrige Verbräuche in blauer Farbe Ruhe und Beschwichti-
gung, rot unterlegte Verbräuche im Laufe des Jahres nur schwer interpretierbar sein (vgl.
Abb. 17.107).

Abb. 17.107 Kostenanzeige als Zeigerdiagramm und über die Restlaufzeit

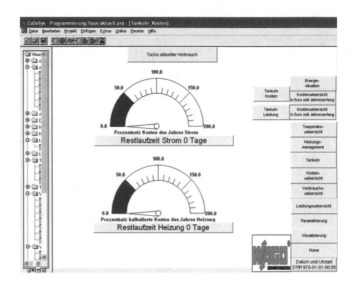

Wesentlich anschaulicher ist die Anzeige der aktuellen Kosten in Verbindung mit einer Restlaufzeit auf der Basis eines Limits. Die aktuellen Kosten werden bezogen auf ein Limit im Laufe des Jahres ständig steigen, während die Restlaufzeit den Eindruck einer Tankuhr vermittelt. Wird der Tank leer, steht keine Energie mehr zur Verfügung, dies kann nur durch Verhaltensänderung oder Aufstockung des Limits korrigiert werden.

Eine gute Übersicht über die Heizungssteuerung liefert die Temperaturansicht. Blaue Rechtecke stellen abgeschaltete, rote in Betrieb befindliche Heizkörper dar. Die Solltemperaturen können über Scrollsbars verändert werden, der jeweilige Sollwert wird in Verbindung mit dem Istwert angezeigt. Angezeigt werden bei aktivem Energiemanagement auch die Basis- und aktuellen Sollwerte. Sollte eine Heizsituation dazu führen, dass Limits überschritten werden, muss der aktuelle Sollwert reduziert werden bzw. eine Automation übernimmt dies, um die Limits einzuhalten. In Verbindung mit der Außentemperatur kann ein Eindruck für die Notwendigkeit der eingesetzten Heizleistung erzeugt werden (vgl. Abb. 17.108).

Nicht realisiert wurden in dem Demonstrationssystem typische Hinweise des aktiven Energiemanagements. Hinweisboxen mit variablem Inhalt sind jedoch mit der CoDeSys problemlos realisierbar.

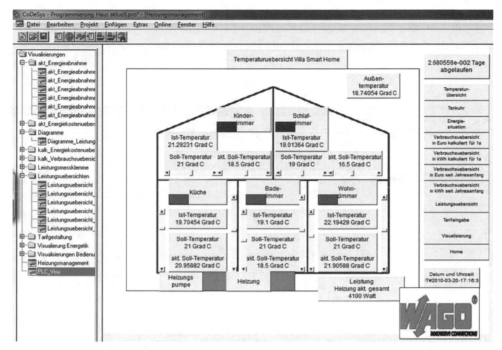

Abb. 17.108   Heizungsbedienung und -anzeige

17.6   Passives Energiemanagement

Die Berechnung des Energieverbrauchs in Verbindung mit Tarifen und vorgegebenen Limits kann auch direkt für passives Energiemanagement herangezogen werden. Werden Limits nicht eingehalten, kann entweder das Limit angepasst werden, dies bedeutet Mehrkosten und damit höhere Rechnungen und Ausgleichszahlungen am Ende des Jahres, anderenfalls können Anpassungen hinsichtlich des Verbrauchereinsatzes erfolgen, dies werden Beschränkungen oder Verbraucheränderungen sein, die sich letztendlich in der Erreichbarkeit des Limits wiederspiegeln können. Dieser ständige Regelprozess kann im Rahmen des aktuellen Energiemanagements manuell oder über einen Steuer- oder Regelungsprozess auch über ein System durch passives Energiemanagements erfolgen. Einflussmöglichkeiten auf den Verbrauch sind Abschaltungen einzelner Verbraucher oder Dimmungen oder die Absenkung von Sollwerten. Geregelt werden kann auf Leistungs-, Verbrauchs- und Kostenlimits. Leistungslimitregelung hat Einfluss auf die aktuelle eingesetzte Leistung und damit im Integral auf das ganze Jahr, während verbrauchs- und kostenbasierte Steuerung dazu führen kann, dass einige Verbraucher generell abgeschaltet werden. Aus diesem Grunde werden eher leistungsbasierte Regelungen erfolgen, während Verbrauchs- und Kostenbetrachtung eher psychologisch wirken können, um die Auswirkung von Einsparungen realisieren zu können. Die Heizungssteuerung kann korrigiert werden, indem Sollwerte bei Überschreitung von Limits zunächst in den Räumen abgesenkt werden, die verschmerzbar sind und erst im Zuge der weiteren Nichteinhaltung der Limits auch in Wohnräumen die Sollwerte reduziert werden.

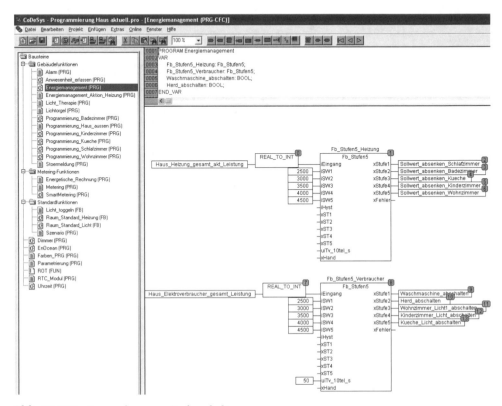

Abb. 17.109 Anwendung von Stufenschaltern

Über parametrierbare Stufenschalter wird die aktuelle Leistung bezüglich fünf vorgegebener Limits überprüft und darauf basierend Abschaltszenarien aufgerufen, dies betrifft Sollwertverschiebungen der Heizung und Geräteabschaltungen (vgl. Abb. 17.109).

Bei der automatischen Absenkung der Sollwerte kann ideal auf die Programmiersprache ST zurückgegriffen werden, da damit Regeln optimal in Programmcode abgebildet werden können (vgl. Abb. 17.110).

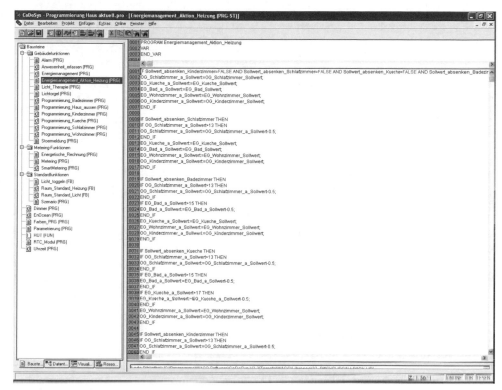

Abb. 17.110   Automatische Absenkung von Sollwerten

IF Sollwert_absenken_Kinderzimmer=FALSE AND AND Sollwert_absenken_Wohnzimmer=FALSE THEN
  OG_Schlafzimmer_a_Sollwert:=OG_Schlafzimmer_Sollwert;
  EG_Kueche_a_Sollwert:=EG_Kueche_Sollwert;
  EG_Bad_a_Sollwert:=EG_Bad_Sollwert;
  EG_Wohnzimmer_a_Sollwert:=EG_Wohnzimmer_Sollwert;
  OG_Kinderzimmer_a_Sollwert:=OG_Kinderzimmer_Sollwert;
END_IF
IF Sollwert_absenken_Schlafzimmer THEN
  IF OG_Schlafzimmer_a_Sollwert>13 THEN
    OG_Schlafzimmer_a_Sollwert:=OG_Schlafzimmer_a_Sollwert-0.5;
  END_IF
  EG_Kueche_a_Sollwert:=EG_Kueche_Sollwert;
  EG_Bad_a_Sollwert:=EG_Bad_Sollwert;
  EG_Wohnzimmer_a_Sollwert:=EG_Wohnzimmer_Sollwert;
  OG_Kinderzimmer_a_Sollwert:=OG_Kinderzimmer_Sollwert;
END_IF
IF Sollwert_absenken_Badezimmer THEN
  IF OG_Schlafzimmer_a_Sollwert>13 THEN
    OG_Schlafzimmer_a_Sollwert:=OG_Schlafzimmer_a_Sollwert-0.5;
  END_IF

```
  IF EG_Bad_a_Sollwert>15 THEN
    EG_Bad_a_Sollwert:=EG_Bad_a_Sollwert-0.5;
  END_IF
 EG_Kueche_a_Sollwert:=EG_Kueche_Sollwert;
 EG_Wohnzimmer_a_Sollwert:=EG_Wohnzimmer_Sollwert;
 OG_Kinderzimmer_a_Sollwert:=OG_Kinderzimmer_Sollwert;
END_IF
IF Sollwert_absenken_Kueche THEN
IF OG_Schlafzimmer_a_Sollwert>13 THEN
OG_Schlafzimmer_a_Sollwert:=OG_Schlafzimmer_a_Sollwert-0.5;
END_IF
IF EG_Bad_a_Sollwert>15 THEN
EG_Bad_a_Sollwert:=EG_Bad_a_Sollwert-0.5;
END_IF
IF EG_Kueche_a_Sollwert>17 THEN
EG_Kueche_a_Sollwert:=EG_Kueche_a_Sollwert-0.5;
END_IF
EG_Wohnzimmer_a_Sollwert:=EG_Wohnzimmer_Sollwert;
OG_Kinderzimmer_a_Sollwert:=OG_Kinderzimmer_Sollwert;
END_IF
IF Sollwert_absenken_Kinderzimmer THEN
IF OG_Schlafzimmer_a_Sollwert>13 THEN
OG_Schlafzimmer_a_Sollwert:=OG_Schlafzimmer_a_Sollwert-0.5;
END_IF
IF EG_Bad_a_Sollwert>15 THEN
EG_Bad_a_Sollwert:=EG_Bad_a_Sollwert-0.5;
END_IF
IF EG_Kueche_a_Sollwert>17 THEN
EG_Kueche_a_Sollwert:=EG_Kueche_a_Sollwert-0.5;
END_IF
IF OG_Kinderzimmer_a_Sollwert>17 THEN
OG_Kinderzimmer_a_Sollwert:=OG_Kinderzimmer_a_Sollwert-0.5;
END_IF
EG_Wohnzimmer_a_Sollwert:=EG_Wohnzimmer_Sollwert;
END_IF
IF Sollwert_absenken_Wohnzimmer THEN
IF OG_Schlafzimmer_a_Sollwert>13 THEN
OG_Schlafzimmer_a_Sollwert:=OG_Schlafzimmer_a_Sollwert-0.5;
END_IF
IF EG_Bad_a_Sollwert>15 THEN
EG_Bad_a_Sollwert:=EG_Bad_a_Sollwert-0.5;
END_IF
IF EG_Kueche_a_Sollwert>17 THEN
EG_Kueche_a_Sollwert:=EG_Kueche_a_Sollwert-0.5;
END_IF
IF OG_Kinderzimmer_a_Sollwert>17 THEN
OG_Kinderzimmer_a_Sollwert:=OG_Kinderzimmer_a_Sollwert-0.5;
END_IF
IF EG_Wohnzimmer_a_Sollwert>17 THEN
EG_Wohnzimmer_a_Sollwert:=EG_Wohnzimmer_a_Sollwert-0.5;
```

```
END_IF
END_IF
IF Haus_aussen_Temperatur>OG_Schlafzimmer_Sollwert+2 AND
     Haus_aussen_Temperatur>OG_Kinderzimmer_Sollwert+2 AND
     Haus_aussen_Temperatur>EG_Kueche_Sollwert+2 AND Haus_aussen_Temperatur>EG_Bad_Sollwert+2
     AND Haus_aussen_Temperatur>EG_Wohnzimmer_Sollwert+2 THEN
  Heizungspumpe_aus:=TRUE;
  Heizung_aus:=TRUE;
ELSE
  Heizungspumpe_aus:=FALSE;
  Heizung_aus:=FALSE;
END_IF
IF EG_Kueche_Heizung=FALSE AND EG_Bad_Heizung=FALSE AND EG_Wohnzimmer_Heizung=FALSE
     AND OG_Kinderzimmer_Heizung=FALSE AND OG_Schlafzimmer_Heizung=FALSE THEN
  Heizungspumpe_aus:=TRUE;
ELSE
  Heizungspumpe_aus:=FALSE;
END_IF
```

In der Heizungsregelung ist auch die Steuerung der Heizungspumpe und des Heizkessels enthalten. Bei dauerhafter Überschreitung der Sollwerte kann die Heizung abgeschaltet werden, sollten die Sollwerte aller Räume eingehalten werden, kann die Heizungspumpe heruntergefahren oder eingeschaltet werden.

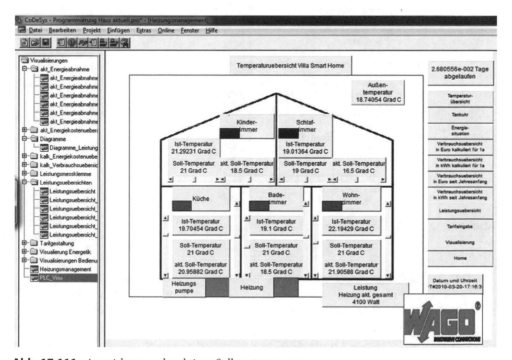

Abb. 17.111 Auswirkungen der aktiven Sollwertanpassung

Das vorgestellte Skript ist lediglich ein Prototyp, um die prinzipielle Vorgehensweise zu demonstrieren. Die Auswirkungen der Sollwertanpassung kann anhand der Temperaturübersicht überprüft werden (vgl. Abb. 17.111).

17.7   Gebäudeautomation

Gebäudeautomationsfunktionen können über vorgefertigte Funktionen bei Nutzung gebäudespezifischer Bibliotheken oder über angepasste eigene Funktionsblöcke realisiert werden. Dem Programmcode ist eine einfache Triggerauswertung eines Tasters zu entnehmen, mit der ein Verbraucher umgeschaltet wird. Der Code kann beliebig auf Auswertung von Single- oder Doubleclick oder kurze oder lange Betätigung erweitert werden (vgl. Abb. 17.112).

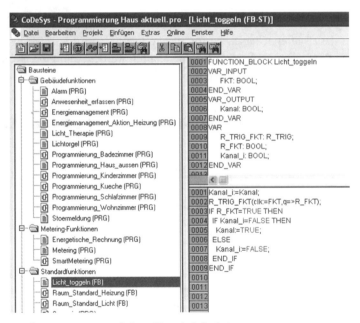

Abb. 17.112 Realisierung einer einfachen Umschaltfunktion

Die Standardfunktionen für die Schaltung von Aktoren bei Auswertung weiterer Variablen kann in einem entsprechenden Funktionsblock zusammengefasst werden. Im Beispiel wird ein Taster je nach Parametrierung auf Single-/Doubleclick oder Kurz-/Lang-Betätigung ausgewertet und in Verbindung mit dem Haus-ist-verlassen-Zustand und einer anwählbaren Überwachung des Tastvorgangs die Schaltfunktion umgesetzt (vgl. Abb. 17.113).

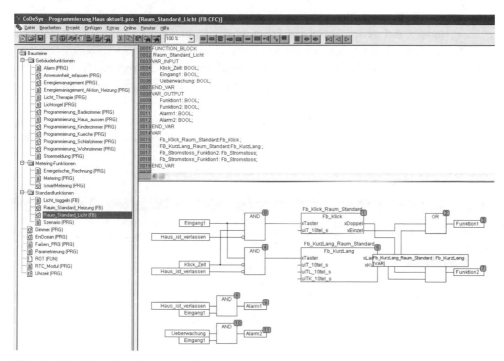

Abb. 17.113 Komplexe Taster- und Zustandsauswertung in CFC

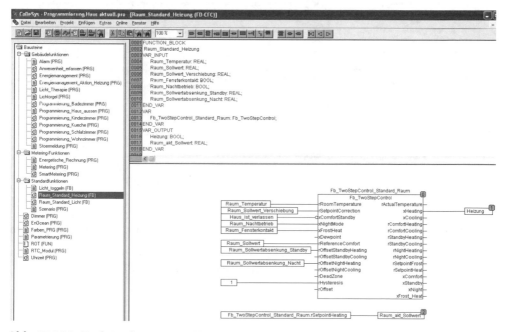

Abb. 17.114 Funktionsbaustein zur Heizungssteuerung

Auch für die Steuerung von Heizungen stehen in den WAGO-Bibliotheken Bausteine zur Verfügung, mit denen komplexe Heizungssteuerungen aufgebaut werden können. Der Baustein wurde zur weiteren Verwendung in einen gebäudespezifischen Baustein eingebaut, um die Anzahl der Über- und Rückgabevariablen zu reduzieren. Übergeben werden Raumtemperatur, Sollwerte und Zustände, die Heizung wird direkt angesteuert (vgl. Abb. 17.114).

Über einen Szenarienbaustein können gezielte Raumsituationen eingestellt werden, so beispielsweise die Abschaltung aller nicht notwendigen Verbraucher bei verlassenem Haus oder der Abwesenheit einzelner Bewohner (vgl. Abb. 17.115).

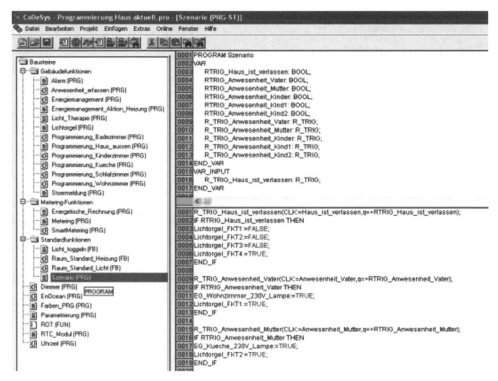

Abb. 17.115 Szenarienbaustein

Die Verwendung der Programmiersprache ST erleichtert die Umsetzung von Regeln erheblich.

```
R_TRIG_Haus_ist_verlassen(CLK:=Haus_ist_verlassen,q=>RTRIG_Haus_ist_verlassen);
IF RTRIG_Haus_ist_verlassen THEN
Lichtorgel_FKT1:=FALSE;
Lichtorgel_FKT2:=FALSE;
Lichtorgel_FKT3:=FALSE;
Lichtorgel_FKT4:=TRUE;
```

```
END_IF
R_TRIG_Anwesenheit_Vater(CLK:=Anwesenheit_Vater,q=>RTRIG_Anwesenheit_Vater);
IF RTRIG_Anwesenheit_Vater THEN
EG_Wohnzimmer_230V_Lampe:=TRUE;
Lichtorgel_FKT1:=TRUE;
END_IF
R_TRIG_Anwesenheit_Mutter(CLK:=Anwesenheit_Mutter,q=>RTRIG_Anwesenheit_Mutter);
IF RTRIG_Anwesenheit_Mutter THEN
EG_Kueche_230V_Lampe:=TRUE;
Lichtorgel_FKT2:=TRUE;
END_IF
R_TRIG_Anwesenheit_Kinder(CLK:=Anwesenheit_Kinder,q=>RTRIG_Anwesenheit_Kinder);
IF RTRIG_Anwesenheit_Kinder THEN
OG_Kinderzimmer_230V_Lampe:=TRUE;
END_IF
R_TRIG_Anwesenheit_Kind1(CLK:=Anwesenheit_Kind1,q=>RTRIG_Anwesenheit_Kind1);
IF RTRIG_Anwesenheit_Kind1 THEN
OG_Kinderzimmer_Bett_oben_Licht:=TRUE;
END_IF
R_TRIG_Anwesenheit_Kind2(CLK:=Anwesenheit_Kind2,q=>RTRIG_Anwesenheit_Kind2);
IF RTRIG_Anwesenheit_Kind2 THEN
OG_Kinderzimmer_Bett_unten_Licht:=FALSE;
END_IF
```

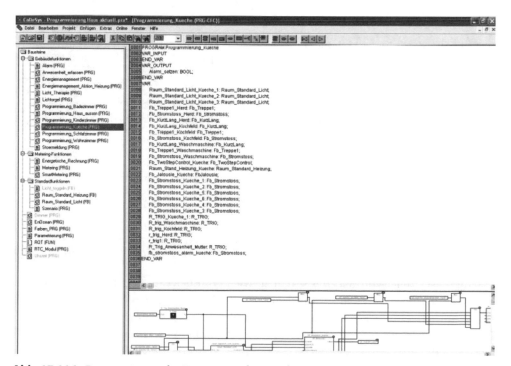

Abb. 17.116   Parametrierung der Programme der einzelnen Räume

Alle Einzelfunktionen eines Raumes werden in Programmen der einzelnen Räume angelegt. Es entstehen komplexe Zusammenhänge, die einfach über die graphisch orientierte Programmiersprache CFC oder in strukturierter Form über ST realisiert werden. Die notwendigen Variablen müssen gegebenenfalls parametriert werden, soweit sie nicht unter „Globale Variablen" direkt Ein- und Ausgänge darstellen, zudem müssen die Instanzierungen der einzelnen Bausteine parametriert werden (vgl. Abb. 17.116).

Die Funktion zwischen Tasterauswertungen und Stromstoßschaltern ist sehr komplex und kann nur durch strukturierte Anordnung der Bausteine übersichtlich gestaltet werden (vgl. Abb. 17.117).

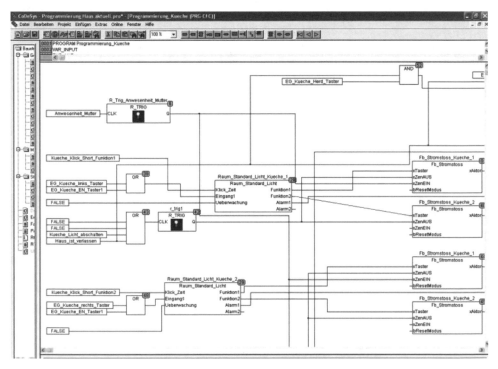

Abb. 17.117 Programmierung der Funktionen eines Raumes

Im jeweiligen Raumprogramm sind auch die Heizungs- und Jalousiesteuerungen übersichtlich enthalten (vgl. Abb. 17.118).

Die Auswertung von Sub-Bussystemen, wie z. B. EnOcean oder KNX/EIB, kann in speziellen Bausteinen erfolgen. Angelegt wird der Masterbaustein, über den in Verbindung mit der EnOcean-Klemme auf die einzelnen EnOcean-Busteilnehmer sowie die Bausteine, über die auf EnOcean-Taster und Raumthermostate zugegriffen wird (vgl. Abb. 17.119).

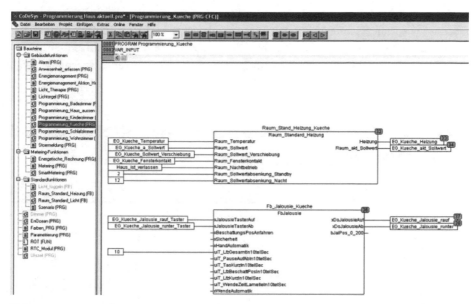

Abb. 17.118 Anordnung von Heizungs- und Jalousiebaustein im Programm eines Raumes

Abb. 17.119 Programmierung eines EnOcean-Gateways

Realisiert in der Programmiersprache CFC können die einzelnen EnOcean-Bus-Teilnehmer wie reale Geräte behandelt werden, denen eine EnOcean-ID am Eingang und eine Auswertung der einzelnen Tasten oder Zustände an den Ausgängen entgegenstehen. Die graphische Programmierung erleichtert hier den Überblick (vgl. Abb. 17.120).

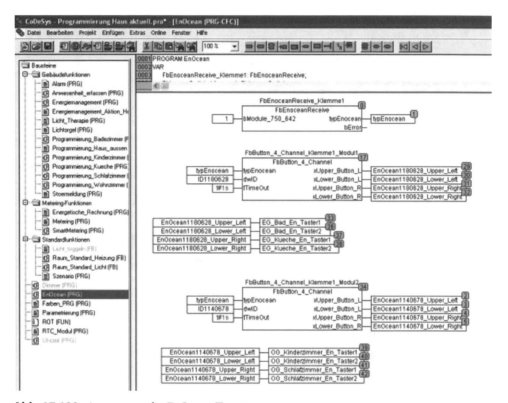

Abb. 17.120 Auswertung der EnOcean-Taster

Auch die Raumthermostate können übersichtlich ausgelesen werden. Über spezielle Bausteine kann die ID von EnOcean-Teilnehmern bei Betätigung ermittelt werden (vgl. Abb. 17.121).

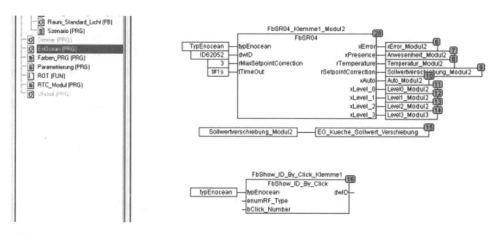

Abb. 17.121 Auswertung von EnOcean-Raumthermostaten

17.8 Einbindung von Komfortfunktionen

In Verbindung mit der Programmierung der Gebäudeautomation werden viele Komfortfunktionen bereits realisiert. In Verbindung mit der Visualisierung kann die Visualisierung zur Komfortsteigerung Verwendung finden. Um die Farbvielfalt zu erhöhen, können Farben eigenständig deklariert werden (vgl. Abb. 17.122).

Abb. 17.122 Deklaration von Farben für die Visualisierung

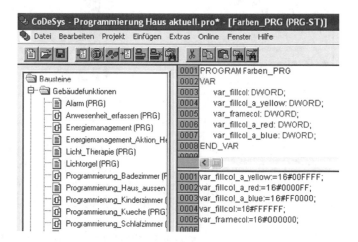

Zu den ständig nachgefragten Funktionen einer Gebäudeautomation zählt auch die freie Parametrierbarkeit von Tasterfunktionen, wie z. B. die Veränderung von Tastzeiten oder der Wechsel von Einfach-/Zweifach- nach Kurz-/Lang-Click oder generell die freie Zuweisung von Tastfunktionen zu Aktoren, dies im laufenden Betrieb. Die erste Forderung kann einfach durch Vordefinition von zwei unterschiedlichen Tasterauswertungen und Parametrierung über die Visualisierung sein. Forderung 2 ist nur bei gewisser Einschränkung der verwendeten Funktionalitäten und Anordnung der Tasten und Aktoren in einer Matrix realisierbar, wobei die Zuordnung über eine Betätigungsart im zugehörigen Matrixfeld erfolgt. Durch einfaches Anklicken der Funktion und Zuweisung einer Zahl aus einem Popup-Menü erfolgt dann die Programmierung vor dem Hintergrund einer laufenden, programmierten Automations-Engine. Diese Forderungen wurden in einem Demonstrationsmodell und auch in zwei realen Projekten bereits umgesetzt (vgl. Abb. 17.123).

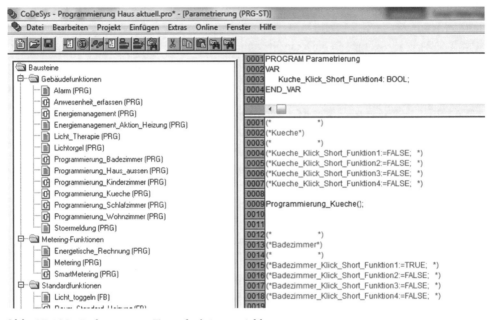

Abb. 17.123 Definition von Tasterfunktionsvariablen

Die Parametrierung der Taster erfolgt in der Visualisierung durch Anklicken des entsprechenden Buttons mit Anzeige über Farben (vgl. Abb. 17.124).

Durch die gute Programmierbarkeit können bei dimmbaren Leuchten auch Funktionen wie Szenen oder Therapielichter in Saunen oder Bädern realisiert werden (vgl. Abb. 17.125).

Die gesamte Komfortsteuerung erfolgt über ein stilisiertes Haus, bei dem durch Klick auf einen Button der jeweilige Raum gesteuert werden kann (vgl. Abb. 17.126).

Die Bedienung der Funktionen kann durch tabellarische Darstellung, die der Anwendung in Smartphones nahekommt, oder durch graphische Elemente und Darstellungen auch in Verbindung mit Hintergründen erfolgen. Im vorliegenden Fall wird eine einfache graphische Visualisierung vorgestellt (vgl. Abb. 17.127).

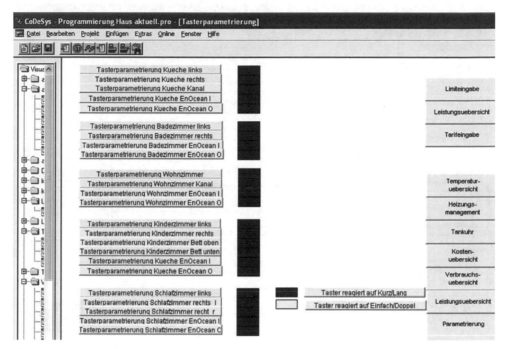

Abb. 17.124 Parametrierung von Tastern über ein Menü

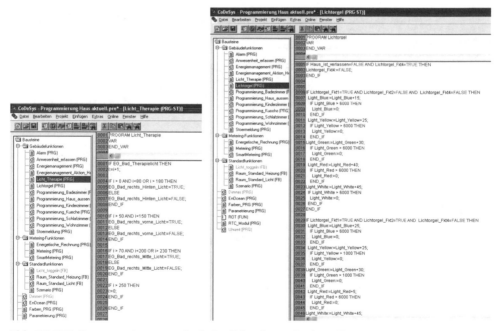

Abb. 17.125 Programmierung wechselnder Beleuchtung in einem Raum

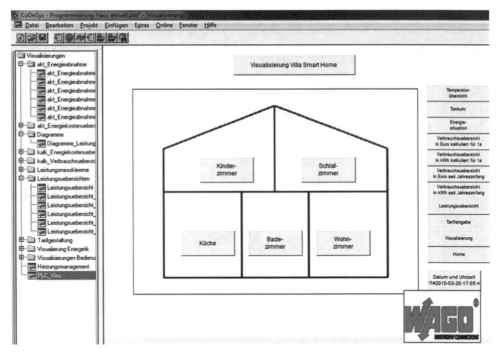

Abb. 17.126 Navigation in der Visualisierung

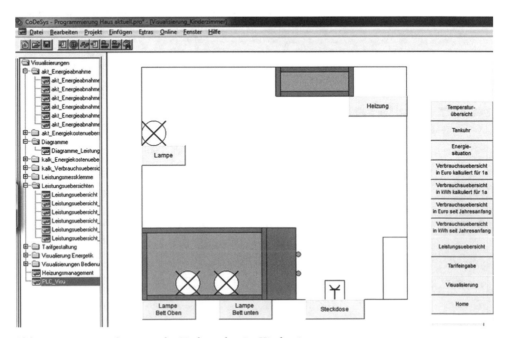

Abb. 17.127 Visualisierung der Verbraucher im Kinderzimmer

17.9   Einbindung von Sicherheitsfunktionen

Die Realisierung von Sicherheitsfunktionen ist bereits in der Gebäudeautomation bei der Tasterauswertung enthalten. Während bei bewohntem Haus auf Tastendruck Funktionen ausgelöst werden sollen, weist die Betätigung bei Abwesenheit auf unberechtigtes Eindringen hin und kann die Sicherheitsfunktionen unterstützen. Auch ist einfach eine Überwachung des Kinderzimmers realisierbar, indem das jeweilige Kinderzimmer auf Überwachung geschaltet und damit die Betätigung von Lichttastern zu überwachen. Der Einbindung weiterer Sicherheitsfunktionen, wie z. B. Rauch- oder Bewegungsmeldern sind in Verbindung mit Kommunikationseinrichtungen problemlos realisierbar. Weitere Sicherheitsfunktionen sind das Melden eingeschalteter Geräte bei verlassenem Haus, wie z. B. des Bügeleisens oder des Ofens.

Andererseits können Störmeldungen in Verbindung mit Metering generiert werden. Ist ein Gerät defekt, aber eingeschaltet, so fließt kein Strom, dies kann ebenso detektiert werden wie zu großer Stromfluss zur Detektion von Überlastungen oder Kurzschlüssen (vgl. Abb. 17.128).

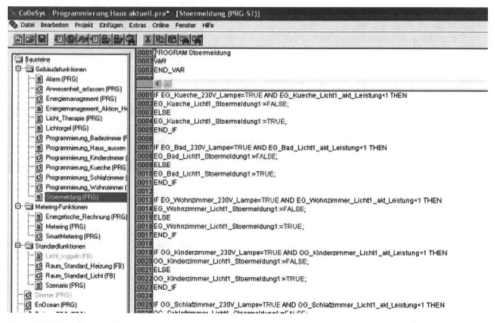

Abb. 17.128 Überprüfung von Stromkreisen

Die Gebäudeautomation wird unterstützt durch Anwesenheitsmeldungen. Über Kartenschalter oder Transponder kann die Anwesenheit der einzelnen Bewohner registriert werden (vgl. Abb. 17.129).

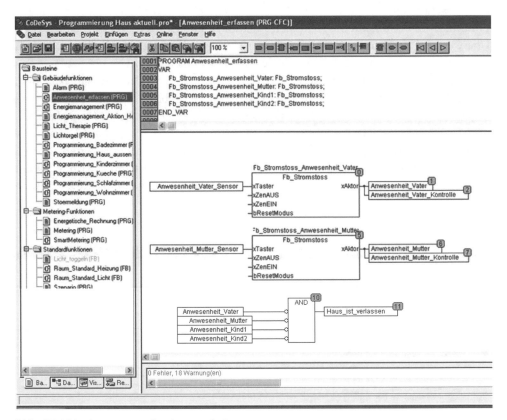

Abb. 17.129 Auswertung der Anwesenheit

Alarme werden resultierend aus verschiedenen Funktionen ausgelöst und auf einer Visualisierungsseite angezeigt, protokolliert oder per SMS oder E-Mail weitergeleitet (vgl. Abb. 17.130).

17.10 Multifunktionssystem

Durch die Einbindung externer Web-Seiten können Multifunktionssysteme eingebunden werden. Darüber hinaus kann zur Alarmierung auch ein E-Mail-System eingebunden werden. Die WAGO-Bibliotheken halten eine große Anzahl von Bausteinen für die Multifunktionalität bereit.

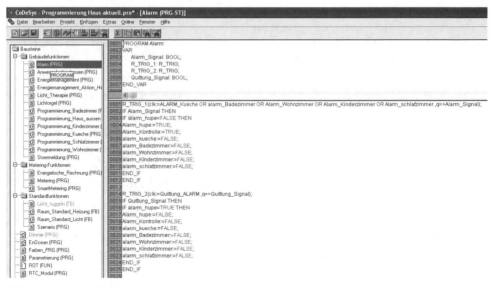

Abb. 17.130 Auslösung und Quittierung von Alarmen

17.11 Fazit

Mit der SPS WAGO 750 bei Rückgriff auf die Software CoDeSys und die integrierte Visualisierungsmöglichkeit sind komplexe Gebäudeautomationen realisierbar, die alle Möglichkeiten des smart-metering-basierten Energiemanagements eröffnen. Die Komponenten des WAGO-SPS-Systems sind preiswert und einfach durch Austausch von Relais wartbar, aufgrund der Verwendung in der Industrieautomatisierung und in der Gebäudeautomation von Objektgebäuden auch auf Dauer zuverlässig. Die Vielfalt von Gateways ermöglicht die Einbindung einiger Gebäudebussysteme über I/O-Klemmen. Durch die Vernetzbarkeit einzelner SPS-Systeme über das Ethernet können Substrukturen aufgebaut und über das Netzwerk verbunden werden, die Kommunikation zwischen den Subsystemen kann ideal über Netzwerkvariablen realisiert werden. Damit wird auch die Ausfallwahrscheinlichkeit des Gesamtsystems wesentlich reduziert. Die Programmiersoftware CoDeSys unterstützt einige Programmiersprachen, die ideal in der Gebäudeautomation Verwendung werden können, so ist ST ideal für Berechnungen und Regelwerke sowie komplexere Umsetzungen der Gebäudeautomation geeignet, während mit CFC das Zusammenspiel von Komponenten und Bausteinen über Verbindungslinien abgebildet wird. Durch Kombination von CFC und ST in Programmen oder Funktionsbausteinen können gezielt Anwendungen für einzelne Räume aufgebaut werden, die nacheinander in einer Task ablaufen können. Anwendungsorientierte Bibliotheken erleichtern den Programmierprozess wesentlich. Durch die Programmstruktur in Verbindung mit zeitlich angepasstem Aufruf der Tasks behält man die Übersicht über die

Funktion der SPS. Über die Visualisierungsmöglichkeit werden Konfigurationen, Parametrierungen und Systembedienungen auch über ein Web-UI möglich. Damit können Smart-Metering-Anwendungen in Verbindung mit Energiemanagement und komplexer Gebäudeautomation ideal realisiert werden.

Als nachteilig stellte sich im Projektverlauf heraus, dass graphische Darstellungen insbesondere für Smart-Metering-Anwendungen zwar mit Anzeigeinstrumenten, nicht jedoch effektiv mit zeitabhängigen Graphiken unterstützt werden können. Die Generierung einer Graphik ist zwar möglich, dies ist jedoch aufwändig und erfordert immensen Speicherplatz auf der SPS. Nachteilig ist zudem, dass umfangreiche Visualisierungen häufig nicht in den Speicher der SPS passen und daher zwar eine Visualisierung über einen PC mit Direktzugriff auf die SPS über das Ethernet, nicht jedoch über das Web-UI erfolgen kann.

Die Nachteile können durch Wahl eines geeigneteren Controllers mit größerem Speicher und performanterem Controller oder linuxbasiertem Controller als IPC-System gelöst werden. Zur Ermöglichung von Graphiken und sonstigen Erweiterungen um Multifunktionalität kann die WAGO-SPS ideal in IP-Symcon integriert werden, um von diesem die Datenspeicherung und Graphikgenerierung übernehmen zu lassen.

Es konnte aufgezeigt werden, dass die vollständige Implementation von Smart Metering in einem Gebäudeautomationssystem sehr aufwändig ist. Die Programmierung des Systems erfordert insbesondere mathematische Fähigkeiten und graphische Darstellungsmöglichkeit. So wie beschrieben ist das vollständige Gebäudeautomationssystem hinsichtlich der Anwendung auf ein Gebäude ein Solitär. Aus diesem Grunde wurde ein Folgeprojekt gestartet, mit dem bei Verwendung von Feldern (Arrays) und Datentypen, die sowohl instanziert Programme, als auch Variablen enthalten, eine Gebäudeautomation auf der Basis einer tabellenartigen Planung zu erstellen. Hierbei sind einige wenige Abstriche an die flexible Gestaltung der Automation hinzunehmen. Im Gegenzug ist nur noch die Anzahl der Geschosse, der Räume in den Geschossen und der Funktionen wie Beleuchtung, Geräte, Jalousien, Heizungen in den einzelnen Räumen zu definieren. Dies ermöglicht direkt die Implementation von Smart Metering, da sich die Aufgabenstellung des Meterings lediglich auf der Basis der Geräte wenig ändert. Das Projekt ist soweit fortgeschritten, dass sowohl WAGO-IO, als auch EnOcean-Taster, KNX/EIB- und DALI-Geräte berücksichtigt werden können. Damit verbunden ist auch die variable Zuordnung von Tastern zu Aktorfunktionen, die über eine indizierte Matrix erfolgt. Bei konkreter Fortsetzung des Projekts könnte die Projektierung einer Gebäudeautomation sich auf ein Bauherrengespräch reduzieren, dem die Auswahl der Hardware folgt und beides in eine einfache Parametrierung eines standardisierten Gebäudeautomationssystems übergeht.

Umsetzung von smart-metering-basiertem Energiemanagement mit IP-Symcon

18

Als weiteres Beispiel zur Realisierung von smart-metering-basiertem Energiemanagement wird eine Referenzinstallation von IP-Symcon vorgestellt, die im Rahmen der Nachrüstung in cincm Wohngebäude von 1975 aufgebaut wird.

18.1 Gesamtansicht

Die Gesamtansicht von IP-Symcon präsentiert sich mit einzelnen Buttons, über die auf das gesamte System oder Teilsysteme, wie z. B. Haussteuerung, Kosten, Multimedia oder die verbauten Feldbussysteme selbst, zugegriffen werden kann (vgl. Abb. 18.1). Damit wird eine gute Übersicht über das System gewahrt.

Abb. 18.1 Gesamtansicht der IP-Symcon-Referenzinstallation

18.2   Feldbussysteme

Basis für eine Gebäudeautomation bzw. für ein Energieeinsparinformationssystem, sind die verbauten Feldbussysteme, mit denen Sensoren und Aktoren integriert werden. Durch Betätigung von Feldbussysteme mit der Maus gelangt man zu den einzelnen verbauten Bussystemen (vgl. Abb. 18.2).

Abb. 18.2 Aufruf der Feldbussysteme

Abb. 18.3 Darstellung von FS20/HMS/FHT80-Komponenten

In der Referenzinstallation verbaut und vorgesehen sind die Bussysteme FS20 mit HMS und FHT80, HomeMatic, Eltako Funkbus, 1-Wire, KNX/EIB, WAGO, LCN, digital-STROM und Z-Wave. Die bereits realisierten Systemzugänge sind in der zweiten Menüzeile erkennbar. Durch Anwahl eines Feldbussystems erhält man eine Übersicht über die Gebäudetopologie mit Etagen und Räumen, in denen die einzelnen Bussystem-Komponenten verbaut sind. Hinsichtlich der Komponenten werden alle relevanten Objekte angezeigt, neben Aktoren werden auch Sensoren, wie z. B. Taster aufgeführt sowie Batterie- und Statusmeldungen der einzelnen Komponenten (vgl. Abb. 18.3).

Auch alle anderen Gebäudebussysteme sind in einer Gebäudetopologie abgelegt (vgl. Abb. 18.4 und Abb. 18.5).

Abb. 18.4 Ansicht der HomeMatic-Geräte in der Gebäudetopologie

Abb. 18.5 Ansicht der Eltako-Funkbus-Geräte in der Gebäudetopologie

Bereits in der Feldbussysteme-Ansicht können die Anzeigen der Sensoren beobachtet und Aktoren und Systemzustände beeinflusst werden. Aus Übersichtsgründen wurden die Feldbussysteme vereinzelt und in eine Gebäudetopologie integriert. Dies ermöglicht eine Dokumentation über das verbaute Gebäudeautomationssystem, da IP-Symcon tabellenartig eine Visualisierung ermöglicht und weitergehende Dokumentationen nur über Beschreibungsfelder möglich sind. Damit steht jedoch genügend Ordnungsfunktionalität bereit, um die per System schlecht dokumentierbaren Funkbussysteme zu organisieren.

Um die Ansichten zu ermöglichen, wird in IP-Symcon unter dem Ordner „IP-Symcon" die Topologie des Referenzsystems angelegt, auf das später über die Buttons zugegriffen wird (vgl. Abb. 18.6). In den weiteren Ordnern werden die Systemzugänge zu Bussystemen, Medien, Archive etc. verwaltet.

Abb. 18.6 Ordneransicht in der IP-Symcon-Konsole

Unter dem Ordner Feldbussysteme sind die verschiedenen Bussysteme mit jeweils einem eigenen Ordner aufgeführt, denen jeweils eine Gebäudetopologie mit kaskadierten Ordnern zugewiesen ist (vgl. Abb. 18.7). Unter dem jeweiligen Bussystem und Raum sind die einzelnen Busteilnehmer aufgeführt sowie deren einzelne Objekte. Insbesondere wurde Wert auf umfangreiche Beschriftung der einzelnen Geräte und Objekte gelegt, um die Dokumentation und Übersichtlichkeit zu gewähren.

Abb. 18.7 Ordnerstruktur der Feldbussysteme in der Konsole

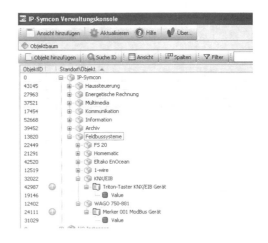

Die Strukturierungsmöglichkeiten sind in den einzelnen Bussystemen sehr unterschiedlich. Über die bereits beschriebene Funktionalität der Konfiguratoren in IP-Symcon können Organisationsstrukturen direkt übernommen werden, dies ist insbesondere bei KNX/EIB sehr praktisch, da die bereits in der ETS geleistete Arbeit weiter verwendet werden kann, dies betrifft jedoch nur die Gruppenadressen, Geräte mit deren Adressen und Applikationen müssen separat in IP-Symcon eingepflegt werden. Bei anderen Bussystemen, wie z. B. xComfort, können nur die Benennungen der Geräte übernommen werden. Soweit möglich werden Konfiguratoren eingesetzt, alle anderen Bussysteme müssen manuell eingepflegt werden (vgl. Abb. 18.8).

Abb. 18.8 Ansicht der Feldbussysteme-Topologie in der IP-Symcon-Konsole

Entsprechend sind auch die anderen Feldbussysteme neben FS20 und HomeMatic in einer Gebäudetopologie abgelegt. Bei der Benennung der Geräte wird ein Hinweis auf das Bussystem mitgeführt (vgl. Abb. 18.9).

Abb. 18.9   Ansicht der HomeMatic-Geräte in der IP-Symcon-Konsole

Abb. 18.10   Verlinkung von Objekten in der Topologie Haussteuerung

Zum Aufbau einer Gebäudeautomation ist in der Konsole der Ordner Haussteuerung
angelegt. Auch in diesem Ordner ist zur späteren Navigation eine Gebäudetopologie enthalten, in der durch Verlinkung mit den realen Geräten unter dem Ordner Feldbussysteme die relevanten Objekte angelegt werden. In der Haussteuerung stehen nicht

die realen Geräte und Objekte, sondern nur Verweise auf die Objekte, da die einzelnen Objekte mehrfach verwendet werden können. Nicht alle Objekte eines Geräts sind zudem für die Funktion des Geräts notwendig, so können Batteriezustandsmeldungen oder andere Stati auch in separaten Topologien geführt werden. Bei der Benennung der Links entfallen die Hinweise auf das zugrundeliegende Gebäudeautomationssystem und den Gerätetyp (vgl. Abb. 18.10).

18.3 Visualisierungsparametrierung

Die Visualisierung wird automatisiert im Zuge des Aufbaus der Topologien aufgebaut, damit stehen Ansichten der Haussteuerung, der energetischen Rechnung, Multimedia, Kommunikation etc. direkt zur Verfügung, in denen bei Haussteuerung und energetischer Rechnung durch das Gebäude und im Rahmen von Multimedia durch Archive navigiert werden kann. Zusätzlich parametrierbar sind Zugangsmöglichkeiten in Verbindung mit Ports, Zugangsbeschränkungen, Passwörtern und weitere Verfeinerungen der Ansicht der Visualisierung insbesondere in Verbindung mit Multimediafunktionen. Um größtmögliche Übersicht über das Multifunktionssystem zu bewahren, kann das System als Ganzes oder in Teilen aufgerufen werden (vgl. Abb. 18.11).

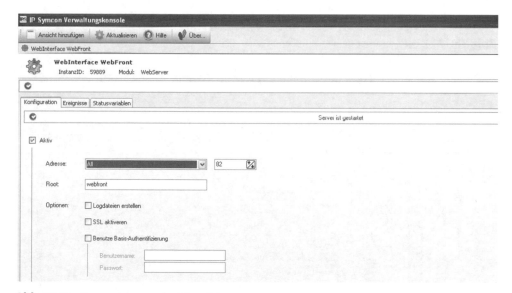

Abb. 18.11 Parametrierung der Visualisierung

Dazu werden unter Konfiguratoren mehrere Web-UIs mit unterschiedlichen Namen angelegt, die über verschiedene Zugangspunkte in das gesamte System verfügen. Je nach IP-Symcon-Lizenzgröße sind mehr oder weniger einzelne Konfiguratoren anlegbar (vgl.

Abb. 18.12). Im vorliegenden Fall wurden die Web-UIs Gesamtansicht, Haussteuerung, energetische Rechnung, Multimedia, Kommunikation, Information, Archiv und Feldbus angelegt. Unter jedem einzelnen Konfigurator wird neben dem Einstiegspunkt in die jeweiligen Topologien auch die Gestaltung des Web-UI durch Definition von Fensteraufteilungen und zusätzliche Elemente angepasst. Durch die Zugriffsmöglichkeit auf einzelne Visualisierungsäste steigt insbesondere auf Tablet-PCs die Performance des Zugriffs (vgl. Abb. 18.13).

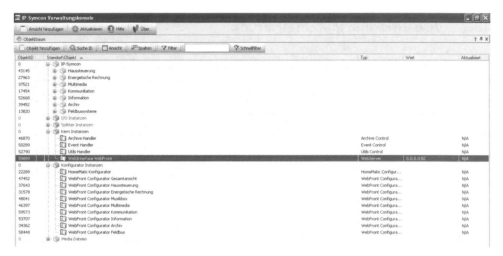

Abb. 18.12   Übersicht über die verschiedenen Visualisierungen

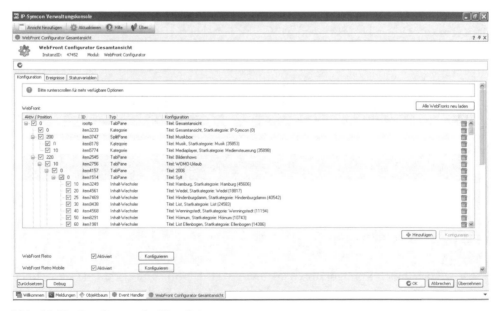

Abb. 18.13   Detailierung der Visualisierung

Die Benennung der einzelnen Beschriftungen der Web-UIs ist so wie das zuzuordnende Icon frei wählbar. Gezielt kann zudem gesteuert werden, inwieweit Smartphones
verschiedener Ausstattungsgrade auf das Multifunktionssystem zugreifen können (vgl.
Abb. 18.14).

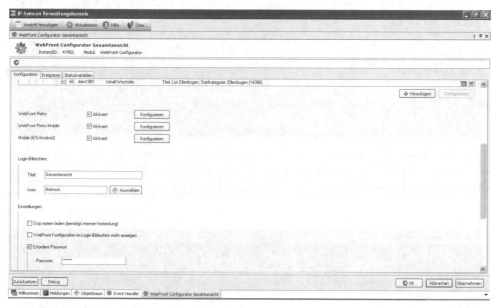

Abb. 18.14   Parametrierung des Zugriffs auf eine Visualisierung

18.4   Energetische Rechnung

Zu der für Smart Metering wichtigsten Web-UI-Ansicht zählt das energetische Rechnen,
das im vorliegenden Fall mit Kosten beschriftet wurde. Bereits in einem vorherigen Kapitel wurde auf die Anwendung von IP-Symcon für ein Energieberatungssystem eingegangen, interessanter ist die Anwendung von Smart Metering in Verbindung mit einer
Gebäudeautomation. Durch Anwahl von Kosten mit der Maus gelangt man in die Ansicht für die energetische Rechnung, das eigentliche Smart Metering (vgl. Abb. 18.15).
Erkennbar ist unmittelbar eine Gebäudetopologie, bestehend aus Keller, Erdgeschoss,
Obergeschoss, Dachgeschoss, Garten sowie Tarife, durch die einfachst durch Mausklick
navigiert werden kann. Wesentliche Grundlage für die energetische Rechnung sind die
Tarife der jeweiligen Energie- oder Versorgungsmedien, im vorliegenden Fall Strom, Gas
und Wasser.

Abb. 18.15   Aufruf des Menüs zur energetischen Rechnung

Die vorliegende IP-Symcon-Anwendung schreibt die Tarife über der Zeit in einem Logger mit, die Tarife selbst können entweder aus E-Mails, SMS oder Internetzugriffen oder durch Direkteingabe geändert werden (vgl. Abb. 18.16).

Abb. 18.16   Tarifeingabe in IP-Symcon

Grundlage für die energetische Rechnung ist eine Gebäudetopologie in der IP-Symcon-Konsole, in der alle Etagen und Räume in Verbindung mit ihren Geräten abgelegt sind. Für die gesamte Liegenschaft (das Wohngebäude), jede Etage und jeden Raum erfolgt eine Bilanzierung von Leistung, Verbrauch und Kosten auf der Basis der einzelnen Geräte. Hierzu werden in IP-Symcon entsprechende Variablen mit passender Benennung und Einheit definiert (vgl. Abb. 18.17).

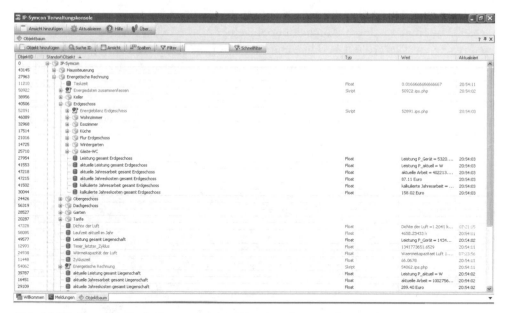

Abb. 18.17 Energetische Rechnung für einen Raum in der Konsolenansicht

Der Einstiegspunkt für die Darstellung der energetischen Rechnung ist die Bilanzierung der einzelnen Leistungen, Verbräuche und Kosten des gesamten Gebäudes (vgl. Abb. 18.18). Hiermit kann direkt ein Eindruck der Performance des gesamten Hauses über die maximale und aktuelle Leistung sowie die kalkulierten Gesamtkosten für ein Jahr gewährt werden. Durch farbige Hinterlegung (hier rot) können große Leistungen, z. B. am Morgen beim Wäschewaschen und Kochen oder abends deutlich hervorgehoben werden. Durch Aufruf des Graphikelements können die einzelnen Energieparameter in Abhängigkeit von Stunden, Tagen, Wochen etc. angezeigt werden.

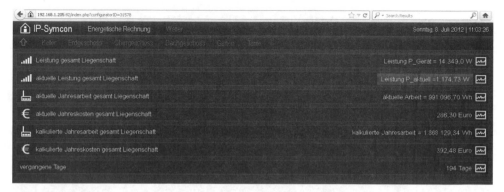

Abb. 18.18 Energetische Rechnung für das gesamte Gebäude

Auf eines der Merkmale Leistung, Verbrauch oder Kosten kann eine entsprechende Gebäudeautomation durch Abschaltung einzelner Verbraucher oder andere Maßnahmen reagieren. Der große Überblick über die Energiekosten wird damit gewährt, durch Hinzunahme der aktuellen Zählerstände vom zentralen Smart Meter kann ein Abgleich erfolgen. Aus den Graphiken wird ersichtlich sein, wie Verhaltens- und Geräteänderungen sich auf die kalkulierten Jahreskosten auswirken (vgl. Abb. 18.19). So werden steigende Tarife die kalkulierten Kosten heben, während Verhaltensänderungen sich eher kostendämpfend auswirken.

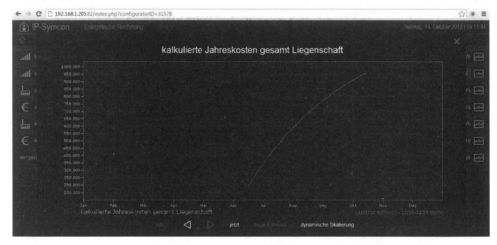

Abb. 18.19   Kalkulierte Jahreskosten für das Wohngebäude

Der Herd des großen Energieverbrauchs kann jedoch nur analysiert werden, wenn tiefer durch die Gebäudetopologie navigiert wird. Durch Anwahl einer Etage gelangt man in die Ansicht der energetischen Rechnung für die jeweilige Etage (vgl. Abb. 18.20).

Abb. 18.20   Energetische Rechnung für eine Etage

Durch Vergleich wird man feststellen, dass der Herd der Energieanwendung nicht der Garten oder einzelne Wohnetagen, sondern Erdgeschoss und Keller mit installierten Küchen- und Haushaltsmaschinen sind.

In vielen Fällen befinden sich die Küchen im Erdgeschoss, damit werden in dieser Etage die größten Verbraucher verbaut sein. Verfügbar sind die üblichen Parameter Leistung, Verbrauch und Kosten, die sowohl als aktuelle und kalkulierte Werte auch über Graphiken angezeigt werden können. Um dem Ort der größten Energieeffizienz-steigerung näher zu kommen, ist auf der Basis der Etage der betreffende Raum auszu-wählen. Im vorliegenden Fall wird das Wohnzimmer angewählt, in dem nur sehr geringe aktuelle Leistungen angezeigt und mit hellgrüner Farbe visualisiert werden (vgl. Abb. 18.21).

Abb. 18.21 Energetische Rechnung für einen Raum in IP-Symcon

Im angewählten Raum können auf der Basis einer zu definierenden Raumcharakteristik auch Klimarechnungen abgerufen werden. Zusätzlich kann die Verbrauchsrechnung näher untersucht und auf die verbauten Leuchtmittel und eingesetzten Geräte zurückge-griffen werden. Zur Ermittlung der Bilanzen für Räume, Etagen und die gesamte Liegen-schaft ist die Kenntnis über die Energiesituation der einzelnen Verbraucher notwendig. Hierzu wird in der IP-Symcon-Konsole jeder einzelne Verbraucher angelegt und mit einer einzelnen energetischen Rechnung belegt (vgl. Abb. 18.22). Basis für die Rechnung ist die Charakterisierung jedes Verbrauchers und die dafür angewendete Messmethode. Für die Charakterisierung des Verbrauchers wird dessen Leistung angegeben, soweit sie nicht durch einen Smart Meter erfasst wird, die Rechenmethode auf der Basis von geme-tert, geschätzt, gerechnet sowie erweiterte Kommentierung von besonderen Vorkomm-nissen, wie z. B. häufige Leuchtmittelausfälle oder Ersatz eines Verbrauchers sowie die Beschreibung der elektrischen Eigenschaften. Für Verbrauchsabschätzungen von Ver-brauchern, die nicht in die Gebäudeautomation einbezogen sind, wird die mittlere Ein-schaltdauer definiert. Ergebnis ist im Web-UI die Übersicht über die energetische Rech-nung für einen Verbraucher.

Abb. 18.22   Energetische Rechnung für einen Verbraucher in der Konsolenansicht

Im vorliegenden Fall wurde das Flurlicht im Erdgeschoss ausgewertet. Aufgrund der geringen Leistung des Verbrauchers, hier 70 W für mehrere Leuchtstofflampen, in Verbindung mit einer geringen mittleren Nutzungszeit ist die über den Tag gemittelte Leistung sehr gering, damit schlagen die Kosten für ein Flurlicht im Allgemeinen nicht stark zu Buche. Energieeffizienz hat hier nur geringen monetären Erfolg und könnte durch Treppenlichtautomation oder Bewegungsmelder realisiert werden (vgl. Abb. 18.23).

Abb. 18.23   Energetische Rechnung für einen Verbraucher in IP-Symcon

Der Verbraucher Flurlicht wird entsprechend über die Messmethode geschätzt definiert, wobei die mittlere Einschaltdauer mit 3 h niedrig angesetzt wurde. Durch Kommentare kann auf Missstände oder Energieeffizienzsteigerungsmöglichkeiten hingewiesen werden. Der Lasttyp wurde aufgrund der konventionellen Leuchtstofflampe als leicht induktiv angegeben (vgl. Abb. 18.24).

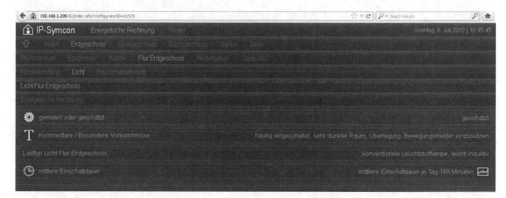

Abb. 18.24 Parametrierung der Grundlagen der energetischen Rechnung

Eine Graphik bezüglich der Entwicklung der aktuellen Arbeit ist hier nicht sehr aussagekräftig, da ein gemittelter Verbraucher einen ständig zunehmenden aktuellen Verbrauch aufweist, der nur durch Reduktion der Einschaltdauer durch Verhaltensänderung oder günstigere Verbraucher reduziert werden kann (vgl. Abb. 18.25).

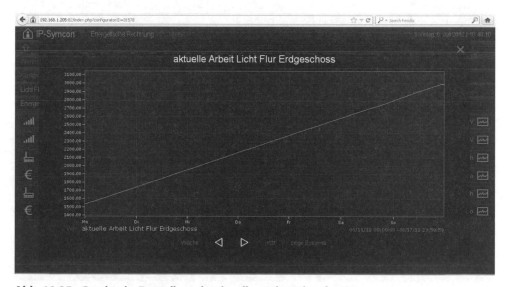

Abb. 18.25 Graphische Darstellung der aktuellen Arbeit über der Zeit

Entsprechend unspektakulär zeigt sich die Entwicklung der Kosten, jedoch im Gegensatz zum Verbrauch mit einzelnen Sprüngen, da hier einzelne Cent gerechnet werden
(vgl. Abb. 18.26).

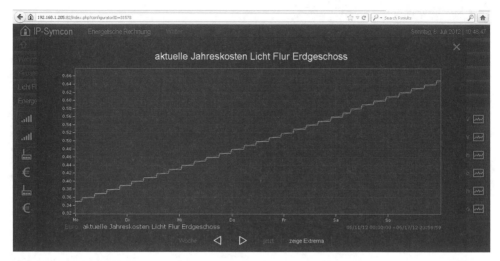

Abb. 18.26   Graphische Darstellung der aktuellen Kosten über der Zeit

Wenn auch mit ähnlich geringem Verbrauch zeigt sich bei einer durch eine Gebäudeautomation geschalteten Leuchte am Aquarium ein anderes Bild. Die Messmethode wird
als geschaltet definiert und eine Nennleistung zugrunde gelegt. Die Beleuchtung besteht
aus einer üblichen Leuchtstofflampe, die aufgrund häufigen Ausfalls durch eine LED-
Lampe ersetzt werden könnte (vgl. Abb. 18.27).

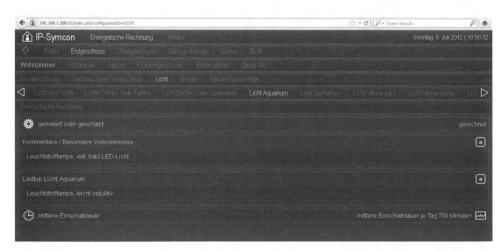

Abb. 18.27   Definition eines elektrischen Verbrauchers

Die Einschaltdauer ist an dieser Stelle überflüssig, da sie sich durch die Gebäude-automation automatisch ergibt. Die geringe Leistung mit 15 W sorgt aufgrund der zu-sätzlich häufigen Ausschaltung des Lichts in der Nacht für sehr niedrige Kosten. Die Kostensenkung des Energieverbrauchs ist hier zweitrangig, im Vordergrund steht die automatische Abschaltung der Beleuchtung in der Nacht, die auch durch eine preiswerte Zeitschaltuhr realisiert werden kann (vgl. Abb. 18.28).

Aus der Graphik der aktuellen Leistung über der Zeit wird ersichtlich, dass das Aqua-rienlicht wie gewünscht periodisch morgens ein- und abends ausgeschaltet wird, wö-chentliche Anpassungen sind nicht vorhanden (vgl. Abb. 18.29).

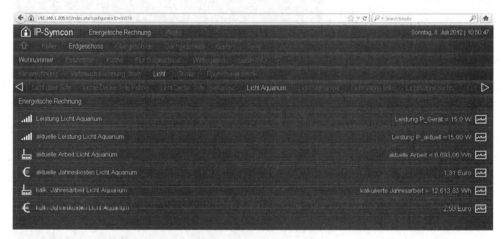

Abb. 18.28   Energetische Situation des Aquarienlichts

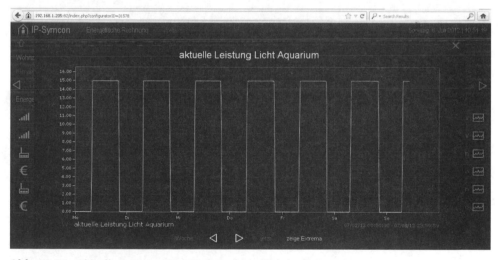

Abb. 18.29   Aktuelle Leistung eines Verbrauchers über der Zeit

Trotz der niedrigen Kosten soll an diesem Beispiel der Verlauf des aktuellen Verbrauchs und der aktuellen Jahreskosten erläutert werden, die an sich von vornherein klar ersichtlich sind. Aktuelle geleistete Arbeit (Verbrauch) und Kosten steigen dann, wenn das Licht eingeschaltet und bleiben konstant, wenn das Licht abgeschaltet ist. Die Kostenkurve ist leicht sprunghaft, da einzelne Cent berücksichtigt werden. Der Verlauf ist trivial, aber für eine Gesamtbilanz des Energieeinsatzes notwendig (vgl. Abb. 18.30).

Abb. 18.30 Aktuelle Arbeit und Kosten bei einem geschalteten Verbraucher

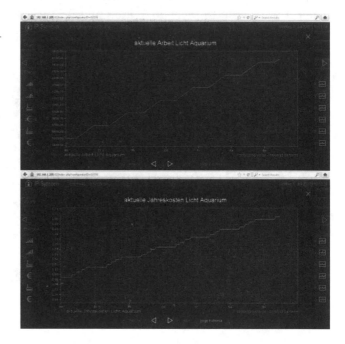

Entsprechend ergeben sich durch Trendrechnung die Graphiken für kalkulierte Jahresarbeit und -kosten. Bei eingeschaltetem Verbrauch muss die Kalkulation steigende, bei abgeschaltetem leicht fallende Verläufe zeigen (vgl. Abb. 18.31).

Die Berechnung für Dauerverbrauch ist analog zum geschätzten Verbrauch, lediglich die Einschaltdauer ist 24 h. Kalkulation von Dauerverbrauchern ist wichtig, da deren fortwährender Betrieb zu nicht unerheblichen Kosten führt. Im vorliegenden Fall wird die Gebäudeautomationskomponente selbst, die IP-Symcon-Zentrale auf einem PC mit Touchscreen, mit 100-W-Dauerleistung angegeben, was in Summe zu nicht unerheblichen Gesamtverbräuchen und -kosten führt (vgl. Abb. 18.32).

Abb. 18.31 Kalkulierte
Arbeit und Kosten für einen
Verbraucher

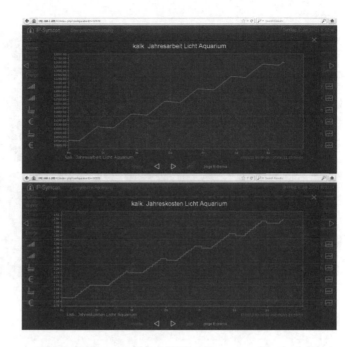

Abb. 18.32 Energetische Rechnung für ein dauerhaft eingeschaltetes Gerät

Interessanter werden Leistungsverläufe, wenn eine Mischung aus dauerhaft eingeschalteten, geschätzten, geschalteten und gemeterten Verbrauchern betrachtet wird, erst dann können Lastspitzen aufgezeigt werden. Im vorliegenden Fall wird das gesamte Wohnzimmer betrachtet, in dem insbesondere in den Abendzeiten größere aktuelle Leistungen vorliegen (vgl. Abb. 18.33). Hier können Verhaltens- oder Verbraucheränderungen für Entlastung sorgen.

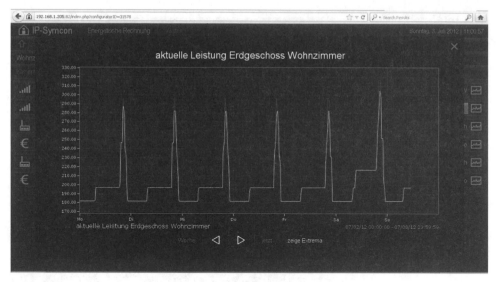

Abb. 18.33 Kumulierter Verbrauch im Wohnzimmer über der Zeit

Interessant für die Optimierung von Heizungsanlagen kann die Betrachtung von heizungsrelevanten Messgrößen sein. Charakterisiert wird ein Raum anhand von Länge, Breite und Höhe und damit dem Volumen sowie der Fensterfläche, über die leicht Wärmeenergie verlorengehen kann und das Türöffnungsverhalten, wenn häufig die Türen geöffnet bleiben. In Verbindung mit der Außentemperatur kann die Änderung der Wärmekapazität ermittelt werden, um damit optimale Heizkurven definieren zu können. Häufig offen gelassene Türen können als Mahnung dargestellt und durch Berücksichtigung über Türkontakte in die Heizungssteuerung einbezogen werden (vgl. Abb. 18.34).

Abb. 18.34 Parametrierung eines Raumes in IP-Symcon

Für genauere Berechnungen kann in der Klimarechnung die energetische Änderung des Raumklimas innerhalb der letzten 10 min beispielsweise ermittelt werden, um einen Eindruck der Trägheit von Heizungsanlagen in Verbindung mit großen Leistungen zu vermitteln. Aus der Wärmekapazitätsänderung innerhalb eines Zeitabschnitts ist dies leicht ermittelbar. Weitere Optimierungen auf Dauer sind über die Beobachtung der Heizung über deren installierte Leistung in Verbindung mit der Öffnung des Ventils über den Stellantrieb und nähere Beschreibung des Verhaltes durch Protokollierung. Änderungen an Einstellungen, häufige Wartungen und Auswirkungen von Maßnahmen können damit später nachvollzogen werden (vgl. Abb. 18.35).

Interessant stellen sich Wärmekapazitätsberechnungen über der Zeit dar, da daran die mögliche Amortisierung von Wärmerückgewinnungsanlagen und der optimale Einsatzpunkt von Heizungen zur Ermöglichung eines guten Wohnklimas ermittelt werden können (vgl. Abb. 18.36).

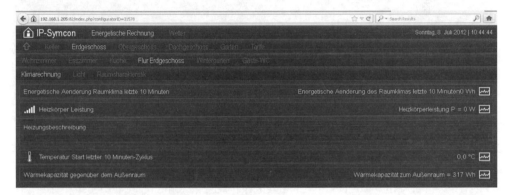

Abb. 18.35 Auswertungsmöglichkeiten einer Heizung

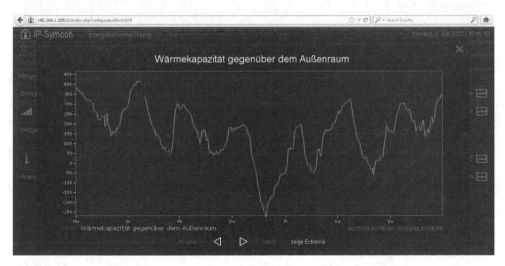

Abb. 18.36 Wärmekapazität eines Raumes gegenüber dem Außenraum

18.5   Gebäudeautomation

Entweder im Zuge des Neubaus, von Sanierung oder Nachrüstung oder aufgrund von Ermittlungen von Energieeffizienzberatungssystemen können im Gebäude Gebäude-automationssysteme installiert werden. Bereits beschrieben wurde, wie sinnvollerweise verschiedenste Bussysteme kostengünstig und anwendungsorientiert unter Feldbussys-teme integriert und in die Gebäudetopologie der Haussteuerung verlinkt werden. Über den Button Haussteuerung gelangt der Anwender des Multifunktionssystems in die Gebäudeautomation, die auf Sensoren und Aktoren basiert (vgl. Abb. 18.37).

Abb. 18.37   Aufruf des Menüs zur Haussteuerung

Der Anwender kann wie bereits unter energetische Rechnung beschrieben durch die Gebäudetopologie geführt durch das Gebäude navigieren oder sich über klimatische Bedingungen informieren (vgl. Abb. 18.38).

Abb. 18.38   Navigation durch die Gebäudeautomationstopologie zur Klimasituation

Die Klimasituation kann sowohl auf einzelne Räume bezogen sein, um einen schnellen Überblick über Temperatur und Feuchte in den einzelnen Räumen zu erhalten, oder auf den Außenraum, um über die klimatischen Bedingungen vor dem Haus informiert zu sein (vgl. Abb. 18.39).

Abb. 18.39 Übersicht über die Temperaturen im Gebäude

Sehr preisgünstig können umfangreiche Wetterstationen von eQ-3 HomeMatic oder mit weniger Sensoren von Eltako integriert werden (vgl. Abb. 18.40). Umfangreiche Wetterstationen liefern Außenhelligkeit und damit auch Dämmerung und mittlere Sonnenstunden, Außentemperatur und -feuchte, Niederschlag und Niederschlagsmenge, Windgeschwindigkeit und -richtung und weitere daraus ableitbare Messdaten. Sonnenstandshöhe und -winkel können tagesabhängig mathematisch berechnet werden. Sämtliche Messdaten können gespeichert und hinsichtlich verschiedener Zeiträume gemittelt werden. Damit stehen die Messdaten sowohl für Korrelationszwecke zur Analyse des Energieeinsatzes, Entscheidung für den Einsatz von Anlagen Regenerativer Energien oder auch für die Anwendung in der Gebäudeautomation bereit.

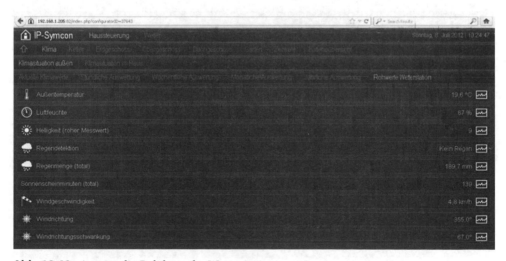

Abb. 18.40 Anzeige der Rohdaten der Wetterstation

Die ermittelten Rohdaten werden ausgewertet und auf separate Variablen zur dauerhaften Speicherung kopiert, um bei Austausch des Sensors die Messdaten nicht zu verlieren (vgl. Abb. 18.41).

Die ermittelten Messdaten können graphisch aufbereitet und in Abhängigkeit der
Uhrzeit des Wochentags, einzelner Wochen oder Monate zur Anzeige gebracht werden.
Damit sind Trends erkennbar, die herangezogen werden können, um z. B. den Einschalt-
zeitpunkt der Heizung zu definieren (vgl. Abb. 18.42).

Abb. 18.41   Aktuelle Klimasituation im Außenbereich

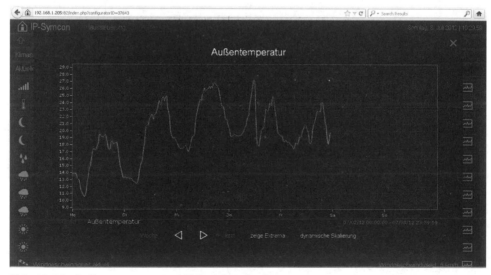

Abb. 18.42   Außentemperatur in Abhängigkeit der Zeit

Die Abhängigkeit der Windgeschwindigkeit in Abhängigkeit der Zeit oder gemittelt für Wochen, Monate oder das Jahr kann interessant sein, um die Entscheidung für eine Windkraftanlage auf dem Dach oder einem sehr großen Grundstück zu entscheiden. Parallel werden Windgeschwindigkeitsmessungen für das Einfahren von Markisen oder Jalousien herangezogen (vgl. Abb. 18.43).

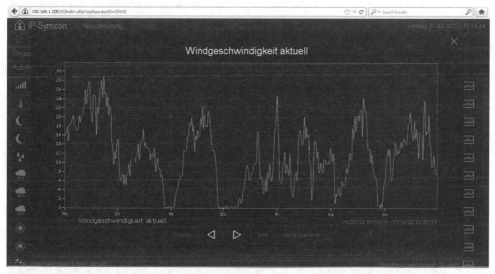

Abb. 18.43 Windgeschwindigkeit in Abhängigkeit der Zeit

Über die Ermittlung des generellen Niederschlags kann automatisch das Einfahren von Dachfenstern, Markisen, Jalousien etc. realisiert werden oder auf das Abnehmen der Wäsche von der Wäscheleine hingewiesen werden (vgl. Abb. 18.44). Die Ermittlung von Regenmengen ist in Wohngebäuden eher unüblich, kann jedoch herangezogen werden, um die Rasensprenger oder Pflanzenbewässerungen zu steuern, um Austrocknung zu verhindern. Aufgrund der hohen Wasser- und Abwasserkosten kann eine Regenmengensteuerung preiswerter sein als eine reine Zeitsteuerung, wenn nicht ohnehin manuelle Arbeit vermieden werden soll.

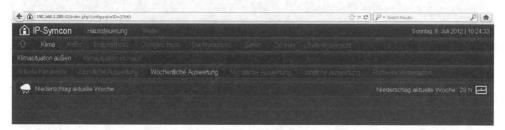

Abb. 18.44 Ermittlung mittlerer Niederschlagsmengen

Die Steuerung der Funktionen eines Raumes erfolgt entweder über Bedienelemente, wie Taster, Schalter und Kontakte, indem PHP-Skripte geschrieben werden, oder direkt über die Visualisierung (vgl. Abb. 18.45). Durch Ordner und Überschriften können die Anzeigen zum betreffenden Raum in Raumtemperaturregelung, Kaminofen, falls vorhanden, Steuerung von Lichtquellen, Änderungen von Timern, Anzeige von Kontaktzuständen, klar strukturiert werden. Die Bedienung reduziert sich auf die Kenntnisnahme von Werten, Zuständen oder Graphiken oder durch Bedienelemente zum Stellen des Sollwerts der Heizung, Ein-/Ausschalten oder Dimmen von Licht etc. Die Situation des Kaminofens kann durch einen separaten Temperatur-/Feuchtesensor direkt am Ofen und Vergleichsrechnung zu einem Sensor z. B. am Türeingang erfolgen. Ist die Differenztemperatur groß, so ist der Kaminofen in Betrieb und die Heizung kann für diesen Raum abgeschaltet werden (vgl. Abb. 18.46 und Abb. 18.47).

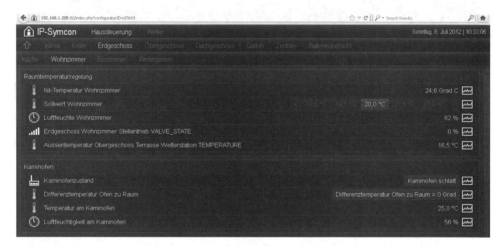

Abb. 18.45 Bedienung eines Raumes am Beispiel des Wohnzimmers

Abb. 18.46 Steuerung von Leuchtmitteln

Abb. 18.47 Darstellung von Zeitschaltuhren und Kontakten

Komfortabel können Zeitschaltuhren hinsichtlich der Zeitschaltpunkte und Wochen-kalender eingestellt bzw. generell aktiviert oder deaktiviert werden (vgl. Abb. 18.48).

In Verbindung mit Smart Metering können die Einsätze einzelner Verbraucher über-wacht und protokolliert werden, um daraus auf deren Energieverbrauch und damit ver-bundenen Kosten für einen z. B. Waschgang oder Pizzabackprozess zu schließen (vgl. Abb. 18.49).

Abb. 18.48 Einstellung von Zeitschaltuhren

Abb. 18.49 Einfacher Prozesszähler in IP-Symcon

18.6 Komfortfunktionen

In Verbindung mit den einfachen und umfangreichen Programmiermöglichkeiten in IP-Symcon können komplexe Gebäudeautomationen auch in Verbindung mit gehobenem Komfort realisiert werden. Eine große Fülle von Sensoren ermöglicht den Aufbau komplexer Systeme, die Sicherheit und Komfort steigern. Da bereits einige Komfortfunktionen vorgestellt wurden, wird auf deren Realisierung in IP-Symcon hier verzichtet. Problematisch ist mit IP-Symcon nicht wie etwas realisiert wird, sondern was.

18.7 Sicherheitsfunktionen

Zu den Sicherheitsfunktionen in IP-Symcon zählt die Auswertung bestimmter Sensoren und darauf basierend die Darstellung von Zuständen. So können aus Außentemperaturen unter 0-Grad-Eiswarnungen abgeleitet und aus Einbruchsversuchen Alarm generiert werden. Die Übersicht über die Belegung des Hauses wird über Anwesenheitserfassung realisiert. Aus allen Statusmeldungen können entsprechende Aktionen abgeleitet werden. So können bei verlassenem Wohnzimmer Verbraucher abgeschaltet oder verlassenem Haus generelle Abschaltungen vorgenommen werden. Auf Einbruchsalarm kann mit Abspielen von Audiosequenzen oder Anruf von Sicherheitsdiensten reagiert werden (vgl. Abb. 18.50).

Abb. 18.50 Alarm- und Zustandsmeldungen

In Verbindung mit dem Einsatz von Funkbussystemen wird die Erfassung des Zustands von Batterien notwendig, um auf leere Batterien rechtzeitig zu reagieren, soweit nicht EnOcean-Geräte Verwendung finden. Aus den Batteriezuständen können Störmeldungen auf eine Web-Seite oder Meldungen per E-Mail oder SMS abgesetzt werden, die zum Tausch der Batterien auffordern. Darüber hinaus können Stromkreise hinsichtlich der Belastung bei eingeschaltetem Zustand überwacht werden, um auf defekte Leuchtmittel per Meldung hinzuweisen (vgl. Abb. 18.51).

Abb. 18.51   Batteriezustandsübersicht

18.8 Multifunktionssystem

IP-Symcon ermöglicht aufgrund der Grundlage eines Web-UI und erweiterter Programmiermöglichkeiten auch den Aufbau eines Multifunktionssystems, das alle Medien in Kooperation mit Informations- und Kommunikationstechnik verbindet. Standardmäßig ist in den Visualisierungsansichten der Zugriff auf die Seiten des Deutschen Wetterdienstes enthalten. Zur Verwendung ist lediglich eine kostenlose Lizensierung notwendig. Auf die Inhalte der Wetterseiten kann mit Web-Tools zugegriffen werden, um eigene Wetterstatistiken aufzubauen oder auf Wetteränderungen zu schließen (vgl. Abb. 18.52).

Abb. 18.52   Aufruf der Web-Seite des Deutschen Wetterdienstes

Der Zugriff auf Multimediadienste ist unter dem Button Multimedia realisiert (vgl. Abb. 18.53).

Abb. 18.53 Aufruf des Menüs für Multimediaanwendungen

Die gesamte Struktur zum Aufruf von Multimediadaten ist in einer Ordnerstruktur abgelegt. Multimediadaten bestehen aus Audio-, Bild- und Videodaten. Für jeden Bereich wurden einzelne Kategorien zum Aufbau eines Archivs angelegt. Weitere Kategorien können nach dem Medienimport entweder manuell oder automatisiert über Skript durch Zugriff auf die Metadaten der Audiofiles angelegt werden (vgl. Abb. 18.54).

Abb. 18.54 Ablage von Audiofiles in der Ordnerstruktur

Bezüglich der Audiofiles können mehrere Mediaplayer im System integriert werden, um die Mediendaten abzuspielen. Zur Steuerung des Players können Lautstärke, Titel, Titeldatei, Abspielzeit und Start/Stopp/Wiederholung etc. gezielt gesteuert und angezeigt werden. Das Look and Feel entspricht dem Windows Mediaplayer (vgl. Abb. 18.55).

Abb. 18.55 Parametrierung des Mediaplayers für Audiofiles

Innerhalb des Web-UIs können komfortabel aus dem Archiv Musiktitel ausgewählt werden und per Mausklick in die Playliste des Players übertragen werden. Soweit vorhanden können Bilddateien die Audiodateien visuell unterstützen. Der Player selbst ist mit einfachen Befehlen bedienbar. Ergänzt wurde ein Subwoofer, der über einen Schaltaktor eingeschaltet und automatisch über eine Zeitschaltuhr abgeschaltet wird (vgl. Abb. 18.56).

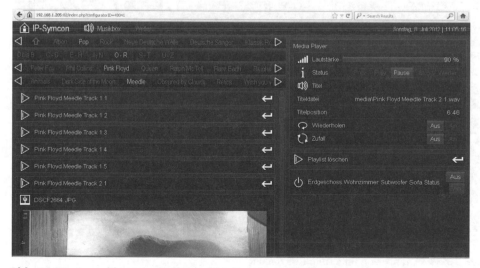

Abb. 18.56 Auswahl von Audiofiles und Medienplayeransicht

In ähnlicher Weise werden Bilddateien in IP-Symcon eingepflegt. Über Ordnerstrukturen unter der Kategorie Bildwechsler werden manuell Unterordner zu bestimmten
Themen angelegt und die über das Medienverzeichnis importierten Bilddateien in diesen
Ordnern abgelegt. Durch Skriptprogrammierung können die Ordner und Bilddateien
auch automatisiert übernommen werden (vgl. Abb. 18.57).

Abb. 18.57   Ablage von Bildern in der Ordnerstruktur

Abb. 18.58   Anzeige von Bildern in IP-Symcon

Die Bilddateien können entweder direkt oder über eine Bildwechslerfunktion, vergleichbar mit elektronischen Bilderrahmen oder Bildschirmschonern angezeigt werden. Durch die Archivierungsfunktion ist direkter Zugriff auf die Bilddateien möglich (vgl. Abb. 18.58).

Abgerundet werden Multimediadatei-Archivierungsmöglichkeiten durch Videoarchive. Analog den Audio- und Bilddateien können auch Videodateien übernommen und archiviert werden. Zum Abspielen der Dateien steht in IP-Symcon derzeit noch kein Videoplayer zur Verfügung, daher kann nur lokal auf einen betriebssystembasierten Player zugegriffen werden, dieser ist in IP-Symcon als Programmzugriff zu programmieren (vgl. Abb. 18.59).

Abb. 18.59 Aufruf von Videos in IP-Symcon

Neben Multimediafunktionen kann der displaybasierte zentrale Server auch für Kommunikationsanwendungen Verwendung finden. Über den Button Kommunikation gelangt man in die Übersicht der Kommunikationsanwendungen (vgl. Abb. 18.60).

Abb. 18.60 Aufruf des Menüs für Kommunikationsanwendungen

In der IP-Symcon-Konsole werden hierzu die verschiedenen Kommunikationsdienste, wie z. B. E-Mail-Zugänge, Videophonie, z. B. Skype, und weitere Anwendungen, die entweder direkt oder über externe Web-Seite aufgerufen werden, integriert werden (vgl. Abb. 18.61).

Abb. 18.61   Integration von E-Mail-Systemen in der IP-Symcon-Konsole

Am Beispiel zweier E-Mail-Zugänge wird dies verdeutlicht. Die E-Mailsysteme können zudem genutzt werden, um automatisiert Meldungen aufgrund von Störmeldungen oder Dateiänderungen zu versenden oder aus E-Mails Anweisungen für die Gebäudeautomation zu generieren (vgl. Abb. 18.62). Bequem können damit auch Funktionen des smart-metering-basierten Energiemanagements realisiert werden, indem Verstöße von Limits hinsichtlich der Energieanwendung oder generell hohe Leistungen oder Kosten gemeldet werden und vom Smartphone aus eingesehen werden können, um gezielt per Smartphone Aktionen zu starten. Damit ist auch die Standardfunktion „Bügeleisen vergessen auszuschalten?" oder „Herd ausgeschaltet?" realisierbar.

Abb. 18.62   Ansicht des E-Mail-Systems in IP-Symcon

Auch der Bereich der Informationstechnik ist in IP-Symcon abgedeckt werden. Hierzu wird eine Ordnerstruktur für Informationen angelegt. Über den Button Information gelangt man in diesen Bereich (vgl. Abb. 18.63).

Abb. 18.63 Aufruf des Menüs für Informationsanwendungen

Die Informationen werden in der IP-Symcon-Konsole im einfachsten Falle als beschreibbare Stringvariablen angelegt und können über den integrierten Editor damit einfach geändert werden (vgl. Abb. 18.64). Bessere Lösungen führen über Textdateien, die über eigenständige Programme bearbeitet werden. Im vorliegenden Falle wurden mehrere Stringvariablen von und für einzelne Familienmitglieder und den Einkaufszettel angelegt, die beliebig erweitert werden können.

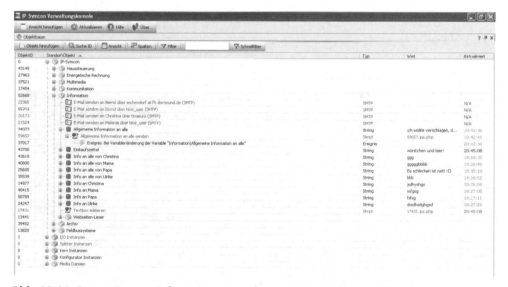

Abb. 18.64 Integration von Informationsanwendungen in der IP-Symcon-Konsole

Zur Anzeige werden in IP-Symcon unter Informationen die Inhalte der Stringvariablen gebracht, durch Mausklick auf das a-Symbol können diese Informationen geändert werden (vgl. Abb. 18.65).

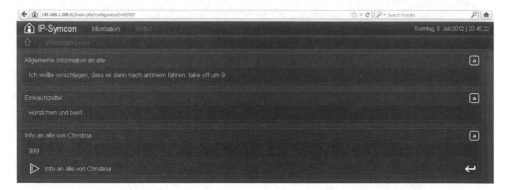

Abb. 18.65 Darstellung von Informationen in IP-Symcon

Zur einfachen Änderbarkeit dient der in IP-Symcon integrierte Texteditor für Stringvariablen, mit dem einfach durch den Texte navigiert werden kann und Änderungen vorgenommen werden können. Aufgrund der Zugriffsmöglichkeit über das Web-UI können die Änderungen auch von unterwegs über das Internet vorgenommen werden (vgl. Abb. 18.66).

Abb. 18.66 Änderung von Informationen in IP-Symcon

Abgeschlossen, aber prinzipiell erweiterbar, werden die Multifunktionen von IP-Symcon durch Archivierungsfunktionen, die auch über ein CMS-System erfolgen können, die über eine externe Web-Seite aufgerufen werden könnten. Im vorliegenden Fall gelangt man über den Button Archiv in den Archivbereich (vgl. Abb. 18.67).

Abb. 18.67 Aufruf des Menüs für Archivanwendungen

Auch für die Archivierungsfunktionen werden in der IP-Symcon-Konsole Ordnerstrukturen angelegt, in der im einfachsten Falle PDF-Dateien abgelegt werden, die über das Medienverzeichnis übernommen werden (vgl. Abb. 18.68).

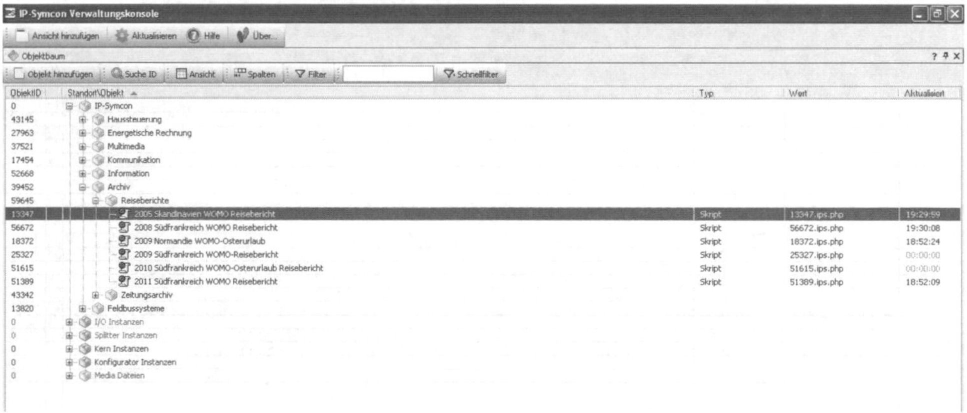

Abb. 18.68 Integration von Archivierungsanwendungen in der IP-Symcon-Konsole

Durch Navigation durch die Ordnerstrukturen gelangt man zum betreffenden Dokument und kann dieses per Mausklick durch Rückgriff auf einen lokal installierten PDF-Reader anzeigen (vgl. Abb. 18.69).

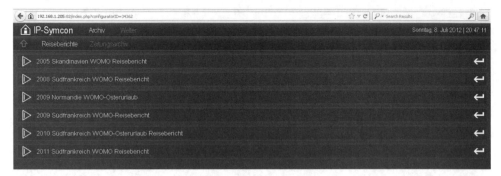

Abb. 18.69 Darstellung von Archiv-Dokumenten in IP-Symcon

18.9 Medienübernahme

Im Zusammenhang mit der Darstellung von Audio-, Bild-, Video- und sonstigen Doku-
menten muss eine einfache Übernahmemöglichkeit von Dateien realisiert sein, die auch
automatisiert werden kann. IP-Symcon übernimmt die Mediendateien über ein im Be-
triebssystemsdateiverzeichnis unter dem Ordner des Programms IP-Symcon angelegtes
Verzeichnis mit dem Namen „media" (vgl. Abb. 18.70).

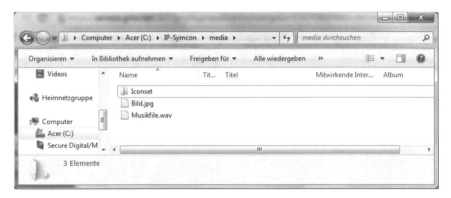

Abb. 18.70 Medienübernahme über das „Media-Verzeichnis" in IP-Symcon

In diesem Verzeichnis werden die neu einzupflegenden Dateien mit passender Dateiendung abgelegt. Sollten über die Windowsfunktionalität den Mediendateien weitere Attribute zugewiesen worden sein, so können diese genutzt werden, um damit die automatisierte Ablage in den IP-Symcon-Konsolen-Strukturen vorzunehmen (vgl. Abb. 18.71).

Abb. 18.71 Attribute von Audiofiles

Manuell oder automatisiert werden die Mediendateien anhand ihrer Endung erkannt und in der korrekten Ordnerstruktur von IP-Symcon an die zuzuweisende Stelle verschoben (vgl. Abb. 18.72).

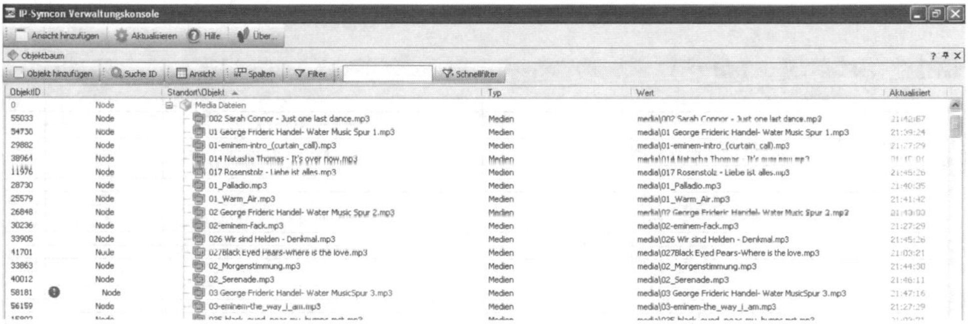

Abb. 18.72 Medienübernahme nach IP-Symcon

18.10 Archivierung und Eventhandling

Neben dem Medienverzeichnis verwaltet IP-Symcon auch einige andere Systembestandteile, von denen insbesondere der Archive Handler für die Auswertung von Smart Metering wichtig ist. In der IP-Symcon-Konsole befinden sich unter dem Archive-Handler die geloggten Variablen mit Zeitstempel, die über eine SQL-Datenbank gepflegt werden (vgl. Abb. 18.73).

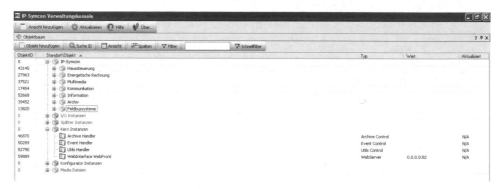

Abb. 18.73 Handle-Systeme unter den Kerninstanzen von IP-Symcon

Anhand von Namen und ID-Nummer der Variablen gelangt man gezielt an die Daten der geloggten Variablen. Es zeigt sich, dass insbesondere durch eine sauber aufgebaute Ordnerstruktur und passende Benennung für Übersicht gesorgt wird (vgl. Abb. 18.74).

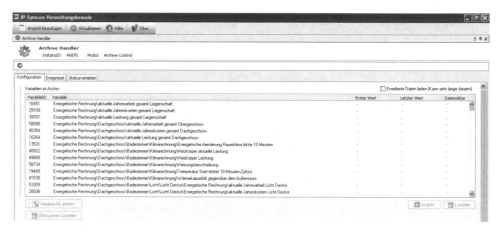

Abb. 18.74 Übersicht über geloggte Variablen

Durch Mausklick auf eine Variable können die gespeicherten Daten eingesehen, geändert oder gelöscht werden. Durch Skripten mit entsprechenden Befehlen für den SQL-Zugriff kann aus IP-Symcon heraus, oder von extern auf die gespeicherten Daten zurückgegriffen werden, um externe Archivierung oder Analyse zu gewährleisten (vgl. Abb. 18.75).

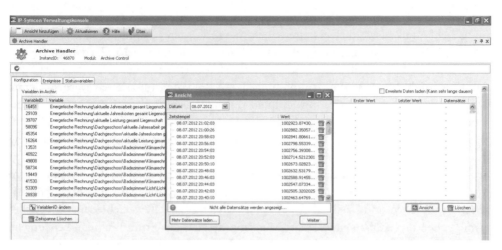

Abb. 18.75 Dateneinträge mit Zeitstempel

18.11 Fazit

IP-Symcon ist kein Bussystem, sondern eine Software, die ideal die Automatisierungs-pyramide abbildet und damit zwischen den Komponenten einzelner Bussysteme in der Feldbusebene im Zuge der Automatisierung und Visualisierung vermittelt. Dazu wird über Systemschnittstellen oder Gateways auf die verschiedenen Sensoren und Aktoren der verschiedenen Bussysteme zugegriffen. IP-Symcon kann sowohl im Neubau-, Nach-rüstungs- und Erweiterungsbereich eingesetzt werden. Für einen Neubau können effek-tive Komponenten eines Bussystems ausgewählt werden, die im Sinne von Preis und Leistung optimal sind. So können, wenn gewünscht, vom KNX/EIB oder LCN teure Designer-Bedienelemente eingesetzt werden, für die sonstige Sensorik und Aktorik je-doch auf praktikable, preiswerte Komponenten rückgegriffen werden. Im Fall der Erwei-terung können vorhandene Bussysteme, die aufgrund von nicht ausreichendem Portfolio oder unmöglicher Installierbarkeit nicht direkt erweitert werden können, durch Funk-bussysteme ausgebaut werden. Für Nachrüstprojekte kann mit IP-Symcon sukzessive ein Gebäudeautomationssystem gestaltet werden, indem nach und nach Funkbuskompo-nenten hinzugefügt werden und damit eine komplexe Gebäudeautomation aufgebaut wird. Dadurch ist es auch einfach möglich Geräte für zentrales Smart Metering oder intelligentes, dezentrales Smart Metering nachzurüsten. Bei der Programmierung der Automationsfunktionen ist eine variabel konfigurierbare Topologie hilfreich, um die Geräte der einzelnen Bussysteme in einer Feldbustopologie mit Bezug zum Einbauort abzulegen. Damit können schlecht dokumentierbare Bussysteme, wie z. B. insbesondere Funkbussystem, verwaltet und strukturiert werden. Durch Verlinkung in eine oder meh-rere Haussteuerungstopologien für z. B. Anwender- und Expertenmodus werden nur die

notwendigen Objekte der Bussysteme-Komponenten in der Haussteuerung zur Bedienung sicht- und auswertbar gestaltet, auch hierzu werden gesamte Gebäudetopologien
oder nur Teibereiche eines Gebäudes abgebildet. Damit können Kinder verschiedenen
Alters, ältere Familienmitglieder, aber auch der Hausherr gezielt über eine Visualisierung
das Haus bedienen. Zur Programmierung der Automationsfunktionen werden Geräte
oder Objekte einzelner Geräte mit Skripten verbunden, in denen bei Rückgriff auf logische, mathematische und systemspezifische Funktionen auf Basis von PHP nahe am
Klartext programmiert wird. Die Skripten werden von Events, also z. B. der Betätigung
durch einen Sensor oder Variablenänderung, oder auf der Basis von Zeitprogrammen
ausgelöst. Damit können ideal Gebäudeautomations-, aber auch viele Anwendungen im
Multifunktionsbereich bedient werden. Insbesondere die Verfügbarkeit von mathematischen Funktionen und der Zugriff auf Smart-Metering-Geräte verschiedener Hersteller
ermöglichen den Aufbau eines Smart-Metering-Systems zur Ermittlung von Leistungen,
Verbräuchen und Kosten, sowohl zeitaktuell, als auch für Kalkulationen. In Verbindung
mit Limitvorgaben können Automationsfunktionen generiert werden, mit denen gezielt
Verbraucher beeinflusst werden können, um damit Energie einzusparen. Bei Heizungen
kann z. B. der Sollwert in Abhängigkeit von Limits zeitweise reduziert werden. Die Visualisierung von IP-Symcon ermöglicht die Darstellung des Zustands einzelner Sensoren
und Aktoren, als auch von Variablen. Unterstützt durch Farbauswahl bei Zahlen- oder
Zustandsdarstellung kann auf Missstände hingewiesen werden, des Weiteren können die
Daten mitgeloggt werden, um darauf basierend Graphiken erstellen zu lassen. Durch
einfache Parametrierung können die Graphen bezüglich des Zeitraumes einfach verändert werden. Graphiken sind für die Übersicht hilfreicher als statisch angezeigte Werte.
Zudem kann auf die Datenbank der Logging-Daten zugegriffen werden, um darauf basierend weitere Berechnungen durchführen zu können, um z. B. die energetischen Rechnungen vergangener Jahr als Vergleich heranzuziehen, oder generell die Daten vergangener Jahre zu exportieren. Die Visualisierung basiert auf einem Web-UI-Server und
stellt damit die Gebäudeautomation mit smart-metering-basiertem Energiemanagement
netzwerkweit per Browserzugriff zur Verfügung. Die Multimedia- und Multifunktions-
möglichkeiten von IP-Symcon sind überragend und ermöglichen nicht nur die Nutzung
von Multimedia selbst, sondern auch die Nutzung der Dateien selbst, indem Audiofiles
für Anwesenheitssimulationen genutzt werden, das E-Mail-System genutzt wird, um
Störmeldungen abzusetzen oder aus E-Mails Handlungsanweisungen für die Gebäudeautomation abzuleiten.

Nachteilig erscheint bei IP-Symcon trotz aller Vorteile die nur tabellenorientierte Präsentation der Visualisierung, was insbesondere der Darstellung auf Smartphones ge-
schuldet ist. Sinnvoll wäre als Verbesserung die Einbindung zumindest einfacher graphischer Visualisierungselemente, was nur zum Teil durch ein sogenanntes Dashboard
ermöglicht wird. Diese Lücke kann geschlossen werden, indem herstellerspezifische
Visualisierungen, z. B. vom Eltako-Funkbussystem oder der Web-UI-basierten Visualisierung der WAGO 750, als externe Visualisierungen implementiert werden. Soweit
IP-Symcon auf PC-Systemen und nicht auf festplatten- und lüfterlosen Embedded-

Systemen auf Linux-Basis läuft, entstehen durch den PC, auf dem IP-Symcon installiert ist, nicht unerhebliche Kosten. Zudem haben PC-Systeme allgemein das Problem der geringen Stabilität, da Systemabstürze bei Windows-Betriebssystemen leider die Regel sind.

Aufgrund der geringen Softwarekosten eignet sich IP-Symcon optimal als Multifunktionssystem mit netzwerkweitem Zugriff, das neben der Anwendung in der Gebäudeautomation auch für Energieberatungsanwendungen ausgezeichnet geeignet ist.

Wie bereits bei der WAGO-Referenz erläutert, stellt auch eine IP-Symcon-Lösung zunächst einen Solitär dar. Die Funktionalität der PHP-Programmierung ermöglicht es jedoch auf der Basis einer mit dem Bauherren diskutierten Gebäudeautomation automatisiert die Gebäudeautomation zu erstellen. Die Funktionalität des „Skripten erzeugen Skripten" kann dazu führen, dass standardisiert Gebäudeautomationslösungen generiert werden, die nur noch geringfügig angepasst werden müssen. Ein derartiges Folgeprojekt wird derzeit mit dem Hersteller von IP-Symon diskutiert.

Kostenbetrachtung und Systemvergleich 19

Im Zuge der Präsentation der einzelnen Bussysteme konnte dargestellt werden, dass nur geringe Kompatibilität zwischen den einzelnen Systemen besteht. Die Inkompatibilität ist an Medien, Protokollen, aber auch den Programmiertools und den -methoden festzumachen. Die Verwendbarkeit der Bussysteme ist zum großen Teil auf bestimmte Anwendungszwecke reduziert, so sind drahtbasierte Systeme aufgrund ihrer Sicherheit gut für den Neubaubereich geeignet, während für den Nachrüstbereich Funkbus- oder Powerlinesysteme vorzusehen sind. Sollen vorhandene Bussysteme erweitert werden, so müssen die Daten- und/oder Stromversorgungsleitungen bereits am vorzusehenden Einbauort vorhanden sein, anderenfalls ist auf teilweise kostspielige Gateways zu anderen Bussystemen, wie z. B. Funkbussystemen zurückzugreifen. Nur wenige Bussysteme greifen auf die Stromversorgung als Medium zurück und sind damit sowohl für den Neubau-, als auch den Nachrüstbereich geeignet. Diese Powerline-basierten Systeme haben wiederum den Nachteil, dass mit ihnen nicht die gesamte Funktionsnachfrage bedient werden kann, sondern in jedem Fall ein anderes Bussystem integriert werden muss, andererseits sind Powerline-Systeme teuer. Nur wenige Hersteller, zu nennen sind hier eQ-3 mit HomeMatic und Eltako mit dem Eltako-Funkbussystem bieten Lösungen an, die sowohl für den Neubau-, als auch den Nachrüstbereich zum Einsatz kommen können, da sie Lösungen für alle Medien anbieten bzw. sich diese kombinieren lassen, und sich bei idealer Planung kostengünstige Gebäudeautomationssysteme realisieren lassen. Große Unterschiede bestehen auch im Preis der einzelnen Bussysteme. Aufgrund der beiden Vertriebswege dreistufiger Vertrieb über Hersteller => Großhändler => Elektroinstallateur => Kunde und Direktvertrieb über Katalog, Internet und Technik-Kaufhaus fallen die Preise für über den dreistufigen Vertrieb erwerbbare Systeme höher aus als direkt vertriebene Geräte. Dem wiederum steht gegenüber, dass über den im Allgemeinen höheren Preis garantiert wird, dass zumindest einige Elektroinstallateure bereit und in der Lage sind ein Gebäudeautomationssystem beim Kunden zu installieren und programmieren. Ideal aufgrund ihrer Eigenschaften sind vernetzbare Kleinsteuerungen und SPS-Systeme, wenn diese auf andere Bussysteme zusätzlich aufsetzen können, dem steht nachteilig gegenüber, dass diese nur selten im Wohngebäudebereich, sondern eher im Industrie- oder Objektgebäudebereich zum Einsatz kommen. Verschärft wird die Nutzungsmöglichkeit und Kostensituation von Gebäudeautomationssystemen bei Berücksichtigung von Automations- und Visualisierungssystemen im Sinne eines Gesamtsystems zur Abdeckung der gesamten Automatisierungspyramide, die auch smart-metering-basiertes Energiemanagement ermöglichen. Meist entstehen dann Gesamtsysteme mit Kosten, die kaum tragbar sind und damit nur im Luxusbereich zur Anwendung von Gebäudeautomation führen. Lösungen sind dennoch möglich, benötigen jedoch einen Planer mit guter Übersicht, der auf die passenden Komponenten aus unterschiedlichen Systemen für ein Gesamtsystem zugreifen kann.

So kann eine Gebäudeautomation bei einem Neubau selbst für komplexe Anwendungen mit Kosten von 1.000 bis 2.000 Euro aufgebaut werden, indem eine SPS verwendet wird, die nachträglich hinsichtlich Sensorik und Aktorik, aber auch um Displays erweitert werden kann, nützlich wären hier leicht anpassbare, bereits vorkonfigurierte Systeme, in denen die Funktionen nur noch freigeschaltet werden müssen. Vergleichbar können dieselben Funktionen bei Einsatz teurer Bussysteme auch für 10.000 bis 30.000 Euro und mehr Kapitaleinsatz in einem Neubau realisiert werden. Nachrüstungen können sukzessive bei Einsatz von Funkbussystemen kostengünstig bei Rückgriff auf Geräte von Direktvertreibern oder teurer bei Bezug über den Elektroinstallateur beschafft werden. Wichtig erscheint an dieser Stelle zunächst nicht der Preis, sondern die Feststellung der Machbarkeit.

Interessanter wird die Kostenbetrachtung in Verbindung mit Smart Metering. Sinn und Zweck des Smart Meterings ist nicht das Messen und Ermitteln von Energieverbräuchen und -kosten selbst, sondern die daraus ableitbare Steigerung der Effizienz beim Einsatz von Energie, sowohl für den privaten Bereich, als auch für den gesellschaftlichen Nutzen, und die damit verbundene Kostenreduktion, auch um auf ständige Tarifsteigerungen reagieren zu können. So ist generell, Stand 10/2012, festzustellen, dass die Einführung Regenerativer Energien über nicht unerhebliche Abgaben dazu führt, dass die Tarife ständig steigen, umgekehrt aber jegliche Effizienzsteigerung im Haushalt mit Mehrkosten verbunden ist. Festzustellen ist zudem, dass nicht alle Anbieter von Gebäudeautomationssystemen Smart-Metering-Geräte anbieten. Vielfach sind Messgeräte für elektrische Energie verfügbar, die sowohl als zentrale, als auch als dezentrale Messsysteme angeboten werden. Über Gateways können derartige Smart-Metering-Geräte auch an andere Bussysteme angekoppelt werden. Kaum verfügbar und insbesondere sehr teuer sind Wärmezähler, Gas- und Wasserzähler, diese Gerätetypen sind spezialisierten Unternehmen, wie z. B. Lingg&Janke, vorbehalten. Smart-Metering-Geräte sind keine preiswerten Geräte. Während die Kosten für zentrale Smart Meter, die elektronischen Haushaltszähler, im Allgemeinen vom Energieversorger getragen und von diesem indirekt verrechnet werden, kaum hinsichtlich der Kosten ins Gewicht fallen, können dezentrale elektrische Energiezähler auch mit 300 bis 700 Euro je nach Systemschnittstelle zu Buche schlagen. Demgegenüber stellt sich die Frage, ob diese Zähler für intelligentes Smart Metering direkt am jeweiligen Stromkreis überhaupt eine sehr große Genauigkeit besitzen müssen, und deshalb auch mit geringerer Genauigkeit für Abschätzungszwecke wesentlich preiswerter angeboten werden können. Smart Metering als Basis für psychologisches Energiemanagement scheint ebenso wenig für Energieeinsparung geeignet zu sein, wie aktives Energiemanagement, da die Interpretation von Messdaten schwierig und irgendwann uninteressant sein wird oder das stetige Zur-Kenntnis-nehmen von Hinweisen als Bevormundung durch ein System verstanden wird. Letztendlich macht Smart Metering nur Sinn in Verbindung einer Gebäudeautomation als System des passiven Energiemanagements. Damit kann ein smart-metering-basiertes Energiemanagementsystem zwar auch Gebäudeautomationsfunktionen erfüllen, aber dann mit 1.000 bis 30.000 Euro und mehr zu Buche schlagen, dies auch unabhängig von der Hausgröße. Vor dem Hintergrund einer angenommenen elektrischen Energierechnung von 2.000 Euro im Jahr und einer Einsparmöglichkeit von 25 % ließen sich theoretisch 500 Euro in jedem Jahr einsparen, wenn ein Gebäudeautomationssystem zum Einsatz kommt und Geräte und Leuchtmittel ausgetauscht werden. Bei einer Investition von angenommenen 10.000 Euro inklusive neuer Leuchtmittel, Spülmaschine, Waschmaschine etc., liegt die Amortisationszeit bei 20 Jahren und berücksichtigt nicht, dass die Gebäudeautomation gewartet und neue Geräte aufgrund kurzer Nutzungszeit beschafft werden müssen. Je teurer Smart Metering, Gebäudeautomation und Geräte sind, desto größer wird die Amortisationszeit sein. Es macht also weder Sinn alles im Gebäude zu metern, noch jede Funktion im Gebäude sofort und vollständig zu automatisieren. Mit Übersicht lässt sich ein Gebäudeautomationssystem konfigurieren, mit dem ständig die Energieeffizienz gesteigert werden kann. Demgegenüber können bei angenommenen 2.000 Euro Heizkosten im Jahr bei geschätzter Einsparmöglichkeit von häufig genannten circa 40 % damit 800 Euro Kosten in jedem Jahr eingespart werden. Diese Einsparung kann durch Anschaffung eines neuen Heizkessels, Dämmmaßnahmen an Fassaden, Fenster und Dach oder durch Einzelraumtemperaturregelungen mit Zentralsteuerung ausgeglichen werden. Ein neuer Heizkessel schlägt mit mehr als 5.000 Euro ohne aufwändige Steuerungstechnik zu Buche und würde die Einsparungen schon nach circa 6 Jahren ermöglichen, fraglich ist jedoch, ob durch den Betrieb der Heizkessel überhaupt genügend Energie eingespart werden kann oder die hohen Wartungskosten des modernen Heizkessels die Einsparungen auffressen. Dämm-Maßnahmen schlagen mit mehr als 20.000 Euro zu Buche und machen damit eine Amortisation in mehr 25 Jahren möglich und damit eine Renovierung spätestens nach Ablauf von 20 Jahren. In diesem Zusammenhang sind Einzelraumtemperaturregelungen sehr günstig amortisierbar, da sie je nach System mit 80 bis 100 Euro je Raum zu Buche schlagen und damit ein Haus mit 10 Räumen bereits für weniger als 1.000 Euro mit Einzelraumtemperaturregelung ausgestattet werden kann. Nimmt man Fensterkontakte, Anwesenheitssteuerung und Zentrale hinzu, steigt die Investition auf etwa 3.000 Euro, was Amortisation von 8 Jahren bei angenommenen nur 20 % Heizkosteneinsparung mit sich bringt. Weitere Energieeinsparungen sind dann nur durch Einbindung der Kesselsteuerung in die Einzelraumtemperaturregelung möglich, was weitere Investitionen von mehreren 1.000 Euro erfordert.

Klar wird, dass Amortisationsrechnungen vor Inangriffnahme einer Maßnahme zwingend notwendig sind, damit durch Energieeffizienzmaßnahmen auch private Kostenvorteile und nicht nur gesellschaftliche Vorteile generiert werden. Zudem bringen Gebäudeautomationsmaßnahmen einen Zugewinn an nicht rechenbaren Komfort- und Sicherheitsoptimierungen mit auf die Waagschale. Zu berücksichtigen ist auch, dass Energieeffizienzmaßnahmen aufgrund der EU-Richtlinie vom Staat bezuschusst werden können.

Mit smart-metering-basiertem Energiemanagement lässt sich nur mit gezielter Planung und Systemauswahl eine energieeffizienzsteigernde Maßnahme erzielen, die nicht zu Mehrkosten führt.

Gebäudeautomation für Neubauten und Nachrüstungen machen jedoch auch ohne Smart Metering Sinn, wenn die Steigerung von Komfort und Sicherung auch bereits Energieeffizienz ermöglichen. So muss nicht unbedingt ein Metering-System mitlaufen, um zu erkennen, dass es Sinn macht, Standby-Verbraucher generell abzuschalten oder Leuchtmittel zeitbasiert ein- und auszuschalten. So können Energieeinsparungen auch in Verbindung mit Komfort und Sicherheit realisiert werden.

Problematisch bei Neubauten ist jedoch der hohe Anschaffungspreis für eine Gebäudeautomation, wenn wie üblich vom „EIB-Partner" ausschließlich KNX/EIB oder andere Gebäudeautomationssystem dem neubauenden Bauherrn angeboten werden. Nur äußerst selten wird eine Gebäudeautomation direkt in den Planungsprozess einbezogen. Wird im Zuge der Installation erst eine Gebäudeautomation erwogen, liegt meistens der Kreditrahmen des Bauherrn fest. Wer dann auf der Grundlage eines Neubaus von 250.000 bis 300.000 Euro Baukosten weitere 10.000 bis 30.000 Euro für Gebäudeautomation nachinvestieren muss, ist dazu meist kaum in der Lage. Helfen würde hier die Verfügbarkeit von standardisierten Gebäudeautomationssystemen auf der Basis von speicherprogrammierbaren Steuerungen. Könnte die ingenieurmäßige Leistung durch Mehrfachverwendung der Programmierung und Verwendung kostengünstiger Komponenten reduziert werden, wären Investitionen von 2.000 bis 3.000 Euro eher zu verkraften. Leider hat sich die Verwendung von SPS-Systemen, wie z. B. von WAGO und Beckhoff im Einfamilienhausbereich trotz der System- und Kostenvorteile nicht einmal in Ansätzen durchgesetzt. Vermutlich liegt dies daran, dass diese Art von Gebäudeautomation verglichen mit dem möglichen Vertrieb eines KNX/EIB-Systems für den Elektroinstallateur auch nicht lukrativ ist.

Vergleicht man die Anzahl Neubauten mit dem Bestand der Wohngebäude, so macht insbesondere die Nachrüstung bestehender Gebäude mit Gebäudeautomation Sinn, um die gleichen Vorteile hinsichtlich Komfort, Sicherheit und Energieeinsparung wie beim Neubau realisieren zu können. Hier zeigt sich jedoch eine Trägheit des Marktes, die kaum nachzuvollziehen ist. Zahlreiche nachrüstbare Systeme sind am Markt verfügbar, werden jedoch potenziellen Kunden kaum angeboten und können bis auf wenige Ausnahmen nur über den dreistufigen Vertriebsweg bezogen werden. Der Bauherr kommt nur in seltensten Fällen auf die Idee sich mit seinem Elektroinstallateur in Verbindung zu setzen, um ein Nachrüstungsprojekt zu diskutieren. Demgegenüber bieten nur äu-

ßerst wenige Elektroinstallateure nachrüstbare Gebäudeautomationssysteme an oder
starten direkt mit Visualisierungssystemen, obwohl bekannt ist, dass dazu eine sinnvolle
Basis zwingend erforderlich ist. Der Kunde kommt nicht zu seinem Lieferanten, dem
Elektroinstallateur, umgekehrt bietet der Lieferant dem possiblen Kunden kaum etwas
an, um in den Genuss von Energieeinsparung zu kommen. Einfach kommen Verkaufs-
geschäfte zu neuen Beleuchtungen oder Geräten zustande. So bleibt dem Bauherrn, der
Nachrüstung betreiben möchte, lediglich der Weg der sukzessiven Nachrüstung einzelner Funktionen. Aber auch dafür fehlt ihm Beratung durch den Elektroinstallateur, zudem muss er erneut die erforderlichen Geräte über den dreistufigen Vertriebsweg beschaffen. Es fehlt die Möglichkeit, dass der Bauherr und damit potenzielle Nachrüster
Elektroinstallationsmaterial eigenständig beschaffen und soweit möglich selbst installieren kann. Auch wenn Elektroinstallationsmaterial von Fachkräften installiert werden
muss oder sollte, so können dennoch problemlos Zwischenstecker- oder leitungsinteg-
rierte Geräte in Verbindung mit Sensoren auch außerhalb des dreistufigen Vertriebes
vertrieben werden. Dies würde die Verbreitung am Markt verfügbarer Systeme zumindest erleichtern. Hilfreich ist in diesem Zusammenhang der Vertrieb von Systemen über
Internet, Katalog oder Technik-Kaufhäuser. Aufgeklärt werden muss der Nachrüster
jedoch darüber, dass Gebäudeautomationssysteme kaum untereinander kompatibel sind.

Im Objektgebäude liegt die Sachlage wesentlich anders. Hier hat sich die Gebäudeautomation seit Jahren durch Einsatz von KNX/EIB, LCN, LON und SPS-Systeme durchgesetzt. Kosten spielen hier kaum eine Rolle, da die Ausgänge der Aktoren im Allgemeinen mit Geräten größerer Leistung belegt sind und die Flexibilität in der Anwendung im
Vordergrund steht. Aufgrund weiterer notwendiger Flexibilität hinsichtlich des Einbau-
ortes und technologischer Probleme kommen weitere Bussysteme, wie z. B. EnOcean,
DALI, SMI etc. hinzu, die als Subsysteme in übergeordnete Gebäudeautomationssysteme
integriert werden. Die Einbindung von Smart Metering wird umgesetzt, wenn Notwendigkeit dafür besteht, um den Nutzer oder Mieter des Gebäudes im Rahmen der Neben-
kostenabrechnung über seine Ver- und Entsorgungskosten zu informieren. In Bezug auf
die Gesamtkosten der Gebäudeautomation in einem Objektgebäude relativ zu den Kosten einzelner Smart Meter fallen die Kosten hierfür kaum ins Gewicht, da die Notwendigkeit das Kostenbewusstsein überwiegt. Kommen SPS-Systeme oder andere Gebäudeautomationssysteme in Objektgebäuden zum Einsatz, so sind von den einzelnen Gerätetypen, wie z. B. Controller, Sensoren und Aktoren hunderte oder tausende von Geräten
im Einsatz. Dies ist für die Vertreiber von Gebäudeautomation wesentlich lukrativer und
hinsichtlich des Vertriebsaufwandes einfacher, als sich mit hunderten, tausenden oder
Millionen von Neubauten oder Nachrüstprojekten zu befassen, in denen jeweils ein oder
zwei Controller und einige wenige Sensoren und Aktoren verbaut werden.

Fazit und Schlussfolgerung **20**

Die Gebäudeautomation hat sich in den letzten 20 Jahren insbesondere im Objektgebäude durchgesetzt. Die Anzahl der verwendeten Gebäudeautomationssysteme ist an einer einzigen Hand aufzählbar. Im Vordergrund stehen die angestrebten Ziele Komfort, Sicherheit und Energieeinsparung. Der Einzug der Gebäudeautomation im Wohngebäudebereich stagniert und ist lediglich im Luxussegment breit vertreten, wo Kosten nahezu keine Rolle spielen.

Infolge der stark steigenden Energiekosten und der Umsetzung der Energiewende durch Abschaffung der unsicheren Atomkraftwerke hin zur Verwendung Regenerativer Energien besteht die Notwendigkeit den Energieverbrauch generell zu reduzieren. Dies kann zum einen durch Erzeugung von Transparenz hinsichtlich der Energieabnahme in Verbindung mit den damit verbundenen Kosten und zum anderen durch Einbindung von Gebäudeautomation erfolgen.

Während also die Gebäudeautomation lediglich breit im Objektgebäude und Luxus-Wohngebäudebereich vertreten ist, hat sich die Automation im Kfz-Bereich breitflächig durchgesetzt. Dies betrifft neben Komfort- und Sicherheitsfunktionen auch die Übersicht über den Verbrauch des KFZ.

Um die Gebäudeautomation vollständig zu realisieren, sind die Ebenen der Automatisierungspyramide, bestehend aus Feldbussystem, Automatisierung und Leitebene geeignet abzubilden. Bis auf nur wenige Systeme decken die Automatisierungssysteme die drei Ebenen vollständig ab, statt die Interaktion zwischen den Systemen durch Interoperabilität zu fördern. So dienen Schnittstellen (Gateways) im Allgemeinen dazu Schwachstellen eines Systems durch Bereicherung um ein anderes System zu kompensieren. Die Inkompatibilität zwischen den verschiedenen Gebäudeautomationssystemen ist dem Anwender der Systeme häufig nicht bewusst. Das Wissen um Gebäudeautomationssysteme ist auf Experten beschränkt, wie auch der Vertrieb und die Installation der Geräte zum größten Teil über Elektroinstallateure erfolgt. Im Zuge der weiteren Einführung von Gebäudeautomation wurden viele weitere Gebäudeautomationssysteme am Markt etabliert, die zu Teilen auch über das Internet, Katalog und Technikkaufhäuser vertrieben werden.

Durch den durch Kosten getriebenen Wunsch zur Energieeinsparung besteht die Notwendigkeit neben den Smart Metern, die vom Energieversorger verbaut über eine kumulierte Kostenübersicht sorgen, auch Gebäudeautomation im Wohngebäude zu verbauen, um bereits kurzfristig Energiekosten einsparen zu können. Die Industrie hat hierauf reagiert und sowohl weitere Gebäudeautomationssysteme am Markt verfügbar gemacht, als auch die bereits bestehenden Systeme um weitere Komponenten zur Ermöglichung von Energieeinsparung erweitert.

Zwei Fakten sind festzuhalten. Es gibt zum einen eine unüberschaubare Anzahl von Gebäudeautomationssystemen, mit der auch smart-metering-basiertes Energiemanagement möglich ist, zum anderen sind Gebäudeautomationssysteme komplex in der Produktvielfalt und Anwendung und erfüllen trotzdem nicht alle Anforderungen an ein Gebäudeautomationssystem, das smart-metering-basiertes Energiemanagement ermöglicht und zugleich Multifunktionalität mit Multimedia, Kommunikations- und Informationstechnik integriert.

Die Systemvielfalt wird anhand einer Übersicht über Gebäudeautomationssysteme aufgezeigt und deren Anwendbarkeit für verschiedene Bausegmente analysiert. Anhand von insgesamt 5 Prototypeninstallationen wird aufgezeigt, inwieweit mit dem jeweiligen System Gebäudeautomation in Verbindung mit Smart Metering zur Kosteneinsparung realisiert werden kann.

Das ideale Gebäudeautomationssystem für alle Belange des Neubaus, der Nachrüstung und der Erweiterung, das beliebige Erweiterbarkeit bietet, ist nicht als Komplettsystem am Markt verfügbar!

Für ein Gebäudeautomationssystem, das im Neubau zur Anwendung kommen soll, bietet sich aus Kosten-, Sicherheits- und Praktikabilitätsgründen ein SPS-System oder RS485-basiertes Hutschienensystem an, das Automations- und Visualisierungsfunktionalität direkt bietet. Dies entspricht der klassischen Vorgehensweise des Elektroinstallateurs, der Elektroinstallationen im Elektroverteiler zentralisiert. Notwendige Erweiterungen, die nicht direkt vom SPS-System abgedeckt werden können, müssen durch eine überlagerte Zentrale zur Abdeckung weiterer Automations- und Visualisierungsmöglichkeiten um eine PC- oder embedded-PC-basierte Softwarelösung und ein Funkbussystem erbracht werden.

Würde dieser Autor dieses Buches als Berater gefragt werden, würde er als kostengünstigste Lösung eine WAGO-SPS mit Erweiterung um IP-Symcon und zur Erweiterung den Eltako- oder HomeMatic-Funkbus empfehlen. Da für die Installation des Systems ein Elektroinstallateur als Experte notwendig ist, bietet sich auch die zweitgünstigste Lösung mit Eltako-Funkbus auf der Basis RS485 oder HomeMatic auf der Basis RS485 in Verbindung mit IP-Symcon und den jeweiligen Funkbussystemlösungen an. Damit ist direkt oder sukzessive eine komplexe Gebäudeautomation aufbaubar, die auch den Multifunktionsbereich abdeckt und kostenmäßig unter 5.000 Euro liegen kann.

Im Nachrüstbereich liegt die Sache anders. Hier sind entweder umfangreiche Umverdrahtungen oder Leistungsneuverlegungen notwendig, um ein drahtbasiertes Gebäudeautomationssystem einzubauen. Daher scheidet diese Lösung aus, wie auch ein Powerline-System, wie z. B. digitalSTROM, solange die Kosten der Einzelkomponenten nicht auf die anfänglichen Kostennennungen des Herstellers zurückgehen. Zur Anwendung kommen können nur Funkbussysteme, die mit Priorität 1 auch ein drahtbasiertes System integrieren können oder mit Priorität 2 als reine Funkbuslösung zum Einsatz kommen. Zu nennen sind hier mit Priorität 1 der Eltako-Funkbus und eQ-3-HomeMatic, da sie auch ein RS485-basiertes Drahtbussystem integrieren und über Smart Metering-Lösungen verfügen bzw. als Priorität 2 EATON xComfort oder Z-Wave. In jedem Fall ist zum Aufbau der Gebäudeautomation ein zentralen-basierter PC, möglichst als Embedded-Lösung, mit einer Gebäudeautomationssoftware mit Multifunktionsmöglichkeit notwendig, IP-Symcon wäre die richtige Entscheidung.

Von insgesamt etwa 60 bis 100 Gebäudeautomationssystemen am Markt sind nur wenige geeignet smart-metering-basiertes Energiemanagement im Sinne von Energieeffizienzsteigerung bei vertretbaren Kosten zu leisten. Bei näherer Betrachtung kommen von der Fülle der Systeme nur fünf für die Anwendung in der Gebäudeautomation mit Subsystemen in Frage, um die vielfältigen Forderungen an ein Multifunktionssystem mit integriertem smart-metering-basiertem Energiemanagement und Gebäudeautomation zu erfüllen. Die meisten aktuell am Markt lediglich im Objektgebäude- und Wohngebäude-Luxusbereich eingesetzten Systeme haben trotz fast 20-jähriger Verfügbarkeit noch immer ein Kostenniveau, das Amortisation auf der Basis von Energieeffizienzsteigerung für Wohngebäude nicht ermöglicht, diese Systeme decken im Vordergrund lediglich Luxusintegration, Design, Komfort und Sicherheit ab, wenn auch einige Spezialanbieter die Systeme trotz Übermacht der Markenvertreiber preisgünstiger gestalten.

Smart-metering-basiertes Energiemanagement ist realisierbar im Zuge mit Gebäudeautomation und Multifunktionalität. Die enormen Kosten der Systeme müssen sinken, dies ist nur mit steigenden Mengenvertriebszahlen verbunden, wie es in der Industrieautomation längst erfolgt ist. Letztendlich lässt sich derselbe Umsatz wie beim Durchflutungsgesetz in der Elektrotechnik hinsichtlich Windungszahl mal Strom entweder mit geringen Stückzahlen bei hohem Preis oder Massenstückzahlen bei niedrigem Preis erzielen. Ein gesellschaftlicher Vorteil mit Gebäudeautomation im Sinne der Erfüllung der EU-Richtlinie zur Energieeffizienzsteigerung lässt sich nur mit vielen Systemen, möglichst in jedem Haushalt, gleich ob Neubau oder Bestand, bei niedrigen Kosten realisieren.

Um dieses Ziel der Massenstückzahlen bei niedrigem Preis der Einzelkosten zu erzielen ist ausführliche Beratung der Bauherren erforderlich. Dies kann durch den zwangsläufig an der Elektroinstallation arbeitenden Elektroinstallateur erfolgen, der wiederum häufig überlastet ist, um sich auch noch um Beratung, Installation und Programmierung des Gesamtsystems zu kümmern. Deshalb kann das sich neu etablierende Geschäftsfeld der Gebäudeautomation auch durch Systemberater oder spezielle Gebäudeautomatisierer belegt werden, von denen aktuell noch viel zu wenige aktiv sind. Gleichzeitig muss der Vermarktungsweg der Gebäudeautomationsprodukte über den dreistufigen Vertrieb geöffnet werden auch für Endverbraucher, da viele Produkte auch ohne Experten installiert werden können.

Der Wunsch der Bauherren, gleich ob Neubauer oder Nachrüster, nach Gebäudeautomation ist realisierbar. Durch Gebäudeautomation lassen sich Energiekosten senken. Produkte sind seit langem vorhanden. Es fehlen Konzepte und der Wille, um Bauherren hinsichtlich der Umsetzung von Gebäudeautomation zu beraten.

Quellenverzeichnis

Analyse der ökonomischen und ökologischen Vorteile von busorientierter gegenüber herkömmlicher Elektroinstallation für den Wohnungsbau mit Bezug auf verschiedene Ausstattungsgrade, Carsten Eull, Diplomarbeit 1999.

Planung und Projektierung eines Demonstrationsaufbaus für das EIB-Powerline-Bussystem unter Einbezug von Komponenten zur Fernüberwachung über das Kommunikationsnetz und Interoperabilität zu anderen Bus- und Leittechniksystemen, Diplomarbeit 2000, Marc Schröder

Überblick über die Vielfalt der Gebäudebussysteme, de 11/2001, Prof. Dr. Bernd Aschendorf

Vergleichende Analyse verschiedener busorientierter Gebäudeinstallationssysteme in Bezug auf bedarfsgerechte Funktionalität, Programmierung und Betrieb, Diplomarbeit 2001, Stefan Schumann, Andreas Grünig

Praktischer Einsatz der Projektierung, Inbetriebnahme und Fernwartung von EIB-Systemen unter Anwendung von Telekommunikationsmöglichkeiten, Diplomarbeit 2001, Michael Heseler

Projektierung einer Ansteuerung der Außenanstrahlung eines Stadtteils, Diplomarbeit 2002, Thomas Krursel

Darstellung der Koexistenz und Interaktion von gebäudesystemtechnischen und prozessorientierten Aufgaben der Automatisierungstechnik am Beispiel des Interbus, Diplomarbeit 2002, Frank Becker

Konzeption einer Messinfrastruktur für zentrales Energiemonitoring in Gebäuden, Diplomarbeit 2002, Arnd Ohme

Rationelle Konfiguration einer EIB-Anlage am Beispiel der InHaus-Anlage des Fraunhofer-Instituts in Duisburg, Thomas Austermann, Christoph Schulte

Implementation von DDC-Regelfunktionen in SPS Bausteine mit Leitrechnerankopplung über MODBUS und Visualisierung am Beispiel einer Klimaregelung, Diplomarbeit März 2003, Dipl.-Ing. Patrick Hoffmann, Dipl.-ing Peter Hommen

Anwendung von Powerline in der Gebäudesystemtechnik, Diplomarbeit 2003, Sandra Stahlberg

Bussysteme im Vergleich, Elektropraktiker 7-2004, Prof. Dr. Bernd Aschendorf

EIB im Wohnungsbau – Probleme und Chancen, Elektrobörse SmartHouse 04/2007, Prof. Dr. Bernd Aschendorf

Re-engineering in der Gebäudesystemtechnik, Elektrobörse Bus-Guide Juli 2007, Prof. Dr. Bernd Aschendorf

Studiengang Gebäudesystemtechnik an der FH Dortmund, Elektrobörse Bus-Guide Juli 2007, Prof. Dr. Bernd Aschendorf

Projektierung und Aufbau der Gebäudesystemtechnik eines Modellhauses unter Verwendung der Automatisierungssysteme Siemens S7-300, S7-200 und LOGO unter Ankopplung des EIB im Vergleich, Diplomarbeit 2004, Jenarthanan Jeganathan

Analyse und Bewertung von über das Mobilfunknetz der dritten Generation (UMTS) fernbedienbaren Systemen zur Automation und Visualisierung von Gebäuden und Liegenschaften anhand eines Demonstrationsaufbaus, Diplomarbeit 2004, Peter Tonk

Optimierung des Projektmanagements für ein Mehrfamilienhaus mit hohem technischem Ausstattungsgrad, Diplomarbeit 2004, Daniel Außendorf

Vielfältige Funktionalitäten – Aktoren in der Gebäudeautomation, CCI print Nr.7/2005, Prof. Dr. Bernd Aschendorf

Verfassung eines technischen Handbuchs über das Arbeiten mit dem EIB und der ETS3, Diplomarbeit 2005, Marc Stephan Grasse

Entwurf und Realisierung eines Arbeitsbuches mit dem Titel „Busch-Powernet EIB in der beruflichen Erstausbildung", Diplomarbeit 2005, Dennis Reisberg

Dokumentation und Visualisierung der EIB-Projektierung des Fachbereichsgebäudes Architektur und Erarbeitung von Optimierungsmöglichkeiten, Diplomarbeit 2005, Stefan Reimann

EIB-Planung und Ausführung, Ingenieurarbeit 2006, Christian Feldmann

„Vergleichende Analyse des EIB/KNX mit dem Beckhoffbus in Bezug auf Funktionalität, Programmierung und Kosten in der Gebäudeautomatisierung", Ingenieursarbeit 2006, Christian Körkemeier

Entwicklung und Implementierung von Diagnoseverfahren bei intelligenten Gebäudetechnikinstallationen auf Basis von EIB/Konnex, Diplomarbeit 2006, Andres Gehles

Entwicklung eines softwarebasierten Gateways zur Kopplung von Funkbussystemen mit der Beckhoff-SPS, Ingenieurarbeit, Christian Glesmann

Dem EIB auf die Sprünge helfen, Fast-Ethernet-Backbone und Automatisierung durch eibNodes de 15-17/2007, Prof. Dr. Bernd Aschendorf

Energetische Analyse eines Krankenhauses zur Konzeptionierung eines Energiemanagementsystems, Diplomarbeit 2007, Ralf Olbring

Kopplung der proprietären Gebäudebussysteme EIB und LCN über ein herstellerneutrales Gebäudemanagementsystem, Diplomarbeit 2007, Arne Krämer

Versicherungsrechtliche Konsequenzen der Gebäudeautomation in allen Ebenen der Automatisierungspyramide – dargestellt am Objektbau, Diplomarbeit 2007, Andreas Heyn

Projektierung einer EIB-Anlage mit Hilfe des eibNodes und der Software eibVision der Firma bab-tec, Ingenieurarbeit 2007, Dirk Heidenreich

Optimierung der Vermarktung von Gebäudesystemtechnik durch Planungstools und multimediale Unterstützung des Vertriebs am Beispiel der Fa. Doepke, Diplomarbeit 2007, Sascha Jung

Analyse der Prozesse in Krankeneinrichtungen unter Berücksichtigung der Gewerke Abrechnungs-, Melde-, Überwachungs- und Energiemanagement am Beispiel einer Münsteraner Klinik, Diplomarbeit 2007, Mathias Mergemann

Der Dupline Gebäudebus mit Integration von GIRA Funkbusteilnehmern über das DCI FB3 Funkbus-Gateway, Ingenieurarbeit 2007, Simon Böhm

Realisierung einer Wetterstation mit visueller Benutzerschnittstelle auf Basis eines Multisensors unter Verwendung eines Raumbediengeräts für das Gebäudeautomationssystem PHC/OBO BUS, Diplomarbeit 2008, Benjamin Echtermann

Verfahren zur Ermittlung der Gebrauchsdauer von Relais für busgesteuerte Schaltgeräte, Diplomarbeit 2008, Bernd Wewel

Funktionale Anforderungen an Relais in gebäudetechnischen Applikationen unter Berücksichtigung typischer Anwendungsfälle, Diplomarbeit 2008, Michael Adamczyik

Planung eines Multifunktionsgerätes zur Installation in der Küche mit Anbindung an das Bussystem HomeMatic, Ingenieurarbeit 2008, Florian Scholz

Prognose des Energiebedarfs von Kühlhäusern, Diplomarbeit 2008, Thomas Andreas Kwiaton

Planung des Energiemanagements für ein öffentliches Gebäude unter Einbindung aktueller Zählerkonzepte, Bachelor Thesis 2008, Dennis Bawej

Vereinigung von Automation, Energiemanagement, Multimedia- und Informationsdateien zu einem Multifunktionssystem zur Darstellung der Möglichkeiten einer zentralen Steuerung im Haushalt am Beispiel HomeMatic, Bachelor-Thesis 2008, Florian Scholz

Vergleichende Betrachtung der Produktportfolios verschiedener Gebäudeautomationssysteme unter Verwendung von Methoden des House of Quality, Bachelor-Thesis 2008, Tobias Quast

Vergleich der Implementierung der Sensorik und Aktorik des KNX/EIB-Gebäudebussystems in IEC 61131-basierte Gebäudeautomatisierungssysteme von WAGO und Beckhoff, Diplomarbeit 2008

Christian Glesmann, Vernetzung und Visualisierung eines heterogenen Gebäudeautomationssystems in der Leitebene, Diplomarbeit 2008, Dennis Haberer

Betrachtung von Energiemanagement für einen bestehenden Gebäudekomplex eines Energieunternehmens mit dem Ziel der Einführung eines CAFM-Systems, Diplomarbeit 2008, Matthias Kathemann

Vergleichende Analyse der Programmier- und Automatisierungsmöglichkeiten von LCN und Beckhoff Building Automation Manager, Diplomarbeit 2008, Simon Böhm

Konzeptionierung und initialisierende Realisierung eines Ethernet-basierten Gebäudeautomationssystems, Diplomarbeit 2008, Markus Wolters

Verbindug einer Multiroom-Anlage an das Gebäudebussystem KNX/EIB unter Verwendung des KNX-IP-Protokolls zur Audiosteuerung über KNX/EIB-Systemkomponenten, Diplomarbeit 2008, Manuel Ulrich Trimpop

Projektierung, Planung, Ausführung und Dokumentation einer Anlage zur Gebäudeautomation in einem komplexen Bürogebäude, Betriebliche Praxis-Projekt 2008, Daniel Keinath, Martin Meinerzhagen, Tobias Redeker, Matthias Klötter, Alex Tschupik, Lukas Rohmann, Benedikt Schwarz, Björn Passburg, Jessica Opierzynski

Planung einer zukunftsorientierten, entwicklungsoffenen und wirtschaftlichen Gebäudeautomation für einen neuen Hochschulstandort, Bachelor-Thesis 2009, Daniel Keinath

Homogene und heterogene Interaktion von Speicherprogrammierbaren Steuerungen im Bereich der Gebäudeautomation, Bachelor-Thesis 2009, Matthias Klötter

Wirtschaftliche Betrachtung des Einsatzes von Gebäudeautomation am Beispiel einer Wohnung bei Verwendung von SPS-Systemen, Bachelor-Thesis 2009, Lukas Rohmann

Planung einer LCN-Installation für ein Bürogebäude-Komplex, Betriebliche Praxis 2009, Phillip Heppe

Passives Energiemanagement am Beispiel eines Wohngebäudes mit Hilfe der Visualisierungssoftware eibVision, Diplomarbeit 2009, Christian Feldmann

Aufbau eines KNX-basierten Energiemanagementsystems für Wohngebäude unter Einbindung von Smart Metering, Bachelor-Thesis 2010, Jens Branse

Aufbau eines LCN-basierten Energiemanagementsystems für Wohngebäude unter Einbindung von Smart Metering, Bachelor-Thesis 2010, Phillip Heppe

Realisierung einer Simulationsumgebung zur Analyse von Energiemetering-Darstellungsarten auf der Basis einer Webdarstellung mit Datenbankserver, Bachelor-Thesis 2010, Jessica Opierzynski

Aufbau eines SPS-basierten Energiemanagementsystems für Wohngebäude unter Einbindung von SmartMetering, Bachelor-Thesis 2010, Tobias Redeker

Einsatz von SPS-Systemen in der Gebäudesystemtechnik (1+2), DE 17-18/2010, Prof. Dr. Aschendorf, FH Dortmund

Gebäudesystemtechnik im Spiegel des Marktes, DE 18/2010, Prof. Dr. Aschendorf, FH Dortmund

Elektrobörse Bus-Guide 1/2010, Marktbetrachtungen, Prof. Dr. Bernd Aschendorf

Elektrobörse SmartHouse 06, 07-08, 10 2010, Umsetzung von SmartMetering-basiertem Energie-
    management, Prof. Dr. Bernd Aschendorf, Jens Branse, Philipp Heppe
Frei parametrierbares, multibusfähiges Gebäudeautomationssystem mit integriertem SmartMete-
    ring-basiertem Energiemanagement, Energiemanagement in der Gebäudeautomation, Messe-
    beiträge Elektrotechnik 2011, Prof. Dr. Aschendorf, FH Dortmund
Projektierung und Planung eines Einfamilienhauses mit der Nanoline Serie von Phoenix Contact
Betriebliche Praxis 2012, Tschupik Alexander
Kopplung zwischen unterschiedlichen Bussystemen der Gebäudeautomation (KNX/EIB und
    Phoenix Contact Interbus) unter Verwendung des Gateways IP Baos 770, Bachelor-Thesis
    2012, Tschupik Alexander
Konzeptionierung und Untersuchung der energetischen Aspekte und Realisierung einer Smart-
    Home Konstantlichtregelung mit DALI-Lichtbus, Bachelor-Thesis 2012, Michael Glesmann
Spezialität AAL-Produkte – technikunterstütztes Wohnen, DE 17/2012, Prof. Dr. Aschendorf, FH
    Dortmund
Inbetriebnahme und Dokumentation bei KNX/EIB, DE 18/2012, Prof. Dr. Aschendorf, FH Dort-
    mund
Controvers/Brauchen wir SmartMeter ?, BusSysteme 4/2012, Prof. Dr. Bernd Aschendorf

Internetadressen
http://www.gesetze-im-internet.de/bundesrecht
http://www.eur-lex.europa.eu
KNX Deutschland: www.knx.de
KNX-User-Forum: www.knx-user-forum.de
KNXVision Studio Handbuch
Berger Informationstechnologie GmbH
KNXVision Classic Handbuch
Berger Informationstechnologie GmbH
KNX Handbuch Haus- und Gebäudesystemtechnik
ZVEI – Zentralverband Elektrotechnik- und Elektronikindustrie e.V.
Zeit Online: www.zeit.de
VDE-Positionspapier – Intelligente Heimvernetzung
Verband der Elektrotechnik Elektronik Informationstechnik e.V.
LCN Deutschland: www.lcn.de
Bus-Profi: www.bus-profi.de
LCN Handbuch
Issendorff KG
www.peha.de
www.elv.de
www.eaton.de
www.abb.de
www.siemens.de
www.wikipedia.de

Sachwortverzeichnis